国家科学技术学术著作出版基金资助出版

珊瑚礁科学概论

Introduction to the Science of Coral Reefs

余克服 主编

科学出版社

北京

内 容 简 介

本书将珊瑚礁作为一个系统进行了全面而深入的介绍，包括珊瑚礁的基本概念、珊瑚礁生态系统、生物多样性、地质、地貌、发育演化、环境记录、白化与生态修复、地下水资源、经济价值评估与保护管理、监测技术、岛礁工程、钙质砂的岩土力学性能等诸多方面。本书是 50 多位科技工作者在过去 20 多年的研究过程中，对国内外珊瑚礁文献进行整理和综述的基础上完成的，所述内容既清晰地阐述了珊瑚礁学科的基础知识、发展过程，也紧扣了珊瑚礁学科发展的前沿领域和最新动态，同时还涉及全球气候变暖、海平面变化、海洋酸化、碳循环、人类活动的生态影响、生态系统退化、岛礁工程建设等大众关心的科学问题。本书将有助于不同学科方向的科技人员快速了解珊瑚礁科学的内涵、精髓和前沿进展，有助于促进不同学科的交叉融合和科学发展。

本书既适于海洋、生物、环境和地质等领域的专业科技工作者和研究生、大学生使用，也是海洋管理、决策部门的重要参考资料，并可供广大海洋爱好者、生态环境保护志愿者阅读。

图书在版编目（CIP）数据

珊瑚礁科学概论/余克服主编. —北京：科学出版社，2018.9
ISBN 978-7-03-057488-6

Ⅰ．①珊⋯ Ⅱ.①余⋯ Ⅲ. ①珊瑚礁–海洋生物学–概论 Ⅳ.①P737.2

中国版本图书馆 CIP 数据核字（2018）第 107067 号

责任编辑：朱　瑾　郝晨扬 / 责任校对：郑金红
责任印制：张　伟 / 封面设计：铭轩堂

科学出版社 出版
北京东黄城根北街 16 号
邮政编码：100717
http://www.sciencep.com

北京虎彩文化传播有限公司 印刷
科学出版社发行　各地新华书店经销

*

2018 年 9 月第 一 版　　开本：889×1194　1/16
2022 年 6 月第六次印刷　　印张：37 1/2
字数：1 220 000
定价：380.00 元
(如有印装质量问题，我社负责调换)

前　言[①]

　　星罗棋布于南海的珊瑚礁是南海最重要的地质、地貌和生态特征之一，也是我国南海唯一的陆地国土类型，在维护我国海洋领土完整、行使国家主权和资源供给等方面一直发挥着重要作用。从分布面积来看，南海的珊瑚礁与澳大利亚的大堡礁大体相当，但我国珊瑚礁方面的专业人才非常少，仅相当于澳大利亚珊瑚礁专业人才的1%（我国人口总数约是澳大利亚的70倍），这在很大程度上与我国对珊瑚礁的认识和重视程度低、对珊瑚礁科学知识的普及少等因素有关；当然，缺少系统介绍珊瑚礁的书籍无疑也是导致上述现象的最主要原因之一。

　　我国珊瑚礁领域的书籍不仅太少，而且太专，这也制约着我国珊瑚礁科学知识的普及。目前我国有关珊瑚礁的书籍基本上都是围绕某一专题进行论述，如我参与撰写的《南沙群岛及其邻近礁区造礁珊瑚与环境变化的关系》《南沙群岛永暑礁新生代珊瑚礁地质》等。而珊瑚礁本身是一个系统，正如珊瑚礁区的生物多样性一样，珊瑚礁方方面面的内容都相当丰富且彼此关联，所以我国仅有的珊瑚礁专题论述著作远不能解决诸多关于珊瑚礁的疑问。我国珊瑚礁知识匮乏的问题在过去2年多的南海岛礁建设工程中突出地显现出来，如珊瑚礁区工程选址、钙质砂的施工工艺、岛礁建设过程中的生态环境保护策略等涉及大量的专业知识，根本无法从现有的、零散的著作中找到答案。同样，我国珊瑚礁领域专业人才不足的问题也在这次南海岛礁工程建设中暴露出来，我国珊瑚礁领域几位已经退休多年的老同志（有的已逾80岁高龄）还不得不多次奔赴南海岛礁建设现场进行专业指导。

　　其实，关于我国珊瑚礁领域人才不足、重视不够、满足不了国家需求的问题，我的博士研究生导师刘东生院士早在1999年就已经意识到。刘先生是我国2003年度国家最高科学技术奖获得者。1999年已82岁高龄的刘先生与我一起到南沙群岛开展珊瑚礁科学考察、采集我的博士论文所需要的珊瑚样品，历时30多天，在乘坐"实验3号"科学考察船返程途中，刘先生与我谈了不少研究方面的事情，建议我要建立中国的珊瑚礁研究中心。虽然当时我还是一名博士研究生，但那时我国研究南海珊瑚礁的博士并不多，反映了老师对我的信任与期望。2006年我应邀到北京为中国科学院研究生院的研究生做珊瑚礁研究专题讲座，20个学时的讲座结束之后我到刘先生家里拜访，刘先生又再次提及中国珊瑚礁研究中心建立一事。

　　作为学生，我对刘先生交给我的任务始终铭记于心。我理解珊瑚礁是一个系统，涉及多方面的学科领域，单凭自己一个人从事的珊瑚高分辨率环境记录或珊瑚礁地质方向建立研究中心明显不够。所以后来我自己成为研究生导师，从2003年招收研究生开始，我给研究生设计的研究方向便是多方面的，包括了珊瑚礁生态、珊瑚生长率、珊瑚礁区碳循环、珊瑚共生虫黄藻、相对高纬度珊瑚对全球变化的响应、珊瑚疾病、珊瑚对污染的记录与响应、珊瑚对全球变化的记录、珊瑚礁与海平面的关系等，并没有要求研究生围绕我承担的科研项目开展工作，目的是培养多学科方向的珊瑚礁专业人才。我自己的研究工作基本上都是从文献综述开始的，我深刻体会到文献综述是科学研究的有效捷径，这是因为在阅读和综述文献的过程中可以全面了解研究领域的来龙去脉，了解研究方向的最新进展和科学前沿，因此所开展的研究工作就不至于重复前人已有的结论，研究结果或多或少能够推进学科的发展。所以我作为导师指导研究生的工作也基本上从文献综述开始，通过文献综述把握研究领域的发展过程和未解决的科学问题，从而确定自己的研究题目。10多年坚持下来，迄今已完成关于珊瑚礁不同方向的研究综述30多篇，概括

[①] 作者：余克服，广西大学珊瑚礁研究中心，广西大学海洋学院，南宁，530004. Email: kefuyu@scsio.ac.cn; kefuyu@gxu.edu.cn

了珊瑚礁的诸多方面，如珊瑚礁区的生物多样性及其生态功能、珊瑚礁区的碳循环、珊瑚礁的白化及其生态影响、珊瑚礁区的底栖生物及其生态功能、大型海藻在珊瑚礁退化过程中的作用、珊瑚藻在珊瑚礁发育过程中的作用、珊瑚同位素对海洋酸化的记录、珊瑚元素和同位素对过去气候的记录等，大大丰富了人们对珊瑚礁的认识。

2014年初我来到广西大学，建立了"珊瑚礁研究中心"。最开始设想为"中国珊瑚礁研究中心"，但因为名称若冠以"中国"二字，则需要经过一系列的论证、审批等手续，最终选择使用"广西大学珊瑚礁研究中心"，但中心的英文名称用了 Coral Reef Research Center of China，也算大体在形式上实现了我的老师刘东生先生交给我的任务。2014年9月又成立了广西大学海洋学院，并定位"以珊瑚礁与生态环境的关系研究为主线"，则海洋学院既可成为培养珊瑚礁专业人才的基地，也是珊瑚礁科学知识传播的平台，可真正实现刘先生关于建立我国珊瑚礁研究中心的宗旨。传播珊瑚礁知识的最有效途径是为大学生开设珊瑚礁方面的课程，因此我决定给广西大学海洋学院的本科生开设"珊瑚礁科学概论"这一课程。2016年广西大学海洋学院迎来了首届本科生，共58人，接下来招生人数将逐步增加。预计10年下来，将有近千人学习珊瑚礁知识，这对我国珊瑚礁学科的发展、珊瑚礁知识的普及、南海岛礁开发与管理专业人才的补充将是一个非常可观的贡献。现在我国真正了解、接触珊瑚礁的专业人才应该不足100人。相信星星之火终可燃成燎原之势。

目前我国已出版的关于珊瑚礁的书籍不多，且专业性太强，好在过去10多年来我本人以及我指导的研究生已经完成了关于珊瑚礁不同方面的30多篇文献综述，国内珊瑚礁同行也对此给予大力支持，赵焕庭、张乔民、韦刚健、汪稔、王丽荣等纷纷提供相关的文献综述作为《珊瑚礁科学概论》的素材。每一篇综述基本上都谈到研究主题的起源、发展过程、主要结论、存在的问题和进一步突破的方向，基本上收集到了本领域最有代表性、最新的文献，读者从内容上理解起来将是一个循序渐进、逐渐深化的过程，其中既有基础性的介绍，也有科学前沿的分析，既可满足对珊瑚礁一般意义上的了解，也是深入钻研珊瑚礁科学问题的引导材料。事实上每一篇综述从确定题目到反复修改和最终定稿，差不多都历时一年甚至更长的时间。因此，这一系列的研究综述是《珊瑚礁科学概论》的宝贵材料，并使其有独到的优势。

珊瑚礁学科的内容相当丰富，而我们对珊瑚礁的认识仍然十分有限，因此《珊瑚礁科学概论》很难说已经完美，事实上还有诸多不足，如关于珊瑚本身的论述明显不足、关于珊瑚礁区的鱼类也还没有涉及等。这令我想起了博士后合作导师同济大学汪品先院士对我的指导。2004年前后基于估算南海珊瑚礁对碳循环的贡献的角度，汪老师希望我估算南海珊瑚礁的面积，但由于对南海珊瑚礁的认识非常有限，面积估算的不确定性因素太多，汪老师说："即使估算出来的面积有百分之百的误差，也是值得的，它至少为进一步完善提供了改进的基础"。《珊瑚礁科学概论》就是这样，它至少从一个系统的角度把珊瑚礁诸多方面的内容汇集起来，今后在教学和科研实践中再补充、再完善相对就容易多了。《珊瑚礁科学概论》一书出版的核心目的是为珊瑚礁学科培养人才、促进学科发展、服务国家需求。

衷心感谢50多位作者对《珊瑚礁科学概论》的贡献，书中将在每一章节以脚注形式注明这些贡献者。有的综述已经被《生态学报》《热带地理》《热带海洋学报》等发表，我们也都同时注明出处并且在这里感谢这些刊物对珊瑚礁科学知识传播的贡献。考虑到每一个章节都是一个自圆其说的独立体系，我们尽可能尊重原文的完整性，即使有一些章节谈到了相似的主题，或者用到了不一致的数据（如关于珊瑚礁的面积，不论是区域性的还是全球的，因为统计方法不同等，迄今并无定论），我们也尽可能维持原状，参考文献也都直接附录在每一个章节的后面，使每一个章节都具有可读性。

感谢多年来支持我进行珊瑚礁科学研究的一系列科研项目，包括国家自然科学基金重点项目"全新世特征时期年际—年代际气候变化的南海珊瑚记录"（2003～2006年）、"全新世南海珊瑚礁白化的频率与恢复周期"（2009~2012 年）、"珊瑚礁千米深钻记录的西沙碳酸盐台地形成演化和环境变迁史"（2015~2018 年），国家杰出青年基金项目"第四纪地质学"（2011~2014 年），国家重大科学研究计划项目"南海珊瑚礁对多尺度热带海洋环境变化的响应、记录与适应对策研究"（2013~2017 年），科技部重大基础研究前期专项"南海珊瑚礁记录的全新世冷、暖气候事件及其生态影响"（2003~2005 年），973 计划项目课题"热带海洋珊瑚礁台地与碳循环"（2007~2011 年），国家海洋公益性行业科研专项项目"海南热带海洋生态资源可持续利用模式的研究"（2007~2010 年），中国科学院知识创新工程重要方向性项目"南海珊瑚礁记录之 4000 年来年代际温度过程与生态响应"（2007~2009 年），国家科技支撑计划课题"南沙海区珊瑚礁生态与工程地质环境调查技术及应用研究"（2006~2008 年），广西"珊瑚礁资源与环境"八桂学者项目（2014~2019 年）等。没有这些科研项目的支撑，我们就无法亲临珊瑚礁现场了解和研究珊瑚礁，无法培养这么多的研究生，当然也无法完成这么多的文献综述。

感谢左秀玲博士，她耐心地将不同作者撰写的内容进行了收集、整理、编辑和校对，使零散分布的内容成为一个整体，并对不少图、表进行了重新清绘。也感谢许莉佳博士及广西大学海洋学院的研究生姚秋翠、覃祯俊、廖芝衡、陈飚、党少华、覃业曼、刘文会、罗燕秋、骆雯雯、张惠雅、李雷云、江蕾蕾等参与书稿的校对。

前面介绍了这么多关于《珊瑚礁科学概论》一书出版的缘由，那么珊瑚礁究竟有多重要呢？

以造礁珊瑚为核心的珊瑚礁生态系统具有丰富的生物多样性、极高的初级生产力、快速的物质循环等特点，被称为"蓝色沙漠中的绿洲""海洋中的热带雨林"，迄今为止地球上还没有发现像珊瑚礁一样支持众多物种的其他生态系统。因此长期以来，人们一直以"生态关键区"（ecologically critical area）来看待珊瑚礁生态系统。除了具有极高的生物多样性、丰富的资源（如海产品、药品、建筑和工业原材料等）之外，珊瑚礁还具有科学研究以及防浪护岸、保护环境、休闲娱乐等众多功能。据初步统计，健康的珊瑚礁每年每平方千米产鱼 35t，全球约 10%的经济鱼类来源于珊瑚礁区，而全球 5 亿人不同程度地依赖于珊瑚礁获得食物[1]。

从科学研究的角度来看，对环境变化极其敏感的珊瑚礁还是一系列环境信息的重要载体，是新物种、新基因、新药品等的重要源地，直接参与全球碳循环。珊瑚礁独特的海（海洋）-陆（岛屿）-空（大气）三维结构，使它与一系列的学科如地质、地理、工程、环境、生物、生态、水文、气象、遥感、物理、化学、药物学、天文、考古等直接相关，近年来深水机器人的试验也选择在珊瑚礁区，深海研究也以珊瑚礁为依托。从全球变化的角度来看，珊瑚礁作为高分辨率环境变化的重要载体，对揭示气候变化过程、事件和机制等做出了重要贡献。在国际顶级科学刊物 Science 和 Nature 上平均每年至少有 20 篇与珊瑚礁研究相关的报道；我国南海珊瑚礁的初步研究已经显示出了其在风暴、海平面、温度和厄尔尼诺（El Niño）等高分辨率环境记录研究中的巨大潜力。

全球变化是当今社会的热点，与人类的生存息息相关。从全球变化的角度来说，热带海洋珊瑚礁一直是优先关注的重点对象，主要有以下几个方面的原因。

第一，珊瑚礁对全球环境和人类社会的极端重要性。分布于热带海洋的珊瑚礁，是集生态资源、环境调节、休闲娱乐、海岸保护、国土安全、矿产油气和科学文化等于一体的重要的海洋生态系统，对人类社会和海洋生态环境的健康与可持续发展起着至关重要的作用。虽然分布于 110 个国家的珊瑚礁只占全球海域总面积的约 0.5%，但珊瑚礁区的生物种类则占海洋生物总量的 30%，包括 4000 多种鱼类和 800 多种珊瑚[2,3]。在陆地资源日益短缺的今天，热带海洋的珊瑚礁理应发挥越来越重要的作用。

第二，珊瑚礁对全球变化的敏感性和脆弱性。高生物多样性、高经济价值的珊瑚礁生态系统，在全球变化影响下，近几十年来处于急剧退化之中，被预言可能是因为全球变化而失去的第一个生态系统。从最能反映珊瑚礁健康状况的指标——活珊瑚覆盖度来看，世界上对珊瑚礁保护最好的澳大利亚大堡礁在 1960~2003 年活珊瑚覆盖度从约 50%下降到约 20%[4]，加勒比海珊瑚礁区在 1977~2001

年活珊瑚覆盖度从约 50%下降到约 10%[5]。从最能反映珊瑚健康状况的指标——珊瑚钙化率来看，跨度约 2000km 的大堡礁自 1990 年以来珊瑚钙化率下降了 14.2%，这种大幅度的下降是过去 400 年来从未出现过的现象[6]。全球已知的 845 种珊瑚中，约 1/3 的种类（32.8%）面临灭绝的威胁[3]。对全球而言，约 20%的珊瑚礁已经彻底消失，约 25%的珊瑚礁处于威胁状态，约 60%的珊瑚礁可能在 2030 年消失，现在世界上没有完好保存的珊瑚礁[7, 8]，全球变化引起的海水变暖和酸化被认为是导致珊瑚礁退化的最主要原因。许多研究预测显示，若全球变化趋势得不到有效控制，则珊瑚礁难以幸存至 21 世纪末[9-13]。

第三，珊瑚礁是记录全球变化的重要载体，能够准确记录不同时间尺度热带海洋环境的变化过程及其与全球变化相互作用的机制。珊瑚具有对环境变化极其敏感（如高温将导致珊瑚热白化、低温将导致珊瑚冷白化、海水酸化将减缓珊瑚钙化等）、年生长量大（块状珊瑚每年长 1~2cm，记录环境信息的时间分辨率可达月；枝状珊瑚生长更快）、年际界线清楚（像树轮一样）、连续生长时间长（一般块状珊瑚可连续生长 200~300 年，最长达 800 年左右）、环境信息记录准确（如珊瑚骨骼 Sr/Ca 记录月分辨率海水温度的准确度高于±0.5℃[14]、文石质骨骼适合高精度的铀系测年（如 12 年±1 年）、分布广等特点[15]，是高分辨率地记录过去环境变化过程的重要载体，并在揭示低纬度热带海区环境变化过程及其在全球气候变化中的作用等方面发挥着重要功能。例如，印度洋近 194 年的珊瑚 $\delta^{18}O$ 的记录显示太平洋可能通过厄尔尼诺-南方涛动（ENSO）遥相关驱动其他区域年代际气候变化，南太平洋近 271 年珊瑚的 Sr/Ca 记录显示热带驱动是太平洋年代际尺度气候变化的重要驱动机制[16]，大堡礁近 420 年珊瑚的 Sr/Ca、U/Ca 和 $\delta^{18}O$ 的组合研究显示全球小冰期气候在一定程度上是热带太平洋水汽加强向极地传输所致[17]。总之，来源于热带的、非常有限的珊瑚记录业已揭示出低纬度热带海区在全球气候变化中起着相当关键的作用！因此，世界上一些大型的气候研究计划[如气候变率与可预测性研究计划（CLVAR）]都明确指出，在低纬度海区应该用珊瑚作为载体重建过去年际到年代际的气候序列。

从我国南海珊瑚礁的角度来看，珊瑚礁是南海最重要、最具特色的生态系统，直接影响到我国南海海域约 3 000 000km^2 的生态特征。从近赤道的曾母暗沙（约 4°N），到南海北部雷州半岛、涠洲岛（20°N~21°N）以及台湾南岸恒春半岛（24°N）都分布着珊瑚礁；从分布区域来看，我国南海珊瑚礁可大体分为南沙群岛、西沙群岛、中沙群岛、东沙群岛、海南岛、台湾岛和华南大陆沿岸等七大区域；包括环礁、台礁和岸礁等多种类型；其发育历史可追溯至早中新世或晚渐新世。与世界其他海域的珊瑚礁一样，南海珊瑚礁一直在南海的生物多样性维护、生态资源供给等方面发挥着极其重要的作用。在当今全球珊瑚礁急剧退化的大环境下，南海珊瑚礁也未能幸免，其退化速率甚至高于全球平均值。例如，从最能反映珊瑚礁健康状况的活珊瑚覆盖度这一指标来看，南海北部大亚湾海区活珊瑚覆盖度从 1977 年的 77%下降到 2008 年的 15%[18]，海南三亚鹿回头岸礁从 1960 年的 80%~90%下降到 2009 年的 12%[19]，西沙群岛永兴岛从 1980 年的 90%下降到 2008~2009 年的 20%[20]，总体来说这三个礁体活珊瑚覆盖度在过去 50 年内下降都达 80%以上[21]，严重影响到了南海的生态安全。研究的这三个礁体只是南海珊瑚礁的缩影，今天的南海已经没有了原始状态的珊瑚礁。

因此需要对南海珊瑚礁生态系统及其生态功能给予高度关注，迫切需要一批专业人才来规划、管理、保护和可持续开发利用南海的珊瑚礁。希望《珊瑚礁科学概论》能够发挥这一作用。

参 考 文 献

[1] Wilkinson C. Status of coral reefs over the world: 2008 global coral reef monitoring network and reef and rainforest research centre. Coral Reefs, 2008: 296.
[2] Normile D. Bringing coral reefs back from the living dead. Science, 2009, 325(5940): 559-561.
[3] Carpenter K E, Abrar M, Aeby G, et al. One-third of reef-building corals face elevated extinction risk from climate change and

local impacts. Science, 2008, 321(5888): 560-563.
[4] Bellwood D R, Hughes T P, Folke C, et al. Confronting the coral reef crisis. Nature, 2004, 429(6994): 827-833.
[5] Gardner T A, Côté I M, Gill J A, et al. Long-term region-wide declines in Caribbean corals. Science, 2003, 301(5635): 958-960.
[6] De'Ath G, Lough J M, Fabricius K E. Declining coral calcification on the Great Barrier Reef. Science, 2009, 323(5910): 116-119.
[7] Riegl B, Bruckner A, Coles S L, et al. Coral reefs: threats and conservation in an era of global change. Annals of the New York Academy of Sciences, 2009, 1162(1): 136-186.
[8] Hughes T P, Baird A H, Bellwood D R, et al. Climate change, human impacts, and the resilience of coral reefs. Science, 2003, 301(5635): 929-933.
[9] Lesser M P. Coral reef bleaching and global climate change: can corals survive the next century? Proceedings of the National Academy of Sciences of the United States of America, 2007, 104(13): 5259-5260.
[10] Buddemeier R W, Lane D R, Martinich J A. Modeling regional coral reef responses to global warming and changes in ocean chemistry: Caribbean case study. Climatic Change, 2011, 109(3-4): 375-397.
[11] Hoegh-Guldberg O. Climate change and coral reefs: Trojan horse or false prophecy? Coral Reefs, 2009, 28(3): 569-575.
[12] Pandolfi J M, Bradbury R H, Sala E, et al. Global trajectories of the long-term decline of coral reef ecosystems. Science, 2003, 301(5635): 955.
[13] Cantin N E, Cohen A L, Karnauskas K B, et al. Ocean warming slows coral growth in the Central Red Sea. Science, 2010, 329(5989): 322-325.
[14] Beck J W, Edwards R L, Ito E, et al. Sea-surface temperature from coral skeletal strontium/calcium ratios. Science, 1992, 257(5070): 644-647.
[15] Yu K F, Zhao J X, Wei G J, et al. Mid-late Holocene monsoon climate retrieved from seasonal Sr/Ca and $\delta^{18}O$ records of *Porites lutea*, corals at Leizhou Peninsula, northern coast of South China Sea. Global and Planetary Change, 2005, 47(2-4): 301-316.
[16] Linsley B K, Wellington G M, Schrag D P. Decadal sea surface temperature variability in the subtropical South Pacific from 1726 to 1997 AD. Science, 2000, 290(5494): 1145-1148.
[17] Hendy E J, Gagan M K, Alibert C A, et al. Abrupt decrease in tropical Pacific sea surface salinity at end of little ice age. Science, 2002, 295(5559): 1511-1514.
[18] Chen T R, Yu K F, Shi Q, et al. Twenty-five years of change in scleractinian coral communities of Daya Bay (northern South China Sea) and its response to the 2008 AD extreme cold climate event. Chinese Science Bulletin, 2009, 54(12): 2107-2117.
[19] Zhao M X, Yu K, Zhang Q, et al. Long-term decline of a fringing coral reef in the northern South China Sea. Journal of Coastal Research, 2012, 28(5): 1088-1099.
[20] Shi Q, Liu G H, Yan H Q, et al. Black disease (*Terpios hoshinota*): a probable cause for the rapid coral mortality at the northern reef of Yongxing Island in the South China Sea. Ambio, 2012, 41(5): 446-455.
[21] Yu K F. Coral reefs in the South China Sea: their response to and records on past environmental changes. Science China Earth Sciences, 2012, 55(8): 1217-1229.

目　　录

第一章　珊瑚礁及其形成演化 ... 1
第一节　珊瑚礁的定义与类型 ... 1
参考文献 ... 2
第二节　珊瑚的基本结构及生理特点 ... 2
参考文献 ... 5
第三节　石珊瑚的形态、分布与主要属种 ... 6
一、珊瑚的主要形状 ... 6
二、珊瑚的主要地理分布 ... 7
三、常见珊瑚属 ... 7
参考文献 ... 11
第四节　珊瑚礁形成机制 ... 11
一、珊瑚礁形成的学说 ... 12
二、区域珊瑚礁形成机制的研究 ... 16
三、结论 ... 19
参考文献 ... 19

第二章　珊瑚礁地貌 ... 22
第一节　环礁地貌与现代沉积 ... 22
一、南沙群岛环礁地貌带的划分 ... 22
二、环礁的现代沉积特征 ... 24
参考文献 ... 26
第二节　灰沙岛地貌与现代沉积 ... 27
一、永兴岛的地貌 ... 27
二、永兴岛现代沉积分布 ... 28
三、生物组分在各地貌-沉积带的特征 ... 32
四、讨论 ... 32
参考文献 ... 34
第三节　华南珊瑚礁的海岸生物地貌过程 ... 34
参考文献 ... 37

第三章　珊瑚礁生态系 ... 39
第一节　珊瑚礁生态系的一般特点 ... 39
一、珊瑚礁生态系的概念 ... 39
二、珊瑚礁生态系的类型与地理分布 ... 39

三、珊瑚礁生态系的结构和功能 ··· 40
　　四、影响珊瑚礁生态系稳定的生态压力 ··· 43
　　五、珊瑚礁生态系的保护和管理 ··· 43
　　参考文献 ··· 44
第二节　珊瑚礁区的生物多样性及其生态功能 ··· 45
　　一、珊瑚礁生物的物种多样性 ··· 45
　　二、珊瑚礁生物多样性的空间特征 ··· 46
　　三、珊瑚礁的生态功能 ··· 46
　　四、珊瑚礁生物多样性研究发展趋势 ··· 48
　　五、我国珊瑚礁生物多样性研究概况和展望 ··· 50
　　参考文献 ··· 51
第三节　珊瑚藻在珊瑚礁发育过程中的作用 ··· 53
　　一、珊瑚藻的一般特征 ··· 54
　　二、珊瑚礁生态系统中珊瑚藻的研究 ··· 56
　　三、珊瑚藻对珊瑚礁发育的作用 ··· 56
　　四、问题及展望 ··· 58
　　五、结论 ··· 59
　　参考文献 ··· 59
第四节　珊瑚礁区草皮海藻的生态功能 ··· 61
　　一、草皮海藻的概述 ··· 62
　　二、珊瑚礁区草皮海藻的生态功能 ··· 64
　　三、问题与展望 ··· 67
　　参考文献 ··· 68
第五节　大型海藻在珊瑚礁退化过程中的作用 ··· 72
　　一、珊瑚礁中的海藻 ··· 72
　　二、珊瑚礁退化概况 ··· 73
　　三、大型海藻在珊瑚礁退化中的表现 ··· 73
　　四、大型海藻对珊瑚的直接影响 ··· 74
　　五、大型海藻与珊瑚的竞争机制 ··· 76
　　六、研究展望 ··· 77
　　参考文献 ··· 78
第六节　珊瑚礁区底栖动物群落的特点及其生态功能 ··· 80
　　一、珊瑚礁区底栖动物群落的总体特点 ··· 81
　　二、珊瑚礁区底栖动物的生态功能 ··· 83
　　三、全球变化和人类活动对珊瑚礁区底栖动物的生态影响 ································· 84
　　四、我国珊瑚礁区底栖动物研究现状 ··· 87
　　参考文献 ··· 89

第七节　珊瑚礁区海胆的生态功能 ···93
　　一、珊瑚礁海胆的种类、形态特征及其生活习性 ···93
　　二、海胆的化学成分及活性 ···95
　　三、海胆对珊瑚礁区海藻的生态影响 ···95
　　四、海胆对珊瑚礁区珊瑚的生态影响 ···97
　　五、海胆对珊瑚礁区其他动物的影响 ···97
　　六、海胆密度与珊瑚礁系统健康的关系 ··98
　　七、影响海胆在珊瑚礁生态系统中分布和丰度的因素 ···98
　　八、总结 ··100
　　参考文献 ··100
第八节　珊瑚礁区的有孔虫及其环境指示意义 ···103
　　一、珊瑚礁区现代有孔虫的物种多样性与组合特征 ···103
　　二、珊瑚礁区有孔虫对环境的响应与记录 ··105
　　三、有孔虫对珊瑚礁生态系统健康状况的指示 ···109
　　参考文献 ··109

第四章　珊瑚共生微生物
　　一、引言 ··115
　　二、珊瑚共生微生物的研究方法 ···115
　　三、珊瑚共生微生物的多样性 ··117
　　四、珊瑚共生微生物的环境响应 ···118
　　五、珊瑚益生菌假说 ···119
　　六、珊瑚共生微生物资源的开发与利用 ···120
　　七、展望 ··121
　　参考文献 ··122

第五章　珊瑚黏液及其功能
　　一、珊瑚黏液层的形成过程 ···126
　　二、珊瑚黏液的组成 ···127
　　三、珊瑚黏液的生物学功能 ···128
　　四、结论与展望 ···130
　　参考文献 ··130

第六章　珊瑚礁白化研究进展
　　一、珊瑚虫和虫黄藻共生：珊瑚礁发育的最基本生态特征 ·······································133
　　二、珊瑚礁白化的诱发因素 ···135
　　三、珊瑚礁白化机制 ···137
　　四、珊瑚礁白化后的恢复 ··138
　　五、珊瑚礁白化的生态影响 ···139

六、珊瑚礁对全球变化的可能适应 ······ 140
　　七、我国珊瑚礁白化的研究现状 ······ 140
　　八、结论 ······ 141
　　参考文献 ······ 141

第七章 珊瑚疾病的主要类型、生态危害及其与环境的关系 ······ 145
　　一、珊瑚疾病的主要类型 ······ 146
　　二、珊瑚疾病的生态危害 ······ 150
　　三、珊瑚疾病与环境的关系 ······ 151
　　四、珊瑚礁疾病研究对我国现代珊瑚礁学科发展的启示 ······ 154
　　五、结论 ······ 155
　　参考文献 ······ 155

第八章 珊瑚礁生态系统服务及其价值 ······ 159
　第一节 珊瑚礁生态系统服务及其价值评估 ······ 159
　　一、引言 ······ 159
　　二、珊瑚礁生态系统服务 ······ 160
　　三、珊瑚礁生态系统服务价值 ······ 161
　　四、珊瑚礁生态系统价值的评价方法 ······ 162
　　五、中国珊瑚礁生态系统服务及其价值的研究概况与前景 ······ 164
　　参考文献 ······ 164
　第二节 南海珊瑚礁经济价值评估 ······ 166
　　一、研究区域概况 ······ 167
　　二、研究方法 ······ 167
　　三、结果与分析 ······ 167
　　四、讨论 ······ 170
　　参考文献 ······ 171

第九章 珊瑚礁区碳循环研究进展 ······ 173
　　一、珊瑚礁区海-气界面CO_2交换 ······ 173
　　二、珊瑚礁区海水中碳的迁移转化 ······ 174
　　三、珊瑚礁区海水-沉积物界面间碳的迁移转化 ······ 176
　　四、珊瑚礁区碳循环的影响因素 ······ 177
　　五、生物在珊瑚礁区碳循环中的作用 ······ 179
　　六、研究展望 ······ 179
　　参考文献 ······ 180

第十章 珊瑚礁生态系统氮循环 ······ 182
　　一、珊瑚礁与营养盐 ······ 182
　　二、珊瑚礁氮循环 ······ 183

参考文献 189

第十一章 珊瑚礁与海洋环境 196
第一节 珊瑚礁区海洋环境要素概况 196
参考文献 199
第二节 消失的珊瑚礁 201
参考文献 204
第三节 海洋酸化对造礁珊瑚的影响 204
一、CO_2浓度变化对海洋碳酸盐系统的影响 204
二、CO_2浓度变化对造礁珊瑚的影响 205
参考文献 208
第四节 重金属对珊瑚生长的影响研究综述 210
一、引言 210
二、重金属对珊瑚的影响 211
三、珊瑚对重金属污染的历史记录 214
四、结论 215
参考文献 215

第十二章 珊瑚对海洋环境变化的记录 218
第一节 珊瑚骨骼生长研究评述 218
一、珊瑚骨骼架构 218
二、珊瑚骨骼生长的周期性 220
三、块状珊瑚骨骼密度变化 220
四、珊瑚骨骼钙化作用 224
五、结语 225
参考文献 225
第二节 利用珊瑚生长率重建西沙海域中晚全新世海温变化 228
一、研究区域、样品和方法 228
二、珊瑚生长率温度计的构建 229
三、结果与讨论 230
四、西沙海域海水表层温度变化的驱动机制 233
五、结论 234
参考文献 234
第三节 造礁珊瑚 $\delta^{18}O$ 记录的过去气候研究进展 236
参考文献 240
第四节 造礁珊瑚骨骼 $\delta^{13}C$ 及其反映的环境信息研究概况 241
一、影响造礁珊瑚骨骼 $\delta^{13}C$ 的环境因素 242
二、珊瑚骨骼 $\delta^{13}C$ 反映的环境信息 243
三、珊瑚骨骼 $\delta^{13}C$ 与 $\delta^{18}O$ 的关系及其反映的环境信息 244

参考文献	245

第五节　造礁珊瑚骨骼碳同位素组成研究进展 ... 246
　一、引言 ... 246
　二、造礁珊瑚骨骼 ^{13}C 的影响因素 ... 247
　三、造礁珊瑚骨骼 δ^{13}C 对环境变化的记录 ... 255
　四、小结 ... 258
　参考文献 ... 258

第六节　珊瑚骨骼 Sr/Ca 温度计 ... 261
　一、珊瑚骨骼 Sr/Ca 值与海水表层温度关系的研究 ... 261
　二、珊瑚骨骼的 Sr/Ca 古温度计中存在的问题 ... 263
　三、影响珊瑚骨骼 Sr/Ca 值的可能因素 ... 263
　参考文献 ... 264

第七节　热带海洋气候环境变化的珊瑚地球化学记录 ... 264
　一、热带海洋气候环境变化研究中常用的珊瑚地球化学指标 ... 265
　二、珊瑚地球化学指标对热带海洋气候变化的记录 ... 268
　三、珊瑚地球化学指标对海水环境变化的记录 ... 275
　四、我国南海珊瑚对气候环境演变的记录 ... 276
　五、存在的问题和未来的发展方向 ... 281
　参考文献 ... 282

第八节　造礁珊瑚碳、氮、硼同位素的海洋酸化指示意义 ... 288
　一、海洋酸化与海洋碳酸盐平衡体系的改变 ... 288
　二、造礁珊瑚对海洋酸化的响应 ... 289
　三、珊瑚骨骼同位素指标对海洋酸化的记录 ... 290
　四、结论与展望 ... 292
　参考文献 ... 293

第九节　珊瑚礁对赤潮的响应与记录 ... 295
　一、赤潮发生的机制和水化学特征 ... 296
　二、赤潮的生态影响与珊瑚礁对赤潮的响应 ... 297
　三、珊瑚骨骼对赤潮的记录 ... 297
　四、结语和展望 ... 300
　参考文献 ... 300

第十节　稀土元素地球化学在珊瑚礁环境记录中的研究 ... 302
　一、珊瑚礁稀土元素记录的原理及应用 ... 303
　二、珊瑚礁稀土元素记录环境指标的局限性 ... 308
　三、珊瑚礁稀土元素研究展望 ... 308
　四、结语 ... 309
　参考文献 ... 310

第十一节　荧光分析方法在古环境分析中的应用 ··· 314
　　一、珊瑚骨骼中黄-绿荧光带的发现及其形成原因 ·· 314
　　二、导致珊瑚骨骼中黄-绿荧光带的富啡酸来源于陆地 ······································ 315
　　三、珊瑚骨骼黄-绿荧光带与陆地降雨量之间关系的研究 ···································· 315
　　四、光分析方法在古环境研究中的应用 ·· 317
　　五、注意的问题和应用前景 ·· 318
　　参考文献 ·· 318
第十二节　用珊瑚研究过去的地震 ·· 318
　　一、用珊瑚研究过去地震的原理 ·· 319
　　二、研究实例 ·· 319
　　参考文献 ·· 320
第十三节　微环礁的高分辨率海平面指示意义 ·· 320
　　一、微环礁的定义和特征 ·· 320
　　二、微环礁记录海平面的原理 ·· 322
　　三、微环礁记录海平面的研究进展 ·· 324
　　四、结语和研究展望 ·· 326
　　参考文献 ·· 326
第十四节　南海周边中全新世以来的海平面变化研究进展 ····································· 329
　　一、全新世古海平面研究的标志物 ·· 329
　　二、南海周边地区的全新世高海平面证据 ·· 330
　　三、研究热点与争议 ·· 331
　　四、问题与探讨 ·· 334
　　五、结语 ·· 336
　　参考文献 ·· 336

第十三章　南海相对高纬度珊瑚对海洋环境变化的响应和高分辨率记录 ························· 339
　　一、相对高纬度珊瑚的研究意义 ·· 339
　　二、南海北部相对高纬度珊瑚礁和珊瑚群落 ·· 340
　　三、气候变暖和极端事件在珊瑚骨骼中的记录信号 ·· 340
　　四、珊瑚骨骼元素地球化学指标对水环境变化的高分辨率记录 ······························· 342
　　五、亚热带珊瑚 Sr/Ca-SST 温度计的建立 ··· 343
　　参考文献 ·· 344

第十四章　全新世珊瑚礁的发育概况及其记录的环境信息 ····································· 347
　　一、引言 ·· 347
　　二、全新世珊瑚礁的发育概况 ·· 347
　　三、全新世珊瑚礁对环境变化的记录 ·· 354
　　四、结论 ·· 357
　　参考文献 ·· 357

第十五章　南海珊瑚礁及其对全新世环境变化的记录和响应 ··· 361
　　一、南海珊瑚礁的分布与生态现状 ··· 361
　　二、南海珊瑚礁记录的环境变化过程 ··· 363
　　三、南海珊瑚礁对历史时期气候变化的响应规律 ··· 367
　　四、结论 ··· 369
　　参考文献 ··· 370

第十六章　冷水珊瑚礁研究进展与评述 ··· 373
　　一、冷水珊瑚礁的重要性 ··· 373
　　二、国际冷水珊瑚礁研究动态 ··· 374
　　三、展望 ··· 376
　　参考文献 ··· 376

第十七章　珊瑚礁的成岩作用 ··· 380
　　一、珊瑚礁的现代沉积特征 ··· 381
　　二、主要成岩作用过程 ··· 381
　　三、成岩作用的发育模式 ··· 388
　　四、成岩作用的古气候、古环境意义 ··· 389
　　五、结语 ··· 391
　　参考文献 ··· 391

第十八章　珊瑚礁区的海滩岩及其记录的环境信息 ··· 396
　　一、引言 ··· 396
　　二、珊瑚礁区海滩岩的岩石学特征 ··· 397
　　三、珊瑚礁区海滩岩的形成机制 ··· 402
　　四、珊瑚礁区海滩岩的环境意义 ··· 404
　　五、结论 ··· 406
　　参考文献 ··· 406

第十九章　珊瑚礁地下水 ··· 409
第一节　珊瑚礁岛屿淡水透镜体研究综述 ··· 409
　　一、淡水透镜体的形成 ··· 409
　　二、淡水透镜体形成发育的影响因素 ··· 411
　　三、自然和人为因素对淡水透镜体的压力 ··· 413
　　四、淡水透镜体的研究模型 ··· 415
　　五、我国对珊瑚礁岛屿淡水透镜体的研究 ··· 416
　　六、展望 ··· 417
　　参考文献 ··· 417

第二节　南海诸岛灰沙岛淡水透镜体研究述评 ··· 420
　　一、淡水透镜体的理论 ··· 421
　　二、永兴岛地质地貌环境 ··· 421
　　三、永兴岛淡水透镜体 ··· 424

四、南海珊瑚礁灰沙岛淡水透镜体的开发利用问题 ································· 427
　　五、结论 ·· 428
　参考文献 ·· 429

第二十章　珊瑚礁工程 ··· 431
第一节　珊瑚礁工程地质研究的内容和方法 ····································· 431
　　一、珊瑚礁工程地质研究内容 ·· 431
　　二、珊瑚礁工程地质研究方法 ·· 433
　　三、结语 ·· 435
　参考文献 ·· 435
第二节　珊瑚礁岩土的工程地质特性研究进展 ····································· 436
　　一、引言 ·· 436
　　二、珊瑚礁岩土的组成 ··· 436
　　三、珊瑚礁钙质砂的物理性质 ·· 436
　　四、珊瑚礁钙质砂的静力学特性 ··· 437
　　五、珊瑚礁岩土中的桩基工程特性 ·· 438
　　六、珊瑚礁混凝土的特性 ·· 439
　　七、珊瑚岩土固结成岩后的工程特性 ··· 440
　　八、珊瑚礁岩土工程研究展望 ·· 440
　参考文献 ·· 441
第三节　钙质砂的工程性质研究进展与展望 ······································ 443
　　一、引言 ·· 443
　　二、钙质砂的成因与分布 ·· 443
　　三、钙质砂的力学特性 ··· 443
　　四、钙质砂的特殊力学性能 ··· 445
　　五、钙质砂中的基础类型 ·· 446
　　六、珊瑚礁上修建大型工程的探讨 ·· 447
　　七、钙质砂的研究展望 ··· 447
　参考文献 ·· 447
第四节　钙质砂中的桩基工程研究进展述评 ······································ 449
　　一、引言 ·· 449
　　二、桩基场址岩土工程调查和现场测试 ·· 450
　　三、桩侧摩阻力特性 ·· 451
　　四、桩端阻力性状 ·· 453
　　五、水平承载特性 ·· 455
　　六、其他特性简述 ·· 456
　　七、结论与展望 ··· 456
　参考文献 ·· 456

第五节 南沙群岛永暑礁工程地质特性	458
一、永暑礁地质条件	458
二、原位测试结果及分析	460
三、浅层地震勘探	461
四、礁体工程地质稳定性	461
五、工程地质原理对礁体成长过程初评	462
六、结论	462
参考文献	462

第二十一章 珊瑚礁监测技术 463

第一节 叶绿素荧光技术在珊瑚礁研究中的应用	463
一、叶绿素荧光动力学原理	464
二、叶绿素荧光技术在造礁珊瑚研究中的应用	464
三、展望	468
参考文献	468
第二节 叶绿素荧光技术在珊瑚共生虫黄藻微观生态研究中的应用与前景	471
一、珊瑚共生藻光合作用的周期性变化	471
二、珊瑚共生虫黄藻的光驯化现象及内在机制	472
三、珊瑚共生藻光合作用对环境胁迫的响应	473
四、珊瑚共生藻叶绿素荧光值在指示、监测珊瑚礁健康状况中的应用前景	474
五、小结	475
参考文献	475
第三节 分子标记技术在珊瑚群体遗传学中的应用	477
一、引言	477
二、第一代分子标记	477
三、第二代分子标记	478
四、第三代分子标记	481
五、结论与展望	483
参考文献	484
第四节 珊瑚礁生态的遥感监测方法	486
一、引言	486
二、遥感监测珊瑚白化预警	487
三、遥感监测珊瑚礁变化检测	488
四、遥感监测珊瑚礁底质识别与统计	488
五、国产卫星与珊瑚礁生态的遥感监测	491
六、结论与展望	491
参考文献	492
第五节 遥感技术在珊瑚礁研究和管理中的应用	495
一、引言	495

二、遥感在珊瑚礁专题图制作中的应用 496
　　三、遥感在珊瑚礁生态变化监测中的应用 499
　　四、遥感在珊瑚礁环境因子检测中的应用 500
　　五、结论 501
　　参考文献 502
　第六节　^{15}N 稳定同位素在珊瑚礁研究中的应用 503
　　一、珊瑚生态现状与环境（水体溶解态、颗粒态和珊瑚共生体的 $\delta^{15}N$） 505
　　二、珊瑚礁区的食物网（食物链中各营养级的 $\delta^{15}N$） 506
　　三、沉积物氮循环（沉积物间隙水中的 $\delta^{15}N$） 507
　　四、珊瑚对古环境的历史记录（珊瑚骨骼中的 $\delta^{15}N$） 508
　　五、展望 509
　　参考文献 509

第二十二章　中国珊瑚礁研究 513
　第一节　中国珊瑚礁分布和资源特点 513
　　一、引言 513
　　二、中国珊瑚礁类型和分布 513
　　三、中国珊瑚礁资源特点 515
　　四、中国珊瑚礁保护管理 516
　　参考文献 516
　第二节　我国生物礁研究的发展 517
　　一、我国古代生物礁研究的发展 517
　　二、我国现代珊瑚礁研究的兴起 517
　　三、我国现代珊瑚礁研究现状 518
　　参考文献 521
　第三节　中国现代珊瑚礁研究 524
　　一、引言 524
　　二、珊瑚礁的概念 524
　　三、中国现代珊瑚礁的分布 525
　　四、中国现代珊瑚礁研究的成就与发展问题 526
　　五、结语 530
　　参考文献 531
　第四节　北部湾涠洲岛珊瑚礁的研究历史、现状与特色 533
　　一、涠洲岛珊瑚礁的研究历史 534
　　二、涠洲岛珊瑚礁的生态现状 537
　　三、结语 539
　　参考文献 539
　第五节　三亚鹿回头珊瑚礁生物多样性面临的威胁 541
　　一、破坏和衰退历史 541

二、最新监测调查研究 ... 542
三、高生物多样性 ... 542
四、面临的威胁 ... 542
五、关于保护管理的建议 ... 543
参考文献 ... 543

第二十三章 珊瑚礁保护与管理 ... 545
第一节 珊瑚礁生态保护与管理研究 ... 545
一、引言 ... 545
二、全球珊瑚礁生态健康状况 ... 545
三、珊瑚礁生态管理的现状 ... 546
四、珊瑚礁生态保护和管理的目标和原则 ... 547
五、珊瑚礁生态管理的方法 ... 547
六、灯楼角区域珊瑚礁生态保护和管理措施 ... 548
七、结语 ... 550
参考文献 ... 550

第二节 全球珊瑚礁监测与管理保护评述 ... 551
一、对全球尺度珊瑚礁现状的关注 ... 551
二、全球珊瑚礁监测体系的形成 ... 552
三、全球珊瑚礁健康状况评估和趋势预测 ... 553
四、全球珊瑚礁图集和面积量算 ... 555
五、全球变化对珊瑚礁的影响 ... 555
六、与管理保护有关的珊瑚礁生态学研究 ... 556
七、珊瑚礁管理保护新策略 ... 556
参考文献 ... 557

第三节 南海诸岛珊瑚礁可持续发展 ... 558
一、珊瑚礁可持续发展的概念 ... 559
二、珊瑚礁可持续发展的方法 ... 560
三、南海诸岛珊瑚礁资源的可持续利用潜力 ... 563
四、南海诸岛珊瑚礁可持续发展面临的压力 ... 566
五、南海诸岛珊瑚礁可持续发展途径 ... 567
六、讨论 ... 567
参考文献 ... 568

第二十四章 珊瑚礁生态修复的理论与实践 ... 571
一、珊瑚礁生态修复的理论 ... 571
二、珊瑚礁生态修复的实践 ... 573
三、结论与展望 ... 576
参考文献 ... 576

第一章

珊瑚礁及其形成演化

第一节 珊瑚礁的定义与类型[①]

珊瑚礁是以造礁珊瑚（scleractinian coral）的石灰质骨骼为主体，与珊瑚藻、仙掌藻、软体动物壳、有孔虫等钙质生物堆积而形成的一种岩石体，主要成分是碳酸钙（$CaCO_3$）。以珊瑚礁岩体为依托而发育的生态系统则为珊瑚礁生态系统。造礁珊瑚是珊瑚礁生态系统的最主要成分，它是一类低等无脊椎动物，生活于热带浅海底，在动物分类学上属于刺胞动物门珊瑚虫纲六放珊瑚亚纲石珊瑚目，种类繁多。造礁珊瑚生长速度快，能分泌碳酸钙，具有非常强的造礁功能。造礁珊瑚与虫黄藻共生是珊瑚礁生态系统中最基本的生态特征，虫黄藻生活在宿主珊瑚虫内胚层细胞的液泡中，从宿主珊瑚的代谢产物中得到胺、磷酸盐等营养成分，以及利用珊瑚虫呼吸作用产生的 CO_2 进行光合作用；虫黄藻将光合作用产物如氨基酸、糖、碳水化合物和小分子肽等提供给宿主，作为宿主生存的能量[1, 2]。每立方毫米的珊瑚组织内有 3 万个左右的虫黄藻，虫黄藻所含有的多种色素随着环境的变化呈现为不同的颜色，因此使其宿主珊瑚在水中呈现出不同的色彩。虫黄藻（zooxanthella）是一种单细胞藻类，隶属甲藻纲（Dinophyceae）裸甲藻目（Gymnodiniales）裸甲藻科（Gymnodiniaceae）虫黄裸甲藻属（*Symbiodinium*）。

达尔文（Darwin）在 1842 年将现代珊瑚礁分为 3 种主要类型，即岸礁、堡礁和环礁。后人又另分出台礁、塔礁、点礁和礁滩等 4 类[3]。

岸礁是指紧靠海岸发育起来的珊瑚礁。我国海南岛、涠洲岛周围的珊瑚礁，以及雷州半岛的珊瑚礁都是岸礁。

堡礁是基底与大陆架相连，但与大陆架之间被浅海、海峡、水道或潟湖隔开而环绕着海岸的珊瑚礁。典型的例子是澳大利亚的大堡礁，由 3000 多个珊瑚礁、岛组成。

环礁是指呈环形发育的珊瑚礁，中间为潟湖。若环礁的潟湖被周围环带状的珊瑚礁完全包绕，则称为封闭型的环礁；若环带状的珊瑚礁不连续或有缺口，使环礁的潟湖与外海直接相通，则称为开放型的

[①] 作者：余克服，左秀玲

环礁，这里说的"缺口"则称为口门。环礁是我国南海最主要的珊瑚礁类型，西沙群岛、中沙群岛、南沙群岛的珊瑚礁基本上都是环礁。分布在印度-太平洋中的珊瑚礁也以环礁为主，大的环礁直径可达70km，潟湖面积可达2240km^2 [4]。

台礁是似圆形或椭圆形的实心状珊瑚礁，中间没有潟湖，或潟湖已淤积为浅水洼塘。

塔礁是兀立于深海、大陆坡上的细高礁体。

点礁是环礁潟湖中孤立的小礁体。

礁滩是匍匐在大陆架浅海海底的丘状珊瑚礁。

由于对珊瑚礁的定义不同、调查目的与方法不同等，目前关于全世界的珊瑚礁总面积的估算差异甚大，如1 440 000km^2 [5]、617 000km^2 [6]、112 000km^2 [7]、1 500 000km^2 [8]、255 000km^2 [9]、304 000～345 000km^2 [10]，其中Smith于1978年估算的617 000km^{2}被引用最多。显然，全球珊瑚礁面积的准确估算是研究人员需要进一步关注的科学问题之一。全球珊瑚礁90%以上分布在印度-太平洋海区，其中东南亚占32.3%，太平洋（包括澳大利亚）占40.8%；大西洋和加勒比海仅占全球珊瑚礁的7.6%。

珊瑚礁是一个庞大的生态系统，它拥有海洋中最多的物种，虽然仅占地球海洋面积的0.25%，却栖居着1/4以上的海洋鱼类，被人们称为海底雨林[11]。它为人类社会提供渔业、海岸保护等重要的生态服务，为工业发展提供建筑材料、新的生物化学组分，同时还具有非常高的旅游价值[12]，丰富的生物多样性和超高的经济价值使其成为地球上最重要的生态系统之一。

参 考 文 献

[1] Trench R K. The cell biology of plant-animal symbiosis. Annual Review of Plant Physiology, 1979, 30(1): 485-531.
[2] Hoegh-Guldberg O. Coral bleaching, climate change and the future of the world's coral reefs. Marine and Freshwater Research, 1999, 50(8): 839-866.
[3] 王丽荣, 赵焕庭. 珊瑚礁生态系的一般特点. 生态学杂志, 2001, 20(6): 41-45.
[4] Stoddart D R. Coral reefs of the Indian Ocean//Jones O A. Biology and Geology of Coral Reefs. New York: Academic Press, 1973: 51-92.
[5] Milliman J D. Marine Carbonate. New York: Springer, 1974: 1-375.
[6] Smith S V. Coral-reef area and the contributions of reefs to processes and resources of the world's oceans. Nature, 1978, 273(5659): 225-226.
[7] de Vooys C. Primary production in aquatic environment//Bolin B, Degens E T, Kempe S, et al. The Global Carbon Cycle. New York: Wiley, 1979.
[8] Copper P. Ancient reef ecosystem expansion and collapse. Coral Reefs, 1994, 13(1): 3-11.
[9] Spalding M D, Grenfell A M. New estimates of global and regional coral reef areas. Coral Reefs, 1997, 16(4): 225-230.
[10] Vecsei A. A new estimate of global reefal carbonate production including the fore-reefs. Global and Planetary Change, 2004, 43(1-2): 1-18.
[11] 王国忠. 全球气候变化与珊瑚礁问题. 海洋地质动态, 2004, 20(1): 8-13.
[12] Moberg F, Folke C. Ecological goods and services of coral reef ecosystems. Ecological Economics, 1999, 29(2): 215-233.

第二节 珊瑚的基本结构及生理特点①

认识珊瑚，首先应该明确珊瑚是动物还是植物。我们常常看到珊瑚与海草、海藻等一起固着生活在海底，便误以为珊瑚是一种植物。实际上，珊瑚是海洋中的低等动物，在分类学中属于腔肠动物门（Coelenterata）［或称刺胞动物门（Cnidaria）］。广义上讲，珊瑚通常包括软珊瑚（常见名，soft coral；学名，Alcyoniidae）、柳珊瑚（常见名，sea fan, sea whip；学名，Gorgoniidae）、红珊瑚（常见名，red coral；

---
① 作者：王文欢，余克服

学名，Coralliidae)、石珊瑚（常见名，hard coral, stone coral, stony coral；学术常用名，Scleractinia)、角珊瑚（常见名，black coral, iron tree；学名，Antipathidae)、水螅珊瑚（常见名，fire coral, stinging coral；学名，Milleporidae)、苍珊瑚（常见名，blue coral；学名，Helioporidae)、笙珊瑚（常见名，music coral；学名，Tubiporidae)等。狭义上，我们常提及的用于研究的珊瑚属于珊瑚虫纲六放珊瑚亚纲石珊瑚目，从图1.1中可以看出珊瑚在动物分类中的位置。

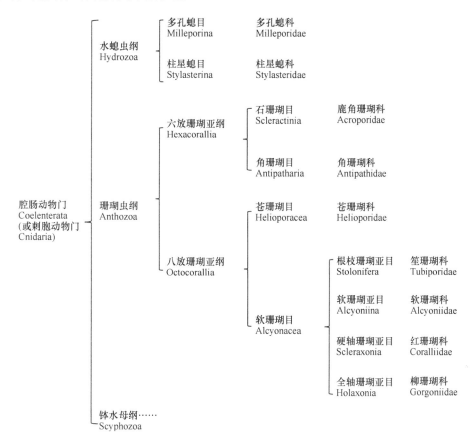

图1.1　珊瑚在腔肠动物分类中的位置[1]

（一）珊瑚虫的结构

珊瑚虫是水螅型的个体，呈中空的圆柱形，下端附着在物体的表面，顶端有口，围以一圈或多圈触手（图1.2）。触手用于收集食物，可作一定程度的伸展，上有特化的细胞（刺细胞），刺细胞受刺激时翻出刺丝囊，以刺丝麻痹猎物。它以捕食海洋里细小的浮游生物为食，食物从口进入，食物残渣由口排出，无头与躯干之分，没有神经中枢，只有弥散神经系统。当受到外界刺激时，整个动物体都有反应。珊瑚虫的大小随着种类不同而变化，小的直径为1~2mm，大的直径可达数厘米。在生长过程中珊瑚虫能吸收海水中的钙和碳酸根离子，然后分泌出碳酸钙，形成骨骼外壳。珊瑚虫的身体由2个胚层组成：位于外面的细胞层称为外胚层，具有能分泌石灰质或角质的骨骼；里面的细胞层称为内胚层，是共生藻存在的区域。内外两胚层之间有很薄的、没有细胞结构的中胶层。刺丝胞主要分布在外胚层中。

（二）珊瑚捕食

与珊瑚共生的虫黄藻可以为其提供营养来源：一是通过共生藻的光合作用，产生多糖类等有机物质；

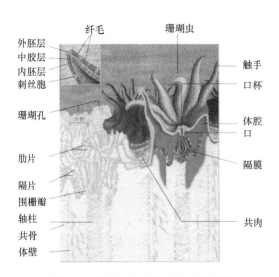

图1.2 珊瑚虫和骨骼的基本特征[2]

二是共生藻老化后在珊瑚体内死亡经消化细胞的分解，成为宿主的营养物质。珊瑚虫除了这一被动捕食之外，还进行以下主动捕食过程：①利用触手捕食，触手上的刺细胞在攫取食物后，由触手弯曲送入口内；②利用纤毛与黏液捕食，纤毛前后上下摆动，伴随着黏液的分泌，达到摄食的目的；③利用伸出的消化丝捕食，消化丝位于珊瑚水螅体的消化循环腔中，当食物颗粒与外胚层接触时，消化丝便会伸出，捕得食物；④利用黏丝网捕食，珊瑚虫分泌黏液，一端附着在虫体上，另一端则形成由黏丝组成的网状物，当水中浮游生物或有机碎片流过时就会黏着在黏丝网上，进而被珊瑚虫吞食。珊瑚虫的这一捕食行为通常发生在夜晚。

（三）珊瑚的生殖方式

珊瑚性别有雌雄同体和雌雄异体2种，大多数的石珊瑚属于雌雄同体。

珊瑚的生殖方式分为有性生殖和无性生殖。有性生殖又分为孵育型和排放型2类。孵育型是指由隔膜上的生殖腺产生的卵和精子，在胃循环腔内完成受精，受精卵保留在体内或者体表，直到发育成幼虫后才释放出去；排放型是指卵和精子经口排入海水中，体外受精，并发育成幼虫，通常受精仅发生于来自不同个体的卵和精子之间。受精卵发育为覆以纤毛的浮浪幼虫后，随着海水游动，数日至数周后沉降固着于硬质的基底表面，进一步发育为珊瑚虫，继续生长繁殖，成为群体。

一般认为珊瑚排放精卵的时间与光线强弱、温度高低、月相盈亏、潮汐高低等环境因素有关。不同的珊瑚种类，其生殖季节也不大相同，因此似乎并没有固定的珊瑚生殖季节。

珊瑚的无性生殖可通过出芽、分裂、断裂或珊瑚虫脱离的方式完成。出芽是指原珊瑚虫体长出新的芽体，脱离母体后形成新的珊瑚虫。分裂是指一只珊瑚虫分裂为两只，从而增加了珊瑚虫的数目，这是珊瑚群体增长的生殖方式[2]。断裂是指一个珊瑚群体，断裂并脱落形成两部分，继续生长。珊瑚虫脱离只发生在少数几种珊瑚上。例如，恶劣环境使得珊瑚虫脱离骨骼，寻找新的基质，这种行为是珊瑚逃避环境恶化的一种方式。

（四）珊瑚生长的生态环境

根据石珊瑚生长的生态环境和特点，可分为造礁石珊瑚与非造礁石珊瑚2类。非造礁石珊瑚一般以单体为主，少数为群体，且个体小，色泽单调，可以生活在完全黑暗或半黑暗的条件下。

关于造礁珊瑚生长及其成礁所需要的生态环境条件方面，国内外都有不少报道，其中 Wells 在 1956 年的报道[3]一直为后人所引用和参考，总结如下。

（1）食物，造礁珊瑚为具备发达的捕食系统的肉食动物，能够捕捉和消化活的浮游动物，腔肠内的黏液层及其所含的物质是用来进行消化的。虽然纤毛的主要功能是清洁珊瑚虫表面的沉积物和废物，但也与触手一起用来捕捉食物。由于具有固着生活习性和有限的触手活动范围，珊瑚虫捕捉到的食物都必须通过被捕食者自己运动或者是水体的运动将其带到珊瑚触手所能够触及的范围。

（2）水体运动，水体循环、运动对珊瑚的健康生长是非常必要的。一方面，帮助捕食，通过水流将各种食物带给固着生活的珊瑚；另一方面，水体的流动还有助于保证珊瑚虫所需要的溶解氧，特别是在夜晚，与珊瑚共生的虫黄藻因光合作用减弱而降低了氧的供给，此时额外的溶解氧补充就显得更加重要。此外，水体运动对于阻止泥沙在珊瑚表面的滞留也是一个重要因素。事实上，丰富的营养物质与珊瑚的生长之间没有必然的联系，如潟湖内浮游生物丰富、水体平静，但潟湖内生长的造礁珊瑚并不比浮游生物少的礁外坡多，相反在浮游生物极少的大洋中的珊瑚礁通常极其繁盛，因此珊瑚生长对食物的需求可能并不高。例如，南沙群岛珊瑚礁区的调查资料显示，仅约有 1/3 的海水营养盐被珊瑚礁所利用[4]。

（3）深度和光照，造礁珊瑚生活的深度为 0~90m，但大多数不超过 50m，珊瑚生长最繁盛的深度通常不超过 20m。其实，深度本身并不是决定性的因素，而主要是由虫黄藻对辐射能量和光照的需求所决定的；相对于表层来说，水深 20m 时辐射能量的强度大大降低；另外，与珊瑚虫组织共生的虫黄藻数量通常在水深 4~5m 最多。

（4）温度，温度是影响造礁珊瑚生长和珊瑚礁发育的一个十分重要的因素。近 100 多年来不少学者对珊瑚礁发育的温度范围进行了研究，对造礁珊瑚生长的最适水温得出了大致相似的结论：最适水温为 25~29℃或 25~30℃。但对珊瑚礁发育的极值温度和在极值温度下可以持续的时间仍然没有比较一致的认识。

聂宝符等[5]结合南海各礁区观测的水温资料和造礁珊瑚的生长情况，认为在略高于 30℃时珊瑚仍能继续生长，在低于 13℃时大量珊瑚将会受到致命的创伤。珊瑚适应的低水温界限为控制世界珊瑚分布和珊瑚礁发育的主要因素，在珊瑚礁发育的较高纬度地区，因为冬季水温接近于珊瑚礁发育的温度下限，所以较高纬度海区的珊瑚礁对低温更加敏感[6]；Veron 和 Minchin[7]指出，珊瑚种属随纬度增加而减少的现象直接与海水表层温度的降低有关。

（5）盐度，造礁珊瑚适应的盐度为 27‰~40‰，但最适盐度为 34‰~36‰。即使是短时间的淡水影响对珊瑚来说也是毁灭性的。

（6）沉积物和基底，浮浪幼虫仅能生活于岩石（包括珊瑚、贝类和其他生物的骨骼块体等）等稳定、坚固平滑的硬质基底上。造礁珊瑚很少幸存于具有大量沉积物、悬浮物的海域。一方面，当沉积物的堆积速率过快时，浮浪幼虫和小的珊瑚群体很快就会被覆盖；另一方面，悬浮物和沉积物导致的水体浑浊、光透射减弱也影响珊瑚的生长。

参 考 文 献

[1] 邹仁林. 中国动物志 腔肠动物门 珊瑚虫纲 石珊瑚目. 北京: 科学出版社, 2001.
[2] 戴昌凤, 洪圣雯. 台湾珊瑚图鉴. 台北: 猫头鹰出版社, 2009.
[3] Wells J W. Scleractinia//Moore R C. Treatise on invertebrate paleontology, Part F. Lawrence: Geological Society of America and University Kansas Press, 1956: F328-F444.
[4] 林洪瑛, 韩舞鹰, 吴林兴. 南沙群岛渚碧礁潟湖生源要素的动力学模式//中国科学院南沙综合科学考察队. 南沙群岛珊瑚礁潟湖化学与生物学研究. 北京: 海洋出版社, 1997: 7-10.
[5] 聂宝符, 陈特固, 梁美桃, 等. 南沙群岛及其邻近礁区造礁珊瑚与环境变化的关系. 北京: 科学出版社, 1997: 1-101.
[6] 余克服. 雷琼海区近 40 年海温变化趋势. 热带地理, 2000, 20(2): 111-115.

[7] Veron J E N, Minchin P R. Correlations between sea surface temperature, circulation patterns and the distribution of hermatypic corals of Japan. Continental Shelf Research, 1992, 12(7-8): 835-857.

第三节　石珊瑚的形态、分布与主要属种

一、珊瑚的主要形状

珊瑚大小不一，形态多样，如团块状、皮壳状、卷叶状、平板状、柱状、指状、树枝状、伞房状等。从研究珊瑚与海洋环境影响的角度[1-3]，通常将珊瑚分为以下三大类。

（一）块状

珊瑚群体中的各个珊瑚个体彼此紧密相连，聚集成较大、较厚的块状或球状。

依据珊瑚体之间的排列方式不同，可细分为：融合形，珊瑚体基本呈圆筒形，杯壁完整，如蜂巢珊瑚属（*Favia*）；多角形，珊瑚体呈棱柱状，相邻两珊瑚体共壁，如角蜂巢珊瑚属（*Favites*）；沟回形，多个珊瑚体排成行列，由同一个杯壁所围绕，行列之间有隔片外缘和杯壁形成的脊相相隔，如扁脑珊瑚属（*Platygyra*）；扇形-沟回形，多个珊瑚体排成行列，由同个杯壁所围绕，在行列之间由一条共骨槽隔开不相连，如叶状珊瑚属（*Lobophyllia*）。块状珊瑚的单珊瑚体大小悬殊，小的珊瑚体直径为 1～2mm，如滨珊瑚属（*Porites*），大的珊瑚体直径可达 30～40mm 或更大，如合叶珊瑚属（*Symphyllia*）。

块状珊瑚的共同特点是抗浪性能较好，能承受较大的海流、波浪等外力作用，因此其连续生长的时间最长，可达数百年，并且能够比较完整地保存下来。这类块状珊瑚不仅为珊瑚礁的形成提供大量的碳酸盐，而且具有充当珊瑚礁体骨架的作用，是珊瑚礁体的重要组成部分。

（二）枝状

有些珊瑚为了更合理地利用空间，向外、向上分叉生长，形成分枝状或树枝状，如鹿角珊瑚属（*Acropora*）、蔷薇珊瑚属（*Montipora*）、杯形珊瑚属（*Pocillopora*）的生长形态是典型的分枝状。分枝状珊瑚因其生长形态的优势，既能更有效地充分利用光照，也能更好地从海水中吸收养分，其生长速率比块状珊瑚高。通常块状珊瑚的年生长率在 10mm 左右[2]，而枝状鹿角珊瑚的年生长率可达 100mm 左右，有些种类可达 260mm[4]。

枝状珊瑚的共同特点是抗浪性能差，骨骼疏松多孔，易受外力影响而折断，折断后的断枝、碎屑作为堆积填充物参与珊瑚礁体的构建。在整个珊瑚礁体的全部物质中，这种碎屑堆积物的数量通常要比礁骨架多十倍甚至更多。

（三）叶片状

少数珊瑚呈薄片状扩展，有的呈卷叶状，如叶状蔷薇珊瑚（*Montipora foliosa*），有的呈花瓣状，如梳状珊瑚属（*Pectinia*），有的呈耳壳状，如薄层珊瑚属（*Leptoseris*），有的呈扁平状弯曲，如厚丝珊瑚属（*Pachyseris*），这些统称为叶片状。它们的共同特点是薄层伸展，承受外力冲击的能力较差，多数生长在

---

① 作者：赵美霞

水体比较平静的环境中。

二、珊瑚的主要地理分布

石珊瑚主要分布在热带、亚热带海域，全球 150 个珊瑚分布生态区可划分为印度-西太平洋、印度洋中部和西部、中太平洋、东太平洋、大西洋等五大片区[5]。主要分布特征如下。

（一）珊瑚分布范围广

由于珊瑚具有长距离扩散的能力和本身的长寿性征，多数珊瑚种类的地理分布范围广泛。纬向来说，超过半数的珊瑚种类在南北半球的温带地区均有分布。径向来说，不同种类的珊瑚分布范围有明显差别，但仍有将近一半的珊瑚种类的分布范围和整个印度洋一样宽。

同样，分布在多生态区的珊瑚种类占珊瑚总种数的比例也很高，在印度-太平洋一半以上生态区内分布的珊瑚种类高达 270 种[5]。

（二）纬向衰减

受印度-太平洋的边界流（黑潮、利文流、东澳洋流）影响，以珊瑚三角区为中心，珊瑚多样性呈纬向衰减特征。黑潮是世界上强边界流之一，随黑潮北上，珊瑚多样性逐渐衰减。东澳大利亚和西澳大利亚的珊瑚与珊瑚三角区的亲缘关系差别较大，主要与东帝汶海浅、水体相对浑浊和潮汐较强等因素有关。与大堡礁北部的珊瑚相比，西澳大利亚的珊瑚与珊瑚三角区的亲缘关系更远一些。

（三）种类特有性

红海（7 个特有种，占珊瑚总数的 2.1%）是印度洋珊瑚种类特有性程度最高的区域。珊瑚三角区（特有种 21 种，占珊瑚总数的 3.35%）是世界上珊瑚特有性程度最高的区域。南太平洋珊瑚种类特有性程度最低，因为该区域的珊瑚多为扩散能力较强的种类，其能够散布在孤立的相对隔离的珊瑚礁环境中。

（四）高纬度生态区

除了中部和南部太平洋区域，高纬度生态区的珊瑚均与邻近生态区的珊瑚相似性小，非常不同于热带珊瑚分布区。例如，北印度洋海区，珊瑚种类由高纬度珊瑚广布种和少量区域特有种组成。澳大利亚的高纬度海区，珊瑚种类与克马德克群岛具有较为密切的亲缘关系。日本高纬度海区，如果不算特有种，其珊瑚与澳大利亚高纬度的珊瑚亲缘关系较为密切。

三、常见珊瑚属

造礁石珊瑚在生物地理上可分为两个类群：一是印度-太平洋珊瑚区系，约有 86 属 1000 余种；二是大西洋-加勒比海珊瑚区系，约有 26 属 68 种[6]。这两个海区的珊瑚在数量和种类上的差别很大，通常认为是地理障碍所致，其间的巴拿马海峡在 600 万年前形成，使得这两个区系的珊瑚独立演化。常见的珊瑚属主要如下。

1. 星群珊瑚科 Astrocoeniidae

   (1) 柱群珊瑚属 *Stylocoeniella*
   (2) 冠腔珊瑚属 *Stephanocoenia*
   (3) 琉星珊瑚属 *Palauastrea*
   (4) 非六珊瑚属 *Madracis*

2. 杯形珊瑚科 Pocilloporidae

   (5) 杯形珊瑚属 *Pocillopora*
   (6) 排孔珊瑚属 *Seriatopora*
   (7) 柱状珊瑚属 *Stylophora*

3. 鹿角珊瑚科 Acroporidae

   (8) 蔷薇珊瑚属 *Montipora*
   (9) 假鹿角珊瑚属 *Anacropora*
   (10) 鹿角珊瑚属 *Acropora*
   (11) 星孔珊瑚属 *Astreopora*

4. 真叶珊瑚科 Euphyllidae

   (12) 真叶珊瑚属 *Euphyllia*
   (13) 尼罗河珊瑚属 *Catalaphyllia*
   (14) 脊珊瑚属 *Nemenzophyllia*
   (15) 泡囊珊瑚属 *Plerogyra*
   (16) *Physogyra*

5. 枇杷珊瑚科 Oculinidae

   (17) 枇杷珊瑚属 *Oculinha*
   (18) 单星珊瑚属 *Simplastrea*
   (19) 裂枇杷珊瑚属 *Schizoculina*
   (20) 盔形珊瑚属 *Galaxea*

6. 铁星珊瑚科 Siderastreidae

   (21) 假铁星珊瑚属 *Pseudosiderastrea*
   (22) 星珊瑚属 *Horastrea*
   (23) 异星珊瑚属 *Anomastraea*
   (24) 铁星珊瑚属 *Siderastrea*
   (25) 沙珊瑚属 *Psammocora*
   (26) 筛珊瑚属 *Coscinaraea*

7. 菌珊瑚科 Agariciidae

   (27) 菌珊瑚属 *Agaricia*
   (28) 牡丹珊瑚属 *Pavona*
   (29) 薄层珊瑚属 *Leptoseris*

（30）西沙珊瑚属 *Coeloseris*
（31）加德纹珊瑚属 *Gardineroseris*
（32）厚丝珊瑚属 *Pachyseris*

8. 石芝珊瑚科 Fungiidae

（33）圆饼珊瑚属 *Cycloseris*
（34）双列珊瑚属 *Diaseris*
（35）薄柄珊瑚属 *Cantharellus*
（36）辐石芝珊瑚属 *Heliofungia*
（37）石芝珊瑚属 *Fungia*
（38）刺石芝珊瑚属 *Ctenactis*
（39）绕石珊瑚属 *Herpolitha*
（40）多叶珊瑚属 *Polyphyllia*
（41）履形珊瑚属 *Sandalolitha*
（42）帽状珊瑚属 *Halomitra*
（43）方帽珊瑚属 *Zoopilus*
（44）石叶珊瑚属 *Lithophyllon*
（45）足柄珊瑚属 *Podabacia*

9. 梳状珊瑚科 Pectiniidae

（46）刺叶珊瑚属 *Echinophyllia*
（47）尖孔珊瑚属 *Oxypora*
（48）斜花珊瑚属 *Mycedium*
（49）梳状珊瑚属 *Pectinia*

10. 裸肋珊瑚科 Merulinidae

（50）刺柄珊瑚属 *Hydnophora*
（51）裸肋珊瑚属 *Merulina*
（52）葶叶珊瑚属 *Scapophyllia*

11. 木珊瑚科 Dendrophylliidae

（53）陀螺珊瑚属 *Turbinaria*
（54）灯琴珊瑚属 *Duncanopsammia*
（55）栎珊瑚属 *Balanophyllia*
（56）异沙珊瑚属 *Heteropsammia*

12. 丁香珊瑚科 Caryophylliidae

（57）异杯珊瑚属 *Heterocyathus*

13. 褶叶珊瑚科 Mussidae

（58）纽扣脑珊瑚属 *Blastomussa*
（59）小褶叶珊瑚属 *Micromussa*

（60）棘星珊瑚属 *Acanthastrea*

（61）褶叶珊瑚属 *Mussismilia*

（62）等叶珊瑚属 *Isophyllia*

（63）叶状珊瑚属 *Lobophyllia*

（64）合叶珊瑚属 *Symphyllia*

（65）*Mussa*

（66）蓟珊瑚属 *Scolymia*

（67）*Mycetophyllia*

（68）*Australomussa*

（69）*Indophyllia*

14. 蜂巢珊瑚科 Faviidae

（70）枝干珊瑚属 *Cladocora*

（71）干星珊瑚属 *Caulastrea*

（72）*Erythrastrea*

（73）*Manicina*

（74）蜂巢珊瑚属 *Favia*

（75）芭萝珊瑚属 *Barabattoia*

（76）角蜂巢珊瑚属 *Favites*

（77）菊花珊瑚属 *Goniastrea*

（78）扁脑珊瑚属 *Platygyra*

（79）*Australogyra*

（80）耳纹珊瑚属 *Oulophyllia*

（81）肠珊瑚属 *Leptoria*

（82）*Diploria*

（83）有沟珊瑚属 *Colpophyllia*

（84）圆菊珊瑚属 *Montastrea*

（85）同星珊瑚属 *Plesiastrea*

（86）黑星珊瑚属 *Oulastrea*

（87）双星珊瑚属 *Diploastrea*

（88）小星珊瑚属 *Leptastrea*

（89）拟单星珊瑚属 *Parasimplastrea*

（90）刺星珊瑚属 *Cyphastrea*

（91）孔星珊瑚属 *Solenastrea*

（92）刺孔珊瑚属 *Echinopora*

15. 滨珊瑚科 Poritidae

（93）滨珊瑚属 *Porites*

（94）柱孔珊瑚属 *Stylaraea*

（95）角孔珊瑚属 *Goniopora*

（96）穴孔珊瑚属 *Alveopora*

16. 脑珊瑚科 Trachyphylliidae

（97）脑珊瑚属 *Trachyphyllia*

17. 纵合珊瑚科 Meandrinidae

（98）圆刀珊瑚属 *Gyrosmilia*

（99）圆丘珊瑚属 *Montigyra*

（100）梳片珊瑚属 *Ctenella*

（101）圆星珊瑚属 *Dichocoenia*

（102）纵合珊瑚属 *Meandrina*

（103）柱珊瑚属 *Dendrogyra*

（104）花珊瑚属 *Eusmilia*

18. 根珊瑚科 Rhizangiidae

（105）根珊瑚属 *Astrangia*

参 考 文 献

[1] 聂宝符, 陈特固, 梁美桃. 南沙群岛及其邻近礁区造礁珊瑚与环境变化的关系. 北京: 科学出版社, 1997: 1-101.

[2] Zhao M X, Yu K F, Zhang Q M, et al. Age structure of massive *Porites lutea*, corals at Luhuitou fringing reef (northern South China Sea) indicates recovery following severe anthropogenic disturbance. Coral Reefs, 2014, 33(1): 39-44.

[3] Zhao M X, Riegl B, Yu K F, et al. Model suggests potential for *Porites* coral population recovery after removal of anthropogenic disturbance (Luhuitou, Hainan, South China Sea). Scientific Reports, 2016, 6: 33324.

[4] Milliman J D. 现代碳酸盐第一卷: 海洋碳酸盐. 中国科学院地质研究所碳酸盐研究组, 译. 北京: 地质出版社, 1978: 1-236.

[5] Veron J, Stafford-Smith M, Devantier L, et al. Overview of distribution patterns of zooxanthellate Scleractinia. Frontiers in Marine Science, 2015, 81(1): 1-19.

[6] 邹仁林. 中国动物志 珊瑚虫纲 石珊瑚目. 北京: 科学出版社, 2001: 1-284.

第四节　珊瑚礁形成机制[①]

珊瑚礁是热带海洋浅水造礁石珊瑚和其他附礁生物的遗骸经过各种堆积作用形成的，大部分集中在太平洋、印度洋、大西洋的赤道南北两侧热带海洋的大陆和岛屿的沿岸及海洋。其中 30%分布于太平洋的印度尼西亚、菲律宾、澳大利亚北部和亚洲大陆沿岸，25%分布在太平洋的其他海域，30%分布于印度洋的红海和波斯湾，14%分布在加勒比海和北大西洋，1%分布在南大西洋[1]。这些地区沿岸水域分布的珊瑚礁为现代珊瑚礁，仍在发育中，而沿海陆地局部分布的珊瑚礁则为地质时期的古珊瑚礁。现代珊瑚礁下伏或有古珊瑚礁。

19 世纪 30 年代 Darwin（1809—1882）进行环球考察，从对太平洋和印度洋珊瑚礁的调查开始，较详细地研究了珊瑚礁，之后珊瑚礁逐渐成为国际上地球科学和生物科学研究的焦点之一。珊瑚礁是记录海平面变化过程的重要标志[1]，并且珊瑚礁呈现不同状态，有的礁停止发育，或沉溺，或持续发展，或堆积为深厚的礁体，或成为陆地的一部分，体现了不同的发育机制和模式。研究珊瑚礁的形成机制，对于

---

① 作者：赵焕庭，王丽荣

理解地球构造运动和海洋动力作用非常重要。多年研究中始终萦绕的问题是：珊瑚礁的成因是什么？珊瑚礁经历怎样的过程才形成目前的状态？不同区域的珊瑚礁演化模式相同吗？针对这些问题不断有科学家提出学说或理论进行阐述，而这些学说或理论可以分成2类[2]：一类是认为珊瑚礁的形成与海平面的变化有关，由 Darwin[3]、Daly[4]、Vaughan[5]、Semper[6]、Kuenen[7]、Dietz[8]、Hess[9] 和 Morgan[10] 等提出；另一类则认为珊瑚礁的形成与海平面的变化无关，由 Murray[11]、Agassiz[12]、Wharton[13]、Hoffmeister 和 Ladd[2]、Yabe[14] 和 Asano[15] 等提出。本节回顾了自 Darwin 以来珊瑚礁形成机制的研究成果，并详细介绍了几个对于珊瑚礁形成有重大影响的学说和理论，以及能很好解释理论的岛礁。另外，近年来，在太平洋、印度洋和大西洋以及我国南海珊瑚礁所做的一些新的研究也在本节有所介绍。通过对珊瑚礁形成机制研究的回顾，我们能够更好地研究珊瑚礁在当今环境变化中的发育及演变，并为目前南海珊瑚礁的岛礁建设提供理论基础。

一、珊瑚礁形成的学说

（一）"沉降"理论

1831~1836 年的热带海洋探险中，Darwin 对太平洋和印度洋的珊瑚礁认真考察，在 1842 年出版的《珊瑚礁的构造和分布》[3]一书中提出珊瑚礁的"沉降"理论。他认为堡礁由岸礁形成，而环礁由堡礁形成。地球内部上覆岩层发生破裂或地壳背斜褶皱升起时，地下岩浆喷出地表，形成火山岛。最初，珊瑚礁只分布在火山岛屿的周围，形成岸礁；之后，岛屿逐渐下沉，珊瑚为了维持正常生长，不断向上扩展成珊瑚群聚，形成珊瑚礁，甚至突出海面。由于珊瑚礁外围的水流条件更好，礁边缘的珊瑚生长茂盛，珊瑚礁增长较快，渐渐地就会在外缘的珊瑚礁和陆地之间形成潟湖，堡礁遂成；最后，岛完全沉降入海，珊瑚仍向上生长，形成环绕潟湖的环礁（图 1.3[3, 16]）。

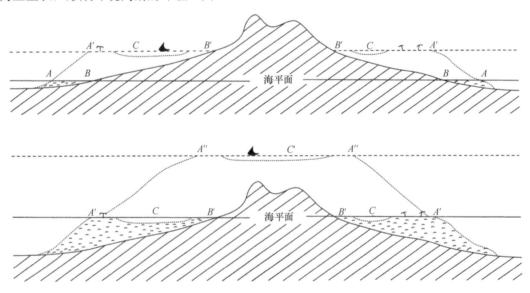

图 1.3 Darwin "沉降"理论中珊瑚礁的形成

上图，岸礁 A—B 围绕原始的火山岛，沉降后的珊瑚礁就和岛的 A 部分用虚线表示，表示堡礁；其中 A'为礁的外缘，B 为岛的海岸，C 为礁和岛的海岸间的潟湖通道。下图，新形成的堡礁由实线表示，随着岛继续下沉，珊瑚礁将继续在基底上生长，当海平面高过火山的最高峰，完整的环礁就形成了。其中 A"表示礁外缘，C 为新形成环礁的潟湖

Darwin 理论的基础是火山岛的不断下沉，因而他希望通过对太平洋或印度洋珊瑚礁的钻探以寻找火山岩来证明其理论的正确性。1896 年有人对太平洋富纳富提（Funafuti）环礁钻探，但钻到 340m 处也未

穿透珊瑚礁。1952 年有人在太平洋的马绍尔群岛埃尼威托克环礁打了深达 1280m 的钻孔，终于钻穿珊瑚礁，并在下伏的火山平台上成功取样，支持了"沉降"理论对于大洋中环礁形成的解释[16]。Darwin 的"沉降"理论很好地解释了太平洋和印度洋以火山岛为基础生成的环礁，如社会群岛塔希提（Tahiti）、波利尼西亚的莫雷阿岛、胡阿希内岛、赖阿特阿岛－塔阿岛和莫佩利亚（Mopelia）等，同时对年代久远而礁体深厚的珊瑚礁，以及对珊瑚礁群岛表面地形的解释也很完美。Darwin 的"沉降"理论得到了 Dana 的支持和完善[17]。Dana[18]在 Darwin 考察 4 年后，即 1839 年，也考察了太平洋珊瑚礁，发现塔希提岛的放射状河谷系演变成水深 1000ft①的海湾，这是"沉降"理论的证据。Dana 指出 Darwin 没有引用被堡礁围绕的岛屿周围的海湾（潟湖）来支持他的"沉降"理论。

然而"沉降"理论受到了其他学者的许多质疑：环礁和堡礁地区上升的案例与"沉降"理论相矛盾；"沉降"理论认为古珊瑚礁有巨大的厚度归因于现代珊瑚礁，而事实并非如此[19]；另外对于处于海底地质较年轻而构造活动频繁的复杂环境中的珊瑚礁的解释也并不完整[20]。

（二）"海底上升"理论

Murray 认为珊瑚生长在海底的最高峰上。沉积物的不断堆积使它们始终处于一个接近海平面的环境以利于珊瑚生长。向海位置的珊瑚生长得快，因此边缘的珊瑚礁在死珊瑚、贝壳和岩屑堆上堆积，而内缘的珊瑚生长缓慢以及海水对死珊瑚礁的溶解作用形成了潟湖，并进一步形成了堡礁和环礁。因此，他认为在一些地方，珊瑚礁形成的主要机制是海底地壳上升而不是下降[11]。但是 Murray 的"海底上升"理论在定量方面较弱，尽管对规模较小的潟湖及周边体积较小的珊瑚礁有很好的解释，但对更多之后发现的面积很大且深度很深的潟湖无法解释，这使他的理论大打折扣。

（三）"冰期控制"理论

当更新世冰期和间冰期对海平面的作用被发现后，人们发现有必要在解释珊瑚礁类型时考虑这些因素。Penck 和 Daly 致力于研究第四纪更新世海平面变化与珊瑚礁的关系，1915 年提出了关于大型堡礁和环礁潟湖形成的"冰期控制"理论。该理论认为，数百万年来发生过数次全球性的冰川，在冰期内冰帽的形成使海平面降低了 60~70m，同时极端寒冷天气盛行，浑浊度增加，珊瑚死亡，基底高地被低海面波浪削平为台地。后来间冰期冰川融化，温度上升，珊瑚开始在冰期时被夷平的海底台地上生长，并与海平面的上升保持同步。由于台地外缘更适合珊瑚虫生长，那里的珊瑚礁增长更快，因此，堡礁和环礁就从台地边缘上形成（图 1.4[4, 21]）。该理论的基础是假设在珊瑚礁和台地表面形成时期，珊瑚海地区的地壳普遍稳定，地壳抬升或沉降必须假设为仅影响局部区域。当然，它也完全承认在某些海洋地区存在冰后期的地壳翘曲，这样的局地沉降或抬升影响了某些已存在的珊瑚礁的生长[4]。

"冰期控制"理论强调更新世是制约珊瑚生长的一个时期，但大部分影响海底台地的侵蚀作用显然在冰期前就已存在，即远在冰期前侵蚀已大大削平了古老的海洋岛屿，为珊瑚礁基台作准备。因为这些早期侵蚀作用的存在，更新世海浪有可能带来非常广泛的夷平作用。同时，"冰期控制"理论支持了 Tyerman 等的观点，认为整个群岛的珊瑚礁和礁台地是独立的。由于考虑了冰川对海平面的作用，"冰期控制"理论很好地解释了一些明显需要长期形成的且类型较为复杂的珊瑚礁，该理论适合佛罗里达、巴哈马群岛和澳大利亚大堡礁，如吉贝特、姆尔沙尔和加罗林岛的珊瑚礁。

虽然"冰期控制"理论能很好地说明潟湖所具有的浅而平坦的特性，但现实中潟湖的深度通常不规则，而且低海平面时期浑浊的海水广泛影响珊瑚的假设也备受争议，此外其对厚达千米的巨大珊瑚礁体

---

① 1ft=0.3048m

也无法给出合适的解释。

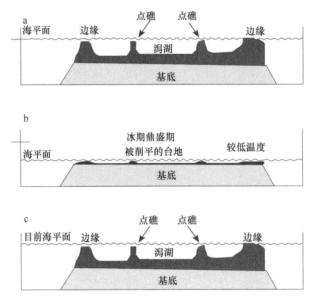

图 1.4　Penck 和 Daly 的 "冰期控制" 理论解释珊瑚礁的形成
a. 环礁的形成；b. 受损截顶的珊瑚礁；c. 新礁发育在截顶的台地上

（四）"冰期控制沉降" 理论

1933 年，Kuenen 认为 Darwin 和 Daly 的理论是兼容和互补的，对于珊瑚礁形成的解释都是必需的，因此提出 "冰期控制沉降" 理论，认为冰期前珊瑚礁的发育过程是遵循 Darwin 的 "沉降" 理论，而环礁和堡礁目前的形态则主要受海平面波动的影响。构造沉降和海平面变化控制了珊瑚礁的起源、生长和死亡，尤其是在晚新生代冰期。环礁和堡礁是在基岩沉降时形成的，珊瑚礁在冰期海平面下降时曾受到化学溶蚀和剥蚀作用，导致现在珊瑚礁的形状大多是由冰期海平面下降所造成的[7, 22]（图 1.5[7, 21]）。该理论很好地解释了太平洋婆罗洲（加里曼丹岛）东边的马拉托伊（Maratoea）环礁和印度尼西亚群岛的珊瑚礁，并指出摩鹿加群岛（马鲁古群岛）的珊瑚礁经过晚新生代的海平面变化和温度变化存活下来。

但 "冰期控制沉降" 理论并未受到普遍认可，因为用 2 种差异如此之大的理论来解释相同的结果未能使人信服。

（五）"先成台地" 理论和 "喀斯特盆地" 理论

1. "先成台地" 理论

1935 年，在大量研究和总结 Wharton 等[23]工作的基础上，Hoffmeister 和 Ladd 提出了 "先成台地" 理论。该理论强调在海平面没有变化的情况下，只要生态条件允许，珊瑚可以在能提供适宜条件的任何基底上生长。珊瑚的基台可以是由侵蚀、堆积、火山喷发、地壳运动或其中两者以上组合形成的。例如，古老的被磨蚀平的火山岛、海底不平缓的火山、任何起源的深的海底基底等，只要它们能被沉积物抬高至足够浅的地方，珊瑚就可以生长；之后，珊瑚礁会在缓慢地沉降期间继续增长。由于基台外缘部分的海洋条件更为优越，因此那里的珊瑚礁增长迅速，形成了堡礁或环礁[2, 16, 24, 25]。当然沉降可由地壳构造造成，也可以是地壳均衡的结果。"先成台地" 理论支持 Darwin 的 "沉降" 理论，是其补充和延伸，能够解释某些浅薄的礁体和靠近大陆架的较小珊瑚礁的形成，如佛罗里达群岛礁、斐济和汤加的珊瑚礁。

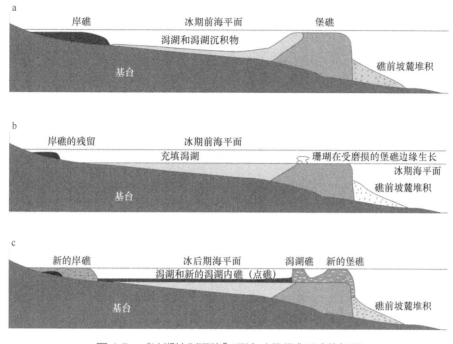

图 1.5 "冰期控制沉降"理论对珊瑚礁形成的解释
a. 冰期前珊瑚礁的发育；b. 冰期鼎盛期和最低海平面；c. 间冰期

2. "喀斯特盆地"理论

1942 年，Yabe 和 Asano 提出"喀斯特盆地"理论，认为环礁和堡礁的形态来自先天形成的、近似水平的钙质台地，这个台地由于抬升或海平面下降而出露。出露后，台地被降雨和渗透水溶蚀，致使台面溶解成中央凹陷的盆地，即喀斯特盆地。后来这个被溶蚀的台地下沉，珊瑚礁沿盆地边缘增长，形成环礁或堡礁[14-16]。

"喀斯特盆地"理论或多或少是"先成台地"理论的新版本，它认同 Darwin 的"沉降"理论，因为沉降的确是石灰岩沉积的原因之一，但不同意珊瑚礁边缘的起源解释（图 1.6[26]）。Purdy[26]和 MacNeil[27]也支持并发展了"喀斯特盆地"理论，如 Purdy 认为适用于该理论的珊瑚礁要具有以下特点：溶蚀盆地、河道、溶蚀边缘（包括溶蚀盆地残留边缘的连接或网状脊）、喀斯特边缘台地、圆锥形的礁顶峰[26, 28]等。该理论解释了环礁的形成，如日本南部冲绳岛东海岸的石灰岩小岛、斐济的图武萨岛、奥奥海峡（Au'au Channel）的伯利兹堡礁。

（六）"扩张沉降"理论和"热点沉降"理论

1. "扩张沉降"理论

Dietz[8]和 Hess[9]于 20 世纪 60 年代分别提出了"扩张沉降"理论，指出太平洋中部的深海底由起源于东太平洋海隆的玄武岩板块构成，由于海底扩张，火山岛随岩石圈沿扩张中心向两侧移动。火山作用停止后，火山岛被波浪削蚀成火山岩平台，该平台随洋壳向两侧推移并下沉。在下沉过程中，珊瑚礁在平台边缘快速增长并形成环礁[29]。由于大多数的环礁处于太平洋板块，且很多环礁呈链状或以群岛形式出现，因此了解其动态对理解环礁起源、发展和消亡都很重要（图 1.7[30]）。该理论很好地解释了南太平洋加罗林岛和法属波利尼西亚的土阿莫土群岛珊瑚礁的发育。

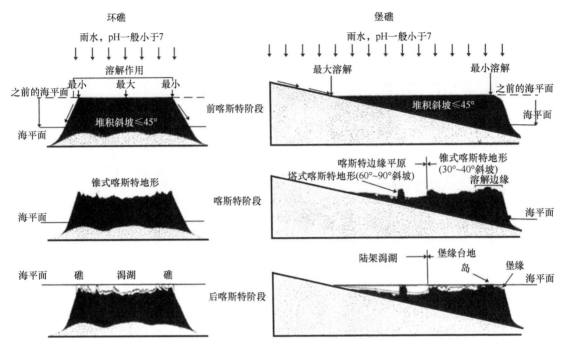

图 1.6 "喀斯特盆地"理论解释环礁和堡礁的演化

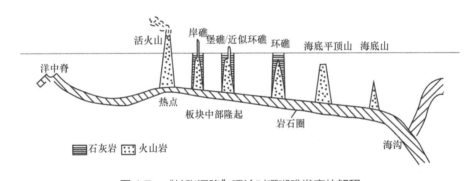

图 1.7 "扩张沉降"理论对珊瑚礁发育的解释

图中显示随着板块运动是从左边的扩张中心（洋中脊）向右边的海沟运动，岛是如何沿着一个理想的链分布的

2. "热点沉降"理论

Morgan[10,31]创立了"热点沉降"理论。他认为，地幔内存在一种上升的、圆柱状的、局部熔融的"热柱"，而其在地球表面则表现为热点，是火山活动的中心。当岩石圈板块在热柱上移动，即通过热点时，呈火山活动的形式在地表留下了痕迹——沿走向依次熄灭的火山链，它是板块移动途径的里程碑，而环绕火山岛发育了珊瑚礁[29]。该理论对夏威夷群岛、社会群岛岛链和波利尼西亚的皮特凯恩岛－赫雷赫雷图埃环礁链有很好的解释。

"扩张沉降"理论和"热点沉降"理论是把 Darwin 的"沉降"理论和板块构造学说结合起来，认为环礁的发育不仅与地壳垂直升降运动有关，而且与板块水平运动有关。

二、区域珊瑚礁形成机制的研究

从上文回顾中发现，尽管各种理论都展示了各自的适用性和优点，指出其他理论的不足，但其实这些理论之间并不矛盾，因为它们强调的分别是珊瑚礁的构造过程和形态发展的演化历史，因此将相关理论互相补充完善可以更好地解释珊瑚礁的形成机制。近年来有研究者更倾向于选择特定地区珊瑚礁，不突出单一理论，而是尽量根据具体珊瑚礁所处的海洋地质地理环境及其本身所具有的地质地貌特点探讨其形成、形态的演化及影响因素。

（一）对太平洋珊瑚礁的研究

Webster等[32]对巴布亚新几内亚的休恩湾和夏威夷群岛的多座沉溺珊瑚礁进行数值模拟研究，认为在过去50万年，2个地区都经历了快速沉降及海平面的变化，导致珊瑚礁的再次沉溺和后退。依赖海平面上升的频率和振幅，以及珊瑚礁对其的响应，珊瑚礁以复杂的地层柱或沉积发育。同时测年数据也表明珊瑚礁的沉溺不仅主要发生在冰期，而且发生在具有明显的突然的气候变化事件时期，如末次冰期期间的亚间冰期或亚冰期的转换时期，以及末次冰消期的融水暴涨。Barnhardt等[33]从人工地震剖面来分析夏威夷群岛莫洛凯珊瑚礁的发育，认为基台边缘复合的碳酸盐和硅质碎屑地层对海平面变化的反应，与陆源边缘的反应相似。Faichney等[34]通过对夏威夷群岛毛伊努伊水下珊瑚礁的形态和分布的研究，分析了自更新世早期以来珊瑚礁的演变，揭示了控制珊瑚礁结构和形态的3个影响因素——地壳沉降速度、海平面变化的幅度和周期、基底的倾斜与连续性。Abbey等[35]研究了大堡礁陆架边缘的水下珊瑚礁的起源和发展，以及影响其发展并造成地形变化的主要影响因素，即大陆架地貌、区域海洋学过程和海平面波动。

（二）对印度洋珊瑚礁的研究

Braithwaite等[36]在对印度洋塞舌尔群岛珊瑚礁的研究中，强调极端风暴事件和晴天水动力条件之间的相互作用与全新世珊瑚礁的增长有关，即珊瑚礁在中等-低能量环境中堆积快。通过钻孔分析珊瑚礁的堆积变化特点表明，开始海水相对较深，堆积速度与海平面上升速度相配。随着海平面上升速度减慢或处于稳定，珊瑚礁向水平方向堆积，逐步成为珊瑚礁。

（三）对大西洋珊瑚礁的研究

Shepard[37]通过对大西洋巴哈马峡谷的珊瑚礁的研究认为，当大陆板块仰冲到大洋板块之上时，两板块之间的地缝合线处会有热液和热气逸出，但由于裂隙不大，熔岩未能大量上溢，珊瑚沿着仰冲板块的前缘生长，并在热气和热液的主要喷出口上方的岩壁上繁殖得很茂盛，在缝隙岩壁上形成巨大的礁垄嘴。这类堡礁的礁体前缘斜坡到礁的边缘有垄沟系统发育[37, 38]。

（四）对我国南海珊瑚礁形成的研究

我国南海的珊瑚礁面积约有37 935km^2，占世界珊瑚礁面积的5%[39]，主要分布在西沙群岛、东沙群岛、中沙群岛、南沙群岛、海南岛、台湾岛和华南大陆沿岸等地。穿透珊瑚礁的地质钻探揭示，南海珊瑚礁先后从晚渐新世中期礼乐滩（礁体厚2160m）[40]和中新世西沙群岛（礁体厚1251m）[41-43]开始形成。关于南海珊瑚礁的描述最早出现在东汉中期（见东汉杨孚《南裔异物志》，称"涨海崎头"），至唐朝出现对环礁地貌的描述（见唐朝徐坚《初学记》卷5"石九"，称"石塘"），至元朝出现对南海珊瑚礁群分布的成因解释，可能同我国大陆"地脉"（地质构造走向）有关（见元朝汪大渊《岛夷志略》）。

1. 西沙群岛珊瑚礁

我国石油勘探单位曾鼎乾[41]于1973~1974年在西沙群岛永兴岛对"西永1井"钻探所获岩心进行分析研究，指出地质时期海平面大变动中的旋回性海进-海退控制了珊瑚礁的发育演化，该区这种旋回，中新世3个，上新世1个。对该生物礁定年[42]，以及对西沙群岛几个深钻岩心的分析[43]，丰富了礁相沉积学研究。曾昭璇等[44]通过对西沙群岛环礁钻孔资料进行分析，认为南海的环礁不完全遵从Darwin的"沉降"理论，即南海环礁的基底不一定是火山岛；环礁并非全部由珊瑚礁岩组成，原生珊瑚层只占半数左右，如宣德环礁原生礁厚度只占40%；环礁的形成并非不断下沉而是震荡运动，并不时出露。但可适用"热点沉降"理论[45]。

而秦国权[46]对"西永1井"的礁体岩心分析认为，永兴岛珊瑚礁的成因用Darwin的"沉降"理论和Daly的"冰期控制"理论解释比较合适。西沙群岛珊瑚礁层主要是在新近纪时期生长和堆积而成的。本区古近纪及之前是一个剥蚀区，中新世早期到上新世末期本区变为下沉区，珊瑚生长，堆积了厚达1000m以上的珊瑚礁层。由于海平面的降低，以前的珊瑚礁遭受剥蚀，而礁中潟湖和其他低凹处被堆积和夷平。因此更新世冰期，永兴岛为削平岛，剥蚀了更新世间冰期生长的或上新世的一部分珊瑚礁。

西沙隆起之上发育有大量碳酸盐岩建隆，通过将钻井沉积相与地球物理勘测地震资料的解释对比，马玉波等[47]建立了该研究区碳酸盐岩建隆沉积模式，指出西沙碳酸盐岩建隆主要发育于台地边缘和台地内部的构造高部位，开始发育于晚渐新世陵水组；早中新世三亚组时期随着相对海平面的上升，建隆开始向构造高部位迁移；中中新世梅山组时期区域稳定，建隆垂向加积与横向侧积双现，且内部发育一定规模的潟湖；晚中新世黄流组末期，建隆向海侧积，内部的潟湖沉积范围增大；上新世至今，相对海平面持续上升，建隆以向构造高部位的退积为主，以垂向加积为辅。如果结合冯英辞等[48]研究西沙群岛海域单道地震剖面的认识，在更新世火山活动停止后，西沙群岛构造趋于稳定，这似乎说明西沙礁演化适用"冰期控制"理论。

2. 南沙群岛珊瑚礁

赵焕庭等[49]对1990年在南沙群岛永暑礁"南永1井"钻获的厚152.07m的礁体岩心（未钻透）的研究，以及朱袁智等[50]对1994年在永暑礁"南永2井"钻获的厚413.69m的礁体岩心（未钻透）的研究认为，永暑礁自上新世以来经历过6次（后次高于前次）大幅度的海平面上升与沉积阶段（中新世和上新世各1次、第四纪4次），5次海平面下降与沉积间断（中新世和上新世各1次、第四纪3次），并同全球性的几次间冰期与冰期对应。冰期时海平面下降导致礁体暴露于空气中并遭受溶蚀、剥蚀，而进入间冰期随着海平面上升，新的珊瑚礁在被侵蚀的原礁体及其四周开始发育；海平面持续上升，但较缓慢，珊瑚礁横向扩大[49-52]。虽然这是对永暑礁的研究结果，但研究者认为新生代几次冰期或海平面的变化对整个南沙群岛甚至南海区域珊瑚礁的形成演化有普遍的影响，指出南海珊瑚礁的形成演化是在地壳长期缓慢沉降的同时受到第四纪冰期—间冰期的支配。

3. 海南岛珊瑚礁

海南岛珊瑚礁是在全新世发育起来的，在较长时间尺度内的沉积回旋与冰后期全球海平面变化的趋势相吻合，即早全新世—中全新世为海侵过程，而全新世后期则出现多次微小波动，这可以通过不同剖面珊瑚礁的生长来判断[45]。

赵希涛和陈俊仁等[53-55]通过对鹿回头钻孔的研究，发现本区珊瑚礁主要建立在晚更新世末期的陆相或晚更新世晚期的海相松散的泥、砂质沉积物之上，局部直接建立在基岩上。在全新世的海侵及其间近5000年来，海平面略微波动，有时轻微下降，珊瑚礁旋回发育，其中在6300~4800a BP的最高海平面时期，珊瑚礁发育最好；但近几十年来受全球变暖和人类不合理开发海岸海洋的影响，珊瑚礁逐渐趋于衰退。

4. 广东雷州半岛珊瑚礁

雷州半岛地处北热带，全新世中期之初华南沿海发生桂州海侵以来，在半岛西南端沿琼州海峡西口和北部湾东岸发育了我国大陆唯一的海岸珊瑚礁，岸礁分 16 段，总长为 37.5km，总面积为 30km^2，厚度逾 4m[56]。余克服等[57, 58]通过对灯楼角礁坪挖坑进行珊瑚礁观察和分层采样分析测试研究，发现其中约 50%的珊瑚化石年龄分布在 6.7～7.2cal ka BP，认为此期间是整个全新世的最高海平面时期，在这个时间段已经基本形成了现代珊瑚岸礁的地貌格局。

詹文欢等[59]认为雷州半岛西南部珊瑚礁区位于雷琼断陷裂谷带的中部，区内活动断裂构造发育。自古近纪和新近纪以来，本区一直处于沉降状态。第四纪火山活动频繁，形成覆盖雷琼地区的多级玄武岩熔岩台地，珊瑚随之生长，并由于气候变化、构造运动和海平面的不均衡升降，珊瑚礁体形态呈台阶状结构。礁体向海坡在不同水深发育有平台，每一级平台都代表着珊瑚礁生长的范围，也反映了珊瑚礁的生长方式从侧向增长向垂向增长的转变。

三、结论

（1）珊瑚礁的形成机制，对于理解地球构造运动和海洋动力作用非常重要，很多学者提出了不同的珊瑚礁形成的理论和学说，其中主要有 Darwin 的"沉降"理论、Murray 的"海底上升"理论、Penck 和 Daly 的"冰期控制"理论、Kuenen 的"冰期控制沉降"理论、Hoffmeister 和 Ladd 的"先成台地"理论、Yabe 和 Asano 的"喀斯特盆地"理论、Dietz 和 Hess 的"扩张沉降"理论及 Morgan 的"热点沉降"理论。这些理论或是从地壳的上升或下降运动，或是从海平面的变化来解释珊瑚礁的形成，其中一些理论是随着新资料、新发现而对已有理论的衍生或补充，而另一些则完全相反，还有些理论将完全对立的理论结合成新的学说。近几十年来的钻探技术和地球化学研究的发展证实了其中一些理论，并探索它们更具体的关系，如在太平洋、印度洋、大西洋等地研究珊瑚礁演变，揭示控制珊瑚礁结构和形态的影响因素，以及珊瑚礁在极端事件下的发育和演变。

（2）我国珊瑚礁形成机制的研究主要集中在近 40 年，通过对西沙群岛、南沙群岛、海南岛珊瑚礁钻探所获岩心分析，以及对雷州半岛珊瑚礁挖坑采样分析，认为珊瑚礁的形成同时遵循"沉降"理论和"冰期控制"理论，即南海珊瑚礁的形成演化是在地壳长期缓慢沉降的同时受到第四纪冰期—间冰期的支配。

（3）尽管珊瑚礁形成机制的研究已有近 200 年，但由于珊瑚礁的成因非常复杂，即便这些珊瑚礁形成机制的理论对某些珊瑚礁体或某些地区的珊瑚礁有很好的解释，但不能解释其他珊瑚礁，因此试图用一种学说来解释所有珊瑚礁的发展历史是不可能的。目前，新的野外调查方法和实验技术的应用，能够提供更多种的、更大量的珊瑚礁数据，因此认真研究具体某个珊瑚礁，找到适合它的形成模式的解释显得更为重要[60]。

参 考 文 献

[1] Smith S V. Coral-reef area and the contributions of reefs to processes and resources of the world's oceans. Nature, 1978, 273(5659): 225-226.

[2] Hoffmeister J E, Ladd H S. The antecedent-platform theory. Journal of Geology, 1944, 52(6): 388-402.

[3] Darwin C. The structure and distribution of coral reefs. Tucson: The University of Arizona Press, 1842(1984 ed): 1-205, Plate I-III.

[4] Daly R A. The glacial-control theory of coral reefs. Proceedings of the American Academy of Arts and Sciences, 1915, 51(4): 157-251.

[5] Vaughan T W. Coral reefs and submerged platforms. Proceedings Second Pacific Science, 1923, Cong, II: 1128-1134.

[6] Semper K G. Animal life as affected by the natural conditions of existence. New York: D. Appleton and Company, 1881: 1-148.

[7] Kuenen P H. Two problems of marine geology: atolls and canyons. Journal of Geology, 1948, 56(3): 249-250.

[8] Dietz R S. Continent and ocean basin evolution by spreading of the sea floor. Nature, 1961, 190(7): 854-857.

[9] Hess H H. History of the ocean basins. Geological Society of America Bulletin, Petrologic Studies: A Volume to Honour A. F. Buddington, 1962: 559-620.

[10] Morgan W J. Hotspot tracks and the opening of the Atlantic and Indian Oceans//Cesare Emiliani. The Sea. New York: Wiley Interscience, 1981, 7: 443-489.

[11] Murray J. On the structure and origin of coral reefs and islands//The Royal Society. Proceedings of the Royal Society. Edinburgh: The Royal Society Press, 1880: 505-518.

[12] Agassiz A. The islands and coral reefs of Fiji//The Museum of Harvard College. USA: Bulletin of the Museum of Comparative Zoology Harvard College, 1899, 33: 1-167.

[13] Wharton W J L. Foundations of coral reefs. Nature, 1897, 38(989): 568-569.

[14] Yabe H. Problems of the coral reefs. Tohoku: Tohoku Imperial University Geology and Paleontology Institute Report, 1942, 39: 1-6.

[15] Asano D. Coral reefs of the South Sea Islands. Tohoku: Tohoku Imperial University Geology and Paleontology Institute Report, 1942, 39: 7-19.

[16] Mclean R F, Woodroffe C D. Coral atolls//Carter R W G, Woodroffe C D. Coastal Evolution: Late Quaternary Shoreline Morphodynamics. Cambridge: Cambridge University Press, 1994: 267-302.

[17] Guilcher A. Coral Reef Geomorphology. New York: John Wiley and Sons, 1988: 45-100.

[18] Dana J D. Coral and Coral Islands. New York: Dodd, Mead and Company Publication, 1872.

[19] Dana J D. Origin of coral reefs and islands. Philosophical Magazine Series 5, 1885, 20(124): 269-292.

[20] Stoddart D R. Coral reefs: the last two million years. Geography, 1973, 58(4): 313-323.

[21] Tomascik T, Mah A J, Nontji A, et al. The Ecology of the Indonesian Seas (Part One). Hong Kong: Periplus Press, 1997: 207-233.

[22] Kuenen P H. Geology of coral reefs. Snellius Expedition Eastern Part Netherlands East Indies, 1933, 5(2): 1-126.

[23] Davis W M. The Coral Reef Problem. New York: American Geographical Society, Special Publication, 1928, 9: 1-596.

[24] Hoffmeister J E, Ladd H S. The foundations of atolls: a discussion. Journal of Geology, 1935, 43(6): 653-665.

[25] Ladd H S, Hoffmeister J E. A Criticism of the glacial-control theory. Journal of Geology, 1936, 44(1): 74-92.

[26] Purdy E G. Reef configurations: cause and effect//Laporte L F. Reefs in Time and Space. Tulsa: Society for Sedimentary Geology, Special Publication, 1974, 18: 9-76.

[27] MacNeil F S. The shape of atolls: an inheritance from subaerial erosion forms. American Journal of Science, 1954, 252(7): 402-427.

[28] Grigg R, Grossman E, Earle S, et al. Drowned reefs and antecedent karst topography, Au'au Channel, S. E. Hawaiian Islands. Coral Reefs, 2002, 21(1): 73-82.

[29] 周军. 珊瑚礁成因的较新学说. http: //www.bjkp.gov.cn/art/2011/1/14/art_2277_142710.html[2011-1-14].

[30] Morgan W J, Series C R. Rises, trenches, great faults, and crustal blocks. Journal of Geophysical Research Atmospheres, 1991, 73(6): 1959-1982.

[31] Scott G A J, Rotondo G M. A model to explain the differences between Pacific plate island-atoll types. Coral Reefs, 1983, 1(3): 139-150.

[32] Webster J M, Braga J C, Clague D A, et al. Coral reef evolution on rapidly subsiding margins. Global and Planetary Change, 2009, 66(1): 129-148.

[33] Barnhardt W A, Richmond B M, Grossman E E, et al. Possible modes of coral-reef development at Molokai, Hawaii, inferred from seismic-reflection profiling. Geo-Marine Letters, 2005, 25(5): 315-323.

[34] Faichney I D E, Webster J M, Clague D A, et al. The morphology and distribution of submerged reefs in the Maui-Nui complex, Hawaii: new insights into their evolution since the Early Pleistocene. Marine Geology, 2009, 265(3): 130-145.

[35] Abbey E, Webster J M, Beaman R J. Geomorphology of submerged reefs on the shelf edge of the Great Barrier Reef: the influence of oscillating Pleistocene sea-levels. Marine Geology, 2011, 288(1-4): 61-78.

[36] Braithwaite C J R, Montaggioni L F, Camoin G F, et al. Origins and development of Holocene coral reefs: a revisited model based on reef boreholes in the Seychelles, Indian Ocean. International Journal of Earth Sciences, 2000, 89(2): 431-445.

[37] Shepard F P. 海底地质学. 梁元博, 等译. 北京: 科学出版社, 1979: 290-312.

[38] 周家乐. 珊瑚礁成因新探. 海洋湖沼通报, 1989, (2): 71-75.

[39] 王丽荣, 余克服, 赵焕庭, 等. 南海珊瑚礁经济价值评估. 热带地理, 2014, 34(1): 44-49.

[40] ASCOPE. Tertiary sedimentary basins of the gulf of Thailand and South China Sea: stratigraphy, structure and hydrocarbon occurences. Jakarta, Indonesia: Association of Southeast Asian Nations Council on Petroleum, 1981: 1-72.
[41] 曾鼎乾. 西沙群岛调查及"西永1井"及上第三系礁岩及储油物性的初步研究(1973, 1978)//曾鼎乾地质文选编辑小组. 曾鼎乾地质文选. 湛江: 南海西部石油公司科技发展部, 1990: 117-141.
[42] 吴作基, 余金凤. 西沙群岛某钻孔底部的孢子花粉组合及其地质时代//中国孢粉学会. 中国孢粉学会第一届学术会议论文集. 北京: 科学出版社, 1982: 81-84.
[43] 张明书, 何起祥, 业治铮. 西沙生物礁碳酸盐沉积地质学研究. 北京: 科学出版社, 1989: 1-117.
[44] 曾昭璇, 梁景芬, 丘世钧. 中国珊瑚礁地貌研究. 广州: 广东人民出版社, 1997: 1-474.
[45] 曾昭璇. 试论中国珊瑚礁地貌类型. 热带地貌, 1980, (1): 1-16.
[46] 秦国权. 西沙群岛"西永一井"有孔虫组合及该群岛珊瑚礁成因初探. 热带海洋学报, 1987, (3): 12-22, 105-107.
[47] 马玉波, 吴时国, 杜晓慧, 等. 西沙碳酸盐岩建隆发育模式及其主控因素. 海洋地质与第四纪地质, 2011, (4): 59-67.
[48] 冯英辞, 詹文欢, 姚衍桃, 等. 西沙群岛礁区的地质构造及其活动性分析. 热带海洋学报, 2015, 34(3): 48-53.
[49] 中国科学院南沙综合科学考察队. 南沙群岛永暑礁第四纪珊瑚礁地质. 北京: 海洋出版社, 1992: 210-212.
[50] 朱袁智, 沙庆安, 郭丽芬. 南沙群岛永暑礁新生代珊瑚礁地质. 北京: 科学出版社, 1997: 107-124.
[51] 赵焕庭, 宋朝景, 朱袁智. 南沙群岛"危险地带"腹地珊瑚礁的地貌与现代沉积特征. 第四纪研究, 1992, 12(4): 368-377.
[52] 赵焕庭. 南沙群岛自然地理. 北京: 科学出版社, 1996: 94-107.
[53] 赵希涛, 张景文, 李桂英. 海南岛南岸全新世珊瑚礁的发育. 地质科学, 1983, (2): 150-159.
[54] 陈俊仁, 陈欣树, 赵希涛. 全新世海南省鹿回头海平面变化之研究//地质矿产部广州海洋地质调查局情报研究室. 南海地质研究(三). 广州: 广东科技出版社, 1991: 77-86.
[55] 赵希涛, 陈欣树, 郑范, 等. 海南三亚鹿回头半岛珊瑚礁和连岛坝的发育. 第四纪研究, 1996, 16(1): 48-58.
[56] 赵焕庭, 王丽荣, 宋朝景, 等. 广东徐闻西岸珊瑚礁. 广州: 广东科技出版社, 2009: 1-238.
[57] 余克服, 陈特固, 钟晋梁, 等. 雷州半岛全新世高温期珊瑚生长所揭示的环境突变事件. 中国科学: 地球科学, 2002, 32(2): 149-156.
[58] 余克服, 钟晋梁, 赵建新, 等. 雷州半岛珊瑚礁生物地貌带与全新世多期相对高海平面. 海洋地质与第四纪地质, 2002, 22(2): 27-33.
[59] 詹文欢, 詹美珍, 孙宗勋, 等. 雷州半岛西南部珊瑚礁礁体结构与场地稳定性分析. 热带海洋学报, 2010, 29(3): 151-154.
[60] 赵焕庭, 王丽荣. 珊瑚礁形成机制研究综述. 热带地理, 2016, 36(1): 1-9.

第二章

珊瑚礁地貌

第一节 环礁地貌与现代沉积[①]

  环礁是南海珊瑚礁的主要类型，也是世界珊瑚礁最主要的类型。澳大利亚的大堡礁也包含着众多的环礁。这里以南海南沙群岛的环礁为例介绍环礁地貌和现代沉积特征。南沙群岛是我国南海诸岛中分布最靠南、岛礁最多和面积最广的一群珊瑚礁，拥有岛屿、沙洲、暗沙暗礁等 200 多座[1]，据最新统计，有环礁 62 座（其中干出环礁 43 座，淹没环礁 19 座）[2]。南海南部大陆坡上水深 1500～2000m 的南沙台阶为南沙群岛珊瑚礁的基座。根据地震测深资料[3]和分析[4, 5]，以及礼乐滩的钻井资料，南沙群岛珊瑚礁的生长基底可能为中新世以前的岩层因构造运动形成的构造脊。

  南沙群岛的环礁多呈椭圆形，长轴近 NE—SW 向，可能是基底构造及受制于季风的海洋动力、珊瑚生长等因素所致[4, 6]。

  本章研究的信义礁、永暑礁、皇路礁和渚碧礁分别位于南沙群岛的东、西、南、北 4 个方位，具有一定的代表性。这些礁的现代沉积样品是 1993 年和 1994 年两个航次采集的，在室内对选取的各礁体中沿剖面方向通过各地貌带的砂屑样品进行了粒度分析，对粗砂级的砂样进行生物组分鉴定，用光谱分析 Ca、Sr、Mg 的含量，用 X 射线衍射分析矿物成分。

一、南沙群岛环礁地貌带的划分

  关于环礁地貌类型和沉积相带的划分，已有不少报道[2, 3, 7-11]，大体类同。根据封闭程度，即环礁内部潟湖水体与外海的交换程度，南沙群岛的环礁可划分为开放型、半开放型、准封闭型、封闭型和台礁化五大类，并各有相对应的判别指数（礁坪面积与潟湖面积的比值，该值越大，环礁发育程度越高）[3]。从现代沉积的角度，自环礁外缘向中心一般可分为礁前斜坡、礁坪、潟湖坡和潟湖盆底等 4 个地貌带（图 2.1）。封闭型环礁如信义礁、皇路礁和渚碧礁等，其潟湖与外海的水体交换时段限于涨潮后期和退潮

[①] 作者：余克服，宋朝景，赵焕庭

前期；开放型的环礁如永暑礁，潟湖有口门与外海相通，经常进行水体交换。

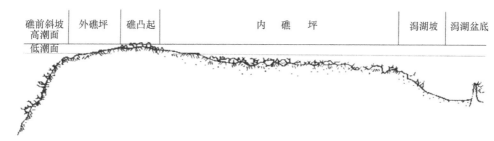

图 2.1　南沙群岛环礁地貌带模式

环礁地貌以潟湖中心向两侧大体呈对称状发育，本图仅显示了环礁一侧的地貌带

（一）礁前斜坡

礁前斜坡是指礁坪外缘（坡折线）至礁体基部的向海斜坡，礁前斜坡环绕环礁周缘，坡顶是波浪作用最强烈的地方。

Wells 在 1957 年根据珊瑚生长情况将礁前斜坡划分为以下 3 个带[7]：①少珊瑚带，水深 0～15m，顶部潮沟系统发育，仅生长一些皮壳状或瘤状钙藻，靠近波基面生长一些低矮的造礁珊瑚；②刺叶珊瑚带，水深 15～46m，以刺叶状珊瑚为主，除广布的蔷薇珊瑚、滨珊瑚、苍珊瑚、石芝珊瑚和杯形珊瑚等外，还有较纤细的叶状或枝状珊瑚，如鹿角珊瑚和多孔螅珊瑚等；③薄层珊瑚带，水深 46～152m，纤细珊瑚种在该带分布较普遍。

中国科学院南沙综合科学考察队将礁前斜坡分为以下 3 个带[11]：①水深约 30m，以浅为礁缘陡坡带，也是珊瑚生长带；②水深 40～400m 为塌积（或重力堆积）带，沉积物来自上带或本带原地生物骨壳；③水深大于 400m，为细粉砂沉积带，以浮游有孔虫最多。

在礁体的不同方位，礁前斜坡有较明显的地形差别，根据倾斜形态，可将礁前斜坡分为斜坡型和峭壁型两类[3]。斜坡型的坡度小于 40°，冲蚀潮沟发育，水动力条件较强，活珊瑚覆盖小于 50%；南沙群岛峭壁型的坡面呈峭壁状，坡度极陡，有的可达 80°以上，活珊瑚生长很好，覆盖度有的可达 90%～100%，反映水动力条件中等。

礁前斜坡常被水下台阶或阶地中断[12]。南沙群岛永暑礁水深 800m 以浅礁前斜坡发育 6 级阶地，各级阶地宽窄不一，相对应的各级礁前斜坡坡脚也不一样[2,9]，各礁不同方位的水下阶地级数及深度不同，但普遍存在 20m 和 50m 两级。

（二）礁坪

礁坪是从礁前坡折线到潟湖坡的一个大的地貌带，是珊瑚生长和生物碎屑堆积的主要部位。礁坪处于潮间带，退潮时部分暴露于空气中。不同礁体、不同方位的礁坪宽窄不一，南沙群岛珊瑚礁礁坪宽度一般为 500～600m，最宽可达 1000 多米[11]，并且生态景观也不一致[3]。根据水动力强弱和珊瑚群落结构可进一步将礁坪划分为外礁坪、礁凸起、内礁坪等 3 个地貌亚带，有的划分更多，如将仙娥礁西礁坪除划分为外礁坪潮沟发育带、藻黏结礁凸起带外，还将内礁坪分为珊瑚稀疏带、珊瑚丛林带和礁坑发育带，共 5 个地貌亚带[3]。

外礁坪宽度一般为 20～30m，从礁凸起以 3°～5°向外海倾斜[9]，低潮时几乎全部干出。由于波浪和潮流往返运动及礁前缘波浪带的浪花，珊瑚群落保持潮湿，因此珊瑚仍能生长，但为数较少，主要为抗浪性强的块状种属。波浪把礁前碎块抛掷至此，并继续向礁坪内运移，部分粗大的留下来，被皮壳状的珊瑚藻包覆，黏结于礁面，使之呈瘤状。永暑礁西南礁前斜坡的潮沟垂直切入礁边缘并延伸到外礁坪带10m左右，该亚带因为能量强，所以很少有松散碎屑沉积物停留。

礁凸起带是波浪能量损耗最大的地带，很多大的礁块堆积于此，使之高于礁坪，低潮时经常露出水面，珊瑚生长极少，珊瑚藻在这里占优势，有些地方珊瑚礁的礁凸起地带可形成"海藻脊"（algae ridge）[7]。礁凸起的规模大小反映波浪作用的强弱[13]。南沙群岛礁凸起的规模小，一般仅高出礁坪20～50cm，宽约20m[3]，并不十分显眼；并且礁体不同方位水动力不同，该带发育情况也不一样。根据Wells的论述，在背风坡或受交替性季风作用的珊瑚礁区，海藻脊发育少或不发育[7]，西沙群岛礁凸起带较南沙群岛的发育，也无海藻脊[14]，已考察过的南沙群岛环礁也未见发育海藻脊的报道。

内礁坪一般比外礁坪宽阔得多，由礁凸起缓缓向潟湖方向倾斜，地形相对比较平坦，但潮沟和礁坑发育。按地形特点和珊瑚生长情况，内礁坪又可进一步划分为如前所述的珊瑚稀疏带、珊瑚丛林带和礁坑发育带。大潮低潮时，该带也露出水面或剩余薄层水层。内礁坪为低能带，许多枝状珊瑚在此发育繁茂，如鹿角珊瑚、沙珊瑚、排孔珊瑚和蔷薇珊瑚等，也常见团块状蜂巢珊瑚和滨珊瑚等。礁坑底和潮沟中砂屑多，主要为珊瑚屑、珊瑚藻屑和软体动物壳等。该带经常可见微环礁（microatoll），直径为2～5m，顶部死亡并被藻黏结，有的边缘仍然存活，多为滨珊瑚。与潟湖坡交接处礁坑多，滨珊瑚发育很好[9]。

礁坪上常见大块的礁石散布，一般在礁凸起带较集中，其^{14}C年代相差较大，从200多年到5000多年不等，这些礁石是不同时期的暴风浪将礁前缘的礁岩击破并抛上礁坪的产物[13]。在不同方位，礁石数量也不相同。

（三）潟湖坡

潟湖坡是从礁坪内缘到潟湖盆底的过渡带，根据底质和珊瑚生长情况，可将潟湖坡分为礁岩坡和砂坡两类[9]。礁岩坡坡度陡，由块状珊瑚连生构成，坡上珊瑚生长繁茂，滨珊瑚个体很大，直径可达4m；砂坡型潟湖坡可见成片生长的美丽鹿角珊瑚，坡度小，被覆来自礁坪的砂砾屑，含较多鹿角珊瑚断枝。

（四）潟湖盆底

潟湖盆底是生物碎屑的主要堆积区，生活着海参、海胆、马蹄螺、底栖有孔虫和绿藻等种群，也可成片生长美丽鹿角珊瑚等枝状珊瑚。潟湖盆底和潟湖坡上都可发育点礁。根据发育情况，点礁可分为峰丘型和礁坪型两类[3]。前者可发育至低潮面，由造礁珊瑚、千孔螅、软珊瑚和软体动物等多种造礁、附礁生物组成；后者也可发育到低潮面，沿水平方向扩展成礁坪状，由六射珊瑚、苍珊瑚和笙珊瑚等组成，在边坡上柳珊瑚和软珊瑚较多。点礁是潟湖盆底沉积物的重要来源之一。潟湖盆底的深度与礁坪的宽窄有一定的关系。一般礁坪窄，潟湖深；礁坪宽，潟湖浅[15]。

口门是潟湖与外海的通道。不同的礁体，口门的数目与类型不同，如西沙群岛永乐环礁的口门可分为直通式、槽滩式和门槛式等3种[15]。一般小的口门内因水流甚急，很少有碎屑沉积物。

二、环礁的现代沉积特征

在粒度上，沿礁坪向潟湖盆底方向，沉积物粒度逐渐变细，礁坪沉积物中的细粒部分被水流分选、带走，所以其沉积物一般为中-粗砂或更粗，平均粒径大于0.620mm，内礁坪碎屑略细，如信义礁两个内礁坪的碎屑沉积物分别为细-粗-中砂和中-粗砂，平均粒径分别为0.382mm和0.486mm，沉积物分选一般为中等或差，峰度为正态（平坦）型，偏度趋于对称。潟湖坡沉积物分为两种：一种细砂含量多，如皇路礁和信义礁，平均粒径为0.157～0.344mm；另一种为中-粗砂，与礁坪沉积特征类同；沉积物分选中等，偏度对称，峰度正态到尖锐。潟湖盆底沉积物也分为两种：一种水深，沉积物为细砂、细-粉砂，如皇路礁和渚碧礁，平均粒径为 0.043～0.112mm；另一种水浅，沉积物为细-中砂，如信义礁和永暑礁，平均粒径为 0.255～0.312mm。潟湖盆底为碎屑沉积物的最终归宿，所以其沉积物分选最差，又因为其细砂含量高，所以其沉积物峰度尖锐到很尖锐，偏度或正或负。

生物组分中，礁坪沉积物一般以珊瑚屑和珊瑚藻屑为主，有孔虫含量极低，小于6%，仅信义礁东部内礁坪例外，其珊瑚藻屑含量低，有孔虫含量可达 8%～10%，可能是它离潟湖近的缘故；潟湖盆底沉积物以仙掌藻片和有孔虫含量高为普遍特征，其中仙掌藻片的含量又以渚碧礁和信义礁中最高，达 35%以上，有孔虫的含量以皇路礁和永暑礁中最高，达 22%～25%；潟湖坡沉积物中的生物组分介于礁坪和潟湖盆底之间，或接近礁坪，或接近潟湖盆底。碎屑沉积物中生物组分的特征是与环礁各地貌带的生物特征相一致的。实地考察发现，礁坪上珊瑚生长旺盛，可知礁坪是珊瑚生长比较理想的场所。珊瑚藻的生长同珊瑚一样需要坚硬的底质，这一点在西沙群岛的调查资料[16-20]中可得到证实。西沙群岛"孔石藻脊"，在迎浪的外礁坪覆盖面积有时可达 50%～70%[16]，在印度洋、太平洋和加勒比海某些珊瑚礁的迎风侧，珊瑚藻可在礁凸起带形成海藻脊[7, 16]。在南沙群岛虽然未发现海藻脊，但实地考察见到外礁坪都被珊瑚藻黏结而成瘤状，可知珊瑚藻的最佳生态环境应该是水动力强的浅水地带，即礁凸起带和外礁坪亚带。潟湖盆底除点礁外为砂质，水深、水动力弱，显然不适合珊瑚藻生长，也不适合珊瑚生长，因而在碎屑沉积物中，从礁坪向潟湖盆底，珊瑚、珊瑚藻含量逐渐减少；又因为潟湖坡仍然是珊瑚生长的理想场所，它能够为潟湖坡、潟湖盆底提供碎屑沉积物，所以珊瑚屑含量不及珊瑚藻屑减少得快。大部分直立类型的仙掌藻能生长在松散沉积物上，太平洋的大环礁潟湖还含有大量底栖有孔虫和仙掌藻[21]。在南沙群岛潟湖盆底沉积物中，除分析的 4 座环礁外，也曾有以仙掌藻占绝对优势的报道[3]。因此，可以认为，潟湖盆底是仙掌藻生长的较理想环境。永暑礁礁前斜坡 10m 处的沉积物中也含有大量仙掌藻，这一现象在南沙群岛未见报道，但其他地区有类似的现象，如牙买加沿岸仙掌藻生长的深度超过 45m，并成为许多礁前带沉积物的主要提供者[21]；中沙环礁礁前斜坡也有仙掌藻片分布较普遍的报道[22]。根据仙掌藻在深度较深（和光照弱）的条件下才生长繁盛的事实，研究者推测，光照强时仙掌藻的钙化反受妨碍，以此来解释它的分布情况，但从分析的 2 个礁前斜坡碎屑沉积物样品和已有的资料[17, 23]来看，在南沙群岛的环礁中，礁前斜坡碎屑沉积物中仙掌藻片含量多可能不是普遍现象；此外其深度范围也可能极其狭窄。潟湖盆底中底栖有孔虫含量多，一方面是因为潟湖盆底中水体宁静，生长环境较好，多数有孔虫小刺保存完好，显然是原地沉积的产物；另一方面可能是由水流从礁坪搬运而来，以至于在潟湖盆底中大量聚集。

与碎屑沉积物中的生物组分相对应，4 座环礁的现代碎屑沉积物全部为碳酸盐矿物——文石、高镁方解石和低镁方解石，除渚碧礁礁前斜坡 80m 处的 93～13 号样品以外，其他各地貌带中，文石和高镁方解石的含量都高达 90%～100%，信义礁、皇路礁和渚碧礁的碎屑沉积物中文石含量高于高镁方解石，永暑礁的碎屑沉积物中文石含量低于高镁方解石。很多样品中不含低镁方解石，相对来说，潟湖沉积物中低镁方解石的存在比较普遍，含量为 6%～7%，渚碧礁礁前斜坡的 93～13 号样品中低镁方解石含量为 20.40%，碎屑沉积物中的生物组分决定矿物成分。根据前人的研究，六射珊瑚、仙掌藻、多孔螅、苍珊瑚、大部分瓣鳃类和翼足类为文石质生物；珊瑚藻、笙珊瑚、软珊瑚骨针、底栖有孔虫、苔藓虫、棘皮类、海百合茎、龙介虫和部分海绵骨针为高镁方解石质生物；浮游有孔虫、牡蛎和扇贝为低镁方解石质生物[21, 24]。碎屑沉积物中高镁方解石 $MgCO_3$ mol%为 13.16～16.94，低镁方解石 $MgCO_3$ mol%为 0.15～3.09，这一范围值与前人指出的"方解石的 $MgCO_3$ mol%以在 0～5 或者在 11～19 为特征"[24, 25]相一致。

碎屑沉积物中 Ca 的含量在皇路礁和信义礁中较高，在永暑礁和渚碧礁中略低，总体来看，Ca 含量的总体特征是礁坪＞潟湖坡＞潟湖盆底，但该特征并不是在所分析的 4 座礁体中都存在。Sr 的含量在信义礁碎屑沉积物中最高，其次为渚碧礁、皇路礁，在永暑礁中含量最低；Sr 含量的总体特征是潟湖盆底＞潟湖坡＞礁坪，该特征在所分析的 4 座环礁中普遍存在。礁坪碎屑沉积物中 Mg 在永暑礁和皇路礁中含量高，在信义礁和渚碧礁中含量略低；潟湖坡和潟湖盆底碎屑沉积物中 Mg 的含量在永暑礁中最高，在渚碧礁中最低，在信义礁和皇路礁中居中。Mg 含量的总体特征是礁坪＞潟湖坡＞潟湖盆底，该特征存在于皇路礁和渚碧礁中，受个别样品的影响，在永暑礁和信义礁中存在一定的差异，但总的趋势仍然是这样的。化学成分同样受生物组分的制约。根据前人的研究，滨珊瑚、鹿角珊瑚、扁脑珊瑚、蜂巢珊瑚、杯形珊瑚、苍珊瑚、多孔螅和石芝珊瑚等主要造礁珊瑚的 Ca 含量为 37.64%～38.91%，Sr 含量为 0.406%～0.717%，Mg 含量为 0.05%～0.78%。笙珊瑚 Ca、Sr 和 Mg 含量分别为 34.78%、0.19% 和 3.41%；包壳状珊瑚藻 Ca、Sr 和 Mg 含量分别为 39.29%、0.846% 和 0.220%；底栖有孔虫 Ca、Sr 和 Mg 含量分别为 35.65%、0.158% 和 2.73%；浮游有孔虫 Ca、Sr 和 Mg 含量分别为 38.61%、0.104% 和 0.26%；文石质的腹足类和双壳类 Ca、Sr 和 Mg 含量分别为 38.98%～39.22%、0.141%～0.152% 和 0.08%～0.26%[3, 26]。从这些数据可以看出，除笙珊瑚以外，其他几种主要造礁珊瑚和仙掌藻中 Ca 的含量高，而在礁坪、潟湖坡和潟湖盆底 3 个地貌带中，造礁珊瑚和仙掌藻的含量大致存在互为消长的关系，因而 Ca 的含量变化在 3 个地貌带中不太显著；同样，这些生物也是 Sr 的主要提供者，尤其在仙掌藻中 Sr 含量极高，而仙掌藻从礁坪向潟湖盆底含量逐渐增加，因此 Sr 含量也逐渐增高；珊瑚藻和底栖有孔虫中 Mg 含量高，珊瑚藻含量自礁坪向潟湖盆底逐渐减少，虽然潟湖盆底沉积物中高 Mg 的底栖有孔虫较多，但 Mg 含量极低的仙掌藻为潟湖盆底中的主要生物，导致潟湖盆底沉积物中 Mg 含量低，因此有 Mg 含量礁坪＞潟湖坡＞潟湖盆底的现象。从 Mg 和 Sr 的分布特征可以看出二者之间存在明显的负相关关系，计算表明其相关系数为-0.71（$n=29$），t 检验[27]表明二者之间的线性负相关非常显著，该结论与前人所得结论类同[26, 28-30]。

参 考 文 献

[1] 陈史坚. 南沙群岛的自然概况. 海洋通报, 1982, 1(1): 52-58.

[2] 钟晋梁. 1994. 对南沙群岛珊瑚礁地貌的新认识//中国科学院南沙综合科学考察队. 南沙岛礁考察十年(1984～1994).

[3] 中国科学院南沙综合科学考察队. 南沙群岛及其邻近海区综合调查研究报告(一). 上卷. 北京: 科学出版社, 1989: 42-79.

[4] 谢以萱. 南沙群岛海区地形基本特征//中国科学院南沙综合科学考察队. 南沙群岛及其邻近海区地质地球物理及岛礁研究论文集(一). 北京: 海洋出版社, 1991: 1-12.

[5] 苗祥庆. 南海海区第三纪含油气盆地. 南海海洋科技, 1982, 2: 10-34.

[6] 曾昭璇. 南海环礁的若干地貌特征. 海洋通报, 1984, 3(3): 40-45.

[7] Wells J W. Coral reefs. Memoir of Geological Society of America, 1957, 67: 609-631.

[8] 赵焕庭, 宋朝景, 朱袁智. 南沙群岛"危险地带"腹地珊瑚礁的地貌与现代沉积特征. 第四纪研究, 1992, 4: 368-377.

[9] 中国科学院南沙综合科学考察队. 南沙群岛永暑礁第四纪珊瑚礁地质. 北京: 海洋出版社, 1992: 47-50.

[10] 黄金森, 朱袁智, 钟晋梁, 等. 南海中、北部岛礁地貌与沉积特征//中国科学院南海海洋研究所. 南海海区综合调查研究报告. 北京: 科学出版社, 1982: 39-68.

[11] 宋朝景, 朱袁智, 赵焕庭. 南沙群岛中北部五方礁、赤瓜礁、永暑礁和渚碧礁等 9 座礁体地貌//中国科学院南沙综合科学考察队. 南沙群岛及其邻近海区地质地球物理及岛礁研究论文集(一). 北京: 海洋出版社, 1991: 193-200.

[12] Guilcher A. Coral Reef Geomorphology. Chichester: John Wiley and Sons, 1988: 13-44.

[13] 刘韶. 中沙群岛礁湖沉积特征的探讨. 海洋学报, 1987, 9(6): 794-797.

[14] 邹仁林, 朱袁智, 王永川, 等. 西沙群岛珊瑚礁组成成分的分析和"海藻脊"的讨论. 海洋学报, 1979, 1(2): 292-298.

[15] 黄金森, 钟晋梁, 朱袁智, 等. 西沙群岛永乐环礁潟湖的初步分析//中国科学院地学部. 中国科学院石油地球科学学术会议论文集. 北京: 科学出版社, 1982: 88-96.

[16] 张德瑞, 周锦华. 西沙群岛珊瑚藻科的研究Ⅰ//中国科学院海洋研究所. 海洋科学集刊(第12集). 北京: 科学出版社, 1978: 12-26.

[17] 张德瑞, 周锦华. 西沙群岛珊瑚藻科的研究Ⅱ//中国科学院海洋研究所. 海洋科学集刊(第17集). 北京: 科学出版社, 1980: 71-74.

[18] 张德瑞, 周锦华. 西沙群岛珊瑚藻科的研究III.新角石藻属. 海洋与湖沼, 1980, 11(4): 351-357.
[19] 张德瑞, 周锦华. 西沙群岛珊瑚藻科的研究IV//中国科学院海洋研究所. 海洋科学集刊(第24集). 北京: 科学出版社, 1985: 39-51.
[20] 周锦华. 南沙群岛珊瑚藻科的研究 I //中国科学院南沙综合科学考察队. 南沙群岛及其邻近海区海洋生物研究论文集. 北京: 海洋出版社, 1991: 15-19.
[21] Milliman J D. 海洋碳酸盐. 中国科学院地质研究所碳酸盐研究组. 译. 北京: 地质出版社, 1978: 1-127.
[22] 朱袁智, 聂宝符, 王有强. 南沙群岛南北部珊瑚礁沉积//中国科学院南沙综合科学考察队. 南沙群岛及其邻近海区地质地球物理及岛礁研究论文集(一). 北京: 海洋出版社, 1991: 224-232.
[23] 朱袁智, 郭丽芬, 聂宝符, 等. 南海现代生物碳酸盐沉积的垂向分带. 热带海洋学报, 1990, 9(1): 43-51.
[24] 中国科学院南海海洋研究所. 曾母暗沙——中国南疆综合调查研究报告. 北京: 科学出版社, 1987: 29-50.
[25] 罗宾·巴瑟斯特. 现代碳酸盐沉积物及其成岩作用. 中国科学院地质研究所《现代碳酸盐沉积物及其成岩作用》翻译组. 译. 北京: 科学出版社, 1997: 178.
[26] 黄金森, 朱袁智, 钟晋梁, 等. 西沙群岛宣德马蹄形环礁与北礁环礁的对比研究//中国科学院南海海洋研究所. 南海海洋科学集刊(第7集). 北京: 科学出版社, 1986: 13-48.
[27] 郭丽芬. 中国珊瑚礁的地球化学特征. 海洋地质与第四纪地质, 1987, 7(2): 72-83.
[28] 钟晋梁, 郭丽芬. 西沙群岛环礁的沉积特征//中国科学院中澳第四纪合作研究组. 中国-澳大利亚第四纪学术讲座讨论会论文集. 北京: 科学出版社, 1987: 213-223.
[29] 聂宝符, 郭丽芬, 朱袁智, 等. 中沙环礁的现代沉积//中国科学院南海海洋研究所. 南海海洋科学集刊(第10集). 北京: 科学出版社, 1992: 1-18.
[30] 余克服, 宋朝景, 赵焕庭. 环礁地貌与现代沉积//中国科学院南海海洋研究所. 南海海洋科学集刊(第12集). 北京: 科学出版社, 1997: 119-147.

第二节 灰沙岛地貌与现代沉积[①]

在珊瑚礁的礁坪上, 由松散沉积物通过堆积、适当压实或固结而形成高于海水面的岛屿, 称为灰沙岛, 受雨水和灰沙岛中形成的淡水透镜体的支持, 灰沙岛通常可发育植被。灰沙岛通常是茫茫大海中难得的陆地, 因此是极其宝贵的陆地资源并被高度重视。这里以西沙群岛的永兴岛为例介绍灰沙岛的地貌和沉积特征。

永兴岛位于16°50′N, 112°20′E, 是在宣德环礁的一个礁盘/坪上堆积成的灰沙岛, 高8.2m, 呈不规则的椭圆形, 东西长约2km, 南北宽约1.4km, 面积为1.8km^2(余克服等人于1993年赴永兴岛考察所得), 为西沙群岛中最大的岛屿。前人曾分析了永兴岛东及东北岸的两个碎屑样品的粒度和生物组分[1]; 分析了永兴岛礁盘的自然地理环境和沉积相[2]、岛屿生物礁[3], 钻探研究了永兴岛的地质[4, 5], 永兴岛礁体厚1251m, 为中新世以来的生物堆积, 基底为古生代变质岩。我们采集了不同地貌带的9个碎屑样, 进行了粒度分析和生物组分鉴定, 对数据进行了计算处理, 绘图并加以讨论。对部分生物屑用茜素红S和费格尔(Feigl)溶液作了染色鉴定, 成分仍为文石, 显微镜下观察未见其他成岩变化, 表明为现代环境的产物。

一、永兴岛的地貌

永兴灰沙岛地形为一碟形洼地, 周围高5~8m, 中间低洼, 等高线环布。根据"西永1井"资料, 顶层松散沉积物厚22m, 孔深14m处的沉积物^{14}C年龄为(6790±90)年[6], 我们在西北边海滩采集的

[①] 作者: 余克服, 宋朝景, 赵焕庭

海滩岩样品,其 ^{14}C 年龄为（2680±95）年①,表明永兴岛是全新世中期以来堆积、全新世晚期以来出露的。在地貌上从礁缘向岛中央依次可分为礁坪、海滩、沙堤、沙席（sand sheet）和洼地,地貌带也呈环带状分布。这些地貌是在不同的沉积动力条件下生成的,显然都是在全新世中期以后形成的。前人以晋卿岛和琛航岛为例探讨西沙群岛灰沙岛发育规律[7],可供借鉴。

二、永兴岛现代沉积分布

永兴岛现代沉积物的分布规律与地貌分带匹配（图 2.2）。

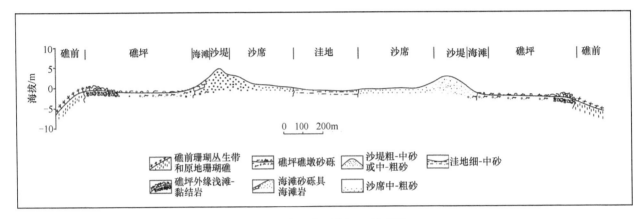

图 2.2　永兴岛现代沉积剖面图

（一）礁坪

礁坪是珊瑚礁顶处于低潮面附近的生物堆积平台,涨潮被淹没,低潮时出露,宽数十至数百米。永兴岛周围的礁坪一般宽为 400～800m,最宽达 1500m。礁坪表面相对平坦,接近平均低潮面,它的向海侧为礁前水下斜坡,是珊瑚丛林带,顺坡槽沟系切入礁坪前缘中,缓坡处偶见珊瑚断枝和贝壳碎块散布,西沙群岛珊瑚礁有浅水石珊瑚 12 科 33 属 113 种和亚种,水螅珊瑚 2 属 7 种,笙珊瑚和苍珊瑚各 1 属 1 种[8]。礁坪外缘邻波浪破碎带,大浪把礁块（直径为 0.2～3.0m）和生物屑块从礁前抛掷至此,杂乱堆积成宽约 100m 的礁凸起,砾石中有红色醒目的笙珊瑚（Tubipora musica）和蓝色的苍珊瑚（Heliopora coerulea）块,覆被钙质藻黏结,地势比低潮面略高,相对高为 0.2～0.5m,略呈堤状,活珊瑚极少。礁坪基本上由浅水石珊瑚、贝类、钙质藻和有孔虫的残体组成的砾砂堆积而成,以砾石为主,向岸砂屑增加。物质主要来自礁前水下斜坡,通过波浪输入,也有一部分是礁坪生物的残体。西北礁坪珊瑚礁灰岩 ^{14}C 年龄为（1754±40）年[9]。低潮时礁坪上大部分还留有 5～50cm 的薄层海水,礁沟、礁塘中还有缓缓流动的潮流,星散丛生某些珊瑚,直径为 0.2～1.0m。

永兴岛西南礁坪中的港池,浚挖至水深 6～8m,20 年来泥沙回淤极轻微。

（二）海滩

波浪将礁坪上砂屑抛掷在潮间带上堆积成砂质海滩,不生长植物。西沙群岛有些灰沙岛上常迎风暴的海滩段为砾石堤堆积。永兴岛海滩宽 20～40m,前缘和后缘坡角为 3°～9°。在高潮附近发育滩肩,高差约 1m,宽 2～6m,反向坡角 1.2°,野外观察和室内分析表明,不同部位的沉积物有差异。海滩上冲流尽头停

① 广州地理研究所 ^{14}C 实验室测试

积较粗的砂砾，夹带海垃圾，呈带状与滨线平行分布。在小潮高潮线之上可见宽约 60cm 的砂砾带，砾径为 1~2cm，主要为珊瑚、贝壳碎块；中潮高潮线之上则见 1m 左右宽的砂砾带，砾径为 1~3cm，而大潮高潮线上的砂砾带宽 4m 左右，砾径长 3~18cm，砾块由鹿角珊瑚断枝、珊瑚块体、枝状海绵、砗磲等贝壳、鱼骨、椰子壳及其他块体等多种成分组成，反映大潮兼大浪时上冲流作用较强，这 3 条砂砾带之间一般为砂粒。分析结果表明，海滩沉积以中砂为主，而各类高潮线上粗砂和砂砾含量较高。分选中等至差（表 2.1）。

表 2.1 永兴岛表层堆积物的粒度参数

样号	地貌	砾（>2.0mm）/%	粗砂（0.05~2.0mm）/%	中砂（0.25~0.50mm）/%	细砂（0.063~0.25mm）/%	粉砂≤0.063mm/%	沉积物类型	平均粒径 M_z/ϕ	标准偏差	偏度（SK）	峰度（KG）
8	西北海滩	9.51	50.08	25.40	13.80	1.57	中-粗砂	0.83	1.116	-0.173	1.41
1	西北海滩	5.41	34.61	47.09	12.52	0.37	粗-中砂	1.07	0.941	-0.267	1.46
9	西北海滩	3.68	25.42	55.22	15.41	0.54	粗-中砂	1.29	0.841	-0.284	1.36
2	西北沙堤	0.73	24.42	51.20	19.73	3.92	粗-中砂	1.75	0.746	-0.037	1.24
3	西北沙席	9.57	56.58	27.00	6.01	0.84	中-粗砂	0.51	1.063	-0.148	1.07
4	洼地	4.08	16.93	33.04	32.83	13.12	细-中砂	1.97	1.954	0.348	2.55
5	洼地	0.16	19.64	51.63	24.70	3.87	细-中砂	1.55	0.703	0.754	1.06
6	东南沙堤	0.86	27.30	40.13	28.00	3.71	粗-中细砂	1.52	0.902	0.020	1.04
7	东南海滩	4.63	21.86	46.15	26.70	0.66	粗-中细砂	1.46	0.961	-0.090	1.16

注：样方长 25cm，宽 25cm，深 5cm

从海滩砂的概率曲线（图 2.3）可以看出，悬浮物总体含量均很低，沉积物以分选中等的跳跃组分为主，占 85%~92%，牵引总体含量为 6%~14%，分选较差，反映沉积动力条件很强。除小潮高潮线上有多个跳跃次总体外，其他 3 个样品均为明显的双跳跃组分，反映拍岸浪破碎后频繁的上冲与回流，这些是砂质海滩沉积的特征。海滩砂生物组分以珊瑚屑为主，从大于 0.5mm 的各个粒级的生物组分来看，珊瑚屑质量百分含量达 28%~85%，颗粒百分含量达 20%~58%，其次为钙藻屑、有孔虫和软体动物壳，以及少量甲壳类壳，反映物源来自礁坪。西北部有海滩岩出露，向海倾斜，倾角 6°。目前，筑于礁坪上的永兴岛-石岛混凝土公路与东南边延展在礁坪上的飞机场跑道之间的海滩，像袋状海滩，受到"岬角"的保护，向礁坪迅速堆积。西南边的海滩受风浪侵蚀，滩面较窄，后缘被冲蚀坍塌，物质粗化。

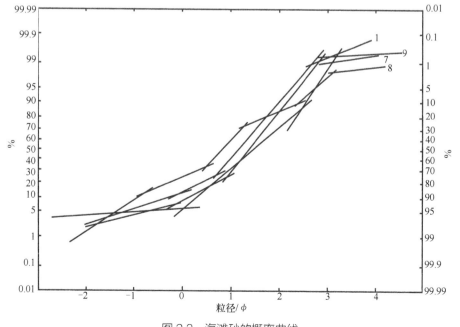

图 2.3 海滩砂的概率曲线

（三）沙堤

沙堤主要由风力将海滩砂吹扬、搬运和堆积于高潮线以上形成的，来自四面八方的风堆成的沙堤围成圈状。永兴岛西北至东北部沙堤单一，较高，达6～8m，也较宽（100～150m）；西北侧沙堤坡角达32°。东至南部沙堤由3道沙堤组合，每道沙堤高达4～6m，宽80～100m，坡度较和缓。沙堤上植被繁茂，以羊角树、银毛树和海巴戟为主，浓密的厚藤覆盖至与海滩交接处。沙堤表面往往叠加新鲜微薄的鸟粪层。

沙堤沉积为粗-中砂，砾石含量极少，分选中等（表2.1）。风暴潮发生时，上冲流把部分砂砾推上沙堤堆积。从概率曲线分析可以看出（图2.4），2和6沙堤上跳跃组分含量分别为85%和89%，占主导地位，分选较好。西北沙堤砂的概率曲线上具有过渡带，东南沙堤上则具有明显的双跳跃组分。珊瑚屑、钙藻屑、有孔虫和软体动物壳仍是沙堤砂的主要组分，受植被和鸟粪层影响，钙藻风化比较严重。

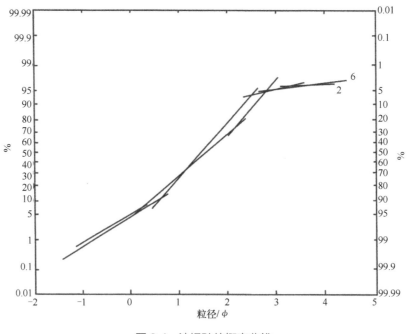

图2.4　沙堤砂的概率曲线

（四）沙席

沙席处于沙堤背风坡与潟湖或洼地的过渡部位，是风驱动海滩砂、沙堤砂越过沙堤顶后在背风坡后沉积、被覆在潟湖上的，坡度极和缓。永兴岛沙席环沙堤背风坡分布，宽500m以上。海拔一般在2m以上，是永兴岛陆地的主要地貌单元。西北沙席沉积以中-粗砂为主（表2.1），分选差。概率曲线分析表明，砂样中滚动组分含量为22.3%，悬浮组分含量为1.4%（图2.5）。生物组分与沙堤没有太大的区别。沙席砂中含有极少量的石英，含量小于1%，是近年从大陆运来部分陆源砂屑作为建筑材料撒落所致。永兴岛沙席上植被优良，以麻风树、海岸桐、榄仁树和栽培的椰子树为主要植物。过去林下沙席上鸟粪堆积成层，现已被采掘殆尽。

（五）洼地

沙堤堆积之初，沙堤围圈的水域为浅水礁塘，随着沙席的扩展，风沙落入礁塘渐多，使礁塘萎缩消亡。

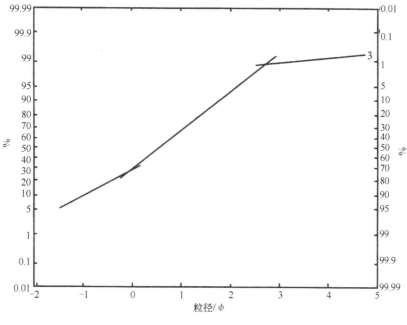

图 2.5 沙席的概率曲线

宋朝景和赵焕庭早年在考察时见永兴岛中的礁塘已经自然淤积,几乎干涸,但尚存可涉水而过的积水洼地,比较潮湿,生长莎草科等植物。

洼地沉积以中砂、细砂为主(表 2.1),粉砂在所有采集的样品中含量最高,粗砂在各个样品中含量最低。样品 5 采自东南洼地与沙席交界处,其各沉积组分含量与样品 4 极为相似,也以中砂、细砂为主,其沉积特征与其距物源远、风力搬运能力逐渐减弱相吻合。沉积物分选很差。概率曲线中,样品 4 具有两个悬浮次总体和两个跳跃次总体(图 2.6),是交替性的季风沉积所致。

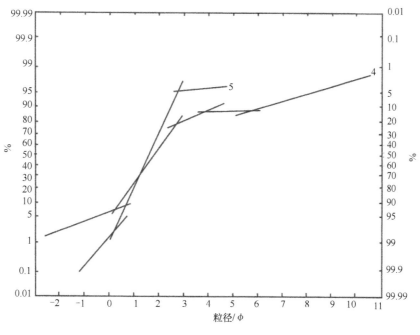

图 2.6 洼地砂的概率曲线

洼地有孔虫壳含量在 0.063～0.50mm 粒级中的质量与颗粒百分含量超过珊瑚屑,它与珊瑚屑、钙藻、软体动物壳为洼地砂的主要组分，也有极少量人类带来的石英。

三、生物组分在各地貌-沉积带的特征

总体来看，浅水石珊瑚、钙藻、有孔虫和软体动物壳屑为组成永兴灰沙岛沉积物的主要组分，占全部样品的颗粒百分数与质量百分数的90%以上，苔藓虫、棘皮动物碎屑、八射珊瑚和海绵骨针含量极少。对0.5mm粒级以上的样品，作了颗粒百分数与质量百分数两个方面的统计，发现两者之间具有一定的相关性。统计数据还表明，不同地貌—沉积带生物组分含量有差异，且生物组分的分布与其粒级大小有十分紧密的关系。

（一）不同地貌-沉积带生物组分含量的差异

①珊瑚碎屑在洼地中含量最低，西北侧各地带的珊瑚碎屑含量较东南侧各地带的高；②有孔虫壳屑以东南侧各地貌带和洼地中含量高，西北侧各地带有孔虫壳屑含量相对减少；③钙藻屑以洼地中含量最高，沙堤中钙藻屑含量较海滩的高；④软体动物壳屑以海滩、沙堤中含量较高；⑤在海滩砂样中，甲壳类壳屑含量相对较多。

（二）生物组分在不同粒级中的含量规律

①珊瑚碎屑不管在哪个粒级都一直占主导地位，是组成永兴灰沙岛的主要成分，这与前人的认识[10]是一致的。每个粒级中均有红色的笙珊瑚碎屑出现；②钙藻屑含量仅次于浅水石珊瑚屑，含量为15%～30%，在小于0.355mm粒级中，基本上由钙藻屑与珊瑚屑组成；③有孔虫壳屑集中分布在粒径为0.315～1.60mm，以0.355～0.71mm分布最多，占同粒级样品中颗粒百分比的30%～70%，质量百分比的20%～50%，粒径小于0.315mm之后则分布相对减少，有孔虫壳保存完整，粒径大的属种为马达加斯加双盖虫（*Amphistegina madagascariensis*）、圆小丘虫（*Sorites orbiculus*）、管锥头虫（*Gaudryina siphonifera*），粒径略小、普遍分布的为金黄色的拟距车轮虫（*Rotaliacal carinoides*）、白色的马来坑壁虫（*Puteolina malayensis*），其次还含有少量完全包旋的纹树口虫（*Dendritina striata*）、抱环虫（*Spiroloculina* sp.）[11]等；④软体动物壳屑含量居第四位，随粒径减小而减少，且逐渐变薄而透明，但在小于0.315mm以下，软体动物壳碎屑含量有所增加；⑤八射珊瑚骨针形状为两头尖的长柱形，或细长的纺锤形，主要出现在粒径小于0.315mm的各个粒级中，随粒径的减小而相对增多，且保存完整，易于识别；⑥细粒级中的苔藓虫含量较粗粒级中的多，很少见到海绵骨针。

四、讨论

（一）永兴灰沙岛沉积物的粒度参数特点

从表2.1来看，永兴岛沉积物总体来说是较粗的，这是因为它位于热带气旋活动带内，每年都遇到风暴潮、大浪和大风。永兴灰沙岛物源为邻近的礁坪，沉积物基本上全为生物屑，搬运距离短，受生物结构影响，沉积物颗粒棱角鲜明，难以改造，因而其分选多属中等至较差；受东北、西南季风的交替影响，以及台风、热带低压和风暴潮作用，性质（浪、风）和强度不同的动力条件下有不同粒级的沉积物，所以反映在频率曲线上为明显的三峰曲线，偏度趋于对称，峰度中等至尖锐。由此可见，物源性质、物源远近、沉积动力等是决定粒度参数特征的主要因素。

（二）颗粒百分数与质量百分数的相关性分析

将同一粒级、同一种类的碎屑，用相关系数 r 表示其颗粒百分数与质量百分数的相关性质和紧密程度，样品数目少于 40 时使用公式（2.1）[12]：

$$r = \frac{L_{xy}}{\sqrt{L_{xx} \cdot L_{yy}}} \tag{2.1}$$

其中，$L_{xy} = \sum xy - \frac{1}{N}\left(\sum x\right)\left(\sum y\right)$；$L_{xx} = \sum x^2 - \frac{1}{N}\left(\sum x\right)^2$；$L_{yy} = \sum y^2 - \frac{1}{N}\left(\sum y\right)^2$

式中，x 为质量百分数；y 为颗粒百分数；N 为样品总数。

据生物组分颗粒百分数与质量百分数资料计算得相关系数如表 2.2 所示。对相关系数进行显著性检验，使用公式（2.2）：

$$t = \frac{r\sqrt{N-2}}{\sqrt{1-r^2}} \tag{2.2}$$

式中，r 为相关系数；N 为样品总数；t 为检验值。

计算结果如表 2.3 所示。从相关系数与显著性检验结果可看出，除 1.00～1.25mm 粒级的相关性较差以外，其他同一粒级、同一种类的生物碎屑，其颗粒百分数与质量百分数之间具有明显的线性正相关。由此可见，对灰沙岛沉积物的统计显示两者具有相似的意义。只有 1.00～1.25mm 粒级相关性普遍较差，其原因有待扩大调查范围并作进一步分析。

表 2.2 同一粒级、同一种类的生物碎屑颗粒百分数与质量百分数的相关系数

粒级/mm	石珊瑚	软体动物	钙藻	有孔虫
0.50～0.63	0.741	0.878	0.598	0.748
0.63～0.71	0.734	0.910	0.797	0.936
0.71～0.80	0.759	0.906	0.988	0.933
0.80～1.00	0.286	0.720	0.714	0.944
1.00～1.25	0.432	0.310	0.110	0.586
1.25～1.60	0.963	0.900	0.802	0.887
1.60～2.00	0.991	0.919		0.947

注：本表只列出主要生物组分

表 2.3 相关系数显著性检验结果

粒级/mm	石珊瑚	软体动物	钙藻	有孔虫
0.50～0.63	+	++	−	+
0.63～0.71	+	++	+	++
0.71～0.80	+	++	++	+
0.80～1.00	−	+	+	+
1.00～1.25	−	−	−	−
1.25～1.60	++	++	++	++
1.60～2.00	++	++	++	++

注：++很显著；+显著；−不显著

（三）相同地貌-沉积带不同地理位置（西北部与东南部）的差异

①从表 2.1 来看，相同地貌-沉积带砾石含量西北部较东南部高，细砂、粉砂含量则相反；②从概率曲线来看，西北部各地貌-沉积带的滚动组分含量较东南部的高，悬浮组分含量则以东南部的高；③从生物组分分布特征来看，相同粒级的砂屑中，西北部较东南部珊瑚含量高，而有孔虫含量则相反；④在地貌上，永兴岛呈椭圆形，西北部比东南部高，向东南部逐渐加宽，西北部仅一道沙堤，东南部有 3 道沙堤，东南部的海滩比西北部的宽；根据以上分析可以看出，永兴岛西北部较东南部沉积动力强，沙堤向东南跃进过 2 或 3 次，并继续向东南方向增生[12, 13]。

参 考 文 献

[1] 钟晋梁, 黄金森. 我国西沙群岛松散沉积物的粒度和组分初步分析. 海洋与湖沼, 1979, 10(2): 125-135.
[2] 吕炳全, 王国忠, 全松青. 西沙群岛灰砂岛的沉积特征和发育规律. 海洋地质与第四纪地质, 1987, 7(2): 59-70.
[3] 张明书, 何起祥, 韩春瑞, 等. 西沙生物礁碳酸岩沉积地质学研究. 北京: 科学出版社, 1989: 117.
[4] 朱袁智. 西沙群岛岛屿生物礁//中国科学院南海海洋研究所. 南海海洋科学集刊(第2集). 北京: 科学出版社, 1981: 33-47.
[5] 曾鼎乾. 西沙群岛调查及西永 1 井上第三系礁岩及储油物性的初步研究(1973, 1979). 曾鼎乾地质文选, 1990: 117-141.
[6] 业治铮, 何起祥, 张明书, 等. 西沙群岛岛屿类型划分及其特征的研究. 海洋地质与第四纪地质, 1985, 5(1): 1-13.
[7] 曾昭璇, 丘世钧. 西沙群岛环礁沙岛发育规律初探——以晋卿岛、琛航岛为例. 海洋学报, 1985, 7(4): 472-483.
[8] 邹仁林. 西沙群岛珊瑚类的研究Ⅲ. 造礁石珊瑚、水螅珊瑚、笙珊瑚和苍珊瑚名录//中国科学院南海海洋研究所. 我国西沙、中沙群岛海域海洋生物调查研究报告集. 北京: 科学出版社, 1978: 91-124.
[9] 卢演俦, 杨学昌, 贾蓉芬. 我国西沙群岛第四纪生物沉积物及成岛时期的探讨. 地球化学, 1979, (2): 93-102.
[10] 邹仁林, 朱袁智, 王永川, 等. 西沙群岛珊瑚礁组成成分的分析和"海藻脊"的讨论. 海洋学报, 1979, 1(2): 292-298.
[11] 郑执中, 郑守仪. 西沙群岛现代的有孔虫Ⅰ//中国科学院海洋研究所. 海洋科学集刊(第 12 集). 北京: 科学出版社, 1978: 149-226.
[12] 黄镇国, 方国样, 宗永强, 等. 地貌统计. 北京: 科学普及出版社, 1989: 128-133.
[13] 余克服, 宋朝景, 赵焕庭. 西沙群岛永兴岛地貌与现代沉积特征. 热带海洋, 1995, 14(2): 24-31.

第三节　华南珊瑚礁的海岸生物地貌过程①

生物海岸是一种特殊的海岸类型，在潮间带或潮下浅水区生长有相当规模的底栖生物群落，其生物过程通常对海滨沉积物质的供应（主要为碳酸盐类）、保持、稳定及较小程度上对侵蚀起重大作用[1]，具有特殊的生物地貌功能，对海岸动力、沉积和地貌过程产生显著影响或成为海岸发育的主导因素。典型的热带生物海岸是珊瑚礁海岸和红树林海岸。珊瑚礁海岸的特点是在大潮低潮线以下的潮下浅水区生长一种与营光合作用的单细胞虫黄藻共生因而能高效分泌碳酸钙骨骼的属腔肠动物门或刺胞动物门的造礁石珊瑚群落，它的原地碳酸盐骨骼堆积和各种生物碎屑充填胶结共同形成具抗浪性能的海底隆起地貌结构[2]。

非生物海岸现代过程研究的对象是动力、沉积、地貌三大要素之间的相互作用和相互影响，通常称为海岸动力地貌学。生物海岸现代过程研究的对象必须加上生物因素作为必不可少的第四要素，强调研究生物过程和动力-沉积-地貌过程之间的双向相互作用，可称为海岸生物地貌学（coastal biogeomorphology）[3-5]。

---

① 作者：张乔民，余克服，施祺

海岸生物地貌过程还被看作海岸生态系统响应和反馈全球变化的 3 项机制之一，被列为全球变化核心项目海岸带陆海相互作用（LOICZ）研究的 4 项重点内容中的第 2 项[6, 7]，这也引起了我国河口海岸科学界的关注和响应[8-15]。目前，国际上生物地貌学研究偏重于小的时间和空间尺度、单个生物种属与地貌学微观关系和相互作用的研究，因而得不到应有的重视[3]。珊瑚礁生物地貌过程研究方面已涉及生物建造、生物侵蚀，以及台风、厄尔尼诺等气候事件干扰的影响[5]。

曾昭璇先生在我国最早提出珊瑚礁地貌研究中生物学方法的重要性，倡议和开展珊瑚礁生物地貌研究并取得重要成果。曾先生早在 1977 年于青岛国家海洋局第一海洋研究所做学术报告时，强调要用生物学方法研究珊瑚礁地貌，如外部礁坪（礁盘）的凹坑和礁缘陡坡沟谷群不是波浪侵蚀产物，而是珊瑚生长未愈合的产物[16]。曾先生在珊瑚礁地貌学新著中更进一步指明红树林地貌学和珊瑚礁地貌学属于生物地貌学的两大门类[17]。评述了华南珊瑚礁海岸生物地貌过程，以及 20 世纪 90 年代以来的主要研究成果，阐述了珊瑚礁海岸陆海相互作用过程中生物过程与动力过程、沉积特征、地貌类型和格局，以及人类活动和海平面变化之间相互影响、相互制约的复杂关系。

（一）造礁石珊瑚的高生长率和珊瑚礁高堆积速率是珊瑚礁生物地貌过程的物质基础

造礁石珊瑚是珊瑚礁生态系统中的框架群落和关键类群[18]，也是生物地貌功能（生物建造[5]）的主要体现者。珊瑚礁生态系统极高的生物多样性和资源生产力所形成的造礁石珊瑚高生长率和珊瑚礁高堆积速率成为生物地貌过程的物质基础。珊瑚礁区净初级生产力可达大洋平均数的 20 倍，珊瑚礁通常被誉为营养贫乏的大洋"蓝色沙漠中的绿洲"和"海洋中的热带雨林"。热带浅海海底造礁石珊瑚"海底森林"成为无数海洋生物理想的栖息场所，其中已记录的生物种类高达近十万种，约占已记录世界海洋生物种类的一半。估计可能的物种数达 100 万种[19]。在一个珊瑚礁区共同生活的鱼类种数可高达 3000 种。鱼的密度可为大洋的 100 倍。珊瑚礁又是地球上最古老并已建造和保存了大规模生物地层和生物地貌结构的生态系统之一。活珊瑚仅仅是珊瑚礁表面几毫米的薄层，但由于与营光合作用的单细胞虫黄藻共生因而能高效分泌碳酸钙骨骼，各种造礁石珊瑚和其他造礁生物分泌并不断堆积碳酸钙骨骼的速度可达 400～2000t/（hm^2·a）[20]。珊瑚礁骨架支柱生物块状滨珊瑚和蜂巢珊瑚的生长率大约为 1cm/a，珊瑚礁充填碎屑主要生产者分枝状珊瑚的生长率大约为 10cm/a，所建造在地球表面的碳酸盐结构厚度可达 1300m（如埃尼威托克环礁），长度可达 2000km（如澳大利亚的大堡礁），是地球表面的任何其他生物建造所难以比拟的[20]。据我国西沙和南沙 3 个珊瑚礁钻孔岩心测算，全新世中期以来的珊瑚礁净堆积速率为 2.06～3.33mm/a[21]。碳酸盐高生产力不仅与有机碳生产与存储能力和海岸带生物地球化学循环有关，而且是生物地貌过程的主要物质基础。

（二）珊瑚礁海岸地貌结构分带性及生物地貌类型与动力地貌类型的叠加和共存

珊瑚礁海岸具有地貌、生物、沉积和动力等方面分带结构的特点。其地貌发育除了生物生长、生物捕获加上潮汐水位限制形成相关的生物地貌类型以外，还受动力地貌过程影响，两种不同的地貌过程形成两种不同形态和成因的地貌类型叠加并共存。

大部分珊瑚岸礁具有由狭窄的外礁坡环绕宽广潮间礁坪的相似分带地貌结构[13-15, 22]。海南三亚鹿回头岸礁地貌结构包括沙滩、礁坪、礁坡和海底，各单元由地形坡折分隔并具有不同的地貌、沉积、动力条件和生物活动[13]。尽管沙滩的生物含沙量超过 90%[23]，砂质或泥质海底沉积物碳酸钙含量达 20%～80%[24]，但形态塑造的动力主要是波浪和水流，所以属于动力地貌单元。礁坪和礁坡是真正的生物地貌单元。造礁石珊瑚的高生长率、珊瑚礁的高堆积速率使浅水珊瑚礁不断向上生长，受到潮汐水位的限制后再向海横向扩展,形成礁坪和礁坡的地貌结构。礁坪宽阔平坦,宽度为 174～322m,上部与海滩间、下部与礁坡间均以坡折线为界,由原生的珊瑚礁骨架充填破碎的珊瑚砂砾组成。礁坡狭窄而坡陡,坡度为 2.77%～5.07%,主要由原生礁块组成,活珊瑚茂密生长和活跃的生物地貌过程是使礁坪向海扩展的主要机制。鹿回头半岛西侧背风低波能鹿回头湾岸段单调而缓坡的礁坪可划分为没有活珊瑚生长的内礁坪和有小而分散的活珊瑚生长的外礁坪。前者的珊瑚现代生物地貌过程已停止,但散布的凸起约 20cm 的风化原生礁块或死亡的微环礁是中全新世高海面时期的古生物地貌产物。后者是现代海面下弱生物地貌过程的产物。礁坪外缘偶有小规模暴风浪砂砾脊,是叠加于外礁坪的动力地貌单元。鹿回头半岛东侧向风高波能小东海湾岸段的所有地貌单元受到暴风浪的更多改造。沙滩的上部植被线更高,沙更粗。礁坪上有显著的巨砾垒,礁坡有发育良好的梳齿状槽脊构造。礁坪可划分为近水平的珊瑚砂砾海草浅洼地带、起伏和上凸形的巨砾垒带、坡度较陡而平滑的结壳藻黏结铺面带。直接由潮位控制的活珊瑚生长上界位于结壳藻黏结铺面带上部,但在巨砾垒带和浅洼地带外部的永久性水塘中的活珊瑚生长上界可达更高的高程。礁坪上代表高海面生物地貌产物的死微环礁因受到暴风浪侵蚀破坏和堆积覆盖而不易辨认,偶尔可见有平滑的露头[13]。

(三)潮汐水位严格控制群落分布格局并形成重要的生物地貌界限

珊瑚礁是对海洋环境条件要求严格的生物群落,其中潮汐浸淹(或潮滩高程)因素对礁坪的影响特别引人注目。通过断面水准测量与同步定点潮位观测的联合分析可以准确测定造礁石珊瑚生长带与潮汐水位的关系[13]。作为珊瑚礁生态系统生物地貌主要建造者的造礁石珊瑚种属不能经受较长时间(如 1～3h)[25, 26]的低潮暴露,所以潮汐高程也成为礁坪向上生长的控制因素。根据海南三亚鹿回头珊瑚岸礁 6 条断面的资料[13],礁坪活珊瑚生长上限,也是无活珊瑚生长的内礁坪和有活珊瑚生长的外礁坪之间的生物地貌界限,大致为回归潮平均低潮位,相当于浸淹累积频率的 93%。在波能较强的小东海湾岸段会比波能较弱的鹿回头湾岸段略高。造礁石珊瑚从零星到繁茂的界限,也是以礁坪和礁坡之间的地形坡折线为理论最低潮位,相当于浸淹累积频率的 100%。这两个面之间高差在海南三亚是 30cm,这是礁坪活珊瑚的生长空间。礁坡活珊瑚生长范围可达造礁石珊瑚生长下限,在海南三亚为水深 8m,大洋区可达 50m 以上。珊瑚礁群落对这些临界潮汐水位的响应决定了相应海岸地貌的基本格局及其响应海平面变化的主要机制,成为海岸生物地貌过程的典型表现,这些临界潮汐水位也成为重要的生物地貌界限。

(四)珊瑚礁海岸生物地貌过程有利于消除或减缓海平面上升的浸淹效应

由于珊瑚礁生态系统的造礁石珊瑚群落的生长分布与潮汐水位之间存在相当严格的对应关系及独特的生物地貌功能,一方面对海平面变化非常敏感,另一方面以生物地貌过程来适应和响应海平面变化,消除或减缓海平面上升的浸淹效应。随着珊瑚礁堆积速率与海平面上升速率之间差异的不同,珊瑚礁生态系统的响应可以采取 3 种不同的模式[20]:两者相等时珊瑚礁可始终维持在海面附近生长,称保持型(keep-up);前者较大时较深水区珊瑚礁可逐渐进入浅水区生长,称追赶型(catch-up);后者较大时较浅水区珊瑚礁逐渐进入较深水区,直到停止生长,称放弃型(give-up)。南海诸岛的珊瑚礁平均堆积速率(2.06～3.33mm/a)相当于或大于地壳下沉速率(0.1mm/a)和现代海面上升速率(1～2mm/a)的总和,所以不必担心全球变暖和海平面上升会导致南海珊瑚礁灰沙岛被淹没[27]。当然,前提是人类活动和自然干扰不影响珊瑚礁的健康生长和正常的生物地貌功能的维持。

不同的海平面变化模式还可以在礁坪剖面形态上得到反映[13]。海面逐渐下降形成鹿回头湾型的向海和缓倾斜的礁坪剖面,由高海面古礁坪的内礁坪和现代外礁坪组成;海面基本稳定时形成南沙群岛型的又低又平的现代礁坪剖面。高波能条件下活珊瑚生长上限略有抬高，在礁坪外部会叠加由暴风浪形成的巨砾垒，生物地貌形态受到动力地貌形态的较大干扰。

（五）加强珊瑚礁管理和保护

除了生物地貌功能以外，珊瑚礁生态系统的重要性尤其体现在其特殊的生物栖息环境往往成为对维持海岸带生物多样性和资源生产力有特别价值的各种生物活动高度集中的地区，或称为海岸生态关键区（ecologically critical area）[28]。珊瑚礁生态系统既对珊瑚礁海岸生物多样性维持、水产和旅游资源可持续利用、海岸防浪促淤和稳定、海岸环境的净化和美化十分重要，又对自然环境变异和海岸带人类开发活动影响十分敏感和脆弱，在海岸带综合管理中通常受到特别的关注。珊瑚礁海岸的生物地貌过程和资源的可持续利用与热带海岸生物群落或生态系统的命运紧密联系在一起。随着近20年来我国河口海岸地带社会经济迅猛发展和人口、资源、环境压力的不断增大，珊瑚礁生态系统受到越来越大的来自人类活动和自然界两方面的压力，以及越来越广泛的破坏，其保护管理问题受到广泛关注[28, 29]。造礁石珊瑚是生态系统的关键成员和生物地貌的主要建造者。珊瑚礁破坏与生态退化的严重后果除了资源、生态和环境方面以外，还会削弱或丧失珊瑚礁碳酸盐物质生产、防浪护岸等生物地貌功能，即海岸线生产、积聚、保持有机和无机物质的能力削弱或丧失，海岸物质平衡由净收入转为净损失，海岸动态由淤积或稳定转变为侵蚀后退，我国海南有类似的实例[28]。这种通过生物地貌过程的变化对人类活动干扰和生态破坏的响应是珊瑚礁海岸陆海相互作用的重要表现之一。珊瑚礁海岸生物地貌过程研究在我国河口海岸带陆海相互作用、自然环境变异和资源可持续利用研究中具有特别重要和现实的意义[30]。

参 考 文 献

[1] Spencer T. Costal Biogeomorphology. Oxford: Blackwell, 1988: 255-318.
[2] Stoddart D R. Ecology and morphology of recent coral reef. Biological Review, 1969, 44(4): 433-498.
[3] Viles H A, Naylor L A. Biogeomorphology editorial. Geomorphology, 2002, 47(1): 1-2.
[4] Naylor L A, Viles H A, Carter N E A. Biogeomorphology revisited: looking towards the future. Geomorphology, 2002, 47(1): 3-14.
[5] Spencer T, Viles H. Bioconstruction, bioerosion and disturbance on tropical coasts: coral reefs and rocky limestone shores. Geomorphology, 2002, 48(1-3): 23-50.
[6] LOICZ. Report of the Workshop Focus 2: Mangrove Biogeomorphology, Townsville, May 1994. Meeting report No.2. Texel: LOICZ/WKSHP/94.2, 1994: 1-33.
[7] Pernetta J C, Milliman J D. Land ocean interaction in the coastal zone: implementation plan. IGBP Report No.33. Stockholm: International Geosphere-Biosphere Programme, 1995: 65-86.
[8] 倪海洋, 沈焕庭, 杨清书. 红树林海岸带研究的一个新方向——生物地貌研究. 地球科学进展, 1997, 12(5): 451-454.
[9] 张乔民, 张叶春. 华南红树林海岸生物地貌过程研究. 第四纪研究, 1997, (4): 344-353.
[10] 张乔民. 红树林生物地貌过程及其对人类活动和海平面上升的响应//中山大学近岸海洋科学与技术研究中心. 97 海岸海洋资源与环境研讨会论文集. 香港: 香港科技大学理学院及海岸与大气研究中心, 1998: 179-185.
[11] 张乔民, 刘胜, 隋淑珍, 等. 香港吐露港汀角砂砾质海岸红树林生物地貌过程研究. 热带地理, 1999, 19(2): 107-112.
[12] Zhang Q M, Liu S, Si S Z, et al. The Biogeomorphology of the Ting Kok Mangrove, Tolo Harbour, Hong Kong. The Marine Flora and Fauna of Hong Kong and Southern China V. Proceedings of the Tenth International Marine Biological Workshop: The Marine Flora and Fauna of Hong Kong and Southern China, Hong Kong, 6-26 April 1998. Hong Kong: Hong Kong University Press, 2000: 319-330.
[13] Zhang Q M. On biogeomorphology of Luhuitou fringing reef of Sanya City, Hainan Island, China. Chinese Science Bulletin, 2001, 46(1): 97-102.
[14] 詹文欢, 张乔民, 孙宗勋, 等. 雷州半岛西南部珊瑚礁生物地貌过程研究. 海洋通报, 2002, 21(5): 54-60.
[15] 余克服, 钟晋梁, 赵建新, 等. 雷州半岛珊瑚礁生物-地貌带与全新世多期相对高海平面. 海洋地质与第四纪地质, 2002, 22(2): 27-34.

[16] 曾昭璇. 南海珊瑚礁地貌诸问题. 海洋科技通讯, 1977, (3): 1-11.

[17] 曾昭璇, 梁景芬, 丘世钧. 中国珊瑚礁地貌研究. 广州: 广东人民出版社, 1997: 337.

[18] 于登攀, 邹仁林. 三亚鹿回头岸礁造礁石珊瑚群落结构的现状和动态//马克平. 中国重点地区与类型生态系统多样性. 杭州: 浙江科学技术出版社, 1999: 225-268.

[19] Reaka-Kudla M L, Wilson D E, Wilson E O. Biodiversity II: Understanding and protecting our biological resources. Washington D. C.: John Henry Press, 2000: 1-551.

[20] Birkeland C. Life and Death of Coral Reefs. Berlin: Springer, 1996: 1-12.

[21] 赵焕庭. 南海诸岛珊瑚礁新构造运动的特征. 海洋地质与第四纪地质, 1998, 18(1): 37-45.

[22] Veron J E N. Corals of Australia and the Indo-Pacific. Hawaii: University of Hawaii Press, 1993: 5-43.

[23] 高志文. 海南岛鹿回头珊瑚岸礁沉积物的沉积特征//中国科学院南海海洋研究所. 南海海洋科学集刊(第 8 集). 北京: 科学出版社, 1987: 43-54.

[24] 冯增昭, 王琦, 周莉, 等. 海南岛三亚湾现代碳酸盐沉积. 沉积学报, 1984, 2(2): 1-15.

[25] Mayer A G. Ecology of Murray Island Coral Reef. Monograph Series 213. Washington D. C.: Carnegie Institute of Washington, 1918, 9: 1-48.

[26] Hopley D. Corals and reefs as indicators of paleo-sea level with special reference to the Great Barrier Reef. A Manual for the Collection and Evaluation of Data. Norwich: Geo Books, 1986: 195-228.

[27] 赵焕庭, 张乔民, 宋朝景, 等. 华南海岸和南海诸岛地貌与环境. 北京: 科学出版社, 1999: 347-369.

[28] 张乔民. 我国红树林、珊瑚礁海岸资源与开发//吴超羽. 99 海岸海洋资源与环境学术研讨会论文集. 香港: 香港科技大学海岸与大气研究中心, 2000: 228-234.

[29] 张乔民. 我国热带生物海岸的现状及生态系统的修复与重建. 海洋与湖沼, 2001, 32(4): 454-464.

[30] 张乔民, 余克服, 施祺. 华南珊瑚礁的海岸生物地貌过程. 海洋地质动态, 2003, 19(11): 1-4.

第三章

珊瑚礁生态系

第一节　珊瑚礁生态系的一般特点[①]

随着工业化和城市化的不断发展，陆地上的资源被快速地消耗，生态环境也受到了严重的破坏，人们迫切地需要寻找新的资源和更好的环境，因此海洋成为首选。珊瑚礁生态系是海洋中生产力水平极高的生态系之一，被称为"蓝色沙漠中的绿洲""海洋中的热带雨林"。由于其在全球海洋的生态过程与资源供给方面具有重要地位且目前正受到生态退化的威胁，因此得到更多的关注。国际上将1997年定为"珊瑚礁年"以提高人们的珊瑚礁保护与恢复意识和责任。本节介绍了珊瑚礁生态系的一些特点，分析了影响珊瑚礁生态系的自然和人为因素，并提出了保护和恢复措施。

一、珊瑚礁生态系的概念

并非所有种类的珊瑚均具有造礁作用。与虫黄藻共生、能进行钙化、生长速度快的珊瑚具有造礁功能，称为造礁珊瑚，是珊瑚礁生态系的主要成分；而没有与虫黄藻共生、生长速度慢的珊瑚无造礁功能，称为非造礁珊瑚。珊瑚礁生态系是由造礁石珊瑚生物群体本身形成的底质所支持的特殊的生态系[1]，其内有美丽的造礁珊瑚和各种珊瑚礁所特有的生物，具有极高的生产力和物种多样性。珊瑚礁是由生物作用产生碳酸钙积累和生物骨壳及其碎屑沉积而成的，其中珊瑚，以及其他腔肠动物的少数种类、软体动物和某些藻类对石灰岩基质的形成起重要作用[2]。珊瑚礁生态系中各种物种形态多姿多彩，造型奇特，色泽鲜明，环境优美，生境多样，生物种类繁多，生物资源丰富。

二、珊瑚礁生态系的类型与地理分布

（一）类型

珊瑚礁有多种类型，达尔文在1842年将现代珊瑚礁分为3种类型，即岸礁、堡礁（离岸礁）和环礁。

---

① 作者：王丽荣，赵焕庭

后人又另分出台礁、塔礁、点礁和礁滩4类。

岸礁，它紧靠海岸，与陆地之间局部或有一浅窄的礁塘。完全发育的岸礁多在东非沿岸的红海出现，加勒比海的大多数珊瑚礁也属于这种类型。

堡礁，和岸礁一样，其基底与大陆相连，但环绕在离岸更远的外围，与海岸间隔着一个较宽阔的大陆架浅海、海峡、水道或潟湖。著名的大堡礁，包括许多次级的台礁和环礁。

环礁，呈马蹄形或环形的珊瑚礁，中间围有潟湖。有人统计，环礁共有330处，其中九成分布在印度-太平洋体系中。其中最大的环礁直径达70km，潟湖面积可达2240km^2 [3]。

台礁，实心，似圆形或椭圆形，中间无潟湖，或潟湖已淤积为浅水洼塘。

塔礁，兀立于深海、大陆坡上的细高礁体。

点礁，潟湖中孤立的小礁体。

礁滩，匍匐在大陆架浅海海底的丘状珊瑚礁。

珊瑚礁由礁灰岩和松散的生物碎屑沉积而成，沉积物以砾石和各种粒级的砂为主；珊瑚礁地貌有礁坪、礁外坡、潟湖和礁坪上堆积而成的灰沙岛，次级地貌有潮汐通道、溶沟、洞穴和暗礁；灰沙岛地貌有海滩、沙堤、沙丘、沙席和洼地等，造成生境多样性复杂。由于珊瑚礁的类型多样且分布较广，生境的变化也较大，因此珊瑚礁生态系内的生物组成、功能及稳定性也存在很大的不同，可以进一步划分次级生态单位。

（二）分布

由于造礁珊瑚对环境要求严格，使得现代珊瑚礁分布具有严格的范围，即主要在南北两半球海水表层水温20℃等温线内，或大致在南北回归线之间[4]。目前，在热带海洋中珊瑚礁的面积有$2×10^6km^2$。

1. 国外

由于造礁石珊瑚被分成印度-太平洋和大西洋-加勒比海两大区系，前者的属数和种类均高于后者，因此珊瑚礁的分布也明显地表现出相关性，即大多数分布在印度-太平洋上。其中最长、最大的是澳大利亚东海岸外的大堡礁，延伸2000km[5]。

2. 国内

我国的珊瑚礁，从台湾岛及其离岛开始，一直分布到热带海洋南海[6]，但以南海诸岛的珊瑚岛礁为多（除了西沙群岛的高尖石小岛是火山碎屑岩岛）。台湾海峡南部、台湾岛东岸和台湾岛东北面的钓鱼岛等地，虽然位于北回归线以北，但受黑潮影响，仍有岸礁存在。海南岛及其离岛周围岸礁断续分布。另外，华南大陆不少岸段零星生长着活珊瑚，丛生的很少，聚成岸礁者仅见于我国大陆南端的雷州半岛灯楼角岬角东西两侧，沿岸离岛的岸礁仅见于北部湾的涠洲岛和斜阳岛。

三、珊瑚礁生态系的结构和功能

（一）珊瑚礁生态系的结构

珊瑚礁生态系多位于大洋中或大陆架和岛架上，受到海水或陆源物质的影响，并以各种形式与周围海水发生物质交换作用，因而它是个较为开放的生态系。这里主要从决定和影响生态系内生物的物理因素、生物组成和空间结构3个方面作介绍。

1. 物理因素

造礁珊瑚对自然条件要求很高，因此珊瑚礁生态系的非生物环境主要由下面几个因素所构成。

温度。由于造礁珊瑚最适宜在年平均水温 25～28℃的海域内生长，因此温度决定了珊瑚礁生态系的纬度分布。在热带海洋中，仅仅是几摄氏度的增温和约 10℃的降温都会造成造礁珊瑚的死亡，从而引起其构建的整个珊瑚礁生态系发生很大的变化。

光照。与造礁珊瑚及附礁生物共生的虫黄藻需要足够的辐照度以进行光合作用，因此光照亦成为珊瑚礁生态系的一个限制因子，海水透光率制约了现代珊瑚礁分布的水深（一般在 50m 以上），决定了珊瑚礁生态系内部的垂直结构，因此使其他礁栖生物的生态分布特性发生改变。

盐度。盐度大约为 34‰的海区最适宜造礁珊瑚的生存，所以在河口区和陆地径流输入较大的海区，由于盐度的降低，不存在珊瑚礁生态系。

此外，一般波浪和海流有利于造礁珊瑚生长，大浪则会折断珊瑚的躯干和肢体，或翻动生长珊瑚的砾石，使珊瑚体被碾碎或反扣砾石下，或者被碎屑物覆盖而死亡。潮汐限制了其生长空间的上限，而具有特殊温盐结构的上升流经常出现的地方对珊瑚的生长一般也具有有利的影响。

2. 生物组成

珊瑚礁生物群落是海洋环境中种类最丰富、多样性程度最高的生物群落，几乎所有海洋生物的门类都有代表生活在珊瑚礁各种复杂的栖息空间中，生活方式多样。南海诸岛珊瑚礁生物物种繁多[7-14]。生物组成按功能划为以下 3 类。

（1）生产者。包括浮游植物，如硅藻、甲藻、裸甲藻、蓝绿藻、微型藻及营自养的蓝细菌；底栖藻类，如红藻、绿藻、褐藻和硅藻；共生虫黄藻。其中底栖藻类以 3 种形式存在，即微丝藻、珊瑚状藻和叶状大型藻[15]。

（2）消费者。包括浮游动物，如有孔虫、放射虫、纤毛虫、水螅水母、钵水母、桡足类、磷虾类和甲壳类等。根据大小可分为胶质浮游动物、大型浮游动物、中型浮游动物和微型浮游动物 4 种。根据习性又可分为 3 种，即为了繁殖或改变栖息地而短时间进入水团的、为了取食而在水团中停留相当长时间的、个体发育的早期阶段浮游形式的生活者[16]。底栖动物，如双壳类、海绵类、水螅虫类、苔藓类、多毛类、腹足类、寄居蟹、海星类、海胆类等。

（3）分解者。包括浮游细菌和底栖细菌。异养细菌不仅是珊瑚礁生态系中碳、氮循环的重要媒介、环节，而且是微型浮游动物的食物来源。因此，这个"微生物环"（由溶解有机物、细菌和食细菌者组成）对于营养物质再生和维持浮游植物的生长都有重要意义[17]。

各种生物通过种内、种间相互关系而发生作用，受到环境的影响并随之改变环境，珊瑚礁生态系就是利用其内部自调控机制应对周围环境的不断变化，以保持整个生态系的相对稳定。

3. 空间结构

典型的珊瑚礁由潟湖、礁坪和礁斜坡组成，生活空间具有复杂的垂直结构，各处的物理条件相差很大，因此生物物种的组成和多样性也存在很大的差异，出现分带、成层的现象。例如，研究人员在西沙群岛考察着重礁区藻类、无脊椎动物、鱼类的种类和区系研究，并就金银岛和东岛礁坪生物群落的空间结构及它们之间存在的差异做出了详细的附图说明和比较[18]（图 3.1）。近年来研究人员对南沙群岛进行了多次考察，也进行了一些研究[19, 20]。

（二）珊瑚礁生态系的功能

珊瑚礁生态系的功能包括物质循环、能量流动和生产力等，珊瑚礁生态系的物质循环主要有 C、N、

P 和 Si 4 种元素的生物地球化学循环，本质上同其他海洋生态系的生物地球化学循环基本上一致。

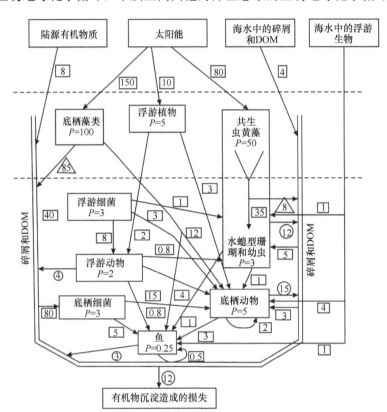

图 3.1 珊瑚礁生态系中的能量流动示意图[21]

DOM 为溶解有机物；P 为净生产量；方块中的数字代表后一级生物的食物系数；三角中的数字指未消费的生产量；圆圈中的数字为消耗食物中未同化部分[单位：kJ/（m²·d）]

1. 珊瑚礁生态系的能量流动

人们一直很疑惑，为什么珊瑚礁生态系可以在低水平的营养供应上达到极高的生产量。珊瑚礁可以抵御外部严酷的物理因素，如破坏性风浪的作用和海平面的变化等，因而能为其内的生物群落保持一个较为稳定的生存环境。在理想的光照和温度条件下，影响珊瑚礁生态系能量流通效率的环境因素是由居于其内的生物体之间的相互活动所决定的。而大量底栖的大型水生植物、海草、固着生物和微型底栖植物高水平的光合作用，水生固着微型植物群通过的海水中的溶解有机物的利用，底栖滤食者对悬浮有机物的利用等都对维持高水平的生产量有重要意义。近年研究人员对南沙群岛珊瑚礁潟湖的化学作用、小型浮游动物和虫黄藻的营养作用等进行了有意义的探讨，提出了珊瑚礁高生产力成因"营养高循环—水位变动"的新观点[22]。尽管不同的珊瑚礁生态系的能量流动情况有所不同，但一个比较模式化的能量流动示意图对于简要理解珊瑚礁生态系的功能还是有所帮助的（图 3.1）。

2. 生产力

通常认为，低纬度开阔海洋的初级生产力低，被认为是海洋中的"沙漠"，而珊瑚礁生态系却是例外。它的生产力大，效率高，每 1m² 的生物生产力是周围热带大洋的 50～100 倍。珊瑚礁植物和共生群落的自养生产量为 5～20g C/（m²·d），而贫养和中等营养的热带大洋中的初级浮游植物生物量仅为 0.05～0.3g C/（m²·d）。珊瑚礁生态系的特性不仅在于它有极高的初级生产量，在之后的异养过程中对初级能源的使用效率也很高，因此可以支持系统内异常大量的生物生存。其中，浮游动物的生物量单位能用 g/m² 来表示，底栖动物和鱼类甚至可用 10^2g/m² 来表示[23]。

不同海洋环境生产力的比较见表 3.1[1]。

表 3.1　不同海洋环境生产力

地点	总产量/[g C/(m²·a)]
珊瑚礁	
Rongelon 环礁（马绍尔群岛）	1500
埃尼威托克环礁（马绍尔群岛）	3500
North Kapaa Reef（夏威夷，考爱岛）	2900
泰莱草床（佛罗里达，Longkey）	4650
外洋	
Rongelon 环礁近海（马绍尔群岛）	28
夏威夷近海	21
夏威夷近海（内湾）	123

四、影响珊瑚礁生态系稳定的生态压力

尽管珊瑚礁生态系的生产力和物种多样性都很高，但它仍是一个相对脆弱的生态系，易受外界环境变化的影响而损害严重，如对珊瑚的生长、新陈代谢、虫黄藻的缺失、行为反应、黏液的分泌及繁殖都有影响。这种生态压力即便是可逆的，恢复至原有的状态至少也需要几十年、上百年甚至更长的时间。通常将生态压力分为自然压力和人为压力。

（一）自然压力

能造成珊瑚礁生态系大尺度上巨大的、灾难性的和完全死亡的后果的自然因素有物理和生物两个方面，如强烈的暴风雨、火山爆发、重要的厄尔尼诺事件、大量的沉积物和长棘海星（*Acanthaster planci*）种群暴发等。例如，1998 年世界上很多地方出现的空前严重的石珊瑚和软珊瑚褪色（白化）并死亡的现象恰好与厄尔尼诺事件的发生相一致，坦桑尼亚的马菲亚海洋公园中有 80%～100%的珊瑚死亡，印度洋的斯科特（Scott）环礁周围的海下 9m 处 70%～100%的珊瑚有褪色和死亡现象[24]。

（二）人为压力

人们对珊瑚礁生态系的影响主要来自两个方面：一是直接从中索取所需资源以满足食物、居住或娱乐的需要；二是人类自身活动带来的污染所引起的环境变化使得珊瑚礁生态系发生改变。对全球珊瑚礁生态系产生影响的因素有挖掘、径流和海岸侵蚀等带来的沉积物，易造成富营养化的入海的污水和其他污染物，溢出的石油或用于清洗的洗洁剂，发电厂的热流等。另外，由于过度捕捞取食珊瑚者的天敌或过度频繁地进出珊瑚礁生态系的旅游活动而使其群落结构发生改变，从而造成局地性的破坏。

五、珊瑚礁生态系的保护和管理

珊瑚礁生态系的保护和管理对于维持全球生态系的平衡有着重要的意义，它不仅是数以千计的海洋灰沙岛存在与发展的基础，而且可以保护大陆和离岛海岸免受海浪的侵蚀，并使得浅层堆积物及其上的红树林和海草床得以发展。但是随着对珊瑚礁生态系利用强度的增加，破坏珊瑚礁的现象普遍存在并有

加重的趋势。因此，有必要采取一些管理措施以保护珊瑚礁，限制、控制对珊瑚礁的破坏，对由不合理的人类利用引起的损害加以恢复，以便能维持其复杂的生物群落[25]，同时也为渔业和旅游业的持续发展奠定了良好的基础。

（一）生态保护的教育，普及公众意识

由于人类的活动有意或无意地破坏了珊瑚礁生态系或使其不断恶化，因此公众的保护意识是管理中最重要的一个环节，只有公众有责任地参与，才能保证各种活动在合理的范围内进行。

（二）建立保护区

建立保护区的最大优点就是可以迅速地对区内的自然资源给予有效的保护，并为珊瑚礁生态系的研究提供了好的基地，因此国际自然保护协会积极提倡珊瑚礁保护区的建立。我国海南省自1980年以来，建立了多个珊瑚礁自然保护区，其中著名的有三亚国家级珊瑚礁自然保护区，面积为8500hm^2。

（三）资源规划、配置和管理

这包括资源分析、利用情况分析、信息管理和监控措施。另外，对珊瑚礁的规划和管理做出详细的计划也很必要。

总之，珊瑚礁生态系保护和管理的关键是寻找适宜的途径，在珊瑚礁生态学指导下，最大限度地获得人类所需而不对珊瑚礁生态学院造成过大的破坏[26]。

参 考 文 献

[1] 山里清，李春生. 珊瑚礁生态系. 海洋科学, 1978, (4): 55-63.
[2] 沈国英，施并章. 海洋生态学. 2版. 厦门：厦门大学出版社, 1996: 105-109.
[3] Stoddart D R. Coral reefs of the Indian Ocean//Jones O A. Biology and Geology of Coral Reefs. New York: Academic Press, 1973: 51-92.
[4] Dabinsky Z. Ecosystems of the world 25. Coral Reefs. Amsterdam: Elsevier Science Publishers, 1990.
[5] Achituv Y, Dubinsky Z. Evolution and zoogeography of coral reefs//Dubinsky Z. Coral Reefs. London: Elsevier Science Publishers, 1990: 1-8.
[6] 赵焕庭. 中国现代珊瑚礁研究. 世界科技研究与发展, 1998, 20(4): 98-105.
[7] 中国科学院动物研究所，中国科学院南海海洋研究所，北京自然博物馆. 我国南海诸岛的动物调查报告. 动物学报, 1974, 20(2): 113-130.
[8] 中国科学院南海海洋研究所. 我国西沙、中沙群岛海域海洋生物调查研究报告集. 北京：科学出版社, 1978: 75-327.
[9] 中国科学院南沙综合科学考察队. 南沙群岛海区海洋动物区系和动物地理研究专集. 北京：海洋出版社, 1991: 1-301.
[10] 中国科学院南沙综合科学考察队. 南沙群岛及其邻近海区海洋生物研究论文集. 北京：海洋出版社，Ⅰ(1991: 1-221), Ⅱ(1991: 1-294), Ⅲ(1991: 106).
[11] 中国科学院南沙综合科学考察队. 南沙群岛及其邻近海区海洋生物多样性研究. 北京：海洋出版社，Ⅰ(1994: 1-97), Ⅱ(1996: 1-130).
[12] 陈清潮，蔡永贞. 珊瑚礁鱼类——南沙群岛及热带观赏鱼. 北京：科学出版社, 1994: 1-141.
[13] 中国科学院南沙综合科学考察队. 南沙群岛及其邻近海区生物分类区系与生物地理研究. 北京：海洋出版社，Ⅰ(1994: 1-148), Ⅱ(1996: 1-309), Ⅲ(1998: 1-342).
[14] 中国科学院南沙综合科学考察队. 南沙群岛及其邻近岛屿植物志. 北京：海洋出版社, 1996: 1-348.
[15] Berner T. Coral reef algae//Dubinsky Z. Ecosystems of the world 25. Coral Reefs. Amsterdam: Elsevier Science Publishers, 1990: 253-265.

[16] Porter J W, Porter K G. Quantitative sampling of demersal plankton migrating from coral reef substrates. Limnology and Oceanography, 1977, 22: 553-556.
[17] Willians P J, Le B. Incorporation of microheterotrophic processes into the classical paradigm of the planktonic food web. Kieler Meeresforschungen Sonderheft, 1981, 5: 1-28.
[18] 庄启谦, 唐质灿, 李春生, 等. 西沙群岛金银岛和东岛礁平台生态调查//中国科学院海洋研究所. 海洋科学集刊(第 20 集). 北京: 科学出版社, 1983: 1-44.
[19] 黄良民. 南沙群岛海区生态过程研究(一). 北京: 科学出版社, 1997: 1-157.
[20] 赵焕庭, 温孝胜, 孙宗勋, 等. 南沙群岛景观与区域古地理. 地理学报, 1995, 50(2): 107-117.
[21] Sorokin Y J. Plankton in the reef ecosystems//Dabinsky Z. Ecosystems of the World 25. Coral Reefs. Amsterdam: Elsevier Science Publishers, 1990: 291-327.
[22] 中国科学院南沙综合科学考察队. 南沙群岛珊瑚礁潟湖化学与生物学研究. 北京: 海洋出版社, 1996: 1-159.
[23] Glynn P W. Ecology of a Caribbean coral reef, the *Porites* reef flat biotope. Part II. Plankton community with evidence for depletion. Marine Biology, 1973, (22): 1-21.
[24] Clive W, Linden O, Herman C, et al. Ecological and socioeconomic impacts of 1998 coral mortality in the Indian Ocean: an ENSO impact and a warning of future change. AMBIO, 1999, 28(2): 188-196.
[25] Craik W, Kenchington R, Kelleher G. Coral-reef management//Dubinsky Z. Ecosystems of the World 25. Coral Reefs. Amsterdam: Elsevier Science Publishers, 1990: 453-468.
[26] 王丽荣, 赵焕庭. 珊瑚礁生态系的一般特点. 生态学杂志, 2001, 20(6): 41-45.

第二节 珊瑚礁区的生物多样性及其生态功能[①]

珊瑚礁为海洋中一类极为特殊的生态系统，保持有较高的生物多样性和初级生产力，被誉为"海洋中的热带雨林""蓝色沙漠中的绿洲"，一般认为达到了海洋生态系统发展的上限。作为一种生态资源，珊瑚礁还具有重要的生态功能，不仅为人类社会提供海产品、药品、建筑和工业原材料，而且可防岸护堤、保护环境，一直以来都是重要的生命支持系统。珊瑚礁研究由来已久，Darwin 于 1842 年首次发表了关于世界珊瑚礁的类型和分布情况的论著，开创了珊瑚礁地质学的研究，分类学家对珊瑚是植物还是动物的争论吸引了众多生物学家对珊瑚礁生物的研究，近年来随着全球气候变化及人类活动影响的加剧，珊瑚礁生物多样性缩减、生态功能退化现象日益突出，加强珊瑚礁生物多样性研究，特别是以物种多样性研究为基础开展生态系统多样性和遗传多样性研究，加强珊瑚礁生态功能尤其是生态环境效应研究，加强珊瑚礁保护管理和生态修复研究，对维持珊瑚礁生态平衡有更加重要的意义。

一、珊瑚礁生物的物种多样性

世界珊瑚礁主要分布在热带和亚热带海域，全球约 110 个国家拥有珊瑚礁资源，其总面积（Smith[1]报道 617 000km²；Copper[2]报道 1 500 000km²；Spalding 和 Grenfell[3]报道 255 000km²）占全部海域面积（Reaka-Kudla[4]报道 340×10⁶km²）的 0.1%～0.45%，已记录的礁栖生物却占到海洋生物总数的 30%[4]。Taylor 曾报道非洲塞舌尔珊瑚礁区 3100km² 范围的海域有软体动物 320 种[5]；Peyrot 在茉莉雅（Moorea）礁坪的一个死珊瑚带发现生物四大门类 776 种[6]；在澳大利亚的大堡礁，造礁石珊瑚有 350 种，海洋鱼类有 1500～2000 种，软体动物超过 4000 种[7]。在更小区域范围内，Gibbs 曾报道过在一块死礁岩内发现 220 种 8265 个隐生生物个体[8]；Grassle 也曾在一活珊瑚群体上发现 103 种多毛类生物[9]。因此，珊瑚礁以其高生物多样性被誉为"蓝色沙漠中的绿洲""海洋中的热带雨林"。

但珊瑚礁区实际存在的生物种类还远不止这些，很多小型、微型的生物种类未被记录描述，特别是

[①] 作者：赵美霞，余克服，张乔民

海洋细菌和微型浮游动植物等以前受采样和分析方法限制的种类；珊瑚礁岩石缝隙和珊瑚枝丛间隐生生活着众多的钻孔或穴居生物，它们虽然不容易被观察到，但其地位与热带雨林中的昆虫相当[4]，种类和数量也很惊人。此外，珊瑚礁生物还具有明显的区域特征，如大西洋珊瑚礁区等足目甲壳动物中90%为地方特有种类，印度洋、中东部太平洋、西太平洋分别为50%、80%、40%[10]。所以可以预测随着研究的逐步深入，会有越来越多的小型、微型、隐生性和地方性珊瑚礁生物种类被发现。Reaka-Kudla[4]按照种-面积之间的关系公式和假设估计珊瑚礁区生物物种总数约为95万种，而实际报道发现的珊瑚礁生物种类仅为9.3万种，还不到其估计量的10%，90%以上的珊瑚礁生物还未被人们所知，因此还有广阔的研究空间。

就已知的珊瑚礁物种而言，现代分类学借助新技术和方法研究发现，很多过去认为是同种的生物实际是由几种不同生物种类组成的。例如，1992年，Knowlton[11]对加勒比海区的造礁石珊瑚（*Montastrea annularis*）抽样重新分类后确认为3种不同种类，这些认识进一步揭示和丰富了珊瑚礁区的高生物多样性。

二、珊瑚礁生物多样性的空间特征

研究同一生态系统内不同生物的物种多样性时发现，各生物种类之间具有很多相似性，Gaston[12]在2000年曾提出可以用某些生物类别作为研究区域生物多样性的代用指标。造礁石珊瑚是珊瑚礁体的最主要贡献者，它的生长和分布对礁区其他生物的栖息和生长起了决定性作用，所以一定程度上，造礁石珊瑚的多样性状况即可反映珊瑚礁区生物多样性的整体特征，Bellwood和Hughes[13]在研究中就以造礁石珊瑚的物种多样性为代用指标。

由于对自然环境条件有严格的要求，造礁石珊瑚的分布范围只局限在热带和部分亚热带海区，主要有两大区系：大西洋-加勒比海区系和印度-太平洋区系。这两个地区的珊瑚礁面积分别占全球珊瑚礁总面积的8%和78%[7]，是最主要的珊瑚礁区。就已报道的造礁石珊瑚种类，印度-太平洋区系有86属1000余种，而大西洋-加勒比海区系有26属68种[14]。这两个海区的珊瑚在数量和种类上的差别很大，通常认为是由地理障碍所致，其间的巴拿马海峡在600万年前形成，使得这两个区系的珊瑚独立演化。

从生物种类的密集程度来看，东南亚珊瑚礁区是生物多样性程度非常高的地区，被称为"珊瑚三角地带"[15]，传统生物地理学对这个地区的高生物多样性的解释主要有起源中心说、累积重叠说和生存避难中心说等，现在一般认为这里既是生物的避难所，又是新物种的滋生地。本区域以外的珊瑚礁地区随着纬度或距离的不同而呈现生物多样性的梯度变化。

在特定的某一礁区范围内，珊瑚礁生物多样性表现出水平分带和垂直分层的特征，礁前坡、礁坪和潟湖的生物在种类和数量上都有明显差异[16]，不同水深处的特殊生态环境适宜于不同生物生存。

三、珊瑚礁的生态功能

珊瑚礁多样的生物和环境构成复杂的生态系统，具有重要的生态功能。Moberg和Folke[17]曾系统地论述了珊瑚礁生态系统提供资源和物理结构功能、生物功能、生物地化功能、信息功能和社会文化功能等。研究表明：健康的珊瑚礁系统每年每平方千米渔业产量达35t，全球约10%的渔业产量源于珊瑚礁地区[1]，在印度-太平洋等地区则可高达25%[18]，是人类所需蛋白质的主要来源；海藻、海绵、软体动物和某些珊瑚体内含有高效抗癌、抗菌的化学物质，有广阔的药物开发潜力；珊瑚骨骼在医学上可用于骨骼移植；很多海藻可用来提取琼脂和胶等工业原料；珊瑚礁系统内的碳酸钙常被用作建筑材料，珊瑚礁还是重要的生态旅游基地，据1994年统计，大堡礁每年的旅游收入约为6.82亿澳元，1990年加勒比海礁区的旅游收入达89亿美元[17]。珊瑚礁对于环境研究具有很高的科学价值，如礁栖生物可用作污染监测的指示种[19]，造礁石珊瑚特别是滨珊瑚可用来重建热带表层古海水温度[20]等。造礁生物参与形成的礁体，不仅为其他喜礁生物提供复杂的三维立体生境，而且具有重要的防浪护岸效应，为海草、红树林及人类提供安全的生态环境。珊瑚礁不断堆积形成陆地，为人们繁衍生息提供了更多的生存空间。珊瑚礁生物的迁移对于维持生态平衡和促进营养循环有重要意义[17]。

由珊瑚礁生物参与的生物化学过程和营养物质循环对于维持和促进全球碳循环有重要作用[21]。同时，这种生物化学过程也维持了全球钙平衡，每年珊瑚礁沉淀输送到海洋中的钙约有 1.2×10^{13} mol[1]。

Moberg 和 Folke[17]等认为珊瑚礁生物通过参与各项生态过程而形成各种特定的功能群，共同发挥重要的生态功能，故生物多样性对维持和促进生态功能的发挥有重要作用。依据其生态功能的不同，珊瑚礁主要生态类群如下。

（一）造礁生物

礁体最主要的贡献者是造礁石珊瑚，不同形状的珊瑚种类在构建珊瑚礁体方面的贡献和为喜礁生物提供生境的作用有明显不同。例如，枝状珊瑚生长快，分叉多，有利于游动型生物栖息捕食，而块状珊瑚为许多隐藏生物提供生存之所。依据其形态及功能不同，Bellwood 等[22]将造礁石珊瑚分成分枝状、叶片状、块状、蜂巢状、结壳状等功能群。

参与造礁的生物除造礁石珊瑚外还有其他很多种类，如珊瑚藻、有孔虫、海绵、软体动物和棘皮动物等涉及动物、植物各大门类，依据其参与造礁的形式不同，可以概括为造架生物、堆积填充生物和黏结生物等 3 类[23]。

（二）光合自养藻类

和陆地生态系统一样，珊瑚礁生态系统主要也是靠光合作用来固定能量、提供营养。参与光合作用的藻类主要是微藻和共生藻类。其中虫黄藻（zooxanthella）一般共生于珊瑚组织内部，通过光合作用向珊瑚提供氧气、糖等营养物质，同时消耗宿主珊瑚排泄的代谢产物来维持生长，两者形成紧密的共生关系。研究表明虫黄藻能够促进珊瑚骨骼钙化、加快造礁过程[24]。近年来研究还发现因基因型不同，与珊瑚共生的虫黄藻耐受高温的能力有明显不同，D 系群虫黄藻比 C 系群虫黄藻更能耐受高温，在经历过严重白化事件后的珊瑚礁区，D 系群虫黄藻所占比例升高，占明显优势[25]，这对研究珊瑚礁适应性应对全球气候变化有重要意义。

（三）控制系统结构的顶级捕食者

顶级捕食者主要是一些肉食鱼类，通过捕食来控制系统结构的平衡，在珊瑚礁系统中占有重要的地位[26]。例如，肯尼亚珊瑚礁人们对顶级捕食者的过度捕捞，导致它们的猎物海胆数量猛增，大量海胆掠食珊瑚礁保护层的藻类，因此伤害珊瑚，海胆吃掉大量海藻后，使得依赖海藻栖息的鱼类及无脊椎动物数量也大量减少，并破坏了碳酸钙平衡[27]，所以过多的海胆一般被视为珊瑚礁不健康的讯号，代表珊瑚礁已被过度捕捞。长棘海星和其他一些专门以啃食珊瑚为生的软体动物的爆发式增长也常常与捕食性鱼类的大规模减少有关[26]。

（四）调整和控制珊瑚群落的草食性种类

在维持系统状态、控制和调整珊瑚生长方面，草食性动物通过控制快速生长的藻类起作用，如加勒比海区海胆通过啃食藻类防止其与珊瑚争夺栖息地来保证珊瑚生长[28]。依据作用方式的不同，Bellwood

等[22]将利于珊瑚固着和生长的草食性鱼类大致分为3类：生物侵蚀类、刮擦类和牧食类。

草食性动物作为食物链和食物网中关键的一环，在保证物质循环和能量流动方面意义重大，而且它们会影响到物种组成、生产力状况、生物固氮、生态演替及其他生态过程和功能[17]。例如，珊瑚礁区雀鲷（damselfish）通过强烈攻击侵入其领地的外来生物，包括驱赶采食珊瑚的鹦嘴鱼、长棘海星等保护珊瑚免受侵害[29]，从而在维持初级生产力、促进造礁石珊瑚的恢复和固氮效应方面起到重要作用。

专家利用主成分分析方法[30]发现影响珊瑚礁区生态系统状况的主要生态类群是大型的草食性动物和杂食性动物。

（五）其他浮游和底栖微生物

珊瑚礁生物群落中的浮游和底栖微生物也很重要。礁区微生物和蓝绿藻可以吸收空气中的氮气，起到生物固氮作用[31]。珊瑚礁具有的环境优化功能也主要通过微生物起作用[32]，如微生物的分解作用可以对石油产品等进行降解。

四、珊瑚礁生物多样性研究发展趋势

珊瑚礁生物多样性研究一般集中在物种多样性研究层面，主要包括物种多样性的现状（包括受威胁现状）、形成、演化及维持机制等方面。相关的研究涉及珊瑚礁各种生物种类，如甲壳动物、棘皮动物、珊瑚及礁栖鱼类[16, 33-36]等。目前生物多样性研究已经逐步由宏观向微观层面深入扩展，生态系统多样性和遗传多样性成为竞相研究的热点，而珊瑚礁生态环境效应和保护管理工作也越来越受到重视。

（一）珊瑚礁生态系统多样性

不同珊瑚礁生态系统因其内部生境、生物群落和生态过程的不同而呈现多样化。生境的多样性是生物群落多样性形成的基本条件，生物群落的多样性主要表现为群落的组成、结构和动态（包括演替和波动）等方面的多样化，生态过程主要是指生态系统的组成、结构与功能在时间上的变化，以及生态系统的生物组分之间及其与环境之间的相互作用等。

根据地理位置和环境条件的不同，珊瑚礁生态系统可划分为四大生物地理区域：印度洋-西太平洋地区（IWP）、东太平洋地区（EP）、西大西洋地区（WA）和东大西洋地区（EA）[35]。这四大地区在物种组成和多样性方面表现出明显的差异，印度洋-西太平洋地区和西大西洋地区只有一种相同的造礁石珊瑚物种，印度洋-西太平洋地区是生物多样性程度最高的地区，其造礁石珊瑚种类是西大西洋地区的10倍[35]，鱼类多样性是西大西洋地区的6倍[36]，而且砗磲与藻类、海葵与海葵鱼等的共生关系也较其他地区更为多样。

研究发现在珊瑚礁生态系统内部，生物群落具有水平分带和垂直分层的特征，生物多样性随环境梯度不同而显著变化。所以可以借助多样性指数描述生态系统内的生物特点[33]，利用多样性指数与环境因子的相关性对生态系统内的生态过程进行研究[16]，而且长期、实时监测[37]和模拟研究[38]可以不断加深人们对生态系统现状和动态变化的了解，促进人们对导致生物群落变化的机制的认识，这些对于珊瑚礁的保护和管理具有重要的指导意义。

（二）珊瑚礁生物的遗传多样性

遗传多样性又称基因多样性，主要是指种内基因的变化。遗传多样性是物种水平多样性的最重要来源，决定（或影响）种内、种间及其与环境相互作用的方式，是一个物种对人为干扰进行成功反应的决定因素，同时决定着物种进化的潜能。

珊瑚礁区是巨大的基因库，种类繁多的生物的基因型表现各异。研究各生物种类的遗传多样性，对于明确珊瑚礁生物的内在适应性、弄清生物进化动力和变异程度，以及物种水平生物多样性的产生和变化等具有重要意义。

现在关于珊瑚礁生物遗传多样性方面的研究越来越多，但总体来看，主要集中在造礁石珊瑚和礁栖鱼类等少数物种，如 Ng 和 Morton[39]对香港附近的石珊瑚（*Platygyra sinensis*）及 Bay 等[40]对印度-太平洋海域的珊瑚礁鱼（*Chlorurus sordidus*）的遗传多样性研究等，Uthicke 等[41]和 Leaw 等[42]针对海参的种群遗传学进行了初步研究。

（三）珊瑚礁的生态环境效应与保护管理

1. 珊瑚礁现状评估

20 世纪 90 年代以来全球珊瑚礁持续衰退。1992 年首次定量评估全球珊瑚礁，认为世界珊瑚礁已经彻底消失 10%，如果没有紧急管理行动，另外的 90%中的 30%将在 10~20 年消失；2000 年重新评估时认为，全球珊瑚礁已经减少 27%（指退化程度大于 90%，其中 1998 年前人类活动减少 11%，1998 年全球白化事件减少 16%），14%处于紧急状态礁（退化程度 50%~90%，2~10 年可能消失），受到威胁礁（退化程度 20%~50%，10~30 年可能消失）有 18%，其余 41%为健康状态。2004 年评估认为全球珊瑚礁减少已下降到 20%（因为 1998 年减少的 16%中已经恢复 6.4%），紧急状态礁和受到威胁礁分别上升到 24%和 26%，健康状态礁下降到 30%。即使被认为保持原始状态最好的大堡礁也显示了系统的退化，过去 40 年中活珊瑚平均覆盖率由 40%下降到 20%，长棘海星（*Acanthaster planci*）暴发和白化事件不断增加[22]。加勒比海地区珊瑚礁发生灾难性退化，活珊瑚平均覆盖率由 50%（1977 年）下降到 10%（2001 年）[43]。

影响珊瑚礁退化的因素很多，主要包括人类活动和气候变化两个方面。由于人类活动影响的范围和强度不断增大，全球气候持续变暖，珊瑚礁生态系统面临着前所未有的威胁。

人类活动对珊瑚礁的影响主要表现为过度捕捞、生态环境污染和直接挖掘等方面。随着人口迅速增长，对珊瑚礁资源的需求量日益增加，珊瑚礁的渔业捕捞量已经远远超出了其所能提供的最大可持续产量，导致珊瑚礁群落结构简单化[26]，系统功能受损。20 世纪 60 年代大堡礁发生的长棘海星猖獗事件和 80 年代西大西洋发生的珊瑚灾难性死亡事件[28]均与过度捕捞有关。珊瑚礁区生态环境污染主要来自于未经处理的排污和油气污染等，特别是城市污水和农业用水未经处理而直接排放入海，导致浅海水域富营养化，造成大型海藻繁茂生长，珊瑚礁区转变成由大型海藻占主导地位的"大型海藻状态"。最严重的一次油溢事件导致巴拿马珊瑚礁区珊瑚覆盖率下降了 50%~75%[7]。海岸建设、土地利用和珊瑚礁区的直接挖掘导致浅海水域沉积物的增加，进而降低了海水的透光度，使珊瑚得不到充足的光照而生长受限。即使被认为是保持原始状态最好的大堡礁，陆源沉积量自欧洲移民定居以来已经增加了 4 倍[22]。除此之外，采掘珊瑚烧制石灰、建筑房屋、制作纪念品和工艺品等行为虽然被严加禁止，但一直没有杜绝，随着旅游业的发展，日益增多的潜水行为和船体抛锚对礁体及生态系统的破坏也越来越突出。

有观点认为气候变化是珊瑚礁目前所面临的最大威胁[22]，温室气体含量增加、全球持续变暖导致的珊瑚白化是造成当前珊瑚礁生态系统退化的最主要原因。研究表明礁区温度只要持续几周高出珊瑚生长极限温度 1~2℃就可以导致珊瑚白化[7]，如 1997~1998 年由于 ENSO 的强烈影响，海水温度升高，全球珊瑚礁大面积白化，在印度洋中部，有 90%以上的珊瑚礁区出现白化现象，导致生物多样性损失严重。此外，可以导致珊瑚白化的因素还有盐度降低、高紫外线辐射和低温[20, 44, 45]等，Yu 等[20]首次提出冷白化（cold-bleaching）新概念。海水化学成分由于空气中的 CO_2 含量增加而发生变化，导致珊瑚骨骼疏松，礁体增长缓慢；频繁发生的强烈台风事件，直接摧毁、折断枝状珊瑚，掀翻大块礁岩并降低海水盐度、增大海水浑浊度、减少溶解氧等从而恶化珊瑚礁生态环境，影响生物群落变化，使得珊瑚礁受损，短期内得不到很好的恢复。此外，珊瑚病害也愈来愈严重，自20世纪70年代以来，珊瑚疾病已经涉及106种珊瑚，范围遍及54个国家[7]，最严重的一次是20世纪80年代发生在加勒比海区的珊瑚病害事件[22]。

2. 珊瑚礁的保护和管理

珊瑚礁生态系统的健康发展是维持珊瑚礁区生物多样性并正常发挥生态功能的前提条件，因此保护珊瑚礁十分必要。具体包括如下几方面。

1）普及珊瑚礁生态环境和生物多样性知识，增强人们的保护意识

保护珊瑚礁是一项以保护全民利益为目标的巨大工程，需要人们共同的关注和维护，因此普及珊瑚礁知识必不可少。许多国际组织［国际珊瑚礁倡议（ICRI），联合国环境规划署（UNEP），世界自然保护联盟（IUCN），国际海洋学委员会（IOC），联合国教育、科学及文化组织（UNESCO）等］通过政府间国际研讨会、发表和出版珊瑚礁研究资料的形式引起各个国家和地区有关部门对珊瑚礁的重视，并为其提供评价和管理的依据。各国的研究部门和环保工作者在这方面起到了积极推进的作用。

2）建立保护区，保护珊瑚礁生态环境和生物多样性

建立保护区是保护珊瑚礁生态环境和生物多样性的有力措施，1975年澳大利亚的大堡礁成为世界上第一个珊瑚礁保护区。在保护区及附近礁区，渔业产量通常保持稳定并有显著提高，而且可以带动生态旅游业的发展，从而促进地方经济发展。2002年联合国可持续发展世界首脑会议（在南非约翰内斯堡举行）号召建立更大的海洋保护区网络以减少生物多样性的损失，并且扩大完全保护区（no-take area）的面积，2004年初澳大利亚把大堡礁的完全保护区面积从1981年的5%扩大到33%，美国到2010年珊瑚礁完全保护区面积达到20%[22]。

3）开展珊瑚礁修复工作

在已遭到破坏和正在退化的珊瑚礁区进行的生态修复工作[46]主要有：将倾覆的珊瑚礁岩翻转，将破碎的珊瑚体转迁到安全地带暂时保存；清除或者固定疏松的碎屑物，防止其覆盖珊瑚或致使水质混浊；重建礁岩三维立体结构，为海洋生物营造生存空间；移植珊瑚和海绵动物等，使其在新的领地固着生长等。

4）建立长期监测网络，监测珊瑚礁的动态过程

对珊瑚礁进行长期监测可以积累有关珊瑚礁现状和动态的基础资料，供管理和决策参考。建立生态监测网络，重视关键功能群的生态功能和功能冗余情况，以及功能群中各种生物对外界变化的不同响应等[22]，对深化认识各地珊瑚礁区的生态变化有重要意义，使得进一步开展珊瑚礁保护和管理工作更有针对性。

五、我国珊瑚礁生物多样性研究概况和展望

我国的珊瑚礁主要分布在南海，以环礁为主，在海南岛、广东省和台湾岛沿岸分布有岸礁。粗略估算，南海诸岛珊瑚礁总面积约为30 000km² [47]，迄今为止已记录的南海周边地区和南海诸岛造礁石珊瑚有50多属300多种[48]。已报道的南海鱼类、虾蟹类、软体动物和棘皮动物物种数[49]分别占中国海域物种的67%、80%、75%、76%（中国海洋生物共44门20 278种）。

近年来，我国对现代珊瑚礁的调查研究已经触及南海各个珊瑚礁地区，研究内容涉及地貌与表层沉积、地质及其发育演化、珊瑚记录环境变化、生物生态、工程建设[50-54]等。中国台湾学者在台湾珊瑚礁生物多样性方面进行了很多有意义的工作[55, 56]，中国大陆关于南海珊瑚礁区生物多样性方面也开展了不

少工作,大大丰富了南海海洋生物物种多样性(造礁石珊瑚、鱼类、软体动物、浮游动物、浮游植物[57, 58]等),而且对与生物多样性联系紧密的环境条件及相关关系作了论述[59]。

关于我国珊瑚礁生物多样性的保护与管理方面,不少学者提出了宝贵建议[60]。政府部门也制定了保护生物多样性的法律法规,编制多项行动计划,并将各项管理措施付诸实施,建立了海南三亚珊瑚礁自然保护区(1990年,国家级)、福建东山珊瑚礁自然保护区(1997年,省级)和广东徐闻珊瑚礁自然保护区(2003年,省级)。涠洲岛于2001年底初步组建了监测与研究珊瑚礁生态系统的海洋生态站,监测生态系统状况,如物种组成及分布变化、生物量、受人类活动影响程度等。

但是相比于国际珊瑚礁生物多样性的研究,我国这方面的研究还相对粗浅,需要在以下几方面开展深入研究。

(1)进一步调查和编目珊瑚礁区生物,丰富生物多样性基础数据。珊瑚礁区大量小型、微型、营钻孔穴居等生物物种都有待发现并描述记录,所以加强珊瑚礁区生物普查和编目十分必要,以求获得生物多样性方面更新、更全的物种资料。

(2)利用现代分类学技术加强生物分类,健全生物多样性信息。传统的分类学主要靠形态特征和生理特性进行分类,有很多不同的生物种类被近似地归为一类,利用现代分子生物学技术可以纠正这样的错误,一定程度上增加了生物种类数目,进一步丰富生物多样性信息。

(3)加强珊瑚礁保护区的管理工作,切实做到保护珊瑚礁生物多样性。虽然建立了不少珊瑚礁保护区,但是珊瑚礁遭破坏现象时有发生,所以必须要健全法律法规,加强保护和管理力度,使保护区真正起到保护作用。

(4)加强对珊瑚礁区的长期监测,寻找珊瑚礁动态变化规律,避免以偏概全的片面结论。对珊瑚礁某些方面的争论,如引起珊瑚白化的具体机制,珊瑚礁白化究竟是一种被迫反应,还是主动适应等问题,仍需要更多的实验和实测数据来解决。

(5)重视珊瑚礁的生态修复研究和实践。尽管关于珊瑚礁生态修复已经进行了很多研究和实践,但有些生态特征我们还不了解,总体来说仍然处在试验阶段,并且不同礁区控制珊瑚礁发育的主要因素如光照、盐度、沉积、营养水平、捕食、竞争等不同,表现出很强的地域性。所以还需对这些影响因子的作用系数作进一步研究,针对具体礁区制定更加详细的恢复方案[61]。

参 考 文 献

[1] Smith S V. Coral reef area and the contributions of reef to processes and resources of the world's oceans. Nature, 1978, 273: 225-226.

[2] Copper P. Ancient reef ecosystem expansion and collapse. Coral Reefs, 1994, 13: 3-11.

[3] Spalding M D, Grenfell A M. New estimates of global and regional coral reef areas. Coral Reefs, 1997, 16(4): 225-230.

[4] Reaka-Kudla M L. The global biodiversity of coral reefs: a comparison with rain forests//Reaka-Kudla M L, Wilson E O. Biodiversity Understanding and Protecting Our Biological Resources, 1997: 83-108.

[5] Taylor J D. Coral reef-associated invertebrate communities (mainly molluscan) around Mahe, Seychelles. Philosophical Transactions of the Royal Society of London. Series B, Biological Sciences, 1968, 254: 129-206.

[6] Peyrot C M. Transplanting experiments of motile cryptofauna on a coral reef flat of Tulear (Madagascar). Thalassagraphica, 1983, 6: 27-48.

[7] Spalding M D, Green E P, Corinna R, et al. World atlas of coral reefs. Berkeley and Los Angeles: London University of California Press, 2001.

[8] Gibbs P E. The polychaete fauna of the Solomon Islands. Bulletin of British Museum Historical, 1971, 21: 101-211.

[9] Grassle J F. Variety in coral reef communities//Jones O A, Endean R. Biology and Geology of Coral Reefs, Vol. 2, biology1. New York: Academic Press, 1973.

[10] Kensley B. Estimates of species diversity of free-living marine isopod crustaceans on coral reefs. Coral Reefs, 1998, 17: 83-88.

[11] Knowlton N. Sibling species in *Montastraea annularis*, coral bleaching and the coral climate record. Science, 1992, 255:

330-333.

[12] Gaston K J. Global patterns in biodiversity. Nature, 2000, 405: 220-227.

[13] Bellwood D R, Hughes T P. Regional-scale assembly rules and biodiversity of coral reefs. Science, 2001, 292: 1532-1534.

[14] 邹仁林. 造礁石珊瑚. 生物学通报, 1998, 33(6): 8-11.

[15] Baird A H, Bellwood D R, Connell J H, et al. Coral reef biodiversity and conservation. Science, 2002, 296: 1027-1028.

[16] 于登攀, 邹仁林. 鹿回头岸礁造礁石珊瑚物种多样性的研究. 生态学报, 1996, 16(5): 469-475.

[17] Moberg F, Folke C. Ecological goods and services of coral reef ecosystems. Ecological Economics, 1999, 29: 215-233.

[18] Cesar H. Economic analysis of Indonesian Coral Reefs. Washington D. C.: World Bank, 1996.

[19] Eakin C M, McManus J W, Spalding M D, et al. Coral reef status around the world: where are we and where do we go from here? Proceeding of the 8th International Reef Symposium 1, 1997, 1: 227-282.

[20] Yu K F, Zhao J X, Liu T S, et al. High-frequency winter cooling and coral mortality during the Holocene climatic optimum. Earth and Planetary Science Letters, 2004, 224(1-2): 143-155.

[21] Done T J, Ogden J C, Wiebe W J, et al. Biodiversity and ecosystem function of coral reefs//Mooney H A, Cushman J H, Medina E, et al. Functional Roles of Biodiversity: A Global Perspective Scope. Chichester: John Wiley and Sons, 1996.

[22] Bellwood D R, Hughes T P, Folke C, et al. Confronting the coral reef crisis. Nature, 2004, 429: 827-833.

[23] Yu K F, Liao W H, Zhu Y Z. The biological composition in Nanyong 2th Well//Zhu Y Z, Sha Q A, Guo L F, et al. The Cenozoic geology of Yongshu Reef in Nansha Islands. Beijing: Science Press. 1997.

[24] Muller P G, D'Elia C F, Cook C B. Interactions between corals and their symbiotic algae//Birkeland C. Life and Death of Coral Reefs. New York: Chapman and Hall, 1997.

[25] Baker A C, Starger C J, Mcclanahan T R, et al. Corals' adaptive response to climate change. Nature, 2004, 430(7001): 741.

[26] Roberts C M. Effects of fishing on the ecosystem structure of coral reefs. Conservation Biology, 1995, 9(5): 988-995.

[27] McClanahan T R, Muthiga N A. Changes in Kenya coral reef community structure and function due to exploitation. Hydrobiologia, 1988, 166(3): 269-276.

[28] Hughes T P. Catastrophes, phase shifts, and large-scale degradation of a Caribbean coral reef. Science, 1994, 265: 1547-1551.

[29] Hixon M A. Effects of reef fishes on corals and algae//Birkeland C. Life and Death of Coral Reefs. New York: Chapman and Hall, 1997.

[30] Pandolifi J M, Bradbury R H, Sala E, et al. Global trajectories of the long-term decline of coral reef ecosystems. Science, 2003, 301: 955-958.

[31] Sorokin Y I. Aspects of tropic relations, productivity and energy balance in reef ecosystem//Dubinsky Z. Ecosystem of the World 25: Coral Reefs. New York: Elsevier, 1990: 401-410.

[32] Peterson C H, Lubchenco J. On the value of marine ecosystem to society//Daily G C. Nature's Services. New York: Society Dependent on Natural Ecosystems Island Press, 1997: 114-194.

[33] Vázquez-Dominguez E. Diversity and distribution of crustaceans and echinoderms their relation with sedimentation levels in coral reefs. Revista De Biologia Tropical, 2003, 51(1): 183-193.

[34] Karlson R H, Cornell H V, Hughes T P. Coral communities are regionally enriched along an oceanic biodiversity gradient. Nature, 2004, 429(6994): 867-870.

[35] Paulay G. Diversity and distribution of reef organisms//Birkeland C. Life and Death of Coral Reefs. New York: Chapman and Hall, 1997: 298-345.

[36] Thresher R E. Geographic variability in the ecology of coral reef fishes: evidence, evolution, and possible implications//Sale P F. The Ecology of Fishes on Coral Reefs. San Diego: Academics Press, 1991: 431-436.

[37] Mumby P J, Skirving W, Strong A E, et al. Remote sensing of coral reefs and their physical environment. Marine Pollution Bulletin, 2004, 48(3-4): 219-228.

[38] Langmead O, Sheppard C. Coral reef community dynamics and disturbance: a simulation model. Ecological Modeling, 2004, 175: 271-290.

[39] Ng W C, Morton B. Genetic structure of the scleractinian coral *Platygyra sinensis* in Hong Kong. Marine Biology, 2003, 143(5): 963-968.

[40] Bay L K, Choat J H, Herwerden L V, et al. High genetic diversities and complex genetic structure in an Indo-Pacific tropical reef fish (*Chlorurus sordidus*): evidence of an unstable evolutionary past. Marine Biology, 2004, 144(4): 757-767.

[41] Uthicke S, Benzie J H, Ballment E. Population genetics of the fissiparous holothurian *Stichopus chloronotus* (Aspidochirotida) on the Great Barrier Reef, Australia. Coral Reefs, 1999, 18(2): 123-132.

[42] Leaw C P, Lim P T, Asmat A, et al. Genetic diversity of *Ostreopsis ovata* (Dinophyceae) from Malaysia. Marine Biotechnology, 2001, 3(3): 246-255.

[43] Toby A G, Isabelle M C, Jennifer A G, et al. Long-term region-wide declines in Caribbean Corals. Science, 2003, 301:

958-960.

[44] Moberg F, Nystrom M, Kautsky N, et al. Effects of reduced salinity on the rates of photosynthesis and respiration in the hermatypic coral *Porites lutea* and *Pocillopora damicornis*. Marin Ecology Progress, 1997, 157: 53-59.
[45] Goreau T J, Hayes R L. Coral bleaching and ocean "hot spots". Ambio, 1994, 23(3): 176-180.
[46] Walter C J. Coral reef restoration. Ecological Engineering, 2000, 15: 345-364.
[47] Zhang Q M. Status of tropical biological coasts of China: implications on ecosystem restoration and reconstruction. Oceanologia et Limnologia Sinica, 2001, 32(4): 454-464.
[48] Zeng Z X, Liang J F, Qiu S J. The physiognomy of coral reef in China. Guangzhou: Guangdong People's Publishing House, 1997.
[49] Li Z. On protection of marine life diversity of South China Sea. Research of Agriculture Modernization, 2003, 24(3): 217-221.
[50] Zhang Q M. Coastal bio-geomorphologic zonation of coral reefs and mangroves and tide level control. Journal of Coastal Research, 2004, 20(3): 202-211.
[51] Yu K F. Developments in the study of reef coral $\delta^{18}O$ recorded past climate. Marine Science Bulletin, 1998, 17(3): 72-78.
[52] Zhao H T, Song C J, Zhu Y Z. The modern depositing and geomorphologic characteristic in Nansha Islands. Quaternary Research, 1992, (4): 368-377.
[53] Yu K F, Jiang M X, Cheng Z Q, et al. Latest forty-two years' sea surface temperature change of Weizhou Island and its influence on coral reef ecosystem. Chinese Journal of Applied Ecology, 2004, 15(3): 506-510.
[54] Wang R, Zhang L J, Yu L J, et al. Preliminary assessment on geological project on Yongshu Reef//The Multidisciplinary Oceanographic Expedition Team of Academia Sinica to Nansha Islands. The Collection of Thesis on Geological Geophysics and Island Reefs in Nansha Islands. Beijing: Science Press, 1994: 189-202.
[55] Dai C F. Reef environment and coral fauna of southern Taiwan. Atoll Research Bulletin, 1991, 354: 1-24.
[56] Dai C F, Fan T Y. Coral fauna of Taiping Island (Itu Aba Island) in the Spratlys of the South China Sea. Atoll Research Bulletin, 1996, 436: 1-20.
[57] The multidisciplinary oceanographic expedition team of academia sinica to Nansha Islands. Study on marine biodiversity in Nansha Islands and the nearest areas. Beijing: Marine Press, 1994.
[58] The multidisciplinary oceanographic expedition team of academia sinica to Nansha Islands. Study on marine biodiversity in Nansha Islands and the nearest areas. Beijing: Marine Press, 1996.
[59] Nie B F, Chen T G, Liang M T, et al. The Relationship Between Reef Coral and Environmental Changes of Nansha Islands and Adjacent Regions. Beijing: Science Press, 1997.
[60] Wang L R, Zhao H T. Ecological conservation and management of coral reef. Chinese Journal of Ecology, 2004, 23(4): 103-108.
[61] 赵美霞, 余克服, 张乔民. 珊瑚礁区的生物多样性及其生态功能. 生态学报, 2006, 26(1): 186-194.

第三节 珊瑚藻在珊瑚礁发育过程中的作用[①]

珊瑚藻（coralline algae）是属于红藻门（Rhodophyta）红藻纲（Rhodophyceae）真红藻亚纲（Florideophyceae）珊瑚藻目（Corallinales）的一类钙化藻[1]，是一群细胞壁含有大量碳酸钙、叶状体坚硬、生物多样性丰富的特殊植物类群。珊瑚藻藻体亦称叶状体，由髓部和皮层构成，生殖窝多生于皮层。藻体呈多种生长形态，主要有无节和有节两大类。珊瑚藻自1986年由隐丝藻目提升为珊瑚藻目，在分类学研究上已有重大突破。从先前的2亚科（珊瑚藻亚科和无节珊瑚藻亚科）上升到现在的9亚科52属[2]。

珊瑚藻在沉积、环境记录等方面有重要的指示意义[3-5]，可用来记录古生态、古环境及古水深；可建造具孔渗性的碳酸盐岩储层等。珊瑚藻在珊瑚礁发育过程中发挥着重要的建设作用，如种群结构、垂直分布及生物多样性的改变将导致其在珊瑚礁生态系统中的依附、黏结作用的变化，进而促进或抑制珊瑚礁发育。

---
① 作者：李银强，余克服，王英辉，王瑞

国际上对珊瑚藻在珊瑚礁发育中作用的研究多集中于海洋酸化对其固碳的影响、其初级生产力对珊瑚礁的贡献，以及对珊瑚幼虫附着与变态的诱导等方面[6-8]，珊瑚藻在钙化等机制方面的研究还处于进一步深化阶段，在群落结构、种类多样性、时空变化与环境变化之间的关系方面还存在许多待探索的科学问题[9-11]。我国对珊瑚藻的关注相对较少，因此迫切需要加深对珊瑚藻的认识，特别是珊瑚藻的生态学、珊瑚藻对不同尺度环境变化的响应等方面，以便了解其在珊瑚礁发育过程中的生态功能，更好地服务于南海珊瑚礁的保护管理、岛礁开发及后续的生态修复工程。

一、珊瑚藻的一般特征

（一）珊瑚藻的分布

珊瑚藻生境分布较广，从两极到热带海域，从潮间带至 880m[12]水深处皆有分布，在珊瑚礁礁缘（以皮壳状为主）、灰沙岛、沙堤和环礁潟湖（以枝状为主）内相对富集[13]。珊瑚藻在珊瑚礁与非珊瑚礁区皆有分布，但在 2 种环境下其生长的生态环境大相径庭。在现代海洋中，皮壳状珊瑚藻多富集于潮间带至 100m 以浅的海域，枝状的多富集于潟湖相。古石枝藻属（*Archaeolithophyllum*）富集于 40m 内的热带和暖温带海域，在 8~20m 水深最为发育；石叶藻属（*Lithophyllum*）在凉温带丰度最高[14]。

珊瑚藻的生长、分布受环境因子（光照、水动力等）的干扰而变化。在水动力剧烈变化的高潮区，珊瑚藻的多样性和丰度均很低。例如，南麂列岛潮间带高潮区无珊瑚藻分布，在中低潮区各珊瑚藻分布均占据优势，为潮间带总生物量的 68.9%；而冬季低潮区几乎皆为珊瑚藻，其优势度可达 0.975[15]。珊瑚藻具有较强的适应环境的能力，其大量繁殖可以改变底栖动植物的生物多样性，而对其影响机制的研究仍然欠缺。

（二）珊瑚藻的形态及生活习性

珊瑚藻通常有皮壳状、分枝状、瘤块状 3 种不同形态（图 3.2）。皮壳状珊瑚藻多呈匍匐状，髓部有同轴型和非同轴型 2 种构造，生殖窝一般位于皮层；分枝状珊瑚藻藻体多呈圆柱状、扁平状或灌木状等，其发育的髓部多由等长或长短相间的细胞列构成，呈弓形，髓部相邻丝体上的横隔壁多在 1 条弧线上，生殖窝多侧生于皮层；瘤块状珊瑚藻多有突起的瘤块，凹凸不平，其皮层一般比髓部更发育[4]。一般来讲，皮壳状珊瑚藻皮层比髓部更发育，藻体厚度为几微米到数厘米，皮壳薄厚决定其生长速度的快慢；有节珊瑚藻髓部比皮层更发育，藻体一般每年生长 8~30mm[16]，藻体皆由坚硬的、钙化的节间和不钙化的节部间隔构成[2]。

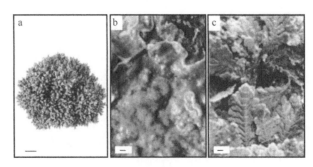

图 3.2 珊瑚藻的形态[16]

a. 瘤块状红藻石；b. 皮壳状珊瑚藻；c. 分枝状珊瑚藻

比例尺依次为 10cm、1cm、5mm

珊瑚藻藻体矮小，多附生于坚硬基质表面或寄生在动物体表，通过四分孢子和果孢子进行繁殖[2]。皮壳状珊瑚藻可大面积覆盖于礁脊，层叠突起易形成"海藻脊"，在破浪带高能区大量繁殖形成藻席，抵御波浪对珊瑚礁体的冲刷；亦可通过自身分泌的黏液质将泥沙、生物碎屑（包括珊瑚残枝）等进行裹覆-黏结，形成珊瑚藻黏结块，促使珊瑚礁发育壮大。分枝状珊瑚藻分枝浓密，呈直立状或悬垂状，直立状珊瑚藻与周围环境接触的空间最大，可吸收更多的营养、光照等，生长速度最快。表 3.2 列举了珊瑚礁生态系统中常见珊瑚藻属的形态和习性特征。

表 3.2　具黏结作用的常见珊瑚藻属及其形态和习性特征

珊瑚藻属	形态及习性特征	文献
石枝藻属 Lithothamnion	藻体具壳状体，有突起的瘤状块；多附生于礁石上，通常附着在石珊瑚骨骼上，浅水处较发育	[17, 18]
膨石藻属 Phymatolithon	藻体有背腹性，有或无突起的块状，多生长在中潮带或低潮带坚硬岩表面	[19]
呼叶藻属 Pneophyllum	藻体壳状体较薄，附着于潮间带及潮下带岩石上或附生于大型海藻、海草表面	[18]
水石藻属 Hydrolithon	藻体外部具块状、瘤状的分生组织，藻体多生长在风浪冲击的礁缘，紧附着于岩石上	[20, 21]
石叶藻属 Lithophyllum	藻体多为块状、灌木状，成层的带状或叶状，藻体皮壳状时，生长有时会有突起；多附生在潮间带岩石表面	[22]
石孔藻属 Lithoporella	藻体间重叠或是与其他壳状珊瑚藻、有孔虫等生物相间生长，其现代种存于潮汐面至 15m 深海域	[14]
中叶藻属 Mesophyllum	藻体由壳状体组成，有游离的边缘或突起；通常生长于低潮带岩石上，其现代种在潮汐面至 50m 水深的沿岸带发育	[1, 14]
新角石藻属 Neogoniolithon	藻体外部多块状，凹凸不平，大面积覆盖易形成"海藻脊"，有时生长于礁湖内珊瑚枝或珊瑚石上	[23]

（三）珊瑚藻生长的主控因素

1. 温度

早在 20 世纪 70 年代，Adey 和 Mckibbin[19]就报道了珊瑚藻生长的最低温度（2~5℃），极限温度则与其生长海域有关。例如，西班牙的 *Phymatolithon calcareum* 生长的最低温度为 2℃，最适温度为 15℃，在 0.4℃时死亡；*Lithothamnium corallioides* 在 2℃时已死亡，5℃时仅能存活而不生长[19]；在布雷斯特湾，*L. corallioides* 的最适生长温度为 14℃，而 *P. calcareum* 的最适生长温度则为 10℃[17]。温度导致珊瑚藻生长呈明显的季节性差异，夏季生长最快。皮壳状珊瑚藻对异常高温颇为敏感。一般而言，珊瑚藻在 20.6~23.5℃时生长最快，生物量也最大。温度在一定程度上决定珊瑚藻的钙化率，如 *L. corallioides* 的钙化率在冬季降低 33%[24]；当 pH、CO_2 浓度一定时，皮壳状孔石藻在 25~26℃时比 28~29℃时的钙化率高[25]。目前，高温对珊瑚藻生长、钙化等方面的影响多为定性描述，在其定量研究方面有待进一步深化。

2. CO_2 体积分数

海洋在地球碳循环中扮演着重要角色。人类活动产生的 CO_2 有 48%被海洋吸收[26]，平均每天吸收 0.24 亿 t[27]。海水中 CO_2 体积分数逐渐增大，加剧海洋酸化，抑制珊瑚藻生长和钙化[28]，甚至破坏其生理结构[29]。适宜的 CO_2 体积分数能促进珊瑚藻的生长，而不同珊瑚藻属对 CO_2 体积分数的适应有明显差异。例如，在 pCO_2 为 263μatm①时，微凹石叶藻（*Lithophyllum kotschyanum*）和萨摩亚水石藻（*Hydrolithon samoense*）的生长率均比在 399μatm 时快，而且上述 2 种 pCO_2 状况下，微凹石叶藻的生长率均比萨摩亚水石藻的快[30]。

3. 光照

光照是影响珊瑚藻生长繁殖的重要环境因子之一。在温度、pH 等一定的条件下，光照强弱决定了珊

---

① 1atm=1.013 25×10^5Pa

瑚藻的光合速率。一般来说，光照的多少与珊瑚藻的钙化率有较好的正相关关系，即光照充足，有利于其钙化。大多数珊瑚藻可利用微光进行光合作用，如北极壳状膨石藻类在光子（补偿辐照度）仅为 1.6μmol/($m^2 \cdot s$)时也可进行光合作用[31]。但过高强光则会使珊瑚藻光合效率迅速下降[32]。

温度、光照、CO_2 体积分数与珊瑚藻的生长、光合作用及其钙化率的关系一般呈抛物线型或类抛物线型。适宜的温度、光照和 CO_2 体积分数均可促进珊瑚藻发育，提高其初级生产力，加快其钙化等。

二、珊瑚礁生态系统中珊瑚藻的研究

珊瑚藻在珊瑚礁中极其常见，其形态与造礁石珊瑚相似。珊瑚藻在印度洋、太平洋和加勒比珊瑚礁区迎风侧礁凸起带可形成"海藻脊"[33]，以增强珊瑚礁的抗浪、抗侵蚀能力。Kendrick[34]利用具较强胶结能力的壳状珊瑚藻进行模拟实验，得出其胶结能力对珊瑚礁具有保护作用。Kuffner 等[35]发现海洋酸化引起壳状珊瑚藻分布量的减少，减弱其对珊瑚礁钙化、黏结等的贡献，这也会造成珊瑚藻等群落结构的破坏，以及生物多样性降低或丧失。Tierney 和 Johnson[36]发现珊瑚藻可作为珊瑚礁发育的地质历史时间标尺。Wilson 等[9]认为分布于欧洲的珊瑚藻生态相对脆弱，主要是由其生长缓慢（约为 1mm/a）所致。Rasser 和 Piller[37]提出了影响壳状珊瑚藻形态结构的几种主控因素：沉积物的输入量、珊瑚藻的组成、珊瑚藻生长基质及水动力，为其群落结构与环境的关系研究提供了依据。Chisholm[23]、Martin 等[17]和 Lantz 等[6]分别对珊瑚藻钙化及其对珊瑚礁发育的贡献进行了初步研究，阐述了其钙化沉积物对珊瑚礁发育、壮大的贡献。Chisholm[38]就皮壳状珊瑚藻的初级生产力进行了深入研究，指出这一惊人的初级生产力在珊瑚礁碳循环中的积极作用。

早在 20 世纪七八十年代，学者就对珊瑚藻的分类进行了初步研究[1]。后来余克服等[39]研究了在植被和鸟粪层覆盖下的西沙群岛永兴岛沉积物中的珊瑚藻，指出珊瑚藻作为珊瑚礁生态系统的重要生物组分，为珊瑚礁体建造提供了大量原材料。余克服等[40]在南沙群岛信义礁等 4 座环礁的现代碎屑沉积调查中发现，珊瑚藻在外礁坪多黏结成瘤状，使珊瑚礁不断壮大。徐智广等[41]认为在 pH 5.5 的环境条件下，珊瑚藻钙化表现为负值[（−2.53±0.57）mg C/（g dry wt·h）]。邹仁林等[42]对西沙群岛的珊瑚礁组成和"海藻脊"的研究发现，我国西沙群岛各岛屿破浪带有皮壳状孔石藻（*Porolithon onkodes*），对珊瑚礁发育有着良好的黏结、抗浪效果。

三、珊瑚藻对珊瑚礁发育的作用

珊瑚藻在珊瑚礁发育、造礁、造岩过程中发挥着重要作用，主要表现在以下 5 个方面。

（一）钙化作用：提供珊瑚礁体建造的钙质物源

珊瑚藻将 CO_3^{2-} 和 Ca^{2+} 合成 $CaCO_3$ 的过程为珊瑚藻的钙化过程。珊瑚藻为珊瑚礁体的发育提供高达 20%（平均为 6%）的钙质沉积物，占整个藻类提供的 15%左右[10]，是珊瑚礁孔洞中主要的填充成分，使珊瑚礁体固结得更为致密。例如，在信义礁西礁坪、永暑礁西北礁坪、皇路礁东南礁坪、渚碧礁礁前斜坡沉积物中的珊瑚藻含量均在 10%以上，有些地方甚至高达 75%[40]。灰沙岛沙堤沉积物中珊瑚藻的含量平均达 19.4%，在西沙群岛华光礁潟湖底可富集到 40.1%，在太平洋环礁迎风礁缘珊瑚藻屑可达 23%～35%，最高达 52%；而在加勒比海潟湖中，珊瑚藻丰度较低，一般为 1%～14%[13]。在浅海礁区，珊瑚藻日固碳量可达 9.1g/m^2 $CaCO_3$[23]；红藻石富集区 $CaCO_3$ 产量更高，为 1.07kg/（$m^2 \cdot a$）[43]。夏威夷岸礁珊瑚藻钙化量为 186mmol $CaCO_3$/（$m^2 \cdot d$）[6]。有研究认为：珊瑚藻的钙化能使海水 pH 升高，可缓解海水酸化等问题[21]。

珊瑚藻的钙化率与光照强度密切相关，不同属种、不同环境因子下珊瑚藻的钙化也有显著的差异。例如，水体富营养化等可抑制珊瑚藻的生长和钙化，其钙化率可下降 42.3%～89.4%[44]。新角石藻（Neogoniolithon brassica-florida）在水深 3m 处的钙化率是 6m 处的 2 倍[23]。在佛罗里达群岛，珊瑚藻的平均钙化率为 540g/（m^2·a），夏天要比冬天高 53%[45]。同一珊瑚藻在不同环境条件下其钙化率不同，不同珊瑚藻在同一环境条件下其钙化率也有显著差异。例如，大堡礁孔水石藻（Hydrolithon onkodes）在不同深度、不同时段下钙化率最高，约为 3.31kg/（m^2·a），但水深为 2m 时其钙化率仅约为 0m 时的 1/4。又如，新角石藻与同一水深条件下的水石藻（H. reinboldii）相比，前者钙化率是后者的 3 倍[23]。

（二）强黏结作用：构建抵御强风浪的珊瑚礁体格架

珊瑚藻可利用自身似水泥一样的胶结物将各种钙质原料、生物残骸等固结[46]，形成藻黏结岩或藻格架岩，其至建造成藻礁。皮壳状珊瑚藻不断地将各种粒级的碎屑覆盖并黏结成次生礁或微型藻礁；不断将高能区输出的被激浪破碎的生物残体[如易碎的叉节藻属（Amphiroa）、叉珊瑚藻属（Jania）等]和钻孔生物所致的细小颗粒（珊瑚砂等）等黏结聚合，形成具强抗浪性的大藻团块构造，而这种由方解石构造的珊瑚藻团块本身要比文石构造的珊瑚更致密、更坚硬，能更有力和有效地抵御急流大浪的冲刷[47]。有孔虫等生物碎屑填充珊瑚藻形成的格架孔，可不断堆积形成珊瑚礁体格架，图 3.3 是古石枝藻属（Archaeolithophyllum）建造的格架。有的珊瑚藻还可分泌碳酸镁，促使珊瑚礁体在其生长、被破坏、黏结充填和胶结的循环过程中不断发育并壮大。

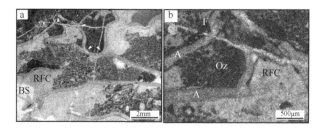

图 3.3 珊瑚藻格架[48]

F. 有孔虫（b）；A. 古石枝藻（b）；RFC. 方解石（a，b）；Oz. 蜓类填充物（b）；BS. 块状石膏（a）

皮壳状珊瑚藻在礁脊（礁凸起）极度发育，形成藻黏结带或藻黏结团块，可保护内礁坪不被水流冲刷破坏。例如，在南海南部大陆架分布长约 13km，宽 50～200m，以无节珊瑚藻为主建造的藻礁（厚度≥1m）[13]。我国西沙群岛"孔石藻脊"的覆盖面积有时可达礁坪的 50%～70%[13]。在西沙群岛部分环礁或台礁的东北侧礁缘，发育着大量孔石藻属（Porolithon）和新角石藻属（Neogoniolithon）建造的藻脊，覆盖度为 70%～80%；台湾岛桃源县海岸、台北县淡水至石门海岸均发育着大量以石叶藻为主的藻脊，其分布长度分别为 27km 和 13km[49]。这对增强破浪带（高能带）抗浪能力等具有重要意义。

（三）诱导作用：提供珊瑚虫附着生长的硬质基底

浮游珊瑚幼虫经选择、附着、变态等过程，长出触手，发育成珊瑚幼体。皮壳状珊瑚藻形成的钙质面为浮游珊瑚虫卵的附着与变态提供了硬质基底[7]，有助于提高珊瑚幼体成活率，提升珊瑚礁生态系统的生物多样性水平。珊瑚藻的时空分布差异性和种间特异性引起珊瑚礁生态系统中的生物群落结构发生改变，可吸引更多的珊瑚幼虫，提高珊瑚幼虫的附着质量与数量，使其不断得到补充[7,22]，加快造礁石珊瑚的繁殖，促进珊瑚礁生态系统的恢复。

Spotorno-Oliveira 等[50]研究发现，珊瑚藻可为珊瑚幼虫提供适宜的"生长温床"，有利于其附着[51]。珊瑚藻对珊瑚幼虫附着变态的功能具有明显的种间差异性及时空特异性，如厚皮孔石藻（Porolithon pachydermum）对鹿角珊瑚幼虫的诱导效果仅为布氏水石藻（Hydrolithon boergesenii）或原皮石藻（Titanoderma prototypum）的 90%[52]。

珊瑚藻为珊瑚虫提供硬质基底的功能，也正是珊瑚藻为珊瑚礁塑造微地形、地貌的功能。已有研究表明[40]，在南海南沙、西沙群岛的珊瑚礁区，由于珊瑚藻的黏结功能，靠近外礁坪的凸起地貌带多呈现瘤状，明显不同于内礁坪等其他地貌带。由于珊瑚藻对环境的敏感程度远低于珊瑚，因此在珊瑚群体退化的背景下，珊瑚藻大量繁殖并暂时代替珊瑚在珊瑚礁生态系统中的功能，以维护珊瑚骨骼。与大型叶状海藻相比，珊瑚藻和珊瑚的关系更多地像是协同建造。

（四）光合作用：提升珊瑚礁生态系统的有效能量流动

珊瑚藻的光合作用是以 CO_2 和 HCO_3^- 为底物，将无机碳转化成有机物的过程。光合作用增强，珊瑚藻组织生长加快，底栖动物（尤其是软体动物）的活动空间及食源皆增大，珊瑚礁生态系统的有效能量流动亦随之加快。研究发现，当海水 pH 为 6.8 时，珊瑚藻固碳速率最高[（5.96±0.44）mg C/（g dry wt·h）]，比 pH 为 8.1 时高出约 53%[41]。氧分压在珊瑚藻光合作用中也起着重要作用，其在 70%～80%时宽扁叉节藻（Amphiroa anceps）的光合效率最高值约为 84 000nmol O_2/（g dry wt·h），在 100%时宽扁叉节藻的光合效率最高值约为 61 800nmol O_2/（g dry wt·h）[53]。

一般来说，珊瑚藻的光合作用随光照强度的改变而改变。海藻光合作用增强，海水 pH 增高，珊瑚藻钙化速率加快。随着海水深度增加，光照度、透明度逐渐减弱，光合作用效率相对减弱。因此，光照适宜可增强珊瑚藻的固碳作用，从而加快珊瑚礁生态系统的能量流动。此外，珊瑚藻也可利用流动光来抵抗强光的辐射作用[54]。

（五）高初级生产力：维持珊瑚礁生态系统的高效物质循环

珊瑚礁被誉为"海洋中的热带雨林"，其日初级生产力达 1500～5000g C/m²[42]，对珊瑚礁系统的碳循环起着决定性作用。皮壳状珊瑚藻固定的生物能与原位辐照度下的太阳能几乎一致[38, 55]，说明珊瑚藻可高效利用光能，促其新陈代谢。珊瑚藻的日初级生产力约为 971mmol C/m²（约 12g C/m²）[6]，珊瑚共生体日初级生产力为 2～20g C/m²[56]。珊瑚藻与珊瑚共生体对珊瑚礁初级生产力的贡献相似，共同促进珊瑚礁发育。

珊瑚藻的初级生产力大小与其自身属种、优势种、季节等有着直接关系。例如，叶状叉节藻（Amphiroa foliacea）的初级生产力明显高于皮壳状石藻。其初级生产力在空间尺度上也存在明显差异，在 20m 水层处最高，150m 处最低[42]。这一结果与造礁石珊瑚的生境基本一致，间接说明两者在珊瑚礁发育中的协同作用。珊瑚藻的初级生产力在不同地貌带有明显区别，如在潟湖中时高出附近海域 2～3 倍[42]。

四、问题及展望

（一）珊瑚藻对海洋酸化的响应

海洋酸化及与之相伴的海水温度升高等对珊瑚藻生长产生影响[57]。CO_2 浓度升高导致的海洋酸化对珊瑚藻钙化的影响目前存在 2 种观点。Riebesell 等[58]认为 CO_2 浓度升高，海水中 H^+ 浓度的对数值减小，$CaCO_3$ 饱和度逐渐降低，珊瑚藻钙化受到抑制。Iglesias-Rodriguez 等[8]则认为，CO_2 浓度升高会提高 HCO_3^- 浓度，丰富了珊瑚藻钙化时所需的 HCO_3^-，促进其钙化。这 2 种观点皆基于 $Ca^{2+}+HCO_3^-=CaCO_3+H^+$ 的机制研究。珊瑚藻的钙化对珊瑚礁体的维持和发育起着至关重要的作用已得到研究印证。因此，深入研究珊瑚藻对海洋酸化的响应机制及珊瑚藻钙化的分子学特性，将有助于全面了解珊瑚礁生态系统对海洋酸化适应潜力及海洋酸化对珊瑚藻生长的驯化潜力。

（二）珊瑚藻对全球变暖的响应

珊瑚礁区的珊瑚藻是一类相当重要的礁体建造者。目前普遍认为全球变暖给珊瑚礁带来了极大的负面影响，如通过导致珊瑚白化、降低珊瑚钙化等问题而间接引起珊瑚礁生态系统的快速退化。作为窄适性的造礁珊瑚群体，其对温度的变化异常敏感，并且在珊瑚礁体的建造中发挥着最关键的作用，因此引起了高度关注。但对于珊瑚礁区的其他生物如珊瑚藻将如何响应变暖的气候系统目前研究并不多，虽然相对广适性的珊瑚藻对温度的适应范围比珊瑚高得多，但总体环境变化之后珊瑚藻的响应策略及其造礁功能的变化仍然是重要的研究方向，对于评估珊瑚礁生态系统的持续、珊瑚礁钙质体的建造与维护、以珊瑚为主的生态系统的恢复与保护等具有重要意义。借助于珊瑚藻的某些同位素、元素等记录海水温度、盐度等[59-61]，可进一步探索珊瑚藻在地质历史上适应各种环境的能力，分析其适应未来环境变化的潜力。

五、结论

（1）珊瑚藻是广布于热带珊瑚礁区、呈多种形态的一类特殊钙化藻，是重要的造礁生物，与珊瑚等协同建造珊瑚礁。

（2）珊瑚藻在珊瑚礁体的建造中发挥重要作用，包括为珊瑚礁体的建造提供大量钙质物源、通过黏结作用稳定珊瑚礁体的结构、为珊瑚幼虫提供良好的附着基底、提供生态系统循环的能量、维持生态系统的高效物质循环。

（3）珊瑚藻对全球变暖和海洋酸化的响应是全球气候变暖背景下的主要研究方向[62]。

参 考 文 献

[1] 夏邦美. 中国海藻志 第二卷 红藻门 第四册 珊瑚藻目. 北京: 科学出版社, 2013: 1-147.
[2] Mark M, Littler D S L. Encyclopedia of Modern Coral Reefs: Part of the Series Encyclopedia of Earth Sciences Series. Netherlands: Springer, 2011: 20-30.
[3] Beavington-Penney S J, Wright V P, Woelkerling W J. Recognising macrophyte-vegetated environments in the rock record: a new criterion using 'hooked' forms of crustose coralline red algae. Sedimentary Geology, 2004, 166(1): 1-9.
[4] Kundal P. Generic distinguishing characteristics and stratigraphic ranges of fossil corallines: an update. Journal of the Geological Society of India, 2011, 78(6): 571-586.
[5] 马兆亮, 祝幼华, 刘新宇, 等. 西沙群岛西科 1 井第四纪钙藻及其生态功能. 地球科学, 2015, 40(4): 718-724.
[6] Lantz C A, Atkinson M J, Winn C W, et al. Dissolved inorganic carbon and total alkalinity of a Hawaiian fringing reef: chemical techniques for monitoring the effects of ocean acidification on coral reefs. Coral Reefs, 2014, 33(1): 105-115.
[7] Ritson-Williams R, Arnold S N, Fogarty N D, et al. New perspectives on ecological mechanisms affecting coral recruitment on reefs. Proceedings of the Smithsonian Marine Science Symposium, 2009, 38: 437-457.
[8] Iglesias-Rodriguez M D, Halloran P R, Rickaby R E, et al. Phytoplankton calcification in a high-CO_2 world. Science, 2008, 320(5874): 336-340.
[9] Wilson S, Blake C, Berges J A, et al. Environmental tolerances of free-living coralline algae (maerl): implications for European marine conservation. Biological Conservation, 2004, 120(2): 279-289.
[10] Dawson J L, Smithers S G. Carbonate sediment production, transport, and supply to a coral cay at Raine Reef, Northern Great Barrier Reef, Australia: a facies approach. Journal of Sedimentary Research, 2014, 84(11): 1120-1138.

[11] Fabricius K E, Kluibenschedl A, Harrington L, et al. *In situ* changes of tropical crustose coralline algae along carbon dioxide gradients. Scientific Reports, 2015, 5: 1-7.

[12] Steneck R S. The ecology of coralline algal crusts: convergent patterns and adaptive strategies. Annual Review of Ecology and Systematics, 1986, 17: 273-303.

[13] 冯增昭. 中国沉积学. 北京: 石油工业出版社, 2013: 1035-1112.

[14] 许红, 王玉净, 蔡峰, 等. 西沙中新世生物地层和藻类的造礁作用与生物礁演变特征. 北京: 科学出版社, 1999.

[15] 汤雁滨, 廖一波, 寿鹿, 等. 珊瑚藻类对南麂列岛潮间带底栖生物群落多样性的影响. 生物多样性, 2014, 22(5): 640-648.

[16] Mccoy S J, Kamenos N A. Coralline algae (Rhodophyta) in a changing world: integrating ecological, physiological, and geochemical responses to global change. Journal of Phycology, 2015, 51(1): 6-24.

[17] Martin S, Castets M D, Clavier J. Primary production, respiration and calcification of the temperate free-living coralline alga *Lithothamnion corallioides*. Aquatic Botany, 2006, 85(2): 121-128.

[18] Mariath R, Riosmena-Rodriguez R, Figueiredo M. *Lithothamnion steneckii* sp. nov. and *Pneophyllum conicum*: new coralline red algae (Corallinales, Rhodophyta) for coral reefs of Brazil. Algae, 2012, 27(4): 249-258.

[19] Adey W H, Mckibbin D L. Studies on the maerl species *Phymatolithon calcareum* (Pallas) nov. comb. and *Lithothamnium coralloides* Crouan in the Ría de Vigo. Botanica Marina, 1970, 13: 100-106.

[20] Payri C E, Maritorena S. Photoacclimation in the tropical coralline alga *Hydrolithon onkodes* (Rhodophyta, Corallinaceae) from a French Polynesian reef. Journal of Phycology, 2001, 37(2): 223-234.

[21] Johnson M D, Carpenter R C. Ocean acidification and warming decrease calcification in the crustose coralline alga *Hydrolithon onkodes* and increase susceptibility to grazing. Journal of Experimental Marine Biology and Ecology, 2012, 434: 94-101.

[22] Dean A J, Steneck R S, Tager D, et al. Distribution, abundance and diversity of crustose coralline algae on the Great Barrier Reef. Coral Reefs, 2015, 34(2): 581-594.

[23] Chisholm J R M. Calcification by crustose coralline algae on the northern Great Barrier Reef, Australia. Limnology and Oceanography, 2000, 45(7): 1476-1484.

[24] Short J, Foster T, Falter J, et al. Crustose coralline algal growth, calcification and mortality following a marine heatwave in Western Australia. Continental Shelf Research, 2015, 106: 38-44.

[25] Anthony K R N, Kline D I, Diaz-Pulido G, et al. Ocean acidification causes bleaching and productivity loss in coral reef builders. Proceedings of the National Academy of Sciences of the United States of America, 2008, 105(45): 17442-17446.

[26] Takahashi T. The fate of industrial carbon dioxide. Science, 2004, 305(5682): 352-353.

[27] Sabine C L, Feely R A, Gruber N, et al. The oceanic sink for anthropogenic CO_2. Science, 2004, 305(5682): 367-371.

[28] Gao K S, Zheng Y Q. Combined effects of ocean acidification and solar UV radiation on photosynthesis, growth, pigmentation and calcification of the coralline alga *Corallina sessilis* (Rhodophyta). Global Change Biology, 2010, 16(8): 2388-2398.

[29] Hofmann L C, Yildiz G, Hanelt D, et al. Physiological responses of the calcifying rhodophyte, *Corallina officinalis* (L), to future CO_2 levels. Marine Biology, 2012, 159(4): 783-792.

[30] Kato A, Hikami M, Kumagai N H, et al. Negative effects of ocean acidification on two crustose coralline species using genetically homogeneous samples. Marine Environmental Research, 2013, 94(3): 1-6.

[31] Kühl M, Glud R N, Borum J, et al. Photosynthetic performance of surface-associated algae below sea ice as measured with a pulse-amplitude-modulated (PAM) fluorometer and O_2 microsensors. Marine Ecology Progress Series, 2001, 223: 1-14.

[32] Rodrigues L J, Grottoli A G, Lesser M P. Long-term changes in the chlorophyll fluorescence of bleached and recovering corals from Hawaii. Journal of Experimental Biology, 2008, 211(15): 2502-2509.

[33] Wells J W. Coral reef. Marine Ecology. Soc A m Mem, 1957, 67: 609-631.

[34] Kendrick G A. Recruitment of coralline crusts and filamentous turf algae in the Galapagos archipelago: effect of simulated scour, erosion and accretion. Journal of Experimental Marine Biology and Ecology, 1991, 147(1): 47-63.

[35] Kuffner I B, Andersson A J, Jokiel P L, et al. Decreased abundance of crustose coralline algae due to ocean acidification. Nature Geoscience, 2008, 1(2): 114-117.

[36] Tierney P W, Johnson M E. Stabilization role of crustose coralline algae during Late Pleistocene reef development on Isla Cerralvo, Baja California Sur (Mexico). Journal of Coastal Research, 2011, 28(1): 244-254.

[37] Rasser M W, Piller W E. Crustose algal frameworks from the Eocene Alpine Foreland. Palaeogeography Palaeoclimatology Palaeoecolog, 2004, 206(1-2): 21-39.

[38] Chisholm J R M. Primary productivity of reef-building crustose coralline algae. Limnology and Oceanography, 2003, 48(4): 1376-1387.

[39] 余克服, 宋朝景, 赵焕庭. 西沙群岛永兴岛地貌与现代沉积特征. 热带海洋, 1995, 14(2): 24-31.
[40] 余克服, 朱袁智, 赵焕庭. 南沙群岛信义礁等4座环礁的现代碎屑沉积. 南海海洋科学, 1997, 12: 119-147.
[41] 徐智广, 李美真, 霍传林, 等. 高浓度 CO_2 引起的海水酸化对小珊瑚藻光合作用和钙化作用的影响. 生态学报, 2012, 32(3): 699-705.
[42] 邹仁林, 朱袁智, 王永川, 等. 西沙群岛珊瑚礁组成成分的分析和"海藻脊"的讨论. 海洋学报, 1979, 1(2): 292-298.
[43] Amado-Filho G M, Moura R L, Bastos A C, et al. Rhodolith beds are major $CaCO_3$ bio-factories in the tropical South West Atlantic. PLoS One, 2012, 7(4): e35171.
[44] Bell P R F. Status of eutrophication in the Great Barrier Reef lagoon. Marine Pollution Bulletin, 1991, 23(4): 89-93.
[45] Kuffner I B, Hickey T D, Morrison J M. Calcification rates of the massive coral *Siderastrea siderea* and crustose coralline algae along the Florida Keys (USA) outer-reef tract. Coral Reefs, 2013, 32(4): 987-997.
[46] Agassiz A. Three cruises of the United States coast and geodetic survey steamer Blake in the Gulf of Mexico, Caribbean Sea, and along the Atlantic coast of the United States, from 1877 to 1880. Bulletin of the Museum of Comparative Zoology at Harvard University, 1888, 2(15): 1-220.
[47] 阮祚禧, 高坤山. 钙化藻类的钙化过程与大气中 CO_2 浓度变化的关系. 植物生理学通讯, 2007, 43(4): 773-778.
[48] Corrochano D, Vachard D, Armenteros I. New insights on the red alga *Archaeolithophyllum* and its preservation from the Pennsylvanian of the Cantabrian Zone (NW Spain). Facies, 2013, 59(4): 949-967.
[49] 戴昌凤. 台湾地区生物礁及其生境. 古地理学报, 2010, 12: 565-576.
[50] Spotorno-Oliveira P, Figueiredo M A O, Tâmega F T S. Coralline algae enhance the settlement of the vermetid gastropod *Dendropoma irregulare* (d'Orbigny, 1842) in the southwestern Atlantic. Journal of Experimental Marine Biology and Ecology, 2015, 471: 137-145.
[51] Hayakawa J, Kawamura T, Ohashi S, et al. Habitat selection of Japanese top shell (*Turbo cornutus*) on articulated coralline algae: combination of preferences in settlement and post-settlement stage. Journal of Experimental Marine Biology and Ecology, 2008, 363(1-2): 118-123.
[52] Ritson-Williams R, Paul V J, Arnold S N, et al. Larval settlement preferences and post-settlement survival of the threatened Caribbean corals *Acropora palmata* and *A. cervicornis*. Coral Reefs, 2010, 29(1): 71-81.
[53] Borowitzka M A. Photosynthesis and calcification in the articulated coralline red algae *Amphiroa anceps* and *A. foliacea*. Marine Biology, 1981, 62(1): 17-23.
[54] Burdett H L, Keddie V, MacArthur N, et al. Dynamic photoinhibition exhibited by red coralline algae in the red sea. Bmc Plant Biolog, 2014, 14(1): 139.
[55] Wai T, Williams G A. The relative importance of herbivore-induced effects on productivity of crustose coralline algae: sea urchin grazing and nitrogen excretion. Journal of Experimental Marine Biology and Ecology, 2005, 324(2): 141-156.
[56] Rasheed M, Wild C, Franke U, et al. Benthic photosynthesis and oxygen consumption in permeable carbonate sediments at Heron Island, Great Barrier Reef, Australia. Estuarine Coastal and Shelf Science, 2004, 59(1): 139-150.
[57] 汪思茹, 殷克东, 蔡卫君, 等. 海洋酸化生态学研究进展. 生态学报, 2012, 32(18): 5859-5869.
[58] Riebesell U, Zondervan I, Rost B, et al. Reduced calcification of marine plankton in response to increased atmospheric CO_2. Nature, 2000, 407(6802): 364-367.
[59] Kamenos N A, Hoey T B, Nienow P, et al. Reconstructing Greenland ice sheet runoff using coralline algae. Geology, 2012, 40(12): 1095-1098.
[60] Kamenos N A, Cusack M. Mg-lattice associations in red coralline algae. Geochimica et Cosmochimica Acta, 2009, 73(7): 1901-1907.
[61] Darrenougue N, Deckker P D, Payri C, et al. Growth and chronology of the rhodolith-forming, coralline red alga *Sporolithon durum*. Marine Ecology Progress Series, 2013, 474: 105.
[62] 李银强, 余克服, 王英辉, 等. 珊瑚藻在珊瑚礁发育过程中的作用. 热带地理, 2016, 36(1): 19-26.

第四节 珊瑚礁区草皮海藻的生态功能[①]

珊瑚礁生态系统是全球生物多样性最高、资源最丰富的生态系统之一，被誉为"海洋中的热带雨林"[1]。

[①]作者：罗海业，余克服，廖芝衡

珊瑚礁生态系统在人类社会中扮演着重要的角色，如食物供给、生态旅游、药物开发及海岸带防护等[2]。然而，近50年来，随着全球变暖和人类活动干扰的加强，全球范围内的珊瑚礁处于快速退化的状态[3]。在2004年，Wilkinson[3]对全球珊瑚礁的健康状况做出了评估，认为全球珊瑚礁减少了19%，处于紧急状态的珊瑚礁为15%，20%的珊瑚礁正受到威胁，仅有46%的珊瑚礁处于相对健康状态。据调查，海南三亚鹿回头岸礁活珊瑚覆盖度从1960年的80%~90%下降到2009年的12%[2]；近岸北海涠洲岛珊瑚礁活珊瑚覆盖度从1991年的69.28%下降到2010年的16.21%[4]；远岸南海永兴岛造礁珊瑚的覆盖度从2007年的83%骤降到2008年的16.3%，2009年的覆盖度仅为11.2%[5]。即使是在受人为因素影响较小的大堡礁，其珊瑚覆盖度也从1985年的28.0%下降到2012年的13.8%[6]。珊瑚礁退化严重影响了珊瑚礁区生态系统的平衡及其生物多样性。

退化珊瑚礁区通常涉及底栖海藻覆盖度的大幅度增加，以及活珊瑚覆盖度的急剧下降，这种由珊瑚占优势转向海藻占优势的变化过程可称为生态相移（phase shift）[7]。底栖海藻是珊瑚礁区生态系统的重要组成部分，对礁区生态系统的结构和功能起着不可或缺的作用，如稳定珊瑚礁结构、保持和循环礁区营养盐、维持高初级生产力和生态系统的物质循环等[8]。珊瑚礁底栖海藻通常根据形态和生态功能进行分组[9]，珊瑚礁区底栖藻类可分为皮壳状珊瑚藻（crustose coralline algae）、草皮海藻（turf algae）和大型海藻（macroalgae）三大主要功能类群[10]，其中每种功能群包含的海藻种类又不同，每一种都有其物种特性[11]。草皮海藻作为底栖海藻的重要功能群组之一，在珊瑚礁区发挥着重要的生态学功能，包括高初级生产速率、营养支撑和氮固定等[8, 12, 13]。因此，它们通常被当作珊瑚健康的指示器[13, 14]。草皮海藻的生态功能是珊瑚礁区生态学研究的一个重要内容，目前的研究主要集中于草皮海藻的初级生产力[15, 16]、功能性宏基因组[17]、珊瑚-海藻相互作用[18, 19]及结合沉积物对珊瑚生长和繁殖的影响[20]等方面。鉴于草皮海藻在礁区生态系统中重要的生态功能，本节主要从草皮海藻独特的功能特性（如生活习性、生长速率、重要程度等）、高初级生产力，以及对珊瑚生长繁殖的影响等方面进行综述和分析，并对当前存在的一些问题及未来研究侧重点进行思考和展望。

一、草皮海藻的概述

（一）草皮海藻的定义和分布

草皮海藻是短丝状海藻、大型海藻幼体和蓝藻的异质集合体[21]，典型特征是高度小于1cm[21, 22]，由于其在生态学上与草地草皮相似，故称为草皮海藻。草皮海藻在全球海洋环境中广泛分布，种类组成复杂，通常表现为不同颜色（绿色、棕色和红色）和材质[17]。分类学上包括硅藻、蓝藻、绿藻、红藻和褐藻；未成熟的草皮海藻通常由红藻（红藻纲的多数属种）、绿藻（丝状的羽藻属、扁平钙化的仙掌藻属）和褐藻（肉质的网地藻属）组成[17]。草皮海藻一直被认为是多物种的集合体，单独个体和少数个体的团块一般不被认为是草皮海藻[23]。因此多物种组成是草皮海藻的一个重要特征。

草皮海藻是岩生性海藻并具有较宽的生态幅，是所有纬度潮间带和潮下带岩石海岸底栖藻类的主要组成[24]。草皮海藻体内丰富的色素含量，以及对光照的高度利用率和低敏感度使得其有非常广阔的生态幅。

光照也能够影响草皮海藻的空间分布。珊瑚礁区水域一般透明度较高，因此生活在礁区内的生物都能够得到较好的光照。但在温带珊瑚礁区草皮海藻在空间上的增加是对海岸水质下降的响应[25]。理论上讲，水质下降、能见度降低，草皮海藻的覆盖度也应该降低，但由于草皮海藻能够适应低光照强度的生存环境，因此草皮海藻的空间区域反而扩展，这很可能与草皮海藻中超过一半的微生物群组是蓝藻细菌有关[23, 26, 27]。Echenique-Subiabre等[27]发现印度洋马斯克林群岛中的草皮海藻主要由蓝藻门的鞘藻属、鱼腥藻属、束藻属、鞘丝藻属、螺旋藻属等组成。由于蓝藻门藻体内具有丰富的能利用蓝光进行光合作用的藻胆蛋白[27]（主要是藻红蛋白）和可进行固氮的异形胞，因此蓝藻能高效地进行光合作用和促进氮循环，从而扩大了草皮海藻的空间分布范围。

（二）草皮海藻的主要特征

1. 形态学和高度

草皮海藻是多物种组成的异质集合体，具有相当大的形态学可塑性，其在形态学上表现为短的横卧的毯状藻体。最常见的分类学形态是丝状、钙质铰接状、粗糙分枝状（图 3.4）。丝状草皮海藻可以是直立菌体的密集集合体或者是直立和俯卧分枝相互缠绕的组合。叶状体在低捕食压力的潮下带通常是稀疏、宽松排列的分枝；在潮上带或被捕食区域，它们通常会变为更短、更直立和更紧密的分枝[28, 29]。

图 3.4　各种被归类为草皮海藻的例子

a. 中国南海西沙群岛玉琢礁礁坪 2m 处的丝状草皮海藻（广西大学珊瑚礁研究中心提供）。b. 潮间带岩石上的丝状短生草皮海藻，包含微型藻和未成熟大型海藻。巨石大约 1m[23]。c. 生长在夏威夷埃瓦海滩低潮间带碳酸盐岩上的厚叶状草皮海藻，至少由 24 种海藻类群组成，最常见的属是凹顶藻属、海门冬属、沙菜属。草皮海藻高度为 3~5cm[23]。d. 生长在 12m 水深处巨大海藻林内岩石上的厚叶状草皮海藻。由坚硬的、互相缠绕的粗珊瑚藻属膝状珊瑚藻分枝组成。草皮海藻高 10~15cm[23]

草皮海藻的形态学特征决定了其高度为 0.5~10.0cm。例如，菌状体小于 1cm、丝状草皮小于 2.0cm、厚分枝膝状珊瑚藻小于 10.0cm[30]。历史上草皮海藻的极端高度范围来自 Neushul 和 Dahl[31]，他们认为草皮海藻高度一般小于 10cm；Dahl[32]认为草皮海藻限制高度是 0.1~3cm。然而，Hay[33]则定义草皮海藻高度大于 0.5cm，且没有上限。例如，在地中海褐藻类墨角藻目的囊链藻属 *Cystoseira* spp.的草皮海藻高度达 30~40cm[34]。

2. 生长和繁殖

多数草皮海藻通过根茎扩大生长和营养分裂进行繁殖[30, 32, 33, 35-37]。Hay[33]认为草皮海藻外形受单位面积内竖直分枝的数量、分枝程度、分枝关联程度影响,作为无性系集合体使其具有横卧状和直立的分枝。与大型海藻相比,丝状草皮藻类有更大的表面积与体积比和低比例的结构性组织[38],在一年的大部分时间内无性系草皮海藻可通过产生新直立状分枝的生殖方式快速生长和繁殖,从而在珊瑚礁区内迅速扩张[23]。某些草皮海藻是非无性系的[30, 32, 35],如夏威夷潮间带的大多数珊瑚藻和马尾藻属[39]。

草皮海藻的生长和繁殖具有明显的季节性,如在某个季节是稀少的,但在另一个季节却形成密集的毯状集合体[23]。草皮海藻短暂的暴发却能够覆盖大部分区域。例如,在埃拉特5m水深的珊瑚礁中,草皮海藻在硬基底上的覆盖度达72%[23]。

3. 分枝硬度

分枝硬度或直立硬度是草皮海藻的一个重要特征。草皮海藻的硬度范围从细丝状松散分枝到坚硬的膝状珊瑚藻分枝[23]。松散分枝通常不直立,如生活在潮间带岩石上的硅藻类和细丝状多管藻[33]。

二、珊瑚礁区草皮海藻的生态功能

珊瑚礁生态系统是生物多样性、初级生产力最高的海洋生态系统之一[40],礁区生物的生态功能对维持生态系统的稳定和发展起着重要的作用,草皮海藻是其中的典型代表。

草皮海藻在珊瑚礁区的关键作用主要是在对初级生产力的贡献方面[41, 42],同时草皮海藻也是微生物的温床[11],是植食性动物的食物来源。草皮海藻对松散沉积物的聚集作用会抑制珊瑚的生长繁殖[20]。因此,草皮海藻是珊瑚礁区的一个重要功能性群体。有研究发现,草皮海藻覆盖度的改变能够导致礁区生态系统结构和功能的变化,也能够直接调节礁区生物的构成,如珊瑚、食草鱼类等[42]。

(一)草皮海藻的初级生产力

草皮海藻作为礁区生态系统的重要组成部分[43],是绝大多数热带和温带海岸生态系统的主要初级生产者,特别是在潮下带生态系统中扮演着重要的角色[44],其生态功能主要表现在对初级生产力的贡献方面。

1. 净初级生产力

底栖生物体的光合生产力代表着热带珊瑚礁生态系统的重要生态服务功能之一。将光能转化为化学能的光合作用过程是多数陆地和水生生态系统食物网的基础[45, 46]。Martin[47]认为珊瑚礁的净初级生产力(net primary production)年变化为500~4000g/m², 平均为2500g/m², 等同于热带雨林。在珊瑚礁区,主要的底栖初级生产者是造礁石珊瑚体内的共生藻类、壳状珊瑚藻、丝状草皮海藻、肉质大型海藻和沉积物上层的底栖微藻[48, 49]。研究表明底栖藻类对珊瑚礁生态系统初级生产力的贡献可高达1/3[50]。其中草皮海藻的净初级生产力极高。Copertino等[42]发现南澳大利亚温带珊瑚礁区草皮海藻的净生产率可达1.3~2.9g C/(m²·d)或无灰干重为23.2~88.0mg C/(g dry wt·d)。此外,通过氧气通量计算草皮海藻初级生产率发现,其初级生产率为7.6~40mmol O_2/(m²·h)[50, 51],Stuhldreier等[52]对太平洋海岸帕帕加约湾马塔帕洛珊瑚礁边缘草皮海藻的氧气通量研究发现,草皮海藻的净初级生产力和总初级生产力(gross primary production)分别是35mmol O_2/(m²·h)、49mmol O_2/(m²·h),是自养底栖生物体中初级生产力最高的个体。与多种藻类和蓝细菌的聚集可能是草皮海藻具有相对较高生产力的原因之一。

草皮海藻高初级生产力与其生活史、结构和组成等密切相关。与大型海藻相比，短丝状草皮海藻通常有着更强的光合作用与更大的组织结构比例，以及更大的表面积与体积比[38, 53]，这种特性使得丝状草皮海藻的光合作用效率[38]和营养吸收最大化，用于支撑生长和生存的高新陈代谢需求[53]。由于草皮海藻没有储存光合作用产物的组织结构，其营养利用是通过快速的方式，将产生的大部分碳转移到生长上[53]。在应对环境压力方面（如营养和温度），草皮海藻的适应能力更强，在环境压力下草皮海藻比其他珊瑚礁生物（如珊瑚和红藻石）有着更高的生长速率[54]。正是草皮海藻比许多钙化生物（如某些珊瑚和年生长率仅几毫米的红藻石[55]）生长得更快，因此能更快速地抢占底栖生境。此外，草皮海藻能够从营养有限的环境中获得养分用来生长，如能通过分泌铁载体的细菌获取铁元素[56, 57]；这也是草皮海藻具有高初级生产力的原因之一。

草皮海藻的生产力与许多因素有关。Russ[12]对大堡礁密尔米东礁区的研究发现，在珊瑚礁不同区域中草皮海藻的生产速率是不同的，其中礁顶最高，分别是礁斜坡、礁坪的5.3倍和2.8倍，很可能是因为礁顶比礁斜坡有着更高水平的光合有效辐射（photosynthetically active radiation，PAR）[58]。此外，草皮海藻初级生产力在不同季节和水深也存在明显的差异，如Copertino等[41]对南澳大利亚西岛研究发现，特定生物量净初级生产力（biomass-specific net primary productivity）在3月和9月最高。当不同水深（4m和10m）的季节值相比较时，草皮海藻日净初级生产力[g O_2/（AFDW·d）]为2.9（春季）、3.0（夏季）和3.3（冬季），表明浅滩草皮海藻的生产力比深处的高。在固碳量方面，草皮海藻在4m和10m水深中的固碳值分别是日现存生物量（standing biomass per day）的7%~28%和0.8%~6%，净初级生产力分别为1.3~2.9g C/（m^2·d）和0.14~0.6g C/（m^2·d），净初级生产力在6月、9月和12月达到最高[42]。

2. 生物量及周转期

海藻存储营养物质的能力通常用生物量来表示，不同藻类群落之间差异很大。例如，草皮海藻生物量为0.03~0.6kg 湿重/m^2 [49]，而大型海藻达10kg/m^2 [28]。在固碳能力上，草皮海藻固定碳的生物量占海藻总生物量的44%~71%[42]，表明草皮海藻虽然生物量低却有着高的生产力。草皮海藻一般寿命短，但生长率快，生物量水平低，易受物理干扰和食草动物捕食的影响[59]。

藻类周转率可影响珊瑚礁营养循环的不同过程。储存在藻类生物量中的养分转换率取决于草食动物的消费率、循环速度，以及输出[59]。与钙化藻或肉质藻类主导的珊瑚礁生态群落相比，由草皮海藻主导的珊瑚群落的周转率更为迅速[60]，表明草皮海藻对礁区初级生产力的贡献更加突出。此外，草皮海藻生物量周转期（biomass turnover time，BTT）在不同水深是不同的，在4m和10m处分别是4.6~14.1天、2.3~159.3天[42]，表明浅水草皮海藻对礁区生物量的周转更加迅速。

（二）草皮海藻-珊瑚相互作用对珊瑚的影响

在珊瑚礁区，两个最主要的相互竞争的底栖生物是珊瑚和海藻。世界各地的珊瑚礁从珊瑚到藻类占支配的记录均有记载[13, 61, 62]。草皮海藻是世界范围内珊瑚礁中与珊瑚相互作用最丰富的类型[11]。例如，中太平洋[63, 64]、红海[65]、加勒比海[66]、印度尼西亚[67]等礁区都广泛存在着珊瑚-草皮海藻的相互作用，表明珊瑚-草皮海藻动力学是珊瑚礁生态系统的重要驱动力。在珊瑚-草皮海藻相互作用的过程中，草皮海藻集合体对珊瑚的影响是各不相同的，但大多数相互作用是消极的，主要表现在抑制珊瑚生长和影响邻近珊瑚组织完整性[18, 63, 65, 67, 68]，抑制珊瑚附着和补充[20, 61, 69, 70]、生理机能[18, 63, 68, 71]、繁殖力[72]等。

1. 妨碍珊瑚的繁殖和补充

幼虫附着的过程是珊瑚成功补充的重要阶段，对受干扰后的珊瑚礁恢复至关重要，这也是提高珊瑚恢复力的关键[73, 74]。礁区内不同类型的海藻对珊瑚幼虫的附着和珊瑚补充有不同的影响,珊瑚藻能通过释放生物信号来促进珊瑚幼虫的附着[75-77],而丝状草皮海藻对珊瑚幼虫的附着和珊瑚补充通常是不利的。Birrell[78]对大堡礁近海岸珊瑚礁的珊瑚幼虫研究发现,昆士兰州湿热带区域(wet tropics region)和夏洛特公主湾(Princess Charlotte Bay)内的草皮海藻分别占珊瑚幼虫附近的底栖藻类的87%和77%,表明草皮海藻在珊瑚幼虫附近非常常见,对珊瑚幼虫附着的影响甚大。不少文献指出草皮海藻对珊瑚幼虫的附着有负面影响[79, 80]。例如,蓝藻的鞘丝藻属能够对珊瑚幼虫起驱离作用,迫使浮浪幼虫远离附着基质[80]。幼虫的补充和存活对于珊瑚生态系统的维持起着关键作用,草皮海藻可能通过影响珊瑚幼虫的早期生活史过程而影响珊瑚幼虫的补充和存活。Linares等[69]对地中海西北部巴利阿里群岛(Balearic Islands)的柳珊瑚研究发现,暴露于草皮海藻的柳珊瑚的补充量减少到原有的1/5,同时柳珊瑚幼体的死亡率增加了3倍。此外,草皮海藻还与具有钙化功能的珊瑚藻竞争空间,这也影响珊瑚礁钙质体的建造[81],当然也影响珊瑚幼虫的附着、变形和发育。总之,草皮海藻对以珊瑚为主导的珊瑚礁生态系统有着明显的负面影响。

2. 富集沉积物,提高水体清澈度

沉积物也是礁区内影响珊瑚繁殖、附着和补充的重要因素。珊瑚对生境水质要求较高,悬浮沉积物能够影响水质的清洁度,而水质下降导致海水透明度降低进而减弱珊瑚-虫黄藻共生体生理活动和珊瑚的健康程度[25]。实验研究表明,即使低浓度的悬浮沉积物也能够降低珊瑚配子的受精率、珊瑚幼虫的附着率和存活率[82]。沉积物过多会抑制光照在水体的穿透,降低珊瑚的生长速率。Tomascik和Sander[83]认为低光照将导致珊瑚卵及胚胎成熟所需能量的减少,进而抑制珊瑚幼虫的发育。Rogers[84]发现墨西哥湾东部海岸珊瑚礁的环圆菊珊瑚(*Montastrea annularis*)的生长率和自然沉积速率之间呈负相关关系。此外,沉积物堆积还会抑制珊瑚幼虫的附着和使新附着的幼虫窒息。在圣克鲁斯的研究中也发现,沉积物覆盖导致珊瑚的呼吸频率显著加快,严重的甚至会使珊瑚窒息死亡[84]。

底栖草皮海藻具有捕获沉积物的习性[85, 86],事实上沉积物是草皮海藻生存、维持的必要环境因素之一[87]。实验研究表明,草皮海藻积累沉积物的数量与其大小有关[37, 88]。由于沉积物的积累,草皮海藻具有更高的营养物供给和更快的生长率,当草皮海藻的生长率高于珊瑚幼虫的生长率时,珊瑚在珊瑚礁生态系统中的主导作用就会受到抑制[89]。此外,草皮海藻对沉积物的大量富集也影响其他底栖生物类群,包括对珊瑚幼虫附着有重要作用的珊瑚藻[90]。特别是在退化的珊瑚礁中,草皮海藻及其富集的沉积物通常占据比较大的空间。

草皮海藻对珊瑚生长的影响大多是消极的,如抑制珊瑚生长、损伤珊瑚组织、妨碍珊瑚的生理机能及抑制珊瑚附着和补充等[11]。但草皮海藻对珊瑚的生长也有有利的一面。例如,草皮海藻可捕获沉积物和防止再悬浮[86],改善珊瑚礁区水质的清洁度和能见度,促进珊瑚的生长[25]。

(三)提供微生物生长和繁殖的温床

底栖藻类通常寄生着丰富的微生物群,包括潜在致病菌与珊瑚疾病相关的微生物[91]。Barott等[92]基于16S rRNA测序推测约7700种细菌与草皮海藻相关。草皮海藻由于在世界范围内广泛分布,是真核和原核微生物、病原体、病毒的家园[91]。而草皮海藻中存在对珊瑚有致病性的细菌,致病菌又能使死亡的珊瑚作为草皮海藻传播的基底,因此微生物与草皮海藻的作用是相互的[11]。此外,微生物致病菌还能够在海藻与珊瑚相互竞争的过程中传播到珊瑚上,从而引发珊瑚疾病[93]。目前已知的珊瑚疾病有30多种,但能够确定病原体的只有6种[94]。草皮海藻上面附着的病原微生物在海藻和珊瑚相互接触或海水流动的过程中转移到珊瑚个体上,破坏珊瑚组织,引起多种珊瑚疾病。珊瑚因疾病而死亡后裸露出的钙质骨骼迅速被草皮海藻所覆盖，草皮海藻在珊瑚礁区的覆盖度因此增加。研究认为，海藻在珊瑚礁区的扩张是过去几十年里珊瑚疾病增多的重要原因[93]。因此深入研究草皮海藻与微生物的关系将有助于控制珊瑚疾病，从而达到保护珊瑚的目的。

（四）作为珊瑚礁区草食性鱼类的食物来源

珊瑚礁区草食性鱼类的摄食活动是影响藻类分布和丰富度的主要因素。在全球范围内，植食动物直接消耗藻类的数量占宏观藻类总净初级生产力的 33.6%[95]。草食性鱼类对于珊瑚的补充和恢复方面起着重要的作用[96]。草食性鱼类的捕食活动可限制草皮海藻和大型海藻生长，Vermeij 等[68]对加勒比海荷属安的列斯群岛的库拉索珊瑚礁研究发现，移除草食性动物后，草皮海藻的平均高度是 9.9mm，与移除草食性动物之前的 5.9mm 形成鲜明的对比。此外，植食作用不仅减少了珊瑚-海藻的相互作用，而且为具有促进珊瑚幼虫附着的钙质珊瑚藻的生长提供了空间[97]。珊瑚礁草食性动物通常把含有丰富腐殖质的草皮海藻作为摄食目标[98]，因此草皮海藻是礁区草食性鱼类的重要食物来源。在大堡礁内，对草皮海藻摄食最多的草食性鱼类是栉齿刺尾鱼属和鹦嘴鱼属[99, 100]。在健康的珊瑚礁中，草皮海藻的发育规模通常是由草食性动物（通常是珊瑚礁鱼类）来维持的[101]。Lewis[101]对哥伦比亚伯利兹后礁区研究发现，在清除草食性鱼类 10 周之后，草皮海藻等海藻的覆盖度迅速增加，导致了礁区内滨珊瑚死亡率的增加和丰度下降。珊瑚礁区的草皮海藻通常会富集沉积物，沉积物与草皮海藻给合后阻碍草食性动物的摄食，食草性强度与沉积物量呈负相关[102, 103]。礁区中鱼类食草性的强度能控制海藻的生长[61, 104, 105]。Bellwood 和 Fulton[106]对大堡礁北部蜥蜴群岛的南岛和帕尔弗里岛研究发现，移除沉积物后珊瑚礁鱼类食草性的速率几乎瞬间增加，4h 内草皮海藻平均长度下降近 60%。

（五）草皮海藻的其他生态作用

草皮海藻在礁区生态系统中的营养盐动力学作用也相当重要。例如，草皮海藻可以通过硝酸盐和亚硝酸盐氨化作用产生氨，草皮海藻中的蓝细菌和硝化细菌可促进底栖群落的氮循环[17]。因此，草皮海藻是许多海岸系统营养动力学研究的基础[36]，是短期（早期演替）和长期生态系统动力学（珊瑚礁和海藻床的退化）的直接参与者[107, 108]。草皮海藻在岩质海岸和珊瑚礁内的扩张程度是人类对海洋生态系统干扰的指示器[109]。

三、问题与展望

草皮海藻是珊瑚礁区生态系统的重要组成，近年来其在礁区内重要的生态功能和作用日益受到研究者的关注，特别是在当前全球气候变化的背景下，珊瑚礁生态系统正遭受着多方面、大范围的干扰影响。国际上对草皮海藻的研究主要集中在加勒比海、南太平洋、地中海区域等，温带礁区仍有许多科学问题需要发掘和探索。我国珊瑚礁分布区域较广，是世界珊瑚礁的重要分布地带，非常有必要对珊瑚礁区的草皮海藻开展以下研究。

（一）草皮海藻的多样性及生物地理分布

我国在该方面的研究几乎空白，相关文献资料记载也较少。我国南海海域宽广、地理位置独特，是世界珊瑚礁的重要组成部分，南海珊瑚礁区内草皮海藻的多样性及分布规律对其他海域有明显的参考价值。对南海草皮海藻的研究，应结合南海珊瑚礁的生物地理分布、人类活动影响程度及自然环境因素等进行综合分析。

（二）对珊瑚礁生态退化、生态修复的影响

全球珊瑚礁由于自然和人为等多种因素的干扰，正处于严重退化的过程之中。研究草皮海藻对珊瑚生长和繁殖的影响，以及珊瑚-海藻相互作用的机制，将有助于理解草皮海藻在珊瑚礁生态退化过程中的作用，也有助于科学地进行珊瑚礁的生态修复，以维持礁区生物多样性，更好地发挥珊瑚礁的生态功能。

（三）全球变化对草皮海藻生态功能的影响

草皮海藻在珊瑚礁区的高初级生产力、富集沉积物、影响珊瑚生长和繁殖等方面的作用十分显著，对珊瑚礁生态系统而言，既有有利的一面也有不利的一面。全球变化导致的海水表面温度升高、海洋酸化等对珊瑚礁生态系统造成了严重的影响，其对草皮海藻的生理、生态功能的影响如何，以及如何间接地影响到珊瑚的生长和补充的研究亟待加强，这些问题对于全面理解珊瑚礁生态系统对全球变化的响应与反馈具有重要意义。例如，Diaz-Pulido 等[110]研究了大型海藻（包含草皮海藻）在海洋酸化背景下对溶解无机碳的利用策略，但这只是全球变化的众多环境因子之一。结合野外原位观测和实验室培养研究，将有助于揭示草皮海藻对环境变化的响应机制和耐受程度，进而评估草皮海藻在未来环境变化趋势下对珊瑚礁的生态影响。

参 考 文 献

[1] 赵美霞, 余克服, 张乔民. 珊瑚礁区的生物多样性及其生态功能. 生态学报, 2006, 26(1): 186-194.
[2] 余克服. 南海珊瑚礁及其对全新世环境变化的记录与响应. 中国科学: 地球科学, 2012, 42(8): 1160-1172.
[3] Wilkinson C R. Status of coral reefs of the world. Australian Institute of Marine Science, 2004, 72(11): 6262-6270.
[4] 王文欢, 余克服, 王英辉. 北部湾涠洲岛珊瑚礁的研究历史、现状与特色. 热带地理, 2016, 36(1): 72-79.
[5] Yang H Q, Shen J W, Fu F, et al. Black band disease as a possible factor of the coral decline at the northern reef-flat of Yongxing Island, South China Sea. Science China Earth Sciences, 2014, 57(4): 569-578.
[6] 李淑, 余克服. 珊瑚礁白化研究进展. 生态学报, 2007, 27(5): 2059-2069.
[7] Littler M M, Littler D S. Models of tropical reef biogenesis: the contribution of algae. Progress in Phycological Research, 1984: 323-364.
[8] Dubinsky Z, Stambler N. Coral Reefs: an Ecosystem in Transition. Dordrecht: Springer, 2011.
[9] Littler M M, Littler D S, Taylor P R. Evolutionary strategies in a tropical barrier reef system: functional-form groups of marine macroalgae. Journal of Phycology, 1983, 19(2): 229-237.
[10] 廖芝衡, 余克服, 王英辉. 大型海藻在珊瑚礁退化过程中的作用. 生态学报, 2016, 36(21): 6687-6695.
[11] Barott K L, Rohwer F L. Unseen players shape benthic competition on coral reefs. Trends in Microbiology, 2012, 20(12): 621-628.
[12] Russ G R. Grazer biomass correlates more strongly with production than with biomass of algal turfs on a coral reef. Coral Reefs, 2003, 22(1): 63-67.
[13] McCook L J. Macroalgae, nutrients and phase shifts on coral reefs: scientific issues and management consequences for the Great Barrier Reef. Coral Reefs, 1999, 18(4): 357-367.
[14] Carpenter R C. Partitioning herbivory and its effects on coral reef algal communities. Ecological Monographs, 1986, 56(4): 345-363.
[15] Alestra T, Tait L W, Schiel D R. Effects of algal turfs and sediment accumulation on replenishment and primary productivity of fucoid assemblages. Marine Ecology Progress Series, 2014, 511: 59-70.
[16] Pärnoja M, Kotta J, Orav-Kotta H. Effect of short-term elevated nutrients and mesoherbivore grazing on photosynthesis of macroalgal communities. Proceedings of the Estonian Academy of Sciences, 2014, 63(1): 93-103.
[17] Walter J M, Tschoeke D A, Meirelles P M, et al. Taxonomic and functional metagenomic signature of turfs in the Abrolhos reef system (Brazil). PLoS One, 2016, 11(8): e0161168.

[18] Quan-Young L I, Espinoza-Avalos J. Reduction of zooxanthellae density, chlorophyll a concentration, and tissue thickness of the coral *Montastraea faveolata* (Scleractinia) when competing with mixed turf algae. Limnology and Oceanography, 2006, 51(2): 1159-1166.

[19] Swierts T, Vermeij M J A. Competitive interactions between corals and turf algae depend on coral colony form. Peer J, 2016, 4(7): e1984.

[20] Birrell C L, Mccook L J, Willis B L. Effects of algal turfs and sediment on coral settlement. Marine Pollution Bulletin, 2005, 51(1-4): 408-414.

[21] Beilfuss S. Succession patterns in algal turf vegetation on a Caribbean coral reef: Botanica Marina. Botanica Marina, 2011, 54(2): 111-126.

[22] Connell J H, Hughes T P, Wallace C C, et al. A long-term study of competition and diversity of corals. Ecological Monographs, 2004, 74(2): 179-210.

[23] Connell S D, Foster M S, Airoldi L. What are algal turfs? Towards a better description of turfs. Marine Ecology Progress Series, 2014, 495: 299-307.

[24] Virgilio M, Airoldi L, Abbiati M. Spatial and temporal variations of assemblages in a Mediterranean coralligenous reef and relationships with surface orientation. Coral Reefs, 2006, 25(2): 265-272.

[25] Gorgula S K, Connell S D. Expansive covers of turf-forming algae on human-dominated coast: the relative effects of increasing nutrient and sediment loads. Marine Biology, 2004, 145(3): 613-619.

[26] Stal L J. Physiological ecology of Cyanobacteria in microbial mats and other communities. New Phytologist, 1995, 131: 1-32.

[27] Echenique-Subiabre I, Villeneuve A, Golubic S, et al. Influence of local and global environmental parameters on the composition of Cyanobacterial mats in a tropical lagoon. Microbial Ecology, 2015, 69(2): 234-244.

[28] Littler M M, Littler D S. Structure and role of algae in tropical reef communities. Chirality, 1988, 19(4): 269-294.

[29] Munda I. On the chemical composition, distribution and ecology of some common benthic marine algae from iceland. Botanica Marina, 1972, 15(1): 1-45.

[30] Neumann A C. The composition, structure and erodability of subtidal mats, Abaco, Bahamas. Journal of Sedimentary Petrology, 1970, 40(1): 274-297.

[31] Neushul M, Dahl A L. Composition and growth of subtidal parvosilvosa from Californian kelp forests. Helgoländer Wissenschaftliche Meeresuntersuchungen, 1967, 15: 480-488.

[32] Dahl A L. Ecology and community structure of some tropical reef algae in Samoa. International Symposium on Seaweed Research, Sapporo, 1971.

[33] Hay M E. The functional morphology of turf-forming seaweeds: persistence in stressful marine habitats. Ecology, 1981, 62(3): 739-750.

[34] Benedetti-Cecchi L, Pannacciulli F, Bulleri F, et al. Predicting the consequences of anthropogenic disturbance: large-scale effects of loss of canopy algae on rocky shores. Marine Ecology Progress Series, 2001, 214: 137-150.

[35] Foster M S. The algal turf community in the nest of the ocean goldfish (*Hypsypops rubicunda*). International Symposium on Seaweed Research, Sapporo, 1972.

[36] Airoldi L, Rindi F, Cinelli F. Structure, seasonal dynamics and reproductive phenology of a filamentous turf assemblage on a sediment influenced, rocky subtidal shore. Botanica Marina, 1995, 38(1-6): 227-238.

[37] Nikolic V, Žuljevic A, Antolic B, et al. Distribution of invasive red alga *Womersleyella setacea* (Hollenberg) R. E. Norris (Rhodophyta, Ceramiales) in the Adriatic Sea. Acta Adriatica, 2010, 51(2): 195-202.

[38] Littler M M, Littler D S. Relationships between macroalgal functional form groups and substrata stability in a subtropical rocky-intertidal system. Journal of Experimental Marine Biology and Ecology, 1984, 74(1): 13-34.

[39] Abbott I A, Huisman J M. Marine green and brown algae of the Hawaiian Islands. Honolulu: Booklines Hawaii Ltd., 2004.

[40] Koop K, Booth D, Broadbent A, et al. Encore: the effect of nutrient enrichment on coral reefs. synthesis of results and conclusions. Marine Pollution Bulletin, 2001, 42(2): 91-120.

[41] Copertino M S, Cheshire A, Watling J. Photoinhibition and photoacclimation of turf algal communities on a temperate reef, after in situ transplantation experiments. Journal of Phycology, 2006, 42(3): 580-592.

[42] Copertino M, Connell S D, Cheshire A. The prevalence and production of turf-forming algae on a temperate subtidal coast. Phycologia, 2005, 44(3): 241-248.

[43] Paddack M J, Su S. Recruitment and habitat selection of newly settled *Sparisoma viride* to reefs with low coral cover. Marine Ecology Progress Series, 2008, 369(1): 205-212.

[44] Airoldi L. The effects of sedimentation on rocky coast assemblages. Oceanography and Marine Biology, 2003, 41: 161-236.

[45] Frederickson M E. The quarterly review of biology. Quarterly Review of Biology, 2013, 88(4): 269-295.

[46] Iii F S C, Matson P A, Vitousek P M. Principles of Terrestrial Ecosystem Ecology. New York: Springer, 2011.

[47] Martin S. Primary production, respiration and calcification of the temperate free-living coralline alga *Lithothamnion coralliodes*. Aquatic Botany, 2006, 85(2): 121-128.

[48] Hallock P, Schlager W. Nutrient excess and the demise of coral reefs and carbonate platforms. Palaios, 1986, 1(4): 389-398.

[49] Odum H T, Odum E P. Trophic structure and productivity of a windward coral reef community on Eniwetok Atoll. Ecological Monographs, 1955, 25(3): 291-320.

[50] Wanders J B W. The role of benthic algae in the shallow reef of Curaçao (Netherlands antilles). I: Primary productivity in the coral reef. Aquatic Botany, 1976, 2: 235-270.

[51] Eidens C, Bayraktarov E, Hauffe T, et al. Benthic primary production in an upwelling-influenced coral reef, Colombian Caribbean. Peerj, 2014, 2(11): e554.

[52] Stuhldreier I, Sánchez-Noguera C, Roth F, et al. Upwelling increases net primary production of corals and reef-wide gross primary production along the pacific coast of Costa Rica. Frontiers in Marine Science, 2015, 2(21): 1-3.

[53] Carpenter R C. Competition among marine macroalgae: a physiological perspective. Journal of Phycology, 2010, 26(1): 6-12.

[54] Welker M, von Döhren H. Cyanobacterial peptides-nature's own combinatorial biosynthesis. Fems Microbiology Reviews, 2006, 30(4): 530.

[55] Amadofilho G M, Moura R L, Bastos A C, et al. Rhodolith beds are major $CaCO_3$ bio-factories in the tropical South West Atlantic. PLoS One, 2012, 7(4): e35171.

[56] Cordero O X, Ventouras L A, Delong E F, et al. Public good dynamics drive evolution of iron acquisition strategies in natural bacterioplankton populations. Proceedings of the National Academy of Sciences, 2012, 109(49): 20059-20064.

[57] Costa T R D, Felisberto-Rodrigues C, Meir A, et al. Secretion systems in Gram-negative bacteria: structural and mechanistic insights. Nature Reviews Microbiology, 2015, 13(6): 343-359.

[58] Hatcher B G. Coral reef primary productivity. A hierarchy of pattern and process. Trends in Ecology and Evolution, 1990, 5(5): 149-155.

[59] Fong P, Paul V J. Coral reef algae//Dubinsky Z, Stambler N. Coral Reefs: an Ecosystem in Transition. Dordrecht: Springer, 2011: 241-272.

[60] Fong P. Macroalgal-dominated ecosystems//Boyer E W, Howarth R W, Boynton W R, et al. Nitrogen in the marine environment. Amsterdam: Elsevier, 2008: 917-947.

[61] Hughes T P, Rodrigues M J, Bellwood D R, et al. Phase shifts, herbivory, and the resilience of coral reefs to climate change. Current Biology Cb, 2007, 17(4): 360-365.

[62] Sandin S A, Smith J E, Demartini E E, et al. Baselines and degradation of coral reefs in the Northern Line Islands. PLoS One, 2008, 3(2): e1548.

[63] Flanagan K, Jensen S. Hyperspectral and physiological analyses of coral-algal interactions. PLoS One, 2009, 4(11): e8043.

[64] Barott K L, Williams G J, Vermeij M J A, et al. Natural history of coral-algae competition across a gradient of human activity in the Line Islands. Marine Ecology Progress Series, 2012, 460: 1-12.

[65] Haas A, El-Zibdah M, Wild C. Seasonal monitoring of coral-algae interactions in fringing reefs of the Gulf of Aqaba, Northern Red Sea. Coral Reefs, 2009, 29(1): 93-103.

[66] Lirman D. Competition between macroalgae and corals: effects of herbivore exclusion and increased algal biomass on coral survivorship and growth. Coral Reefs, 2001, 19(4): 392-399.

[67] Wangpraseurt D, Weber M, Røy H, et al. *In situ* oxygen dynamics in coral-algal interactions. PLoS One, 2012, 7(2): e31192.

[68] Vermeij M J A, Van M L, Engelhard S, et al. The effects of nutrient enrichment and herbivore abundance on the ability of turf algae to overgrow coral in the Caribbean. PLoS One, 2010, 5(12): e14312.

[69] Linares C, Cebrian E, Coma R. Effects of turf algae on recruitment and juvenile survival of gorgonian corals. Marine Ecology Progress Series, 2012, 452: 81-88.

[70] Arnold S N, Steneck R S, Mumby P J. Running the gauntlet: inhibitory effects of algal turfs on the processes of coral recruitment. Marine Ecology Progress Series, 2010, 414: 91-105.

[71] Haas A, Al-Zibdah M, Wild C. Effect of inorganic and organic nutrient addition on coral-algae assemblages from the Northern Red Sea. Journal of Experimental Marine Biology and Ecology, 2009, 380(2): 99-105.

[72] Foster N L, Box S J, Mumby, P J. Competitive effects of macroalgae on the fecundity of the reef-building coral *Montastraea annularis*. Marine Ecology Progress Series, 2008, 367:143-152.

[73] Hughes T P. Demographic approaches to community dynamics: a coral reef example. Ecology, 1996, 77(7): 2256-2260.

[74] Hughes T P, Tanner J E. Recruitment failure, life histories, and long-term decline of Caribbean corals. Ecology, 2000, 81(8): 2250-2263.

[75] Buenau K E, Price N N, Nisbet R M. Local interactions drive size dependent space competition between coral and crustose coralline algae. Oikos, 2011, 120(6): 941-949.

[76] Buenau K E, Price N N, Nisbet R M. Size dependence, facilitation, and microhabitats mediate space competition between

coral and crustose coralline algae in a spatially explicit model. Ecological Modelling, 2012, 237: 23-33.

[77] O'Leary J K, Potts D C, Braga J C, et al. Indirect consequences of fishing: reduction of coralline algae suppresses juvenile coral abundance. Coral Reefs, 2012, 31(2): 547-559.

[78] Birrell C L. Influences of benthic algae on coral settlement and post-settlement survival: implications for the recovery of disturbed and degraded reefs. Townsville: James Cook University, 2003.

[79] Kuffner I B, Paul V J. Effects of the benthic cyanobacterium *Lyngbya majuscula* on larval recruitment of the reef corals *Acropora surculosa* and *Pocillopora damicornis*. Coral Reefs, 2004, 23(3): 455-458.

[80] Kuffner I B, Walters L J, Becerro M A, et al. Inhibition of coral recruitment by macroalgae and Cyanobacteria. Marine Ecology Progress Series, 2006, 323(1): 107-117.

[81] Heyward A J, Negri A P. Natural inducers for coral larval metamorphosis. Coral Reefs, 1999, 18(3): 273-279.

[82] Gilmour J. Experimental investigation into the effects of suspended sediment on fertilisation, larval survival and settlement in a scleractinian coral. Marine Biology, 1999, 135(3): 451-462.

[83] Tomascik T, Sander F. Effects of eutrophication on reef-building corals. Marine Biology, 1987, 94(1): 77-94.

[84] Rogers C S. Responses of coral reefs and reef organisms to sedimentation. Journal of Neurochemistry, 1990, 62(3): 185-202.

[85] Airoldi L. Roles of disturbance, sediment stress, and substratum retention on spatial dominance in algal turf. Ecology, 1998, 79(8): 2759-2770.

[86] Purcell S W. Association of epilithic algae with sediment distribution on a windward reef in the northern Great Barrier Reef, Australia. Bulletin of Marine Science, 2000, 66(1): 199-214.

[87] Airoldi L, Virgilio M. Responses of turf-forming algae to spatial variations in the deposition of sediments. Marine Ecology Progress Series, 1998, 165: 271-282.

[88] Airoldi, L. The effects of sedimentation on rocky coast assemblages. Oceanography and Marine Biology, 2003, 41(1): 161-236.

[89] Vermeij M J A, Marhaver K L, Huijbers C M, et al. Coral larvae move toward reef sounds. PLoS One, 2010, 5(5): e10660.

[90] Steneck R S. Crustose corallines, other algal functional groups, herbivores and sediments: complex interactions along reef productivity gradients. Proceedings-International Coral Reef Symposium, 1997, 8: 695-700.

[91] Barott K L, Rodriguez-Mueller B, Youle M, et al. Microbial to reef scale interactions between the reef-building coral *Montastraea annularis* and benthic algae. Proceedings of the Royal Society B Biological Sciences, 2012, 279(1733): 1655-1664.

[92] Barott K L, Rodriguez-Brito B, Janouskovec J, et al. Microbial diversity associated with four functional groups of benthic reef algae and the reef-building coral *Montastraea annularis*. Environmental Microbiology, 2011, 13(5): 1192-1204.

[93] Nugues M M, Smith G W, Hooidonk R J, et al. Algal contact as a trigger for coral disease. Ecology Letters, 2004, 7(10): 919-923.

[94] 黄玲英, 余克服. 珊瑚疾病的主要类型、生态危害及其与环境的关系. 生态学报, 2010, 30(5): 1328-1340.

[95] Duarte C M, Cebrián J. The fate of marine autotrophic production. Limnology and Oceanography, 1996, 41(8): 1758-1766.

[96] Bellwood D R, Hughes T P, Folke C, et al. Confronting the coral reef crisis. Nature, 2004, 429(6994): 827-833.

[97] Mumby P J. Herbivory versus corallivory: are parrotfish good or bad for Caribbean coral reefs? Coral Reefs, 2009, 28(3): 683-690.

[98] Crossman D J, Choat J H, Clements, K D. Detritus as food for grazing fishes on coral reefs. Limnology and Oceanography, 2001, 46(7): 1596-1605.

[99] Choat J H, Bellwood D R. Interactions amongst herbivorous fishes on a coral reef: influence of spatial variation. Marine Biology, 1985, 89(3): 221-234.

[100] Meekan M G, Choat J H. Latitudinal variation in abundance of herbivorous fishes: a comparison of temperate and tropical reefs. Marine Biology, 1997, 128(3): 373-383.

[101] Lewis S M. The role of herbivorous fishes in the organization of a Caribbean reef community. Ecological Monographs, 1986, 56(3): 183-200.

[102] Steneck R S, Macintyre I G, Reid R P. A unique algal ridge system in the Exuma Cays, Bahamas. Coral Reefs, 1997, 16(1): 29-37.

[103] Purcell S W, Bellwood D R. Spatial patterns of epilithic algal and detrital resources on a windward coral reef. Coral Reefs, 2001, 20(2): 117-125.

[104] Burkepile D E, Hay M E. Herbivore species richness and feeding complementarity affect community structure and function on a coral reef. Proceedings of the National Academy of Sciences of the United States of America, 2008, 105(42): 16201-16206.

[105] Bonaldo R M, Bellwood D R. Spatial variation in the effects of grazing on epilithic algal turfs on the Great Barrier Reef, Australia. Coral Reefs, 2011, 30(2): 381-390.

[106] Bellwood D R, Fulton C J. Sediment-mediated suppression of herbivory on coral reefs: decreasing resilience to rising sea-levels and climate change? Limnology and Oceanography, 2008, 53(6): 2695-2701.

[107] Connell S D, Russell B D. The direct effects of increasing CO_2 and temperature on non-calcifying organisms: increasing the potential for phase shifts in kelp forests. Proceedings Biological Sciences, 2010, 277(1686): 1409-1415.

[108] Connell S D, Kroeker K J, Fabricius K E, et al. The other ocean acidification problem: CO_2 as a resource among competitors for ecosystem dominance. Philosophical Transactions of the Royal Society of London Series B-Biological Sciences, 2013, 368(1627): 20120442.

[109] McCook L. Competition between corals and algal turfs along a gradient of terrestrial influence in the nearshore central Great Barrier Reef. Coral Reefs, 2001, 19(4): 419-425.

[110] Diaz-Pulido G, Cornwall C, Gartrell P, et al. Strategies of dissolved inorganic carbon use in macroalgae across a gradient of terrestrial influence: implications for the Great Barrier Reef in the context of ocean acidification. Coral Reefs, 2016, 35(4): 1327-1341.

第五节　大型海藻在珊瑚礁退化过程中的作用[①]

热带珊瑚礁拥有丰富的生物多样性和极高的初级生产力，主要以造礁珊瑚支撑礁区复杂的生态结构[1]。珊瑚礁生态系统为人类社会提供了大量的资源服务，如食物供给、旅游开发、药材及海岸带防护等[2]。然而近几十年来，由于人类活动的影响和自然环境的变化，世界范围内的珊瑚礁生态系统大幅度退化，活珊瑚覆盖度急剧下降，而礁区大型海藻的覆盖度和生物量则呈现快速增加的趋势[3]。珊瑚礁的退化严重影响了礁栖生物的生境及其生物多样性[4]。

珊瑚礁的退化一方面表现为活珊瑚覆盖度的下降；另一方面表现为礁区大型海藻覆盖度的增加。这种由造礁珊瑚占主导转变成海藻占主导的过程，称为生态相变（phase shift）[5]。珊瑚与海藻在珊瑚礁中互为消长的竞争关系，对珊瑚礁生态系统的结构和组成有重要影响。然而，关于珊瑚礁中海藻与珊瑚的动态变化关系仍然缺乏直接的实验证据支撑，得到的多数证据只是相关的或者间接的[6]。对于海藻的大量生长是否就是珊瑚覆盖度下降的直接原因目前尚没有定论[7]；但是，海藻的大量生长占据了珊瑚的生长空间、影响了珊瑚共生虫黄藻的光合作用却是不争的事实[8]。目前，我国对珊瑚礁生态系统的研究多集中在珊瑚本身，对大型海藻的生态作用关注甚少。因此，本节综述国外关于大型海藻对珊瑚礁的影响研究成果，希望为我国珊瑚礁生态系统的研究提供相关依据。

一、珊瑚礁中的海藻

大型海藻的种类繁多，至少包含绿藻门、红藻门、褐藻门及蓝藻门这4个门的藻类[9]。礁区内的底栖海藻通常是按照功能群来划分的，包括皮壳状珊瑚藻（crustose coralline algae）、草皮海藻（turf algae）和大型海藻（macroalgae），每一种功能群都包含着不同种类的海藻[10]。关于底栖海藻功能群类型的划分，不同的学者有不同的划分类型。Steneck 和 Watling[11]依据腹足类动物对大型海藻的取食性将大型海藻划分为7种功能群类型，即丝状海藻（filamentous algae）、叶状海藻（foliose algae）、具皮层叶状海藻（corticated foliose algae）、具皮层大型海藻（corticated macroalgae）、革质大型海藻（leathery macroalgae）、铰接钙化藻（articulated calcareous algae）、皮壳状海藻（crustose algae）。在此基础上，Littler M M 和 Littler D S 依据大型海藻的养分吸收率、生产力和抗食能力等，将大型海藻分成6种不同的功能群类型[12]。

海藻是珊瑚礁生态系统的重要组成，为珊瑚礁区提供了关键的生态学功能，如稳定珊瑚礁的结构、参与热带海域沙滩形成、礁区营养盐的保持和循环、产生初级生产力和提供摄食等[13]。皮壳状珊瑚藻包

[①] 作者：廖芝衡，余克服，王英辉

括铰接钙化藻和具壳海藻，通常被认为与珊瑚礁的健康状况有关，对珊瑚是有利的；珊瑚藻在促进珊瑚虫的附着和存活方面起到重要作用[14]。珊瑚礁区内只有大型海藻和草皮海藻对珊瑚产生不利影响[15]。草皮海藻是短丝状海藻、大型海藻幼体和蓝藻的异质集合体[16]。草皮海藻对珊瑚的影响大多数都是负面的，对毗邻珊瑚组织的完整性、生理机能和繁殖能力都有不利影响[16, 17]。此外，草皮海藻对珊瑚幼虫的附着及存活也有影响[18]。大型海藻包含叶状海藻、具皮层叶状海藻、具皮层大型海藻、革质大型海藻等功能群类型的海藻。多数大型海藻都会抑制珊瑚的生长，降低珊瑚的生长率及其共生虫黄藻的光合效率，引起珊瑚白化[8]；大型海藻与珊瑚竞争时，还会导致珊瑚繁殖能力的下降[18]；另外，大型海藻对退化珊瑚群落的恢复也有影响[19]。然而大型海藻并不总是损害珊瑚，某些大型海藻对珊瑚的遮蔽作用还能使珊瑚免遭白化，季节性生长的大型海藻对珊瑚组织也没有明显的损害作用[20]。下文主要讲述珊瑚礁区的大型海藻对珊瑚产生的负面作用过程，并简要介绍海藻与珊瑚的3种常见竞争机制。

二、珊瑚礁退化概况

在2008年，Wilkinson[21]对全球珊瑚礁的健康状况做出了评估，认为全球珊瑚礁减少了19%，处于紧急状态的珊瑚礁为15%，20%的珊瑚礁正受到威胁，仅有46%的珊瑚礁相对健康。McClanahan和Muthiga[22]对位于中美洲东北部伯利兹的一个环礁观测了25年后发现环礁内的石珊瑚覆盖度减少了75%，其中鹿角珊瑚的覆盖度减少了99%。即便是受人类活动影响较小的澳大利亚大堡礁，在1986～2004年活珊瑚覆盖度也减少了22%～28%[23]。赵美霞等[24]对海南三亚鹿回头的珊瑚礁调查发现，礁区活珊瑚覆盖度从20世纪五六十年代的80%～90%下降到2006年的12.16%。更大尺度上的调查研究也表明世界范围内的珊瑚礁正处于退化过程。Bruno和Selig[25]在2007年对印度-太平洋的390个珊瑚礁进行调查发现：珊瑚的平均覆盖度只有22.1%，只有2%的珊瑚礁中的活珊瑚覆盖度超过60%。对大多数珊瑚礁的长期动态变化研究都表明，世界范围内的珊瑚礁正处于退化状态，但不同区域的珊瑚礁退化程度有所差别[22, 23]。

近几十年来，全球范围内的珊瑚礁普遍发生了退化现象[26]。导致珊瑚礁退化的因素是错综复杂的，包括海水温度升高[27]、过度捕捞和海水富营养化[28]、热带风暴损害、珊瑚疾病[29]等。虽然许多研究者对珊瑚礁做了很好的研究，但是仍然不能充分地确认导致珊瑚礁退化的真正原因[30]。

三、大型海藻在珊瑚礁退化中的表现

在礁区内，对生存空间的竞争是构建珊瑚礁群落的主要作用[31]；而底栖海藻与石珊瑚之间的竞争，在整个珊瑚礁中处于基础地位，特别是在由造礁珊瑚占主导转变成由大型海藻占优势的生态相变过程中[6]。退化珊瑚礁中，珊瑚原有的生存空间通常会被海藻所占据[32]。Nugues和Bak[33]在1979～2006年对库拉索岛珊瑚礁区葡扇藻（*Lobophora variegate*）的观测发现，其覆盖度由1998年的1%～5%增加到2006年的18%～25%。在严重退化的珊瑚礁内，大型海藻覆盖度增加的现象尤为明显。例如，在中美洲东北部伯利兹的一个环礁内，石珊瑚的覆盖度在25年内减少了75%，而大型海藻的覆盖度却从原来的20%增加到80%[22]。在退化的珊瑚礁内，大型海藻的覆盖度通常都会大幅度增加，因此是评价珊瑚礁生态系统健康状况的一个重要指标之一[33]。

目前还没有实验能证明大型海藻在珊瑚群落上的大量生长是两者竞争的结果。大型海藻不能在占据珊瑚礁之前就引起珊瑚的大量死亡[34]；大型海藻的大量生长似乎是珊瑚受到外界干扰（如白化、风暴损害等）而死亡之后的结果[35]。Diaz-Pulido等[36]在观测中岛、中途岛和巴伦岛礁坡的珊瑚和大型海藻覆盖度动态变化过程中发现，珊瑚的白化先于葡扇藻的大量生长，大型海藻的过度生长只发生在白化或者死亡的珊瑚上。珊瑚礁区大型海藻的普遍增多，也可能是礁区富营养化所导致的[37]。目前，大型海藻的增加是否就是珊瑚覆盖度下降的直接原因尚没有定论[7]；但清楚的是，大型海藻在珊瑚礁的定植会影响珊瑚的生长和共生虫黄藻的光合作用[8]、引起珊瑚组织的损伤与降低珊瑚的繁殖能力[38]，以及抑制珊瑚群落的恢复等[19]。

四、大型海藻对珊瑚的直接影响

（一）竞争空间与光照

大型海藻在礁区的大量生长，通常发生在珊瑚礁生态系统受到干扰之后，并且它们优先抢占礁区的生存空间而抑制珊瑚的恢复定植[6]。能形成遮蔽作用而抑制珊瑚对空间需求的大型海藻主要是叶状海藻、革质大型海藻等[20]。除了遮蔽作用，一些丝状的草皮海藻和贴壁生长的壳状、片状海藻还会导致珊瑚窒息而死亡[39]。某些大型海藻聚集形成的冠层起遮光作用，会减弱冠层下的珊瑚体内虫黄藻的光合作用，进而影响珊瑚的生长率[40]。Buckley 和 Szmant[41]发现芥末滨珊瑚（*Porites astreoides*）的 RNA/DNA 的比率随光照的减弱而减小，暗示低光照条件会导致珊瑚生长率的降低。然而，也有学者发现某些大型海藻的遮蔽作用对珊瑚的影响是相对比较小的，甚至能使珊瑚免受高温白化[20]。总之，大型海藻确实与珊瑚竞争空间与光照，特别是在礁区受到干扰之后；大型海藻过量生长而占据礁区生存空间，在一定程度上影响了珊瑚的生长[8]。

（二）大型海藻与珊瑚的接触影响

大型海藻与珊瑚直接接触时，主要通过摩擦作用（abrasion）和化感作用（allelopathy）对珊瑚的生长造成影响[42]。珊瑚礁区内大型海藻的生长，不可避免地与珊瑚接触。已有实验证明，某些大型海藻与珊瑚接触会导致珊瑚生长率的降低，甚至白化和死亡。Lirman[40]通过实验发现，芥末滨珊瑚在与大型海藻接触后的生长率减少为原有的 1/10。此外，Titlyanov 等[8]发现，澄黄滨珊瑚（*Porites lutea*）与大型海藻 *Lyngbya bouillonii* 接触后，澄黄滨珊瑚体内虫黄藻的光合作用 II 阶段的光化学效率（F_v/F_m）与叶绿素的浓度都显著减小，并引起珊瑚组织的损伤和白化。

1. 摩擦作用

摩擦作用是大型海藻影响珊瑚的一种物理机制，会直接影响珊瑚的生长。礁区内能对珊瑚造成摩擦损伤的海藻功能群类型主要是革质大型海藻、具皮大型海藻及具皮直立叶状海藻[6]。River 和 Edmunds[43]在研究大型海藻 *Sargassum hystrix* 对指滨珊瑚（*Porites porites*）的生长及珊瑚虫伸展的影响时发现，珊瑚在有海藻存在时，生长率下降了 80%，而这种影响在隔离海藻时却消失了；在用 *S. hystrix* 与模拟海藻（塑料）接触珊瑚时，珊瑚生长率分别为 80% 和 25%，珊瑚虫的收缩率分别为 97% 和 71%[43]。大型海藻通过摩擦作用刺激珊瑚虫的收缩，影响了珊瑚虫的摄食行为和钙化作用，进而抑制珊瑚的生长[6]。

2. 化感作用

化感作用是海藻影响珊瑚的一种化学防御机制。藻类的化感作用是指藻类向环境中释放化学物质从而影响其他藻类或者其他生物生长的一种生态学、生理学现象[44]。能产生化感作用的大型海藻主要是丝状海藻[6]；但最近的研究表明，多数种类的大型海藻都能通过化感作用损害珊瑚[42, 45, 46]。Rasher 和 Hay[45]发现指滨珊瑚与多种海藻接触培养 20 天后，珊瑚发生了显著的白化现象；珊瑚与大型海藻中提取的可溶性磷脂培养 24h 后也发生了白化现象。大型海藻对珊瑚的化感作用具有一定的选择性与专一性。Rasher 和 Hay[42]通过丝状乳节藻（*Galaxaura filamentosa*）、匍枝马尾藻（*Sargassum polycystum*）的提取物胁迫处理圆筒滨珊瑚（*Porites cylindrica*）时发现，丝状乳节藻处理组产生高浓度的化感物质而损伤珊瑚组织，而匍枝马尾藻处理组对珊瑚无显著影响。但是，目前关于大型海藻对珊瑚的化感作用机制和生理影响过程的研究还很缺乏[42]。

（三）大型海藻对珊瑚繁殖的影响

珊瑚礁区内的海藻与珊瑚是相互竞争的，当竞争平衡被海藻的大量生长打破时，珊瑚为应对海藻入侵造成的竞争损伤，把用于生长和繁殖的能量转移到防御和修复损伤组织上，进而造成珊瑚繁殖能量分配的减少而降低珊瑚的繁殖能力[47]。Rinkevich 和 Loya[48]认为珊瑚的繁殖过程是一种高耗能的行为，任何消耗珊瑚储存能量的外界压力都会影响珊瑚的繁殖能力。大型海藻与珊瑚的相互竞争，无疑会造成珊瑚繁殖能量的损耗。所以，与珊瑚竞争的多数功能群类型的大型海藻都有可能降低珊瑚的生殖力[18]。

大型海藻大量生长时，通过物理和化学作用对珊瑚组织造成损伤，进而减弱珊瑚群落的有性繁殖能力[18]。Tanner[47]发现鹿角珊瑚生境内存在过量大型海藻时，浮浪幼虫的产量减少了50%。而Foster 等[49]在用网地藻属的某些种（*Dictyota* spp.）、匍扇藻和混合藻群分别与 *Montastrea annularis* 接触时发现，这些大型海藻都能使 *Montastrea annularis* 卵的直径减小；而在移除海藻后，*Montastrea annularis* 的每个生殖腺内卵的数量与直径，以及生殖腺的数量都有所增加[49]。有性繁殖是珊瑚群落基因多样性来源的重要途径，珊瑚卵的数量与质量的下降，必然会降低浮浪幼虫的数量与存活率，进而影响珊瑚群落的多样性与稳定性[50]。

（四）大型海藻对珊瑚群落恢复的影响

大型海藻对珊瑚群落恢复的抑制作用，是退化的珊瑚群落得以恢复的关键瓶颈[19]。珊瑚浮浪幼虫成为固着幼体包括沉降与形变两个阶段，珊瑚浮浪幼虫附着后的存活也是珊瑚群落成功恢复的必要条件。大型海藻对珊瑚持续补充过程造成的不利影响，会影响到珊瑚个体的成功补充，进而影响珊瑚群落的恢复[19]。

礁区内阻碍珊瑚幼虫附着的海藻功能群主要是皮质大型海藻和草质大型海藻[6]。Diaz-Pulido 等[51]通过检测不同功能群的大型海藻对精巧扁脑珊瑚（*Platygyra daedalea*）浮浪幼虫的附着影响发现，8天后浮浪幼虫在肉质大型海藻处理组的附着率小于 5%，而在皮壳状珊瑚藻和草皮海藻处理组的附着率分别为30%和25%。Kuffner 等[52]在检测鞘丝藻属的某些种（*Lyngbya* spp.）、网地藻属的某些种（*Dictyota* spp.）、匍扇藻和 *Laurencia poiteaui* 等大型海藻对芥末滨珊瑚浮浪幼虫附着的影响时发现，除了 *L. poiteaui* 外，其余的大型海藻都能抑制浮浪幼虫的附着或使浮浪幼虫产生回避行为。此外，Kuffner 和 Paul[53]在用同种海藻处理不同种的珊瑚浮浪幼虫时发现，巨大鞘丝藻（*Lyngbya majuscula*）对风信子鹿角珊瑚（*Acropora hyacinthus*）浮浪幼虫的附着影响，大于其对鹿角杯形珊瑚（*Pocillopora damicornis*）浮浪幼虫的附着影响。大型海藻对珊瑚幼虫补充恢复的影响依据两者的种类类型而定，多数大型海藻都会阻碍浮浪幼虫的附着，即便有合适的基质存在[53]。

海水的水质条件也能够直接影响珊瑚幼虫的存活与附着，对新补充的珊瑚个体存在潜在影响[54]。大型海藻能够向水体中释放出水溶性化学物质，海水中的化学物质浓度过高时，就会对珊瑚幼体的补充产生影响[46]。Dixson 等[55]通过检测多孔鹿角珊瑚（*Acropora millepora*）、鼻形鹿角珊瑚（*Acropora nasuta*）、柔枝轴孔珊瑚（*Acropora tenuis*）的浮浪幼虫对保护区（大型海藻覆盖度为1%～2%，珊瑚覆盖度为38%～56%）与非保护区（大型海藻覆盖度为49%～91%，珊瑚覆盖度为4%～16%）海水的偏好性，发现游向保护区的浮浪幼虫数量是游向非保护区的 6 倍。然而，并非所有种类的海藻都对珊瑚群落恢复造成不利影响，珊瑚藻和某些钙化藻通常被认为对珊瑚个体的补充有促进作用[56]。

（五）大型海藻对珊瑚的其他影响

大型海藻除了直接影响珊瑚的生长，还通过间接的方式影响珊瑚的生长，如通过富集沉积物[57]、释放病原体感染珊瑚或者造成珊瑚缺氧[58]。沉积物的存在对珊瑚的生长与附着都会产生负面影响，草皮海藻经常会富集沉积物而影响珊瑚幼虫的附着[57]。大型海藻也能通过扰乱健康珊瑚体内共生微生物的正常功能，或者向邻近珊瑚释放出病原体，使珊瑚感染疾病[59]。此外，大型海藻还能通过释放溶解有机碳（DOC），增加珊瑚附近微生物的活性，进而造成低氧环境或引起珊瑚疾病[58]。

五、大型海藻与珊瑚的竞争机制

（一）物理机制

大型海藻与珊瑚竞争的物理机制主要是指大型海藻通过物理方法直接或间接影响珊瑚生长、恢复的过程，物理机制是最初研究大型海藻与珊瑚相互竞争的关注点，亦是研究得比较透彻的一种机制[6]。大型海藻与珊瑚竞争的物理机制主要包括：大型海藻过度生长导致的覆盖作用、大型海藻的冠层形成的遮蔽作用、大型海藻对珊瑚造成的摩擦作用，以及大型海藻对空间的优先抢占作用等[6]。大型海藻在珊瑚表面的覆盖作用通常会造成珊瑚的窒息死亡[39]，遮蔽作用则通过降低光照强度而影响珊瑚生长[20]，摩擦作用是由于柔软的大型海藻在海流作用下抽打在珊瑚表面造成的直接伤害[6]；大型海藻对空间的优先抢占作用通常表现在珊瑚群落受到干扰后，一些快速生长的大型海藻能阻碍受干扰珊瑚群落的恢复[19]。

关于各种功能群类型的大型海藻与不同生活型的珊瑚的可能竞争机制类型（主要是物理机制），McCook等[6]已经做了详细的汇总（表3.3）。从表3.3中可以看出，两者的竞争机制类型与大型海藻的功能群类型和珊瑚的生活型有很大的相关性[5]，但是两者的竞争机制类型更加取决于海藻的性质[6]。表3.3

表 3.3　大型海藻影响珊瑚生长的竞争机制（依据大型海藻的功能群和珊瑚的生活型进行分类）

大型海藻功能群	珊瑚生活型							
	分枝状	指状	平板状	包壳状	叶状	块状	蘑菇状	新个体
丝状海藻	—	O; C*	O; C	O; C	O; C	O; C	—	O
								S; A; C
叶状海藻	—	—	—	O	O	—	—	O; S; P
	O	O	O			O		
具皮直立叶状海藻	—	—	—	—	O	O	—	O; S; P
	O; A	O; A	O		A	A	O; A	
具皮蔓生叶状海藻	O	—	—	O*	—	—	—	O; S; P
	—	O	O*					
具皮大型海藻	—	—	—	A	A	A	A	O; A; P/R
	O; A	A	A					
革质大型海藻	S	S*	S*	S*; A	S*; A	S*; A*	S*	R; A
	O; A	A	A*	O*		O*	—	
铰接钙化藻	—	—	—	O	—	O	—	O; S; P
	O	O	O		O			
皮壳状海藻	O	O	O	O	O	O	O	O; Sl
	S	O	O					

注：每个单元有两行，第一行的竞争机制是可能的或者普遍的；第二行的竞争机制是作者认为会发生，但没那么重要或普遍。O. 过度生长；S. 遮蔽作用；A. 摩擦作用；C. 化学作用；P. 优先抢占作用；R. 恢复阻碍作用；Sl. 上皮脱落作用；"—"表示无适用机制；*表示由作者观测或未发表的数据所支撑的机制

中，几乎所有类型的海藻功能群对珊瑚都有过度生长的作用；产生化学作用的主要是丝状海藻，但是现在很多的研究都表明，对珊瑚起化学作用的不只是丝状海藻[42, 45]；对珊瑚起遮蔽作用的多数都是革质大型海藻，但也有研究认为叶状的大型海藻对珊瑚也起到遮蔽作用[20]；对珊瑚起摩擦作用的海藻多数为具皮或革质大型海藻；海藻对珊瑚新个体的影响是比较敏感的，各种竞争机制都有可能阻碍珊瑚新个体的生长。

（二）化学机制

海藻与珊瑚竞争的化学机制主要是指海藻产生的化感物质（脂溶性或者水溶性有机次生代谢物）进入珊瑚体内，对珊瑚造成不利影响的一种化学过程[45, 58]。但是也有研究认为，海藻产生的化感物质是通过接触珊瑚表面后才进入珊瑚体内的，而不是通过溶解在水里，所以大型海藻产生的化感物质是脂溶性的而不是水溶性的次生代谢物[60]。化感物质进入珊瑚细胞内会改变珊瑚正常的生理活动，引起珊瑚白化、珊瑚组织坏死，以及降低珊瑚共生藻的光合效率等[42, 45]。Rasher 和 Hay[45]发现匍扇藻、仙掌藻（*Halimeda opuntia*）、脆叉节藻（*Amphiroa fragillisima*）等多种大型海藻不仅引起指滨珊瑚的显著白化，还能抑制指滨珊瑚的光合效率（52%～90%）。某些化感物质进入珊瑚体内后还能够刺激珊瑚上微生物的生长而损害珊瑚。Morrow 等[61]通过室内研究发现，从两种网地藻中提取的亲脂性提取液，对珊瑚表面 50%的细菌都有影响。尽管有许多模拟实验演示了化学机制在介导海藻与珊瑚竞争过程中的潜在重要性，但是还没有一种海藻产生的化合物被证实能够调解海藻与珊瑚的相互作用[51, 58]。海藻影响珊瑚生长的化学机制还需要更深入的研究。

（三）微生物机制

珊瑚疾病通常是由微生物引起的，已经成为危害珊瑚健康的一个重要因素[62]。目前已知的珊瑚疾病类型有 30 多种，而确定病原体的却只有 6 种[29]。在大型海藻与珊瑚上都携带着各种微生物，Morrow 等[61]从大型海藻与珊瑚接触后的部位及接触后珊瑚产生的黏液中分离出 250 种细菌。通常情况下，健康珊瑚体内的细菌群落由于缺乏一些新陈代谢过程（如有机硫的代谢）而不会对珊瑚的健康造成影响[15]。

海藻通过微生物影响珊瑚的生长是一种间接方式。大型海藻能通过释放化学物质[包括可溶解有机碳（DOC）、化感物质等]而干扰珊瑚上的微生物群落，溶解有机碳（DOC）被认为会增加珊瑚体内微生物的活性而引发珊瑚疾病[58]。在一些实验中，移除大型海藻或者添加广谱抗生素后，海藻与珊瑚相互竞争造成的缺氧环境都能得到缓解，这表明缺氧环境可能是海藻引起细菌活跃的结果[15, 58]。通过 DDAM 模型能认识到，大型海藻通过释放溶解有机碳（DOC）提高细菌活性而引起珊瑚疾病和死亡[10]。此外，某些海藻还会向邻近珊瑚传输病原体而引起珊瑚疾病。Nugues 等[59]发现仙掌藻通过释放杀珊瑚橙色单胞菌（*Aurantimonas coralicida*）使造礁珊瑚 *Montastrea faveolata* 患上白色瘟疫-II疾病。珊瑚的抗病能力与其共生微生物群落关系密切，而共生微生物群落的稳定性与外界环境因子的改变密切相关[29]。虽然研究人员进行了很多的研究，但是对大多数珊瑚疾病的病原学介质还不是很清楚[63]。微生物感染珊瑚机会的增多，可能是大型海藻与珊瑚的竞争加剧造成的，也可能是海水温度升高、海水透明度减小、富营养化、过度捕捞等的后果[10]。

六、研究展望

我国珊瑚礁主要分布在南沙群岛、中沙群岛、西沙群岛、东沙群岛、海南岛、华南大陆沿岸、台湾岛等七大区域[2]。相较国外发达国家，我国在珊瑚礁生态系统的研究方面缺乏长期的现场监测和实验生物学的研究，特别是大型海藻在珊瑚礁生态系统中的作用亟待加强研究。目前，我国学者对大型海藻的研究，多集中在区域性大型海藻的群落结构、区系分析、多样性变化等方面[64]；此外，在利用大型海藻防治海水富营养化、控制赤潮等方面也做了相关研究[65, 66]。底栖海藻是珊瑚礁区不可或缺的成员，是珊瑚礁生态系统初级生产力的主要来源，对维持珊瑚礁生态系统的稳定有重要作用[13]。

综上所述，大型海藻对礁区珊瑚的影响途径是多种多样的，大型海藻的大量生长给珊瑚带来的不利影响是退化珊瑚礁恢复的关键屏障。珊瑚礁区内的大型海藻与珊瑚是相互竞争的，大型海藻能通过物理机制、化学机制及微生物机制直接或间接地对珊瑚的生长、繁殖、补充恢复过程造成不利影响，进而阻碍退化珊瑚礁的恢复或促使受干扰珊瑚群落的进一步退化。我国在大型海藻对珊瑚礁生态系统的影响方面的研究几乎是空白，有必要在以下几个方面加强研究。

（1）调查我国珊瑚礁区主要大型海藻的种类、分布与丰富度等，评价大型海藻对珊瑚礁生态系统的影响状况。

（2）开展现场调查与室内模拟实验，研究大型海藻对珊瑚生长、退化和恢复过程的作用机制。

（3）开展大型海藻与珊瑚竞争过程的长期观测研究，观测两者的动态变化关系。

（4）研究大型海藻抑制珊瑚的生长、繁殖和补充的影响机制，特别是通过大型海藻起作用的化学机制和微生物机制，在这里需要结合生理学和分子生物学技术并结合生态学研究手段，从微观角度研究大型海藻对珊瑚的影响机制[67]。

参 考 文 献

[1] Knowlton N. Ecology-coral reef biodiversity-habitat size matters. Science, 2001, 292(5521): 1493-1495.

[2] 余克服. 南海珊瑚礁及其对全新世环境变化的记录与响应. 中国科学: 地球科学, 2012, 42(8): 1160-1172.

[3] Steneck R S, Vavrinec J, Leland A V. Accelerating trophic-level dysfunction in kelp forest ecosystems of the western North Atlantic. Ecosystems, 2004, 7(4): 323-332.

[4] Knowlton N, Jackson J B C. Shifting baselines, local impacts, and global change on coral reefs. PLoS Biology, 2008, 6(2): 215-220.

[5] Littler M M, Littler D S. Models of tropical reef biogenesis: the contribution of algae. Progress in Phycological Research, 1984, 3: 323-364.

[6] McCook L J, Jompa J, Diaz-Pulido G. Competition between corals and algae on coral reefs: a review of evidence and mechanisms. Coral Reefs, 2001, 19(4): 400-417.

[7] Aronson R B, Precht W F. Conservation, precaution, and Caribbean reefs. Coral Reefs, 2006, 25(3): 441-450.

[8] Titlyanov E A, Yakovleva I M, Titlyanova T V. Interaction between benthic algae (*Lyngbya bouillonii, Dictyota dichotoma*) and scleractinian coral *Porites lutea* in direct contact. Journal of Experimental Marine Biology and Ecology, 2007, 342(2): 282-291.

[9] Lee R E. Phycology. 4th ed. Cambridge: Cambridge University Press, 2008.

[10] Barott K L, Rohwer F L. Unseen players shape benthic competition on coral reefs. Trends in Microbiology, 2012, 20(12): 621-628.

[11] Steneck R S, Watling L. Feeding capabilities and limitation of herbivorous molluscs: a functional group approach. Marine Biology, 1982, 68(3): 299-319.

[12] Littler M M, Littler D S. A relative-dominance model for biotic reefs. Proceedings of The Joint Meeting of The Atlantic Reef Committee and The International Society of Reef Studies, 1984: 1-2.

[13] Fong P, Paul V J. Coral reef algae//Dubinsky Z, Stambler N. Coral Reefs: an Ecosystem in Transition. Dordrecht: Springer, 2011: 241-272.

[14] Arnold S N, Steneck R S. Settling into an increasingly hostile world: the rapidly closing "recruitment window" for corals. PLoS One, 2011, 6(12): e28681.

[15] Barott K L, Rodriguez-Mueller B, Youle M, et al. Microbial to reef scale interactions between the reef-building coral *Montastraea annularis* and benthic algae. Proceedings of the Royal Society B: Biological Sciences, 2012, 279(1733): 1655-1664.

[16] Fricke A, Teichberg M, Beilfuss S, et al. Succession patterns in algal turf vegetation on a Caribbean coral reef. Botanica

Marina, 2011, 54(2): 111-126.
[17] Vermeij M J A, van Moorselaar I, Engelhard S, et al. The effects of nutrient enrichment and herbivore abundance on the ability of turf algae to overgrow coral in the Caribbean. PLoS One, 2010, 5(12): e14312.
[18] Hughes T P, Rodrigues M J, Bellwood D R, et al. Phase shifts, herbivory, and the resilience of coral reefs to climate change. Current Biology, 2007, 17(4): 360-365.
[19] Birrell C L, McCook L J, Willis B L, et al. Effects of benthic algae on the replenishment of corals and the implications for the resilience of coral reefs. Oceanography and Marine Biology: An Annual Review, 2008, 46: 25-63.
[20] Jompa J, McCook L J. Coral-algal competition: macroalgae with different properties have different effects on corals. Marine Ecology Progress Series, 2003, 258: 87-95.
[21] Wilkinson C. Status of coral reefs of the world. Townsville: Australian Institute of Marine Science, 2008: 1-304.
[22] McClanahan T R, Muthiga N A. An ecological shift in a remote coral atoll of Belize over 25 years. Environmental Conservation, 1998, 25(2): 122-130.
[23] Sweatman H, Delean S, Syms C. Assessing loss of coral cover on Australia's Great Barrier Reef over two decades, with implications for longer-term trends. Coral Reefs, 2011, 30(2): 521-531.
[24] 赵美霞, 余克服, 张乔民, 等. 近50年来三亚鹿回头岸礁活珊瑚覆盖率的动态变化. 海洋与湖沼, 2010, 41(3): 440-447.
[25] Bruno J F, Selig E R. Regional decline of coral cover in the Indo-Pacific: timing, extent, and subregional comparisons. PLoS One, 2007, 2(8): e711.
[26] Wilkinson C R. Status of Coral Reefs of the World. Townsville: Australian Institute of Marine Science, 2004: 1-316.
[27] Miranda R J, Cruz I C S, Leão Z M A N. Coral bleaching in the Caramuanas reef (Todos os Santos Bay, Brazil) during the 2010 El Niño event. Latin American Journal of Aquatic Research, 2013, 41(2): 351-360.
[28] Kuntz N M, Kline D I, Sandin S A, et al. Pathologies and mortality rates caused by organic carbon and nutrient stressors in three Caribbean coral species. Marine Ecology Progress Series, 2005, 294(1): 173-180.
[29] 黄玲英, 余克服. 珊瑚疾病的主要类型、生态危害及其与环境的关系. 生态学报, 2010, 30(5): 1328-1340.
[30] Bellwood D R, Hughes T P, Folke C, et al. Confronting the coral reef crisis. Nature, 2004, 429(6994): 827-833.
[31] Lang J C, Chornesky E A. Competition between scleractinian reef corals: a review of mechanisms and effects//Dubinsky Z. Ecosystems of the World: Coral Reefs. Amsterdam: Elsevier Science Publishers, 1990: 209-252.
[32] Diaz-Pulido G, McCook L J. Effects of live coral, epilithic algal communities and substrate type on algal recruitment. Coral Reefs, 2004, 23(2): 225-233.
[33] Nugues M M, Bak R P M. Long-term dynamics of the brown macroalga *Lobophora variegata* on deep reefs in Curacao. Coral Reefs, 2008, 27(2): 389-393.
[34] Ramos C A C, de Kikuchi R K P, Amaral F D, et al. A test of herbivory-mediated coral-algae interaction on a Brazilian reef during a bleaching event. Journal of Experimental Marine Biology and Ecology, 2014, 456: 1-7.
[35] Diaz-Pulido G, Di-Az J M. Algal assemblages in lagoonal reefs of Caribbean Oceanic Atolls//Lessios H A, Macintyre I G. Proceedings of the 8th International Coral Reef Symposium. Balboa: Smithsonian Tropical Research Institute, 1997: 827-832.
[36] Diaz-Pulido G, McCook L J, Dove S, et al. Doom and boom on a resilient reef: climate change, algal overgrowth and coral recovery. PLoS One, 2009, 4(4): e5239.
[37] Greenaway A M, Gordon-Smith D A. The effects of rainfall on the distribution of inorganic nitrogen and phosphorus in Discovery Bay, Jamaica. Limnology and Oceanography, 2006, 51(5): 2206-2220.
[38] Haas A, El-Zibdah M, Wild C. Seasonal monitoring of coral-algae interactions in fringing reefs of the Gulf of Aqaba, Northern Red Sea. Coral Reefs, 2010, 29(1): 93-103.
[39] Hughes T P. Communnity structure and diversity of coral reefs: the role of history. Ecology, 1989, 70(1): 275-279.
[40] Lirman D. Competition between macroalgae and corals: effects of herbivore exclusion and increased algal biomass on coral survivorship and growth. Coral Reefs, 2001, 19(4): 392-399.
[41] Buckley B A, Szmant A M. RNA/DNA ratios as indicators of metabolic activity in four species of Caribbean reef-building corals. Marine Ecology Progress Series, 2004, 282: 143-149.
[42] Rasher D B, Hay M E. Competition induces allelopathy but suppresses growth and anti-herbivore defence in a chemically rich seaweed. Proceedings of the Royal Society B: Biological Sciences, 2014, 281(1777): 481-494.
[43] River G F, Edmunds P J. Mechanisms of interaction between macroalgae and scleractinians on a coral reef in Jamaica. Journal of Experimental Marine Biology and Ecology, 2001, 261(2): 159-172.
[44] Inderjit, Dakshini K M M. Algal allelopathy. The Botanical Review, 1994, 60(2): 182-196.
[45] Rasher D B, Hay M E. Chemically rich seaweeds poison corals when not controlled by herbivores. Proceedings of the National Academy of Sciences of the United States of America, 2010, 107(21): 9683-9688.
[46] Rasher D B, Stout E P, Engel S, et al. Macroalgal terpenes function as allelopathic agents against reef corals. Proceedings of

the National Academy of Science of the United States of America, 2011, 108(43): 17726-17731.
[47] Tanner J E. Competition between scleractinian corals and macroalgae: an experimental investigation of coral growth, survival and reproduction. Journal of Experimental Marine Biology and Ecology, 1995, 190(2): 151-168.
[48] Rinkevich B, Loya Y. Variability in the pattern of sexual reproduction of the coral *Stylophora pistillata* at Eilat, Red Sea: a long-term study. Biological Bulletin, 1987, 173(2): 335-344.
[49] Foster N L, Box S J, Mumby P J. Competitive effects of macroalgae on the fecundity of the reef-building coral *Montastraea annularis*. Marine Ecology Progress Series, 2008, 367: 143-152.
[50] Stöcklin J, Winkler E. Optimum reproduction and dispersal strategies of a clonal plant in a metapopulation: a simulation study with *Hieracium pilosella*. Evolutionary Ecology, 2004, 18(5-6): 563-584.
[51] Diaz-Pulido G, Harii S, McCook L J, et al. The impact of benthic algae on the settlement of a reef-building coral. Coral Reefs, 2010, 29(1): 203-208.
[52] Kuffner I B, Walters L J, Becerro M A, et al. Inhibition of coral recruitment by macroalgae and Cyanobacteria. Marine Ecology Progress Series, 2006, 323: 107-117.
[53] Kuffner I B, Paul V J. Effects of the benthic cyanobacterium *Lyngbya majuscula* on larval recruitment of the reef corals *Acropora surculosa* and *Pocillopora damicornis*. Coral Reefs, 2004, 23(3): 455-458.
[54] Ritson-Williams R, Arnold S V, Fogarty N, et al. New perspectives on ecological mechanisms affecting coral recruitment on reefs. Smithsonian Contributions to Marine Science, 2010, 38(437): 457.
[55] Dixson D L, Abrego D, Hay M E. Chemically mediated behavior of recruiting corals and fishes: a tipping point that may limit reef recovery. Science, 2014, 345(6199): 892-897.
[56] Price N. Habitat selection, facilitation, and biotic settlement cues affect distribution and performance of coral recruits in French Polynesia. Oecologia, 2010, 163(3): 747-758.
[57] Birrell C L, McCook L J, Willis B L. Effects of algal turfs and sediment on coral settlement. Marine Pollution Bulletin, 2005, 51(1-4): 408-414.
[58] Smith J E, Shaw M, Edwards R A, et al. Indirect effects of algae on coral: algae mediated, microbe induced coral mortality. Ecology Letters, 2006, 9(7): 835-845.
[59] Nugues M M, Smith G W, Hooidonk R J, et al. Algal contact as a trigger for coral disease. Ecology Letters, 2004, 7(10): 919-923.
[60] Thacker R W, Becerro M A, Lumbang W A, et al. Allelopathic interactions between sponges on a tropical reef. Ecology, 1998, 79(5): 1740-1750.
[61] Morrow K M, Paul V J, Liles M R, et al. Allelochemicals produced by Caribbean macroalgae and Cyanobacteria have species-specific effects on reef coral microorganisms. Coral Reefs, 2011, 30(2): 309-320.
[62] Bruno J F, Selig E R, Casey K S, et al. Thermal stress and coral cover as drivers of coral disease outbreaks. PLoS Biology, 2007, 5(6): 1220-1227.
[63] Bourne D G, Garren M, Work T M, et al. Microbial disease and the coral holobiont. Trends in Microbiology, 2009, 17(12): 554-562.
[64] 夏邦美, 王广策, 王永强. 三沙市南海诸岛底栖海藻区系调查及其与其他相关区系的比较分析. 海洋与湖沼, 2013, 44(6): 1681-1704.
[65] 张善东, 俞志明, 宋秀贤, 等. 大型海藻龙须菜与东海原甲藻间的营养竞争. 生态学报, 2005, 25(10): 2676-2680.
[66] 张善东, 宋秀贤, 王悠, 等. 大型海藻龙须菜与锥状斯氏藻间的营养竞争研究. 海洋与湖沼, 2005, 36(6): 556-561.
[67] 廖芝衡, 余克服, 王英辉. 大型海藻在珊瑚礁退化过程中的作用. 生态学报, 2016, 36(21): 6687-6695.

第六节　珊瑚礁区底栖动物群落的特点及其生态功能[①]

底栖动物是指其生命过程的全部或绝大部分时间都生活在水体底部的动物的总称。海洋底栖动物是海洋生物的重要组成部分，大部分种类的底栖动物处于食物链的中间位置，在海洋生态系统的能量流动和物质循环中起着关键作用[1, 2]。除了一些在底表自由生活、具有稍强活动能力的种类外，大部分底栖动物种类都营固着或埋栖生活，活动能力较弱，在环境条件发生变化时底栖动物难以逃离，因而更容易受

---

① 作者：许铭本，余克服，王英辉

环境变化的影响,能够更为真实地反映环境对生物的影响效应。因此底栖动物的群落结构可作为反映综合环境特征的指示,如端足类动物对环境中的有机物含量尤其是石油类污染较为敏感,而多毛类对有机污染的耐受性则较强,因而可将多毛类和端足类的丰度比值作为有机污染的指示[3, 4]。

底栖动物群落是具有极高生物多样性的珊瑚礁系统的重要组成部分。据李新正和王永强的统计,我国西沙群岛和南沙群岛已报道的底栖生物分别有309科663属1570种和309科837属1444种[5]。这些底栖动物中有许多是具有较高利用价值的种类,有一些可供食用,其中不乏名贵种类,如龙虾、口虾蛄、蟹类、海胆、海参等。除作为食物外,有些种类的底栖动物还可用于制造药物,从某些海绵、海葵、海胆等底栖动物中提取的活性物质具有抗癌、抗菌、延缓衰老、止痛、治疗心血管疾病等功效,具有广阔的药物应用潜力[6, 7]。珊瑚礁区底栖动物的生态功能包括参与构建珊瑚礁区的栖息环境、参与造礁、传递物质和能量及维护系统稳定等方面。

在全球变暖、海洋酸化、环境污染、海水富营养化、过度捕捞等各种人类活动和环境变化压力下,珊瑚礁生态系统正不断退化[8-10]。作为珊瑚礁区主要成员的底栖动物,也不可避免地受到了影响。本节对珊瑚礁区底栖动物群落生态特征、生态功能、对全球变化和人类活动的响应等方面的研究进行了初步总结,以期为深入研究南海珊瑚礁生态系统提供科学依据。

一、珊瑚礁区底栖动物群落的总体特点

(一)空间异质性高

珊瑚礁生境的最大特点是空间异质性高。珊瑚礁主要由造礁石珊瑚分泌的碳酸钙遗骸构成。同一海区的珊瑚礁一般由几十到数百种珊瑚构成[11, 12],不同种类珊瑚骨骼的微细结构差别很大,孔隙度不一,所形成礁石的空间结构差别也很大,Bellwood和Hughes[13]将造礁珊瑚分成分枝状、叶片状、块状、蜂巢状和结壳状。同一种类珊瑚由于所处环境的水动力、气象、光照等条件的不同,以其为主导所形成的礁石微地貌形态也会不同,并进一步造成水流、沉降等局部沉积条件的差异。除了增加碳酸钙这一功能之外,不少底栖动物如海绵、双壳类和管栖多毛类等也直接参与造礁过程,与珊瑚一起形成复杂的礁体三维空间结构。正是因为珊瑚礁区多变的基质、复杂的地形和礁体结构,以及由此而产生的水动力条件的差异,将珊瑚礁环境分割成许多大小不一的缀块,形成了空间异质性程度较高的生境。

较高的空间异质性为高生物多样性提供了基础。空间异质性学说认为环境空间异质性程度的增加,能够提供更多的生态位,以及更多样化的资源利用方式,从而孕育了高的生物多样性[14]。Idjadi和Edmunds[15]对加勒比海维尔京群岛中的圣约翰岛珊瑚礁区底栖生物的研究发现,石珊瑚的种类丰富度、活珊瑚的覆盖度及结构的复杂程度等3项指标与栖居于其间的无脊椎动物种类多样性之间存在显著的正相关性。珊瑚礁的斑块镶嵌结构导致了珊瑚礁区底栖生物种类分布的不均匀性,从而形成了不同的群落结构。Jimenez等[16]对马尔代夫芭环礁的底栖群落结构进行研究,发现由于斑块镶嵌分布导致不同站点之间存在物种的差异,进而导致群落结构的差异性,并建议建立一些中等大小(约1km^2)的保护斑块,以尽可能涵盖该区所有的生物种类。

(二)生物多样性丰富

珊瑚礁生态系统生物多样性较高,可与热带雨林媲美[17, 18]。Reaka-Kudla[18]将珊瑚礁群落分为3个主要组成部分:生活在水体的鱼类、浅表底生物(epibenthic organism)和生活在礁石内部的隐生动物(cryptofauna),他认为隐生动物才是珊瑚礁群落生物量和多样性的最主要贡献者,并将其比喻为热带雨林

中的昆虫。前人的研究显示，珊瑚礁区的底栖动物种类丰富，生物多样性要显著高于一般海区。例如，Taylor[19]曾在非洲塞舌尔珊瑚礁区海域发现了320种软体动物。Peyrot[20]曾记录了776种生活在茉莉雅岛珊瑚礁礁坪死珊瑚中可移动的隐生动物。Gibbs[21]在一块死礁岩内发现220种（共8265个）隐生动物。Grassle[22]曾在一块活珊瑚中发现了103种多毛类动物。李新正等[23]在对南沙渚碧礁的调查中采集到了314种大型底栖动物，物种丰富度指数平均值为19.58，Shannon-Wiener指数平均值为3.70。董栋等[24]在对三亚珊瑚礁的调查中发现了大型底栖动物166种，物种丰富度指数平均值为7.91，Shannon-Wiener指数平均值为3.06。通过与一般海域进行比较，可发现珊瑚礁区的底栖动物多样性明显高于一般海域，尤其是物种丰富度指数，如南海南沙群岛渚碧礁珊瑚礁区该指数值是黄海中部胶州湾等非珊瑚礁海域的6倍[25]。

（三）主要类群组成

珊瑚礁区的底栖动物种类丰富，在已知的35类后生动物中，除其中的3类[有爪动物门（Onychophora）、直泳虫门（Orthonectida）和环口动物门（Cycliophora）]外，其余种类均在珊瑚礁中发现其踪迹[26]。根据其在珊瑚礁中的丰度，以及在珊瑚礁中的生态功能，最主要的有以下8类：多孔动物、刺胞动物、环节动物、星虫动物、节肢动物、软体动物、棘皮动物和脊索动物[27]。

（1）多孔动物，即海绵动物，在所有珊瑚礁中都具有很高的物种多样性和生物量，如澳大利亚的大堡礁中栖息着超过1000种海绵[28]。珊瑚礁中的多孔动物门可分为钙质海绵纲和寻常海绵纲，其中寻常海绵纲的种类和丰度较为丰富，据Hooper和van Soest[29]的统计，该纲物种约占据了目前已见描述的所有海绵动物总数的85%。海绵为生活在其内部宽阔的腔洞结构中的生物提供了一个复杂的栖息和庇护环境。Pearse[30,31]对栖息在海绵群体内部的动物进行研究，在同一个 Spheciospongia vesparia 海绵群体中发现了17 128个（22种）动物，密度达0.035~0.16ind/cm^3，这些动物包括真虾、短尾类、瓷蟹、口足类、端足类、鱼类、双壳类、腹足类、环节动物、海葵、海参和海蛇尾等。而Magnino等[32]则在隋氏蒂壳海绵（Theonella swinhoei）中发现了密度达73ind/cm^{3}的触海绵单裂虫（Haplosyllis spongicola）小型多毛类蠕虫。在为其他种类生物提供栖息环境的同时，海绵还具有维持珊瑚礁物理结构稳定性的作用，将松动的碳酸盐颗粒黏附在一起，既有助于形成整体的礁凸起结构，也有助于减少礁石与礁体之间的摩擦，从而提高小群体珊瑚虫的存活率[28]。

（2）刺胞动物。珊瑚礁区的刺胞动物主要为水螅纲和珊瑚虫纲的种类，其中珊瑚礁碳酸钙的主要贡献者为珊瑚虫纲石珊瑚目种类。全球范围内的石珊瑚可分为2个区系：印度-太平洋区系和大西洋-加勒比海区系。印度-太平洋区系的石珊瑚种类最为丰富，共有86属1000余种[33]。除了石珊瑚外，刺胞动物中的其他种类也具有较高的丰度，偶尔还会成为优势种出现在珊瑚礁生态系统中。水螅虫类通常在种类和丰度方面在珊瑚礁生物中占据重要地位。Kirkendale和Calder[34]曾预测关岛海域的水螅虫动物可能高达100种。六放珊瑚亚纲的海葵、八放珊瑚亚纲的软珊瑚和柳珊瑚，也是珊瑚礁中常见且对珊瑚礁群落结构具有重要作用的种类。许多八放珊瑚种类以其大而复杂的外部形态为无脊椎动物（和鱼类）提供了适于聚居的庇护场所。六放珊瑚亚纲的海葵在一些浅水珊瑚区能够形成大面积的群体，成为优势种[35]。

（3）环节动物：有近30个科的多毛类环节动物出现在珊瑚礁中，主要是数量丰富的浅表底栖动物和隐生动物[26]。Grassle[22]曾经在一小块珊瑚礁中发现1441个多毛类个体，占无脊椎动物数量的2/3。多毛类对珊瑚礁的最大影响表现为对珊瑚礁碳酸钙的生物腐蚀破坏，它们通过机械或化学作用嵌入礁体内部，形成管状腔洞[36]。腔洞内的多毛类蠕虫死亡后，这些管状物会被海蛇尾及其他一些不形成栖管的多毛类等各种穴居动物所栖居。多毛类还能够影响石珊瑚的骨骼形态，包括增加珊瑚群体表面的皱纹[37-39]、在凹陷处形成凹槽和导管、在大块的珊瑚群体表面形成分隔、形成分枝及形成圆锥形的生长。嵌入珊瑚骨骼中的定栖性多毛类一直被认为是偏利共生者，但是在澳大利亚海域多毛类大旋鳃虫（Spirobranchus *giganteus*）却能够保护其珊瑚宿主（滨珊瑚）免受长棘海星的攻击[40]。在红海埃拉特港，研究人员发现位于 *S. giganteus* 附近的珊瑚组织比周围其他地方的珊瑚具有更高的存活率，并初步推断原因是蠕虫能够改善水流循环、增加废物的扩散速度和提高营养物质的利用效率[41]。

（4）星虫动物：星虫动物种类较少，已发现种类仅为 320 余种[27]，但其中的几种（主要为革囊星虫纲种类）对珊瑚礁的骨骼具有侵蚀作用，可侵蚀死或活的珊瑚，是主要的侵蚀性生物之一[36]。Williams 和 Margolis[42]对星虫的钻孔机制进行了研究，发现其通过化学和机械的共同作用进行挖掘。礁石中的星虫有时能达到很高的密度，研究人员曾在夏威夷海域的礁灰岩中发现 700ind/m^2 的星虫[43]。

（5）节肢动物：节肢动物的种类丰富程度仅次于软体动物，其中既包括作为顶级捕食者的口足类、中等体形的十足类，也有桡足类、端足类等体形微小的种类。口足类利用其强有力的螯足来捕食猎物，同时还能挖掘珊瑚礁石，形成腔洞。十足类包括虾（真虾下目）、真蟹（短尾下目）、寄居蟹和瓷蟹（异尾下目），以及龙虾（龙虾下目）等。热带珊瑚礁区的虾类以长臂虾科、叶颚虾科、鼓虾科及藻虾科的种类最为丰富，常与其他无脊椎动物共生[44]。代表性的蟹类包括蜘蛛蟹（蜘蛛蟹科）、瘤蟹（扇蟹科）、菱蟹科、方蟹（方蟹科）、泥蟹（沙蟹科）、不规则蟹（圆顶蟹科、拟梯形蟹科和梯形蟹科），以及珊瑚瘿蟹（隐螯蟹科）等[27]。梯形蟹科与刺胞动物之间存在共生关系，在石珊瑚的分枝间活动，以珊瑚黏液、碎屑及珊瑚虫捕获的浮游动物为食[45]。寄居蟹和瓷蟹为珊瑚礁歪尾目中最常见的类群。绝大多数寄居蟹是杂食性食碎屑者，但也有一些是吞噬珊瑚组织的种类[27]。龙虾是杂食性食腐动物，但也会捕食海胆等猎物[46]。桡足类常和其他无脊椎动物共生，Humes[47]发现杯口水蚤目桡足类和石珊瑚的共生关系最为密切，该目中珊虱科（Xarifiidae）的绝大部分种类与石珊瑚共栖，具有特征明显的修长躯干，分区不明显，附肢简化等。

（6）软体动物：软体动物种类最多，根据 Bouchet[48]的统计，全球范围内已被记录的软体动物超过 52 000 种，位居海洋无脊椎动物种类数之冠。珊瑚礁中的软体动物既包括在底表自由活动的石鳖、腹足类，也有固着于珊瑚礁表面的双壳类，同时还有一些具有钻孔能力、生活在珊瑚礁内部的侵蚀性种类，如石蛏和海笋。大部分软体动物都具有碳酸钙的外壳，属于造礁生物之列。

（7）棘皮动物：珊瑚礁区的棘皮类种类和丰度相对较丰富，据 Pawson[49]估计，生活于印度-太平洋珊瑚礁区的棘皮动物种类数高达 1500 种。棘皮动物中的海胆主要以底栖藻类为食，在控制大型藻类丰度方面具有重要作用[50]。然而当海胆大量出现时，也会对珊瑚礁造成啃食破坏[51]。棘皮动物中的长棘海星以珊瑚为食，近年来该物种多次暴发，对珊瑚礁资源造成了毁灭性的破坏[52, 53]。

（8）脊索动物：珊瑚礁区的脊索动物主要为海鞘类，通常隐秘地生活在珊瑚礁空腔或缝隙中，在捕食者缺失的情况下，海鞘可出现爆发式的增殖[54]。

二、珊瑚礁区底栖动物的生态功能

珊瑚礁区底栖动物种类繁多，是珊瑚礁生态系统的重要组成部分，具有复杂而重要的生态功能。

（1）营造生境，为珊瑚礁区生物提供庇护、摄食和繁殖场所。那些可形成结构或基质供另一种生物栖息的生物被称为"生境提供者"（habitat provider）[27]。海绵、石珊瑚、柳珊瑚、海葵等是常见的生境提供者，某些管栖多毛类、海胆、海鞘甚至贝类等也能够为其他种类的生物提供逃避捕食的庇护场所。石珊瑚是最主要的生境提供者，能够为大部分与珊瑚礁相关的生物提供栖息生境，为钻孔生物（如海绵、双壳类、多毛类、星虫等）或固着的隐生种类（如海绵、苔藓虫、被囊类等）提供永久的庇护处。而栖息于石珊瑚中的海绵、双壳类、海葵等又能够为其他动物提供栖息的小生境。海绵的内部结构错综复杂，其间生活着各种动物[30]；在死去的双壳类所留下的钻孔中，经常会发现扇蟹、海蛇尾及各种多毛类动物。

（2）产生碳酸钙，参与造礁过程。石珊瑚是最主要的造礁生物。很多种类的底栖生物也参与到造礁过程，如珊瑚藻、海绵、管栖多毛类、贝类和棘皮动物等。这类生物通常具有钙质或硅质的骨骼，通过物理或化学作用镶嵌或黏附到珊瑚礁体上，成为珊瑚礁钙质体的一部分[55]。双壳类中的砗磲在一些珊瑚礁区能达到很高的丰度，如法属波利尼西亚群岛珊瑚礁中的长砗磲（Tridacna maxima）密度显著高于一般海区[56, 57]，其中的塔塔科托岛（11.46km²）、土布艾岛（16.3km²）和方阿陶岛（4.05km²）珊瑚礁中砗磲的栖息量分别为（88.3±10.5）×10⁶ 个、（47.5±5.2）×10⁶ 个和（23.6±5.3）×10⁶ 个，局部区域砗磲的密度高达（58.1±21.2）个/m²，这 3 个岛砗磲的总生物量分别为（1485±177）t、（2173±232）t和（1162±272）t，总生物量中约 83%为壳重。法属波利尼西亚群岛有一个被称为"mapiko"的小岛，几乎完全由砗磲壳堆积而成[57]。

（3）维护珊瑚礁生态系统稳定。在珊瑚礁生态系统中，各种生物之间相互制衡，群落中各物种丰度处于一个动态的平衡过程，从而保持系统的相对稳定，避免生态失衡。这种相互制衡包括草食性的底栖动物对肉质大型海藻的控制作用，以及大型肉食性动物对其他动物的捕食作用。草食性动物，如海胆等对大型海藻的啃食作用能够限制海藻的大量增殖。在草食性底栖动物缺失的条件下，珊瑚礁群落存在演替成以大型海藻为优势种群落的风险[58]。Hughes[59]的研究发现牙买加沿岸以大型海藻为食的 Diadema antillarum 海胆受疾病感染而数量锐减，导致大型海藻大量繁殖，在与珊瑚的竞争中取得优势，最后导致了珊瑚大量死亡。肉食性动物对其他动物的控制作用也是维持珊瑚礁生态系统稳定的另一个方面。虽然尚未得到证实，但有学者认为长棘海星的大规模暴发可能与法螺数量的减少有关[60]。

（4）物质和能量系统中重要的一环。珊瑚礁分布海域的水体营养盐水平通常较低，然而却能够维持较高的生物量和丰富的生物多样性，这就是著名的达尔文悖论（Darwin's paradox）[61]。产生这种现象的原因之一是珊瑚礁生态系统中存在着大量处于营养级中间位置，能够对初级生产力进行有效利用，同时又能很好地为捕食者所消费的无脊椎动物[62, 63]。Kramer 等[64]对大堡礁蜥蜴岛附近珊瑚礁区域的底栖甲壳类进行了定量调查，并与同一区域的鱼类进行了比较，发现甲壳类的丰度（338 672ind/m²）比鱼类丰度（20ind/m²）高 4 个数量级。该研究认为这些底栖动物能够快速地将初级生产力转化为次级生产力，将能量从低级向高级传递，从而维持鱼类等高级捕食者的高丰度和高多样性[64]。底栖动物中有一类为穴居性种类，这类生物生活于珊瑚礁发达的腔洞中，能够对水体中的浮游植物进行高效利用，将浮游植物所固定的有机碳转移到珊瑚礁系统中。Richter 等[65]曾对红海珊瑚礁区的穴居性种类进行研究，发现以海绵为首的这类生物在 5min 内即能够捕获 60%流经珊瑚缝隙的海水中的浮游植物，约相当于 0.9g C/（m²·d）的固定能力。底栖动物对物质和能量的高效利用还表现在食性的多样化上，除了草食动物和肉食动物，还包括滤食性动物、腐食性动物、食碎屑动物、食黏液动物等。多样化的食性能够实现物质和能量的最大化收集和利用，并将其传递给更高的营养层次[66]。

三、全球变化和人类活动对珊瑚礁区底栖动物的生态影响

全球性的环境变化和人类活动（包括富营养化、过度捕捞、海洋酸化、海水温度升高等）已经开始影响整个海洋生态系统，对珊瑚礁的影响尤为严重[8, 67-70]。环境变化影响珊瑚礁生态系统，当然也包括生活于其中的底栖动物。因此，不少珊瑚礁领域的生态学家开始关注全球变化对底栖群落的影响，以及底栖群落对这些变化的响应，并寻求相关保护措施。

（一）退化的珊瑚礁生态系统对底栖动物的影响

尽管在对导致珊瑚礁系统退化的主要原因方面仍存在争议，但该系统正处于退化的过程中却是个不争的事实[70]。Wilkinson[69]对全球珊瑚礁的健康状况进行了评估，认为全球大约有 19%的珊瑚礁正迅速消

失，约35%的珊瑚礁将面临严重的威胁，仅有46%的珊瑚礁相对健康。珊瑚礁生态系统退化主要表现为白化、活珊瑚覆盖度下降及藻类等覆盖度上升。退化的珊瑚礁系统对栖息于其间的底栖动物的影响是一个复杂的过程。首先受影响最大的是以珊瑚组织、黏液或脂肪体为食物的动物，活珊瑚数量的减少将导致这类生物量降低。其次是那些利用珊瑚礁框架结构作为庇护场所的生物也会受到影响。Carlton等[71]利用"物种-面积"关系对珊瑚礁区生物灭绝情况进行估算，认为5%的礁栖生境的减少会导致1000~1200种已知礁栖生物和10 000~12 000种未知礁栖生物消失。然而需要指出的是，通常情况下珊瑚的白化死亡并不会马上导致珊瑚礁框架的崩解和栖息生境的消失，因为在导致白化的环境压力消失或减轻后，活珊瑚的数量会得到补充恢复[72]。

（二）富营养化

富营养化是指氮、磷等营养物质含量过多而引起的水体污染现象[73]。石珊瑚总体适应于贫营养的水体[74]。富营养化对石珊瑚的直接负面影响包括导致钙化率下降[75]、限制石珊瑚生长和繁殖[76, 77]。Falkowski等[78]的研究显示，水体营养盐含量升高，会促使珊瑚虫体内共生的虫黄藻密度增加，但虫黄藻光合作用所获取的大部分碳都用于共生虫黄藻的生长而不是传递给珊瑚虫，从而影响了珊瑚虫的生长、钙化及其他生理活动。

对于底栖生物群落而言，营养盐含量的增加首先是直接促进底栖和浮游藻类的增长[79]。一方面，大型底栖肉质海藻的增长对珊瑚虫形成了竞争压力[80]。水体的富营养化有利于大型底栖肉质海藻的生长，在植食性动物缺乏的情况下，大型海藻在与石珊瑚的竞争中将处于优势，并最终引发生态相变（phase shift），导致礁体生态系统演变为以大型海藻为主[81]。另一方面，大量生长的底栖或浮游藻类为植食性底栖动物提供充足的食物，促进这类动物的增长，甚至可能出现暴发性的增殖。Brodie等[82]研究表明，在过去的100年里，注入大堡礁中部的河流的营养盐含量至少增加了4倍，导致大堡礁近岸水体中浮游植物密度增加了2倍，长棘海星（*Acanthaster planci*）幼虫获得充足的浮游植物，存活率提高了10倍，这被认为是长棘海星大规模暴发的主要原因之一。另外，富营养化导致的藻类过度生长，为海胆提供了充足的食物，被怀疑是珊瑚礁区海胆暴发的原因之一[51]。

（三）过度捕捞

生物资源丰富的珊瑚礁区也面临着过度捕捞、渔业资源逐步枯竭的风险[83]。生态系统中捕食者对猎物的捕食是控制其数量的重要途径，其中顶级捕食者位于食物链的顶端，具有更加重要的控制作用。顶级捕食者的缺失，会引发一系列的营养级连锁反应，最终导致生态失衡[84]。珊瑚礁生态系统中有2条重要的食物链：鱼类捕食海胆，海胆摄食底栖藻类（或珊瑚）；法螺（或鱼类）捕食长棘海星，长棘海星捕食珊瑚。这2条食物链的顶级捕食者（鱼类、法螺）在受到过度捕捞影响时，将失去对猎物（海胆和长棘海星）的控制作用，进而导致海胆和长棘海星的大规模暴发[51, 85-87]。Brown-Saracino等[88]认为伯利兹沿岸珊瑚礁区海胆的泛滥与该区域承受的捕捞压力有关，其研究显示，在海洋保护区（MPA）内，隆头鱼科的密度为 10ind/100m^3，海胆密度小于 1ind/m^2；而在非保护区内，隆头鱼密度仅为 1~3ind/100m^3，海胆密度达 18~40ind/m^2。海胆和长棘海星的数量一旦失控，将会对珊瑚礁生态系统造成严重破坏。大规模暴发的海胆会啃食珊瑚礁表面的藻类，致使碳酸钙裸露，加剧生物侵蚀。在Brown-Saracino等[88]的研究中，保护区内珊瑚礁侵蚀率为 0.2kg/（m^2·a），而非保护区内的侵蚀率高达0.3~2.6kg/（m^2·a）。海胆还会直接啃食珊瑚，对珊瑚礁造成破坏。据Qiu等[51]在2011年的调查显示，香港海域曾遭受了刺冠海胆（*Diadema setosum*）的破坏，其中双倍岛海域的礁群受损最为严重，约90.3%

的珊瑚丛遭到了严重破坏。长棘海星的暴发对珊瑚礁的破坏程度更大。成年的长棘海星以珊瑚为食，一只成年长棘海星每天能够啃食 100~200cm^2 的石珊瑚[27]。在 1985~2012 年，平均每年因长棘海星啃食导致大堡礁海域石珊瑚的覆盖度下降 1.24%[52]。我国的西沙群岛海域珊瑚礁区也曾遭受长棘海星的破坏[53]。目前普遍认为过度捕捞导致长棘海星捕食者数量减少，是长棘海星暴发的另一个原因[85-87, 89]。Dulvy 等[85]曾调查了斐济海域 13 个岛屿的珊瑚礁区长棘海星密度和捕食者密度之间的关系，发现与捕捞强度最轻的海域相比，捕捞强度最大的海域的捕食者密度下降了 61%，相应地其长棘海星的密度上升了 3 个数量级（达 10^5ind/km^2）。对植食性动物的过度捕捞也会导致肉质大型海藻的大量增殖，引发生态失衡。植食性动物（包括鱼类和底栖无脊椎动物）的啃食，在控制大型藻类丰度、保持礁群中石珊瑚的优势度方面具有重要作用[50]。

过度捕捞和富营养化均有利于大型海藻的生长，使其在与珊瑚的竞争中占优势，从而导致珊瑚礁发生相变[80, 81]。过度捕捞使得草食性动物大量减少，对大型海藻的消费量减少而有利于其增长，该途径称为下行控制（top-down control）；而富营养化则促进了大型海藻的生长，该作用称为上行控制（bottom-up control）[90, 91]。近年来有许多学者围绕着上行控制和下行控制问题进行了探讨，试图揭示两者在影响底栖生物群落变化方面所起的作用，以及两种因素之间的关系。有学者认为下行控制在影响珊瑚礁底栖群落结构方面的作用稍强。Stuhldreier 等[92]在泰国帕岸岛海域珊瑚礁区进行了富营养化和过度捕捞对底栖群落影响的现场模拟试验，结果显示，过度捕捞是该海域的主要影响因子，将草食动物隔离（类似于过度捕捞）后，大型海藻和群体海鞘生物量显著增加。Mörk 等[90]在肯尼亚珊瑚礁区的研究也表明，过度捕捞对珊瑚礁底栖群落的影响程度要大于富营养化，如将草食动物隔离后，大型海藻的生物量增加了 77%。然而，也有研究结果认为珊瑚礁相变的主导因素并非来自于过度捕捞。例如，Plass-Johnson 等[93]在印度尼西亚斯珀蒙德群岛海域珊瑚礁区进行的试验显示，捕食者的隔离并未对底栖群落产生明显影响，并推测可能是由于一些未被隔离的中等体形植食动物在控制群落结构方面起主要作用。Roth 等[94]在哥斯达黎加近岸受上升流影响的珊瑚礁区进行的研究显示，捕食者缺失（过度捕捞）和营养盐升高（受上升流影响而季节性变化）均会对底栖群落组成产生显著影响。可见，富营养化和过度捕捞都可能会对底栖群落的结构产生影响，哪种因素起主导作用则取决于当地的具体生态条件，包括光照条件、水动力条件、原有生态系统结构及大型藻类的种类组成等[90]。下行和上行作用往往同时存在，共同影响珊瑚礁底栖群落结构。McCook[81]认为富营养化导致珊瑚礁发生生态相变的前提是草食性动物丰度较低。Smith 等[91]在夏威夷群岛普阿科礁进行的研究发现，在营养盐加富（富营养化）条件下，食草动物隔离处理组表现为肉质海藻大量增长，而食草动物未移除组则表现为壳状珊瑚藻（crustose coralline algae，CCA）覆盖度增加。在恢复到正常的草食动物存在条件后，底栖群落结构发生逆转（肉质海藻逐渐减少，壳状珊瑚藻增加），但营养盐加富组的逆转时间要比未加富组滞后 2 个月。

（四）海洋酸化和海水升温

目前普遍认为温室气体 CO_2 的过度排放，大气中 CO_2 含量不断上升，是导致全球变暖的主要原因[95]。同时，CO_2 溶解到海水中，也会使海水 pH 下降[96]。即导致海洋酸化和海洋水温升高的根本原因是相同的，因此常常同时对二者的影响作用进行研究。

海洋酸化对钙质骨骼生物影响甚大，可影响骨骼钙化率，甚至导致骨骼溶解[97]。有研究表明，在适宜温度条件下，珊瑚利用钙的能力与海水中碳酸钙的饱和程度呈正相关[98]，而 pH 的降低会导致海水中碳酸钙饱和程度下降[99]。De'Ath 等[68]通过对大堡礁 328 个滨珊瑚进行分析，发现该海域滨珊瑚钙化率自 1960 年后开始下降，在 1990~2005 年的钙化率下降幅度达 14.2%。该研究认为不断上升的海水温度及持续下降的海水文石饱和程度可能是导致大堡礁珊瑚碳酸钙沉淀能力下降的原因。Beauchamp 和 Grasby[100]对加拿大北极圈群岛古生物的研究发现，海洋酸化能抑制钙质骨骼生物的生长，使得大部分海绵（硅质骨针种类）在竞争中取得优势。然而并非所有的海绵都是硅质骨针，据统计，约有8%种类的海绵为钙质骨针，这些钙质骨针的海绵同样也会受到海洋酸化的影响[101, 102]。

海水升温是珊瑚白化的主要诱发因素之一[103-105]。珊瑚白化是由于珊瑚失去体内共生的虫黄藻和（或）共生的虫黄藻失去体内色素而导致珊瑚礁变白的生态现象[105]。Hoegh-Guldberg[104]发现，1979~1999年6次较严重的白化事件均发生在厄尔尼诺-南方涛动（ENSO）期间，其中以1998年的白化最为严重，这也是有记录以来最强的一次厄尔尼诺-南方涛动。据Wilkinson[72]的统计，1998年的白化事件共导致全球约16%的珊瑚礁受到严重破坏，其中损失最为严重的是印度洋海域，该区域约50%的珊瑚礁出现白化。

海洋酸化和海洋水温升高对于不同种类的底栖生物及同种生物不同阶段的影响作用差异较大。水温的上升（若低于耐受范围）能够提高代谢率，增强精子的游泳能力，并且由于海水黏度随温度上升而下降，这种综合作用使得精卵之间的接触机会增加，从而提高了海洋无脊椎动物的繁殖率[106]。Harney等[107]分析了pH和温度变化对长牡蛎（$Crassostrea\ gigas$）幼虫蛋白质组分变化的影响，发现细微的参数变化都能够影响幼虫的发育，并对整个生命过程存在潜在影响，而且pH和温度这两种条件变化的影响作用是非叠加性的。Byrne等[108]的研究发现，水温升高可加速海星$Heliocidaris\ tuberculata$幼虫的生长，而低pH则使其发育迟滞。在两种不利条件下海星的畸形率都略有上升，但大部分个体发育正常，这意味着$H.\ tuberculata$能够很好地适应未来的海洋环境变化。Hernroth等[109]研究了在pH为7.7（普遍预测的2100年的海水酸度值）条件下，海星$Asterias\ rubens$免疫能力的变化情况，结果显示在低pH条件下，海星的免疫能力下降，更易遭受病原感染。Wood等[110]发现海水pH的下降会令海蛇尾（$Amphiura\ filiformis$）代谢率提升，肌肉组织含量下降，并进一步影响其反应速度和挖掘能力。可见，不同生物对海洋酸化和水温升高的敏感程度不同，那些耐受性较强的生物将在环境变化的过程中处于优势。目前关于海洋酸化和海洋水温升高对于珊瑚礁区底栖动物的影响的模拟试验，多限于对某种或某类动物短期影响的模拟，而鲜有关于海洋酸化和海洋水温升高对于珊瑚礁底栖动物群落整体影响的研究报道。

四、我国珊瑚礁区底栖动物研究现状

（一）珊瑚礁区底栖动物分类学和动物地理学

我国在珊瑚礁区底栖动物分类学和动物地理学方面的研究起步稍晚。近60年来，我国对南海诸岛先后进行了若干次调查[5, 111]，记录描述了大量的珊瑚礁底栖动物种类。在造礁石珊瑚分类方面，《中国动物志—腔肠动物门　珊瑚虫纲　石珊瑚目　造礁石珊瑚》描述和记录了分布于我国海域的174种石珊瑚[112]。在多毛类分类方面，《中国近海多毛环节动物》共收录多毛类356种，其中约40种为分布于珊瑚礁区种类[113]。吴宝铃等[114]进行了西沙群岛及其附近海域多毛类的动物地理学研究，记录了西沙海域及附近海域底栖多毛类共157种，通过与其他地区的相似性比较，认为西沙群岛及其附近海域的多毛类区系与印度洋和马来群岛应属同一地理区划。在甲壳类分类学方面，《中国海洋蟹类》详细记录了600种蟹类的分类特征和地理分布，其中有190余种为分布于我国南海珊瑚礁区种类[115]。李新正等[116]对我国的长臂虾进行了系统的分类学研究，记录了155种长臂虾，其中约一半为分布于珊瑚礁区种类。我国的海洋动物分类学家对软体动物、星虫动物、棘皮动物等也进行了较为系统的分类学研究，出版了一系列分类学著作[117-120]，为我国南海珊瑚礁区底栖动物生态学研究奠定了基础。

在珊瑚礁区底栖动物分类学方面仍有一些有待进一步完善的地方，如珊瑚礁区常见的鼓虾类和猬虾类等，尚未见有系统的分类学研究报道。对于珊瑚礁中丰度较高的海绵动物的研究也较少，仅吴宝铃[121]

在 1954 年进行过简单的介绍，仍有待进行更为深入系统的研究。

近年来受益于分子技术的快速发展和 DNA 测序成本的不断下降，分子分类学方面的研究工作受到关注，已经成为传统形态学分类的有效辅助手段。Hebert 等[122]于 2003 年提出了 DNA 条形码（DNA barcoding）概念，该方法提出后，得到了学术界的普遍认可，并成立了国际生命条形码联盟（Consortium for the Barcode of Life, CBOL, http://www.barcodeoflife.org/）[123]。有学者将 DNA 条形码技术和下一代测序技术（NGS）结合，尝试从环境中提取后生动物 DNA 信息，试图通过检测环境中的 DNA 条形码信息来反映生活在该区域的动物群落[124-127]。Aylagas 等[127]从海洋沉积物中提取 COI 基因，分析其中所包含的生物种类，并与传统形态学调查方法进行比较，发现尽管两种方法在种类组成上存在较大差异，但是基于这两种方法所得到的 AZTI 海洋生物指数却是相近的。该方法还存在有待完善之处，但其快速、高效、省时、省力的优点是传统的群落调查方法所无法媲美的。程方平等[128]对中国北方的习见水母类的 COI 基因进行了研究，李海涛等[129]利用贝类的 COI 基因和 $16S\ rRNA$ 基因进行了分类尝试。

（二）珊瑚礁区底栖动物物种多样性

西沙群岛和南沙群岛珊瑚礁区域的生物多样性丰富，尤其是南沙群岛，毗邻生物多样性热点（biodiversity hotspot）地区之一的菲律宾群岛[130]。由于研究人员对南沙群岛的考察次数甚少，生物多样性研究工作明显不足。李新正和王永强对南沙群岛和西沙群岛的底栖生物进行了比较，发现在大的门类上南沙群岛的种类较西沙多；但具体到小的分类单元，则西沙群岛种类多于南沙群岛（分别为 1570 种和 1444 种），主要原因是对南沙群岛的研究程度低于西沙群岛[5]。

（三）珊瑚礁区底栖生物群落特征

对底栖生物群落结构特征进行研究，可以反映生态系统的健康程度和受干扰情况，对受影响区域和将受影响区域提出警告和预警，并指导海洋保护区（MPA）的建设[131]。王丽荣等[132]曾在徐闻珊瑚礁自然保护区内进行了礁栖生物生态特征研究。李新正等[23]在南沙群岛渚碧礁珊瑚礁区进行了大型底栖动物群落研究，发现该区域的大型底栖动物物种多样性较高，但由于调查站点之间距离较近，不同站点之间的群落差异并不明显，进一步用 ABC 曲线分析了大型底栖动物受干扰情况，发现所有站点均受到了中等程度的干扰。董栋等[24]研究了三亚西岛、鹿回头和亚龙湾 3 个珊瑚礁自然保护区内大型底栖动物的群落特征，发现亚龙湾底栖动物群落所受到的干扰要小于其他 2 个采样地点，更适合选择作为珊瑚礁修复的实验区。我国南海诸岛的珊瑚礁资源丰富，在全球变化压力下，这些珊瑚礁生态系统也正面临着生境退化的风险。这些研究都在一定程度上反映了我国珊瑚礁底栖生物群落的特征和现状，但调查范围和研究深度都还有所欠缺。应开展更大尺度的调查研究，以全面了解我国南海珊瑚礁区底栖群落特征和受干扰程度，科学指导海洋保护区建设，维持珊瑚礁生态系统的完整性。

（四）环境变化对底栖生物的影响

对环境变化问题进行研究，评估这些变化对于底栖群落的影响，探讨底栖群落对于环境的适应能力和在环境作用下的变化情况及演替趋势，是近年来珊瑚礁区生态学研究的热点之一[92-94]。我国在此方面的研究工作较少。西沙群岛、南沙群岛面临着过度捕捞问题[133,134]，广东、广西和海南岛沿岸等相对高纬度区域的珊瑚礁更是同时面临着过度捕捞、水质污染、旅游业等多重影响[135-137]。然而我国对这方面的研究关注不足，只有一些关于生态恶化现象的记录和简单的影响因素推测，尚未见关于富营养化、过度捕捞、海水升温和海洋酸化等环境变化对珊瑚礁底栖群落影响的深入研究报道。如前所述，富营养化和过度捕捞等对于底栖群落的影响程度会因地区不同而存在一定的差异，只有在进行充分研究的基础上，才能根据实际情况，制定相应的保护措施，维护珊瑚礁生态系统的完整性和稳定性。

参 考 文 献

[1] 许铭本, 姜发军, 赖俊翔. 钦州湾外湾东北部近岸区域大型底栖动物群落特征. 广西科学, 2014, 21(4): 389-395, 402.

[2] 黄洪辉, 林燕棠, 李纯厚. 珠江口底栖动物生态学研究. 生态学报, 2002, 22(4): 603-607.

[3] Andrade H, Renaud P E. Polychaete/amphipod ratio as an indicator of environmental impact related to offshore oil and gas production along the Norwegian continental shelf. Marine Pollution Bulletin, 2011, 62(12): 2836-2844.

[4] Dauvin J C, Ruellet T. Polychaete/amphipod ratio revisited. Marine Pollution Bulletin, 2007, 55(1-6): 215-224.

[5] 李新正, 王永强. 南沙群岛与西沙群岛及其邻近海域海洋底栖生物种类对比. 海洋科学, 2002, (44): 74-79.

[6] Philyppov I B, Paduraru O N, Andreev Y A, et al. Modulation of TRPV1-dependent contractility of normal and diabetic bladder smooth muscle by analgesic toxins from sea anemone *Heteractis crispa*. Life Sciences, 2012, 91(19-20): 912-920.

[7] Bosmans F, Tytgat J. Sea anemone venom as a source of insecticidal peptides acting on voltage-gated Na^+ channels. Toxicon, 2007, 49(4): 550-560.

[8] Dubinsky Z, Stambler N. Coral Reefs: an Ecosystem in Transition. Dordrecht: Springer, 2011.

[9] Poloczanska E S, Smith S, Fauconnet L, et al. Little change in the distribution of rocky shore faunal communities on the Australian east coast after 50 years of rapid warming. Journal of Experimental Marine Biology and Ecology, 2011, 400(1-2): 145-154.

[10] Sergio R. The destruction of the 'animal forests' in the oceans: towards an oversimplification of the benthic ecosystems. Ocean and Coastal Management, 2013, 84: 77-85.

[11] Veron J E N. Aspects of the biogeography of hermatypic corals. Proceedings of the 5th International Coral Reef Congress, Tahiti, 1985, 4: 83-88.

[12] 黄晖, 尤丰, 练健生, 等. 西沙群岛海域造礁石珊瑚物种多样性与分布特点. 生物多样性, 2011, 19(6): 710-715.

[13] Bellwood D R, Hughes T P. Regional-scale assembly rules and biodiversity of coral reefs. Science, 2001, 292(5521): 1532-1535.

[14] Tews J, Brose U, Grimm V, et al. Animal species diversity driven by habitat heterogeneity/diversity: the importance of keystone structures. Journal of Biogeography, 2004, 31(1): 79-92.

[15] Idjadi J A, Edmunds P J. Scleractinian corals as facilitators for other invertebrates on a Caribbean reef. Marine Ecology Progress Series, 2006, 319: 117-127.

[16] Jimenez H, Bigot L, Bourmaud C, et al. Multi-taxa coral reef community structure in relation to habitats in the Baa Atoll Man and Biosphere UNESCO Reserve (Maldives), and implications for its conservation. Journal of Sea Research, 2012, 72: 77-86.

[17] Connell J H. Diversity in tropical rain forests and coral reefs. Science, 1978, 199(4335): 1302-1310.

[18] Reaka-Kudla M L. The global biodiversity of coral reefs: a comparison with rain forests//Reaka-Kudla M L, Wilson D E, Wilson E O. Biodiversity II: understanding and Protecting our Biological Resources. Washington: Joseph Henry Press, 1997: 83-108.

[19] Taylor J D. Coral reef and associated invertebrate communities (mainly molluscan) around Mahe, Seychelles. Philosophical Transactions of the Royal Society B: Biological Sciences, 1968, 254(793): 129-206.

[20] Peyrot C M. Transplanting experiments of motile cryptofauna on coral reef flat of Tulear (Madagascar). Thalassagraphica, 1983, 6: 27-48.

[21] Gibbs P E. The polychaete fauna of the Solomon Island. Bulletin of the British Museum Historical, 1971, 21(5): 101-211.

[22] Grassle J F. Variety in coral reef communities//Jones O A, Endean R. Biology and Geology of Coral Reefs. New York: Academic Press, 1973: 247-270.

[23] 李新正, 李宝泉, 王洪法, 等. 南沙群岛渚碧礁大型底栖动物群落特征. 动物学报, 2007, 53(1): 83-94.

[24] 董栋, 李新正, 王洪法, 等. 海南岛三亚珊瑚礁区大型底栖动物群落特征. 海洋科学, 2015, 39(3): 83-91.

[25] 李新正, 于海燕, 王永强, 等. 胶州湾大型底栖动物的物种多样性现状. 生物多样性, 2001, 9(1): 80-84.

[26] Paulay G. Diversity and distribution of reef organisms//Birkeland C E. Life and Death of Coral Reefs. New York: Chapman and Hall, 1997: 298-353.

[27] Glynn P W, Enochs I C. Invertebrates and Their Roles in Coral Reef Ecosystems//Dubinsky Z, Stambler N. Coral Reefs: an Ecosystem in Transition. Dordrecht: Springer, 2011: 273-325.

[28] Hooper J N A, Lévi C. Biogeography of Indo-west Pacific sponges: Microcionidae, Raspailiidae, Axinellidae//van Soest R W M, van Kempenvan T M G, Brakeman J C. Sponges in Time and Space: Biology, Chemistry, Paleontology. Amsterdam: Balkema, 1994: 191-212.

[29] Hooper A J N, van Soest, R W M. Systema Porifera, a Guide to the Classification of Sponges. New York: Kluwer Academic/Plenum, 2002: 1-7.

[30] Pearse A S. In habitants of certain sponges at Dry Tortugas. Carnegie Inst Wash, 1934, 28: 117-124.

[31] Pearse A S. Notes on the inhabitants of certain sponges at Bimini. Ecology, 1950, 31(1): 149-151.

[32] Magnino G, Lancioni T, Gaino E. Endobionts of the coral reef sponge *Theonella swinhoei* (Porifera, Demospongiae). Invertebrate Biology, 1999, 118(3): 213-220.

[33] 邹仁林. 造礁石珊瑚. 生物学通报, 1998, 33(6): 8-11.

[34] Kirkendale L, Calder D R. Hydroids (Cnidaria: Hydrozoa) from Guam and the Commonwealth of the Northern Marianas Islands. Micronesica, 2003, 35-36: 159-188.

[35] Chen C A, Dai C F. Local phase shift from Acroporadominant to Condylactis-dominant community in the Tiao-Shi reef, Kenting National Park. Coral Reefs, 2004, 23(4): 508.

[36] Hutchings P A. Biological destruction of coral reefs: a review. Coral Reefs, 1986, 4: 239-252.

[37] Lewis J B. Biology and ecology of the hydrocoral millepora on coral reefs. Advances in Marine Biology Series, 2006, 50: 1-50.

[38] Wielgus J, Glassom D, Ben-Shaprut O, et al. An aberrant growth form of Red Sea corals caused by polychaete infestations. Coral Reefs, 2002, 21(3): 315-316.

[39] Liu P J, Hsieh H L. Burrow architecture of the spionid polychaete *Polydora villosa* in the corals *Montipora* and *Porites*. Zoological Studies, 2000, 39(1): 47-54.

[40] de Vantier L M, Reichelt R E, Bradbury R H. Does *Spirobranchus giganteus* protect host Pontes from predation by *Acanthaster planci*: predator pressure as a mechanism of coevolution? Marine Ecology Progress Series, 1986, 37(2-3): 307-310.

[41] Ben-Tzvi O, Einbinder S, Brokovish E. A beneficial association between a polychaete worm and a scleractinian coral? Coral Reefs, 2006, 25: 98.

[42] Williams J A, Margolis S V. Sipunculid burrows in coral reefs: evidence for chemical and mechanical excavation. Pacific Science, 1974, 28(4): 357-359.

[43] Kohn A J, Rice M E. Biology of Sipuncula and Echiura. Bioscience, 1971, 21: 583-584.

[44] Bruce A J. Shrimps and prawns of coral reefs, with special reference to commensalisms//Jones O A, Endean R. Biology and Geology of Coral Reefs. New York: Academic Press, 1976: 38-94.

[45] Stimson J. Stimulation of fat body production in the polyps of the coral *Pocillopora damicornis* by the presence of mutualistic crabs of the genus Trapezia. Marine Biology, 1990, 106(2): 211-218.

[46] Sonnenholzner J I, Ladah L B, Lafferty K D. Cascading effects of fishing on Galápagos rocky reef communities: reanalysis using corrected data. Marine Ecology Progress Series, 2009, 375: 209-218.

[47] Humes A G. A review of the Xarifiidae (Copepoda, Poecilostomatoida), parasites of scleractinian corals in the Indo-Pacific. Bulletin of Marine Science, 1985, 36(3): 467-632.

[48] Bouchet P. The magnitude of marine biodiversity//Duarte C M. The exploration of marine biodiversity: scientific and technological challenges. Bilbao: Fundación BBVA, 2006: 33-64.

[49] Pawson D L. Echinoderms of the tropical island Pacific: status of their systematics and notes on their ecology and biogeography//Maragos J E, Peterson M N A, Eldredge L G, et al. Marine and coastal biodiversity in the tropical island Pacific region. Honolulu: East-West Center, 1995: 171-192.

[50] Mcclanahan T R, Kamukuru A T, Muthiga N A, et al. Effect of sea urchin reductions on algae, coral and fish populations. Conservation Biology, 1996, 10(1): 136-154.

[51] Qiu J W, Lau D C, Cheang C C, et al. Community-level destruction of hard corals by the sea urchin *Diadema setosum*. Marine Pollution Bulletin, 2013, 85(2): 783-788.

[52] De'Ath G, Fabricius K E, Sweatman H, et al. The 27-year decline of coral cover on the Great Barrier Reef and its causes. Proceedings of the National Academy of Science, 2012, 109(44): 17995-17999.

[53] 施祺, 严宏强, 张会领, 等. 西沙群岛永兴岛礁坡石珊瑚覆盖率的空间变化. 热带海洋学报, 2011, 30(2): 10-17.

[54] Osman R W, Whitlatch R B. The control of the development of a marine benthic community by predation on recruits. Journal of Experimental Marine Biology and Ecology, 2004, 311(1): 117-145.

[55] Mei L N, Eckman W, Vicentuan K, et al. The ecological significance of giant clams in coral reef ecosystems. Biological Conservation, 2015, 181: 111-123.

[56] Gilbert A, Andrefouet S, Yan L, et al. The giant clam *Tridacna maxima* communities of three French Polynesia islands: comparison of their population sizes and structures at early stages of their exploitation. ICES Journal of Marine Science,

2006, 63: 1573-1589.
[57] Andrefouet S, Gilbert A, Yan L, et al. The remarkable population size of the endangered clam *Tridacna maxima* assessed in Fangatau Atoll (Eastern Tuamotu, French Polynesia) using *in situ* and remote sensing data. ICES Journal of Marine Science, 2005, 62: 1037-1048.
[58] Hughes T P, Rodrigues M J, Bellwood D R, et al. Phase shifts, herbivory, and the resilience of coral reefs to climate change. Current Biology, 2007, 17(4): 360-365.
[59] Hughes T P. Catastrophes, phase shifts, and large-scale degradation of a Caribbean coral reef. Biological Conservation, 1994, 265: 1547-1551.
[60] 屠强. 西沙珊瑚礁遭大批长棘海星侵蚀. 海洋世界, 2007, 6: 4.
[61] Sammarco P W, Risk M J, Schwarcz H P, et al. Cross-continental shelf trends in coral $\delta^{15}N$ on the Great Barrier Reef: further consideration of the reef nutrient paradox. Marine Ecology Progress Series, 1999, 180: 131-138.
[62] Taylor R B. Density, biomass and productivity of animals in four subtidal rocky reef habitats: the importance of small mobile invertebrates. Marine Ecology Progress Series, 1998, 172: 37-51.
[63] Cebrian J, Shurin J B, Borer E T, et al. Producer nutritional quality controls ecosystem trophic structure. PLoS One, 2009, 4(3): e4929.
[64] Kramer M J, Bellwood D R, Bellwood O. Benthic Crustacea on coral reefs: a quantitative survey. Marine Ecology Progress Series, 2014, 511: 105-116.
[65] Richter C, Wunsch M, Rasheed M, et al. Endoscopic exploration of Red Sea coral reefs reveals dense populations of cavity-dwelling sponges. Nature, 2001, 413(6857): 726-730.
[66] Glynn P W. Food-web structure and dynamics of eastern tropical Pacific coral reefs: Panama and Galapagos Islands//McClanahan T, Branch G M. Food Webs and the Dynamics of Marine Reefs. London: Oxford University Press, 2008: 185-209.
[67] Hoegh-Guldberg O, Mumby P J, Hooten A J, et al. Coral reefs under rapid climate change and ocean acidification. Science, 2007, 318(5857): 1737-1742.
[68] De'Ath G, Lough J M, Fabricius K E. Declining coral calcification on the Great Barrier Reef. Science, 2009, 323(5910): 116-119.
[69] Wilkinson C. Status of coral reefs of the world. Townsville: Australian Institute of Marine Science, 2008: 1-304.
[70] Bellwood D R, Hughes T P, Folke C, et al. Confronting the coral reef crisis. Nature, 2004, 429(6994): 827-833.
[71] Carlton J T, Geller J B, Reaka-Kudla M L, et al. Historical extinctions in the sea. Annual Review of Ecology and Systematics, 2003, 30(1999): 515-538.
[72] Wilkinson C R. Status of coral reefs of the world. Townsville: Australian Institute of Marine Science, 2004: 1-316.
[73] Lund J W G. Eutrophication. Nature, 1967, 214(5088): 557-558.
[74] Muscatine L, Porter J W. Reef corals: mutualistic symbioses adapted to nutrient-poor environments. Bioscience, 1977, 27(7): 454-460.
[75] Ferrier-Pages C, Gattuso J P, Dallot S, et al. Effect of nutrient enrichment on growth and photosynthesis of the zooxanthellate coral *Stylophora pistillata*. Coral Reefs, 2000, 19(2): 103-113.
[76] Fabricius K, Cséke S, Humphrey C, et al. Does trophic status enhance or reduce the thermal tolerance of scleractinian corals? A review, experiment and conceptual framework. PLoS One, 2013, 8(1): e54399.
[77] Loya Y, Lubinevsky H, Rosenfeld M, et al. Nutrient enrichment caused by *in situ* fish farms at Eilat, Red Sea is detrimental to coral reproduction. Marine Pollution Bulletin, 2004, 49(4): 344-353.
[78] Falkowski P G, Dubinsky Z, Muscatine L. Population control in symbiotic corals. BioScience, 1993, 43(9): 606-611.
[79] McClanahan T R, Carreiro-Silva M, DiLorenzo M. Effect of nitrogen, phosphorous, and their interaction on coral reef algal succession in Glover's Reef, Belize. Marine Pollution Bulletin, 2007, 54(12): 1947-1957.
[80] McCook L, Jompa J, Diaz-Pulido G. Competition between corals and algae on coral reefs: a review of evidence and mechanisms. Coral Reefs, 2001, 19(4): 400-417.
[81] McCook L J. Macroalgae, nutrients and phase shifts on coral reefs: scientific issues and management consequences for the Great Barrier Reef. Coral Reefs, 1999, 18(4): 357-367.
[82] Brodie J, Fabricius K, De'Ath G, et al. Are increased nutrient inputs responsible for more outbreaks of crown-of-thorns starfish? An appraisal of the evidence. Marine Pollution Bulletin, 2005, 51(1-4): 266-278.
[83] Burke L, Reytar K, Spalding M, et al. Reefs at risk revisited. Washington: World Resources Institute, 2012.
[84] Wallner-Hahn S, Torre-Castro M D L, Eklöf J S, et al. Cascade effects and sea-urchin overgrazing: an analysis of drivers behind the exploitation of sea urchin predators for management improvement. Ocean and Coastal Management, 2015, 107: 16-27.
[85] Dulvy N K, Freckleton R P, Polunin N V C. Coral reef cascades and the indirect effects of predator removal by exploitation. Ecology Letters, 2004, 7(5): 410-416.

[86] Mccallum H I. Predator regulation of *Acanthaster planci*. Journal of Theoretical Biology, 1987, 127(2): 207-220.

[87] Moran P J. The *Acanthaster* phenomenon. Oceanography and Marine Biology, 1986, 24: 379-480.

[88] Brown-Saracino J, Peckol P, Curran H A, et al. Spatial variation in sea urchins, fish predators, and bioerosion rates on coral reefs of Belize. Coral Reefs, 2007, 26(1): 71-78.

[89] Ormond R, Bradbury R, Bainbridge S, et al. Test of a model of regulation of crown-of-thorns starfish by fish predators//Bradbury R. Acanthaster and the Coral Reef: a Theoretical Perspective. Berlin: Springer, 1990.

[90] Mörk E, Sjöö G, Kautsky N, et al. Top-down and bottom-up regulation of macroalgal community structure on a Kenyan reef. Estuarine Coastal and Shelf Science, 2009, 84(3): 331-336.

[91] Smith J E, Hunter C L, Smith C M. The effects of top-down versus bottom-up control on benthic coral reef community structure. Oecologia, 2010, 163(2): 497-507.

[92] Stuhldreier I, Bastian P, Schönig E, et al. Effects of simulated eutrophication and overfishing on algae and invertebrate settlement in a coral reef of Koh Phangan, Gulf of Thailand. Marine Pollution Bulletin, 2015, 92(1-2): 35-44.

[93] Plass-Johnson J G, Heiden J P, Abu N, et al. Experimental analysis of the effects of consumer exclusion on recruitment and succession of a coral reef system along a water quality gradient in the Spermonde Archipelago, Indonesia. Coral Reefs, 2016, 35(1): 229-243.

[94] Roth F, Stuhldreier I, Sánchez-Noguera C, et al. Effects of simulated overfishing on the succession of benthic algae and invertebrates in an upwelling-influenced coral reef of Pacific Costa Rica. Journal of Experimental Marine Biology and Ecology, 2015, 468: 55-65.

[95] Intergovernmental panel on climate change (IPCC). Climate Change 2007: an Assessment of the Intergovernmental Panel on Climate Change. Cambridge: Cambridge University Press, 2007.

[96] Caldeira K, Wickett M E. Anthropogenic carbon and ocean pH. Nature, 2005, 425: 365.

[97] Wisshak M, Schönberg C H, Form A, et al. Ocean acidification accelerates reef bioerosion. PLoS One, 2012, 7(9): e45124.

[98] Langdon C, Takahashi T, Sweeney C, et al. Effect of calcium carbonate saturation state on the calcification rate of an experimental coral reef. Global Biogeochemical Cycles, 2000, 14(2): 639-654.

[99] Broecker W S, Takahashi T, Simpson H J, et al. Fate of fossil fuel carbon dioxide and the global carbon budget. Science, 1979, 206(4417): 409-418.

[100] Beauchamp B, Grasby S E. Permian lysocline and ocean acidification along NW Pangea led to carbonate eradication and chert expansion. Palaeogeography, Palaeoclimatology, Palaeoecology, 2012, 350-352: 73-90.

[101] Smith A M, Berman J, Key M M, et al. Not all sponges will thrive in a high-CO_2 ocean: review of the mineralogy of calcifying sponges. Palaeogeography, Palaeoclimatology, Palaeoecology, 2013, 392: 463-472.

[102] Uriz M. Mineral skeletogenesis in sponges. Canadian Journal of Zoology, 2006, 84(2): 322-356.

[103] Aronson R B, Precht W F, Macintyre I G, et al. Coral bleach-out in Belize. Nature, 2000, 405(5782): 36.

[104] Hoegh-Guldberg O. Coral bleaching, climate change and the future of the world's coral reefs. Marine and Freshwater Research, 1999, 50(8): 839-866.

[105] 李淑, 余克服. 珊瑚礁白化研究进展. 生态学报, 2007, 27(5): 2059-2069.

[106] Kupriyanova E K, Havenhand J N. Effects of temperature on sperm swimming behaviour, respiration and fertilization success in the serpulid polychaete, *Galeolaria caespitosa* (Annelida, Serpulidae). Invertebrate Reproduction and Development, 2005, 48(1-3): 7-17.

[107] Harney E, Artigaud S, Le Souchu P, et al. Non-additive effects of ocean acidification in combination with warming on the larval proteome of the Pacific oyster, *Crassostrea gigas*. Journal of Proteomics, 2015, 135: 151-161.

[108] Byrne M, Foo S, Soars N A, et al. Ocean warming will mitigate the effects of acidification on calcifying sea urchin larvae (*Heliocidaris tuberculata*) from the Australian global warming hot spot. Journal of Experimental Marine Biology and Ecology, 2013, 448: 250-257.

[109] Hernroth B, Baden S, Thorndyke M, et al. Immune suppression of the echinoderm *Asterias rubens* (L.) following long-term ocean acidification. Aquatic Toxicology, 2011, 103(3-4): 222-224.

[110] Wood H L, Spicer J I, Widdicombe S. Ocean acidification may increase calcification rates, but at a cost. Proceedings of the Royal Society B: Biological Sciences, 2008, 275(1644): 1767-1773.

[111] 陈真然. 南沙群岛及其邻近海域海洋生物科学考察研究十年. 中山大学学报论丛, 1995, (3): 235-237.

[112] 邹仁林. 中国动物志 腔肠动物门 珊瑚虫纲 石珊瑚目 造礁石珊瑚. 北京: 科学出版社, 1997.

[113] 杨德渐, 孙瑞平. 中国近海多毛环节动物. 北京: 农业出版社, 1988.

[114] 吴宝铃, 孙瑞平, 陈木. 西沙群岛及其附近海域多毛类动物地理学的研究. 海洋学报, 1980, 2(1): 111-130.

[115] 戴爱云, 杨思谅, 宋玉枝. 中国海洋蟹类. 北京: 海洋出版社, 1986.

[116] 李新正, 刘瑞玉, 梁象秋. 中国动物 无脊椎动物 第44卷 十足目 长臂虾总科. 北京: 科学出版社, 2007.

[117] 张凤瀛, 廖玉麟, 吴宝铃. 中国动物图谱 棘皮动物. 北京: 科学出版社, 1964.
[118] 廖玉麟. 中国动物志 棘皮动物门 海参纲. 北京: 科学出版社, 1997.
[119] 廖玉麟. 中国动物志 无脊椎动物 第40卷 棘皮动物门 蛇尾纲. 北京: 科学出版, 2004.
[120] 王如才, 张群乐, 曲学存. 中国水生贝类原色图鉴. 杭州: 浙江科学技术出版社, 1988.
[121] 吴宝铃. 中国的海绵动物. 生物学通报, 1954, (4): 16-20.
[122] Hebert P D N, Ratnasingham S, de Waard J R. Barcoding animal life: cytochrome c oxidase subunit 1 divergences among closely related species. Proceedings of the Royal Society B: Biological Sciences, 2003, 270(Suppl 1): S96-S99.
[123] 裴男才, 陈步峰. 生物DNA条形码: 十年发展历程、研究尺度和功能. 生物多样性, 2013, 21(5): 616-627.
[124] Leray M, Knowlton N. DNA barcoding and metabarcoding of standardized samples reveal patterns of marine benthic diversity. Proceedings of the National Academy of Sciences of the United States of America, 2015, 112(7): 2076-2081.
[125] Lejzerowicz F, Esling P, Pillet L, et al. High-throughput sequencing and morphology perform equally well for benthic monitoring of marine ecosystems. Scientific Reports, 2015, 5: 13932.
[126] Taberlet P, Coissac E, Pompanon F, et al. Towards next-generation biodiversity assessment using DNA metabarcoding. Molecular Ecology, 2012, 21(8): 2045-2050.
[127] Aylagas E, Borja A, Irigoien X, et al. Benchmarking DNA metabarcoding for biodiversity-based monitoring and assessment. Frontiers in Marine Science, 2015, 3: 96.
[128] 程方平, 王敏晓, 王彦涛, 等. 中国北方习见水母类的DNA条形码分析. 海洋与湖沼, 2012, 43(3): 451-459.
[129] 李海涛, 张保学, 高阳, 等. DNA条形码技术在海洋贝类鉴定中的实践: 以大亚湾生态监控区为例. 生物多样性, 2015, 23(3): 299-305.
[130] Gaither M R, Rocha L A, Dawson, M. Origins of species richness in the Indo-Malay-Philippine biodiversity hotspot: evidence for the centre of overlap hypothesis. Journal of Biogeography, 2013, 40(9): 1638-1649.
[131] Barbosa C F, Seoane J C S, Dias B B, et al. Health environmental assessment of the coral reef-supporting Tamandaré Bay (NE, Brazil). Marine Micropaleontology, 2016, 127: 63-73.
[132] 王丽荣, 陈锐球, 赵焕庭. 徐闻珊瑚礁自然保护区礁栖生物初步研究. 海洋科学, 2008, (2): 56-62.
[133] 鞠海龙. 南海渔业资源衰减相关问题研究. 东南亚研究, 2012, (6): 51-55.
[134] 康霖. 西沙群岛海洋渔业资源调查研究. 海洋与渔业, 2016, (2): 64-66.
[135] 柯东胜, 李秀芹, 彭晓鹃, 等. 大亚湾生态环境问题及其调控策略. 生态科学, 2010, 29(2): 186-191.
[136] 黄晖, 马斌儒, 练健生, 等. 广西涠洲岛海域珊瑚礁现状及其保护策略研究. 热带地理, 2009, 29(4): 307-312.
[137] 施祺, 赵美霞, 张乔民, 等. 海南三亚鹿回头造礁石珊瑚生长变化与人类活动的影响. 生态学报, 2007, 27(8): 3316-3323.

第七节　珊瑚礁区海胆的生态功能[①]

一、珊瑚礁海胆的种类、形态特征及其生活习性

海胆是生活在海洋里的一种无脊椎动物，属于棘皮动物门（Echinodermata）海胆纲（Echinoidea），至今已有上亿年的历史。海胆的整体构造主要包括壳和体腔，其中外壳上长有棘、肛门、管足和口部等器官部件（图3.5）[1]；体腔内包含有生殖腺、消化道等主要器官，同时充满体腔液，是海胆的主要免疫系统[2]。

世界范围内至今现存的海胆物种有1000多种，其中生活在珊瑚礁区中的海胆大概为总数的十分之一[2]。我国已报道的海胆有100多种，生活在珊瑚礁区的有11种[1]。珊瑚礁中的海胆虽然有100多种，但在珊瑚礁生态系统中起重要生态作用的种类却很少，主要集中在冠海胆属（*Diadema*）和长海胆属（*Echinometra*）中的几个种[2]，其形态特征和生活习性如表3.4和图3.6所示。

---

① 作者：姚秋翠，余克服，王英辉，梁甲元，胡宝清

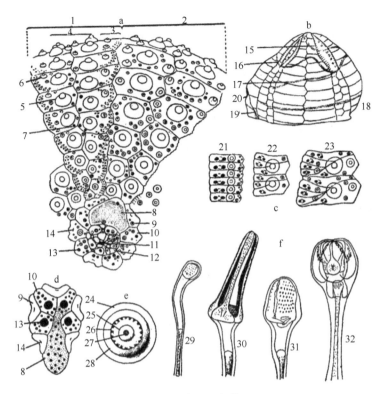

图 3.5 海胆图解[1]

1. 步带（ambulacrum）；2. 间步带（interambulacrum）；3. 有孔带（poriferous zone）；4. 孔间带（interporiferous zone）；5. 大疣（primary tubercle）；6. 中疣（secondary tubercle）；7. 细疣（miliary tubercle）；8. 筛板（madreporite）；9. 眼板（ocular plate）；10. 生殖板（genital plate）；11. 肛门（anus）；12. 围肛部（periproct）；13. 生殖孔（genital pore）；14. 眼孔（ocular pore）；15. 内带线（internal fasciole）；16. 周花带线（peripetalous fasciole）；17. 侧带线（lateral fasciole）；18. 缘带线（marginal fasciole）；19. 肛下带线（subanal fasciole）；20. 肛带线（anal fasciole）；21. 头帕类海胆的步带板；22. 少孔板（oligoporous plate）；23. 多孔板（polyporous plate）；24. 疣轮（areole）；25. 乳头突（mamelon）；26. 锯齿（crenulate）；27. 穿孔（pit）；28. 疣突（boss）；29. 三叶叉棘（triphyllous pedicellaria）；30. 三叉叉棘（tridentate pedicellaria）；31. 蛇首叉棘（ophicephalous pedicellaria）；32. 球形叉棘（globiferous pedicellaria）a. 紫海胆（*Anthocidaris crassispina*）反口面壳板的一部分；b. 心形海胆的线；c. 各步带板；d. 心形海胆的顶系；e. 大疣的上面观；f. 各种叉棘

表 3.4 珊瑚礁生态系统中重要海胆种类的形态特征和生活习性

属	种	形态特征	生活习性
冠海胆属 *Diadema*	冠海胆 *Diadema antillarum*	棘为黑色，偶尔为白色，长度可达20cm。棘若刺入人体皮肤会留下黑色斑点在皮层内[3]，如图3.6a所示（https://en.wikipedia.org/wiki/Diadema_antillarum#/media/File:Diadema_antillarum_Flower_Garden_Banks.jpg）	属杂食动物[4]，主要进食活珊瑚、珊瑚卵、海草、海藻和各种小型无脊椎动物等[5]
	刺冠海胆 *Diadema setosum*	间步带的裸出部分有白点或绿色斑纹，生殖板上有蓝点，身体为黑色或暗紫色，肛门周围有杏黄色或红色圈。棘带毒，人被刺后产生剧痛[1]，如图3.6b所示[6]	属杂食动物，胃中偶尔发现珊瑚骨骼；栖居在珊瑚礁岩石的缝隙内或石块下[1]。在我国三亚鹿回头等海域高密度出现，在香港也曾发生过严重的生物侵蚀[6, 7]
	蓝环冠海胆 *Diadema savignyi*	在肛门部周围有绚丽的蓝色或者绿色的纹，间步带裸出部有5个暗白色的斑点[2]，如图3.6e所示[8]	属杂食性动物，胃内发现珊瑚骨骼、海藻、海草和无脊椎动物组分[5]；喜好进食含低浓度丹宁、酚类和含活性化合物的非钙化藻[9]；进食对象有季节性变化特征[9]
长海胆属 *Echinometra*	梅氏长海胆 *Echinometra mathaei*	属于小型海胆，一般长约6cm，大棘的长度约等于壳长的一半，下部粗壮，上端尖锐。壳两侧的大棘比两端的略小[1]，如图3.6c所示[8]	主要进食漂浮藻类、底栖大型藻类。属钻孔海胆，喜欢穴居，居住在自己钻建的洞穴中[2]
	翠绿海胆 *Echinometra viridis*	身体可达5.0cm长。棘粗而尖，末端呈紫色到深褐色，棘基部有白色的环[3]，如图3.6d所示[3]	活动能力很强，以漂浮性藻类为食[2]
	钻孔海胆 *Echinometra lucunter*	身体可达7.5cm长；刺短而粗。该种海胆生活时个体颜色多变，包括黑色、黄褐色、棕褐色、褐色和橙红色[3]，如图3.6f所示[3]	进食漂浮性藻类和底栖藻类，属钻岩穴居动物，很少移到洞外，能积极捍卫自己的洞穴。造成严重的生物侵蚀[2]

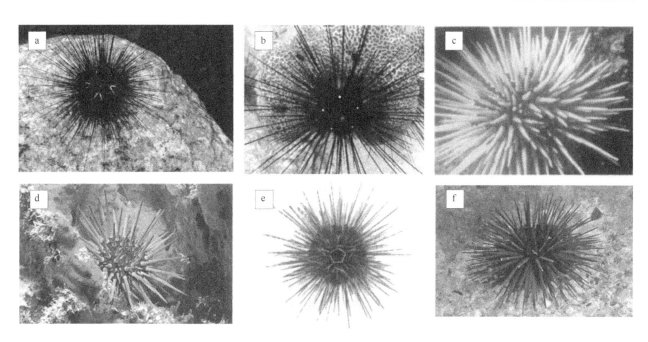

图 3.6　珊瑚礁 6 种重要海胆的图片

a. 冠海胆；b. 刺冠海胆[8]；c. 梅氏长海胆[8]；d. 翠绿海胆[3]；e. 蓝环冠海胆[8]；f. 钻孔海胆[3]

二、海胆的化学成分及活性

海胆的各个部位都有着很高的药用价值和保健功能，这是海胆所含化学物质的活性体现。《中华人民共和国药典》中有记载，海胆的碳酸钙骨壳能治疗瘰疬痰核、哮喘、胠肋胀痛和胃痛等[10]。

海胆骨壳中，碳酸钙约占 99%，其余为无机盐（包括 $MgCO_3$、P_2O_5、SiO_2、MgO、Fe_2O_3、K_2O、Na_2O、SO_3 等[11]）和有机色素（主要包括萘醌色素和类胡萝卜素）。有机色素中的萘醌色素具有参与呼吸、生物催化、抗菌、抗氧化等生物学活性功能[12-17]，且对痴呆症的治疗具有潜在的应用前景[18]。海胆壳上的棘含有丰富的类胡萝卜素，包括海胆烯酮、β-胡萝卜素、α-胡萝卜素、叶黄素、虾青素、玉米黄质素、硅藻黄素、岩藻黄质、异隐黄质等[18]。其中，类胡萝卜素在临床应用中多用于防治白内障、皮肤过敏性红斑、心血管疾病、某些肿瘤等[19]。此外，海胆棘中还含有凝结素类蛋白质[20]和多糖类[21-22]。

海胆生殖腺也称为海胆黄，含有多种生物大分子，包括多种脂肪酸、多羟基甾醇、维生素、氨基酸等，还含有多种微量元素。其中，脂肪酸以不饱和脂肪酸为主；多羟基甾醇包括胆甾、鲛甘醇、鳝鱼醇、油菜甾醇和谷甾醇[23]；维生素包括维生素 A、E、B_1、B_2、H、B、PP、前维生素 D 等[24]；氨基酸包括牛磺酸、天冬氨酸、苏氨酸、丝氨酸、谷氨酸、脯氨酸、甘氨酸、丙氨酸等人体必需氨基酸[23]。微量元素主要有 Zn、Fe、Cu、V、Mn、Se 等[24]。正因为海胆生殖腺含有多类功能性生物大分子，所以其在预防心血管病、抑制血小板凝集和肾上腺素、降血脂和抗血栓等方面具有多种保健功能[25]。

三、海胆对珊瑚礁区海藻的生态影响

在珊瑚礁生态系统中，海藻是重要的组成成分，具有关键的生态功能，如稳定珊瑚礁结构、固定和循环珊瑚礁区营养盐、产生初级生产力和提供食物等[26]。但过量生长的海藻往往会与珊瑚竞争生存空间和阳光，对珊瑚幼虫的附着和生长等产生不利的影响。此外，海藻富集沉积物、释放病原体、扰乱珊瑚共生微生物等也间接影响着珊瑚生长[27]。海胆作为珊瑚礁生态系统中重要的杂食性动物，它能调控藻类的生物量，进而维护珊瑚礁生态系统的健康。

(一)控制海藻覆盖度

在珊瑚礁生态系统中,当海胆的密度较低时它们对珊瑚礁海藻的影响很轻微,但是当海胆密度相对较高时,它们对海藻则起着重要的调控作用[2]。在对海藻的影响中,冠海胆是研究相对较多的物种。1983~1984年,该物种在加勒比海域发生了灭绝性死亡事件[28]。针对此次冠海胆灭绝事件,对牙买加(Jamaica)周围冠海域的相关调查数据显示,事件前后冠海胆密度由6.6ind/m^{2}下降为0ind/m^2,而非钙化藻的覆盖度在冠海胆死亡后的2周内由30.7%升至49.7%,4个月后上升至72.3%[29]。当该事件发生1年后,圣克罗伊岛的海藻生物量增加至事件前的4倍[30],牙买加海域则增加至5倍[31]。在珊瑚覆盖度方面,冠海胆死亡前后数据显示,牙买加海域珊瑚的覆盖度从52%下降至3%,而底栖植物的覆盖度从4%上升至92%[32]。由此可见,该事件发生前冠海胆通过牧食活动控制底栖海藻过度生长,从而保障了珊瑚生长的空间。但是,该事件发生后底栖海藻因失去海胆的控制而过度生长,抢占珊瑚的生存空间,大幅度降低了该海域的活珊瑚覆盖度。海胆大量死亡事件被认为是现代加勒比海域珊瑚礁退化的重要原因之一。灭绝事件之后的20年间,加勒比海域部分海区的冠海胆密度在慢慢升高,而相应的海藻覆盖度则随之下降,珊瑚生长总体处于有利状态[33-35]。例如,2001年Edmunds和Carpenter[36]对牙买加沿岸不同站点进行调查发现,海胆密度与珊瑚幼虫的密度成正比;2007年Myhre和Acevedo-Gutierrez[37]在加勒比海哥斯达黎加的甘多卡-曼萨尼约(Gandoca-Manzanillo)野生动物保护区的调查发现,相比于4年前海胆的平均密度(0.2ind/m^2)升高了2倍,非钙化藻的覆盖度由79%降至48%,而活珊瑚覆盖度升高了7倍达14%。综上所述,当珊瑚礁生态系统中海胆密度足够高时,其在整个生态系统中起着主要控制海藻过度生长的作用,从而维持着珊瑚礁生态系统的稳定。若海胆密度大幅度下降,海藻会因失去海胆的牧食控制而大量生长,导致珊瑚礁生态系统的退化。

(二)影响海藻群落结构

大型海藻的种类繁多,大体上可以分为绿藻、红藻、褐藻及蓝藻这4个门类[38]。按功能群落划分时,珊瑚礁区内的底栖海藻包括皮壳状珊瑚藻(crustose coralline algae)、草皮海藻(turf alga)和大型海藻(macroalgae)[39]。在珊瑚礁区,海胆是海藻的重要牧食者并存在偏好性,故它能影响海藻的群落结构进而影响整个珊瑚礁生态系统的功能。例如,从2006~2008年,澳大利亚豪勋爵岛海洋公园由于特殊地理位置引起的异常海洋事件导致白棘三列海胆(Tripneustes gratilla)的密度由1.3ind/m^{2}升高到4ind/m^2。由于白棘三列海胆一般偏好进食红藻和叶状褐藻而回避进食壳状珊瑚藻,因此在其进食偏好性的影响下该珊瑚礁区的红藻覆盖度由2006年的11.2%降低到2008年的2.5%,叶状褐藻由20.4%降低到1.8%,而壳状珊瑚藻则由2.7%上升到42.6%[40]。由此可见,海胆对珊瑚礁区海藻群落结构的影响轻则会导致海藻种类单一,重则会导致整个珊瑚礁生态系统的失衡。

(三)促进海藻生长

海胆的牧食特点虽然对海藻的覆盖度以及群落结构有不利的影响,然而在某些情况下,其对海藻的生长也存在有益的一面。例如,在加勒比海域,海胆大量死亡后底栖海藻的生产力整体下降60%,并且有海胆海区比没有海胆的海区初级生产力高2~10倍[41]。后来,通过外源性添加氮源的实验表明,海藻的初级生产力受氮源的直接限制。结合海胆高排氮量的特点(每个冠海胆平均每小时排氮量达115μg),Williams和Carpenter[42]推测海胆能以排泄物的形式排放大量氮源,满足海藻生长所需总氮的19%,因此在一定程度上具有促进海藻生长的功能。

四、海胆对珊瑚礁区珊瑚的生态影响

珊瑚是珊瑚礁生态系统中最主要的造礁生物，它们主要构建珊瑚骨架，为各种生物提供栖息、躲避天敌的场所，为珊瑚礁岩体的建造提供钙质物源。海胆的进食活动对珊瑚幼虫、珊瑚组织和珊瑚骨骼都产生影响。

（一）对珊瑚幼虫的影响

钻孔海胆在牧食大型藻类的过程中往往会通过钻孔、侵蚀作用而在基底产生许多小洞，这些基底上的小洞非常有利于珊瑚幼虫的附着和生长。此外，加勒比海域冠海胆的灭绝性死亡事件也证实海胆能通过控制珊瑚礁区海藻的过度生长，为珊瑚幼虫的附着和生长提供空间。然而，海胆的牧食特点对珊瑚幼虫的附着和生长也有不利的影响。例如，在牙买加的发现弯（Discovery Bay），Sammarco[43]发现在具有高密度海胆的海区，珊瑚的新增量受海胆牧食活动的抑制，如海胆密度偏低的海区珊瑚幼虫的新增量较高。在红海的埃拉特，Korzen 等[44]通过暴露海胆和食草鱼牧食区域珊瑚幼虫（*Acropora striata*）附着的基质，并用远程相机记录两种动物牧食对海藻和附着幼虫的影响，证明海胆牧食活动可直接导致新附着的珊瑚幼虫的死亡，海胆导致的珊瑚幼虫的死亡比食草性鱼类对珊瑚幼虫的影响大得多。此外，海胆密度过高还会降低壳状藻的覆盖度，这对珊瑚幼虫的附着也是不利的。例如，在肯尼亚由于海胆密度过高，壳状珊瑚藻的覆盖度严重下降，从而严重影响到了该海区珊瑚幼虫的附着[45]。

（二）对碳酸钙骨骼的侵蚀

在珊瑚礁区有些海胆在进食海藻的同时也会进食海藻所附着的碳酸钙质基质，侵蚀珊瑚礁体。高密度的海胆对珊瑚骨骼的侵蚀程度更严重。据评估，加勒比海域冠海胆的密度在3～12ind/m^{2}时，海胆对珊瑚礁的侵蚀率为3.6～9.1kg/（m^2·a）；相比于珊瑚礁碳酸钙的年平均增长率[约4kg/（m^2·a）]，可见冠海胆对加勒比海域珊瑚礁碳酸钙产量的影响是显著的[46]。在我国香港曾经发生刺冠海胆暴发事件，某些区域海胆的密度高达15.9～21.1ind/m^2，结果导致了23.7%～90.3%的珊瑚格架倒塌、组织丢失等严重后果[6]。海胆对珊瑚的侵蚀受珊瑚的丰度、珊瑚骨骼的致密性、海胆种类、海胆大小和海胆密度等多方面因素的影响，其对珊瑚的侵蚀迄今还没有表现出对珊瑚种类的偏好性[47, 48]。但在香港海域的调查发现，62%的海胆被发现在扁脑珊瑚属（*Platygyra*）和滨珊瑚属（*Porites*）上，骨骼内孔洞越多、致密程度越低的扁脑珊瑚受侵蚀的程度越严重，作者推测海胆对珊瑚的侵蚀程度还与珊瑚骨骼的致密程度、海胆的丰度等密切相关，并不一定与珊瑚的种类有关[47]。Carreiro-Silva 和 Mcclanahan[48]对印度洋的肯尼亚海域调查发现，不同种类海胆的生物侵蚀率与其体形大小成正比，体形较大的刺冠海胆对珊瑚的侵蚀率比体形较小的蓝环冠海胆大得多。

五、海胆对珊瑚礁区其他动物的影响

（一）对草食性鱼类的影响

珊瑚礁区草食性鱼类主要以各种底栖藻类及浮游藻类为食，从这个角度来说海胆与草食性鱼类存在捕食上的竞争关系。当海胆密度异常升高而消耗掉大量的藻类食物时，草食性鱼类的丰度将会受到一定

程度上的抑制。在1978~1990年，Robertson[49]对加勒比海的巴拿马（Panama）海域进行了连续的监测，统计了该海域在监测期间发生的冠海胆大量死亡前后3种刺尾鱼（*Acanthurus coeruleus*、*Acanthurus chirurugus* 和 *Acanthurus bahianus*）的丰度变化，发现主要以珊瑚礁底栖藻类为食的 *A. coeruleus* 和 *A. chirurugus* 的丰度，在冠海胆大量死亡之后分别增加了250%和160%，而进食漂浮性藻类的 *A. bahianus* 则变化不大。在肯尼亚的潟湖，Ogden和Lobel[34]通过人为地移除整个潟湖内85%的海胆，1年后草食性鱼类不仅体重增加了300%，而且数量增加了65%，物种丰富度也有显著升高（30%），其中鹦嘴鱼（parrotfish）、濑鱼（wrasse）、鲷鱼（snapper fish）等增加较为明显。这说明珊瑚礁草食性鱼类与海胆存在明显的此消彼长的竞争关系，通过这种关系海胆能在一定程度上调节珊瑚礁生态系统的生态功能。

（二）对其他无脊椎动物的影响

关于海胆对珊瑚礁区其他草食性无脊椎动物的影响也有报道，主要也是由生态位的重叠导致食物竞争关系所致。例如，有报道指出，当梅氏长海胆数量减少时，同一海域内的草食性美丽蝾螺（*Turbo intercostalis*）的数量会显著增加[50]。

六、海胆密度与珊瑚礁系统健康的关系

综上所述，在珊瑚礁生态系统中，当海胆密度较低时，海藻因失去海胆牧食的控制而过度生长，抢占珊瑚的生存空间，导致珊瑚礁生态系统退化；当海胆密度较高时，海胆则严重侵蚀珊瑚骨骼；只有当海胆密度适中时，海胆才能有效地控制海藻的过度生长，且不造成严重的生物侵蚀。海胆密度究竟在什么范围内为适中，目前没有确切的定论，应结合不同的生境来分析。例如，在保存程度相对完整且活珊瑚覆盖度很高的大堡礁，海胆的密度为 0.001~0.05ind/m^2 [51]；而在加勒比海域的乌提拉岛（Utila），海胆密度（0.003~0.012ind/m^2）同处于此范围，但是该生态系统的活珊瑚覆盖度仅为 12%[52]。说明同样密度范围的海胆在澳大利亚足以阻止海藻过度生长，而在乌提拉岛显然不能。李元超等[7]对中国三亚后海海域进行调查，发现刺冠海胆（*D. setosum*）的密度为 3~7ind/m^2 时，该珊瑚礁生态系统十分健康，海胆并未造成严重的生物侵蚀。但香港的海胆密度在 1.1~2.9ind/m^2 时，却造成 23.7%~90.3%的珊瑚被毁坏或者损失 25%以上的组织[6]。显然，三亚海域较高密度的海胆扮演着控制海藻过度生长的角色，而香港海域的海胆虽然密度较低，它们却造成了严重的生物侵蚀。由此可见，海胆密度与珊瑚礁生态系统的健康密切相关，同时生境条件也影响着不同海胆密度的生态调节功能。模型研究显示，当珊瑚礁区海胆密度约为 4ind/m^2 时，其能将底栖初级生产力消耗殆尽，并限制其他底栖草食性动物的丰度[53, 54]；当海胆密度为 2ind/m^2 时，它既能维持较低的海藻生物量，又能为其他草食性动物留下足够的食物，有利于新增珊瑚和珊瑚礁生态系统的稳定[1]。

七、影响海胆在珊瑚礁生态系统中分布和丰度的因素

（一）鱼类对海胆的捕食

海胆密度对珊瑚礁生态系统的平衡起着关键的调节作用，而鱼类对海胆的捕食则是影响其密度的主要因素。对一些珊瑚礁区的调查发现，海胆密度普遍与捕食性鱼类的数量呈一定的负相关关系[55, 56]。Harborne等[57]对拉丁美洲巴哈马群岛保护区内、外围海域的相关调查发现，保护区内海胆数量为零而保护区外则发现少量海胆，这主要是因为保护区内海胆捕食者的生物量比保护区外的高6倍。由此可见，海胆被捕食确实是影响其密度的重要因素。不同捕食者对海胆密度的影响程度也不同。例如，一种大型

热带鱼褐拟鳞鲀（*Balistoides viridescens*）主要以海胆为食，是海胆的强力捕食者，能直接影响其生活海域中海胆的密度，进而影响珊瑚礁的底栖生态[58]。然而，捕食海胆能力相对较弱的捕食者，尽管其群落结构比较完整、数量较多，但是对海胆密度的影响有限[58]。

对于海胆天敌的鉴定，目前有 2 种方法：一种是通过解剖分析，检验动物胃内含物中是否含有海胆残骸[59]；另一种是通过远程相机记录被绳子拴住的海胆的被捕食事件[58]。前一种方法所鉴定的海胆捕食者种类和数量都较多，但有研究人员认为，该方法无法区分影响海胆密度的是捕食者还是腐食者[60]。表3.5 总结了目前大部分已知的珊瑚礁海胆捕食者，主要由第 2 种方法鉴定所得。

表3.5　珊瑚礁中重要海胆种类的捕食者

海胆种类	天敌的种类	研究地点
冠海胆 *D. antillarum*	蓝仿石鲈（*Haemulon sciurus*）、密斑刺鲀（*Diodon hystrix*）、*Spheroides spengleri*、*Calamus calamus*、凯撒仿石鲈（*Haemulon carbonarium*）、普氏仿石鲈（*Haemulon plumieri*）、*Trachinotus falcatus*、*Lactophrys bicaudalis*、红普提鱼（*Bodianus rufus*）、辐纹海猪鱼（*Halichoeres radiatus*）、大洋疣鳞鲀（*Canthidermis sufflamen*）、黑异孔石鲈（*Anisotremus surinamensis*）、大西洋芦鲷（*Calamus bajonado*）、*Haemulon macrostomum*、女王引金鱼（*Balistes vetula*）	加勒比海[57]
	蟾鱼（*Amphichthys cryptocentrus*）、*Sanopus barbatus* 和女王引金鱼	加勒比海域[61]
刺冠海胆 *D. setosum*	褐拟鳞鲀（*Balistoides viridescens*）、黄纹炮弹（*Balistapus undulates*）、太平洋黄尾龙占（*Lethrinus atkinsoni*）和舒氏猪齿鱼（*Choerodon schoenleinii*）	澳大利亚大堡礁[62]
梅氏长海胆 *E. mathaei*	黑副鳞鲀（*Pseudobalistes fuscus*）、三叶唇鱼（*Cheilinus trilobatus*）、隆额猪齿鱼（*Choerodon rubescens*）、红喉盔鱼（*Coris aygula*）、太平洋黄尾龙占、密斑刺鲀和星斑叉鼻鲀（*Arothron stellatus*）	西澳大利亚州的宁格罗海洋公园[58]
	褐拟鳞鲀、黄纹炮弹、黄边副鳞鲀（*Pseudobalistes flavimarginatus*）和黑副鳞鲀	肯尼亚海洋公园[63]
	褐拟鳞鲀、黄纹炮弹、太平洋黄尾龙占和舒氏猪齿鱼	澳大利亚大堡礁[62]和东非海洋公园[64]
	腹足类（*Cypraecassisrufa*）、*Cassis madagascariensis* 和海星（*Culcita* 和 *Protoreaster*）	肯尼亚[65]
翠绿海胆 *E. viridis*	大西洋芦鲷、妪鳞鲀（*Balistes vetula*）、大洋疣鳞鲀、长棘毛唇隆头鱼（*Lachnolaimus maximus*）	拉丁美洲的伯利兹城[60]

（二）种间竞争因素

海胆的种间竞争也是影响其密度的一个重要因素，这当然跟生态位的重叠程度和食物量有关。当食物有限时，处于竞争优势的海胆将会抑制竞争弱势者的丰度；而当珊瑚礁海胆之间的生态位不重叠或者食物量比较充足时，海胆的种间竞争态势将不再明显。在巴拿马的圣巴拉斯岛生活着几种常见的海胆，如冠海胆、翠绿长海胆、石笔海胆和 *Lytechinus williamsi*。Lessios[66]调查发现，当冠海胆大量死亡后其他海胆的丰度没有明显的增加，因为冠海胆与其他几种海胆在生态位，以及食物上没有重叠关系。Hughes等[67]对牙买加海域的调查中也得到类似的结论。

（三）其他环境因素

珊瑚礁区的物理环境如水深、波浪、沉积物的类型及颗粒粗细、自然地形（如基底结构、活珊瑚覆盖度等）等都对海胆的分布产生影响。但是由于各种环境因素之间，以及这些环境要素与各种生物、化学因素之间的复杂关系，区分出每种因子对海胆分布的定量影响相当困难。例如，Bronstein 和 Loya[68]对非洲桑给巴尔（Zanzibar）珊瑚礁的调查发现，体形较大的刺冠海胆在水流和波浪较大的区域难以固着，因此密度就低；相反，梅氏长海胆在该区域丰度较大，因为梅氏长海胆为穴居动物，以漂浮性的藻类为食，强劲的水流为它提供更多的食物却不影响它的穴居生活。在南太平洋新喀里多尼亚（New Caledonia），

Dumas 等[69]调查了 32 个环境因素（水、基底、生物环境等）与 2 种海胆（刺冠海胆和梅氏长海胆）密度之间的关系，发现 2 种海胆都呈现补丁式分布，刺冠海胆的密度随沉积物颗粒直径的增大而增大，但其他环境因子跟 2 种海胆的分布并未呈现明显的相关关系。当然，也有某些环境因素对海胆密度的影响表现出特定的规律性，如随着水深的增加，海胆的食物（海藻）的生物量减小，海胆的密度随之减小。Weil 等[70]在波多黎各的 La Parguera 调查发现，冠海胆的密度与水深呈负相关关系。而基底结构的复杂性对海胆密度的影响却没有表现出明显的规律性，如通过对洪都拉斯（Banco Capiro）和乌提拉岛（Utila）两地多站点的调查发现，海胆密度与基底结构呈正相关关系[52]；Martin 等[71]对古巴女王花园群岛（Jardines de la Reina）的调查也发现了类似的现象。然而，Weil 等[70]对西印度群岛波多黎各的调查却发现，海胆为了群居生活以抵制外来捕食风险，因此在基底结构复杂度较低的站点海胆密度反而较高。

八、总结

海胆对珊瑚礁生态系统的生态功能起着重要调节作用。海胆能控制底栖海藻的过度生长，为珊瑚幼虫的附着和生长提供空间，促进珊瑚的生长。当海胆密度过高时，它们会侵蚀珊瑚骨骼、竞争性地抑制其他礁栖生物的丰度，破坏珊瑚礁生态系统内部的动态平衡。决定海胆生态功能的关键因子是海胆的密度，因此海胆的密度是珊瑚礁生态研究与管理的重点之一。关于珊瑚礁区海胆密度究竟在什么范围为宜，目前并没有确切的定论。其中的原因大体有两方面：一是由于相关的研究还不够深入，缺少直接有效的数据；二是珊瑚礁生态系统极其复杂，珊瑚礁的各种生态功能具有显著的区域差异，这导致了对于相关研究结论的可信性存在质疑。前人的模型研究表明，在珊瑚礁生态系统中海胆密度约为 $2ind/m^2$ 时，海胆能够较好地维持足够低的海藻生物量与高珊瑚生长空间的动态平衡关系，且海胆拥有足够的食物而不至于严重侵蚀珊瑚骨骼。

参 考 文 献

[1] Lawrence J M. Seaurchins: Biology and Ecology. Oxford: Elsevier, 2013: 550.
[2] 张凤瀛. 中国动物图谱棘皮动物. 北京: 科学出版社, 1964.
[3] Humann P, Deloach N. Reef Creature Identification. 3rd edition. Jacksonville: New Word Publications, 2013.
[4] Lawrence J M, Hughes-Games L. The diurnal rhythm of feeding and passage of food through the gut of *Diadema setosum* (Echinodermata: Echinoidea). Israel Journal of Zoology, 2013, 21(21): 13-16.
[5] Mcclanahan T R. Coexistence in a sea urchin guild and its implications to coral reef diversity and degradation. Oecologia, 1988, 77(2): 210-218.
[6] Qiu J W, Lau D C, Cheang C C, et al. Community-level destruction of hard corals by the sea urchin *Diadema setosum*. Marine Pollution Bulletin, 2014, 85(2): 783-788.
[7] 李元超, 杨毅, 郑新庆, 等. 海南三亚后海海域珊瑚礁生态系统的健康状况及其影响因素. 生态学杂志, 2015, 34(4): 1105-1112.
[8] 黄宗国, 林茂. 中国海洋生物图集(第七册). 北京: 海洋出版社, 2012: 199.
[9] Muthiga N A. Coexistence and reproductive isolation of the sympatric echinoids *Diadema savignyi* Michelin and *Diadema setosum* (Leske) on Kenyan coral reefs. Marine Biology, 2003, 143(4): 669-677.
[10] 李中立. 本草原始(中医临床必读丛书). 北京: 人民卫生出版社, 2007.
[11] 潘南, 乔琨, 吴靖娜, 等. 海胆壳棘化学成分、生物活性及潜在药用价值研究进展. 福建水产, 2015, (5): 415-425.
[12] Anufriey V P, Novikov V L, Maximov O B, et al. Synthesis of some hydroxynaphthazarins and their cardioprotective effects under ischemia-reperfusion *in vivo*. Bioorganic and Medicinal Chemistry Letters, 1998, 8(6): 587-592.
[13] Pequignat E. Skin digestion and epidermal absorption in irregular and regular urchins and their probable relation to the outflow of Spherule-Coelomocytes. Nature, 1966, 210(5034): 397-399.
[14] Service M, Wardlaw A C. Echinochrome-A as a bactericidal substance in the coelomic fluid of *Echinus esculentus* (L.). Comparative Biochemistry and Physiology Comparative Biochemistry, 1984, 79(2): 161-165.
[15] Boguslavskaya L V, Khrapova N G, Maksimov O B. Polyhydroxynaphthoquinones—a new class of natural antioxidants.

Bulletin of the Academy of Sciences of the USSR Division of Chemical Science, 1985, 34(7): 1345-1350.
[16] Pozharitskaya O N, Shikov A N, Makarova M N, et al. Antiallergic effects of pigments isolated from green sea urchin (*Strongylocentrotus droebachiensis*) shells. Planta Medica, 2013, 79(18): 1698-1704.
[17] Elyakov G B, Maximov O B, Mischenko N P, et al. Histochrome and its therapeutic use in acute myocardial infarction and ischemic heart disease. Official Gazette of the United States Patent and Trademark Office Patents, 2002.
[18] Lee S R, Pronto J R, Sarankhuu B E, et al. Acetylcholinesterase inhibitory activity of pigment echinochrome a from sea urchin *Scaphechinus mirabilis*. Marine Drugs, 2014, 12(6): 3560-3573.
[19] Maoka T. Carotenoids in Marine Animals. Marine Drugs, 2011, 9(2): 278-293.
[20] Hatakeyama T, Ichise A, Yonekura T, et al. cDNA cloning and characterization of a rhamnose-binding lectin SUL-I from the toxopneustid sea urchin *Toxopneustes pileolus* venom. Toxicon Official Journal of the International Society on Toxinology, 2014, 94: 8-15.
[21] Amarowicz R, Synowiecki J, Shahidi F. Chemical composition of shells from red (*Strongylocentrotus franciscanus*) and green (*Strongylocentrotus droebachiensis*) sea urchin. Food Chemistry, 2012, 133(3): 822-826.
[22] 白日霞, 王长海. 马粪海胆壳棘多糖的分离、纯化和抗肿瘤活性的研究. 大连海洋大学学报, 2010, 25(2): 183-186.
[23] 阎红, 任珅, 张晶, 等. 海胆的化学成分及药理活性研究概况. 中国药师, 2008, 11(1): 51-53.
[24] 刘小芳, 薛长湖, 王玉明, 等. 两种海胆矿质元素的ICP-MS法测定分析. 食品工业科技, 2012, 33(3): 313-316.
[25] 周红, 林翠梧, 朱定姬, 等. 细雕刻肋海胆性腺脂肪酸的超声波提取与化学成分分析. 精细化工, 2010, 27(3): 238-240.
[26] Dubinsky Z, Stambler N. Coral Reefs: an Ecosystem in Transition. Dordrecht: Springer, 2011.
[27] 廖芝衡, 余克服, 王英辉. 大型海藻在珊瑚礁退化过程中的作用. 生态学报, 2016, 36(21): 6687-6695.
[28] Lessios H A, Robertson D R, Cubit J D. Spread of diadema mass mortality through the Caribbean. Science, 1984, 226(4672): 335-337.
[29] Liddell W D, Ohlhorst S L. Changes in benthic community composition following the mass mortality of *Diadema* at Jamaica. Journal of Experimental Marine Biology and Ecology, 1986, 95(3): 271-278.
[30] Carpenter R C. Sea Urchin mass mortality: effects on reef algal abundance, species composition, and metabolism and other coral reef herbivores. Marine Systems Laboratory Smithsonian Institution, 1985: 53-60.
[31] Hughes T P, Keller B D, Jackson J B C, et al. Mass mortality of the echinoid *Diadema antillarum* Philippi in Jamaica. Bulletin of Marine Science, 1985, 36(2): 377-384.
[32] Hughes T P. Catastrophes, phase shifts, and large-scale degradation of a Caribbean coral reef. Science, 1994, 265(5178): 1547-1551.
[33] Maciá S, Robinson M P, Nalevanko A. Experimental dispersal of recovering *Diadema antillarum* increases grazing intensity and reduces macroalgal abundance on a coral reef. Marine Ecology Progress Series, 2007, 348(12): 173-182.
[34] Ogden J C, Lobel P S. The role of herbivorous fishes and urchins in coral reef communities. Environmental Biology of Fishes, 1978, 3(1): 49-63.
[35] Lessios H A. The great *Diadema antillarum* die-off: 30 years later. Annual Review of Marine Science, 2016, 8: 267-283.
[36] Edmunds P J, Carpenter R C. Recovery of *Diadema antillarum* reduces macroalgal cover and increases abundance of juvenile corals on a Caribbean reef. Proceedings of the National academy of Sciences of the United States of America, 2001, 98(9): 5067-5071.
[37] Myhre S, Acevedo-Gutierrez A. Recovery of sea urchin *Diadema antillarum* populations is correlated to increased coral and reduced macroalgal cover. Marine Ecology Progress Series, 2007, 329(12): 205-210.
[38] Lee R E. Phycoloty. 4th ed. Cambridge: Cambridge University Press, 2011: 560.
[39] Barott K L, Rohwer F L. Unseen players shape benthic competition on coral reefs. Trends in Microbiology, 2012, 20(12): 621-628.
[40] Valentine J P, Edgar G J. Impacts of a population outbreak of the urchin *Tripneustes gratilla* amongst Lord Howe Island coral communities. Coral Reef, 2010, 29(2): 399-410.
[41] Carpenter R C. Partitioning herbivory and its effects on coral reef algal communities. Ecological Monographs, 1986, 56(4): 345-363.
[42] Williams S L, Carpenter R C. Nitrogen-limited primary productivity of coral reef algal turfs: potential contribution of ammonium excreted by *Diadema antillarum*. Marine Ecology Progress Series, 1988, 47(2): 145-152.
[43] Sammarco P W. Diadema and its relationship to coral spat mortality: grazing, competition and biological disturbance. Journal of Experimental Marine Biology and Ecology, 1980, 45(2): 245-272.
[44] Korzen L, Israel A, Abelson A. Grazing effects of fish versus sea Urchins on turf algae and coral recruits: possible implications for coral reef resilience and restoration. Journal of Marine Biology, 2011, 1687-9481.
[45] O'Leary J K, Potts D C, Braga J C, et al. Indirect consequences of fishing: reduction of coralline algae suppresses juvenile

coral abundance. Coral Reefs, 2012, 31(2): 547-559.
[46] Bak R P M. Sea urchin bioerosion on coral reefs: place in the carbonate budget and relevant variables. Coral Reefs, 1994, 13(2): 99-103.
[47] Dumont C P, Lau D C C, Astudillo J C, et al. Coral bioerosion by the sea urchin *Diadema setosum* in Hong Kong: susceptibility of different coral species. Journal of Experimental Marine Biology and Ecology, 2013, 441(3): 71-79.
[48] Carreiro-Silva M, Mcclanahan T R. Echinoid bioerosion and herbivory on Kenyan coral reefs: the role of protection from fishing. Journal of Experimental Marine Biology and Ecology, 2001, 262(2): 133-153.
[49] Robertson D R. Increases in surgeonfish populations after mass mortality of the sea urchin *Diadema antillarum* in Panamá indicate food limitation. Marine Biology, 1991, 111(3): 437-444.
[50] Prince J. Limited effects of the sea urchin *Echinometra mathaei* (de Blainville) on the recruitment of benthic algae and macroinvertebrates into intertidal rock platforms at Rottnest Island, Western Australia. Journal of Experimental Marine Biology and Ecology, 1995, 186(2): 237-258.
[51] Young M A L, Bellwood D R. Diel patterns in sea urchin activity and predation on sea urchins on the Great Barrier Reef. Coral Reefs, 2011, 30(3): 729-736.
[52] Bodmer M D V, Rogers A D, Speight M R, et al. Using an isolated population boom to explore barriers to recovery in the keystone Caribbean coral reef herbivore *Diadema antillarum*. Coral Reefs, 2015, 34(4): 1011-1021.
[53] Mcclanahan T R. Resource utilization, competition, and predation: a model and example from coral reef grazers. Ecological Modelling, 1992, 61(3-4): 195-215.
[54] Mcclanahan T R. A coral reef ecosystem-fisheries model: impacts of fishing intensity and catch selection on reef structure and processes. Ecological Modelling, 2009, 80(1): 1-19.
[55] Brown-Saracino J, Peckol P, Curran H A, et al. Spatial variation in sea urchins, fish predators, and bioerosion rates on coral reefs of Belize. Coral Reefs, 2007, 26(1): 71-78.
[56] Mcclanahan T R, Muthiga N A, Coleman R A. Testing for top-down control: can post-disturbance fisheries closures reverse algal dominance? Aquatic Conservation Marine and Freshwater Ecosystems, 2011, 21(7): 658-675.
[57] Harborne A R, Renaud P G, Tyler E H M, et al. Reduced density of the herbivorous urchin *Diadema antillarum* inside a Caribbean marine reserve linked to increased predation pressure by fishes. Coral Reefs, 2009, 28(3): 783-791.
[58] Johansson C L, Bellwood D R, Depczynski M, et al. The distribution of the sea urchin *Echinometra mathaei* (de Blainville) and its predators on Ningaloo Reef, Western Australia: the implications for top-down control in an intact reef system. Journal of Experimental Marine Biology and Ecology, 2013, 442(2): 39-46.
[59] Levitan D R, Genovese S J. Substratum-dependent predator-prey dynamics: patch reefs as refuges from gastropod predation. Journal of Experimental Marine Biology and Ecology, 1989, 130(2): 111-118.
[60] Mcclanahan T R. Predation and the control of the sea urchin *Echinometra viridis* and fleshy algae in the patch reefs of glovers reef, Belize. Ecosystems, 1999, 2(6): 511-523.
[61] Robertson D R. Responses of two coral reef Toadfishes (Batrachoididae) to the demise of their primary prey, the sea urchin *Diadema antillarum*. Copeia, 1987, 3: 637-642.
[62] Young M A L, Bellwood D R. Fish predation on sea urchins on the Great Barrier Reef. Coral Reefs, 2012, 31(3): 731-738.
[63] Mcclanahan T R. Fish predators and scavengers of the sea urchin *Echinometra mathaei* in Kenyan coral-reef marine parks. Environmental Biology of Fishes, 1995, 43(2): 187-193.
[64] Mcclanahan T R. Recovery of a coral reef keystone predator *Balistapus undulatus* in East African marine parks. Biological Conservation, 2000, 94(2): 191-198.
[65] Mcclanahan T R, Muthiga N A. Patterns of preedation on a sea urchin *Echinometra mathaei* (de Blainville) on Kenyan coral reefs. Journal of Experimental Marine Biology and Ecology, 1989, 126(1): 77-94.
[66] Lessios H A. Population dynamics of *Diadema antillarum* (Echinodermata: Echinoidea) following mass mortality in Panamá. Marine Biology, 1988, 99(4): 515-526.
[67] Hughes T P, Reed D C, Boyle M J. Herbivory on coral reefs: community structure following mass mortalities of sea urchins. Journal of Experimental Marine Biology and Ecology, 1987, 113(1): 39-59.
[68] Bronstein O, Loya Y. Echinoid community structure and rates of herbivory and bioerosion on exposed and sheltered reefs. Journal of Experimental Marine Biology and Ecology, 2014, 456(7): 8-17.
[69] Dumas P, Kulbicki M, Chifflet S, et al. Environmental factors influencing urchin spatial distributions on disturbed coral reefs (New Caledonia, South Pacific). Journal Experimental Marine Biology and Ecology, 2007, 344(1): 88-100.
[70] Weil E, Torres J L, Ashton M. Population characteristics of the sea urchin *Diadema antillarum* in La Parguera, Puerto Rico, 17 years after the mass mortality event. Revista de Biologia Tropical, 2005, 53(3): 219-231.
[71] Martín B F, González S G, Pina A F, et al. Abundance, distribution and size structure of *Diadema antillarum* (Echinodermata: Diadematidae) in South Eastern Cuban coral reefs. Revista de Biologia Tropical, 2010, 58(2): 663-676.

第八节 珊瑚礁区的有孔虫及其环境指示意义[①]

有孔虫是原生动物门根足虫纲下的单细胞生物，现存10 000多种[1]，占原生生物界的1/8。依据其生活方式可分为底栖有孔虫和浮游有孔虫。珊瑚礁区的有孔虫主要为大型底栖有孔虫（LBF）（一般壳径大于0.5mm），内部结构复杂。大型底栖有孔虫主要分布在热带亚热带浅海海域，如太平洋（42°N～40°S）、印度洋（39°N～36°S）[2]。一般而言，活体大型底栖有孔虫生活的最低水温为18℃，最大水深为35m[3]。珊瑚礁区大型底栖有孔虫包括7科（亚科）17属。其中无孔钙质科为刷状虫亚科（Peneroplinae），小丘虫亚科（Soritinae），Archaiasinae，孔穴虫科（Alveolinidae）；有孔钙质科为双盖虫科（Amphisteginidae），货币虫科（Nummulitidae），距轮虫科（Calcarinidae）。珊瑚礁区大型有孔虫的属主要有小蜂巢虫属（Alveolinella），双丘虫属（Amphisorus），双盖虫属（Amphistegina），Archaias，Baculogypsina，贪食虫属（Borelis），距轮虫属（Calcarina），圆盾虫属（Cycloclypeus），Cyclorbiculina，Heterocyclina，异盖虫属（Heterostegina），Marginopora，货币虫属（Nummulites），盖虫属（Operculina），马刀虫属（Peneroplis），小丘虫属（Sorites），以及旋卷虫属（Spirolina）（未标中文名的属为目前在中国南海没有发现的属）。

有孔虫是碳酸钙的主要生产者之一[4]。Langer等[5]指出世界平均大型底栖有孔虫的碳酸钙产量为230g/（m²·a），占全球每年碳酸盐产量的0.5%；大型底栖有孔虫每年最低碳酸盐产量约为130×10⁶t，约占海洋碳酸盐产量的2.5%[6]。在西太平洋马绍尔群岛的马朱罗环礁（Majuro Atoll），大型底栖有孔虫的碳酸钙产量为1000g/（m²·a）[7]。在澳大利亚大堡礁的绿岛（Green Island），大型底栖有孔虫占珊瑚礁碳酸钙年产量的30%[8]。在太平洋西部和中部环礁，砂质沉积物主要由大型底栖有孔虫组成[9]。在印度-太平洋海区，大型底栖有孔虫占珊瑚礁礁坪砂质沉积物总量的90%[10]。在中国南沙群岛永暑礁的潟湖，有孔虫在0.5～0.63mm粒级的沉积物中含量可高达30.73%；在南沙群岛渚碧礁礁前斜坡，有孔虫在1.25～1.6mm粒级的沉积物中含量占29.71%；在南沙群岛皇路礁东南部潟湖中有孔虫占总沉积物的比例达20.98%以上[11]。珊瑚礁区的珊瑚通过与藻类的共生，提高其在贫营养海区的物质与能量循环效率。绝大部分珊瑚礁区的大型有孔虫也依赖于从共生的藻类中获取营养物质。对珊瑚来说，有孔虫具有生命周期短（3个月到2年）[12]、个体小（正常个体大小为0.1～1mm）[13]及数量多等特点[14]；演化特征明显，对环境变化敏感，是珊瑚礁区的重要建造者，也是研究珊瑚礁区环境与生态变化的理想载体之一。

一、珊瑚礁区现代有孔虫的物种多样性与组合特征

（一）珊瑚礁区现代有孔虫的物种多样性

Cuahman[15]最早于1922年因石油开发的需要，对珊瑚礁区有孔虫种类及组合进行了研究。珊瑚礁区暖水底栖有孔虫一般生活在适宜珊瑚生长的区域，包括印度-太平洋海区、东太平洋、西印度洋、红海、阿拉伯至波斯湾以及加勒比海等。对现代珊瑚礁区的有孔虫研究主要集中在东非、印度、马来西亚、印度尼西亚、菲律宾、日本冲绳以及太平洋诸岛海区[16-27]，在热带中太平洋也有少量研究[28-30]。热带珊瑚礁区有孔虫的生物多样性高[31]，其中印度-太平洋珊瑚礁区潟湖里的底栖有孔虫超过400种[23,32]。早在1915年于非洲东部卡里巴群岛珊瑚礁区就记录到了277种有孔虫[33]。后来，Guilcher[34]在马约特岛记录到有孔虫477种。印度洋北半球海域环礁记录到的有孔虫为180～300种，印度-太平洋东部海域珊瑚礁区记录到的有孔虫为150～250种[19,23,28]；太平洋东南部土阿莫土群岛（Tuamotu archipelago）珊瑚礁

[①] 作者：孟敏，余克服，秦国权

记录到有孔虫 211 种[21]，夏威夷岛（Hawaiian archipelago）记录到 230 种[35]；加勒比海珊瑚礁区有孔虫种类为 109～150 种[36, 37]。而红海[38]和波斯湾[39]记录到的有孔虫种类较少，仅几十种。

我国珊瑚礁区有孔虫研究始于 20 世纪 70 年代，主要集中于现代有孔虫分类及地层中有孔虫的时代意义等方面，包括西沙、中沙群岛有孔虫的分类及西沙群岛钻孔岩心中有孔虫的组合特征[40-47]。李前裕[41]和孙息春[48]介绍了海南岛珊瑚礁区有孔虫的分布和组合特征；涂霞和郑范[49]及温孝胜等[50]介绍了南沙群岛有孔虫的分布特征。根据郑守仪[45, 47]及郑执中和郑守仪[46]的研究，初步统计出西沙群岛的现代底栖有孔虫为 166 属 397 种，浮游有孔虫为 7 属 13 种；中沙群岛现代底栖有孔虫为 113 属 198 种，浮游有孔虫为 9 属 14 种。我国珊瑚礁区有孔虫多样性较高，以南海环礁区域分布数量最多。

总体来说，热带-亚热带浅水珊瑚礁区有孔虫区域多样性分布大体上存在如下特征：非洲东部以及印度-西太平洋珊瑚礁区有孔虫多样性最高，太平洋中部次之，加勒比海珊瑚礁区有孔虫种类较少，红海珊瑚礁区有孔虫种类最少。

（二）珊瑚礁区现代有孔虫的组合特征

不同珊瑚礁区现代沉积有孔虫数量与多样性特征存在差异，不同类型的珊瑚礁，或者同一珊瑚礁不同沉积相，有孔虫数量及其组合特征的差异也较明显。在红海东部的舒艾拜潟湖有孔虫组合特征为 *Quinqueloculina* cf. *Q. limbata*、*Monalysidium acicularis*、*Peneroplis planatus-Sorites orbiculus*、*Quinqueloculina costata-Spiroloculina communis-Elphidium striatopunctatum* 4 个组合[38]。加勒比海区域礁前相有孔虫优势种主要为轮虫类（rotaliids），如 *Amphistegina gibbosa*、*Asterigerina carinata*；礁体（礁坪和礁后斜坡）有孔虫主要是小粟虫类（miliolids），如五块虫属（*Quinqueloculina*）、*Archaias*；潟湖相有孔虫优势属为 *Cribroelphidium*、企虫属（*Elphidium*）、*Miliolid*、*Archaias* 等，随深度变化而不同。日本冲绳县阿嘉岛礁坪相和浅水礁坪相优势种由小粟虫类（Alveolinidae、Peneroplidae 和 Soritidae）组成，深水礁坡相优势种主要由轮虫类（Amphisteginidae、距轮虫科 Calcarinidae 和 Nummulitidae）组成[26]。

太平洋环礁潟湖有孔虫组合与潟湖面积大小及水深有关[36, 37, 51]。Bicchi 等[21]对土阿莫土群岛中部数个潟湖的有孔虫分析得出，大潟湖有孔虫的优势种类为假草编织虫（*Textularia pseudogramen*）、异地希望虫（*Elphidium advenum*）、*Planorbulina acervalis*、*Lobatula lobatula* 和 *Reussella spinulosa*；小潟湖有孔虫的优势种类为 *Amphistegina lessonii*、*Quinqueloculina incisa*、*Cymbaloporetta bradyi*、*Marginopora* sp.、小丘虫属种 *Sorites* sp.、*Clavulina* sp.。太平洋堡礁礁前斜坡与礁后斜坡的优势有孔虫主要有个体大且壳体厚的无孔钙质小粟虫类，强健的胶结壳种，以及有孔钙质种距轮虫和双盖虫[23]。而珊瑚礁岛屿附近海域有孔虫的优势种主要为 *Amphistegina lobifera*、*A. lessonii*、*Baculogypsina sphaerulata* 和 *S. orbiculus*[52]。印度洋礁体优势有孔虫为双盖虫属和距轮虫属，而潟湖优势属为卷转虫属（*Ammonia*）和壳体较小的小粟虫类[53]。我国珊瑚礁区的有孔虫组合也大体呈现出一定的规律性，如西沙群岛的浅水礁前和礁坪以双盖虫属、距轮虫属和 *Pararotalia* 等大型底栖有孔虫占优势，潟湖以五块虫属、三块虫属（*Triloculina*）、企虫属、小铙钹虫（*Cymbaloporetta*）等有孔虫为主。

总体来说，珊瑚礁区现代有孔虫表现出如下组合特征：①珊瑚礁相同沉积相有孔虫组合总体相似，如潟湖相有孔虫主要由小粟虫类（如五块虫属）和企虫属等小有孔虫组成，开放型潟湖也包含双盖虫属等大有孔虫。礁坪、礁坡及岛屿则多由与大型藻类共生的有孔虫组成（如双盖虫属、距轮虫属、*Baculogypsina* 等），有些区域会出现胶结壳和小粟虫。②存在大区域分布的底栖有孔虫，如双盖虫属在红海出现 5 个种（*A. bicirculata*、*A. lessonii*、*A. lobifera*、*A. papillosa* 和 *A. radiata*）；在地中海出现 2 个种（*A. lessonii* 和 *A. lobifera*）；在印度-太平洋出现 6 个种（*A. bicirculata*、*A. lessonii*、*A. bicirculata*、*A. lobifera*、*A. papillosa* 和 *A. radiata*）；在加勒比海和北大西洋出现一个种（*A. gibbosa*）。③部分有孔虫的分布存在区域差异，如距轮虫科只出现在东印度洋-西太平洋海区；西印度洋海区（包括红海）的现代底栖有孔虫种类组成与中印度洋-太平洋海区有明显差异。这些特征可能与珊瑚礁类型、沉积物的底质、水动力、栖息地特性等生境条件有关。

二、珊瑚礁区有孔虫对环境的响应与记录

（一）大型底栖有孔虫对生长环境的指示意义

珊瑚礁区的大型底栖有孔虫个体大，能与藻类互利共生，所以从石炭纪开始繁荣于贫营养的热带海区；大型底栖有孔虫由于其结构复杂、栖居环境多样、演化快、对生态环境变化敏感等而具有时代分布限制，因此被用来作为生物地层时代划分的依据[54, 55]。大型底栖有孔虫的生态习性与环境要求不同，通过对环境条件的适应和自我调节机制，产生相应的结构和形态，从而可以估算水深[56]。大型底栖有孔虫的生态习性及形状特征受温度、营养、光照等因素影响。温度可通过影响水体的温度梯度、CO_2的溶解度、共生藻的生存范围等影响大型底栖有孔虫的分布。一些珊瑚礁区有孔虫与硅藻、鞭毛藻、绿藻及红藻等共生，不同种藻类利用的光谱范围决定了其寄主有孔虫的分布水深范围[57]，这样就导致不同种大型底栖有孔虫的分布深度存在差异。大型底栖有孔虫可通过自我调节机制来适应不同的光照条件。例如，有些大型底栖有孔虫可依据深度和季节而改变共生藻类型，或者同时共生不同类型的共生藻种，或者同时共生藻类与其他生物类群，以此来扩大生态位或者深度分布范围。大型底栖有孔虫也可通过调节自身形态和生理结构以适应不同光照条件，常见的是壳体结构规则化、瓷质壳具有很小的骨针、壳表面形成凹槽和孔洞、壳体内部有机质内层增厚至双凸或呈球形壳等来适应高光照强度；或通过形成凹点使壳体变薄、壳体表面形成玻璃质凸起使壳体内部隔层变薄、减小壳体厚度（直径）、增大表面积（容积）等来增加光照捕获量，促进共生藻的光合作用[58]。例如，双盖虫属的不同种，如 *Amphistegina lobifera*、*Amphistegina lessonii*、*Amphistegina radiata*、*Amphistegina papillosa*、*Amphistegina bicirulata* 随着栖息水深的增加，壳体变平，厚度直径比减小。*Heterostegina depressa* 的显球形初房直径在较深水区比浅水区大[59]。此外，水体透明度也通过影响光照条件而影响共生藻的光合作用，从而调节大型底栖有孔虫的深度分布范围。若水体的浊度增加，将促使深水栖息种向浅水区域迁移，以满足共生藻类的光照需求。珊瑚礁区环境多为浅水，礁前斜坡浅水区水动力最强，礁坪和礁后水动力逐步减弱。不同的水动力条件促使不同沉积相大型底栖有孔虫的多样性产生差异。大型底栖有孔虫一般通过栖息于大型藻类、沉积颗粒底部、珊瑚孔洞内等以防止被搬运；或者通过调节自身形态结构来增加附着能力，如增加伪足等；或者通过细胞基质的外质条带固定在底质上。在水动力强的环境中生活的大型底栖有孔虫（如 calcarinids）通常生长棘状凸起，并在凸起末端生长伪足塞来防止被搬运。大型有孔虫壳体的形状是水动力、光照、新陈代谢等共同作用的结果。此外，食物来源、食物和空间竞争等也影响大型底栖有孔虫的分布，或导致有孔虫组合的变化。

因为不同影响因素导致不同种大型底栖有孔虫的深度分布范围和组合特征，因此这些要素可以用来估算古水深，反演相对海平面的变化。例如，依据双盖虫属不同种的深度分布范围，利用 *Amphistegina* spp. 的壳体相对数量，可以反演水深变化[60]。也有研究者综合考虑多种环境参数，利用转换函数来估算古水深[56]，如 Fujita 等[61]根据 *Amhpistegina* spp. 不同种的相对丰度及转换函数估算了南太平洋塔希提岛（Tahiti）在 TII 期（倒数第二个冰消期）的海平面变化。也可依据特征种有孔虫与珊瑚、珊瑚藻、仙掌藻、软体动物、棘皮动物等的组合分析珊瑚礁的沉积相，诠释古沉积环境。例如，Sarkar[62]利用大型底栖有孔虫、钙藻和珊瑚的组合将印度东北部的梅加拉亚（Meghalaya）中始新世碳酸盐台地分为5个沉积相带：①小粟孔虫颗粒灰岩，优势属为五块虫属、*Periloculina*、三块虫属、*Biloculina* 和抱环虫属（*Spiroloculina*），代表受保护的、光线好、水动力温和的浅水潟湖环境；②孔穴虫（alveolinid）颗粒灰岩，优势种为孔穴虫

和壳体较大的轮虫类，如车轮虫属（Rotalia）和 Lockhartia，含有膝状关节珊瑚藻，以及一些小有孔虫、腹足类、珊瑚碎片和海胆类，代表贫营养，中、高等水动能，正常浪基面以上的透光层的中部到上部；③货币虫-孔穴虫（nummulitid-alveolinid）颗粒灰岩，优势属为货币虫属和 Alveolinids（Alveolina 和 Glomalveolina），以及壳体平坦的圆旋虫属（Discocyclina），代表中陆架沉积环境；④珊瑚藻-货币虫粒灰岩，主要由非膝状珊瑚藻石枝藻属（Lithothamnion）、中叶藻属（Mesophyllum）和孢石藻科（Sporolithacean），孢石藻属（Sporolithon）及包壳珊瑚藻（melobesioids）形成绑结岩，有孔虫为货币虫（Nummulites、Assilina 和盖虫属），代表外陆架沉积环境；⑤珊瑚藻灰岩，优势生物种为珊瑚藻石枝藻科、中叶藻科和孢石藻属，代表中外陆架沉积环境。例如，Prat 等[63]通过分析印度洋西南部格劳瑞西斯群岛（Glorieuses archipelago）的现代沉积样品，根据沉积物粒度和生物组分介绍了 7 个不同沉积相带的沉积特征。总体来说，珊瑚碎片在高能的礁前和礁坪较多，仙掌藻在半封闭潟湖最多，大型底栖有孔虫的多样性则在潟湖最大，软体动物在内礁坪水较深处大量出现。

自从 Murray[12]提出通过浮游有孔虫与底栖有孔虫的比例来估算古水深的方法以来，该比例在后来的钻孔分析中一直被有效利用。例如，秦国权[64]利用浮游有孔虫与底栖有孔虫的比例分析了西永 1 井的相对海平面变化过程。

（二）底栖有孔虫对海洋酸化的响应

现代气候变化、人类活动导致的大气中 CO_2 浓度增加和海洋酸化对钙质壳体的有孔虫产生影响，如阻碍钙质生物体 $CaCO_3$ 的形成、增加 $CaCO_3$ 成分在水体的溶解率等。研究认为大部分大型底栖有孔虫的 $CaCO_3$ 成分为高镁方解石，其溶解度比低镁方解石和文石高，所以有孔虫对海洋酸化的响应比造礁珊瑚的文石质 $CaCO_3$ 更快[65-67]。IPCC[68]报告指出 21 世纪末海水 pH 将会降低 0.3～0.4 个单位，这将对珊瑚礁区的有孔虫产生显著的影响。Uthicke 等[69]通过对巴布亚新几内亚火山岩 CO_2 渗出口附近沉积物中有孔虫的研究，指出有孔虫的密度和多样性随着 pCO_2 的增加而显著减小，当 pH<7.9（pCO_2>700μatm）时有孔虫几乎全部灭绝；若按照现在的 CO_2 增加趋势，预期到 21 世纪末海洋酸化会导致热带底栖有孔虫生态灭绝。

海洋酸化对有孔虫的影响主要表现为有孔虫钙化率、生长率的变化，以及壳体结构改变、密度减小、多样性减小，有孔虫的碳酸盐生产力和组合等（如胶结壳比例增加）也发生变化[69-75]。Uthicke 等[69]认为随着大气 CO_2 浓度增加，不同种有孔虫的响应程度存在差异，如胶结壳有孔虫减少的速率较小，因为其生长不依赖于钙化作用；混合营养型和非自养型有孔虫减少的速率相当；尽管固碳作用会增加与藻类共生的有孔虫的边界层的 pH，但是这不足以补偿周围海水 pH 降低的影响。有孔虫对大气 CO_2 浓度的差异性响应一方面将造成有孔虫组合的变化；另一方面由于胶结壳有孔虫在数量上不足以弥补钙质有孔虫的生态位，最终有孔虫数量将可能由于大气 CO_2 浓度的上升而快速下降。

与藻类共生的有孔虫对海水升温和海洋酸化的响应也表现出种间差异性。无孔钙质类有孔虫不依赖于共生藻获得营养，体内没有无机碳库，细胞的生长和代谢活动受制于周围海水直接的无机碳传输，所以其无机碳的摄取能力与周围碳酸盐的含量成正比。Erez[76]指出随着 pCO_2 提升，无孔钙质有孔虫将更加脆弱。此外，无孔钙质有孔虫的共生藻多为甲藻类，而此类藻受 CO_2 的效应影响不明显，这也将导致有孔虫钙化率随 pH 降低而降低，如 Marginopora kudakajimensis、Archaias angulatus、Aphisorus hemprichii、Amphisorus kudakajimens 的壳重和钙化率随 pCO_2 增加而明显下降[65, 77-79]。

有孔钙质有孔虫体内具有无机碳库（通过共生藻的光合作用产生），可以用来钙化，不直接受周围海水碳酸盐变化幅度的影响[65]。CO_2 增加促进共生藻的光合作用，从而促使有孔虫钙化率上升的现象，称为 CO_2 的施肥效应[78]。CO_2 的效应对有孔虫共生藻具有选择性，只对部分共生的藻类有影响。例如，同

样是 pCO_2 增加，它促使与硅藻共生的有孔虫 *Calcarina gaudichaudii* 的钙化率上升，而与甲藻共生的有孔虫 *A. kudakajimens* 的钙化率却下降[78]；Fujita 等[65]研究表明，*B. sphaerulata* 和 *C. gaudichaudii* 在低 CO_2 浓度时钙化率受 pCO_2 的增加影响不明显，而在中等浓度（pCO_2=580μatm 和 770μatm）时钙化率有所提升，但在高浓度（pCO_2=970μatm）时钙化率下降。说明 CO_2 的施肥效应对有孔虫钙化率的影响也存在一定的阈值。

pH 降低对有孔虫的影响程度与其壳体矿物元素含量有关。当壳体的镁含量较高时，其溶解度相对较大，而低镁方解石溶解度较小。例如，*Amphistergina gibbosa* 壳体由低镁方解石组成，pH 的轻度降低对其生长率不产生明显影响[79]。对于高镁方解石质的有孔虫来说，pH 降低在造成壳体溶解的同时，也导致壳体形态的变化。例如，毕克卷转虫（*Ammonia beccarii*）在 pH 为 7.5 时生长停止，壳体开始溶解[80]；*Elphidium williamsoni* 在 pH 为 7.6 时壳体减薄[81]。食物的变化对与硅藻共生的有孔钙质有孔虫（如 *A. lobifera*）的生长率没有影响，但对与甲藻共生的无孔钙质有孔虫（如 *Amphisorus hemprichii* 和 *Marginopora kudakajinrensis*）的生长率影响显著，食物充分时它们的生长率高[82]。因此，Reymond 等[83]认为可通过增加营养的方式来降低海洋酸化对有孔虫 *Marginopora rossi* 钙化的负面影响。

总体来说，在常态和中等水平 pCO_2 下，有孔虫的钙化率会因种类差异而有不同的响应方式；但是，当 pCO_2 值达到高水平时，所有有孔虫的钙化率和生长率都会降低。实验模拟出了一些有孔虫生存的酸度或温度阈值，如 *Marginopora vertebralis* 在大堡礁南部生长的极端环境条件是温度为 32℃，pCO_2=1000μatm[84]。Le Cadre 等[80]指出 *A. beccarii* 在 pH 为 7.53 时生长停止且钙质壳体开始溶解。Uthicke 等[69]通过实验得出，有孔虫受侵蚀的 pH 为 7.9~8.0，而溶解作用在 pCO_2 大约为 450μatm 时就已经存在。Titelboim 等[85]通过野外采集、实验培养、测定镁钙比并换算成温度，得出 *Pararotalia calcariformata* 钙化的温度为 22~40℃，*Lachlanella* sp.钙化的温度为 15~36℃，未来在全球气候变暖的背景下高温耐受型有孔虫的钙化时间和生产力都将增加。Doo 等[86]指出温度高于 30℃时，有孔虫共生功能体蛋白水平受破坏，共生体固碳速率降低，原因是二磷酸核酮糖羟化酶（Rubisco）减少。

单一控制因素对有孔虫生长的影响有差异，多种因素的组合作用也对有孔虫的生长产生综合影响。例如，随 pCO_2 升高与富营养化交互作用，*Marginopora rossi* 的生长率和钙化率都明显降低，其能够适应的 pH 极值为 7.6[83]。升温和富营养化交互作用，对 *M. vertebralis* 的生长率和存活率均产生负面影响[87]。pCO_2 增大和温度升高，*M. vertebralis* 壳体内叶绿素 a 的含量明显减少，说明 pCO_2 对共生藻的施肥效应被温度升高的负面影响所抵消[88]。低 pH 和 Cu 的组合作用使 *Amphistergina gibbosa* 的钙化率降低、壳体变小、白化程度增大[89]。

Doo 等[90]总结了前人关于有孔虫对海洋酸化响应的研究工作，提出以下被关注的问题：①有孔虫受多种环境压力影响的内在机制是什么；②有孔虫钙化对酸化、暖化的反应是否基于不同的机制；③应该把有孔虫的生长习性和适应的温度范围纳入生态恢复研究中；④有孔虫对珊瑚礁碳酸盐生产力的贡献的综合评估；⑤在关注有孔虫对酸化反应的同时，需要更多地研究共生体（包括共生藻类和细菌等）的反应；⑥从分子生物学的角度探讨有孔虫响应环境的机制。当然，关于有孔虫对海洋酸化的响应研究，既需要实验室的模拟，也需要自然环境条件下的监测研究。

（三）底栖有孔虫对强水动力事件的响应

热带风暴产生的强风、大浪、暴雨及洪水等对珊瑚礁生态系统产生严重的破坏[91]。Prazeres 等[92]分析了 2014 年热带飓风伊塔（Ita）前后大堡礁的扬礁（Yonge Reef）背风坡 6m 和 18m 水深处双盖虫属（*Amphistegina*）的分布变化情况，得出台风使双盖虫属总量减少；在 6m 处 *A. lobifera* 和 *A. lessonii* 数量分别减少 92%和 67%，壳体也减小；而在 18m 处 *A. lessonii* 和 *A. radiata* 数量分别增加 31%和 76%，*A. radiata*

壳体减小；分析得出飓风产生强水动力及高浊度，导致有孔虫迁移、搬运；由于浅层种 *A. lobifera* 的生存范围狭窄，因此在飓风后数量大减，壳体变小；随着浊度增加，较深水种 *A. radiata* 和 *A. lessonii* 向浅水迁移；此外，双盖虫属不同种的繁殖能力和繁殖周期的不同也导致其数量的差异。Pilarczyk 和 Reinhardt[93]对阿曼苏丹国的苏尔干潟湖（Sur lagoon）的 8 个钻孔有孔虫进行研究，在 1945 年马克兰海沟地震导致的海啸层发现大于 0.25mm 的有孔虫增多，且出现大量外来搬运种（*Amphistegina* spp.、*Ammonia inflata* 和浮游种）。Pilarczyk 和 Reinhardt[94]在加勒比海的阿内加达岛（Anegada）利用 *Homotrema rubrum* 的数量和保存等级反演出了 1650～1800 年发生的强水动力事件，提出个体大、保存好、红色或深粉色、房室完整的 *H. rubrum* 能够指示水动力沉积事件。Mamo 等[95]综合分析有孔虫对海啸的响应，指出壳体大小、形状、破损度取决于水动力强弱以及水体是否包含杂乱沉积物。当然也存在不同的认识，如 Strotz[91]于 2008～2011 年对岩鹭礁（Heron reef）礁坪现代沉积物连续取样，得出在飓风 Hamish 发生前后绝大部分采样点的有孔虫优势组合没有改变，主要为 *Calcarina hispida*、*B. sphaerulata* 和 *M. vertebralis*；但是，飓风发生之后出现了有孔虫多样性减小、礁坪不同方位有孔虫组合呈现均质性增强的特点。Strotz 等[91]统计分析得出热带气旋不一定会带来外来沉积物，有孔虫组合也不一定会发生变化，有孔虫壳体磨损变化也不明显，但是样品间差异会减小，即均质性作用很明显，多样性减小。在潟湖地层中，生物相的均质性较强，有孔虫壳体特征的变化很难鉴别[96]。

综上所述，有孔虫对强水动力事件的响应表现为有孔虫的组合、碎壳率、颜色、壳体大小、多样性等方面，并与强水动力事件发生的强度、海水深度、有孔虫本身的生态习性等因素有关。

（四）底栖有孔虫对海洋污染的响应

有孔虫多对污染敏感，耐受力低，因此是珊瑚礁区环境污染状况的一个重要指示物。Zalesny[97]最早研究污染对有孔虫分布模式的影响。珊瑚礁区有孔虫对污染的响应则最早记录于埃内韦塔克环礁（Eniwetak Atoll），Hirshfield 等发现在排污口附近出现小有孔虫代替大有孔虫的现象[98]。Ebrahim[99]对南太平洋塔拉瓦环礁（Tarawa Atoll）潟湖和外礁坪有孔虫与污染关系的研究，指出 *B. sphaerulata* 对污染的敏感性高。Osawa 等[100]对西太平洋马绍尔群岛的马朱罗环礁（Majuro Atoll）礁坪有孔虫的研究，发现靠近人类聚居区的距轮虫属（*Calcarina*）和双盖虫属（*Amphistegina*）显著减少，原因在于居民排放了高营养成分的污染物质，破坏了有孔虫与共生藻的共生关系。有报道[101]指出一些耐低氧的有孔虫属种［如 *Buliminella*、企虫属、小上口虫属（*Epistominella*）、*Fursenkoina*、*Eggrella advena*、箭头虫属（*Bolivina*）、葡萄虫属（*Uvigerina peregrina*）、*Chilostomella oolina* 等］的出现可能也与污染有关，因为水体的污染物加强了生物的活性，从而大量消耗水体中氧气而产生低氧环境。Samir[102]通过对埃及潟湖中有孔虫的研究，得出农业污染对有孔虫的组合产生影响，导致 miliolids 之类的小有孔虫数量增多。有孔虫对于含有机质的污染表现出数量特征和群落结构改变。而富含烃类、重金属元素等的化学污染会导致有孔虫壳体形态异常。Morvan 等[103]通过 2000～2003 年石油泄漏前后有孔虫的野外调查，结合对嗜温转轮虫（*Ammonia tepida*）在室内不同浓度石油的培养实验，得出海上原油泄漏造成有孔虫丰度减小、繁殖力下降甚至死亡、分子变形的现象，原因在于有孔虫的新陈代谢受到影响，同时也是有孔虫产生自我保护机制的体现。重金属对有孔虫的影响表现为有孔虫数量和多样性降低、壳体变形、生长萎缩、壳缘损坏、壳饰溶解、缝合线增厚、壳壁增生异物等[104, 105]。Martínez-Colón 等[106]总结畸形壳产生的原因在于污染阻碍有孔虫网状伪足活动、导致壳体溶化、影响有孔虫房室的结晶。Martínez-Colón 等[106]提出通过有孔虫微观和中型实验来进一步分析有孔虫对特定污染物的响应机制。对单一有孔虫生态习性及耐受力研究可以解释污染的影响机制。例如，Saraswat 等[107]对 *Rosalina leei* 的汞实验得出，其在 60～80ng/L 浓度下 35～40 天后都会停止生长，而在 260ng/L 的高浓度下短期仍然能够存活，说明其对汞的持续注入缺乏忍耐力，且出现的畸形壳与重金属含量呈正相关,原因在于生物有机体利用能量进行自我保护,从而留给蛋白质合成的能量很少,导致能量失衡,不利于细胞生长。Prazeres 等[108]通过实验研究了 *Amphistegina lessonii* 对锌的耐受性,发现锌含量在 93μg/L 时,该有孔虫发生白化现象,得出白化的 *A. lessonii* 的抗氧化体系的增强在一定程度上抵消了锌导致的氧化压力,从而避免共生藻的完全丧失。

三、有孔虫对珊瑚礁生态系统健康状况的指示

相对于珊瑚来说,有孔虫生命周期短,对环境变化的响应更快,因此大型底栖有孔虫的多寡及组合特征可以指示珊瑚礁生态系统的健康状况。

Hallock[109]在 1988 年提出有孔虫组合能够指示珊瑚礁的健康状态。Hallock 等[14]于 2003 年提出了珊瑚礁区有孔虫的健康评价模型,即 FORAM 模型(FI),把有孔虫分为与藻类共生种、压力耐受型的机会种及其他小的非自养种,其中与藻类共生种有孔虫与珊瑚的环境要求类似,需要贫营养、透明度好的水体;机会种可以耐受高浑浊度和高营养的水体,同时也耐受高重金属和低氧的压力;而其他壳体小、生长快的小有孔虫非自养种随着食物充裕或营养充足而勃发;Hallock 等[14]利用上述 3 类有孔虫的含量比例可以指示水体质量或珊瑚礁发育的水体环境,具体计算公式为:FI=$(10 \times P_s) + (P_o) + (2 \times P_h)$,其中 P_s、P_o、P_h 分别代表与藻类共生种、机会种、非自养种占有孔虫总数的比例。当 FI≥4,即藻类共生有孔虫占有孔虫总量的比例大于 25%时,表明环境适宜珊瑚生长;当 2<FI<4,藻类共生有孔虫占有孔虫总量的比例小于 25%时,表明环境使珊瑚生长处于边缘状态;当 FI≤2 时,即没有与藻类共生有孔虫,说明由于污染、营养压力等因素,环境已不适宜珊瑚生长。同时提出 FI 值不受水深(可以应用在 20m 水深环境以浅的任何水深)、水动力条件、沉积物粒度的影响。FORAM 模型已在很多珊瑚礁区得到应用[110-114]。例如,Schueth 和 Frank[110]在澳大利亚大堡礁的低岛(Low Islet Island)利用了此公式进行评价,得出 FI 大于 4,适合珊瑚生长;而在礁边缘、礁坪等某些地方 FI 小于 2,不太适合珊瑚生长。Carilli 和 Walsh[111]通过对圣诞岛(Christmas Island)活体与死体有孔虫的 FI 值进行计算,发现活体有孔虫的平均 FI 值为 4.6±1.26,而死体有孔虫的 FI 值为 9.1±0.57,活体有孔虫 FI 最低值出现在离人类聚居区最近的站点,为 2.5±0.12,说明受人类捕鱼活动的影响,机会种有孔虫增多,水体环境逐渐恶化。而远离人类聚居区的金曼礁(Kingman Reef)死体和活体有孔虫 FI 值都大于 5.4,说明此处的珊瑚礁生长环境比较适宜珊瑚的继续生长。Uthicke 等[115]对澳大利亚近岸珊瑚礁区的有孔虫组合(FI)以及珊瑚组合进行比较分析,得出珊瑚覆盖度与 FI 值呈正相关,表明有孔虫对珊瑚礁区环境的指示是可靠的。Hallock[116]总结了 FORAM 模型在西大西洋-加勒比海地区、波多黎各、佛罗里达、巴西、太平洋岛屿、澳大利亚、希腊珊瑚礁区得到很好的应用,总体效果较好;但是对于印度尼西亚珊瑚礁区,受陆地输入影响导致营养含量升高,藻类占优势,倾向于藻类底质生存的与藻类共生的大型底栖有孔虫距轮虫科(Calcarinidae)增多,因此 FI 值高,这与退化的珊瑚礁环境不一致[117]。

然而,也有一些研究认为,FORAM 指数与死体和活体、沉积底质类型等因素有关。Stephenson 等[37]在佛罗里达的海螺礁(Conch reef)研究发现碎石表面(活体有孔虫)的 FI=3.6±0.4,而沉积物中有孔虫的 FI≈5.6±0.8,建议利用活体有孔虫进行 FI 值的计算以及环境的评估。Barbosa 等[114]在南大西洋巴西东部珊瑚礁区发现受当地泥质类型的影响,在珊瑚覆盖度很好的珊瑚礁区绝大多数站点 FI 小于 4,提出在计算 FI 值时要考虑底质类型,可将有孔虫多样性和均匀度纳入评价体系。

参 考 文 献

[1] Vickerman K. The diversity and ecological significance of Protozoa. Biodiversity and Conservation, 1992, 1(4): 334-341.
[2] Belasky P. Biogeography of Indo-Pacific larger foraminifera and scleractinian corals: a probabilistic approach to estimating

taxonomic diversity, faunal similarity, and sampling bias. Palaeogeography Palaeoclimatology Palaeoecology, 1996, 122(1-4): 119-141.

[3] Murray J W. Distribution and Ecology of Living Benthic Foraminiferids. London: Heinemann, 1973: 288.

[4] Wilson B, Orchard K, Phillip J. SHE Analysis for Biozone Identification among foraminiferal sediment assemblages on reefs and in associated sediment around St. Kitts, Eastern Caribbean Sea, and its environmental significance. Marine Micropaleontology, 2012, 82-83: 38-45.

[5] Langer M R, Silk M T, Lipps J H. Global ocean carbonate and carbon dioxide production: the role of reef Foraminifera. Journal of Foraminiferal Research, 1997, 27(4): 271-277.

[6] Langer M R. Foraminifera from the Mediterranean and the Red Sea//Por F D. Aqaba-Eilat, the Improbable Gulf: Environment, Biodiversity and Preservation. Jerusalem: Magnes Press, 2008: 397-415.

[7] Fujita K, Osawa Y, Kayanne H, et al. Distribution and sediment production of large benthic foraminifers on reef flats of the Majuro Atoll, Marshall Islands. Coral Reefs, 2009, 28(1): 29-45.

[8] Yamano H, Miyajima T, Koike I. Importance of foraminifera for the formation and maintenance of a coral sand cay: Green Island, Australia. Coral Reefs, 2000, 19(1): 51-58.

[9] Yamano H, Kayanne H, Chikamori M. An overview of the nature and dynamics of reef islands. Global Environmental Research, 2005, 9(1): 9-20.

[10] Fujita K, Otomaru M, Lopati P, et al. Shell productivity of the large benthic foraminifer *Baculogypsina sphaerulata*, based on the population dynamics in a tropical reef environment. Coral Reefs, 2016, 35(1): 317-326.

[11] 余克服, 朱袁智, 赵焕庭. 南沙群岛信义礁等4座环礁的现代碎屑沉积//中国科学院南海海洋研究所. 南海海洋科学集刊(第12集). 北京: 科学出版社, 1997: 119-147.

[12] Murray W J. Ecology and distribution of benthic foraminifera//Lee J J, Anderson R O. Biology of Foraminifera. London: Academic Press, 1991, 221-254.

[13] Sen Gupta B K. Modern Foraminifera. Dordrecht: Kluwer Academic Publishers, 1999: 371.

[14] Hallock P, Lidz B H, Cockey-Burkhard E M, et al. Foraminifera as bioindicators in coral reef assessment and monitoring: the FORAM index. Environmental Monitoring and Assessment, 2003, 81(1): 221-238.

[15] Cushman J A. Shallow-water foraminifera of the Tortugas region. Carnegie Institute of Washington, 1922: 311.

[16] Chapman F. Foraminifera from the Lagoon at Funafuti. Journal of the Linnean Society of London, Zoology, 1900, 28(181): 161-210.

[17] Sherlock R L. The foraminifera and other organisms in the raised reefs of Fiji. Cambridge: Museum of Comparative Zoology, 1903, 38: 349-365.

[18] Cushman J A, Todd R, Post R J. Recent foraminifera of the Marshall Islands. United States Geological Survey Professional Paper, 1954, 260: 319-379.

[19] Baccaert J. Distribution patterns and taxonomy of benthic foraminifera in the Lizard Island Reef Complex, northern Great Barrier Reef. Liège: Université de Liège, 1987.

[20] Hohenegger J. Remarks on the distribution of larger foraminifera (Protozoa) from Belau (Western Carolines). Kagoshima University Research Center for the South Pacific, Occasional Papers, 1996, 30: 85-90.

[21] Bicchi E, Debenay J P, Pagès J. Relationship between benthic foraminiferal assemblages and environmental factors in atoll lagoons of the central Tuamotu Archipelago (French Polynesia). Coral Reefs, 2002, 21(3): 275-290.

[22] Langer M R, Hottinger L. Biogeography of selected "larger" foraminifera. Micropaleontology, 2000, 46: 105-126.

[23] Langer M R, Lipps J H. Foraminiferal distribution and diversity, Madang Reef and Lagoon, Papua New Guinea. Coral Reefs, 2003, 22(2): 143-154.

[24] Makled W A, Langer M R. Benthic Foraminifera from the Chuuk Lagoon Atoll System (Caroline Islands, Pacific Ocean). Neues Jahrbuch für Geologie und Paläontologie-Abhandlungen, 2011, 259(2): 231-249.

[25] Hohenegger J, Yordanova E, Nakano Y, et al. Habitats of larger foraminifera on the upper reef slope of Sesoko Island, Okinawa, Japan. Marine Micropaleontology, 1999, 36(2): 109-168.

[26] Saraswati P K, Shimoike K, Iwao K, et al. Distribution of larger foraminifera in the reef sediments of Akajima, Okinawa, Japan. Journal of the Geological Society of India, 2003, 61: 16-21.

[27] Graham J J, Militante P J. Recent foraminifera from the Puerto Galera area, Northern Mindoro, Philippines. Geological Sciences, 1959, 6: 1-132.

[28] Vénec-Peyré M T. Boring forminifera in French Polynesian coral reefs. Coral Reefs, 1987, 5(4): 205-212.

[29] Vénec-Peyré M T. Distribution of living benthic foraminifera on the back-reef and outer slopes of a high island (Moorea French Polynesia). Coral Reefs, 1991, 9(4): 193-203.

[30] Hughes G. Recent foraminifera from inter-reef channels, nearshore North Rarotonga, Cook Islands, south Pacific. Journal of

Micropalaeontology, 1995, 14(1): 29-36.
[31] Murray J W. Ecology and Applications of Benthic Foraminifera. Cambridge: Cambridge University Press, 2006: 426.
[32] Parker J H. Taxonomy of foraminifera from Ningaloo Reef, Western Australia. Australasian Palaeontological Memoirs, 2009, 40(3): 301-302.
[33] Heron-Allen E, Earland A. The foraminifera of the Kerimba Archipelago (Portugicese East Africa). Journal of Zoology, 1915, 20(17): 543-794.
[34] Guilcher A. coral reefs and lagoons of mayotte island, comoro archipelago, indian ocean, and of new caledonia, Pacific Ocean. Submarine Geology and Geophysics, proceedings of the 17th Colston Research Society Symposium, 1965, 7: 21-45.
[35] Burch B L, Burch T A. Sessile foraminifera of the Hawaiian archipelago: a preliminary survey. Marine Micropaleontology, 1995, 26(1-4): 161-170.
[36] Schultz S, Gischler E, Oschmann W. Holocene trends in distribution and diversity of benthic foraminifera assemblages in atoll lagoons, Belize, Central America. Facies, 2010, 56(3): 323-336.
[37] Stephenson C M, Hallock P, Kelmo F. Foraminiferal assemblage indices: a comparison of sediment and reef rubble samples from Conch Reef, Florida, USA. Ecological Indicators, 2015, 48: 1-7.
[38] Abu-Zied R H, Bantan R A. Hypersaline benthic foraminifera from the Shuaiba Lagoon, eastern Red Sea, Saudi Arabia: Their environmental controls and usefulness in sea-level reconstruction. Marine Micropaleontology, 2013, 103: 51-67.
[39] Cherif O H, Al-Ghadban A N, Al-Rifaiy I A. Distribution of foraminifera in the Arabian Gulf. Micropaleontology, 1997, 43(3): 253-280.
[40] 蔡慧梅, 涂霞. 南海西沙, 中沙群岛表层沉积物中有孔虫、介形虫分布//中国科学院南海海洋研究所. 南海海洋科学集刊(第4集). 北京: 科学出版社, 1983: 8.
[41] 李前裕. 海南岛珊瑚礁区有孔虫组合与分布规律//中国微体古生物学会. 微体古生物学论文选集. 北京: 科学出版社, 1985: 27-35.
[42] 孟祥营. 西沙群岛晚中新世以来有孔虫生物地层界限及古环境变化. 微体古生物学报, 1989, 6(4): 345-356.
[43] 秦国权. 西沙群岛"西永一井"有孔虫组合及该群岛珊瑚礁成因初探. 热带海洋, 1987, 6(3): 10-20.
[44] 王玉净, 勾韵娴, 章炳高, 等. 西沙群岛西琛一井中新世地层, 古生物群和古环境研究. 微体古生物学报, 1996, 13(3): 215-223.
[45] 郑守仪. 西沙群岛现代有孔虫II//中国科学院南海海洋研究所. 南海海洋科学集刊(第15集). 北京: 科学出版社, 1979: 101-232.
[46] 郑执中, 郑守仪. 西沙群岛现代有孔虫I//中国科学院南海海洋研究所. 南海海洋科学集刊(第14集). 北京: 科学出版社, 1978.
[47] 郑守仪. 中沙群岛现代有孔虫I//中国科学院南海海洋研究所. 南海海洋科学集刊(第1集). 北京: 科学出版社, 1980: 143-182.
[48] 孙息春. 海南岛鹿回头珊瑚礁区全新世有孔虫. 古生物学报, 1993, 32(6): 673-684.
[49] 涂霞, 郑范. 南沙群岛东部海区有孔虫分布趋向//中国科学院南沙综合科学考察队. 南沙群岛及其邻近海区海洋环境研究论文集(一). 武汉: 湖北科学技术出版社, 1991.
[50] 温孝胜, 涂霞, 秦国权, 等. 南沙群岛永暑礁小潟湖岩心有孔虫动物群及其沉积环境. 热带海洋学报, 2001, 20(4): 14-22.
[51] Gischler E, Hauser I, Heinrich K, et al. Characterization of depositional environments in isolated carbonate platforms based on benthic foraminifera, Belize, Central America. Palaios, 2003, 18(3): 236-255.
[52] Fujita K, Nagamine S, Ide Y, et al. Distribution of large benthic foraminifers around a populated reef island: Fongafale Island, Funafuti Atoll, Tuvalu. Marine Micropaleontology, 2014, 113: 1-9.
[53] Parker J H, Gischler E. Modern foraminiferal distribution and diversity in two atolls from the Maldives, Indian Ocean. Marine Micropaleontology, 2011, 78(1-2): 30-49.
[54] Boudagher-Fadel M K. The Mesozoic larger benthic foraminifera: the Cretaceous. Developments in Palaeontology and Stratigraphy, 2008, 21: 215-295, 543-544.
[55] Cronin T M, Bybell L M, Brouwers E M, et al. Neogene biostratigraphy and paleoenvironments of Enewetak Atoll, equatorial Pacific Ocean. Marine Micropaleontology, 1991, 18(1-2): 101-114.
[56] Hohenegger J. Depth coenoclines and environmental considerations of western Pacific larger foraminifera. Journal of Foraminiferal Research, 2004, 34(1): 9-33.
[57] Renema W. Larger foraminifera as marine environmental indicators. Scripta Geologica: Nationaal Natuurhistorisch Museum. 2002, 124: 1-263.
[58] Renema W. Depth estimation using diameter-thickness ratios in larger benthic foraminifera. Lethaia, 2005, 38(2): 137-141.

[59] Eder W, Hohenegger J, Briguglio A. Depth-related morphoclines of megalospheric tests of *Heterostegina depressa* d' Orbigny: biostratigraphic and paleobiological implications. Palaios, 2017, 32(1-2): 110-117.

[60] Yordanova E K, Hohenegger J. Taphonomy of larger foraminifera: relationships between living individuals and empty tests on flat reef slopes (Sesoko Island, Japan). Facies, 2002, 46(1): 169-203.

[61] Fujita K, Omori A, Yokoyama Y, et al. Sea-level rise during Termination II inferred from large benthic foraminifers: IODP Expedition 310, Tahiti Sea Level. Marine Geology, 2010, 271(1): 149-155.

[62] Sarkar S. Microfacies analysis of larger benthic foraminifera-dominated Middle Eocene carbonates: a palaeoenvironmental case study from Meghalaya, N-E India (Eastern Tethys). Arabian Journal of Geosciences, 2017, 10(5): 121.

[63] Prat S, Jorry S J, Jouet G, et al. Geomorphology and sedimentology of a modern isolated carbonate platform: The Glorieuses archipelago, SW Indian Ocean. Marine Geology, 2016, 380: 272-283.

[64] 秦国权. 珠江口盆地新生代晚期层序地层划分和海平面变化. 中国海上油气(地质), 2002, 16(1): 1-10.

[65] Fujita K, Hikami M, Suzuki A, et al. Effects of ocean acidification on calcification of symbiont-bearing reef foraminifers. Biogeosciences Discussions, 2011, 8(1): 2089-2098.

[66] Yamamoto S, Kayanne H, Terai M, et al. Threshold of carbonate saturation state determined by CO_2 control experiment. Biogeosciences, 2012, 9(4): 1441-1450.

[67] Morse J W, Andersson A J, Mackenzie F T. Initial responses of carbonate-rich shelf sediments to rising atmospheric pCO_2 and "ocean acidification": role of high Mg-calcites. Geochimica et Cosmochimica Acta, 2006, 70(23): 5814-5830.

[68] IPCC. Climate Change 2014-Impacts, Adaptation and Vulnerability: Regional Aspects. Report No. 1107058163, Cambridge: Cambridge University Press, 2014.

[69] Uthicke S, Momigliano P, Fabricius K. High risk of extinction of benthic foraminifera in this century due to ocean acidification. Scientific Reports, 2013, 3: 1-5.

[70] Haynert K, Schönfeld J, Riebesell U, et al. Biometry and dissolution features of the benthic foraminifer *Ammonia aomoriensis* at high pCO_2. Marine Ecology Progress Series, 2011, 432: 53-67.

[71] Knorr P O, Robbins L L, Harries P J, et al. Response of the miliolid *Archaias angulatus* to simulated ocean acidification. Journal of Foraminiferal Research, 2015, 45(2): 109-127.

[72] Sinutok S, Hill R, Kühl M, et al. Ocean acidification and warming alter photosynthesis and calcification of the symbiont-bearing foraminifera *Marginopora vertebralis*. Marine Biology, 2014, 161(9): 2143-2154.

[73] Prazeres M, Uthicke S, Pandolfi J M. Ocean acidification induces biochemical and morphological changes in the calcification process of large benthic foraminifera. Proceedings of the Royal Society B, 2015, 282(1803): 20142782.

[74] Dias B B, Hart B, Smart C W, et al. Modern seawater acidification: the response of foraminifera to high-CO_2 conditions in the Mediterranean Sea. Journal of the Geological Society, 2010, 167(5): 843-846.

[75] Naidu R, Hallock P, Erez J, et al. Response of *Marginopora vertebralis* (Foraminifera) from Laucala Bay, Fiji, to Changing Ocean PH. Climate Change Adaptation in Pacific Countries, 2017: 137-150.

[76] Erez J. The source of ions for biomineralization in foraminifera and their implications for paleoceanographic proxies. Reviews in Mineralogy and Geochemistry, 2003, 54(1): 115-149.

[77] Kuroyanagi A, Kawahata H, Suzuki A, et al. Impacts of ocean acidification on large benthic foraminifers: results from laboratory experiments. Marine Micropaleontology, 2009, 73(3-4): 190-195.

[78] Hikami M, Ushie H, Irie T, et al. Contrasting calcification responses to ocean acidification between two reef foraminifers harboring different algal symbionts. Geophysical Research Letters, 2011, 38(19): L19601.

[79] McIntyre-Wressnig A, Bernhard J M, McCorkle D C, et al. Non-lethal effects of ocean acidification on the symbiont-bearing benthic foraminifer *Amphistegina gibbosa*. Marine Ecology Progress Series, 2013, 472(5): 45-60.

[80] Le Cadre V, Debenay J P, Lesourd M. Low pH effects on *Ammonia beccarii* test deformation: implications for using test deformations as a pollution indicator. Journal of Foraminiferal Research, 2003, 33(1): 1-9.

[81] Allison N, Austin W, Paterson D, et al. Culture studies of the benthic foraminifera *Elphidium williamsoni*: Evaluating pH, $\Delta[CO_3^{2-}]$ and inter-individual effects on test Mg/Ca. Chemical Geology, 2010, 274(1-2): 87-93.

[82] Lee J J, Sang K, Kuile B T, et al. Nutritional and related experiments on laboratory maintenance of three species of symbiont-bearing, large foraminifera. Marine Biology, 1991, 109(3): 417-425.

[83] Reymond C E, Lloyd A, Kline D I, et al. Decline in growth of foraminifer *Marginopora rossi* under eutrophication and ocean acidification scenarios. Global Change Biology, 2013, 19(1): 291-302.

[84] Sinutok S, Hill R, Doblin M A, et al. Warmer more acidic conditions cause decreased productivity and calcification in subtropical coral reef sediment-dwelling calcifiers. Limnology and Oceanography, 2011, 56(4): 1200-1212.

[85] Titelboim D, Sadekov A, Almogi-Labin A, et al. Geochemical signatures of benthic foraminiferal shells from a heat-polluted shallow marine environment provide field evidence for growth and calcification under extreme warmth. Global Change Biology, 2017: 1-8.

[86] Doo S S, Mayfield A B, Byrne M, et al. Reduced expression of the rate-limiting carbon fixation enzyme RuBisCO in the benthic foraminifer *Baculogypsina sphaerulata* holobiont in response to heat shock. Journal of Experimental Marine Biology and Ecology, 2012, 430-431: 63-67.

[87] Uthicke S, Vogel N, Doyle J, et al. Interactive effects of climate change and eutrophication on the dinoflagellate-bearing benthic foraminifer *Marginopora vertebralis*. Coral Reefs, 2012, 31(2): 401-414.

[88] Schmidt C, Kucera M, Uthicke S. Combined effects of warming and ocean acidification on coral reef Foraminifera *Marginopora vertebralis* and *Heterostegina depressa*. Coral Reefs, 2014, 33(3): 805-818.

[89] Marques J A, de Barros-Marangoni L F, Bianchini A. Combined effects of sea water acidification and copper exposure on the symbiont-bearing foraminifer *Amphistegina gibbosa*. Coral Reefs, 2017, 36(2): 489-501.

[90] Doo S S, Fujita K, Byrne M, et al. Fate of calcifying tropical symbiont-bearing large benthic foraminifera: living sands in a changing ocean. The Biological Bulletin, 2014, 226(3): 169-186.

[91] Strotz L C, Mamo B L, Dominey-Howes D. Effects of cyclone-generated disturbance on a tropical reef foraminifera assemblage. Scientific Reports, 2016, 6: 24846.

[92] Prazeres M, Roberts T E, Pandolfi J M. Shifts in species abundance of large benthic foraminifera Amphistegina: the possible effects of Tropical Cyclone Ita. Coral Reefs, 2017, 36(1): 305-309.

[93] Pilarczyk J E, Reinhardt E G. Testing foraminiferal taphonomy as a tsunami indicator in a shallow arid system lagoon: Sur, Sultanate of Oman. Marine Geology, 2012, 295-298: 128-136.

[94] Pilarczyk J E, Reinhardt E G. *Homotrema rubrum* (Lamarck) taphonomy as an overwash indicator in marine ponds on Anegada, British Virgin Islands. Natural hazards, 2012, 63(1): 85-100.

[95] Mamo B, Strotz L, Dominey-Howes D. Tsunami sediments and their foraminiferal assemblages. Earth-Science Reviews, 2009, 96(4): 263-278.

[96] Pilarczyk J E, Reinhardt E G, Boyce J I, et al. Assessing surficial foraminiferal distributions as an overwash indicator in Sur Lagoon, Sultanate of Oman. Marine Micropaleontology, 2011, 80(3-4): 62-73.

[97] Zalesny E R. Foraminiferal ecology of Santa Monica Bay, California. Micropaleontology, 1959, 5(1): 101-126.

[98] Hirshfied H I, Charmatz R, Helson L. Foraminifera in samples taken mainly from Eniwetok Atoll in 1956. Journal of Eukaryotic Microbiology, 1968, 15(3): 497-502.

[99] Ebrahim M T. Impact of anthropogenic environmental change on larger foraminifera. Environmental Micropaleontology, 2000, 15: 105-119.

[100] Osawa Y, Fujita K, Umezawa Y, et al. Human impacts on large benthic foraminifers near a densely populated area of Majuro Atoll, Marshall Islands. Marine Pollution Bulletin, 2010, 60(8): 1279-1287.

[101] Frontalini F, Coccioni R. Benthic foraminifera as bioindicators of pollution: a review of Italian research over the last three decades. Revue de Micropaléontologie, 2011, 54(2): 115-127.

[102] Samir A M. The response of benthic foraminifera and ostracods to various pollution sources: a study from two lagoons in Egypt. Journal of Foraminiferal Research, 2000, 30(2): 83-98.

[103] Morvan J, Le Cadre V, Jorissen F, et al. Foraminifera as potential bio-indicators of the "Erika" oil spill in the Bay of Bourgneuf: field and experimental studies. Aquatic Living Resources, 2004, 17(3): 317-322.

[104] Carboni M G, Succi M C, Bergamin L, et al. Benthic foraminifera from two coastal lakes of southern Latium (Italy). Preliminary evaluation of environmental quality. Marine Pollution Bulletin, 2009, 59(8-12): 268-280.

[105] Nigam R. Addressing environmental issues through foraminifera-case studies from the Arabian Sea. Journal of The Palaeontological Society of India, 2005, 50(2): 25-36.

[106] Martínez-Colón M, Hallock P, Green-Ruíz C. Strategies for using shallow-water benthic foraminifers as bioindicators of potentially toxic elements: a review. Journal of Foraminiferal Research, 2009, 39(4): 278-299.

[107] Saraswat R, Kurtarkar S R, Mazumder A, et al. Foraminifers as indicators of marine pollution: a culture experiment with Rosalina leei. Marine Pollution Bulletin, 2004, 48(1-2): 91-96.

[108] Prazeres M D F, Martins S E, Bianchini A. Biomarkers response to zinc exposure in the symbiont-bearing foraminifer *Amphistegina lessonii* (Amphisteginidae, Foraminifera). Journal of Experimental Marine Biology and Ecology, 2011, 407(1): 116-121.

[109] Hallock P. The role of nutrient availability in bioerosion: consequences to carbonate buildups. Palaeogeography, Palaeoclimatology, Palaeoecology, 1988, 63(1-3): 275-291.

[110] Schueth J D, Frank T D. Reef foraminifera as bioindicators of coral reef health: low isles reef, northern Great Barrier Reef, Australia. The Journal of Foraminiferal Research, 2008, 38(1): 11-22.

[111] Carilli J, Walsh S. Benthic foraminiferal assemblages from Kiritimati (Christmas) Island indicate human-mediated nutrification has occurred over the scale of decades. Marine Ecology Progress Series, 2012, 456: 87-99.

[112] Uthicke S, Nobes K. Benthic Foraminifera as ecological indicators for water quality on the Great Barrier Reef. Estuarine,

Coastal and Shelf Science, 2008, 78(4): 763-773.
[113] Fabricius K E, Cooper T F, Humphrey C, et al. A bioindicator system for water quality on inshore coral reefs of the Great Barrier Reef. Marine Pollution Bulletin, 2012, 65(4-9): 320-332.
[114] Barbosa C F, de Freitas Prazeres M, Ferreira B P, et al. Foraminiferal assemblage and reef check census in coral reef health monitoring of East Brazilian margin. Marine Micropaleontology, 2009, 73(1-2): 62-69.
[115] Uthicke S, Thompson A, Schaffelke B. Effectiveness of benthic foraminiferal and coral assemblages as water quality indicators on inshore reefs of the Great Barrier Reef, Australia. Coral Reefs, 2010, 29(1): 209-225.
[116] Hallock P. The FoRAM Index revisited: uses, challenges and limitations. Proceedings of the 12th International Coral Reef Symposium, Cairns, Australia, 2012: 9-13.
[117] Renema W. Is increased calcarinid (foraminifera) abundance indicating a larger role for macro-algae in Indonesian Plio-Pleistocene coral reefs? Coral Reefs, 2010, 29(1): 165-173.

第四章

珊瑚共生微生物[①]

一、引言

造礁石珊瑚是珊瑚礁生态系统的重要组成部分，其与多种微生物有机体形成互利共生的共生功能体（holobiont）。珊瑚共生微生物的种类包括细菌、真菌、古菌、病毒等[1]。这些共生的微生物在珊瑚礁生态系统的能量供给、物质转化、疾病免疫等方面扮演着重要的角色，而珊瑚虫则为它们提供相应的庇护场所和物质合成的原料。珊瑚共生功能体是一个复杂、动态的组合体，其微生物群落多样性非常高，并且受多种环境因素的影响，包括地理位置、宿主物种、季节变化、宿主生理状况等。珊瑚共生功能体是一个严谨的共生关系，其中共生的微生物绝大部分无法通过实验室进行人工培养，因此，大部分珊瑚共生微生物还处于未分类状态，相关的功能也有待探究。珊瑚共生功能体还是一个微生物资源十分丰富的宝库，其中蕴含着庞大的种质、基因、酶、新型药物等潜在的生物资源。随着分子生物学、细胞生物学及DNA测序技术的不断发展，对珊瑚共生微生物的研究也在不断深入。本章重点从珊瑚共生微生物的研究方法、群落构成、影响因素、疾病防御和开发与利用方面展开综述，旨在增加对珊瑚共生微生物的研究动态及发展趋势的了解。

二、珊瑚共生微生物的研究方法

自然界中的微生物种类繁多，它们具有个体小、繁殖速度快、容易变异、适应能力强、分布广泛、代谢旺盛等特征，其研究方法主要有：16S rRNA基因测序、变性梯度凝胶电泳（DGGE）、温度梯度凝胶电泳（TGGE）、瞬间温度梯度电泳（TTGE）、末端限制性片段长度多态性（T-RFLP）、单链构象多态性（SSCP）、非放射性原位杂交技术（FISH）、印迹杂交、定量PCR、基因芯片、宏基因组测序等[2]。珊瑚共生微生物除了具有普通微生物的普遍特征之外，还具有自身的独特性：①与珊瑚宿主互惠共生；②种群特性与宿主密切相关；③大部分无法实现纯培养；④生理、生态、遗传等背景不清晰。针对珊瑚共生微生物特有的性质，目前相关的研究方法主要有：传统的平板涂布法、变性梯度凝胶电泳法、限制性片

[①] 作者：梁甲元，余克服，王广华，苏宏飞

段长度多态性（RFLP）、16S rRNA 基因扩增子高通量测序法、宏基因组测序法。

（一）传统的平板涂布法

传统的平板涂布法是利用含特殊营养物质的平板培养基将与珊瑚共生的微生物在实验室中进行繁殖培养。肖胜蓝、雷晓凌等[3, 4]利用马丁氏、高盐察氏、麦芽膏等培养基对采自湛江徐闻珊瑚礁自然保护区的稀杯盔形珊瑚、丛生盔形珊瑚、蜂巢珊瑚等 9 种珊瑚的共附生真菌进行分离培养，总共鉴定了包括曲霉、枝孢霉、青霉等 17 个真菌属。杨小梅等[5]通过 2216E、高氏一号和 ISP2 三种培养基对采自北海斜阳岛附近海域的一种柳珊瑚 Anthogorgia caerulea 共生放线菌进行分离培养，最终获得了实验室可培养放线菌 23 株。经过鉴定，这些菌株属于 2 亚纲 9 科 9 属 23 种。此外，Wang 等[6]利用马铃薯葡萄糖琼脂培养基（PDA）、孟加拉红培养基（RBM）和高盐察氏培养基对采自北海涠洲岛海域的刺柳珊瑚（Echinogorgia rebekka）共生真菌进行分离培养，最终得到了 53 株共生真菌，覆盖 18 属，包括一些常见的真菌属，如青霉属、曲霉属、枝孢属等，以及一些不常见的真菌属，如链格孢属 Alternaria sp.、黑孢霉属 Nigrospora sp.、丛赤壳属 Nectria sp.等。在细菌的分离培养方面，方燕等[7]利用 4 种不同培养基（NA 和 MA 海水培养基、改良 LB 海水培养基和海水琼脂培养基）分离与培养与柳珊瑚共生的细菌，最终获得了可培养细菌 90 株，并且相关实验表明部分细菌可抑制海洋污损指示菌的活性。其他相似的研究也从珊瑚共生细菌中获得多种可培养菌株，并且部分菌株对多种人类及鱼类等致病菌具有中等或强的抑制活性[8, 9]。以上研究表明，与珊瑚共生的微生物群体中存在许多可培养的菌株资源，然而相对于全部珊瑚共生微生物群体来说，可培养的菌株只是冰山一角（不到 1%），这是微生物特殊的营养需求，以及与珊瑚宿主严格的共生关系所致。

（二）变性梯度凝胶电泳

DGGE 法是一种加入变性剂（尿素和甲酰胺）梯度的聚丙烯酰胺凝胶电泳，是根据 PCR 扩增的 DNA 分子大小、电荷和溶解性质不同而使之分离的凝胶系统，是研究微生物群落结构的主要分子生物学方法之一。Garren 等[10]将一种细柱滨珊瑚（Porites cylindrica）暴露于不同渔业养殖场污水中，然后利用 DGGE 法研究珊瑚共生细菌群落的动态变化及恢复力。该研究揭示渔业养殖场可能是珊瑚病原体的一个潜在输入源；当珊瑚响应水体富营养化胁迫时，其共生细菌群落组成也会发生一个意想不到的短期弹性变化。DGGE 法除了用于研究细菌外，也应用于珊瑚共生虫黄藻系群多样性的研究中[11-13]。

（三）限制性片段长度多态性

PCR-RFLP 是利用限制性内切酶识别 PCR 扩增的 DNA 分子特异序列，对于不同物种来源的 DNA 片段基于存在的差异会产生不同长度、不同数量的限制性酶切片段。这些片段通过电泳、转膜、变性等处理，即可分析其多态性结果。黄小芳等[14]基于 RFLP 技术对采自三亚湾鹿回头与西沙石岛的常见鹿角杯形珊瑚（Pocillopora damicornis）的黏液和组织中共生固氮菌的固氮酶 nifH 基因多样性进行了分析。经过代表序列的测序及物种注释发现，来源于黏液和组织中的优势固氮菌均为绿菌门（Chlorobia）和变形菌门（Proteobacteria）。此外，固氮菌多样性指数分析指出，来源于三亚湾鹿角杯形珊瑚组织的固氮菌多样性高于其黏液来源的，以及西沙石岛来源的鹿角杯形珊瑚组织。结果说明，地理位置和宿主的生态位均能导致珊瑚共生固氮菌多样性的差异。PCR-RFLP 法除了用于研究细菌外，同样也应用于珊瑚共生虫黄藻系群构成的研究中[15, 16]。以上几种方法对微生物群落结构的研究具有一定的局限性，主要体现在工作量相对较大和覆盖度不高（低丰度的微生物难以被检测到）。

（四）16S rRNA 基因扩增子高通量测序和宏基因组测序

随着微生物研究技术的发展，扩增子高通量测序和宏基因组测序研究技术凭借低成本、高通量、流程自动化的优势已经普遍地应用于珊瑚共生微生物多样性的研究中[1, 17-20]，并且越来越多新的微生物类群被发现[21-23]。基于扩增子测序的微生物多样性分析是基于第二代高通量测序技术（Roche 454 或 MiSeq 高通量测序）对 16S rDNA、18S rDNA、ITS 等的 PCR 扩增序列进行测序，能同时对样品中高丰度、低丰度和一些未知类群进行检测，分析样品中的微生物构成。Liang 等[23]通过 16S rRNA 基因扩增子高通量测序分析采自中国南海南沙群岛信义礁的多种块状和枝状珊瑚共生体中的细菌群落结构，总共发现 55 个细菌门，包括 43 个已有描述的细菌门和 12 个候选的细菌门。β-多样性分析还发现来源于块状珊瑚的共生细菌多样性普遍比枝状珊瑚的高，并且两种骨骼类型珊瑚对共生细菌种类的选择具有各自的偏好性。该项研究从珊瑚共生微生物的角度揭示了高度复杂的珊瑚共生细菌群落、珊瑚骨骼形态及珊瑚对异常环境（高温或者低温）潜在耐受性之间的关联性。宏基因组测序（metagenome sequencing）也是基于高通量测序技术对环境样品中全部生物有机体的基因组 DNA 进行鸟枪法测序[24]，进而分析微生物群体的构成、基因组成和功能多样性。相对于扩增子测序来说，宏基因组测序除了能分析样品中微生物构成之外，还可以解读微生物群体的基因组成和功能特征，进而探讨微生物与环境及宿主之间的关系。2007 年，Wegley 等[1]首次通过微生物宏基因组测序技术分析芥末滨珊瑚 *Porites astreoides* 共生微生物的群落结构及功能特征。微生物多样性分析结果显示，与该珊瑚共生的微生物有细菌、古菌、真菌、噬菌体、病毒及藻类。功能基因研究揭示，石内真菌（endolithic fungi）在氮循环中起着重要作用（包括氨化作用），并且与珊瑚宿主可能没有严格的寄生关系；共生细菌主要为异养生物，利用蛋白质和多糖等复杂的碳化合物，在固碳、固氮、基因的应激反应和毒力作用、DNA 修复和抗生素耐药性方面发挥重要功能；同时也对共生真核病毒（eukaryotic virus）和噬菌体的感染特性进行了推测。该项研究提供了一个关于珊瑚共生微生物代谢和分类的概况，并且提供了解珊瑚-共生微生物相互作用的研究基础。2009 年，Thurber 等[20]也利用宏基因组测序的方法对一种扁缩滨珊瑚 *Porites compressa* 暴露于 4 种环境压力下（高温、富营养、高有机碳和酸化）的共生微生物群落结构和功能进行了研究。研究结果表明，压力因子增加了微生物参与毒力、抗逆性、硫和氮代谢、运动和趋化性、脂肪酸和脂质利用，以及次生代谢的基因丰度。环境压力的改变也导致珊瑚共生微生物群落构成的显著变化（从健康状态常见的群落组成转变为疾病状态常见的群落组成）。此外，低丰度弧菌被发现能显著改变微生物的代谢作用，这表明在珊瑚共生功能体中，少数成员的变化能极大地改变珊瑚的健康状况。

三、珊瑚共生微生物的多样性

珊瑚共生微生物的组分复杂并且种类繁多，它们与珊瑚宿主之间相互作用共同进化形成特殊的"珊瑚-微生物"共生功能体。余克服课题组最近利用 16S rRNA 基因扩增子高通量测序法对采自北海涠洲岛的一株帛琉蜂巢珊瑚的共生细菌多样性进行了研究，结果总共检测到 856 种细菌类群（OUT 数），其中优势菌群主要由变形菌门（Proteobacteria）、拟杆菌门（Bacteroidetes）、厚壁菌门（Firmicutes）、蓝细菌门（Cyanobacteria）和绿弯菌门（Chloroflexi）构成（图 4.1），这与其他研究报道的结果是相似的[17, 21, 22]。另外，余克服课题组利用相同的方法对采自中国南海信义礁的 18 种造礁石珊瑚进行了共生细菌多样性研究，发现不同宿主物种之间其共生细菌多样性显著不同（OUT 数目为 321～1416）[23]。Wegley 等[1]对芥末滨珊瑚的共生微生物进行分离和宏基因组测序，物种注释分析表明共生真菌在所有共生微生物体中丰度最高，主要以粪壳菌（Sordariomycetes，77%）、子囊菌（Ascomycota，14%）、散囊菌（Eurotiomycetes，

5%）和酵母菌（Saccharomycetes，Schizosaccharomycetes，4%）为主，这些共生真菌在氮循环中起着重要作用。该研究也对珊瑚共生细菌、古菌和病毒做了多样性分析。细菌在所有共生微生物体中丰度占到7%，其优势物种的组成与前面的描述相似（变形菌门相对丰度为68%、厚壁菌门为10%和蓝细菌门为7%）。古菌在所有共生微生物体中丰度很低（<1%），其类群构成与周围水环境的显著不同，但相同的古菌物种能在不同的珊瑚物种中被检测到。真核病毒和噬菌体在所有共生微生物体中丰度占到5%，总共可分为17个病毒科，其中包括12个双链DNA病毒科（Baculoviridae、Caulimoviridae、Herpesviridae、Iridoviridae、Mimiviridae、Nimaviridae、Phycodnaviridae、Polydnaviridae、Myoviridae、Podoviridae、Siphoviridae、unclassified virus）和4个单链DNA病毒科（Circoviridae、Nanoviridae、Inoviridae、Microviridae）。

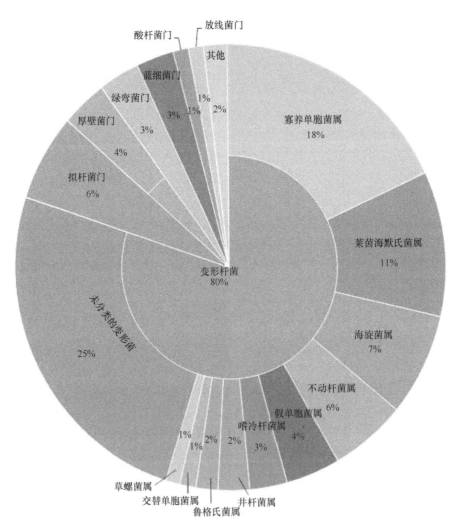

图 4.1　涠洲岛帛琉蜂巢珊瑚细菌群落结构

变形菌门（Proteobacteria）、拟杆菌门（Bacteroidetes）、厚壁菌门（Firmicutes）、绿弯菌门（Chloroflexi）、蓝细菌门（Cyanobacteria）、酸杆菌门（Acidobacteria）、放线菌门（Actinobacteria）、寡养单胞菌属（*Stenotrophomonas*）、莱茵海默氏菌属（*Rheinheimera*）、海旋菌属（*Thalassospira*）、不动杆菌属（*Acinetobacter*）、假单胞菌属（*Pseudomonas*）、嗜冷杆菌属（*Psychrobacter*）、井杆菌（*Phreatobacter*）、鲁格氏菌属（*Ruegeria*）、交替单胞菌属（*Alteromonas*）、草螺菌属（*Herbaspirillum*）、"其他"代表丰度小于1%的物种

四、珊瑚共生微生物的环境响应

珊瑚共生微生物是一群复杂的动态组合体，其与珊瑚宿主之间共生关系的建立机制目前尚未清楚。

有研究推测某些生物活性物质（如海藻糖）可作为化学引诱物影响珊瑚浮浪幼虫特异性选择和建立微生物共生体[25]。也有研究推测，珊瑚宿主选择什么样的微生物来建立自身的共生功能体是基于微生物的功能而非种类[22]。珊瑚共生功能体的理论机制有待进一步研究，然而其微生物组的确是一个动态的组合体，这是对周围环境及自身生理做出响应的结果。Li 等[17]于不同季节对海南省三亚鹿回头礁区一种澄黄滨珊瑚不同部位（组织、黏液和骨骼）的共生细菌群落结构进行研究。研究发现，来源于不同部位的菌落构成具有显著性差异，并且存在动态的季节性变化。结合各种理化因素，该研究推测降雨量和溶解氧是影响菌落构成季节性变化的原因，其中动性球菌属（Planococcus）、假单胞菌属（Pseudomonas）、微小杆菌属（Exiguobacterium）和类芽孢杆菌属（Paenibacillus）与降雨量呈显著正相关，而海洋细菌属（Silicibacter）、寡养单胞菌属（Stenotrophomonas）和弧菌属（Vibrio）与溶解氧呈显著正相关。Meron 等[26]的研究结果表明，海洋酸化会显著影响珊瑚共生细菌的群落结构，如一些潜在的病原菌（如弧菌和交替单胞菌科 Alteromonadaceae），当周围环境的 pH 降低时，其丰度会显著升高。2012 年 Ceh 等[27]对澳大利亚西部宁格罗礁的 3 种石珊瑚（Acropora tenuis、Tubastrea faulkneri 和 Pocillopora damicornis）大量排卵前后期的共生细菌群落构成进行了研究。结果表明 3 种珊瑚大量排卵后其共生细菌多样性均显著高于排卵前，并推测某些类群的细菌（如 Roseobacter、Erythrobacter 和交替单胞菌目 Alteromonadales）可能在珊瑚繁殖上起重要作用。此外，地域差异[28]、富营养[20]、疾病[29]等因素同样会导致珊瑚共生微生物群落结构的改变，这是珊瑚共生功能体对环境变化做出的微生态响应。

五、珊瑚益生菌假说

在健康珊瑚体中，珊瑚共生微生物与宿主构建起各种互惠关系。它们中的一些成员在珊瑚体内扮演着益生菌的角色。例如，健康珊瑚体内，共生藻通过光合作用为珊瑚提供有机营养物，同时为它们分解代谢产物和清除代谢废物[30]；但当珊瑚白化时，黏液中一些具有固氮作用的细菌为珊瑚有机体供给营养，还可以分泌几丁质酶从而为珊瑚有机体提供营养物质，如珊瑚 Oculina patagonica 宿主中的蓝细菌能合成有机物供给珊瑚组织以助其度过丧失虫黄藻的白化期[29, 31]。益生菌是能够促进宿主内部或者周围环境菌群生态平衡，对宿主起有益作用的活微生物制剂[32, 33]。研究普遍认为，作为益生菌应符合以下条件：①对宿主有益；②无毒性作用和无致病作用；③能在消化道内存活；④能抵御一种以上的关键致病菌；⑤能够产生对宿主有用的酶类和代谢物；⑥来自宿主内部或者生存环境[33, 34]。将益生菌用于生物防治是一种采用微小或者大型的生物有机体治疗疾病的策略，它可以避免使用化学试剂抗生素，目前已经广泛应用于水产养殖。Balcázar 等通过向饲料中辅助添加一定量的益生菌芽孢杆菌（Bacillus subtilis）等，使遭受致病菌攻击的成年虾的死亡率降低了 10%~15%，检测结果发现存活个体几乎不携带致病菌[35]。益生菌 Bacillus spp.和 Aeromonas sobbria 通过分泌铁载体蛋白和几丁质酶刺激虹鳟的免疫反应，使其细菌感染的死亡率降低了 20%~80%[36]。研究认为益生菌学说对珊瑚等无脊椎动物同样适用，因为在珊瑚共生微生物中能找到以上具有优良生物防治功能的益生菌类似菌株[37]。据此，2006 年 Reshef 等[38]提出了"珊瑚益生菌假说"，其主要依据是：①在珊瑚黏液和组织中的微生物数量巨大、群落丰富多样；②当受到环境压力胁迫时珊瑚细菌群落发生改变，这是珊瑚对环境变化做出的适应性调节，它们或者被感染发病或者对特定病原体产生抗性；③与其他拥有精细的先天和后天免疫系统的生物有机体相比，珊瑚本身虽然缺少精细的后天免疫系统，但是由于益生菌对疾病的抵御作用，它们不会因此而处于更差的健康状况，也不会面临更高的死亡率[39, 40]。

"珊瑚益生菌假说"认为益生菌主要通过以下几个方面抵御病原菌的侵扰，并得到了相关文献的支持。首先，益生菌分泌抗生素直接抑制病原菌生长。早期，Shnit-Orland 等[41]发现造礁石珊瑚中 20%的可培养共生微生物能够分泌抗生素。之后，Loya[42]等首次针对珊瑚病原菌开展了珊瑚共生微生物的筛选研究，

从 *Oculina patagonica* 中获得一株具有专门抑制地中海珊瑚致病菌 *Vibrio shiloi* 生长的菌株 EM3。虽然相关工作并未将获得的拮抗菌定义为益生菌，但是它们符合益生菌的基本条件，这为今后珊瑚益生菌筛选研究提供了理论基础。其次，益生菌通过产生群体猝灭活性干扰或阻止已经大量生长的致病菌产生有害毒素。目前，研究人员从珊瑚致病菌中检测到群体感应信号分子 AHL 和 AI-2 等[42-44]，而后 Meyer 等[45]证实群体感应信号分子参与珊瑚白带病的感染过程。群体猝灭现象同样可以在珊瑚中实现，从珊瑚蓝细菌中分离得到一种抑制剂，该化合物能够结合珊瑚致病菌 *V. harveyi* 群体感应受体蛋白，产生群体猝灭，还能够使珊瑚共生弧菌荧光猝灭[45]。最后，当前两个层面无法阻止病原菌的侵扰，致病菌已经产生毒素蛋白或者致病性蛋白酶时，某些益生菌通过分泌蛋白酶抑制剂从而瓦解毒害作用。珊瑚病原菌致病机制研究表明：*V. shilonii* 和 *V. coralliilyticus* 分别通过分泌胞外毒素和金属蛋白酶或直接溶解珊瑚的组织，或攻击虫黄藻使珊瑚发生白化病变[46, 47]。随后，研究人员针对这些蛋白质展开了研究，Ocampo 等[48]发现蛋白酶抑制剂能够促进造礁石珊瑚 *Pseudodiploria strigose* 从疾病状态恢复健康。Sussman 等[49]证实添加蛋白酶抑制剂可以解除 *V. shilonii* 锌指蛋白对虫黄藻光合作用的抑制，使其失去致病作用。已有研究通过宏基因组学证明了珊瑚患病前后微生物群落结构发生了明显变化，并推断了对珊瑚健康产生有益或有害作用的潜在微生物类群[19, 45, 48]，这些研究从侧面反映了珊瑚益生菌的存在并论证了组学研究在珊瑚病害研究中的重要作用。

六、珊瑚共生微生物资源的开发与利用

珊瑚与其共生微生物在长期的进化中，通过物质、能量与信息交流，形成了固有的共生功能体。共生微生物群体包括细菌、古菌、真菌、病毒，以及一些微型真核生物等。局限于现有培养技术，大量的珊瑚共生微生物资源还没有得到有效的开发，但基于分子生物学手段的微生物多样性研究结果[23, 50, 51]展示了其诱人的开发前景。

（一）珊瑚共生微生物物种资源发掘

尽管能够获得的纯培养微生物物种占珊瑚共生微生物物种资源的绝对少数（约 1%），但由于纯培养在可操控性、可持续利用等方面的优势，它们依旧是目前开发的主要对象。得益于基于 16S rDNA 序列保守性的多相分类系统的建立和完善，细菌和古菌分类研究得到了迅速发展。根据 Web of Science（2001～2017 年）数据库统计，目前涉及从珊瑚中获得细菌新物种的文章共计 53 篇，包括 *Aureisphaera*、*Aureibacter*、*Amorphus*、*Aurantimonas*、*Blastococcus*、*Bizionia*、*Corallomonas*、*Coralslurrinella*、*Corynebacterium*、*Erythrobacter*、*Endozoicomonas*、*Eilatimonas*、*Idiomarina*、*Janibacter*、*Kosmotoga*、*Leeuwenhoekiella*、*Marinomonas*、*Marinobacterium*、*Myceligenerans*、*Nocardiopsis*、*Oceanicaulis*、*Paracoccus*、*Paramoritella*、*Parvularcula*、*Photobacterium*、*Piscinibacterium*、*Prauserella*、*Pseudoscillatoria*、*Pseudoteredinibacter*、*Psychrobacter*、*Roseivivax*、*Salinicola*、*Shewanella*、*Shimia*、*Sulfitobacter*、*Sulfurivirga*、*Thalassomonas*、*Thalassotalea*、*Vibrio* 等 39 属细菌。与此同时，出于筛选活性化合物，大量放线菌被分离[52, 57]。古菌的分离工作则任重而道远[58]。另外，Web of Science（2001～2017 年）数据库中涉及真菌纯培养的文章仅有 4 篇，全部来自中国科学家（中国科学院南海海洋研究所、中国海洋大学和广东海洋大学），且大多用于活性化合物筛选。此外，珊瑚共生藻 *Symbiodinium* sp.是蜡酯、甘油等有机物的生产者[59]，是一类非常重要的微生物资源，但其培养方法有待进一步提高和完善。

（二）珊瑚共生微生物小分子活性化合物资源发掘

前人关于珊瑚活性化合物的研究多以珊瑚为直接提取对象，并获得了大量新化合物[60]。近年来，受

到可利用珊瑚资源量的限制，同时越来越多的研究显示珊瑚中分离到的活性化合物可能源自其共生微生物，人们把研究目标转向了珊瑚共生微生物。目前，微生物活性化合物研究的热点已经慢慢由放线菌转到了真菌。但无论真菌还是放线菌都是开发潜力较大的珊瑚共生微生物资源。

Tapiolas 等从柳珊瑚 *Pacifigorgia* sp.体表的链霉菌 *Streptomyces* sp. PG-19 中获得的八元环内酯 octalactin A，对 B-16-F10 牲畜黑色素瘤细胞和人结肠癌 HCT-116 细胞有显著的细胞毒性[61]，被国际上多家研究机构合成。中国科学院南海海洋研究所对珊瑚共生放线菌所产活性化合物进行了研究。农旭华等[62]对柳珊瑚共生放线菌 *Streptomyces* sp. scsgaa 0009 中生物碱类化合物及其抗菌和抗附着活性进行了研究。马亮等[63]对永兴岛白穗软珊瑚共生放线菌的部分活性次级代谢产物进行了研究。高程海等[64]对柳珊瑚共生细菌芽孢杆菌 *Bacillus subtilis* 的活性物质进行了研究，分离得到 7 个环二肽类化合物，部分化合物对罗非鱼病原菌具有生长抑制活性。邓芸等[65]从南海珊瑚内生细菌 *Pelomonas puraquae* B-2 中获得了 9 个环二肽化合物。

中国科学家在珊瑚共生真菌天然产物的研究中居于主导地位，并以中国海洋大学为主。朱伟明教授课题组对广西涠洲岛的花刺柳珊瑚（*Echinogorgia flora*）Nutting 花刺柳珊瑚属与海南临高附近的蕾二歧灯芯柳珊瑚（*Dichotella gemmacea*）共生真菌的代谢产物进行了研究[66,67]。Zhuang 等[68]从南海软珊瑚（*Cladiella* sp.）中分离的 *Aspergillus versicolor* 中获得了一种含有稀有氨基酸的喹唑酮类生物碱。王文玲等[69]对源自西沙群岛的珊瑚真菌 *Aspergillus* sp. OUCMDZ-3658 的活性天然产物进行了研究，获得了 13 个生物碱和 1 个 fusidane 型三萜。王长云和邵长伦教授课题组也从珊瑚共生真菌中获得了大量活性化合物。Wei 等[70]从南海涠洲柳珊瑚蕾二歧灯蕊柳珊瑚分离的真菌 *Aspergillus* sp.中得到倍半萜类化合物（+）-methyl sydowate，为酚类没药烷结构类型，对金黄色葡萄球菌具有弱的抗菌活性；同时从南海软珊瑚来源的真菌 *Pestalotiopsis* sp.中获得了一种具有抗菌活性的氯化苯甲酮衍生物 pestalachloride D[71]。Shao 等从源自我国南海蕾二歧灯芯柳珊瑚的真菌 *Aspergillus* sp.中分离得到一个苄基嗜氮酮类新骨架衍生物 aspergilone A，对细胞 HL-60 具有强烈毒性（半数抑制浓度 IC_{50} 值为 3.2μg/ml）[72]；同时从另一株真菌 *Cochliobolus lunatus* 代谢产物中分离得到 cochliomycins A，为二羟基苯酸内酯类化合物，抗污染能力强，半数有效浓度（EC_{50}）值为 1.2μg/ml，且对寄生性幼虫具有显著的抑制作用[73]。Zheng 等[74,75]先后从软珊瑚来源真菌 *Alternaria* sp.和 *Aspergillus elegans* 中分离了蒽醌、苯丙氨酸衍生物及细胞松弛素等活性化合物。Cao 等[76]从南海珊瑚共生真菌 *Cladosporium* sp.中获得了一种双环内酰胺化合物 7-oxabicyclic [6.3.0] lactam，对宫颈癌 HeLa 细胞具有细胞毒活性，IC_{50} 值为 0.76μmol/L。张秀丽等[77]从一株西沙软珊瑚来源真菌中分离到新天然产物 pestalalactone，具有较强的抗藤壶幼虫 *Balanus amphitrite* 附着活性，其 EC_{50} 值为 2.30μg/ml。Shi 等[78]从珊瑚共生真菌 *Phoma* sp. TA07-1 中获得了 3 个二苯醚类新化合物，具有强烈的抑菌活性。中山大学 Huang 等[79]从软珊瑚（*Lobophytum crassum*）分离的真菌 *Dichotomomyces* sp. L-8 中获得了两个新化合物 dichotones A 和 dichotones B。浙江海洋学院（现浙江海洋大学）牛庆凤[80]对珊瑚共附生真菌胞外多糖的结构、硫酸酯化及免疫调节活性进行了研究。近年来，广东海洋大学、广东药科大学、福建中医药大学陆续开展了珊瑚共生真菌活性天然产物研究。

（三）珊瑚共生微生物酶资源发掘

珊瑚共生微生物酶资源的发掘工作刚刚起步，目前仅有少量纤维素酶的筛选报道[81-83]，另有少量手性拆分[84]和降解腈类化合物[85]粗酶的研究报道。鉴于珊瑚共生微生物丰富的物种和遗传多样性，必然蕴含了丰富的酶资源，有待进一步开发。

七、展望

目前，有关"珊瑚-微生物"共生体建立、珊瑚白化、免疫应答等的相关机制尚未明确，其中的关键原因在于珊瑚共生微生物组的功能解析难以攻破。未来，珊瑚共生微生物的功能研究将是珊瑚礁科学研究的重点及难点之一。随着共生微生物分离技术的改进、珊瑚及虫黄藻基因组信息的解读、DNA 测序技术的进步等，从微生物的角度有望对珊瑚礁相关科学问题进行逐步解答。另外，珊瑚共生体中蕴藏着丰富多样的微生物资源，它们在驱动珊瑚礁生态系统营养转化、群落演替和健康发展中起到了关键作用，意味着珊瑚共生微生物在新型海洋药物、抗菌、抗病毒、代谢酶及其新型功能基因研究等方面具有巨大的开发潜力。

参 考 文 献

[1] Wegley L, Edwards R, Rodriguez-Brito B, et al. Metagenomic analysis of the microbial community associated with the coral *Porites astreoides*. Environmental Microbiology, 2007, 9(11): 2707-2719.

[2] 郭腾飞, 毛海霞. 微生物多样性研究技术进展. 山西师范大学学报(自然科学版), 2010, 24(s2): 29-31.

[3] 雷晓凌, 李军, 肖胜蓝, 等. 徐闻牡丹珊瑚共附生真菌分离鉴定及多样性分析. 现代食品科技, 2013, 29(8): 1766-1769.

[4] 肖胜蓝, 雷晓凌, 徐佳, 等. 徐闻 8 种珊瑚共附生真菌的分离及初步鉴定. 广东海洋大学学报, 2011, 31(6): 91-95.

[5] 杨小梅, 李菲, 胡丽琴, 等. 柳珊瑚 *Anthogorgia caerulea* 相关可培养共生放线菌多样性及其生物毒活性研究. 广西科学院学报, 2014, 30(4): 248-252.

[6] Wang Y N, Shao C L, Zheng C J, et al. Diversity and antibacterial activities of fungi derived from the gorgonian *Echinogorgia rebekka* from the South China Sea. Marine Drugs, 2011, 9(8): 1379-1390.

[7] 方燕, 潘丽霞, 易湘茜, 等. 柳珊瑚 *Anthogorgia caerulea* 相关可培养细菌抗污活性筛选. 广西科学, 2012, 19(3): 253-256.

[8] Gnanambal M E, Chellaram C, Patterson J. Isolation of antagonistic marine bacteria from the surface of the gorgonian corals at Tuticorin, South east coast of India. Indian Journal of Geo-Marine Sciences, 2005, 34(3): 316-319.

[9] Ocky K, Radjasa, Sabdono A. Screening of secondary metabolite-producing bacteria associated with corals using 16S rDNA-based approach. Journal of Coastal Development, 2003, 7(1): 11-19.

[10] Garren M, Raymundo L, Guest J, et al. Resilience of coral-associated bacterial communities exposed to fish farm effluent. PLoS One, 2009, 4(10): e7319.

[11] LaJeunesse T C, Pettay D T, Sampayo E M, et al. Long-standing environmental conditions, geographic isolation and host-symbiont specificity influence the relative ecological dominance and genetic diversification of coral endosymbionts in the genus *Symbiodinium*. Journal of Biogeography, 2010, 37(5): 785-800.

[12] Palmas S D, Denis V, Ribas-Deulofeu L, et al. *Symbiodinium* spp. associated with high-latitude scleractinian corals from Jeju Island, South Korea. Coral Reefs, 2015, 34(3): 919-925.

[13] Zhou G, Huang H. Low genetic diversity of symbiotic dinoflagellates (*Symbiodinium*) in scleractinian corals from tropical reefs in southern Hainan Island, China. Journal of Systematics and Evolution, 2011, 49(6): 598-605.

[14] 黄小芳, 陈蕾, 张燕英, 等. 基于 RFLP 技术的鹿角杯形珊瑚共附生固氮菌多样性分析. 生态学报, 2014, 34(20): 5875-5886.

[15] 董志军, 黄晖, 黄良民, 等. 运用 PCR-RFLP 方法研究三亚鹿回头岸礁造礁石珊瑚共生藻的组成. 生物多样性, 2008, 16(5): 498-502.

[16] 周国伟, 黄晖, 喻子牛, 等. 从生盔形珊瑚的 2 种颜色群体共生藻组成比较. 热带海洋学报, 2011, 30(2): 51-56.

[17] Li J, Chen Q, Long L J, et al. Bacterial dynamics within the mucus, tissue and skeleton of the coral *Porites lutea* during different seasons. Scientific Reports, 2014, 4: 7320.

[18] Littman R, Willis B L, Bourne D G. Metagenomic analysis of the coral holobiont during a natural bleaching event on the Great Barrier Reef. Environmental Microbiology Reports, 2011, 3(6): 651-660.

[19] Thurber R L V, Barott K L, Hall D, et al. Metagenomic analysis indicates that stressors induce production of herpes-like viruses in the coral *Porites compressa*. PNAS, 2008, 105(47): 18413-18418.

[20] Thurber R V, Willner-Hall D, Rodriguez-Mueller B, et al. Metagenomic analysis of stressed coral holobionts. Environmental Microbiology, 2009, 11(8): 2148-2163.

[21] Lee O O, Yang J, Bougouffa S, et al. Spatial and species variations in bacterial communities associated with corals from the Red Sea as revealed by pyrosequencing. Applied and Environmental Microbiology, 2012, 78(20): 7173-7184.

[22] Li J, Chen Q, Zhang S, et al. Highly heterogeneous bacterial communities associated with the South China Sea reef corals *Porites lutea*, *Galaxea fascicularis* and *Acropora millepora*. PLoS One, 2013, 8(8): e71301.

[23] Liang J Y, Yu K F, Wang Y H, et al. Distinct bacterial communities associated with massive and branching scleractinian corals and potential linkages to coral susceptibility to thermal or cold stress. Frontiers in Microbiology, 2017, 8: 979.

[24] Knight R, Jansson J, Field D, et al. Unlocking the potential of metagenomics through replicated experimental design. Nature Biotechnology, 2012, 30(6): 513-520.

[25] Hagedorn M, Carter V, Zuchowicz N, et al. Trehalose is a chemical attractant in the establishment of coral symbiosis. PLoS One, 2015, 10(1): e0117087.

[26] Meron D, Atias E, Kruh L I, et al. The impact of reduced pH on the microbial community of the coral *Acropora eurystoma*. The ISME Journal, 2011, 5(1): 51-60.

[27] Ceh J, Raina J B, Soo R M, et al. Coral-bacterial communities before and after a coral mass spawning event on Ningaloo Reef. PLoS One, 2012, 7(5): e36920.

[28] McKew B A, Dumbrell A J, Daud S D, et al. Characterization of geographically distinct bacterial communities associated with coral mucus produced by *Acropora* spp. and *Porites* spp. Applied and Environmental Microbiology, 2012, 78(15): 5229-5237.

[29] Rosenberg E, Koren O, Reshef L, et al. The role of microorganisms in coral health, disease and evolution. Nature Reviews Microbiology, 2007, 5(5): 355-362.

[30] Banin E, Vassilakos D, Orr E, et al. Superoxide dismutase is a virulence factor produced by the coral bleaching pathogen *Vibrio shiloi*. Current Microbiology, 2003, 46(6): 0418-0422.

[31] Teplitski M, Ritchie K. How feasible is the biological control of coral diseases? Trends in Ecology & Evolution, 2009, 24(7): 378-385.

[32] Fuller R. Probiotics in man and animals. Journal of Applied Bacteriology, 1989, 66(5): 365-378.

[33] Merrifield D L, Dimitroglou A, Foey A, et al. The current status and future focus of probiotic and prebiotic applications for salmonids. Aquaculture, 2010, 302(1-2): 1-18.

[34] Spanggaard B, Huber I, Nielsen J, et al. The probiotic potential against vibriosis of the indigenous microflora of rainbow trout. Environmental Microbiology, 2001, 3(12): 755-765.

[35] Balcázar J L, Rojas-Luna T, Cunningham D P. Effect of the addition of four potential probiotic strains on the survival of pacific white shrimp (*Litopenaeus vannamei*) following immersion challenge with *Vibrio parahaemolyticus*. Journal of Invertebrate Pathology, 2007, 96(2): 147.

[36] Napier A. The development of probiotics for the control of multiple bacterial diseases of rainbow trout, *Oncorhynchus mykiss* (Walbaum). Journal of Fish Diseases, 2007, 30(10): 573-579.

[37] Remily E R, Richardson L L. Ecological physiology of a coral pathogen and the coral reef environment. Microbial Ecology, 2006, 51(3): 345-352.

[38] Reshef L, Koren O, Loya Y, et al. The coral probiotic hypothesis. Environmental Microbiology, 2006, 8(12): 2068-2073.

[39] Ruizdiaz C P, Toledohernández C, Sabat A M, et al. Immune response to a pathogen in corals. Journal of Theoretical Biology, 2013, 332(1766): 141-148.

[40] Shnit-Orland M, Sivan A, Kushmaro A. Antibacterial activity of *Pseudoalteromonas* in the coral holobiont. Microbial Ecology, 2012, 64(4): 851-859.

[41] Loya Y. Bacteria cause and prevent bleaching of the coral *Oculina patagonica*. Marine Ecology Progress Series, 2013: 155-152.

[42] Golberg K, Eltzov E, Shnit-Orland M, et al. Characterization of quorum sensing signals in coral-associated bacteria. Microbial Ecology, 2011, 61(4): 783-792.

[43] Li J, Azam F, Zhang S. Outer membrane vesicles containing signaling molecules and active hydrolytic enzymes released by a coral pathogen *Vibrio shilonii** AK1. Environmental Microbiology, 2016, 18(11): 3850-3866.

[44] Tait K, Hutchison Z, Thompson F L, et al. Quorum sensing signal production and inhibition by coral-associated vibrios. Environmental Microbiology Reports, 2010, 2(1): 145.

[45] Meyer J L, Gunasekera S P, Scott R M, et al. Microbiome shifts and the inhibition of quorum sensing by Black Band Disease cyanobacteria. The ISME Journal, 2015, 10(5): 1204-1216.

[46] Banin E, Khare S K, Naider F, et al. Proline-rich peptide from the coral pathogen *Vibrio shiloi* that inhibits photosynthesis of zooxanthellae. Applied and Environmental Microbiology, 2001, 67(4): 1536-1541.

[47] Kimes N E, Grim C J, Johnson W R, et al. Temperature regulation of virulence factors in the pathogen *Vibrio coralliilyticus*. The ISME Journal, 2012, 6(4): 835-846.

[48] Ocampo I D, Zárate-Potes A, Pizarro V, et al. The immunotranscriptome of the Caribbean reef-building coral *Pseudodiploria strigosa*. Immunogenetics, 2015, 67(9): 515-530.

[49] Sussman M, Mieog J C, Doyle J, et al. *Vibrio* zinc-metalloprotease causes photoinactivation of coral endosymbionts and coral tissue lesions. PLoS One, 2009, 4(2): e4511.

[50] Amend A S, Barshis D J, Oliver T A. Coral-associated marine fungi form novel lineages and heterogeneous assemblages.

The ISME Journal, 2012, 6(7): 1291-1301.

[51] Siboni N, Ben-Dov E, Sivan A, et al. Global distribution and diversity of coral-associated archaea and their possible role in the coral holobiont nitrogen cycle. Environmental Microbiology, 2008, 10(11): 2979-2990.

[52] Kuang W, Li J, Zhang S, et al. Diversity and distribution of *Actinobacteria* associated with reef coral *Porites lutea*. Frontiers in Microbiology, 2015, 6: 1094.

[53] Mahmoud H M, Kalendar A A. Coral-associated *Actinobacteria*: diversity, abundance, and biotechnological potentials. Frontiers in Microbiology, 2016, 7: 204.

[54] Sarmiento-Vizcaíno A, González V, Braña A F, et al. Pharmacological potential of phylogenetically diverse actinobacteria isolated from deep-sea coral ecosystems of the submarine Avilés Canyon in the Cantabrian Sea. Microbial Ecology, 2017, 73(2): 338-352.

[55] Sun W, Peng C, Zhao Y, et al. Functional gene-guided discovery of type II polyketides from culturable *Actinomycetes* associated with soft coral *Scleronephthya* sp. PLoS One, 2012, 7: e42847.

[56] Yang S, Sun W, Tang C, et al. Phylogenetic diversity of actinobacteria associated with soft coral *Alcyonium gracllimum* and stony coral *Tubastraea coccinea* in the East China Sea. Microbial Ecology, 2013, 66(1): 189-199.

[57] Zhang X, He F, Wang G, et al. Diversity and antibacterial activity of culturable actinobacteria isolated from five species of the South China Sea gorgonian corals. World Journal of Microbiology and Biotechnology, 2013, 29(6): 1107-1116.

[58] Hirayama H, Sunamura M, Takai K, et al. Culture-dependent and -independent characterization of microbial communities associated with a shallow submarine hydrothermal system occurring within a coral reef off Taketomi Island, Japan. Applied and Environmental Microbiology, 2007, 73(23): 7642-7656.

[59] Patton J S, Abraham S, Benson A A. Lipogenesis in the intact coral *Pocillopora eapitata* and its isolated zooxanthellae: evidence for a light-driven carbon cycle between symbiont and host. Marine Biology, 1977, 44: 235-247.

[60] 温露, 韦啟球, 蔡隽妮, 等. 柳珊瑚及其共生微生物活性代谢产物的研究进展. 中国抗生素杂志, 2012, 37(9): 641-654.

[61] Tapiolas D M, Roman M, Fenical W, et al. Octalactins A and B: cytotoxic eight-member-ring lactones from a marine bacterium, *Streptomyces* sp. Journal of the American Chemical Society, 1991, 113(12): 4682-4683.

[62] 农旭华, 张晓勇, 陈茵, 等. 柳珊瑚共附生放线菌 *Streptomyces* sp. SCSGAA 0009 中生物碱类化合物及其抗菌和抗附着活性. 微生物学报, 2013, 53(9): 995-1000.

[63] 马亮, 张文军, 朱义广, 等. 永兴岛白穗软珊瑚共附生放线菌筛选及部分活性次级代谢产物的鉴定. 微生物学报, 2013, 53(10): 1063-1071.

[64] 高程海, 易湘茜, 方燕, 等. 柳珊瑚共生细菌 *Bacillus subtilis* 发酵液化学成分研究. 广西科学, 2011, 18(3): 222-225.

[65] 邓芸, 胡谷平, 陈小洁, 等. 南海珊瑚内生细菌 *Pelomonas puraquae* sp. nov(B-2)中环二肽类次生代谢产物研究. 中山大学学报(自然科学版), 2015, 54(3): 80-84.

[66] 滕宪存, 庄以彬, 王义, 等. 花刺柳珊瑚共生真菌 *Penicillium* sp. gxwz406 的次生代谢产物研究. 中国海洋药物杂志, 2010, 29(4): 11-15.

[67] 周雅琳, 王义, 刘培培, 等. 环境胁迫对珊瑚共附生真菌 *Aspergillus ochraceus* LCJ11-102 次生代谢产物的影响. 微生物学报, 2010, 50(8): 1023-1029.

[68] Zhuang Y, Teng X, Wang Y, et al. New quinazolinone alkaloids within rare amino acid residue from coral-associated fungus, *Aspergillus versicolor* LCJ-5-4. Organic Letters, 2011, 13(5): 1130-1133.

[69] 王文玲, 王立平, 王聪, 等. 珊瑚真菌 *Aspergillus* sp. OUCMDZ-3658 产生的生物碱. 中国海洋药物杂志, 2015, 34(6): 1-11.

[70] Wei M, Wang C, Liu Q, et al. Five sesquiterpenoids from a marine-derived fungus *Aspergillus* sp. Isolated from a gorgonian *Dichotella gemmacea*. Marine Drugs, 2010, 8(4): 941-949.

[71] Wei M, Li D, Shao C, et al.(±)-Pestalachloride D, an antibacterial racemate of chlorinated benzophenone derivative from a soft coral-derived fungus *Pestalotiopsis* sp. Marine Drugs, 2013, 11(4): 1050-1060.

[72] Shao C, Wang C, Wei M, et al. Aspergilones A and B, two benzylazaphilones with an unprecedented carbon skeleton from the gorgonian-derived fungus *Aspergillus* sp. Bioorganic &Medicinal Chemistry Letters, 2011, 21(2): 690-693.

[73] Shao C, Wu H, Wang C, et al. Potent antifouling resorcylic acid lactones from the gorgonian-derived fungus *Cochliobolus lunatus*. Journal of Natural Products, 2011, 74(4): 629-633.

[74] Zheng C, Shao C, Guo Z, et al. Bioactive hydroanthraquinones and anthraquinone dimers from a soft coral-derived *Alternaria* sp. fungus. Journal of Natural Products, 2012, 75: 189-197.

[75] Zheng C, Shao C, Wu L, et al. Bioactive phenylalanine derivatives and cytochalasins from the soft coral-derived fungus, *Aspergillus elegans*. Marine Drugs, 2013, 11(6): 2054-2068.

[76] Cao F, Yang Q, Shao C, et al. Bioactive 7-oxabicyclic [6.3.0] lactam and 12-membered macrolides from a gorgonian-derived *Cladosporium* sp. fungus. Marine Drugs, 2015, 13(7): 4171-4178.

[77] 张秀丽, 邢倩, 马洁, 等. 1 种西沙群岛软珊瑚来源真菌中新天然产物 pestalalactone 的化学与生物活性研究. 中国海洋药物杂志, 2016, 35(4): 1-5.

[78] Shi T, Qi J, Shao C, et al. Bioactive diphenyl ethers and isocoumarin derivatives from a gorgonian-derived fungus *Phoma* sp.(TA07-1). Marine Drugs, 2017, 15(6): E146.

[79] Huang L, Chen Y, Yu J, et al. Secondary metabolites from the marine-derived fungus *Dichotomomyces* sp. L-8 and their cytotoxic activity. Molecules, 2017, 22(3): E444.

[80] 牛庆凤. 珊瑚共附生真菌胞外多糖的结构、硫酸酯化及免疫调节活性研究. 浙江海洋学院硕士学位论文, 2015.

[81] Sousa F M, Moura S R, Quinto C A, et al. Functional screening for cellulolytic activity in a metagenomic fosmid library of microorganisms associated with coral. Genetics and Molecular Research, 2016, 15(4): 1-8.

[82] 刘海青, 刘富平, 胡文婷. 粗野鹿角珊瑚产纤维素酶细菌的筛选、鉴定和酶活测定. 广东农业科学, 2013, 40(21): 174-177.

[83] 刘海青, 刘富平, 胡文婷. 壮实鹿角珊瑚纤维素降解菌的选育. 江苏农业科学, 2014, 42(2): 329-330.

[84] 夏仕文, 熊文娟, 韦燕婵, 等. 珊瑚色诺卡氏菌 CGMCC 4.1037 全细胞催化(rs)-4-氟苯甘氨酸去消旋化为(s)-4-氟苯甘氨酸. 分子催化, 2015, 29(4): 307-314.

[85] 杨惠芳, 谢树华, 贾省芬, 等. 珊瑚色诺卡氏菌 no. 11 降解丙烯腈活力的诱导形成. 微生物学报, 1981, 21(2): 95-101.

— 第五章 —

珊瑚黏液及其功能[①]

珊瑚黏液（coral mucus）是一种由珊瑚组织分泌，呈透明状且具有黏性的有机混合物质胶体[1]。该黏性物质通常包裹在珊瑚组织的表面，通过吸附周围环境中的颗粒物、营养物质和微生物等有机体形成不同厚度的具流动性的珊瑚表面黏液层（surface mucus layer，SML）；黏液层厚度随着时间进程会不断增加，一般为5～170μm[1]；黏液层对珊瑚的营养供给、疾病防御、信息传递等生理过程起到重要的作用[2, 3]。

珊瑚黏液的分泌、降解及沉降等过程，都是珊瑚礁生态系统能量流动与物质循环的重要组成部分[4]。黏液中存在着不同种的微生物类群[5]，这些微生物在珊瑚礁生态系统中扮演着重要的角色，一方面，黏液中富集的微生物为珊瑚黏液提供一定的碳源和氮源[6]；另一方面，黏液中微生物自身也能作为一些珊瑚礁区栖息的动植物的食物。黏液中难以溶解的部分，最终会进入底栖环境中，充当浮游和底栖循环的物质与能量载体[7, 8]。

珊瑚黏液在珊瑚礁生态系统中具有重要的生物学功能。从19世纪初研究人员就对珊瑚黏液进行了初步的研究，对珊瑚黏液的组成成分、形成过程、生态功能有了一定的了解，但对珊瑚分泌黏液的机制与动态过程的了解仍不透彻[2]。2005年以来，珊瑚黏液逐渐成为研究的热点之一，至2011年的6年间有超过100篇关于珊瑚黏液的研究论文在国际期刊上发表[4]，主要是因为近年来全球珊瑚礁大面积白化，以及珊瑚礁生态系统的严重退化，研究者希望从珊瑚黏液的角度探究珊瑚礁白化和生态系统退化的机制。

一、珊瑚黏液层的形成过程

珊瑚黏液的产生是不间断的，大约每立方厘米珊瑚组织每小时能分泌100ml[4]，但是在外界刺激的情况下会增加黏液的分泌，所以黏液分泌的速率是变化的，随珊瑚所处的深度、纬度和珊瑚种类的不同而有所差异。珊瑚黏液层的形成按照时间顺序大致可以分为以下6个阶段：①珊瑚组织分泌出覆盖于其表面的透明液体，此时珊瑚黏液进行清洁作用，透明黏液中内含虫黄藻等少量微生物；②珊瑚黏液会逐渐脱离珊瑚体，牵拉成丝状或弦状，珊瑚通过纤毛摆动，将珊瑚黏液从海水中捕捉的悬浮颗粒送入珊瑚口中；③黏液富集海水中微小的气泡，与脂质混合，此时浮力增加，黏液在海水中处于缓慢上升状态，并

[①] 作者：骆雯雯，梁甲元，余克服

在上升的过程中继续吸附海水中的微粒；④黏液变得黏稠，略微呈现出乳白色，继续吸附颗粒，事实上黏液从产生开始，其中的可溶物质一直溶于海水中，也一直从海水中捕捉各种颗粒；⑤较黏稠的黏液因为吸附了海水中的藻类，会带有黄色或者是绿色；⑥黏液漂浮在海水表面，最终变成絮状物质。黏液的黏性和浮力都会随着时间延长而变大，处于第六阶段的絮状黏液，其厚度为 1.5~3.0cm，有着最大的黏性和浮力，因此絮状黏液可以吸附更多的颗粒，包括较大的藻类、有孔虫、小型甲壳类动物、鱼类幼体、沙粒、碎屑物质和软体动物壳等[1]。

在珊瑚礁生态系统中，其他生物也对黏液的最终形态有一定的作用。例如，海绵取食黏液后，会将黏液中易分解的物质吸收，同时富集难分解的物质[9]。海绵取食黏液后，会将黏液在体内进行分解消耗加工，重新排出体外后丰富了原有黏液，其对黏液在生态系统中的循环起到一定的作用[10]。

二、珊瑚黏液的组成

珊瑚黏液中存在高比例的有机质成分，是微生物生长繁殖的理想营养，因此黏液中含有丰富的微生物群落，同时黏液微生物产生的一些次级代谢产物，在珊瑚礁生态系统物质循环中起着重要的作用。

（一）化学组成

早期检测出黏液中各种化合物的碳氮比均在 10 左右，而对大堡礁赫伦岛鹿角珊瑚的研究测出其分泌黏液中碳氮比为 8~14[11]。但其碳氮比在不同阶段可能会有所不同，且不同环境中的同种珊瑚或同种环境中的不同种珊瑚所产生的黏液，其碳氮比也是有差异的[12]。研究人员对卡波霍海湾的滨珊瑚 Poritidae 和埃尼威托克岛潟湖的鹿角珊瑚 Acroporidae 进行了黏液的提取、碳氮比测定，发现滨珊瑚分泌的黏液的碳氮比平均为 5.6，而鹿角珊瑚分泌的黏液的碳氮比平均为 8.5[13]。在自然条件下，珊瑚黏液层在形成的不同阶段所含碳氮的比例也会发生改变[1]。其中，黏液层形成的最后阶段的碳氮比最低，说明黏液层中的微生物需要消耗黏液中的大量营养物质来维持自身的生长和繁殖活动[14]。这些碳氮比值可以说明黏液含有较高的蛋白质，具有作为食物来源的潜在价值。

珊瑚黏液作为富含碳氮元素的有机质，含有蜡酯、蛋白质、多糖、脂类、单糖、氨基酸等。其中蛋白质主要是黏蛋白和糖蛋白；糖类包括海藻糖、树脂醛糖、甘露糖、半乳糖和少量的葡萄糖残基[15]；氨基酸组分大体相同，其中亮氨酸、谷氨酸、天冬氨酸、丝氨酸、甘氨酸、缬氨酸、脯氨酸和丙氨酸等几乎出现在所有珊瑚的黏液中[3]，同时还存在一种类菌胞素氨基酸（mycosporine-like amino acids，MAAs），因此不同珊瑚所分泌的黏液在化学组成方面没有明显差异[16]。

珊瑚属于腔肠动物，现称为刺胞动物。虽然珊瑚黏液与其他刺胞动物分泌的黏液具有基本一致的化学成分，拥有相同的氨基酸种类，但含量有差异[3]。与覆盖在珊瑚鱼表皮的黏液相比，珊瑚和珊瑚鱼有着相似的成分——MAAs，这种氨基酸成分能够吸收紫外线辐射[16]。

（二）生物组成

珊瑚黏液层中含有大量的微生物，包括藻类、细菌、真菌、古菌和病毒等[17, 18]，其中藻类有虫黄藻、鞭毛藻和蓝藻细菌等[19, 20]。这些微生物的菌落特征与珊瑚的种类、地理环境、生理健康等因素直接相关，并参与物质循环、病原免疫、信息交流等众多生命活动。

黏液的存在是微生物生长的基础条件[6]，可以通过微生物呼吸作用对黏液中营养物质的消耗来判断黏液中存在的微生物数量。一项对滨珊瑚和鹿角珊瑚黏液中微生物的呼吸消耗实验，实时监测了黏液中可溶有机质（DOM）和可溶解微粒（POM）（dissolved and particulate organic matter）的动态变化，结果显示 60min 内黏液的氧化消耗速率最高可以达到 130～445μmol/（d·L），而海水中的氧化消耗速率仅为 5～41μmol/（d·L），这是因为黏液中所含微生物是海水中的 100 倍[21]。珊瑚黏液中含有上百种微生物，目前只有少数微生物能够被分离并且离体培养。黏液中的微生物类群会随着珊瑚的种类不同而不同，主要是受环境等多因素控制，包括珊瑚周围环境、珊瑚本身的健康状况等[2]。

黏液中微生物的生物多样性会随着环境的改变而改变。研究人员对红海海水中微生物、红海石芝珊瑚黏液微生物和水族馆中石芝珊瑚黏液微生物进行对比[22]，发现红海中珊瑚黏液所含有的微生物群落最多，红海海水中的微生物次之，水族馆石芝珊瑚黏液中的微生物最少，仅包含 α-变形杆菌、β-变形杆菌、γ-变形杆菌、CFB（Cytophagales Flavobacteria Bacteroidetes）和未鉴别成分，而红海中的微生物还含有蓝藻细菌，红海海水环境中的石芝珊瑚黏液中比红海海水又多了厚壁菌、放线菌、浮霉菌和疣微菌等 4 种微生物。这个现象说明水族馆环境中的珊瑚因为生存环境受到控制，其黏液中所含菌群与自然界的已大不相同。2012 年，Mckew 等从地理分布的层面上对黏液微生物进行了研究对比，认为黏液中菌群的类型不仅与珊瑚种类有关，也与其地理位置相关[23]。

与健康珊瑚所分泌的黏液的微生物相比，患病珊瑚的黏液中微生物种类和数量都明显偏少，而弧菌在患病珊瑚黏液中比例增加[18]。研究者对比健康珊瑚和白化珊瑚黏液中微生物群落组成，发现白化珊瑚黏液中弧菌比例比健康珊瑚黏液高出许多，其原因可能是弧菌对白化后的珊瑚组织的附着能力降低，导致其随着黏液脱离珊瑚体，进入黏液中，因此猜测，珊瑚在患病或白化后，黏液微生物群落中的某些种类就会脱离黏液，这种微生物群落机械脱落的情况是由微生物之间的竞争所导致的[24]。

"珊瑚益生菌假说"认为，珊瑚在遭遇疾病侵袭的时候会表现为某些菌群主动或者被动地分离[25]。结合珊瑚黏液中菌群种类在时间和空间上的不同（季节、水质、温度、深度、盐度），菌群状况可用作指示珊瑚健康的生物学指标，这可能是未来对珊瑚礁白化、疾病研究与预警的新方向。

三、珊瑚黏液的生物学功能

分泌黏液是珊瑚的共性，无论是软珊瑚还是硬珊瑚都存在分泌黏液的现象。珊瑚分泌黏液的速率随珊瑚所处的深度、纬度和珊瑚种类的不同而有所差异，但是珊瑚黏液都具有相似的生态学功能，如营养功能、保护功能、清洁功能等。

（一）营养功能

珊瑚黏液的分泌是一个漫长的过程，从珊瑚分泌出的新鲜黏液到其最终形成的絮状黏液，黏液一直都在从海水中吸附有机颗粒成分。随着黏液不断地溶于海水之中，黏性也不断增强，吸附的颗粒也更多。黏液既可以吸附海水中的颗粒，也可以进行光收集[4]，是珊瑚生态系统获得氮源和磷源的主要途径[26]。这些营养成分不仅供给珊瑚虫的生长和繁殖活动，也为黏液中微生物提供能源。此外，当黏液吸附的营养物质再混合微生物代谢产物时，又可以作为其他礁栖生物的食物。在大堡礁，具有取食珊瑚黏液行为的珊瑚礁鱼类有蝴蝶鱼科（Chaetodontidae）、单棘鲀科（Monacanthidae）、雀鲷科（Pomacentridae）等，它们主要是为了摄取黏液中的蜡酯，这种取食行为在食物链中起着能量传递的作用[27]。

黏液捕捉颗粒的行为有利于浮游和底栖生物的生长和新陈代谢，是吸收再生营养物质或产生初级生产力的一种方式[1]。早期的研究表明，珊瑚黏液富含能量与营养盐、蛋白质、甘油酯、酯化蜡等水溶性物质，所以 56%～80% 的黏液在分泌出来后立刻溶于海水中，成为浮游生物和底栖生物的食物来源，可以促使微生物的新陈代谢和生长。浅水区珊瑚的生产率很高[2]，主要是因为浅水区有较高的温度和较好的光照，有助于珊瑚共生虫黄藻的光合作用。浅水区珊瑚表面的黏液分泌与温度也存在一定的相关性，温度越高，黏液分泌越多，导致其能够吸附更多的有机微粒，富集更多的营养物质[1]。

（二）保护功能

珊瑚会在多种情况下通过分泌黏液来降低外界刺激，起到自我保护的作用[2, 8]。低潮位时，暴露于空气中的珊瑚会加速分泌黏液，从而迅速包裹住珊瑚体，保持珊瑚虫湿润，也有助于珊瑚体吸收阳光中的紫外线并避免珊瑚体受到紫外线伤害，这是因为黏液中存在吸收阳光中紫外线辐射成分的氨基酸MAAs[28]。MAAs大都是由黏液微生物分泌的，对紫外线辐射的吸收率为7%左右[16]，因此黏液可以减轻阳光照射对珊瑚的危害；当珊瑚周围海水表层温度上升或下降时，珊瑚都会分泌黏液，在一定程度上抑制温度对珊瑚虫的影响，当然这种缓冲是有限的，长时期的温度异常也会对珊瑚造成损伤。当有病原菌等微生物附着时，珊瑚分泌的黏液可作为物理屏障，阻碍病原菌侵入珊瑚虫体；同时，黏液也可以富集一些益生菌来抑制病原菌的生长或繁殖。当遇到外来物体的触碰和机械损伤时，如用手去触碰珊瑚，珊瑚也会加大黏液的分泌量，起到隔离外界因素或者减少摩擦的作用。珊瑚分泌黏液是防止外来因子直接接触的第一道防线[29]。如上所述，目前已经确定的珊瑚黏液对珊瑚体的保护功能主要为抵御干燥环境[2]、抵御阳光中的紫外线灼伤[16, 30]、抵御病原菌入侵[2, 12]。

2005年以来发表的100多篇关于珊瑚黏液的文章中，58%是关于珊瑚相关微生物的研究[4]。大量研究表明，弧菌在珊瑚黏液中占较大比例，在黏液菌群中起主导作用[31]。研究人员对地中海的5种珊瑚进行实验，发现弧菌对生存环境的要求是较为苛刻的，如当海水温度低于20℃的时候，弧菌不能独立生存；而且弧菌对珊瑚的健康程度要求很高，其对健康珊瑚的黏附率很高，接近100%，而对白化的珊瑚和岩石的黏附率很低，说明弧菌黏附率与黏液的存在呈正相关，从而推测弧菌的受体存在于黏液之中[32]。

海水表层温度（seawater surface temperature，SST）升高引起的珊瑚白化，使全球珊瑚礁生态系统的健康面临严峻挑战[33]。数据记录显示，1983～1984年红海的SST异常上升导致了珊瑚黏液分泌量的增加[16]；同时夏季的高温环境使得珊瑚黏液中的细菌繁殖加快[34]，包括导致珊瑚白化的细菌也可能是在夏季加速繁殖，最终导致红海珊瑚发生白化。但是温度和珊瑚白化的机制仍需要进一步研究，近年来大多研究温度上升增加珊瑚白化敏感性的机制与虫黄藻在珊瑚白化过程中的生化作用[35]。

黏液微生物会产生一些次级代谢产物，而其中一些物质可以帮助珊瑚抵御病原体的入侵[36]，这些对珊瑚有益的菌种，称为珊瑚益生菌。例如，鹿角珊瑚的黏液中存在着抗生素组分（有生化防御的作用），可以在一定程度上抵御革兰氏阴性菌和阳性菌，但这种抗性随着SST的上升而降低[37]。这些具有抗性的物质被分离出来后，并不会相互抑制，如分离出来的玫瑰杆属菌 Roseobacter 和假单胞菌 Psuedoaltermonas，可以分泌出抑制弧菌生长的抗生素，但共同培养的时候，它们不会相互抑制[38]。这些能够对病原菌产生抑制作用的菌种被分离出来，有力地证明了黏液中存在"珊瑚益生菌假说"[25]。

无论是软珊瑚还是石珊瑚，黏液分泌都是珊瑚自身防御机制的一部分，而软珊瑚比石珊瑚具有更强的抗菌活性，原因是珊瑚黏液中存在能够产生抗生素的菌株，其抗生素能很好地抵御入侵型病菌，并且可以协助珊瑚的抵御系统，随着环境的变化，珊瑚在一定程度上可以通过改变黏液中微生物的类群比例与数量使之更有效地适应新的环境，对分离培养的菌株进行温敏性实验，结果表明抗菌化合物对温度变化较为敏感，温度为26℃时抗菌活性最好，达到30℃时轻微降低，42～45℃时则会发生失活，因此温度异常升高会导致珊瑚黏液中的抗菌化合物活性降低，此时的珊瑚对病原体将更敏感[29]。

能够从珊瑚黏液中分离培养的共生微生物占所有黏液微生物的不足1%，而能够产生抗性的菌群通常无法分离培养，原因是这些微生物与珊瑚存在着特殊的共生关系，而这些菌株可能与珊瑚种类有着某些特异性关联[24]。

（三）清洁功能

黏液对海水中颗粒的富集作用，主导着珊瑚礁附近海域海水悬浮物质的量。除了黏液中极易溶于水的一部分外，剩下的部分会在漫长的时间中缓慢溶于海水中，有 20%~44%在 7 个月内都不溶解。一般而言，黏液中的难溶组分有其特定的生态作用：①由菌体分泌的有保护功能的抗菌化合物部分，是不易在海水中溶解的；②被海绵摄入或者被细菌吸收利用，最后转化成的难以分解的物质[21]。这些未能溶解的成分，最后会沉到海底进入底栖物质循环，被生活在珊瑚砂中的底栖生物降解，从而参与珊瑚礁生态系统的物质和能量循环。

黏液对有机悬浮颗粒的捕捉作用，促使许多有机悬浮颗粒参与到底栖食物链的物质循环过程中。有研究发现，所有在珊瑚礁系统中产生的有机物质，包括珊瑚黏液，最终都会在珊瑚礁系统中被矿化[6]。珊瑚黏液是回收能量和营养的重要载体。珊瑚释放的黏液可以保证珊瑚礁生态系统在贫营养的环境中获得所必需的营养素[8]。在营养价值较低的珊瑚礁生态系统中，海水中的有机碎片，经过珊瑚黏液吸附，然后被微生物吸收利用，这是珊瑚礁生态系统很重要的一个营养过程。

珊瑚黏液变成溶解于海水的有机物，以及变成难溶物质沉降到底栖环境的过程，称为黏液的矿化[39]。黏液的矿化在珊瑚礁生态系统中起着重要的作用，无论是系统中的物质循环还是能量传递都不可将其替代。在物质循环上，黏液矿化容易使碳、氮、磷等各种元素进入微食物链中，加速有机物变成无机物的转化速率；在能量传递上，一方面微食物链物质转化速度加快，能量传递速度也会增加，另一方面珊瑚礁系统中高效率的呼吸作用也会反作用于黏液矿化，促进黏液矿化的发生。

四、结论与展望

自 19 世纪初开始研究珊瑚黏液以来，对黏液的化学成分、微生物组成和生物学功能有了较多的了解。主要结论有：①珊瑚黏液作为营养成分在珊瑚礁生态系统中起着物质循环和能量传递的作用；②珊瑚黏液中的成分对珊瑚有着多重保护功能；③珊瑚黏液中微生物的组成与其周围的环境有一定的相关性，不仅与珊瑚种类有关，也与其地理位置相关；④珊瑚黏液中的微生物与珊瑚白化有着密切的关系。

参 考 文 献

[1] Huettel M, Wild C, Gonelli S. Mucus trap in coral reefs: formation and temporal evolution of particle aggregates caused by coral mucus. Marine Ecology Progress Series, 2006, 307(8): 69-84.

[2] Brown B E, Bythell J C. Perspectives on mucus secretion in reef corals. Marine Ecology Progress Series, 2005, 296(1): 291-309.

[3] Ducklow H W, Mitchell R. Composition of mucus released by coral reef coelenterates. Limnology & Oceanography, 1979, 24(4): 706-714.

[4] Bythell J C, Wild C. Biology and ecology of coral mucus release. Journal of Experimental Marine Biology & Ecology, 2011, 408(1): 88-93.

[5] Koren O, Rosenberg E. Bacteria associated with mucus and tissues of the coral *Oculina patagonica* in summer and winter. Applied & Environmental Microbiology, 2006, 72(8): 5254-5259.

[6] Tanaka Y, Ogawa H, Miyajima T. Bacterial decomposition of coral mucus as evaluated by long-term and quantitative observation. Coral Reefs, 2011, 30(2): 443-449.

[7] Vacelet E, Thomassin B A. Microbial utilization of coral mucus in long term in situ incubation over coral reef. Hydrobiologia, 1991, 211(1): 19-32.

[8] Wild C, Huettel M, Klueter A, et al. Coral mucus functions as an energy carrier and particle trap in the reef ecosystem. Nature,

2004, 428(6978): 66-70.

[9] Goeij J M D, Moodley L, Houtekamer M, et al. Tracing ^{13}C-enriched dissolved and particulate organic carbon in the bacteria-containing coral reef sponge *Halisarca caerulea*: evidence for DOM-feeding. Limnology & Oceanography, 2008, 53(4): 1376-1386.

[10] Rix L, Goeij J M D, Mueller C E, et al. Coral mucus fuels the sponge loop in warm- and cold-water coral reef ecosystems. Scientific Reports, 2016, 6: 18715.

[11] Wild C, Woyt H, Huettel M. Influence of coral mucus on nutrient fluxes in carbonate sands. Marine Ecology Progress Series, 2005, 287(1): 87-98.

[12] Coles S L, Strathmann R. Observations on coral mucus "flocs" and their potential trophic significance. Limnology & Oceanography, 1973, 18(4): 673-678.

[13] Eckes M, Dove S, Siebeck U E, et al. Fish mucus versus parasitic gnathiid isopods as sources of energy and sunscreens for a cleaner fish. Coral Reefs, 2015, 34(3): 823-833.

[14] Allers E, Niesner C, Wild C, et al. Microbes enriched in seawater after addition of coral mucus. Applied & Environmental Microbiology, 2008, 74(10): 3274.

[15] Meikle P, Richards G N, Yellowlees D. Structural determination of the oligosaccharide side-chains from a glycoprotein isolated from the mucus of the coral *Acropora formosa*. Journal of Biological Chemistry, 1988, 262(35): 16941-16947.

[16] Teai T, Drollet J H, Bianchini J P, et al. Occurrence of ultraviolet radiation-absorbing mycosporine-like amino acids in coral mucus and whole corals of French Polynesia. Marine & Freshwater Research, 1998, 49(2): 127-132.

[17] Bettarel Y, Thuy N T, Huy T Q, et al. Observation of virus-like particles in thin sections of the bleaching scleractinian coral *Acropora cytherea*. Journal of the Marine Biological Association of the United Kingdom, 2013, 934(4): 909-912.

[18] Marhaver K L, Edwards R A, Rohwer F. Viral communities associated with healthy and bleaching corals. Environmental Microbiology, 2010, 10(9): 2277-2286.

[19] Raghukumar S, Balasubramanian R. Occurrence of thraustochytrid fungi in corals and coral mucus. Indian Journal of Marine Sciences, 1991, 20(3): 176-181.

[20] Garren M, Azam F. New directions in coral reef microbial ecology. Environmental Microbiology, 2012, 14(4): 833-844.

[21] Hung C C, Guo L, Schultz Jr G E, et al. Production and flux of carbohydrate species in the Gulf of Mexico. Global Biogeochemical Cycles, 2003, 17(2): 24-21.

[22] Kooperman N, Bendov E, Kramarskywinter E, et al. Coral mucus-associated bacterial communities from natural and aquarium environments. Fems Microbiology Letters, 2007, 267(1): 106-113.

[23] Mckew B A, Dumbrell A J, Daud S D, et al. Characterization of geographically distinct bacterial communities associated with coral mucus produced by *Acropora* spp. and *Porites* spp. Applied & Environmental Microbiology, 2012, 78(15): 5229-5237.

[24] Rohwer F, Seguritan V, Azam F, et al. Diversity and distribution of coral-associated bacteria. Marine Ecology Progress Series, 2002, 243(4): 1-10.

[25] Reshef L, Koren O, Loya Y, et al. The coral probiotic hypothesis. Environmental Microbiology, 2010, 8(12): 2068-2073.

[26] Anthony K R N. Enhanced particle-feeding capacity of corals on turbid reefs (Great Barrier Reef, Australia). Coral Reefs, 2000, 19(1): 59-67.

[27] Benson A A, Muscatine L. Wax in coral mucus: energy transfer from corals to reef fishes. Limnology & Oceanography, 1974, 19(5): 810-814.

[28] Ravindran J, Manikandan B, Francis K, et al. UV-absorbing bacteria in coral mucus and their response to simulated; temperature elevations. Coral Reefs, 2013, 32(4): 1043-1050.

[29] Shnit-Orland M, Kushmaro A. Coral mucus-associated bacteria: a possible first line of defense. Fems Microbiology Ecology, 2009, 67(3): 371-380.

[30] Drollet J H, Glaziou P, Martin P M V. A study of mucus from the solitary coral *Fungia fungites* (Scleractinia: Fungiidae) in relation to photobiological UV adaptation. Marine Biology, 1993, 115(2): 263-266.

[31] Thompson J R, Pacocha S, Pharino C, et al. Genotypic diversity within a natural coastal bacterioplankton population. Science, 2005, 307(5713): 1311-3.

[32] Banin E, Israely T, Fine M, et al. Role of endosymbiotic zooxanthellae and coral mucus in the adhesion of the coral-bleaching pathogen *Vibrio shiloi* to its host. Fems Microbiology Letters, 2001, 199(1): 33-37.

[33] Baker A C, Glynn P W, Riegl B. Climate change and coral reef bleaching: an ecological assessment of long-term impacts, recovery trends and future outlook. Estuarine Coastal & Shelf Science, 2008, 80(4): 435-471.

[34] Banin E, Israely T, Kushmaro A, et al. Penetration of the coral-bleaching bacterium *Vibrio shiloi* into *Oculina patagonica*. Applied & Environmental Microbiology, 2000, 66(7): 3031-3036.

[35] Baker A C. Symbiont Diversity on Coral Reefs and Its Relationship to Bleaching Resistance and Resilience. Berlin Heidelberg: Springer, 2004: 177-194.

[36] Ritchie K B, Smith G W. Microbial Communities of Coral surface Mucopolysaccharide Layers. Berlin Heidelberg: Springer, 2004: 259-264.

[37] Ritchie K B. Regulation of microbial populations by coral surface mucus and mucus-associated bacteria. Marine Ecology Progress Series, 2006, 322(8): 1-14.

[38] Nissimov J, Rosenberg E, Munn C B. Antimicrobial properties of resident coral mucus bacteria of *Oculina patagonica*. Fems Microbiology Letters, 2010, 392(2): 210-215.

[39] Tanaka Y, Miyajima T, Koike I, et al. Production of dissolved and particulate organic matter by the reef-building corals *Porites cylindrica* and *Acropora pulchra*. Bulletin of Marine Science, 2008, 82(82): 237-245.

— 第六章 —

珊瑚礁白化研究进展[①]

  珊瑚礁白化是由于珊瑚失去体内共生的虫黄藻和（或）共生的虫黄藻失去体内色素而导致五彩缤纷的珊瑚礁变白的生态现象。早在20世纪30年代人们就认识到在环境胁迫下珊瑚会失去大量的虫黄藻而变白，并首次提到白化（bleaching）[1]。20世纪60年代中期，Goreau[2]报道了大量淡水流入导致牙买加浅水珊瑚礁失去大量的虫黄藻而变白死亡，并进一步提出珊瑚白化（coral bleaching）术语。但直到1983年，Glynn[3]再次提出珊瑚礁白化（coral reef bleaching）后才引起人们的关注，并沿用至今。

  据Glynn[4]总结报道，20世纪80年代以前珊瑚礁白化事件主要发生在相对小面积或者某一珊瑚礁区，自20世纪80年代以来才发现大范围珊瑚白化（mass coral bleaching），并导致珊瑚礁生态环境严重退化。到目前为止范围最大、破坏最严重的是1997~1998年的全球珊瑚礁白化事件，涉及42个国家，摧毁了全球16%的珊瑚礁[5]。其中在印度-太平洋区最为严重，死亡率高达90%的珊瑚礁遍及数千平方千米。实际上，有些地区是整个珊瑚礁死亡，如马尔代夫、查戈斯群岛和塞舌尔等。在这次事件中，有报道称已生存1000多年的珊瑚遭受死亡厄运，帕劳群岛（Palau）等海区第一次报道出现白化事件。过去这种严重珊瑚白化死亡事件每10~20年发生一次，估计未来几十年内将可能与ENSO事件频率（3~4年）同步，像1997~1998年那次大范围珊瑚礁白化事件将在未来20年里频繁发生，再过30~50年，珊瑚礁白化将在大多数热带海区每年发生1次。珊瑚礁白化不仅导致珊瑚死亡和珊瑚礁生态系统严重退化，破坏礁栖生物的生存环境，同时给人类带来巨大损失，据不完全统计，仅1998年白化就导致1999年旅游损失达5454万美元，并危及近5亿海岸人民的主要食物和经济来源。

一、珊瑚虫和虫黄藻共生：珊瑚礁发育的最基本生态特征

  珊瑚礁白化主要是由于珊瑚失去共生的虫黄藻或虫黄藻失去体内色素引起的，因此有必要了解珊瑚的生态条件及其与虫黄藻的关系。珊瑚礁发育对环境要求严格，据Wells[6]论述，其环境因素如下：①深度，造礁珊瑚生活的最大深度是90m，但是大多数生存不深于50m，尤其在20m以内的珊瑚生长最好；②温度，很少有造礁珊瑚能在低于15℃的环境下生存，大多数生活在水温18℃以上，最适宜生长的温度

[①] 作者：李淑，余克服

是 25～29℃，36℃为最高极限温度；③盐度，造礁珊瑚能承受的盐度是 27‰～40‰，生长最好的盐度是 36‰或接近 36；④光照，造礁珊瑚的生长必须要有充足的阳光；⑤水流，水流是珊瑚生长所不可缺少的，一方面它可以确保足够的营养盐及大量的浮游生物和氧，另一方面可以带走沉积物；⑥基底（substratum），珊瑚的浮浪幼虫（planula）在坚硬的基底诸如岩床上发育最为有利，也可在其他珊瑚、贝类等基底上固着发育。其中的许多环境要求都与其体内共生的虫黄藻密切相关，如深度、温度、光照、水流等。珊瑚与虫黄藻共生是珊瑚礁发育的最基本生态特征。

早期的研究者认为与珊瑚共生的虫黄藻属于单一的物种，直至近年来分子生物学的发展，人们才认识到虫黄藻是由许多种类组成的不同物种群体，绝大多数造礁石珊瑚共生虫黄藻属于虫黄裸甲藻属（*Symbiodinium*）。Trencli、Rowan 和 Powers 研究认为[7, 8]虫黄藻是一类多样性极其丰富的生物，它可能包括上百种，并且 2 或 3 种可以同时寄生于同一种无脊椎动物体内[9, 10]。对上百种共生藻的识别通常是以核糖核酸序列或限制性片段长度多态性（RFLP）定出不同的"系群"（clade），可分出 A～G 7 个系群。目前，普遍认为[11, 12]有 4 个系群（A、B、C 和 D/E 系群）是石珊瑚的共生体，对于 D 和 E 系群的分析目前还有争议，从分子生物学角度来看它们属于不同的系群，但是经系统发生关系分析是同一系群，Chao 等[12]在分析台湾海域珊瑚时将 E 系群归入 D 系群中，但这方面的研究还需要更深入。石珊瑚共生藻的分类研究主要在以下几个方面：Rowan 等[9]研究加勒比海地区圆菊珊瑚（*Montastrea annularis* 和 *Montastrea faveolata*）时指出其体内共生的虫黄藻有 A、B、C 3 个系群，其中 A 系群和 B 系群主要在浅水珊瑚体内（高辐射区），C 系群主要在深水珊瑚体内（低辐射区），A+B 系群和 B+C 系群主要集中在潮间带区。Chao 和 Toller 等[12, 13]认为含 D 系群虫黄藻的珊瑚共生体是相当耐胁迫的共生体（stress-tolerant symbiont），因为和 D 系群虫黄藻共生的珊瑚主要集中在较恶劣的环境里，如近岸海域、较浅或较深层海水区，并且与该系群藻共生的珊瑚（*Oulastrea crispata*）从热带太平洋到珊瑚礁发育的最高纬度区（日本附近海域）都有。最近研究发现我国台湾海域珊瑚内共生体虫黄藻主要是 C 和 D 系群，以 C 系群为主[12]。

虫黄藻和珊瑚之间为互利共生关系。虫黄藻生活在宿主珊瑚内胚层细胞的液泡（vacuole）里[7, 10]并透过宿主共生体屏障（barrier）把将 95%以上的光合作用产物（如氨基酸、糖、碳水化合物和小分子肽等）提供给宿主无脊椎动物，这些光合作用产物为共生体宿主提供能量和必需的化合物。在宿主得到这些光合产物（如糖和氨基酸）的同时虫黄藻也从宿主的代谢产物中得到至关重要的植物营养盐（如胺、磷酸盐）[7]，如图 6.1 所示[14]。

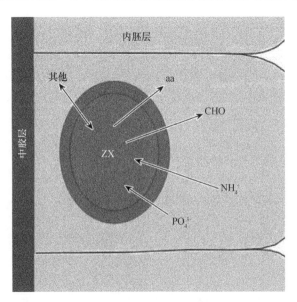

图 6.1 珊瑚虫黄藻共生模型

ZX. 虫黄藻；CHO. 碳水化合物；PO_4^{3-}. 磷酸盐；NH_4^+. 胺；aa. 氨基酸

虫黄藻除了含有营养成分如蛋白核、细胞核、淀粉等外，叶绿体占据大部分体积，叶绿体内含有能直接参与光化学反应的反应中心色素叶绿素a，以及辅助色素，如其他叶绿素、类胡萝卜素和藻胆素等（图6.2）[15, 16]。就是因为众多色素的存在，才使得珊瑚呈现五彩缤纷的景象。而珊瑚白化就是指在环境胁迫下珊瑚失去体内共生体虫黄藻和（或）虫黄藻失去体内色素而导致五彩缤纷的珊瑚变白的现象。Kleppel等[17]研究佛罗里达东南部白化事件中的圆菊珊瑚，通过把正常珊瑚中虫黄藻色素含量与白化珊瑚中剩余虫黄藻色素的含量相比较，发现正常珊瑚中叶绿素c、多甲藻素和黄藻素的含量分别比白化珊瑚高35倍、17倍和20倍。

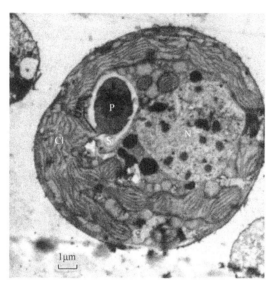

图6.2 造礁珊瑚体内的虫黄藻

P. 蛋白核；N. 细胞核；Cl. 叶绿体；S. 淀粉

二、珊瑚礁白化的诱发因素

（一）温度升高

早在1931年Yonge和Nicholls[1]就提到温度升高胁迫珊瑚失去虫黄藻而发生白化（bleaching）现象，当时只是发生在小范围珊瑚礁区。直到1993年Glynn[4]将诱发珊瑚礁白化因素分为大尺度（即大面积影响并导致珊瑚礁长期白化死亡）和小尺度（即孤立的、小面积的珊瑚礁白化）以后，人们才更加重视海水表层温度（SST）升高引起的珊瑚礁白化。研究认为与厄尔尼诺-南方涛动（ENSO）相关的SST升高是导致大范围珊瑚礁白化的主要原因，如Hoegh-Guldberg[15]报道自1979年以来，大范围珊瑚礁白化和全球厄尔尼诺事件息息相关（图6.3）[15]，图中6个峰值分别是厄尔尼诺最强年份。1997~1998年ENSO造成全球范围内严重珊瑚礁白化事件的数量明显增加，而且是有记录以来最强的一次ENSO，导致SST比夏季最高温度高1~4℃。

Aronson等[18]报道了1998年伯里兹（Belize）珊瑚礁白化，历史上本区的最高温度不超过29℃，而1998年本区2~10m深度水域温度超过30℃，最高达31.5℃，从8月10日至11月6日温度一直在29℃以上，最终导致该区石珊瑚严重白化死亡。^{14}C年代分析表明这可能是本珊瑚礁区3000年来第一次发生白化，提供了高温导致珊瑚礁白化的证据。Lough[19]分析1998年全球47个地点珊瑚礁白化与水温的关系，得出白化地点SST最高值平均为30.3℃，变化范围是28.1~34.9℃。不同区域珊瑚礁白化的温度不同，这主要与不同区域的珊瑚发生白化的温度，也即珊瑚上限温度[20]（upper temperature limit，一定环境下珊

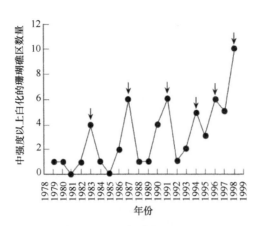

图6.3　1979以来的白化珊瑚礁区数量（根据Hoegh-Guldberg[15]，1999，有修改）
箭头指向表示强ENSO年

瑚生活的最高适应温度）有关，目前，热带海域的珊瑚大部分生活在它们的上限温度边缘（1~2℃）。上限温度与珊瑚生活区域环境状况有关[21]，如一贯生活在夏季平均值为28℃的海域的珊瑚生存上限温度比生活在夏季平均值为31℃海区的珊瑚的上限温度低。对于不同物种，上限温度也不完全相同，同一珊瑚物种上限温度是通过增加多少绝对温度及该温度下持续的时间确定的。有些学者以5天引起50%的珊瑚发生白化为标准确定珊瑚上限温度，据此，Berkelmans和Wills[20]研究大堡礁俄耳甫斯（Orpheus）3种珊瑚的上限温度时指出，该区美丽鹿角珊瑚（*Acropora formosa*）上限温度为31~32℃，高于本区夏季平均温度（29℃）2~3℃，鹿角杯形珊瑚（*Pocillopora damicornis*）和另一种鹿角珊瑚 *Acropora elseyi* 在该区的上限温度为32~33℃，比夏季平均温度高3~4℃。这些都是印度-太平洋区常见且较易白化的珊瑚种。

（二）紫外线辐射（太阳辐射）

根据波长大小可以将紫外线辐射（UVR）分为UV-A（320~400nm）、UV-B（280~320nm）和UV-C（100~280nm）。其中，UV-A几乎能全部到达地面；90%的UV-B被臭氧层吸收，到达地面的辐射量有限；UV-C则全部被臭氧层吸收（即使没有臭氧层，也会因其他气体吸收而不能到达地表）。UV-B和UV-A很容易穿透清澈的海水。研究[3]表明UV（300~400nm）辐射在牙买加珊瑚礁水域25m深处仍存在，并且在10m处仍是表面强度的20%~25%。冲绳岛近海岸珊瑚礁在3~4m深处辐射强度仍达50%的表面UV-B和UV-A值。在海面平静且海水清澈的珊瑚礁区，辐射到达的深度可能会更大。1993年，Gleason和Wellington[22]正式提出紫外线辐射是导致珊瑚礁白化的因素之一，并通过在巴哈马群岛移植高星珊瑚（*Montastraea annularis*）到不同水深，发现在UV照射下12m深度处的珊瑚自第7天开始有白化征兆，而同一水深和温度（29.1℃）条件下无UV照射的珊瑚礁没有发生白化，进一步证实UV（280~400nm）是导致珊瑚礁白化的可能性因素之一。

波长越短，光子的能量越强，其对珊瑚体内共生体虫黄藻的破坏作用越强。太阳辐射也可以直接破坏珊瑚内共生体虫黄藻的光化学途径。但有研究[4]表明与造礁石珊瑚共生的虫黄藻体内含有紫外吸收物质类菌胞素氨基酸（mycosporine-like amino acids，MAAs），可以潜在阻止紫外线对虫黄藻的破坏。虫黄藻体内MAAs的含量和珊瑚生长的深度有关，随着深度增加虫黄藻体内的MAAs含量减少，但是这种变化和紫外线对珊瑚的破坏程度之间的内在关系尚有待研究。

由于气候和自然条件的限制，有关UV-B对珊瑚的影响研究也受到一定制约，表现在以下3个方面：①臭氧层的破坏对大气中UV-B水平的影响程度；②全球变暖和热带海区天气条件（尤其是海洋表面云层覆盖）对由于臭氧层损耗而导致的UV-B辐射的影响；③在气候变化和人类活动双重因素作用下，UV-B

能到达水下的程度。

（三）其他因素

导致珊瑚礁白化的其他因素包括低温、化学污染物、细菌感染、病害等。

1. 低温

低温导致珊瑚礁白化一般称为冷白化，冷白化主要是温度大幅度降低导致珊瑚的大面积死亡。Yu等[23, 24]报道了中全新世大幅度降温导致雷州半岛珊瑚大面积死亡的现象，提供了中全新世高温期珊瑚礁冷白化的证据。Hoegh-Guldberg 和 Fine[25]报道了 2003 年 7 月末大堡礁南端的赫伦岛在极低温度（空气温度为 12℃）和低潮暴露情况下导致现代鹿角珊瑚严重白化的事件。继续研究[26]发现白化的珊瑚主要发生在枝头 10cm 内。

2. 化学污染物

化学污染物如非正当捕鱼使用的氰化物、石油污染等。研究[27]表明环境中即使含有少量的氰化物也会对珊瑚和它的共生体产生破坏作用。氰化物对珊瑚的这种破坏主要是由于氰化物抑制虫黄藻的光合作用[28]。生态毒理学实验表明润滑油，尤其在油中加入的香料——香豆素极易导致成体珊瑚白化死亡[29]。

3. 细菌感染

Kushmaro 等[30]认为导致珊瑚 *Oculina patagouica* 白化的原因可能是细菌 *Vibrio* AK-1 的作用，因为对比实验表明在健康珊瑚体内植入该细菌后，6~8 天后所有的实验珊瑚都白化，随着温度增加白化加剧；而同一条件下没有植入该细菌的珊瑚无白化迹象。

4. 病害

Cervino 等[31]研究发现加勒比海地区主要造礁珊瑚高星珊瑚 *Montastraea* spp.受到黄带病（yellow band disease，YBD）病原体感染导致虫黄藻密度降低，并且发现叶绿素 a 和叶绿素 c2 含量均减少，据推测这可能是由该病原体引起虫黄藻疾病所致，类似的病害还有很多。与高温（高辐射）引起的珊瑚礁白化相比，以上这些因素导致珊瑚礁白化的频率和规模都要小得多，并且经常与区域性的环境有关，因此，人们最关注的还是高温（高辐射）引起的高频率、大范围的珊瑚礁白化。

三、珊瑚礁白化机制

（一）细胞机制

从细胞角度上分析，珊瑚礁白化主要是虫黄藻的损失。生活在宿主内胚层的虫黄藻，其密度与珊瑚生长环境条件有关，一般随着深度的增加而减少，不同珊瑚物种虫黄藻密度也不同。根据 Stimson 等[32]研究总结，虫黄藻密度为 0.3×10^6~24×10^6cells/cm^2。肉眼可见的珊瑚礁白化一般是虫黄藻密度降低 70%~90%甚至以上[33]。近年来研究发现虫黄藻密度降低的可能方式主要有以下几种。

（1）虫黄藻死亡和原位（*in situ*）分解。虫黄藻死亡和原位（*in situ*）分解被认为是虫黄藻密度降低的主要机制[34]。

（2）虫黄藻的胞外分泌[35]（exocytosis of zooxanthellae）。在温度胁迫下，虫黄藻向宿主细胞顶端移动，其后以个体细胞或者细胞小球（pellet）的形式从腔肠动物体内排出。

（3）细胞凋亡（apoptosis）和细胞坏死（necrosis）。细胞凋亡常是单个细胞发生细胞核浓缩、碎裂、死亡的一种细胞死亡方式。细胞坏死是当外在致损伤因素作用达到一定强度后导致的细胞死亡，它主要以细胞核溶解的方式且使成群细胞发生死亡。在珊瑚礁白化中，珊瑚内胚层的虫黄藻可以通过细胞凋零和细胞坏死两种方式降低虫黄藻密度[36]。

（4）宿主细胞分离（detachment）。在温度胁迫下，含有虫黄藻的完整内胚层细胞，脱离宿主组织进入水体，并很快分解，最终释放出孤立的虫黄藻[37]。它是极端高温胁迫下，珊瑚和海葵中虫黄藻损失的主要方式。

（二）光抑制机制

光是藻类植物进行光合作用的重要能源，虫黄藻的生命活动离不开充足的光照。然而，如果吸收的能量过多，不能及时有效地加以利用或者耗散时，虫黄藻会遭受强光胁迫，引起光合作用能力降低，发生光合作用的光抑制。从功能上讲，光抑制就是光合系统捕获和处理光电子的能力降低。任何不正常胁迫诸如高温、高辐射都能导致光合作用效率降低，虫黄藻的光合作用也不例外。Bhagooli 和 Llidaka，以及 Lesser 的研究[38, 39]报道了高温导致虫黄藻光合作用的光抑制。光合作用系统电子转移受到阻碍，加上持续吸收激发能可以导致光合作用系统Ⅱ（PSⅡ）上 D1 蛋白损伤[38]。正常环境条件下，光合作用系统Ⅱ（PSⅡ）经历复杂的 PSⅡ上 D1 蛋白的损伤、降解和修复平衡循环。在环境胁迫下，一旦这种损伤速率大于修复速率，平衡循环受到破坏，就会发生光合作用的光抑制。目前，有关虫黄藻光合作用的光抑制引起的珊瑚白化主要是在环境胁迫（如高温、高辐射等）下，虫黄藻光合作用系统电子转移受到阻碍和虫黄藻 PSⅡ反应中心上 D1 蛋白破坏，以及破坏性活性氧物种的增加。

活性氧是化学性质活泼、氧化能力强的含氧物质的总称，包括含氧自由基（如超氧自由基·O_2^-）和含氧非自由基（如单态氧 $^1O_2$ 和过氧化物 H_2O_2）。在藻类光合作用过程中氧分子主要在光合作用系统电子转移中产生。分子氧在激发能存在下发生一系列反应生成活性氧，这些活性氧由于极易和生物体内生物分子如色素、酶、Rubisco（绿叶核酮糖羧化酶）等发生反应而对其有破坏性[39]。研究[40]表明单线态氧很容易和含有碳碳双键和杂环的化合物发生反应，如与类胡萝卜素、叶绿素及脂质等反应生成过氧化物，一方面破坏细胞膜功能，导致细胞膜损伤；另一方面叶绿素等一些色素的过氧化反应直接导致色素漂白。实验室研究[41]发现加入体系中的抗氧化剂能减轻温度升高引起的光合作用的光抑制，这也从侧面说明了活性氧对珊瑚的破坏性。但是有关活性氧对珊瑚或虫黄藻的具体作用靶点有待进一步研究。

四、珊瑚礁白化后的恢复

不同珊瑚物种对白化的抵抗程度不同，一般来讲枝状珊瑚较块状珊瑚易于白化，如枝状的鹿角珊瑚 *Acropora* spp.、杯形珊瑚（*Pocillopora*）等极易白化，蔷薇珊瑚（*Montipora*）、滨珊瑚（*Porites*）和角孔珊瑚 *Goniopora* spp.等块状珊瑚相当耐环境胁迫[42, 43]。2003 年在夏威夷群岛白化的珊瑚主要是蔷薇珊瑚和杯形珊瑚，块状滨珊瑚白化很少[43]。这可能主要与不同珊瑚物种对环境耐受程度不同有关，另外不同种的枝状珊瑚对白化的抵抗力也不一致。例如，1998 年，Bruno 等[42]调查帕劳群岛 24 个位点（site）时发现棘鹿角珊瑚（*Acropora echinata*）和风信子鹿角珊瑚（*Acropora hyachinthus*）在白化中几乎 100%死亡，而同一属的伞房鹿角珊瑚（*Acropora corymbosa*）没有发现白化迹象。

珊瑚礁白化后，若珊瑚生活环境有所改善，则珊瑚礁可恢复。目前，有关珊瑚礁白化后的恢复研究多集中在与 1997～1998 年 ENSO 相关的大范围珊瑚礁白化后的恢复问题上。尽管在这些受灾地区可以看到新珊瑚生长，但是完全恢复需要几年到几十年[45]。根据 2004 年珊瑚礁现状评估[5]认为，1998 年已毁坏的全球 16%珊瑚礁中约 40%正在恢复或已经恢复。研究结果如下。

（1）珊瑚礁白化的恢复有 3 种方式：其一是原来已经白化的珊瑚重新获得虫黄藻，重新获得新生，通过这种方式几天就可以恢复；其二是珊瑚白化死亡后，在原珊瑚体上芽殖出新珊瑚；其三是在珊瑚礁区重新获得新移居珊瑚，通过有性生殖或者附近珊瑚礁中的珊瑚浮浪幼虫移居。

（2）人类活动对恢复的影响。在管理好的地区和人类活动较少的偏远海域珊瑚礁恢复较快，受到保护的各个旅游区，旅游和潜水对恢复的影响较小，澳大利亚大堡礁由于人类干扰活动相对较少，白化后的恢复较快，而在人类干扰活动较频繁的加勒比海地区，珊瑚礁恢复比较慢。

（3）动物对恢复的影响。McClanahan 等[46]研究发现珊瑚礁白化后，如棘冠海星（crown-of-thorns starfish）等食珊瑚类动物爱取食新移居的珊瑚（尤其是鹿角珊瑚），阻碍了珊瑚礁恢复进程。尤其近几年，许多珊瑚礁区（如帕劳群岛、苏拉威西岛北部）出现棘冠海星爆炸性增殖生长，这给原来已经白化的珊瑚礁雪上加霜，严重影响到整个珊瑚礁的恢复进度。

五、珊瑚礁白化的生态影响

珊瑚礁是全球最大的生态系统之一，它在维持自身动态平衡的同时，承担着调节海洋环境、提供海岸保护、阻挡沉积物的功能；通过固氮作用进行海洋氮的循环利用，通过生物作用维护 CO_2 和 Ca 的收支平衡；它是种群的栖息地和避难所，调节热带亚热带海洋种群食物链的平衡；它的净初级生产力是人类食物和工业原材料的巨大输出地。然而，珊瑚礁白化却给这个和谐的生态系统带来了灾难。近几年来，有关珊瑚礁白化的生态影响研究主要集中在以下几个方面。

（一）生态退化

珊瑚礁白化后，珊瑚大面积死亡，造成珊瑚礁生态系统严重退化。例如，加勒比海地区珊瑚礁，由于白化造成大量珊瑚死亡，再加上频繁的人类活动干扰，目前该区珊瑚礁生态系统退化达 80%。珊瑚白化后，海藻大量生长，一方面占据了珊瑚的固着体；另一方面藻类覆盖在珊瑚上造成珊瑚窒息死亡。研究[47]表明当珊瑚礁区的造礁珊瑚较少时，大海藻将大量生长并逐渐成为优势群体，这时珊瑚礁将由海藻型取代珊瑚型。

（二）珊瑚礁骨骼结构损失

珊瑚礁白化后，其珊瑚骨骼和外层结构易被海浪摧毁，白化事件发生几年后，大量的碎石留在珊瑚礁及其斜坡上，并且这些大量破碎的珊瑚骨骼也不利于新珊瑚生长和固着。珊瑚礁白化破坏了珊瑚礁的原有结构，减缓了珊瑚礁的生长。初步研究显示这可能是白化事件造成珊瑚礁碳酸钙产率的不平衡（imbalance）所致[48]。

（三）造礁优势珊瑚种改变

珊瑚礁发生白化后，尽管有恢复功能，但白化后恢复的珊瑚组成和白化前相比有一定的变化。例如，在马尔代夫[43]，1998 年的白化事件导致原来的造礁优势物种——鹿角珊瑚和杯形珊瑚几乎消失殆尽，在死鹿角珊瑚上新定居的主要是菌珊瑚，菌珊瑚属的牡丹珊瑚成为该区的优势种。在菲律宾，1998 年白化前该地区的优势珊瑚物种是丛生盔形珊瑚（*Galaxea fascicularis*），两年后普查时发现恢复生长的珊瑚中只有少部分是原优势物种，新移居者主要是鹿角珊瑚[49]。

（四）降低珊瑚繁殖能力

Ward 等报道白化后发现鹿角珊瑚和蔷薇珊瑚的卵的数量比白化前繁殖卵数量低[50]。Makoto 等[51]研究发现日本冲绳岛鹿角珊瑚 1999 年的繁殖能力较 1997 年明显降低，研究表明主要是由卵浓度降低导致。具体原因有待进一步研究。

（五）对礁栖生物的影响

珊瑚礁白化不仅破坏了礁栖生物的生存环境，还断绝了一些礁栖生物的食物来源。珊瑚礁白化后，珊瑚礁区生活的鱼群组成较白化前有所不同[52]，有些种类的鱼丰度严重减少，有些则有增加趋势。研究[53, 54]发现食珊瑚鱼类如蝴蝶鱼等数量明显减少，在日本冲绳岛海域，1998 年珊瑚礁白化事件导致该区钝鱼（*Oxymonacanthus longirostris*）增长率和存活率都下降，调查发现白化后该鱼种几乎消失。而在有些地区则发现草食性鱼类种类与数量增加，这可能与海草等植物快速增长从而为这些鱼类提供了更充足的食物有关[55]。

六、珊瑚礁对全球变化的可能适应

1993 年，Buddemeier 和 Fautin[56]首次提出"适应白化假说"（adaptive bleaching hypothesis），认为环境胁迫下的珊瑚首先失去共生体虫黄藻（发生白化），然后获得更适应该环境的新的共生体，也就是可以通过共生关系重组方式适应环境变化。在此基础上，Baker[57]通过移植不同深度珊瑚群，发现移到浅水区的珊瑚发生白化，但死亡率极低、共生藻系群发生改变，而移到深水区的珊瑚没有白化但是死亡率很高，以此，Baker 等提出珊瑚发生白化能加快共生体系群发生改变，促进更适应新环境的共生藻取代原共生藻。Hoegh-Guldberg 等[58]认为由于缺少必要的分子研究说明共生藻的改变，因此该实验不能明确地说明珊瑚礁白化促进了新共生体的形成。2004 年，Baker 等[59]研究印度-太平洋 5 个不同珊瑚礁区的珊瑚分布时发现：巴拿马含 D 系群虫黄藻的珊瑚分布有增加趋势（从 1995 年的 43%到 2001 年的 63%）；经历 1998 年严重白化的阿拉伯湾，其含 D 系群的珊瑚（占该区 62%）比红海区（1998 年未白化区）含 D 系群的珊瑚（占 1.5%）明显多；严重白化的肯尼亚，含 D 系群虫黄藻的珊瑚占 15%~65%，而无白化的毛里求斯含 D 系群虫黄藻的珊瑚仅占 3%。通过这些比较研究，Baker 等进一步提出珊瑚对全球变化的适应响应，认为通过 C 系群共生藻转换为耐高温的 D 系群共生藻也许可以保护珊瑚礁，使全球变化下的珊瑚礁免遭灭绝。Rown[60]使用基因标记，通过光合作用分析和氧流（oxygen-flux）分析两种方法，说明 D 系群虫黄藻确实是耐高温的，为珊瑚礁可能适应全球变化提供了理论依据。

七、我国珊瑚礁白化的研究现状

根据国际资料统计，我国珊瑚礁占全球珊瑚礁总面积的 2.57%[61]，位居世界第八位（印度尼西亚、澳大利亚、菲律宾、法国、巴布新几内亚、斐济、马尔代夫之后），珊瑚礁资源丰富，但是我们对珊瑚礁的重视程度相当低，对于现代珊瑚礁白化现象的监测和研究都明显滞后于国际动态，迄今还没有一篇关于我国现代珊瑚礁白化的发现和报道，但从我们对南沙群岛、海南三亚、雷州半岛等珊瑚礁区的考察经验来看，这并不意味着我国珊瑚礁没有出现白化。Zhu 等[62]于 2004 年通过实验研究了环境变化对珊瑚白化的影响，认为温度升高、溶解氧降低等将加剧珊瑚礁白化。

Yu 等[23]对雷州半岛中全新世珊瑚礁的研究发现，在距今 7500~7000 年的高温期至少有过 9 次大面积的珊瑚礁突然死亡现象，当时雷州半岛的珊瑚礁以角孔珊瑚为优势种，长势极好，覆盖度在 90% 以上，但每隔 30~50 年一次的低温事件导致了它们在短时间内全部死亡，死亡后的恢复时期约为 20 年，结合现代珊瑚礁白化的生态特征（失去色素、变白、死亡），余克服等[23]认为中全新世雷州半岛珊瑚大面积死亡现象是一种严重的珊瑚礁白化事件，但它是由低温引起的，即冷白化（cold-bleaching），从而最早提出冷白化的概念，也最早提供了历史时期珊瑚礁白化的证据。这也表明现代珊瑚礁白化并不是新的生态现象。

余克服等最新的研究[63]又表明，现代高温导致的珊瑚礁白化也可能不是新的生态现象。通过对南沙群岛死亡的大型块状滨珊瑚开展高精度的年代测定，余克服等发现近 200 多年来有多次大型块状珊瑚的死亡事件，结合块状珊瑚对高温具有最强的忍耐性，以及南沙群岛的区域自然特征（不可能受低温、淡水、人类活动等影响），提出这些块状珊瑚的死亡事件代表了近 200 多年来多次高温引起的珊瑚礁白化历史，这是目前国际上最早关于历史时期珊瑚礁热白化的研究，也再次证明珊瑚礁白化不是新的生态现象，历史时期早已有之。这些研究为现代珊瑚礁白化及其恢复研究提供了历史借鉴，表明珊瑚礁确实具有白化后恢复的能力，也在一定程度上从历史过程的角度支持了珊瑚礁的"适应白化假说"[56]。

八、结论

1）珊瑚礁白化

珊瑚礁白化是由于珊瑚失去体内共生的虫黄藻和（或）共生的虫黄藻失去体内色素而导致五彩缤纷的珊瑚礁变白的生态现象。珊瑚生存的环境如高温、高辐射、低温、高（低）盐度、有毒污染物、病毒，以及这些因素共同作用等都能导致珊瑚礁发生白化。目前人们涉及的珊瑚礁白化多指由于全球变暖（高辐射）导致的大范围珊瑚礁白化事件，它以影响面积大、破坏严重为主要特点。有关珊瑚白化的机制研究主要集中在从细胞角度上分析虫黄藻损失和从光抑制角度上分析活性氧对生物体的破坏上。

2）珊瑚礁白化后的恢复

珊瑚礁白化后若其生活环境有所改善，则珊瑚礁又可恢复到原来的景象。但从恢复过程来看，完全恢复大范围白化的珊瑚礁需要几年到几十年。频繁的人类干扰活动如过度捕捞、旅游等影响恢复进程，此外，一些食珊瑚动物如棘冠海星对珊瑚白化后恢复也有负面影响。

3）珊瑚礁白化的生态和经济影响

珊瑚礁发生白化，不但严重影响珊瑚礁生态系统平衡，还直接导致经济损失。表现在：①导致生态退化，如加勒比海地区珊瑚礁生态退化达 80%；②损失大量珊瑚骨骼，影响珊瑚礁生长和新珊瑚移居；③白化前后造礁优势物种发生改变；④破坏礁栖生物生存环境，改变礁栖生物的组成结构；⑤大范围的珊瑚礁白化死亡，给人类带来巨大的经济损失，直接威胁到近 5 亿海岸和海岛人民的生存问题。

4）适应白化假说

研究认为环境胁迫下的珊瑚通过改变共生体系群，也许可以适应全球变化。特别是通过 C 系群虫黄藻转换为耐高温的 D 系群虫黄藻的方式，可以保护珊瑚礁免遭灭绝。历史证据表明，7000 多年前就有过珊瑚礁白化事件，珊瑚礁确实具有白化后恢复的能力[64]。

参 考 文 献

[1] Yonge C M, Nicholls A G. Studies on the physiology of corals. Ⅳ. The structure, distribution and physiology of the zooxanthellae. Sci Rep Gr Barrier Reef Exped 1928-1929, 1931, 1: 135-176.

[2] Goreau T F. Mass expulsion of zooxanthellae from Jamaican reef communities after hurricane flora. Science, 1964, 145(3630):

383-386.

[3] Glynn P W. Extensive 'bleaching' and death of reef coral on the Pacific corals on the Pacific coast of Panamá. Environ Conserv, 1983, 10(2): 149-154.

[4] Glynn P W. Coral reef bleaching: ecological perspectives. Coral Reefs, 1993, 12(1): 1-17.

[5] Wilkinson C. Status of coral reefs of the world (2004). Townsville: Australian Institute of Marine Science Press, 2004: 1-316.

[6] Wells J W. Scleractinia//Moore R C. Treatise on Invertebrate paleontology, Part F, Coelenterata, Geological Society of America and University of Kansas Press, Lawrence, 1956: F328-F444.

[7] Trencli R K. The cell biology of plant-animal symbioses. Ann Rev Plant Physiology, 1979, 30(1): 485-531.

[8] Rowan R, Powers D. Molecular genetic identification of symbiotic dinoflagellates(zooxanthellae). Mar Ecol Prog Ser, 1991, 71(1): 65-73.

[9] Rowan R, Knowlton N, Baker A, et al. Landscape ecology of algal symbionts creates variation in episodes of bleaching. Nature, 1997, 388(6639): 265-269.

[10] Loh W, Carter D A, Hoegh-Guldberg O. Diversity of zooxanthellae from scleractinian corals of one tree island (Great Barrier Reef). Proceedings of Australian Coral Reef Society 75th Anniversary Conference, Heron Island, Australia, 1997: 141-150.

[11] Loh W K W, Loi T, Carter D, et al. Genetic variability of the symbiotic dinoflagellates from the wide ranging coral species, *Seriatopora hystrix* and *Acropora lorrgicyathus*, in the Indo-West Pacific. Mar Ecol Prog Ser, 2001, 222(1): 97-107.

[12] Chao L, Chen A, Yang Y W, et al. Symbiont diversity in scleractinian corals from tropical reefs and subtropical non-reef communities in Taiwan. Coral Reefs, 2005, 24(1): 11-22.

[13] Toller W W, Rowan R, Knowlton N. Zooxanthellae of the *Montastraea annularis* species complex: patterns of distribution of four taxa of symbiodinium of different reefs and across depths. Biol Bull, 2001, 201(3): 348-359.

[14] Saxby T. Coral Bleaching: the synergistic effect of temperature and photoinhibition. For degree of the Bachelor of Science in Department of Botany the University of Queensland, 2000: 1-40

[15] Hoegh-Guldberg O. Climate, coral bleaching and the future of the world's coral reefs. Mar Freshw Res, 1999, 50(8): 839-866.

[16] Takabayashi M, Carter D A, Ward S, et al. Inter-and intra-specific variability in ribosomal DNA sequence in the internal transcribed spacer regions of corals. Proceedings of Australian Coral Reef Society 75th Annual Conference, 1997: 237-244.

[17] Kleppel G S, Dodge R E, Reese C J. Changes in pigmentation associated with the bleaching of stony corals. Limnol & Oceanogr, 1989, 34(7): 1331-1335.

[18] Aronson R B, Precht W F, Macintyre I G, et al. Coral bleach-out in Belize. Nature, 2000, 405(67820): 36.

[19] Lough J M. 1997-1998: Unprecedented thermal stress to coral reefs? Geophysical Research Letters, 2000, 27(23): 3901-3904.

[20] Berkelmans R, Wills B L. Seasonal and local spatial patterns in the upper thermal limits of corals on the inshore central Great Barrier Reef. Coral Reefs, 1999, 18(3): 219-228.

[21] Fitt W K, Brown B E, Warner M E, et al. Coral bleaching: interpretation of thermal tolerance limits and thermal thresholds in tropical corals. Coral Reefs, 2001, 20(1): 51-65.

[22] Gleason D F, Wellington G M. Ultraviolet radiation and coral bleaching. Nature, 1993, 365(6449): 836-838.

[23] Yu K F, Liu D S, Shen C D, et al. High-frequency climatic oscillations recorded in a Holocene coral reef at Leizhou Peninsula, South China sea. Science China Earth Sciences, 2002, 45(12): 1057-1067.

[24] Yu K F, Ghao J X, Liu D S, et al. High-frequency winter cooling and reef coral mortality during the Holocene climatic optimum. Earth and Planetary Science Letters, 2004, 224(1-2): 143-155.

[25] Hoegh-Guldberg O, Fine M. Low temperature cause coral bleaching. Coral Reefs, 2004, 23(3): 444.

[26] Hoegh-Guldberg O, Rine M, Skirving W, et al. Coral bleaching following wintry weather. Limnol & Oceanogr, 2005, 50(1): 265-271.

[27] Cervino J M, Hayes R L, Honovich M, et al. Changes in zooxanthellae density, morphology, and mitotic index in hermatypic corals and anemones exposed to cyanide. Mar Poll Bull, 2003, 46(5): 573-586.

[28] Jones R J, Hoegh-Guldberg O, Effects of cyanide on coral photosynthesis: implications for identifying the cause of coral bleaching and for assessing the environmental effects of cyanide fishing. Mar Ecol Prog Ser, 1999, 177(3): 83-91.

[29] Philip M, Andrew P N, Kathryn A B, et al. The ecotoxicology of vegetable vegetable versus mineral based lubricating oils 3.Coral fertilization and adult coral. Environmental Pollution, 2004, 129(2): 183-194.

[30] Kushmaro A, Loya Y, Fine M. Bacterial infection and coral bleaching. Nature, 1996, 380(6573): 396.

[31] Cervino J M, Hayes R, Gorear T J, et al. Zooxanthellae regulation in yellow blotch/band and other coral diseases contrasted with temperature related bleaching: in situ destruction vs expulsion. Symbiosis, 2004, 37(1): 63-85.

[32] Stimson J, Sakai K, Sembali H. Interspecific comparison of the symbiotic relationship in corals with high and low rates of

bleaching-induced mortality. Coral Reefs, 2002, 21(4): 409-421.

[33] Douglas A L. Coral bleaching-how and why? Mar Poll Bull, 2003, 46(4): 385-392.

[34] Brown B L, Le Tissier M D A, Bythell J C. Mechanisms of bleaching deduced from histological studies of reef corals sampled during a natural bleaching event. Mar Biol, 1995, 122(4): 655-663.

[35] Steen R G, Muscatine L. Low temperature evokes rapid exocytosis of symbiotic algal by a sea anemone. Biol Bull, 1987, 172(2): 246-263.

[36] Dunn S R, Thomason J C, Le Tissie M D A, et al. Heat stress induces different forms of cell death in sea anemones and their endosymbiotic algae depending on temperature and duration. Cell Death Differ, 2004, 11(11): 1213-1222.

[37] Gates R D, Baghdasarian G, Muscatine L. Temperature stress causes host cell detachment in symbiotic cnidarians: implications for coral bleaching. Biol Bull, 1992, 182(3): 324-332.

[38] Bhagooli R, Hlidaka M. Photoinhibition, bleaching susceptibility and mortality in two scleractinian corals, *Platygyra ryukyuensis* and *Stylophora pistillata*, in response to thermal and light stresses. Comp Biochem Phys A Mol Integr Physiol, 2004, 137(3): 547-555.

[39] Lesser M P. Elevated temperatures and ultraviolet radiation cause oxidative stress and inhibit photosynthesis in symbiotic dinoflagellates. Limnol & Oceanogr, 1996, 41(2): 271-283.

[40] Smith D J, Suggett D J, Baker N R. Is photoinhibition of zooxanthellae photosynthesis the primary cause of thermal bleaching in corals? Global Change Biology, 2005, 11(1): 1-11.

[41] Lesser M P. Oxidative stress causes coral bleaching during exposure to elevated temperatures. Coral Reefs, 1997, 16(3): 187-192.

[42] Bruno J F, Siddon C E, Witman J D, et al. El Niño related coral bleaching in Palau, Western Caroline islands. Coral Reefs, 2001, 20(2): 127-136.

[43] Loch K, Loch W, Schuhmacher H, et al. Coral recruitment and regeneration on a maldivian reef 21 months after the coral bleaching event of 1998. Mar Eco, 2002, 23(3): 219-236.

[44] Aeby G S, Kenyon J C, Maragos J F, et al. First record of mass coral bleaching in the northwestern Hawaiian islands. Coral Reefs, 2003, 22(3): 256.

[45] Spalding M D, Corinna R, Green F P. World Atlas of Coral Reefs. Berkeley and Los Angeles: London University of California Press, 2001: 9-18.

[46] McClanahan T R, Maina J, Starger C J, et al. Detriments to post-bleaching recovery of corals. Coral Reefs, 2005, 24(2): 230-246.

[47] McManus J W, Polsenberg J F. Coral-algal phase shifts on coral reefs: ecological and environmental aspects. Progress in Oceanography, 2004, 60(2-4): 263-279.

[48] Burke C D, McHenry T M, Bischoff W D, et al. Coral mortality, recovery and reef degradation at Mexico rocks patch reef complex, Northern Belize, Central America: 1995-1997. Hydrobiologia, 2004, 530-531(1-3): 481-487.

[49] Raymundo L J, Maypa A P. Recovery of the Apo island marine reserve, Philippines, 2 years after the El Niño bleaching event. Coral reefs, 2002, 21(3): 260-261.

[50] Ward S, Harrison P, Hoegh-Guldberg O. Coral bleaching reduces reproduction of scleractinian corals and increases susceptibility to future stress//9th International Coral Reef Symposium Ministry of Environment: Indonesian Institute of Science: International Society for Reef Studies, 2002: 1123-1129.

[51] Makoto O, Hironobu F, Hisao K, et al. Significant drop of fertilization of *Acropora* corals in 1999: an after-effect of heavy coral bleaching? Limnol & Oceanogr, 2001, 46(3): 704-706.

[52] Booth D J, Beretta G A. Changes in a fish assemblage after a coral bleaching event. Mar Eco Prog Ser, 2002, 245(1): 205-212.

[53] Samways M J. Breakdown of butterflyfish (Chaetodontidae) territories associated with the onset of a mass coral bleaching event. Aquat Conserv, 2005, 15(S1): S101-S107.

[54] Kokita T, Nakazono A. Rapid response of an obligately corallivorous filefish *Oxymonacanthus longirostris* (Monacanthidae) to a mass coral bleaching event. Coral Reefs, 2001, 20(2): 155-158.

[55] Lindahl U, Ohman M C, Schelten C K. The 1997/1998 mass mortality of corals: effects on fish communities on a Tanzanian coral reef. Mar Poll Bull, 2001, 42(2): 127-131.

[56] Buddemeier R W, Fautin D G. Coral bleaching as an adaptive mechanism: a testable hypothesis. Bioscience, 1993, 43(5), 320-326.

[57] Baker A C. Reef corals bleach to survive change. Nature, 2001, 411(6839): 765-766.

[58] Hoegh-Guldberg O, Jones R J, Ward S, et al. Is coral bleaching really adaptive? Nature, 2002, 415(6872): 601-602.

[59] Baker A C, Starger C J, McClanahan T R, et al. Corals' adaptive response to climate change. Nature, 2004, 430(7001): 741.

[60] Rowan R. Thermal adaptation in reef coral symbionts. Nature, 2004, 430(7001): 742.

[61] 张乔民, 余克服, 施祺, 等. 全球珊瑚礁监测与管理保护评述. 热带海洋学报, 2006, 25(2): 71-78.

[62] Zhu B H, Wang G C, Huang B, et al. Effects of temperature, hypoxia, ammonia and nitrate on the bleaching among three coral species. Chinese Science Bull, 2004, 49(18): 1923-1928.

[63] Yu K F, Zhao J X, Shi Q, et al. U-series dating of dead *Porites* corals in the South China Sea: evidence for episodic coral mortality over the past two centuries. Quaternary Geochronology, 2006, 1(2): 129-141.

[64] 李淑, 余克服. 珊瑚礁白化研究进展. 生态学报, 2007, 27(5): 2059-2069.

第七章

珊瑚疾病的主要类型、生态危害及其与环境的关系[①]

珊瑚礁生态系统被誉为"海洋中的热带雨林",因其坚固的礁体结构和多样的生物群落而发挥着重要的生态功能,一方面优化海洋环境,参与全球碳循环[1];另一方面直接向人类社会提供食物、旅游、休闲、药材和海岸防护等实际效益,并对珊瑚礁区所在区域的社会经济和文化发展有重大意义[2, 3]。

然而由于自然环境的变化和人类活动的影响,全球珊瑚礁正面临着严重退化,2008年Wilkinson等对全球珊瑚礁状况的评估指出:全球珊瑚礁减少了19%,处于紧急状态和受到威胁的珊瑚礁分别为15%和20%,相对健康状态的珊瑚礁为46%[4]。造成珊瑚礁退化的因素甚多,包括温度压力(如高温导致珊瑚礁热白化[5, 6]和低温导致珊瑚礁冷白化)[7]、紫外线辐射、泥沙沉积、水体污染、过度捕捞、珊瑚疾病等[8],这些因素单独或综合作用使得珊瑚覆盖度减小、珊瑚礁生态系统退化[9, 10]。其中,气候变化导致海水表层温度(SST)升高、珊瑚礁大面积白化是全球珊瑚礁系统退化的最主要原因[6]。如1997/1998 El Niño高温年,印度-太平洋区珊瑚死亡率高达90%,遍及数千平方千米,全球近16%的珊瑚礁被摧毁,生长了近1000年的珊瑚也未能幸免[6, 11]。2005年北半球SST升高,导致加勒比海海区珊瑚礁大面积白化、死亡等[4]。同年发生的强热带风暴等对科苏梅尔岛和墨西哥的珊瑚礁造成巨大破坏,使活珊瑚覆盖度减半,次年大量的珊瑚死于各种珊瑚疾病[4]。2005年波多黎各97%以上的珊瑚礁发生白化,之后也是大范围暴发珊瑚疾病,导致其东海岸珊瑚覆盖率在6个月内降低了20%~60%。

如今珊瑚疾病似乎越来越严重,已成为严重危害珊瑚礁生态系统健康的一个因素。自20世纪70年代以来,珊瑚疾病已波及106种珊瑚,范围遍及54个国家[12],从20世纪90年代中期开始至2002年发现了13种新的疾病[13],破坏性强的珊瑚疾病如白色瘟疫、白带病、黄带病均是20世纪90年代后发现的。Francini-Filho等[14]自20世纪80年代开始对巴西东部Abrolhos Bank的珊瑚礁进行定性观察,2001年开始连续监测,在2005年1月首次发现了珊瑚疾病,此时仅有铁星珊瑚属

[①] 作者:黄玲英,余克服

Siderastrea sp.和褶叶珊瑚属 *Mussismilia braziliensis* 的少数珊瑚体受到感染，但随后几年受感染珊瑚体数量急剧增加，物种范围亦有扩大。观察到的疾病类型包括似白色瘟疫病、黑带病、红带病、黑斑病、曲霉病等。

我国南海珊瑚礁总面积约为 7974km[15]，与全球珊瑚礁一样，也处于严重退化之中，如南海北部大亚湾[16]和三亚鹿回头[17]珊瑚礁的退化、南海南部南沙群岛珊瑚礁的多次白化[8]等，但到目前为止还没有关于珊瑚疾病的研究和报道，因此本章总结国际上关于珊瑚疾病的研究进展，以促进我国珊瑚礁学科的发展。

一、珊瑚疾病的主要类型

1907 年 Vaughan 首先发现夏威夷考爱岛水深 529～635m 的深海冷水珊瑚 *Madrepora kauaiensis* 异常增大，并认为是其他属的珊瑚生长到 *M. kauaiensis* 红珊瑚上所致[18]；1965 年 Squires 对该异常样品分析后认为 *M. kauaiensis* 珊瑚体异常是其病态生长的表现（图 7.1），Squires 将 *M. kauaiensis* 这种骨骼生长异常增大的现象命名为瘤（neoplasia），这是最早的关于珊瑚疾病的描述[19]。

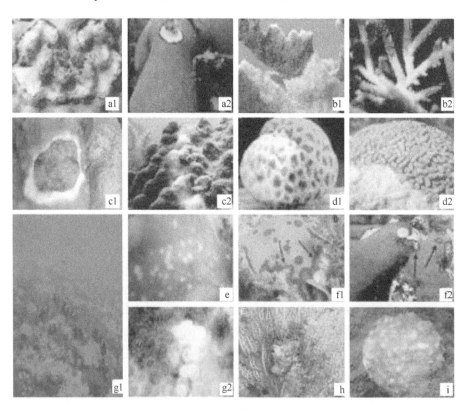

图 7.1 珊瑚疾病图

a1[13]、a2[3]. 黑带病；b1[13]. 白带病-Ⅰ；b2[3]. 白带病-Ⅱ；c1[3]、c2[13]. 黄带病；d1[3]. 白色瘟疫-Ⅰ；d2[13]. 白色瘟疫-Ⅱ；e[3]. 白斑病；f1[25]、f2[25]. 黑斑病；g1[5]. 白化病；g2[3]. 细菌性白化；h[13]. 柳珊瑚曲霉病；i[13]. 骨骼异常

随着研究的深入，报道的珊瑚疾病不断增加，且新症状不断出现。目前，可能有 30 多种珊瑚疾病，其中有些命名不够规范，或者为同病异名。目前报道和研究较多的珊瑚疾病类型有黑带病、黑斑病、白带病、白色瘟疫、白斑病、黄带病和细菌性白化等（图 7.1），其宿主、病原体和最早发现的年份等见表 7.1。

表 7.1 珊瑚疾病的最主要类型

疾病名称	宿主	病原体	年份
黑带病	至少 64 种珊瑚	细菌团*	1973
黑斑病	铁星珊瑚 Siderastrea siderea、高星珊瑚 Monastraea annularis 等	未知	1998
白带病-Ⅰ	鹿角珊瑚 Acropora cervicornis、A. palmata	未知	1977
白带病-Ⅱ	仅鹿角珊瑚 Acropora cervicornis	弧菌 Vibrio spp.	1993
白斑病	仅鹿角珊瑚 Acropora palmata	粘质沙雷氏菌 Serratia marcescens	1996
白色瘟疫-Ⅰ	近 12 种珊瑚	未知	1977
白色瘟疫-Ⅱ	主要是椭圆星珊瑚 Dichocoenia stokesii	橙单细胞菌 Aurantimonas coralicida	1995
白色瘟疫-Ⅲ	主要是 Colpophyllia natans、高星珊瑚 Montastrea annularis	未知	1999
细菌性白化	地中海珊瑚 Oculina patagonica	弧菌 Vibrio shiloi	1993
	鹿角杯形珊瑚 Pocillopora damicornis	弧菌 Vibrio coralliilyticus	2002
黄带病	高星珊瑚属 Montastrea spp.	未知	1994

*细菌团包括硫酸盐还原菌（Desulfovibrio spp.）、硫化物氧化菌（Beggiatoa spp.）、氰细菌（Phormidium corallyticum）

（一）黑带病

Antonius 于 1973 年首先报道了在西加勒比海的伯利兹和佛罗里达出现造礁石珊瑚黑带病（black-band disease）症状[20]。随后，20 世纪 80 年代在印度-太平洋区和红海也发现了黑带病[21]，20 世纪 90 年代澳大利亚大堡礁也出现了相关报道[22]。珊瑚黑带病（图 7.1a1，图 7.1a2）通常最初在珊瑚体上表面出现一黑色小块（直径 1～2cm）或带，而后随着黑带水平扩散，破坏珊瑚组织，使珊瑚裸露出白色的石灰质骨骼，这一黑带则明显地介于白色骨骼区域与健康珊瑚组织之间[21]。黑带宽度一般为 0.5～1cm，有些窄至 1～2mm，记录最宽的黑带可达 7cm，厚约 1mm[23]。通常黑带病在活珊瑚体表面的传播速度为每天 3mm/d，有时可达每天 1cm/d[24]。该疾病在水温高的季节表现得最为活跃[9, 21]。黑带病一般会在一段时间后自动消失，留下珊瑚已死亡的裸露骨骼和健康的珊瑚体[21]，而不会将整个珊瑚体杀死，裸露的骨骼将迅速被藻类等覆盖。

珊瑚黑带病是目前分布最广泛的珊瑚疾病[24]，至少有 64 种造礁石珊瑚易受黑带病感染，其中加勒比海有 19 种[13]，最易受黑带病感染的是块状珊瑚，包括 Colpophyllia natans、Diploria labyrinthiformis、Montastrea annularis（高星珊瑚）、M. cavernosa、M. faveolata 和 Siderastrea siderea（铁星珊瑚）等[26]。

病理学研究表明黑带病感染是多菌性的，病原体包括硫酸盐还原菌（Desulfovibrio spp.）、硫化物氧化菌（Beggiatoa spp.）、氰细菌（Phormidium corallyticum）。硫酸盐还原菌代谢产生大量的 H_2S，而硫酸盐氧化菌能将 H_2S 氧化成硫[27]，它们的新陈代谢活动会在菌团底部产生高浓度的有毒硫化物，并以每月 0.2～10cm 的速度杀死活体珊瑚组织[28]，使珊瑚表面出现黑带。当珊瑚组织的死亡速率超过珊瑚生长速率（0.3～5cm/a）时，黑带病细菌能将整个珊瑚体杀死。一系列的控制实验也得出黑带底部缺氧环境结合一定浓度的硫化物对珊瑚组织有致死效应[23]，与野外观察一致。

（二）黑斑病

20 世纪 90 年代在哥伦比亚发生的珊瑚白化事件中发现了黑斑病（dark spots disease）症状，并作为一种疾病类型被报道[29]。黑斑病的症状（图7.1f1、图7.1f2）表现为正常珊瑚组织表面出现圆形、环形或细长条带状的紫色、黑色或棕色的斑[30]。有时黑斑点可能扩大成为一个黑环，将死亡裸露的白色珊瑚骨骼与活的珊瑚组织分开[31]。目前已知受黑斑病影响的块状珊瑚如 *Siderastrea siderea*、*Stephanocoenia intersepta*、*Montastrea annularis* 等11种[13, 25]。*Siderastrea siderea* 珊瑚表面黑斑病伤口的大小和位置是动态变化的，旧的伤口消失后，新的伤口可能出现在珊瑚体表面的另一位置。

通过对哥伦比亚海域生长的珊瑚 *M. annularis* 和 *Siderastrea siderea* 定量分析得出，黑斑病的传播速度非常慢，但患病率高，*M. annularis* 平均组织损失速率为每月 $0.51cm^2$，*Siderastrea siderea* 为每月 $1.33cm^2$；被调查的9398个珊瑚中受黑斑病影响比例大于16%，其中28%是 *Siderastrea siderea*，20%是 *M. faveolata*，17%是 *M. annularis*[29]。在加勒比海南部的博奈尔岛和委内瑞拉的库拉索岛也有较高的黑斑病患病率，在泛加勒比海的波多黎各、格林纳达、墨西哥和开曼群岛等地近年来也有黑斑病频发现象[30]。

黑斑病是目前了解相对较少的一种珊瑚疾病。一种观点认为哥伦比亚珊瑚礁感染的黑斑病是集群分布的，显示这种疾病是由某种病原体引发的传染病[31]，但到目前为止其病原体尚未探明。微生物学研究得出，受到感染的 *Siderastrea siderea* 和 *Montastrea annularis* 珊瑚黏液内微生物组成与同种健康珊瑚黏液内微生物组成只有微小差别。从上述两种患黑斑病的珊瑚组织中提取菌株，发现其代谢与弧菌 *Vibrio carchariae* 有关，通过实验将培养的菌株接种到健康珊瑚中一个月后未发现感染黑斑病的迹象[29]。另一些学者则认为珊瑚黑斑病是珊瑚对高温压力的一种应激反应，证据来源于多米尼加的珊瑚礁，那里珊瑚黑斑病的患病率与水温呈现很好的相关性，因此认为黑斑病症状是由高温压力引起的而非一种有特定病原体的疾病[25]。

（三）白带病

白带病（white-band disease）有白带病-Ⅰ（图7.1b1）和白带病-Ⅱ（图7.1b2）两种类型，二者症状相似，都表现为珊瑚组织以恒定速度脱离珊瑚骨骼使其呈条带状裸露，这一白带顺着珊瑚枝蔓延扩散，从珊瑚的底部到顶端，最后使整个珊瑚群体死亡。裸露的骨骼逐渐被藻类覆盖[32]。白带宽达几厘米到10cm，组织损失速率为每天 5mm[33]。除加勒比海外，在红海、印度-太平洋包括菲律宾、大堡礁和印度尼西亚等地均发现了珊瑚白带病，已知能感染白带病的珊瑚有34种[9]。

白带病-Ⅰ首次于1977年发现于加勒比海圣克洛伊岛[32]，感染鹿角珊瑚 *A. cervicornis* 和 *A. palmata*。白带病-Ⅱ首次于1993年发现于巴哈马群岛，仅感染鹿角珊瑚 *A. cervicornis*。白带病-Ⅱ与白带病-Ⅰ的区别是白带病-Ⅱ有2~20cm宽、仍然活着但已漂白的组织将裸露的骨骼与正常有色素的健康珊瑚组织分开[32]；且白带病-Ⅱ的感染可以从枝顶开始并向下发展[13]，而白带病-Ⅰ通常从底端开始。

Gil-Agudelo 等从感染白带病-Ⅱ的鹿角珊瑚 *A. cervicornis* 患病组织中提取的菌株分析研究初步断定白带病-Ⅱ的病原体是某种弧菌[34]。

（四）白色瘟疫

已报道的白色瘟疫（white plague）有3种类型（图7.1d1，图7.1d2），但症状类似，都主要表现为突兀的白色线条或段带将健康珊瑚组织与刚裸露的珊瑚骨骼分开[35]，都能感染相同珊瑚种。区别主要在于珊瑚患病组织扩散速率和组织损失速率不同，白色瘟疫-Ⅰ最弱，而白色瘟疫-Ⅲ最强。白色瘟疫与白带病症状极为相似，但感染的珊瑚种类不同：普遍认为白带病仅感染鹿角珊瑚[36]，而白色瘟疫则只感染块状、片状珊瑚礁和除鹿角珊瑚以外的其他枝状珊瑚。多数易受黑带病感染的珊瑚也易受白色瘟疫感染。

Dustan[35]首次报道珊瑚白色瘟疫-Ⅰ感染佛罗里达礁区6种块状和皮壳状珊瑚，珊瑚体组织损伤以每天 3mm 的速度扩散，并最终导致整个珊瑚体死亡。1995 年夏季在同一珊瑚礁上又发现珊瑚白色病症，损伤扩散速度达到每天 2cm，能感染北佛罗里达礁区的 17 种珊瑚，患病率最高的为体形小的块状珊瑚 *Dichocoenia stokesii*，尤其是直径小于 10cm 的个体，因为其患病组织扩散速度不同于白色瘟疫-Ⅰ而被命名为白色瘟疫-Ⅱ[37, 38]。此外，白色瘟疫-Ⅱ一般从珊瑚体的底部开始往上扩散，而白色瘟疫-Ⅰ则可从珊瑚的任何一个地方开始，并能在珊瑚体间相互感染[39]。扩散性更强的白色瘟疫-Ⅲ首次报道于 1999 年的北佛罗里达礁区，其主要感染大型造礁珊瑚包括 *Colpophyllia natans* 和 *M. annularis* 等，感染通常由珊瑚体中心开始，伤口扩散速度快，可达到每天几十厘米[39]。

已知白色瘟疫-Ⅱ能感染 32 种珊瑚，是 3 种白色瘟疫中感染珊瑚种数最多的，也是唯一探索出病原体的白色瘟疫病[13]。该病原体经 16S rRNA 分析确定为 *Aurantimonas coralicida*，是一种好氧异养微生物[40]。

（五）白斑病

珊瑚白斑病（white pox disease）的症状（图 7.1e）表现为出现不规则形状的白色病变，病变处珊瑚组织消失，裸露出骨骼，病变面积不等，从几平方厘米到 80 多平方厘米，能同时产生在珊瑚群体的任何表面。组织损失速率平均值为每天 2.5cm^2，在高温季节损失速率达到最大值。白斑病在 1996 年首次报道于佛罗里达南端的基韦斯特（Key West）珊瑚礁区，之后在整个加勒比海海域均发现珊瑚白斑病[41]。白斑病只影响加勒比海浅水区最重要的造礁物种——鹿角珊瑚 *A. palmata*，该鹿角珊瑚有较高的碳酸钙生产速率，在礁前缘构建成一个高度复杂的三维立体结构[41]。在白斑病严重时，不同位置的病变面积不断扩大并能结合到一起，最终导致整个珊瑚体组织损失[41]。*A. palmata* 受白斑病感染后裸露的碳酸钙骨骼很快被各种藻类所覆盖[41]。

Patterson 等对患白斑病的珊瑚表面黏多糖中提取的菌株进行接种实验、染色体 DNA 提取、扩增、16S rRNA 基因测序等，得出白斑病的病原体是粘质沙雷氏菌（*Serratia marcescens*）[41]。粘质沙雷氏菌广泛存在于人体、昆虫和其他动物的肠道、水体、土壤和植物中，是常见的致病菌。

（六）黄带病

黄带病（yellow band disease）又称黄斑病（yellow blotch），在 1994 年首次报道于佛罗里达的 *Monastrea faveolata* 珊瑚体[29]。黄带病（图 7.1c1，图 7.1c2）开始出现时，表现为圆形、苍白、半透明的珊瑚组织，或者在珊瑚体边缘出现白色组织的窄带，病患组织周围是颜色正常的健康珊瑚组织。随着疾病不断扩散，中心首先感染的珊瑚组织死亡，其暴露的白色骨骼会被藻类覆盖[29]，疾病逐渐往外辐射，缓慢杀死珊瑚。在加勒比海，*M. faveolata* 珊瑚黄带病的扩散率为每月 0.7cm，相比黑带病和白带病每月几厘米的扩散速度而言是较缓慢的[29]。而 *M. franksi* 珊瑚黄带病的扩散率为每月不到 0.1cm，说明该疾病的传播速度可能与染病珊瑚的种类有关。与其他疾病类似，黄带病也在暖水季节的传播速率快于冷水季节[29]。

巴拿马海域于 1996 年广泛暴发黄带病，其主要感染造礁珊瑚 *Monastrea faveolata* 和 *M. annularis*[42]。Cervino 等[43]认为黄带病的症状本质上可能是由虫黄藻疾病引起的，因为患黄带病的珊瑚组织中虫黄藻数量减少了 41%～97%，有丝分裂指数也从原来的 2.5%降低到近乎 0%。从健康组织与黄带病坏死组织中提取分离的虫黄藻细胞进行对比分析中发现，后者细胞内有空泡，而且无细胞器。

（七）细菌性白化

自 20 世纪 30 年代珊瑚白化（bleaching）概念的提出[6]至今，人们对珊瑚白化的认识逐渐深入。到目前为止范围最大、破坏最严重的是1997～1998年的全球珊瑚礁白化事件，涉及42个国家，摧毁了全球16%的珊瑚礁，而有些地区如马尔代夫、查戈斯群岛和塞舍尔等则是整个珊瑚礁死亡[6]。

珊瑚白化是由于珊瑚失去体内共生的虫黄藻或共生的虫黄藻失去体内色素而导致珊瑚变白的现象。共生藻经光合作用提供珊瑚63%的营养，白化引起珊瑚营养不良、生长速率降低、有性繁殖受抑制等，也可能导致珊瑚恢复能力降低，提高二次疾病感染概率[44]。珊瑚白化符合疾病的定义，被认为是珊瑚疾病中的一种。主流观点认为珊瑚白化是由一系列环境压力造成的，其中最主要的是升高的海水温度和（或者）紫外线辐射，能直接导致共生虫黄藻的排出[45]，此外温度降低会引起冷白化[46]，盐度降低、化学污染物等均可能导致珊瑚白化[6]，也都是失去虫黄藻或虫黄藻失去色素造成的。

但有观点认为，珊瑚白化是由特定病原体引起的，可能是一种细菌性白化（bacterial bleaching）（图7.1g2）。1996年，Kushmaro等[47]首次报道了地中海珊瑚（*Oculina patagonica*）白化是由弧菌*Vibrio shiloi*引发的，第一次提出了珊瑚白化的病因学观点。*V. shiloi*感染*O. patagonica*的机制可分为以下几个步骤[48]：①吸附作用，在海水温度达到25～30℃，*V. shiloi*会分泌一种黏合剂吸附到珊瑚表面的β-半乳糖受体上；②渗透与繁殖，弧菌渗透进珊瑚上皮细胞内并大量繁殖，达到每立方厘米10^8～10^9个细胞的水平，此时的*V. shiloi*虽然能大量繁殖并具有感染性，但不可在营养液中培养；③*V. shiloi*产生细胞外毒素，结合到虫黄藻细胞膜上从而抑制虫黄藻的光合作用，并使之褪色、裂解。冬季海水温度降低，*O. patagonica*组织内的病原体死亡，白化消失，但第二年夏季海水温度升高时寄生在海洋蠕虫*Hermodice caranculata*上的弧菌*V. shiloi*重新吸附到珊瑚上并使之白化[49]。弧菌*V. coralliilyticus*感染鹿角杯形珊瑚使其白化，提供了珊瑚细菌性白化的证据[50]。

二、珊瑚疾病的生态危害

珊瑚感染始于宿主组织中微生物的入侵与繁殖，并可能产生细胞损伤。入侵的微生物称为病原体，不同病原体的病原毒性（即其致病能力）不同，受宿主、病原体和环境作用的影响[13]。作为宿主，不同珊瑚种对细菌的抵抗力或易感性不同，这也与珊瑚所处的环境压力、遗传因素、年龄、生长情况等有关，易感性强说明珊瑚对细菌的抵抗力较差。

珊瑚营固着生活，其疾病的直接传播是相邻个体间直接接触感染或靠带菌者的间接传播，其中后者传播更广泛，如地中海珊瑚发生细菌性白化时，其传播媒介是一种蠕虫*Hermodice caranculata*，水温升高时蠕虫上寄生的弧菌*Vibrio shiloi*便入侵珊瑚使其感染发生白化。传播媒介既包括带菌者（如各种海洋生物），也包括其他环境因子，如污染的水体也是疾病传播的一种媒介，水载病原体在海洋生态系统中作用显著[13]。正是由于传播媒介的存在，疾病可在珊瑚个体间或礁体间传播，导致大面积的珊瑚礁感染、退化。

珊瑚疾病能够从不同生态水平上影响珊瑚礁健康，尤其当受感染的为关键物种（优势种）时，珊瑚礁的组成、结构、动力学特征都可能被改变而发生系统退化。珊瑚疾病的生态危害主要表现在降低活珊瑚覆盖度和生物多样性、改变珊瑚礁区优势种两个方面。

（一）降低活珊瑚覆盖度和生物多样性

珊瑚疾病具有突发性，能在短时间内杀死珊瑚，破坏性大。例如，长期肆虐于加勒比海的珊瑚白色瘟疫病，影响近半数的造礁珊瑚种，该病能在数天内杀死小的珊瑚体，能在数周内将生长有500～600年的块状珊瑚杀死，破坏性非常强。1995年的珊瑚白色瘟疫-Ⅱ流行病事件中，10周内导致38%的珊瑚体死亡，当时最易受感染的珊瑚是*Dichocoenia stokesii*，感染白色瘟疫-Ⅱ的造礁珊瑚达17种。1995年之后，白色瘟疫-Ⅱ扩散到整个加勒比海，珊瑚平均患病率超过 33%，感染的造礁珊瑚多达 40 种，是能造成珊瑚组织裂解的各种珊瑚疾病中患病率最高的一种[40]。用模型估算巴西东部 Abrolhos Bank 珊瑚礁中 *Mussismilia braziliensis* 覆盖率随时间变化的结果显示，若珊瑚 *M. braziliensis* 死于白色瘟疫的速率不变，则该礁体中 40%的 *M. braziliensis* 将在未来 50 年内消失，60%将在 2100 年消失；若白色瘟疫的患病率每 10 年提高 1%，则 *M. braziliensis* 的 60%将在未来 50 年内消失，90%将在 2100 年消失；如果每 10 年白色瘟疫的患病率增加 5%或 10%，那么未来 10 年将有 15%~20%的珊瑚退化，到 2057 年或 2077 年 *Mussismilia braziliensis* 将近乎灭绝（覆盖率<1%）[14]。

造礁石珊瑚是珊瑚礁的最主要构建者，为礁栖生物提供多种生境，因此珊瑚礁区保持着极高的生物多样性。珊瑚疾病主要危及造礁石珊瑚，特别是其中的一些关键物种，如加勒比海关键珊瑚属包括 *Montastrea*、*Colpophyllia*、*Diploria*、*Porites*、*Siderastrea* 和 *Undaria* 受到 5~8 种疾病的困扰[51]。1980 年之前，安圭拉岛的珊瑚覆盖率高，20 世纪 80 年代发生珊瑚白带病使得优势物种 *A. palmata* 全部死亡[4]。珊瑚疾病引起的部分珊瑚死亡会减小活珊瑚体的大小，当珊瑚体大小减小到低于有性繁殖的阈值时，珊瑚繁殖能力降低。

（二）改变珊瑚礁区优势种

20 世纪 70 年代后期，加勒比海珊瑚礁区的主导生物为珊瑚、海藻和珊瑚藻。3 种造礁珊瑚 *Acropora palmate*、*A. cervicornis* 和 *Montastrea annularis* 是珊瑚礁区的最主要构建者，呈现典型的带状分布[36]。之后由于感染珊瑚白带病-Ⅰ，超过 90%的鹿角珊瑚死亡，死亡裸露的珊瑚骨骼为藻类的快速繁殖提供条件，加之营养盐的富集促进了藻类快速生长并促进捕捞，使食草动物大量减少，该珊瑚礁转变为以藻类为主导的生态系统[36]，珊瑚礁区典型的珊瑚带状分布特征消失，珊瑚礁的三维空间结构崩溃，生境退化造成生物多样性减少[52]。20 世纪 80 年代伯利兹海的 Carrier Bow Cayenne 珊瑚礁槽沟地貌带的鹿角珊瑚 *A. cervicornis* 繁盛，后来 *A. cervicornis* 因白带病而大量死亡，藻类覆盖率从原来的不足 5%扩大至超过 60%[36]。

1995 年珊瑚白色瘟疫-Ⅱ流行病在佛罗里达群礁中部和北部发生，体形小的块状珊瑚 *Dichocoenia stokesii* 最易感染，1995~2002 年，其覆盖率减小近 75%，目前该珊瑚仍处于衰退状态，与此同时，大块状的珊瑚逐渐发育并取代珊瑚 *D. stokesii*[53]。

三、珊瑚疾病与环境的关系

珊瑚由内外胚层细胞构成，在珊瑚体表面附有黏液层，而在珊瑚内胚层细胞之下是多孔的碳酸盐骨骼。各种微生物包括细菌、古生菌、藻类等生活在珊瑚上。在健康珊瑚体中，这些微生物与其宿主构建起各种互惠关系：如共生藻通过光合作用为珊瑚提供有机物，同时分解珊瑚的代谢产物[54]；黏液中的一些细菌具有固氮作用，能供给珊瑚营养，或能够分解几丁质[3]，而地中海珊瑚（*Oculina patagonica*）骨骼空隙中的蓝细菌（Cyanobacteria）能在珊瑚丧失虫黄藻时合成有机物提供给珊瑚组织[3]。虽然珊瑚组织和黏液中均寄生各种细菌，但是绝大多数的菌种有所不同，另外古生菌和病毒亦有寄生在珊瑚上的。珊瑚自身有一定的免疫能力，如其表层黏液能周期性地将捕捉的微生物移除，而珊瑚宿主上特殊的微生物群落对于珊瑚抗病具有重要意义。黏液中生长的一些细菌能分泌抗生素来抑制病原体的入侵；共生藻光合作用产生的高浓度氧气能形成氧自由基，防止珊瑚受到感染[40]。当受到环境压力的胁迫时，珊瑚细菌群落将改变，珊瑚或者受到感染发生疾病，或者是对特定病原体产生一定抗性，能对环境变化做出适应性调节[3]。Brown 等证明暴露在高太阳能辐射条件下 2~3 个月的珊瑚，较之在低太阳能辐射下的珊瑚对于白化具有更强的抵抗力[55]；地中海珊瑚 Oculina patagonica 从 1994 年至 2002 年因 Vibrio shiloi 发生细菌性白化，此后每年白化仍继续发生，但无法从染病的该种珊瑚组织中提取 V. shiloi，且将弧菌 V. shiloi 接种到健康珊瑚上不再引起细菌性白化，说明该珊瑚在某种程度上已产生一定的适应性[3]。Kvennefors 等利用亲和色谱法从多孔鹿角珊瑚 Acropora millepora 中提取出甘露糖结合凝集素，该物质能识别结合各种非自身细胞上的似甘露糖碳水化合物的结构[56]，该凝集素能帮助珊瑚虫获取共生藻并具有一定的免疫作用。因而珊瑚的抗病能力与其共生的微生物群落息息相关，而微生物的组成又受到环境因子的影响，多数学者认为珊瑚疾病与气候变化和人类活动引起的环境因子的改变密切相关。

（一）温度

珊瑚对海水温度上升极为敏感，水温高于珊瑚生长上限温度 1~2℃，珊瑚会发生白化。1998 年、2005 年海水异常高温分别对印度-太平洋和加勒比海的珊瑚礁造成巨大破坏，严重影响珊瑚礁的生态状况，预测高温导致的珊瑚礁白化会因全球变暖而更加频繁，且强度也随之增大[4]。温度变化会调节原生动物如病原体的基本生理参数，破坏微生物与宿主之间的动态平衡，提高病原体的适应能力，进而促进疾病发生。而日益频繁的珊瑚白化，降低了珊瑚自身的抵抗能力，促进疾病的暴发[4,57]，因而温度变化是珊瑚疾病的重要影响因素之一。

温度是影响病原体毒力的一个决定性的因素。对地中海珊瑚 Oculina patagonica 的病原体弧菌 Vibrio shiloi 进行实验室纯培养，发现其生长、毒力、对珊瑚的吸附力、渗透进珊瑚宿主的能力等均与温度密切正相关[58]。首先细菌必须分泌超氧化物歧化酶（SOD）才能在自由基丰富的珊瑚组织中存活下来，水温低于 20℃时，细菌无法分泌 SOD，因此冬季 V. shiloi 感染 O. patagonica 失败。细菌吸附到珊瑚表面的黏合剂、抑制虫黄藻进行光合作用的毒素并使虫黄藻裂解的裂解酶均在高温时才能合成。鹿角杯形珊瑚（Pocillopora damicornis）白化也是由温度决定的，低于 22℃时，不出现感染；24~26℃时，受 V. coralliilyticus 感染的健康鹿角杯形珊瑚出现白化，染病珊瑚中虫黄藻的密度不到健康珊瑚中的 12%；温度上升到 27~29℃时，两周内会发生珊瑚组织裂解；24~28℃时随温度不断升高，V. coralliilyticus 分泌的金属蛋白酶不断增多，使得珊瑚从白化转向裂解并死亡。

海水异常高温还会增加病原菌的种类，如珊瑚应对海水高温时通常会产生过多的黏液，而这些珊瑚黏液则为生活于黏液内的细菌提供了充足的碳、氮来源[57]，既会促进原有细菌的生长，也可能引起细菌群落的改变，包括新的细菌的入侵等。如珊瑚 Montastrea annularis 感染白带病后，其黏液中细菌群落由原来的 Pseudomonas spp.转变为 Vibrio spp.[59]；另外，过多的黏液还会增加细菌（如 V. shiloi 等）的病原毒力，对珊瑚造成生理胁迫，降低其对病菌的抵抗力，增加珊瑚疾病暴发的概率。

佛罗里达白色瘟疫-II 暴发时，Remily 和 Richardson[40]从患病珊瑚组织中提取病原体 Aurantimonas coralicida 进行培养，发现在 35℃时 A. coralicida 生长最快，30~35℃是 A. coralicida 的最佳生长温度范围，高于或低于这一范围时 A. coralicida 的生长速率均显著降低。现场调查发现海水温度高于 30℃时，珊瑚患白色瘟疫-II 的概率提高[40]，与实验室控制实验的结论一致。此外，黑带病[19,24]、白色瘟疫[35]、黑斑病[31]等都主要发生在当海水温度高于 28℃时的较温暖的季节。对黑带病病原体 Phormidium corallyticum、细菌性白化的病原体 Vibrio shiloi 和 Vibrio coralliilyticus、柳珊瑚曲霉病的病原体 Aspergillus sydowii 的研究均表明温度是一个主要控制因素[40]。

研究还发现高温引起的珊瑚白化能够与珊瑚疾病协同作用，增加珊瑚的患病率。Muller 等现场调查结果表明珊瑚疾病和珊瑚白化的发病率与海水温度呈显著正相关，在水温升高时，未白化的珊瑚疾病的发生率提高但是疾病引起的珊瑚组织的死亡率未提高，而白化珊瑚在水温升高时疾病发病率提高幅度更大，同时相应的组织死亡率也提高，也就是说珊瑚白化会降低宿主抵抗力，加重珊瑚的染病症状[57]。

（二）人类活动

人类活动导致的水体富营养化带入新细菌、过度捕捞破坏食物链、投毒炸鱼造成有机物污染、石油泄漏事件等均是引发珊瑚疾病的潜在因素。研究表明，柳珊瑚曲霉病致病体真菌 *Aspergillus sydowii* 的来源有 3 种可能：陆地径流、非洲暴尘、局部海域本身[51]，该真菌已从近岸水体中分离提取出来，能耐高盐度。大部分珊瑚疾病的病原体来源未知，未经处理的污水可能带来潜在病菌，日益活跃的海上运输也可能将细菌从某个海域带到另一个海域。珊瑚白斑病病原体粘质沙雷氏菌广泛存在于各种生物体内，也是人体常见的一种肠道微生物[13]，珊瑚白斑病的暴发是否与生活污水传播这些细菌有关还有待进一步研究。

1. 营养盐

Kaczmarsky等[60]发现黑带病和白色瘟疫-Ⅱ在有污水海域总的发病率高于未受污染海域（13.6% vs 3.7%）；Bruno等[61]通过现场试验发现营养富集会加重柳珊瑚的曲霉病、两种 *Montastrea* 珊瑚的黄带病；Voss和Richardson[62]现场调查与实验室培养研究均发现营养盐浓度增加（$NaNO_3$，$0\sim3\mu mol/L$）会促进黑带病的扩散。虽然一系列现场调查和控制实验均表明营养盐含量与疾病发生有明显的关联，但迄今尚无确切的证据表明二者间的因果关系，并且未受污染的海域也出现珊瑚疾病暴发[24, 62]。Bruno等[61]认为增加的营养盐浓度可能会增强病原体毒力。此外，不少研究发现当营养盐（无机氮、磷）浓度升高时珊瑚生长速率放慢，珊瑚生殖力、受精率、珊瑚恢复程度（recruitment）也会降低等，还能导致珊瑚组织死亡增多[62]。

2. 有机污染物

Mitchell 和 Chet[63]的研究表明一定浓度的有机污染物，虽然不能直接将珊瑚致死，但可刺激各种微生物快速生长而间接导致珊瑚死亡。他们在室内将 *Platygra* 珊瑚分别暴露于低浓度的原油（100mg/L）、有机物（右旋糖）（1000mg/L）中，发现珊瑚在 5~10 天逐渐死亡。珊瑚在这些化学物质的刺激下产生大量黏液，使细菌快速繁殖，当水箱中原油浓度达到 1000mg/L 时，珊瑚在一天之内产生的黏液（多糖浓度）由原来的 $30\mu g/10ml$ 增加到 $600\mu g/10ml$，细菌数量由 10^2cells/ml 增加到 6×10^5cells/ml，6 天之后珊瑚死亡，而细菌数量也随着珊瑚的死亡而降低为 10^3cells/ml。加入抗生素（青霉素和链霉素）后，珊瑚在各种化学污染物的压力下仍能够存活下来，说明珊瑚死亡是由微生物群落引起的。对黏液中的细菌进行分析，发现 3 种主要致珊瑚死亡的微生物：①食肉细菌攻击腔肠动物的组织；②硫酸盐还原菌，在还原条件下生长，其产生的硫酸氢盐可能将珊瑚致死；③硫化物氧化菌，这种丝状异养菌的长丝会破坏腔肠动物细胞从而损毁珊瑚体。

实验还发现，当将有机物（右旋糖 1000ppm①）加入水箱时，珊瑚黏液分泌增多，细菌快速繁殖并在 24h 达到 10^7cells/ml，大量细菌代谢活动导致氧化还原电位急速降低（100mV），珊瑚在 48h 内死亡，氧气被大量消耗而造成珊瑚表层的缺氧环境被认为是导致珊瑚死亡的原因。另外，当水体中有机物达到一定浓度时导致珊瑚分泌大量黏液，这些黏液吸引各种细菌，增加珊瑚疾病的患病率[63]。

3. pH

珊瑚礁体环境如海水温度升高可能会使得珊瑚病原体扩展生态龛位，如在原来无法生存的 pH 环境内，当温度升高到一定程度时却能够存活。

通常海水水体为碱性（pH≥8），珊瑚表面黏多糖层（surface mucopolysaccharide layer，SML）的 pH 一

---

① ppm 为非法定计量单位，1ppm=10^{-6}

般为 5.8。在实验室条件下水温维持在 25℃，pH 在 6.0～8.0 时珊瑚白色瘟疫-Ⅱ的病原体 *Aurantimonas coralicida* 能够存活，pH 为 7.0 时 *A. coralicida* 繁殖最快，若 pH 低于 6.0 则 *A. coralicida* 无法存活；但当温度升高到 30℃时，该细菌可在 pH 为 5.8 的情况下生长，且在 pH 为 6.0 时生长最快，比在 25℃时的最快生长速率快 51%；而当水体温度为 35℃时，珊瑚白色瘟疫-Ⅱ的病原体 *A. coralicida* 生长最快，比 25℃时快一倍，其存活的 pH 范围扩大到 5.0～9.0[40]。也就是说，随着温度从 25℃上升到 35℃，病菌的繁殖和生长速率加快，适应的 pH 环境范围也扩大。因此，白色瘟疫-Ⅱ的病原体 *A. coralicida* 感染珊瑚取决于它对 pH 的耐受范围，在水温为 25℃时，病菌无法在 pH 为 5.8 的黏液中存活，珊瑚不易生病；而当海水温度升高到 30℃时，病菌则能够忍受这一酸度，能够入侵珊瑚体。这可能就是夏季佛罗里达海域珊瑚礁白色瘟疫-Ⅱ活跃的原因。

利用宏基因组分析与实时聚合酶链反应相结合的方法研究发现，在海水温度升高、营养盐浓度增加和 pH 降低等情况下，扁缩滨珊瑚（*Porites compressa*）上某种似疱疹病毒数量呈指数增长，而这种病毒在健康珊瑚体中很难检测到[64]。

4. 其他因子的影响

珊瑚覆盖度、溶解氧浓度，以及珊瑚所处的水深均与疾病发生率有一定关系，但具体机制有待进一步研究。当珊瑚疾病具有传染性时，高珊瑚覆盖度即高疾病宿主密度时患病珊瑚与健康珊瑚之间的距离减少，能加快疾病的水平传播速率，导致患病率增加[65]；加勒比海珊瑚白色瘟疫-Ⅱ的病原体 *A. coralicida* 是好氧菌，低氧浓度会限制病菌的生长，氧气浓度升高则细菌生长也相应加快。白天水温在 29～30℃时虫黄藻进行光合作用产生过量氧气，形成有杀菌作用的氧自由基，但病菌能分泌过氧化氢酶抗氧化，病菌受到自由基影响较小；当温度高于 30℃时，光合作用受抑制，氧气浓度降低，其含量仍能满足病菌 *A. coralicida* 的需要，因而较之温度和 pH、温度对病菌影响较小[40]。Garzón-Ferreira 和 Gil-Agudelo[31]调查发现哥伦比亚珊瑚黑斑病发病率和水深有关，在浅水地区（水深 6m 内），黑斑病的患病率较高，其原因可能是最易感染的珊瑚 *Siderastrea siderea* 和 *Montastrea annularis* 主要分布在浅水区。

四、珊瑚礁疾病研究对我国现代珊瑚礁学科发展的启示

余克服、赵美霞等的最新文献[2]相对系统地介绍了我国南海珊瑚礁的分布、类型、生态现状与研究进展，但其中没有关于珊瑚疾病的内容，因为迄今为止还没有见到我国关于珊瑚疾病方面研究的明显进展。我国现代珊瑚礁的研究最早始于台湾学者马廷英先生，他率先研究了珊瑚生长率与环境的关系[66]。后来曾昭璇、赵焕庭、朱袁智、聂宝符、钟晋梁和邹仁林先生等相继在珊瑚礁的地质、地理、地貌、生物与环境研究等方面取得了进展，发表了大量文献。近年来，我国在珊瑚高分辨率环境记录方面的研究成果相对显著，在国际期刊发表了不少论文，如利用珊瑚礁研究全新世（指最近 10 000 年来的时期）的海平面变化[67]、温度变化[68]、El Niño[69]、风暴序列[70]、海水 pH 变化[71]和南海珊瑚礁白化历史[7, 8]等，为揭示历史时期气候、环境的变化过程和珊瑚礁对环境变化的响应规律做出了贡献。赵美霞等[17]和陈天然等[16]开展的宏观生态监测定量评估了南海北部海南三亚鹿回头和广东大亚湾珊瑚礁（群落）的动态退化历史，揭示出过去几十年以来这些区域活珊瑚的覆盖度下降达 80%以上，并认为主要是人类活动影响所致；这些研究展示了我国珊瑚礁的生态现状，提出了我国珊瑚礁对人类活动响应的最直接证据，有助于珊瑚礁的保护管理部门制订科学的保护措施。退化的珊瑚礁严重影响珊瑚礁生态功能的发挥，如 Shi 等[72]的研究表明，珊瑚礁生态系统的快速退化对珊瑚礁 $CaCO_3$ 产量产生了明显的影响，相应地影响珊瑚礁的碳循环功能。在微观生态方面，李淑和余克服等对与珊瑚共生的虫黄藻密度的研究[6]表明，不同种类、不同形态的珊瑚之间其共生虫黄藻密度相差显著，这种差异导致了不同类型的珊瑚对白化有不同程度的响应，

如高密度共生虫黄藻的块状珊瑚不易白化，而低密度共生虫黄藻的枝状珊瑚易于白化等。此外，南海珊瑚礁区生物地球化学循环、珊瑚礁区的微生物学、珊瑚礁区的药物学、珊瑚礁区的工程地质特性等方面的研究也在近年来相继展开，可望在未来出现新的成果。但作为热带海洋特色的生态系统，珊瑚礁的海（海洋）-陆（岛屿）-空（大气）独特的三维空间结构，使它与一系列的物理、化学和生物介质结合起来，多学科的交叉在珊瑚礁生态系统研究中格外引人注目。事实证明，珊瑚礁生态系统的不同环节并不一定孤立地发挥作用，如导致珊瑚礁白化的高温同样也对珊瑚疾病的发生和传播等有明显的影响，反之，生病的珊瑚可能更容易因为温度升高而发生白化。因此需要在深入研究与珊瑚相关的各个环节的基础上，把珊瑚礁作为一个系统工程进行全面研究，这样才能对珊瑚礁有最全面的认识，也因此才能提出更全面的珊瑚礁保护措施。相应地，我国关于珊瑚疾病的研究，也需要在这一理念的指导下，从珊瑚疾病的识别、诊断等方面着手，再从生态系统的角度对珊瑚疾病进行全面考虑和深入研究。

五、结论

（1）珊瑚疾病有30多种，研究最深入的包括黑带病、黑斑病、白带病、白色瘟疫、白斑病、黄带病和细菌性白化等7种珊瑚疾病，各种珊瑚疾病杀死珊瑚组织的速率不同，白色瘟疫、白斑病最快，黑带病和白带病次之，而最慢的是黄带病和黑斑病。最容易感染珊瑚疾病的加勒比海珊瑚主要是造礁石珊瑚包括鹿角珊瑚 *Acropora cervicornis* 和 *Acropora palmata*，块状珊瑚 *Monastrea annularis*、*Colpophyllia natans*、*Monastrea faveolata* 等，细菌性白化感染的珊瑚种分别是地中海珊瑚（*Oculina patagonica*）和印度洋红海的鹿角杯形珊瑚（*Pocillopora damicornis*）。

（2）珊瑚白斑病的病原体为粘质沙雷氏菌（*Serratia marcescens*），白色瘟疫-II的病原体为 *Aurantimonas coralicida*，地中海珊瑚细菌性白化的病原体是弧菌 *Vibrio shiloi*，而鹿角杯形珊瑚细菌性白化的病原体是溶珊瑚弧菌（*Vibrio corallilyticus*）。除上述几种珊瑚疾病病原体已被探明外，多数疾病的病原体仍未知。海洋蠕虫 *Hermodice caranculata* 是地中海珊瑚细菌性白化的传播媒介，而对于其他珊瑚疾病的传播媒介包括带菌者和其他环境因子都有待进一步研究。

（3）在过去30年内珊瑚疾病影响范围日益变大，并不断出现新的症状，影响珊瑚礁的总体健康状况，其生态危害主要表现在降低活珊瑚覆盖度和生物多样性，改变珊瑚礁区优势种，如白带病使加勒比海某些珊瑚礁由原来的珊瑚主导转化成以大型藻类为主导的环境，珊瑚白色瘟疫-II使得佛罗里达群礁中部和北部的小块状珊瑚逐渐被大块状珊瑚取代。

（4）温度是众多影响珊瑚疾病因素中最突出的，温度可能会扩大某些细菌的生态龛位，改变珊瑚分泌黏液中的细菌群落，吸引可能致病的细菌入侵，加速细菌繁殖，增强其病原毒力，或对细菌宿主珊瑚本身造成一定的胁迫，降低其对细菌病毒的抵抗力，从而使珊瑚疾病患病率提高并增强疾病的严重性。黑带病、黑斑病、黄带病的患病率与水温呈现一定的相关性，在暖水季节患病率均比较高。升高的海水温度引起珊瑚白化，珊瑚白化后与其他疾病综合作用，会进一步导致疾病发生，加速对珊瑚礁的破坏。

（5）各种人类活动造成的水体营养盐增加、有机污染物含量超标等均会危害珊瑚礁体健康，带来潜在致病菌，增加珊瑚疾病的发生率并提高其扩散速度；水体中有机污染物达到一定浓度时则引起珊瑚分泌大量黏液从而吸引各种细菌，细菌大量繁殖造成缺氧可导致珊瑚死亡。活珊瑚覆盖率、珊瑚所处的水深及水体的pH、溶解氧等均会在一定程度上影响疾病发生率[73]。

参 考 文 献

[1] Yan H Q, Yu K F, Tan Y H. Advances of studies on carbon cycle in coral reef ecosystem. Acta Ecologica Sinica, 2009, 29(11): 6207-6215.

[2] 赵美霞, 余克服, 张乔民. 珊瑚礁区的生物多样性及其生态功能. 生态学报, 2006, 26(1): 187-194.

[3] Yan H Q, Yu K F, Tan Y H. Advances of studies on carbon cycle in coral reef ecosystem. Acta Ecologica Sinica, 2009, 29(11): 6207-6215.

[4] Wilkinson C. Status of coral reefs of the world: 2008. Townsville: Australian Institute of Marine Science, 2008: 1-304.

[5] Glynn P W. Coral reef bleaching ecological perspectives. Coral Reefs, 1993, 12(1): 1-17.

[6] Li S, Yu K F. Recent development in coral reef bleaching research. Acta Ecologica Sinica, 2007, 27(5): 2059-2069.

[7] Yu K F, Zhao J X, Liu T S, et al. High-frequency winter cooling and reef coral mortality during the Holocene climatic optimum. Earth and Planetary Science Letters, 2004, 224(1-2): 143-155.

[8] Yu K F, Zhao J X, Shi Q, et al. U-series dating of dead *Porites* corals in the South China Sea: evidence for episodic coral mortality over the past two centuries. Quaternary Geochronology, 2006, 1(2): 129-141.

[9] Green E P, Bruckner A W. The significance of coral disease epizootiology for coral reef conservation. Biological Conservation, 2000, 96(3): 347-361.

[10] Hughes T P, Baird A H, Bellwood D R, et al. Climate change, human impacts, and the resilience of coral reefs. Science, 2003, 301(5635): 929-933.

[11] Zhang Q M, Yu K F, Shi Q, et al. A review of monitoring, conservation and management of global coral reefs. Jornal of Tropical Oceanography, 2006, 25(2): 71-78.

[12] Spalding M D, Ravilious C, Green E P. World Atlas of Coral Reefs. Berkeley and Los Angeles, London: University of California Press, 2001, 19(4): 9-28.

[13] Sutherland K P, Porter J W, Torres C. Disease and immunity in Caribbean and Indo-Pacific zooxanthellate corals. Mar Ecol Prog, 2004, 266(1): 273-302.

[14] Francini-Filho R B, Moura R L, Thompson F L, et al. Disease leading to accelerated decline of reef corals in the largest South Atlantic reef complex (Abrolhos Bank, eastern Brazil). Marine Pollution Bulletin, 2008, 56(5): 1008-1014.

[15] Wang P X, Li Q Y. The South China Sea: Paleoceanography and Sedimentology. Dordrecht: Springer, 2009: 80.

[16] Chen T R, Yu K F, Shi Q, et al. Twenty-five years of change in scleractinian coral communities of Daya Bay (northern South China Sea) and its response to the 2008 AD extreme cold climate event. Chinese Science Bulletin, 2009, 54(12): 2107-2117.

[17] Zhao M X, Yu K F, Zhang Q M, et al. Evolution and its environmental significance of coral diversity on Luhuitou fringing reef, Sanya. Marine Environmental Science, 2009, 28(2): 125-130.

[18] Vaughan T W. Recent Madreporaria of the Hawaiian Islands and Laysan. Bull US Nat Museum, 1907, 59: 1-427.

[19] Squires D F. Neoplasia in a coral? Nature, 1965, 148(3669): 503-505.

[20] Antonius A. New observation on coral destruction in reefs. Association of Island Marine Laboratories of the Caribbean, 1973, 10(3): 3.

[21] Kuta K G, Richardson L L. Abundance and distribution of black band disease on coral reefs in the northern Florida Keys. Coral Reefs, 1996, 15(4): 219-223.

[22] Dinsdale E. Abundance of black band disease on corals from one location on the Great Barrier Reef: a comparison with abundance in the Caribbean region. Proc 9th Int Coral Reef Symp, 2002, 2: 1239-1244.

[23] Richardson L L. Black band disease//Rosenerg E, Loya Y. Coral Health and Disease. New York: Springer, 2004: 325-336.

[24] Edmuds P J. Extent and effect of black band disease on a caribbean reef. Coral Reefs, 1991, 10(3): 161-165.

[25] Borger J L. Dark spot syndrome: a scleractinian coral disease or a general stress response? Coral Reefs, 2005, 24(1): 139-144.

[26] Voss J D, Mills D K, Myers J L, et al. Black band disease microbial community variation on corals in three regions of the wider caribbean. Microbial Ecology, 2007, 54(4): 730-739.

[27] Peter G, Hugh D. Coral disease in Bermuda. Nature, 1975, 253(5490): 349-351.

[28] Kuta K G, Richardson L L. Ecological aspects of black band disease of coral: relationships between disease incidence and environmental factors. Coral Reefs, 2002, 21(4): 393-398.

[29] Gil-Agudelo D L, Smith G W, Garzon-Ferreira J, et al. Dark spots disease and Yellow band disease, two poorly known coral diseases with high incidence in Caribbean Reefs//Rosenberg E, Loya Y. Coral Health and Disease. New York: Springer, 2004: 336-348.

[30] Goreau T J, Cervino J, Goreau M, et al. Rapid spread of diseases in Caribbean coral reefs. Rev Biol Trop, 1998, 46(5): 157-171.

[31] Garzón-Ferreira J, Gil-Agudelo D L, Barrios L M, et al. Stony coral diseases observed in southwestern caribbean reefs. Hydrobiologia, 2001, 460(1-3): 65-69.

[32] Bythell J, Pantos O, Richardson L. White Plague, white band, and other "white" diseases. Coral Health and Disease. New York: Springer, 2004: 351-365.

[33] Gladfelter W B. Population Structure of *Acropora palmata* on the windward forereef, Buck Island National Monument:

seasonal and catastrophic changes 1988-1989//Gladfelter E H, Bythell J C, Gladfelter W B. Ecological studies of Buck Island Reef National Monument, St Croix U.S. Virgin Islands: a quantitative assessment of seleted components of coral reef ecosystem and establishment of long term monitoring sites Part1. Report to the National. Park Service, 1991.

[34] Gil-Agudelo D L, Smith G W, Weil E. The white band disease type II pathogen in Puerto Rico. Rev Biol Trop, 2006, 54(3): 59-67.

[35] Dustan P. Vitality of recf coral populations off Key Largo, Florida: recruitment and mortality. Environ Geol, 1977, 2(1): 51-58.

[36] Aronson R B, Precht W F. White-band disease and the changing face of Caribbean coral reefs. Hydrobiologia, 2001, 460(1-3): 25-38.

[37] Richardson L L, Goldberg W M, Carlton R G, et al. Coral disease outbreak in the Florida's mystery coral-killer identified. Nature, 1998, 392(6676): 557-558.

[38] Richardson L L, Goldberg W, Kuta K, et al. Florida's mystery coral-killer identified. Nature, 1998, 392(6676): 557-558.

[39] Richardson L L, Smith G W, Richie K B, et al. Integrating microbiological, microbiological, microsensor, molecular, and physiologic techniques in the study of coral disease pathogenesis. Hydrobiologia, 2001, 460(1-3): 71-89.

[40] Remily E R, Richardson L L. Ecological physiology of a coral pathogen and the coral reef environment. Microbial Ecology, 2006, 51(3): 345-352.

[41] Patterson K L, Porter J W, Ritchie K B, et al. The etiology of white pox, a lethal disease of the Caribbean Elkhorn coral, *Acropora palmata*. Proc Natl Acad Sci USA, 2002, 99(13): 8725-8730.

[42] Santavy D L, Peters E C, Quirolo C, et al. Yellow-blotch disease outbreak on reefs of the San Blas Islands, Panama. Coral Reef, 1999, 18(1): 97.

[43] Cervino J, Goreau T J, Nagelkerken I, et al. Yellow band and dark spot syndromes in Caribbean corals: distribution rate of spread, cytology, and effects on abundance and division rate of zooxanthellae. Hydrobiologia, 2001, 460(3): 53-63.

[44] Rozenblat B H, Rosenberg E. Temperature-regulated bleaching and tissue lysis of *Pocillopora damicornis* by the Novel Pathogen *Vibrio coralliilyticus*//Rosenerg E, Loya Y. Coral Health and Disease. New York: Springer, 2004: 325-336.

[45] Hoegh-Guldberg O. Climate, coral bleaching and the future of the world's coral reefs. Mar Freshw Res, 1999, 50(8): 839-866.

[46] Yu K F, Liu D S, Shen C D, et al. High-frequency climatic oscillations recorded in a Holocene coral reef at Leizhou Peninsula, South China sea. Sci China Ser D-Earth Sci, 2002, 45(12): 1057-1067.

[47] Kushmaro A, Loya Y, Fine M, et al. Bacterial in fection and coral bleaching. Nature, 1996: 380-396.

[48] Rosenberg E, Barash Y. Microbial diseases of corals//Belkin & Colwell eds. Oceans and Health: Pathogens in the Marine Environment. New York: Springer, 2005: 415-430.

[49] Sussman M, Loya Y, Fine M, et al. The marine fireworm *Hermodice carunculata* is a winter reservoir and spring-summer vector for the coral-bleaching pathogen *Vibrio shiloi*. Environ Microbiol, 2003, 5(4): 250-255.

[50] Ben-Haim Y, Zicherman-Keren M, Rosenberg E. Temperature-regulated bleaching and lysis of the coral *Pocillopora damicornis* by the novel pathogen *Vibrio coralliilyticus*. Microbiology, 2003, 69(7): 4236-4242.

[51] Weil E. Coral reef diseases in the Wider Caribbean//Rosenberg E, Loya Y. Coral Health and Disease. New York: Springer, 2004: 35-68.

[52] Hughes T P. Catastrophes, phase-shifts, and large-scale degradation of a caribbean coral reef. Science, 1994, 265(5178): 1547-1551.

[53] Richardson L L, Voss J D. Change in a coral population on reefs of the northern Florida Keys following a coral disease epizootic. Marine Ecology Progress Series, 2005, 297(297): 147-156.

[54] Bain E, Vassilakos D, Orr E, et al. Superoxide dismutase ia a virulence factor produced by the coral bleaching pathogen *Vibrio shiloi*. Current Microbiology, 2003, 46(6): 418-422.

[55] Brown B E, Dunne R P, Goodson M S, et al. Marine ecology-bleaching patterns in reef corals. Nature, 2000, 404(404): 142-143.

[56] Kvennefors E C, Leggat W, Hoegh-Guldberg O, et al. An ancient and variable mannose-binding lectin from the coral *Acropora millepora* binds both pathogens and symbionts. Developmental and Comparative Immunology, 2008, 32(12): 1582-1592.

[57] Muller E M, Rogers C S, Spitzack A S, et al. Bleaching increases likelihood of disease on *Acropora* palmate (Lamarck) in Hawksnest Bay, St John, US Virgin Islands. Coral Reefs, 2008, 27(1): 191-195.

[58] Banin E, Ben-Haim Y, Israely T, et al. Effect of the environment on the bacterial bleaching of corals. Water Air Soil Pollut, 2000, 123(1-4): 337-352.

[59] Ritchie K B, Smith G W. Microbial communities of coral surface mucopolysaccharide layers//Rosenerg E, Loya Y. Coral Health and Disease. New York: Springer, 2004: 259-264.

[60] Kaczmarsky L T, Draud M, Williams E H. Is there a relationship between proximity to sewage effluent and the prevalence of coral disease? Caribbean Journal of Science, 2005, 41(1): 124-137.
[61] Bruno J F, Petes L E, Harvell C D, et al. Nutrient enrichment can increase the severity of coral diseases. Ecol Lett, 2003, 6(12): 1056-1061.
[62] Voss J D, Richardson L L. Nutrient enrichment enhances black band disease progression in corals. Coral Reefs, 2006, 25(4): 569-576.
[63] Mitchell R, Chet I. Bacterial attack of corals in polluted sea water. Microbial Ecology, 1975, 2(3): 227-233.
[64] Thurber R L V, Barott K L, Hall D, et al. Metagenomic analysis indicates that stressors induce production of herpes-like viruses in the coral *Porites compressa*. Proceedings of the National Academy of Sciences, 2008, 105(47): 18413-18418.
[65] Bruno J F, Peters LE, Casey K S, et al. Thermal stress and coral cover as drivers of coral disease outbreaks. PLoS Biology, 2007, 5(6): 1-8.
[66] Ma T Y H. On the growth rate of reef corals and its relation to sea water temperature. Geological Survey of China, 1937, No.1: 1-226.
[67] Yu K F, Zhao J X, Terry D, et al. Microatoll record for large century-scale sea-level fluctuations in the mid-Holocene. Quaternary Research, 2009, 71(3): 354-360.
[68] Yu K F, Zhao J X, Wei G J, et al. Mid-late Holocene monsoon climate retrieved from seasonal Sr/Ca and ^{18}O records of *Porites lutea* corals at Leizhou Peninsula, northern coast of the South China Sea. Global and Planetary Change, 2005, 47(2-4): 301-316.
[69] Wei G J, Deng W F, Yu K F, et al. Sea Surface Temperature records from coralline Sr/Ca ratios during middle Holocene in the Northern South China Sea. Paleoceanography, 2007, 22(3): 2816-2820.
[70] Yu K F, Zhao J X, Shi Q, et al. Reconstruction of storm/tsunami records over the last 4000 years using transported coral blocks and lagoon deposits in the southern South China Sea. Quaternary International, 2009, 195(1-2): 128-137.
[71] Liu Y, Liu W G, Peng Z C, et al. Instability of seawater pH in the South China Sea during the mid-late Holocene: evidence from boron isotopic composition of corals. Geochimica et Cosmochimica Acta, 2009, 73(5): 1264-1272.
[72] Shi Q, Zhao M X, Zhang Q M, et al. Estimate of carbonate production by scleractinian corals at Luhuitou fringing reef, Sanya, Hainan Island, China. Chinese Science Bulletin, 2009, 54(4): 696-705.
[73] 黄玲英, 余克服. 珊瑚疾病的主要类型、生态危害及其与环境的关系. 生态学报, 2010, 30(5): 1328-1340.

第八章

珊瑚礁生态系统服务及其价值

第一节 珊瑚礁生态系统服务及其价值评估[①]

一、引言

珊瑚礁生态系统是地球上重要的生态景观和人类最重要的资源之一，主要分布在南北两半球海水表层水温20℃等温线内[1]，具有极高的初级生产力，生物生产力是周围热带海洋的50~100倍[2]，对初级能源的高效率使用也带来了系统内非常高的生物多样性，因此被形象地称为"热带海洋沙漠中的绿洲"。它不仅为人类的生产和生活提供各种生物资源，而且具有巨大的环境功能和社会效益，体现在对海岸工程的天然屏障效应、海洋生态景观效应和海洋生态科研科普教育基地等方面[3]。目前，全世界101个国家有珊瑚礁，面积有$2\times10^6\text{km}^2$。

然而，近几十年来由于遭受人为和自然的双重压力，世界范围内的珊瑚礁生态系统面临着严重的退化，尤其是那些靠近大陆和高密度人群的珊瑚礁情况更为严峻。根据设在澳大利亚的全球珊瑚礁监测网估计，在过去的几十年间，全球珊瑚礁已有1/4以上退化了，未来20年至少还有1/4面临退化。学者惊呼，今后40年内整个东南亚的珊瑚礁将会全部退化[4]。如果这种情况继续恶化，则全球大部分的珊瑚礁资源会在21世纪内丧失[5]。由于珊瑚礁资源所具有的社会、经济和生态功能与价值长期以来未得到社会公众、政府和珊瑚礁资源开发保护部门的更多认识和足够重视，从而造成对珊瑚礁资源的盲目利用、污染和破坏，使得生物多样性受损，生产和生态功能迅速降低。

面对珊瑚礁资源的退化现状，世界各国政府和国际组织对珊瑚礁资源的保护也越来越重视，除了生态学、生物学、地学、工程学研究人员对珊瑚礁生态系统的研究不断深入以外，环境学、资源学、经济学和社会学也融合到珊瑚礁资源的恢复与重建、保护与管理研究中，越来越多的学者认识到明确珊瑚礁生态系统服务内容并对其价值进行评估的重要性[6-8]。

[①] 作者：王丽荣，赵焕庭

二、珊瑚礁生态系统服务

生态系统服务的概念最早出现在关键环境问题研究小组（Study of Critical Environmental Problems，SCEP）（1970）的《人类对全球环境的影响报告》中[9]，并列出了自然生态系统对人类的"环境服务"功能。之后，Holder 和 Ehrlich[10]、Westman[11]先后对全球环境服务和自然服务进行研究，讨论了生物多样性与生态系统服务的关系。Daily[12]也对生态系统服务功能的概念和服务价值评估等内容做了比较系统的介绍。

随着全球生态系统服务研究的深入，珊瑚礁生态系统服务也从起步到逐步完善。但较为全面的介绍出现在 1998 年，Costanza 等[13]对全球生态系统服务功能进行了划分和评估，其中首次将珊瑚礁生态系统的服务功能划分为 12 个类型：气体调节、气候调节、干扰调节、养分循环、废物处理、生物控制、生境/庇护、食物生产、原材料、基因资源、休闲和文化（表 8.1）。1999 年，Moberg 和 Folke[14]对 Costanza 的珊瑚礁生态系统的服务内容进行了分类和补充，指出珊瑚礁生态系统的功能是指生态系统的生境、生物属性和过程，而产品和服务则代表了人们直接或间接从生态系统功能中获取到的利益，并系列列出了珊瑚礁生态系统的产品和服务内容。其中，产品包括可再生资源（如鱼和海草等）和不可再生资源（如开采珊瑚和珊瑚砂等），服务则被分为 5 个类别（物理结构服务、生物服务、生物地球化学服务、信息服务、社会和文化服务）及 26 个小项。

表 8.1　海洋生态系统服务及其年平均价值（1994 年）

生态系统	生态系统服务/[美元/（hm²·a）]													全球总价值*
	气体调节	气候调节	干扰调节	养分循环	废物处理	生物控制	生境/庇护	食物生产	原材料	基因资源	休闲	文化	价值	
海洋													577	20 949
远洋	38			118		5		15	0		76		252	8 381
海岸			88	3 677		38	8	93	4		82	62	4 052	12 568
海湾			567	21 100		78	131	521	25		381	29	22 832	4 110
海草				19 002					2				19 004	3 801
珊瑚礁			2 750			58	5	7	220	27	3 008	1	6 075	3 750
大陆架				1 431		39		68	2			70	1 610	4 283

注：根据 Costanza 等[13]文献整理，其中空白处表示缺乏可用数据；*单位为亿美元/a

珊瑚礁生态系统服务是指珊瑚礁生态系统与生态过程所形成和维持的人类赖以生存的自然环境条件及其效用，它是通过珊瑚礁生态系统功能直接或间接得到产品和服务。将珊瑚礁生态系统的产品和服务统称为珊瑚礁生态系统服务，并将其分为经济性服务、生态性服务和社会性服务三部分（表 8.2）。

表 8.2　珊瑚礁生态系统服务

服务功能	产品
经济性服务	获取性服务
	可更新服务：海鲜产品；药用原材料；生产琼脂和肥料等的原材料；古董和珠宝；观赏性鱼和珊瑚
	不可更新服务：用于建筑的珊瑚块、碎块和砂；用于生产石灰和水泥的原材料；矿物油和气
	非获取性服务
	旅游休憩；教育和研究；以珊瑚礁生态系统为主题的文化产品
生态性服务	物理结构服务
	海岸线保护；构建陆地；促进红树林和海草床的生长；产生珊瑚砂；维持小区域气候的稳定
	生物服务
	生态系统内：生境维持；生物多样性和基因库维持；生态系统过程和功能的调节；生物恢复维持
	生态系统间：通过"可移动链条"的生物支持；向远洋食物网输出有机物和浮游生物

续表

服务功能	产品
生态性服务	生物地球化学服务 固氮；CO_2/Ca 的贮存与控制；废物清洁
	信息服务 监测和污染记录；气候记录
社会性服务	美学和艺术灵感；支持文化、宗教和精神等

注：根据 Grigg[15]文献整理

（1）经济性服务是指珊瑚礁生态系统作为自然资源所提供的直接服务，用于维持生计和商业目的，多以市场价格来表现其价值。它包括两个方面：①获取性服务；②非获取性服务。获取性服务又分为可更新服务和不可更新服务两类。可更新服务有获取海鲜产品（如各类渔业产品）、药用原材料（如可用于抗癌、抗菌、抗炎、抗凝和抑制艾滋病的海草、海绵、软体动物、珊瑚和海葵）、牙齿和面部改造用的珊瑚（用于骨头移植修复的珊瑚），生产琼脂，获取角叉胶和肥料的原材料（如麒麟菜和海藻），获取古董和珠宝（如珠母贝和用于装饰的红珊瑚），获取观赏性鱼和珊瑚；不可更新服务有作为建筑材料的珊瑚块、碎块和砂，用于生产水泥、石灰和饲料添加剂的珊瑚及珊瑚礁块、矿物油和气，用于养殖观赏用的热带鱼鱼缸中铺垫的珊瑚砂。非获取性服务包括旅游休憩（如潜水等）、教育和研究、以珊瑚礁生态系统为主题的文化产品（如书、图片、电影、画册等）。

（2）生态性服务是指珊瑚礁生态过程所提供的间接服务，用于维持珊瑚礁生态系统内（间）的生物多样性和生态效用，此种服务具有"公用"特征，它包括 4 个方面的服务：①物理结构服务，如海岸线保护（防潮流、海浪和风暴）、构建陆地（珊瑚礁上的灰沙岛和人工岛）、促进红树林和海草床的生长、产生珊瑚砂、维持小区域气候的稳定；②生物服务，包括生态系统内和生态系统间的服务，前者包括生境维持（作为多种生物繁殖和抚育的场所）、生物多样性和基因库维持、生态系统过程和功能的调节、生物恢复维持；后者包括通过"可移动链条"的生物支持、向远洋食物网输出有机物和浮游生物；③生物地球化学服务，包括固氮、CO_2/Ca 的贮存与控制、废物清洁（转化、解毒和分解人类产生的废物）；④信息服务，包括监测和污染记录、气候记录。

（3）社会性服务是由于珊瑚礁生态系统的存在而给人类带来的情感服务，它包括短期的美学服务和艺术灵感，以及长期形成的原住民的文化、精神、道德和宗教服务，后者强调了归属感、凝聚性和传统[16]。

三、珊瑚礁生态系统服务价值

由于生态系统提供的服务并不能完全地由市场来表示[17, 18]，因此长期以来人们忽略了生态系统的一些重要服务价值，珊瑚礁生态系统也面临同样的问题。珊瑚礁生态系统因其复杂的系统功能、多样的生态服务内容和资料获取的困难使得人们对其服务价值的研究仍处于探索和不成熟的阶段。

珊瑚礁生态系统服务价值的研究始于 20 世纪 80 年代，当时的研究主要集中在渔业和旅游业上，Van't Hof 对加勒比海地区珊瑚礁旅游业的价值评估[19]，McAllister 对菲律宾渔业资源的价值评估[20]，以及 Wood 对水族馆贸易的评价[21]。随着对珊瑚礁生态系统服务认识的不断深入，自 1990 年以后，开始有珊瑚礁的海岸保护[22]、开采珊瑚礁石[23]、石灰生产[24]等方面的服务价值研究，对珊瑚礁生态系统所提供的装饰品、教育和科研、艺术和宗教等服务价值，以及废弃物处理方面的服务价值也有所提及[25, 26]。1997 年，Costanza 给出珊瑚礁生态系统 8 种类型的服务价值共 6075 美元/($hm^2 \cdot a$)，而全球的珊瑚礁生态系统的服务价值则为 3750 亿美元/a（表 8.1）。1994 年，Barton[27]首次较为全面地介绍了珊瑚礁生态系统的服务价值，将其分为使用价值和非使用价值2个大类6个小类，其中使用价值包括：①直接使用价值；②间接使用价值；③选择价值；④准选择价值。非使用价值包括：⑤遗产价值；⑥存在价值。2004年，Ahmed等[28]将选择价值和准选择价值合并为选择价值，Lal提出珊瑚礁生态系统服务价值是总经济价值（TEM）、生态过程价值（EPV）和文化功能价值（CFV）三者之和[16]。目前，世界范围都在开展珊瑚礁生态系统服务价值的评价研究工作，如大堡礁、佛罗里达和东南亚等地，但仍没有统一和标准的生态系统服务价值概念及计算方法。珊瑚礁因所处不同的生物地理区域、不同珊瑚礁的类型、源自不同的珊瑚礁个体甚至是同一个珊瑚礁的不同位置而存在差异[29]。同时，由于珊瑚礁生态系统的经济价值是以人们的支付意愿来评估的，并对应着某一时期特殊的政策选择和决策，因此是相对价值[30]，所以不能把某个珊瑚礁生态系统所具有的价值简单地转移到其他地区，或者应用到这一地区将来的经济评价中[31]。

对应于珊瑚礁生态系统服务内容的分类，可将珊瑚礁生态系统服务价值分为三部分：经济性服务价值、生态性服务价值和社会性服务价值（图8.1）。其中，经济性服务价值对应于可使用价值中的直接使用价值；生态性服务价值也指生态过程价值，对应于可使用价值中的间接使用价值和选择价值；社会性服务价值包括文化功能等方面的价值，对应于非使用价值中的存在价值和遗产价值。

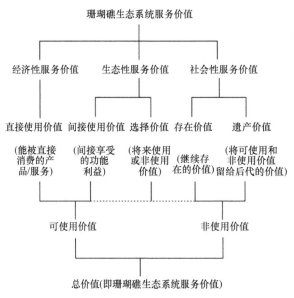

图8.1　珊瑚礁生态系统服务价值和属性
根据Barton[27]文献整理

直接使用价值是指珊瑚礁生态系统经济性服务所产生的价值，以商品的形式出现在市场，可用其市场价格来估算，如渔业、医药、旅游等；间接使用价值是指无法商品化的珊瑚礁生态系统生态性服务产生的价值，与某些商品有相似的性能或能对市场行为有明显的影响，如珊瑚礁的海岸带保护等；选择价值是指人们为了将来能利用珊瑚礁生态系统服务的支付意愿，如为将来能利用珊瑚礁生态系统的游憩和废物清洁等服务的支付意愿；存在价值是指不论是否使用珊瑚礁生态系统对人类的价值，它是介于生态性服务价值和社会性服务价值之间的一种过渡性价值，如美学景观、生物多样性等；遗产价值是指人们为后代保存珊瑚礁生态系统服务的意愿，如生境、与传统利用相关的生活方式等。

四、珊瑚礁生态系统价值的评价方法

在过去几十年中，环境资源评价方法在环境经济学中得到很大的发展，但在生态系统中的应用受到诸多限制。1996年，经济合作与发展组织（Organisation for Economic Cooperation and Development，OECD）

将生态系统的价值评估方法分为 3 类[32]：①市场价格法；②替代市场法；③模拟市场法。1998 年，Dixon 具体列出了珊瑚礁生态系统产品和服务价值评价中常用的 5 种方法：生产效益法（EoP）、替代费用法（RC）、损害费用法（DC）、旅行费用法（TCM）和条件价值法（CVM）[25]，其中前 4 种多用于评价直接和间接使用价值，而条件价值法用于评价选择价值、准选择价值及非使用价值。随着对珊瑚礁生态系统服务的深入认识和更细的划分，珊瑚礁生态系统服务价值类型和内容的多样性要求必须选择更为复杂和适合的评价技术，另外，由于珊瑚礁类型和所处地理位置的不同，需要更具地方特色的评价方法。

根据生态经济学、环境经济学和资源经济学的研究成果，珊瑚礁生态系统服务价值的评价方法可分为 3 类：①直接市场法，包括生产效益法和市场价值法；②替代市场法，如旅行费用法、替代费用法；③模拟市场法，如条件价值法。其中，生产效益法和旅行费用法主要用于直接使用价值的计算，替代费用法主要用于间接使用价值的计算，而条件价值法则用于非使用价值的计算。Cesar[33]给出了珊瑚礁生态系统服务价值类型和评价方法之间的关系（表 8.3）。

表 8.3 珊瑚礁生态系统服务价值类型和评价方法之间的关系

服务价值类型	评价方法
直接使用价值	
旅游	旅游费用法
海水养殖	生产效益法
海洋捕捞	生产效益法
生物制药	生产效益法
间接使用价值	
海岸保护	替代费用法
航海	替代费用法
生态系统维持	市场价值法
全球生态系统碳的固定	市场价值法
非使用价值	
选择价值	条件价值法
存在价值	条件价值法
遗产价值	条件价值法

生产效益法是指利用产量的不同作为评价珊瑚礁服务的基础，它主要应用在渔业和旅游业，估计管理干预或自然压力影响前后产出价值的差异。1990 年，Alcala 和 Russ[34]用生产效益法计算出菲律宾苏米龙岛（Sumilon 岛）的珊瑚礁渔业总收益在保护性管理减弱后减少了 54 000 美元。

替代费用法是指当珊瑚礁生态系统受到破坏而导致其某种服务的缺失，人工建造一个替代工程来代替原来的服务，用建造新工程的费用来估计生态系统服务缺失所造成的经济损失。1992 年，Spurgeon[35]根据替代费用法研究基里巴斯的塔拉瓦环礁（Tarawa 环礁）得出，要花费 90 720 美元来建立海岸防护以防止海岸侵蚀。1995 年，Riopelle[36]引用了印度尼西亚西龙归岛（West Lombok）的一个旅馆的资料，这间旅馆 7 年间花费了 880 000 美元重建其周围 250m 的一段过去因开采珊瑚而被破坏的海岸。

市场价值法用于没有费用支出但有市场价格的珊瑚礁生态系统服务的价值评价。例如，没有市场交换而在当地直接消耗的生态系统服务，这些服务虽然没有市场交换，但它们有市场价格，因而可以按市场价格来确定它们的价值。

旅行费用法是利用旅游的费用资料求出旅游休憩服务的消费者剩余，并以其作为旅游休憩服务的价值。2004 年，Seenprachawong[37]用旅行费用法计算泰国南部皮皮岛（Phi Phi 岛）休闲服务的总收益每年约为 2.05 亿美元，其中，国内游客每年为 0.0175 亿美元，而国外游客每年为 2.03 亿美元。假设这种现状能维持30年以上，并考虑5%的利率，则皮皮岛的休闲服务现值是31.5亿美元。

条件价值法也称调查法和假设评价法，它适用于缺乏实际市场和替代市场交换商品的价值评估，是从消费者的角度出发，在一系列的假设前提下，通过调查、问卷和投标等方式来获得消费者的支付意愿和净支付意愿，综合所有消费者的支付意愿和净支付意愿来估计珊瑚礁生态系统的服务价值。2004年，Yeo[38]用条件价值法对马来西亚巴雅岛海洋公园（Pulau Payar海洋公园）进行调查计算，认为平均支付意愿是4.20美元，估计该公园珊瑚礁的潜在休闲价值每年约有390 000美元。

五、中国珊瑚礁生态系统服务及其价值的研究概况与前景

中国现代珊瑚礁有以下几种类型：岸礁（裾礁），岸外以海底岩石为基底发育的离岸礁，大海中的环礁、台礁、礁丘和礁滩。离岸发育在大陆架（或岛架）、大陆坡或深海海山上者，俗称岛礁。在热带海洋南海中的南海诸岛就有众多的岛礁，主要类型为环礁和台礁，星罗棋布于东沙群岛、中沙群岛、西沙群岛和南沙群岛（含曾母暗沙的礁丘）。东海南部、台湾海峡和台湾岛东岸及岸外岛屿，受黑潮及其分支的影响，也有珊瑚礁分布，如澎湖列岛和钓鱼岛等。华南大陆沿岸，由于受中国沿岸水低温、低盐和含沙量较大的影响，有一些港湾仍长珊瑚，但只有个别岸段和岛屿形成岸礁，如雷州半岛西南部灯楼角岸段、广西涠洲岛和斜阳岛海岸。海南岛四周沿岸则较广布岸礁和个别离岸礁[39]。

中国与珊瑚礁有关的研究工作主要集中在珊瑚礁古气候[40]、珊瑚礁的生物地貌过程[41]、珊瑚礁资源的综合考察[39]、珊瑚礁生态系的生物多样性调查[42]、珊瑚礁的保护与管理研究[43]等方面。主要是从自然科学方面，即地学、生物学等方面来调查与研究珊瑚礁生态系统，珊瑚礁保护与管理的建议也仅从定性的角度提出。目前国内尚未有对珊瑚礁生态系统服务及其价值评估方面的研究。

岸礁有别于堡礁和环礁，与海岸带的红树林、海草之间进行着物理、生物和生化的相互联系，并共同受陆地和开放海洋活动的影响，因而在进行价值评估时必须要考虑得更为详细[44]。三亚珊瑚岸礁以其特有的地理条件和色彩斑斓的水下珊瑚礁世界而吸引大批旅游者，但随着人口增长和开发利用强度的增大，三亚珊瑚礁的生态系统受到了破坏，其中鹿回头珊瑚礁岸段的珊瑚覆盖率从1998~1999年的40%降到2002年的22%，而亚龙湾西排旅游区一带的珊瑚，在2005年由于人为的原因白化率在70%左右。徐闻县2000~2004年研究区内珊瑚的覆盖率持续变化，从2000年的30%~40%，2002年的20%~30%，到2004年的不到10%，呈逐年下降的趋势，而这主要是不合理开发利用造成的。由于缺乏科学数据的支持和对珊瑚礁生态系统价值的正确认识，研究人员对三亚珊瑚礁国家级自然保护区和徐闻珊瑚礁省级自然保护区的保护与管理虽然做了一些具体工作，但并未取得更好的效果。因此开展珊瑚礁生态系统服务价值评估工作可以为政府提供提高珊瑚礁保护和管理力度的依据，对于维持珊瑚礁生态系统服务以达到保护人类的生存环境、保护全球生命支持系统、保持一个可持续的生物圈是很有意义的。

珊瑚礁生态系统极易受破坏，要完全恢复则需要一个漫长的过程[15]，特别是遭受人类活动破坏后更是难以恢复，因此必须尽快开展珊瑚礁生态系统服务及其价值评估研究，为珊瑚礁资源的充分利用和可持续发展提供理论及经验[45]。

参 考 文 献

[1] Achituv Y, Dubinsky Z. Evolution and zoogeography of coral reefs//Dubinsky Z. Ecosystems of the World Coral Reefs. London: Elsevier, 1990: 1-8.
[2] 山里清, 李春生. 珊瑚礁生态系. 海洋科学, 1978, 2(4): 55-63.
[3] 陈刚. 珊瑚礁资源的可持续发展与生态性利用. 南海研究与开发, 1997, (4): 53-55.
[4] 王广颖. 热带海岸带资源的可持续利用——一个重大的保护问题. 人类环境杂志, 1993, 22(7): 481-482.
[5] 罗夏. 珊瑚前途堪忧. 科学时报, 3版, 2003-9-17.

[6] Caviglia-Harris J L, Kahn J R, Green T. Demand-side policies for environmental protection and sustainable usage of renewable resources. Ecol Econ, 2003, 45(1): 119-132.
[7] Hoffmann T C. Coral reef health and effects of socio-economic factors in Fiji and Cook Islands. Mar Pollut Bull, 2002, 44(11): 1281-1293.
[8] White A T, Vogt H P, Arin T. Philippine coral reefs under threat: the economic losses caused by reef destruction. Mar Pollut Bull, 2000, 40(7): 598-605.
[9] SCEP(Study of Critical Environmental Problems). Man's Impact on the Global Environment: Assessment and Recommendations for Action. Cambridge: MIT Press, 1970.
[10] Holder J, Ehrlich P R. Human population and global environment. Am Scientist, 1974, 62(3): 282-297.
[11] Westman W E. How much are nature's services worth. Science, 1997, 197(4307): 960-964.
[12] Daily G C. Nature's Service: Societal Dependence on Natural Ecosystems. Washington: Island Press, 1997: 120-131.
[13] Costanza R, d' Arge R, de Groot R, et al. The value of the world's ecosystem services and natural capital. Nature, 1998, 25(1): 3-15.
[14] Moberg F, Folke C. Ecological goods and services of coral reef ecosystems. Ecological Economics, 1999, 29(2): 215-233.
[15] Grigg R W. Coral reefs in an urban embayment in Hawaii: a complex case history controlled by natural and anthropogenic stress. Coral Reefs, 1995, 14(4): 253-266.
[16] Lal P. Coral reef use and management the need, role and prospects of economic valuation in the Pacific//Ahmed M. Economic Valuation and Policy Priorities for Sustainable Management of Coral Reefs. Penang: World Fish Center, 2004: 59-78.
[17] 欧阳志云, 王如松, 赵景柱. 生态系统服务功能及其生态经济价值评价. 应用生态学报, 1999, 10(5): 635-640.
[18] 谢高地, 鲁春霞, 成升魁. 全球生态系统服务价值评估研究进展. 资源科学, 2003, 23(6): 5-9.
[19] Van't Hof T. The economic benefits of marine parks and protected area in the Caribbean region. Proceedings of 5th International coral Reef Congress. Tahiti, 1985: 551-555.
[20] McAllister D E. Environmental, economic and social costs of coral reef destruction in the Philippines. Galaxea, 1988, 7: 161-178.
[21] Wood E M. Exploitation of coral reef fishes for the aquarium fish trade. Herefordshire: Marine Conservation Society, 1985: 1-121.
[22] Berg H, Ohman M C, Troëng S, et al. Environmental economics of coral reef destruction in Sri Lanka. Ambio, 1998, 27(8): 627-634.
[23] Cesar H. Economic analysis of indonesian coral reefs. Washington: The World Bank, 1996.
[24] Andersson J E Z, Ngazi Z. Marine resource use and the establishment of a marine park: The Mafia island, Tanzania. Ambio, 1995, 24(7/8): 475-481.
[25] Dixon J A. Economic values of coral reef: what are the issues//Hatziolos M E. Coral Reefs: Challenges and Opportunities for Sustainable management. Washington: The World Bank, 1998: 157-162.
[26] Ronnback P. The ecological basis for economic value of sea food production supported by mangrove ecosystems. Ecological Economics, 1999, 29(2): 235-252.
[27] Barton D N. Economic factors and valuation of tropical coast al resources. Bergen: University of Bergen, 1994: 128.
[28] Ahmed M, Chong C K, Balasubramanian H. An overview of problems and issues and coral reef management//Ahmed M. Economic Valuation and Policy Priorities for Sustainable Management of Coral Reefs. Penang: World Fish Center, 2004: 2-11.
[29] Paulay G. Diversity and distribution of reef organisms//Birkeland C. Life and Death of Coral Reefs. New York: Chapman and Hall, 1997: 298-353.
[30] Bhat M G. Application of non-market valuation to the Florida Keys marine reserve management. Journal of Environmental Management, 2003, 67(4): 315-325.
[31] Brookshire D S, Neill H R. Benefit transfers: conceptual and empirical issues. Water Resour Res, 1992, 28(3): 651-655.
[32] OECD. Saving Biological Diversity-Economic Incentives. Paris: OECD, 1996.
[33] Cesar H. Coral reefs: their functions, threats and economic value//Cesar H. The Economics of Coral Reefs. Kalmar: CORDIO, 2001: 14-40.
[34] Alcala A C, Russ G R. A direct test of the effects of protective management on abundance and yield of tropical marine resources. Ices Journal of Marine Science, 1990, 47(1): 40-47.
[35] Spurgeon J P G. The economic valuation of coral reefs. Mar Pollut Bull, 1992, 24(11): 529-536.
[36] Riopelle J M. The economic valuation of coral reefs: a case study of West Lombok, Indonesia. Halifax: Dalhousie University, 1995.
[37] Seenprachawong U. An economic analysis of coral reefs in the Andaman sea of Thailand//Ahmed M. Economic Valuation and Policy Priorities for Sustainable Management of Coral Reefs. Penang: World Fish Center, 2004: 79-83.

[38] Yeo B H. The recreational benefits of coral reefs: a case study of Pulau Payar Marine Park, Kedah, Mayaysia//Ahmed M. Economic Valuation and Policy Priorities for Sustainable Management of Coral Reefs. Penang: World Fish Center, 2004: 108-117.
[39] 赵焕庭, 张乔民, 宋朝景, 等. 华南海岸和南海诸岛地貌与环境. 北京: 科学出版社, 1999: 474-494.
[40] Yu K F, Zhao J X, Collerson K D, et al. Storm cycles in the last millennium recorded in Yongshu Reef, Southern South China Sea. Palaeogeography, 2004, 210(1): 89-100.
[41] Zhang Q M. Coastal bio-geomorphologic zonation of coral reefs and mangroves and tide level control. Journal of Coastal Research, 2004, 20(3): 202-211.
[42] 于登攀, 邹仁林. 鹿回头造礁石珊瑚群落多样性的现状及动态. 生态学报, 1996, 16(6): 559-564.
[43] 王丽荣, 赵焕庭. 珊瑚礁生态保护与管理研究. 生态学杂志, 2004, 23(4): 103-108.
[44] Ogden J C. The influence of adjacent systems on the structure and function of coral reefs Proceedings of the 6th International Coral Reef Symposium. Townsville, 1988, 1: 123-129.
[45] 王丽荣, 赵焕庭. 珊瑚礁生态系统服务及其价值评估. 生态学杂志, 2006, 25(11): 1384-1389.

第二节　南海珊瑚礁经济价值评估[①]

珊瑚礁是重要的海洋资源，主要分布在南北半球海水年平均表层水温 20℃等温线内。珊瑚礁具有极高的生物多样性，3000 余种生物能同时栖居在单个礁体中，净初级生产量为 4000g/（$m^2·a$），而珊瑚礁区鱼类的密度大于海洋中平均值的 100 倍[1]。珊瑚礁为人类的生产和生活提供各种生物资源，并因具有生态功能和社会效益而带来巨大的经济价值；但长期以来，特别是我国广大民众对珊瑚礁缺乏重视，主要原因之一是对珊瑚礁的价值缺乏正确的认识。

珊瑚礁经济价值多分为使用价值和非使用价值[2, 3]，使用价值指可供人们直接消费的产品和服务，如渔产品、海岸线保护、旅游、教育和研究、固碳及生物多样性等直接或间接从珊瑚礁获取的价值；而非使用价值是指因珊瑚礁的存在而产生的生态、文化、宗教和美学等方面的价值。

国际上对珊瑚礁经济价值的研究已经开展了 30 多年，在研究内容、范围和方法等方面都有了很大的进展[4]。研究内容的进展体现在广度和深度两个方面：广度上从最早的对渔业、旅游休闲等占当地 GDP 比重大的经济价值研究，开始转向更具潜力的药物价值[5]、更具环境意义的固碳作用价值，以及更加体现人与珊瑚礁和谐的存在价值等的经济价值研究[6]；研究深度上也更为细化，注重强调某一类涉礁活动带来的经济价值，如将珊瑚礁旅游休闲价值细分为水肺潜水旅游、休闲垂钓[7]、鲨鱼观赏[8]等多方面。研究范围也包括两个方面：一是从发达国家研究成果较丰富的珊瑚礁区，如澳大利亚大堡礁、美国加勒比海，向处于发展中国家的珊瑚礁区展开，如东南亚的菲律宾、印度尼西亚等地的珊瑚礁[9]；二是从最初的热带海域延伸到较高纬度的冷水、深水的珊瑚礁区的经济价值评估[10, 11]。另外，研究方法也更为多样化，如旅游费用法、成本效益法、意愿评价法等市场和非市场评估方法在珊瑚礁经济价值的估算研究中不断完善。评价模型的应用也更为广泛，如栖息地平等性分析模型[12]等。而将珊瑚研究区域已有价值评估的调查站位的结果进行整合性分析，以确定效益转移可靠性的综合分析法[13, 14]，使更多因为时间、资金或数据获取困难的本调查站位或其他区域的珊瑚礁的经济价值也可以得到评估[15]。

近几十年来，受人类活动和全球气候变化的双重压力，世界范围内珊瑚礁处于严重退化状态，珊瑚覆盖率下降、生物多样性降低及渔业资源衰退等，造成珊瑚礁经济价值的损失。东南亚珊瑚礁的退化状况尤为严峻，88%的珊瑚礁受到人为活动的干扰，其中 50%的珊瑚礁受到威胁的程度为高或很高[16]。印度尼西亚、菲律宾等珊瑚礁的经济价值评估研究[16]已有报道，但我国对南海珊瑚礁的经济价值评估工作尚未开展。有效的价值评估信息会使决策者将注意力集中到有最大潜力的保护措施和行动上，因此对我

---
① 作者：王丽荣，余克服，赵焕庭，张乔民

国南海珊瑚礁经济价值的研究工作显得尤为重要。

一、研究区域概况

我国南海珊瑚礁面积约为37 935km²（表8.4[17, 20]），占世界珊瑚礁面积的5%，位列东南亚地区第二位[17-22]，主要分布在南海诸岛、海南岛、台湾岛和华南大陆沿岸等地。初步估计，我国南海珊瑚礁拥有生物物种5613种，其中造礁石珊瑚约有250种[23]，自然资源丰富。本研究未将邻国拥有的南海珊瑚礁列入研究范围。

表8.4 我国南海珊瑚礁面积

区域	面积/km²	资料来源
广东	30.13	宋朝景等[18]
广西	27.7	据王国忠等[22]资料图件估算
海南岛	195.1	邹发生[19]
台湾岛	700.0	Burke等[16]
东沙群岛	417.0	
中沙群岛	8 670.0	赵焕庭等[17]
西沙群岛	1 836.4	
南沙群岛	26 059.0	
合计	37 935.33	

注：广东仅根据雷州半岛徐闻县西岸统计，其他如万山群岛的造礁石珊瑚有所调查，但其珊瑚礁面积尚无数据；香港地区对造礁石珊瑚的种类、分布和保护的研究成果颇多，但对如东、平洲等地的珊瑚礁面积却无数据；东沙群岛为干出礁面积；中沙群岛为水下中沙环礁和干出的黄岩岛礁面积；西沙群岛为干出礁面积；南沙群岛为水深200m以浅含干出礁的礁顶面积；台湾岛的西部、北部和东部沿岸及其离岛海区，均不属南海。故本表合计的南海珊瑚礁面积37 935.33km²只是约数

二、研究方法

在对珊瑚礁经济价值的估算中，根据已有的基础数据、国外相关的研究结果及野外的调查资料，针对南海珊瑚礁的不同服务价值，采用以下方法进行评估。

（1）生产效益法。根据市场价格确定经济价值的评估方法[24]，本研究用此法估计珊瑚礁渔业经济价值。

（2）数值转移法。即通过搜集一个或几个与政策地属性相似的研究，直接根据其单位价值评估结果来估算政策地资源与环境价值[15]。由于我国南海珊瑚礁的研究程度总体较低，因此本研究将通过分析同处南海的印度尼西亚和菲律宾的珊瑚礁研究成果，并考虑珊瑚礁离海岸距离、旅游开发强度等因素来估算南海珊瑚礁的海岸保护价值、旅游和休闲价值和生物多样性价值。由于印度尼西亚、菲律宾和我国同为发展中国家，人类活动和自然干扰对珊瑚礁的影响基本相似，因此本研究仍然使用数值转移法估算由于过度捕捞、破坏性捕捞和陆源沉积物污染而造成的我国南海珊瑚礁经济价值的损失。

三、结果与分析

（一）南海珊瑚礁经济价值

1. 渔业经济价值

珊瑚礁为鱼类等提供食物和繁殖场所，渔民通过渔业活动满足生活所需或通过市场进行出售。南海

面积为 350×10^4km^2，渔民作业的区域逾 200×10^4km^2，渔业资源非常丰富，可持续渔业产量为 472.5×10^4t/a[24]。根据南海珊瑚礁面积，并考虑到珊瑚礁区渔业产量高于周围海洋的 10 倍，推算南海珊瑚礁区可持续渔业产量为 18.5t/（km^2·a），以此估计南海珊瑚礁渔业的年经济价值（EF）为

$$EF = \sum S_i \times P \times 18.5 = 140.4 \times 10^8 \text{元/a} \tag{8.1}$$

式中，S_i 为南海各区珊瑚礁面积；P 为海鲜产品的平均市场价格（已考虑50%的成本），本研究估计为 20 元/kg。

2. 海岸保护价值

珊瑚礁对于保护海岸线免于被海浪侵蚀具有非常重要的作用，有 70%～90%的海浪冲击力量在遭遇珊瑚礁时会被吸收或减弱，而不少地方当珊瑚礁被破坏后才发现人工筑堤费用的昂贵。

南海珊瑚礁海岸保护价值（ES）为

$$ES = \sum S_i \times P_{h1} + \sum S_j \times P_{l1} = \sum S_i \times 88 \times 10^4 + \sum S_j \times 720 = 8.7 \times 10^8 \text{元/a} \tag{8.2}$$

式中，P_{h1} 和 P_{l1} 为珊瑚礁海岸保护的单位价值，是根据 Burke 等[16]的研究而取的经验值。其中，靠近海岸或离海岸小于 4km 的珊瑚礁的海岸保护价值较高，P_{h1} 为 88×10^4 元/（km^2·a）；距离海岸大于 4km 的珊瑚礁的海岸保护价值较低，P_{l1} 为 720 元/（km^2·a）。考虑到南海各珊瑚礁区珊瑚礁离海岸的距离情况，将广东、广西、海南岛和台湾岛的岸礁列为价值较高一类，而其他区域珊瑚礁则按价值较低一类计算（表 8.5）[16-19, 25-27]。

表 8.5 我国南海珊瑚礁经济价值

地点	珊瑚礁产品与服务经济价值/（$\times10^4$元）			
	渔业	海岸保护	旅游和休闲	生物多样性
广东	1 115	3 300	1 680	137
广西	1 025	2 437	1 241	126
海南岛	7 215	17 200	8 736	889
台湾岛	25 900	61 600	31 400	3 192
东沙群岛	15 429	30	110	190
中沙群岛	321 000	624	2 289	3 953
西沙群岛	67 900	132	485	837
南沙群岛	964 000	1 876	6 879	11 900
年总经济价值	1 403 584	87 199	52 820	21 224
20 年净现值	12 329 700	759 900	460 700	186 300

注：根据 White 等[25, 26]、Lindin 等[27]、Burke 等[16]等文献计算

3. 旅游和休闲价值

南海珊瑚礁拥有五彩斑斓、形态各异的珊瑚，以及珍奇的礁栖生物，独特的海底景观不断吸引众多的游客和潜水爱好者，因此其旅游和休闲价值也不可小觑。南海珊瑚礁旅游和休闲价值（ET）为

$$ET = \sum S_i \times P_{h2} + \sum S_j \times P_{l2} = \sum S_i \times 44.8 \times 10^4 + \sum S_j \times 0.264 \times 10^4 = 5.3 \times 10^8 \text{元/a} \tag{8.3}$$

式中，P_{h2} 和 P_{l2} 为珊瑚礁旅游休闲功能的单位价值，Burke 等[16]认为旅游和休闲的价值与珊瑚礁所处地的旅游开发状况有关，已开展旅游活动的或旅游潜力高的珊瑚礁的旅游休闲经济价值较高，P_{h2} 为 44.8×10^4 元/（km^2·a），而未开展旅游活动或旅游潜力低的珊瑚礁的经济价值低，P_{l2} 为 0.264×10^4 元/（km^2·a）。从目前珊瑚礁旅游活动的开展情况来看，广东、广西、海南岛和台湾岛珊瑚礁的旅游可达性和配套设施成熟，旅游发展潜力高，体现了更高的旅游休闲价值，而远离大陆的其他区域的珊瑚礁大多尚未开展旅游

服务，因此旅游和休闲价值较低。

4. 生物多样性价值

在所有的海洋生态系统中，珊瑚礁的生物多样性最丰富，而南海珊瑚礁区所处生物地理位置决定其丰富的生物多样性对整个东南亚地区珊瑚礁的健康和生物多样性维护非常重要。南海珊瑚礁生物多样性价值（EB）为

$$EB=\sum S_i \times P_{h3} + \sum S_j \times P_{l3} = \sum S_i \times 4.6 \times 10^4 + \sum S_j \times 0.46 \times 10^4 = 2.1 \times 10^8 \text{元/a} \quad (8.4)$$

式中，P_{h3}是指广东、广西、海南岛和台湾岛等区域的珊瑚礁生物多样性单位价值，为4.6×10^4元/($km^2 \cdot a$)，而P_{l3}是指南海诸岛等地的生物多样性单位价值，为0.46×10^4元/($km^2 \cdot a$)。

（二）未来20年受人类活动影响珊瑚礁的经济价值损失

人类的开发活动已涉及整个南海珊瑚礁，其中捕鱼、沉积物污染、珊瑚礁旅游等都对南海珊瑚礁造成了不同程度的影响。考虑到南海珊瑚礁受人类干扰的特点，将珊瑚礁受破坏性捕捞、过度捕捞和陆源沉积物影响的程度分为高、中和低3个等级（表8.6）[16]，并估算这些活动给珊瑚礁带来的潜在经济损失（表8.7）[16-19,25-27]。

表8.6 南海珊瑚礁受人类活动影响程度百分比 （%）

地点	破坏性捕捞占比			过度捕捞占比			陆源沉积物占比		
	高	中	低	高	中	低	高	中	低
广东	15	7	78	61	17	22	35	8	57
广西	15	7	78	61	17	22	35	8	57
海南岛	15	7	78	61	17	22	35	8	57
台湾岛	9	70	21	53	15	32	32	13	55
东沙群岛	0	100	0	0	0	100	0	0	100
中沙群岛	0	100	0	0	0	100	0	0	100
西沙群岛	0	100	0	0	0	100	0	0	100
南沙群岛	0	100	0	0	0	100	0	0	100

注：根据Burke等[16]资料整理

表8.7 南海珊瑚礁未来20年内受人类活动影响造成的经济损失

地点	人类活动造成的经济损失/($\times10^4$元)		
	破坏性捕捞	过度捕捞	陆源沉积物
广东	440	1 184	1 814
广西	404	1 089	1 868
海南岛	2 848	7 666	11 700
台湾岛	36 254	23 990	44 100
东沙群岛	27 688	0	0
中沙群岛	576 000	0	0
西沙群岛	122 000	0	0
南沙群岛	1 730 000	0	0
20年的经济损失	2 495 634	33 929	59 482

注：根据White等[25,26]、Lindin等[27]、Burke等[16]等文献计算

1. 破坏性捕捞

在南海珊瑚礁进行的破坏性捕捞活动包括拖网捕捞、围网捕捞、炸鱼、毒鱼等，这些在我国南海诸岛的珊瑚礁区也非常普遍。破坏性捕捞行为是通过大规模的而且是不可逆的方式获取珊瑚礁鱼类，并破坏其生境。破坏性捕捞带来的珊瑚礁经济损失（LD）为

$$LD = \sum S_i \times A_i \times V_i = 249.6 \times 10^8 \text{元} \tag{8.5}$$

式中，S_i是南海各区珊瑚礁面积；A_i是受干扰程度为中等和强的百分比；V_i是Burke等[16]提供的破坏性捕捞给单位面积珊瑚礁未来20年带来的经济损失，为66.4×10^4元/km²（年折现率为10%，下同）。

2. 过度捕捞

过度捕捞虽然能给捕捞者个人带来短暂收益，但长期而言会使珊瑚礁退化，给可持续的渔业、海岸保护、旅游业及其他方面带来巨大的社会经济损失。过度捕捞带来的珊瑚礁经济损失（LO）为

$$LO = \sum S_i \times A_i \times V_j = 3.3 \times 10^8 \text{元} \tag{8.6}$$

式中，V_j是Burke等[16]研究的过度捕捞给单位面积珊瑚礁未来20年造成的经济损失，为50.4×10^4元/km²。

3. 陆源沉积物

陆源沉积物对珊瑚礁的直接经济损失多发生在珊瑚礁旅游区，因此中国大陆和台湾沿岸珊瑚礁分别有43%和45%的面积受到中等以上程度的陆源沉积物污染，而南海诸岛的珊瑚礁没有受到中等程度以上的干扰。陆源沉积物带来的珊瑚礁经济损失（LS）为

$$LS = \sum S_i \times A_i \times V_k = 5.9 \times 10^8 \text{元} \tag{8.7}$$

式中，V_k是Burke等[16]给出的陆源沉积物给单位面积珊瑚礁未来20年造成的经济损失，为140×10^4元/km²。

四、讨论

（1）南海珊瑚礁的年经济价值（TE）就是渔业年经济价值（EF）、海岸保护价值（ES）、旅游和休闲价值（ET），以及生物多样性价值（EB）的总和：

$$TE = EF + ES + ET + EB = 156.5 \times 10^8 \text{元/a} \tag{8.8}$$

其中，渔业贡献了90%的经济价值，为140.4×10^8元（表8.5）；之后为海岸保护价值，为8.7×10^8元，占南海珊瑚礁年经济价值的5.5%。因此，要更加重视保护南海珊瑚礁的渔业资源，并进行可持续的开发和利用，以满足当地渔民和区域经济发展的需要。旅游和休闲及生物多样性价值则分别占3.3%和1.2%，所占比例较小，这和南海各区珊瑚礁旅游活动的开展情况相关。目前仅有广东、广西、海南岛和台湾岛有相对成熟的珊瑚礁旅游活动，而面积更大的南海诸岛珊瑚礁旅游活动则还未开展，因而如何在保护珊瑚礁的基础上开展可持续的珊瑚礁旅游活动以提高南海珊瑚礁的旅游价值和生物多样性价值值得思考。

如果以珊瑚礁目前的渔业捕捞状况能维持20年为假设，并考虑10%的贴现率，则未来20年南海珊瑚礁总的经济价值为1370×10^8元。

（2）南海珊瑚礁经济价值损失是不容忽视的，人类活动的持续干扰在未来20年（贴现率为10%）给珊瑚礁带来的经济价值损失（TL）为

$$TL = LD + LO + LS = 258.8 \times 10^8 \text{元} \tag{8.9}$$

我国属于发展中国家，渔民对珊瑚礁有很强的依赖性，在过去的60年间，经济的快速发展和人口的不断增长，给珊瑚礁环境带来巨大的压力。而破坏性捕捞对南海珊瑚礁的危害最大，如果未来20年这种情况得不到改善，其导致的经济价值损失将占我国南海珊瑚礁总的经济价值损失的96.4%，因而维持南海

珊瑚礁经济价值的关键就是立即减少并停止破坏性捕捞，并加强管理和规范行为。目前，广西、广东、海南岛、台湾岛等地均已成立了国家级或省级的珊瑚礁自然保护区，并开展了卓有成效的珊瑚礁保护工作，而南海诸岛仍未建立任何珊瑚礁自然保护区，在管理方面也是空白。因此尽快在南海诸岛建立珊瑚礁保护区，规范管理，将能大大减少其经济价值的损失。

（3）珊瑚礁价值评估研究在我国刚刚展开，相比国外珊瑚礁价值评估，研究成果很少。本研究参考了适合南海珊瑚礁的其他区域的研究成果并运用到我国南海，因而今后的重点是如何建立基于南海珊瑚礁本底数据的价值估算方法，并细化到每个研究区甚至每个研究点。另外，将珊瑚礁退化导致经济价值损失的研究主要放在人类活动的影响上，而自然因素造成的珊瑚礁经济价值的损失未有提及，如珊瑚礁白化。如何从自然干扰方面了解珊瑚礁经济的价值损失也是很有意义的课题，这将是下一步工作的方向[28]。

参 考 文 献

[1] Giselle S T. Economic values of coral reefs, mangroves, and seagrasses: a global compilation. Center for Applied Biodiversity Science, Arlington: Conservation International, 2008.

[2] Lal P. Coral reef use and management the need, role and prospects of economic valuation in the Pacific//Ahmed M. Economic valuation and policy priorities for sustainable management of coral reefs. Penang: World Fish Center, 2004: 59-78.

[3] Annabelle C T, Rollan C G, Reniel B C, et al. How much are the Bolinao-Anda coral reefs worth? Ocean and Coastal Management, 2011, 54(9): 696-705.

[4] 王丽荣, 赵焕庭. 珊瑚礁生态系统服务及其价值评估. 生态学杂志, 2006, 25(11): 1384-1389.

[5] Erwin P M, Legeentil S L, Schuiimann P W. The pharmaceutical value of marine biodiversity for anti-cancer drug discovery. Ecological Economics, 2010, (70): 445-451.

[6] Frau A R, Hinz H, Jones G E, et al. Spatially explicit economic assessment of cultural ecosystem services: non-extractive recreational uses of the coastal environment related to marine biodiversity. Marine Policy, 2013, 38: 90-98.

[7] Prayaga P, Rolfe H, Stoeckl N. The value of recreational fishing in the Great Barrier Reef, Australia: a pooled revealed preference and contingent behavior model. Marine Policy, 2012, 34(2): 244-251.

[8] Vianna G M S, Meekan M G, Pannell D J, et al. Socio-economic value and community benefits from shark-diving tourism in Palau: a sustainable use of reef shark populations. Biological Conservation, 2012, 145(1): 267-277.

[9] Tanya O G. Economic valuation of a traditional fishing ground on the coral coast in Fiji. Ocean and Coastal Management, 2012, 56(56): 44-55.

[10] Foley N S, Rensburg T M V, Armstrong C W. The ecological and economic value of cold-water coral ecosystems. Ocean and Coastal Management, 2010, 53(7): 313-326.

[11] Armstrong C W, Naomi S F, Rob T, et al. Services from the deep: steps towards valuation of deep sea goods and services. Ecosystem Services, 2012, 2(13): 2-13.

[12] Shaw W D, Wlodarz M. Ecosystems, ecological restoration, and economics: does habitat or resource equivalency analysis mean other economic valuation methods are not needs? http: //ssrn.com/abstract=1804952. [2012-10-1].

[13] Londono L M, Johnston R J. Enhancing the reliability of benefit transfer over heterogeneous sites: a meta-analysis of international coral reef values. Ecological Economics, 2012, 78(3): 80-89.

[14] Ojea E, Loureiro M L. Identifying the scope effect on a meta-analysis of biodiversity valuation studies. Resource and Energy Economics, 2011, 33(3): 706-724.

[15] Rolfe J, Windle J. Testing benefit transfer of reef protection values between local case studies: the Great Barrier Reef in Australia. Ecological Economics, 2012, 81(3): 60-69.

[16] Burke L, Selig E, Spalding M. Reefs at risk in southeast Asia. Washington: World Resources Institute(WRI), 2002, 83(12): 1-72.

[17] 赵焕庭, 张乔民, 宋朝景, 等. 华南海岸和南海诸岛地貌与环境. 北京: 科学出版社, 1999: 373-378.

[18] 宋朝景, 赵焕庭, 王丽荣. 华南大陆沿岸珊瑚礁的特点与分析. 热带地理, 2007, 27(4): 294-299.

[19] 邹发生. 海南岛湿地. 广州: 广东科技出版社, 2005: 15-17.

[20] Yu K F, Zhao J X. Coral reef//Wang P X, Li Q. The South China Sea Paleoceanography and Sedimentology. New York: Springer-Verlag, 1999: 229-255.

[21] 张乔民. 热带生物海岸对全球变化的响应. 第四纪研究, 2007, 27(5): 834-844.

[22] 王国忠, 全松青, 吕炳全. 南海涠洲岛区现代沉积环境和沉积作用演化. 海洋地质与第四纪地质, 1991, 11(1): 69-81.

[23] 陈清潮. 中国海洋生物多样性的现状和展望. 生物多样性, 1997, 5(2): 142-146.

[24] 国家海洋局. 中国海洋年鉴. 北京: 海洋出版社, 1986: 55-61.

[25] White A T, Vogt H P, Arin T. Philippine coral reefs under threat: the economic losses caused by reef destruction. Marine Pollution Bulletin, 2000, 40(7): 598-605.

[26] White A T, Trinidad A C. The values of philippine coastal resources: why protection and management are critical. Cebu City: Coastal Resource Management Project, 1998: 28.

[27] Lundin C G, Cesar H, Bettancourt S, et al. Indonesian coral reefs: an economic analysis of a precious but threatened resource. Ambio, 1997, 26(1): 345-350.

[28] 王丽荣, 余克服, 赵焕庭, 等. 南海珊瑚礁经济价值评估. 热带地理, 2014, 34(1): 44-49.

— 第九章 —

珊瑚礁区碳循环研究进展[①]

工业革命以来，人们大规模地开发利用化石能源，导致大气中含碳温室气体 CO_2、CH_4 的浓度以前所未有的速度增加，强烈地影响着全球气候系统，并给人类的生存环境带来了极大的影响[1-5]。因此，以 CO_2、CH_4 等为核心的碳元素循环过程的研究逐渐成为各国科学家关注的热点，碳循环的研究已成为四大国际变化研究组织国际地圈生物圈计划（IGBP）、世界气候研究计划（WCRP）、国际全球环境变化人文因素计划（IHDP）、国际生物多样性计划（DIVERSITAS）所共同关注的三大科学目标（碳循环、食物、水资源）之一[1-5]。

相对于大洋区碳循环的研究，浅海区碳循环被关注的程度要低得多[6]。珊瑚礁生态系统作为重要的浅海区特色生态系统，具有极高的初级生产力和生物多样性，被誉为"海洋中的热带雨林"[7-9]。例如，珊瑚礁区的经济鱼类占全球海洋渔业资源的 9%~15%[10]；并且，珊瑚礁具有高效、稳定的碳酸盐沉降率，每年的 $CaCO_3$ 累积沉积量占到全球年 $CaCO_3$ 沉积量的 23%~26%[11]，在一定程度上缓解了目前大幅上升的大气 CO_2 浓度。但由于目前对珊瑚礁生态系统碳循环过程的了解还非常有限，导致珊瑚礁究竟是大气 CO_2 的"源"（source）[6, 12-15]还是"汇"（sink）的问题[11, 16, 17]还存在很大的争议，这一方面是因为珊瑚礁区地形、地貌、生物多样性和生态分布确实复杂，尤其是礁坪及其凸起带的隔离作用使得珊瑚礁区理化环境与珊瑚礁外大洋区开放系统产生较大的区别，使得珊瑚礁区的碳循环过程错综复杂；另一方面是因为对珊瑚礁碳循环关注和研究的程度相对较低，也使得对珊瑚礁碳循环的认识显得复杂。因此，在全球温室气体急剧上升的今天，对珊瑚礁区的碳循环过程的深入研究，以及其对气候变化的影响、对人类活动的响应认识，都是当前珊瑚礁生态学、地质学和海洋化学研究的重点内容。

一、珊瑚礁区海-气界面 CO_2 交换

珊瑚礁作为重要的热带-亚热带海域浅海特色生态系统，其碳循环受到光合作用/呼吸作用和钙化/溶解两大生物代谢过程共同调控，目前研究人员对不同海域珊瑚礁区碳循环的调查结果显示，大多数珊瑚

[①] 作者：严宏强，余克服，谭烨辉

礁区是大气CO_2的源[6, 12-15]，也有研究显示珊瑚礁区是大气CO_2的汇[11, 16, 17]。

海-气界面CO_2交换的一个重要控制因子就是海-气CO_2分压差，pCO_{2a}（大气CO_2分压）在短时间尺度上可看作恒定值，则海区为大气CO_2的源或汇由pCO_{2w}（海水CO_2分压）决定。珊瑚礁区pCO_{2w}主要是以下两个过程[6, 11-13]共同作用的结果。

（1）有机碳代谢过程。

光合作用（吸收CO_2）：

$$HCO_3^- + H_2O \rightarrow CO_2 + OH^- + H_2O \rightarrow CH_2O + OH^- + O_2 \tag{9.1}$$

呼吸/降解作用（释放CO_2）：

$$CH_2O + O_2 \rightarrow CO_2\uparrow + H_2O \tag{9.2}$$

（2）无机碳代谢过程。

钙化作用（释放CO_2）：

$$Ca^{2+} + 2HCO_3^- \rightarrow CaCO_3\downarrow + H_2O + CO_2\uparrow \tag{9.3}$$

碳酸盐溶解（吸收CO_2）：

$$CaCO_3 + CO_2 + H_2O \rightarrow Ca^{2+} + 2HCO_3^- \tag{9.4}$$

珊瑚礁区有机碳代谢效率极高，Crossland 等[18]估算出其净生产力几乎为0 [（0±0.7）g C/（$m^2 \cdot d$）]，即光合作用固定的CO_2通过呼吸/降解作用几乎全部重新释放到水体进入新的循环，所以钙化作用成为珊瑚礁区海-气CO_2通量的主要控制因素[6, 12-14]。由公式（9.4）可见，每产生1mol的$CaCO_3$，就有1mol游离的CO_2产生，由于海水的缓冲作用，大约有Ψmol [Ψ为释放CO_2/$CaCO_3$沉淀值，当$pCO_{2w}=350\mu atm$，$T=25$℃，盐度(S)=35‰时，$\Psi=0.6$，即0.6法则[11-13]，现今大气和海表pCO_2条件下Ψ已发生变化] CO_2释放出来。Ware等[12]通过对珊瑚礁区钙化产率的估测，进一步推测出全球珊瑚礁区向大气释放的CO_2为0.02~0.08Gt C/a，为人类使用化石燃料排放CO_2总量的0.4%~1.4%。

虽然大多数研究结果表明珊瑚礁区是大气CO_2的源，但是随着研究人员对不同海域、不同类型的珊瑚礁进行调查，对这一结论提出了质疑。Kayanne等[16]对日本Shiraho礁的调查表明，珊瑚礁区可能是大气CO_2的汇而非源；而Suzuki和Kawahata[11]对Shiraho礁、琉球礁、帕劳礁，马朱罗环礁及马尔代夫南部环礁的比较研究表明，不同位置、不同类型的珊瑚礁区对大气CO_2的源或汇的作用是不同的。从生态系统种群结构来看，当珊瑚占优势时，钙化作用是海水CO_2浓度的控制因素，一般表现为大气CO_2的净源；而当大型藻类占优势时，植物光合作用较强，生态系统具有较高的净生产力，珊瑚礁区表现为CO_2的净汇。Suzuki等[11, 17, 19, 20]通过对海水pCO_2与有机及无机碳代谢间的关系进行验证，从群落代谢角度提出了以有机净生产力与无机净生产力比值（R_{OI}）作为海水CO_2对大气源/汇的判断标准（图9.1），当R_{OI}大于0.6（Ψ）时，净有机生产力大于净无机生产力，海水表现为大气CO_2的汇，反之，则为大气CO_2的源，在实际调查中，这一标准与实测数据有很好的一致性。

二、珊瑚礁区海水中碳的迁移转化

（一）珊瑚礁区有机碳的迁移

1. 有机碳的垂直通量和分布

海水中有机碳以颗粒有机碳（particulate organic carbon, POC）和溶解有机碳（dissolved organic carbon, DOC）的形式存在。在珊瑚礁区，POC主要由细菌、浮游植物、原生动物及浮游动物等生命体和珊瑚分

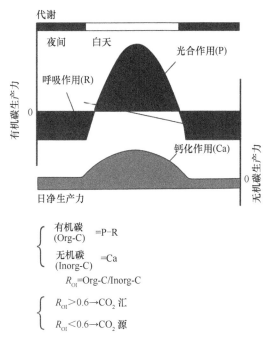

图 9.1　珊瑚礁每天的代谢过程及其对大气源/汇的判断标准[11]

泌物、食物碎屑、粪粒、生物遗体等非生命物质构成。无生命的 POC 的物理沉降过程及浮游生物的洄游都构成了有机物的垂直迁移；DOC 主要由珊瑚分泌物及其他生物代谢过程中产生的溶解态碳、胶体及一些小粒径的颗粒有机物组成。细菌等微生物对 DOC 的吸收转化，以及不同水层海水的垂直混合都造成了 DOC 的垂直迁移。在大洋区，海水中有机碳由于浮游动物、游泳动物等的摄食，以及有机物的氧化降解，其浓度一般会随深度的增加而下降。因珊瑚礁发育在较浅的水域，这就导致珊瑚礁坪区海水中 POC 和 DOC 没有明显的垂直分布差异[21]。潟湖区海水中有机物主要来源于浮游藻类及礁坪有机物的水平输入，对潟湖不同深度海水样品及潟湖砂的分析表明，潟湖区的 POC 浓度随着深度的增加明显下降，宋金明等[22]对南沙渚碧礁的调查结果显示，分布于潟湖的两个站点 POC 进入沉积物前分别有 93.6%和 95.8%被消耗，而潟湖砂中有机碳的含量仅为浮游生物体中碳含量的 1%，即有机物在沉降到潟湖底部时基本被摄食或降解掉了。

2. 有机碳的水平输送

珊瑚礁坪区种群丰富，生产力水平远高于礁外大洋区和潟湖，有相当比例的碳由礁坪输出[23]。Delesalle 等[9]通过在 Tiahura 礁潟湖、礁坪和礁外（礁前斜坡）施放沉积物捕捉器（sediment trap, ST），对收集的沉积物进行碳分析，发现有机碳的分布呈现礁坪＞潟湖＞礁外，即由礁坪向潟湖和礁外转移，郑佩如等[24]对南沙渚碧礁的调查也得出了类似的结论。Hata 等[25]对日本 Shiraho 礁的观测显示，珊瑚礁区向礁外大洋的 DOC 和 POC 通量分别为 30~36mmol C（$m^2 \cdot d$）和 5~7mmol C（$m^2 \cdot d$）。珊瑚礁发育在浅水区，水动力是控制礁环境的重要因素[26]。受水动力变化的影响，有机碳的输出量占净生产力的 1%~47%，变化幅度较大。不同季节随着风向、水流和海浪的变化，海水进出潟湖（即潟湖与大洋间的水流）的量也随之发生变化，由此所产生的水平通量也有较大的差异，即季节差异。而不同地貌的珊瑚礁对水动力条件的反馈也不一样，由图 9.2[20]可见，不同地貌的珊瑚礁对大洋的开放程度不同，水流进出珊瑚礁的通道宽窄程度就有较大的差异，即地貌差异。Crossland 等[18]估算出全球珊瑚礁区总的有机碳输出量约为 15×10^{12} g C/a，约占总净生产力的 75%。

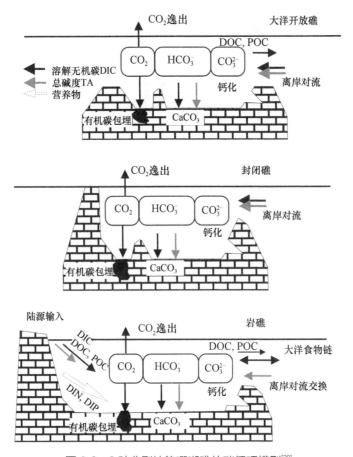

图 9.2　3 种典型地貌珊瑚礁的碳循环模型[20]

（二）珊瑚礁区海水中无机碳转化过程

珊瑚礁区无机碳的存在形式为 CO_2、H_2CO_3、HCO_3^-、CO_3^{2-} 和 $CaCO_3$，在海水中的分布主要受水温、盐度、酸碱度及水流的影响。大气中的 CO_2 通过海气交换进入海水，与水结合形成 H_2CO_3 分子，碳酸通过两级电离释放出 H^+、HCO_3^- 和 CO_3^{2-}，游离的 CO_3^{2-} 与 Ca^{2+} 结合形成 $CaCO_3$ 沉淀（图 9.3）[27]。大多数珊瑚礁区是大气 CO_2 的源，以稳定的速率沉积 $CaCO_3$。珊瑚礁区的碳除了来源于海-气交换外，还有相当一部分来源于礁外海水与生物。珊瑚及造礁藻类对 $CaCO_3$ 生成有很强的促进作用，故 $CaCO_3$ 主要产生在礁坪区，远高于潟湖和礁外大洋区[28]，在水流的作用下，有少量的 $CaCO_3$ 被带出礁坪，带到潟湖或大洋区。$CaCO_3$ 的沉积不受生物摄食及氧化分解的影响，进入沉积物的 $CaCO_3$ 在水流的扰动下部分再悬浮进入水体，故海底边界层 $CaCO_3$ 浓度较高。在发育稳定的珊瑚礁区，海水中 pCO_2 保持在稳定的水平，$CaCO_3$ 以较稳定的速率沉积，是海洋中重要的碳酸盐沉降区，由于珊瑚礁区的碳酸盐沉积较其他区域稳定，重新溶解的比例很小，由表 9.1[11] 可见，全球珊瑚礁面积不足浅海碳酸盐产区面积的 2.3%，却贡献了浅海区 $CaCO_3$ 产率的 32%~43%，为全球 $CaCO_3$ 产率的 7%~15%，而 $CaCO_3$ 年累积量更是达到浅海区年累积量的 49%，为全球年累积量的 23%~26%。

三、珊瑚礁区海水-沉积物界面间碳的迁移转化

珊瑚礁是在海水中颗粒物沉积及生物钙化共同作用下堆积而成的。由于有机碳在垂直迁移过程中的再矿化和动物摄食、微生物分解作用，只有很少一部分的有机碳进入珊瑚骨骼孔隙或者被 $CaCO_3$ 晶体包

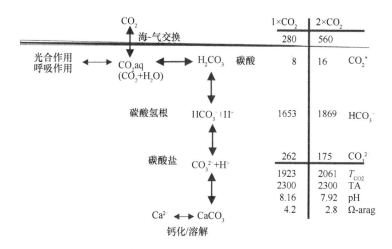

图 9.3 海水中不同形式的无机碳的转化过程[27]

右侧表格显示了 $T=25/26℃$，盐度=35‰，总碱度（total alkalinity，TA）=2300μmol/kg 的条件下，当大气 CO_2 浓度上升到工业化前的 2 倍时海水中各种形式无机碳浓度的变化。CO_2^* 是 CO_2aq 和 H_2CO_3 浓度的总和；T_{CO_2} 为 CO_2^*、HCO_3^- 和 CO_3^{2-} 浓度的总和；Ω-arag 是文石饱和度；CO_2aq 为溶解二氧化碳

埋，形成稳定的结构，可保存数百年[29]，全球珊瑚礁区沉积物中被包埋的有机碳大约为 $3×10^{12}$ g C/a，占总净生产力的 15%[18]；而作为重要的碳酸盐产区，全球珊瑚礁区碳酸钙年累积量为 $0.084×10^{15}$ g C/a，占全球碳酸钙年累积量的 23%～26%（表 9.1[11]）。

表 9.1 全球不同海区碳酸钙通量估量[11]

海区	面积/（×10^{12} m²）	通量/[mmol/(m²·d)]	生产力/（×10^{15} g C/a）	累积量/（×10^{15} g C/a）
浅海区				
珊瑚礁	0.6	41.1	0.108	0.084
碳酸盐陆架	10	0.5～2.7	0.024～0.120	0.036
仙掌藻类生物礁岩	?	82	0.02	0.02
岸/海湾	0.8	14	0.048	0.024
非碳酸盐陆架	15	0.7	0.05	0.012
总计	—	—	0.25～0.34	0.17
大陆坡	32	0.4	0.060	0.048
大洋区	283～300	0.3～0.6	0.41～1.1	0.1～0.144

—：表示无数据。

在海水-沉积物边界层存在溶解、沉积、再悬浮等动态过程，在上覆水及珊瑚礁孔隙水中存在较高浓度的营养盐、DOC 及 POC[30]，为底栖生物提供了物质基础，大量有机碳在海水-沉积物界面因生物分解而重新进入碳循环，依据珊瑚骨骼中有机碳含量估计海水-沉积物界面有机碳循环效率大于 90%。Kayanne 等[16]认为，在没有再矿化及生物分解的情况下，珊瑚礁区进入沉积物的有机碳含量约为 6%，但实际上碳酸盐沉积中有机碳的含量不会超过 1%。de Goeij 和 van Duyl[30]分析了荷兰的库拉索岛及印度尼西亚的贝劳湾两地的珊瑚礁孔洞作为 DOC 的汇及其对海水-沉积物界面碳循环的重要作用。研究发现珊瑚礁孔洞水 DOC 浓度较上覆水分别低（15.1±6.0）μmol/L（库拉索岛）和（4.0±2.4）μmol/L（贝劳湾），而将孔洞封闭后发现，孔洞内 DOC 含量 30min 下降了（11±4）%，初步估算出库拉索岛珊瑚礁孔洞 DOC 通量为（342±82）mmol C/（m²·d），贝劳湾的珊瑚礁孔洞 DOC 通量为（90±45）mmol C/（m²·d）。

四、珊瑚礁区碳循环的影响因素

在适宜的生存环境下，珊瑚礁在浅水区岩石基底上逐渐发育，发育中的珊瑚礁有两大潜在优势种群：珊瑚和大型藻类。外部环境因素通过直接影响珊瑚礁区群落结构、生理生态特征等而间接影响珊瑚礁区碳循环。影响珊瑚礁区碳循环的外部环境因素主要分为两个方面：①自然环境因素，主要有温度、大气CO_2的浓度、陆源物质输入等；②人类活动，如在珊瑚礁区捕鱼、采集珊瑚礁、向珊瑚礁区排放污水等。目前，自然环境因素对珊瑚礁碳循环影响的研究主要集中在以下几个方面。

（1）温度：珊瑚对海水表层温度（sea surface temperature，SST）有很高的敏感性[31]，当SST小于28℃时，珊瑚的钙化作用与光合作用均随SST的上升而增强，当SST大于28℃时，珊瑚的钙化速率与光合效率均下降。温度变化引起的海平面变化也对珊瑚的代谢产生了影响，珊瑚礁发育史显示[32]，间冰期时海平面随温度升高而上升，珊瑚礁$CaCO_3$的沉积速率也因为礁体发育环境改善而增快，即温度变化通过调控珊瑚礁的发育速率而影响珊瑚礁的无机碳循环。

（2）大气pCO_2上升带来的影响：南极洲东方站冰芯记录[32]显示，在过去的420 000年里，大气pCO_2在180～300μatm以约10万年为周期而呈波动变化。但受人类活动的影响，目前大气pCO_2已从工业化前的280μatm上升到现在的380μatm，远远超过了自然变化的幅度。研究表明，人类活动大量排放的CO_2有30%被海洋吸收[33]，海水的pH也因此下降。大气CO_2浓度上升一方面会导致海水CO_2浓度随之上升[34,35]，CO_3^{2-}浓度则会随海水CO_2浓度上升而下降，因海水中Ca^{2+}浓度相对恒定[36]，碳酸盐饱和度Ω随CO_3^{2-}浓度的下降而下降，钙化率也随之下降，碳酸钙再溶解率上升，珊瑚礁的钙化堆积速率下降；另一方面海水酸化使得珊瑚骨骼变脆、易碎[32,37]，尤其是枝状珊瑚，抗风浪能力被削弱，珊瑚礁生长率也相应下降，据Leclercq等[38]估算，到2065年大气CO_2浓度将达到工业化前的2倍，即pCO_2=560μatm（T=25/26℃，S=35‰，TA=2300μmol/kg），海水pH将降低到7.92，珊瑚礁钙化率的降幅将高达21%。Langdon等[36]通过构建中型的模拟珊瑚礁生态系，将模拟生态系的大气pCO_2由当前的（403±63）μatm提高到（658±59）μatm，群落的钙化率明显下降，而总生产力和呼吸消耗增强，群落的净生产力基本无变化，即对珊瑚礁区有机碳的循环影响极小。

（3）季节变化的影响：光照强度、日照时长、水温、盐度等随着季节变化而变化，这些变化相应地导致珊瑚礁区代谢水平发生改变。Fagan和Mackenzie[14]对欧胡岛卡内奥赫湾珊瑚礁的研究表明，在夏、秋季和气候较干燥的月份珊瑚礁区对大气CO_2源的作用更强；而冬、春季和较湿润的月份则较弱。随季节而变化的风向、水流及海浪等控制着珊瑚礁潟湖与外海海水的交换[26]，对珊瑚礁区与外部大洋区的物质交换产生影响。

（4）陆源物质的影响：陆源输入一方面导致水体变浑浊，水体透光率降低，影响到群落的光合作用，同时浑浊的水体会对珊瑚的生存造成伤害，甚至导致珊瑚虫窒息，削弱了珊瑚在整个生态系统中的作用；另一方面陆源输入对近岸水体化学成分产生巨大影响，在带入大量的无机营养盐，以及一些凋落物、碎屑等有机物（POC）的同时，陆源高CO_2浓度水体的输入将导致礁区海水pCO_2的上升。陆源水体化学组分的不同对近岸水域产生的影响也不同，其对岸礁海水CO_2分压的影响与输入物中C/P（总碳/总磷）有关[39]，当C/P大于礁区植物体C/P时，营养盐上升造成的藻类增殖所消耗掉的CO_2量低于陆源输入量，珊瑚礁区海水CO_2浓度会上升；反之，则珊瑚礁区海水CO_2浓度会下降。初级生产力的上升，也使得沿岸礁区有机物水平上升，有机碳的水平输出通量也随之上升。

环境因素的影响是复杂的，一般都是长期变化的结果。而人类活动对珊瑚礁区的影响是毁灭性的，无论是过度捕捞、采集珊瑚礁，还是向礁区排放污水，都会在短时间内造成珊瑚大量死亡，而适应能力强的藻类会取而代之，珊瑚礁群落结构向藻类占优势状态转化，碳酸盐通量因主要的钙化生物珊瑚死亡而下降，有机碳总量则因藻类大量繁殖而上升，其垂直和水平通量将会增加，珊瑚礁对大气CO_2源的作用将因钙化作用下降、群落生产力的上升而逐渐转变为大气CO_2的汇。

五、生物在珊瑚礁区碳循环中的作用

珊瑚礁区有很高的生物多样性，构成复杂的食物网，植物光合作用固定的有机碳经过摄食、细菌分解、氧化降解等过程达到高效循环；但是珊瑚礁区碳循环另一个重要的生物过程（钙化/溶解）则导致大量碳以无机碳酸盐的形式沉积而退出碳循环。从沉降颗粒物或沉积物中释放的参与再循环的无机碳占21%~25%[22]，故珊瑚礁区总碳循环效率较低。

珊瑚礁区主要的初级生产力贡献者包括珊瑚[0.77~10.2g C/(m^2·d)]、大型有孔虫-藻共生体[0.57~3.41g C/(m^2·d)]、海草[3.0~16g C/(m^2·d)]、大型藻类[23~39.4g C/(m^2·d)]、底栖藻类[0.9~12.1g C/(m^2·d)]、微藻[0.08~3.7g C/(m^2·d)]及珊瑚藻[0.8~2.8g C/(m^2·d)]等[40]。在溶解无机碳（dissolved inorganic carbon，DIC）充足的情况下，珊瑚礁区钙化速率维持在稳定水平，有机碳的代谢成为礁区碳循环的主要过程，生产者的光合作用固碳为有机碳循环提供了物质基础，珊瑚释放的有机物成为礁坪区海水中有机碳的主要来源[25, 41]。与珊瑚共生的虫黄藻分泌80%~95%[25]光合固碳产物，珊瑚摄取一部分，剩下的占光合固碳量6%~48%的分泌物被释放到周围水体，成为浮游生物或异养细菌的食物。珊瑚呼吸产生的CO_2一部分成为虫黄藻光合作用的原料，还有一部分成为钙化所需DIC的部分来源（占总钙化量的70%~75%）[42]。较高的初级生产力支撑起物种丰富的动物群落，动物的摄食及运动过程对礁区的有机碳水平及垂直迁移过程都起到了重要的作用。

珊瑚礁是疏松多孔的结构，孔隙水及上覆水中含量丰富的营养盐、DOC及POC为底栖生物提供了物质基础，同时孔隙结构内表面积可达礁表面积的75%[30]，大大扩大了底栖微型生物的栖息场所，使得以底栖微藻为基础的底栖生物群落及微生物群落在珊瑚礁区广泛分布。底栖生物的摄食及微生物的分解使沉降到底部的有机碳大部分重新进入碳循环，只有约占总净生产力15%的有机碳被包埋进入沉积物。

珊瑚、大型有孔虫-藻共生体是主要的钙化生物，其他钙化生物还包括珊瑚藻、钙化绿藻、棘皮类、有壳类软体动物等。珊瑚钙化作用对珊瑚礁碳酸钙率的贡献率超过85%，而底栖有孔虫的碳酸盐产率不超过珊瑚礁区碳酸盐总产率的10%[40]。共生藻的光合作用不但为宿主（珊瑚或有孔虫）提供充足的能量，同时对宿主的钙化也有促进作用。钙化生物的作用使得珊瑚礁不断堆积，无机碳以$CaCO_3$的形式退出碳循环，同时也有少量的有机碳在$CaCO_3$堆积过程中被包埋而退出碳循环。珊瑚藻、绿藻等其他钙化生物对钙化的贡献率虽然较低，但在珊瑚成礁过程中起着黏结和填充作用，在无机碳堆积及包埋有机碳中起着重要的作用。

六、研究展望

珊瑚礁作为发育在热带及部分亚热带海域的具有高生产力水平的生态系统，其有机碳的循环效率很高，其总碳的循环效率主要受钙化作用的影响，基于对珊瑚礁碳酸盐系统的周、日观察或连续数日的时间序列观测，得出结论，即在周、日等短时间尺度上，珊瑚礁由于净钙化作用导致海水中pCO_2上升而表现为大气CO_2的源（Kayanne等[16]在Shiraho岸礁的工作表明存在汇的可能），但是从地质年代的长时间尺度看，由于珊瑚礁不断积累$CaCO_3$，应是大气CO_2的汇。目前，对珊瑚礁碳循环的研究已从单个礁体的短期研究发展为对不同位置、不同类型的礁体进行长期的观测研究，一些新的分析研究手段也被不断地引进，但是，珊瑚礁碳循环的研究还存在很多问题有待解决，未来珊瑚礁碳循环的研究重点包括：①珊瑚礁发育在营养贫瘠的热带海区，但是其却有较高的初级生产力水平和几乎为0的净生产力，其如何维持较高的生产力，其高效的物质循环机制又是什么；②加强珊瑚礁生物固碳机制、生物之间的物质转化及主要的钙化生物对碳酸盐沉积的贡献的研究；③建立长期的观测机制，尤其是引用一些自动化的测定仪器，以及结合遥感技术的应用等，进行全面、长期、定量化的研究；④加强气候事件对珊瑚礁碳循环产生的影响的研究,特别是对全球气候产生较大影响的厄尔尼诺、拉尼娜等现象。进一步了解环境因子的变化给珊瑚群落带来的影响,有助于深入了解珊瑚礁区碳循环的机制。同时,珊瑚礁对大气 CO_2 浓度上升的响应及变化机制也有待深入研究,这对珊瑚礁的保护有着极其重要的作用[43]。

参 考 文 献

[1] 刘东生. 全球变化和可持续发展科学. 地学前缘, 2002, 9(1): 1-9.

[2] 王凯雄, 姚铭, 许利君. 全球变化研究热点——碳循环. 浙江大学学报, 2001, 27(5): 473-478.

[3] 戴民汉, 魏俊峰, 翟惟东. 南海碳的生物地球化学研究进展. 厦门大学学报, 2001, 40(2): 545-551.

[4] 孙云明, 宋金明. 中国海洋碳循环生物地球化学过程研究的主要进展(1998—2002). 海洋科学进展, 2002, 20(3): 110-118.

[5] 殷建平, 王友绍, 徐继荣, 等. 海洋碳循环研究进展. 生态学报, 2006, 26(2): 566-575.

[6] Kawahata H, Suzuki A, Goto K. Coral reef ecosystems as a source of atmospheric CO_2: evidence from pCO_2 measurements of surface waters. Coral Reefs, 1997, 16(4): 261-266.

[7] Clavier J, Garrigue C. Annual sediment primary production and respiration in a large coral reef lagoon (SW New Caledonia). Marine Ecology Progress Series, 1999, 191(3): 79-89.

[8] Gattuso J P, Pichon M, Delesalle B, et al. Carbon fluxes in coral reefs. I. Lagrangian measurement of community metabolism and resulting air-sea CO_2 disequilibrium. Marine Ecology Progress Series, 1996, 145(1-3): 109-121.

[9] Delesalle B, Buscail R, Carbonne J, et al. Direct measurements of carbon and carbonate export from a coral reef ecosystem (Moorea island, French Polynesia). Coral Reefs, 1998, 17(2): 121-132.

[10] Smith S V. Coral-Reef area and contributions of reefs to processes and resources of worlds oceans. Nature, 1978, 273(5659): 225-226.

[11] Suzuki A, Kawahata H. Reef water CO_2 system and carbon production of coral reefs: topographic control of system-level performance//Shiyomi M, Kawahata H, koizumi H, et al. Global Environmental Change in the Ocean and on Land. Tokyo: Terraphub, 2004: 229-248.

[12] Ware J R, Smith S V, Reaka-Kudla M L. Coral reef: sources or sinks of atmospheric CO_2. Coral Reefs, 1991, 11(3): 127-130.

[13] Gattuso J P, Frankignoulle M, Smith S V. Measurement of community metabolism and significance in the coral reef CO_2 source-sink debate. Geophysics Ecology, 1999, 96(23): 13017-13022.

[14] Fagan K E, Mackenzie F T. Air-sea CO_2 exchange in a subtropical estuarine-coral reef system, Kaneohe Bay, Oahu, Hawaii. Marine Chemistry, 2007, 106(1-2): 174-191.

[15] Frankignoulle M, Gattuso J P, Biondo R, et al. Carbon fluxes in coral reefs. II. Eulerian study of inorganic carbon dynamics and measurement of air-sea CO_2 exchanges. Marine Ecology Progress Series, 1996, 145(1-3): 123-132.

[16] Kayanne H, Suzuki A, Saito H. Diurnal changes in the partial pressure of carbon dioxide in coral reef water. Science, 1995, 269(5221): 216-216.

[17] Suzuki A. Combined effects of photosynthesis and calcification on the partial pressure of carbon dioxide in seawater. Journal of Oceanography, 1998, 54(1): 1-7.

[18] Crossland C J, Hatcher B G, Smith S V. Role of coral reefs in global ocean production. Coral Reefs, 1991, 10(2): 55-64.

[19] Kraines S, Suzuki Y, Omori T, et al. Carbonate dynamics of the coral reef system at Bora Bay, Miyako Island. Marine Ecology Progress Series, 1997, 156(8): 1-16.

[20] Suzuki A, Kawahata H. Carbon budget of coral reef systems: an overview of observations in fringing reefs, barrier reefs and atolls in the Indo-Pacific regions. Tellus, 2003, 55(2): 428-444.

[21] Reiswig H M. Particulate organic carbon of bottom boundary and submarine cavern waters of tropical coral reefs. Marine Ecology Progress Series, 1981, 5(2): 129-133.

[22] 宋金明, 赵卫东, 李鹏程, 等. 南沙珊瑚礁生态系的碳循环. 海洋与湖沼, 2003, 34(6): 586-592.

[23] Hata H, Suzuki A, Maruyama T, et al. Carbon flux by suspended and sinking particles around the barrier reef of Palau, Western Pacific. Limnology and Oceanography, 1998, 43(8): 1883-1893.

[24] 郑佩如, 郭卫东, 胡明辉, 等. 南沙渚碧礁生态系有机碳的分布及周日变化特征. 海洋通报, 2004, 23(2): 13-18.

[25] Hata H, Kudo S, Yamano H, et al. Organic carbon flux in Shiraho coral reef (Ishigaki Island, Japan). Marine Ecology Progress Series, 2002, 232(1): 129-140.

[26] Schrimm M, Heussner S, Buscail R. Seasonal variations of downward particle fluxes in front of a reef pass (Moorea Island, Franch Polynesia). Oceanologica Acta, 2002, 25(2): 61-70.

[27] Kleypas J A, Langdon C. Coral reefs and changing seawater carbonate chemistry. Coastal and Estuarine Studies, 2006, 61: 73-110.
[28] Campion-Alsumard T L, Romano J C, Peyrot-Clausade M, et al. Influence of some coral reef communities on calcium carbonate budget of Tiahura reef (Moorea, French Polynesia). Marine Biology, 1993, 115(4): 685-693.
[29] Ingalls A E, Lee C, Druffel E R M. Preservation of organic matter in mound-forming coral skeletons. Geochimica et Cosmochimica Acta, 2003, 67(15): 2827-2841.
[30] de Goeij J M, van Duyl F C. Coral cavities are sinks of dissolved organic carbon (DOC). Limnology and Oceanogr aphy, 2007, 52(6): 2608-2617.
[31] Howe S A, Marshall A T. Temperature effects on calcification rate and skeletal deposition in the temperate coral, *Plesiastrea versipora* (Lamarck). Journal of Experimental Marine Biology and Ecology, 2002, 275(1): 63-81.
[32] Petit J R, Jouzel J, Raynaud D, et al. Climate and atmospheric history of the past 420, 000 years from the Vostok ice core, Antarctica. Nature, 1999, 399(6735): 429-436.
[33] Feely R A, Sabine C L, Lee K, et al. Impact of anthropogenic CO_2 on the $CaCO_3$ system in the oceans. Science, 2004, 305(5682): 362-366.
[34] Berger W H. Increase of carbon dioxide in the atmosphere during deglaciation: the coral reef hypothesis. Naturwissenschaften, 1982, 69(2): 87-88.
[35] Andersson A J, Bates N R, Mackenzie F T. Dissolution of carbonate sediments under rising $p$$CO_2$ and ocean acidification: observations from Devil's hole Bermuda. Aquat Geochem, 2007, 13(3): 237-264.
[36] Langdon C, Broecker W S, Hammond D E, et al. Effect of elevated CO_2 on the community metabolism of an experimental coral reef. Global Biogeochemical Cycles, 2003, 17(1): 1-14.
[37] Orr J C, Fabry V J, Aumont O, et al. Anthropogenic ocean acidification over the twenty-first century and its impact on calcifying organisms. Nature, 2005, 437(7059): 681-686.
[38] Leclercq N, Gattuso J P, Jaubert J. Primary production, respiration, and calcification of a coral reef Mesocosm under increased CO_2 partial pressure. Limnology and Oceanography, 2002, 47(2): 558-564.
[39] Kawahata H, Yukino I, Suzuki A. Terrestrial influences on the Shiraho fringe reef, Ishigaki Island, Japan: high carbon input relative to phosphate. Coral Reefs, 2000, 19(2): 172-178.
[40] Fujita K, Fujimura H. Organic and inorganic carbon production by algal symbiont-bearingforaminifera on northwest pacific coral-reef flats. Journal of Foraminiferal Research, 2008, 38(2): 117-126.
[41] Ferrier-Pagès C, Gattuso J P, Cauwet G, et al. Release of dissolved organic carbon and nitrogen by the zooxanthellate coral *Galaxea fascicularis*. Marine Ecology Progress Series, 1998, 172(172): 265-274.
[42] Furla P, Galgani I, Durand I, et al. Sources and mechanisms of inorganic carbon transport for coral calcification and photosynthesis. The Journal of Experimental Biology, 2000, 203(22): 3445-3457.
[43] 严宏强, 余克服, 谭烨辉. 珊瑚礁区碳循环研究进展. 生态学报, 2009, 29(11): 6207-6215.

第十章

珊瑚礁生态系统氮循环[①]

一、珊瑚礁与营养盐

海水营养富集对珊瑚礁生态系统的影响机制非常复杂，近岸珊瑚礁中很多海区营养盐浓度上升，不一定会直接导致珊瑚礁衰退[1, 2]，但是营养浓度超过珊瑚礁系统所能承受的阈值则会导致生态系统的衰落、崩溃[3, 4]。适量的营养富集能促进虫黄藻生长，增加虫黄藻密度，同时促进珊瑚生长，减少珊瑚白化对温度的敏感性。但同时营养盐浓度的上升可能会加剧珊瑚疾病的暴发，降低珊瑚繁殖的成功率、钙化速率及骨骼密度[5, 6]，加速碳酸盐骨架的侵蚀[7, 8]。此外可能刺激低营养盐限制的生物如大型藻类的生长，不仅遮蔽光线，影响珊瑚共生藻的光合作用，而且与珊瑚形成对氧气、生态位的竞争关系，从而改变了珊瑚礁原有的生态系统结构及其功能[9, 10]。

珊瑚礁的类型有岸礁、环礁和堡礁，根据形态划分还有台礁、点礁等[11, 12]。岸礁，又称为裙礁、边礁，沿大陆或岛屿岸边生长发育。在适宜珊瑚生长的海域，因海底火山爆发和隆起等形成陆地，周围的浅滩就会附着珊瑚，珊瑚不断向外侧生长，向外扩张。海岛附近珊瑚礁从岸礁到环礁的发育过程比较典型。海岛因为地壳变动和海面上升等，岛屿逐渐下沉，而在外洋一侧，珊瑚礁不断延展，从而形成堡礁。堡礁，又称为堤礁，是离岸有一定距离的堤状礁体，最著名的堡礁是澳大利亚的大堡礁。堡礁所环绕的岛屿完全沉没，仅留下围绕岛屿的环状珊瑚礁，这种珊瑚礁被称为环礁。环礁围绕的水域被称作潟湖。马绍尔群岛上的夸贾林环礁和马尔代夫群岛的苏瓦迪瓦环礁，面积都在 1800km^2 以上，是世界上最大的两个环礁。

现代珊瑚礁形成于 6500 万年前的三叠纪时期，经历了诸多气候变化时期而延续至今[13]。大致分布在赤道两侧南北纬 30°范围内，集中分布在印度-太平洋海域、大西洋-加勒比海海域[14]。全球珊瑚礁面积达 284 803km^2，其中印度-太平洋海域（包括红海、印度洋、东南亚和太平洋）占 91.9%。仅东南亚就占 32.3%，太平洋（包括澳大利亚）占 40.8%，大西洋和加勒比海仅占全世界的 7.6%[15]。我国的珊瑚礁主要分布在三沙海域、海南岛周边、涠洲岛附近、雷州半岛南部、粤东及香港附近、台湾周边及福建东山。

珊瑚礁生态系统不仅具有美丽的海洋生态景观、丰富的生物资源，还有高度的生态服务价值和经济

[①] 作者：曹娣，曹文志

价值。最大的价值在于，作为生态系统的框架生物，珊瑚与藻类共生带来极高的初级生产力，而且在维持丰富的渔业资源、维护生物多样性、保护海岸线和生态环境以及构造沙滩方面具有重要作用。珊瑚利用溶解的 CO_2 来构筑碳酸钙或石灰石，从而起到一定程度的碳汇作用。另外，在海产品、潜水旅游、医疗药物、海洋科普教育、矿产资源的开发利用以及古气候地质记录的研究等方面具有重要的社会经济价值[16, 17]。

二、珊瑚礁氮循环

珊瑚礁海域海水的 NO_3^--N 的浓度为 0~9.8μmol/L，大部分在 0.05~0.5μmol/L，NH_4^+-N 的浓度为 0~2.4μmol/L，NO_2^--N 的浓度小于 1μmol/L，DON 为 0~22μmol/L[18-21]。礁区孔隙水中氮的浓度通常要比海水高几个量级，硝氮（NO_3^--N）的浓度为 1~6μmol/L，氨（NH_3）的浓度为 2~80μmol/L，在受到扰动的珊瑚礁区，浓度会更高[18, 22]。对于大多数的海洋系统来说，无机氮库和有机氮库之间的氮素流通量最大，无机氮转变为有机氮通常与 P 相关，生物再生产的过程包括 NH_4^+ 的产生，一般为非自养过程，氮的固定很大程度上依赖于所吸收有机物的 C/N[23]。寡营养海域年均净初级生产力一般为 0.3~0.7mol N/（m²·a），而珊瑚礁海域净初级生产力则超过 43mol N/（m²·a）[24, 25]。

在多数的珊瑚礁区，营养盐的浓度都很低，较低的营养条件该如何维持较高的初级生产？这种"礁压悖论（reef's paradox）"现象从被提出至今已有 30 多年，但至今仍是未解之谜[19, 26-28]。"无中生有（something from nothing）"的悖论意味着生境、宿主、共生体内部存在着复杂的关系[29]。可能的解释是营养在珊瑚礁生态系统内部生物之间存在紧密的循环利用（tight recycling）关系[30-32]，或者存在外源性的营养供给，如生物固氮作用等[33-35]。

所以营养元素，尤其是氮的迁移转化对珊瑚礁生态系统来说至关重要。珊瑚礁氮循环涉及从微生物尺度到海洋生物地球化学尺度的多层面的氮素迁移转化过程。珊瑚礁生态系统大部分的生产力与水底的珊瑚及其栖息环境息息相关，水体中的营养动态能反映海底的净新陈代谢能力[28, 30]。而解释"reef's paradox"现象关键在于无脊椎宿主和藻类共生体内部的营养循环利用机制和系统外源新氮的输入，主要是对宿主和藻类的共生关系、共生体与环境因素变化之间微妙的平衡、外源新氮的测定以及在全球变化、人类活动影响下珊瑚礁生态系统的变化、命运等方面的研究[36-38]。

珊瑚礁氮循环的研究前沿在于珊瑚共生体的结构和功能如何成功地把营养物质留存在系统内部，这其中涉及虫黄藻、真菌、古生菌等 30 种以上细菌[39]。另外，珊瑚体和黏液中的异养细菌可能对珊瑚的健康、营养物质的循环及珊瑚共生体的恢复力至关重要。细菌和病毒对沉积物的生物地球化学循环的重要性也得到关注。这些研究说明我们对于珊瑚礁生态系统内部营养的循环、利用以及对生物的调控作用、机制等方面还有更广阔的探索空间。

氮（N）是生命必需的营养元素，是所有活细胞的组成成分，在新陈代谢合成和转化细胞能量的过程中具有重要作用。同时氮也是叶绿素的重要组成成分，参与光合作用产能，是蛋白质、核酸等有机分子的重要组成元素。氮占据了 12% 的细胞干重，Capone 等[40]甚至在寻找生命中提出以"氮为本（Follow the nitrogen）"取代"水为本（Follow the water）"的口号。

地球上的氮 99% 以上是以氮分子（N_2）的形式存在于大气或水体中，而这种两个氮原子之间以三价键结合的稳定形态却很难被生物吸收利用。海水中溶解态的氮分子是海洋氮库的主要形态（大于 90%）[41]。其他形态的氮称为结合态氮，结合态氮的存在形式多种多样，从 -3 价态到 +5 价态，主要包括以硝态氮（NO_3^--N）、亚硝态氮（NO_2^--N）、铵态氮（NH_4^+-N）为主的溶解无机氮（DIN），组成氨基酸、核酸等生命物质的溶解有机氮（DON）和颗粒有机氮（PON）以及重要的温室气体氧化亚氮（N_2O）[42]。这些含氮化合物通过一系列的同化、异化过程互相转化（图 10.1）。

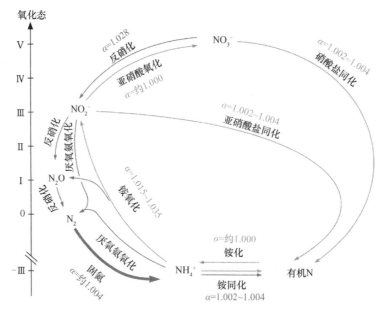

图 10.1　在海洋中的形态及转化过程（修改自 Gruber[43]）

海水中氮可能存在的形式有（氧化态说明）：V 为 NO_3^-，Ⅳ 为氮元素的正四价氧化态，Ⅲ 为 NO_2^-，Ⅱ 为 NO，Ⅰ 为 N_2O，0 为 N_2，-Ⅲ 为 NH_3、NH_4^+、RNH_2

珊瑚礁是进行高效氮循环的海域，对海洋碳氮的生物化学循环贡献很大[44, 45]。生物固氮为珊瑚礁海域提供大量的新氮输入以满足系统对氮的需求，同时硝化作用速率可能会很高，是珊瑚礁海区 N_2O 释放的重要过程[44]，但是目前对珊瑚礁海域的硝化过程研究较少，尚需进一步研究。珊瑚礁海区氮循环的过程包括：固氮、硝化、反硝化、厌氧氨氧化以及同化和矿化（图 10.2）。

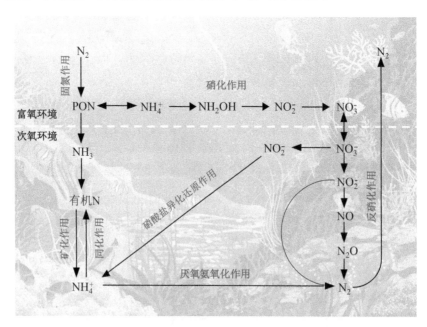

图 10.2　珊瑚礁氮循环的过程（修改自 Francis 等[46]）

（一）珊瑚礁固氮

分子态氮被还原成氨和其他含氮化合物的过程称为固氮作用（nitrogen fixation）。自然界 N_2 的固定有两种方式：一是非生物固氮，即通过闪电、高温放电等固氮，这样形成的氮化物很少；二是生物固氮，即分子态氮在生物体内被还原为氨的过程[47]。大气中 90%以上的 N_2 都是通过固氮微生物的作用被还原为氨的。生物固氮具体是指一些特定的微生物，如固氮细菌（自养需氧细菌）、梭菌（自养厌氧细菌）、共生根瘤菌和蓝藻细菌［念珠藻属（*Nostoc*）或眉藻属（*Calothrix*）］在固氮酶的催化作用下吸收 1mol 氮气产生 2mol 氨并消耗能量的过程[34, 48]，具体总反应式如下：

$$N_2 + 8H^+ + 8e^- + 16ATP \rightarrow 2NH_3 + H_2 + 16ADP + 16Pi \qquad (10.1)$$

其中，ATP（腺苷三磷酸）是一种不稳定的高能化合物，在新陈代谢过程中水解释放能量，是生物体内最直接的能量来源。ADP（腺苷二磷酸）和 Pi（无机磷酸盐）是 ATP 分解的产物。生物能够利用固定下来的氨合成氨基酸、蛋白质等细胞组成物质。固氮酶由铁蛋白和钼蛋白组成，一般在厌氧条件下才具有催化作用。因此，生物固氮过程中既需要消耗大量的能量，又需要降低细胞中氧气的浓度[49]。

1961 年，Dugdale 等[50]首次证实了海洋生物固氮的存在。30 年前，测得海洋年生物固氮量为 $20\times 10^{12}g$[51]。近几年所测得的年固氮通量为 $(100\sim 200)\times 10^{12}g$[52]，比前者高 5~10 倍。有研究表明，浮游植物的固氮速率是底栖藻类固氮速率的 7 倍，是海洋最大的氮源输入[53, 54]。大量的海洋生物固氮发生在大西洋、太平洋、印度洋以及波罗的海海域的真光层，通过生物固氮向贫瘠的海洋系统输入新氮，解除氮限制作用，促进浮游植物碳的固定[55]。海洋的生产力一般分为初级生产力和新生产力，初级生产力是基于系统内部真光层颗粒有机物（POM）营养物质再循环产生的，新生产力是基于新进入真光层的营养物质产生的，如生物固氮、上升流输入和深层水扩散[31, 56]。

长久以来，固氮作用被认为是珊瑚礁海域氮循环和产生高初级生产力的关键[30, 38, 48]。珊瑚礁系统蓝藻固氮的重要性首次被证实于共生关系的研究项目中[57-59]，固氮作用被认为是珊瑚礁氮循环的重要组成部分，可能由此解除了珊瑚礁海域的氮限制，并对海洋总的氮输入贡献巨大[60]。从 20 世纪 70 年代以来的研究表明，珊瑚礁海域具有很高的固氮作用，甚至数倍于固氮农作物[2, 35, 61]。固氮作用同时也发生在珊瑚礁的潟湖中，Biegala 和 Raimbault[62]研究发现新喀里多尼亚（New Caledonia）潟湖的固氮菌球状蓝藻的密度较高。

珊瑚礁固氮生物的种类丰富，主要包括光合细菌、蓝藻和异养细菌类。海洋中最主要的固氮生物是蓝藻（cyanobacteria）[63]，已知的蓝藻种类超过 30 种，分为异形细胞蓝藻（如 *Aphanizomenon*、*Dolichospermum*、*Nodularia*）、非异形细胞蓝藻（如 *Trichodesmium*、*Oscillatoria*、*Pseudanabaena*）和单细胞蓝藻（如 *Synechococcus*、*Gloeothece*）[64, 65]。这其中束毛藻（*Trichodesmium* spp.）在海水中的分布最为广泛[66]。

珊瑚礁的固氮作用很大程度上来自浅水珊瑚礁[51]，但大部分的固氮研究侧重在纤维状的束毛藻[67]和先进的测定方法上[55]，对于其他固氮生物的研究较少，如单细胞固氮生物[68-70]。目前对于珊瑚礁海域的固氮研究仍然较少，且很可能被低估。对于海底生物的固氮、共生蓝藻的固氮[71, 72]以及附生在大型藻类和珊瑚表面的异氧细菌的固氮[61]，都尚未研究透彻[73, 74]。

固氮菌也可能随近岸营养的富集而发生变化，近岸氮素的富集可能使固氮速率降低或增高，这与其他营养的限制有关，如受到磷和痕量铁的限制。外源含氮有机质的供给使得海水的 N/P 降低，从而刺激异养固氮生物利用有机质固氮，或者因厌氧区的增加而间接刺激固氮[75-77]。

（二）固氮的影响因素

珊瑚礁海域的生物固氮受到各种物理、化学、生物等因素的影响，从而在不同珊瑚礁海域以及同一海域的不同时间产生各种变化[41]。固氮生物在一定的物理环境条件下生存，并在适宜的营养条件下增殖，所以温度、盐度、光照、溶解氧（dissolved oxygen，DO）以及 N、P、Fe、Mo 等因子均会影响固氮速率的高低[78, 79]。

1. 温度

水温是固氮生物的重要影响因素，一般来说蓝藻分布在水温 20℃ 以上的热带、亚热带海域。McCarthy 和 Carpenter[80]研究发现，在水温 18.3℃ 的北大西洋，束毛藻仍具有生命活性，但其活性很低，在水温超过 20℃ 时，束毛藻才会大量繁殖[51, 81]。并且水温的变化与海水中各种营养物质的浓度以及其他的理化条件相关，自然海域下的固氮速率不能说明与温度的直接相关关系[82, 83]。

2. 盐度

Fu 和 Bell[84-86]研究发现，从大堡礁分离出来的束毛藻具有广盐性，能存活在 22‰～43‰ 的盐度中，但生长速率和固氮酶活性在盐度为 33‰～37‰ 时达到最佳状态。Foster 等[87]研究发现固氮藻和硅藻的共生体能够耐受低盐海水，能生活在盐度大于 26‰ 的亚马孙河口区域，同时也在低盐度水域中检测到了束毛藻的固氮基因。

3. 光照

对于光能自养型的固氮菌，固氮酶活性与光合作用息息相关[88]。因此，光照是固氮作用的影响因素。束毛藻一般生活在光照条件较高的海域，固氮速率也随光照的增强而增加[89]，适应的光通量密度为 300μmol 光子/（m^2·s）左右[90, 91]。Carpenter[51, 81]的研究表明，束毛藻在夜间也能进行固氮作用，且昼夜变化显著，白天的固氮作用最高[92, 93]，这可能是由原核生物的内源节律所致[94]，但这种机制目前仍有许多争议。

4. DO

固氮作用是厌氧过程，但一般而言，寡营养海域上层水体的 DO 充足甚至于饱和，束毛藻、球状固氮菌、异养变形菌种的固氮酶活性却并没有受到限制，而自养型蓝藻，白天通过光合作用产生 O_2 的同时进行着固氮作用，这其中的机制仍是未解之谜[41, 95]。Berman-Frank 等[96]的研究表明，固氮生物的固氮作用发生在专门分化的固氮细胞内，与其他细胞相隔离[97]，且白天光合作用减弱的时候为固氮创造了条件。Staal 等[98]进一步的研究表明，水温升高时，异形细胞蓝藻的固氮酶活性也增高，但 N_2 进入异形细胞厚细胞壁的速率减慢，因此限制了固氮速率。

5. 扰动

一般的固氮酶都具有氧敏感性[99]，浮游生物系统的物理混合对于生物固氮来说是个潜在的影响因素，尤其是对无异形细胞的束毛藻。Carpenter 和 Price[100]发现水体的扰动和束毛藻固氮酶活性之间有着强烈的负相关关系。但是，较高密度的束毛藻分布在信风带[101]，经受着 20～30n mile/h 的风速。水体的扰动对固氮生物固氮酶的影响机制仍需要更深入的研究。

6. 痕量金属

过去的 30 年来，对于海洋浮游植物限制因素的研究从 N 到 P、Fe、Si 和 Mo[102, 103]，而且不同的浮游植物对于营养的需求也不尽相同[104]。固氮菌是其中一种重要的功能组群，生活在寡营养海域的固氮菌能轻易地利用世界上最大的氮库中的 N_2 来解除自身对于氮的限制，但固氮菌的生长最终会因为缺少其他 P、Fe 和 Mo 等营养元素而受到限制。

固氮酶由铁蛋白和钼蛋白组成，除了 N、P 以外还有对于 Fe 和 Mo 的需求。早期对 Mo 的研究表明，海水中 Mo 的浓度相当高[105]，随后的实验研究也证明了 Mo 并非固氮菌的限制因素[106, 107]。2000 年以来，Marino 等[108]的研究表明 S 可能会抑制 Mo 的传送。

研究表明，北大西洋大量的尘降带来的 P 和 Fe 可能比 N 更为重要[109-111]。除了 N 和 P，干湿沉降使得海洋获得更多的营养物质[112]。由此出现大量关于 Fe 和束毛藻关系的研究，Rueter[78]首次证明了 Fe 对于束毛藻的生长和固氮酶活性的调节作用。类似的，Paerl 等[113]报道了海水的束毛藻与培养的束毛藻的生长与固氮酶的活性对于 Fe 的需求。许多研究都相继表明，光能固氮菌对 Fe 的需求要比只进行光合作用的固氮菌或者同化 NH_4^+ 的生物高 10 倍[114-117]，但是固氮菌生长的海域的 Fe 含量一般小于 1nmol/L[118]。

7. 无机营养盐

海水表层无机碳的浓度较高，这可能是浮游生物生长的潜在限制因素。但有研究表明溶解无机碳（dissolved inorganic carbon，DIC）的增加能够刺激束毛藻的固氮作用。Levitan 等[119]的研究发现，在二氧化碳分压（pCO$_2$）浓度从 250mg/L 和 400mg/L 增加到 900mg/L 的时候，固氮速率、C/N、纤维长度、生物量都有所增加，但光合作用和呼吸作用却没有太大的变动。Hutchins 等[120]对于两种束毛藻的研究发现了相似的情况，pCO$_2$ 浓度从 380mg/L 到 750mg/L，固氮速率增长了 30%~100%，固碳速率增加了 15%~128%，且他的实验同时在磷缺乏和磷充足的条件下进行，表明固氮速率的改变仅受 pCO$_2$ 的影响。Ramos 等[121]预测到 2100 年，由于 pCO$_2$ 的增加，固氮速率和细胞分化程度可能会加倍，最终会降低细胞 C、N 和 P 的浓度，同时细胞变小，C/N 也会降低。

早期的研究认为束毛藻对于无机氮的吸收能力较弱[122,123]，但后来的研究发现束毛藻具有利用无机氮和有机氮的能力，Carpenter 和 Capone[124]以及 Capone 等[125]研究发现束毛藻能吸收一些氨基酸，Mulholland 和 Capone[126]对束毛藻做了一系列的研究验证了束毛藻对氮化合物的吸收能力，培养的束毛藻对 NH_4^+、尿素和谷氨酸的吸收能力较强，对 NO_3^- 的吸收能力较弱。其他的研究也有类似发现，考虑到氮化合物对固氮酶活性的影响，Capone 等[92]使用较高浓度的 NH_4^+（100mmol/L）检测其对固氮酶合成的影响，结果表明 2h 内固氮酶活性有着明显的降低。Mulholland 和 Capone[127]发现谷氨酸、谷氨酰胺、NO_3^-、NH_4^+ 和尿素添加量较低（1mmol/L）时对束毛藻固氮酶活性的影响较小，但是 10mmol/L 的 NH_4^+ 和 NO_3^- 确实能在 2~4h 内降低固氮酶活性。Fu 和 Bell[84-85]的研究并没有发现相似的情况，他们的研究表明培养的第一代束毛藻暴露在同一浓度的 NH_4^+、NO_3^- 或尿素中时，短时间内并未发现固氮酶活性受到抑制的情况（3h），但是在第五代束毛藻中，抑制情况十分明显。Holl 和 Montoya[128]的研究发现在 NO_3^--N 浓度为 10mmol/L 时，对束毛藻固氮酶活性的抑制达到最大，但固氮酶仍保留了 30%的活性，这与之前完全受到抑制的研究出入较大[129]。这些研究表明高浓度的 NO_3^--N 可以满足生物对氮的大部分需求，所以无须再进行固氮作用。

Wu 等[118]的研究表明在北大西洋 P 对于固氮生物的限制，Fe 的增加促进固氮作用，同时增加了 P 对固氮作用的限制。为了证实 P 在固氮中的作用，Sanudo-Wilhelmy 等[130]的研究发现与 Fe 相比，束毛藻细胞的 P 浓度与固氮速率有着强烈的正相关关系。Dyhrman 等[131]也表明 P 对于束毛藻生长的胁迫作用。McCarthy 和 Carpenter 等[80]的研究表明，束毛藻对溶解无机磷（DIP）或溶解性磷酸盐（SRP）的半饱和参数是 9.0μmol/L，说明束毛藻并不适合在低浓度的磷条件下生长。磷的来源主要是大气沉降和深层水供给，后者可能是解决磷限制的关键[132,133]。另外，固氮生物可能还存在两种生理学适应机制以满足其对磷的需求。第一种机制是吸收利用溶解有机磷（dissolved organic phosphorus，DOP），大多数寡营养海域 DOP 浓度要比 DIP 的浓度高很多[76]。第二种是生物细胞对磷的存储及后续利用，在某些特殊转化方式以及水解酶的参与下，DOP 可形成诸如碱性磷酸盐这类物质，从而为固氮生物在磷缺乏状况下能进行固氮作用提供了保障[41]。

（三）珊瑚礁硝化和厌氧氨氧化

固氮作用将 N_2 转化为生物可利用的铵盐，而硝化作用（图 10.2）则是将铵盐转化为 NO_3^--N。在有氧环境下，亚硝化单胞菌将 NH_4^+ 转化为 NO_2^-，硝化菌再将 NO_2^- 氧化为 NO_3^-。具体方程式如下：

$$2NH_4^+ + 3O_2 \rightarrow 2NO_2^- + 2H_2O + 4H^+ \tag{10.2}$$

$$2NO_2^- + O_2 \rightarrow 2NO_3^- \tag{10.3}$$

一般发生在厌氧条件下，珊瑚礁生态系统中硝化的速率也很高[22, 134-136]。在珊瑚礁潟湖中，硝化作用能直接利用固氮作用或者再生过程产生的 NH_4^+ [137]。硝化作用被认为是产生 N_2O 的主要形式，而且可能对总的海洋 N_2O 释放贡献很大[44]。

Webb 和 Wiebe[137]在研究埃尼威托克岛环礁（Eniwetok atoll）硝酸盐的净产生量时，首次证实了珊瑚礁的硝化作用，同时发现了硝化细菌 Nitrobacter agilis 的存在。D'Elia 和 Wiebe[30]认为珊瑚礁海域氨的氧化和亚硝的氧化应该是紧密耦合的，因为系统并未出现亚硝酸盐浓度的增加。Corredor 和 Capone[134]的研究表明，波多黎各（Puerto Rico）珊瑚礁沉积物的硝化速率在沉积物表层几厘米处达到最高，第二高的硝化速率出现在约 20cm 的深度。Corredor 等[138]发现加勒比海珊瑚礁海域的硝化细菌与海绵共生的情况。经过对比分析 4 种海绵共生体的硝化作用，发现存在于内生蓝藻的海绵其硝酸盐的释放速率最高[139]，这表明海绵共生体的硝化作用可能对于珊瑚礁的 NO_3^--N 的贡献非常大。但是具体的过程和机制尚需进一步的研究。

近期的研究表明硝化作用并非仅与化能自养细菌的 β 和 γ 变形菌种相关，与古生菌也息息相关[140-142]，它很有可能在海水的硝化作用中占有优势地位[142]，但是古生菌在珊瑚礁系统中的作用仍需进一步证实。

另外，在缺氧和消耗 NO_2^- 的情况下 NH_4^+ 也能被氧化为 N_2[143]，这个过程称为厌氧氨氧化（anammox 或 anaerobic ammonium oxidation），由一群浮霉菌催化产生。珊瑚礁海域的厌氧氨氧化的研究目前还处于起步阶段。

（四）珊瑚礁反硝化和硝酸盐的异化还原

硝酸盐的还原通常来说有两种途径，由厌氧和兼性厌氧的细菌在呼吸作用中以 NO_3^- 为电子受体，一种途径是产生 NH_4^+，完成系统内部的氮循环[30]；另一种是反硝化，产生 N_2 和（或）N_2O，最终释放到大气中。

反硝化作用（图 10.2）是将 NO_3^- 转化为 N_2 返回到自然界中，由非自养的细菌，如假单胞菌和反硝化细菌，在低氧或厌氧的环境下完成，具体方程式如下：

$$4NO_3^- + 5CH_2O + 4H^+ \rightarrow 2N_2 + 5CO_2 + 7H_2O \tag{10.4}$$

硝酸盐的异化还原（DNRA）是将 NO_3^- 和 NO_2^- 转化为 NH_4^+。

最初，科研人员认为珊瑚礁海域是不存在反硝化作用的，因为反硝化需要厌氧环境，而珊瑚礁海域多是有氧环境，且海底珊瑚礁、海绵附近有 NO_3^- 的释放[138, 144]，但是反硝化确实发生在珊瑚礁系统中。已被测得的反硝化速率范围波动很大[22, 73, 134, 135, 145]，这可能与珊瑚礁系统的基质以及有机或无机沉积物的营养浓度有关[73, 146]。珊瑚礁系统反硝化作用的量化仍是一个研究相对空白的领域[147]。

此外，厌氧氨氧化也是去除系统 NO_2^- 产生 N_2 的过程，近期在沉积物[143]和低氧海水[148, 149]的研究中发现，厌氧氨氧化可能是系统 N_2 产生的主力，而非传统中认为的反硝化。反硝化和厌氧氨氧化在珊瑚礁系统中的产生和对 N_2 的贡献仍需进一步的研究。

（五）珊瑚礁海域 N_2O 的释放

N_2O 作为一种温室气体，在 1997 年和 CO_2、CH_4 等一起被列入《京都议定书》中，为需要减排的 6 种主要温室气体。对流层中的 N_2O 性质相对稳定，能减少地球向外太空产生的辐射，从而增加地球的温室效应[150]；平流层的 N_2O 与臭氧反应，破坏大气臭氧层；且 N_2O 的辐射增温值 GWP 是 CO_2 的 220～296

倍[151]，生存周期长，所以 N_2O 释放的增加会对气候变化造成长期、严重的影响。大气 N_2O 的含量从工业革命前的 $270ng/m^3$ 开始逐年升高，到 2011 年已升至 $324ng/m^{3[151]}$。

N_2O 气体的来源十分广泛，人为源如汽车尾气排放、生物材质燃烧、尼龙的产生、化肥的施用、污水的排放等[152]，自然源如海洋、森林、农田等 N_2O 的释放[153, 154]。其中，海洋释放的 N_2O 占大气年总输入的 20%[155, 156]。大气 N_2O 的汇即为平流层的光解和海洋、土壤的弱汇作用：光解需要消耗臭氧，破坏地球的天然屏障[157]；海洋、土壤的弱汇表现在反硝化的转化和黏土矿物的物理吸附作用[158]。

一般认为海洋是 N_2O 的重要源[159-161]，但受限于不同的水温、生物、物理化学条件，海洋 N_2O 在时间和空间上的差异较大，目前对于海洋 N_2O 的研究在于海水中溶解态 N_2O 的时空分布及影响因素、海气 N_2O 通量及源汇分析，虽然已经取得一些成果，但还存在着许多的不确定性。珊瑚礁海域 N_2O 的研究尚处于起步阶段，大多为定性的研究[146, 161]，定量研究非常少[162, 163]。

N_2O 产生的机制非常复杂，一般认为海洋 N_2O 是由硝化作用产生的，同时也存在反硝化作用以及同化 NO_3^- 的还原作用所产生的 N_2O[164]。Cohen[165]、Yoshinari[163]和 Hashimoto 等[166]认为海洋 N_2O 是由硝化作用产生的。Outdot 等[167]在大西洋的研究表明硝化作用很可能是 N_2O 的主要产生过程，Yoshida 等[168, 169]利用同位素的方法证实了硝化作用产生 N_2O 的观点，但同时表明悬浮颗粒物的微厌氧环境中的反硝化作用可能是主要的 N_2O 源。

许多研究表明，反硝化作用产生的 N_2O 并不多，不能作为海洋 N_2O 的主要产生机制[170-173]。Cohen[165]和 Elkins 等[174]的研究也有类似的结果，且当生物消耗溶氧造成低氧环境时，反硝化细菌反而会利用水体中溶解的 N_2O 作为电子受体，从而消耗 N_2O。然而，David 和 Rasmussen[175]的研究表明在某一氧缺乏的站位，过饱和的溶解态 N_2O 分布在不同深度的水环境中，所以在低氧环境下反硝化作用仍可能是 N_2O 的源。

除了硝化和反硝化，同化作用也可能是 N_2O 形成的一个重要原因。研究表明，在上升流存在的海域，上升流带来较为丰富的营养，生物在吸收利用这些营养的时候可能会形成 N_2O[167, 171, 174]。

参 考 文 献

[1] Hughes T P, Connell J H. Multiple stressors on coral reefs: a long-term perspective. Limnology and Oceanography, 1999, 44(3): 932-940.

[2] Szmant A M. Nutrient enrichment on coral reefs: is it a major cause of coral reef decline? Estuaries, 2002, 25(4): 743-766.

[3] D'Angelo C, Wiedenmann J. Impacts of nutrient enrichment on coral reefs: new perspectives and implications for coastal management and reef survival. Current Opinion in Environmental Sustainability, 2014, 7(7): 82-93.

[4] Graham N A J, Jennings S, Macneil M A, et al. Predicting climate-driven regime shifts versus rebound potential in coral reefs. Nature, 2015, 518(7537): 94-97.

[5] Bruno J F, Petes L E, Harvell C D, et al. Nutrient enrichment can increase the severity of coral diseases. Ecology Letters, 2010, 6(12): 1056-1061.

[6] Voss J D, Richardson L L. Nutrient enrichment enhances black band disease progression in corals. Coral Reefs, 2006, 25(4): 569-576.

[7] Hallock P. Coral reefs, carbonate sediments, nutrients, and global change//Stanley G D Jr. The History and Sedimentology of Ancient Reef Systems. New York: Springer, 2011: 387-427.

[8] Holmes K E, Edinger E N, Hariyadi, et al. Bioerosion of live massive corals and branching coral rubble on indonesian coral reefs. Marine Pollution Bulletin, 2000, 40(7): 606-617.

[9] Hatcher B G, Larkum A W D. An experimental analysis of factors controlling the standing crop of the epilithic algal community on a coral reef. Journal of Experimental Marine Biology and Ecology, 1983, 69(1): 61-84.

[10] Lapointe B E. Nutrient thresholds for bottom-up control of macroalgal blooms on coral reefs in Jamaica and southeast Florida. Limnology and Oceanography, 1997, 42(42): 1119-1131.

[11] Charles D. The Structure and Distribution of Coral Reefs. California: University of California Press, 1962.

[12] 赵焕庭, 王丽荣. 珊瑚礁形成机制研究综述. 热带地理, 2016, 36(1): 1-9.

[13] Richmond R H. Coral reefs: present problems and future concerns resulting from anthropogenic disturbance. Integrative and Comparative Biology, 1993, 33(6): 524-536.

[14] Burke L M, Reytar K, Spalding M, et al. Reefs at risk revisited. Ethics Medics, 2011, 22(2): 2008-2010.

[15] Burt JA, Bartholomew A, Feary DA. Man-Made Structures as Artificial Reefs in The Gulf // Riegl B, Purkis S. *Coral reefs of The Gulf: Adaptation to Climatic Extremes*. Dordrecht: Springer, 2012: pp171-186.

[16] Carr L, Mendelsohn R. Valuing coral reefs: a travel cost analysis of the Great Barrier Reef. Ambio, 2003, 32(5): 353-357.

[17] Brander L M, Beukering P V, Cesar H S J. The recreational value of coral reefs: a meta-analysis. Ecological Economics, 2007, 63(1): 209-218.

[18] Atkinson M J, Falter J L. Coral Reefs//Black K D, Shimmield G B. Biogeochemistry of Marine Systems. Oxford: Blackwell Publishing, 2003: 40-64.

[19] Crossland C J. Dissolved nutrients in coral reef waters. Townsville: Australian Institute of Marine Science, 1983: 56-68.

[20] Falter J L, Sansone F J. Shallow pore water sampling in reef sediments. Coral Reefs, 2000, 19(1): 93-97.

[21] Rd K R, Takayama M, Santos S R, et al. The adaptive bleaching hypothesis: experimental tests of critical assumptions. The Biological Bulletin, 2001, 200(1): 51-58.

[22] Capone D G, Dunham S E, Horrigan S G, et al. Microbial nitrogen transformations in unconsolidated marine sediment. Marine Ecology Progress Series, 1992, 80(1): 75-88.

[23] Kirchman D L. The uptake of inorganic nutrients by heterotrophic bacteria. Microbial Ecology, 1994, 28(2): 255-271.

[24] Smith S V. Phosphorus versus nitrogen limitation in the marine environment. Limnology and Oceanography, 1984, 29(6): 1149-1160.

[25] Charpy-Roubaud C, Larkum A W D. Dinitrogen fixation by exposed communities on the rim of Tikehau atoll (Tuamotu Archipelago, French Polynesia). Coral Reefs, 2005, 24(4): 622-628.

[26] de Goeij J M, van Oevelen D, Vermeij M J A, et al. Surviving in a marine desert: the sponge loop retains resources within coral reefs. Science, 2013, 342(6154): 108-110.

[27] Sammarco P W, Risk M J, Schwarcz H P, et al. Cross-continental shelf trends in $\delta^{15}N$ in coral on the Great Barrier Reef: further consideration of the reef nutrient paradox. Marine Ecology Progress, 1999, 180: 131-138.

[28] Odum H T, Odum E P. Trophic structure and productivity of a windward coral reef community on Eniwetok atoll. Ecological Monographs, 1955, 25(3): 291-320.

[29] Hoegh-Guldberg O. Climate change, coral bleaching and the future of the world's coral reefs. Marine and Freshwater Research, 1999, 50(8): 839-866.

[30] D'Elia C F, Wiebe W J. Biogeochemical nutrient cycles in coral-reef ecosystems. Ecosystems of The World, 1990, 25(26): 49-74.

[31] Dugdale R C, Goering J J. Uptake of new and regenerated forms of nitrogen in primary productivity. Limnology and Oceanography, 1967, 12(2): 196-206.

[32] Smith S V, Marsh J A. Organic carbon production on the windward reef flat of Eniwetok atoll. Limnology and Oceanography, 1973, 18(6): 953-961.

[33] Barile P J, Lapointe B E. Atmospheric nitrogen deposition from a remote source enriches macroalgae in coral reef ecosystems near Green Turtle Cay, Abacos, Bahamas. Marine Pollution Bulletin, 2005, 50(11): 1262-1272.

[34] Sohm J A, Webb E A, Capone D G. Emerging patterns of marine nitrogen fixation. Nature Reviews Microbiology, 2011, 9(7): 499-508.

[35] Webb K L, Dupaul W D, Wiebe W, et al. Enewetak (Eniwetok) atoll: aspects of the nitrogen cycle on a coral reef. Limnology and Oceanography, 1975, 20(2): 198-210.

[36] Birkeland C. Ratcheting down the coral reefs. BioScience, 2004, 54(11): 1021-1027.

[37] Gardner T A, Côté I M, Gill J A, et al. Long-term region-wide declines in Caribbean corals. Science, 2003, 301(5635): 958-960.

[38] Mora C. A clear human footprint in the coral reefs of the Caribbean. Proceedings of the Royal Society B Biological Sciences, 2008, 275(1636): 767-773.

[39] Wegley L, Yu Y, Breitbart M, et al. Coral-associated archaea. Marine Ecology Progress, 2004, 273(1): 89-96.

[40] Capone D G, Popa R, Flood B, et al. Follow the nitrogen. Science, 2006, 312(5774): 708-709.

[41] Karl D, Michaels A, Bergman B, et al. Dinitrogen fixation in the world's oceans. Biogeochemistry, 2002, 57(1): 47-98.

[42] Brandes J A, Devol A H, Deutsch C. New developments in the marine nitrogen cycle. Chemical Reviews, 2007, 107(2): 577-589.

[43] Gruber N. The marine nitrogen cycle: overview and challenges//Capone D G, Bronk D A, Mulholland M R, et al. Nitrogen in the Marine Environment. Second Edition. Amsterdam: Elsevier, 2008: 1-50.

[44] Capone D. A biologically constrained estimate of oceanic N_2O flux. Cycling of Reduced Gases in the Hydrosphere, 1996:

105-114.

[45] Crossland C J, Hatcher B G, Smith S V. Role of coral reefs in global ocean production. Coral Reefs, 1991, 10(2): 55-64.

[46] Francis C A, Beman J M, Kuypers M M. New processes and players in the nitrogen cycle: the microbial ecology of anaerobic and archaeal ammonia oxidation. Isme Journal, 2007, 1(1): 19-27.

[47] Capone D G, Knapp A N. A marine nitrogen cycle fix? Nature, 2007, 445(7124): 159-160.

[48] Larkum A W D, Kennedy I R, Muller W J. Nitrogen fixation on a coral reef. Marine Biology, 1988, 98(1): 143-155.

[49] Robson R L, Postgate J R. Oxygen and hydrogen in biological nitrogen fixation. Annual Review of Microbiology, 1980, 34: 183-207.

[50] Dugdale R C, Menzel D W, Ryther J H. Nitrogen fixation in the Sargasso sea. Deep Sea Research, 1961, 7(7): 297-300.

[51] Carpenter E J. Nitrogen fixation by marine Oscillatoria (*Trichodesmium*) in the world's oceans//Carpenter E J, Capone D G. Nitrogen in the Marine Environment. New York: Academic Press, 1983: 65-103.

[52] Großkopf T, Mohr W, Baustian T, et al. Doubling of marine dinitrogen-fixation rates based on direct measurements. Nature, 2012, 488(7411): 361-364.

[53] Gruber N. The Dynamics of the Marine Nitrogen Cycle and its Influence on Atmospheric CO_2 Variations. Dordrecht: Springer, 2004: 97-148.

[54] Galloway J N, Dentener F J, Capone D G, et al. Nitrogen cycles: past, present, and future. Biogeochemistry, 2004, 70(2): 153-226.

[55] Mahaffey C, Michaels A F, Capone D G. The conundrum of marine N_2 fixation. American Journal of Science, 2005, 305(6-8): 546-595.

[56] Eppley R W, Peterson B J. Particulate organic matter flux and planktonic new production in the deep ocean. Nature, 1979, 282(5740): 677-680.

[57] Crossland C J, Barnes D J. Acetylene reduction by coral skeletons. Limnology and Oceanography, 1976, 21(1): 153-156.

[58] Hanson R B, Gundersen K. Relationship between nitrogen fixation (acetylene reduction) and the C: N ratio in a polluted coral reef ecosystem, Kaneohe Bay, Hawaii. Estuarine and Coastal Marine Science, 1977, 5(3): 437-444.

[59] Wiebe W J, Johannes R E, Webb K L. Nitrogen fixation in a coral reef community. Science, 1975, 188(4185): 257-259.

[60] Bjork M, Semesi A K, Pedersen M, et al. Current trends in marine botanical research in east African region, Reduit, Mauritius. Computers and the Humanities Official Journal of the Association for Computers and the Humanities, 1996, 38(4): 343-362.

[61] Davey M, Holmes G, Johnstone R. High rates of nitrogen fixation (acetylene reduction) on coral skeletons following bleaching mortality. Coral Reefs, 2008, 27(1): 227-236.

[62] Biegala I C, Raimbault P. High abundance of diazotrophic picocyanobacteria (<3μm) in a Southwest Pacific coral lagoon. Aquatic Microbial Ecology, 2008, 51(1): 45-53.

[63] Zehr J P, Waterbury J B, Turner P J, et al. Unicellular cyanobacteria fix N_2 in the subtropical North Pacific Ocean. Nature, 2001, 412(6847): 635-638.

[64] Zehr J P, Bench S R, Carter B J, et al. Globally distributed uncultivated oceanic N_2-fixing cyanobacteria lack oxygenic photosystem II. Science, 2008, 322(5904): 1110-1112.

[65] Zehr J P, Paerl H W. Molecular ecological aspects of nitrogen fixation in the marine environment//Kirchman D L. Microbial Ecology of the Oceans. Second Edition. New Jersey: Wiley-Blackwell, 2008: 481-525.

[66] Taboada F G, Gil R G, Höfer J, et al. *Trichodesmium* spp. population structure in the eastern north Atlantic subtropical gyre. Deep Sea Research Part I Oceanographic Research Papers, 2010, 57(1): 65-77.

[67] Capper A, Tibbetts I R, O'Neil J M, et al. The fate of *Lyngbya majuscula* toxins in three potential consumers. Journal of Chemical Ecology, 2005, 31(7): 1595-1606.

[68] Montoya J P, Holl C M, Zehr J P, et al. High rates of N_2 fixation by unicellular diazotrophs in the oligotrophic Pacific Ocean. Nature, 2004, 430(7003): 1027-1032.

[69] Mohr W, Großkopf T, Wallace D W R, et al. Methodological underestimation of oceanic nitrogen fixation rates. PLoS One, 2010, 5(9): e12583.

[70] White A E. Oceanography: the trouble with the bubble. Nature, 2012, 488(7411): 290-291.

[71] Charpy L, Alliod R, Rodier M, et al. Benthic nitrogen fixation in the SW New Caledonia lagoon. Aquatic Microbial Ecology, 2007, 47(1): 73-81.

[72] Lesser M P, Mazel C H, Gorbunov M Y, et al. Discovery of symbiotic nitrogen-fixing cyanobacteria in corals. Science, 2004, 305(5686): 997-1000.

[73] Koop K, Booth D, Broadbent A, et al. ENCORE: the effect of nutrient enrichment on coral reefs. Synthesis of results and conclusions. Marine Pollution Bulletin, 2001, 42(2): 91-120.

[74] Werner U, Blazejak A, Bird P, et al. Microbial photosynthesis in coral reef sediments (Heron Reef, Australia). Estuarine

Coastal and Shelf Science, 2008, 76(4): 876-888.
- [75] Finzi-Hart J A, Pett-Ridge J, Weber P K, et al. Fixation and fate of C and N in the cyanobacterium *Trichodesmium* using nanometer-scale secondary ion mass spectrometry. Proceedings of the National Academy of Sciences, 2009, 106(15): 6345-6350.
- [76] Dyhrman S T, Chappell P D, Haley S T, et al. Phosphonate utilization by the globally important marine diazotroph *Trichodesmium*. Nature, 2006, 439(7072): 68-71.
- [77] Berman-Frank I, Quigg A, Finkel Z V, et al. Nitrogen-fixation strategies and Fe requirements in cyanobacteria. Limnology and Oceanography, 2007, 52(5): 2260-2269.
- [78] Rueter J G. Iron stimulation of photosynthesis and nitrogen fixation in *Anabaena*-7120 and *Trichodesmium* (Cyanophyceae). Journal of Phycology, 1988, 24(2): 249-254.
- [79] Chang J, Chiang K P, Gong G C. Seasonal variation and cross-shelf distribution of the nitrogen-fixing cyanobacterium, *Trichodesmium*, in southern East China Sea. Continental Shelf Research, 2000, 20(4-5): 479-492.
- [80] McCarthy J J, Carpenter E J. *Oscillatoria* (*Trichodesmium*) *thiebautii* (Cyanophyta) in the central north Atlantic Ocean. Journal of Phycology, 1979, 15: 75-82.
- [81] Carpenter E. Physiology and ecology of marine planktonic *Oscillatoria* (*Trichodesmium*). Marine Biology Letters, 1983, 4: 69-85.
- [82] Hood R R, Laws E A, Armstrong R A, et al. Pelagic functional group modeling: progress, challenges and prospects. Deep Sea Research Part II: Topical Studies in Oceanography, 2006, 53(5-7): 459-512.
- [83] Kamykowski D, Zentara S J. Predicting plant nutrient concentrations from temperature and sigma-*t* in the upper kilometer of the world ocean. Deep Sea Research Part A. Oceanographic Research Papers, 1986, 33(1): 89-105.
- [84] Fu F X, Bell P R F. Factors affecting N_2 fixation by the cyanobacterium *Trichodesmium* sp. GBRTRLI101. FEMS Microbiology Ecology, 2003, 45(2): 203-209.
- [85] Fu F X, Bell P R F. Effect of salinity on growth, pigmentation, N_2 fixation and alkaline phosphatase activity of cultured *Trichodesmium* sp. Marine Ecology Progress Series, 2003, 257(8): 69-76.
- [86] Fu F X, Bell P R F. Growth N_2 fixation and photosynthesis in a cyanobacterium, *Trichodesmium* sp., under Fe stress. Biotechnology Letters, 2003, 25(8): 645-649.
- [87] Foster R A, Subramaniam A, Mahaffey C, et al. Influence of the Amazon river plume on distributions of free-living and symbiotic cyanobacteria in the western tropical North Atlantic Ocean. Limnology and Oceanography, 2007, 52(2): 517-532.
- [88] Gallon J R. N_2 fixation in phototrophs: adaptation to a specialized way of life. Plant and Soil, 2001, 230(1): 39-48.
- [89] Sañudo-Wilhelmy S A, Kustka A B, Gobler C J, et al. Phosphorus limitation of nitrogen fixation by *Trichodesmium* in the central Atlantic Ocean. Nature, 2001, 411(6833): 66-69.
- [90] Berman-Frank I, Lundgren P, Chen Y B, et al. Segregation of nitrogen fixation and oxygenic photosynthesis in the marine cyanobacterium *Trichodesmium*. Science, 2001, 294(5546): 1534-1537.
- [91] Carpenter E J, Roenneberg T. The marine planktonic cyanobacteria *Trichodesmium* spp.: photosynthetic rate measurements in the SW Atlantic Ocean. Marine Ecology Progress, 1995, 118(1-3): 267-273.
- [92] Capone D G, O'Neil J M, Zehr J, et al. Basis for diel variation in nitrogenase activity in the marine planktonic cyanobacterium *Trichodesmium thiebautii*. Applied and Environmental Microbiology, 1990, 56(11): 3532-3536.
- [93] Saino T, Hattori A. Diel variation in nitrogen fixation by a marine blue-green alga, *Trichodesmium thiebautii*. Deep Sea Research Part II: Topical Studies in Oceanography, 1978, 25(12): 1259-1263.
- [94] Chen Y B, Dominic B, Mellon M T, et al. Circadian rhythm of nitrogenase gene expression in the diazotrophic filamentous nonheterocystous cyanobacterium *Trichodesmium* sp. strain IMS 101. Journal of Bacteriology, 1998, 180(14): 3598-3605.
- [95] Ohki K, Fujita Y. Aerobic nitrogenase activity measured as acetylene reduction in the marine non-heterocystous cyanobacterium *Trichodesmium* spp. grown under artificial conditions. Marine Biology, 1988, 98(1): 111-114.
- [96] Berman-Frank I, Cullen J T, Shaked Y, et al. Iron availability, cellular iron quotas, and nitrogen fixation in *Trichodesmium*. Limnology and Oceanography, 2001, 46(6): 1249-1260.
- [97] El-Shehawy R, Lugomela C, Ernst A, et al. Diurnal expression of hetR and diazocyte development in the filamentous non-heterocystous cyanobacterium *Trichodesmium erythraeum*. Microbiology, 2003, 149(Pt5): 1139-1146.
- [98] Staal M, Meysman F J, Stal L J. Temperature excludes N_2-fixing heterocystous cyanobacteria in the tropical oceans. Nature, 2003, 425(6957): 504-507.
- [99] Gallon J R. Reconciling the incompatible: N_2 fixation and O_2. Tansley review No. 144. New Phytologist, 1992, 122: 571-609.
- [100] Carpenter E J, Price C C. Marine *Oscillatoria* (*Trichodesmium*): Explanation for aerobic nitrogen fixation without heterocysts. Science, 1976, 191(4233): 1278-1280.
- [101] Carpenter E J, Subramaniam A, Capone D G. Biomass and primary productivity of the cyanobacterium *Trichodesmium* spp. in the tropical N Atlantic ocean. Deep Sea Research Part I: Oceanographic Research Papers, 2004, 51(2): 173-203.

[102] Thomas W H. Surface nitrogenous nutrients and phytoplankton in the northeastern tropical Pacific. Limnology and Oceanography, 1966, 11(3): 393-400.
[103] Ryther J H, Dunstan W M. Nitrogen, phosphorus, and eutrophication in the coastal marine environment. Science, 1971, 171(3975): 1008-1013.
[104] Dugdale R C, Wilkerson F P. Silicate regulation of new production in the equatorial Pacific upwelling. Nature, 1998, 391(6664): 270-273.
[105] Millero F J. Chemical Oceanography. Second Edition. Boca Raton: CRC Press, 1996.
[106] Paerl H W, Crocker K M, Prufert L E. Limitation of N_2 fixation in coastal marine waters: relative importance of molybdenum, iron, phosphorus, and organic matter availability. Limnology and Oceanography, 1987, 32(3): 525-536.
[107] Paulsen D M, Paerl H W, Bishop P E. Evidence that molybdenum-dependent nitrogen fixation is not limited by high sulfate concentrations in marine environments. Limnology and Oceanography, 1991, 36(7): 1325-1334.
[108] Marino R, Howarth R W, Chan F, et al. Sulfate inhibition of molybdenum-dependent nitrogen fixation by planktonic cyanobacteria under seawater conditions: a non-reversible effect. Hydrobiologia, 2003, 500(1): 277-293.
[109] Michaels A F, Olson D, Sarmiento J L, et al. Inputs, losses and transformations of nitrogen and phosphorus in the pelagic North Atlantic Ocean. Biogeochemistry, 1996, 35: 181-226.
[110] Gruber N, Sarmiento J L. Global patterns of marine nitrogen fixation and denitrification. Global Biogeochemical Cycles, 1997, 11(2): 235-266.
[111] Gao Y, Kaufman Y J, Tanré D, et al. Seasonal distributions of aeolian iron fluxes to the global ocean. Geophysical Research Letters, 2001, 28(1): 29-32.
[112] Mahowald N, Kohfeld K, Hansson M, et al. Dust sources and deposition during the last glacial maximum and current climate: a comparison of model results with paleodata from ice cores and marine sediments. Journal of Geophysical Research, 1999, 104(D13): 15895-15916.
[113] Paerl H W, Prufertbebout L E, Guo C. Iron-stimulated N_2 fixation and growth in natural and cultured populations of the planktonic marine cyanobacteria *Trichodesmium* spp. Applied and Environmental Microbiology, 1994, 60(3): 1044-1047.
[114] Kustka A, Sañudo-Wilhelmy S, Carpenter E J, et al. A revised estimate of the Fe use efficiency of nitrogen fixation, with special reference to the marine cyanobacterium *Trichodesmium* spp.(Cyanophyta). Journal of Phycology, 2003, 39(1): 12-25.
[115] Walworth N G, Fu F X, Webb E A, et al. Mechanisms of increased *Trichodesmium* fitness under iron and phosphorus co-limitation in the present and future ocean. Nature Communications, 2016, 7: 12081.
[116] Küpper H, Berman-Frank I. Iron limitation in the marine cyanobacterium *Trichodesmium* reveals new insights into regulation of photosynthesis and nitrogen fixation. New Phytologist, 2008, 179(3): 784-798.
[117] Whittaker S, Bidle K D, Kustka A B, et al. Quantification of nitrogenase in *Trichodesmium* IMS 101: implications for iron limitation of nitrogen fixation in the ocean. Environmental Microbiology Reports, 2011, 3(1): 54-58.
[118] Wu J, Sunda W, Boyle E A, et al. Phosphate depletion in the western North Atlantic Ocean. Science, 2000, 289(5480): 759-762.
[119] Levitan O, Rosenberg G, Setlik I, et al. Elevated CO_2 enhances nitrogen fixation and growth in the marine cyanobacterium *Trichodesmium*. Global Change Biology, 2007, 13(2): 531-538.
[120] Hutchins D A, Fu F X, Zhang Y, et al. CO_2 control of *Trichodesmium* N_2 fixation, photosynthesis, growth rates, and elemental ratios: implications for past, present, and future ocean biogeochemistry. Limnology and Oceanography, 2007, 52(4): 1293-1304.
[121] Ramos J B E, Biswas H, Schulz K G, et al. Effect of rising atmospheric carbon dioxide on the marine nitrogen fixer *Trichodesmium*. Global Biogeochemical Cycles, 2007, 21(2): 1767-1773.
[122] Carpenter E J, McCarthy J J. Nitrogen fixation and uptake of combined nitrogenous nutrients by *Oscillatoria* (*Trichodesmium*) thiebautii in the western Sargasso sea. Limnology and Oceanography, 1975, 20(3): 389-401.
[123] Glibert P, Banahan S. Uptake of combined nitrogen sources by *Trichodesmium* and pelagic microplankton in the Caribbean Sea: comparative uptake capacity and nutritional status. EOS, 1988, 69(1089): 3996-4000.
[124] Carpenter E J, Capone D G. Nitrogen fixation in *Trichodesmium* blooms//Carpenter E J, Capone D G, Rueter J G. Marine Pelagic Cyanobacteria: *Trichodesmium* and Other Diazotrophs. Dordrecht: Springer, 1992: 211-217.
[125] Capone D G, Ferrier M D, Carpenter E J. Amino acid cycling in colonies of the planktonic marine cyanobacterium *Trichodesmium thiebautii*. Applied and Environmental Microbiology, 1994, 60(11): 3989-3995.
[126] Mulholland M R, Capone D G. The nitrogen physiology of the marine N_2-fixing cyanobacteria *Trichodesmium* spp. Trends in Plant Science, 2000, 5(4): 148-153.
[127] Mulholland M R, Capone D G. Stoichiometry of nitrogen and carbon utilization in cultured populations of *Trichodesmium* IMS101: implications for growth. Limnology and Oceanography, 2001, 46(2): 436-443.

[128] Holl C M, Montoya J P. Interactions between nitrate uptake and nitrogen fixation in continuous cultures of the marine diazotroph *Trichodesmium* (Cyanobacteria). Journal of Phycology, 2005, 41(6): 1178-1183.

[129] Ohki K, Zehr J P, Falkowski P G, et al. Regulation of nitrogen-fixation by different nitrogen sources in the marine non-heterocystous cyanobacterium *Trichodesmium* sp. NIBB1067. Archives of Microbiology, 1991, 156(5): 335-337.

[130] Sanudo-Wilhelmy S A, Kustka A B, Gobler C J, et al. Phosphorus limitation of nitrogen fixation by *Trichodesmium* in the central Atlantic Ocean. Nature, 2001, 411(6833): 66-69.

[131] Dyhrman S T, Webb E A, Anderson D M, et al. Cell-specific detection of phosphate stress in *Trichodesmium* from the Western North Atlantic. Limnology and Oceanography, 2002, 47(6): 1832-1836.

[132] Karl D, Letelier R, Tupas L, et al. The role of nitrogen fixation in biogeochemical cycling in the subtropical North Pacific Ocean. Nature, 1997, 388(6642): 533-538.

[133] Karl D M, Letelier R, Hebel D V, et al. *Trichodesmium* blooms and new nitrogen in the North Pacific gyre//Carpenter E J, Capone D G, Rueter J G. Marine Pelagic Cyanobacteria: *Trichodesmium* and Other Diazotrophs. Dordrecht: Springer, 1992: 219-237.

[134] Corredor J E, Capone D G. Studies on nitrogen diagenesis in coral reef sands. Proceedings 5th International Coral Reef Symposium, 1985, 3: 395-399.

[135] Johnstone R W, Koop K, Larkum A W. Physical aspects of coral reef lagoon sediments in relation to detritus processing and primary production. Marine Ecology Progress Series, 1990, 66(3): 273-283.

[136] Wafar M, Wafar S, David J J. Nitrification in reef corals. Limnology and Oceanography, 1990, 35(3): 725-730.

[137] Webb K L, Wiebe W J. Nitrification on a coral reef. Canadian Journal of Microbiology, 1975, 21(9): 1427-1431.

[138] Corredor J E, Wilkinson C R, Vicente V P, et al. Nitrate release by Caribbean reef sponges. Limnology and Oceanography, 1988, 33(1): 114-120.

[139] Diaz M C, Ward B B. Sponge-mediated nitrification in tropical benthic communities. Marine Ecology Progress, 1997, 156(8): 97-107.

[140] Francis C A, Roberts K J, Beman J M, et al. Ubiquity and diversity of ammonia-oxidizing archaea in water columns and sediments of the ocean. Proceedings of the National Academy of Sciences, 2005, 102(41): 14683-14688.

[141] Könneke M, Bernhard A E, de la Torre J R, et al. Isolation of an autotrophic ammonia-oxidizing marine archaeon. Nature, 2005, 437(7058): 543-546.

[142] Wuchter C, Abbas B, Coolen M J L, et al. Archaeal nitrification in the ocean. Proceedings of the National Academy of Sciences of the United States of America, 2006, 103(33): 12317-12322.

[143] Thamdrup B, Dalsgaard T. Production of N_2 through anaerobic ammonium oxidation coupled to nitrate reduction in marine sediments. Applied and Environmental Microbiology, 2002, 68(3): 1312-1318.

[144] Wiebe W J. Nitrogen cycle on a coral reef. Micronesica, 1976, 12: 23-26.

[145] Williams S L, Yarish S M, Gill I P. Ammonium distributions, production, and efflux from backreef sediments, St. Croix, US Virgin Islands. Marine Ecology Progress Series, 1985, 24(1-2): 57-64.

[146] O'Neil J M, Capone D G. Nitrogen cycling in coral reef environments//Capone D G, Bronk D A, Mulholland M R, et al. Nitrogen in the Marine Environment. Second Edition. San Diego: Academic Press, 2008: 949-989.

[147] Furnas M J, Brodie J E. Current status of nutrient levels and other water quality parameters in the Great Barrier Reef//Hunter H M, Eyles A G, Rayment G E. Downstream effects of land use. Brisbane: Queensland Department of Natural Resources, 1996: 9-21.

[148] Hamersley M R, Lavik G, Woebken D, et al. Anaerobic ammonium oxidation in the Peruvian oxygen minimum zone. Limnology and Oceanography, 2007, 52(3): 923-933.

[149] Kuypers M M M, Lavik G, Woebken D, et al. Massive nitrogen loss from the Benguela upwelling system through anaerobic ammonium oxidation. Proceedings of the National Academy of Sciences, 2005, 102(18): 6478-6483.

[150] Ciais P, Tans P P, Trolier M, et al. A large northern hemisphere terrestrial CO_2 sink indicated by the $^{13}C/^{12}C$ ratio of atmospheric CO_2. Science, 1995, 269(5227): 1098-1102.

[151] Edenhofer O, Madruga R P, Sokona Y, et al. IPCC, 2011: IPCC special report on renewable energy sources and climate change mitigation. Working Group III of the Intergovernmental Panel on Climate Change, 2015.

[152] Fuzzi S. Overview of the biogenic sources of atmospheric trace compounds due to agricultural activities. Aerobiologia, 1996, 12(2): 129-132.

[153] Khalil M I, Rosenani A B, Van C O, et al. Nitrous oxide emissions from an ultisol of the humid tropics under maize-groundnut rotation. Journal of Environmental Quality, 2002, 31(4): 1071-1078.

[154] Bange H W. The ocean as a source of N_2O, CH_4 and DMS. Seminar, 2014.

[155] Khalil M A K, Rasmussen R A. Nitrous oxide from coal-fired power plants: experiments in the plumes. Journal of Geophysical Research Atmospheres, 1992, 97(D13): 14645-14649.

[156] Albritton D L, Allen M, Baede A, et al. Summary for policymakers: a report of working group i of the intergovernmental panel on climate change//Houghton J T, Ding Y, Griggs D J, et al. Climate Change 2001: The Scientific Basis (Summary for Policymakers). Cambridge: Cambridge University Press, 2011: 1-20.

[157] Crutzen P J. The influence of nitrogen oxides on the atmospheric ozone content. Quarterly Journal of the Royal Meteorological Society, 1970, 96(408): 320-325.

[158] Zhan L Y, Chen L Q, Zhang J X, et al. A permanent N_2O sink in the Nordic Seas and its strength and possible variability over the past four decades. Journal of Geophysical Research. Oceans, 2016, 121(8): 5608-5621.

[159] Körtzinger A. The ocean's source/sink function for CO_2 (and N_2O)-current knowledge, new approaches, future observation strategies. Cost Action Final Event, 2011.

[160] Codispoti L A, Christensen J P. Nitrification, denitrification and nitrous oxide cycling in the eastern tropical South Pacific ocean. Marine Chemistry, 1985, 16(4): 277-300.

[161] Wilkinson C R. Global and local threats to coral reef functioning and existence: review and predictions. Marine and Freshwater Research, 1999, 50(8): 867-878.

[162] O'Reilly C, Santos I R, Cyronak T, et al. Nitrous oxide and methane dynamics in a coral reef lagoon driven by pore water exchange: insights from automated high-frequency observations. Geophysical Research Letters, 2015, 42(8): 2885-2892.

[163] Yoshinari T. Nitrous oxide in the sea. Marine Chemistry, 1976, 4(2): 189-202.

[164] Hahn J, Junge C. Atmospheric nitrous oxide: a critical review. Zeitschrift Fur Naturforschung A, 1997, 32(2): 190-214.

[165] Cohen Y. Consumption of dissolved nitrous oxide in an anoxic basin, Saanich Inlet, British Columbia. Nature, 1978, 272(5650): 235-237.

[166] Hashimoto L K, Kaplan W A, Wofsy S C, et al. Transformations of fixed nitrogen and N_2O in the Cariaco Trench. Deep Sea Research Part A. Oceanographic Research Papers, 1983, 30(6): 575-590.

[167] Oudot C, Andrie C, Montel Y. Nitrous oxide production in the tropical Atlantic Ocean. Deep Sea Research Part A. Oceanographic Research Papers, 1990, 37(2): 183-202.

[168] Yoshida N, Hattori A, Saino T, et al. $^{15}N/^{14}N$ ratio of dissolved N_2O in the eastern tropical Pacific Ocean. Nature, 1984, 307(5950): 442-444.

[169] Yoshida N. ^{15}N-depleted N_2O as a product of nitrification. Nature, 1988, 335(6190): 528-529.

[170] Goering J J, Cline J D. A note on denitrification in seawater. Limnology and Oceanography, 1970, 15(2): 306-309.

[171] Barbaree J M, Payne W J. Products of denitrification by a marine bacterium as revealed by gas chromatography. Marine Biology, 1967, 1(2): 136-139.

[172] Zhu J, Mulder J, Dörsch P. Denitrification and N_2O emission in an N-saturated subtropical forest catchment, southwest China. EGU General Assembly, 2010, 11(14): 10185.

[173] Daniele B, Dunne J P, Sarmiento J L, et al. Data-based estimates of suboxia, denitrification, and N_2O production in the ocean and their sensitivities to dissolved O_2. Global Biogeochemical Cycles, 2012, 26(2): 2009.

[174] Elkins J W, Wofsy S C, Mcelroy M B, et al. Aquatic sources and sinks for nitrous oxide. Nature, 1978, 275(5681): 602-606.

[175] David P, Rasmussen R A. Nitrous oxide measurements in the eastern tropical Pacific Ocean. Tellus, 1998, 32(1): 56-72.

第十一章

珊瑚礁与海洋环境

第一节 珊瑚礁区海洋环境要素概况[①]

珊瑚礁主要分布在 30°S 和 30°N 之间的热带海洋环境之中,这些海域的海温多在 18℃和 30℃之间[1]。珊瑚生长对环境条件的要求比较高,除海温以外,其他变量如光照、盐度、海水 pH、海平面、营养物、重金属和水体清澈度等也影响着珊瑚的生长和珊瑚礁的发育,并对珊瑚礁的分布和健康状况起重要作用。

(一)海温

常用于解释影响珊瑚礁分布的基本因子是海温。尽管一些珊瑚物种可以容忍低于15℃或者是更低的海温,以及高达36℃的海温,一般来说,珊瑚适宜在年平均水温为25～28℃的海域中生长。低纬度海洋东海岸(大陆西海岸)影响珊瑚生长的主要障碍就是冷水的出现,这些区域至少一年中有一段时间海温会低于18℃,并且有时候会更低。这是由季风所引起的,季风风向在两个半球都平行于海岸,并且由于科里奥利力在南半球的西北部和北半球的西南部产生离岸流,造成100～150m 深度的冷水上涌。这些上涌的冷水有时候会被暖流所替代,如著名的 El Niño 暖流[2]。

不正常的、持续升高的海温被认为是对珊瑚礁影响范围最广、威胁性最高的因子[3]。它对珊瑚礁的压力可分为慢性热压力(chronic thermal stress)和急性热压力(acute thermal stress)两种。慢性热压力指夏季珊瑚可以逐渐适应环境温度,沿几百千米的纬度尺度呈显著性变化。急性热压力会迅速造成珊瑚白化,由于受局部水动力影响在千米级的小尺度上呈显著性变化。由人类排放 CO_2 所造成的全球变暖是珊瑚礁所面临的慢性热压力,区域海水表层温度上升 0.1℃将造成加勒比海区域珊瑚白化面积扩大 35%,珊瑚白化的严重程度增加 42%[4]。而 ENSO 引起的异常海温上升曾造成 1997～1998 年全球大面积珊瑚白化,这一灾难性的事件不仅影响范围最广,也是自 1880 年以来影响最严重的白化事件,全球很多地方都有珊瑚白化的相关报道[3, 5, 6]。此外,海温异常与珊瑚疾病暴发还存在着极显著关系[7-10]。珊瑚胚胎发育和存活、

[①] 作者:左秀玲,余克服

珊瑚幼虫附着以及珊瑚种群的生长和钙化与上升的海温也存在显著的负相关关系[11-14]。

珊瑚白化的温度上限，不同的海域、不同的种属之间存在差异性。Spalding 等[15]的研究发现，SST 持续几周高于珊瑚生长极限温度 1~2℃就会造成珊瑚白化。由于一年中除夏季以外的其他季节，海温几乎不可能会超过极限温度，珊瑚白化很可能仅在夏季发生。目前，在珊瑚白化预警及探讨珊瑚白化与 SST 关系的研究中，热周（degree heating week，DHW）是目前表征珊瑚白化 SST 阈值的最常用指标。它将 3 个月（12 个周）中高于最热月的长期平均温度值 1℃及以上的值相加从而得到累积热压力[16]。

（二）光照

光照在共生虫黄藻的光合作用能量提供中起着主要作用。因此，光照在珊瑚的分布以及其他方面如群落形态中具有重要的影响[17]。适宜的光照有利于珊瑚的生长以及体内虫黄藻的光合作用，但是太强的光照则会产生光抑制作用。可见光（光合有效辐射，PAR）是造成珊瑚白化的直接因子[18, 19]，不仅会造成虫黄藻的损失而且会造成慢性光抑制[20]。PAR 较大规模的珊瑚白化事件，都与强烈的太阳辐射与海温升高的协同作用有关[3]。除 PAR 以外，短波辐射（290~400nm）如紫外线辐射（UVR），也强烈影响海洋生物的分布和生理[21]。它还对海洋生物有破坏性影响，包括珊瑚及其共生鞭毛藻[22, 23]。太阳或紫外线辐射是通过高能量的光子对珊瑚共生体产生破坏，或直接破坏共生藻的光化学途径来影响珊瑚和共生藻的生理[24]。在长时间的进化过程中，珊瑚也产生了抵御紫外线伤害的机制，如通过产生大量的荧光色素保护[25]或产生三苯甲咪唑吸收紫外线从而降低紫外线对共生藻的破坏[26, 27]。

（三）盐度

影响珊瑚生长的另一个因子是盐度，珊瑚正常生长的盐度为 32‰~40‰[1]。造礁珊瑚对高盐度海水具有一定的适应性，例如，波斯湾的珊瑚在盐度为 42‰的海水中，仍然能较好地生长[27]。然而，更高的盐度可能限制珊瑚的生长，例如，在卡塔尔半岛的一部分海湾，夏季盐度至少在 50‰~60‰，生长珊瑚的区域仅限于海湾的更开阔水域，这些水域通过海水的循环降低了盐度[28]。此外在盐度较低的淡水河口附近，珊瑚分布也很少。盐度的快速下降会导致珊瑚死亡[29]，这可能是严重暴雨或洪水事件发生后珊瑚大规模死亡的原因[30, 31]。研究认为，盐度波动在限制沿海地区珊瑚礁分布方面起着重要作用[2]。

（四）海水 pH

大气中的 CO_2 通过水-气交换溶于海洋达到水-气平衡，而过量的大气 CO_2 浓度改变了海水化学系统，打破了原有的碳酸盐平衡体系，降低了海水 pH、碳酸根离子浓度（$[CO_3^{2-}]$）、碳酸钙（包括文石和方解石）饱和度（Ω），从而导致海洋酸化[32]。已知 pCO_2 的升高伴随着 Ω 的下降，直接造成珊瑚钙化率降低和造礁珊瑚骨骼肌溶解率升高[33, 34]，这将影响珊瑚维持自身的钙化能力以及在群体中的空间竞争能力，并且增强了其被捕食的危险性。实验研究表明当今海洋文石饱和度值为 3.3 的地区，珊瑚礁碳酸盐增长接近于 0 或正在向负值转变，当 $[CO_2]_{atm}$ 接近 480ppm，碳酸盐离子浓度下降到 200μmol/kg 以下时，这种现象将会在全球大多数海洋中发生[35, 36]。

海水酸化对珊瑚礁中的壳状珊瑚藻产生重要影响，它在珊瑚礁生态系统中有几个非常重要的功能，包括胶结和维持珊瑚礁的稳定性[37]、贡献初级生产力[38]、产生化学元素以及相关的微生物膜使得大量的无脊椎幼虫包括珊瑚[39]和棘冠海星定居[40]。由于壳状珊瑚藻在藻类菌体细胞壁发生钙化并且由碳酸钙晶型高镁方解石构成[41]，碳酸盐晶格中包含了镁，而高镁方解石是碳酸钙中最可溶的矿物质。因此壳状珊瑚藻对海水酸化相关的化学变化会非常敏感[42, 43]。

（五）海平面变化

珊瑚礁是一个适应性强，又很敏感、脆弱的生态系统，更新世末的末次冰期，海平面下降百余米，所有珊瑚礁被毁，后来珊瑚礁断续生长在大陆和海山的边缘。一万年前，海平面开始上升，珊瑚礁又在大陆、岛架和海山周围茁壮生长[44]。珊瑚礁的生长速率受多种因素影响，同一个珊瑚礁体在不同的生长阶段也有不同的生长速率，现代珊瑚礁的生长速率为 $3\sim5m/10^3a$[45, 46]。

海平面对珊瑚礁的影响可能是积极作用也可能是消极作用，这取决于珊瑚礁骨架加积率与海平面上升速率的关系。例如，对于深水区生长的珊瑚，如果珊瑚生长率低于海平面上升率，由于光的影响，这部分珊瑚礁可能不再生长。另外，许多礁坪地貌带由于低潮干出不适宜珊瑚附着，当海平面上升时，这些区域可能重新生长珊瑚使碳酸盐增加和珊瑚礁骨架加积率提高。

（六）营养盐

相比珊瑚礁生态系统的高生物多样性和非常高的生产力，珊瑚礁周边的海域无机盐浓度却很低，属于贫营养盐海域，浓度范围一般是：硝酸盐 $0.1\sim0.5\mu mol/L$，铵盐 $0.2\sim0.5\mu mol/L$，无机磷小于 $0.3\mu mol/L$[47]。由于人类活动的影响，珊瑚礁海域的富营养化面积大量增加，特别是沿海地区。珊瑚礁生态系统富营养化的营养盐以多种方式输入，包括陆源径流、污水和禽畜养殖废水、大气降水、海水养殖废水及上升流携带等[48]。此外，水流状态，如交换能力弱、滞留时间长，也是富营养化形成的一个重要因素[49]。在渗透性较强的海岸，地下水径流也是全球珊瑚礁营养盐特别是氮的一个重要来源[50, 51]。

富营养化对珊瑚礁生态系统有直接影响和间接影响两种方式，前者主要是通过影响珊瑚共生虫黄藻的生理活动从而对珊瑚礁生态系统的健康状况产生影响，如降低珊瑚的生长率和繁殖率，或增加珊瑚共生系对白化和疾病的易感性；间接影响是通过刺激造礁藻的生长或促进珊瑚礁分布较少的营养性藻类变成优势种，来改变珊瑚礁生态系统的群落结构[51, 52]。营养盐的输入具有季节性，如季节性强的河流径流、旅游季节的污水或上升流所携带的营养盐，造成珊瑚礁可能在一年的某个时期受到严重富营养化影响。由于很多珊瑚礁为人类的居住区或者旅游景点，珊瑚礁周边海域已经处于或者很快将处于富营养化状态，几年内就会遭到很严重的破坏[48]。

（七）重金属

重金属的来源包括工业废弃物、生活垃圾、生活污水、污水处理废液和防晒涂料等。与其他有机化合物污染不同，重金属污染具有富集性，很难降解。一定浓度的重金属会使珊瑚产生毒性[53]，甚至致死[54]。珊瑚的幼体相对于成体对重金属更加敏感。在重金属胁迫下，大多数珊瑚虫会躲进共肉组织，移入正常环境后，相比无法缩入共肉组织的珊瑚虫，其恢复力更好[55]。然而也有研究发现，Cu^{2+} 会造成鹿角杯形珊瑚虫萎缩，其健康受到影响，无法再进行正常的摄食活动[56]。为了防止重金属的进入，Cu^{2+} 的刺激也会使珊瑚分泌大量的黏液[56]。此外，重金属还会抑制珊瑚的新陈代谢[57]，使珊瑚生长速率下降[58]、发生白化[59]，以及影响珊瑚幼体的附着和生存[60]。

（八）浑浊度

水的浑浊度在影响珊瑚礁生长方面更为重要，特别是在珊瑚礁数量较少及分布较分散的印度洋和南海。一般来说，浑浊度是珊瑚礁分布较少的一个原因。但一些珊瑚，如石芝珊瑚属，能够通过它们的纤毛运动阻止淤泥颗粒，其他珊瑚则不可以[2]。滨珊瑚是典型的虽然不善于排除沉积物但对沉积物有一定忍耐能力的珊瑚[61]。如果蔷薇珊瑚和刺柄珊瑚较多，则反映出了水域较浑浊[62]；陀螺珊瑚是一类典型的适应低光照环境的珊瑚[27, 63]，较多的陀螺珊瑚也证明了由于沉积物增加，水体透光率下降。此外，一些珊瑚还生存于印度尼西亚许多海岸的泥质基底上，在有大量悬浮泥沙的河口附近。尽管浑浊度对珊瑚礁的影响比较复杂，但是它和海温一样在影响珊瑚礁分布中非常重要[2]。

全球气候变化以及日益加剧的人类活动已经造成世界范围内珊瑚礁的严重破坏。最近的研究表明，全球27%的珊瑚礁都已经消失，最可能的一个原因为1998年海温异常造成的大面积珊瑚白化[64]，加勒比海和印度-太平洋海域的珊瑚覆盖度在过去的40多年减少了50%[65]；西印度洋珊瑚礁生态系统也正经历着巨大的变化[66]，已知的影响珊瑚礁的因子包括海温、海水酸度、海平面、珊瑚疾病、过度捕鱼、破坏性捕鱼、陆源沉积、污染等。在这样的背景下，对珊瑚礁生态系统也应当给予更多的关注。

参 考 文 献

[1] Veron J E N. Corals of Australia and the Indo-Pacific. Hawaii: University of Hawaii Press, 1986.
[2] Guilcher A. Coral Reef Geomorphology// Bird E C F. Coastal Morphology and Research. Bath: The Bath Press, 1988.
[3] Hoegh-Guldberg O. Climate change, coral bleaching and the future of the world's coral reefs. Marine and Freshwater Research, 1999, 50(8): 839-866.
[4] McWilliams J P, Côté I M, Gill J A, et al. Accelerating impacts of temperature-induced coral bleaching in the Caribbean. Ecology, 2005, 86(8): 2055-2060.
[5] Goreau T, McClanahan T, Hayes R, et al. Conservation of coral reefs after the 1998 global bleaching event. Conservation Biology, 2000, 14(1): 5-15.
[6] Lough J. 1997-98: unprecedented thermal stress to coral reefs? Geophysical Research Letters, 2000, 27(23): 3901-3904.
[7] Heron S F, Willis B L, Skirving W J, et al. Summer hot snaps and winter conditions: modelling white syndrome outbreaks on Great Barrier Reef corals. PLoS One, 2010, 5(8): e12210.
[8] Aeby G S, Williams G J, Franklin E C, et al. Patterns of coral disease across the Hawaiian archipelago: relating disease to environment. PLoS One, 2011, 6(5): e20370.
[9] Lough J M. Small change, big difference: sea surface temperature distributions for tropical coral reef ecosystems, 1950-2011. Journal of Geophysical Research Oceans, 2012, 117(C9): 178-185.
[10] Ferreira B P, Costa M B S F, Coxey M S, et al. The effects of sea surface temperature anomalies on oceanic coral reef systems in the southwestern tropical Atlantic. Coral Reefs, 2013, 32(2): 441-454.
[11] Wirum F P, Carricart-Ganivet J P, Benson L, et al. Simulation and observations of annual density banding in skeletons of Montastraea (Cnidaria: Scleractinia) growing under thermal stress associated with ocean warming. Limnology and Oceanography, 2007, 52(5): 2317-2323.
[12] Randall C J, Szmant A M. Elevated temperature affects development, survivorship, and settlement of the Elkhorn coral, *Acropora palmate* (Lamarck 1816). The Biological Bulletin, 2009, 217(3): 269-282.
[13] Carricart-Ganivet J P, Cabanillas-Teran N, Cruz-Ortega I, et al. Sensitivity of calcification to thermal stress varies among genera of massive reef-building corals. PLoS One, 2012, 7(3): e32859.
[14] Chen T, Li S, Yu K, et al. Increasing temperature anomalies reduce coral growth in the Weizhou Island, northern South China Sea. Estuarine, Coastal and Shelf Science, 2013, 130: 121-126.
[15] Spalding M D, Ravilious C, Green E P. World Atlas of Coral Reefs. Berkeley: University of California Press, 2001.
[16] Liu G, Strong A E, Skirving W. Remote sensing of sea surface temperatures during 2002 Barrier Reef coral bleaching. Eos Transactions American Geophysical Union, 2003, 84(15): 137-141.
[17] Muscatine L. The role of symbiotic algae in carbon and energy flux in reef corals. Coral Reefs, 1990, 25: 1-29.
[18] Brown B E, Dunne R P, Scoffin T P, et al. Solar damage in intertidal corals. Marine Ecology Progress Series, 1994, 105(3): 219-230.
[19] Dunne R, Brown B. The influence of solar radiation on bleaching of shallow water reef corals in the Andaman Sea, 1993-1998. Coral Reefs, 2001, 20(3): 201-210.

[20] Brown B E, Dunne R P. Solar radiation modulates bleaching and damage protection in a shallow water coral. Marine Ecology Progress Series, 2008, 362: 99-107.

[21] Jokiel P L. Solar ultraviolet radiation and coral reef epifauna. Science, 1980, 207(4435): 1069-1071.

[22] Lesser M P. Elevated temperatures and ultraviolet radiation cause oxidative stress and inhibit photosynthesis on symbiotic dinoflagellates. Limnology and Oceanography, 1996, 41(2): 271-283.

[23] Shick J M, Lesser M P, Jokiel P L. Effect of vltravioletradiation on corals and other coral reef organism. Global Change Biology, 1996, 2: 527-545.

[24] Glynn P W. Extensive 'Bleaching' and death of reef corals on the Pacific Coast of Panamá. Environmental Conservation, 1983, 10(2): 149-154.

[25] Brown B E, Downs C A, Dunne R P, et al. Exploring the basis of thermotolerance in the reef coral *Goniastrea aspera*. Marine Ecology Progress, 2002, 242(4): 119-129.

[26] Glynn P W. Coral reef bleaching: ecological perspectives. Coral Reefs, 1993, 12(1): 1-17.

[27] 李泽鹏. 主要环境因子对滨珊瑚的胁迫作用研究. 湛江: 广东海洋大学硕士学位论文, 2012.

[28] Purser B H, Seibold E. The Principal Environmental Factors influencing Holocene Sedimentation and Diagenesis in the Persian Gulf. Berlin Heidelberg: Springer, 1973: 1-9.

[29] Hoegh-Guldberg O, Smith G J. The effect of sudden changes in temperature, irradiance and salinity on the population density and export of zooxanthellae from the reef corals *Stylophora pistillata* (Esper 1797) and *Seriatopora hystrix* (Dana 1846). Journal of Experimental Marine Biology and Ecology, 1989, 129(3): 279-303.

[30] Goreau T F. Mass expulsion of zooxanthellae from Jamaican reef communities after hurricane flora. Science, 1964, 145(3630): 383-386.

[31] Egana A C, DiSalvo L H. Mass expulsion of zooxanthellae by Easter Island corals. Pacific Science, 1982, 36: 61-63.

[32] 张成龙, 黄晖, 黄良民, 等. 海洋酸化对珊瑚礁生态系统的影响研究进展. 生态学报, 2002, 32(5): 1606-1615.

[33] Marubini F, Barnett H, Langdon C, et al. Dependence of calcification on light and carbonate ion concentration for the hermatypic coral *Porites compressa*. Marine Ecology Progress Series, 2001, 220(1): 153-162.

[34] Marubini F, Ferrier-Pages C, Cuif J P. Suppression of skeletal growth in scleractinian corals by decreasing ambient carbonate-ion concentration: a cross-family comparison. Proceedings of the Royal Society of London. Series B: Biological Sciences, 2003, 270(1511): 179-184.

[35] Kleypas J A, McManus J W, meñez L A B. Environmental limits to coral reef development: where do we draw the line? American Zoologist, 1999, 39(1): 146-159.

[36] Kleypas J A, Feely R A, Fabry V J, et al. Impacts of Ocean Acidification on Coral Reefs and Other Marine Calcifiers. A Guide for Future Research. Report of a workshop sponsored by NSF, NOAA & USGS, 2006.

[37] Camoin G F, Montaggioni L F. High energy coralgal-stromatolite frameworks from Holocene reefs (Tahiti, French Polynesia). Sedimentology, 1994, 41(4): 655-676.

[38] Adey W H, Macintyre I. Crustose coralline algae: a re-evaluation in the geological sciences. Geological Society of America Bulletin, 1973, 84(3): 883-904.

[39] Harrington L, Fabricius K, De'Ath G, et al. Recognition and selection of settlement substrata determine post-settlement survival in corals. Ecology, 2004, 85(12): 3428-3437.

[40] Johnson C R, Sutton D C. Bacteria on the surface of crustose coralline algae induce metamorphosis of the crown-of-thorns starfish *Acanthaster planci*. Marine Biology, 1994, 120(2): 305-310.

[41] Borowitzka M A. Algal calcification. Oceanography and Marine Biology: An Annual Review, 1977: 15.

[42] Morse J W, Andersson A J, Mackenzie F T. Initial responses of carbonate-rich shelf sediments to rising atmospheric pCO$_2$ and "ocean acidification": role of high Mg-calcites. Geochimica et Cosmochimica Acta, 2006, 70(23): 5814-5830.

[43] Andersson A J, Mackenzie F T, Bates N R. Life on the margin: implications of ocean acidification on Mg-calcite, high latitude and cold-water marine calcifiers. Marine Ecology Progress Series, 2008, 373: 265-273.

[44] 王国忠. 全球海平面变化与中国珊瑚礁. 古地理学报, 2005, 7(4): 483-492.

[45] Davies P J, Hopley D. Growth fabrics and growth rates of Holocene reefs in the Great Barrier Reef. Journal of Australian Geology and Geophysics, 1983, 8: 237-251.

[46] Davies P J. Reef growth. Perspectives on Coral Reefs, 1983: 69-106.

[47] Yellowlees D. Land uses patterns and nutrient loadings of the Great Barrier Reef Region. Proceedings of a Workshop held at James Cook University, 1990: 17-18.

[48] Lapointe B E. Nutrient thresholds for bottom-up control of macroalgal blooms on coral reefs in Jamaica and southeast Florida. Limnology and Oceanography, 1997, 42(5part2): 1119-1131.

[49] Kohonen J T. Finnish strategies for reduction and control of effluents to the marine environment-examples from agriculture,

municipalities and industry. Marine Pollution Bulletin, 2003, 47(1-6): 162-168.
[50] Paytan A, Moore W S. Submarine groundwater discharge: an important source of new inorganic nitrogen to coral reef ecosystems. Limnology and Oceanography, 2006, 51(1): 343-348.
[51] 江志坚, 黄小平. 富营养化对珊瑚礁生态系统影响的研究进展. 海洋环境科学, 2010, 29(2): 280-285.
[52] Szmant A M. Nutrient enrichment on coral reefs: is it a major cause of coral reef decline? Estuaries and Coasts, 2002, 25(4): 743-766.
[53] Evans E. Microcosm responses to environmental perturbations. Helogl Wiss Meeresunters, 1977, 30: 178-191.
[54] Howard L S, Crosby D G, Alino P. Evalution of some methods for quantitatively assessing the toxicity of heavy metals to corals//Jokiel P L, Richmond R H, Rogers R A. Coral reef population biology. Hawaii Institute of Marine Biology Technical Report, 1986: 452-464.
[55] Bielmyer G K, Grosell M, Bhagooli R, et al. Differential effects of copper on three species of scleractinian corals and their algal symbionts (*Symbiodinium* spp.). Aquatic Toxicology, 2010, 97(2): 125-133.
[56] 黄德银, 施祺, 张叶春. 三亚湾滨珊瑚中的重金属及环境意义. 海洋环境科学, 2003, 22(3): 35-38.
[57] Livingston H D, Thompson G. Trace element concentrations in some modern corals. Limnology and Oceanography, 1971, 16(5): 786-796.
[58] Biscéré T, Rodolfo-Metalpa R, Lorrain A, et al. Responses of two scleractinian corals to cobalt pollution and ocean acidification. PLoS One, 2015, 10(4): e0122898.
[59] Harland A D, Brown B E. Metal tolerance in the scleractinian coral *Porites lutea*. Marine Pollution Bulletin, 1989, 20(7): 353-357.
[60] Goh B. Mortality and settlement success of *Pocillopora damicornis* planula larvae during recovery from low levels of nickel. Pacific Science, 1991, 45: 276-286.
[61] Stafford-Smith M, Ormond R. Sediment-rejection mechanisms of 42 species of Australian scleractinian corals. Marine and Freshwater Research, 1992, 43(4): 683-705.
[62] Rogers C S. Responses of coral reefs and reef organisms to sedimentation. Journal of Neurochemistry, 1990, 62(3): 185-202.
[63] Woesik R V, Done T J. Coral communities and reef growth in the southern Great Barrier Reef. Coral Reefs, 1997, 16(2): 103-115.
[64] Almada-Villela P, Mcfield M, Kramer P, et al. Status of Coral Reefs of Mesoamerica-Mexico, Belize, Guatemala, Honduras, Nicaragua and El Salvador//Wilkinson C. Status of coral reefs of the world: 2002. Townsville: Australian Institute of Marine Science, 2002.
[65] Bruno J F, Selig E R. Regional decline of coral cover in the Indo-Pacific: timing, extent, and subregional comparisons. PLoS One, 2007, 2(8): e711.
[66] McClanahan T, Ateweberhan M, Graham N, et al. Western Indian Ocean coral communities: bleaching responses and susceptibility to extinction. Marine Ecology Progress, 2007, 337(337): 1-13.

第二节　消失的珊瑚礁[①]

（一）海洋中的绿洲

分布于南北纬约 30°之间热带和亚热带浅海区的珊瑚礁是大自然最壮观、最美妙的创造物之一。

珊瑚礁的美丽在于它的色彩和多样性，这里有构成珊瑚的珊瑚虫，还有游弋、爬行和滑过它周围的各种奇异动物，这里是许多动植物的家园。据说在全球海洋中生息的 50 万种动物中，有 1/4 生息于珊瑚礁海域。此外，有些在远洋生活的鱼类会把珊瑚礁作为产卵和养育幼鱼的地方。

世界上规模最大、景色最美的珊瑚礁是澳大利亚的大堡礁。它北起托雷海峡，南至弗雷泽岛附近，长达 2000 余千米，其宽度由北部的不足 2km，向南宽至 150km 以上，由 2900 多个大小岛礁组成，总面积达 20.7 万 km^2。这项庞大"工程"的建造者，竟然是直径只有几毫米的腔肠动物——珊瑚虫。

[①] 作者：张乔民

属于海生无脊椎动物的珊瑚虫，在珊瑚群体表面仅仅有几毫米的薄层，但各种造礁珊瑚和其他造礁生物不断分泌和堆积出的碳酸盐骨骼，最终形成厚度可达千米、长度可达 2000km 的碳酸盐结构，这是地球表面任何其他生物都难以匹敌的。

珊瑚虫之所以能够不断大量繁殖和分泌石灰质骨骼，其秘诀在于珊瑚虫与巨大数量的单细胞植物虫黄藻互利共生：珊瑚为虫黄藻提供栖身之所；虫黄藻则利用珊瑚虫的代谢产物进行光合作用，合成有机物供珊瑚虫成长所需，进而加速有机碳循环与钙离子沉淀形成珊瑚骨骼。还有一部分有机物以黏液形式被分泌到虫黄藻体外，成为海洋中其他小生物生存所依赖的营养成分。可以说，海洋中丰富的生态系统是以珊瑚为基础而形成的。

除了提供珊瑚虫所需营养以及形成珊瑚骨骼外，虫黄藻还赋予珊瑚五彩斑斓的色彩。因为虫黄藻本身就带有各种色素，在正常水温条件下总是与珊瑚虫共生，所以就给珊瑚礁染上蓝色、红色或黄色的光。

珊瑚礁对沿海居民有重大作用，它们不仅可以抵抗风浪侵袭海岸，而且为人类提供海洋水产品和海洋新药材料。

不幸的是，近 20 年来人为因素所引起的热带海岸大规模开发、过度捕捞海产、水体污染以及全球气候变化等因素，使得许多珊瑚礁受到严重破坏，面临绝境。

（二）气候变化的威胁

20 世纪 90 年代以来，人们发现珊瑚礁正在经历越来越明显的大尺度变化，但是对其中原因仍然有诸多争论，特别是在全球气候变化对珊瑚礁的影响评价方面，始终未能达成共识。1994 年，一个研究气候变化对珊瑚礁影响的 15 人专家组还发布报告称，珊瑚礁生存的主要压力来自人类活动，气候变化对它们的威胁还很遥远。

1997 年中期至 1998 年末发生了有记录以来最大规模的全球性石珊瑚（及软珊瑚、砗磲、海绵等）白化（由于珊瑚失去体内的共生虫黄藻，珊瑚的组织呈现透明状态，显现出珊瑚白色的骨骼）和死亡事件，包括水深 40m 的珊瑚和生长了 1000 年的珊瑚的死亡（据此有人判断是千年一遇事件），印度洋珊瑚礁损失率高达 50%，浅水区和分枝状珊瑚受害尤其严重。

直到此时，人们才将怀疑的目光投向了气候变化。因为 1998 年出现了有记录以来的全球最高气温和最强的厄尔尼诺-拉尼娜现象，由此导致当年海水表层温度异常升高。珊瑚礁白化事件与高温出现的时间如此巧合，不得不令人思考两者之间是否存在着必然联系。由此，气候变化对珊瑚礁确有影响这一观点才逐步被研究人员接受。

如果说 1998 年的大规模珊瑚白化和死亡事件还仅仅是一次偶然事件，甚至是千年一遇的极端事件，不那么可怕，那么近年来各海区频繁发生的珊瑚礁白化事件则为人们敲响了警钟。2005 年夏季，在加勒比海珊瑚礁区又一次出现异常高温和大规模珊瑚礁白化事件，礁区有 50%以上的珊瑚白化，其中一半珊瑚很快死亡。全球其他地区也出现了珊瑚礁白化事件。更为可怕的是，随着全球变暖趋势的日益发展，类似于 1998 年和 2005 年的珊瑚礁白化事件的发生越来越频繁，而且白化程度也越来越严重。一系列的证据表明，全球变暖已经被公认为全球珊瑚礁未来将要面对的最大威胁。

尽管人类活动也会对珊瑚礁产生不利影响，但这种影响远远比不上气候变化对珊瑚礁的影响程度。根据全球珊瑚礁监测网络（GCRMN）2000 年的统计报告，1998 年的白化事件导致全球珊瑚礁损失 16%（虽然部分白化的珊瑚礁在随后的时间内得到不同程度的恢复，2004 年已恢复其中的 40%，2008 年已恢复其中的 75%），远高于历来人类活动所致的珊瑚礁受损比例 11%这一数值。

（三）致命的温度

全球气候变化对珊瑚礁的影响包括全球性的温室气体增加导致的海水升温、海洋酸化、海平面上升以及风暴频率和强度的增加等几个方面，其中前两个因素的影响最大。这是因为造礁珊瑚属于热带生物群落，温度对它们来说是极其重要的生态因子。其生长区域的海水温度为18～29℃，最适宜温度为18～20℃，16～17℃时，珊瑚虫会停止进食，13℃为致死温度。温度过高或过低都不利于造礁珊瑚的生长或存活。

研究表明，全球变暖对珊瑚礁的影响主要表现在两方面：由于冬季低温的上升和寒潮频率减小，地处高纬度地区的造礁珊瑚的生长条件得到改善，甚至出现向更高纬度方向扩展的趋势。例如，我国雷州半岛西南部热带北缘华南大陆沿岸唯一的珊瑚岸礁区10余年来出现珊瑚自然恢复过程；另外，由于夏季海水表层温度异常升高，共生虫黄藻逸出和珊瑚礁白化、死亡事件增多，情况加剧。珊瑚白化代表珊瑚面对海水表层温度异常升高等环境压力的即时反应，珊瑚白化也是珊瑚礁在全球变暖冲击下最早表现出来的征兆。

失去共生藻的白化珊瑚将无法再从共生藻光合作用的产物中获得赖以维持生命的最重要的能量，因而无法生存下去。导致珊瑚白化的温度临界值是表层水温超过当地夏季最高温1℃，大致在30℃左右，低纬度海区略高，较高纬度海区略低。考虑到19世纪人类活动导致的大气温室气体增加已经导致全球地面平均气温升高约0.6℃，热带珊瑚礁区水温上升约0.5℃，预计全球平均地表温度在1990～2100年增加1.4～5.8℃。即使现在停止所有温室气体排放，21世纪末全球平均地表温度也至少还会上升1℃，珊瑚白化必然会更加频繁和严重。如果全球平均气温上升2℃以上，预计两次白化之间，珊瑚将没有足够的恢复时间，珊瑚礁将在世界许多浅海区消失。这意味着，如果没有强有力的全球气候政策，预计21世纪末珊瑚礁会不可避免地成为因全球气候变化而消失的第一个生态系统。

全球变暖对珊瑚礁影响的严重性还在于，珊瑚及其共生藻对全球变暖的适应性遗传变化无法保持与气候变化同步。过去，有科学家认为，珊瑚虫可能存在通过改变共生藻组合（不耐热的C型变成较耐热的D型）的适应性机制，以应对未来的海温升高。

但科学家发现，受海温升高严重影响而白化和死亡的礁区珊瑚，包含较多耐热的D型共生虫黄藻，并且在重大白化事件发生前后，他们也没有观测到珊瑚与虫黄藻共生关系的持久性变化。近20年来的观测记录表明，珊瑚热压力临界值相对稳定，并没有随气温升高而向上移动。退一步说，即使这种适应性确实存在，其遗传变化的速度也依然赶不上白化事件的发生频率。

（四）变酸的环境

全球气候变化对珊瑚礁的影响还通过海洋酸化体现出来。所谓海洋酸化，即全球大气CO_2浓度增加导致表层海水酸化（更准确地说是海洋的微碱状态减弱）和海洋碳酸盐系统改变。这一过程会严重影响珊瑚礁等海洋钙质生物的钙化过程。现在表层海水全球平均酸碱度（pH）已经比工业革命前降低了0.1，预计在未来40～50年表层海洋的CO_2水平将达到工业化前水平的2倍（560ppm），海水pH将再降低0.2。表层海水中CO_2浓度和氢离子浓度的增加，将导致海水溶解的碳酸氢盐增加和碳酸盐减少。

海水中溶解的CO_2和碳酸氢盐能够用于光合作用，有利于海草和一些海洋藻类生长。然而，碳酸盐离子浓度减少会降低许多造礁生物形成碳酸钙骨骼的能力。科学家预测，几乎所有热带和冷水珊瑚的钙化率到2050年都会降低20%～50%。极端条件下某些种珊瑚将完全丧失骨骼，它们不能建礁或为珊瑚礁提供服务。有证据显示，目前珊瑚的生长率已经比工业革命前降低15%，原因可能与海洋酸化、海洋升温或其他因素有关。

钙化率降低会导致珊瑚生长减缓，珊瑚骨骼形成速度变慢，削弱其抵抗侵蚀、风暴破坏和敌害侵害的能力。最终珊瑚礁将由净建造转变为净失去，通过礁体建造适应预期的海平面上升的生物地貌功能也因此而削弱或丧失。

美国国家海洋和大气管理局（NOAA）的卫星监测揭示，热带海洋近10年正以更快的速率变暖，预计仅剩下8~10年时间扭转潮流，因为大气CO_2达到450ppm，海水将变得更酸，挽救珊瑚礁的努力也会变得非常困难。

目前，人们对气候变化所致珊瑚礁的变化方面仍有许多不清楚的地方。例如，研究人员发现一些珊瑚礁生物突然消失，如荷属安第列斯群岛一种五彩缤纷的棘皮动物海百合、佛罗里达角的棘皮动物海蛇尾、西澳大利亚珊瑚礁的海蛇等消失了。人们怀疑这些动物相当于在井下被矿工用于检测瓦斯的金丝雀或陆地的青蛙，它们可能具有预示气候变化导致更多物种灭绝的警示作用。

（五）保护珊瑚礁的竞赛

20世纪90年代以来，为保护珊瑚礁，防止其成为地球上第一个消失的生态系统，各国及相关地区和国际组织都开展了一系列的保护行动。1998年6月11日，美国总统克林顿发布13089号总统令"保护珊瑚礁"，2010年要实现珊瑚礁完全保护区面积达到保护区面积的20%。澳大利亚把大堡礁保护区内的完全保护区面积从1981年的5%扩大到33%。

2008年7月，在美国佛罗里达第11届国际珊瑚礁研讨会上，与会的3500名科学家和管理者提出，要想限制气候变化对珊瑚礁的不良影响，各国必须采取协调一致的行动，减少温室气体的排放，避免大气CO_2浓度超过450；降低水质退化、有害捕捞和生境破坏等人类活动的影响，努力维持和增加珊瑚礁的弹性，增强珊瑚礁持续存活于气候变化压力之下的能力，以便为珊瑚礁应对气候变化赢得重要的恢复时间；同时，增加研究力度和资金投入，如严重白化事件期间对宝贵的珊瑚礁区进行冷却和荫蔽保护。

1989年就有科学家指出，珊瑚礁等热带浅海生态系统的未来"取决于两种速度之间竞赛的结果：一是热带浅海生态系统不断加速衰退和消失的速度，另一个是人类发展生态学和社会学上完美的海岸带管理模式和关于生物保护价值进行有效的公众教育的速度"。

竞赛仍在继续[1]。

参 考 文 献

[1] 张乔民. 消失的珊瑚礁. 百科知识, 2010, 6: 36-37.

第三节　海洋酸化对造礁珊瑚的影响[①]

一、CO_2浓度变化对海洋碳酸盐系统的影响

（一）大气CO_2升高与海洋酸化

海洋占地球表面积的2/3以上，它们在地球生物化学循环、维持生物多样性和保障数亿人口生存等方

---

① 作者：周洁，余克服，施祺

面扮演着重要角色。在海洋扮演的众多角色中，其中最重要的是与大气 CO_2 的交换功能，从而维持了地球的碳循环，保护了地球的生态平衡，使各种各样的生命形式得以繁衍生息。这种交换包括两方面，一是 CO_2 从空气中溶解进入海水；二是 CO_2 从海洋释放到大气中。若这种交换如过去 80 万年继续下去，海洋的 pH 将保持在 8.2 左右。但自从 1950 起，由于化石燃料使用的增加、水泥生产、农业以及土地利用方式的改变，CO_2 排放量急剧增加[1]。Vostok 冰芯记录[2]显示，在过去的 42 万年里，大气 CO_2 浓度在 180 到 280～300ppmv 之间以约 10 万年为周期而呈波动变化。但受人类活动的影响，目前大气 CO_2 浓度已从工业化前的 280ppmv 上升到现在的 380ppmv，远远超过了自然变化的幅度。CO_2 排放量的增长速率约为每年 1%，带来了严重的温室效应，这是全球变暖的最主要原因。但同时其中约 30%被海洋吸收[1, 3]，正是由于海洋要被迫吸收这些人类活动释放的额外的 CO_2，才使得海洋化学平衡发生转变，比以前释放出更多的 H^+，从而使海水变酸。

根据已得到的测量结果[4-6]，与工业革命前水平相比，海洋吸收的 CO_2 已经导致表层海水的 pH 下降了 0.12，这相当于海水中 H^+ 浓度上升了 30%。按照现在人类活动排放 CO_2 的速率，到 2100 年，海洋平均 pH 将会比现在再降低 0.5，即从现在的 8.2 降到 7.7，那时海水中 H^+ 浓度将是现在的 3 倍。这种规模的海洋酸化在地球历史上可能已有 2000 多万年没有发生了[7, 8]。

（二）海洋酸化与 $CaCO_3$ 饱和度

当 CO_2 在海水中溶解时，一部分与水分子（H_2O）反应形成碳酸（H_2CO_3），而剩下的仍以溶解的气态 CO_2 存在。H_2CO_3 解离成 HCO_3^- 和 H^+，H^+ 的增加使得一些 CO_3^{2-} 与其反应生成 HCO_3^-。因此 CO_2 在海水中溶解的最终结果是使 H^+、HCO_3^- 和 H_2CO_3 的浓度增加，而 CO_3^{2-} 的浓度降低[9]。上述反应方程如下：

$$[CO_2]+[H_2O] \rightleftharpoons [H_2CO_3] \tag{11.1}$$

$$[H_2CO_3] \rightleftharpoons [H^+]+[HCO_3^-] \tag{11.2}$$

$$[H^+]+[CO_3^{2-}] \rightleftharpoons [HCO_3^-] \tag{11.3}$$

CO_3^{2-} 的浓度往往反映了海水中文石的饱和状态，文石是组成造礁珊瑚和许多其他海洋钙化生物贝壳和骨架的碳酸钙的主要晶体形式。文石饱和度（saturation state of aragonite，Ω_{ar}）的公式为

$$\Omega_{ar}=[Ca^{2+}]\times[CO_3^{2-}]/K' \tag{11.4}$$

其中 K' 是 $CaCO_3$（文石）的溶度积，现代表层海水的 Ω_{ar} 在 3 左右。由于海水中 Ca^{2+} 浓度非常高且相对稳定，因此 Ω_{ar} 的变化主要由 CO_3^{2-} 决定（如今低纬度表层海水中 CO_3^{2-} 浓度约为 250μmol/kg）。当 $\Omega_{ar}>1$（即[CO_3^{2-}]>60μmol/kg）时，碳酸钙理论上会从海水中沉淀出来。相反当 $\Omega_{ar}<1$ 时，碳酸钙会溶解。当海水中因 CO_2 浓度升高而导致 pH 下降时，CO_3^{2-} 浓度也会随之降低，进而导致 Ω_{ar} 下降，这种结果将严重影响碳酸钙的沉积过程，包括生物的钙化过程。

Kleypas 等[10]曾提出，大气 CO_2 翻倍所造成的 CO_3^{2-} 的下降会使得珊瑚和其他海洋钙化生物形成其碳酸钙骨骼的能力明显下降（高达 40%），很多实验已证明了这一点[7, 11-13]。在这样的条件下，一些生境的构造者（如珊瑚藻和珊瑚）及功能群（如植食性海胆、某些浮游生物）将难以维持其外部碳酸钙骨骼，从而影响到栖息在这些生境的生物，导致生物群落结构、生物多样性产生重大变化，还将对海洋中其他生物群落甚至整个海域生态系统造成重大影响。

二、CO_2 浓度变化对造礁珊瑚的影响

作为世界上多样性最丰富的生物群落之一，珊瑚礁仅占地球面积的 0.17%，却为地球上 1/4 的生物提供

了栖息环境[14]。在太平洋地区,珊瑚礁是鱼类和其他海洋动物的主要栖息地,这些生物为太平洋岛屿国家提供了约 90%的蛋白质来源,同时也为众多岛屿居民提供发展经济的重要机遇[15]。据估计,珊瑚和珊瑚礁生态系统每年为人类创造的价值超过 3750 亿美元,有超过 5 亿人依赖于健康的珊瑚和珊瑚礁生态系统[16]。珊瑚礁的大量减少将对环境和社会经济产生重大影响。世界银行的一份报告[17]也指出,在珊瑚礁消失的地区,超过 50%的水产资源将随之消失。绝大多数情况下,造礁石珊瑚(hermatyic coral)是珊瑚礁生态系统的关键生物类群,它们不仅以自身丰富的种类成为珊瑚礁生态系统生物多样性的重要成分,同时还是多达数万种喜礁生物栖息生境的主要构造者,因而造礁石珊瑚被视为珊瑚礁生态系统的"框架"成分[18]。造礁珊瑚形成过程中需要文石型 $CaCO_3$ 进行相关的物理、生理和化学过程,最后形成珊瑚礁。因此大气 CO_2 浓度上升导致的海洋酸化一方面使海水 CO_3^{2-} 浓度下降,由于海水中 Ca^{2+} 浓度相对恒定,故 Ω_{ar} 也将随 CO_3^{2-} 浓度的下降而下降,珊瑚钙化率也随之下降,$CaCO_3$ 再溶解率上升,珊瑚礁的钙化堆积速率下降;另一方面海洋酸化使得珊瑚骨骼变脆和易碎,尤其是枝状珊瑚,抗风浪能力被削弱,珊瑚礁生长率也相应下降。

(一)钙化作用

热带海洋中大多数珊瑚礁的 Ω_{ar} 是大于 1 的,即高度饱和。但是由于有妨碍成核作用或晶体生长的动力学障碍,文石在海水中不会自发形成。这些动力学障碍包括钙离子高度的水化能[19]、CO_3^{2-} 的低浓度和活性[19, 20],以及高浓度存在的硫酸盐和镁[21, 22]。因此,大多数海洋钙化者必须在与外界海水隔离或半隔离的空间来进行成核和结晶,在这里它们能改变、调节和控制包括胞外钙化基质(extracellular calcifying medium,ECM)的碳酸盐化学在内的参数,以使碳酸钙沉淀出来。造礁珊瑚中,虽然其骨骼完全是在细胞外形成的,但并没接触到海水。珊瑚虫或者位于骨骼顶部,或者自己将骨骼包裹起来,而且骨骼表面完全被组织包围,由 4 层细胞将其与外界海水环境分离。地球化学、矿物学和示踪染料的研究数据[23-27]都表明,海水很可能是钙化作用的初始基质,其被运送到钙质上皮细胞底部与现有骨骼之间的间隙进行钙化作用。Braun 和 Erez[24]的钙黄绿素染料示踪研究进一步发现这种运输是需要跨越细胞膜的,因此是耗能过程。同时,成核作用需要在非常高的 Ω_{ar} 下进行($\Omega_{ar}>20$),而较低的 Ω_{ar}(6~19)环境更适于晶体生长,产生细小和针形的晶体簇[27]。可见,珊瑚为了钙化,必须消耗大量能量来提高进入体内的海水的 Ω_{ar}。Al-Horani 等[28]将 pH 微电极放在丛生盔形珊瑚(*Galaxea fascicularis*)虫黄藻的钙化区域,发现珊瑚钙化腔内液体的 pH 有一定的变化周期,夜晚其值与周围海水 pH 相同(约 8.2),而在光下 pH 显著增加(>9.0);并且钙化区域的钙离子浓度要略高于周围海水(10%)。此外,钙化作用产生的 H^+ 需要穿过层层细胞膜排出到海水中,也需要消耗一定的能量。Cohen 和 McConnaughey[29]的模型预测,每产生 1μmol $CaCO_3$,珊瑚就需要从钙化基质中除去 2μmol H^+,并消耗 1μmol ATP。

可以想象,在酸化海水中生活的珊瑚继续消耗相同多的能量来提高 ECM 的 pH,以分泌碳酸钙,但此时珊瑚 ECM 的 Ω_{ar} 随外界海水 Ω_{ar} 的降低而降低,从而无法将 CO_3^{2-} 浓度提高到骨骼正常生长所需的水平。虽然 Cohen 等[26]的建模实验发现在 Ω_{ar} 不饱和的条件下,珊瑚还能够产生和维持文石晶体,说明生物体对其体内的钙化环境有一定的控制,但这种条件下产生的晶体是不健康的,其形态、组织、填充都与正常条件时的不同,其增长速率要比正常情况下慢得多,且产生的骨骼密度不像正常时那么紧凑,从而使其对外界风浪、侵蚀的抵抗力下降。同时海水 pH 降低使 H^+ 含量升高,使细胞内外 H^+ 梯度降低,不利于 H^+ 外排,从而影响了钙化效率[30, 31]。

许多建模实验都探索了 CO_2 增加时珊瑚钙化率的响应,虽然方法与具体实验设计有一定的差异,但珊瑚钙化作用确实受到了很大影响[32-37]。Schneider 和 Erez[38]通过控制 pH 或 pCO_2 恒定而改变 CO_3^{2-} 浓度,认为碳酸盐系统中导致珊瑚钙化率下降的主要控制因子是 CO_3^{2-}。造礁珊瑚在钙化作用降低的情形下可能会有如下几种响应,但这些响应对珊瑚礁生态系统都是有害的。首先,最直接的响应是线性伸长率和骨骼密度的下降，调查显示大堡礁的块状滨珊瑚在过去的 16 年里线性伸长率和骨骼密度分别以每年 1.02% 和 0.36%的速率减少[39]。其次，珊瑚也许会通过降低其骨骼密度来保持其物理伸长率或生长率。最后，在 Ω_{ar} 降低的情形下，珊瑚可能会将更多的能量用于钙化作用来保持骨骼的生长与密度，其负面作用是将其他重要过程的能量调用了，如繁殖，最终会减少幼体输出，损害其繁殖潜力[40]。

（二）光合作用与生产力

由于珊瑚共生藻可以进行光合作用及光促钙化现象（light-enhanced calcification，LEC）的存在[41]，大多数人相信 CO_2 增加对珊瑚是一把双刃剑，一方面它抑制了珊瑚的钙化作用，但另一方面它对珊瑚共生藻的光合作用会像对陆地植物一样有"施肥效应"，从而提高珊瑚共生藻的光合效率，继而通过 LEC 而抵消 CO_2 增加对钙化作用的抑制效应。Crawley 等[42]的实验发现 pH 从 8.1 降低到 7.6（pCO_2：260～1500μatm）的过程中，生产力有所增加，但之后又下降了 16%。大多数实验结果却令人失望，显示 pCO_2 的增加对共生藻的光合作用并没有明显效应[38, 43, 44]。甚至有人[45]发现，海水 pCO_2 的增加会导致共生藻光合效率的轻微下降。Langdon 等[46]也发现在面对 pCO_2 增加的情形，群落（生物圈Ⅱ号）的净生产力未发生改变，这与 Leclercq 等[47]对小尺度的群落研究结果是相同的。

然而这种结果的出现并不意外，CO_2 的增加对像海草这样的 CO_2 利用者确实有刺激其光合作用的效应[48]，但珊瑚是利用 HCO_3^- 进行光合作用的[43, 49]，然后利用碳酸酐酶在生物体内部将其转化为 CO_2，建立起类似藻类的碳浓缩机制（carbon concentrating mechanism，CCM），将细胞膜桥接起来，最终将 CO_2 输送到核酮糖二磷酸羧化酶周围进行碳固定。但现在海水中 HCO_3^- 已是饱和状态，因此虫黄藻的光合作用并不受其限制。虽然许多研究[50, 51]发现向海水中添加 HCO_3^- 确实能增强光合作用，但这些实验中 HCO_3^- 增加的幅度已超出了未来变化的范围，因此并不实际。

最近 Anthony 等[52]发现 CO_2 的增加会导致珊瑚白化，从而影响到珊瑚钙化，而且与降低钙化率相比，CO_2 似乎更容易引起珊瑚白化。但这些实验中的环境因子变化极大[平均辐射量约为 1000μmol 光子/(m²·s)]，而且他们对白化的定义并不明确，需要进一步研究来证实这一结果。Crawley 等[42]还发现 CO_2 的增加在一定程度上（<790ppm）会促进共生藻的光呼吸和生产力，珊瑚通过增加单位共生藻叶绿素 a 的浓度来提高光利用水平，但由于光保护机制的启动，叶黄素脱环化作用增强，导致光合效率降低。Goiran 等[43]的实验发现，当 pH 为 7.5 和 8.0 时，丛生盔形珊瑚的光合速率未受到明显影响，但当 pH 下降到 7.5 以下时，即使此时溶解无机碳（dissolved inorganic carbon，DIC）浓度保持恒定，其光合作用也会受到抑制，这很可能是 CO_2 增加引起的 pH 降低对珊瑚的生理、生物过程产生了影响，而不是 CO_2 增加对碳酸盐系统产生的影响。

（三）幼体补充过程

大多数海洋生物都有幼体阶段，此时它们要花上几小时到几天浮游在海水中，直至定居在礁体上。幼体阶段对环境的理化变化非常敏感，许多研究已经记录了海洋酸化对这一重要生活阶段的影响。这些影响包括由于 pH 降低引起的受精率的下降，幼体贝壳和骨骼结构的破裂，孵化率的下降，幼体生长与定居率的降低[53]。

最近的一项研究[54]表明雌性珊瑚比雄性珊瑚对海洋酸化更敏感。24℃时，雌性在 pCO_2 升高时钙化率下降了 39%，而雄性只下降了 5%且并不显著。这种明显的"性别歧视"反映了卵的产生过程能量消耗很大，几乎无法再提供能量以缓和酸化对钙化作用的影响。珊瑚幼体的补充取决于成功的受精、幼体定居及定居后的生长与成活，它对珊瑚礁的持续性和恢复力是非常关键的。Albright 等[53]的研究结果表明，pCO_2 在 560μatm 和 800μatm 时，珊瑚的受精率与定居率分别下降了 52%、73%，而即使定居后，其线性生长率还会分别下降 39%、50%。并且随精子浓度的下降，酸化对受精过程的影响增强。Morita 等[55]

还发现酸化会降低精子鞭毛的活动性。这些结果说明海洋酸化对珊瑚幼体的早期生活过程有潜在的多重影响[56]，从而会严重危害幼体补充与珊瑚礁从干扰中恢复的能力。

此外，由于高 pCO_2 会导致丝状藻集群[57]，丝状藻的增加与珊瑚藻群体的减少改变了群落底质组成，从而改变了珊瑚幼体用来定居的生物、化学信号，使定居过程受到抑制。幼体阶段时间的变长，加上成体的白化、被侵蚀，将使珊瑚礁生态系统的种群结构向小型群体为主移动，最终会减少有效种群体积、种群丰度，降低造礁珊瑚的恢复力。

（四）其他生理过程

pCO_2 的增加对细胞和组织的 pH 和缓冲能力有直接影响，会影响离子转移过程、酶活性和蛋白质结构等[58]。当 pH 变化很小时，可能会影响生物过程，通过使氨基酸残基质子化（如组氨酸），改变蛋白质构造从而改变酶活性。碳酸脱水酶在钙化作用与为光合作用提供碳的过程中都有重要作用，其对 pH 很敏感，若 pH 降低 0.2 个单位（从 8.2 到 8.0），就会使其催化常数 K_{cat} 改变 50%。

蛋白质合成所需的金属形态对 pH 变化非常敏感。pH 的改变可能会导致金属产生毒性或向毒性更高的金属形态转化。另外，pH 的变化还有可能改变金属转移到金属蛋白酶中的生理过程。Armid 等[59]发现 pH 的变化会明显改变铀在粗糙菊花珊瑚（*Goniastrea aspera*）骨骼与海水间的分配系数（λUO_2），而且该系数与 CO_3^{2-} 的活度（aCO_3^{2-}）呈明显的负相关关系。

pCO_2 的增加还会对组织的输氧过程有很大的影响，特别是那些新陈代谢率高的物种。在 pH 降低、pCO_2 增加的情况下，新陈代谢抑制率可能上升，这被认为是对短期高碳酸、缺氧环境的适应机制。在这样的情形下，组织的酸中毒使得可利用的能量减少，也会降低蛋白质合成和呼吸作用等活动[60, 61]。这些都说明 CO_2 浓度的改变很可能通过改变 pH 影响珊瑚的生理过程。

参 考 文 献

[1] Sabine C L, Feely R A, Gruber N, et al. The oceanic sink for anthropogenic CO_2. Science, 2004, 305(5682): 367-371.

[2] Petit J R, Jouzel J, Raynaud D, et al. Climate and atmospheric history of the past 420 000 years from the Vostok ice core, Antarctica. Nature, 1999, 399(6735): 429-436.

[3] Canadell J G, Le Quéré C, Raupach M R, et al. Contributions to accelerating atmospheric CO_2 growth from economic activity, carbon intensity, and efficiency of natural sinks. Proceedings of the National Academy of Sciences of the United States of America, 2007, 104(47): 18866-18870.

[4] Mehrbach C, Culberson C, Hawley J, et al. Measurement of the apparent dissociation constants of carbonic acid in seawater at atmospheric pressure. Limnology and Oceanography, 1973, 18(18): 897-907.

[5] Caldeira K, Wickett M E. Anthropogenic carbon and ocean pH. Nature, 2003, 425: 365.

[6] Feely R A, Orr J, Fabry V J, et al. Present and future changes in seawater chemistry due to ocean acidification. Geophysical Monograph, 2009, 183: 175-188.

[7] Feely R, Sabine C, Lee K, et al. Impact of anthropogenic CO_2 on the $CaCO_3$ system in the oceans. Science, 2004, 305(5682): 362-366.

[8] Doney S C, Fabry V J, Feely R A, et al. Ocean acidification: the other CO_2 problem. Annual Review of Marine Science, 2009, 1(1): 169-192.

[9] Kleypas J, Langdon C. Overview of CO_2-induced changes in seawater chemistry. Proceedings of the Ninth International Coral Reef Symposium, Bali Indonesia, 2000, 2: 1085-1090.

[10] Kleypas J A, Buddemeier R W, Archer D, et al. Geochemical consequences of increased atmospheric carbon dioxide on coral reefs. Science, 1999, 284(5411): 118-120.

[11] Gattuso J, Pichon M, Delesalle B, et al. Community metabolism and air-sea CO_2 fluxes in a coral reef ecosystem (Moorea, French Polynesia). Marine Ecology Progress Series, 1993, 96: 259-267.

[12] Elderfield H. Climate change: carbonate mysteries. Science, 2002, 296(5573): 1618-1621.

[13] Orr J, Fabry V, Aumont O, et al. Anthropogenic ocean acidification over the twenty-first century and its impact on calcifying

organisms. Nature, 2005, 437(7059): 681-686.
[14] Smith S V. Coral-reef area and the contributions of reefs to processes and resources of the world's oceans. Nature, 1978, 273(5659): 225-226.
[15] Salvat B. Coral reefs—a challenging ecosystem for human societies. Global Environmental Change, 1992, 2(1): 12-18.
[16] Zondervan I, Zeebe R, Rost B, et al. Decreasing marine biogenic calcification: a negative feedback on rising atmospheric pCO_2. Global Biogeochemical Cycles, 2001, 15(2): 507-516.
[17] The World Bank. Cities, seas and storms: managing change in the Pacific Islands economies. Washington D. C.: The World Bank, 2000: 21.
[18] Endean R, Cameron A. Trends and new perspectives in coral-reef ecology. Coral Reefs, 1990: 469-492.
[19] Lippmann F. Crystal Chemistry of Sedimentary Carbonate Minerals. Berlin: Springer-Verlag, 1973: 5-96.
[20] Garrels R M, Thompson M E. A chemical model for sea water at 25℃ and one atmosphere total pressure. American Journal of Science, 1962, 260(1): 57-66.
[21] Usdowski H E. The formation of dolomite in sediments. Recent Developments in Carbonate Sedimentology in Central Europe. Berlin: Springer-Verlag, 1968: 21-32.
[22] Kastner M. Sedimentology: control of dolomite formation. Nature, 1984(5985), 311: 410-411.
[23] Cohen A L, Layne G D, Hart S R, et al. Kinetic control of skeletal Sr/Ca in a symbiotic coral: implications for the paleotemperature proxy. Paleoceanography, 2001, 16(1): 20-26.
[24] Braun A, Erez J. Preliminary observations on sea water utilization during calcification in scleractinian corals. American Geophysical Union, Fall Meeting Abstract, 2004: B14B-04.
[25] Gaetani G A, Cohen A L. Element partitioning during precipitation of aragonite from seawater: a framework for understanding paleoproxies. Geochimica et Cosmochimica Acta, 2006, 70: 4617-4634.
[26] Cohen A L, McCorkle D C, Putron S D, et al. Morphological and compositional changes in the skeletons of new coral recruits reared in acidified seawater: insights into the biomineralization response to ocean acidification. Geochemistry Geophysics Geosystems, 2009, 10(7): 217-222.
[27] Holcomb M, Cohen A L, Gabitov R I, et al. Compositional and morphological features of aragonite precipitated experimentally from seawater and biogenically by corals. Geochimica et Cosmochimica Acta, 2009, 73(14): 4166-4179.
[28] Al-Horani F A, Al-Moghrabi S M, Beer D D. The mechanism of calcification and its relation to photosynthesis and respiration in the scleractinian coral *Galaxea fascicularis*. Marine Biology, 2003, 142(3): 419-426.
[29] Cohen A L, McConnaughey T A. Geochemical perspectives on coral mineralization. Reviews in Mineralogy and Geochemistry, 2003, 54(1): 151-187.
[30] Jokiel P L. Ocean acidification and control of reef coral calcification by boundary layer limitation of proton flux. Bulletin of Marine Science, 2011, 87(3): 639-657.
[31] Ries J B. A physicochemical framework for interpreting the biological calcification response to CO_2-induced ocean acidification. Geochimica et Cosmochimica Acta, 2011, 75(14): 4053-4064.
[32] Ries J B, Cohen A L, McCorkle D C. Marine calcifiers exhibit mixed responses to CO_2-induced ocean acidification. Geology, 2009, 37(12): 1131-1134.
[33] Holcomb M, McCorkle D C, Cohen A L. Long-term effects of nutrient and CO_2 enrichment on the temperate coral *Astrangia poculata* (Ellis and Solander, 1786). Journal of Experimental Marine Biology and Ecology, 2010, 386(1-2): 27-33.
[34] Jury C P, Whitehead R F, Szmant A M. Effects of variations in carbonate chemistry on the calcification rates of *Madracis auretenra* (=*Madracis mirabilis sensu* Wells, 1973): bicarbonate concentrations best predict calcification rates. Global Change Biology, 2010, 16(5): 1632-1644.
[35] Ries J, Cohen A, McCorkle D. A nonlinear calcification response to CO_2-induced ocean acidification by the coral *Oculina arbuscula*. Coral Reefs, 2010, 29(3): 661-674.
[36] Rodolfo-Metalpa R, Houlbrèque F, Tambutté É, et al. Coral and mollusc resistance to ocean acidification adversely affected by warming. Nature Climate Change, 2011, 1(6): 308-312.
[37] Shamberger K E F, Feely R A, Sabine C L, et al. Calcification and organic production on a Hawaiian coral reef. Marine Chemistry, 2011, 127(1-4): 64-75.
[38] Schneider K, Erez J. The effect of carbonate chemistry on calcification and photosynthesis in the hermatypic coral *Acropora eurystoma*. Limnology and Oceanography, 2006, 51(3): 1284-1293.
[39] Cooper T F, De'Ath G, Fabricius K E, et al. Declining coral calcification in massive *Porites* in two nearshore regions of the northern Great Barrier Reef. Global Change Biology, 2008, 14(3): 529-538.
[40] Hoegh-Guldberg O, Mumby P, Hooten A, et al. Coral reefs under rapid climate change and ocean acidification. Science, 2007, 318(5857): 1737-1742.
[41] Goreau T F. The physiology of skeleton formation in corals. I. A method for measuring the rate of calcium deposition by

[42] Crawley A, Kline D I, Dunn S, et al. The effect of ocean acidification on symbiont photorespiration and productivity in *Acropora formosa*. Global Change Biology, 2010, 16(2): 851-863.
[43] Goiran C, Al-Moghrabi S, Allemand D, et al. Inorganic carbon uptake for photosynthesis by the symbiotic coral/dinoflagellate association I. Photosynthetic performances of symbionts and dependence on sea water bicarbonate. Journal of Experimental Marine Biology and Ecology, 1996, 199(2): 207-225.
[44] Marubini F, Ferrier-Pagès C, Furla P, et al. Coral calcification responds to seawater acidification: a working hypothesis towards a physiological mechanism. Coral Reefs, 2008, 27(3): 491-499.
[45] Reynaud S, Leclercq N, Romaine-Lioud S, et al. Interacting effects of CO_2 partial pressure and temperature on photosynthesis and calcification in a scleractinian coral. Global Change Biology, 2003, 9(11): 1660-1668.
[46] Langdon C, Broecker W S, Hammond D E, et al. Effect of elevated CO_2 on the community metabolism of an experimental coral reef. IEICE Electronics Express, 2003, 17(1): 1011.
[47] Leclercq N, Gattuso J P, Jaubert J. Primary production, respiration, and calcification of a coral reef mesocosm under increased CO_2 partial pressure. Limnology and Oceanography, 2002, 47(2): 558-564.
[48] Zimmerman R C, Kohrs D G, Steller D L, et al. Impacts of CO_2 enrichment on productivity and light requirements of eelgrass. Plant Physiology, 1997, 115(2): 599-607.
[49] Burris J E, Porter J W, Laing W A. Effects of carbon dioxide concentration on coral photosynthesis. Marine Biology, 1983, 75(2): 113-116.
[50] Weis V M. Effect of dissolved inorganic carbon concentration on the photosynthesis of the symbiotic sea anemone *Aiptasia pulchella* Carlgren: role of carbonic anhydrase. Journal of Experimental Marine Biology and Ecology, 1993, 174(2): 209-225.
[51] Herfort L, Thake B, Taubner I. Bicarbonate stimulation of calcification and photosynthesis in two hermatypic corals. Journal of Phycology, 2008, 44(1): 91-98.
[52] Anthony K R N, Kline D I, Diaz-Pulido G, et al. Ocean acidification causes bleaching and productivity loss in coral reef builders. Proceedings of the National Academy of Sciences of the United States of America, 2008, 105(45): 17442-17446.
[53] Albright R, Mason B, Miller M, et al. Ocean acidification compromises recruitment success of the threatened Caribbean coral *Acropora palmata*. Proceedings of the National Academy of Sciences of the United States of America, 2010, 107(47): 20400-20404.
[54] Holcomb M, Cohen A L, McCorkle D C. An investigation of the calcification response of the scleractinian coral *Astrangia poculata* to elevated pCO_2 and the effects of nutrients, zooxanthellae and gender. Biogeosciences, 2012, 9(1): 29-39.
[55] Morita M, Suwa R, Iguchi A, et al. Ocean acidification reduces sperm flagellar motility in broadcast spawning reef invertebrates. Zygote, 2010, 18(2): 103-107.
[56] Vermeij M J A, Sandin S A. Density-dependent settlement and mortality structure the earliest life phases of a coral population. Ecology, 2008, 89(7): 1994-2004.
[57] Done T J. Coral community adaptability to environmental change at the scales of regions, reefs and reef zones. American Zoologist, 1999, 39(1): 66-79.
[58] Pelejero C, Calvo E, Hoegh-Guldberg O. Paleo-perspectives on ocean acidification. Trends in Ecology and Evolution, 2010, 25(6): 332-344.
[59] Armid A, Takaesu Y, Fahmiati T, et al. U/Ca as a possible proxy of carbonate system in coral reef. Proceedings of the 11th International Coral Reef Symposium, Ft. Lauderdale, 2008: 95-99.
[60] Pörtner H, Langenbuch M, Reipschläger A. Biological impact of elevated ocean CO_2 concentrations: lessons from animal physiology and earth history. Journal of Oceanography, 2004, 60(4): 705-718.
[61] Pörtner H O. Ecosystem effects of ocean acidification in times of ocean warming: a physiologist's view. Marine Ecology Progress Series, 2008, 373(22): 203-217.

第四节　重金属对珊瑚生长的影响研究综述[①]

一、引言

珊瑚礁是众多海洋生态系统中最独特的一种，它支持着无数鱼类与无脊椎动物的存在，对于调节和

[①] 作者：周洁，余克服，施祺

优化热带海洋环境也具有重要意义。一般来说，珊瑚礁的生态资源价值可体现在以下8个方面[1]：①珊瑚礁生态系统是生物多样性的顶级生物群落；②珊瑚礁生态系统的"海洋牧场"效应；③珊瑚礁是海洋工程的天然基础与海岸、海岸工程的天然屏障；④珊瑚礁的海底生态景观效应；⑤珊瑚礁区是良好的海洋生态科普教育和科研基地；⑥珊瑚礁国土资源是捍卫海洋权益的重要基地；⑦珊瑚礁是热带海洋的新药品源地；⑧古珊瑚礁是油气资源和一些矿产的重要储集场所等。

珊瑚礁生态系统的基础单元是造礁石珊瑚（硬珊瑚）本身，大多数珊瑚是由成千上万个珊瑚虫个体组成的群体生物。造礁石珊瑚对海洋环境要求非常严格。在水温23～27℃的水域生长最为旺盛，水温低于18℃和高于30℃都不适于珊瑚生存，更不能成礁。光线强弱也是影响造礁石珊瑚生长的重要因素，在光照强的海域，与其共生的虫黄藻光合作用充分，可为造礁石珊瑚的生长提供丰富的养料和大量的氧气，并能清除其代谢的废料。由于光照强度会随海水深度的增加而减弱，这就决定了造礁石珊瑚的生长仅局限于浅水区，一般在水深10～20m处生长最佳，而在超过60m的深处就很少见到它们了。珊瑚对盐度的适应范围较窄，一般为32‰～40‰。河口区，由于水的盐度低、含沙量高、水质浑浊、沉积速率高，不仅影响光线射入，也易填塞珊瑚虫的体腔，不利于珊瑚生存，所以这里也没有造礁石珊瑚。造礁石珊瑚多营底栖固着生活，需要有坚硬的底质环境（如基岩等）供其固着，所以在软底质水域也难以见到它们[2]。

从大约25亿年前的中生代开始，现代珊瑚礁就以现在的形式出现于世界的大洋中了[3]。不同于其他海洋生态系统的是，它可以在贫营养的海水中生存。通常认为，低纬度开阔海洋初级生产力低，被认为是海洋中的"沙漠"，而珊瑚礁生态系统却是例外。它的生产力大，效率高，每平方米的生物生产力是周围热带大洋的50～100倍[4]。海水温度的升高造成的珊瑚白化以及随后的珊瑚死亡是最近出现的现象，已造成全球健康珊瑚礁数量的急剧下降。Souter和Lindén[5]指出世界上10%的礁群已经消失了，并预测在未来的20年内还会有20%的礁群系统会瓦解。但是，在气候变化成为威胁珊瑚礁生存的主要因素之前，世界人口，特别是沿海地区人口的增长以及人类非可持续性和掠夺性活动的增多，已经造成了全球珊瑚礁的退化。世界上58%的珊瑚礁都已经面临着人类活动干扰，并担受着中度到高度的退化风险[6]。1994年UNEP-IOC-ASPEI-IUCN［联合国环境规划署（United Nations Environment Programme）/国际海洋学委员会（International Oceanographic Commission）/南太平洋环境机构协会（Association of South Pacific Environmental Institutions）/国际自然保护联盟（International Union for Conservation of Nature）］气候变化对珊瑚礁影响的全球专家组报告认为，珊瑚礁人类活动是对珊瑚礁的主要威胁，主要压力来自人类活动，气候变化威胁仅仅是遥远的将来[7]。

人类活动影响的尺度有的是地区性的，有的是区域性的，还有的是全球性的。在全球尺度上，温室气体的产生引起了全球范围的海平面和海水温度的升高与海水酸化。在区域尺度上，沿海地区人类的居住、工业化和农业发展使得过滤性的湿地生境（如红树林）丧失，生活垃圾、工业废物倾倒入海，沉积在大片的礁体上。而地区性的退化现象更加普遍，包括对抵制藻类过度生长的草食鱼类的过度捕捞，高强度的水体养殖会剧烈地改变当地的营养平衡，旅游活动中人类对珊瑚的触摸、踩踏会压碎并杀死珊瑚。珊瑚礁正遭受着来自自然和人类的双重干扰，而且这些干扰的数量和发生的频率在不断增加。众多干扰因素有时单独起作用，但更多时候退化是由各种各样的物理因素（如温度、紫外线）和化学因素，也包括重金属的协同作用共同引起的[8]。

二、重金属对珊瑚的影响

重金属是众所周知的海洋污染物，与其他有机化合物污染不同的是，重金属具有富集性，很难在环境中降解。环境的重金属污染主要指Cu、Zn、Cd、Cr、Pb、Hg、Sn、Mn、Ni等金属元素和类金属As、Se等生物毒性较大的元素[9]。水体中金属有利或有害不仅取决于金属的种类、理化性质，还取决于金属的浓度及存在的价态和形态，即使有益的金属元素浓度超过某一数值也会有剧烈的毒性，使动植物中毒，甚至死亡。金属有机化合物（如有机汞、有机铅、有机砷、有机锡等）比相应的无机化合物毒性要强得多；可溶态的金属又比颗粒态金属的毒性要大；六价铬比三价铬毒性要大等[10]。重金属普遍存在于自然界中，为生物体内微量的必需物质，其中许多是生物体内酶系统的催化剂、细胞结构的电子载体，也是许多抗氧化剂的重要组分，如超氧化物歧化酶（SOD）、过氧化氢酶（CAT）和过氧化物酶（POD）。若环境中存在过量重金属便会对生物体产生毒性影响[11]，严重时会导致生物体产生急性毒性效应（acute toxic effect）从而引起生物的急速死亡[12, 13]。在低浓度的情形下亦会造成生物体产生慢性毒性效应（chronic toxic effect），使生物体易罹患疾病而阻碍生殖生长。许多有机体能富集高于环境10～10 000倍的重金属，这给生物组织带来了极大的负荷。

各种重金属对不同海洋生物的毒性因生物种类及其个体大小而异，还与海水环境的理化因子、生物体对重金属的适应程度以及试验条件等有关。研究表明[14]，海洋动物体内的金属结合蛋白如金属硫蛋白（metallothionein，MT）能螯合部分重金属，并对Cu、Zn的动态平衡以及重金属的解毒具有重要作用。正常情况下，MT在生物体内的含量很低，但当生物受到重金属毒害时，其体内会诱导合成MT，这样，进入细胞内的重金属就会结合到这类新合成的蛋白质上，或取代原来结合在该蛋白质上的其他金属（如Cd能取代MT原来螯合的Zn），从而起到解毒作用。Cd^{2+}对丙酮酸脱氢酶、硫辛酰胺脱氢酶等多种酶的活性有影响，较低剂量的Cd^{2+}就对生物有毒性影响[15]。由于Cd能取代MT原来螯合的Zn，这也是Cd^{2+}对海洋生物毒性一般比Zn^{2+}强的原因之一[16]。Cr在生物体内以不同的价态存在，Cr^{3+}是生命必需的微量元素，参与糖类和脂类代谢等过程；而Cr^{6+}是核酸和蛋白质的沉淀剂，可抑制细胞中的谷胱甘肽还原酶，形成高铁血红蛋白，还能对线粒体产生损伤效应等[17]。Cr^{6+}对海洋动物的毒性作用往往比其他重金属弱[18, 19]，这可能与Cr^{6+}的离子半径较小及其形态有关[20]。Zn^{2+}通过与细胞中的大分子物质相结合或通过抑制金属催化的脂质过氧化反应，可使质膜和胞质溶胶处于稳定状态，所以Zn^{2+}对机体的毒性作用较弱[16]。

重金属的污染主要来源于工业污染，其次是交通污染和生活垃圾污染。工业污染大多通过废渣、废水、废气排入环境，在人和动物、植物中富集，从而对环境和人的健康造成很大的危害；交通污染主要是汽车尾气的排放；生活污染主要是一些生活垃圾的污染，如废旧电池、破碎的照明灯、没有用完的化妆品、上彩釉的碗碟等。越来越多的研究都注重探索金属对鱼类和双壳类生物生存的毒理范围和效应，相比较而言，虽然珊瑚具有很高的生态重要性，也曾发现珊瑚礁和周围的沉积物中有金属积累的现象，但重金属对珊瑚的影响受到的关注相对较少。

（一）珊瑚对重金属的忍受能力

Howard等[21]研究Cu浓度对蔷薇珊瑚的致死性试验，发现其半致死浓度（LC_{50}）在48μg/L左右。Evans[22]得出Cu在低于10μg/L时便对鹿角杯形珊瑚产生毒性。彭绍宏等[23]发现Cu^{2+}、Zn^{2+}、Cd^{2+}、Pb^{2+}对于侧扁软柳珊瑚的半致死浓度依次为130μg/L、8690μg/L、10 840μg/L、8490μg/L。Cu对鹿角杯形珊瑚幼体的LC_{50}在12h、24h、48h、96h的实验条件下分别是120μg/L、115μg/L、90μg/L、63μg/L[24]。Reichelt-Brushett和Harrison[25]发现，粗糙菊花珊瑚的配子在受精过程中对Cu的半数有效浓度（EC_{50}）是14.5μg/L。可见，不同的物种对重金属的敏感性不同，而珊瑚的幼体相对于成体来说对重金属更加敏感。

（二）珊瑚对重金属的生物效应

许多研究探究了珊瑚暴露在重金属中的生物效应，其中包括白化现象[26]，以及其对珊瑚或虫黄藻生长[26-28]、新陈代谢[29]、呼吸作用[21]、基因表达水平的选择[30, 31]、幼体死亡率和繁殖的抑制作用（如受精作用、变态、附着过程和游泳能力）[24, 32, 33]的影响。

重金属压迫下的珊瑚会出现一些肉眼可见的反应。例如，在重金属加入时珊瑚虫会有缩入又出现的行为[34]，大多数的珊瑚虫会在重金属环境刺激下躲入共肉组织中，而在移入正常海水后恢复力比无法缩入共肉组织中的珊瑚虫好，另外也有一些珊瑚虫则会发生不能缩入共肉组织中的状况。这很可能是加入重金属污染物时，由于浓度超过珊瑚的极限负荷，造成其急性中毒，来不及躲入共肉组织中寻求保护而瞬间死亡于毒性环境中。而且所有经过重金属实验过后的珊瑚，不同重金属种类及其浓度都会有黏液层分泌脱落的反应[23]。Evans 曾将鹿角杯形珊瑚放入 10μg/L Cu^{2+} 的海水中 48h 后，测试发现此珊瑚会产生严重的刺激反应，造成珊瑚虫的萎缩，可能是受毒性刺激后健康受影响导致其无法再进行正常的摄食活动[22]。

Mitchell 和 Chet[35]在 Cu^{2+} 对珊瑚影响的实验中就发现其有大量的黏液分泌，并推测之所以会有如此大量的黏液分泌，其作用就是防止重金属的进入。在进一步的实验中更令人惊讶地发现，原本容易受到 Cu^{2+} 毒性影响而死亡的细菌竟然因为珊瑚分泌了大量的黏液而被保护从而不至于死亡，由此可见珊瑚分泌黏液对于保护其自身的重要性。但是黏液的分泌却会造成珊瑚体内碳源的流失与呼吸量的增加[36]，分泌大量的黏液会造成珊瑚耗费大量的能量[37]，而且会超过正常的新陈代谢负荷，造成珊瑚体的严重生理失调；从大量分泌黏液也可看出重金属对珊瑚的生理应该有相当大的影响。

重金属对珊瑚的新陈代谢具有重要的抑制作用[38]。例如，Co 浓度的增加会使得珊瑚的生长速率下降[39]；Fe 浓度增加，会引起珊瑚体内共生藻流失而发生白化的现象[40]；Ni 浓度高于 1000μg/L 时，会影响珊瑚幼体的附着和生存[32]。Cu、Zn 及 Cd 浓度会影响珊瑚配子受精的成功率，当 Cu 浓度为 20μg/L 时，粗糙菊花珊瑚的受精率就降至 41%，而高达 200μg/L 时则只有 1%发生受精。相比之下，Cd 在浓度为 200μg/L 时其受精率仍高达 90%以上[25]。Heyward[41]发现 Zn 在浓度高达 1000μg/L 会有效抑制角蜂巢珊瑚和扁脑珊瑚的受精过程。重金属水平的升高会抑制某些珊瑚幼虫发育成幼体珊瑚虫这一礁体重建的关键过程[42]。由于抗氧化谷胱甘肽（GSH）对于重金属的解毒有重要的作用，研究表明，Cu、Cd 浓度在 5μg/L 时 GSH 水平会显著升高[8]。此外，在重金属胁迫下，珊瑚对其他环境胁迫的承受能力降低，如生长温度的阈值[43]、耐受高光的能力[44]。

（三）珊瑚对重金属的累积效应

造礁珊瑚一般生活在 10m 以浅的表层海水中，珊瑚骨骼内的重金属来源于表层海水，因此珊瑚重金属质量分数反映了表层海水重金属浓度的变化状况[45]。

彭子成等[46]测定了广东省电白县大放鸡岛滨珊瑚中 Pb、Cd、Cu、Co、Cr、Mn、Ni、Zn 重金属的含量，结果表明珊瑚中有较高的 Ni、Zn 平均值，并探讨了重金属元素之间，重金属与气候环境指标以及经济发展指标的多元相关性。Esslemont[47]发现珊瑚组织中的金属水平并不总是与骨骼或环境中的相对应，并得出鹿角杯形珊瑚对 Cd 等金属存在组织调节作用的结论，他研究了澳大利亚大堡礁的珊瑚骨骼组织、顶部活组织的重金属含量，认为骨骼组织更能准确地记录重金属的变化情况。

黄德银等[45]发现海南岛三亚湾滨珊瑚澄黄滨珊瑚（*Porites lutea*）骨骼内重金属平均质量分数顺序为 Cu>Zn>Pb>Cd>Cr，重金属的富集系数顺序为 Cd>Pb>Cu>Cr>Zn。Denton 和 Jones[48]曾在大堡礁区珊瑚的金属含量分析中发现，不论是软珊瑚还是石珊瑚，Cu 的变异均较 Zn 及 Cd 为小，因而推论 Cu 在珊瑚中的蓄积方式可能不同于 Zn 及 Cd。

（四）珊瑚对重金属的分配与储存

重金属的毒理效应最终取决于珊瑚对其的吸收和分配。珊瑚骨骼中金属的进入途径一般认为存在三种方式[49-51]：①含金属的颗粒物在珊瑚骨骼表面和骨骼内空隙中吸附和沉积；②通过珊瑚虫的生物吸收结合到骨骼中；③珊瑚骨骼形成（钙化）过程中，金属离子直接从海水进入骨骼替代文石晶格的部分 Ca^{2+}。

Esslemont[47]强调了各种重金属（如 Cd 和 Cu）在鹿角杯形珊瑚的骨骼和组织水平上含量的异同点。重金属在各种珊瑚骨骼中的分配都受到各自的传输效率、各物种对金属不同的忍受程度及所取样的虫黄藻数量的差异的影响，研究中发现，尽管在港口底泥中 Pb 含量很高，但粗糙菊花珊瑚的组织中其含量并不高，而骨骼中含量明显过高。与动物相比，金属在藻类中先分配给某些共生海葵物种。在动物组织中，金属会被吸收入黏液组分中，而暴露于 Cu 的海葵物种过量黏液的产生显然是减少金属吸收的重要途径。Reichelt-Brushett 和 McOrist[52]探明虫黄藻中相对于骨骼和活组织更易富集 Al、Fe、As、Mn、Ni、Cu、Zn、Cd、Pb 等重金属，所以当发生环境突发事件时，如珊瑚受白化的侵蚀，导致虫黄藻的大量死亡，引发珊瑚中重金属的积聚加强。黄克莉等[53]比较了 Ca、Cu、Zn、Cd、Cr 及 Pb 等 6 种常见金属累积于 4 种软珊瑚共肉组织与中轴骨骼含量的特性，发现 Cu 累积于中轴骨骼的比例较高，其余 5 种则累积于共肉组织的比例较高，此现象与各种金属元素和珊瑚体内有机质的结合力强弱、金属元素是否为珊瑚体内必要元素等因素存在关联，且这些因素之间可能存在某些程度上的交互影响。

另有学者还发现 Cu 在共生藻中蓄积的浓度高于珊瑚组织[44]，推论其机制为在重金属污染的环境中，共生藻会较寄主生物先吸收重金属，初步减小重金属对寄主生物的毒性，寄主生物则进一步调节体内共生藻含量而将毒性效应再降低[54]。最近，Rodriguez 等[55]研究了单独培养虫黄藻 *Symbiodinium kawagutii* 时，其生长对 5 种与抗氧化剂相关金属（Cu、Zn、Fe、Mn、Ni）的需求量，发现虫黄藻对 Fe 的需求最大，而其对 Ni 的需求最小。在没有 Cu、Zn、Mn 时，虫黄藻的生长速率随 Fe 浓度的增加而增加，其需求量可高达 1250pmol/L。

三、珊瑚对重金属污染的历史记录

因为珊瑚礁在生长过程中受到海水的冲刷，与海水发生交换-吸附等化学过程[56]，所以海水中痕量金属的浓度会直接影响到珊瑚礁中的痕量金属浓度。造礁石珊瑚在生命活动过程中分泌并沉积碳酸钙，形成连续的骨骼生长层。珊瑚对生长条件要求严格，水温、盐度、光照、深度、透明度、基底和水动力条件等多种因素都对珊瑚的生长有综合性的影响。因此，造礁石珊瑚骨骼生长带详细记录了珊瑚生长历史和环境变化信息，尤其是对某些突发海洋环境事件的记录，是当前具有较高时间分辨率的海洋环境信息载体，具有对多种生态环境因子的综合指示意义[57]。尽管部分学者认为应先了解这些重金属元素进入骨骼的原理，但是用造礁石珊瑚骨骼内痕量元素富集浓度作为一种监测陆源污染物质输入海洋的方法的研究已有超过 30 年的研究历史[58,59]，并且随着分析技术的发展，研究的痕量元素范围不断扩大，最常用的示踪剂包括 Al、Ba、Cd、Cu、Cr、Fe、Hg、Mn、Pb、Sn、V 和 Zn。

Shen 等[60,61]根据大西洋、太平洋和印度洋珊瑚中 Pb 和 Cd 等含量的变化重建和解释了历史时期工业化进程带来的污染状况。余克服等[62]对大亚湾扁脑珊瑚的 Cu、Pb、Cd 重金属进行了年际测定，结果表明 1979 年和 1991 年的重金属含量较高，短时间内 Cd 含量变化受到核电站兴建的影响。但是纵观 1976～1998 年近 23 年的测定记录，由核电站运行引发海洋重金属含量的变化并不构成对生态环境的影响。David[63]测定了菲律宾马林杜克岛珊瑚的重金属含量，发现其含量最大的峰值与当地一处铜矿尾渣排放最多的一年相对应，其他峰值与降雨量的年峰值相关。Dodge 和 Gilbert[64]在 1984 年就研究过维尔京群岛造礁石珊瑚骨骼的 Pb 含量，证明了受污染礁区石珊瑚骨骼 Pb 含量是未受污染礁区的 5 倍以上，并且全球工业化进程以来环境背景的 Pb 增加使未受污染礁区的样品 Pb 含量一直呈明显的增加趋势。Guzmán 和 Jarvis[65]分析了加勒比海石珊瑚骨骼中 V 的集聚，追踪 20 世纪巴拿马的石油污染事件，他认为造礁石珊瑚骨骼内 V 含量对石油污染具有指示作用。Inoue 等[66]研究西太平洋群岛滨珊瑚骨骼 Cu/Ca 值和 Sn/Ca 值较高的时期出现在 20 世纪 60 年代末期至 80 年代末期，这段时间也是有机锡聚合物防污漆在全世界大量使用的时期。但随着各国（法国、美国、日本和澳大利亚等）陆续颁布法规限制有机锡防污漆的使用，自 90 年代开始这两种比值明显下降。实验表明造礁石珊瑚骨骼 Sn 和 Cu 含量可作为海洋污染的又一个重金属代用指标。

四、结论

与城市、工业发展息息相关的污染压力威胁着许多海岸的环境，从而使得重金属及其他污染物对水体和海洋生物的影响受到了广泛的关注。量化珊瑚所受到的污染影响的意义，在于这些负面作用最终会影响其他礁内生物的生存，从而影响整个系统的稳定发展。多年来，由于实验条件及所使用的方法千差万别，而且各种实验所使用的珊瑚的环境背景不同，得出的数据差异较大，且可比性较差。这是现今该项研究发展缓慢的根源。当然，众多的研究积累也为以后该项研究的进一步发展奠定了良好的基础。目前该项研究已经逐步向宏观和微观层面深入扩展，而珊瑚礁生态环境效应和保护管理工作也越来越受到重视。总体而言，只有了解珊瑚礁如何响应污染物的压力及其响应机制，才能制定适当的管理策略，缓解污染带来的压力，恢复系统的本来面貌，为世界珊瑚礁保护贡献力量。

参 考 文 献

[1] Zhao J, Yu K. Timing of Holocene sea-level high stands by mass spectrometric U-series ages of a coral reef from Leizhou Peninsula, South China Sea. Chinese Science Bulletin, 2002, 47(4): 348-352.
[2] 唐质灿, 孙建章. 造礁石珊瑚. 大自然, 2008, 1: 18-20.
[3] Wilkinson C R. Status of coral reefs of the world: 1998. Townsville: Global Coral Reef Monitoring Network and Reef and Rainforest Research Centre, 1998: 304.
[4] 王丽荣, 赵焕庭. 珊瑚礁生态系的一般特点. 生态学杂志, 2001, 20(6): 41-45.
[5] Souter D W, Lindén O. The health and future of coral reef systems. Ocean and Coastal Management, 2000, 43(8): 657-688.
[6] Bryant D, Burke L, McManus J, et al. Reefs at risk: a map-based indicator of threats to the world's coral reefs. Washington D.C.: World Resources Institute, 1998: 56.
[7] Wilkinson C R, Buddemeier R W. Global climate change and coral reefs: implications for people and reefs. International Union for the Conservation of Nature and Natural Resources: Report of the UNEP-IOC-ASPEI-IUCN Global Task Team on the Implications of Climate Change on Coral Reefs, 1994: 124.
[8] Mitchelmore C L, Verde E A, Weis V M. Uptake and partitioning of copper and cadmium in the coral *Pocillopora damicornis*. Aquatic Toxicology, 2007, 85(1): 48-56.
[9] 孙振兴, 陈书秀, 陈静, 等. 四种重金属对刺参幼参的急性致毒效应. 海洋通报, 2007, 26(5): 80-85.
[10] 李蕊, 周琦. 重金属污染与检测方法探讨. 广东化工, 2007, 34(3): 78-80.
[11] Bryan G W. The effects of heavy metals (other than Mercury) on marine and estuarine animals. Proceedings of the Royal Society of London, 1971, 177(1048): 389-410.
[12] 江章, 丁云源. 重金属对砂虾初期幼虫之急性毒性试验. 台湾水产试验所试验报告, 1984, (36): 93-98.
[13] 黄连泰. 一些重金属对七星鲈及美洲鲈之急性毒性试验. 台湾水产试验所试验报告, 1988, (44): 115-118.
[14] George S, Hodgson P, Todd K, et al. Metallothionein protects against cadmium toxicity-proof from studies developing turbot larvae. Marine Environmental Research, 1996, 42(1-4): 52.
[15] Rainbow P S. 海洋生物对重金属的积累及意义. 海洋环境科学, 1992, 11(1): 44-52.
[16] 吴坚. 微量金属对海洋生物的生物化学效应. 海洋环境科学, 1991, 10(2): 58-62.
[17] 朱建华, 王莉莉. 不同价态铬的毒性及其对人体影响. 环境与开发, 1997, 12(3): 46-48.
[18] 王志铮, 刘祖毅, 吕敢堂, 等. Hg^{2+}、Zn^{2+}、Cr^{6+}对黄姑鱼幼鱼的急性致毒效应. 中国水产科学, 2005, 12(6): 745-750.
[19] 邹栋梁, 高淑英. 铜、锌、锡、汞、锰和铬对斑节对虾急性致毒的研究. 海洋环境科学, 1994, 13(3): 13-18.
[20] 刘清, 王子健, 汤鸿霄. 重金属形态与生物毒性及生物有效性关系的研究进展. 环境科学, 1996, 17(1): 89-92.

[21] Howard L S, Crosby D G, Alino P. Evalution of some methods for quantitatively assessing the toxicity of heavy metals to corals//Jokiel P L, Richmond R H, Rogers R A. Coral Reef Population Biology, vol. 37. Hawaii: Hawaii Institute of Marine Biology Technical Report, 1986: 452-464.

[22] Evans E C. Microcosm responses to environmental perturbations. Helog Meeresunters, 1977, 30: 178-191.

[23] 彭绍宏, 黄将修, 熊同铭, 等. 四种重金属离子对侧扁软柳珊瑚的毒性及其摄食行为的影响. 台湾海峡, 2004, 23(3): 293-303.

[24] Esquivel I F. Short-term bioassay on the planula of the reef coral *Pocillopora damicornis*//Jokiel P L, Richmond R H, Rogers R A. Coral Reef Population Biology, vol. 37. Hawaii: Hawaii Institute of Marine Biology Technical Report, 1986: 465-472.

[25] Reichelt-Brushett A J, Hrrison P L. The effect of copper, zinc and cadmium on fertilization success of gametes from scleractinian reef corals. Marine Pollution Bulletin, 1999, 38: 182-187.

[26] Jones R J. Zooxanthellae loss as a bioassay for assessing stress in corals. Marine Ecology Progress Series, 1997, 149: 163-171.

[27] Scott P J B. Chronic pollution recorded in coral skeletons in Hong Kong. Journal of Experimental Marine Biology and Ecology, 1990, 139(1-2): 51-64.

[28] Goh B P L, Chou L M. Effects of the heavy metals copper and zinc on zooxanthellae cells in culture. Environmental Monitoring and Assessment, 1997, 44(1): 11-19.

[29] Nystrom M, Nordemar I, Teengren M. Simultaneous and sequential stress from increased temperature and copper on metabolism of the hermatypic coral *Porites cylindrical*. Marine Biology, 2001, 138(6): 1225-1231.

[30] Morgan M B, Vogelien D L, Snell T W. Assessing coral stress responses using molecular biomarkers of gene transcription. Environmental Toxicology and Chemistry, 2001, 20(3): 537-543.

[31] Mitchelmore C L, Schwarz J A, Weis V M. Development of symbiosis-specific genes as bio-markers for the early detection of cnidarian-algal symbiosis breakdown. Marine Environmental Research, 2002, 54(3-5): 345-349.

[32] Goh B. Mortality and settlement success of *Pocillopora damicornis* planula larvae during recovery from low levels of nickel. Pacific Science, 1991, 45: 276-286.

[33] Reichelt-Brushett A J, Hrrison P L. The effect of selected trace metals on the fertilization success of several scleractinian coral species. Coral Reefs, 2005, 24(4): 524-534.

[34] 周洁, 余克服, 李淑, 等. 重金属铜污染对石珊瑚生长影响的实验研究. 热带海洋学报, 2011, 30(2): 57-66.

[35] Mitchell R, Chet I. Bacterial attack of corals in polluted seawater. Microbial Ecology, 1975, 2(3): 227-233.

[36] Bak R P M, Elgershuizen J H B W. Patterns of oil sediment rejection in corals. Marine Biology, 1976, 37(2): 105-113.

[37] Riegl B, Branch G M. Effects of sediment on the energy budgets of four scleractinian (Borne 1900) and five alcyonacean (Lamouroux 1816) corals. Journal of Experimental Marine Biology and Ecology, 1995, 186: 259-275.

[38] Livingston H D, Thompson G. Trace element concentrations in some modern corals. Limnology and Oceanography, 1971, 16(5): 786-796.

[39] Biscéré T, Rodolfo-Metalpa R, Lorrain A, et al. Responses of two scleractinian corals to cobalt pollution and ocean acidification. PLoS One, 2015, 10(4): e0122898.

[40] Harland A D, Brown B E. Metal tolerance in the scleractinian coral *Porites lutea*. Marine Pollution Bulletin, 1989, 20(7): 353-357.

[41] Heyward A J. Inhibitory effects of copper and zinc sulphates on fertilization in corals. Proceedings of the Sixth International Coral Reef Symposium, 1988, 2: 299-303.

[42] Young E. Copper decimates coral reef spawning. http://www.newscientist.com/article/dn4391-copper-decimates-coral-reef-spawning/[2003-11-18].

[43] Negri A P, Hoogenboom M O. Water contamination reduces the tolerance of coral larvae to thermal stress. PLoS One, 2011, 6(5): e19703.

[44] Bielmyer G K, Grosell M, Bhagooli R, et al. Differential effects of copper on three species of scleractinian corals and their algal symbionts (*Symbiodinium* spp.). Aquatic Toxicology, 2010, 97(2): 125-133.

[45] 黄德银, 施棋, 张叶春. 三亚湾滨珊瑚中的重金属及环境意义. 海洋环境科学, 2003, 22(3): 35-38.

[46] 彭子成, 刘军华, 刘桂建, 等. 广东省电白县大放鸡岛滨珊瑚的重金属含量及其意义. 海洋地质动态, 2003, 19(11): 5-12.

[47] Esslemont G. Heavy metals in seawater, marine sediments and corals from the Townsville section, Great Barrier Reef Marine Park, Queensland. Marine Chemistry, 2000, 71(3-4): 215-231.

[48] Denton G R, Jones C B. Trace metals in corals from the Great Barrier Reef. Marine Pollution Bulletin, 1986, 17(5): 209-213.

[49] Amiel A J, Friedman G M, Miller D S. Distribution and nature of incorporation of trace elements in modern aragonitic corals. Sedimentology, 1973, 20(1): 47-64.

[50] Howard L S, Brown B E. Heavy metals and reef corals. Oceanography and Marine Biology: An Annual Review, 1984, 22: 195-210.

[51] Brown B E, Tudhope A W, Le Tissier M D A, et al. A novel mechanism for iron incorporation into coral skeletons. Coral Reefs, 1991, 10(4): 211-215.

[52] Reichelt-Brushett A J, McOrist G. Trace metals in the living and nonliving components of scleractinian corals. Marine Pollution Bulletin, 2003, 46(12): 1573-1582.

[53] 黄克莉, 黄将修, 黄慕也. 台湾北部四种软珊瑚体内十八种金属累积于共肉组织与中轴骨骼的特性. 台湾海峡, 2003, 22(4): 499-504.

[54] Buddemeier R W, Schneider R C, Smith S V. The alkaline earth chemistry of corals. Proceedings of the Fourth International Coral Reef Symposium, 1981, 2: 81-85.

[55] Rodriguez I B, Lin S, Ho J, et al. Effects of trace metal concentrations on the growth of the coral endosymbiont *Symbiodinium kawagutii*. Frontiers in Microbiology, 2016, 7(e35269): 82.

[56] 张正斌, 刘莲生. 海洋物理化学. 北京: 科学出版社, 1989: 811.

[57] 符曲, 黄晖, 练健生, 等. 造礁石珊瑚记录现代海洋生态环境信息研究进展. 生态学报, 2008, 28(1): 367-375.

[58] Barnard L A, Macintyre I G, Pierce J W. Possible environmental index in tropical reef corals. Nature, 1974, 252: 219-220.

[59] St John B E. Heavy metals in the skeletal carbonates of scleractinian corals. Proceedings of the Second International Coral Reef Symposium, 1974, 2: 461-469.

[60] Shen G T, Boyle E A. Lead in corals: reconstruction of historal industrial flux to the surface ocean. Earth and Planetary Science Letters, 1987, 82(3-4): 289-304.

[61] Shen G T, Boyle E A, Lea D W. Cadmium in corals astrace of historical upwelling and industrial fallout. Nature, 1987, 328: 794-796.

[62] 余克服, 陈特固, 练健生, 等. 大亚湾扁脑珊瑚中重金属的年际变化及其海洋环境指示意义. 第四纪研究, 2002, 22(3): 230-235.

[63] David C P. Heavy metal concentrations in growth bands of corals: a record of mine tailings input through time (Marinduque Island, Philippines). Marine Pollution Bulletin, 2003, 46(2): 187-196.

[64] Dodge R E, Gilbert T R. Chronology of lead pollution contained in banded coral skeletons. Marine Biology, 1984, 82(1): 9-13.

[65] Guzmán H M, Jarvis K E. Vanadium century record from Caribbean Reef corals: a tracer of oil pollution in Panama. Ambio, 1996, 25(8): 523-526.

[66] Inoue M, Suzuki A, Nohara M, et al. Coral skeletal tin and copper concentrations at Pohnpei, Micronesia: possible index for marine pollution by toxic anti-biofouling paints. Environmental Pollution, 2004, 129(3): 399-407.

第十二章

珊瑚对海洋环境变化的记录

第一节 珊瑚骨骼生长研究评述[①]

珊瑚高分辨率古气候研究为认识热带海域在全球气候系统中的地位发挥了独特作用,其最终目的是定量地重建古气候变化。然而,这种古气候的定量研究还需要对珊瑚骨骼生长机制做更深入的研究,因为珊瑚骨骼参数(生长率、密度、钙化密度)是影响珊瑚骨骼中地球化学元素含量变化的一种潜在因素[1]。例如,热带各海域业已建立的珊瑚骨骼 ^{18}O、Sr/Ca 和海水温度的回归方程之间存在很大差异[2],这种差异性是同珊瑚骨骼生长率、密度和珊瑚软体层厚度密切相关的[3]。珊瑚骨骼在生长过程中的生长参数是不断变化的,这些变化不可能不影响骨骼中地球化学元素的变化,也就不可能不影响这些地球化学元素记录环境信息的可靠程度[1],而骨骼中的 ^{18}O、Sr/Ca 只有当珊瑚骨骼生长率恒定和珊瑚软体层很薄的情况下才能准确记录环境信息[3]。虽然我国科学家马廷英先生[4-6]开珊瑚骨骼构造和生长率研究的先河,对珊瑚骨骼生长机制的探索做出了重要贡献[7],但本节作者在研究南沙群岛美济礁珊瑚骨骼密度变化模式[8]的过程中发现我国珊瑚古气候研究很少涉及珊瑚骨骼生长机制这一根本性问题,本节试图综述珊瑚骨骼生长研究进展。珊瑚骨骼生长机制研究是从发现珊瑚骨骼生长周期开始的,但为了方便起见,本节先介绍珊瑚骨骼架构的知识。

一、珊瑚骨骼架构

随着珊瑚分类学的发展,对珊瑚骨骼架构(skeletal architecture)(图 12.1)组成已有了较全面的了解。珊瑚骨骼分为单体珊瑚和复体珊瑚两类,二者统称珊瑚体或珊瑚骨骼。单体珊瑚指由一个珊瑚虫单独形成的骨骼,而复体珊瑚是许多珊瑚虫聚集在一起共同形成的骨骼,由众多珊瑚单体(此概念不同于单体珊瑚)和连接珊瑚单体的多孔骨骼(称为共骨,coenosteum)组成。珊瑚体主要由底板(basal plate)、表壁(epitheca)、隔壁(septum,复数 septa)和磷板(dissepiment)四大骨骼元素组成[9]:底板(图 12.1c

---

[①] 作者:张江勇,余克服

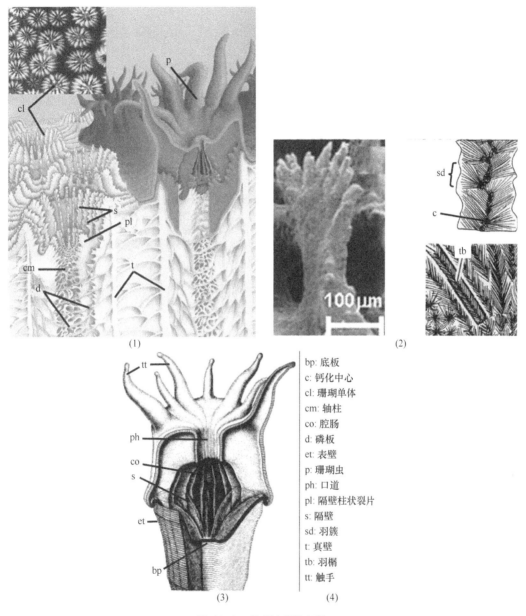

图 12.1 珊瑚的骨骼架构

（1）珊瑚骨骼中观架构与珊瑚软体，左上插图为珊瑚骨骼外表面视图；（2）隔壁的显微结构，左图为 Porites 隔壁齿形状、右下图为隔壁中的羽榍、右上图为构成羽榍的羽簇和钙化中心；（3）表壁、壁板与珊瑚虫。（1）和（2）据 Cohen and McConnaughey, 2003；（3）据 Runcorn, 1966；（1）、（2）、（3）图中所用代码对应的名称见于（4）图

是珊瑚虫（polyp）最先分泌的骨骼，处于珊瑚体的底部；表壁是底板边缘向上延伸的薄层，是珊瑚体最外层部分，表壁外表面分布着环绕单体珊瑚的生长线（growth ridge，1mm 长的表壁上有 20～60 条）[10]）（图 12.1c）；隔壁是底板向上隆起呈放射状排列的垂直分隔板，具有支撑和分隔珊瑚软体的功能，隔壁末端有外形很像手指的隔壁齿（图 12.1b）；磷板为横向隔板，是珊瑚虫随骨骼向上生长而被抬升的过程中分泌的底板。珊瑚骨骼还有其他一些元素如轴柱（columella）、隔壁肋（costa）、真壁（theca）等。隔壁在单体中心聚合而成的纵向骨骼称为轴柱；穿过真壁向外延伸部分称为隔壁肋；真壁是隔壁、表壁、共骨等骨骼共同连接的部分[11]，分隔着单体珊瑚内软体和单体珊瑚间软体（称为共体，coenosarc），有些物种的真壁已退化，单体珊瑚间以隔壁和隔壁肋彼此融联，构成互通状复体珊瑚[12]。所有骨骼元素基本上

由直径仅为 0.05～4μm 的针状文石晶体组成，这些晶体从钙化中心长出，形成三维扇形的羽簇[13, 14]（图 12.1b）。许多羽簇以钙化轴（钙化中心联成的线）为中线生长成的棒状构造，称为羽榍，多个羽榍常以扇状排列方式组成羽扇系统（fan system）[12]。在大多数珊瑚骨骼里，羽榍仅见于隔壁中[14]，隔壁由若干个羽扇系统构成[12]。

Barnes 和 Devereux[9]将复体珊瑚骨骼架构分为宏观架构（macro-architecture）、中观架构（meso-architecture）、微观架构（micro-architecture）三个层次。宏观架构指珊瑚复体中珊瑚单体的排列方式，如 Porites 单体常以扇形方式排列。构成单体珊瑚的骨骼元素属于中观架构，主要包括底板、表壁、隔壁和磷板。微观架构指文石晶体在各种骨骼元素里的排列和组织方式，包括羽簇、羽榍、钙化中心、羽扇系统等。

二、珊瑚骨骼生长的周期性

珊瑚骨骼生长具有年、月、日周期，其中年周期是最早被发现的，20 世纪 30 年代，马廷英[5-7]发现古生代四射珊瑚（图 12.2a）和现在造礁珊瑚（图 12.2b）的骨骼内部横向构造在排列方式上呈现周期性疏密变化，这些内部横向构造对应着骨骼表壁上的环纹构造。马廷英认为这些横向条纹的疏密变化是小个体磷板密集排列成的层和大个体磷板松散排列成的层交互展布的结果，并由活体珊瑚内部构造周期性变化长度（图 12.2b）相当于骨骼年生率这一现象推断珊瑚骨骼内部构造和外部环纹构造是随季节性变化的（即具有年周期）。珊瑚骨骼生长年周期的直接证据是块状珊瑚骨骼密度变化具有年周期性，Knutson 等[15]对西太平洋埃尼威托克岛块状珊瑚板片进行 X 射线照相后，发现 X 射线照片上显示有交替展布的明暗密度条带，这些条带和该珊瑚板片自动射线照相条带（形成于 1948～1958 年核试验期间）对比结果证明一条高密度带（暗条带）和一条低密度带（明条带）代表珊瑚骨骼一年的增长量，这种骨骼密度变化年周期性被后来的许多实验结果进一步证实[16, 17]。

目前，能表明珊瑚骨骼生长具有月周期性的都是一些间接证据。例如，Porites 鳞板间距和年生长率的关系表明鳞板是以月周期形成的[18]。Scrutton[19]所研究的四射珊瑚生长线大约以 30 条为一组形成较宽的条带，条带间以深沟分割（图 12.2c），用中泥盆世一年天数除以条带内生长线条数，得出一年有 13 个条带，每一条带代表着表壁一个月的生长量。

相对而言，珊瑚骨骼生长日周期证据是最多的。宏观架构日周期表现在有些 Acropora、Porites 夜晚线性生长率比白天线性生长率高[20-22]。中观架构日周期表现在磷板增厚过程基本上发生在白天[14]；表壁上的生长线具有日周期[23]；Montastrea faveolata 隔壁中小于 10μm 密度条纹是一个日周期内骨骼生长的结果[24]。微观架构日周期表现在珊瑚骨骼中纺锤形和针状文石晶体这两种常见晶体形状的沉积时间上：有些珊瑚如 A. cervicornis 骨骼中纺锤形晶体只发生在夜晚[25]，但所有的针状文石晶体只在白天形成[26]。

20 世纪 60 年代，珊瑚通过骨骼年、月、日周期记录着地质历史，这一发现在关心地球演化的科学界引起了轰动。天文学家很早就知道潮汐摩擦作用会减慢地球自转速度，并计算出寒武纪开始时一年应约有 428 天，中志留世一年应约为 400 天[10]，但直到 1963 年 Wells[27]发现珊瑚古生物钟后，该理论才首次得到证实，有关地球自转速度减慢的理论才有了地质证据（图 12.2d）：中泥盆世四射珊瑚表壁上一年内平均有 400 条生长线，石炭纪四射珊瑚一年内生长线数目减少到平均 380 条，现代石珊瑚（Manicina areolata）一年中大约有 360 条生长线，这些生长线数目相当于当时一年的天数，符合天文学计算结果。在 Wells[27]的研究成果发表后不久，Scrutton[19]发现中泥盆世一年可能有 13 个月，每个月有 30.5 天。

三、块状珊瑚骨骼密度变化

块状珊瑚比其他复体珊瑚（如细枝状、叶片状珊瑚）有一个更重要的优点，就是适于用 X 射线照相术研究骨骼密度变化[28]，再加上它具有连续生长时间长等诸多优点[29]，最受古气候研究者关注。虽然在

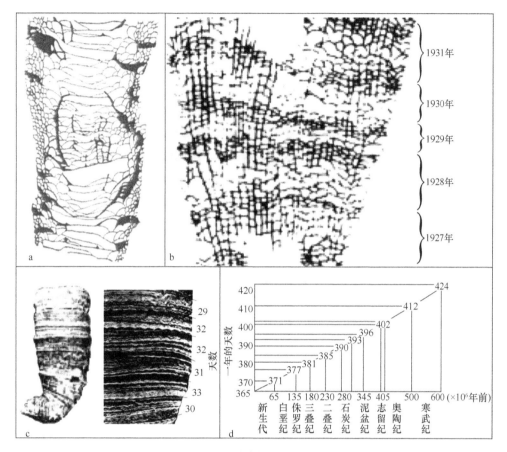

图 12.2　珊瑚骨骼生长的周期与古生物钟

a. 马廷英研究的泥盆纪四射珊瑚 Campophyllum cf. lindstromi 内部构造（10⁶年）[5]；b. 马廷英研究的现代蜂巢珊瑚（Favia speciosa）内部构造（据钱宪和，2003 修改）[7]；c. Wells[27]研究的中泥盆纪四射珊瑚（Heliophyllum halli）（左图，注意表壁上的生长线）以及 Scrutton[19]研究的中志留世四射珊瑚表壁构造（右图）；d. 地质历史上一年的天数[27]

很多情况下，通过许多块状珊瑚骨骼高、低密度条带对就可以建立珊瑚生长年龄序列，但块状珊瑚骨骼密度变化模式是复杂的，自发现块状珊瑚骨骼密度条带年周期以来，有关珊瑚骨骼密度变化的研究经过了一个由表象到本质逐步深入的过程。

（一）从珊瑚生长环境中探求骨骼密度变化的控制因素

尽管 X 射线照相术能揭示出块状珊瑚密度变化的模式，但它并不能提供高、低密度条带形成的具体时间，判断密度条带形成时间常通过原地染色法、X 射线照相术、骨骼地球化学元素分析、采样时间等多种方法的结合而得到[30]。然而，通过这些方法所得到的结果却是令人困惑的，高密度条带形成季节对应于水温较高时期的地方有埃尼威托克岛[31]、澳大利亚大堡礁赫伦岛[30]、潘多拉岛[32]、菲律宾[33]、红海[34]、东太平洋巴拿马湾[35]、中国台湾南部[36]、加勒比海[37]；高密度条带形成季节对应于水温较低时期的地方有雷州半岛[38]、澳大利亚西部霍特曼阿布洛霍斯群岛[39]、东太平洋奇里基湾[35]；在日本石垣岛[40,41]和澳大利亚大堡礁 Great Palm 岛[42]还发现有和本地通常见到的模式相反的 Porites 骨骼密度条带；泰国普吉岛东北面和西南面海域存在相反的 Porites 骨骼密度条带模式，且一年内可以形成多条高、低密度条带[43]；在太平洋列岛群岛和圣诞岛发现 Porites 骨骼中存在清晰连续的、宽度很小的密度条带，外观很像通常见到的年周期密度条带，但一组高、低密度条带对被认为代表骨骼一个月的生长量[44,45]。

相当多的学者寻求骨骼密度变化控制因素的通常做法是单纯从环境参数和密度变化模式之间寻找联

系，仅仅是因为某些环境参数具有年周期就将其视为控制因素，但由这种方式所得推论往往是不足以令人相信的。光照作为主要控制因素的论据有云覆盖率的变化[15]、高密度带形成季节对应当地雨季[31]、月周期高密度条带对应当地月降雨量高值期[44]。然而，Highsmith[46]认为海温比光照更能影响骨骼密度的变化，并预测低密度条带在23.7～28.5℃的海温范围内形成，高密度骨骼在此范围之外形成。Highsmith[46]的模型至少不适用于东太平洋巴拿马海湾（上升流区）和奇里基湾（非上升流）：两个海域海温变化趋势相反，但珊瑚骨骼高、低密度条带形成时间一致，Wellington和Glynn[35]根据高密度骨骼对应着低光照时期和珊瑚繁殖期认为控制骨骼密度变化的因素不是海温，而可能是光照和（或）珊瑚繁殖。但从东太平洋所得推论又不适用于南海北部的情况，南海北部光照与珊瑚高、低密度条带变化之间并不存在单一对应关系：南海北部冬季低光照时期[47, 48]对应着三亚珊瑚高密度骨骼[48]和台湾南部珊瑚低密度骨骼[36, 49]形成时期，因此光照也不一定是珊瑚骨骼密度变化的控制因素。块状珊瑚骨骼密度变化很可能是多种环境因子共同作用的结果，单用某一环境参数显然不能解释变化多样的骨骼密度模式[50]。

（二）从珊瑚骨骼架构中探求骨骼密度变化的控制因素

研究环境参数和骨骼密度的对应关系说到底只是一种由现象到现象的推测，还没有触及事物的根本。在块状珊瑚骨骼密度变化年周期发现以后的近20年里，骨骼密度和珊瑚生存环境之间的关系依然显得扑朔迷离。20世纪80年代后期，从骨骼架构自身特点出发，综合考虑环境因素和骨骼密度条带之间的关系来进行块状珊瑚骨骼密度变化规律的研究工作逐渐增多，主要有如下进展。

第一，探索骨骼密度变化途径。虽然骨骼密度变化的途径仍在探索中，但研究发现中观架构的变化是骨骼密度变化的重要原因。例如，*Porites* 高密度骨骼由所有中观架构骨骼元素增厚造成[9]；巴拿马 *Pavona gigantean* 和 *S. hyades* 高密度骨骼由壁外鳞板（exothecal dissepiment）拼合、加厚造成[29]；大西洋 *Montastrea annularis* 高密度骨骼是壁外鳞板和隔壁肋增厚的结果[51]。

第二，探索骨骼年周期密度条带和细密度条带之间的关系。年周期密度条带里通常存在细密度条带，这些细密度条带甚至具有月周期[31, 45]。Barnes和Lough[52]为了研究它们的关系，通过改变珊瑚板块和X射线的角度，对同一 *Porites* 板片拍摄了一系列X射线照片，结果发现珊瑚板块和X射线相垂直的X射线照片呈现清晰的年周期密度条带，而其余X射线照片呈现出更细的密度条带。据此，Barnes和Lough[52]认为所有块状珊瑚年周期密度条带内都存在细密度条带，它们的X射线图像是由无限多层骨骼薄板组成的三维立体压缩成的二维图像，能否在X射线照片中显示出来取决于细条纹和通过珊瑚板片的X射线是否平行、细条纹弯曲度等。生长速率异常快、细条纹比较平直、细条纹和X射线排列在同一平面上的珊瑚板片会有清晰的细条纹X射线图像；表面凸凹不平的珊瑚块体中的细条纹很少能和X射线排列在同一平面上，其X射线照片的细条纹图像就会不清楚；密度条带的宽度、频率、密度呈现出的年周期变化实际上是许多细条纹叠加的结果。

第三，探索骨骼密度条带的形成过程。Barnes和Lough[18]基于 *Porites* 骨骼研究结果，提出一个骨骼生长模型，分三个步骤：①珊瑚虫在珊瑚块体最表层分泌钙化物质，使骨骼向上生长；②珊瑚软体在已有骨骼上分泌钙化物质，使骨骼侧向加厚；③珊瑚软体底部以月为周期被鳞板突然向上抬升（抬升过程在1~2天完成）[53]。该模型通过计算机模拟，能够模拟出年周期和月周期骨骼密度条带[50]，以及高、低密度条带形成时间。该模型引进的强迫函数（forcing function）仅仅是一正弦函数，函数最大值、最小值分别出现在夏季和冬季（图12.3），代表多种环境因素的复合体。在相同强迫函数下，由于珊瑚软体层厚度和骨骼年、冬季、夏季线性生长率存在差异（图12.3），珊瑚骨骼高、低密度条带与最近的强迫函数峰值之间的视时间差（apparent time difference）可能小于1个月，也可能是半年以上。全球，甚至同一珊瑚礁上块状珊瑚骨骼密度条带形成时间的差异正是视时间差存在的反映。

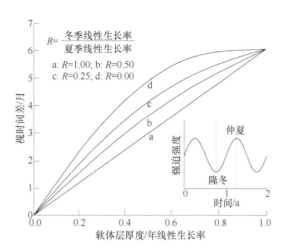

图 12.3 数学模型模拟的强迫函数与骨骼年周期密度条带之间视时间差和珊瑚软体层厚度/骨骼年线性生长率的关系

视时间差随着骨骼冬季线性生长率和夏季线性生长率比值（R）的不同而不同；插图为数学模型所用的正弦强迫函数

第四，探讨骨骼生长参数的控制因素。在发现珊瑚骨骼线性生长率和珊瑚软体层厚度是影响视时间差的重要影响因素之后，Barnes 和 Lough[53]首次系统地研究了珊瑚软体层厚度的变化，并提出软体层厚度主要反映了珊瑚体的营养（健康）状况与珊瑚块体高度、不同季节及年份都有关系[53, 54]。珊瑚软体层厚度并不像骨骼那样可以持续不断长高，而仅仅是覆盖在骨骼块体最表层，厚约几毫米，但它深刻影响着骨骼密度条带模式。相比较而言，珊瑚骨骼线性生长率很早就引起人们的注意，20 世纪 30 年代，马廷英测量了东沙群岛和太平洋其他海域共 177 个珊瑚种和 11 个珊瑚亚种的年线性生长率后发现珊瑚生长率有"暖处长寒处短""寒年短暖年长"的规律，认为海温可能是影响珊瑚骨骼线性生长率的一个最重要因素[6]。不过，马廷英没有测量 Porites 这一对印度-太平洋海域古气候研究最重要的属，该属骨骼线性生长率的测定基本上是从发现块状珊瑚年周期密度条带[15]后开始的。我国有关 Porites 骨骼年线性生长率和年平均海水表层温度（sea surface temperature，SST）之间关系的首次报道见于 1987 年[55]，聂保符等在 20 世纪 90 年代建立了西沙 Porites 骨骼线性生长率和年平均 SST 的统计关系，并利用这一统计关系后报过去的年平均 SST[56, 57]。Lough 和 Barnes[1]统计印度-太平洋 Porites 骨骼年线性生长率和年平均 SST 的关系后也得到类似的结果（图 12.4a），并进一步指出两者之间的正比关系主要是由年平均海水表层温度和年最低月平均海水表层温度引起的。有趣的是，虽然马廷英没有区分年最低、最高和平均海水表层温度对珊瑚骨骼线性生长率的影响，但在他绘制的生长率-海温关系图中，使用的正是每年最冷月海水表层平均温度[6]，因此现在可以有把握地推测年平均月最低海水表层温度是影响印度-太平洋珊瑚骨骼线性生长率的一个重要因素。

然而，大西洋 *M. annularis*[58]（图 12.4a，图 12.4b）、*Diploria*[59]、*M. cavernosa*[60]骨骼线性生长率和 SST 的关系却是负相关的，并且 *M. annularis* 骨骼线性生长率和年最高月平均 SST 而不是年最低月平均 SST 呈负相关关系[58]。这三个种的骨骼线性生长率都和 SST 呈负相关关系，表明太平洋和大西洋珊瑚骨骼生长情况差异很大，通过比较两大洋共同珊瑚属的生长率来推测 SST 的做法[6]应该是不可行的。事实上，太平洋和大西洋甚至不存在共同的珊瑚种，这两大洋中同一属下的不同种对环境的适应性可能是不同的。Lough 和 Barnes[1]认为 *Montastrea*、*Porites* 骨骼线性生长率与 SST 存在相反关系的根本原因在于这两种珊瑚骨骼架构有很大差异。也许正是骨骼架构上的差异造成了这两个种不同的生存策略：*Porites* 的生存策略是竞争生存空间[1]，而 *M. annularis* 的生存策略是利用钙化物质构筑致密骨骼[58]：在 SST 升高的条件下，*Porites* 和 *Montastrea* 的钙化速率（钙化速率是骨骼密度和线性生长率的乘积，后二者呈相互消长的关系，图 12.4c）都增大（图 12.4a），准确地说，主要是当最低月平均 SST 增高时，*Porites* 的钙化能力才会增强，而 *Montastrea* 钙化能力的增强发生在月平均最高 SST 增高时（图 12.4b）；*Porites* 将钙化物质用于骨骼的线性伸长是以减小骨骼密度为代价的，而 *Montastrea* 则是用钙化物质构筑高密度骨骼，同时减小了线性生长率（图 12.4a）。

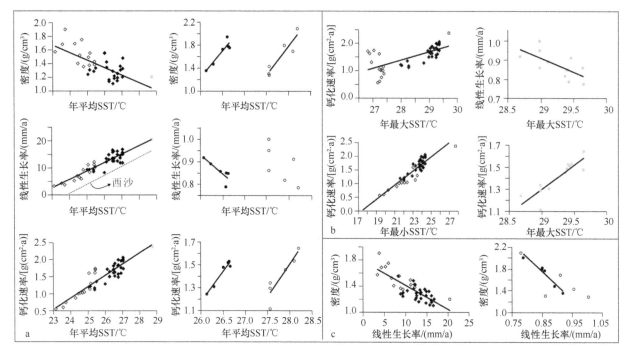

图 12.4 *Porites* 与 *Montastrea annularis* 的骨骼生长参数与海水表层温度的关系

a. 骨骼密度、线性生长率、钙化速率与年平均 SST 的关系；b. 钙化速率、线性生长率和年最大、最小 SST 的关系；c. 骨骼密度和线性生长率之间的关系。菱形表示滨珊瑚数据，圆圈表示 *M. annularis* 数据；空心菱形表示夏威夷群岛 14 个珊瑚礁，实心菱形表示大堡礁 29 个珊瑚礁，灰色菱形表示泰国 Phuket 岛的 1 个珊瑚礁；实心圆圈表示墨西哥湾的数据，空心圆圈表示加勒比海的数据，灰色圆圈表示墨西哥湾和加勒比海数据的集合。a 中虚线表示西沙群岛滨珊瑚生长率与 SST 的关系[56]，其余 *Porites* 数据引自 Lough 和 Barnes[1]；所有 *M. annularis* 数据引自 Carricart-Ganivet[58]；a 中加勒比海数据相关系数没有通过 $\alpha=0.05$ 的 t 检验，但呈现出较好的负相关关系

值得注意的是，加勒比海和墨西哥湾 *M. annularis* 骨骼线性生长率和 SST 之间的统计关系是相互平行的，并且可能是由两海域之间上升流导致的遗传隔离所造成的[58]。聂保符等[56]和 Lough 和 Barnes[1]的统计关系也不在同一直线上，但很难想象西沙海域和南海周边海域珊瑚礁生态系统会存在遗传隔离，*Porites* 年线性生长率和年平均日照量之间存在的显著正相关关系[1]表明光照也是骨骼生长的影响因素，注意到西沙 *Porites* 采样点水深比 Lough 等统计的 *Porites* 采样点水深大约深 20m，而光照随水深增加衰减较快，光照强度可能也是二者差异的一个重要原因。Lough 和 Barnes[1]统计印度-太平洋 *Porites* 年线性生长率和年平均太阳辐射量也显著正相关，说明虫黄藻的光合作用也影响了珊瑚骨骼生长，近年来对珊瑚骨骼钙化作用的研究为揭示珊瑚骨骼生长机制提供了新的视角。

四、珊瑚骨骼钙化作用

（一）珊瑚骨骼的钙化与虫黄藻的光合作用

珊瑚礁是地球上最壮观的碳酸盐堆积体，这和珊瑚的快速钙化能力是分不开的。造礁珊瑚骨骼白天钙化作用约为夜晚的 3 倍，普遍认为这种钙化作用差异是虫黄藻光合作用影响的结果[61]，即虫黄藻促进了骨骼钙化作用，但这种观点是以钙化物质沉积在所有骨骼元素上为假设前提的[26]，而新的实验结果[26, 62]表明夜晚珊瑚骨骼钙化作用只发生在某些局部部位，在虫黄藻占据的骨骼部位及其附近夜晚不发生钙化作用，而夜晚发生钙化作用的骨骼部位却具有和白天相当的钙化速率，因而虫黄藻被认为是夜晚抑制而不是白天促进骨骼的钙化作用。有趣的是，Cohen 和 McConnaughey[13]认为光合作用不能显著提高骨骼钙化部位的碳酸盐饱和度，因而珊瑚钙化能力并非由虫黄藻光合作用所致，他们认为珊瑚骨骼的快速钙化能力是为

了帮助虫黄藻获得必要的营养物质（类似于化学反应中的催化剂的作用），珊瑚礁能够在地球上最寡养的海域繁盛并不是因为热带海域水温高，而是因为该海域寡营养以及虫黄藻对珊瑚骨骼钙化的强大需求。

（二）珊瑚骨骼生长模式

虽然造礁珊瑚的钙化作用通常是白天比夜晚高，但实验结果表明 Porites、Acropora 最大线性生长率并不是发生在白天，而是发生在夜晚[20-22]。Barnes 和 Crossland[20]推测这种现象是珊瑚能够在夜晚使用白天钙化物质的结果，然而，有关 Galaxea fascicularis 骨骼钙化的实验却表明白天和夜晚都发生钙化作用，只是白天的钙化物质沉积在真壁外缘、隔壁内缘以及隔壁突伸真壁之上的部分（exsert septa），而夜晚的钙化物质仅沉积在隔壁突伸真壁之上的部分[26]，并没有存在白天钙化物质会存放起来供夜晚使用这一过程。Cohen 和 McConnaughey[13]用 Acropora cervicornis 骨骼中文石晶体形状的日周期变化来解释这种看起来自相矛盾的现象：纺锤形晶体在夜晚不规则地堆积形成骨骼框架，针状晶体在白天沉积充填纺锤形晶体的空隙。然而，并非所有的珊瑚种的纺锤形晶体都有日周期。例如，G. fascicularis 骨骼中纺锤形晶体白天和夜晚没有明显差别[25]。描述骨骼生长月周期的模型[18]也认为骨骼生长是先伸长后加厚的过程，与 Cohen 和 McConnaughey[13]的解释是十分相似的。Gill 等[24]基于 M. faveolatad 骨骼日密度条纹生长特点也提出了类似的模型：该种珊瑚软体先用体壁和鳞板制造了一个初始的低密度骨骼框架，然后用钙化物质填充已形成的骨骼框架，形成日周期骨骼条纹。上述 3 种骨骼生长模型似乎表明"夜晚建造框架、白天充填框架空隙"的骨骼生长模式是真实的。

五、结语

本节评述了探索珊瑚生长机制的研究进展，自马廷英先生开创性地研究珊瑚骨骼构造和生长率以来，有关珊瑚骨骼构架的信息了解得越来越深入，但还没有真正弄清珊瑚骨骼的生长机制。与珊瑚骨骼密度变化有关的研究是过去探索珊瑚生长机制研究的焦点，但许多问题的最终解决必须以弄清珊瑚骨骼钙化机制以及珊瑚钙化作用和虫黄藻光合作用的关系为前提。珊瑚骨骼在钙化过程中记录了大量环境信息，为珊瑚古气候研究奠定了基础，但要"破译"这些信息必须建立在正确理解环境变量、珊瑚生理和珊瑚骨骼生长三者相互作用之上。珊瑚骨骼研究是一项十分重要的基础性工作，在过去珊瑚古气候研究中偏重于从珊瑚骨骼中提取环境信息，而对现代珊瑚软体厚度的研究却没有引起足够重视，在未来的珊瑚古气候研究中，有关珊瑚生长过程研究应该是一个重点。

弄清珊瑚骨骼生长机制也有助于高分辨率古气候研究。自发现珊瑚骨骼密度变化年周期以来，珊瑚就以其高分辨率优势在古气候研究中发挥了独特作用，常规取样手段的长度分辨率为 0.5~1mm，能达到月分辨率，Gagan 等[63]将 Porites 采样间距减小到 0.25mm，达到了周分辨率，通过高新技术手段甚至可以获取长度分辨率为 1~10μm 的日分辨率水平上的信息[24, 64]，但这绝不意味着采样间距越小时间分辨率就越高，因为珊瑚骨骼生长过程中存在侧向加厚这一过程，采自骨骼中任何一点的样品都可能是珊瑚软体在不同时间分泌骨骼的混合产物，分辨率的高低受到珊瑚骨骼架构特点限制。例如，P. lutea 单体珊瑚直径大约为 1.5mm，常规采样方法最小尺寸不应小于 0.2mm，以保证所采集样品是单体珊瑚骨骼元素的混合物[63]；如果样品间距过小，采集的样品可能是单体珊瑚中某部分骨骼元素，这势必给数据解释带来极大不便，因为单体珊瑚不同部位地球化学元素存在很大差异[65, 66]。

参 考 文 献

[1] Lough J, Barnes D J. Environmental controls on growth of the massive coral *Porites*. Journal of Experimental Marine Biology

and Ecology, 2000, 245(2): 225-243.

[2] Yu K F, Zhao J X, Wei G J, et al. ^{18}O, Sr/Ca and Mg/Ca records of *Porites lutea* corals from Leizhou Peninsula, northern South China Sea, and their applicability as paleoclimatic indicators. Palaeogeography Palaeoclimatology Palaeoecology, 2005, 218(1): 57-73.

[3] Barnes D J, Taylor R B, Lough J M. On the inclusion of trace materials into massive coral skeletons, part II: distortions in skeletal records of annual climate cycles due to growth processes. Journal of Experimental Marine Biology and Ecology, 1995, 194(2): 251-275.

[4] 马廷英. 造礁珊瑚与中国沿海造礁珊瑚的成长率. 地质论评, 1936, 1(3): 295-300.

[5] Ma T Y. On the seasonal growth in palaeozoic tetracorals and the climate during the devonian period. Palaeontologia Sinica, Series B, 1937, 2(3): 1-96.

[6] Ma T Y. On the growth rate of reef corals and its relation to sea water temperature. Palaeontologia Sinica, Series B, 1937, 16(1): 1-426.

[7] 钱宪和. 站在地质学前沿的科学家马廷英先生. 科学发展, 2003, 3: 36-41.

[8] 张江勇, 余克服, 成鑫荣, 等. 南沙美济礁滨珊瑚骨骼密度条带变化特征初探. 海洋地质与第四纪地质, 2007, 27(4): 85-90.

[9] Barnes D J, Devereux M J. Variations in skeletal architecture associated with density banding in the hard coral *Porites*. Journal of Experimental Marine Biology and Ecology, 1988, 121(1): 37-54.

[10] Runcorn S K. Corals as paleontological clocks. Scientific American, 1966, 215(4): 26-33.

[11] Veron J E N. Corals of the world. Townsville: Australian Institute of Marine Science and CRR Qld Pty Ltd., 2000, 1: 47-56.

[12] Wells J W, Moore R C, et al. Treatise on Invertebrate Paleontology Coelenterata, part F, Coelenterata. Kansas: Geological Society of America and University of Kansas Press, 1956: 328-477.

[13] Cohen A L, McConnaughey T. Geochemical perspectives on coral mineralization. Reviews in Mineralogy and Geochemistry, 2003, 54(1): 151-187.

[14] Barnes D J. Coral skeletons: an explanation of their growth and structure. Science, 1970, 170(3964): 1305-1308.

[15] Knutson D W, Buddemeier R W, Smith S V. Coral chronometers: seasonal growth bands in reef corals. Science, 1972, 177(4045): 270-272.

[16] Hudson J, Shinn E A, Halley R B, et al. Sclerochronology: a tool for interpreting past environments. Geology, 1976, 4(6): 361-364.

[17] Moore W S, Krishnaswami S. Correlations of X-radiography revealed banding in corals with radiometric growth rates. Proceedings of the Second International Coral Reef Symposium. Brisbane: Great Barrier Reef Committee, 1974, 2: 269-276.

[18] Barnes D J, Lough J M. On the nature and causes of density banding in massive coral skeletons. Journal of Experimental Marine Biology and Ecology, 1993, 167(1): 91-108.

[19] Scrutton C T. Periodicity in devonian coral growth. Palaeontology, 1965, 7(4): 552-558, Plates 86-87.

[20] Barnes D J, Crossland C J. Diurnal and seasonal variations in the growth of a staghorn coral measured by time-lapse photography. Limnology and Oceanography, 1980, 25(6): 1113-1117.

[21] Stromgren T. The effect of light on the growth rate of intertidal *Acropora pulchra* (Brook) from Phuket, Thailand, latitude 8°N. Coral Reefs, 1987, 6(1): 43-47.

[22] Vago R, Gill E, Collingwood J C. Laser measurements of coral growth. Nature, 1997, 386(6620): 30-31.

[23] Barnes D J. The structure and formation of growth-ridges in scleractinian coral skeletons. Proceedings of the Royal Society, London, Section B, 1972, 182(1068): 331-350.

[24] Gill I P, Dickson J A D, Hubbard D K. Daily banding in corals: implications for paleoclimatic reconstruction and skeletonization. Journal of Sedimentary Research, 2006, 76(4): 683-688.

[25] Hidaka M. Deposition of fusiform crystals without apparent diurnal rhythm at the growing edge of septa of the coral *Galaxea fascicularis*. Coral Reefs, 1991, 10(1): 41-45.

[26] Marshall A T, Wright A. Coral calcification: autoradiography of a scleractinian coral *Galaxea fascicularis* after incubation in ^{45}Ca and ^{14}C. Coral Reefs, 1998, 17(1): 37-47.

[27] Wells J W. Coral growth and geochronometry. Nature, 1963, 197(4871): 948-950.

[28] Macintyre I G, Smith S V. X-radiographic studies of skeletal development in coral colonies//Proceedings of the Second International Symposium on Coral Reefs. Brisbane: Great Barrier Reef Committee, 1974, 2: 277-287.

[29] Gagan M K, Ayliffe L K, Beck J W, et al. New views of tropical paleoclimates from corals. Quaternary Science Reviews, 2000, 19(1): 45-64.

[30] Weber J N, Deines P, White E W, et al. Seasonal high and low density bands in reef coral skeletons. Nature, 1975, 255(5511): 697-698.

[31] Buddemeier R W, Maragos J E, Knutson D W. Radiographic studies of reef coral exoskeletons: rates and patterns of coral

growth. Journal of Experimental Marine Biology and Ecology, 1974, 14(2): 179-199.

[32] Isdale P. Fluorescent bands in massive corals record centuries of coastal rainfall. Nature, 1984(5978), 310: 578-579.

[33] Patzold J. Growth rhythms recorded in stable isotopes and density bands in the reef coral *Porites lobata* (Cebu, Philippines). Coral Reefs, 1984, 3(2): 87-90.

[34] Felis T, Pätzold J, Loya Y, et al. A coral oxygen isotope record from the northern Red Sea documenting NAO, ENSO, and North Pacific teleconnections on Middle East climate variability since the year 1750. Paleoceanography, 2000, 15(6): 679-694.

[35] Wellington G M, Glynn P W. Environmental influences on skeletal banding in eastern Pacific (Panamá) reef corals. Coral Reefs, 1983, 1(4): 215-222.

[36] Wang C, Huang C Y. Oxygen and carbon isotope records in the coral *Favia speciosa* of Nanwan Bay, southern Taiwan. Acta Oceanographica Taiwanica, 1987, 18: 150-157.

[37] Fairbanks R G, Dodge R E. Annual periodicity of the skeletal oxygen and carbon stable isotopic composition in the coral *Montastrea annularis*. Geochimica et Cosmochimica Acta, 1979, 43(7): 1009-1020.

[38] 余克服, 黄耀生, 陈特固, 等. 雷州半岛造礁珊瑚 *Porites lutea* 月分辨率的 ^{18}O 温度计研究. 第四纪研究, 1999, (1): 67-72.

[39] Kuhnert H, Patzold J, Hatcher B, et al. A 200-year coral stable oxygen isotope record from a high-latitude reef off Western Australia. Coral Reefs, 1999, 18(1): 1-12.

[40] Mitsuguchi T, Matsumoto E, Uchida T. Mg/Ca and Sr/Ca ratios of *Porites* coral skeleton: evaluation of the effect of skeletal growth rate. Coral Reefs, 2003, 22(4): 381-388.

[41] Suzuki A, Gagan M K, Fabricius K, et al. Skeletal isotope microprofiles of growth perturbations in *Porites* corals during the 1997-1998 mass bleaching event. Coral Reefs, 2003, 22(4): 357-369.

[42] Aharon P. Recorders of reef environment histories: stable isotopes in corals, giant clams, and calcareous algae. Coral Reefs, 1991, 10(2): 71-90.

[43] Brown B, Tissier M L, Howard L S, et al. Asynchronous deposition of dense skeletal bands in *Porites lutea*. Marine Biology, 1986, 93(1): 83-89.

[44] Buddemeier R W. Environmental controls over annual and lunar monthly cycles in hermatypic coral calcification. Proceedings of the Second International Symposium on Coral Reefs. Brisbane: Great Barrier Reef Committee, 1974, 2: 259-267.

[45] Buddemeier R W, Kinzie III R A. The chronometric reliability of contemporary corals. Growth Rhythms and the History of the Earth's Rotation. New York: John Wiley and Sons, 1975: 135-147.

[46] Highsmith R C. Coral growth rates and environmental control of density banding. Journal Experimental Marine Biology Ecology, 1979, 37(2): 105-125.

[47] 福建省气候资料室《台湾气候》编写组. 台湾气候. 北京: 海洋出版社, 1987: 92-104.

[48] 施祺, 张叶春, 孙东怀. 海南岛三亚滨珊瑚生长率特征及其与环境因素的关系. 海洋通报, 2002, 21(6): 31-38.

[49] 陈镇东, 汪中和, 宋克义, 等. 台湾南部核能电厂附近海域珊瑚所记录的水温. 中国科学(D 辑), 2000, 30(6): 663-668.

[50] Taylor R B, Barnes D J, Lough J M. Simple models of density band formation in massive corals. Journal of Experimental Marine Biology and Ecology, 1993, 167(1): 109-125.

[51] Dodge R E, Szmant A M, Garcia R, et al. Skeletal structural basis of density banding in the reef coral *Montastraea annularis*// Proceedings of the seventh International Coral Reef Symposium. Guam: University of Guam Press, 1992: 186-195.

[52] Barnes D J, Lough J M. The nature of skeletal density banding in scleractinian corals: fine banding and seasonal patterns. Journal of Experimental Marine Biology and Ecology, 1989, 126(2): 119-134.

[53] Barnes D J, Lough J M. Systematic variations in the depth of skeleton occupied by coral tissue in massive colonies of *Porites* from the Great Barrier Reef. Journal of Experimental Marine Biology and Ecology, 1992, 159(1): 113-128.

[54] Barnes D J, Lough J M. *Porites* growth characteristics in a changed environment: Misima Island, Papua New Guinea. Coral Reefs, 1999, 18(3): 213-218.

[55] 聂宝符. 南海中、北部几种造礁石珊瑚的成长率及与表层水温关系的探讨. 中国-澳大利亚第四纪学术讨论会论文集. 北京: 科学出版社, 1987: 224-232.

[56] 聂宝符, 陈特固, 梁美桃, 等. 近百年来南海北部珊瑚生长率与海面温度变化的关系. 中国科学(D 辑), 1996, 26(1): 59-66.

[57] 聂宝符, 陈特固, 彭子成. 由造礁珊瑚重建南海西沙海区近 220a 海面温度序列. 科学通报, 1999, 44(17): 1885-1889.

[58] Carricart-Ganivet J P. Sea surface temperature and the growth of the West Atlantic reef-building coral *Montastrea annularis*. Journal of Experimental Marine Biology and Ecology, 2004, 302(2): 249-260.

[59] Dodge R E, Vaisnys J R. Hermatypic coral growth banding as environmental recorder. Nature, 1975, 258(5537): 706-708.

[60] Draschba S, Pätzold J, Wefer G. North Atlantic climate variability since AD 1350 recorded in ^{18}O and skeletal density of Bermuda corals. International Journal of Earth Sciences, 2000, 88(4): 733-741.

[61] Gattuso J P, Allemand D, Frankignoulle M. Photosynthesis and calcification at cellular, organism and community levels in coral reefs: a review on interactions and control by carbonate chemistry. American Zoology, 1999, 39(1): 160-183.
[62] Marshall A T. Calcification in hermatypic and ahermatypic corals. Science, 1996, 271(5249): 637-639.
[63] Gagan M K, Chivas A R, Isdale P J. High-resolution isotopic records from corals using ocean temperature and mass-spawning chronometers. Earth and Planetary Science Letters, 1994, 121(3-4): 549-558.
[64] Buster N A, Holmes C W. Magnesium content within the skeletal architecture of the coral *Montastrea faveolata*: locations of brucite precipitation and implications to fine-scale data fluctuations. Coral Reefs, 2006, 25(2): 243-253.
[65] Land L S, Lang J C, Barnes D J. Extension rate: a primary control in the isotopic composition of West Indian (Jamaican) scleractinian reef coral skeletons. Marine Biology, 1975, 33(3): 221-233.
[66] 张江勇, 余克服. 珊瑚骨骼生长研究评述. 地质论评, 2008, 54(3): 362-372.

第二节　利用珊瑚生长率重建西沙海域中晚全新世海温变化[①]

珊瑚骨骼具有类似树木年轮一样的条带状结构，是低纬海域高分辨率古气候研究的主要材料[1]。珊瑚骨骼的条带状结构体现了骨骼密度的周期性变化[2]。全球热带海域珊瑚骨骼研究表明，珊瑚骨骼的生长率与海洋环境关系密切[3-7]，主要受海水表面温度[8,9]和日照的控制[10-14]，但不同海区高、低密度条带与环境因子的关系复杂多变[15]。关于珊瑚骨骼密度变化的控制因素至今还没有形成统一的认识。在造礁珊瑚生长的热带边缘，海水表层温度（sea surface temperature，SST）的变化对珊瑚骨骼生长的影响最为显著，两者具有相当显著的相关关系[2,10,16]。早在1937年，我国学者马廷英[17]就发现同一种或属的珊瑚骨骼生长率存在"寒处较短，暖处较长"的规律。1996年，聂宝符等[18]构建了西沙永兴岛海域的珊瑚生长率温度计，并以此为基础报道了西沙海域近220年的SST变化[19]。2013年，黄博津等[20]利用珊瑚生长率重建了西沙海域罗马暖期中期SST变化，因此珊瑚的生长率在西沙海域具有相对明确的气候意义。

虽然利用珊瑚骨骼生长率重建SST的分辨率和精度都无法与利用珊瑚骨骼地球化学指标（如Sr/Ca、$\delta^{18}O$等）相比，但珊瑚生长率具有分析成本低、周期短、肉眼可见等优势，在构建年代际尺度SST变化趋势方面仍然具有一定的优势。本节通过时间跨度分别为120年、58年、82年、43年和117年的西沙海域澄黄滨珊瑚（*Porites lutea*）样品，重建了中晚全新世（2007 AD～5541 a BP）特征时段的SST，并利用多年平均SST讨论了中晚全新世西沙海域SST的变化趋势与东亚夏季风变化和厄尔尼诺-南方涛动现象（El Niño-southern oscillation，ENSO）的联系。

一、研究区域、样品和方法

永兴岛（16°50′N，112°20′E）位于南海北部西沙群岛宣德马蹄形大环礁内，西北至琼南榆林港182n mile，东南至中沙群岛108n mile，南南东至南沙群岛太平岛408n mile（图12.5）。永兴岛属热带季风气候，根据永兴岛海洋站1961～2008年资料统计，永兴岛海域SST平均值为27.4℃，全年最低SST出现在12月至次年2月，平均为24.7℃，最高SST出现在5～9月，平均为29.8℃。该海域年平均海水表层盐度（sea surface salinity，SSS）为33.6‰，10月最低，为33.3‰，2月最高，为33.9‰，西沙海域的水文条件非常适宜珊瑚群落的生长发育[21]。本部分的珊瑚样品取自西沙永兴岛附近海域，采样时间为2008年6月底，取样工具为水下液压钻机，配金刚砂取芯钻头，样品由活珊瑚和化石珊瑚组成。

在室内将珊瑚的柱状岩心用切割机切成8mm厚的薄板，冲洗、晾干后，在医用X射线透视机上对其进行拍照。将珊瑚骨骼X射线照片（负片）在胶片扫描仪上扫描，获得X射线灰度图像正片，并把零散的珊瑚影像进行拼接（图12.5），珊瑚骨骼影像表现为深浅相间的高-低密度条带。取顶部或底部样品在澳

---
① 作者：张会领，余克服，施祺，严宏强，刘国辉，陈特固

大利亚昆士兰大学地质系同位素实验室进行高精度的热电离质谱（TIMS）铀系测年，化学处理和仪器测试方法已有详细报道[22]，测试结果见表 12.1。以珊瑚的测年部位为基准，通过数年层的办法建立时间标尺。对于 YXN1-2 珊瑚，其顶部的年代为取样时间，即 2008 AD。

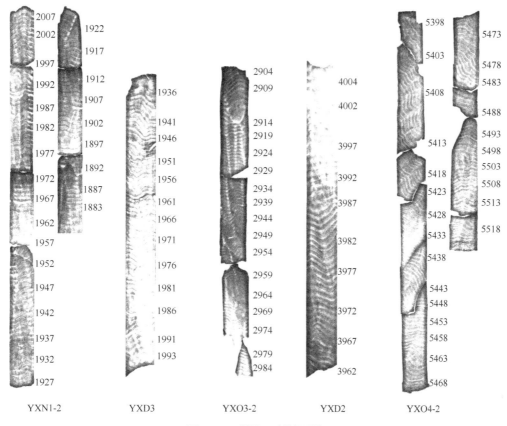

图 12.5　样品 X 射线照片

表 12.1　西沙永兴岛 TIMS-U 系测年结果

样品名称	^{238}U/ppb①	^{232}Th/ppt②	^{230}Th/^{232}Th	^{230}Th/^{238}U /（×10^{-5}）	^{234}U/^{238}U /（×10^{-4}）	未校正 ^{230}Th 年龄/a	校正 ^{230}Th 年龄/a BP	校正初始 ^{234}U/^{238}U /（×10^{-4}）
YXD-3	2569±3	582±2	281±3	2095±14	11489±17	2000±13	1936±14	1150±17
YXO-3	2876±5	258±2	1049±20	3102±39	11531±37	2964±39	2904±39	1154±37
YXD-2	2635±3	2629±10	127±1	4205±23	11506±22	4046±24	3962±24	1152±22
YXO-4	2824±2	291±2	1649±16	5599±14	11426±12	5458±15	5398±15	1145±12

注：测量误差为±2σ。衰变常数λ_{230}=9.1577×10^{-6}/a，λ_{234}=2.8263×10^{-6}/a，λ_{238}=1.551 25×10^{-6}/a，a BP 表示距离 1950 AD；^{230}Th/^{232}Th 表示带入碎屑物质 ^{230}Th 的污染程度

二、珊瑚生长率温度计的构建

（一）珊瑚骨骼生长率的测量

1937 年，马廷英是通过珊瑚骨骼显微结构的周期变化来确定珊瑚生长率的[17]。目前，珊瑚骨骼生长

---

① ppb 为非法定计量单位，ppb 表示 μg/L
② ppt 为非法定计量单位，ppt 表示 ng/L

率的测量方法有3种：①在珊瑚骨骼X射线照片上直接测量[3, 4, 21, 23]；②用显微光密度计在X射线照片上进行测量[16, 24]；③用数字图像的灰度分析获得珊瑚生长率参数[12, 25, 26]。本节通过直接测量和图像灰度分析相结合的方法来获取珊瑚骨骼生长率。

直接测量和CoralXDS系统提供的峰谷法（VV）测量珊瑚生长率的原理是相同的，都是把连续两次出现灰度极低值（高密度）的间隔作为周年的生长量。但这两种方法确定灰度极低值的途径不一样，直接测量是用眼睛感知灰度的变化，并确定灰度的极低值，而CoralXDS系统通过剖面连续灰度值的读取，寻找灰度极低值，更为客观和准确。然而，CoralXDS系统的分析结果严格依赖所选断面的灰度变化，如果生长轴上的灰度变化没有表现出明显的周期性，该系统就无法合理地标定生长率的边界，生长率测量结果就变得不可靠。这时，必须借助直接测量法，通过相邻区域的灰度变化特征获得珊瑚的生长率。

（二）生长率温度计的构建

珊瑚生长率温度计一般通过一元线性回归模型：$SST=b \times L+a$ 获得，SST为海水表层温度，L为珊瑚生长率。聂宝符等[21]利用西沙Sy-7样品建立的温度计为：$SST=24.772+0.225L$。本部分利用CoralXDS系统辅以直接测量，获得了1961～2007年YXN1-2珊瑚骨骼的生长率数据，西沙海域的实测年均SST源于西沙永兴岛海洋观测站（16°50′N，112°20′E，1960年10月建站）。通过一元线性回归模型构建西沙海域滨珊瑚YXN1-2的年生长率与SST的关系（图12.6）：

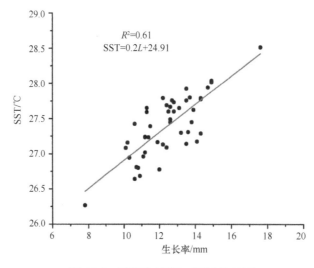

图12.6 珊瑚生长率与SST的关系

$$SST=0.2L+24.91 \quad R^2=0.61 \tag{12.1}$$

式中，SST是各年的平均SST（℃）；L为生长率（mm）；计算误差为0.3℃。

本节构建的温度计斜率较Sy-7温度计的斜率小0.025，截距较Sy-7温度计大0.138。最近百年，Sy-7温度计重建的结果比YXN1-2温度计重建结果平均高约0.16℃。考虑到重建的误差，可以认为两个温度计重建的结果是一致的。

三、结果与讨论

（一）中晚全新世特征时段SST重建

本次珊瑚样品提供的SST信息主要包括中晚全新世5个特征时段：1887～2007 AD、1993～1936 a BP、

2985~2904 a BP、4004~3962 a BP 和 5514~5398 a BP(图 12.7)。1887~2007 AD 的 SST 信息来自 YXN1-2（图 12.7a）。生长率-SST 的变化范围为 26.5~28.4℃，极差为 1.9℃，平均 SST 为（27.3±0.3）℃，低于 1961~2008 年的平均 SST（27.4℃），总体上 SST 呈上升趋势，增温率为 0.23℃/100a，与聂宝符等[21]重建的西沙海域近百年 SST 增温率 0.2℃/100a 基本一致，明显高于中国气温的 0.09℃/100a，但低于全球温度 0.25℃/100a[27]。2031~1936 a BP SST 变化信息来自于 YXD3（图 12.7b）。这一时期 SST 的趋势性不明显，但波动较大，生长率-SST 的变化范围为 26.2~27.6℃，极差为 1.4℃，平均 SST 为（27.1±0.3）℃，与 1961~2008 年的平均 SST（27.4℃）相比低约 0.7℃。2985~2904 a BP 的 SST 来自于 YXO3-2，共计 82 年（图 12.7c）。在此期间，生长率-SST 的变化范围为 26.0~27.5℃，极差为 1.5℃，平均生长率-SST

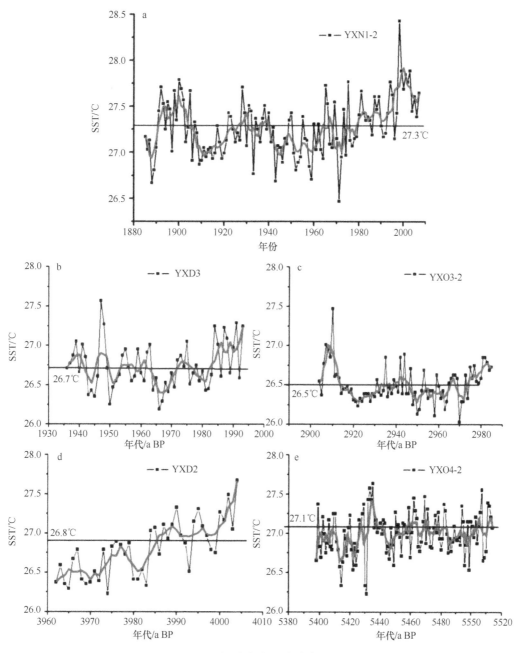

图 12.7 利用生长率重建的古 SST 序列

灰色曲线为 5 年滑动平均线；黑色横线为 SST 的均值

为（26.5±0.3）℃，与 1961~2008 年的平均 SST（27.4℃）相比低约 0.9℃。4004~3926 a BP 的 SST 源于 YXD2（图 12.7d），SST 呈现波动下降的趋势，最大值为 27.7℃，最小值为 26.2℃，极差为 1.5℃，平均值为（26.8±0.3）℃；5514~5398 a BP 的 SST 由 YXO4-2 的生长率重建，SST 以波动为主，无明显趋势性（图 12.7e）。变化范围为 26.7~27.6℃，极差为 0.9℃，平均值为（27.0±0.3）℃，高于 4.2 ka BP 和 2.0 ka BP 前后生长率 SST 的平均值，低于 1961~2008 年的平均 SST。从表面上看，珊瑚生长率-重建的 5.5 ka BP 前后的 SST 低于最近百年 SST 令人费解，前者属于全新世大暖期的范围，而传统意义上的全新世大暖期是高温期。但随着全新世温度重建分辨率的提高，全新世大暖期气温波动的细节逐渐被揭示。方修琦和侯光良[28]重建的百年尺度全新世温度集成序列表明全新世大暖期存在多次百年尺度的气温波动，5.5 ka BP 前后低温期的温度低于现代的温度，与珊瑚生长率-SST 记录的情况基本一致。

（二）中晚全新世西沙海域生长率-SST 的变化特征

综合 5 个时段的生长率-SST 信息，获得西沙海域中晚全新世 SST 的变化特征。总体来说，5.5 ka BP 至今，西沙海域的 SST 呈先降后升的变化趋势，SST 的转折点出现在 3.0 ka BP 前后。具体来讲，西沙海域 SST 的平均值在 5514~5398 a BP 为 27.0℃，此后逐步降低，4004~3962 a BP 降至 26.8℃，2985~2904 a BP 降至 5 个时段内的最低值，平均 SST 为 26.5℃，降幅为 0.5℃。大约在 3.0 ka BP 之后，SST 开始回升，1993~1936 a BP 的平均 SST 为 26.7℃，1887~2007 AD 的平均 SST 达到 27.3℃，为 5 个特征时段内的最高值，与 2985~2904 a BP 的平均 SST 相比，升温幅度为 0.8℃。

中晚全新世西沙海域 SST 的变化趋势与王绍武和龚道溢[29]根据 10 条孢粉序列获得的中国全新世陆地温度序列的变化趋势基本相同，与 Yu 等[30]重建的雷州半岛中晚全新世 SST 变化模式也基本类似（图 12.8），三者都呈先降后升的变化趋势。但我们也注意到它们之间存在的差异，这可能是由序列的实际时间跨度和分辨率不同造成的，陆地温度序列是连续的，但平均分辨率为 500 年，而西沙海域 SST 的时间跨度为 40~120 年，分辨率大体为年，雷州半岛 SST 的时间跨度为 10 年左右，分辨率为月。因此陆地温度序列可能平滑掉了短尺度的温度波动，而生长率-SST 和 Sr/Ca-SST 更有可能捕捉到短期温度变化。中国全新世百年分辨率气温序列显示，在 3.0 ka BP 前后陆地温度确实出现了低值[28]，这可能与生长率-SST 在 3.0 ka BP 前后的低值相对应。此外，陆地温度序列和生长率-SST 序列的增温率也存在差异。5.5~3.0 ka BP，陆地温度和西沙海域 SST 都表现为负的增温率，但陆地温度的增温率更低，即降温更为显著。这可能与海陆

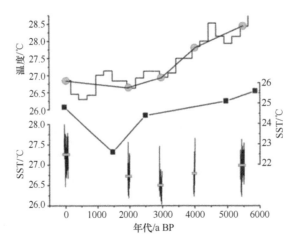

图 12.8　中晚全新世西沙海域 SST 与中国陆地温度变化对比

图中的阶梯线为中国陆地温度[29]，灰色圆点为 SST 对应时段的陆地温度，黑色方块为雷州半岛 Sr/Ca-SST[30]，曲线为不同时段重建的生长率-SST，灰色条带为不同时段 SST 的平均值

的比热容差异有关，海水的比热容较陆地大，这使得海洋 SST 相对稳定，高温不会太高，低温也不会太低，因此在相同时段，海洋的温度变化较陆地更为平缓。聂宝符等[21]利用珊瑚生长率重建的近百年西沙海域 SST 波动模式与相同时段中国大陆温度变化模式基本一致，但高温期 SST 低于陆地温度，低温期 SST 高于陆地温度。余克服和陈特固[31]根据 SCS90-36 井前人测量的 $\delta^{18}O$、长链烯酮不饱和指标资料重建的分辨率为 210 年的西沙全新世 SST，其增温率也低于相同时段陆地温度的增温率。但 3.0 ka BP 至今，西沙海域 SST 的增温率却明显高于陆地温度的增温率，这可能是 1887～2007 AD 的 SST 因大气 CO_2 含量增加、全球暖化而异常升高所致。

四、西沙海域海水表层温度变化的驱动机制

中晚全新世西沙海域珊瑚生长率-海水表层温度（SST）的变化趋势与董哥洞 DA 石笋 $\delta^{18}O$ 记录[32]的夏季风强度变化趋势（图 12.9b）基本相同。5.5～3.0 ka BP 夏季风强度逐渐减弱，西沙海域 SST 也呈下降趋势；2985～2904 a BP 生长率-SST 平均值在研究时段内最低，而此时夏季风强度接近研究时段内的最低值——弱季风事件，其峰值在 2.8 ka BP 前后。弱季风事件之后，夏季风强度逐渐增加，1993～1936 a BP 夏季风比 2985～2904 a BP 强，1993～1936 a BP 的平均 SST 也较 2985～2904 a BP 高。2.0 ka BP 至今，夏季风呈波动逐渐增强趋势，西沙海域 SST 也表现为上升趋势。但值得注意的是 1887～2007 AD 西沙海域的 SST 是中晚全新世的最高值，而与之对应的夏季风强度却没有超越 5.5 ka BP 前后的水平，SST 的升温幅度与夏季风增强的程度不相协调。近代人类活动产生的温室气体可能导致南海北部 SST 的异常升高[30]，因此 1887 AD 之后异常高的 SST 可能是西沙海域在自然增温的基础之上叠加了温室效应的结果。如果扣除近代人为因素导致的 SST 升温，西沙海域 SST 变化趋势应该与东亚夏季风强度协同变化。珊瑚生长率记录的中晚全新世（5.5～2.0 ka BP）平均 SST 的变化趋势和利用海-气环流模型估算的 SST 降低趋势也基本一致[33]，这可能与夏季太阳辐射量逐渐减少有关[34]（图 12.9a）。

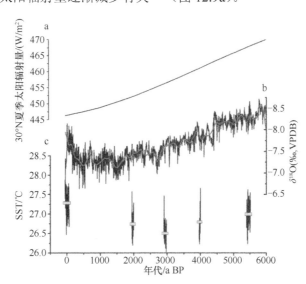

图 12.9　中晚全新世西沙海域生长率-SST、东亚夏季风强度和 30°N 夏季太阳辐射量对比

a. 30°N 夏季太阳辐射量[34]；b. 贵州董哥洞石笋 $\delta^{18}O$ 记录[32]；c. 西沙海域生长率-SST。
灰色条带为 5 个时段生长率 SST 平均值，黑色曲线为快速傅里叶变换（FFT）滤波

南海位于全球著名的强季风区，南海表层环流主要受季风控制[35]，冬、夏季风强度的变化直接影响南海的 SST。夏季，西南季风盛行，低纬度海洋的暖水在夏季风的牵引下从卡里马达海峡进入南海，并向南海北部运动，西沙海域 SST 升高；冬季，东北季风增强，高纬度的冷水受冬季风驱动通过台湾海峡

进入南海，西沙海域的 SST 首先受到影响。而西沙海域年均 SST 的变化是冷水和暖水混合的结果，受冬、夏季风强度变化的控制。Yancheva 等[36]通过湖光岩沉积物中的磁性特征、Ti 含量和 TOC 含量重建了 16 000 年的冬季风强度，认为冬、夏季风强度呈反相位关系。中晚全新世，随着北半球太阳辐射量的减弱，夏季风强度减弱，进入南海的低纬度暖水量减少；另外，冬季风强度增加，进入南海的冷水增多，温度也更低，最终混合的结果将导致西沙海域的年均 SST 呈降低趋势。Yu 等[30]利用雷州半岛滨珊瑚重建的中晚全新世 SST 和海水的 $\delta^{18}O$ 都表现出与东亚夏季风强度同步减弱的趋势，支持南海 SST 受东亚夏季风驱动的结论。众所周知，北半球夏季太阳辐射量变化是驱动轨道尺度东亚夏季风强度变化的主要因素[32, 37-39]。因此，东亚夏季风强度似乎是驱动 SST 变化的直接因素，而北半球太阳辐射量的减少可能是西沙海域 SST 变化的根本原因。

此外，中晚全新世 ENSO 变化对西沙海域 SST 也有影响。Tudhope 等[40]利用西太平洋巴布亚新几内亚的 *Porites* 珊瑚 $\delta^{18}O$ 重建了过去 130 000 年的 ENSO 活动，结果显示中晚全新世 ENSO 活动逐渐增强。厄瓜多尔南部湖泊纹层记录的千年尺度全新世 ENSO 变率在中晚全新世也呈增强趋势[41]。Yu 等[42]通过研究南海珊瑚骨骼碳库年代和 El Niño 的关系发现，7.5 ka BP 以来 El Niño 活动是一个总体增强的过程。中晚全新世 ENSO 经历一个稳步增强的过程，这一过程正好与中晚全新世（5.5～1.9 ka BP）西沙 SST 降低的过程相对应。在轨道尺度上，岁差旋回的太阳辐射能变化对 ENSO 强度起着重要的控制作用[43]。当近日点处于北半球夏末秋初时，赤道太平洋径向不对称加热导致信风增强，从而削弱 ENSO 的发育[44]。Ecuador 风暴碎屑流沉积记录[45]、Hitchcock 冰川纹泥记录[46]以及南京石笋的纹层记录[47]都支持 ENSO 的岁差日辐射驱动理论。另外，东亚夏季风活动与 ENSO 关系密切[48, 49]。Liu 等[50]认为中全新世 ENSO 的减弱可能与亚洲夏季风的增强有关，强的夏季风可能压制了 ENSO 的变率[51]。Wei 等[52]对三亚珊瑚的研究也表明，总体上较高的夏季 SST 指示较强的夏季风强度和弱的 ENSO 活动。中晚全新世热带太平洋 ENSO 强度与东亚夏季风强度呈负相关关系。因此岁差可能通过东亚夏季风和 ENSO 对南海 SST 施加影响。而中晚全新世（5.5～1.9 ka BP），随着夏季风的减弱，ENSO 逐渐变得活跃，西沙海域 SST 也逐渐降低。值得一提的是，1.5 ka BP 至今热带太平洋 ENSO 的强度呈降低趋势[34]，这与该时期夏季风强度增加[32]相对应，两者可能促进现代 SST 的上升。当然西沙海域 SST 与 ENSO 的变化过程可能没有这么简单，ENSO 的诱发因素较为复杂，除了考虑太阳辐射量之外，赤道太平洋海-气相互作用、赤道海洋之外的气候边界条件以及大气 CO_2 浓度等都会对 ENSO 产生影响。因此 ENSO 与西沙海域 SST 的关系仍需要更加深入的工作以及从气候模拟等多方面进行论证。

五、结论

通过对中晚全新世西沙永兴岛海域珊瑚骨骼生长率的研究，得出如下主要结论：①利用西沙海域实测的年均 SST 和现代珊瑚的生长率，构建了珊瑚生长率温度计，以此为基础重建了中晚全新世 5 个特征时段的 SST：1887～2007 AD 的平均 SST 为 27.27℃，2031～1936 a BP 的平均 SST 为 26.73℃，2985～2904 a BP 的平均 SST 为 26.5℃，4004～3962 a BP 的平均 SST 为 26.8℃，5514～5398 a BP 的平均 SST 为 27.0℃。②中晚全新世西沙海域 SST 总体上呈先降后升的趋势，考虑到现代全球暖化的影响，西沙海域中晚全新世（2.0～5.5 ka BP）SST 基本上与中晚全新世大陆的平均温度协同变化。③中晚全新世西沙海域 SST 的变化受东亚夏季风强度的直接控制，这一时期 ENSO 的逐渐活跃也可能对 SST 产生一定的影响，而岁差引起的北半球太阳辐射量的减少可能是中晚全新世 SST 变化的主要驱动力[53]。

参 考 文 献

[1] Lough J M, Cooper T F. New insights from coral growth band studies in an era of rapid environmental change. Earth-Science

Reviews, 2011, 108(3): 170-184.
[2] Knutson D W, Buddemeier R W, Smith S V. Coral chronometers: seasonal growth bands in reef corals. Science, 1972, 177(4045): 270-272.
[3] Highsmith R C. Coral growth rates and environmental control of density banding. Journal of Experimental Marine Biology and Ecology, 1979, 37(2): 105-125.
[4] Dodge R E, Brass G W. Skeletal extension, density and calcification of the rest coral, *Montastrea annularis*: St Croix, U S Virgin Islands. Bulletin Marine Science, 1984, 34(2): 288-307.
[5] 施祺, 张叶春, 孙东怀. 海南岛三亚滨珊瑚生长率特征及其与环境因素的关系. 海洋通报, 2002, 21(6): 31-38.
[6] Kwiatkowski L, Cox P M, Economou T, et al. Caribbean coral growth influenced by anthropogenic aerosol emissions. Nature Geoscience, 2013, 6(5): 362-366.
[7] Cooper T F, O'Leary R A, Lough J M. Growth of western australian corals in the anthropocene. Science, 2012, 335(6068): 593-596.
[8] Lough J M, Barnes D J. Environmental controls on growth of the massive coral *Porites*. Journal of Experimental Marine Biology and Ecology, 2000, 245(2): 255-243.
[9] Saenger C, Cohen A, Oppo D W, et al. Surface-temperature trends and variability in the low-latitude North Atlantic since 1552. Nature Geoscience, 2009, 2(7): 492-495.
[10] Lough J, Barnes D. Several centuries of variation in skeletal extension, density and calcification in massive *Porites* colonies from the Great Barrier Reef: a proxy for seawater temperature and a background of variability against which to identify unnatural change. Journal of Experimental Marine Biology and Ecology, 1997, 211(1): 29-67.
[11] 苏瑞侠, 孙东怀. 南海北部滨珊瑚生长的影响因素. 地理学报, 2003, 58(3): 442-451.
[12] 施祺, 孙东怀, 张叶春. 珊瑚骨骼生长特征的数字影像分析. 海洋通报, 2004, 23(4): 19-24.
[13] Langdon C, Atkinson M J. Effect of elevated of pCO$_2$ on photosynthesis and calcification of corals and interactions with seasonal change in temperature/irradiance and nutrient enrichment. Journal of Geophysical Research: Ocean (1978-2012), 2005, 110: C09S7.
[14] Marubini F, Barnett H, Langdon C, et al. Dependence of calcification on light and carbonate ion concentration for the hermatypic coral *Porites compressa*. Marine Ecology Progress Series, 2001, 220: 153-162.
[15] 张江勇, 余克服, 成鑫荣, 等. 南沙美济礁滨珊瑚骨骼密度条带的变化. 海洋地质与第四纪地质, 2007, 27(4): 85-90.
[16] Chalker B E, Barnes D J. Gamma densitometry for the measurement of skeletal density. Coral Reefs, 1990, 9(1): 11-23.
[17] Ma T Y. On the growth rate of reef corals and its relation to sea water temperature. Palaeontolgia Sinica (Series B), 1937, 6: 21-22.
[18] 聂宝符, 陈特固, 梁美桃, 等. 近百年来南海北部珊瑚生长率与海面温度变化的关系. 中国科学(D 辑), 1996, 26(1): 59-66.
[19] 聂宝符, 陈特固, 彭子成. 由造礁珊瑚重建南海西沙海区近 220a 海面温度序列. 科学通报, 1999, 44(17): 1885-1889.
[20] 黄博津, 余克服, 张会领, 等. 利用珊瑚生长率重建西沙海域罗马暖期中期高温变化. 热带地理, 2013, 33(3): 237-241.
[21] 聂宝符, 陈特固, 梁美桃, 等. 南沙群岛及其邻近礁区造礁珊瑚与环境变化的关系. 北京: 科学出版社, 1997: 1-98.
[22] Yu K F, Zhao J X, Shi Q, et al. U-series dating of dead *Porites* corals in the South China Sea: evidence for episodic coral mortality over the past two centuries. Quaternary Geochronology, 2006, 1(2): 129-141.
[23] Dodge R E, Lang J C. Environmental correlates of hermatypic coral (*Montastrea annularis*) growth on the East Flower Gardens Bank, northwest Gulf of Mexico. Limnology and Oceanography, 1983, 28(2): 228-240.
[24] Lough J M, Barnes D J. Possible relationships between environmental variables and skeletal density in a coral colony from the central Great Barrier Reef. Journal of Experimental Marine Biology and Ecology, 1989, 134(3): 221-241.
[25] 何学贤, 彭子成, 王兆荣, 等. 珊瑚的影像密度恢复南海海表温度. 地理学报, 2000, 55(2): 183-190.
[26] 孙东怀, 刘禹, 谭明. 古环境记录的数字图像分析及应用. 科学通报, 2002, 47(21): 1613-1619.
[27] 王绍武. 近百年气候变化与诊断研究. 气象学报, 1994, 52(3): 261-273.
[28] 方修琦, 侯光良. 中国全新世气温序列的集成重建. 地理科学, 2011, 31(4): 385-393.
[29] 王绍武, 龚道溢. 全新世几个特征时期的中国气温. 自然科学进展, 2000, 10(4): 325-332.
[30] Yu K F, Zhao J X, Wei G J, et al. Mid-late Holocene monsoon climate retrieved from seasonal Sr/Ca and δ^{18}O records of *Porites lutea* corals at Leizhou Peninsula, northern coast of South China Sea. Global and Planetary Change, 2005, 47(2-4): 301-316.
[31] 余克服, 陈特固. 西沙海区全新世海面温度变化幅度推算. 海洋通报, 2001, 20(2): 12-15.
[32] Wang Y J, Cheng H, Edwards R L, et al. The Holocene Asian monsoon: links to solar changes and North Atlantic climate. Science, 2005, 308(5723): 854-857.

[33] Lorenz S J, Lohmann G. Acceleration technique for Milankovitch type forcing in a coupled atmosphere-ocean circulation model: method and application for the Holocene. Climate Dynamics, 2004, 23(7-8): 727-743.

[34] Berger A, Loutre M F. Insolation values for the climate of the last 10 million years. Quaternary Science Reviews, 1991, 10(4): 297-317.

[35] Shaw P T, Chao S Y. Surface circulation in the South China Sea. Deep Sea Research Part I: Oceanographic Research Papers, 1994, 41(11-12): 1663-1683.

[36] Yancheva G, Nowaczyk N R, Mingram J, et al. Influence of the intertropical convergence zone on the East Asian monsoon. Nature, 2007, 445(7123): 74-77.

[37] Dykoski C A, Edwards R L, Cheng H, et al. A high-resolution, absolute-dated Holocene and deglacial Asian monsoon record from Dongge Cave, China. Earth and Planetary Science Letters, 2005, 233(1-2): 71-86.

[38] Hu C, Henderson G M, Huang J, et al. Quantification of Holocene Asian monsoon rainfall from spatially separated cave records. Earth and Planetary Science Letters, 2008, 266(3-4): 221-232.

[39] Zhang H L, Yu K F, Zhao J X, et al. East Asian Summer Monsoon variations in the past 12.5ka: high-resolution $\delta^{18}O$ record from a precisely dated aragonite stalagmite in central China. Journal of Asian Earth Science, 2013, 73: 162-175.

[40] Tudhope A W, Chilcott C P, McCulloch M T, et al. Variability in the El Niño-Southern Oscillation through a glacial-interglacial cycle. Science, 2001, 291(5508): 1511-1517.

[41] Moy C M, Seltzer G O, Rodbell D T, et al. Variability of El Niño/southern oscillation activity at millennial timescales during the Holocene epoch. Nature, 2002, 420(6912): 162-165.

[42] Yu K F, Hua Q, Zhao J X. Holocene marine ^{14}C reservoir age variability: evidence from ^{230}Th-dated corals in the South China Sea. Paleoceanography, 2010, 25(25): PA3205.

[43] Clement A C, Seager R, Cane M A. Suppression of El Niño during the mid-Holocene by changes in the earth's orbit. Paleoceanography, 2000, 15(6): 731-737.

[44] Clement A C, Seager R, Cane M A. Orbital controls on ENSO and tropical climate. Paleoceanography, 1999, 14(4): 441-456.

[45] Rodbell D T, Seltzer G O, Anderson D M, et al. An ~15 000-year record of El Niño-driven alleviation in Southwestern Ecuador. Science, 1999, 283(5401): 516-520.

[46] Rittenour T M, Crette J B, Mann M E. El Niño-like climate teleconnections in New England during the late Pleistocene. Science, 2000, 288(5468): 1039-1042.

[47] 孔兴功, 汪永进, 吴江滢, 等. 末次盛冰期连续3ka南京降水记录中的ENSO周期. 科学通报, 2003, 48(3): 277-281.

[48] Gu D, Philander S G H. Secular changes of annual and interannual variability in the tropical during the past century. Journal of Climate, 1995, 8(4): 864-876.

[49] Rasmusson E M, Wang X, Ropelewski C F. The biennial component of ENSO variability. Journal of Marine Systems, 1990, 1(1): 71-96.

[50] Liu Z, Kutzbach J, Wu L X. Modeling climate shift of El Niño variability in the Holocene. Geophysical Research Letters, 2000, 27(15): 2265-2268.

[51] Kim K M, Lau K M. Dynamics of monsoon-induced biennial variability in ENSO. Geophysical Research Letters, 2001, 28(2): 315-318.

[52] Wei G J, Deng W F, Yu K F, et al. Sea surface temperature records in the northern South China Sea from mid-Holocene coral Sr/Ca ratios. Paleoceanography, 2007, 22(3): PA3206.

[53] 张会领, 余克服, 施祺, 等. 珊瑚生长率重建西沙海域中晚全新世海温变化. 第四纪研究, 2014, 34(6): 1296-1305.

第三节 造礁珊瑚 $\delta^{18}O$ 记录的过去气候研究进展①

造礁珊瑚（石珊瑚，scleractinian）对环境变化极其敏感，其骨骼能很好地记录周围的环境信息，是研究热带海洋环境变化的极好材料。早在20世纪30年代我国学者马廷英就指出，珊瑚具有随环境波动而周期性变化的生长模式[1]；1972年Knutson等[2]用X射线照相的方法揭示出每年生长的珊瑚骨骼由高密度带和低密度带组成，反映在照片上为黑白相间的条带[2]，为珊瑚年代的确定提供了极好的标志。块状的造礁珊瑚能生长几百年，通过数年际生长密度带的方法能够准确建立其生长的年代序列。例如，Winter

---

① 作者：余克服

等[3]建立了有700年历史的珊瑚连续生长序列。珊瑚骨骼为文石，全新世以来的珊瑚基本上未发生成岩变化，非常适合于各种年代学方法定年，有利于延长珊瑚的年代序列。珊瑚年生长量大，从几毫米到几厘米或更大，适合于进行高分辨率的取样和分析，骨骼X射线照片为高分辨率的取样提供了很好的模板，目前的分辨率已达到月和周。珊瑚礁广泛分布于整个热带太平洋和其他温暖海域，取样方便。因此在人们高度关注过去海洋环境变化的今天，造礁珊瑚为开展过去几百年至几千年来高分辨率的环境变化研究提供了很好的条件。

在众多用珊瑚开展环境变化的研究方法中，氧同位素$\delta^{18}O$的研究最受关注，也取得了很大的进展。1992年波多黎各的NOAA[4]珊瑚记录的大气变化报告中，$\delta^{18}O$被视为珊瑚古海洋学研究中极其重要和有效的示踪剂。

珊瑚骨骼$\delta^{18}O$的研究源于20世纪50年代Epstein等[5]对软体动物壳等生物碳酸岩氧同位素温度尺度的研究。之后Keith和Weber等[6]研究了造礁珊瑚的氧同位素，指出珊瑚骨骼与其生长的海水之间同位素不平衡，相对耗损$\delta^{18}O$，但骨骼$\delta^{18}O$与水温之间有较好的线性相关性，并建立了研究的44个珊瑚属的$\delta^{18}O$与海水表层温度（sea surface temperature，SST）之间的回归方程，揭开了用珊瑚$\delta^{18}O$研究古气候的序幕。随着研究的深入，珊瑚$\delta^{18}O$古气候研究成果十分显著，主要表现在取样分辨率和分析精确度的提高、全面研究影响珊瑚$\delta^{18}O$的因素、珊瑚$\delta^{18}O$揭示的环境信息研究和重建等几个方面。

（一）取样分辨率和分析精确度的提高

1972年Weber和Woodhead[7]研究珊瑚$\delta^{18}O$与SST的关系时，用不同个体的表层部分进行分析，分辨率接近于年。之后，随着珊瑚骨骼X射线照相术的产生，各学者以X射线照片为模板对同一珊瑚的生长纵切面取样，延长了珊瑚分析的时间序列，使珊瑚取样分辨率大大提高，达到每年10~30个样品，分析所需样品量仅约0.5mg，揭示的分辨率达到月以下，有的达到每年70个样品，分辨率达到了周[8]，分析精确度也大大提高，达0.008‰以下，高者达0.0026‰[9]。分析仪器为各种质谱仪，如Finnigan MAT 251质谱仪、VG 602同位素比质谱仪、triple collector SIRA 10质谱仪等。这种高分辨率和高精确度的分析结果，充分真实地揭示了珊瑚骨骼中$\delta^{18}O$的变化范围，减少了低分辨率取样带来的各种干扰。由于取样分辨率的提高，人们对珊瑚骨骼的生长模式也有了充分的认识。以往的分析中往往认为或假定珊瑚呈线性生长，因此以同样的取样间隔来代表相等的时间间隔。高分辨率的取样分析揭示出珊瑚生长具有明显的季节性变化的特征，如台湾的Shen等研究发现 *Porites lobata* 在7~9月生长最快，达2cm/a，1~3月生长最慢，为1cm/a①。

（二）影响珊瑚骨骼$\delta^{18}O$的因素

详细研究影响珊瑚骨骼$\delta^{18}O$的因素及其影响程度，是准确利用珊瑚$\delta^{18}O$开展过去气候研究的基础。从目前的研究结果来看，这些因素有SST、海水$\delta^{18}O$组分（与盐度、蒸发、降雨和径流等有关）、珊瑚生长率、样品钻取过程中所带来的误差等。不同珊瑚礁区影响珊瑚骨骼$\delta^{18}O$的主要因素不一样。

1. SST

Weber和Woodhead[7]得出的珊瑚骨骼$\delta^{18}O$与SST之间的线性关系为深入研究奠定了基础。随后的大多数研究指出，珊瑚骨骼$\delta^{18}O$与SST之间在各种分辨率（年、季、月和周）尺度上都有很好的相关性，SST为影响珊瑚骨骼$\delta^{18}O$的最主要因素。一般SST每上升1℃，珊瑚骨骼$\delta^{18}O$降低0.021‰或0.022‰，

---

① Shen C C. Improved subsampling method for biogenic skeletons and detailed growth pattern of *Porites* coral. 1996

这种关系一直为大多数研究者所证实或接受。1996 年沈川洲对台湾珊瑚的研究指出，二者间的关系为 0.0189%/℃[①]。不同地点和不同分辨率揭示的 SST 对珊瑚骨骼 $\delta^{18}O$ 的影响程度是不同的，即使分辨率为周（70 个样品/a）的珊瑚骨骼 $\delta^{18}O$ 的分析结果也不能揭示出全部的 SST 变化范围，这反映了 SST 不是影响珊瑚骨骼 $\delta^{18}O$ 的唯一因素[8]。在佛罗里达、巴拿马湾、哥斯达黎加和加拉帕戈斯群岛等地，SST 对珊瑚骨骼 $\delta^{18}O$ 的影响程度达 70%～97%[8, 10-14]；在巴拿马奇里基湾，SST 影响珊瑚骨骼 $\delta^{18}O$ 的程度小于 20%[15]。

2. 海水 $\delta^{18}O$

已有研究表明海水 $\delta^{18}O$ 是除 SST 之外对珊瑚骨骼 $\delta^{18}O$ 影响最大的因素。海水 $\delta^{18}O$ 又受盐度、蒸发、降雨和径流等因素的影响。随着盐度和蒸发量的增加，海水 $\delta^{18}O$ 将相对富集。例如，在巴拿马湾，海水同位素组分与盐度之间的关系为：盐度增加 0.1%，海水 $\delta^{18}O$ 将增加 0.012%[10]。降雨和径流则通过向海水输入轻的氧同位素和降低盐度等降低海水 $\delta^{18}O$ 组分。这些过程通过影响海水的 $\delta^{18}O$ 组分而影响珊瑚骨骼 $\delta^{18}O$。一般在温度变化小、降雨和盐度等导致海水 $\delta^{18}O$ 变化大的区域，海水 $\delta^{18}O$ 对珊瑚骨骼 $\delta^{18}O$ 的影响程度则相对大一些。Dunbar 和 Wellington[10]对巴拿马湾枝状珊瑚 $\delta^{18}O$ 的研究表明，盐度对珊瑚骨骼 $\delta^{18}O$ 的影响程度达 30%。在哥斯达黎加海水 $\delta^{18}O$ 对 P. lobata 的影响程度达 33%，相当于该区珊瑚骨骼 $\delta^{18}O$ 记录的 1℃的温度范围[11]。Linsley 等[15]对盐度变化极大的奇里基湾的 P. lobata 的研究则发现降雨导致的盐度的季节性波动可以揭示 80%的珊瑚骨骼 $\delta^{18}O$ 的变化范围。而有些地方海水 $\delta^{18}O$ 对珊瑚骨骼 $\delta^{18}O$ 的影响程度则相对要小得多，如在佛罗里达，盐度对 Solenastrea bournoni 的 $\delta^{18}O$ 影响程度为 8%～12%[14]。

3. 生长率

生长率对珊瑚骨骼 $\delta^{18}O$ 的影响实际上反映了温度、光照、水体营养状况、水体浑浊度以及海平面变化、珊瑚生理过程等的组合影响，因为生长率受这些因素所控制。南海西沙群岛珊瑚生长率与 SST 之间呈正相关关系：随水温增加，年生长率增大[16]。X 射线照片中揭示的高密度带为珊瑚慢速生长所致，低密度带则对应于珊瑚快速生长部分。大多数的研究表明高密度带形成于夏天高水温时期，骨骼 $\delta^{18}O$ 低；低密度带形成于冬天低水温时期，骨骼 $\delta^{18}O$ 高。也有研究指出高密度骨骼带对应于高的 $\delta^{18}O$ 值[17]，这反映了珊瑚生长模式的变化。1975 年 Land 等[18]对西印度群岛 Porites 等 9 个珊瑚属种进行了较为详细的 $\delta^{18}O$ 对比研究，指出珊瑚 $\delta^{18}O$ 与生长率具有负相关性，并在 Allison 等[19]的研究中得到证实。Allison 等[19]通过对 6 个 Porites lutea 样品最外层生长率与 $\delta^{18}O$ 的研究，得出珊瑚 $\delta^{18}O$ 与生长率（R）之间的关系为：$\delta^{18}O= -2.87-0.06R$（$n=25, r=-0.82$），认为珊瑚骨骼 $\delta^{18}O$ 的变化反映了海水温度、盐度和生长率变化的组合影响。而在此之前的研究指出生长率与 $\delta^{18}O$ 之间的相关性很弱，生长率的变化不改变珊瑚 $\delta^{18}O$ 与 SST 之间的相关关系。

4. 样品钻取和处理过程的影响

实验室钻取样品基本上用 Emiliani[20]的显微干钻取样方法，用牙科钻孔锥取样，然后进行处理和同位素分析。干钻过程中钻头与样品接触处将产生热量。Aharon[17]进行了干钻与湿钻（钻取过程中向钻头输入冷却水）的对比实验，发现干钻的样品相对耗损 $\delta^{18}O$，认为干钻过程中可能出现了文石向方解石转化的过程。Gill 等[21]对样品钻取过程中产生的矿物和同位素组分的变化进行了详细的实验研究，包括干钻与手工取样的对比实验、快速钻取样品与慢速钻取的对比实验、大气状态下与氩气状态下取样的对比实验等，得出：①钻取过程导致珊瑚样品富集 $\delta^{18}O$，富集程度直接与初始同位素组分有关；②钻取过程产生方解石，文石向方解石的转化程度与钻速有关；③骨骼高低密度变化影响矿物成分的转化；④在大气

---

① Shen C C. High precision analysis of Sr/Ca ratios and its environmental application. 1996

状态下取样对样品同位素组分没有影响。相比较而言，Gill 等[21]认为慢速手工操作取样方法的分析结果较理想，而湿钻取样过程则可能出现样品与水体同位素的交换。定量评价钻取样品过程对 $\delta^{18}O$ 的影响相当困难，因为钻头的大小、形状、钻速、骨骼密度、取样持续时间等多种因素都可能给 $\delta^{18}O$ 测量值带来影响。Shen 于 1996 年设计了一种新的高分辨率的样品切割技术，但对于其取样过程对 $\delta^{18}O$ 的影响则未深入研究[①]。Land 等[18]还发现在对样品进行热处理的过程中会发生矿物成分的转化，导致同位素发生交换，使样品耗损 $\delta^{18}O$。

（三）珊瑚骨骼 $\delta^{18}O$ 揭示的环境信息及其经验公式

1. SST

自 1972 年 Weber 和 Woodhead[7]建立珊瑚骨骼 $\delta^{18}O$ 与 SST 的经验公式以来，已有的珊瑚骨骼 $\delta^{18}O$ 与 SST 之间的经验公式超过 66 个，覆盖了世界上大部分珊瑚礁区，涉及 45 个珊瑚属和 49 个珊瑚种，其中比较适于做长时间尺度和高分辨率珊瑚骨骼 $\delta^{18}O$ 研究的属种主要有 *P. lobata*、*P. lutea*、*Pavona gigantea*、*Pavona clavus* 和 *Montastrea annularis* 等。已建立的经验公式如下：

$$T(℃)=A+B\delta^{18}O_{coral} \tag{12.2}$$

$$T(℃)=A+B(\delta^{18}O_{coral}-\delta^{18}O_{seawater}) \tag{12.3}$$

式中，A、B 为常数；T 为海水表层温度；$\delta^{18}O_{coral}$ 和 $\delta^{18}O_{seawater}$ 分别为珊瑚骨骼和表层海水的 $\delta^{18}O$。公式（12.2）反映珊瑚骨骼 $\delta^{18}O$ 主要受水温控制，或未考虑海水 $\delta^{18}O$ 对珊瑚 $\delta^{18}O$ 组分的影响；公式（12.3）反映海水 $\delta^{18}O$ 也是影响珊瑚骨骼 $\delta^{18}O$ 的重要因素之一。经验公式的建立方法可分为 3 种，第一种为对不同地点或同一地点相同珊瑚种不同个体 $\delta^{18}O$ 与其对应的 SST 进行比较研究，如 Weber 和 Woodhead[7]的工作，1981 年以后的分析多集中在同一个体上。第二种为长时间尺度相对低分辨率的分析方法，对 15~25 年的样品，分析其每年 $\delta^{18}O$ 最高值和最低值与每年月均最低和最高 SST 之间的对应关系。一般每年取样 2~4 个，得出的珊瑚骨骼 $\delta^{18}O$ 与 SST 之间的相关系数 r^2 介于 -0.94~-0.74。第三种为短时间尺度高分辨率的分析方法，开展 2 年珊瑚生长量的研究，每年取样 4~12 个或更多，分辨率为季或月，$\delta^{18}O$ 值分别与季或月平均 SST 进行比较，相关系数 r^2 介于 -0.94~-0.68。以上 3 种方法都表明珊瑚骨骼 $\delta^{18}O$ 能很好地记录 SST 的变化。Dunbar 等[22]于 1994 年利用 *P. clavus* 的 $\delta^{18}O$ 重建了东太平洋 1586~1953 年共 367 年的年际分辨率的表层水温变化，揭示出这段时间有 1~2.5℃的年际 SST 变化，在小冰期期间年际的珊瑚 $\delta^{18}O$ 序列与北美的许多树木年轮记录的相关性非常好，反映出 16 世纪和 18 世纪早期为低温状态，17 世纪处于相对温暖的气候状况，1880~1940 年珊瑚 $\delta^{18}O$ 记录为一个相对寒冷的气候状况。

2. 降雨

在温度变化小而降雨量变化大的区域，降雨通过降低海水的 $\delta^{18}O$ 而影响珊瑚的 $\delta^{18}O$。降雨量越大，雨水 $\delta^{18}O$ 越低，如在西太平洋塔拉瓦环礁，雨水 $\delta^{18}O$ 与降雨量（P）之间存在 $\delta^{18}O= -0.47-0.015P$ 的线性关系[23]。该区珊瑚 $\delta^{18}O$ 与 44 年的降雨记录在月、季和年分辨率尺度上的相关系数分别为 0.39（$n=528$）、0.47（$n=176$）和 0.59（$n=44$），表明二者间有很好的相关性。据此 Cole 等[24]建立了 96 年的珊瑚 $\delta^{18}O$ 序列，提供了降雨指数，将该区的降雨资料延长了一倍。在奇里基湾雨季雨水的 $\delta^{18}O$ 值可降低 1‰，受降雨和陆地降雨径流的影响，海水盐度可降低至 1.1‰；降雨导致海水 $\delta^{18}O$ 的变化影响了 80%的珊瑚 $\delta^{18}O$ 的变化；珊瑚骨骼 $\delta^{18}O$ 与雨水 $\delta^{18}O$（$\delta^{18}O_{ppt}$）之间存在 $\delta^{18}O_{ppt}=47.99+8.72\delta^{18}O_{coral}$ 的线性关系[15]，其相关系数 $r=0.89$，$n=29$。近年来研究表明，根据珊瑚骨骼 Sr/Ca 仅受 SST 影响的特征，利用 $\delta^{18}O$ 与 Sr/Ca 分析相结合的方法，能够研究珊瑚 $\delta^{18}O$ 中记录的降雨信息[25]。Shen 用该方法研究了台湾 8000 a BP 和 3000 a BP

---

① Shen C C. High precision analysis of Sr/Ca ratios and its environmental application. 1996

Porites 所记录的降雨和水温状况，得出台湾在 8000 年时夏天降雨量大，3000 年时降雨不稳定，存在一个非常干旱的时期①。盐度虽然受降雨的影响并影响造礁珊瑚骨骼的 $\delta^{18}O$，但目前尚未见到盐度与珊瑚骨骼 $\delta^{18}O$ 的经验公式。

3. 厄尔尼诺与南方涛动（ENSO）

ENSO 为最重要的年际尺度上的全球气候信号。在 SST 变化小的热带西太平洋，ENSO 以伴随着印度尼西亚低压向子午线和赤道迁移而出现的降雨变化为特征，强的降雨改变了表层海水的盐度和 $\delta^{18}O$，并记录于珊瑚骨骼的 $\delta^{18}O$ 之中[23, 24]。在热带东太平洋，伴随着 ENSO 出现海平面和海水表层温度升高，是一个变暖的事件。Wellington 和 Dunbar[26]研究了东太平洋奇里基湾、巴拿马湾、加拉帕戈斯和哥斯达黎加卡尼奥岛 4 个地点近 15~40 年来 ENSO 事件中珊瑚骨骼 $\delta^{18}O$ 的变化，发现只有在盐度变化小、SST 变化大的区域，如加拉帕戈斯和卡尼奥岛，珊瑚 $\delta^{18}O$ 能极好地记录 ENSO 现象；在盐度变化大的区域，珊瑚骨骼 $\delta^{18}O$ 对 ENSO 信号记录较差。

（四）南海造礁珊瑚 $\delta^{18}O$ 的研究

南海是毗邻我国的唯一热带海区，又是半封闭型的边缘海，珊瑚礁星罗棋布，可分为多个珊瑚礁区和类②，且各区水文气象状况相差较大[27]，具有进行古海洋学研究得天独厚的条件，为中外学者所关注。但关于造礁珊瑚 $\delta^{18}O$ 与环境信息之间关系研究的文章并不多见，我们在这方面的研究工作正处于起步阶段，预计未来几年将会在该领域取得进展。台湾汪中和等已于 1987 年和 1989 年研究了台湾南部南湾珊瑚 *Favia speciosa* 11 年的 $\delta^{18}O$ 记录，认为珊瑚 $\delta^{18}O$ 的变化范围与南湾海水的温度和盐度变化状况相符，但未进一步深入报道它们之间的关系，在套用 Wang 和 Huang[28, 29]关于 *Favia* 的 $\delta^{18}O$ 与温度之间的关系式时，未发现其关系式在南湾具有较好的适用性。Shen 在 1996 年建立了台湾南湾 *P. lutea* 珊瑚 2 年时间序列的 $\delta^{18}O$ 与 SST 之间的关系式，并运用到该区过去环境的重建和解释之中③。但南湾的珊瑚受进入南海的高温高盐黑潮水影响，与南海其他各礁区水文气象状况有较大差异，这里以及世界其他礁区的珊瑚 $\delta^{18}O$ 与环境因素之间的关系式是否适用于南海其他礁区则有待深入研究[30]。

参 考 文 献

[1] Ma T Y. On the growth rate of reef corals and its relation to sea water temperature. Palaeontolgia Sinica (Series B), 1937, 16(1): 1-426.

[2] Knutson D W, Buddemeier R W, Smith S V. Coral chronologies: seasonal growth bands in reef corals. Science, 1972, 177(4045): 270-272.

[3] Winter A C, Goenaga C, Maul G A. Carbon and oxygen isotope time series from an 18-year Caribbean reef coral. Journal of Geophysical Research Oceans, 1991, 96(C9): 16673-16678.

[4] Dunbar R B, Cole J E. Coral records of ocean-atmosphere variability. NOAA Climate Global Change Program Special Report, 1992, (10): 1-53.

[5] Epstein S. Buchsbaum R, Lowenstam H, et al. Carbonate-water isotopic temperature scale. Geological Society of America Bulletin, 1951, 62(4): 417-426.

[6] Keith M L, Weber J N. Systematic relationships between carbon and oxygen isotopes in carbonates deposited by modern corals and algae. Science, 1965, 150(3695): 498-501.

[7] Weber J N, Woodhead P M J. Temperature dependence of oxygen-18 concentration in reef coral carbonates. Journal of Geophysical Research, 1972, 77(3): 463-473.

---

① Shen C C. High precision analysis of Sr/Ca ratios and its environmental application. 1996
② 赵焕庭，余克服. 中国现代珊瑚礁的分布、自然特征与科学研究. 1996：1-11
③ Shen C C. High precision analysis of Sr/Ca ratios and its environmental application. 1996

[8] Halley R B, Swart P K, Dodge R E, et al. Decade-scale trend in seawater salinity revealed through $\delta^{18}O$ analysis of *Montastrea annularis* annual growth bands. Bulletin of Marine Science, 1994, 54(3): 670-678.
[9] Leder J J, Szmant A M, Swart R K. The effect of prolonged "bleaching" on skeletal banding and stable isotopic composition in *Montastrea annularis*. Coral Reefs, 1991, 10: 19-27.
[10] Dunbar R B, Wellington G M. Stable isotopes in a branching coral monitor seasonal temperature variation. Nature, 1981, 293(5832): 453-455.
[11] Carriquiry J D, Risk M J, Schwaro Z H P. Stable isotope geochemistry of corals from Costa Rica as proxy indicator of the El Niño/southern oscillation (ENSO). Geochimica et Cosmochimica Acta, 1994, 58(1): 335-351.
[12] Shen G T, Cole J E, Lea D W, et al. Surface ocean variability at Galapagos from 1936-1982 Calibration of geochemical tracers in corals. Paleoceanography, 1992, 7(5): 563-588.
[13] Wellington G M, Dunbar R B, Merlen G. Calibration of stable isotope signatures in Galapagos corals. Paleoceanography, 1996, 11(4): 467-480.
[14] Leanne M R, Quinn T M. Seasonal- to decadal-scale climate variability in southwest Florida during the Middle Pliocene: inference from a coralline stable isotope record. Paleoceanography, 1995, 10(3): 429-443.
[15] Linsley B K, Dunbar R B, Wellington G M, et al. A coral based reconstruction of intertropical convergence zone variability over Central America since 1707. Journal of Geophysical Research Oceans, 1994, 99(C5): 9977-9994.
[16] Nie B, Chen T, Liang M, et al. Relationship between coral growth rate and sea surface temperature in the northern part of South China Sea during the past 100a. Science China Earth Sciences, 1997, 40(2): 173-182.
[17] Aharon P. Records of reef environment histories: stable isotopes in corals, giant clams, and calcareous algae. Coral Reefs, 1991, 10(2): 71-90.
[18] Land L S, Lang J C, Barnes D J. Extension rate: a primary control on the isotopic composition of west India (Jamaican) scleractinian reef coral skeletons. Marine Biology, 1975, 33(3): 221-233.
[19] Allison N, Tudhope A W, Fallick A E. Factors influencing the stable carbon and oxygen isotopic composition of *Porites lutea* coral skeletons from Phuket, South Thailand. Coral Reefs, 1996, 15(1): 43-57.
[20] Emiliani C. Oxygen isotopes and paleotemperature determinations. IVth Congress. International Association Quaternary Research, 1956: 831-848.
[21] Gill I, Olson J J, Hubbard D K. Corals, paleotemperature records, and the aragonite-calcite transformation. Geology, 1995, 23(4): 333-336.
[22] Dunbar R B, Wellington G M, Colgan M W, et al. Eastern Pacific climate variability since 1600 AD: The $\delta^{18}O$ record of climate variability in Galapagos corals. Paleoceanography, 1994, 9(2): 291-315.
[23] Cole J E, Fairbanks R G. The Southern Oscillation recorded in the $\delta^{18}O$ of corals from Tarawa Atoll. Paleoceanography, 1990, 5(5): 669-683.
[24] Cole J E, Fairbanks R G, Shen G T. Recent variability in the southern oscillation: isotopic results from a Tarawa Atoll coral. Science, 1993, 260(5115): 1790-1793.
[25] McCulloch M T, Gagan M K, Mortimer G E, et al. A high-resolution Sr/Ca and $\delta^{18}O$ coral record from the Great Barrier Reef, Australia, and the 1982-1983 El Niño. Geochimica et Cosmochimica Acta, 1994, 58(12): 2747-2754.
[26] Wellington G M, Dunbar R B. Stable isotopic signature of El Niño-southern oscillation events in eastern tropical Pacific reef corals. Coral Reefs, 1995, 14(1): 5-25.
[27] 聂宝符, 陈特固, 梁美桃, 等. 南沙群岛及其邻近礁区造礁珊瑚与环境变化的关系. 北京: 科学出版社, 1997: 1-101.
[28] Wang C, Huang C. Oxygen and carbon isotope records in the coral *Favia speciosa* of Nanwan Bay, Southern Taiwan. Acta Oceanographic Taiwanica, 1987, 18: 150-157.
[29] Wang C, Huang C. The eleven-year isotope records in the coral *Favia* speciosa of Nanwan Bay, Southern Taiwan. Acta Oceanographic Taiwanica, 1989, 24: 96-107.
[30] 余克服. 造礁珊瑚 $\delta^{18}O$ 记录的过去气候研究进展. 海洋通报, 1998, 17(3): 72-78.

第四节 造礁珊瑚骨骼 $\delta^{13}C$ 及其反映的环境信息研究概况[①]

造礁珊瑚以其对环境变化敏感、年生长量大、年际界线清楚、连续生长时间长、分布广和文石质骨

---

① 作者：余克服

骼适于定年等特点，成为研究热带海洋过去数百年至数千年来高分辨率环境变化的极好材料。其中珊瑚骨骼 $\delta^{13}C$ 是反映环境变化的重要参数之一，由于 $\delta^{13}C$ 与 $\delta^{18}O$ 在实验分析流程上为"孪生"产物，因此与珊瑚骨骼 $\delta^{18}O$ 的研究进展[1]一样，珊瑚骨骼 $\delta^{13}C$ 分析在取样分辨率和分析精确度等方面也取得了相应的进展。$\delta^{13}C$ 取样分辨率可达到月，最高者可达到周，分析精确度最高者可达到 0.0017‰[2]。除此之外，近一二十年来，珊瑚骨骼 $\delta^{13}C$ 的研究进展还主要体现在对影响 $\delta^{13}C$ 的环境因素的了解及 $\delta^{13}C$ 记录的环境信息分析等方面。由于 $\delta^{18}O$ 能够直接反映人们最为关心的温度等环境信息，珊瑚骨骼 $\delta^{18}O$ 的研究和解释在古海洋学中一直备受关注，也取得了极大的进展。与珊瑚骨骼 $\delta^{18}O$ 相比，$\delta^{13}C$ 指数虽然也受到了重视，但对其重视的程度相对较低。其实，珊瑚骨骼 $\delta^{13}C$ 也能够反映许多重要的环境信息，在指示年际生长周期等方面，珊瑚骨骼 $\delta^{13}C$ 比 $\delta^{18}O$ 甚至有更好的效果[3]，这是因为 $\delta^{18}O$ 受河流径流或强降雨等事件影响较大。我国目前尚没有 $\delta^{13}C$ 方面的报道，本节总结近几十年来国际上珊瑚骨骼 $\delta^{13}C$ 指数的研究概况，以促进国内在此领域有相应的发展。

一、影响造礁珊瑚骨骼 $\delta^{13}C$ 的环境因素

前人研究表明，珊瑚文石质骨骼与周围海水同位素存在 2 个不平衡模式[4]：动力模式和代谢模式。动力模式是指在 CO_2 的水解和羟化过程中出现轻、重同位素的分馏差异而对同位素组分产生影响，表现为珊瑚骨骼 $\delta^{13}C$ 和 $\delta^{18}O$ 的同步耗损，常常发生在骨骼快速生长部分。代谢模式受光合作用和呼吸作用影响，它们通过改变溶解无机碳（dissolved inorganic carbon，DIC）库中的 $\delta^{13}C$ 来改变珊瑚骨骼的 $\delta^{13}C$。一般来说，呼吸作用降低 DIC 库的 $\delta^{13}C$。光合作用则增加 DIC 库中的 $\delta^{13}C$，因为在光合作用过程中，^{12}C 优先从珊瑚组织中分离，使 DIC 库富集 ^{13}C，形成珊瑚骨骼[5]，对造礁珊瑚来说，光合作用对 $\delta^{13}C$ 的影响较呼吸作用大。与动力同位素不平衡模式相比，代谢模式只表现为珊瑚骨骼 $\delta^{13}C$ 的变化，其中珊瑚共生虫黄藻的光合作用越强，$\delta^{13}C$ 就越偏正[6]，因此光合作用是调节珊瑚骨骼 $\delta^{13}C$ 的主要因素。除了上述 2 个不平衡模式所包含的"动力"因素和"代谢"因素以外，海水 $\delta^{13}C$ 组分也被认为是影响珊瑚骨骼 $\delta^{13}C$ 的因素之一。

（一）光合作用

造礁珊瑚是一种比较高级的腔肠动物，这里所说的光合作用是指与其共生的虫黄藻的光合作用。造礁珊瑚与虫黄藻的互惠共生关系早已为人们所知，虫黄藻从珊瑚虫中获得光合作用所需的 CO_2 和营养物（排泄物中的磷和氮），珊瑚虫则靠虫黄藻补充输送氧气和碳水化合物，加速珊瑚骨骼的生长。如果从造礁珊瑚中除掉虫黄藻，珊瑚骨骼就得不到正常发育，因为珊瑚虫的代谢过程中放出大量 CO_2，阻碍着珊瑚骨骼的增长，而虫黄藻则能迅速吸收这部分 CO_2，有利于珊瑚骨骼的发育。

1970 年 Weber 和 Woodhead[7]提出光照增加，光合作用增强，光合作用过程中的同位素分馏增加珊瑚骨骼的 $\delta^{13}C$，成为光合作用影响珊瑚骨骼 $\delta^{13}C$ 的最早模式。之后，许多研究表明珊瑚骨骼的 $\delta^{13}C$ 变化在很大程度上是共生虫黄藻光合作用的产物[8-10]。研究指出珊瑚骨骼 $\delta^{13}C$ 值与虫黄藻的数量或密度紧密相关，高密度虫黄藻产生高的骨骼 $\delta^{13}C$ 值[11, 12]。受高温影响，珊瑚白化时虫黄藻数量骤减，珊瑚骨骼 $\delta^{13}C$ 值降低[2]，这也进一步证实了上述观点。光照强度或日照时数是影响虫黄藻光合作用的主要环境参数。1975 年 Walsh[13]在研究太平洋滨珊瑚骨骼 $\delta^{13}C$ 时首次注意到 $\delta^{13}C$ 值与日照时数之间的正相关关系，目前这种关系已经得到普遍认同[3, 14, 15]，并已运用到对环境的解释和重建中[5, 16]。水深、云量和降雨等的变化也相应地引起光照强度或日照时数的变化，如随水深增加，光照强度减弱，光合作用减弱，珊瑚骨骼 $\delta^{13}C$ 降低[8, 17, 18]。Fairbanks 和 Dodge[19]指出大西洋和加勒比海造礁珊瑚骨骼 $\delta^{13}C$ 与水深之间存在线性关系（水深=

–10.37δ^{13}C–6.21）。从表层至水下 18m 深处光照强度减弱 50%；有的地点水深 15m 处与水深 1m 处相比，珊瑚骨骼 δ^{13}C 可降低 0.4%[3]。云量或降雨增加，使光照强度降低，珊瑚骨骼 δ^{13}C 也会减少[20]。

（二）生长率

研究指出，一般快速生长的珊瑚骨骼 δ^{13}C 低，当珊瑚骨骼慢速增长时 δ^{13}C 增加[4, 20-23]。Goreau[33]认为快速生长的珊瑚骨骼 δ^{13}C 低是因为珊瑚组织的快速增长和光合作用优先利用 ^{12}C，或者是因为快速增长时相应地增加了珊瑚组织对海水生物碳酸盐的吸收。McConnaughey[4]及 Roulier 和 Quinn[15]则用同位素不平衡的动力模式来解释上述现象，认为珊瑚骨骼慢速增长时，同位素动力分馏减弱导致珊瑚骨骼 δ^{13}C 富集。Cesare 曾经报道没有共生虫黄藻的深海珊瑚骨骼 δ^{13}C 与生长率之间存在负相关关系。造礁珊瑚生长率受海水温度、光照强度、水体营养状况、水体浑浊度、海平面变化和珊瑚生理过程等的组合影响，虽然同位素不平衡的动力分馏导致生长率影响珊瑚骨骼 δ^{13}C，但 δ^{13}C 主要还是受环境参数变化的影响[15]。

（三）海水 δ^{13}C 组分

有不少报道指出，海水碳酸盐 δ^{13}C 组分的季节性变化是影响珊瑚骨骼 δ^{13}C 的因素之一[2, 5, 25-27]，但都缺少定量研究，难以回答海水 δ^{13}C 组分对珊瑚骨骼 δ^{13}C 的影响程度。Shen 等[18]指出加拉帕戈斯群岛季节性的上升流常引入低 δ^{13}C 的水体到海水表层，从而引起珊瑚骨骼 δ^{13}C 在上升流季节耗损，因此认为上升流导致的低 δ^{13}C 的水体是控制该水域珊瑚骨骼 δ^{13}C 的重要因素之一。也有人认为海水 δ^{13}C 对珊瑚骨骼 δ^{13}C 不起控制作用[14]。

（四）样品钻取和处理过程的影响

与珊瑚骨骼 δ^{18}O 分析一样，样品的钻取和处理过程也会对珊瑚骨骼 δ^{13}C 值产生影响[1]，即样品钻取和热处理过程中可能会出现珊瑚文石向方解石的转化，从而影响珊瑚骨骼 δ^{13}C 值。慢速手工操作取样可能是一种比较理想的取样方法。

（五）其他因素

除了上述因素以外，影响珊瑚骨骼 δ^{13}C 的因素还有珊瑚的繁殖[28]以及包括微粒和溶解有机碳在内的外源碳[29]等。总之，文献报道的影响珊瑚骨骼 δ^{13}C 的因素是复杂的，迄今为止，仍难以准确、定量地描述影响珊瑚骨骼 δ^{13}C 的各种内外部因素，但这并没有妨碍深入研究珊瑚骨骼 δ^{13}C 与环境因素之间的关系。

二、珊瑚骨骼 δ^{13}C 反映的环境信息

（一）日照时数

Walsh[13]在 1975 年首次注意到珊瑚骨骼 δ^{13}C 与日照时数之间存在正相关关系。这种关系也被越来越多的研究所证实，即随日照时数的增加，珊瑚骨骼 δ^{13}C 增高（富集 δ^{13}C），Carriquiry 等[3]称之为"δ^{13}C—日照模式"。与这个模式相关的另一个环境因素是云量，云量增加则日照时数减少或日照强度减弱，则珊瑚骨骼 δ^{13}C 降低（耗损 δ^{13}C）。目前多数研究还处于对这种关系的验证或解释之中，利用这种关系对环境重建的工作还做得非常少。Heiss 等[29]于 1997 年研究了红海北部现代珊瑚和化石珊瑚的稳定同位素，显示

化石珊瑚在死亡之前 2 年骨骼 $\delta^{13}C$ 急剧降低。Heiss 等[29]利用 $\delta^{13}C$ 与日照时数之间的关系推测当时出现了低水温，从而导致与珊瑚共生的藻类的光合作用降低，或者出现了水体中沉积物增加等事件。

（二）厄尔尼诺与南方涛动（ENSO）

ENSO 为最重要的年际尺度上的全球气候信号。在热带东太平洋，伴随着 ENSO 出现海平面和海水表层温度升高，形成一个变暖的事件。Carriquiry 等[3]研究了东太平洋哥斯达黎加珊瑚骨骼 $\delta^{13}C$ 对 ENSO 事件的反应，认为珊瑚骨骼 $\delta^{13}C$ 能很好地记录 ENSO 事件，表现为 $\delta^{13}C$ 的负异常。这种 $\delta^{13}C$ 负异常的现象与理论分析一致，在哥斯达黎加的 El Niño 期间，水温上升幅度常常超出了造礁珊瑚-藻类光合作用的最适温度范围，导致呼吸作用速率大于光合作用速率。如前所述，光合作用增加 DIC 库中的 $\delta^{13}C$，呼吸作用减少 DIC 库中的 $\delta^{13}C$，因此在超出珊瑚生长的最适温度范围时出现的总体趋势是 DIC 库中的 $\delta^{13}C$ 降低，珊瑚骨骼 $\delta^{13}C$ 以负异常为特征。McConnaughey[4]也发现加拉帕戈斯群岛滨珊瑚在 El Niño 期间，骨骼 $\delta^{13}C$ 通常较低，1983 年也出现了 $\delta^{13}C$ 的负异常，并且由于深水区的环境变化更加剧烈，深水区骨骼 $\delta^{13}C$ 异常比浅水区大 2～3 倍。因此珊瑚骨骼 $\delta^{13}C$ 的负异常是造礁珊瑚礁体受到外部环境压力的有效指示剂。

三、珊瑚骨骼 $\delta^{13}C$ 与 $\delta^{18}O$ 的关系及其反映的环境信息

$\delta^{13}C$ 与 $\delta^{18}O$ 是实验分析流程中的"孪生"产物，二者又都受环境因素所控制。如前所述，影响珊瑚骨骼 $\delta^{13}C$ 的主要因素是日照，$\delta^{13}C$ 与日照时数或日照强度之间呈正相关关系，而影响珊瑚骨骼 $\delta^{18}O$ 的主要因素是海温，$\delta^{18}O$ 与海温之间呈负相关关系。因此，研究 $\delta^{13}C$ 与 $\delta^{18}O$ 的关系就十分必要了，可以解释一些环境因素之间的关系。从目前的报道来看，$\delta^{13}C$ 与 $\delta^{18}O$ 之间有正相关、负相关和没有相关性等 3 种情况。

（一）$\delta^{13}C$ 与 $\delta^{18}O$ 正相关

Wellington 和 Dunbar[5]研究的东太平洋奇里基湾、巴拿马湾、加拉帕戈斯和哥斯达黎加卡尼奥岛 4 个地点的珊瑚骨骼 $\delta^{13}C$ 与 $\delta^{18}O$ 都有很好的正相关性，这些地点日照时数多或日照强度高时海温低。当条件变化时，如在加拉帕戈斯的乌尔维纳湾，周期性的上升流导致浮游生物繁盛，降低了水体的透明度，削弱了日照对珊瑚骨骼 $\delta^{13}C$ 的影响，导致 $\delta^{13}C$ 与 $\delta^{18}O$ 的正相关性减弱。在菲律宾的宿务[30]、巴巴多斯的牙买加[19]、西太平洋的塔拉瓦环礁[31]也都有 $\delta^{13}C$ 与 $\delta^{18}O$ 呈正相关的报道，与当地气候条件一致，反映日照强度或日照时数与海水温度之间的不同步变化，水温最高时云量也增加，太阳辐射强度降低。

（二）$\delta^{13}C$ 与 $\delta^{18}O$ 负相关

据 Shen 等[18]报道，与加拉帕戈斯的乌尔维纳湾相邻的皮特角的珊瑚 $\delta^{13}C$ 与 $\delta^{18}O$ 呈负相关。在皮特角的气候状况是高水温与高日照相对应。冷季时日照弱，因此 $\delta^{13}C$ 与 $\delta^{18}O$ 之间存在较好的负相关关系。皮特角与乌尔维纳湾虽然相邻，但二者之间因高山阻隔，受层积云的影响而产生气候差异，并记录于两地的珊瑚骨骼 $\delta^{13}C$ 与 $\delta^{18}O$ 之中，反映了珊瑚对环境状况记录的准确性。Heiss 等[29]报道了红海北部造礁珊瑚 $\delta^{13}C$ 与 $\delta^{18}O$ 呈负相关，并且存在 1～2 个月的相差，这种情况与当地的日照与水温分布上存在 1～2 个月相差的气候条件一致，佛罗里达的珊瑚也显示出了类似的相差关系[15]。此外，在加勒比海[27]、澳大利亚的赫伦岛[33]等地也有珊瑚骨骼 $\delta^{13}C$ 与 $\delta^{18}O$ 呈负相关的报道。

(三) $\delta^{13}C$ 与 $\delta^{18}O$ 没有相关性

Goreau[33]和Dunbar[34]分别报道了牙买加北岸块状珊瑚、巴拿马湾枝状珊瑚骨骼 $\delta^{13}C$ 与 $\delta^{18}O$ 之间没有相关性。但对其原因未进行深入分析。许多报道仅论述了 $\delta^{18}C$ 反映的环境问题或未提及二者之间的关系。Quinn 等[35]报道了新喀里多尼亚珊瑚骨骼 $\delta^{13}C$ 与 $\delta^{18}O$ 序列，认为珊瑚骨骼 $\delta^{13}C$ 记录了使用化石燃料等人类活动对大气 ^{13}C 库的影响，但未分析二者之间的关系[36]。

参 考 文 献

[1] 余克服. 造礁珊瑚 $\delta^{18}O$ 记录的过去气候研究进展. 海洋通报, 1998, 17(3): 72-78.
[2] Leder J J, Szmart A M, Swart P K. The effect of prolonged "bleaching" on skeletal banding and stable isotopic composition of *Montastrea annularis*. Coral Reefs, 1991, 10(1): 19-27.
[3] Carriquiry J D, Risk M J, Schwarcz H P. Stable isotope geochemistry of corals from Costa Rica as proxy indicator of the El Niño/southern oscillation (ENSO). Geochimica et Cosmochimica Acta, 1994, 58(1): 335-351.
[4] McConnaughey T. ^{13}C and ^{18}O isotopic disequilibrium in biological carbonates: Ⅰ. patterns. Geochimica et Cosmochimica Acta, 1989, 53(1): 151-162.
[5] Wellington G M, Dunbar R B. Stable isotopic signature of El Niño-southern oscillation events in eastern tropical Pacific reef corals. Coral Reefs, 1995, 14(1): 5-25.
[6] McConnaughey T A. Oxygen and carbon isotope disequilibria in Galapagos corals: isotopic thermometry and calcification physiology. Ph D dissertation Univ, Washington, Seattle, 1986.
[7] Weber J N, Woodhead P M J. Carbon and oxygen isotope fractionation in the skeletal carbonate of reef-building corals. Chemical Geology, 1970, 6: 93-117.
[8] Weber J N, Dieneo P, Weber P H, et al. Depth related changes in the $^{13}C/^{12}C$ ratio of skeletal carbonate deposited by the Caribbean reef-frame building coral *Montastrea annularis*: further implication of a model for stable isotope fraction by scleractinian corals. Geochimica et Cosmochimica Acta, 1976, 40(1): 31-39.
[9] Swart P K. Carbon and oxygen isotope fractionation in scleractinian corals: a review. Earth-Science Reviews, 1983, 19(1): 51-80.
[10] Muscatine L, Porter J W, Kaplan I R. Resource partitioning by reef corals as determined from stable isotope composition. Marine Biology, 1989, 100(2): 185-193.
[11] Weil S M, Buddemeier R W, Smith S V, et al. The stable isotopic composition of coral skeletons: control by environmental variables. Geochimica et Cosmochimica Acta, 1981, 45(7): 1147-1153.
[12] Cummings C E, McCarty H B. Stable carbon isotope ratios in *Astrangia danae*: evidence for algal modification of carbon pools used in calcification. Geochimica et Cosmochimica Acta, 1982, 46(6): 1125-1129.
[13] Walsh T W. The carbon and oxygen stable ratios of the density bands recorded in reef cord skeletons. MS Thesis, University, Hawaii, Honolulu, 1975.
[14] Gagan M K, Chivas A R, Isdale P J. High-resolution isotopic records from corals using ocean temperature and mass-spawning chronorneters. Earth Planetary Science Letters, 1994, 121(3-4): 549-558.
[15] Roulier L M, Quinn T M. Seasonal-to decadal-scale climatic variability in southwest Florida during the Middle Pliocene: inferences from a coralline stable isotope record. Paleoceanography, 1995, 10(3): 429-443.
[16] Klein R, Pätzold J, Wefer C, et al. Seasonal variations in the stable isotope composition and the skeletal density pattern of the coral Porites lobata (Gulf of Eilat, Red Sea). Marine Biology, 1992, 112(2): 259-263.
[17] Land L S, Lang J C, Smith B N. Preliminary observations on the carbon isotopic composition of some reef coral tissues and symbiotic zooxanthellae. Limnology and Oceanography, 1975, 20(2): 283-287.
[18] Shen G T, Cole J E, Lea D W, et al. Surface ocean variability at Galapagos from 1936-1982: calibration of geochemical tracers in corals. Paleoceanography, 1992, 7(5), 563-588.
[19] Fairbanks R G, Dodge R E. Annual periodicity of the $^{18}O/^{16}O$ and $^{13}C/^{12}C$ ratios in the coral *Montastrea annularis*. Geochimica et Cosmochimica Acta, 1979, 43(7): 1009-1020.
[20] Aharon P. Recorders of reef environment histories: stable isotopes in corals, giant clams, and calcareous algae. Coral Reefs, 1991, 10(2): 71-90.
[21] Land L S, Lang J C, Barnes D J. Extension rate: a primary control on the isotopic composition of west Indian (Jamaican)

scleractinian reef coral skeletons. Marine Biology, 1975, 33(3): 221-233.
[22] Goreau T J. Carbon metabolism in calcifying and photosynthetic organisms: theoretical models based on stable isotope data. Proceedings of the Third International Coral Reef Symposium, 1977, 3: 395-401.
[23] Emiliani C, Hodson J H, Shinn E A, et al. Oxygen and carbon isotopic growth record in a reef coral from the Florida Keys and a deep sea coral from Blake Plateau. Science, 1978, 202(4368): 627-629.
[24] Porter J W, Fitt W K, Spero H J, et al. Bleaching in reef corals: physiological and stable isotopic responses. Proceedings of the National Academy of Sciences of the United States of America, 1989, 86(23): 9342-9346.
[25] Nozaki Y, Rye D M, Turekian K K, et al. A 200-year record of carbon-13 and carbon-14 variations in a Bermuda coral. Geophysical Research Letters, 1978, 5(10): 825-828.
[26] Winter A, Goenaga C, Maul G A. Carbon and oxygen isotope time series from an 18-year Caribbean reef coral. Journal of Geophysical Research Oceans, 1991, 96(C9): 16673-16678.
[27] Allison N, Tudhope A W, Fallick A E. Factors influencing the stable carbon and oxygen isotopic composition of *Porites lutea* coral skeletons from Phuket, South Thailand. Coral Reefs, 1996, 15(1): 43-57.
[28] Wellington G M, Glynn P W. Environmental influences on skeletal banding in eastern Pacific (Panama) corals. Coral Reefs, 1983, 1(4): 215-222.
[29] Heiss G A, Heiss G A, Dullo W C. Stable isotope record from recent and fossil *Porites* sp. in the Northern Red Sea. Coral Research Bulletin, 1997, 5: 161-169.
[30] Pätzold J. Growth rhythms recorded in stable isotopes and density bands in the reef coral *Porites lobata* (Cebu, Philippines). Coral Reefs, 1984, 3(2): 87-90.
[31] Quinn T M, Taylor F W, Crowley T J, et al. Evaluation of sampling resolution in coral stable isotope records: a case study using records from New Caledonia and Tarawa. Paleoceanography, 1996, 11(5): 529-542.
[32] Swart P K, Coleman M L. Isotope data for scleractinian corals explain their paleotemperature uncertainties. Nature, 1980, 283(5747): 557-559.
[33] Goreau T J. Seasonal variations of metals and stable isotopes in coral skeleton: physiological and environmental controls. Proceedings Third International Coral Reef Symposium, 1977, 2: 425-430.
[34] Dunbar R B. Stable isotope in a branching coral monitor seasonal temperature variation. Nature, 1981, 293(5832): 453-455.
[35] Quinn T M, Thomas J C, Taylor F W, et al. A multicentury stable isotope record from a New Caledonia coral: interannual and decadal sea surface temperature variability in the southwest Pacific since 1657 AD. Paleoceanography, 1998, 13(4): 412-426.
[36] 余克服. 造礁珊瑚骨骼 $\delta^{13}C$ 及其反映的环境信息研究概况. 海洋通报, 1999, 18(3): 83-87.

第五节　造礁珊瑚骨骼碳同位素组成研究进展[①]

一、引言

造礁珊瑚在热带海域中广泛分布，连续生长且生长速率高（可达 10mm/a 甚至更高），可以提供月甚至更高分辨率的气候环境变化记录。基于造礁珊瑚骨骼的 Sr/Ca 和 Mg/Ca 等元素比值可直接记录表层海水温度（SST）。$\delta^{18}O$ 记录了 SST 和海水 $\delta^{18}O$ 的变化，从而使 $\Delta\delta^{18}O$（从骨骼 $\delta^{18}O$ 中扣除利用 Sr/Ca 估算的 SST 产生的热效应，$\Delta\delta^{18}O=d\delta^{18}O/dT\times[T_{\delta^{18}O}-T_{Sr/Ca}]$）可以用来记录降雨和盐度等的变化[1-4]。作为和 $\delta^{18}O$ 同时分析得到的结果，造礁珊瑚骨骼 $\delta^{13}C$ 也蕴涵了丰富的气候环境信息，最近几十年，很多研究者也对珊瑚骨骼 $\delta^{13}C$ 指示的气候环境意义进行了深入的研究，虽然取得了很多成果，但相较于 Sr/Ca、Mg/Ca、$\delta^{18}O$ 等比较明确的环境指示意义而言，珊瑚骨骼 $\delta^{13}C$ 指示的气候环境意义经常有很大争议，并且经常得出矛盾的结论。本节总结了近几十年以来国际上对珊瑚骨骼 $\delta^{13}C$ 的气候环境意义的研究成果，对这些成果进行分析归纳。

---

① 作者：邓文峰，韦刚健

二、造礁珊瑚骨骼 ^{13}C 的影响因素

McConnaughey[5]研究表明，造礁珊瑚等生物成因碳酸盐沉积物中 ^{18}O 和 ^{13}C 常常和周围海水处于不平衡状态，其中有两种同位素不平衡的模式格外常见，即动力学不平衡模式和新陈代谢不平衡模式。动力学不平衡来自于 CO_2 的水合和羟基化过程中的动力学同位素效应，可能会同时导致 ^{18}O 和 ^{13}C 分别高达 4‰和 10‰～15‰的亏损，快速的骨骼生长支持强的动力学效应，碳酸盐骨骼 $\delta^{18}O$ 和 $\delta^{13}C$ 之间近似线性的关系主要体现了动力学模式。新陈代谢模式主要是由光合作用（珊瑚内共生的虫黄藻的光合作用）和呼吸作用（珊瑚和虫黄藻共同的呼吸作用）引起的，一般只影响骨骼 $\delta^{13}C$ 而对 $\delta^{18}O$ 没有影响，主要是对骨骼 $\delta^{13}C$ 附加的偏正或偏负的调节，反映了珊瑚内部 DIC 中 $\delta^{13}C$ 的变化。尽管珊瑚等生物成因碳酸盐的内部 DIC 储库中 $\delta^{13}C$ 值从来没有被测量过，但很多研究者认为呼吸作用向 DIC 储库中加入亏损 ^{13}C 的碳，而光合作用从 DIC 储库中吸收亏损 ^{13}C 的碳即优先吸收 ^{12}C[6]。除了动力学因素和新陈代谢因素的影响外，许多其他因素，如珊瑚自身的生理活动、摄食、各种各样的环境变量、人为活动等都可能对造礁珊瑚骨骼 $\delta^{13}C$ 的变化起作用。

（一）光合作用

造礁珊瑚是一种比较高级的腔肠动物，这里所指的光合作用是指与其共生的虫黄藻的光合作用。造礁珊瑚和虫黄藻互惠共生，虫黄藻从珊瑚中获得光合作用所需的 CO_2 和营养物质（排泄物中的磷和氮）并对珊瑚的生长有积极的影响：①虫黄藻通过吸收 CO_2 增加珊瑚骨骼形成的速率[7]；②虫黄藻提供光合作用的产物用于珊瑚基体的形成[8]；③虫黄藻为 Ca^{2+} 和 HCO_3^- 的运移以及有机体的合成提供能量[9]；④虫黄藻能去除结晶状的毒素如磷酸盐离子[10]。

Weber 和 Woodhead[11]建立了最初的碳同位素的光合作用分馏模型。呼吸作用产生的含轻同位素的 CO_2 被虫黄藻有效地提取，从而阻止了含轻同位素的 CO_2 对整个内部 DIC 储库的同位素组成的降低。因此，虫黄藻光合作用的增强将促进对含轻同位素的 CO_2 的吸收，使珊瑚骨骼的 $\delta^{13}C$ 增加。这就意味着在最佳光合作用条件下也就是接近于表面的珊瑚骨骼具有较高的 $\delta^{13}C$ 值。一些研究者的数据也证明了这种效应[11-13]，但其他一些研究者对这种解释提出了质疑。根据这种模型可以得出一些逻辑上的推论：①碳、氧同位素将呈正相关；②碳、氧同位素将随着深度的增加而变得亏损，尽管氧同位素可能由于温度梯度的影响而使这种随深度的变化不太明显；③具有较大珊瑚虫的珊瑚骨骼将具有更加多变的 $\delta^{13}C$；④生长形式和珊瑚组织厚度的变化将引起同位素组成的差别。一些研究者认为增强的光合作用增加碳同位素分馏[14, 15]。Erez[15]认为光合作用促进珊瑚的新陈代谢，因此将增加加入到珊瑚内部 DIC 储库的新陈代谢 CO_2 的量。这将引起骨骼在较强的光合作用期间接受更偏负的同位素组成。然而，Erez[15]的数据本身并不能很有力地支持这个理论。Swart 等[16]对佛罗里达珊瑚礁区的 *Montastrea annularis* 进行了研究，结果发现，在对珊瑚骨骼 $\delta^{13}C$ 进行了周围海水 DIC 中的 $\delta^{13}C$ 校正（从珊瑚骨骼 $\delta^{13}C$ 中减去周围海水 DIC 中的 $\delta^{13}C$）后，所有 4 个样品的珊瑚骨骼的 $\Delta\delta^{13}C$ 和 P/R（光合作用/呼吸作用）呈负相关。这个结果和流行的珊瑚骨骼碳同位素分馏的观点即 P/R 的增加导致骨骼 $\delta^{13}C$ 偏正相矛盾，而似乎支持 Erez[15]的假设，尽管如此，他们注意到了 $\delta^{13}C$ 和 P/R 负相关关系的产生是由于 $\delta^{13}C$ 和呼吸作用之间存在微弱的正相关关系，并且认为 $\delta^{13}C$ 和 P/R 的负相关关系是系统内一些变量共同变化的结果，因为系统内的其他变量没有被很好地约束。支持光合作用增强使骨骼 $\delta^{13}C$ 增加这一观点的研究者认为光合作用的增强降低骨骼 $\delta^{13}C$ 可能暗示了在强光照条件下，生长在浅水区的珊瑚实际上发生了光抑制而导致光合作用减弱[16]。

虫黄藻的光合作用受到诸多环境变量的影响，最直接的如光照，此外还有影响光照的因素，如覆盖

的云量、水深、降雨、虫黄藻的密度等。近年来，一些研究者利用培养实验人为控制珊瑚生长的环境条件，对于光合作用对造礁珊瑚骨骼 $\delta^{13}C$ 的影响进行了深入的研究，取得了很多有价值的研究成果。

1. 光照

根据 Weber 和 Woodhead[11]的分馏模型，光照的增强使光合作用加强从而使珊瑚骨骼 $\delta^{13}C$ 富集。Grottoli 和 Wellington[17]在东太平洋海区测定了光照对 *Porites clavus* 和 *Porites gigantea* 两种珊瑚骨骼 $\delta^{13}C$ 在两个不同深度（1m 和 7m）的影响。对这两种珊瑚来说，光照的减少都导致了骨骼 $\delta^{13}C$ 的明显降低，但骨骼 $\delta^{13}C$ 随深度增加而降低的现象只是出现在 *P. gigantea* 中。Grottoli[18]对夏威夷 *Porites compressa* 进行了人工水箱培养实验。在培养实验中，测量了 4 种不同的光照条件（112%、100%、75%和 50%）对珊瑚骨骼 $\delta^{13}C$ 的影响，结果发现，光照从 100%的水平降低，导致 $\delta^{13}C$ 的显著降低，这很可能是由于光照水平的降低导致相应的虫黄藻光合作用的减弱而引起的。当光照从 100%的水平增加到 112%时也导致了 $\delta^{13}C$ 的降低，这种响应很可能是由于光抑制。整个 $\delta^{13}C$ 随光照水平变化的曲线可以利用一个显著的二次函数 [$\delta^{13}C=0.055$（%light）$-0.0003 \times$（%light）$^2-5.08$] 来描述。

Reynaud-Vaganay 等[19]发现枝状珊瑚 *Stylophora pistillata* 和 *Acropora* spp.的 $\delta^{13}C$ 的平均值在强光照条件下比在弱光照条件下高，但研究发现光合作用、呼吸作用以及 P/R 与骨骼 $\delta^{13}C$ 没有相关性。

2. 水深

通常认为，随着水深的增加，透过海水的光照强度减弱，虫黄藻的光合作用减弱，使得珊瑚骨骼 $\delta^{13}C$ 值降低。Weber 等[13]调查了加勒比海造礁珊瑚 *Montastrea annularis* 的骨骼 $\delta^{13}C$ 随水深增加的变化。结果显示，在 0~18.3m 水深处，骨骼 $\delta^{13}C$ 随深度的增加而降低，但在 22.9m 深处，$\delta^{13}C$ 突然增加，接着在 27.4m 深处又轻微降低。

对于上述情况，研究者推测，如果 Weber 和 Woodhead[11]的分馏模型是正确的，则应该存在两种类型的 *M. annularis*，而且其中一种很适应深水环境。根据 Dustan[20, 21]的研究，*M. annularis* 是多亚种的，在植物生态学上称为多生态型，各种生态型的虫黄藻密度和光合作用色素含量十分不同，这样的差异在深水和浅水之间的界线大约是 20m[21]。光合作用色素含量在从表层降低到约 20m 处的过程中慢慢减少，而在约 20m 处突然加倍到接近于表层的光合作用色素含量，之后又随深度的增加而慢慢减少。Carriquiry 等[22]对哥斯达黎加 *Porites lobata* 的研究也发现了其骨骼 $\delta^{13}C$ 随深度的增加而降低。

Grottoli 和 Wellington[17]在东太平洋海区测定了光照对 *P. clavus* 和 *P. gigantea* 两种珊瑚骨骼 $\delta^{13}C$ 在两个不同深度（1m 和 7m）的影响，发现 *P. gigantea* 骨骼 $\delta^{13}C$ 随深度增加而降低，而 *P. clavus* 中却没有发现这种情况。Heikoop 等[23]对桑给巴尔的 *P. lobata* 骨骼 $\delta^{13}C$ 进行了动力学效应的校正之后，发现其骨骼 $\delta^{13}C$ 随深度的增加而降低，经过校正后的骨骼 $\delta^{13}C$ 准确地记录了光合作用引起的碳同位素效应，即增强的光合作用导致珊瑚骨骼富集重的碳同位素。Rosenfeld 等[24]对埃拉特的亚喀巴湾的 *P. lutea* 进行了向下移植实验，于 1991 年 2 月将生长在 6m 水深处的珊瑚移植到 40m 水深处，10 年后再对其进行研究，他们同时也对一些珊瑚进行了向上移植实验，但移植后没有成活。结果发现在 40m 水深处生长时，骨骼 $\delta^{13}C$ 的平均最低值、平均最高值和年平均值均比 6m 水深处生长时降低，这可能指示了骨骼 $\delta^{13}C$ 随水深的增加而逐渐降低，显示了虫黄藻的光合作用在深水处由于缺乏光照而减弱了。但他们同时发现 40m 水深处的骨骼 $\delta^{13}C$ 和 $\delta^{18}O$ 没有相位差并且显示正相关关系，而这种正相关关系显示了动力学效应[5]，据此他们认为光照强度对深水处骨骼 $\delta^{13}C$ 的影响要比在浅水处小得多，动力学效应对深水区珊瑚骨骼 $\delta^{13}C$ 的控制起主导作用。Maier 等[25]对荷属安的列斯群岛的库拉索岛海岸 3 种 *Madracis* 珊瑚的研究发现其骨骼 $\delta^{13}C$ 和 $\delta^{18}O$ 共变并且都随水深的增加而明显增加，这显示了动力学效应对同位素分馏的影响，并且动力学同位素效应掩盖了光合作用对浅水区珊瑚骨骼 $\delta^{13}C$ 的积极作用。

3. 云量

云量的增多可能会导致虫黄藻光合作用可利用的光照减少（弱），从而使虫黄藻的光合作用减弱，导致珊瑚骨骼 δ^{13}C 降低。McConnaughey[5]对加拉帕戈斯的珊瑚进行了研究，结果发现 *Pavona* 珊瑚骨骼 δ^{13}C 最大值和 δ^{18}O 最小值吻合，而 δ^{18}O 最小值出现在温暖的季节。在加拉帕戈斯海区，温暖季节覆盖的云量比凉爽季节低，经常出现较少的低层积云，所以温暖季节有较多的光照可用于光合作用。因此，珊瑚骨骼 δ^{13}C 最大值出现在温暖的季节归因于共生虫黄藻增强的光合作用。但是，McConnaughey 发现 *Porites* 珊瑚骨骼 δ^{13}C 的特征刚好相反，低的 δ^{13}C 值出现在温暖、阳光充足的季节。对于这种情况，McConnaughey 的解释是：采集的 *Porites* 珊瑚生长在低潮线，虫黄藻的光合作用在大多数时间里可能达到光饱和。事实上，在特别温暖和晴朗的时期，珊瑚由于遭遇白化、光抑制和虫黄藻的排出，导致光合作用减弱。从 *Pavona* 和 *Porites* 这两种珊瑚骨骼完全相反的 δ^{13}C 的特征可以看出，不同种类的珊瑚骨骼 δ^{13}C 对光照的响应是不同的。Swart 等[16]对佛罗里达珊瑚礁区的 *M. annularis* 研究发现，其骨骼 δ^{13}C 的变化和大气压力的变化一致，由于大气压力高往往和阳光充足的晴朗天空有关，而充足的阳光将导致虫黄藻光合作用速率的增加，因此 Swart 等[27]认为珊瑚骨骼 δ^{13}C 和云量有关。

4. 降雨

一些研究者将珊瑚骨骼 δ^{13}C 和降雨联系起来是基于降雨和云量的关系，即将降雨量的增加和云量的增加联系在一起，从而引起光照的减少[27]。但 Swart 等[27]发现佛罗里达礁区 *M. annularis* 珊瑚骨骼的 δ^{13}C 和降雨之间没有相关性，因此认为降雨不是控制碳同位素组成的主要因素。Swart 等[16]对佛罗里达珊瑚礁区的 *M. annularis* 研究发现，低的骨骼 δ^{13}C 值出现在夏季中期到末期，这段时间正是研究区域的雨季高峰期。Yu 等[26]对中国南沙群岛永暑礁 *P. lutea* 的研究表明，月平均骨骼 δ^{13}C 和月平均降雨量呈显著的负相关关系，但是相关系数不是很高，说明影响珊瑚 δ^{13}C 的因素是多样的。Carriquiry 等[22]对哥斯达黎加 *P. lobata* 的研究发现利用覆盖云量的增加解释 1982～1983 年 El Niño 期间骨骼 δ^{13}C 的负异常是不合理的，因为如果利用降雨记录作为云量年际变化的指示，可以发现 1983 年并不是多云和多雨的一年。

Boiseau 等[28]对法属波利尼西亚的茉莉雅岛环礁潟湖的 *P. lutea* 进行了研究，发现其骨骼 δ^{13}C 34 年的振荡似乎和茉莉雅岛海区附近降雨的十年际变化模式相关，但对于茉莉雅岛海区降雨变化和云量变化的联系还不十分清晰，这两个变量在过去 30 年的季节循环中表现出了很好的相关性[29]，而在邻近的塔希提海区，这两个气象变量相关性很低。

5. 虫黄藻的密度

很多研究表明，造礁珊瑚骨骼 δ^{13}C 和虫黄藻密度或数量直接相关，即较高的虫黄藻密度产生较大的 δ^{13}C[30, 31]，这种现象很容易理解，即虫黄藻的密度大时总的光合作用就强，可吸收更多含轻同位素的 CO_2，使骨骼 ^{13}C 富集。Porter 等[32]发现白化珊瑚骨骼严重的 ^{13}C 亏损和虫黄藻密度的减小相吻合。

总之，由于虫黄藻的光合作用是一个新陈代谢的过程，其中包含复杂的生物化学过程，而且影响虫黄藻光合作用的环境因素是多方面的，这些环境因素的变化本身不具有一定的规律性，而且往往同时对光合作用过程起作用，尽管现今一致认同的观点是虫黄藻的光合作用对造礁珊瑚骨骼 δ^{13}C 起促进作用，但对于影响光合作用的各自相关/不相关的环境变量对骨骼 δ^{13}C 的研究还并不十分明确。另外，光合作用和钙化之间的因果关系并没有清楚地解决，光照、光合作用和钙化之间的关系可能随珊瑚种类的不同而不同，而且虫黄藻通过光合作用吸收 CO_2 从而增加珊瑚骨骼形成的速率[7]，即光合作用的增强可能使珊瑚骨骼形成的速度加快从而引起骨骼 δ^{13}C 动力学分馏。

（二）生长速率引起的动力学效应

生长速率引起的动力学效应对造礁珊瑚骨骼 $\delta^{13}C$ 的影响主要存在两种观点：一种认为骨骼的快速生长将导致强的骨骼同位素分馏效应；另一种则认为骨骼 $\delta^{13}C$ 和生长速率没有关系。

1. 造礁珊瑚骨骼 $\delta^{13}C$ 和生长速率有关

动力学同位素效应主要是由于造礁珊瑚骨骼 $\delta^{13}C$ 常常和周围海水处于不平衡状态，是在 CO_2 的水合和羟基化过程中形成的，会导致生物成因碳酸盐的 ^{18}O 和 ^{13}C 分别高达 4‰和 10‰~15‰的同时亏损，快速的骨骼生长将导致强的动力学效应，碳酸盐骨骼 $\delta^{18}O$ 和 $\delta^{13}C$ 之间近似线性的关系主要是由动力学效应引起的[5]。早期的研究就表明快速的骨骼生长通常和强的动力学不平衡联系在一起。Land 等[33]的研究结果显示珊瑚的快速生长部分相比生长慢的部分亏损 ^{13}C 和 ^{18}O。Erez[15, 34]报道了 *Acropora variabilis* 骨骼 $\delta^{13}C$ 和 $\delta^{18}O$ 均随钙化速率的增加而降低。Weil 等[31]发现 *Montipora verrucosa* 骨骼的 $\delta^{18}O$ 随生长速率的增加而出现统计学上的显著降低，*Pocillopora damicornis* 比 *Montipora* 珊瑚生长更快，也具有较低的 $\delta^{18}O$ 值。

近些年来，一些研究者也对生长速率对骨骼 $\delta^{13}C$ 的影响进行了研究。Chakraborty 和 Ramesh[35]对阿拉伯海北部卡奇海湾的 *Favia speciosa* 的研究表明，骨骼 $\delta^{13}C$ 在 1948~1989 年存在长期的增加趋势，从早期的平均值约–1‰增加到现在的 1‰，早期的生长速率较高（约 6mm/a），后期的平均生长速率为 3~4mm/a，根据这些现象和 McConnaughey[5]的研究，认为和生长速率相关的动力学分馏是骨骼 $\delta^{13}C$ 长期增加的一个可能原因。Chakraborty 等[36]对 Central Great Barrier 的一个 *P. lutea* 珊瑚沿两条取样路径（一条接近于中央生长轴，另一条偏离轴 20°）进行了骨骼 $\delta^{13}C$ 和 $\delta^{18}O$ 的研究，发现在 1968~1984 年，沿两条取样路径获得的骨骼 $\delta^{13}C$ 都显示了降低的趋势，并且显示出逐渐增加的生长速率（路径 1：7~15mm/a。路径 2：8~15mm/a）和降低的密度（路径 1 降幅约 0.25g/cm³，路径 2 降幅约 0.5g/cm³），在 1968~1974 年显示慢速生长和高密度吻合，后面的部分在 1974~1984 年显示较快的生长速率和较低的密度吻合，根据这些现象和 McConnaughey[5]的研究，Chakraborty 等[36]认为生长速率的增加导致骨骼 $\delta^{13}C$ 的长期降低趋势。Heikoop 等[23]基于动力学效应引起的骨骼 $\delta^{18}O$ 的变化对桑给巴尔的 *P. lobata* 珊瑚骨骼 $\delta^{13}C$ 进行了动力学效应的校正之后，发现经过校正后的骨骼 $\delta^{13}C$ 随深度的增加而降低，准确地记录了光合作用引起的碳同位素效应，即增强的光合作用导致珊瑚骨骼富集重的碳同位素，相反，没有经过校正的骨骼 $\delta^{13}C$ 不能明确地反映光合作用引起的骨骼碳同位素效应，这就证明生长速率变化引起的动力学效应对珊瑚骨骼 $\delta^{13}C$ 产生了显著的影响而可能使珊瑚骨骼 $\delta^{13}C$ 的光合作用信号变得模糊。

Maier 等[25]对荷属安的列斯群岛的库拉索岛海岸 3 种 *Madracis* 珊瑚的研究发现骨骼 $\delta^{13}C$ 和 $\delta^{18}O$ 共变并且都随水深的增加而明显增加，这和以往的珊瑚骨骼 $\delta^{13}C$ 值随水深增加而降低的结论相反，表现出动力学效应对骨骼碳酸盐的稳定同位素分馏的影响。这就意味着温度和/或骨骼的生长可能解释骨骼稳定同位素随深度的增加而增加。通过分析发现，温度的影响可以忽略不计，所以骨骼 $\delta^{13}C$ 和 $\delta^{18}O$ 随深度的增加一定共同受到和生长相关的动力学效应的影响。根据这些现象，Maier 等[25]认为珊瑚骨骼 $\delta^{13}C$ 和光合作用的关系是否为直接的正相关或者间接的负相关（通过光合作用提高钙化速率），很大程度上取决于光合作用和钙化速率的相互影响以及对 $\delta^{13}C$ 的影响程度。光照、光合作用和钙化相互之间的联系可能随珊瑚种类的不同而不同，同时研究人员还没有弄清光合作用和钙化之间的因果关系。光合作用和骨骼生长的关系很复杂，而且对骨骼 $\delta^{13}C$ 的效应相反。单独利用某一种效应解释骨骼 $\delta^{13}C$ 可能会给出一个不明确的结果。需要指出的是，Maier 等[25]的上述讨论中提到了钙化速率，Lough 和 Barnes[37]对大堡礁 245 个 *Porites* 珊瑚的研究表明，线性生长速率可以和钙化速率直接联系起来，当讨论动力学同位素效应对珊瑚骨骼 $\delta^{13}C$ 的影响时，生长速率可以用钙化速率代替。

Omata 等[38]对日本琉球群岛的 8 个不同生长速率的 *Porites* 珊瑚进行了研究，发现在快速生长的珊瑚中，$^{13}C/^{12}C$ 和 $^{18}O/^{16}O$ 显示了年波动变化的相位差，在慢速生长的珊瑚中 $^{13}C/^{12}C$ 和 $^{18}O/^{16}O$ 的年波动变化同步，反映了 $^{13}C/^{12}C$ 和 $^{18}O/^{16}O$ 的正相关关系，这是动力学效应的表现。McConnaughey[5]研究指出快速的生长造成更强的动力学效应，但 Omata 等[28]的研究却表明由动力学同位素效应导致的 $\delta^{13}C$ 和 $\delta^{18}O$ 同时亏损在慢速生长的珊瑚中比在快速生长的珊瑚中表现得更明显，这可能是因为尽管快速生长的珊瑚的强动力学效应导致离同位素平衡产生较大的偏移，但它们的 $\delta^{13}C$ 的年内变化主要反映了新陈代谢效应，然而慢速生长的珊瑚的 $\delta^{13}C$ 的年内变化主要受动力学同位素效应控制，即便后者用离同位素平衡的绝对偏移表示时较弱。Reynaud-Vaganay 等[19]对亚喀巴湾的 *Stylophora pistillata* 和 *Acropora* spp.珊瑚的研究与 McConnaughey[5]的研究得出了相反的结论，即骨骼 $\delta^{13}C$ 在弱光照和强光照条件下都和钙化速率呈强相关，钙化速率增加，骨骼 $\delta^{13}C$ 增加。

造礁珊瑚的白化使其生长速率降低，在研究珊瑚白化引起的生长速率降低对骨骼 ^{13}C 的影响时，一些研究者得出了不同的结果。Allison 等[39]对泰国南部普吉岛的 *P. lutea* 珊瑚的研究表明，1991 年夏季温度的升高引起的珊瑚白化严重影响了骨骼生长速率，并使白化珊瑚的骨骼相比没有受白化影响的珊瑚骨骼而言更多地富集 ^{13}C 和 ^{18}O，这种富集和骨骼生长速率的降低相吻合。Leder 等[40]对佛罗里达的 *M. annularis* 的研究发现，3 个慢速生长的珊瑚（2 个已白化，1 个正常）骨骼由相对较重的 C 和 O 同位素组成。Suzuki 等[41]对 1997～1998 年白化事件中日本石垣岛的 *Porites* 珊瑚进行了研究，Suzuki 等[42]又将这一事件中的日本石垣岛和大堡礁潘多拉礁区的 *Porites* 珊瑚进行了对比研究。石垣岛珊瑚骨骼 $\delta^{13}C$ 在白化期间存在迅速降低的趋势，而潘多拉礁区珊瑚样品 PAN-2-B 和 PAN-3 在白化事件期间的骨骼 $\delta^{13}C$ 有升高的趋势，而且观察到了骨骼 $\delta^{13}C$ 和 $\delta^{18}O$ 存在正相关关系。出现这种差别的原因是白化期间潘多拉礁区珊瑚的骨骼生长速率比石垣岛珊瑚的生长速率降低程度大。潘多拉礁区珊瑚生长速率的剧烈降低导致动力学同位素分馏效应对骨骼 $\delta^{13}C$ 起主导作用，从而使骨骼 $\delta^{13}C$ 有升高的趋势。而石垣岛珊瑚生长速率降低的程度不大，白化过程中降低的虫黄藻的光合作用对骨骼 $\delta^{13}C$ 起主导作用，从而使骨骼 $\delta^{13}C$ 有迅速降低的趋势。根据 Suzuki 等[41, 42]的研究可以发现，同样是白化作用引起了珊瑚生长速率的降低，由于生长速率降低的程度不一样，导致珊瑚骨骼 $\delta^{13}C$ 完全相反的变化趋势。其中珊瑚白化事件期间两个地点的珊瑚生长速率不同程度的降低，可能是由珊瑚白化的环境因素不完全一样而引起的。

2. 造礁珊瑚骨骼 $\delta^{13}C$ 和生长速率无关

与上述的研究者认为造礁珊瑚骨骼 $\delta^{13}C$ 和生长速率相关的结论相反，其他一些研究者经过大量研究表明造礁珊瑚骨骼 $\delta^{13}C$ 和生长速率没有关系。

Chakraborty 和 Ramesh[43]对印度拉克沙群岛海区的 *P. compressa* 的研究表明，7～10 月夏季风期间，珊瑚骨骼形成高密度带。季风引起的强的水流和悬浮沉积物的增加降低生长速率并且使骨骼 $\delta^{13}C$ 降低。相反，11 月至翌年 5 月形成低密度带，显示了快的生长速率和相对于高密度带的 ^{13}C 的富集。他们认为骨骼 $\delta^{13}C$ 的季节变化主要是由虫黄藻的光合作用引起的，而生长速率的变化既受环境变量的影响，同时也受虫黄藻光合作用的影响，而没有提到骨骼 $\delta^{13}C$ 的变化和生长速率之间的联系。Swart 等[16, 44]对佛罗里达湾的 *S. bournoni* 的研究发现，1927～1928 年和 1883～1884 年，珊瑚的生长速率受大的风暴影响，有很大程度的降低，但骨骼 $\delta^{13}C$ 和 $\delta^{18}O$ 没有明显的变化。所以他们认为生长速率不是控制所研究珊瑚样品的骨骼 $\delta^{13}C$ 和 $\delta^{18}O$ 的主要因素。Swart 等[16]研究了佛罗里达湾的 *M. annularis*，他们测定了具体一些天数的钙化速率和由骨骼生长速率决定的钙化速率，但在野外实验期间，骨骼 $\delta^{13}C$ 和生长速率或钙化速率均不相关。他们特别关注了 McConnaughey[5]描述的具有低生长速率（小于 4mm/a）的骨骼具有较重的 $\delta^{13}C$，但研究没有发现这种趋势。此外，他们还将珊瑚每年的生长速率和 $\delta^{13}C$ 作比较，测定沿着珊瑚侧面的截面生长速率，这些截面显示了珊瑚 1.5mm/a 的低生长速率，但具有和生长速率高达 8.1mm/a 的顶部相同

的 $\delta^{13}C$。顶部和侧面的骨骼 $\delta^{13}C$ 唯一的差别是骨骼侧面的同位素值的变化范围稍小了一些，可能是侧面的取样不如顶部的细微导致的。

Pichler 等[45]研究了巴布亚新几内亚的安比特尔岛 Tutum 湾内受热液影响的 *P. lobata* 珊瑚的同位素和微量元素。结果发现，所有 8 个热液珊瑚的骨骼 $\delta^{13}C$ 和 $\delta^{18}O$ 存在正相关关系，但没有发现生长变量（生长速率、密度、钙化速率）和同位素组成之间的任何关系，这可能是由于大多数受热液排放影响的珊瑚显示了和热液排放联系在一起的、以前没有认识到的由一些其他的物理和化学因素引起的比一般的动力学同位素效应更强的动力学同位素效应。热液气体的排放也可能是影响动力学同位素效应的一个因素。

（三）摄食

造礁珊瑚是一种比较高级的腔肠动物，也摄食浮游动物，所以 Grottoli 和 Wellington[17]认为珊瑚碳的两个主要来源是周围海水的 DIC（平均 $\delta^{13}C$ 约为 0）和其摄食的浮游动物（$\delta^{13}C$ 为 –25‰~–14‰或者更负）。但 Swart 等[16]认为珊瑚碳的两个主要来源是共生在其组织内的虫黄藻和其摄食的浮游动物。总之，研究者都认为摄食浮游动物的异养过程是可能改变珊瑚骨骼形成所在的内部碳池的重要因素之一，由于浮游动物的 $\delta^{13}C$ 相比海水而言严重偏负，所以理论上讲，摄食浮游动物的异养过程的增强会导致造礁珊瑚骨骼 $\delta^{13}C$ 的降低。

Grottoli 和 Wellington[17]对巴拿马的巴拿马湾的 *P. clavus* 和 *P. gigantea* 的研究发现，对于这两种珊瑚来说，浮游生物的增加会导致珊瑚骨骼 $\delta^{13}C$ 的显著降低，浮游生物的减少至少会导致骨骼 $\delta^{13}C$ 增加 0.51‰，对于水深较深的珊瑚，单独浮游生物的作用导致的骨骼 $\delta^{13}C$ 的变化比单独光照对骨骼 $\delta^{13}C$ 产生的变化大。Felis 等[46]对红海 *Porites* 珊瑚的研究发现，在上升流期间浮游动物浓度的增加导致了骨骼 $\delta^{13}C$ 的降低。Bernal 和 Carriquiry[47]对加利福尼亚湾的卡波普尔莫礁区的 *P. gigantea* 珊瑚进行了研究，认为骨骼 $\delta^{13}C$ 的年最小值可以用加利福尼亚湾的上升流周期解释，因为上升流将引起虫黄藻活动的减弱，并且增加珊瑚的异养作用。Grottoli[18]对夏威夷 *P. compressa* 进行了人工水箱培养实验。在培养实验中，分别以零、低、中、高浓度的丰年虫喂养珊瑚，结果发现在从零浓度到高浓度喂养丰年虫的过程中，珊瑚平均骨骼 $\delta^{13}C$ 增加了 0.25‰，在对珊瑚施加不同的光照水平时，也发现了珊瑚骨骼 $\delta^{13}C$ 随丰年虫的浓度增加而增加的现象。对这种现象的一种可能解释是，丰年虫可能是一个氮的富源，氮的增加可能导致虫黄藻密度的增加，从而使光合作用增加，导致骨骼 $\delta^{13}C$ 的增加。对比 Grottoli 和 Wellington[17]及 Grottoli[18]的研究发现，Grottoli 和 Wellington 是在野外对 *Pavona* sp. 珊瑚用体长大于 95μm 的浮游动物喂养导致骨骼 $\delta^{13}C$ 降低的，Grottoli 在水箱中对 *P. compressa* 进行丰年虫的人工喂养，导致骨骼 $\delta^{13}C$ 的增加。Grottoli 对这种相反的现象作了 3 种假设：①即使是低浓度（0.73 个丰年虫/ml）的丰年虫，其浓度也约是自然条件下周围礁区浮游动物平均密度（平均礁区浮游动物数量/ml=0.122）的 6 倍，丰年虫的富营养效应很可能只在一旦异养通过某一特定的"营养分水岭"在零至低浓度之间时才有效。②自然条件下大于 95μm 的浮游动物是一个贫瘠的氮源，如果是这样的话，食谱中大于 95μm 的浮游动物的增加不会使虫黄藻的密度增加，骨骼 $\delta^{13}C$ 将降低，但是礁区浮游动物的 C/N 值和丰年虫的差别并不明显。③珊瑚在水箱里喂养时对异养输入的生理响应可能相比野外条件时改变了。

Reynaud 等[48]对红海的约旦亚喀巴湾内的枝状珊瑚 *S. pistillata* 进行了喂养实验，将珊瑚分成两组，一组利用 *Artemia* sp. 无节幼虫进行喂养，另一组挨饿，结果发现喂养珊瑚和挨饿珊瑚的骨骼 $\delta^{13}C$ 值类似，平均为 –4.6‰，研究似乎显示骨骼 $\delta^{13}C$ 对异养食物提供不是很敏感。在喂养实验过程中，光照、海水温度和 pH、DIC 中的 $\delta^{13}C$ 和呼吸速率均保持不变，也没有发现产卵事件，因此骨骼 $\delta^{13}C$ 信号只可能受摄食的改变。与 Grottoli 和 Wellington[17]的研究结果不一样的原因可能是实验的持续时间（12 个星期）相比后者的一年时间来说比较短,而且研究的珊瑚种类也不一样,另一种可能的解释是用来喂养珊瑚的 Artemia sp. 无节幼虫的 $\delta^{13}C$ 比天然浮游动物的高,摄食造成的碳同位素的分馏效应可能相比天然浮游动物小而不能被发现。除此以外,在实验中,摄食的增加导致了钙化速率的增加,而根据 Reynaud-Vaganay 等[19]的研究成果,钙化速率的增加本身会增加骨骼 $\delta^{13}C$。

可见,摄食对造礁珊瑚骨骼 $\delta^{13}C$ 的影响也尚无定论,可能随珊瑚种类的不同、所摄取食物的不同、研究地点的不同等而不同,骨骼 $\delta^{13}C$ 产生不同的响应。

(四)周围海水 DIC 中的 $\delta^{13}C$

Pearse[49]和 Reynaud-Vaganay 等[19]认为珊瑚骨骼碳的两个主要来源是海水的 DIC 和活的珊瑚组织新陈代谢产生的 CO_2,Grottoli 和 Wellington[17]认为珊瑚骨骼碳的两个主要来源是周围海水的 DIC(平均 $\delta^{13}C$ 约为 0‰)以及其摄食的浮游动物($\delta^{13}C$ 为 –25‰~–14‰ 或者更负),所以大多数研究者都认为周围海水的 DIC 是珊瑚骨骼碳的一个主要来源。大多数关于珊瑚骨骼 $\delta^{13}C$ 变化的起因的研究都基于这样一个假设,即 DIC 中的 $\delta^{13}C$ 在一个时期或者一个地方不是明显变化的,或者由于 DIC 的观察有限,没有数据记录而不考虑 DIC 中的 $\delta^{13}C$ 的变化[29, 39, 41],但是,一般研究区域海水对珊瑚礁的影响并非如此,周围海水的 DIC 中的 $\delta^{13}C$ 会随着陆源输入等发生变化。所以珊瑚生长所处的周围海水的 DIC 中的 $\delta^{13}C$ 是影响珊瑚骨骼 $\delta^{13}C$ 的一个重要因素。

Swart 等[16]对佛罗里达的阿林娜珊瑚礁区的 M. annularis 进行了研究,发现在阿林娜珊瑚礁区,海水 DIC 中的 $\delta^{13}C$ 存在明显的季节变化,这种变化模式和珊瑚骨骼 $\delta^{13}C$ 变化的时间和范围相似。这种海水 DIC 中的 $\delta^{13}C$ 的年变化不仅存在于小的研究区域,而且在较大空间尺度的糖蜜礁区也发现了这种情况。这种季节性变化可能反映了礁区整个生产力的变化,最大光照出现的时期(春季)具有最大 $\delta^{13}C$ 值的季节,最小的 $\delta^{13}C$ 值出现在夏季晚期,反映了有机物质氧化作用增强。换句话说,季节性变化可能反映了从连接的大陆或者密西西比较远处的 $\delta^{13}C$ 亏损的淡水输入[50]。不管是什么原因引起这些变化,珊瑚光合作用的速率和海水 $\delta^{13}C$ 的变化在时间上的一致性使得我们很难区分这两个因素对珊瑚骨骼 $\delta^{13}C$ 的单独影响。尽管对珊瑚骨骼已经作了 DIC 中的 $\delta^{13}C$ 校正,但 DIC 还会通过影响食物链本底的 $\delta^{13}C$ 转化成珊瑚利用的食物而影响骨骼 $\delta^{13}C$。由于海水 DIC 中的 $\delta^{13}C$ 的降低似乎主要发生在夏季,而夏季是珊瑚礁群落内部的呼吸作用达到最大值的时期,海水 DIC 中低的 $\delta^{13}C$ 可能通过有机物质的氧化而进入珊瑚骨骼,从而影响珊瑚骨骼 $\delta^{13}C$。Swart 等[27]在对同一地点的珊瑚研究中也指出,来自于佛罗里达大沼泽地的淡水输入量的季节变化可能导致海水 DIC 中的 $\delta^{13}C$ 变化。同时,他们认为这种解释倾向于支持骨骼 $\delta^{18}O$ 的变化来自大陆径流影响的观点。但是他们又认为淡水输入不是控制骨骼年内变化的首要因素。原因有两个:第一,骨骼 $\delta^{13}C$ 的变化滞后 $\delta^{18}O$ 几个月,如果碳、氧同位素的年内变化是淡水输入导致的,碳、氧同位素之间应该不存在相位差;第二,骨骼 $\delta^{13}C$ 和降雨之间没有关系,说明降雨不是控制碳同位素组成的主要因素。但是,这样的推论把问题简单化了,针对第一个推论,骨骼 $\delta^{18}O$ 同时受海水温度和淡水输入的影响,在讨论其受淡水输入影响时,应该扣除海水温度造成的 $\delta^{18}O$ 的变化。针对第二个结论,不能简单地认为骨骼 $\delta^{13}C$ 和降雨之间没有关系就说明降雨不是控制碳同位素组成的主要因素,或许骨骼 $\delta^{13}C$ 和降雨之间存在相位差而使得它们之间的相关性变得不明显。

Watanabe 等[51]对加勒比海波多黎各的 M. faveolata 的碳、氧同位素进行研究时发现,海水 DIC 中的 $\delta^{13}C$ 显示了季节性变化趋势,8 月和 9 月达到最大值(1.3‰),11 月达到最小值(0.8‰),尽管年内变化的值存在比较大的分散性。海水 DIC 中的 $\delta^{13}C$ 的季节性变化可能反映了当地生物数量和开放大洋储库、礁区整个生产力交换的程度。最小的值可能反映了有机物质氧化作用的增加和来自河流的同位素亏损的淡水输入[52]。在所研究的拉帕尔格拉海区,11 月奥里诺科河的输入可能引起海水 DIC 中的 $\delta^{13}C$ 达到观察的最低值。

一些研究者认为，人为活动如大量化石燃料的燃烧使富集 ^{12}C 的 CO_2 输入海洋（苏斯效应），导致海水 DIC 的长期降低趋势，从而使珊瑚骨骼 $\delta^{13}C$ 也表现出长期降低趋势[27, 28, 53-55]。

总之，海水 DIC 中的 $\delta^{13}C$ 是影响珊瑚骨骼 $\delta^{13}C$ 的一个重要因素，在今后对珊瑚骨骼 $\delta^{13}C$ 的研究中，应该对海水 DIC 中的 $\delta^{13}C$ 加以监测。

（五）白化

造礁珊瑚的白化通常是指在持续的生理压力条件下，珊瑚失去和它共生的虫黄藻和/或失去虫黄藻的光合作用色素而使其呈现白色的一种生态现象。珊瑚礁的白化通常与异常高的 SST[56, 57]和/或增强的紫外线照射[56-58]联系在一起。

白化对珊瑚骨骼 $\delta^{13}C$ 的影响主要表现在两个方面：①白化珊瑚失去虫黄藻或者虫黄藻密度的减小使得虫黄藻的光合作用降低，从而使骨骼 $\delta^{13}C$ 降低。Porter 等[32]发现白化珊瑚骨骼严重的 ^{13}C 亏损和虫黄藻密度的减小吻合。Grottoli 等[59]也发现白化期间光合作用的速率降低使珊瑚骨骼具有较低的 $\delta^{13}C$。②白化使珊瑚的生长速率降低，通过和生长速率相关的动力学同位素分馏效应来影响珊瑚骨骼 $\delta^{13}C$。其他研究者[39-42]也对这方面做了研究。

（六）虫黄藻和珊瑚组织的分配变化

Swart 等[16]在研究中发现了珊瑚组织和虫黄藻的 $\delta^{13}C$ 存在差异，认为这种差异的存在将对骨骼钙化发生的碳储库的 $\delta^{13}C$ 造成很大的影响，从而对骨骼 $\delta^{13}C$ 造成影响。其原因是虫黄藻的光合作用（P）和珊瑚组织的呼吸作用（R）的值 P/R 会受到虫黄藻和珊瑚组织的分配变化而变化。对于这方面的研究相对较少。

（七）珊瑚产卵

作为一种生理现象，一些研究者认为产卵会引起珊瑚骨骼 $\delta^{13}C$ 的变化。Kramer 等[60]对巴哈马的 Joulters Cay 的珊瑚研究发现，造礁珊瑚 *M. faveolata* 的骨骼 $\delta^{13}C$ 的最小值出现在夏季月份，和产卵的时间吻合。其他一些在整年都产生配子的珊瑚种类也在相同的时期内显示出碳同位素组成的亏损。Gagan 等[61, 62]对大堡礁的潘多拉礁区和东印度洋的宁格鲁礁区的 *P. lutea* 以及 *P. lobata* 的研究发现，显著较高的骨骼 $\delta^{13}C$ 值和每年珊瑚产卵的时间相吻合。这些 ^{13}C 在骨骼中的富集显示了在产卵之前 ^{12}C 被快速吸收用于建造生产繁殖组织，产卵之后回到非繁殖的新陈代谢过程可以解释随后的碳同位素组成恢复为负值。^{13}C 的富集在每年珊瑚产卵时达到顶峰。根据这种规律，他们认为造礁珊瑚骨骼 $\delta^{13}C$ 的生产繁殖调节可以用来作为准确的内置的时间标志。对产卵信号的认知应该可以简化珊瑚骨骼 $\delta^{13}C$ 记录的解释并且提供附加的精确的时间标志来调整当珊瑚年生长速率不一致时的年代划分。

（八）人为活动

人为活动对环境造成了影响，从而可能引起珊瑚骨骼 $\delta^{13}C$ 的变化。Gischler 等[63]对波斯湾 *P. lutea* 的研究发现骨骼 $\delta^{13}C$ 在 1986 年、1991 年、2001 年有显著的降低，认为 1991 年的负偏移可能归因于第 2 次海湾战争中 450 多口油井的燃烧。持续长时间的燃烧制造了大量的烟停留在这一海区而降低了造礁珊瑚的光合作用速率，因此减轻 ^{12}C 从系统的吸收。同样地，由于碳氢化合物的高温分解而导致轻的 CO_2

输入水中的增加也可能引起 Kuwaiti 珊瑚骨骼 $\delta^{13}C$ 的亏损，但这种观点不能解释 1986 年和 2001 年 $\delta^{13}C$ 的低值。

很多研究者在研究中发现珊瑚骨骼 $\delta^{13}C$ 存在长期降低的趋势。他们认为人为活动如大量化石燃料的燃烧使富集 ^{12}C 的 CO_2 输入海洋（苏斯效应），导致海水 DIC 的长期降低趋势，从而使珊瑚骨骼 $\delta^{13}C$ 也表现出长期降低趋势[27, 28, 53-55]。

三、造礁珊瑚骨骼 $\delta^{13}C$ 对环境变化的记录

由于珊瑚骨骼 $\delta^{13}C$ 存在各种各样不同的影响因素，这些因素往往同时对骨骼 $\delta^{13}C$ 产生作用，同时这些因素本身也存在错综复杂的因果关系，这就使得珊瑚骨骼 $\delta^{13}C$ 对环境的记录变得十分复杂，对其变化的解释也往往存在争议。由于造礁珊瑚骨骼 $\delta^{13}C$ 受与其共生的虫黄藻的光合作用影响这一观点被绝大多数研究者广泛认可，因此绝大多数研究者倾向于认为珊瑚骨骼 $\delta^{13}C$ 主要记录了影响虫黄藻光合作用变化的环境变量如光照强度、日照时数等的变化，这种局面从某种意义上来讲制约了有关造礁珊瑚骨骼 $\delta^{13}C$ 的环境记录方面的研究发展。

（一）骨骼 $\delta^{13}C$ 对 ENSO 的记录

作为一种最显著的、全球尺度的环境现象，ENSO 事件对造礁珊瑚的生长造成了强烈的影响，所以造礁珊瑚骨骼 $\delta^{13}C$ 对 ENSO 事件也有一定的记录。

Carriquiry 等[22]分析了来自哥斯达黎加生长在 1982~1983 年 ENSO 暖事件期间的 *P. lobata* 珊瑚骨骼的 $\delta^{18}O$ 和 $\delta^{13}C$ 的时间序列变化，同位素记录显示了和 1983 年对应的 ^{18}O 和 ^{13}C 的同时亏损，和 ENSO 暖事件吻合。因此，ENSO 事件不只是在珊瑚骨骼中显示 $\delta^{18}O$ 的负异常，表现为周围海水的变暖，也显示了 $\delta^{13}C$ 的负异常，指示了珊瑚白化。通过研究珊瑚的生长速率发现，El Niño 和非 El Niño 期间的生长速率没有显著的区别，一些珊瑚的生长速率在 1983 的 El Niño 年的生长速率比非 El Niño 年升高；另外一些珊瑚的生长速率有所降低，约是非 El Niño 年生长速率的 90%，所以和生长因素相关的动力学同位素分馏效应不能解释骨骼 ^{18}O 和 ^{13}C 的同时亏损，因此骨骼 ^{13}C 的亏损记录了 1982~1983 年 ENSO 暖事件引起的珊瑚白化事件中虫黄藻脱离珊瑚宿主而导致光合作用速率降低，使珊瑚内部 DIC 储库中的 ^{12}C 富集而导致骨骼 ^{13}C 的亏损。

Suzuki 等[41, 42]对 1997~1998 年 ENSO 引起的白化事件中日本石垣岛和大堡礁的潘多拉礁区的 *Porites* 珊瑚进行了研究，石垣岛珊瑚骨骼 $\delta^{13}C$ 在白化期间有迅速降低的趋势，而潘多拉礁区珊瑚样品 PAN-2-B 和 PAN-3 在白化事件期间的骨骼 $\delta^{13}C$ 有升高的趋势，而且观察到了骨骼 $\delta^{13}C$ 和 $\delta^{18}O$ 的正相关关系。出现这种差别的原因是白化期间潘多拉礁区珊瑚骨骼的生长速率比石垣岛珊瑚骨骼的生长速率降低的程度高，潘多拉礁区珊瑚生长速率的剧烈降低导致动力学同位素分馏效应对骨骼 $\delta^{13}C$ 起主导作用，从而使骨骼 $\delta^{13}C$ 有升高的趋势。而石垣岛珊瑚生长速率降低的程度不大，白化过程中降低的虫黄藻的光合作用对骨骼 $\delta^{13}C$ 起主导作用，从而使骨骼 $\delta^{13}C$ 有迅速降低的趋势。可见，同样是由于 ENSO 引起的白化事件，但珊瑚骨骼 $\delta^{13}C$ 对其的记录却不一样。

Wellington 和 Dunbar[64]研究了东部热带太平洋 ENSO 事件中的 *P. lobata* 和 *P. gigantea* 珊瑚骨骼的稳定同位素信号，结果显示除了卡诺岛 1982~1983 年的 ENSO 事件之外，其他的 ENSO 事件没有表现出对骨骼 $\delta^{13}C$ 的影响，这是由于 1982~1983 年的 ENSO 较强，导致珊瑚生长速率的降低而使骨骼 $\delta^{13}C$ 相对较高。从这一点来看，骨骼 $\delta^{13}C$ 作为 ENSO 事件强度的潜在指示似乎被限制了。

Boiseau 等[29]对太平洋茉莉亚岛海区的 *P. lutea* 进行了研究，发现在 1958~1990 年，在茉莉亚岛海区

ENSO 事件期间，云量异常多，温度异常，并且云量异常通过高的珊瑚骨骼 $\delta^{13}C$ 的年平均值反映，高 SST 以骨骼 $\delta^{18}O$ 的低的年平均值为特征。根据这些发现，认为每一个 ENSO 事件一定首先以高的骨骼 $\delta^{13}C$ 的年平均值和紧随其后的低的骨骼 $\delta^{18}O$ 的年平均值为特征。对 1853~1989 年珊瑚骨骼的 $\delta^{18}O$ 和 $\delta^{13}C$ 的谱分析显示，$\delta^{13}C$ 和 $\delta^{18}O$ 分别显示了 2.5 年和 5.2 年以及 2.4 年和 3.2 年的 ENSO 周期，根据骨骼 $\delta^{18}O$ 和 $\delta^{13}C$ 指示的气候特征和包含的 ENSO 周期，重建了 1853~1989 年共 137 年中的 36 个 ENSO 事件。

Bian 和 Druffel[65]发现大堡礁的 *Porites australiensis* 骨骼 $\delta^{13}C$ 在大多数 El Niño 年期间的最大值和最小值比正常年份低。骨骼 $\delta^{13}C$ 可能记录了 El Niño 事件期间南太平洋旋回水平对流和垂直运移的变化对水团组成的改变，南赤道流起源于扩散带，扩散带表层水具有比亚热带表层水低的典型 $\delta^{13}C$ 信号，因此，水平对流变化可能导致低的 $\delta^{13}C$ 信号。

Yu 等[26]对中国南沙群岛的 *P. lutea* 骨骼 $\delta^{13}C$ 研究发现，骨骼 $\delta^{13}C$ 对 1951 年以来的 El Niño 事件有比较明显的记录：1972 年以来的 El Niño 年，年最高 $\delta^{13}C$ 和最低 $\delta^{13}C$ 以负距平为主；1951~1972 年的 El Niño 年，年最高和最低 $\delta^{13}C$ 以正距平为主（图 12.10），骨骼 $\delta^{13}C$ 对 El Niño 的记录特征与南方涛动指数（SOI）特征基本一致。

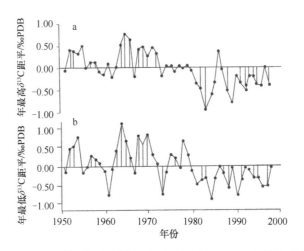

图 12.10　YSL-12 的 $\delta^{13}C$ 距平与 1951 年以来 El Niño 事件的对应关系[26]

图中竖线代表 El Niño 年

Ayliffe 等[66]利用近赤道巴布亚新几内亚的 *Porites* 珊瑚研究了 ENSO 事件在太平洋暖池的响应，结果发现和 1982 年、1987 年和 1993 年等 El Niño 年联系在一起的降雨负异常记录在珊瑚骨骼 $\delta^{13}C$ 的正异常中，珊瑚骨骼 $\delta^{13}C$ 的正异常可能反映了晴朗的天空和河流输入的减少。

（二）骨骼 $\delta^{13}C$ 对季风的记录

一些研究者认为，造礁珊瑚骨骼 $\delta^{13}C$ 反映了季风气候。Chakraborty 和 Ramesh[43]认为印度拉克沙群岛的 *P. compressa* 珊瑚骨骼 $\delta^{13}C$ 记录了季风气候。骨骼 $\delta^{13}C$ 在 4 月开始下降，在 12 月开始上升，在 1~2 月达到最高值。夏季风期间 $\delta^{13}C$ 的降低可以用控制 $\delta^{13}C$ 变化的虫黄藻的光合作用来解释。西南季风期间，云量覆盖从 5 月的 60% 增加到 6~7 月的 80% 以上。由于季风，洋流加强，导致沉积悬浮物的增加。7~8 月，悬浮物质增加 3~5 倍。这种效应引起光照强度的降低，因此虫黄藻的活动很大程度地降低了。由于光合作用减慢，光致的钙化被阻碍，导致高密度带的形成。在这一段时期，呼吸作用可能主导光合作用碳的固定。而光合作用只是由虫黄藻来进行，呼吸作用同时发生在珊瑚虫和虫黄藻中。在这些条件下，珊瑚骨骼 $\delta^{13}C$ 总体降低。到 5 月底，由季风引起的上升流增加，导致 ^{13}C 亏损、营养盐增加，如磷酸盐和硝酸盐的深水组分上升到表面。这导致阿拉伯一些海区具有较高的生物生产力，引起 $\delta^{13}C$ 的进一步降低。结果，$\delta^{13}C$ 在 10 月或 11 月早期达到最低值，这个时间是高密度带形成停止的时间。季风季节之后光照强度增加。水的浑浊度、洋流的强度和悬浮物质也在 10～11 月减少而引起光合作用增加，使得珊瑚骨骼 $\delta^{13}C$ 富集。在 12 月至翌年 1 月，浮游动物最活跃，促使珊瑚生长变快，导致低密度带的形成。总体来说，7～10 月夏季风期间形成高密度带，季风降低生长速度并且使碳同位素组成降低。相反，11 月至翌年 5 月形成低密度带，显示了快的生长速率和相对于高密度带的 $\delta^{13}C$ 的富集。$\delta^{13}C$ 的季节变化由虫黄藻光合作用行为引起，而生长速率的变化受环境变量影响的同时也受虫黄藻光合作用的影响。

Gagan 等[61, 62]对大堡礁潘多拉礁区的 P. lutea 的研究认为季风引起的径流和海床沉积物的再悬浮导致水的浑浊度的短期变化，造成了夏季和秋季的 $\delta^{13}C$ 的负偏移。

（三）骨骼 $\delta^{13}C$ 对自然灾害的记录

Risk 等[67]对新加坡南部廖内群岛和印度尼西亚爪哇岛北部的卡里蒙岛的 P. lobata 进行了研究，发现珊瑚骨骼的同位素信号记录了 1997 年印度尼西亚由于 El Niño 引起的干旱导致的森林大火，森林大火导致的阴霾事件使珊瑚形成偏向摄食的异养模式和/或光合作用的减弱，从而使珊瑚骨骼 $\delta^{13}C$ 偏低。阴霾事件似乎没有导致 1997 年珊瑚生长速率的降低，因为没有发现因动力学同位素效应引起的骨骼 ^{13}C 的富集。

Crowley 等[68]研究了新喀里多尼亚珊瑚的同位素信号对火山作用引起的变冷（火山作用引起的硫酸盐气溶胶加入平流层中，将导致太阳辐射反向散射的增加而引起变冷）的记录，发现 335 年（1657～1992 年）的珊瑚骨骼 $\delta^{18}O$ 记录了 16 次由于火山喷发引起的年际尺度变冷事件，同时发现骨骼 $\delta^{13}C$ 有随 $\delta^{18}O$ 增加（指示较低的温度）而变得更正的趋势，这种现象与海水的变冷导致海水翻转使得浮游动物增加而降低骨骼 $\delta^{13}C$ 的认识相反，可能的解释是云量的变化导致了 $\delta^{13}C$ 的变化。Crowley 等[68]在研究中并没有认为骨骼 ^{13}C 的富集记录了火山作用。但 Felis 等[46]对红海 Porites 珊瑚的研究认为 1982～1983 年和 1991～1992 年的骨骼 ^{13}C 的富集是间接的埃尔奇琼和皮纳图博火山喷发的信号，并引用了 Crowley 等[68]的研究作为依据，Felis 等[46]似乎误解了 Crowley 等[68]的研究中对骨骼 ^{13}C 富集的解释。Felis 等[46]的研究中异常的珊瑚骨骼 ^{13}C 亏损记录了红海亚喀巴湾北部的海水垂直混合和浮游动物暴发的事件。Gischler 等[63]认为波斯湾的 P. lutea 珊瑚骨骼 $\delta^{13}C$ 在 1991 年的负偏移可能记录了 1991 年皮纳图博火山的喷发引起的气溶胶显著增加而使光照辐射降低。

（四）骨骼 $\delta^{13}C$ 对人为因素引起的环境变化的记录

Swart 等[44]对佛罗里达湾的 S. bournoni 的研究发现，骨骼 $\delta^{13}C$ 的变化趋势记录了修建铁路引起的环境变化。从铁路修建完成到 1946 年，骨骼 $\delta^{13}C$ 存在一个轻微升高的趋势，自 1946 年以来，$\delta^{13}C$ 的值至少降低了 1‰。骨骼 $\delta^{13}C$ 整体偏负和铁路修建期间的突然变化最合理的原因是在铁路修建期间，一些 $\delta^{13}C$ 通过礁岛群的关口被填埋，减少了佛罗里达湾和礁区水的交换。这种填埋导致有机物质（亏损 ^{13}C 的碳，含碳和氮）氧化腐烂的产物被保留在湾内，造成湾内水的 DIC 更亏损 ^{13}C。

很多研究者认为造礁珊瑚骨骼 $\delta^{13}C$ 长期降低的趋势记录了全球化石燃料燃烧增加的趋势，化石燃料的燃烧使富集 ^{12}C 的 CO_2 输入海洋（苏斯效应），导致海水 DIC 的长期降低趋势，从而使珊瑚骨骼 $\delta^{13}C$ 也表现出长期降低趋势[27, 28, 54, 55, 63]。

四、小结

（一）造礁珊瑚骨骼 $\delta^{13}C$ 研究中存在的问题

近年来对造礁珊瑚骨骼 $\delta^{13}C$ 的研究取得了一定的成果，其中对于虫黄藻对骨骼 $\delta^{13}C$ 的影响已经达成一致的观点，即虫黄藻的光合作用优先从珊瑚内部 DIC 储库中利用 ^{12}C 而使 DIC 储库富集 ^{13}C，从而导致骨骼 $\delta^{13}C$ 的增加。但由于骨骼 $\delta^{13}C$ 的影响因素众多，这些影响因素之间可能本身就存在错综复杂的因果关系而且往往是很多因素共同对骨骼 $\delta^{13}C$ 产生影响，所以相比骨骼 $\delta^{18}O$（通常只受温度影响）和海水 $\delta^{18}O$ 的影响而言复杂很多，正因为如此，也使骨骼 $\delta^{13}C$ 的研究程度相对比较低。对于骨骼 $\delta^{13}C$ 所代表的环境信息的解释，很多研究者总是尽量从影响虫黄藻光合作用的一些因素，如光照强度、日照时数、水深、云量等方面来考虑。绝大多数研究者都认为周围海水 DIC 中的 $\delta^{13}C$ 不变或者由于缺少监测数据而避而不谈其对骨骼 $\delta^{13}C$ 的影响，而事实上，周围海水 DIC 中的 $\delta^{13}C$ 应该是影响骨骼 $\delta^{13}C$ 的一个重要因素，特别是对于近岸珊瑚来说，因为近岸海水 DIC 中的 $\delta^{13}C$ 更容易受陆源输入的影响，一些研究者已经发现了这个问题，但由于海水 DIC 中的 $\delta^{13}C$ 的监测相对比较困难，少数研究者只做了短时间（1~2 年）的监测，不足以说明问题。

（二）今后的研究方向

在具体研究珊瑚骨骼 $\delta^{13}C$ 的环境意义时，应该充分注意到海水 DIC 中的 $\delta^{13}C$ 的影响，并且要辅以科学监测数据来说明问题。

应对骨骼 $\delta^{13}C$ 的分馏机制作进一步的研究，迄今为止有可能存在尚未被发现的分馏机制。

参 考 文 献

[1] Gagan M K, Ayliffe L K, Beck J W, et al. New views of tropical paleoclimates from corals. Quaternary Science Reviews, 2000, 19(1): 45-64.

[2] Gagan M K, Ayliffe L K, Hopley D, et al. Temperature and surface-ocean water balance of the mid-Holocene tropical Western Pacific. Science, 1998, 279(5353): 1014-1018.

[3] Hendy E J, Gagan M K, Alibert C A, et al. Abrupt decrease in tropical Pacific Sea surface salinity at end of Little Ice Age. Science, 2002, 295(5559): 1511-1514.

[4] McCulloch M T, Gagan M K, Mortimer G E, et al. A high-resolution Sr/Ca and $\delta^{18}O$ coral record from the Great Barrier Reef, Australia, and the 1982-1983 El Niño. Geochimica et Cosmochimica Acta, 1994, 58(12): 2747-2754.

[5] McConnaughey T. ^{13}C and ^{18}O isotopic disequilibrium in biological carbonates: I. Patterns. Geochimica et Cosmochimica Acta, 1989, 53(1): 151-162.

[6] McConnaughey T A, Burdett J, Whelan J F, et al. Carbon isotopes in biological carbonates: respiration and photosynthesis. Geochimica et Cosmochimica Acta, 1997, 61(3): 611-622.

[7] Goreau T F. The physiology of skeleton formation in corals. I. A method for measuring the rate of calcium deposition by corals under different conditions. The Biological Bulletin, 1959, 116(1): 59-75.

[8] Muscatine L, Cernichiari E. Assimilation of photosynthetic products of zooxanthellae by a reef coral. The Biological Bulletin, 1969, 137(3): 506-523.

[9] Chalker B E, Taylor D L. Light-enhanced calcification, and the role of oxidative phosphorylation in calcification of the coral *Acropora cervicornis*. Proceedings of the Royal Society of London B: Biological Sciences, 1975, 190(1100): 323-331.

[10] Simkiss K. Phosphates as crystal poisons of calcification. Biological Reviews, 1964, 39(4): 487-505.

[11] Weber J N, Woodhead P M J. Carbon and oxygen isotope fractionation in the skeletal carbonate of reef-building corals. Chemical Geology, 1970, 6: 93-117.

[12] Swart P K, Coleman M L. Isotopic data for scleractinian corals explains their palaeotemperature uncertainties. Nature, 1980,

283(5747): 557-559.
[13] Weber J N, Deines P, Weber P H, et al. Depth related changes in the $^{13}C/^{12}C$ ratio of skeletal carbonate deposited by the Caribbean reef-frame building coral *Montastrea annularis*: further implications of a model for stable isotope fractionation by scleractinian corals. Geochimica et Cosmochimica Acta, 1976, 40(1): 31-39.
[14] Emiliani C, Hudson H J, Shinn E A, et al. Oxygen and carbon isotopic growth record in a reef coral from the Florida Keys and a deep-sea coral from Blake Plateau. Science, 1978, 202(4368): 627-629.
[15] Erez J. Vital effect on stable isotope composition seen in foraminifera and coral skeletons. Nature, 1978, 273(5659): 199-202.
[16] Swart P K, Leder J J, Szmant A M, et al. The origin of variations in the isotopic record of scleractinian corals: II. Carbon. Geochimica et Cosmochimica Acta, 1996, 60(15): 2871-2885.
[17] Grottoli A G, Wellington G M. Effect of light and zooplankton on skeletal $\delta^{13}C$ values in the eastern Pacific corals *Pavona clavus* and *Pavona gigantea*. Coral Reefs, 1999, 18(1): 29-41.
[18] Grottoli A G. Effect of light and brine shrimp on skeletal $\delta^{13}C$ in the Hawaiian coral *Porites compressa*: a tank experiment. Geochimica et Cosmochimica Acta, 2002, 66(11): 1955-1967.
[19] Reynaud-Vaganay S, Juillet-Leclerc A, Jaubert J, et al. Effect of light on skeletal $\delta^{13}C$ and $\delta^{18}O$, and interaction with photosynthesis, respiration and calcification in two zooxanthellate scleractinian corals. Palaeogeography, Palaeoclimatology, Palaeoecology, 2001, 175(1-4): 393-404.
[20] Dustan P. Coral Reef Newsletter. Australian Museum, Sydney, 1974.
[21] Dustan P. Genealogical differentiation in the reef-building coral *Montastrea annularis*. State University of New York, New York, 1975.
[22] Carriquiry J D, Risk M J, Schwarcz H P. Stable-isotope geochemistry of corals from costa rica as proxy indicator of the El Niño-southern oscillation (ENSO). Geochimica et Cosmochimica Acta, 1994, 58(1): 335-351.
[23] Heikoop J M, Dunn J J, Risk M J, et al. Separation of kinetic and metabolic isotope effects in carbon-13 records preserved in reef coral skeletons. Geochimica et Cosmochimica Acta, 2000, 64(6): 975-987.
[24] Rosenfeld M, Yam R, Shemesh A, et al. Implication of water depth on stable isotope composition and skeletal density banding patterns in a *Porites lutea* colony: results from a long-term translocation experiment. Coral Reefs, 2003, 22(4): 337-345.
[25] Maier C, Pätzold J, Bak R P M. The skeletal isotopic composition as an indicator of ecological and physiological plasticity in the coral genus *Madracis*. Coral Reefs, 2003, 22(4): 370-380.
[26] Yu K F, Liu T S, Chen T G, et al. High-resolution climate recorded in the $\delta^{13}C$ of *Porites lutea* from Nansha Islands of China. Progress in Natural Science, 2002, 12(4): 44-48.
[27] Swart P K, Dodge R E, Hudson H J. A 240-year stable oxygen and carbon isotopic record in a coral from South Florida: implications for the prediction of precipitation in Southern Florida. Palaios, 1996, 11(4): 362-375.
[28] Boiseau M, Ghil M, Juillet-Leclerc A. Climatic trends and interdecadal variability from South-Central Pacific coral records. Geophysical Research Letters, 1999, 26(18): 2881-2884.
[29] Boiseau M, Juillet-Leclerc A, Yiou P, et al. Atmospheric and oceanic evidences of El Niño-southern oscillation events in the south central Pacific Ocean from coral stable isotopic records over the last 137 years. Paleoceanography, 1998, 13(6): 671-685.
[30] Cummings C E, McCarty H B. Stable carbon isotope ratios in *Astrangia danae*: evidence for algal modification of carbon pools used in calcification. Geochimica et Cosmochimica Acta, 1982, 46(6): 1125-1129.
[31] Weil S M, Buddemeier R W, Smith S V, et al. The stable isotopic composition of coral skeletons: control by environmental variables. Geochimica et Cosmochimica Acta, 1981, 45(7): 1147-1153.
[32] Porter J W, Fitt W K, Spero H J, et al. Bleaching in reef corals: physiological and stable isotopic responses. Proceedings of the National Academy of Sciences of the United States of America, 1989, 86(23): 9342-9346.
[33] Land L S, Land J C, Barnes D J. Extension rate: a primary control on the isotopic composition of west Indian (Jamaican) scleractinian reef coral skeletons. Marine Biology, 1975, 33(3): 221-233.
[34] Erez J. Influence of symbiotic algae on the stable isotope composition of hermatypic corals: a radioactive tracer approach. Proceedings of the Third International Coral Reef Symposium, Miami, 1977: 563-569.
[35] Chakraborty S, Ramesh R. Stable isotope variations in a coral (*Favia speciosa*) from the Gulf of Kutch during 1948-1989 AD: environmental implications. Proceedings of the Indian Academy of Sciences-Earth and Planetary Sciences, 1998, 107(4): 331-341.
[36] Chakraborty S, Ramesh R, Lough J M. Effect of intraband variability on stable isotope and density time series obtained from banded corals. Proceedings of the Indian Academy of Sciences-Earth and Planetary Sciences, 2000, 109(1): 145-151.
[37] Lough J M, Barnes D J. Environmental controls on growth of the massive coral *Porites*. Journal of Experimental Marine Biology and Ecology, 2000, 245(2): 225-243.

[38] Omata T, Suzuki A, Kawahata H, et al. Annual fluctuation in the stable carbon isotope ratio of coral skeletons: the relative intensities of kinetic and metabolic isotope effects. Geochimica et Cosmochimica Acta, 2005, 69(12): 3007-3016.

[39] Allison N, Tudhope A W, Fallick A E. Factors influencing the stable carbon and oxygen isotopic composition of *Porites lutea* coral skeletons from Phuket, South Thailand. Coral Reefs, 1996, 15(1): 43-57.

[40] Leder J J, Szmant A M, Swart P K. The effect of prolonged "bleaching" on skeletal banding and stable isotopic composition in *Montastrea annularis*. Coral Reefs, 1991, 10(1): 19-27.

[41] Suzuki A, Kawahata H, Tanimoto Y, et al. Skeletal isotopic record of a *Porites* coral during the 1998 mass bleaching event. Geochemical Journal, 2008, 34(4): 321-329.

[42] Suzuki A, Gagan M K, Fabricius K, et al. Skeletal isotope microprofiles of growth perturbations in *Porites* corals during the 1997-1998 mass bleaching event. Coral Reefs, 2003, 22(4): 357-369.

[43] Chakraborty S, Ramesh R. Environmental significance of carbon and oxygen isotope ratios of banded corals from Lakshadweep, India. Quaternary International, 1997, 37: 55-65.

[44] Swart P K, Healy G F, Dodge R E, et al. The stable oxygen and carbon isotopic record from a coral growing in Florida Bay: a 160 year record of climatic and anthropogenic influence. Palaeogeography, Palaeoclimatology, Palaeoecology, 1996, 123(1-4): 219-237.

[45] Pichler T, Heikoop J M, Risk M J, et al. Hydrothermal effects on isotope and trace element records in modern reef corals: a study of *Porites lobata* from Tutum Bay, Ambitle Island, Papua New Guinea. Palaios, 2000, 15(3): 225-234.

[46] Felis T, Pätzold J, Loya Y, et al. Vertical water mass mixing and plankton blooms recorded in skeletal stable carbon isotopes of a Red Sea coral. Journal of Geophysical Research Oceans, 1998, 103(C13): 30731-30739.

[47] Bernal G R, Carriquiry J D. Stable isotope paleoenvironmental record of a coral from Cabo Pulmo, entrance to the Gulf of California, Mexico. Ciencias Marinas, 2001, 27(2): 155-174.

[48] Reynaud S, Ferrier-Pages C, Sambrotto R, et al. Effect of feeding on the carbon and oxygen isotopic composition in the tissues and skeleton of the zooxanthellate coral *Stylophora pistillata*. Marine Ecology Progress Series, 2002, 238: 81-89.

[49] Pearse V B. Incorporation of metabolic CO_2 into coral skeleton. Nature, 1970, 228(5269): 383.

[50] Ortner P B, Lee T N, Milne P J, et al. Mississippi river flood waters that reached the Gulf Stream. Journal of Geophysical Research Oceans, 1995, 100(C7): 13595-13601.

[51] Watanabe T, Winter A, Oba T, et al. Evaluation of the fidelity of isotope records as an environmental proxy in the coral *Montastrea*. Coral Reefs, 2002, 21(2): 169-178.

[52] Weber J N, Woodhead P M J. Diurnal variations in the isotopic composition of dissolved inorganic carbon in seawater from coral reef environments. Geochimica et Cosmochimica Acta, 1971, 35(9): 891-902.

[53] Gischler E, Oschmann W. Historical climate variation in Belize (Central America) as recorded in scleractinian coral skeletons. Palaios, 2005, 20(2): 159-174.

[54] Quinn T M, Crowley T J, Taylor F W, et al. A multicentury stable isotope record from a New Caledonia coral: interannual and decadal sea surface temperature variability in the southwest Pacific since 1657 AD. Paleoceanography, 1998, 13(4): 412-426.

[55] Smith J M, Quinn T M, Helmle K P, et al. Reproducibility of geochemical and climatic signals in the Atlantic coral *Montastrea faveolatal*. Paleoceanography, 2006, 21(1): 151-162.

[56] Brown B E. Coral bleaching: cause and consequence. Coral Reefs, 1997, 16(5): 129-138.

[57] Wilkinson C. Status of coral reefs of the world: 2000. Townsville: Australian Institute for Marine Science, 2000.

[58] Gleason D G, Wellington G M. Ultraviolet radiation and coral bleaching. Nature, 1993, 365(6449): 836-838.

[59] Grottoli A G, Rodrigues L J, Juarez C. Lipids and stable carbon isotopes in two species of Hawaiian corals, *Porites compressa* and *Montipora verrucosa*, following a bleaching event. Marine Biology, 2004, 145(3): 621-631.

[60] Kramer P A, Swart P K, Szmant A M. The influence of different sexual reproductive patterns on density banding and stable isotopic compositions of corals. Proceedings of the Seventh International Coral Reef Symposium, Guam, 1993.

[61] Gagan M K, Chivas A R, Isdale P J. High-resolution isotopic records from corals using ocean temperature and mass-spawning chronometers. Earth and Planetary Science Letters, 1994, 121(3-4): 549-558.

[62] Gagan M K, Chivas A R, Isdale P J. Timing coral-based climatic histories using ^{13}C enrichments driven by synchronized spawning. Geology, 1996, 24(11): 1009-1012.

[63] Gischler E, Lomando A J, Alhazeem S H, et al. Coral climate proxy data from a marginal reef area, Kuwait, northern Arabian-Persian Gulf. Palaeogeography, Palaeoclimatology, Palaeoecology, 2005, 228(1-2): 86-95.

[64] Wellington G M, Dunbar R B. Stable isotopic signature of El Niño-southern oscillation events in eastern tropical Pacific reef corals. Coral Reefs, 1995, 14(1): 5-25.

[65] Bian H S, Druffel E R M. Monthly stable isotope records in an Australian coral and their correspondence with environmental variables. Geophysical Research Letters, 1999, 26(6): 731-734.

[66] Ayliffe L K, Bird M I, Gagan M K, et al. Geochemistry of coral from Papua New Guinea as a proxy for ENSO ocean-

atmosphere interactions in the Pacific Warm Pool. Continental Shelf Research, 2004, 24(19): 2343-2356.
[67] Risk M J, Sherwood O A, Heikoop J M, et al. Smoke signals from corals: isotopic signature of the 1997 Indonesian haze event. Marine Geology, 2003, 202(1-2): 71-78.
[68] Crowley T J, Quinn T M, Taylor F W, et al. Evidence for a volcanic cooling signal in a 335-year coral record from New Caledonia. Paleoceanography, 1997, 12(5): 633-639.

第六节 珊瑚骨骼 Sr/Ca 温度计[①]

关于珊瑚骨骼的 Sr/Ca，前人已做了大量的工作，Harriss 和 Almy[1]以及 Goreau[2]认为珊瑚骨骼中沉淀的 Sr/Ca 值与海水中的 Sr/Ca 值一致；Thompson 和 Livingston[3]以及 Weber[4]认为珊瑚骨骼中的 Sr/Ca 值随种类、新陈代谢、生长率或其他生长参数的变化而变化；Kinsman 等[5]认为珊瑚以一定的比例沉淀 Sr 和 Ca，这个比例反映被 Sr/Ca 分布系数调节过的海水中的 Sr、Ca 比例。对于这些不一致的解释，Smith 等[6]认为在很大程度上是由分析的局限性所致。他们通过控制实验证明，珊瑚骨骼 Sr/Ca 值与海水温度间有很好的相关关系，这种关系被 Beck 等[7]和 de Villiers 等[8]利用高分辨率的取样、高精度的热电离质谱仪（TIMS）分析方法进一步证实。

Sr 在珊瑚骨骼中的含量是所有微量元素中最高的，它在晶体点阵中替代 Ca 并被固定到碳酸盐母体中，沉淀后受环境影响不大，因此 Sr 的聚集基本上能反映骨骼形成的环境[9]。Ca 在海水中也被认为是稳定的，Sr 和 Ca 在海水中的滞留时间分别为 5.1×10^6 年和 1.1×10^6 年[10]。珊瑚能反映 10 万年的时间尺度内 Sr/Ca 值在 0.45%范围内的变化[7]，原则上允许对生长在 10 万年的时间尺度内的珊瑚进行古海水表层温度（sea surface temperature，SST）重建。

因为珊瑚连续生长，能够在短的生长间隔内记录季节性的或年际的 SST 变化，利用高分辨率的取样方法，还可以提取更加短的时间间隔内的环境参数，所以珊瑚骨骼 Sr/Ca 温度计的应用被认为是古海洋学方面最突出的进展之一，是恢复过去 SST 记录的一项最有效的方法。

一、珊瑚骨骼 Sr/Ca 值与海水表层温度关系的研究

Smith 等[6]和 Houck 等[9]对珊瑚进行了长达 8 个月的控制试验，他们用原子吸收质谱仪分析了在实验条件下生长的珊瑚骨骼的 Sr/Ca 值，并用标准文石 Sr/Ca 值进行校正后认为，珊瑚骨骼中的 Sr 含量随培养水体的温度增加而线性减少，Sr/Ca 值与温度之间显示出比较好的相关性，并分别建立了 *Pocillopora damicornis* 等 3 种珊瑚骨骼 Sr/Ca 值与 SST 的回归方程：

$$\textit{Pocillopora damicornis} \qquad Sr/Ca\times10^3=11.01-0.071T \qquad (12.4)$$

$$\textit{Porites} \text{ sp.} \qquad Sr/Ca\times10^3=10.94-0.070T \qquad (12.5)$$

$$\textit{Montipora verrucosa} \qquad Sr/Ca\times10^3=11.64-0.089T \qquad (12.6)$$

Beck 等[7]用热电离质谱仪提高了珊瑚骨骼 Sr/Ca 值的测量精度。为了避免 SST 观察站与采样点之间存在距离而产生 SST 的误差，他们又用分析 Sr/Ca 值的同一样品的 $\delta^{18}O$ 温度代表该采样点的 SST 与 Sr/Ca 值进行比较，研究发现新喀里多尼亚礁区 Sr/Ca 值与 $\delta^{18}O$ 的相关性非常好（分辨率为月），并建立了该礁区 *Porites lobata* 骨骼 Sr/Ca 值与对应的 SST 间的回归方程：

$$\text{或}\quad \begin{aligned} T(℃)&=171.6-16\,013\times Sr/Ca_{(atomic)} \\ 10^3(Sr/Ca)_{atomic}&=10.716-0.062\,44T \end{aligned} \qquad (12.7)$$

① 作者：余克服

为了验证该方程式推断温度的准确性，Beck 等[7]对塔希堤等地珊瑚的 Sr/Ca 温度与实测 SST 进行了比较（图 12.11），发现塔希堤的珊瑚 Sr/Ca 温度与每 10 天实测的 SST 平均值相比，误差为 0.34℃，表明 Sr/Ca 温度计是准确的，至少对新喀里多尼亚和塔希堤两个海区很有应用前景。

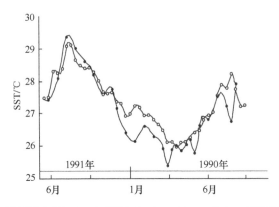

图 12.11　塔希堤实测 SST 与利用 *Porites lobata* Sr/Ca 后报的 SST 比较

空小圆代表实测的 10 天 SST 平均值，黑小圆代表约为 10 天生长量的珊瑚样品 Sr/Ca 值。引自 Beck et al.，1992[7]

1994 年 de Villiers 等[8]对采自夏威夷和加拉帕戈斯群岛的 *Porites lobata* 等 3 个珊瑚种进行了 Sr/Ca 值与 SST 关系的分析。de Villiers[8]用热电离质谱仪测量珊瑚骨骼的 Sr/Ca 值，与 SST 直接进行比较，也发现珊瑚骨骼 Sr/Ca 值与 SST 有很好的相关性（图 12.12），*P. lobata*、*Pocillopora eydousi* 和 *Povona clavus* 的相关系数（r^2）分别为 0.949、0.926 和 0.683。

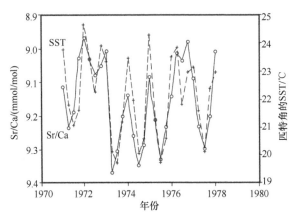

图 12.12　实测 SST 与 Sr/Ca 值变化的比较

引自 de Villiers，1994，Fig.9[8]

3 个珊瑚 Sr/Ca 值与 SST 的回归方程分别为

$$\textit{Porites lobata} \quad 10^3 \text{Sr/Ca}_{(atomic)} = 10.956 - 0.079\,52T \quad (12.8)$$

$$\textit{Pocillopora eydousi} \quad 10^3 \text{Sr/Ca}_{(atomic)} = 11.004 - 0.076\,278T \quad (12.9)$$

$$\textit{Povona clavus} \quad 10^3 \text{Sr/Ca}_{(atomic)} = 10.646 - 0.067\,486T \quad (12.10)$$

Mcculloch 等[11]利用 Beck 等[7]和 de Villiers 等[8]报道的 Sr/Ca 温度计研究了澳大利亚潘多拉礁（Pandora Reef）的 *P. lutea* 在 1978～1984 年的 SST 记录以及 1982～1983 年的 El Niño。事件记录研究中利用了高精度热电离质谱仪测量珊瑚骨骼的 Sr/Ca 值，采用了高分辨率的取样方法，对 7cm 长的珊瑚样品取样 280 个，分辨率近乎为周。潘多拉礁的温度根据推测应为 22～29℃。

Beck 等[7]1992 年的温度标定显示，1978～1984 年该海区的温度为 23～32℃，1982 年冬天 El Niño 最

低温度为 19.5℃，与该海区的实际情况相比，给出的温度范围显然太大，冬天和夏天的温度都比实际的高。利用 de Villiers 等[8]的温度标定公式，得出该海区的温度为 21～27.5℃，与该海区的温度范围比较一致，但仍然存在一些差异，作者认为可能是因为珊瑚的种类不同。de Villiers 等[8]的温度计标定用的珊瑚是 *P. lobata*，在这里分析中用的珊瑚是 *P. lutea*。Beck 等[7]在 1992 年给出的公式的温度范围过大，作者认为一方面可能因为 Beck 等[7]分析 Sr/Ca 值与 SST 的关系时，取样的分辨率为月，相对来说过于粗糙；另一方面因为 Beck 等[7]在分析时以 $\delta^{18}O$ 作为对比的标准，而 $\delta^{18}O$ 与 SST 之间本身就有一定的差异，转换成 Sr/Ca 值温度计之后，差别就更加明显。

由此可以看出，珊瑚骨骼的 Sr/Ca 值具有作为古温度计的潜力，随着分析精度的提高，Sr/Ca 温度计的精度也将逐渐提高。

二、珊瑚骨骼的 Sr/Ca 古温度计中存在的问题

从前人大量的工作中可以得出结论：珊瑚骨骼的 Sr/Ca 值是 SST 的函数，可以作为古温度计，但也发现存在不少问题。Beck 等[7]的温度标定用于塔希堤的珊瑚时，每 10 天的平均 SST 准确度在 0.34℃ 以内，而用于澳大利亚潘多拉礁的珊瑚时，后报的温度比实际温度高出 1～3℃，de Villiers 等[8]的温度标定用于该地时得出与该地实际情况比较一致的温度（21～27.5℃），如果潘多拉礁的温度记录未知，则很难判断 Beck 等[7]和 de Villiers 等[8]的温度标定得出的结论究竟哪个可靠。不同种的珊瑚之间，骨骼 Sr/Ca 值与 SST 的关系差别较大，如 de Villiers 等[8]研究的 *P. lobata*、*P. eydousii* 和 *P. clavus* 等 3 种珊瑚的 Sr/Ca 值与 SST 之间的相关系数就不一致。在不同地点，同一种珊瑚的 Sr/Ca 值与 SST 的标定也有差异，如 Beck 等[7]和 de Villiers 等[8]对 *P. lobata* 的标定就不一样。是否存在如下问题，即某种珊瑚最适合作 Sr/Ca 古温度标定，或者不同地点是否应有不同的温度标定？另外，de Villiers 等[8]发现即使同一地点的同一种珊瑚，沿着两个不同的生长方向，也存在 1～2℃ 的温度差异。

由此可见，对珊瑚骨骼 Sr/Ca 温度计的了解和进一步完善还需做大量的工作，其中最重要的是要综合考虑影响珊瑚骨骼 Sr/Ca 值的其他因素，如生长率、营养状况、地理位置、钙化率及种间差异等。

三、影响珊瑚骨骼 Sr/Ca 值的可能因素

对于影响珊瑚骨骼 Sr/Ca 值的可能因素方面，详细分析的资料不多，所以还没有定论。除了 SST 以外，珊瑚骨骼的 Sr/Ca 值可能还受珊瑚种群、地理位置、珊瑚生长率、钙化率、海水本身的 Sr/Ca 值变化、营养物供给、珊瑚本身的生物化学特征及淡水注入等的影响。

从前人对一些珊瑚骨骼 Sr/Ca 值与 SST 的标定来看，珊瑚骨骼的 Sr/Ca 值在不同种群之间、不同地理位置之间的差异是明显的。野外和实验条件下都发现某类珊瑚比周围的其他珊瑚更加富集，或者更加耗损 Sr 含量[4, 9]，表明不同珊瑚种群，或不同地理位置，珊瑚对 Sr/Ca 值的吸收是有差异的，可能是生理生化的因素控制它们对 Sr/Ca 的吸收。

关于珊瑚生长率对骨骼 Sr/Ca 值的影响也有不同的结论。Smith 等[6]通过控制实验证实珊瑚骨骼的 Sr/Ca 值与其生长率无关；Oomori 等[12]则认为珊瑚生长率对于骨骼 Sr/Ca 值的吸收是一个重要的控制因素；de Villiers 等[8]分析了同一珊瑚个体不同生长方向的 Sr/Ca 值，发现生长率不同，其 Sr/Ca 值不同，高的 Sr/Ca 值对应低的生长率，骨骼 Sr/Ca 值的变化可能与生长率的变化有联系。

Weber[4]推测珊瑚骨骼 Sr/Ca 值与钙化率呈负相关。de Villiers 等[8]也认为珊瑚骨骼 Sr/Ca 值的变化可能是因为钙化率的变化，前人的资料也支持低的钙化率导致高的 Sr/Ca 值的论断。

海水本身 Sr/Ca 值的变化也可能影响作为古温度特征的珊瑚 Sr/Ca 测量值的应用，因为海水的 Sr/Ca 值对形成文石骨骼的 Sr/Ca 值来说是重要的。Sr 和 Ca 虽然稳定，但因为 $CaCO_3$ 和 $SrSO_4$ 等的生物循环，

表层海水可能有 1%～3% 的 Sr 和 Ca 的耗损，而海水 Sr/Ca 值与文石骨骼的 Sr/Ca 值有一个平衡系数，所以也可能影响珊瑚骨骼的 Sr/Ca 值。de Villiers 等[8]推测，因为这种变化，对于热带贫营养水体珊瑚的温度不确定性估计小于 0.2℃，对于上升流水域的影响可能会更大一些。

Martin 和 Meybeck[13]认为河流径流淡水可能耗损海水中的 Sr/Ca 值，从而导致高的温度估计。Mcculloch 等[14]在研究澳大利亚大堡礁 1982～1983 年的 El Niño 时指出，河水中 Sr、Ca 聚集少，如伯德金河 Sr/Ca 值为 0.0046，约为海水的一半，即使大的洪水期间，海水 Sr/Ca 值也几乎不受它的影响，与海水混合产生的最大温度误差小于 0.1℃。影响珊瑚骨骼 Sr/Ca 值与 SST 关系的因素固然很多，对于某一礁区或某一种珊瑚来说，起主要作用的可能是其中一个或几个，并且在这些因素中，即使是主要的因素，其影响的量可能也很小，但对于一个拟广泛使用的温度计来说，还是应该考虑的[15]。

参 考 文 献

[1] Harriss R C, Almy C C. A preliminary investigation into the incorporation and distribution of minor elements in the skeletal material of Scleractinian Corals. Bulletin of Marine Science, 1964, 14(3): 418-423.
[2] Goreau T J. Coral skeletal chemistry: physiological and environmental regulation of stable isotopes and trace metals in *Montastrea annularis*. Proceedings of the Royal Society of London, 1977, 196(1124): 291-315.
[3] Thompson G, Livingston H D. Strontium and uranium concentrations in aragonite precipitated by some modern corals. Earth and Planetary Science Letters, 1970, 8(6): 439-442.
[4] Weber J N. Incorporation of strontium into reef coral skeletal carbonate. Geochimica et Cosmochimica Acta, 1973, 37(9): 2173-2190.
[5] Kinsman D J J. Interpretation of Sr^{2+} concentrations in carbonate minerals and rocks. Journal of Sedimentary Research, 1969, 39(2): 486.
[6] Smith S V, Buddemeier R W, Redalje R C, et al. Strontium-calcium thermometry in coral skeletons. Science, 1979, 204(4391): 404-407.
[7] Beck J W, Edwards R L, Ito E, et al. Sea-surface temperature from coral skeletal strontium/calcium ratios. Science, 1992, 257(5070): 644-647.
[8] de Villiers S, Shen G T, Nelson B K. The Sr/Ca-temperature relationship in coralline aragonite: influence of variability in (Sr/Ca) seawater and skeletal growth parameters. Geochimica et Cosmochimica Acta, 1994, 58(1): 197-208.
[9] Houck J E, Buddemeier R W, Smith S V, et al. The response of coral growth rate and skeletal strontium content to light intensity and water temperature. Proceedings of the 3rd international Coral Reef Symposium, 1977, 2: 425-431.
[10] Broecker W S, Peng T H, Beng Z. Tracers in the Sea. Lamont-Doherty Geological Observatory, Columbia University, 1982.
[11] McCulloch M T, Gagan M K, Mortimer G E, et al. A high-resolution Sr/Ca and $\delta^{18}O$ coral record from the Great Barrier Reef, Australia, and the 1982-1983 El Niño. Geochimica et Cosmochimica Acta, 1994, 58(12): 2747-2754.
[12] Oomori T. Seasonal variation of minor elements in coral skeletons. Galaxea, 1982, 1: 77-86.
[13] Martin J M, Meybeck M. Elemental mass-balance of material carried by major world rivers. Marine Chemistry, 1979, 7(3): 173-206.
[14] Mcculloch M T, Deckker P D, Chivas A R. Strontium isotope variations in single ostracod valves from the Gulf of Carpentaria, Australia: a palaeoenvironmental indicator. Geochimica et Cosmochimica Acta, 1989, 53(7): 1703-1710.
[15] 余克服. 南沙群岛及其邻近礁区造礁珊瑚与环境变化的关系. 北京: 科学出版社, 1997: 69-77.

第七节　热带海洋气候环境变化的珊瑚地球化学记录

海洋占地球表面积的 71%，是重要的水汽来源，大气层的水分有 84% 来自海洋。同时，海洋又是一个巨大的热源，海洋表层 3m 的海水所含的热量就相当于整个大气层所含热量的总和。海洋具有调节全球

---

① 作者：邓文峰，韦刚健

气候的作用，海洋环流将在低纬度海区从太阳吸收的热量向极地方向输送，调节地球表面的气候（气温等），其作用与大气环流的作用相当。热带海洋对气候的影响尤其重要，太阳辐射有相当大的部分被热带海洋吸收，再通过海洋和大气运动向高纬度输送，以维持系统的热量平衡，所以热带海洋-大气体系对全球气候系统具有决定性的意义，探讨过去的热带海洋-大气体系气候变化可以更好地了解全球气候系统的演变规律，为更好地预测未来气候演变提供基础。

造礁珊瑚在热带海洋中广泛分布，对气候变化非常敏感，其文石骨骼中的一些地球化学指标如 Sr/Ca 值、Mg/Ca 值、$\delta^{18}O$ 值和 $\delta^{13}C$ 值等与温度、降雨等气候因素具有良好的相关关系。同时，造礁珊瑚具有与树轮相似的生长纹层，而且生长速率较快（约 10mm/a），这样珊瑚就记录了月、季节甚至更高分辨率的气候信息，再加上很多造礁珊瑚持续生长时间较长，可达数十年到上百年甚至更长，而且利用 ^{238}U-^{234}U-^{230}Th 同位素体系可以获取精确的珊瑚形成年龄，为气候变化提供良好的时间标尺。由于上述特点，珊瑚已经成为全球气候环境演变的最佳载体之一。

近年来，基于珊瑚地球化学替代指标的过去热带海洋气候的重建研究迅速发展，取得了显著的成果，主要表现在对过去热带海洋海水表层温度（sea surface temperature，SST）、海水表层盐度（sea surface salinity，SSS）、降雨、蒸发、洋流和上升流、陆源径流等的重建，并将这些重建应用于主要气候系统和气候现象。例如，热带太平洋区域的厄尔尼诺-南方涛动现象（El Niño-southern oscillation，ENSO）、太平洋年代际振荡（Pacific decadal oscillation，PDO）、热带海洋年代际变率以及季风和气候环境变量如 SST、SSS、洋流和上升流等的研究，探讨这些气候事件或气候系统的形成机制、变化趋势等，可为未来全球气候变化的预测提供依据。

为了更好地理解热带海洋气候变化的珊瑚地球化学记录的原理并将其更好地应用于实际，服务于全球气候变化研究，下面对常用的记录热带海洋气候环境变化的珊瑚地球化学替代指标的应用以及这些替代指标记录的主要气候系统活动和环境变化加以总结，对未来气候环境变化的珊瑚地球化学记录研究的发展进行展望。

一、热带海洋气候环境变化研究中常用的珊瑚地球化学指标

热带海洋气候环境变化研究中常用的珊瑚地球化学指标包括珊瑚文石骨骼的氧、碳同位素组成，Sr/Ca、Mg/Ca、U/Ca、Ba/Ca 值，$\Delta^{14}C$ 等。

（一）氧同位素（$\delta^{18}O$）

经典的氧同位素研究表明，一定的环境温度范围内，生物成因碳酸盐的氧同位素组成和海水温度存在很好的相关性，这种关系代表了平衡态时的生物碳酸盐氧同位素分馏关系[1]，后来的研究发现造礁珊瑚骨骼与其生长的海水之间存在氧同位素的不平衡，比海水要相对亏损 $\delta^{18}O$，但珊瑚骨骼 $\delta^{18}O$ 与 SST 之间有较好的线性关系，并建立了研究的 44 个珊瑚属的骨骼 $\delta^{18}O$ 与 SST 之间的回归方程[2,3]，从此利用珊瑚 $\delta^{18}O$ 进行过去气候变化的研究迅速发展。

研究表明，随着周围海水温度的升高，珊瑚文石骨骼的 $\delta^{18}O$ 变得亏损。通常认为温度每升高 1℃，珊瑚骨骼 $\delta^{18}O$ 降低 0.21‰或 0.22‰。大堡礁的 *Porites* 珊瑚的 $\delta^{18}O$-SST 的关系为 0.18‰/℃[4]，与一些来自印度-太平洋的 *Porites* 珊瑚的 $\delta^{18}O$-SST 的关系的平均值 0.16‰/℃[5]接近，但已报道的 *Porites* 珊瑚的 $\delta^{18}O$-SST 的关系范围为 0.134‰~0.218‰/℃[6-13]。珊瑚骨骼 $\delta^{18}O$-SST 地区差异性可能是由于珊瑚骨骼除了受 SST 控制外，还受海水 $\delta^{18}O$ 的影响。因此，不同的研究地点可能会得出不同的 $\delta^{18}O$-SST 关系。而海水 $\delta^{18}O$ 又受 SSS、蒸发、降雨和径流等的影响。随着 SSS 和蒸发量的增加，海水 $\delta^{18}O$ 相对富集，如在

巴拿马湾，当SSS增加0.1‰时，海水$\delta^{18}O$增加0.012‰[14]。降雨和径流则通过向海水中输入轻同位素^{16}O富集的淡水来降低海水的$\delta^{18}O$。根据这些因素与海水$\delta^{18}O$以及海水$\delta^{18}O$对珊瑚骨骼$\delta^{18}O$的影响，珊瑚骨骼$\delta^{18}O$也可以用来重建过去的SSS、蒸发、降雨和径流的变化。

综上所述，珊瑚骨骼$\delta^{18}O$可以用来作为SST、SSS、蒸发、降雨、径流等气候和环境因素的替代指标，利用这些替代指标重建过去的气候记录也已经被广泛应用于对热带海洋主要气候事件或气候系统如ENSO、季风等的研究中。

（二）碳同位素（$\delta^{13}C$）

利用稳定同位素比质谱仪可以同时得到珊瑚骨骼$\delta^{18}O$和$\delta^{13}C$结果，但是珊瑚骨骼$\delta^{13}C$的气候环境意义比较复杂，仍然存在争议。McConnaughey[15]研究表明，造礁珊瑚等生物成因碳酸盐沉积的^{18}O和^{13}C常常和周围海水达不到平衡，其中有两种同位素不平衡的模式格外常见，即动力学不平衡模式和新陈代谢不平衡模式。动力学不平衡来自于CO_2的水合和羟基化过程中的动力学同位素效应，可能会使^{18}O和^{13}C分别高达4‰和10‰~15‰的同时亏损，快速的骨骼生长支持强的动力学效应，碳酸盐骨骼$\delta^{18}O$和$\delta^{13}C$之间近似线性的关系主要体现了动力学模式。新陈代谢模式主要是由光合作用（和珊瑚内共生的虫黄藻的光合作用）和呼吸作用（珊瑚和虫黄藻的共同的呼吸作用）引起的，一般只影响骨骼$\delta^{13}C$而对$\delta^{18}O$没有影响，主要是对骨骼$\delta^{13}C$附加的偏正或偏负的调节，反映了珊瑚内部溶解无机碳储库（DIC）的$\delta^{13}C$的变化。尽管珊瑚等生物成因碳酸盐的内部DIC储库中的$\delta^{13}C$从来没有被测量过，但很多研究者广泛认为呼吸作用向DIC储库中加入亏损^{13}C的碳，而光合作用从DIC储库中吸收亏损^{13}C的碳即优先吸收^{12}C[16]。

现今比较流行的观点认为珊瑚骨骼$\delta^{13}C$记录了影响珊瑚及其共生虫黄藻的新陈代谢，主要是后者的光合作用的各种气候环境因素变化[16-18]。其中最直接的是影响内共生虫黄藻光合作用的光照强度、覆盖云量和水深[17-24]。一些研究证明动力学分馏效应[15]、海水DIC中的$\delta^{13}C$[17,25]、摄食[22,26,27]、产卵[4,28]、珊瑚白化[29-34]以及人类活动都能影响珊瑚骨骼$\delta^{13}C$[35,36]。

对于珊瑚骨骼$\delta^{13}C$对气候环境的记录问题，绝大多数研究者倾向于认为珊瑚骨骼$\delta^{13}C$主要记录了影响虫黄藻光合作用变化的环境变量如光照强度、日照时数等的变化，这种局面从某种意义上来讲制约了有关造礁珊瑚骨骼$\delta^{13}C$的气候环境记录方面的研究发展。

（三）Sr/Ca值

珊瑚Sr/Ca值是近年来发展起来较为有效地记录SST的指示参数，早在20世纪70年代末，Smith等[37]就已指出珊瑚的Sr/Ca值与SST具有非常协调的变化关系，可以精确地指示SST的变化。但由于分析方法等方面的原因，直到20世纪90年代初才开始获得理想的研究结果。Beck等[38]利用热电离质谱仪（TIMS）同位素稀释法获得了珊瑚Sr/Ca值高精度的分析结果，首先开展了利用Sr/Ca值记录SST的研究。随着Sr/Ca值的电感耦合等离子体原子发射光谱（ICP-AES）快速分析方法的建立[39]，利用珊瑚Sr/Ca值重建的SST进行过去气候变化的研究迅速发展，大量证据表明珊瑚骨骼的Sr/Ca值是良好的SST替代指标[7,40-42]。

随着温度的升高，珊瑚文石骨骼的Sr/Ca值降低。对于一些珊瑚Sr/Ca温度计的研究表明Sr/Ca-SST关系的平均值约为0.062mmol/（mol·℃）[43]，这个结果与Marshall和McCulloch[44]整理的0.059mmol/（mol·℃）接近。但是，和珊瑚骨骼$\delta^{18}O$-SST的关系类似，Sr/Ca-SST关系也存在较大的变化范围，不同研究地点得到的二者的关系不同[44]，这可能显示了不同地方特殊的环境对珊瑚基体生物和动力学过程影响的不同[44,45]，通过对不同研究地点的珊瑚骨骼Sr/Ca-SST关系进行标定来进行相应地点的过去SST的研究可以克服这种影响。

如今，利用珊瑚骨骼 Sr/Ca 值重建得到的过去的 SST 记录已经被广泛地应用到热带海洋主要气候事件或气候系统如热带太平洋区域的 ENSO 现象、PDO、热带大洋年代际尺度气候变率、季风等的研究中。

（四）Sr/Ca 和 $\delta^{18}O$（$\Delta\delta^{18}O$）的联合应用

早期的珊瑚气候重建研究利用珊瑚骨骼 $\delta^{18}O$ 来重建 SST，但由于珊瑚 $\delta^{18}O$ 除了受 SST 控制外，其生长所在的周围海水的 $\delta^{18}O$ 的组成也是一个很重要的控制因素[3, 7, 40, 43, 46]，所以珊瑚骨骼 $\delta^{18}O$ 同时受 SST 和海水 $\delta^{18}O$ 控制。由于珊瑚骨骼 Sr/Ca 值是 SST 的良好的替代指标[7, 37, 38, 43, 47, 48]，因此通过从珊瑚骨骼 $\delta^{18}O$ 扣除利用 SST 重建的 SST 对骨骼 $\delta^{18}O$ 的贡献而得到的剩余 $\delta^{18}O$（residual $\delta^{18}O$，定义为 $\Delta\delta^{18}O$）就能够作为海水 $\delta^{18}O$ 的替代指标[7, 13, 40, 43, 48-50]。由于海水 $\delta^{18}O$ 又和 SSS 相关，而 SSS 受蒸发和降雨、陆源径流等淡水输入的影响，因此 $\Delta\delta^{18}O$ 在近年来对珊瑚过去的气候研究中被广泛应用于对降雨、SSS、河流径流等的重建[7, 13, 40, 46, 50-53]。

（五）Mg/Ca、U/Ca 值

珊瑚骨骼的 Mg/Ca、U/Ca 值随 SST 的变化十分敏感，也被认为是重建过去的 SST 记录有用的替代指标[6, 54, 55]。最近的研究显示珊瑚骨骼 U/Ca 值能提供在准确度上可以和 Sr/Ca 值获得的 SST 相比较的过去 SST 记录[46, 56, 57]，但是对于珊瑚中 U 的赋存状态和机制的研究还不十分明确，所以珊瑚的预处理可能导致 U/Ca 值偏离真实值而使重建的 SST 结果存在偏差。虽然 Mitsuguchi 等[6]建立了 Mg/Ca 温度计，后来的研究者也在这方面做了进一步的研究工作[48, 58-61]，但是对于 Mg/Ca 温度计的实用性仍然存在较大的争议[39, 62-65]。有研究表明，珊瑚骨骼中的 Mg 有相当大一部分以吸附态赋存在珊瑚文石骨骼中，不同的化学处理方法可能导致吸附态 Mg 的丢失[64]，另外，Mitsuguchi 等[65]认为珊瑚骨骼 Mg/Ca 值容易受生物新陈代谢作用的影响，Yu 等[13]认为造礁过程中大量隐藏在珊瑚骨骼中的微生物[66]能优先使亚稳定态的 Mg 方解石溶解而导致 Mg/Ca 值的降低从而引起重建 SST 的降低。

由于珊瑚骨骼中 Mg、U 的赋存状态和机制的不确定性，Mg/Ca 值、U/Ca 值在过去气候记录的研究方面并不十分成熟，应用也不如 Sr/Ca 值广泛。

（六）Ba/Ca 值

Ba 在海水中的含量变化与营养物质循环密切相关，在表层海水中，由于生物活动活跃，Ba 受生物活动影响形成 $BaSO_4$ 沉积或大量结合到碳酸盐中而含量较低；而在深层海水中，由于碳酸盐和 $BaSO_4$ 被分解等，Ba 含量升高。所以珊瑚的文石骨骼直接记录了海水中 Ba 含量的变化，可以作为海水中营养物质变化的示踪剂，进而推测海水循环的情况。另外，在沿岸海域，河水输入对表层海水 Ba 含量的影响较大，表层海水 Ba 含量的变化也可以反映陆源物质输入的情况。所以珊瑚 Ba/Ca 值通常用来反映海水上升流的变化和河流的陆源输入[67-71]，这些研究中也提到了 SST 对珊瑚骨骼 Ba/Ca 值的影响，但 SST 对 Ba/Ca 值变化的贡献只有 1/5～1/3，所以一般认为 SST 不是影响珊瑚 Ba/Ca 值的主要因素。

（七）$\Delta^{14}C$

珊瑚骨骼在生长过程中吸收的 ^{14}C 反映了在骨骼沉积过程中周围海水 DIC 中的 ^{14}C 的含量，是洋流和上升流的有用的示踪指标[72, 73]。表层大洋的 ^{14}C 的含量受大气 ^{14}C 水平（平衡时间约为 10 年）和与不

同 ^{14}C 信号的海水的混合控制。而后者可能来自于混合层或温跃层深度的变化，或者来自于将亏损 ^{14}C 的底层水带到表层的垂直混合和上升流速度的变化。另一个因素是来自其他大洋源区的具有不同 ^{14}C 含量的表层海水的水平对流。

二、珊瑚地球化学指标对热带海洋气候变化的记录

（一）对 ENSO 活动的记录

"El Niño" 在西班牙语中意为圣婴，这个术语最早被秘鲁渔民用来描述圣诞前后发生的海岸海水一年一度的变暖。这种变暖为较冷的海区带来温暖的海水以及大量鱼群。有些年份这个变暖事件影响特别强，带来了灾难性的后果，使得大量鱼群和鸟群死亡，同时还直接或间接地影响到太平洋及其他海区的天气情况。这种突发的非周期气候事件就被记为 El Niño 现象。这种现象一般持续一年左右，并导致一些反常的海洋环境，如海表温度 2~8℃ 的升高、温跃层变深、近岸海流反向、光亮带营养输入减少以及一系列对近岸生态系统的扰动。这些环境因素的变化，通过海-气作用影响到太平洋的中、西部以及更远海区，对整个全球气候系统有较大的影响。海洋和大气是相互作用的，与 El Niño 相对应的大气运动称为南方涛动（southern oscillation，SO）。南方涛动指跨越南太平洋和印度洋上空的大规模的气压波动：当太平洋上空为高气压时，印度洋上空则正好为低气压，反之，当太平洋上空为低气压时，印度洋上空则为高气压。作为不稳定的海-气相互作用的结果，El Niño 和 SO 两种现象总是相伴的，故合称为 ENSO。ENSO 的相互作用控制着热带太平洋海区主要的气候系统。ENSO 暖事件发生时，东太平洋沿岸国家、中太平洋赤道地区温暖多雨，而西太平洋印度尼西亚、澳大利亚、巴布亚新几内亚等地干旱少雨，温度稍降。

热带海洋 ENSO 的活动通常表现出 2~7 年的周期，造成海洋气候环境变量如 SST、降雨、盐度等的异常变化，由于珊瑚的一些地球化学指标如 Sr/Ca 值、$\delta^{18}O$ 等对这些环境变量的灵敏反映，加之珊瑚独特的优越性（生长速率快、具有很好的年生长纹层、易定年等），因此珊瑚成为研究 ENSO 活动的很好的载体。已有的基于珊瑚对现在 ENSO 的研究和过去 ENSO 的重建都是通过对珊瑚的地球化学指标如 Sr/Ca 值、U/Ca 值、$\delta^{18}O$ 等的研究展开的。

1. 珊瑚 $\delta^{18}O$ 对 ENSO 活动的记录

珊瑚骨骼 $\delta^{18}O$ 同时受周围 SST 和海水 $\delta^{18}O$ 的影响，而海水 $\delta^{18}O$ 可以指示湿润和干燥的气候环境，SST 的变化和湿润、干燥的条件是 ENSO 事件两个重要的指示特征，所以珊瑚骨骼 $\delta^{18}O$ 成为记录 ENSO 事件的重要的地球化学替代指标。

来自中、西太平洋地区的珊瑚 $\delta^{18}O$ 记录主要反映了海水 $\delta^{18}O$ 的变化，这种变化主要由降雨的变化驱动，SST 变化的贡献相对较小。在 El Niño 事件期间，由于西太平洋暖池和淡水的向东扩张，导致了与印度尼西亚低压带东移及其相关的降雨的增加和相对温暖、较淡的表层水的水平对流，会造成中太平洋赤道地区珊瑚 $\delta^{18}O$ 的明显的负异常。而 La Niña 事件期间相对干冷的条件造成珊瑚 $\delta^{18}O$ 的正异常。因此，来自中太平洋赤道的珊瑚 $\delta^{18}O$ 很好地记录了 ENSO 变率。Cole 等[74]研究了来自塔拉瓦环礁（1°N, 172°E）1894 年以来的 96 年月分辨率的 Porites 珊瑚 $\delta^{18}O$，和 ENSO 的器测及替代指数的对比显示，珊瑚 $\delta^{18}O$ 对 ENSO 变率的响应十分灵敏。交叉谱分析显示，塔拉瓦环礁珊瑚 $\delta^{18}O$ 和器测 ENSO 指数在 2.3 年、3.0 年、3.6 年和 5.8 年周期上一致并显著相关。在这些周期中，75%~85%的珊瑚 $\delta^{18}O$ 和 ENSO 线性相关。Urban 等[75]研究了来自中太平洋迈亚纳的 155 年（1840~1995 年）的双月分辨率的 Porites spp.珊瑚 $\delta^{18}O$，结果显示珊瑚 $\delta^{18}O$ 记录和多变量 ENSO 指数（MEI）以及 Niño3.4 SST 记录一致，指示了迈亚纳珊瑚 $\delta^{18}O$ 记录和 ENSO 的状态十分吻合。基于迈亚纳珊瑚 $\delta^{18}O$ 对 1840 年以来 ENSO 重建结果表明了热带太平洋的

变率和区域平均气候态是紧密联系在一起的。迈亚纳珊瑚和 Niño3.4 SST 记录的多条带谱分析显示了自 1840 年以来的 ENSO 变率的高度可变性。1890 年以前，珊瑚记录具有比较稳定的周期为 12.5 年的年代际变率；虽然 Niño3.4 SST 谱分析结果显示了这样的特征，但 SST 记录的长度勉强能覆盖到这个时期。在这个时期，年际变化在珊瑚记录中减弱了。这种情况大约在 1900 年开始转变，以年代际周期向 5~7 年较短周期的变化为特征。2.9 年的周期变化大约在 1880 年出现并且一直持续到 1920 年。从 1920 年开始，2.9 年的周期变化消失，年际变化普遍减弱，只有 5~7 年周期存在较弱的持续。大约在 1955 年，约 4 年的周期变化开始出现并持续加强。这种周期变化证明 ENSO 变率的变化在强烈的人类活动之前（20 世纪 50 年代的）几十年就存在，而以往的研究把近年来的 ENSO（1960~1998 年）的谱信号和平均谱信号（1856~1976 年）之间的差异归因于 1976 年以后人类活动导致的温室效应的影响。

Carriquiry 等[76]研究了来自东太平洋哥斯达黎加的在 1982~1983 年 El Niño 事件中生存下来的 *Porites lobata* 的碳、氧同位素，发现珊瑚 $\delta^{18}O$、$\delta^{13}C$ 显示了和 1983 年 ENSO 事件吻合的 $\delta^{18}O$ 和 $\delta^{13}C$ 的同时亏损，认为 El Niño 事件不仅可以记录周围 SST 升高导致的珊瑚 $\delta^{18}O$ 的负异常，而且可以记录为珊瑚白化所导致的 $\delta^{13}C$ 的负异常。

Charles 等[77]研究了来自西印度洋赤道地区塞舌尔的马埃岛（4°37′S，55°49′E）150 年（1845~1995 年）的 *Porites lutea* 珊瑚的 $\delta^{18}O$，在该研究地点，珊瑚 $\delta^{18}O$ 被认为是 SST 的替代指标，同时，珊瑚和季风强度指数的吻合证明珊瑚记录了亚洲季风活动的大尺度特征。这个珊瑚记录的长度和分辨率提供了印度洋 SST 谱的详细特征。在整个记录上，$\delta^{18}O$ 值减少了 0.15‰，如果全部是和温度相关的降低，则意味着温度变暖 0.8℃。这个长期的趋势和器测 SST 记录一致，但是珊瑚记录的变暖幅度较大。珊瑚时间序列 3~6 年的周期和西太平洋塔拉瓦环礁珊瑚以及达尔文港海平面压力记录相关，显示了 ENSO 对印度洋的 SST 具有超过一个世纪的影响，尽管在这段时期 ENSO 的频率和幅度发生了变化。然而，季风系统特征的年代际变率也控制着珊瑚记录，可能表明了热带和中纬度气候变率之间重要的相互作用。

Mcgregor 和 Gagan[78]利用 *Porites* 珊瑚 $\delta^{18}O$ 重建来自巴布亚新几内亚北部中-晚全新世的 ENSO 活动，并结合 Tudhope 等[79]的研究结果，发现中全新世 7600~5400 a BP ENSO 活动的频率和幅度均较弱，而大幅度和长时间的 ENSO 事件发生在 2500~1700 a BP，在强度上比 1997~1998 年的 ENSO 事件更严重，在持续时间上比 1991~1994 年的更长。

Cobb 等[80]通过拼接 5 段不同时间的来自中部热带太平洋帕米尔拉岛（6°N，162°E）的 *P. lutea* 珊瑚，研究了过去千年的热带太平洋气候变率。在该研究地点，一个现代 *P. lutea* 珊瑚的 $\delta^{18}O$ 记录具有 Niño3.4 指数 72%的年际变化，证明珊瑚记录能作为 ENSO 活动的替代指标，在此基础上假设在过去的千年里该地的 ENSO 的空间模式没有显著改变。珊瑚记录显示中太平洋的平均气候条件从 10 世纪的相对干冷逐渐转变为 20 世纪相对暖湿的气候条件。但是，珊瑚也记录了一段较长的和平均气候相关性较弱的 ENSO 的活动时期，即珊瑚记录显示最强的 ENSO 活动出现在 17 世纪中期，而以往的西太平洋珊瑚记录了在这段时期较冷、较干旱的气候条件[46, 57]。

Tudhope 等[79]利用一系列来自西太平洋巴布亚新几内亚的 *Porites* 珊瑚 $\delta^{18}O$ 来重建过去 130 000 年的 ENSO 活动。在西太平洋赤道的热带区域，降雨和 SST 紧密地联系在一起，La Niña 事件期间的暖湿条件导致了珊瑚骨骼较轻的 $\delta^{18}O$，而 El Niño 事件期间的较干冷的条件导致较重的骨骼 $\delta^{18}O$。研究结果显示 ENSO 在过去的 130 000 年就已经存在，即使是在区域和全球温度大幅降低和太阳驱动改变的冰期也有活动。同时，研究结果也显示 20 世纪期间 ENSO 和以往的冷期（冰期）和暖期（间冰期）ENSO 时期相比较强，6500 年前和约 11 200 年前记录的 ENSO 活动最弱，其他时期的处于中等水平。这种 ENSO 的幅度变化模式可能是由于冷冰期条件期间 ENSO 减弱和岁差轨道变化对 ENSO 影响的共同作用。

Hughen 等[81]利用 *Porites* 珊瑚 $\delta^{18}O$ 并辅以 Sr/Ca 值重建了印度尼西亚布肯纳岛在 124 000 年以前的 ENSO 活动。结果显示在全球气候比现在稍微温暖的末次间冰期的 ENSO 活动的频率和现代器测记录类似，但是珊瑚 $\delta^{18}O$ 的谱分析表明那时的 ENSO 变率和 1856～1976 年的器测记录相同，而在幅度和频率上均有别于 1976 年以后的 ENSO 活动，这表明最近几十年的 ENSO 活动是反常的。

2. 珊瑚 Sr/Ca 值对 ENSO 活动的记录

由于珊瑚 Sr/Ca 值较好地代表了 SST 的变化，因此基于珊瑚 Sr/Ca 值对 ENSO 活动的记录主要是通过 Sr/Ca 值重建 SST 的变化，与现代的记录标尺对比来重建过去的 ENSO 活动。

McCulloch 等[82]利用周分辨率的 *Porites* 珊瑚 Sr/Ca 值重建了巴布亚新几内亚 Huno 半岛的早全新世两段 5～6 年时期的 SST 记录。结果显示早全新世 SST 比现代冷 2～3℃，并且季节性的 SST 变化通常在 ±1℃ 范围内，偶尔存在 ±2℃ 的偏移，这种季节性的变化和 1982～1983 年 El Niño 发生之后 1984 年 SST 显著降低约 2℃ 的变化模式类似，这种 SST 大幅度的季节变化可能指示在早全新世类似 1982～1983 年这样强的 El Niño 事件比现代更频繁。

Alibert 和 McCulloch[42]研究了 6 个澳大利亚大堡礁现代 *Porites* 珊瑚 Sr/Ca 值，发现经过沿着珊瑚骨骼主生长方向取样的 Sr/Ca 值能代表 SST 的变化，珊瑚 Sr/Ca 值很好地记录了珊瑚海（19°S）周围海区和 1965 年、1972 年以及 1982～1983 年 El Niño 有关的显著的变冷，从而能用于重建过去的 ENSO 变率。

Corrège 等[56]研究了西南热带太平洋瓦努阿图的 *Porites* 珊瑚，发现珊瑚 Sr/Ca、U/Ca 值重建的中全新世约 4150 a BP 的 SST 在误差范围内一致，现代器测和重建的中全新世的 SST 的平均值相同，并且存在 2～4 年和 5.5～6 年的 ENSO 活动周期。

Kilbourne 等[83]研究了瓦努阿图的 *P. lutea*，发现距今约 350 000 年的珊瑚和现代珊瑚具有类似的 Sr/Ca 和 $\delta^{18}O$ 偏正，由于现代 El Niño 事件会造成这种偏正，因此推测在 350 000 年之前已经存在 El Niño 活动。现代珊瑚和化石珊瑚具有相同的 Sr/Ca 季节变化幅度，而化石珊瑚的 $\delta^{18}O$ 的季节变化幅度比现代珊瑚的小，这可能是由于在距今 350 000 年时南太平洋辐合带（Southern Pacific convergence zone，SPCZ）在南半球冬天时没有现在向北偏离的那么远。

Quinn 等[84]对西太平洋暖池最温暖的拉包尔（4°S, 152°E）1867～1997 年的一个 *P. lobata* 珊瑚的 Sr/Ca 和 $\delta^{18}O$ 的研究发现，珊瑚 Sr/Ca 和 $\delta^{18}O$ 时间序列彼此相关，并且都表现出和 ENSO 暖事件吻合的正的偏移，包含了丰富的年际变化，这些年际变化展现了 1920～1969 年的低幅度 ENSO 变化模式和 1880～1920 年以及 1960～1997 年的高幅度 ENSO 变化模式。

3. 珊瑚 $\Delta^{14}C$ 对 ENSO 活动的记录

Guilderson 和 Schrag[72]研究了来自东太平洋赤道地区厄瓜多尔的加拉帕戈斯 *Porites* 珊瑚 1957～1983 年的 $\Delta^{14}C$，发现在 ENSO 暖事件期间，由于温跃层深度的增加和具有上升流带来的低 $\Delta^{14}C$ 值的下层水的减少，珊瑚 $\Delta^{14}C$ 的正异常记录了 ENSO 暖事件的发生。其中，在 1976 年的 ENSO 暖事件之后的上升流季节（7～9 月）$\Delta^{14}C$ 存在一个急剧的增加，由此推测表层水的 ^{14}C 的急剧增加，同时和上升流季节有关的 SST 也在 1976 年之后发生了变化。$\Delta^{14}C$ 和 SST 的同时变化指示东太平洋的垂直热结构在 1976 年发生了变化，这种变化可能导致了自 1976 年以来的 ENSO 暖事件频率和强度的增加。

Guilderson 等[85]研究了西太平洋赤道地区瑙鲁（166°30'S）的 *Porites* spp.珊瑚的 $\Delta^{14}C$，发现 ENSO 暖事件控制着珊瑚 $\Delta^{14}C$ 序列的年际变化，在 ENSO 暖事件期间，珊瑚 $\Delta^{14}C$ 值增加，这反映了东太平洋低 $\Delta^{14}C$ 海水的上升流的减弱和高 $\Delta^{14}C$ 的亚热带海水侵入西太平洋赤道地区。

4. 小结

利用珊瑚地球化学指标对 ENSO 的研究主要是基于珊瑚骨骼 $\delta^{18}O$、Sr/Ca 值来进行的，而其他的如 $\Delta^{14}C$、$\delta^{13}C$ 等的应用还不是太常见。其中 $\delta^{18}O$ 的利用又较 Sr/Ca 值频繁，原因可能有两个：首先，珊瑚骨骼 $\delta^{18}O$ 同时包含了 SST 和降雨变化的信号，而这两个气候变量的变化是 ENSO 活动的重要特征，相比较而言，Sr/Ca 只是很好地记录了 SST 变化；另外，早期的珊瑚 Sr/Ca 值的测定方法不是很成熟，可能是制约 Sr/Ca 值应用于记录 ENSO 的原因之一。但是，同时利用 $\delta^{18}O$、Sr/Ca 值研究 ENSO 应该更具有优势，虽然 $\delta^{18}O$ 同时包含了 SST 和降雨变化的信号，但是对于这两个气候变量对 $\delta^{18}O$ 的各自贡献单靠 $\delta^{18}O$ 自身是无法知道的，特别是对没有器测记录的过去的 ENSO 研究而言，很难确定 $\delta^{18}O$ 就同时代表了 SST 和降雨的变化，因为有可能其中一个完全控制了 $\delta^{18}O$ 的变化，特别是对于研究季风区的 ENSO 响应而言。所以，由于 Sr/Ca 值很好地记录了 SST，$\delta^{18}O$ 的 SST 和降雨信号就可以区分开来，使所得到的 ENSO 活动的记录更具有说服力。

珊瑚地球化学记录显示早在 350 000 年之前就已经存在 ENSO 活动，而且表明在不同的时间，ENSO 活动的频率和幅度是变化的。但是由于 ENSO 的真正驱动机制还不能确定，对于已有的过去 ENSO 活动的重建记录还需要进一步的证据支持。

（二）对 PDO 活动的记录

PDO 是太平洋气候变率中类似长周期 ENSO 模式的一种气候变率，尽管 PDO 和 ENSO 具有相似的空间气候特征，但它们在时间上的表现十分不同。渔业科学家 Steven Hare 在 1996 年提出 PDO 这个术语，在那一年他的学位论文中研究了阿拉斯加鲑鱼产量周期和太平洋的气候变化。研究表明，PDO 有 3 个主要区别于 ENSO 的特点：第一，20 世纪的 PDO 事件持续 20～30 年，而典型的 ENSO 事件持续时间是 6～18 个月；第二，PDO 的主要气候特征在热带之外的地区尤其是北太平洋/西北美洲最突出，而在热带海区表现次要的信号，但是 ENSO 刚好相反；第三，PDO 变率的机制尚不清楚，相比较而言人们对 ENSO 已经有较好的理解[86]。一些独立的研究发现 20 世纪只存在两个完整的 PDO 循环：第一个循环的 PDO 冷事件盛行于 1890～1924 年，而 1925～1946 年为暖事件年；第二个循环的 PDO 冷事件盛行于 1947～1976 年，而 1977 年到 20 世纪 90 年代中期为暖事件年[86]。20 世纪的 PDO 活动在两个大体的周期上表现最强，一个是 15～25 年，另一个是 50～70 年[86]。PDO 暖事件通常发生在 11 月至翌年 4 月，暖事件发生时，美洲西海岸具有异常温暖的 SST，而北太平洋中部具有异常冷的 SST，受其影响，在北美西北部、南美洲北部、澳大利亚西北部的 SST 偏温暖，而中国东部、朝鲜半岛、日本、堪察加半岛、美国东南部和墨西哥的 SST 偏冷。Minobe[87]和 Cayan 等[88]发现北美大多数显著的 PDO 温度信号发生在北方的春季而不是冬季。同时，在 PDO 暖事件期间，在阿拉斯加湾海岸、美国西南部和墨西哥、巴西东南、南美中南部和澳大利亚西部多雨潮湿，而在澳大利亚东部、朝鲜半岛、日本、俄罗斯远东、阿拉斯加内陆，从太平洋西北到北美五大湖、俄亥俄河谷的带状地带、中美洲和南美洲北部的大部分地区却异常干旱。在 PDO 冷事件期间，SST 和降雨与暖事件期间的状况相反[86]。

由于 PDO 的活动和 ENSO 一样，都可造成海洋气候环境变量如 SST、降雨等的异常变化，而珊瑚的 Sr/Ca 值、$\delta^{18}O$ 等可以很好地记录这些气候环境变量的变化，因此珊瑚的 Sr/Ca 值、$\delta^{18}O$ 等也应该是记录 PDO 活动的良好地球化学指标。

Linsley 等[89]研究了东太平洋克利珀顿环礁（10°18′N，109°13′W）的季节分辨率的 *P. lobata* 珊瑚的 $\delta^{18}O$，发现 $\delta^{18}O$ 和 SST 异常的变化趋势和 PDO 指数的变化趋势一致，说明珊瑚 $\delta^{18}O$ 记录了 PDO 活动的信号。

Linsley 等[90]研究了南太平洋拉罗汤加的库克岛（21.5°S，159.5°W）1972～1997 年 *P. lutea* 珊瑚 Sr/Ca 和 $\delta^{18}O$，对拉罗汤加的 Sr/Ca 记录的 SST 和 PDO 指数的交叉谱分析显示二者在约 15 年的年代际周期上相关，南太平洋的记录和北太平洋的 PDO 指数相关表明拉罗汤加年代际尺度上的 SST 变化和北太平洋的 SST 变化相关，这种半球对称性表明热带驱动可能是太平洋年代际变率的重要因素之一。Grottoli 等[91]研究了来自范宁岛（3°54′32″N，159°18′88″W）的 *Porites* sp.珊瑚 1922～1956 年的 $\Delta^{14}C$，发现在 1947～

1956 年的 $\Delta^{14}C$ 值的正偏移和 20 世纪 40 年代中期从暖相到冷相转变的 PDO 的转换相吻合，$\Delta^{14}C$ 记录在 PDO 冷相暴发开始后大约 4.5 年开始向偏正的方向偏移。这表明 20 世纪 40 年代的 PDO 转变和这个时期到达中太平洋赤道地区的水团的变化存在联系，PDO 能引发洋流的变化。

Asami 等[92]研究了来自关岛（13°N，145°E）的 *P. lobata* 珊瑚月分辨率 213 年的 $\delta^{18}O$，珊瑚的 $\delta^{18}O$ 异常显示了存在 15～45 年的周期，这种年代际变率和一些显著的冷暖变化一致，可能反映了和北太平洋 PDO 相关的年代际尺度变率或其他气候状态变化。Liu 和 Crowley[93]从 6 个珊瑚记录重建了 300 年的 PDO 指数，结果显示现代观测的 PDO 指数和珊瑚地球化学替代指标的年代际变率一致。

通过调查之前对于珊瑚地球化学指标对 PDO 的研究，我们不难发现，这方面的研究成果其实并不多，远不及利用珊瑚对 ENSO 的研究，其原因可能有两方面。一方面，虽然 PDO 具有类似 ENSO 的空间气候特征，但它主要活动的直接表现是在北太平洋热带以外的地区，对热带的影响是次要的，而北太平洋热带以外的地区不是珊瑚广泛分布的地方，所以直接利用来自北太平洋珊瑚对 PDO 的研究受到了一定的限制。另一方面，由于 PDO 的活动周期较长，20 世纪的 PDO 活动在两个大体的周期上表现最强，一个是 15～25 年，另一个是 50～70 年[86]。这样，就需要长时间生长的现代珊瑚来作为研究的标尺，而较长生长周期的珊瑚不容易获取，即使获得了较长生长时期的珊瑚，现代对 PDO 的器测记录和认识也比较有限。可能是由于上述两方面或者更多的原因，已有的利用珊瑚地球化学指标对纯粹的 PDO 的研究并不多见。

（三）对热带海洋年代际尺度变率的记录

热带太平洋年代际气候变率（Pacific decadal variability，PDV）存在两种不同的模式：年代际尺度的热带太平洋模式和多年代际尺度的北太平洋模式即 PDO[94]。热带太平洋年代际变率具有和 ENSO 事件类似的空间模式[95, 96]，这种由于海-气相互作用引起的类似 ENSO 的年代际变率在热带太平洋具有约 14 年的活动周期[97]。虽然热带太平洋的这种年代际尺度的气候变化具有一些类似 ENSO 活动时海-气系统状态的变化特征，但是这种状态变化由于 ENSO 本身频率和强度的变化而没有被很好地认识[98]。对于年代际尺度的类似 ENSO 的变率起源的观点主要有 4 种[97]：①热带及热带以外的相互作用[99]；②热带以外的年代际变率的影响[100]；③单独的热带过程[96]；④随机的大气作用[101]。由于这种年代际变率在印度洋也有表现，古气候学者认为这种年代际变率有可能是太阳变率的作用结果，因为热带印度洋和太平洋的年代际变率可能代表了在大尺度上对一个和多个驱动因素的一致响应，但是并没有一个全球驱动机制和年代际变率相关[102]。因此珊瑚记录的年代际变率可能还是对太平洋气候变化的响应。和 ENSO 一样，珊瑚骨骼地球化学指标也很好地记录了这种热带海洋年代际变率的活动。

1. 对太平洋年代际变率的记录

Dunbar 等[103]研究了东太平洋赤道加拉帕戈斯的伊莎贝拉岛的 *Pavona clavus*（年分辨率，1587～1953 年）和 *P. gigantea*（月分辨率，1961～1982 年）珊瑚的 $\delta^{18}O$，发现珊瑚的生长速率和 $\delta^{18}O$ 都表现出和太阳及太阳磁场磁性周期（分别为 11 年和 22 年）相同的变化，支持太阳周期可能调节热带地区的年际到年代际气候变化的观点。主要振荡模式在 18 世纪初期至中期和 19 世纪中期至晚期都集中在较短的周期（4.5 年和 3.5 年）变化，而这两个时间段中间即 18 世纪晚期到 19 世纪初期集中在较长的周期（33～35 年）变化，这可能反映了热带海-气系统主要的重组并且显示热带太平洋气候变率在年际和年代际尺度上是联系在一起的。

Linsley 等[104]研究了南太平洋拉罗汤加（1726～1997 年）和斐济（1780～1997 年）的 *Porites* 珊瑚的 $\delta^{18}O$ 和 Sr/Ca，发现珊瑚记录在年代际频带上具有 17 年和 50 年之间的平均周期，珊瑚记录的变率表明与太平洋年代际振荡（interdecadal Pacific oscillation，IPO）大幅度和多空间一致的有关的变率存在于 1880～1950 年，但在 19 世纪中期两地之间的相关性很差。这些记录和 20 世纪的器测记录相比，南太平洋 SST

的空间 IPO 模式在 19 世纪中期相当复杂，没有很好地限定。在和北太平洋 IPO 指数的对比也显示年代际海洋变率的跨半球对称的程度在 19 世纪中期已经改变，北、南太平洋的相关系数较低。这个证据表明 IPO 的空间模式在过去的 300 年里至少在南太平洋已经发生了变化，较大的重组发生在约 1880 年之后。

Corrège 等[105]通过对西南太平洋瓦努阿图的圣埃斯皮里图岛的新仙女木事件（younger dryas，YD）时期 *Diploastrea heliopora* 珊瑚的 $\delta^{18}O$ 和 Sr/Ca 的研究发现，半年分辨率的 *Diploastrea* 珊瑚的 Sr/Ca 值重建的 SST 记录显示 12 450~11 950 a BP，瓦努阿图的 SST 平均比现代低（4.5±1.3）℃。半年分辨率和月分辨率的 Sr/Ca 时间序列都表现出显著的年代际尺度变率，并且在年代际尺度和季节尺度上，SST 和海水 $\delta^{18}O$ 都呈显著正相关。在现代热带西太平洋，海水 $\delta^{18}O$ 和 SSS 正相关，在很大程度上归因于亏损 ^{18}O 的降雨量的季节变化。在现代的瓦努阿图，南半球夏季期间 SPCZ 带来亏损 $\delta^{18}O$ 的降水，因此海水 $\delta^{18}O$ 和 SSS 都随 SST 升高而降低，这和西南太平洋的亚热带区域的情况形成对照。在西南太平洋的亚热带不受 SPCZ 输送水汽影响的区域，现代珊瑚重建记录和器测记录都证明 SST 和 SSS 的正相关关系。因此，在亚热带海域，蒸发显著大于降水，所以随着 SST 的增加，海水 $\delta^{18}O$ 和 SSS 增加。这种情形和 YD 期间瓦努阿图遇到的相同，但是和现在的发现相反。如果在 YD 期间临近赤道的热带明显受压制，*Diploastrea* 珊瑚记录中的 SST 和海水 $\delta^{18}O$ 的正相关就明确显示了 SPCZ 在 YD 期间不存在。现代 El Niño 提供了一个和 YD 气候设想部分类似的情况，那时候西太平洋暖池向赤道收缩，SPCZ 向北迁移和热带辐合带（intertropical convergence zone，ITCZ）合并。

Holland 等[106]研究了热带太平洋 8 个不同地点珊瑚的 $\delta^{18}O$ 的时间序列，这些珊瑚记录存在显著的 12 年的周期。这些记录之间的相对相位差显示了年代际变率从西南亚热带太平洋向其他区域传播的信号。这些结果和最近基于器测数据的研究一致，并且和气候模型研究一致。气候模型认为热异常的水平对流导致了类似 ENSO 的年代际尺度的变率。另外，有证据表明在 20 世纪 40 年代早期到 20 世纪 60 年代，很多时间序列的年代际变率的幅度降低了。

2. 对印度洋年代际变率的记录

Cole 等[102]研究了来自西印度洋肯尼亚的马林迪（2°S，40°E）自 18 世纪初以来的一个持续生长 194 年的 *P. lutea* 珊瑚的 $\delta^{18}O$，发现珊瑚 $\delta^{18}O$ 显示了年际和年代际变率。利用频域分析（frequency domain analysis）比较马林迪的珊瑚 $\delta^{18}O$ 和代表 ENSO 的中太平洋 SST 异常（Niño3.4），发现两个记录频率谱的峰在一个 5.5 年周期（ENSO 的特征）和一个年代际周期（8~14 年）上一致。和 ENSO 有关的年代际变率在 1976 年出现，其特征是海水变得更温暖、更淡。1976 年的变化在很多热带和北部太平洋记录中都可以见到。在马林迪，这种变化引起的 1977~1994 年的显著变暖被珊瑚记录下来，并且为 1997 年史无前例的变暖和气候环境异常创造了条件，1997 年的气候环境异常导致了大面积的珊瑚白化和死亡。为了确定和长尺度气候变率有关的共同的趋势和特征，比较了马林迪的珊瑚 $\delta^{18}O$ 和来自塞舌尔（5°S，56°E）的 147 年的珊瑚 $\delta^{18}O$ 记录[77]，通过这两个珊瑚记录和 Niño3.4 SST、印度降雨指数、东非降雨指数的交叉谱分析显示，马林迪的珊瑚 $\delta^{18}O$ 记录和塞舌尔的珊瑚 $\delta^{18}O$ 记录以及 Niño3.4 SST 在 5.5 和 10~12 年周期上相关，塞舌尔记录也和 Niño3.4 SST 在这些周期上相关。因此，马林迪珊瑚记录的年代际变率反映了跨越西印度洋赤道大部分区域的气候信号。另外，马林迪和塞舌尔的年代际变率和 ENSO 的相关性比二者和印度或东非降雨指数的相关性都要强。所以，这两个珊瑚记录都和太平洋指示器相关并且相互之间也相关，表明印度洋的年代际变率反映了起源于太平洋的类似 ENSO 的年代际变率。如果珊瑚中的年代际变率代表季风驱动，则珊瑚记录和 Niño3.4 记录之间的相关性需要一个机制来解释，通过这个机制，季风的年代际变化造成太平洋年代际变率或者被太平洋年代际变率放大。另外一种可能是印度洋和太平洋的年代际变率可能代表在大尺度上对一个或更多其他驱动机制的一致响应。然而，没有一个全球驱动机制（如太阳活动变率）和年代际变率相关。因此，Cole 等[102]认为印度洋珊瑚记录中的年代际变率主要是对太平洋影响的响应，基于两方面的原因：①珊瑚记录和Niño3.4记录的相关性比和季风降雨指数的相关性强；②热带太平洋具有很好地放大和传播气候异常的能力，特别是在季风区域。虽然在结果中没有陈述年代际驱动起源于热带或太平洋中纬度地区的问题，但马林迪珊瑚记录和PDO在年代际变率上无相关性表明热带太平洋在放大和传播年代际变率的信号时更重要。总体来说，这些结果显示热带太平洋可能是年代际气候变率机制的重要影响因素。

3. 热带海洋年代际变率的广泛联系

Cobb等[107]利用一个112年的 P. lutea 珊瑚重建了中太平洋帕米尔拉岛（6°N，162°W）的SST记录。月分辨率的氧同位素异常和Niño3.4 SST指数高度相关（$r=0.62$），证明基于珊瑚重建的SST准确反映了区域温度变率。$\delta^{18}O$ 记录受ENSO和年代际尺度变率控制，从20世纪70年代中期开始有一个显著的变暖趋势。帕米尔拉岛珊瑚记录和来自热带印度洋代表季风变率的塞舌尔珊瑚 $\delta^{18}O$ 以及代表热带大西洋ITCZ变率的诺德什谛降雨记录的谱分析不仅具有显著的2~7年的ENSO周期，也存在12~13年的年代际尺度周期，而且3个记录的年代际变率高度相关，表明某一过程和条件影响了所有3个大洋盆地的气候变率。从这一方面说，热带太平洋SST变化、印度季风强度变化和大西洋上的ITCZ迁移中的年代际变率的活动很可能是一致的。

4. 小结

尽管珊瑚地球化学指标对热带海洋的年代际变率有很好的记录作用，并且珊瑚记录表明年代际变率在中纬度海域和热带海域之间以及在太平洋和印度洋的热带海域之间的广泛联系，但是单纯的珊瑚记录不能解决热带海洋年代际变率的驱动机制问题，目前的结论还只是探索性的，还需要结合气候模型作进一步研究。

（四）对季风活动的记录

季风是大范围盛行的、风向随季节变化显著的风系，和风带一样同属行星尺度的环流系统，它的形成是由冬季和夏季海洋和陆地热力差异所致。季风在夏季由海洋吹向大陆，在冬季由大陆吹向海洋。季风活动范围很广，它影响着地球上1/4的面积和1/2人口的生活。西太平洋、南亚、东亚、非洲和澳大利亚北部都是季风活动明显的地区，尤其印度季风和东亚季风最为显著。中美洲的太平洋沿岸也有小范围季风区，而欧洲和北美洲则没有明显的季风区，只出现一些季风的趋势和季风现象。冬季，大陆气温比邻近的海洋气温低，大陆上出现冷高压，海洋上出现相应的低压，气流大范围从大陆吹向海洋，形成冬季季风。冬季季风在北半球盛行北风或东北风，尤其是亚洲东部沿岸，北向季风从中纬度一直延伸到赤道地区，这种季风起源于西伯利亚冷高压，它在向南爆发的过程中，在东亚及南亚产生很强的北风和东北风。非洲和孟加拉湾地区也有明显的东北风吹到近赤道地区。东太平洋和南美洲虽然有冬季风出现，但不如亚洲地区显著。夏季，海洋温度相对较低，大陆温度较高，海洋出现高压或原高压加强，大陆出现热低压；这时北半球盛行西南和东南季风，尤其以印度洋和南亚地区最显著。西南季风大部分源自南印度洋，在非洲东海岸跨过赤道到达南亚和东亚地区，甚至到达中国华中地区和日本；另一部分东南风主要源自西北太平洋，以南风或东南风的形式影响中国东部沿海。

由于印度季风和东亚季风的活动比较显著，而且活动的区域有广泛的珊瑚分布，因此热带海洋季风活动的珊瑚地球化学记录主要是关于印度季风和东亚季风的。Charles等[77]研究了来自西印度洋赤道地区塞舌尔的马埃岛（4°37′S，55°49′E）150年（1845~1995年）的 P. lutea 珊瑚的 $\delta^{18}O$，在该研究地点，珊瑚 $\delta^{18}O$ 被认为是SST的替代指标，同时珊瑚 $\delta^{18}O$ 和季风强度指数的一致性证明珊瑚有效地记录了亚洲季风活动的大尺度特征，最大的 $\delta^{18}O$ 异常值出现在1877年末，和历史记录中的最强季风衰退出现的时间精确吻合。塞舌尔珊瑚 $\delta^{18}O$ 也表现出 11.8~12.3 年的年代际尺度周期，并且变化幅度在整个记录中保持相对不变。年代际模式在长时间尺度热带太平洋气候记录中十分普遍但是没有像在塞舌尔这样强烈地表现，并且频率也不像在塞舌尔保持一致。年代际滤波后的结果显示了这些循环之间的相关性在太平洋普遍较弱而在塞舌尔记录中相对显著。因此，不能用一个严格的热带太平洋现象来解释塞舌尔珊瑚中的低频变率，塞舌尔珊瑚记录的年代际循环一定反映了一个和热带太平洋不相关的过程。Charles 等[77]认为塞舌尔珊瑚的年代际模式是亚洲季风系统的特征。例如，印度季风降雨指数的年代际循环和大部分记录重叠时期里的珊瑚记录的年代际循环显著相关。事实上，在 20 世纪末之前，没有经过滤波处理的整个塞舌尔记录的珊瑚 $\delta^{18}O$ 异常和印度季风降雨指数十分一致（$r=0.6$）。这种关系对年和准两年变率所期待的特征一样：负的 $\delta^{18}O$（暖的 SST）异常和弱的季风吻合，正异常（冷的 SST）和强的季风吻合。在所有的极端事件（弱或强的季风）中，SST 异常滞后于季风降雨异常 1~8 个月。在年代际周期上，在这两个指数之间没有相位差。在 20 世纪末，这种相关性下降，但是珊瑚 $\delta^{18}O$ 变化和大尺度的季风指数一致，而降雨记录和季风指数的变化不一致。独立于器测季风强度的不确定性，珊瑚记录表明引起塞舌尔 SST 强烈变化的年代际尺度过程也控制了准两年变率的强度，这种准两年变率毫无疑问是季风变率的主要形式。在整个热带，准两年变率具有和 ENSO 类似的地理形式，以往的对于热带 SST 系统分析已经证明了这种准两年变率的幅度具有年代际模式。进一步研究表明达尔文海平面压力中的年代际模式和塞舌尔珊瑚的年代际模式相关。准两年变率和塞舌尔的暖的 SST 周期变化联系在一起，和准两年循环的弱的季风相吻合。珊瑚记录中的年代际变率受到亚洲季风的共同影响有几种可能的情况。一种是北半球中纬度循环过程，甚至可能和北太平洋旋回变率联系在一起，改变季风强度并最终导致 SST 变化（通过影响风驱使的上升流和蒸发变冷的强度）的降雪异常。另一种是南印度洋过程贡献了年代际变率到赤道系统，随后通过湿气和潜在的热量集中贡献给亚洲季风。也有可能两年循环被区域性地调整到放大的年代际周期。尽管需要收集更多的长时期的记录来区别这些可能性，但是很明显所有这些情况都暗示了热带和中纬度地区之间通过季风系统引导而存在重要的相互作用。总之，塞舌尔珊瑚记录表明印度洋西部赤道地区和太平洋赤道地区的年际变率之间的联系超过了一个世纪，也暗示了热带 ENSO 和中纬度季风气候变率之间存在重要的相互作用。

Pfeiffer 和 Dullo[108]通过对塞舌尔的双月分辨率的 *Porites solida* 珊瑚的 $\delta^{18}O$ 研究表明，珊瑚记录了 1840~1994 年印度洋和阿拉伯海北部的夏天变冷，这种变冷主要是由西南季风导致的蒸发和上升流引起的。

Morimoto 等[53]利用 *Porites* sp.珊瑚的 $\delta^{18}O$ 和 Sr/Ca 定量地研究了亚热带西北太平洋喜界岛（28°16′N~28°22′N，129°55′E~130°02′E）中全新世 SST 和 SSS 的变化，结果表明 6180 a BP 的夏天和冬天的 SST 基本都和现代相同，而海水 $\delta^{18}O$ 和 SSS 都比现代值高。7010 a BP 的夏天和冬天的 SST 都较现代稍冷，而海水 $\delta^{18}O$ 和 SSS 也都比现代值高。这些结果和其他中低纬度西北太平洋的中全新世的海洋记录一致，这样的区域条件表明中全新世时期的东亚夏季风和冬季风都比现代要强。

利用珊瑚地球化学指标对热带海洋季风的研究并不十分广泛，一方面可能是适合季风研究的区域有限，另一方面热带太平洋的 ENSO 对热带海洋的气候具有重要的影响，年代际变率对气候变化也起到了重要的作用，而对于 ENSO、年代际变率及年际变率和季风对气候变化的相对贡献难以定量区分，以及它们之间的关系和相互作用也很复杂，所以热带海洋气候变化中季风信号的提取比较困难。

三、珊瑚地球化学指标对海水环境变化的记录

由于珊瑚地球化学指标对 ENSO、PDO、年代际变率和季风活动的记录研究中都是基于这些地球化学指标对 SST、降雨、盐度等的重建进行的，所以在本节中不再专门阐述对这些环境变量的研究进展，

而涉及中国南海海区的相关研究将在下文进行系统的总结。这部分只对利用珊瑚地球化学指标对于海水上升流、陆源输入对海洋环境的变化的研究的相关代表性成果进行总结。

Lea 等[67]研究了东太平洋赤道地区加拉帕戈斯岛皮特角的 *Pavona clavus* 的 Ba/Ca、Cd/Ca 和 Sr/Ca 值。在皮特角，*P. clavus* 珊瑚的 Ba 的变化主要来自于冷的、富营养水源的上升流强度的变化，和 SST 的对比发现，Ba/Ca 值和 SST 之间存在一致的变化，SST 的冷峰和 Ba/Ca 值的最大值相关，而暖峰和 Ba/Ca 值的最小值相关，这种相关性在以下年份（1965～1966 年、1968～1969 年、1973～1974 年）并不十分一致，可能是由取样的误差所致。Ba/Ca 和 Sr/Ca 值的变化存在明显的相似性，尽管不知道这种共同变化是否由温度引起，但二者之间的相似性表明 Ba 信号还受除上升流以外的其他因素控制。Ba/Ca 值的暖冷时期 17% 的平均差别，在 Ba 信号根据 Sr 标准化而不是 Ca 标准化后降低到 12%，表明 1/3 的 Ba 信号可能是由于温度的影响，如果珊瑚骨骼对 Sr 和 Ba 的吸收都受温度控制，那么 Ba/Sr 值可能是表层海水 Ba 含量变化的指示器。因为 Cd 和 Ba 在冷水源的上升流中都比较富集，所以珊瑚记录中的 Cd/Ca 和 Ba/Ca 表现出强烈的吻合，其中的差别可能是由于在低表层营养时期浮游植物优先吸收 Ca。

McCulloch 等[70]利用 *Porites* 珊瑚的 Ba/Ca 值研究了大堡礁 1750～1998 年的沉积物通量记录，结果表明在记录的早期，来自河流洪水的悬浮沉积物只是偶尔到达大堡礁，而 1870 年欧洲殖民统治开始之后，输入大堡礁的沉积物通量在洪水期间增加了 5～10 倍，这种情况表明自欧洲殖民统治以来，诸如林地砍伐和过度放牧之类的土地利用活动导致了半干旱河流的退化，使得进入大堡礁的沉积物的负荷显著增加。

四、我国南海珊瑚对气候环境演变的记录

在 20 世纪 90 年代，我国就已经开始在南海海区开展珊瑚古气候记录重建研究，最初通过珊瑚的生长率来反演 SST 的变化，随后大量的研究集中在对南海不同海区现代造礁珊瑚元素、同位素地球化学记录与气候因素之间定量关系的标定。这些研究成果大大推动了我国南海海区珊瑚古气候记录重建研究的发展，并在气候记录标尺、分析技术等方面奠定了相关研究深入发展的基础。近年来，南海珊瑚古气候记录重建研究的重点已经转向获取一些重要时段的高分辨率气候记录，探讨相关的气候系统（如季风气候和 ENSO）的变化特征，并已取得不少研究成果，以下就南海海区珊瑚的气候环境演变记录的研究作系统总结。

（一）温度计的标定和 SST 的重建

聂宝符等[109]研究了南海北部西沙群岛永兴岛 *Porites* 珊瑚的生长速率与 SST 的关系，研究结果表明，珊瑚生长速率与 SST 呈显著的正相关关系，相关系数为 0.77～0.89。在研究海区，当 SST 在 26～28℃ 变化时，SST 每上升 0.5℃，珊瑚生长带宽增加 1.5mm 左右。该项研究拉开了南海珊瑚古气候重建研究的序幕。

随后的研究者在南海各个海域开展了珊瑚地球化学指标温度计的建立工作，其结果见表 12.2，研究所用的珊瑚均为 *P. lutea*（如无特别指出，研究南海珊瑚气候环境演变中的利用均为 *P. lutea*）。

从表 12.2 中可以发现，虽然这些温度计都是基于同种珊瑚 *P. lutea* 建立的，但对于不同地点，同一指标的温度计不一样，即使对于相同地点某一指标的温度计而言，随着研究所用的珊瑚个体的不同，所得的温度计也各不一样。造成温度计差异的可能原因是：①不同研究地点的海水环境不同[120, 121]；②不同珊瑚个体的生物效应对各自的地球化学指标的影响程度不同[120, 121]；③对于 Mg/Ca、U/Ca 温度计而言，由于一部分 Mg、U 可能以吸附状态存在于珊瑚文石骨骼中，化学处理过程中可能产生丢失[62, 64]。所以，在应用珊瑚地球化学指标温度计时应该注意各自的适用条件和可利用性。例如，Wei 等[59]研究发现，在像三亚这样的沿岸海区，大量的陆源输入可能在很大程度上改变海水的 Sr/Ca 值和 U/Ca 值，从而破坏珊瑚

表12.2 南海珊瑚地球化学指标温度计的建立研究

地球化学指标	温度计	研究地点	研究者
Mg/Ca	SST=9.756×10³[Mg/Ca]−19.522	三亚湾（18.28′N，109.48′E）	韦刚健等，1998[110]
	SST=8.846×10³[Mg/Ca]−14.13	三亚湾（18°12′N，109°29′E）	Wei et al.，2000[59]
	SST=17.9×10³[Mg/Ca]−46.9	三亚湾	韦刚健等，2004[111]
	SST=9.09×10³[Mg/Ca]−12	雷州半岛	Yu et al.，2005[13]
Sr/Ca	SST=−19.83×10³[Sr/Ca]+210.2	三亚湾（18°12′N，109°29′E）	Wei et al.，2000[59]
	SST=−27.2×10³[Sr/Ca]+260	三亚湾	韦刚健等，2004[111]
	SST=−16.7×10³[Sr/Ca]+169	西沙永兴岛	
	SST=−23.58×10³[Sr/Ca]+231.98	雷州半岛	Yu et al.，2005[13]
	SST=−16×10³[Sr/Ca]+170	海南岛东部龙湾港（19°20′N，110°39′E）	刘羿等，2006[112]
δ^{18}O	SST=−4.567×δ^{18}O−1.505	雷州半岛（20°13′N，109°56′E）	余克服等，1999[113]
	SST=−4.10×δ^{18}O+5.80	南沙永暑礁（9°33′N，112°54′E）	余克服等，2001[114]
	SST=−5.36×δ^{18}O−3.51	海南岛东部（22°20′N，110°39′E）	He et al.，2002[115]
	SST=−5.75×δ^{18}O−5.86	雷州半岛	Yu et al.，2005[13]
	SST=−5.1627×δ^{18}O−1.4239	海南岛东部沙老岸（19°21.5′N，110°40.3′E）	宋少华等，2006[116]
Sr	SST=−2.1371×Sr+207.66	西沙群岛（16°50′N，112°19′E）	孙敏等，2001[117]
	SST=−2.1100×Sr+205.40	西沙群岛（16°50′N，112°19′E）	孙敏等，2001[117]
	SST=−1.9658×Sr+193.26	西沙群岛	Sun et al.，2004[118]
U/Ca	SST=−41.5×10⁶[U/Ca]+76.9	三亚湾	韦刚健等，1998[119]
	SST=−41.1×10⁶[U/Ca]+75.4	三亚湾	
	SST=−48.14×10⁶[U/Ca]+81.15	三亚湾（18°12′N，109°29′E）	Wei et al.，2000[59]

注：Mg/Ca、Sr/Ca 单位为 mmol/mol；U/Ca 单位为 μmol/mol；Sr 单位为 μmol/g；δ^{18}O 是相对于 PDB，单位为‰；SST 单位为℃

Sr/Ca 值和 U/Ca 值与 SST 的关系而使得这两种温度计在这样的海区不能使用，相反，Mg/Ca 温度计可以在三亚地区用来重建过去的 SST 记录。但是，Yu 等[13]对雷州半岛的珊瑚 Mg/Ca 值温度计的研究却发现，虽然 Mg/Ca 值与 SST 有很明显的同步变化关系，但进一步对历史时期珊瑚样品的分析发现，利用珊瑚 Mg/Ca 值重建的 SST 比利用 δ^{18}O 和 Sr/Ca 值重建的 SST 低 2~4℃，与历史记录以及珊瑚礁的生态特征不符合，因此得出珊瑚骨骼 Mg/Ca 值不是可靠的珊瑚温度代用指标。进一步分析发现珊瑚骨骼中共生有大量的微生物，成分为高镁方解石，非常易于转换为低镁方解石，并且这种微生物还易于在淋滤的过程中丢失，这两个过程都导致珊瑚的 Mg/Ca 值降低，因此利用化石珊瑚 Mg/Ca 值重建的温度总是偏低，并且首次提出受共生高镁方解石质微生物的影响，珊瑚 Mg/Ca 值不适宜用于古温度重建的观点。珊瑚 Mg/Ca 值的温度指示意义最早由 Mcconnaughey 等[16]提出，并被后人用于过去气候重建，如 Watanabe 等[122]利用珊瑚 δ^{18}O 与 Mg/Ca 值的组合提出小冰期时 SST 比现在低约 2℃。在现阶段影响珊瑚 Mg/Ca 值的原因还没有确定之前，Mg/Ca 值可以作为其他 SST 地球化学替代指标的辅助。

利用这些标定的温度计，研究者对南海不同海域的 SST 的记录进行了重建，取得了一定的成果。Wei 等[123]利用 *P. lutea* 的 Sr/Ca 值重建了雷州半岛中晚全新世的 SST 记录，结果表明 539~530 BC 雷州半岛表层海水的年代际尺度的冬季月均最低温度、夏季月均最高温度以及年平均温度均与现代相当；而 489~500 AD，该区表层海水的十年尺度的冬季月均最低温度较现代低 2.9℃左右，夏季月均最高温度低 1℃左右，平均温度低 2℃左右，属于比较寒冷的时期。这些珊瑚 SST 记录反映的气候特征与中国其他地区根据物候及历史记录获得的气候特征相吻合，意味着这些根据珊瑚 Sr/Ca 值重建的 SST 记录是可靠的。Yu 等[13]在雷州半岛的研究中获得的利用珊瑚 Sr/Ca 值重建的 SST 结果与之吻合，也表明在约 541 BC 和现代一样比较温暖，而约 487 AD 比现代显著要冷。Sun 等[118]利用 Sr 温度计重建了西沙海区 1906~1994 年的

SST 记录，结果显示 20 世纪晚期的 SST 比 20 世纪早期要暖约 1℃，20 世纪存在两个变冷的转变（1915/1916 年、1947/1948 年）和三个变暖的转变（1935/1936 年、1960/1961 年和 1976/1977 年）。和南太平洋拉罗汤加的记录对比发现，二者具有同步、反向的 SST 变化趋势，证明了南北半球冬夏温度变化的联系。同时，虽然二者都具有约 26 年的变化周期，但交叉谱分析表明二者的这种年代际变化并不相关，表明南北太平洋的这种年代际气候变化并不是由相同的气候机制引起的。二者都具有弱的 5~6 年的 ENSO 周期，表明亚热带太平洋的珊瑚也可以记录 ENSO 活动。另外，西沙记录还表现出约 13 年的年代际尺度变率。和西太平洋赤道地区的记录对比发现，二者在年代际尺度上的温度变化相似，表明南海气候和热带西太平洋的气候状态相关。

（二）对季风-ENSO 活动的记录

南海是西太平洋最大的边缘海，东亚季风对南海气候具有重要的作用，同时，南海珊瑚礁分布广泛，珊瑚地球化学指标对记录季风气候的两个重要特征 SST 和降雨的变化具有独特的优越性，所以开展南海珊瑚地球化学指标对过去东亚季风活动的记录研究可以促进对东亚季风的演变和机制的理解，从而更好地为未来气候变化预测提供依据。

余克服等[114]研究南沙群岛 1953~1997 年永暑礁珊瑚各年冬季 $\delta^{18}O$ 与东亚冬季风指数的关系，得出二者存在显著的同期正相关关系，冬季 $\delta^{18}O$ 低（SST 高），表征东亚季风强；反之，$\delta^{18}O$ 高（SST 低）表征东亚季风弱。

余克服等[124]研究了南沙群岛 1950~1997 年永暑礁珊瑚的月-季节分辨率的 $\delta^{13}C$，发现 $\delta^{13}C$ 总体上存在非常明显的下降趋势，反映了 50 年来南沙群岛总日照时数呈减少的趋势以及年平均总云量和年降雨量呈增加的趋势。同时，$\delta^{13}C$ 对 1951 年以来的 El Niño 时间有比较明显的记录：1972 年以来的 El Niño 年，年最高 $\delta^{13}C$ 和最低 $\delta^{13}C$ 以负距平为主；1951~1972 年的 El Niño 年，年最高和最低 $\delta^{13}C$ 以正距平为主，$\delta^{13}C$ 对 El Niño 特征的记录与南方涛动指数（SOI）特征基本一致，El Niño 时间的转折特征与 Urban 等[75]利用中太平洋珊瑚证实的 1976 年是 El Niño 趋向暖湿的转折点的研究结果一致，南沙群岛太平岛的实测降雨记录表明 1972 年是年降雨量增加的一个转折点。

Peng 等[125]建立了龙湾珊瑚 $\delta^{18}O$ 与冬季风风速的关系，并将应用此关系重建的冬季风风速作为冬季风强度指标，表明 1944~1997 年，冬季风风速存在明显的降低，从 5.92m/s 降到 4.63m/s；而 SST 变化的方向相反，年平均 SST 异常从 1943~1976 年的-0.27℃增加到 1977~1997 年的 0.16℃。谱分析表明冬季风风速存在 2.4~7 年的周期，可能与 2~2.4 年的准两年振荡（QBO）和 3~8 年的 ENSO 相关。据此认为南海中部冬季风强度的大多数变化可能主要受由于全球变暖引起的陆地和毗邻海域的热差异制约。

Yu 等[50]利用珊瑚 Sr/Ca 值和 $\delta^{18}O$ 对雷州半岛中晚全新世 6 个不同时段（6789±43 a BP、5906±28 a BP、5011±54 a BP、2541±24 a BP、1513±22 a BP）的季风气候进行了重建，结果表明雷州半岛中全新世 6.8~5.0 ka BP 的年平均 SST 比 20 世纪 90 年代高 0.5~0.9℃，东亚夏季风降雨也较之要强。从中全新世到晚全新世，SST 和夏季风强度都存在降低的趋势，2.5 ka BP 时年平均 SST 与现代相当，1.5 ka BP 时年平均 SST 比现代约低 2.2℃，夏季风强度也比现代低。SST 的总体下降趋势同时伴随着有效蒸发量的减少，导致海水 $\delta^{18}O$ 值降低。但与 6800 年以来的总体趋势相反，20 世纪最后 10 年温度急剧上升，可能记录了人类活动导致的温室气体效应对气候的影响。

Sun 等[126]利用珊瑚 $\delta^{18}O$ 重建了海南岛东部琼海海域（19.3°N，110.67°E）中全新世 4.4 ka BP 的 SST 和 SSS 记录，表明冬季 SST 显著的 6.7 年的变率反映了强的 ENSO 对南海冬季 SST 的影响在 4.4 ka BP 就已经很好地建立起来了，而夏季 SSS 记录没有显著的 ENSO 周期，这表明 ENSO 和夏季风降雨的远程联系被限制了，SSS 的 2.3 年的周期代表了季风降雨 2 年的稳定周期。这些结果表明过去冬季风和夏季风期间 ENSO 与季风相互作用的显著区别。

Su 等[127]研究了南海东部和南部海域 P. lutea 和 P. lobata 的 $\delta^{18}O$。珊瑚 $\delta^{18}O$ 在大多数年份和 SST 很好地相关,尤其是当亚洲冬季风在海南岛盛行的年份。SST 和 SSS 具有相同的季节相位变化,由此估计珊瑚 $\delta^{18}O$ 的大多数季节变化特征被 SST 的变化控制并且 SSS 具有重要的贡献。这表明了由东亚冬季风影响的 SST 对南海珊瑚 $\delta^{18}O$ 控制的重要性。如果年 SSS 最大值表现出较小的年际变化,则年珊瑚 $\delta^{18}O$ 最大值的年际变化主要反映了由冬季风导致的 SST 的变化。当珊瑚 $\delta^{18}O$ 主要受 SST 控制时,海水 $\delta^{18}O$ 对珊瑚 $\delta^{18}O$ 的贡献在统计上和 SSS 相关,这种相关性在夏季 SST 达到最大值并且年际变化很小时显得尤为突出。因此,珊瑚年 $\delta^{18}O$ 最小值的年际变化主要受海水组成控制。海水组成分析表明海水 $\delta^{18}O$ 和盐度主要同时受到来自东亚夏季风带来的降雨引起的淡水输入的影响。因此冬、夏季风的季节性变化主要控制了珊瑚 $\delta^{18}O$,因此珊瑚 $\delta^{18}O$ 可以用来重建这些季节变量。3 个珊瑚记录一致表现出清晰的 $\delta^{18}O$ 的年代际变化——从 1968 年到 1987 年逐渐增加,随后从 1987 年到 2003 年降低。这些年代际变化趋势和盐度变化大致吻合,但是和 SST 和降雨变化不一致,这表明控制过去 30 年里海水组成和珊瑚 $\delta^{18}O$ 变化趋势的主要因素是陆源径流淡水输入而不是当地降雨。3 个珊瑚记录的对比显示珊瑚 $\delta^{18}O$ 的空间变化以及海水盐度和当地降雨的变化一致,但是和 SST 的变化不一致。这就证明在南海珊瑚 $\delta^{18}O$ 的空间变率上,由季风降雨控制的海水组分起到了主要的作用。

Shen 等[51]利用珊瑚 $\delta^{18}O$ 和 Sr/Ca 值定量重建了台湾岛南部南湾(22°N,121°E)中全新世 6.73 ka BP 的降雨量,表明在那时的年降雨量为 1800~3000mm/a,比现代 30 年器测记录的平均 1500~2500mm/a 高出 20%,和来自湖泊沉积物的花粉的定性重建结果一致。中全新世 9 年的记录当中有 5 年的 $\Delta\delta^{18}O$ 的季节性降低超前于利用珊瑚 Sr/Ca 值重建的 SST 的增加,表明雨季可能发生在早-中春到中夏季节,比现在的晚春-晚夏要早。雨季提前的驱动机制可能与太阳辐射和东亚夏季风有关。

(三)珊瑚 U-Th 年代学记录的气候环境演变信息

珊瑚礁高精度的定年对于研究热带海洋生态系统的演化、海平面、SST 和 SST 的变化,以及了解人类活动对全球气候和生态系统的影响都是至关重要的,近几年来,余克服和赵建新等[128-131]通过南海珊瑚的精确定年在研究全新世海平面变化、中全新世高温期的冷气候事件、低温导致中全新世珊瑚礁冷白化、精确定年重建珊瑚礁热白化(死亡)历史、珊瑚礁块记录强风暴周期等方面取得了一系列可喜的成果。

Zhao 和 Yu[128]利用 TIMS 铀系定年法获得的雷州半岛灯楼脚珊瑚礁的系统年龄表明,海平面在中全新世位于现代潮高基准面 2.9~3.8m 甚至以上,大量的珊瑚在此阶段发育,表明中全新世的 SST 和 SSS 最适合珊瑚生长,是珊瑚礁发育的最适宜期。除此以外,至少另一期类似幅度的高海面发生在距今 2500~1500 年。

Yu 等[129]对雷州半岛角孔珊瑚(Goniopora)礁剖面进行了 U-Th 和 ^{14}C 定年,并且进行了珊瑚骨骼生长率和密度带、珊瑚骨骼 Sr/Ca、珊瑚礁地质和生态特征分析,发现该角孔珊瑚礁发育的时期 7.5~7.0 ka BP(中全新世气候适宜期)至少可分为 9 个阶段,每一阶段的持续时间为 20~50 年,之后在冬季突然出现一次低温事件,导致角孔珊瑚大量死亡,形成间断面,如此循环往复,形成厚逾 4m 的角孔珊瑚礁坪。根据角孔珊瑚大量死亡并结合现代珊瑚礁白化的特点即珊瑚礁大面积变白死亡,提出中全新世雷州半岛大片角孔珊瑚突然死亡(失去色素而变白)的现象也是一种珊瑚礁白化,但这种白化是由于低温所致的冷白化,从而提出 cold bleaching 的新概念,进一步研究表明雷州半岛珊瑚礁冷白化的记录表明珊瑚礁大面积白化死亡后的恢复一般需要 20~25 年。

Yu 等[130]的研究发现,在南沙群岛珊瑚礁礁坪上除了分布大型原生的、死的滨珊瑚以外,还堆积着大量次生的大型滨珊瑚块（大于 $2m^3$），地质、地貌证据表明它们是强风暴潮作用的产物。进一步的珊瑚钻探研究、生态调查和年代测定发现，只有礁前斜坡这一地貌生态带能够提供这种大型的滨珊瑚块。永暑礁地质钻探资料和现代礁坪的年代结构表明，永暑礁自全新世以来持续发育（或相对沉降），相对沉降速率为 2~3m/1000a。综合考虑上述事实，认为现在堆积于南沙群岛表面的大型滨珊瑚块曾经生长于礁前斜坡这一地貌带，是强风暴发生时把它们搬运到礁坪上的，并且在移到礁坪上之前它们是活着的（否则将被快速埋藏），因此这种大型块状珊瑚的表层年代即是强风暴潮发生的年代，详细研究它们的年代分布特征可以了解过去的强风暴特征。通过对礁坪上风暴堆积的 8 个滨珊瑚开展高精度 TIMS U-Th 年代测定，得出近 1000 年来在南海南部至少存在 6 次强风暴潮事件，发生时间分别为：1064±30 AD、1201±5~1210±4 AD、1336±9 AD、1443±9 AD、1680±8~1685±6 AD、1872±15 AD，平均为 160 年周期。这种强风暴周期进一步为永暑礁的潟湖沉积物的粒度变化特征所证实。

Yu 等[131]通过对南沙群岛永暑礁和美济礁礁坪原生滨珊瑚进行钻探取样和开展高精度 TIMS U-Th 年代测定，并结合珊瑚的年际骨骼密度带特征，重建了这些珊瑚的死亡年代。结果表明，永暑礁和美济礁虽然分别位于南沙群岛的不同位置，却多次同时发生大型滨珊瑚死亡的现象，如 1869~1973 AD、1917~1920 AD、1957~1961 AD、1971 AD、1982~1983 AD 和 1999~2000 AD 等，反映这些珊瑚的死亡是大范围的气候事件而不是区域的环境变化所致。而这些珊瑚死亡的年份中不少正好对应于 El Niño 年，如 1997~1998 AD、1991~1992 AD、1982~1983 AD、1972~1973 AD 和 1957~1959 AD 等，再结合南沙群岛低纬度海区的气候特征、比较各种珊瑚死亡的可能原因和 1998 年本区珊瑚礁的白化记录，得出这些珊瑚的死亡是由于 El Niño 导致温度升高，并进一步导致珊瑚白化致死，从而重建了近 200 年来 El Niño 高温导致珊瑚礁白化、死亡的历史。

（四）其他方面的研究

刘卫国和肖应凯[132]研究了不同水深的东沙、南沙、雷州半岛和海南岛距今 7000~300 年的珊瑚硼同位素，结果表明珊瑚硼同位素组成的范围变化为 22.7‰~24.8‰，并且与珊瑚硼的含量呈正相关关系，根据硼同位素与海水 pH 的关系计算出过去 7000 年南海海水的 pH 为 8.10~8.41，并且发现在 7200~6000 年前，珊瑚 $\delta^{11}B$ 值表现出明显降低的趋势，这个变化趋势指示当时的海水盐度、pH 均降低，海平面有一个快速的上升过程，这对应于全新世的第一个海平面上升阶段。在 6000 年前左右 $\delta^{11}B$ 最低，南海处于高海平面状态，在 5400 年前，南海海水的 pH 曾达到一个高值，相应的海平面处于一个低值，此后海平面出现了 3 次抬升，分别发生在距今 4800 年、距今 1700 年和距今 400 年。

韦刚健等[133]对三亚湾的现代珊瑚高分辨率的 Ba/Ca 值的研究发现，珊瑚 Ba/Ca 值具有明显的双峰态的季节变化，其中春季和秋季 Ba/Ca 值较高，而冬、夏季较低。降雨控制的陆源 Ba 的输入对三亚湾表层海水的 Ba 含量有重要的影响，海南岛南部及邻近地区秋季的降雨高峰及冬季的低雨量分别是珊瑚 Ba/Ca 值秋季高、冬季低的控制因素。夏季珊瑚 Ba/Ca 低值可能是由于夏季较高的表层海水生产力导致 Ba 以 $BaSO_4$ 的形式沉积从而去除 Ba，而春季高的珊瑚 Ba/Ca 值的原因尚不清楚。

彭子成等[134]和贺剑峰等[135]研究了海南岛近岸龙湾港水域滨珊瑚的荧光强度与降雨量和径流量的关系，建立了荧光强度和降雨量、径流量的定量关系，利用这些定量关系计算的降雨量和径流量与实测记录一致。

Shen 等[136, 137]对大亚湾 *Platygyra* 珊瑚 1977~1998 年的放射性碳的年际变化进行研究，结果显示珊瑚 $\Delta^{14}C$ 主要受海-气交换、扩散层的厚度和上升流因素的影响。在 ENSO 年，由于南海上升流的加强，具有低 $\Delta^{14}C$ 的海水通过上升流带到表层，使得珊瑚 $\Delta^{14}C$ 降低。珊瑚 $\Delta^{14}C$ 对 1977~1997 年的太阳辐射能量的变化没有响应，即使热带能量驱动的海-气交换和上升流活动发生年际变化时，南海的一般状态和海洋热结构也是较为稳定的。

程继满等[138]研究了海南岛龙湾港滨珊瑚1986～1997年的重金属含量变化。结果表明，1993年珊瑚中Fe的含量高出其平均值的1.03倍，受到了明显的Fe污染。另外，Fe含量在1994年、1995年，Cu在1986年，Mn在1993年，Zn在1995年的含量高出各自平均值的0.5～1倍，表明珊瑚受到了相应重金属的轻微污染。然而，与广东省电白县大放鸡岛滨珊瑚、南沙珊瑚礁沉积物中的重金属含量相比，龙湾港在近12年中海洋珊瑚受到重金属的污染不明显。Peng等[139]研究了大放鸡岛的滨珊瑚在1982～2001年的重金属含量的变化，结果表明珊瑚在1990年和2001年、1997年和1998年、1987年分别受到了严重的Zn、Pb、Cu的污染。污染可能来自沿岸的电镀、冶金、采矿工业活动的影响。

刘羿等[140]研究了香港西贡滨珊瑚在1991～2002年半年分辨率的稀土元素（rare earth element, REE）的含量变化。结果显示REE具有Ce负异常、重稀土富集这种典型的海水相分布模式。REE含量属于已有研究中的高值范围，与巴布亚新几内亚珊瑚的REE含量相当。通过与不同地区的对比，香港珊瑚高REE含量很可能是毗邻的珠江水体高REE的直接反映，而且同南海北缘半封闭边缘海的性质有关。此外，1991～2002年REE含量年际下降趋势十分明显，Ce负异常和重金属富集的程度也呈加剧的趋势，分布模式向海水相转化。REE含量与海平面的年际变化之间有显著的负相关关系，而且重稀土与海平面的相关系数好于轻稀土，表明热带滨珊瑚对近期全球变暖、极冰融化和海水膨胀所引起的海平面快速上升的响应。

（五）小结

从20世纪90年代开始的南海珊瑚对气候环境演变响应的研究取得了一系列重要的成果，在元素比值分析方面，建立了等离子体光谱快速分析Sr/Ca、Mg/Ca值的方法[111]，并已被国内外同行广泛认可。在TIMS U-Th年代学及其反映的古气候意义方面也取得了一系列显著的成绩，研究成果被广泛引用。在季风气候的研究方面也取得了一定的成果，但有待进一步深入研究。在珊瑚地球化学指标对ENSO的响应方面还需加强，尤其是在南海南部应该展开相关研究。另外，对于季风和ENSO这两大气候系统在南海方面的相互作用问题的研究也应该有重要意义。

五、存在的问题和未来的发展方向

虽然珊瑚地球化学指标对气候环境演变的记录取得了大量的研究成果，但也有研究表明，珊瑚内在的生物效应和其他一些外在的环境因素可能会影响到利用这些地球化学指标定量重建的气候记录的准确度[141]，以Sr/Ca值为例，基于Sr/Ca值重建的SST记录受到了质疑[142]，一些学者对可能影响到其重建的SST记录的准确度的因素进行了研究。一些研究表明珊瑚骨骼的生长或钙化速率可能影响Sr/Ca值。快速生长的种类比慢速生长的具有较低的Sr/Ca值[105, 143]。对于单个种类来说，快速生长的个体通常比慢速生长的个体的Sr/Ca值低，对于同一个个体，快速生长的部分比慢速生长的部分的Sr/Ca值低[42, 120, 144-146]，钙化速率被共生海藻的光合作用提高的珊瑚比没有共生体的相同的种类的Sr/Ca值低[121]。培养实验证明在快速钙化时，钙化过程中离子运移速率的差别导致Sr的吸收相比Ca而言减少了，反之亦然[147, 148]。生长速率引起的对珊瑚Sr/Ca值的影响机制包括和慢速生长联系在一起的人工取样、珊瑚骨骼的复杂结构[149, 150]。其他地球化学指标如$\delta^{18}O$、$\delta^{13}C$也存在类似的问题[15, 21, 151-153]。尽管存在这些问题，但更多的研究表明，珊瑚的地球化学指标与气候因素之间的关系是客观的，只要经过细致的取样、精确的分析测试，以及选取合适的经过准确标定的气候标尺，珊瑚的这些元素、同位素地球化学指标提供的气候记录是准确可靠的[44, 45]。正因为如此，基于珊瑚地球化学指标的过去气候环境演变记录取得了大量研究成果，人们对过去的气候环境条件有了更好地了解，为未来全球气候环境变化的预测提供了依据。

珊瑚地球化学指标对热带海洋气候环境演变的记录研究已经经历了从最初的找出可靠的气候环境替代指标到简单地应用这些替代指标重建过去气候环境条件的阶段，现在已经发展到对过去更长时间尺度的气候系统和气候现象如季风、ENSO、PDO 等的研究，并对这些气候系统和气候现象的驱动机制进行探讨，找出其演变的规律。

相比其他气候记录替代指标而言，珊瑚的优势是具有清晰的季节分辨率，不仅可以重建过去气候环境变量的量的变化，如 SST、SSS、降雨量等的季节分辨率的数量上的变化，而且可以准确分辨出这些气候环境变量变化的时间差异，对于后者的研究还很少，这是今后研究中很重要的一个方向，因为气候环境变化的时间制约也是很重要的，这方面的研究可以基于 Sr/Ca 值和 $\delta^{18}O$ 的联合应用来进行。珊瑚研究中的一个缺点是长时间持续生长的珊瑚有限，长的也不过几百年，目前最长的珊瑚气候重建记录来自大堡礁[46]。解决这个问题的一个途径是利用不同生长时期的珊瑚的拼接[80]，但是这可能只在有限的研究地点才可行。另一个途径是利用可能提供跨越千年以上持续气候记录的慢速生长的珊瑚种类作为研究对象[154]。但是，已有的对缺少快速生长珊瑚的大西洋的慢速生长珊瑚的研究表明气候信息的提取可能比较复杂[155]，可能受生长速率引起的动力学效应的影响[15, 120, 144]，所以在应用慢速生长珊瑚时应该考虑到生长速率的影响。

全新世和更新世化石珊瑚的年代际到百年尺度的记录能提供冰期-间冰期循环期间的季节、年际气候变率的信息[79, 83, 156, 157]，这能使我们了解在这些时间尺度上与现代不同的边界条件和驱动机制的气候系统的自然变率，这对于气候模型的发展和评价也是至关重要的，也是未来珊瑚气候环境演变记录中的重要研究方向。

古气候的研究从最初的找出可靠的古气候替代指标到简单地利用这些替代指标恢复古气候，现在已经转向对恢复的更长时间尺度的古气候的驱动机制进行研究，找出古气候演变的规律，探讨古气候演变对季风、ENSO 等气候系统的响应。

参 考 文 献

[1] Epstein S, Buchsbaum R, Lowenstam H A, et al. Revised carbonate-water isotopic temperature scale. Geological Society of America Bulletin, 1953, 64(11): 1315-1326.

[2] Keith M L, Weber J N. Systematic relationships between carbon and oxygen isotopes in carbonates deposited by modern corals and algae. Science, 1965, 150(3695): 498-501.

[3] Weber J N, Woodhead P M J. Temperature dependence of oxygen-18 concentration in reef coral carbonates. Journal of Geophysical Research, 1972, 77(3): 463-473.

[4] Gagan M K, Chivas A R, Isdale P J, et al. High-resolution isotopic records from corals using ocean temperature and mass-spawning chronometers. Earth and Planetary Science Letters, 1994, 121(3-4): 549-558.

[5] Evans M N, Kaplan A, Cane M A. Intercomparison of coral oxygen isotope data and historical sea surface temperature (SST): potential for coral-based SST field reconstructions. Paleoceanography, 2000, 15(5): 551-563.

[6] Mitsuguchi T, Matsumoto E, Abe O, et al. Mg/Ca thermometry in coral skeletons. Science, 1996, 274(5289): 961-963.

[7] Gagan, M K, Ayliffe L K, Hopley D, et al. Temperature and surface-ocean water balance of the mid-holocene tropical western pacific. Science, 1998, 279(5353): 1014-1018.

[8] Felis T, Pätzold J, Loya Y, et al. A coral oxygen isotope record from the northern Red Sea documenting NAO, ENSO, and North Pacific teleconnections on Middle East climate variability since the year 1750. Paleoceanography, 2000, 15(6): 679-694.

[9] Abram N J, Webster J M, Davies P J, et al. 2001. Biological response of coral reefs to sea surface temperature variation: evidence from the raised Holocene reefs of Kikai-jima (Ryukyu Islands, Japan). Coral Reefs, 2001, 20(3): 221-234.

[10] Yu K F, Chen T G, Huang D C, et al. The high-resolution climate recorded in the $\delta^{18}O$ of *Porites lutea* from the Nansha Islands of China. Chinese Science Bulletin, 2001, 46(24): 2097-2102.

[11] Ayliffe L K, Bird M I, Gagan M K, et al. Geochemistry of coral from Papua New Guinea as a proxy for ENSO ocean-atmosphere interactions in the Pacific Warm Pool. Continental Shelf Research, 2004, 24(19): 2343-2356.

[12] Felis T, Lohmann G, Kuhnert H, et al. Increased seasonality in Middle East temperatures during the last interglacial period. Nature, 2004, 429(6988): 164-168.

[13] Yu K F, Zhao J X, Wei G J, et al. δ^{18}O, Sr/Ca and Mg/Ca records of *Porites lutea* corals from Leizhou Peninsula, northern South China Sea, and their applicability as paleoclimatic indicators. Palaeogeography, Palaeoclimatology, Palaeoecology, 2005, 218(1-2): 57-73.

[14] Dunbar R B, Wellington G M. Stable isotopes in a branching coral monitor seasonal temperature variation. Nature, 1981, 293(5832): 453-455.

[15] McConnaughey T A. ^{13}C and ^{18}O isotopic disequilibrium in biological carbonates: I. Patterns. Geochimica et Cosmochimica Acta, 1989, 53(1): 151-162.

[16] Mcconnaughey T A, Burdett J, Whelan J F, et al. Carbon isotopes in biological carbonates: respiration and photosynthesis. Geochimica et Cosmochimica Acta, 1997, 61(3): 611-622.

[17] Swart P K, Leder J J, Szmant A M, et al. The origin of variations in the isotopic record of scleractinian corals: II. Carbon. Geochimica et Cosmochimica Acta, 1996, 60(15): 2871-2885.

[18] Reynaud-Vaganay S, Juillet-Leclerc A, Jaubert J, et al. Effect of light on skeletal δ^{13}C and δ^{18}O, and interaction with photosynthesis, respiration and calcification in two zooxanthellate scleractinian corals. Palaeogeography, Palaeoclimatology, Palaeoecology, 2001, 175(1-4): 393-404.

[19] Weber J N, Deines P, Weber P H, et al. Depth related changes in the ^{13}C/^{12}C ratio of skeletal carbonate deposited by the Caribbean reef-frame building coral *Montastrea annularis*: further implications of a model for stable isotope fractionation by scleractinian corals. Geochimica et Cosmochimica Acta, 1976, 40(1): 31-39.

[20] Grottoli A G, Wellington G M. Effect of light and zooplankton on skeletal δ^{13}C values in the eastern Pacific corals *Pavona clavus* and *Pavona gigantea*. Coral Reefs, 1999, 18(1): 29-41.

[21] Heikoop J M, Dunn J J, Risk M J, et al. Separation of kinetic and metabolic isotope effects in carbon-13 records preserved in reef coral skeletons. Geochimica et Cosmochimica Acta, 2000, 64(6): 975-987.

[22] Grottoli A G. Effect of light and brine shrimp on skeletal δ^{13}C in the Hawaiian coral *Porites compressa*: a tank experiment. Geochimica et Cosmochimica Acta, 2002, 66(11): 1955-1967.

[23] Maier C, Pätzold J, Bak R P M. The skeletal isotopic composition as an indicator of ecological and physiological plasticity in the coral genus *Madracis*. Coral Reefs, 2003, 22(4): 370-380.

[24] Rosenfeld M, Yam R, Shemesh A, et al. Implication of water depth on stable isotope composition and skeletal density banding patterns in a *Porites lutea* colony: results from a long-term translocation experiment. Coral Reefs, 2003, 22(4): 337-345.

[25] Watanabe T, Winter A, Oba T, et al. Evaluation of the fidelity of isotope records as an environmental proxy in the coral Montastrea. Coral Reefs, 2002, 21(2): 169-178.

[26] Felis T, Patzold J, Loya Y, et al. Vertical water mass mixing and plankton blooms recorded in skeletal stable carbon isotopes of a Red Sea coral. Journal of Geophysical Research Oceans, 1998, 103(C13): 30731-30739.

[27] Reynaud S, Ferrier-Pagès C, Sambrotto R, et al. Effect of feeding on the carbon and oxygen isotopic composition in the tissues and skeleton of the zooxanthellate coral *Stylophora pistillata*. Marine Ecology Progress Series, 2002, 238: 81-89.

[28] Gagan M K, Chivas A R, Isdale P J. Timing coral-based climatic histories using ^{13}C enrichments driven by synchronized spawning. Geology, 1996, 24(11): 1009-1012.

[29] Porter J W, Fitt W K, Spero H J, et al. Bleaching in reef corals: physiological and stable isotopic responses. Proceedings of the National Academy of Sciences of the United States of America, 1989, 86(23): 9342-9346.

[30] Leder J J, Szmant A M, Swart P K. The effect of prolonged "bleaching" on skeletal banding and stable isotopic composition in *Montastrea annularis*. Coral Reefs, 1991, 10(1): 19-27.

[31] Allison N, Tudhope A W, Fallick A E. Factors influencing the stable carbon and oxygen isotopic composition of *Porites lutea* coral skeletons from Phuket, South Thailand. Coral Reefs, 1996, 15(1): 43-57.

[32] Suzuki A, Kawahata H, Tanimoto Y, et al. Skeletal isotopic record of a *Porites* coral during the 1998 mass bleaching event. Geochemical Journal, 2000, 34(4): 321-329.

[33] Suzuki A, Gagan M K, Fabricius K, et al. Skeletal isotope microprofiles of growth perturbations in *Porites* corals during the 1997-1998 mass bleaching event. Coral Reefs, 2003, 22(4): 357-369.

[34] Grottoli A G, Rodrigues L J, Juarez C. Lipids and stable carbon isotopes in two species of Hawaiian corals, *Porites compressa* and *Montipora verrucosa*, following a bleaching event. Marine Biology, 2004, 145(3): 621-631.

[35] Swart P K, Healy G F, Dodge R E, et al. The stable oxygen and carbon isotopic record from a coral growing in Florida Bay: a 160 year record of climatic and anthropogenic influence. Palaeogeography, Palaeoclimatology, Palaeoecology, 1996, 123(1-4): 219-237.

[36] Gischler E, Lomando A J, Alhazeem S H, et al. Coral climate proxy data from a marginal reef area, Kuwait, northern Arabian-Persian Gulf. Palaeogeography, Palaeoclimatology, Palaeoecology, 2005, 228(1-2): 86-95.

[37] Smith S V, Buddemeier R W, Redalje R C, et al. Strontium-calcium thermometry in coral skeletons. Science, 1979. 204(4391):

404-407.

[38] Beck J W, Edwards R L, Ito E, et al. Sea-Surface Temperature from Coral Skeletal Strontium Calcium Ratios. Science, 1992, 257(5070): 644-647.

[39] Schrag D P. Rapid analysis of high-precision Sr/Ca ratios in corals and other marine carbonates. Paleoceanography, 1999, 14(2): 97-102.

[40] McCulloch M T, Gagan M K, Mortimer G E, et al. A High-Resolution Sr/Ca and $\delta^{18}O$ coral record from the Great Barrier Reef, Australia, and the 1982-1983 El-Niño. Geochimica et Cosmochimica Acta, 1994, 58(12): 2747-2754.

[41] Shen C C, Lee T, Chen C Y, et al. The calibration of D[Sr/Ca] versus sea surface temperature relationship for *Porites* corals. Geochimica et Cosmochimica Acta, 1996, 60(20): 3849-3858.

[42] Alibert C, McCulloch M T. Strontium/calcium ratios in modern *Porites* corals from the Great Barrier Reef as a proxy for sea surface temperature: calibration of the thermometer and monitoring of ENSO. Paleoceanography, 1997, 12(3): 345-363.

[43] Gagan M K, Ayliffe L K, Beck J W, et al. New views of tropical paleoclimates from corals. Quaternary Science Reviews, 2000, 19(1-5): 45-64.

[44] Marshall J F, McCulloch M T. An assessment of the Sr/Ca ratio in shallow water hermatypic corals as a proxy for sea surface temperature. Geochimica et Cosmochimica Acta, 2002, 66(18): 3263-3280.

[45] Allison N, Finch A A. High-resolution Sr/Ca records in modern *Porites lobata* corals: effects of skeletal extension rate and architecture. Geochemistry, Geophysics, Geosystems, 2004, 5(5): Q05001.

[46] Hendy E J, Gagan M K, Alibert C A, et al. Abrupt decrease in tropical Pacific sea surface salinity at end of Little Ice Age. Science, 2002, 295(5559): 1511-1514.

[47] Beck J W, Récy J, Taylor F, et al. Abrupt changes in early Holocene tropical sea surface temperature derived from coral records. Nature, 1997, 385(6618): 705-707.

[48] Quinn T M, Sampson D E. A multiproxy approach to reconstructing sea surface conditions using coral skeleton geochemistry. Paleoceanography, 2002, 17(4): 1062.

[49] Ren L, Linsley B K, Wellington G M, et al. Deconvolving the $\delta^{18}O$ seawater component from subseasonal coral $\delta^{18}O$ and Sr/Ca at Rarotonga in the southwestern subtropical Pacific for the period 1726 to 1997. Geochimica et Cosmochimica Acta, 2003, 67(9): 1609-1621.

[50] Yu K F, Zhao J X, Wei G J, et al. Mid-late Holocene monsoon climate retrieved from seasonal Sr/Ca and $\delta^{18}O$ records of *Porites lutea* corals at Leizhou Peninsula, northern coast of South China Sea. Global and Planetary Change, 2005, 47(2-4): 301-316.

[51] Shen C C, Lee T, Liu K K, et al. An evaluation of quantitative reconstruction of past precipitation records using coral skeletal Sr/Ca and $\delta^{18}O$ data. Earth and Planetary Science Letters, 2005, 237(3-4): 370-386.

[52] Corrège T. Sea surface temperature and salinity reconstruction from coral geochemical tracers. Palaeogeography, Palaeoclimatology, Palaeoecology, 2006, 232(2): 408-428.

[53] Morimoto M, Kayanne H, Abe O, et al. Intensified mid-Holocene Asian monsoon recorded in corals from Kikai Island, subtropical northwestern Pacific. Quaternary Research, 2007, 67(2): 204-214.

[54] Min G R, Edwards R L, Taylor F W, et al. Annual cycles of U/Ca in coral skeletons and U/Ca thermometry. Geochimica et Cosmochimica Acta, 1995, 59(10): 2025-2042.

[55] Shen G T, Dunbar R B. Environmental controls on Uranium in reef corals. Geochimica et Cosmochimica Acta, 1995, 59(10): 2009-2024.

[56] Corrège T, Delcroix T, Recy J, et al. Evidence for stronger El Niño-Southern Oscillation (ENSO) events in a Mid-Holocene massive coral. Paleoceanography, 2000, 15(4): 465-470.

[57] Corrège T, Quinn T, Delcroix T, et al. Little Ice Age sea surface temperature variability in the southwest tropical Pacific. Geophysical Research Letters, 2001, 28(18): 3477-3480.

[58] Wei G J, Li X H, Nie B F, et al. High resolution *Porites* Mg/Ca thermometer for the north of the South China Sea. Chinese Science Bulletin, 1999, 44(3): 273-276.

[59] Wei G J, Sun M, Li X H, et al. Mg/Ca, Sr/Ca and U/Ca ratios of a *Porites* coral from Sanya Bay, Hainan Island, South China Sea and their relationships to sea surface temperature. Palaeogeography, Palaeoclimatology, Palaeoecology, 2000, 162(1-2): 59-74.

[60] Silenzi S, Bard E, Montagna P, et al. Isotopic and elemental records in a non-tropical coral (*Cladocora caespitosa*): discovery of a new high-resolution climate archive for the Mediterranean Sea. Global and Planetary Change, 2005, 49(1-2): 94-120.

[61] Ourbak T, Corrège T, Malaize B, et al. A high-resolution investigation of temperature, salinity, and upwelling activity proxies in corals. Geochemistry Geophysics Geosystems, 2006, 7(3): 181-191.

[62] Sinclair D J, Kinsley L P J, Mcculloch M T. High resolution analysis of trace elements in corals by laser ablation ICP-MS. Geochimica et Cosmochimica Acta, 1998, 62(11): 1889-1901.

[63] Fallon S J, Mcculloch M T, Woesik R V, et al. Corals at their latitudinal limits: laser ablation trace element systematics in *Porites* from Shirigai Bay, Japan. Earth and Planetary Science Letters, 1999, 172(3-4): 221-238.

[64] Mitsuguchi T, Uchida T, Matsumoto E, et al. 2001. Variations in Mg/Ca, Na/Ca, and Sr/Ca ratios of coral skeletons with chemical treatments: implications for carbonate geochemistry. Geochimica et Cosmochimica Acta, 2001, 65(17): 2865-2874.

[65] Mitsuguchi T, Matsumoto E, Uchida T. Mg/Ca and Sr/Ca ratios of *Porites* coral skeleton: evaluation of the effect of skeletal growth rate. Coral Reefs, 2003, 22(4): 381-388.

[66] Webb G E, Baker J C, Jell J S. Inferred syngenetic textural evolution in Holocene cryptic reefal microbialites, Heron Reef, Great Barrier Reef, Australia. Geology, 1998, 26(4): 355-358.

[67] Lea D W, Shen G T, Boyle E A. Coralline barium records temporal variability in equatorial Pacific upwelling. Nature, 1989, 340(6232): 373-376.

[68] Shen G T, Cole J E, Lea D W, et al. Surface ocean variability at Galapagos from 1936-1982: calibration of geochemical tracers in corals. Paleoceanography, 1992, 7(5): 563-588.

[69] Alibert C, Kinsley L, Fallon S J, et al. Source of trace element variability in Great Barrier Reef corals affected by the Burdekin flood plumes. Geochimica et Cosmochimica Acta, 2003, 67(2): 231-246.

[70] McCulloch M, Fallon S, Wyndham T, et al. Coral record of increased sediment flux to the inner Great Barrier Reef since European settlement. Nature, 2003, 421(6924): 727-730.

[71] Sinclair D J, Mcculloch M T. Corals record low mobile barium concentrations in the Burdekin River during the 1974 flood: evidence for limited Ba supply to rivers? Palaeogeography, Palaeoclimatology, Palaeoecology, 2004, 214(1-2): 155-174.

[72] Guilderson T P, Schrag D P. Abrupt shift in subsurface temperatures in the Tropical Pacific associated with changes in El Niño. Science, 1998, 281(5374): 240-243.

[73] Guilderson T P, Schrag D P, Goddard E, et al. Southwest subtropical Pacific surface water radiocarbon in a high-resolution coral record. Radiocarbon, 2000, 42(2): 249-256.

[74] Cole J E, Fairbanks R G, Shen G T. Recent variability in the southern oscillation: isotopic results from a Tarawa atoll coral. Science, 1993, 260(5115): 1790-1793.

[75] Urban F E, Cole J E, Overpeck J T. Influence of mean climate change on climate variability from a 155-year tropical Pacific coral record. Nature, 2000, 407(6807): 989-993.

[76] Carriquiry J D, Risk M J, Schwarcz H P. Stable isotope geochemistry of corals from Costa Rica as proxy indicator of the El Niño/southern oscillation (ENSO). Geochimica et Cosmochimica Acta, 1994, 58(1): 335-351.

[77] Charles C D, Hunter D E, Fairbanks R G. Interaction between the ENSO and the Asian monsoon in a coral record of tropical climate. Science, 1997, 277(5328): 925-928.

[78] Mcgregor H V, Gagan M K. Western Pacific coral $\delta^{18}O$ records of anomalous Holocene variability in the El Niño-southern oscillation. Geophysical Research Letters, 2004, 31(11): L11204.

[79] Tudhope A W, Chilcott C P, Mcculloch M T, et al. Variability in the El Niño-southern oscillation through a glacial-interglacial cycle. Science, 2001, 291(5508): 1511-1517.

[80] Cobb K M, Charles C D, Cheng H, et al. El Niño/southern oscillation and tropical Pacific climate during the last millennium. Nature, 2003, 424(6946): 271-276.

[81] Hughen K A, Schrag D P, Jacobsen S B, et al. El Niño during the last interglacial period recorded by a fossil coral from Indonesia. Geophysical Research Letters, 1999, 26(20): 3129-3132.

[82] McCulloch M, Mortimer G, Esat T, et al. High resolution windows into early Holocene climate: Sr/Ca coral records from the Huon Peninsula. Earth and Planetary Science Letters, 1996, 138(1-4): 169-178.

[83] Kilbourne, K H, Quinn, T M, Taylor, F W, A fossil coral perspective on western tropical Pacific climate ~350 ka. Paleoceanography, 2004, 19(1): 325-341.

[84] Quinn T M, Taylor F W, Crowley T J. Coral-based climate variability in the Western Pacific Warm Pool since 1867. Journal of Geophysical Research Oceans, 2006, 111(C11): 63-79.

[85] Guilderson T P, Schrag D P, Kashgarian M, et al. Radiocarbon variability in the western equatorial Pacific inferred from a high-resolution coral record from Nauru Island. Journal of Geophysical Research Oceans, 1998, 103(C11): 24641-24650.

[86] Mantua N J, Hare S R. The Pacific decadal oscillation. Journal of Oceanography, 2002, 58(1): 35-44.

[87] Minobe S. Spatio-temporal structure of the pentadecadal variability over the North Pacific. Progress in Oceanography, 2000, 47(2-4): 381-408.

[88] Cayan D R, Dettinger M D, Kammerdiener S A, et al. Changes in the onset of spring in the western United States. Bulletin of the American Meteorological Society, 2001, 82(3): 399-415.

[89] Linsley B K, Ren L, Dunbar R B, et al. El Niño Southern Oscillation (ENSO) and decadal-scale climate variability at 10°N in the eastern Pacific from 1893 to 1994: a coral-based reconstruction from Clipperton Atoll. Paleoceanography, 2000, 15(3): 322-335.

[90] Linsley B K, Wellington G M, Schrag D P. Decadal sea surface temperature variability in the subtropical South Pacific from

1726 to 1997 AD. Science, 2000, 290(5494): 1145-1148.
[91] Grottoli A G, Gille S T, Druffel E R M, et al. Decadal timescale shift in the ^{14}C record of a central equatorial Pacific coral. Radiocarbon, 2003, 45(1): 91-99.
[92] Asami R, Yamada T, Iryu Y, et al. Interannual and decadal variability of the western Pacific sea surface condition for the years 1787-2000: reconstruction based on stable isotope record from a Guam coral. Journal of Geophysical Research Oceans, 2005, 110(C5): 167-176.
[93] Liu J, Crowley T. Reconstruction of Pacific decadal oscillation index using Pacific coral records since 1650, American Geophysical Union Fall Meeting Abstracts, San Francisco, 2006
[94] Wu L, Liu Z, Gallimore R, et al. Pacific decadal variability: the tropical Pacific mode and the North Pacific mode. Journal of Climate, 2003, 16(8): 1101-1120.
[95] Zhang Y, Wallace J M, Battisti D S. ENSO-like interdecadal variability: 1900-93. Journal of Climate, 1997, 10(5): 1004-1020.
[96] Knutson T R, Manabe S. Model assessment of decadal variability and trends in the tropical Pacific Ocean. Journal of Climate, 1998, 11(9): 2273-2296.
[97] Luo J J, Yamagata T. Long-term El Niño-southern oscillation (ENSO) -like variation with special emphasis on the South Pacific. Journal of Geophysical Research Oceans, 2001, 106(C10): 22211-22227.
[98] Graham N E. Decadal-scale climate variability in the tropical and North Pacific during the 1970s and 1980s: observations and model results. Climate Dynamics, 1994, 10(3): 135-162.
[99] Gu D, Philander S G H. Interdecadal climate fluctuations that depend on exchanges between the tropics and extratropics. Science, 1997, 275(5301): 805-807.
[100] Kleeman R, McCreary J P, Klinger B A. A mechanism for generating ENSO decadal variability. Geophysical Research Letters, 1999, 26(12): 1743-1746.
[101] Kirtman B P, Schopf P S. 1998. Decadal variability in ENSO predictability and prediction. Journal of Climate, 1998, 11(11): 2804-2822.
[102] Cole J E, Dunbar R B, McClanahan T R, et al. Tropical Pacific forcing of decadal SST variability in the western Indian Ocean over the past two centuries. Science, 2000, 287(5453): 617-619.
[103] Dunbar R B, Wellington G M, Colgan M W, et al. Eastern Pacific sea surface temperature since 1600 AD: the δ^{18}O record of climate variability in Galápagos corals. Paleoceanography, 1994, 9(2): 291-315.
[104] Linsley B K, Wellington G M, Schrag D P, et al. 2004. Geochemical evidence from corals for changes in the amplitude and spatial pattern of South Pacific interdecadal climate variability over the last 300 years. Climate Dynamics, 2004, 22(1): 1-11.
[105] Corrège T, Gagan M K, Beck J W, et al. Interdecadal variation in the extent of South Pacific tropical waters during the Younger Dryas event. 2004, Nature, 428(6986): 927-929.
[106] Holland C L, Scott R B, An S I, et al. Propagating decadal sea surface temperature signal identified in modern proxy records of the tropical Pacific. Climate Dynamics, 2007, 28(2-3): 163-179.
[107] Cobb K M, Charles C D, Hunter D E. A central tropical Pacific coral demonstrates Pacific, Indian, and Atlantic decadal climate connections. Geophysical Research Letters, 2001, 28(11): 2209-2212.
[108] Pfeiffer M, Dullo W C. Monsoon-induced cooling of the western equatorial Indian Ocean as recorded in coral oxygen isotope records from the Seychelles covering the period of 1840-1994 AD. Quaternary Science Reviews, 2006, 25(9-10): 993-1009.
[109] 聂宝符, 陈特固, 梁美桃, 等. 近百年来南海北部珊瑚生长率与海平面温度变化的关系. 中国科学, 1996, 26(1): 59-66.
[110] 韦刚健, 李献华, 聂宝符, 等. 南海北部滨珊瑚高分辨率 Mg/Ca 温度计. 科学通报, 1998, 43(15): 1658-1661.
[111] 韦刚健, 余克服, 李献华, 等. 南海北部珊瑚 Sr/Ca 和 Mg/Ca 温度计及高分辨率 SST 记录重建尝试. 第四纪研究, 2004, 24(3): 325-331.
[112] 刘羿, 彭子成, 程继满, 等. 海南岛东部海域滨珊瑚 Sr/Ca 值温度计及其影响因素初探. 第四纪研究, 2006, 26(3): 470-476.
[113] 余克服, 黄耀生, 陈特固, 等. 雷州半岛造礁珊瑚 *Porites lutea* 月分辨率的 δ^{18}O 温度计研究. 第四纪研究, 1999, 19(1): 67-72.
[114] 余克服, 陈特固, 黄鼎成, 等. 中国南沙群岛滨珊瑚 δ^{18}O 的高分辨率气候记录. 科学通报, 2001, 46(14): 1199-1204.
[115] He X X, Liu D Y, Peng Z C, et al. Monthly sea surface temperature records reconstructed by δ^{18}O of reef-building coral in the east of Hainan Island, South China Sea. Science in China Series B: Chemistry, 2002, 45: 130-136.
[116] 宋少华, 周卫健, 彭子成, 等. 海南岛滨珊瑚 δ^{18}O 对环境条件的响应. 海洋地质与第四纪地质, 2006, 26(4): 23-28.
[117] 孙敏, 李太枫, 孙亚莉, 等. 西沙珊瑚锶温度计: 便捷高精度海洋古水温代用指标. 地球化学, 2001, 30(1): 102-105.
[118] Sun Y L, Sun M, Wei G J, et al. Strontium contents of a *Porites* coral from Xisha Island, South China Sea: a proxy for sea-surface temperature of the 20th century. Paleoceanography, 2004, 19(2): 157-175.

[119] 韦刚健, 李献华, 刘海臣, 等. 珊瑚中微量铀的 ID-ICP-MS 高精度测定及其在珊瑚 U/Ca 温度计研究中的应用. 地球化学, 1998, 27(2): 125-131.

[120] de Villiers S D, Shen G T, Nelson B K. The Sr/Ca-temperature relationship in coralline aragonite: influence of variability in (Sr/Ca)$_{seawater}$ and skeletal growth parameters. Geochimica et Cosmochimica Acta, 1994, 58(1): 197-208.

[121] Cohen A L, Owens K E, Layne G D, et al. The effect of algal symbionts on the accuracy of Sr/Ca paleotemperatures from coral. Science, 2002, 296(5566): 331-333.

[122] Watanabe T, Winter A, Oba T. Seasonal changes in sea surface temperature and salinity during the Little Ice Age in the Caribbean Sea deduced from Mg/Ca and $^{18}O/^{16}O$ ratios in corals. Marine Geology, 2001, 173(1-4): 21-35.

[123] Wei G J, Yu K F, Zhao J X. Sea surface temperature variations recorded on coralline Sr/Ca ratios during Mid-Late Holocene in Leizhou Peninsula. Chinese Science Bulletin, 2004, 49(17): 1876-1881.

[124] 余克服, 刘东生, 陈特固, 等. 中国南沙群岛珊瑚高分辨率 $\delta^{13}C$ 的环境记录. 自然科学进展, 2002, 12(1): 65-69.

[125] Peng Z, Chen T, Nie B, et al. Coral ^{18}O records as an indicator of winter monsoon intensity in the South China Sea. Quaternary Research, 2003, 59(3): 285-292.

[126] Sun D, Gagan M K, Cheng H, et al. Seasonal and interannual variability of the Mid-Holocene East Asian monsoon in coral $\delta^{18}O$ records from the South China Sea. Earth & Planetary Science Letters, 2005, 237(1-2): 69-84.

[127] Su R, Sun D, Bloemendal J, et al. Temporal and spatial variability of the oxygen isotopic composition of massive corals from the South China Sea: influence of the Asian monsoon. Palaeogeography, Palaeoclimatology, Palaeoecology, 2006, 240(3): 630-648.

[128] Zhao J X, Yu K F. Timing of Holocene sea-level highstands by mass spectrometric U-series ages of a coral reef from Leizhou Peninsula, South China Sea. Science Bulletin, 2002, 47(4): 348-352.

[129] Yu K F, Zhao J X, Liu T S, et al. High-frequency winter cooling and reef coral mortality during the Holocene climatic optimum. Earth and Planetary Science Letters, 2004, 224(1-2): 143-155.

[130] Yu K F, Zhao J X, Collerson K D, et al. Storm cycles in the last millennium recorded in Yongshu Reef, southern South China Sea. Palaeogeography, Palaeoclimatology, Palaeoecology, 2004, 210(1): 89-100.

[131] Yu K F, Zhao J X, Shi Q, et al. U-series dating of dead *Porites* corals in the South China sea: evidence for episodic coral mortality over the past two centuries. Quaternary Geochronology, 2006, 1(2): 129-141.

[132] 刘卫国, 肖应凯. 南海珊瑚礁硼同位素组成及其环境意义. 地球化学, 1999, (6): 534-541.

[133] 韦刚健, 李献华, 孙敏. 南海北部珊瑚 Ba/Ca 值的季节变化及其环境意义. 地球化学, 2000, 29(1): 67-72.

[134] 彭子成, 谢端, 何学贤, 等. 海南岛滨珊瑚的荧光强度与降雨量和径流量的相关性研究. 自然科学进展: 国家重点实验室通讯, 2001, 11(8): 840-844.

[135] 贺剑峰, 彭子成, 何学贤, 等. 珊瑚荧光的古降水记录. 海洋地质与第四纪地质, 2001, 21(2): 63-68.

[136] Shen C D, Yu K, Sun Y M, et al. Interannual variations of bomb radiocarbon during 1977-1998 recorded in coral from Daya Bay, South China Sea. Science in China (Earth Science), 2003, 46(10): 1040-1048.

[137] Shen C D. Interannual ^{14}C Variations during 1977-1998 recorded in coral from Daya Bay, South China Sea. Radiocarbon, 2004, 46(2): 595-601.

[138] 程继满, 周韫韬, 刘羿, 等. 海南岛龙湾港滨珊瑚重金属含量的年际变化. 海洋地质与第四纪地质, 2005, 25(1): 11-18.

[139] Peng Z, Liu J, Zhou C, et al. Temporal variations of heavy metals in coral *Porites lutea* from Guangdong Province, China: influences from industrial pollution, climate and economic factors. Chinese Journal of Geochemistry, 2006, 25(2): 132-138.

[140] 刘羿, 彭子成, 韦刚健, 等. 香港西贡滨珊瑚 REE 的地球化学特征及其与海平面变化的关系. 地球化学, 2006, 35(5): 531-539.

[141] Lough J M. A strategy to improve the contribution of coral data to high-resolution paleoclimatology. Palaeogeography, Palaeoclimatology, Palaeoecology, 2004, 204(1): 115-143.

[142] Crowley T J. CLIMAP SSTs revisited. Climate Dynamics, 2000, 16(4): 241-255.

[143] Weber J N. Incorporation of strontium into reef coral skeletal carbonate. Geochimica et Cosmochimica Acta, 1973, 37(9): 2173-2190.

[144] De V S, Nelson B K, Chivas A R. Biological controls on coral Sr/Ca and delta ^{18}O reconstructions of sea surface temperatures. Science, 1995, 269(5228): 1247.

[145] Cohen A L, Hart S R. Deglacial sea surface temperatures of the western tropical Pacific: a new look at old coral. Paleoceanography, 2004, 19(4): PA4031.

[146] Goodkin N F, Hughen K A, Cohen A L, et al. Record of Little Ice Age sea surface temperatures at Bermuda using a growth-dependent calibration of coral Sr/Ca. Paleoceanography, 2005, 20(4): PA4016.

[147] Ferrier-Pagès C, Boisson F, Allemand D, et al. Kinetics of strontium uptake in the scleractinian coral *Stylophora pistillata*. Marine Ecology Progress Series, 2002, 245: 93-100.

[148] Cohen A L, Mcconnaughey T A. Geochemical perspectives on coral mineralization. Reviews in Mineralogy and Geochemistry, 2003, 54(1): 151-187.

[149] Swart P K, Elderfield H, Greaves M J. A high-resolution calibration of Sr/Ca thermometry using the Caribbean coral *Montastrea annularis*. Geochemistry, Geophysics, Geosystems, 2002, 3(11): 1-11.

[150] Cohen A L, Smith S R, Mccartney M S, et al. How brain corals record climate: an integration of skeletal structure, growth and chemistry of *Diploria labyrinthiformis* from Bermuda. Marine Ecology Progress Series, 2004, 271: 147-158.

[151] Land L S, Lang J C, Barnes D J. Extension rate: a primary control on the isotopic composition of West Indian (Jamaican) scleractinian reef coral skeletons. Marine Biology, 1975, 33(3): 221-233.

[152] Guzmán H M, Tudhope A W. Seasonal variation in skeletal extension rate and stable isotopic ($^{13}C/^{12}C$ and $^{18}O/^{16}O$) composition in response to several environmental variables in the Caribbean reef coral *Siderastrea siderea*. Marine Ecology Progress Series, 1998: 109-118.

[153] Chakraborty S, Ramesh R, Lough J M. Effect of intraband variability on stable isotope and density time series obtained from banded corals. The proceedings of Indian Academy of Sciences Earth and Planetary Sciences, 2000, 109(1): 145-152.

[154] Watanabe T, Gagan M K, Corrége T, et al. Oxygen isotope systematics in *Diploastrea heliopora*: new coral archive of tropical paleoclimate. Geochimica et Cosmochimica Acta, 2003, 67(7): 1349-1358.

[155] Felis T, Pätzold J. Climate reconstructions from annually banded corals. Global Environmental Change in the Ocean and On land, 2004: 205-227.

[156] McCulloch M T, Tudhope A W, Esat T M, et al. Coral record of equatorial sea-surface temperatures during the penultimate deglaciation at Huon Peninsula. Science, 1999, 283(5399): 202-204.

[157] Ayling B F, McCulloch M T, Gagan M K, et al. Sr/Ca and $\delta^{18}O$ seasonality in a *Porites* coral from the MIS 9 (339-303 ka) interglacial. Earth and Planetary Science Letters, 2006, 248(1): 462-475.

第八节 造礁珊瑚碳、氮、硼同位素的海洋酸化指示意义①

在过去的150年间，大气CO_2体积分数上升了大约40%[1]，从工业革命前的280×10^{-6}ppm到目前的大约400×10^{-6}ppm（NOAA），如此高的大气CO_2体积分数与增长速率在过去的80万年里从未有过[2, 3]，这主要是由化石燃料燃烧以及伐木等人类活动导致的[4]。其中，有一部分大气CO_2通过水-气交换被海洋所吸收，否则当前大气CO_2的体积分数将会上升至约450×10^{-6}ppm[5]。海洋对CO_2的吸收会改变海洋中的化学平衡，主要体现在破坏了原有的碳酸盐平衡，导致海水的pH、碳酸根离子浓度[CO_3^{2-}]、碳酸钙饱和度降低[6]，造成海洋酸化。这会对海洋中的碳酸钙骨骼生物造成极大伤害，并且改变海洋生态系统[7-9]。

珊瑚礁分布于热带海洋，是一种极其重要的生态资源。造礁珊瑚作为珊瑚礁生态系统的主体，对环境变化十分敏感，且其文石质骨骼具有年际界线清楚、年生长率大、易于定年等特点，能够可靠地记录其生长环境的变化，是研究环境变化的重要载体。100多年以来，海洋酸化已导致海洋碳化学平衡及海水pH发生重大改变，并对珊瑚礁及其生态系统产生重大影响[4]。由于造礁珊瑚对生长条件要求十分苛刻，因此珊瑚礁及其生态系统对目前日趋严重的海洋酸化的响应自然成为研究的热点[10-12]。本节结合相关资料对海洋酸化及其对珊瑚礁的影响进行了总结，并分析珊瑚对海洋酸化的可能记录，以期为今后研究工作提供参考。

一、海洋酸化与海洋碳酸盐平衡体系的改变

大气中CO_2的体积分数上升，海洋吸收CO_2的量持续上升，导致海水pH降低，海洋水化学平衡改变的过程被称为海洋酸化[4]。1980年以来，夏威夷海洋时间序列（HOTS）站台ALOHA观测结果显示海水pCO_2的增长速率与大气CO_2增长速率相当一致，这指示了人类活动排放的CO_2是导致海洋酸化的主

---

① 作者：韩韬，余克服，陶士臣

要原因[13]。研究显示：自工业革命以来，表层海水的平均 pH 从 8.21 降低到 8.10，并预计到 21 世纪末 pH 会下降到 7.8～8.0（IPCC）[14]。

海水中的碳酸盐化学体系主要是由以下反应控制的：

$$CO_{2(atmos)} \longleftrightarrow CO_{2(aq)} + H_2O \longleftrightarrow H_2CO_3 \longleftrightarrow H^+ + HCO_3^- \longleftrightarrow 2H^+ + CO_3^{2-} \quad (12.11)$$

CO_2 通过海-气交换在海水中溶解后，会迅速地与水反应生成碳酸（H_2CO_3），随后 H_2CO_3 会在海水中电离出氢离子（H^+），生成碳酸氢根离子（HCO_3^-）和碳酸根离子（CO_3^{2-}）。海水中碳酸盐的化学反应是可逆的，并且接近平衡[15]；因为表层海水的 pH 约为 8.1，所以其中约 90%的溶解无机碳（DIC）以 HCO_3^- 的形式存在，CO_3^{2-} 占 9%，只有 1%是溶解的 CO_2。大气中 CO_2 的增加会加大海水中溶解 CO_2、HCO_3^- 和 H^+ 的含量，使得其中的 CO_3^{2-} 浓度和 pH 降低。若到 21 世纪末表层海水 pH 同预期一样降低 0.3～0.4，那么其中的 H^+ 浓度将会增加 150%，而 CO_3^{2-} 浓度将会下降 50%[16]。

海洋中钙化生物的骨骼或外壳均由碳酸钙矿物（文石或方解石）组成，它们形成骨骼或外壳的能力即钙化能力，由海水中的碳酸钙饱和度（Ω）决定。

$$\Omega = [Ca^{2+}][CO_3^{2-}]/K'_{sp} \quad (12.12)$$

表观溶度积 K'_{sp} 由温度、盐度、压力以及矿物相决定，而海水中钙离子浓度$[Ca^{2+}]$与盐度基本成正比，故海水中 Ω 的变化主要由碳酸根离子浓度$[CO_3^{2-}]$变化决定。海水中的碳酸钙（$CaCO_3$）只有在 $\Omega>1.0$ 时才会沉积，而在 $\Omega<1.0$ 时溶解。而钙化生物的钙化作用很大程度是由于生物矿化，故对于大部分海洋生物，即使海水中文石或方解石仍处在过饱和状态（$\Omega>1.0$），它们的钙化速率仍可能会随着酸化而降低[17, 18]。

二、造礁珊瑚对海洋酸化的响应

珊瑚礁生态系统的主体——造礁石珊瑚早在三叠纪时就已出现（超过 2 亿年，它们极强的钙化能力无疑促进了其在进化上的成功）[19]。造礁石珊瑚作为海洋中十分重要的钙化生物，有着极高的 $CaCO_3$ 生产力，然而其钙化率在不同环境下差异巨大[20]。

大量的实验表明：珊瑚钙化率与文石饱和度呈正相关[4]，世界上珊瑚礁的分布也证实了这一点[21]。模拟研究显示：到 2069 年所有的珊瑚礁海域的文石饱和度将会从现在的大于 4.0 降低到小于 3.5，届时所有海域都将变得不适宜珊瑚生长，珊瑚钙化率将会受到极大影响[22]。相关的生态及控制实验表明：当大气 CO_2 体积分数从 280×10^{-6} 上升到 560×10^{-6} 时，珊瑚钙化率将下降 49%[23]。而在自然环境中，由于环境压力过于复杂，故珊瑚钙化率与海洋酸化间的关系往往很难通过野外观察得到。施祺等[24]对海南三亚鹿回头礁区的碳酸盐生产力进行了估算，发现自 1960 年以来人类活动的加剧导致该礁区珊瑚碳酸盐生产力下降了约 80%，并造成珊瑚钙化率和珊瑚礁加积速率的下降；而对南沙群岛美济礁 14 个滨珊瑚骨骼钙化率的研究发现珊瑚钙化率自 1710 年以来呈现增加趋势，在 1920～1980 年出现急剧下降，此后略微上升，并且发现钙化率的长期变化主要受温度的影响[25]。Cooper 等[26]对澳大利亚大堡礁 38 个块状珊瑚岩心进行的研究表明：在 1988～2003 年其钙化率减少了 21%；De'Ath 等[27]对澳大利亚大堡礁 328 个珊瑚岩心的研究表明：大堡礁区域的珊瑚钙化率自 1600 年以来呈现上升趋势，但在 1990～2001 年急剧下降了 14.2%，并且认为温度和碳酸钙饱和度为影响大堡礁珊瑚钙化率的主要环境压力。从图 12.13 中可以看出，大堡礁区的海水 pH 与珊瑚钙化率并未表现出同步变化，说明自然条件下珊瑚钙化率的变化并非仅仅由海洋酸化导致，而是多种环境压力共同作用的结果；但是自 1990 年以来二者的急剧下降却表现得十分同步，说明即使在自然条件下，酸化对珊瑚钙化率的影响也是值得重视的。

海洋酸化不仅会导致珊瑚钙化率的降低，还会造成珊瑚礁溶解速率的增加[29]。研究表明：造礁珊瑚钙化的同时伴随着珊瑚礁的溶解，只是由于钙化率大于溶解率，因此净作用表现为钙化，珊瑚骨骼得以堆积形成珊瑚礁。然而，随着海洋酸化的加剧，珊瑚礁的溶解速率不断增加，当溶解率达到或超过其钙化率时，珊瑚礁的钙化将会停止，甚至可能出现负生长[30]。在一些退化的礁区中已发现这种趋势[31, 32]。

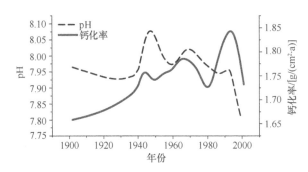

图 12.13　过去 100 年来大堡礁海域 pH[28] 及其珊瑚钙化率[27] 的变化趋势

Fine 和 Tchernov[10] 做过一个十分有趣的实验，他们先将 2 种造礁珊瑚置于高酸度的海水中培养至其骨骼完全消失，再将其转移到 pH 正常的海水中继续培养后发现其骨骼再生。这个实验结果表明：①即使失去了骨骼，珊瑚虫仍可能保持健康；②只要条件适宜，珊瑚的钙化能力可在短期内恢复。这也支持了古生物学中造礁珊瑚可以以"裸露"的形式生长并在条件适宜时才会形成碳酸钙骨骼的观点[33]。

三、珊瑚骨骼同位素指标对海洋酸化的记录

造礁珊瑚具有对环境变化敏感、年际界线清楚、年生长率大、连续生长时间长以及文石骨骼易于定年等特点，能够可靠地记录其生长环境的变化，是研究热带海洋高分辨率环境变化的极好材料[34]。目前，珊瑚能记录的环境信息有温度、盐度、日照强度、降雨、重金属污染等。海洋酸化降低了 pH、改变了海水中的碳化学平衡，并对珊瑚礁中的生物地球化学循环造成巨大影响，从理论上讲这些特征完全有可能记录在珊瑚骨骼同位素指标中。

（一）珊瑚骨骼 $\delta^{13}C$ 记录

前人在珊瑚骨骼 $\delta^{13}C$ 记录方面已做过许多工作，但关于其指示意义仍比较模糊。这是由于珊瑚骨骼中沉积的碳来源于细胞外钙化流体（ECF）中的溶解无机碳（DIC）库[35]，而珊瑚新陈代谢活动以及海水 $\delta^{13}C$ 的变化都会对 DIC 库中的 $\delta^{13}C$ 造成影响，进而导致骨骼中记录的 $\delta^{13}C$ 值发生变化[36]。目前大量研究都集中在珊瑚新陈代谢活动对骨骼 $\delta^{13}C$ 值的影响，并认为对共生虫黄藻的光合作用影响最大[34]。共生虫黄藻的光合作用会优先利用 DIC 库中的 ^{12}C，导致 DIC 中富集 ^{13}C，骨骼中的 $\delta^{13}C$ 值偏高[37]。在此基础上发现珊瑚骨骼中 $\delta^{13}C$ 可以记录光照、水深、云量等影响共生虫黄藻光合作用的自然因素的变化，并可以通过这些变化重建厄尔尼诺-南方涛动现象（ENSO）等气候事件[34]。

相比之下，关于海水 DIC 中 $\delta^{13}C$ 值的变化对珊瑚骨骼 $\delta^{13}C$ 的影响的研究则较少，这主要是因为缺少对珊瑚礁水域 DIC 中 $\delta^{13}C$ 值的连续观测。近年来，随着全球变化愈发受到关注，海洋中 $\delta^{13}C$ 的变化愈加受到重视。工业革命以来，大量化石燃料燃烧产生大量富集了 ^{12}C 的 CO_2（苏斯效应），导致海洋中溶解的 CO_2 增多，pH 降低的同时 $\delta^{13}C$ 值降低[38]。故在世纪级时间尺度上，工业革命以来珊瑚骨骼中的 $\delta^{13}C$ 与大气中 CO_2 体积分数及海水 pH 应有良好的对应关系。不少关于珊瑚骨骼中 $\delta^{13}C$ 的变化研究[28, 39, 40] 都发现骨骼中 $\delta^{13}C$ 有逐渐变小的趋势，很好地验证了苏斯效应以及暗示了人类排放的 CO_2 是海洋酸化的主因；但 $\delta^{13}C$ 值的变化量相差较大，其原因可能与当地陆源物质输入量、海气交换通量及珊瑚加积生长的差异有关[41]。Dassié 等[42] 对斐济的多个珊瑚序列进行拼接后扣除了水深、珊瑚生长以及日照的影响，重

建了200年来当地海域DIC中$\delta^{13}C$的变化,成功反映了苏斯效应以及海气交换通量。而短的季节时间尺度上,相关研究多集中在光照、径流以及降雨对其的影响上[43-45],对于珊瑚骨骼$\delta^{13}C$与pH、大气CO_2的联系的研究则相对较少。例如,Liu等[46]发现亚洲冬季风通过增加陆源物质输入,增加生物生产力,加强上升流,加快近岸-大洋水体交换速度来影响中国南海珊瑚的$\delta^{13}C$以及$\delta^{11}B$(珊瑚^{11}B记录了海水的pH信息)的季节变化;柯婷等[47]对海南岛三亚滨珊瑚的研究发现:季节尺度上$\delta^{13}C$以及$\delta^{11}B$的关系较复杂,随着时间变化存在从正相关到负相关的转变,这可能与生物活动有关。可以看出:在长的时间尺度上,由于苏斯效应,珊瑚骨骼的$\delta^{13}C$变化可以定性化地指示海洋酸化;而在短的时间尺度上,珊瑚骨骼的$\delta^{13}C$变化需要与其他指标相结合才可以揭示海洋酸化的细节。

(二)珊瑚骨骼$\delta^{11}B$记录

海洋酸化直接导致海水的pH降低,故研究海洋酸化必须掌握海水pH的变化。对海洋pH的连续观测始于1980年以后[1],但仅靠器测资料很难掌握海洋pH的变化规律。自从20世纪90年代有学者发现海相生物碳酸盐中的$\delta^{11}B$能够重建海水pH变化[48,49]以来,该方面的研究便备受重视。

自然界中,硼有两种同位素,即^{10}B和^{11}B。海水中,溶解态硼主要以$B(OH)_3$和$B(OH)_4^-$两种形式存在,根据弱酸的电离平衡,二者的相对含量受海水pH控制。电离过程中发生同位素分馏,^{10}B相对富集在$B(OH)_4^-$中。根据矿物学研究,文石结晶时硼主要以$B(OH)_4^-$形式进入晶格中[50],结合海水中$B(OH)_3$和$B(OH)_4^-$的电离平衡及同位素分馏,可推测出其同位素分馏与pH的关系式:

$$pH = pK_B - \lg\{(\delta^{11}B_{SW} - \delta^{11}B_c)/[\alpha^{-1}\delta^{11}B_c - \delta^{11}B_{SW} + 10^3(\alpha^{-1}-1)]\} \quad (12.13)$$

式中,pK_B是硼酸的表观电离常数;$\delta^{11}B_{SW}$为海水中$B(OH)_3$和$B(OH)_4^-$两相的B同位素值,取39.5‰[51];$\delta^{11}B_c$为海洋碳酸盐中的B同位素值;α为B同位素的分馏系数。从上式可以看出来,只要测定了海相碳酸盐的$\delta^{11}B_c$就可以重建古pH。

直到近期,研究才证实珊瑚骨骼$\delta^{11}B$值的确能够如实地反映海水的pH[47,52-55],但目前用珊瑚重建过去数十年到数百年海水pH的工作仍较少。主要有:Pelejero等[56]通过对珊瑚海弗林德斯礁的珊瑚骨骼$\delta^{11}B$进行5年分辨率的测定,发现该处海水pH在300年来并未表现出明显的下降趋势,而是受PDO、IPO的影响,表现出很强的年代际变化,并通过与该处珊瑚$\delta^{18}O$、Sr/Ca指标的对比,得出了IPO正负相期间信风的强弱影响该处海域与大洋的海水交换速率进而影响pH的结论;Wei等[28]在Pelejero等的基础上更细致地研究了大堡礁阿灵顿礁的珊瑚骨骼$\delta^{11}B$,除发现当地pH变化有着与弗林德斯礁类似的年代际振荡外,还评估了不同α值下重建pH的可靠性,并讨论了珊瑚骨骼$\delta^{11}B$记录历史上白化事件的潜力;Liu等[46]通过研究南海北部海南岛南部的珊瑚骨骼中3年分辨率的$\delta^{11}B$发现,该处海水pH自1850年以来呈现下降趋势,其年代际变化与亚洲冬季风强度呈现正相关关系,表明亚洲冬季风对南海海水pH的影响不可忽视;Wei等[57]研究了南海北部海南岛东部159年的珊瑚骨骼年分辨率的$\delta^{11}B$,发现其主要受到琼东上升流导致生物生产力变化的影响,将该记录与大堡礁和关岛海水pH记录进行了对比,得出了气候变率对海水pH影响机制十分复杂的结论,并对利用西太平洋长序列珊瑚骨骼$\delta^{11}B$重建的海水pH进行了归纳,发现近海海区的酸化速率比远洋海区的大,且二者海洋酸化速率都在上升。尽管对珊瑚骨骼$\delta^{11}B$的研究起步较晚,但由于其可以高分辨率地重建海水pH,故能很好地揭示海洋酸化的细节并探究其机制。

(三)珊瑚骨骼$\delta^{15}N$记录

生物体中氮同位素的组成早在20世纪60年代就发现可用于指示其食物来源[58],并在生态学中作为良好的示踪剂受到重视。珊瑚礁生态系统由于其高效的物质循环特性,故关于其氮循环的研究一直受到重视。如 Sammarco 等[59]通过对大堡礁中珊瑚 $\delta^{15}N$ 的研究发现：随着与大陆距离的增加，大堡礁珊瑚的氮源表现为从陆源物质向固氮作用以及上升流转变的过程。而 Lapointe 等[60]对佛罗里达珊瑚礁中藻类的 $\delta^{15}N$ 研究发现，其氮源为人类排放的污水，验证了该处藻类暴发的原因为陆源污水的猜想。而有关珊瑚礁骨骼 $\delta^{15}N$ 记录的研究由于受制于无合适的测定方法而起步较晚[61]，但也取得一些成果。例如，Marion 等[62]对印度尼西亚的珊瑚礁的研究发现，其骨骼中 $\delta^{15}N$ 能够很好地指示其沿海海区农业活动的影响，肥料中低的 $\delta^{15}N$ 值在珊瑚骨骼中有良好的记录。Yamazaki 等[63-65]在近几年对日本的珊瑚骨骼 $\delta^{15}N$ 记录进行了深入的研究：对琉球的珊瑚礁研究表明，珊瑚骨骼中 $\delta^{15}N$ 值很好地记录了海水中的 $\delta^{15}N$ 值；对远离大陆冲之岛礁的珊瑚研究发现，该处珊瑚骨骼中 $\delta^{15}N$ 与表层海水温度（SST）呈负相关，与 $\delta^{13}C$ 呈正相关，且在台风期间 $\delta^{15}N$ 出现高峰值；利用龙串湾的珊瑚骨骼 $\delta^{15}N$ 记录重建了 150 年来黑潮流量的变化，发现 20 世纪以来黑潮流量呈现稳定增强的趋势，其年际-年代际变率受到 ENSO 和 PDO 的共同影响。这既表明了不同海区珊瑚氮源有着显著的区域差异，又显示了珊瑚骨骼中 $\delta^{15}N$ 具有记录气候事件的潜力。

化石燃料燃烧和农业等人类活动除了增加大气中的 CO_2，还排放大量的污染物及营养物质。这些物质流入海洋，改变当地海水的 pH 及化学平衡。尽管从全球尺度来看，通过这种途径导致的海水酸化与大气 CO_2 体积分数上升相比很小，但是这会改变近岸海域的生物地球化学循环，给当地生态系统造成巨大影响[66]。已有研究表明：$\delta^{15}N$ 能有效区分不同来源的氮，示踪人类排放进入生态系统中的营养物质与污染物[67]；珊瑚骨骼中的 $\delta^{15}N$ 值能很好地反映氮源的变化，记录近岸营养物质与污染物的排放[62,68]，故 $\delta^{15}N$ 在研究近岸海域的局部酸化方面有巨大的潜力。

四、结论与展望

有研究指出通过"大陆架碳泵"的作用，边缘海吸收的大气 CO_2 占全球大洋吸收总量的 1/5[69]。在当今大气 CO_2 体积分数上升的背景下，对世界上最大的边缘海——南海的 pH 变化进行研究就显得尤为迫切。由于海洋酸化器测记录时间较短，故对南海古海洋酸化过程的重建则显得尤为重要。

造礁珊瑚凭借其对环境变化敏感、骨骼年生长率大等特点而成为记录环境变化的优良载体。海洋酸化会降低海水 pH，改变海水碳化学平衡，这些都会被珊瑚骨骼所记录。在珊瑚骨骼的同位素指标中，目前能最有效记录酸化的是硼同位素；珊瑚骨骼碳同位素能反映苏斯效应，但由于其影响因素较复杂，故准确记录酸化存在困难；珊瑚骨骼氮同位素具有良好的示踪性，能够有效指示珊瑚的营养源，并被证实为记录近岸污水的有效手段[68]，故在研究近海局部酸化上亦有巨大潜力。

结合上述同位素记录的特性，本节从理论上提出关于珊瑚骨骼碳-氮-硼同位素组合指示海洋酸化的研究设想：珊瑚骨骼中 $\delta^{11}B$ 的变化直接记录 pH 的变化，而骨骼中 $\delta^{15}N$ 及 $\delta^{13}C$ 的变化则能反映区域碳源、生物生产力及氮源的变化，揭示酸化的原因。以南海为例，南海位于东亚季风的敏感区，亚洲冬季风会为其输送大量的陆源营养物质，促进其生产力勃发，促进加强"大陆架碳泵"的形成，可以缓解其酸化；亚洲夏季风会为其带来大量的上升流，上升流中含有大量有机物分解产生的富含 ^{12}C 的 CO_2 以及营养盐，对酸化的影响较复杂[57,70]。因此对于南海区域，我们能将 $\delta^{11}B$ 记录的 pH 变化、$\delta^{13}C$ 在长时间尺度上记录的苏斯效应以及短时间尺度上记录的海区生物生产力变化、$\delta^{15}N$ 记录的营养物质输送量相结合，探讨南海的"大陆架碳泵"及其作用机制，进而评估南海在全球碳循环以及海洋酸化中的地位；而在部分开发较彻底的近岸海域，导致该区域酸化的主要原因可能是陆源污染的输入而非大气 CO_2 体积分数的上升，故可用珊瑚骨骼 $\delta^{15}N$ 及 $\delta^{13}C$ 记录来判断其营养源的变化，结合 $\delta^{11}B$ 记录的 pH 变化，可以很好地指示该海域酸化的主要原因。为了验证该设想的可行性，需要开展珊瑚礁区海水中 $\delta^{13}C$、$\delta^{15}N$、pH 和叶绿素的连续观测，并辅以室内模拟实验，即通过对珊瑚进行不同酸化程度的模拟实验，以揭示珊瑚骨骼的碳同位素、氮同位素及硼同位素与碳源、氮源和 pH 的关系，进而分析珊瑚碳-氮-硼组合研究海洋酸化的可行性及适用范围。

而目前关于珊瑚 $\delta^{13}C$、$\delta^{15}N$、$\delta^{11}B$ 的解释仍存在不确定性，以下工作有望成为重点。

（1）进行珊瑚生理学方面的研究，完善碳、氮、硼同位素在珊瑚 ECF 中分馏的理论模型。

（2）对南海古海水 pH、DIC 以及生产力进行高分辨率的重建，探讨不同边界条件下的"大陆架碳泵"和酸化之间的关系。

（3）进行全球碳、氮循环的研究，探讨 CO_2 体积分数上升导致的全球变暖和海洋酸化对于气候变率和海洋生产力变化对全球碳、氮循环的反馈作用[71]。

参 考 文 献

[1] Solomon S D, Qin M, Manning Z, et al. Climate Change 2007: the Physical Science Basis Contribution of Working Group I to the Fourth Assessment Report of the Intergovernmental Panel on Climate Change. New York: Cambridge University Press, 2007.

[2] Doney S C, Schimel D S. Carbon and climate system coupling on timescales from the Precambrian to the Anthropocene. Annual Review of Environment and Resources, 2007, 32: 31-66.

[3] Lüthi D, Floch M L, Bereiter B, et al. High-resolution carbon dioxide concentration record 650, 000-80, 0000 years before present. Nature, 2008, 453(7193): 379-382.

[4] Doney S C, Fabry V J, Feely R A, et al. Ocean acidification: the other CO_2 problem. Annual Review Of Marine Science, 2009, 1(1): 169-192.

[5] Sabine C L, Feely R A, Gruber N, et al. The oceanic sink for anthropogenic CO_2. Science, 2004, 305(5682): 367-371.

[6] Kleypas J A, Feely R A, Fabry V J, et al. Impacts of ocean acidification on coral reefs and other marine calcifiers: a guide for future research. Report of a Workshop Held, 2005, 18: 20.

[7] Agegian C R. The biogeochemical ecology of *Porolithon gardineri* (Foslie). Hawaii, the USA: University of Hawaii, 1985: 178.

[8] Borowitzka M A. Photosynthesis and calcification in the articulated coralline red algae *Amphiroa anceps* and *Amphiroa foliacea*. Marine Biology, 1981, 62(1): 17-23.

[9] Fabry V J. Shell growth rates of pteropod and heteropod mollusks and aragonite production in the open ocean: implications for the marine carbonate system. Journal of Marine Research, 1990, 48(48): 209-222.

[10] Fine M, Tchernov D. Scleractinian coral species survive and recover from decalcification. Science, 2007, 315(5820): 1811.

[11] Langdon C, Takahashi T, Sweeney C, et al. Effect of calcium carbonate saturation state on the calcification rate of an experimental coral reef. Global Biogeochemical Cycles, 2000, 14(2): 639-654.

[12] Kleypas J A, Buddemeier R W, Gattuso J P. The future of coral reefs in an age of global change. International Journal of Earth Science, 2001, 90(2): 426-437.

[13] Takahashi T, Sutherland S C, Feely R A, et al. Decadal change of surface water pCO$_2$ in the North Pacific: a synthesis of 35 years of observations. Geophysical Research Letters, 2006, 111(C7): C07S05.

[14] Royal Society. Ocean acidification due to increasing atmospheric carbon dioxide. London: The Royal Society, 2005.

[15] Millero F J, Pierrot D, Lee K, et al. Dissociation constants for carbonic acid determined from field measurements. Deep Sea Research Part I: Oceanographic Research Papers, 2002, 49(10): 1705-1723.

[16] Orr J C, Fabry V J, Aumont O, et al. Anthropogenic ocean acidification over the twenty-first century and its impact on calcifying organisms. Nature, 2005, 437(7059): 681-686.

[17] Fabry V J. Marine calcifiers in a high-CO_2 ocean. Science, 2008, 320(5879): 1020-1022.

[18] Ries J B, Cohen A L, Mccorkle D C. Marine biocalcifiers exhibit mixed responses to CO_2-induced ocean acidification. Proceedings of the 11th International Coral Reef Symposium, Ft. Lauderdale, 2008.

[19] Wood R. Reef Evolution. Oxford: Oxford University Press, 2001: 414.

[20] Stanley S M, Hardie L A. Secular oscillations in the carbonate mineralogy of reef-building and sediment-producing organisms driven by tectonically forced shifts in seawater chemistry. Palaeogeography, Palaeoclimatology, Palaeoecology, 1998, 144(1-2): 3-19.

[21] Kleypas J A, Mcmanus J L, Meñez L A B. Environmental limits to coral reef development: where do we draw the line? American Zoologist, 1999, 39(1): 146-159.

[22] Guinotte J M, Buddemeier R W, Kleypas J A. Future coral reef habitat marginality: temporal and spatial effects of climate change in the Pacific basin. Coral Reefs, 2003, 22(4): 551-558.

[23] Leclercq N C, Gattuso J P, Jaubert J N. CO_2 partial pressure controls the calcification rate of a coral community. Global Change Biology, 2000, 6(3): 329-334.

[24] 施祺, 赵美霞, 张乔民, 等. 海南三亚鹿回头造礁石珊瑚碳酸盐生产力的估算. 科学通报, 2009, 54(10): 1471-1479.

[25] 施祺, 余克服, 陈天然, 等. 南海南部美济礁200余年滨珊瑚骨骼钙化率变化及其与大气 CO_2 和海水温度的响应关系. 中国科学: 地球科学, 2012, 42(1): 71-82.

[26] Cooper T F, De'Ath G, Fabricius K E, et al. Declining coral calcification in massive *Porites* in two near shore regions of the northern Great Barrier Reef. Global Change Biology, 2008, 14(3): 529-538.

[27] De'Ath G, Lough J M, Fabricius K E. Declining coral calcification on the Great Barrier Reef. Science, 2009, 323(5910): 116-119.

[28] Wei G J, Mcculloch M T, Mortimer G, et al. Evidence for ocean acidification in the Great Barrier Reef of Australia. Geochimica et Cosmochimica Acta, 2009, 73(8): 2332-2346.

[29] Yates K K, Halley R B. CO_3^{2-} concentration and pCO_2 thresholds for calcification and dissolution on the Molokai reef flat, Hawaii. Biogeosciences, 2006, 3(1): 123-154.

[30] 张成龙, 黄晖, 黄良民, 等. 海洋酸化对珊瑚礁生态系统的影响研究进展. 生态学报, 2012, 32(5): 1606-1615.

[31] Gattuso J P, Payri C E, Pichon M, et al. Primary production, calcification, and air-sea CO_2 fluxes of macroalgal-dominated coral reef community (Moorea, French Polynesia). Journal of Phycology, 1997, 33(5): 729-738.

[32] Walter L M, Burton E A. Dissolution of recent platform carbonate sediments in marine pore fluids. American Journal of Science, 1990, 290(6): 601-643.

[33] Stanley G D, Fautin D G. The origins of modern corals. Science, 2001, 291(5510): 1913-1914.

[34] 余克服. 造礁珊瑚骨骼 $\delta^{13}C$ 及其反映的环境信息研究概况. 海洋通报, 1999, 18(3): 82-88.

[35] Gattuso J P, Allemand D, Frankignoulle M. Photosynthesis and calcification at cellular, organismal and community levels in coral reefs: a review on interactions and control by carbonate chemistry. American Zoologist, 1999, 39(1): 160-183.

[36] Mcconnaughey T A. Sub-equilibrium oxygen-18 and carbon-13 levels in biological carbonates: carbonate and kinetic models. Coral Reefs, 2003, 22(4): 316-327.

[37] Mcconnaughey T A, Burdett J, Whelan J F, et al. Carbon isotopes in biological carbonates: respiration and photosynthesis. Geochimica et Cosmochim Acta, 1997, 61(3): 611-622.

[38] Keeling C D, Bacastow R B, Tans P P. Predicted shift in the $^{13}C/^{12}C$ ratio of atmospheric carbon dioxide. Geophysical Research Letters, 1980, 7(7): 505-508.

[39] Swart P K, Dodge R E, Hudson P E. A 240-year stable oxygen and carbon isotopic record in a coral from South Florida: implications for the prediction of precipitation in southern Florida. Palaios, 1996, 11(4): 362-375.

[40] Swart P K, Healy G F, Dodge R E, et al. The stable oxygen and carbon isotopic record from a coral growing in Florida Bay: a 160 year record of climatic and anthropogenic influence. Palaeogeography, Palaeoclimatology, Palaeoecology, 1996, 123(1-4): 219-237.

[41] Swart P K, Greer L, Rosenheim B E, et al. The ^{13}C Suess effect in scleractinian corals mirror changes in the anthropogenic CO_2 inventory of the surface oceans. Geophysical Research Letters, 2010, 37(5), L05604.

[42] Dassié E P, Lemley G M, Linsley B K. The Suess effect in Fiji coral $\delta^{13}C$ and its potential as a tracer of anthropogenic CO_2 uptake. Palaeogeography, Palaeoclimatology, Palaeoecology, 2013, 370: 30-40.

[43] Sun D H, Su R X, Mcconnaughey T, et al. Variability of skeletal growth and $\delta^{13}C$ in massive corals from the South China Sea: effects of photosynthesis, respiration and human activities. Chemical Geology, 2008, 255(3): 414-425.

[44] Fabricius K E. Effects of terrestrial runoff on the ecology of corals and coral reefs: review and synthesis. Marine Pollution Bulletin, 2005, 50(2): 125-146.

[45] Deng W F, Wei G J, Xie L H, et al. Environmental controls on coral skeletal ^{13}C in the northern South China Sea. Journal of Geophysical Research-Biogeosciences, 2013, 118(4): 1359-1368.

[46] Liu Y, Peng Z C, Zhou R J, et al. Acceleration of modern acidification in the South China Sea driven by anthropogenic CO_2. Scientific Reports, 2014, 4: 5148.

[47] 柯婷, 韦刚健, 刘颖, 等. 南海北部珊瑚高分辨率硼同位素组成及其对珊瑚礁海水 pH 变化的指示意义. 地球化学, 2015, (1): 1-8.

[48] Vengosh A, Kolodny Y, Starinsky A, et al. Coprecipitation and isotopic fractionation of boron in modern biogenic carbonates. Geochimica et Cosmochimica Acta, 1991, 55(10): 2901-2910.

[49] Hemming N G, Hanson G N. Boron isotopic composition and concentration in modern marine carbonates. Geochimica et Cosmochimica Acta, 1992, 56(1): 537-543.

[50] Mavromatis V, Montouillout V, Noireaux J, et al. Characterization of boron incorporation and speciation in calcite and aragonite from co-precipitation experiments under controlled pH, temperature and precipitation rate. Geochimica et Cosmo-

chimica Acta, 2015, 150: 299-313.
[51] Rose E, Chaussidon M, France-Lanord C. Fractionation of boron isotopes during erosion processes: the example of Himalayan rivers. Geochimica et Cosmochimica Acta, 2000, 64(3): 397-408.
[52] Al-Horani F A, Al-Moghrabi S M, de Beer D. The mechanism of calcification and its relation to photosynthesis and respiration in the scleractinian coral *Galaxea fascicularis*. Marine Biology, 2003, 142(3): 419-426.
[53] Mcculloch M T, Falter J, Trotter J, et al. Coral resilience to ocean acidification and global warming through pH up-regulation. Nature Climate Change, 2012, 2(8): 623.
[54] Hönisch B, Hemming N G, Grottola G, et al. Assessing scleractinian corals as recorders for paleo-pH: empirical calibration and vital effects. Geochimica et Cosmochimica Acta, 2004, 68(18): 3675-3685.
[55] Trotter J, Montagna P, Mcculloch M, et al. Quantifying the pH 'vital effect' in the temperate zooxanthellate coral *Cladocora caespitosa*: validation of the boron seawater pH proxy. Earth and Planetary Science Letters, 2011, 303(3): 163-173.
[56] Pelejero C, Calvo E, Malcolm T, et al. Preindustrial to modern interdecadal variability in coral reef pH. Science, 2005, 309(5744): 2204-2207.
[57] Wei G J, Wang Z, Ke T, et al. Decadal variability in seawater pH in the West Pacific: evidence from coral $\delta^{11}B$ records. Geophysical Research Oceans, 2016, 120(11): 7166-7181.
[58] Miyake Y, Wada E. The abundance of $^{15}N/^{14}N$ in marine environments. Japan: Records of Oceanographic Works in Japan, 1967, 9: 32-53.
[59] Sammarco P W, Risk M J, Schwarcz H P, et al. Cross-continental shelf trends in coral delta N-15 on the Great Barrier Reef: further consideration of the reef nutrient paradox. Marine Ecology Progress Series, 1999, 180: 131-138.
[60] Lapointe B E, Barile P J, Littler M M, et al. Macroalgal blooms on southeast Florida coral reefs II. Cross-shelf discrimination of nitrogen sources indicates widespread assimilation of sewage nitrogen. Harmful Algae, 2005, 4(6): 1106-1122.
[61] Wang X T, Sigman D M, Cohen A L, et al. Isotopic composition of skeleton-bound organic nitrogen in reef-building symbiotic corals: a new method and proxy evaluation at Bermuda. Geochimica et Cosmochimica Acta, 2015, 148: 179-190.
[62] Marion G S, Dunbar R B, Mucciarone D A. Coral skeletal ^{15}N reveals isotopic traces of an agricultural revolution. Marine Pollution Bulletin, 2005, 50(9): 931-944.
[63] Yamazaki A, Watanabe T, Tsunogai U. Nitrogen isotopes of organic nitrogen in reef coral skeletons as a proxy of tropical nutrient dynamics. Geophysical Research Letters, 2011, 38(19): L19605.
[64] Yamazaki A, Watanabe T, Ogawa N O, et al. Seasonal variations in the nitrogen isotope composition of Okinotori coral in the tropical western Pacific: a new proxy for marine nitrate dynamics. Journal of Geophysical Research Biogeosciences, 2011, 116(G4): G04005.
[65] Yamazaka A, Watanabe T, Tsunogai U, et al. A 150-year variation of the Kuroshio transport inferred from coral nitrogen isotope signature. Paleoceanography, 2016, 31(6): 838-846.
[66] Doney S C, Mahowald N, Lima I, et al. Impact of anthropogenic atmospheric nitrogen and sulfur deposition on ocean acidification and the inorganic carbon system. Proceedings of the National Academy of Sciences of the United States of America, 2007, 104(37): 14580-14585.
[67] Kendall C, Elliot E M, Wankel S D. Tracing anthropogenic inputs of nitrogen to ecosystems. Stable Isotopes in Ecology and Environmental Science, 2007, 2: 375-449.
[68] Risk M J, Lapointe B E, Sherwood O A, et al. The use of ^{15}N in assessing sewage stress on coral reefs. Marine Pollution Bulletin, 2009, 58(6): 793-802.
[69] Thomas H, Bozec Y, Elkalay K, et al. Enhanced open ocean storage of CO_2 from shelf sea pumping. Science, 2004, 304(5673): 1005-1008.
[70] Liu Y, Liu W G, Peng Z C, et al. Instability of seawater pH in the South China Sea during the mid-late Holocene: Evidence from boron isotopic composition of corals. Geochimica et Cosmochimica Acta, 2009, 73(5): 1264-1272.
[71] 韩韬, 余克服, 陶士臣. 造礁珊瑚碳、氮、硼同位素的海洋酸化指示意义. 热带地理, 2016, 36(1): 48-54.

第九节 珊瑚礁对赤潮的响应与记录[①]

20世纪中期以来，赤潮在一些发达国家和地区沿海水域频频发生，到了80年代，赤潮也开始在中国

---

① 作者：陈天然，余克服，林志芬，陈特固

等发展中国家沿海肆虐。赤潮的频繁发生严重影响了我国沿海经济的发展，如1998年发生在深圳、香港、珠海水域的特大规模赤潮导致赤潮区养殖的鱼、虾几乎全部死亡，直接经济损失达4亿元[1]，每年因赤潮引起养殖的鱼、虾、贝类大量死亡而造成的经济损失达十几亿元[2]。赤潮也破坏海洋生态系统平衡，如塔玛亚历山大藻等有毒藻种的毒素能使海洋生物生理失调或死亡[3]。赤潮还危害人类健康，20世纪60年代以来，我国因误食赤潮毒化的鱼、贝类而中毒的达1600多人，死亡30多人[3]。因此，赤潮已经成为我国沿海地区主要的海洋灾害之一。但是，目前国际上对赤潮发生的机制还尚未完全清楚，赤潮的预警预报技术尚处于摸索阶段，因此对赤潮记录和监测的研究极其必要，它将有助于人们了解赤潮发生的机制、频率及其对海洋生态的影响等。

珊瑚礁是一种分布于热带海洋及部分温暖水域的重要的海洋生态资源。珊瑚礁的主体——珊瑚对环境变化敏感，骨骼具有年际界线清楚、年生长率大、连续生长时间长等特点，被证实能够很好地记录其生长水域的环境变化过程，是高分辨率环境记录的重要载体。由于珊瑚礁对环境要求非常严格[4]，因此珊瑚礁对近年来频繁发生的赤潮的响应，或者赤潮对珊瑚礁生态系统的影响自然成为人们关注的热点[5-7]。赤潮导致短时间尺度内海洋环境的巨大变化，理论上讲在赤潮发生区域的珊瑚骨骼中应该有明显的记录。本节根据发表的文献总结赤潮对珊瑚礁生态系统的影响，分析珊瑚骨骼对历史赤潮的可能记录。

一、赤潮发生的机制和水化学特征

赤潮指由于海洋浮游生物的过渡繁殖造成海水变色的现象[8]。由于引起海水变色的赤潮藻（有时是原生动物）不同，赤潮发生时海水的颜色也不尽相同，一般为红色。

（一）赤潮发生的机制

赤潮的暴发机制十分复杂，一般认为与海洋污染、水文气象、孢囊形成等因素有关，但至今尚未有公认的解释。在海洋污染方面，如吕颂辉和齐雨藻[1]认为赤潮生物的存在和水体污染（富营养化）是形成赤潮的主要原因。在水文气象方面，如龚强等[9]以1988年7~10月辽东海域赤潮为例，分析了气象因素对赤潮全过程的影响，认为气温、降水、光照、风速等气象因素与赤潮的发生、发展和消亡有密切的关系，气象条件是诱发赤潮的关键因素。在孢囊研究方面，如齐雨藻和黄长江[10]通过对1991年3月发生的卡盾藻赤潮的研究并结合1992年在深圳大鹏湾底泥中发现有海洋卡盾藻孢囊存在的事实，提出孢囊的萌芽、营养细胞的增殖和潮流的聚集作用构成了该次赤潮3个重要环节的结论。

目前一般认为，赤潮的暴发是生物因素（赤潮生物）、化学因素（营养盐等）和物理因素（水文气象条件）相互耦合的结果。Yang和Hodgkiss[11]通过对1998年香港赤潮的研究，提出赤潮种指状凯伦藻（*Karenia digitata*）的大面积暴发是许多因素协同作用的结果，如水中营养元素、暖流的侵入等，其中非常令人注目的一点就是Yang提出此次赤潮与厄尔尼诺事件有很强的关联。

（二）赤潮的水化学特征

赤潮发生期间，赤潮区海水pH、Fe、Mn、溶解氧（dissolved oxygen，DO）等水化学性质会发生一系列的变化。①pH升高：由于大量藻类光合作用，水体中CO_2含量降低，导致海水pH上升（可达8.5以上，有时甚至达到9）。例如，对2002年6月4~13日在珠江口赤湾至桂山岛一带海域发生的赤潮进行跟踪监测，赤潮发生期间pH一直维持在8.5以上，超出海水二类水质标准（GB 3097—1997）[12]。另外，酸碱度的变化会导致海水中一些元素的化学变化，如硼同位素分馏[8]。②海水Fe、Mn含量异常：高素兰[13]观察到，在赤潮出现之前，海水中Fe、Mn的浓度达到最大值，同时指出微量元素如Fe和Mn

是赤潮形成的诱发因子,是诱发赤潮形成的关键。梁舜华和张红标[14]在 1990~1993 年赤潮发生期间对盐田海域水质进行监测,结果表明,赤潮发生期间,水质 Mn 的含量突然大幅度升高 1~4 倍,随着赤潮的消亡,Mn 含量急剧下降,恢复到赤潮以前的水平。Fe、Mn 激发赤潮产生的机制目前还没有完全研究清楚,从现象来看,Fe、Mn 与赤潮藻的暴发有明显的相关性,如秦晓明和邹景忠采用正交试验法研究了 N、P、Fe-EDTA 和 Mn 对锥状斯氏藻生长的影响,结果表明,Fe-EDTA 和 Mn 对该藻的生长有明显的促进作用[15]。③溶解氧(DO)含量下降:在赤潮后期,随着赤潮生物大量死亡、分解,赤潮区域海水溶解氧含量急剧减少,一般可下降到 5mg/L 左右[16]。

二、赤潮的生态影响与珊瑚礁对赤潮的响应

赤潮的出现在局部海域打破了海洋生态系统的动态平衡,改变了其结构和功能,造成食物链的局部中断,使食物网动态(food-web dynamics)陷于混乱[17]。赤潮发生初期,水体因大量赤潮藻类的光合作用,会出现高叶绿素、高溶解氧、高 pH 的情况,并且赤潮生物竞争性消耗水体中的营养物质。环境因素突然改变,致使某些海洋生物不能适应而影响其正常生长、发育、繁殖,最终结果是逃避或死亡[8]。赤潮发生中期,大量赤潮生物覆盖水面,导致海水透光度下降,并且赤潮生物分泌或产生黏液附于鱼类等海洋动物的鳃上,妨碍其呼吸,导致其窒息死亡,或者产生毒素,直接杀死其他海洋生物,如塔玛亚历山大藻对海洋鱼类、贝类、桡足类有明显的影响[18-20]。从理论上讲,赤潮毒素对珊瑚虫生理也存在影响,但到目前为止,还没有该项研究的相关报道。赤潮发生后期,赤潮生物死亡后在分解过程中大量消耗水中的氧气,并在缺氧条件下还会分解产生大量硫化氢和甲烷,进一步使水质恶化。因此,赤潮对珊瑚礁的生长发育是极其不利的。

珊瑚礁是有着极丰富的生物多样性和极高的生产力但又十分脆弱的生态系统,它对环境要求非常严格。例如,造礁珊瑚的生长必须要有充足的阳光;它只能够生活在 27‰~40‰的盐度范围内,最适宜的盐度是 36‰;造礁珊瑚生长的最适宜温度范围狭窄,为 25~29℃[4]。赤潮期间由于大量赤潮生物漂浮在海面上,降低水体透明度,虫黄藻的光合作用降低或停止,珊瑚可能会因此而死亡。此外,处在消失期的赤潮生物大量死亡并被分解,大量消耗水体中的溶解氧,并产生其他有害气体,使珊瑚礁生物因窒息而大量死亡。1997 年下半年,印度尼西亚苏门答腊岛发生的规模空前的森林大火释放了上万吨铁以及其他营养物质,并通过大气输送转入海洋,加上气候等其他环境因素影响,引发了规模巨大的赤潮,赤潮生物死亡分解大量消耗水体中的氧气,造成明打威群岛附近绵延数百千米的珊瑚礁大面积窒息死亡[6]。

三、珊瑚骨骼对赤潮的记录

(一)赤潮的历史记录

从严格意义上讲,赤潮是一种自然现象,自古已有发生。我国最早关于赤潮的记录见于 1952 年,山费鸿年[21]报道。赤潮记录自 20 世纪 70 年代开始增加,有 11 起赤潮事件,80 年代上升至 75 起,1990~2000 年共 278 起,2001 年和 2002 年的赤潮发生次数都达到 70 起以上,2003 年和 2004 年分别达到 119 起和 96 起[22, 23]。赤潮的记录有限,从目前的资料来看,对 90 年代以前的记录呈现不连续性,并且记录的次数和规模含主观因素较多,从 90 年代开始,由于赤潮渐渐引起有关部门的重视,再加上监测设备的进步,关于赤潮的记录逐渐丰富和完整起来。但是,在此之前的大部分时间里,对赤潮的记录仍是空白,所以需要探讨赤潮环境记录的方法。已有学者从生物和地球化学等角度探求历史赤潮的环境记录[24, 25],用珊瑚骨骼作为赤潮环境记录的载体目前还处于理论阶段。

（二）珊瑚骨骼的环境记录特征

虽然珊瑚骨骼记录赤潮的研究目前还处于探索阶段，但是目前确定可用于珊瑚骨骼记录的环境信息较多，有温度、盐度、日照强度、海洋污染、降雨、上升流等。珊瑚是记录环境变化极好的材料[26]，因为珊瑚对周围环境变化十分敏感并且珊瑚骨骼能够很好地保持环境变化的信息，有很高的年生长率（可达 1~2cm/a），珊瑚骨骼如树轮一样有清楚的年际界线，持续生长历史长（可达好几百年），分布广（从热带到温带海域均有分布），是高精度铀系定年的理想材料[27, 28]，所以能够很好地记录过去环境变化的历史。

1. 温度

目前，珊瑚骨骼 Sr/Ca、Mg/Ca、U/Ca、$\delta^{18}O$ 和骨骼生长条带的宽窄等都能反映海水表层温度（SST）变化。

研究已经证实，除了在有上升流的海域，Sr/Ca 与 SST 有很好的相关性[29-31]。国内外学者对 Sr/Ca 温度计进行了大量的研究，并建立了 Sr/Ca 与 SST 之间的回归方程[32, 33]。但是，不同学者建立的方程各不相同，还需要相互对比，寻找内部的联系。后来又发现，骨骼中 Mg/Ca[34]和 U/Ca[35]同样与 SST 存在相关性。但是，Mg/Ca、U/Ca 并不总是与 SST 保持高度相关[36]，所以它们的应用没有 Sr/Ca 温度计广泛。

$\delta^{18}O$ 受海水表层温度和海水表层盐度的双重影响[28]。在盐度变化小的区域，$\delta^{18}O$ 与 SST 有较好的相关性[37]。在利用 $\delta^{18}O$ 进行高分辨率气候记录研究方面，我国在雷州半岛和南沙群岛滨珊瑚研究中已有报道[38, 39]。

Knutson 等[40]在1972年用 X 射线照相的方法揭示了每年生长的珊瑚骨骼由高密度带和低密度带组成，反映在 X 射线照片上为黑白相间的条带。后来发现，珊瑚的生长速率受 SST 变化的影响，SST 较高时，生长带相对较宽，反之，则较窄[41, 42]，于是根据逐年珊瑚生长带宽的变化，可以推算其对应年份的水温变化。

2. 盐度

珊瑚骨骼中 Sr/Ca 和 $\delta^{18}O$ 可用来反映历史上海水表层盐度的变化，如 Hendy 等[43]通过检测大堡礁珊瑚骨骼中 Sr/Ca、U/Ca、$\delta^{18}O$ 记录末冰期太平洋热带海域海水表层盐度的变化。

3. 日照时数

Grottoli[44]指出碳同位素分馏主要受代谢作用的影响，在无上升流海域，$\delta^{13}C$ 可以作为太阳辐射变化的代用指标。我国也有学者对 $\delta^{13}C$ 环境指示意义做过研究：余克服[45]对影响造礁珊瑚骨骼 $\delta^{13}C$ 的环境因素以及 $\delta^{13}C$ 反映日照时数和厄尔尼诺-南方涛动现象（ENSO）方面作了探讨。

4. 污染

珊瑚骨骼能够记录海洋环境中的重金属污染，原因在于骨骼对海水金属元素有富集的现象[46, 47]。用珊瑚记录海水污染状况在国内外均有报道。例如，余克服等[48]通过对1976~1998年扁脑珊瑚属（*Platygyra*）骨骼中 Cu、Pb 和 Cd 含量的研究及其与观测记录的比较，分析了其年际变化与海洋环境指示意义。Runnalls 和 Coleman[49]通过监测珊瑚骨骼中 Cu、Zn、Sn、Pb 异常，评价一家精炼厂排出废水的环境影响。

5. 降雨

Isdale[50]第一次报道了大堡礁块状珊瑚骨骼在长波紫外线的照射下呈现黄-绿荧光带，并且指出条带的宽度和密度与降雨量和陆地径流量有很好的相关关系。

6. 上升流

珊瑚礁对上升流的记录可用珊瑚骨骼中 Cd/Ca 来实现。Shen 等[51]通过检测珊瑚骨骼中 Cd/Ca 的变化，记录了加拉帕戈斯群岛上升流的历史变化。

7. 其他

还有其他一些有关珊瑚骨骼特性的应用：Wyndham 等[52]用激光剥蚀电感耦合等离子体质谱（LA-ICP-MS）分析了大堡礁珊瑚样品中的稀有元素（REE），发现 Nd/Yb 值以及 Ce 含量季节性的周期循环，提出 REE 可以作为沿岸海水生物活性的代用指标。McCulloch 等[53]用大堡礁滨珊瑚 Ba/Ca 值评价了由伯德金河带来的大量沉积物对大堡礁内水质的影响；此外，利用珊瑚礁记录海平面和地震、火山爆发等地质事件也有相关报道。

（三）珊瑚对赤潮记录的可能性

珊瑚能记录温度、盐度、上升流等多种环境信息，因此，有人提出珊瑚记录赤潮的可能性[54]。赤潮发生时海水化学特征发生了显著变化，如 pH 增高（包括硼同位素分馏）、溶解氧含量降低等，因此，从理论上讲这些特征应该在赤潮发生区域生长的珊瑚骨骼中有明显的记录。目前已提出的方法有硼同位素法、生长特征观测法、碳同位素法和铝法。

1. 硼同位素法

硼同位素作为海水 pH 代用指标的原理：海水中溶解态的硼主要有两种存在形式——硼酸$[B(OH)_3]$和硼酸盐$[B(OH)_4^-]$，并且在海水中的相对含量受 pH 控制（pH 低于 7 时以硼酸形式存在，pH 大于 10 时主要以硼酸盐形式存在）[55]。^{11}B 优先富集在 $B(OH)_3$ 中，而 ^{10}B 富集在 $B(OH)_4^-$ 中，且试验证明，温度、光照和水深不能导致可测量范围内硼同位素组成的变化，也就是说，硼同位素作为海水 pH 代用指标受环境因素的干扰较小[55]。

理论上，假设钙化过程中没有额外的硼同位素分馏并根据试验数据的曲线拟合，可以提出以下公式[56]：

$$pH = 8.8 - \log\left(\frac{\delta^{11}B_{sw} - \delta^{11}B_c}{\alpha_{3/4}^{-1}\delta^{11}B_c - \delta^{11}B_{sw} + 1000 \times (\alpha_{3/4}^{-1}-1)}\right) \quad (12.14)$$

式中，$\delta^{11}B_{sw}$ 为海水中硼同位素的组成，取 39‰；$\delta^{11}B_c$ 为珊瑚碳酸盐中硼同位素的组成；$\alpha_{3/4}$ 为 $B(OH)_3$ 和 $B(OH)_4^-$ 之间硼同位素的分馏系数，取 0.98。

可以利用这一原理，通过测定珊瑚骨骼中硼同位素的含量，计算出某时间段海水的 pH，如果异常，则可能发生过赤潮。国外已有文献证实 pH 与硼同位素分馏的关系，并开展了珊瑚骨骼硼同位素古海洋 pH 代用指标的研究[55-57]。

2. 生长特征观测法

造礁珊瑚骨骼呈年周期性带状生长，如同树木的年轮一样，呈明显的条带状分布。生长特征（生长率、生长密度、钙化率等）变化与其生长环境密切相关，具有重要的环境指示意义。海水温度和日照时数是影响珊瑚生长率的主要因素[58, 59]。如果海水温度和日照时数没有太大变化，那么珊瑚生长率也应该没有太大变化。换句话说，如果某年珊瑚骨骼生长率异常减小甚至停止生长，而该年的海水温度和日照时数正常，那么影响珊瑚生长的很可能是特定的环境事件，即来自不同地点的多个珊瑚生长率的共同信号暗示着某个突发环境事件的发生，其中就包括赤潮。但是，造成珊瑚生长率异常的因素还有许多，如珊瑚礁白化、飓风、地震、疾病、生物（如鹦嘴鱼、棘冠海星）入侵等，所以该方法必须与其他方法相结合。

3. 碳同位素法和铝法

碳同位素法的原理在于赤潮藻的光合作用偏向于吸收 ^{12}C 而使水体中 ^{13}C 富集，从而使珊瑚中 $\delta^{13}C$ 含量异常；铝法的原理在于赤潮时期水体 pH 上升，溶解态铝易絮凝离开水体而使水体中铝含量下降，通过测定珊瑚骨骼中的铝含量变化来判断有无赤潮发生[54]。

上述这些方法本身并不是孤立的，它们可以相互结合起来，这样对于历史上赤潮的判断会更加准确。

四、结语和展望

珊瑚骨骼以其年生长率大、持续生长时间长等特性而能够记录具有高分辨率的环境变化历史，如记录温度、盐度、日照时数、污染、降雨、上升流等。基于赤潮发生的水化学性质，赤潮与珊瑚之间的影响与响应关系，研究提出采用珊瑚记录赤潮的可能性。

目前珊瑚记录赤潮的方法有硼同位素法和生长率观测法等。结合赤潮发生的机制和水化学性质的变化，本节从理论上提出一种新的记录赤潮的方法——铁、锰微量元素法。研究表明，金属元素进入珊瑚骨骼一般认为存在 3 种方式：①含金属的颗粒物在珊瑚骨骼表面和骨骼内空隙中吸附和沉积；②通过珊瑚虫的生物吸收结合到骨骼中；③珊瑚骨骼形成（钙化）过程中，金属离子直接从海水进入骨骼替代文石晶格的部分 Ca^{2+} [60]。既然赤潮前期海水中铁、锰含量异常，那么，这种异常应该可以由铁、锰元素通过上述途径进入赤潮区珊瑚骨骼而在珊瑚骨骼中表现出来，因此，通过测试珊瑚骨骼样品中的铁、锰含量，可以推断赤潮发生的历史与频率。如果珊瑚礁能够成功记录赤潮，将有助于加深我们对赤潮现象的认识[61]。

参 考 文 献

[1] 吕颂辉, 齐雨藻. 中国的赤潮、危害、成因和防治.中国赤潮研究与防治(一)——中国海洋学会赤潮研究与防治学术研讨会论文集. 北京: 海洋出版社, 2005: 1-7.

[2] 周名江, 朱明远, 张经. 中国赤潮的发生趋势和研究进展. 生命科学, 2001, 13(2): 54-59.

[3] 潘克厚, 姜广信. 有害藻华(HAB)的发生、生态学影响和对策. 中国海洋大学学报, 2004, 34(5): 781-786.

[4] Wells J W. Treatise on Invertebrate Paleontology. Kansas: Geological Society of America Bulletin, 1956, Part F: F328-F444.

[5] Genin A, Lazar B, Brenner S. Vertical mixing and coral death in the Red Sea following the eruption of Mount Pinatubo. Nature, 1995, 377(6549): 507-510.

[6] Abram N J, Gagan M K, Mcculloch M T, et al. Coral reef death during the 1997 Indian Ocean dipole linked to Indonesian wildfires. Science, 2003, 301(5635): 952-955.

[7] Hoeksema B W, Cleary D F. The Sudden death of a coral reef. Science, 2004, 303(5662): 1293-1294.

[8] 齐雨藻. 中国沿海赤潮. 北京: 科学出版社, 2003: 1-325.

[9] 龚强, 汪宏宇, 付丹丹. 影响赤潮的气象因素分析. 环境保护科学, 2004, 30(125): 30-33.

[10] 齐雨藻, 黄长江. 南海大鹏湾海洋卡盾藻赤潮发生的环境背景. 海洋与湖沼, 1997, 28(4): 337-342.

[11] Yang Z B, Hodgkiss I J. Hong Kong's worst "red tide"—causative factors reflected in a phytoplankton study at Port Shelter station in 1998. Harmful Algae, 2004, 3(2): 149-161.

[12] 朱小山, 易斌, 董燕红, 等. 珠江口赤湾一次双相赤潮成因初探. 海洋环境科学, 2004, 23(4): 41-44.

[13] 高素兰. 营养盐和微量元素与黄骅赤潮的相关性. 海洋科学进展, 1997, 15(2): 59-63.

[14] 梁舜华, 张红标. 大鹏湾盐田水域赤潮期间水质锰的变化规律. 海洋通报, 1993, 32(2): 13-16.

[15] 秦晓明, 邹景忠. N, P, Fe-EDTA, Mn 对赤潮生物锥状斯氏藻增殖影响的初步研究. 海洋与湖沼, 1997, 28(6): 594-598.

[16] 汤坤贤, 袁东星, 林亚森, 等. 近海赤潮消亡后水体缺氧的预测与生物防治方法初探. 厦门大学学报(自然科学版),

2004, 43(6): 886-888.

[17] Anderson D M. Turning back the harmful red tide. Nature, 1997, 388(6642): 513-514.
[18] 周立红, 陈学豪. 塔玛亚历山大藻对罗非鱼肝及鳃组织 ATP 酶活性的影响. 海洋科学, 2003, 27(12): 75-78.
[19] 周立红, 陈学豪, 赖伯涛. 塔玛亚历山大藻对贝类鳃组织 Na^+, K^+-ATP 酶活性的影响. 集美大学学报(自然科学版), 2002, 7(2): 125-128.
[20] 邢小丽, 高亚辉, 林荣澄. 赤潮藻对桡足类摄食、产卵及孵化影响的研究进展. 台湾海峡, 2003, 22(3): 369-376.
[21] 费鸿年. 发生赤潮的原因. 学艺, 1952, 22(1): 1-3.
[22] 吴玉霖, 周成旭, 张永山, 等. 烟台四十里湾海域红色裸甲藻赤潮发展过程及其成因. 海洋与湖沼, 2001, 32(2): 159-167.
[23] 国家海洋局. 中国海洋灾害公报. http://www.soa.gov.cn/zwgk/hygb/zghyzhgb/201211/t20121105_5537.html [2005-9-26].
[24] 龚一鸣, 李保华, 司远兰, 等. 晚泥盆世赤潮与生物集群灭绝. 科学通报, 2002, 47(7): 554-560.
[25] 徐杰, 陈建芳, 刘广深, 等. 古赤潮与古营养状况的沉积记录研究进展. 海洋通报, 2003, 22(6): 63-70.
[26] Yu K F, Zhao J X, Wei G J, et al. δ^{18}O, Sr/Ca and Mg/Ca records of *Porites lutea* corals from Leizhou Peninsula, northern South China Sea, and their applicability as paleoclimatic indicators. Palaeogeography, Palaeoclimatology, Palaeoecology, 2005, 218(1): 57-73.
[27] Lough J M, Barnes D J, Taylor R B. Under standing growth mechanisms: the key to successful extraction of proxy climate records from corals. Proceedings of the 8th International Coral Reef Symposium, Panama, 1997, 2: 1697-1700.
[28] Yu K F, Zhao J X, Wei G J, et al. Mid-late Holocene monsoon climate retrieved from seasonal Sr/Ca and δ^{18}O records of *Porites lutea* corals at Leizhou Peninsula, northern coast of South China Sea. Global and Planetary Change, 2005, 47(2): 301-316.
[29] Weber J N. Incorporation of strontium into reef coral skeletal carbonate. Geochimica et Cosmochimica Acta, 1973, 37(9): 2173-2190.
[30] Beck J W, Edwards R L, Ito E, et al. Sea-surface temperature from coral skeletal strontium calcium ratios. Science, 1992, 257(5070): 644-648.
[31] De S D, Shen G T, Nelson B K. The Sr/Ca-temperature relationship in coralline aragonite: influence of variability in (Sr/Ca) seawater and skeletal growth parameters. Geochimica et Cosmochimica Acta, 1994, 58(1): 197-208.
[32] Cardinal D, Hamelin B, Bard E, et al. Sr/Ca, U/Ca and δ^{18}O records in recent massive corals from Bermuda: relationships with sea surface temperature. Chemical Geology, 2001, 176(1): 213-233.
[33] 韦刚健, 余克服, 赵建新. 雷州半岛中晚全新世造礁珊瑚 Sr/Ca 值的表层海水温度记录. 科学通报, 2004, 49(17): 1770-1775.
[34] Mitsuguchi T, Matsumoto E, Abe O, et al. Mg/Ca thermometry in coral skeletons. Science, 1996, 274(5289): 961-963.
[35] Min G R, Edwards R L, Taylor F W, et al. Annual cycles of U/Ca in coral skeletons and U/Ca thermometry. Geochimica et Cosmochimica Acta, 1995, 59(10): 2025-2042.
[36] Quinn T M, Sampson D E. A multiproxy approach to reconstructing sea surface conditions using coral skeleton geochemistry. Paleoceanography, 2002, 17(4): 14-1-14-11.
[37] Weber J N, Woodhead P M J. Temperature dependence of oxygen-18 concentration in reef coral carbonates. Journal of Geophysical Research, 1972, 77(3): 463-473.
[38] 余克服, 黄耀生, 陈特固, 等. 雷州半岛造礁珊瑚 *Porites lutea* 月分辨率的 δ^{18}O 温度计研究. 第四纪研究, 1999, 8(1): 67-72.
[39] 余克服, 陈特固, 黄鼎成, 等. 中国南沙群岛滨珊瑚 δ^{18}O 的高分辨率气候记录. 科学通报, 46(14): 1199-1204.
[40] Knutson D W, Buddemeier R W, Smith S V. Coral chronometers: seasonal growth bands in reef corals. Science, 1972, 177(4045): 270-272.
[41] Weber J N, Deines P, White E W, et al. Seasonal high and low density bands in reef coral skeletons. Nature, 1975, 255(5511): 697-698.
[42] 聂宝符, 陈特固, 梁美桃, 等. 南沙群岛及其邻近礁区造礁珊瑚与环境变化的关系. 北京: 科学出版社, 1997: 1-83.
[43] Hendy E J, Gagan M K, Alibert C A, et al. Abrupt decrease in tropical pacific sea surface salinity at end of little ice age. Science, 2002, 295(5559): 1511-1514.
[44] Grottoli A G. Stable carbon isotope (δ^{13}C) in coral skeletons. Oceanography, 2000, 13(2): 93-97.
[45] 余克服. 造礁珊瑚骨骼 δ^{13}C 及其反映的环境信息研究概况. 海洋通报, 1999, 18(3): 82-88.
[46] Dodge R E, Gilbert T R. Chronology of lead pollution contained in banded coral skeletons. Marine Biology, 1984, 82(1): 9-13.
[47] Shen G T, Bolye E A, Lea D W. Cadmium in corals as a tracer of historical upwelling and industrial fallout. Nature, 1987,

328(6133): 794-796.
[48] 余克服, 陈特固, 练健生, 等. 大亚湾扁脑珊瑚中重金属的年际变化及其海洋环境指示意义. 第四纪研究, 2002, 22(3): 230-235.
[49] Runnalls L A, Coleman M L. Record of natural and anthropogenic changes in reef environments (Barbados West Indies) using laser ablation ICP-MS and sclerochronology on coral cores. Coral Reefs, 2003, 22(4): 416-426.
[50] Isdale P. Fluorescent bands in massive corals record centuries of coastal rainfall. Nature, 1984, 310(5978): 578-579.
[51] Shen G T, Boyle E A, Lea D W. Cadmium in corals as a tracer of historical upwelling and industrial fallout. Nature, 1987, 328(6133): 794-796.
[52] Wyndham T, Mcculloch M, Fallon S, et al. High-resolution coral records of rare earth elements in coastal seawater: biogeochemical cycling and a new environmental proxy. Geochimica et Cosmochimica Acta, 2004, 68(9): 2067-2080.
[53] McCulloch M, Fallon S, Wyndham T, et al. Coral record of increased sediment flux to the inner Great Barrier Reef since European settlement. Nature, 2003, 421(6924): 727-730.
[54] 刘羿, 彭子成, 陈特固, 等. 一种研究赤潮的新途径——珊瑚古环境法的探讨. 自然杂志, 2004, 26(3): 141-144.
[55] Hönisch B, Hemming N G, Grottoli A G, et al. Assessing scleractinian corals as recorders for paleo-pH: empirical calibration and vital effects. Geochimica et Cosmochimica Acta, 2004, 68(18): 3675-3685.
[56] Bard C R, Chaussidon M, Lanord C F. pH control on oxygen isotopic composition of symbiotic corals. Earth and Planetary Science Letters, 2003, 215(1): 275-288.
[57] Reynaud S, Hemming N G, Juillet-Leclerc, A, et al. Effect of pCO$_2$ and temperature on the boron isotopic composition of the zooxanthellate coral *Acropora* sp. Coral Reefs, 2004, 23(4): 539-546.
[58] 施祺, 张叶春, 孙东怀. 海南岛三亚珊瑚生长率特征及其与环境因素的关系. 海洋通报, 2002, 21(6): 31-38.
[59] 施祺, 孙东怀, 张叶春. 珊瑚骨骼生长特征的数字影像分析. 海洋通报, 2004, 23(4): 19-24.
[60] 黄德银, 施祺, 张叶春. 三亚湾滨珊瑚中的重金属及环境意义. 海洋环境科学, 2003, 22(3): 35-38.
[61] 陈天然, 余克服, 林志芬, 等. 珊瑚礁对赤潮的响应与记录研究进展. 岩石矿物学杂志, 2006, 25(6): 523-529.

第十节　稀土元素地球化学在珊瑚礁环境记录中的研究[①]

热带海洋对全球气候系统的变化起着关键作用，揭示热带海洋多尺度气候变化的规律对认识全球气候变化规律具有重要意义。广泛分布于热带、亚热带海域的珊瑚礁是目前最为理想的气候和环境记录载体之一。近年来，珊瑚礁在高分辨率古环境记录领域发挥着重要的作用[1]，并且珊瑚礁对全球变化的响应规律等研究也是海洋和气候变化领域的前沿[2]。珊瑚礁的主要构建者珊瑚，利用其保存在文石骨骼晶格内的元素以及同位素，可以持续地长时间记录周边海洋环境因素的变化，包括海洋表层温度[3-6]、表层盐度[7]、降雨量[8-11]、径流量[12, 13]以及海洋上升流[10, 14-16]等。目前，珊瑚的气候环境指标有微量元素比值（Sr/Ca、Mg/Ca 和 U/Ca）、同位素比值（^{18}O/^{16}O、^{13}C/^{12}C、^{14}C/^{12}C、^{15}N/^{14}N 和 ^{11}B/^{10}B）、营养元素（Cd、Ba 和 Mn）、重金属元素（Pb、Cu 和 Cr）、珊瑚骨骼荧光强度、密度、生长率以及钙化率等[17, 18]，其中珊瑚骨骼的微量元素地球化学指标已经成为海洋环境条件的最主要指示之一[19]。但是微量元素地球化学指标往往容易受到外界的干扰[20]。稀土元素（REE）作为一组在地质地球化学作用过程中整体活动，除经受岩浆熔融外，基本上不会破坏整体组成特征的特殊元素组合，在珊瑚礁环境记录方面具有显著特色和较大潜力。

稀土元素由于其电子排列的特殊性而具有相似的地球化学性质，其间的微小分馏与环境介质的氧化还原条件密切相关。此外，不同来源以及不同沉积环境下的 REE 含量配分模式和一些特征参数通常具有一定的差别，而经过迁移的 REE 仍然保持着源区的组成特征，因而能够敏感地记录沉积环境和气候的演化信息[21-28]。因此，REE 通常作为一个组合，它们的分馏程度取决于化学环境的变化，经常用来进行地球化学示踪[29]。目前，REE 已经被广泛地应用于探讨沉积物来源和物源区气候环境等

[①] 作者：姜伟，余克服，王英辉，许慎栋

研究中。

珊瑚中的 REE 组成与其生长时期的海水环境具有紧密的联系。前人已经证实，珊瑚中的 REE 含量与周边海水中的 REE 含量是成比例的[30, 31]，如图 12.14 所示。因此，珊瑚的纵向变化规律是海水成分历史变化的反映，而海水成分的变化又与古气候变化密切相关[20]。

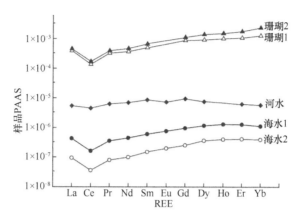

图 12.14　海水、河水和珊瑚样品 PAAS 标准化 REE 配分模式图解

海水 1. 大弗兰克兰岛海域海水；海水 2. 高岛海域海水；河水. 柏德金河；珊瑚 1. 弗兰克兰岛；珊瑚 2. 高岛；数据来自澳大利亚大堡礁[31]

珊瑚礁的 REE 地球化学记录不仅可以补充长期观测网络，提供一个实用的水文和气候信息来源[13]，而且能够为古海洋学、古地理学和海洋的地球化学演变提供信息[32, 33]。本节综述 REE 地球化学在珊瑚礁环境记录中的原理及应用，希望能够有助于拓展 REE 地球化学指标的应用领域，并为进一步深入研究珊瑚礁 REE 地球化学行为提供参考。

一、珊瑚礁稀土元素记录的原理及应用

现代海水的 REE 在北美页岩标准化之后的配分模式主要有如下特征：①轻稀土缺失（重稀土富集）；②Ce 负异常；③轻微的 La 正异常；此外，海水中 Y/Ho 值特别高[34]。这主要是由于 REE 的离子半径随着原子序数的增加而逐渐减小，即镧系收缩效应。由于这种特性，轻稀土由于离子半径较大更容易被吸附到颗粒物的表面，优先沉积下来；而重稀土由于离子半径相对较小，易与水中溶体结合成复合物而持留在水体当中[30, 35, 36]。实际上，REE 在低盐度河口区的大尺度去除是河口地区的普遍现象，原因是河流 Fe-有机物-REE 胶体在盐度升高时发生絮凝，使得 80%～90%的 REE 随胶体沉降出水体，进而沉积在河口底层[37]，如图 12.15 所示。海水中 Ce 的负异常是由于自身的氧化和生物作用，使 Ce^{3+} 氧化为 Ce^{4+}，

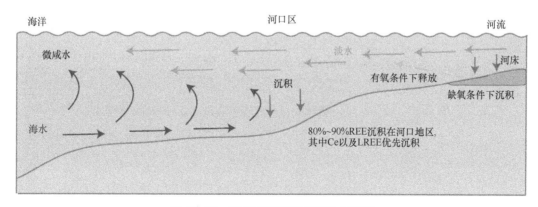

图 12.15　REE 在河口地区行为示意图

以 CeO_2 的形式沉淀，因此它比其他 REE 的迁出速率要大。而 Y/Ho 值较高（约 105，大陆岩石仅约为 50）是因为这两种元素化学性质，如电荷和离子半径等较为相似，但是由于二者表面络合行为的差异，Ho 被海水移除的速率要比 Y 高出近两倍[38]。

现代海水的 REE 分布与所有已知的 REE 可能来源均有差异，其来源主要包括大陆风化和海底热液输入[39]。海水 REE 独特的配分模式主要反映了三价元素的行为和河口以及海洋的清除过程[32]。海洋中的微量元素进入珊瑚一般可以通过 3 种途径：①类质同象；②捕获；③珊瑚组织对于有机物质的吸收，即摄食[40,41]。Fallon 等[42]的研究表明，珊瑚中的 REE 含量在进行北美页岩标准化之后，与过滤的海水的 REE 配分模式是一致的，这说明珊瑚主要以类质同象的方式吸收了海水中溶解态的 REE。随后，Wyndham 等[31]的研究也证实了珊瑚中 REE 含量同海水溶解态 REE 含量成比例，而不受沉积物或悬浮态 REE 的影响。

若只考虑微量元素以类质同象的方式进入珊瑚骨骼而忽略其他途径，珊瑚微量元素被证实是海洋环境污染的良好指示剂[16,41,43-46]。高分辨率珊瑚地球化学记录已经被证实可以精确地记录环境参数（如降水、海洋表面温度、沉积通量、盐度和污染）的变化[3,7,13,42,47]。珊瑚礁可以作为标志物的实用性很大程度上依赖于其生长过程中所分泌形成的钙质骨骼，其中的微量元素主要来自于周围环境的海水，因此可以反映珊瑚生长时期的环境变化[13]。珊瑚可以持续地记录海水环境受到的影响，还得益于珊瑚骨骼的连续生长，使得珊瑚中的元素记录可以相互比较[42]。

REE 在海水中主要以络合物离子的形式存在，通过未充满的电子轨道与极性较强的离子以多次配位或环状螯合配位等形式存在于水体中[37]。微量元素进入珊瑚骨骼文石矿物中经常用珊瑚文石与海水之间的分配系数来描述，对 REE 而言，就是珊瑚骨骼中 REE/Ca 和海水中 REE/Ca 的物质的量比值[13]。其表达式为

$$D_{REE} = (REE/Ca)_{珊瑚} / (REE/Ca)_{海水}$$

可能影响珊瑚 REE 分配系数的因素总结起来主要包括：①珊瑚种类，Akagi 等[29]研究发现，珊瑚的种类是决定珊瑚与海水间 REE 分配系数的最重要因素之一，如图 12.16 及图 12.17 所示；②海水表层温度（SST）、珊瑚的生理作用（vital effect）等，有可能会改变 REE 在珊瑚骨骼和海水间的分配比例[32,48]，而珊瑚所在位置的相对影响几乎可以忽略，如图 12.17 所示。此外，降雨量、径流量和海平面变化等因素，虽然不能改变分配系数，却可以通过改变海水中 REE 的含量来间接改变珊瑚中 REE 的含量[13,42]。

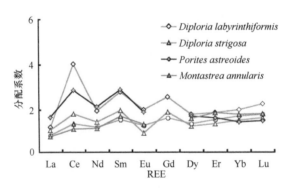

图 12.16　同一区域不同珊瑚种类的珊瑚与海水间 REE 分配系数对比

数据来自百慕大群岛[30]

虽然珊瑚自身的生长、温度以及环境差异都有可能影响到珊瑚 REE 的含量，但不同海区珊瑚的 REE 分配系数具有惊人的一致性，这表明珊瑚中 REE 组成与其生长时期海水中的 REE 具有良好的平衡，其时间序列上的变化是海水溶解态 REE 成分历史变化的反映[31]。因此，珊瑚礁中的 REE 含量、特征参数以及配分模式在某些特定条件下可以记录海水环境因素的持续变化。珊瑚中 REE 已经被成功应用于记录

沿海径流和近海陆地风化作用[29, 31, 49, 50]、近海污染[42]、海水生产力和气候的时间变化序列[31, 49]、海平面变化[51-53]、海底地下水排放[13]等。

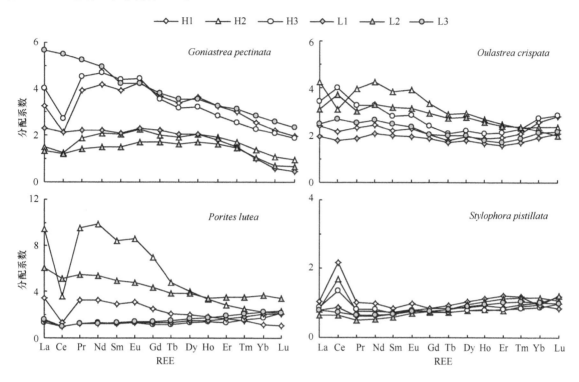

图12.17　同一地区4种珊瑚各自在远海（H）及近海（L）海区的珊瑚与海水间REE分配系数对比

数据来自日本冲绳岛[29]

（一）记录海平面变化

海平面变化是目前国际社会普遍关注的全球性重大主题之一。由于珊瑚礁的发育与海平面变化之间的密切联系以及其在高精度年代测定方面的优势，珊瑚礁一直在海平面变化历史的研究中发挥着重要作用[54-56]，而微环礁是利用珊瑚礁研究准确指示海平面位置及其年际尺度变化的最主要手段[56-62]。在河口地区以及海湾地区，近岸珊瑚REE的年际变化被证实与海平面变化具有显著关系[51-53]。

当海平面快速上升时，河口区域珊瑚受到来自河流陆源物质的影响减弱，海平面上升成为控制河口区域珊瑚REE含量年际变化的主导因素。而海水同河水相比，REE含量要低1~2个数量级，配分模式也具有明显差异，因而当海平面发生变化时，河口区域的海水REE含量和配分模式也会发生变化。珊瑚REE有可能会记录下这一过程，从而指示海平面变化的历史[18]。刘羿等[52]在对采自南海北缘地处海南岛东南的龙湾港海域的大型块状滨珊瑚的研究中发现，在年际分辨率下，龙湾珊瑚REE含量同海平面呈显著的负相关关系，相关系数达到0.5~0.8；Er/Nd值与海平面呈显著正相关性，表明随着海平面上升，珊瑚重稀土的富集程度也在加深；此外，龙湾珊瑚REE总含量与Er/Nd值有极好的相关性，这符合河水或近岸水与海水两元混合的模型。类似的，香港珊瑚的REE与海平面也呈显著的负相关性（相关系数为0.7~0.9），揭示海平面上升对该珊瑚REE的显著影响[51]。这些指标都反映了珊瑚REE含量的逐年减少是河口珊瑚对海平面上升的响应。

因此，河口区域珊瑚的REE记录，可以为理解过去数百年来海平面的年际变化以及全新世时期亚轨道尺度海平面的变化提供信息[52]。该方法在半封闭边缘海地区（如我国南海）的适用性更强。

（二）近岸环境监测

珊瑚骨骼每年呈条带状快速生长，它们可以在几十年到几百年内持续生长，并且对于环境条件（如海洋表面温度、盐度、降水以及污染等）的改变很敏感[13]。微量元素通过去吸附作用从污染的沉积物和河道疏浚物进入自然水体中是一个常见的过程，并且已经被广泛研究[63-65]。河道疏浚的废弃物以及海岸侵蚀物质进入海湾，降低了透光度，干扰了水体pH，引发了赤潮并降低了溶解氧的含量，这些对于珊瑚礁生态系统具有负面作用[66]。农业生产和森林砍伐造成的土壤侵蚀也会导致陆源沉积物通过径流输入海洋环境中而造成污染[42]。一般来说，近海增加的沉积物、营养盐以及金属元素会严重妨碍到珊瑚礁的整体健康，并且导致珊瑚群落的高死亡率[67]。

近海岸珊瑚REE组成受到的明显陆源影响主要表现在较高的REE含量（10倍高于远岸珊瑚）和轻稀土的富集[31]。Fallon等[42]的研究表明，与大洋海水相比，近岸珊瑚的REE含量模式与其显著不同。Akagi等[29]对分布在冲绳岛附近两个盐度不同地点的4种现代珊瑚骨骼中的REE含量进行了分析，并与周围海水可溶态REE含量进行了比较后发现，位于海湾地带的珊瑚富集轻稀土，而且REE含量要比位于远岸海洋中的同类珊瑚高出10倍；而刘羿等[52]的研究结果表明，香港珊瑚的稀土含量与珠江水体的含沙量呈显著的正相关性。这说明近岸水域的海水REE模式主要受到陆源沉积物的控制。Fallon等[42]对巴布亚新几内亚的米西马岛附近滨珊瑚记录的当地开放金矿的环境影响进行了报道，发现在时间序列上，滨珊瑚中的Y、La和Ce含量随着受到矿业活动影响的沉积物的增加而显著增加，而且伴随着矿业活动的停止而迅速降低。例如，该地区米西马金银矿附近海域的珊瑚REE和微量元素含量要比金银矿刚刚开始开采的1998年高出两个数量级。Nguyen等[68]利用越南中海岸芽庄湾的滨珊瑚记录了包括REE在内的多种替代指标，重建了1995～2009年海水条件的变化情况。REE与微量金属元素长达14年的记录表明，陆源微量金属元素含量随着海岸工程项目（如道路、港口和度假村建筑施工、港口和河道疏浚以及倾倒行为等）的发展而出现显著增加。实际上，河口的沉积物可以在缺氧的条件下沉积在河床之下，而疏浚和倾倒行为可以将沉积物暴露到有氧的条件下，从而导致微量金属元素释放出来（图12.16），进而增加它们被海洋生物吸收的程度。以上研究主要集中在对于珊瑚所在海洋环境10～20年的记录，但在理论上，这类研究的时间尺度可以达到百年以上。

珊瑚中的REE模式在倾倒行为发生期间表现出与代表上地壳的澳大利亚后太古宙页岩（PAAS）和河流沉积物较为紧密的联系。工程项目还会导致REE模式与其自然模式相悖，使得Ce亏损并不显著。值得注意的是，由于海湾环境在被干扰之前是有氧环境，海洋环境中有机物质的分解[69]以及富营养化引起的赤潮[70]会导致海湾环境出现缺氧。当Ho和Y沉积在河口区域，河水会与海水进行混合，导致Ho被铁氢氧化物和有机物质从水体中迅速清除，沉淀在河床，而Y则以溶解态的形式优先存在于水体中[35]。所以，与Y相比，疏浚的废弃物更易富集Ho。当疏浚的废弃物被倾倒到海湾水体中时，富Ho的疏浚废弃物会释放过量的Ho到海水中，进而导致珊瑚中的Y/Ho值相对较小[68]。总之，海岸工程项目发展过程的影响可以十分清晰地显示REE模式和Y/Ho值随时间的改变，这说明这两种指标是海洋污染较为可靠的指示[68]。

显然，珊瑚骨骼形成时吸收的微量元素的水平主要取决于周围海洋环境的变化情况。因此，利用珊瑚作为海洋环境污染的监测手段已经被广泛接受，尤其是在没有环境记录以及环境记录较短或者不连续的地区可以发挥较大的作用[68]。另外，有一些研究表明珊瑚骨骼中的微量元素含量要低于珊瑚组织，也就是说并不是所有被活珊瑚进食的微量金属元素都被转移到了骨骼中[71-73]。尽管存在各种同化机制，越来越多的研究已经成功地运用珊瑚来监测海洋污染状况。实际上，暴露在极端污染区域的珊瑚通常会比轻度污染区域的珊瑚含有更高含量的微量元素[74]。

（三）指示地下水排放

海水中 REE 的去吸附作用被认为是海水中溶解态 REE 含量升高的最初级的机制。同样的，地下水排泄已经被证实是近海海水中 REE 的重要来源[75]。为了发展可以记录历史上地下水排放入海的定量指示，Prouty 等[13]对夏威夷莫洛凯岛南部海滨珊瑚芯中的 REE 进行了研究，将珊瑚中 REE 和 Ca 的比值与基流水文参数进行了比较，发现二者之间具有较强的相关关系。一般而言，玄武岩含水层中的拉长石和橄榄石分解的 REE 可能是近海中 REE 的最初来源；而在围岩处于稳定状态下的玄武岩含水层，REE 含量被证实沿着地下水的路径保持相对恒定[76]。溶解的稀土元素的含量被很多学者认为可以对水文地质环境中地下水的流动路线进行标记[77-79]。

实际上，在过去的 100 年，每年已统计的 REE/Ca 值在数学统计上具有显著下降（−40%）的趋势，而这和莫洛凯岛流水排放的长期记录是相符的，该记录显示 1913 年以来的基流具有一个下降的趋势[13]。珊瑚的古水文记录可以与地下水流模型中数据进行比较，用于模拟地下水位和入海径流的变化[13]。研究证实，在莫洛凯岛南部海滨的珊瑚的 REE 记录是很有潜力的古水文指示。此外，澳大利亚东南部玄武岩含水层的研究也证实，水流路径上不同阶段的稳定 REE 模式和含量说明 REE 的稳定态是比较迅速形成的[76]，因此，珊瑚的 REE 地球化学记录具有很大的潜力成为一种水文信息的可靠来源。该指标在缺乏器测装备的区域可以发挥更大的作用，用于填补该区域数百年的水文信息空白。

（四）恢复氧化还原过程

前人研究认为，稀土元素中的 δCe（Ce 异常）和 δEu（Eu 异常）可用作沉积环境氧化-还原状态的指标，若 δCe（δEu）>1.05，则被称为正异常；若 δCe（δEu）<1.05，则被称为负异常[27, 80]。一般来说，Ce（Eu）正异常表明为还原过程，而 Ce（Eu）负异常表明为氧化过程，而 δCe 数值则代表氧化还原的强度。碳酸盐岩中自生沉积形成的矿物通常能保存形成时的沉积环境信息，其中稀土元素常用于研究形成时孔隙水的氧化还原条件[81-85]。此外，在碳酸盐岩成岩过程中 REE 在北美页岩标准化后的配分模式中会表现出一定的稳定性[86, 87]，因此，碳酸盐岩中的 REE 是沉积环境氧化还原条件的理想示踪剂[88]。而相对强的氧化环境通常由暖湿的古气候所致，这表明珊瑚礁中的 REE 对古气候变化具有良好的指示作用。一般来说，可以利用其 REE 指示恢复古氧化还原条件的研究材料需要满足 4 个条件：①REE 氧化态对于海水氧含量具有可预测性；②研究材料可以记录周围海水的瞬间变化；③研究材料中的 REE 与海水中的 REE 成比例；④研究材料中的 REE 不能受到成岩作用的改造[89]。

在珊瑚骨骼 REE 中，对于氧化还原反应比较敏感的 Ce 和 Eu 异常也可以为海洋的氧化条件提供信息[87]。其中，Ce^{3+} 在浅水环境中通过细菌的作用可以迅速地氧化为 Ce^{4+}，导致溶液中 Ce 的亏损[23]，因而 Ce 的异常可以反映过去氧化还原条件的强度[89]；而 Eu^{2+} 一般出现于和岩浆活动有关的下地壳强高温还原环境中[90, 91]，正常海洋环境中是不存在 Eu 异常的，海洋沉积物中 Eu 异常通常是由于火山碎屑物质或者海底热液输入所造成的[92-94]。利用化石珊瑚的 REE 特征参数，结合铀系定年技术，可以恢复珊瑚生长期间环境的氧化还原条件。

（五）其他指标

古代海洋 REE 特征的复原是非常重要的工作，因为该特征可以为输入通量和氧化作用的长期变化提供信息，进而为大陆风化、地球化学演化和构造过程的长期变化提供信息[89, 95-97]。具体来讲，古代的 REE 指示可以为水深、海洋环流和分层、古地理学和沉积模型提供相对独立的信息[96, 98]。珊瑚礁经常被用于解释海水团的活动、过去的环境状况[99, 100]以及利用珊瑚礁的固定来重建过去海水的地球化学组成[87, 101-104]。据报道，印度的珊瑚 REE 模式由于对季风季节大陆风化作用的增强产生响应，而具有季节性的周期变化：在季风季节，珊瑚中的轻稀土相对富集；而在非季风季节，重稀土相对富集[49]。

前人对 REE 在不同珊瑚种属间的分配系数进行了研究，在滨珊瑚中分配系数一般为 1~2[29, 31]，并认为三价的 REE 进入珊瑚晶格中与它们进入珊瑚骨骼碳酸盐岩过程中海水最低限度的分馏含量比例相近[31]。由于 Y^{3+}、Ce^{3+} 和 La^{3+} 与 Ca^{2+} 离子半径大小相近，因此它们可以在晶格中发生类质同象替换。所以，珊瑚 REE 模式可应用于对近岸河流排放 REE 的示踪[31, 42, 105, 106]。已有文献报道，可以利用个别河口珊瑚和沿海珊瑚中的 REE 作为河流排放 REE 量的示踪剂，并推断降雨量、气候变化和风化历史[107, 108]。较长的珊瑚岩心也可用来评估土地利用的变化[42]，如在大堡礁礁区，生长时间较长的近岸珊瑚能够有效地记录河流径流影响地区的土地变化[109]。

REE 分馏显示出与 Mn 浓度相关的较为显著的季节性周期。夏季较高的 Nd/Yb 比例和 Mn 浓度分别源自于水体中重稀土被颗粒态的有机配位体所清除和 Mn 被还原为溶解态，这两个过程在较高的初级生产力周期内表现出更高的效率[31]。因此，珊瑚对于可溶态的 REE 以及 Mn 的记录也许可以被作为近岸海水生物活动的替代指示。此外，稀土元素配分模式还可用来指示物源。轻、重稀土比值低，无 Eu 异常，则物源可能为基性岩石；轻、重稀土比值高，Eu 异常，则物源多为硅质岩[110, 111]。REE 总量和 La/Yb 值可以用于判别白云岩的不同成因。

二、珊瑚礁稀土元素记录环境指标的局限性

碳酸盐岩的 REE 指示，在早期的研究中被认为受到成岩作用的影响，因而是不可靠的，其原因主要包括：①初始的 REE 含量较低，技术要求高；②不同种类间不可预知的 REE 分馏差异[30]；③不成比例的 REE 进入晶格中，如珊瑚与海水间的分配系数与离子半径相关[30]；④复杂的半定量的去污程序影响重复性[30, 112]。多种不同的古老石灰岩的组分，包括微生物岩、一些碳酸盐骨骼（层孔虫）和胶结物，均记录着与海水相近的 REE 特征[32]。但是，海洋中的生物成因矿物如珊瑚文石[30]、有孔虫方解石[113]以及磷灰石[114]，也都具有很多局限性，诸如较低的 REE 初始含量、不成比例的 REE 吸收、不同种属间不可预知的 REE 分馏差异，尤其是来自于与富 REE 硅酸盐碎屑和随后埋藏过程中的成岩印记相联系的空隙流体的污染[30, 87, 89, 115]。

据报道，成岩作用以及随后珊瑚空隙中文石的形成会对元素的分配造成影响[116, 117]，因此，珊瑚，尤其是化石珊瑚的 REE 组成，作为周围环境海水的替代指示的作用将会受到限制。古老碳酸盐岩中对 REE 具有最严峻的挑战是石灰岩的次生白云岩化作用，该作用中，碳酸盐岩与成岩流体将会产生显著的离子交换。然而，Banner 等[118]发现，密西西比河流域的碳酸盐岩原始的 REE 模式在一些情况下通过多个阶段的白云岩化而被保留下来。在这种情况下，白云岩化的流体可能与海水的 REE 地球化学性质相似。类似这种模式的存在为原始 REE 模式的保存提供了可能性。一般来说，缺乏碳酸盐矿物的溶解和完全沉淀，石灰岩中的 REE 特征很可能在地质历史时期保持稳定[48]。一旦 REE 固定在稳定的碳酸盐晶格中，即便是在变质温度下，固态扩散也很小[119]。然而，碳酸盐矿物亚稳定状态的性质使得它们在成岩作用中特别容易溶解或者溶解再沉淀，因此，问题就变成了 REE 在这些事件中有多活跃[33]。总之，随着测试手段的不断进步，珊瑚礁 REE 记录环境指标的局限性最主要还是体现在年代久远的化石珊瑚碳酸盐岩的原始 REE 的保存上。

三、珊瑚礁稀土元素研究展望

早期通常很少选择石灰岩作为海洋 REE 的指示材料[32]，因为在早期的研究中，与现代碳酸盐骨骼相

比，其相对高的REE含量被解读为成岩作用中REE富集的结果[112]。然而，Webb和Kamber[87]的研究表明，不属于骨骼的碳酸盐，如微生物岩，其所吸收的REE含量与海水中REE含量相平衡，其分配系数比同生的骨骼材料要高。石灰岩中观察到的相对较高的REE含量[112, 117]与微生物碳酸盐岩中是一致的，因此其不代表成岩作用造成的富集。此外，来自古太平洋地区（泛古洋）的二叠纪石灰岩具有与现代太平洋海水相似的REE分布[87, 120]，前寒武纪石灰岩（叠层石）也保留着REE所有代表海水独特性质的特征[96]。因此，原始海水的REE模式可能也保留在古老的海洋石灰岩中[32]。

现代/全新世珊瑚的海洋REE指示作用是经过验证的，而更古老的石灰岩的REE地球化学指示则依赖于在随后的成岩作用中原始模式保留的程度[33]。与其他微量元素不同，REE在成岩过程中表现得较为保守，在原始珊瑚文石和新生变形的方解石之间没有含量上的减少，只有少许模式上的变化。REE模式上的少许差异反映了在喀斯特系统中对于更高处溶解的石灰岩中的REE的吸收，而轻稀土亏损和Ce负异常的稍微增加可能反映了浅层氧化地下水的清除过程。然而，由于REE对于方解石表面高度密切的亲和作用以及流体与方解石之间相比流体与文石之间相对较高的分配系数，沉淀下来的方解石是REE的一个很有效的汇[33]。

Webb等[33]对来自佛罗里达温德利礁岩的更新世基拉哥地层的石珊瑚骨骼进行了岩相学和地球化学分析，进而研究大气淡水成岩过程中REE的行为。大气淡水成岩中REE的行为表明，许多古老的石灰岩也可能会保存在成岩过程中稳定的海水REE的特性，因而可以为地质历史时期的海洋化学性质提供有价值的指示。然而，碳酸盐岩在成岩流体下对于REE高度的亲和性，带来了储层胶结物在成岩过程中产生污染的可能性，因为储层中孔隙流体具有非海洋特征的高含量REE。因此，岩相学分析应该与地球化学分析相结合来建立碳酸盐岩特定组分与地球化学采样之间的关系。这个步骤完成后，REE地球化学也许会成为研究更长时期的石灰岩成岩历史的有效工具[33]。Nothdurft等[32]的研究结果也支持上述结论，如果不被陆源污染，也不发生高含量或者与海水REE含量相异的流体成岩蚀变，大多数石灰岩可以记录其沉淀区域REE地球化学相关的重要信息。虽然碳酸盐岩中掺杂的陆源碎屑以及成岩过程中引入的来自硅质碎屑沉积物中的REE是海水REE特征被扰动的另外一个原因[87, 121]，但是直接的同沉积污染可以被共生的不活泼元素（如Zr和Th）所表征出来[33]。修淳等[122]对西沙群岛石岛西科1井生物礁碳酸盐岩的地球化学特征进行了研究，发现包括REE含量及特征参数在内的各项地球化学指标在岩心中的分布与岩心样品的矿物组成没有显著的相关关系，这说明成岩作用和白云岩化过程对REE含量及特征参数未造成明显改变。Li和Jones[123]对比了英属西印度群岛大开曼岛的更新世珊瑚与基岩的地球化学特征，发现REE配分模式与海水类似，与矿物学特征参数以及对成岩作用十分敏感的氧稳定同位素（$\delta^{18}O$）不具有显著相关性，从而表明成岩作用对REE的配分模式未造成明显改变。因此，很多古老的石灰岩（化石珊瑚）样品如果严格按照岩相学和地球化学分析筛选之后，也可以作为取得海水REE的指示，从而为古海洋学、古地理学和海洋地球化学演变提供信息。实际上，在过去的数年里，现代以及古老碳酸盐岩尤其是微生物岩稀土元素模式的继承，已经被成功地运用于古海水和古湖水化学性质的恢复、古地理学研究、微生物岩的来源以及成岩过程研究中[124]。

四、结语

在传统的珊瑚礁地球化学发展日趋成熟的今天，REE作为一组特殊的元素组合，在指示包括古地理、古气候、海平面变化记录、近岸环境监测、近岸河流地下水排放等方面具有非常大的发展潜力。珊瑚礁REE不仅可以用于示踪地球化学体系的物质来源与演化过程等宏观过程（如河流、海洋物质的来源和演化等），还可以表征微观过程（如水体-颗粒作用和水体元素迁移机制等）。对于现代珊瑚REE的研究，需要根据所要探讨的对象，有针对性地选择合适的研究区域和珊瑚类型。虽然古老碳酸盐岩（化石珊瑚）

中 REE 原始配分模式在地质历史时期的演变和保存机制仍存在各种争议，但是如果严格根据岩相学以及地球化学分析进行筛选，仍有可能取得可以保存 REE 历史信息的样品。

目前，我国学者对于珊瑚礁（尤其是化石珊瑚）REE 的研究较少，而且主要集中在对于含量和特征参数的简单讨论上。近年来，随着测试手段的不断更新和仪器检出限的不断降低，REE 组合内部的各个元素的细小分馏差异也被表现出来，使得 REE 地球化学有了更大的发展空间[125]。

参 考 文 献

[1] Yu K F. Coral reefs in the South China Sea: their response to and records on past environmental changes. Science China Earth Science, 2012, 55(8): 1217-1229.

[2] Pandolfi J M. Incorporating uncertainty in predicting the future response of coral reefs to climate change. Annual Review of Ecology, Evolution, and Systematics, 2015, 46(1): 281-303.

[3] Beck J W, Edwards R L, Ito E, et al. Sea-surface temperature from coral skeletal strontium/calcium ratios. Science, 1992, 257(5070): 644-648.

[4] Cole J E, Fairbanks R G. The southern oscillation recorded in the oxygen isotopes of corals from Tarawa Atoll. Paleoceanography, 1990, 5(5): 669-683.

[5] Mitsuguchi T, Matsumoto E, Abe O, et al. Mg/Ca thermometry in coral skeletons. Science, 1996, 274(5289): 961-963.

[6] Shen G T, Dunbar R B. Environmental controls on uranium in reef corals. Geochimica et Cosmochimica Acta, 1995, 59(10): 2009-2024.

[7] Bec L N, Julliet-Leclerc A, Corrège T, et al. A coral $\delta^{18}O$ record of ENSO driven sea surface salinity variability in Fiji (southwestern tropical Pacific). Geophysical Research Letters, 2000, 27(23): 3897-3900.

[8] Isdale P. Fluorescent bands in massive corals record centuries of coastal rainfall. Nature, 1984, 310(5978): 578-579.

[9] Deng W F, Wei G J, Xie L H, et al. Variations in the Pacific Decadal Oscillation since 1853 in a coral record from the northern South China Sea. Journal of Geophysical Research Oceans, 2013, 118(5): 2358-2366.

[10] Chen X F, Wei G J, Deng W F, et al. Decadal variations in trace metal concentrations on a coral reef: evidence from a 159 year record of Mn, Cu, and V in a *Porites* coral from the northern South China Sea. Journal of Geophysical Research Oceans, 2015, 120(1): 405-416.

[11] Mcculloch M, Gagan M K, Mortimer G E, et al. A high-resolution Sr/Ca and ^{18}O coral record from the Great Barrier Reef, Australia, and the 1982-1983 El Niño. Geochimica et Cosmochimica Acta, 1994, 58(12): 2747-2754.

[12] Lough J, Barnes D, Mcallister F. Luminescent lines in corals from the Great Barrier Reef provide spatial and temporal records of reefs affected by land runoff. Coral Reefs, 2002, 21(4): 333-343.

[13] Prouty N G, Jupiter S D, Field M E, et al. Coral proxy record of decadal-scale reduction in base flow from Moloka'i, Hawaii. Geochemistry, Geophysics, Geosystems, 2009, 10(12): Q12018.

[14] Lea D W, Shen G T, Boyle E A. Coralline barium records temporal variability in equatorial Pacific upwelling. Nature, 1989, 340(6232): 373-376.

[15] Reuer M K, Boyle E A, Cole J E. A mid-twentieth century reduction in tropical upwelling inferred from coralline trace element proxies. Earth and Planetary Science Letters, 2003, 210(3): 437-452.

[16] Shen G T, Boyle E A. Lead in corals: reconstruction of historical industrial fluxes to the surface ocean. Earth and Planetary Science Letters, 1987, 82(3-4): 289-304.

[17] Sadler J, Webb G E, Nothdurft L D, et al. Geochemistry-based coral palaeoclimate studies and the potential of 'non-traditional' (non-massive *Porites*) corals: recent developments and future progression. Earth-Science Reviews, 2014, 139: 291-316.

[18] 刘羿. 南海珊瑚环境地球化学记录与全球变化. 合肥: 中国科学技术大学博士学位论文, 2009.

[19] Kasper-Zubillaga J J, Armstrong-Altrin J S, Rosales-Hoz L. Geochemical study of coral skeletons from the Puerto Morelos Reef, southeastern Mexico. Estuarine, Coastal and Shelf Science, 2014, 151: 78-87.

[20] 周世光, 业渝光, 刘新波. 海南岛三亚三井珊瑚礁中稀土元素地球化学特征及其古气候意义. 海洋地质与第四纪地质, 1997, 17(2): 103-110.

[21] Elderfield H, Upstill-Goddard R, Sholkovitz E R. The rare earth elements in rivers, estuaries, and coastal seas and their significance to the composition of ocean waters. Geochimica et Cosmochimica Acta, 1990, 54(4): 971-991.

[22] Liu Y, Lo L, Shi Z, et al. Obliquity pacing of the western Pacific Intertropical Convergence Zone over the past 282 000 years. Nature Communications, 2015, 6: 10018.

[23] Sholkovitz E R, Landing W M, Lewis B L. Ocean particle chemistry: the fractionation of rare earth elements between suspended particles and seawater. Geochimica et Cosmochimica Acta, 1994, 58(6): 1567-1579.

[24] Sun C G, Liang Y. An assessment of subsolidus re-equilibration on REE distribution among mantle minerals olivine, orthopyroxene, clinopyroxene, and garnet in peridotites. Chemical Geology, 2014, 372: 80-91.

[25] Sun C G, Liang Y. A REE-in-garnet-clinopyroxene thermobarometer for eclogites, granulites and garnet peridotites. Chemical Geology, 2015, 393-394: 79-92.

[26] 刘英俊. 元素地球化学. 北京: 科学出版社, 1984: 366-372.

[27] 王中刚, 于学元, 赵振华. 稀土元素地球化学. 北京: 科学出版社, 1989: 1-535.

[28] 张现荣, 李军, 窦衍光, 等. 辽东湾东南部海域柱状沉积物稀土元素地球化学特征与物源识别. 沉积学报, 2014, 32(4): 684-691.

[29] Akagi T, Hashimoto Y, Fu F, et al. Variation of the distribution coefficients of rare earth elements in modern coral-lattices: species and site dependencies. Geochimica et Cosmochimica Acta, 2004, 68(10): 2265-2273.

[30] Sholkovitz E, Shen G T. The incorporation of rare earth elements in modern coral. Geochimica et Cosmochimica Acta, 1995, 59(13): 2749-2756.

[31] Wyndham T, Mcculloch M, Fallon S, et al. High-resolution coral records of rare earth elements in coastal seawater: biogeochemical cycling and a new environmental proxy. Geochimica et Cosmochimica Acta, 2004, 68(9): 2067-2080.

[32] Nothdurft L D, Webb G E, Kamber B S. Rare earth element geochemistry of Late Devonian reefal carbonates, Canning Basin, Western Australia: confirmation of a seawater REE proxy in ancient limestones. Geochimica et Cosmochimica Acta, 2004, 68(2): 263-283.

[33] Webb G E, Nothdurft L D, Kamber B S, et al. Rare earth element geochemistry of scleractinian coral skeleton during meteoric diagenesis: a sequence through neomorphism of aragonite to calcite. Sedimentology, 2009, 56(5): 1433-1463.

[34] Bau M, Dulski P. Distribution of yttrium and rare-earth elements in the Penge and Kuruman iron-formations, Transvaal Supergroup, South Africa. Precambrian Research, 1996, 79(1-2): 37-55.

[35] Lawrence M G, Kamber B S. The behaviour of the rare earth elements during estuarine mixing-revisited. Marine Chemistry, 2006, 100(1): 147-161.

[36] Nozaki Y, Lerche D, Alibo D S, et al. The estuarine geochemistry of rare earth elements and indium in the Chao Phraya River, Thailand. Geochimica et Cosmochimica Acta, 2000, 64(23): 3983-3994.

[37] 李俊, 弓振斌, 李云春, 等. 近岸和河口地区稀土元素地球化学研究进展. 地球科学进展, 2005, 20(1): 64-73.

[38] Nozaki Y, Zhang J, Amakawa H. The fractionation between Y and Ho in the marine environment. Earth and Planetary Science Letters, 1997, 148(1-2): 329-340.

[39] Henderson P. Rare Earth Element Geochemistry. Amsterdam: Elsevier Science Publishers, 2013: 237-267.

[40] Barnard L A, Macintyre I G, Pierce J W. Possible environmental index in tropical reef corals. Nature, 1974, 252(5480): 219-220.

[41] Hanna R G, Muir G L. Red sea corals as biomonitors of trace metal pollution. Environmental Monitoring and Assessment, 1990, 14(2-3): 211-222.

[42] Fallon S J, White J C, Mcculloch M T. *Porites* corals as recorders of mining and environmental impacts: Misima Island, Papua New Guinea. Geochimica et Cosmochimica Acta, 2002, 66(1): 45-62.

[43] Bastidas C, García E. Metal content on the reef coral *Porites astreoides*: an evaluation of river influence and 35 years of chronology. Marine Pollution Bulletin, 1999, 38(10): 899-907.

[44] Dodge R E, Gilbert T R. Chronology of lead pollution contained in banded coral skeletons. Marine Biology, 1984, 82(1): 9-13.

[45] Guzmán H M, Jiménez C E. Contamination of coral reefs by heavy metals along the Caribbean coast of Central America (Costa Rica and Panama). Marine Pollution Bulletin, 1992, 24(11): 554-561.

[46] Scott P J B. Chronic pollution recorded in coral skeletons in Hong Kong. Journal of Experimental Marine Biology and Ecology, 1990, 139(1): 51-64.

[47] Mcculloch M, Fallon S, Wyndham T, et al. Coral record of increased sediment flux to the inner Great Barrier Reef since European settlement. Nature, 2003, 421(6924): 727-730.

[48] Zhong S, Mucci A. Partitioning of rare earth elements (REEs) between calcite and seawater solutions at 25℃ and 1 atm, and high dissolved REE concentrations. Geochimica et Cosmochimica Acta, 1995, 59(3): 443-453.

[49] Naqvi S A S, Nath B N, Balaram V. Signatures of rare-earth elements in banded corals of Kalpeni atoll-Lakshadweep archipelago in response to monsoonal variations. Indian Journal of Marine Sciences, 1996, 25(1): 1-4.

[50] Sholkovitz E, Elderfield H, Szymczak R, et al. Island weathering: river sources of rare earth elements to the Western Pacific Ocean. Marine Chemistry, 1999, 68(1): 39-57.

[51] 刘羿, 彭子成, 韦刚健, 等. 香港西贡滨珊瑚 REE 的地球化学特征及其与海平面变化的关系. 地球化学, 2006, 35(5): 531-539.

[52] 刘羿, 彭子成, 韦刚健, 等. 海南岛近岸滨珊瑚稀土元素的年际变化与海平面等因素的相关性探讨. 热带海洋学报, 2009, 28(8): 55-61.

[53] Liu Y, Peng Z C, Wei G J, et al. Interannual variation of rare earth element abundances in corals from northern coast of the South China Sea and its relation with sea-level change and human activities. Marine Environmental Research, 2011, 71(1): 62-69.

[54] Chappell J. Evidence for smoothly falling sea level relative to north Queensland, Australia, during the past 6, 000 yr. Nature, 1983, 302(5907): 406-408.

[55] Yu K F, Zhao J X. U-series dates of Great Barrier Reef corals suggest at least 0.7 m sea level to 7000 years ago. The Holocene, 2010, 20(2): 161-168.

[56] 余克服. 南海珊瑚礁及其对全新世环境变化的记录与响应. 中国科学: 地球科学, 2012, 42(8): 1160-1172.

[57] Yu K F, Zhao J X, Done T, et al. Microatoll record for large century-scale sea-level fluctuations in the mid-Holocene. Quaternary Research, 2009, 71(3): 354-360.

[58] Zhao J X, Yu K F. Millenial-, century-and decadal-scale oscillations of holocene sea-level recorded in a coral reef in the northern South China Sea//XVII INQUA Congress. Pergamon Press, 2007, 167(Supplement 1): 473.

[59] 时小军, 余克服, 陈特固, 等. 中-晚全新世高海平面的琼海珊瑚礁记录. 海洋地质与第四纪地质, 2008, 28(5): 1-9.

[60] 杨红强, 余克服. 微环礁的高分辨率海平面指示意义. 第四纪研究, 2015, 35(2): 354-362.

[61] 余克服, 陈特固. 南海北部晚全新世高海平面及其波动的海滩沉积证据. 地学前缘, 2009, 16(6): 138-145.

[62] 余克服, 赵建新. 雷州半岛珊瑚礁生物地貌带与全新世多期相对高海平面. 海洋地质与第四纪地质, 2002, 22(2): 27-33.

[63] Caetano M, Madureira M J, et al. Metal remobilisation during resuspension of anoxic contaminated sediment: short-term laboratory study. Water Air and Soil Pollution, 2003, 143(1): 23-40.

[64] Cappuyns R, Swennen R, et al. Dredged river sediments: potential chemical time bombs: a case study. Water Air and Soil Pollution, 2006, 171(1-4): 49-66.

[65] Petersen W, Willer E, Willamowski C. Remobilization of trace elements from polluted anoxic sediments after resuspension in oxic water. Water Air and Soil Pollution, 1997, 99(1-4): 515-522.

[66] Fabricius K, De'Ath G, Mccook L, et al. Changes in algal, coral and fish assemblages along water quality gradients on the inshore Great Barrier Reef. Marine Pollution Bulletin, 2005, 51(1): 384-398.

[67] Esslemont G, Russell R A, Maher W A. Coral record of harbour dredging: Townsville, Australia. Journal of Marine Systems, 2004, 52(1): 51-64.

[68] Nguyen A D, Zhao J X, Feng Y X, et al. Impact of recent coastal development and human activities on Nha Trang Bay, Vietnam: evidence from a *Porites lutea* geochemical record. Coral Reefs, 2013, 32(1): 181-193.

[69] Sholkovitz E R. Flocculation of dissolved organic and inorganic matter during the mixing of river water and seawater. Geochimica et Cosmochimica Acta, 1976, 40(7): 831-845.

[70] Dubinsky Z V Y, Stambler N. Marine pollution and coral reefs. Global Change Biology, 1996, 2(6): 511-526.

[71] Esslemont G. Heavy metals in corals from Heron Island and Darwin Harbour, Australia. Marine Pollution Bulletin, 1999, 38(11): 1051-1054.

[72] Howards L S, Brown B E. Oceanography and Marine Biology, an Annual Review. Boca Raton: CRC Press, 1984: 195-210.

[73] Reichelt-Brushett A J, Mcorist G. Trace metals in the living and nonliving components of scleractinian corals. Marine Pollution Bulletin, 2003, 46(12): 1573-1582.

[74] Chen T R, Yu K F, Li S, et al. Heavy metal pollution recorded in *Porites* corals from Daya Bay, northern South China Sea. Marine Environmental Research, 2010, 70(3): 318-326.

[75] Duncan T, Shaw T J. The mobility of rare earth elements and redox sensitive elements in the groundwater/seawater mixing zone of a shallow coastal aquifer. Aquatic Geochemistry, 2003, 9(3): 233-255.

[76] Tweed S O, Weaver T R, Cartwright I, et al. Behavior of rare earth elements in groundwater during flow and mixing in fractured rock aquifers: an example from the Dandenong Ranges, southeast Australia. Chemical Geology, 2006, 234(3): 291-307.

[77] Banner J L, Wasserburg G J, Dobson P F, et al. Isotopic and trace element constraints on the origin and evolution of saline groundwaters from central Missouri. Geochimica et Cosmochimica Acta, 1989, 53(2): 383-398.

[78] Johannesson K H, Farnham I M, Guo C, et al. Rare earth element fractionation and concentration variations along a groundwater flow path within a shallow, basin-fill aquifer, southern Nevada, USA. Geochimica et Cosmochimica Acta, 1993, 63(18): 2697-2708.

[79] Johannesson K H, Stetzenbach K J, Hodge V F. Rare earth elements as geochemical tracers of regional groundwater mixing. Geochimica et Cosmochimica Acta, 1997, 61(17): 3605-3618.

[80] 陈道公, 支霞臣, 杨海涛. 地球化学. 合肥: 中国科学技术大学出版社, 1994: 135-138.

[81] Barrat J A, Boulegue J, Tiercelin J J, et al. Strontium isotopes and rare-earth element geochemistry of hydrothermal carbonate deposits from Lake Tanganyika, East Africa. Geochimica et Cosmochimica Acta, 2000, 64(2): 287-298.

[82] Chen D F, Huang Y Y, Yuan X L, et al. Seep carbonates and preserved methane oxidizing archaea and sulfate reducing bacteria fossils suggest recent gas venting on the seafloor in the Northeastern South China Sea. Marine and Petroleum Geology, 2005, 22(5): 613-621.

[83] Ge L, Jiang S Y, Swennen R, et al. Chemical environment of cold seep carbonate formation on the northern continental slope of South China Sea: evidence from trace and rare earth element geochemistry. Marine Geology, 2010, 277(1): 21-30.

[84] Himmler T, Bach W, Bohrmann G, et al. Rare earth elements in authigenic methane-seep carbonates as tracers for fluid composition during early diagenesis. Chemical Geology, 2010, 277(1): 126-136.

[85] Zeng J, Xu R, Gong Y. Hydrothermal activities and seawater acidification in the Late Devonian FF transition: evidence from geochemistry of rare earth elements. Science China Earth Sciences, 2011, 54(4): 540-549.

[86] Shields G A, Webb G E. Has the REE composition of seawater changed over geological time? Chemical Geology, 2004, 204(1): 103-107.

[87] Webb G E, Kamber B S. Rare earth elements in Holocene reefal microbialites: a new shallow seawater proxy. Geochimica et Cosmochimica Acta, 2000, 64(9): 1557-1565.

[88] 陈琳莹, 李崇瑛, 陈多福. 碳酸盐岩中碳酸盐矿物稀土元素分析方法进展. 矿物岩石地球化学通报, 2012, 31(2): 177-183.

[89] German C R, Elderfield H. Application of the Ce anomaly as a paleoredox indicator: the ground rules. Paleoceanography, 1990, 5(5): 823-833.

[90] German C, Hergt J, Palmer M, et al. Geochemistry of a hydrothermal sediment core from the OBS vent-field, 21°N East Pacific Rise. Chemical Geology, 1999, 155(1-2): 65-75.

[91] Michard A. Rare earth element systematics in hydrothermal fluids. Geochimica et Cosmochimica Acta, 1989, 53(3): 745-750.

[92] Chen D, Qing H, Yan X, et al. Hydrothermal venting and basin evolution (Devonian, South China): constraints from rare earth element geochemistry of chert. Sedimentary Geology, 2006, 183(3): 203-216.

[93] 李军, 桑树勋, 林会喜, 等. 渤海湾盆地石炭二叠系稀土元素特征及其地质意义. 沉积学报, 2007, 25(4): 589-596.

[94] 王卓卓, 陈代钊, 汪建国. 广西南宁地区泥盆纪硅质岩稀土元素地球化学特征及沉积背景. 地质科学, 2007, 42(3): 558-569.

[95] Holser W T. Evaluation of the application of rare-earth elements to paleoceanography, Palaeogeography, Palaeoclimatology, Palaeoecology, 1997, 132(1): 309-323.

[96] Kamber B S, Webb G E. The geochemistry of late Archaean microbial carbonate: implications for ocean chemistry and continental erosion history. Geochimica et Cosmochimica Acta, 2001, 65(15): 2509-2525.

[97] Vance D, Burton K. Neodymium isotopes in planktonic foraminifera: a record of the response of continental weathering and ocean circulation rates to climate change. Earth and Planetary Science Letters, 1999, 173(4): 365-379.

[98] Kemp R A, Trueman C N. Rare earth elements in Solnhofen biogenic apatite: geochemical clues to the palaeoenvironment. Sedimentary Geology, 2003, 155(1): 109-127.

[99] Delaney M L, Linn L J, Druffel E R M. Seasonal cycles of manganese and cadmium in coral from the Galapagos Islands. Geochimica et Cosmochimica Acta, 1993, 57(2): 347-354.

[100] Readman J W, Tolosa I, Law A T, et al. Discrete bands of petroleum hydrocarbons and molecular organic markers identified within massive coral skeletons. Marine Pollution Bulletin, 1996, 32(5): 437-443.

[101] Grandjean P, Cappetta H, Albarède F. The Ree and εNd of 40-70 Ma old fish debris from the west-African platform. Geophysical Research Letters, 1988, 15(4): 389-392.

[102] Mcarthur J M, Walsh J N. Rare-earth geochemistry of phosphorites. Chemical Geology, 1984, 47(3-4): 191-220.

[103] Olivier N, Boyet M. Rare earth and trace elements of microbialites in Upper Jurassic coral-and sponge-microbialite reefs. Chemical Geology, 2006, 230(1): 105-123.

[104] Picard S, Lécuyer C, Barrat J A, et al. Rare earth element contents of Jurassic fish and reptile teeth and their potential relation to seawater composition (Anglo-Paris Basin, France and England). Chemical Geology, 2002, 186(1): 1-16.

[105] Jupiter S D. Coral rare earth element tracers of terrestrial exposure in nearshore corals of the Great Barrier Reef//Proceedings of the 11th International Coral Reef Symposium, Ft. Lauderdale. Florida: International Society of Reef Studies, 2008: 105-109.

[106] Lewis S E, Shields G A, Kamber B S, et al. A multi-trace element coral record of land-use changes in the Burdekin River catchment, NE Australia. Palaeogeography, Palaeoclimatology, Palaeoecology, 2007, 246(2): 471-487.

[107] Shen G T, Sanford C L. Trace element indicators of climate variability in reef-building corals. Elsevier Oceanography Series, 1990, 52: 255-283.

[108] Sholkovitz E R. The geochemistry of rare earth elements in the Amazon River estuary. Geochimica et Cosmochimica Acta,

[109] Lough J M, Barnes D J, Devereux M J, et al. Variability in growth characteristics of massive *Porites* on the Great Barrier Reef. James Cook University: CRC Reef Research Centre, 1999: 1-20.

[110] Taylor S R, Mclennan S M. The continental crust: its composition and evolution. Palo Alto, CA: Blackwell Scientific Publishers, 1985: 311-313.

[111] 杨守业, 李从先. REE 示踪沉积物物源研究进展. 地球科学进展, 1999, 14(2): 164-167.

[112] Shaw H F, Wasserburg G J. Sm-Nd in marine carbonates and phosphates: implications for Nd isotopes in seawater and crustal ages. Geochimica et Cosmochimica Acta, 1985, 49(2): 503-518.

[113] Palmer M R. Rare earth elements in foraminifera tests. Earth and Planetary Science Letters, 1985, 73(2-4): 285-298.

[114] Wright J, Schrader H, Holser W T. Paleoredox variations in ancient oceans recorded by rare earth elements in fossil apatite. Geochimica et Cosmochimica Acta, 1987, 51(3): 631-644.

[115] Reynard B, Lécuyer C, Grandjean P. Crystal-chemical controls on rare-earth element concentrations in fossil biogenic apatites and implications for paleoenvironmental reconstructions. Chemical Geology, 1999, 155(3): 233-241.

[116] Enmar R, Stein M, Bar-Matthews M, et al. Diagenesis in live corals from the Gulf of Aqaba. I. The effect on paleo-oceanography tracers. Geochimica et Cosmochimica Acta, 2000, 64(18): 3123-3132.

[117] Scherer M, Seitz H. Rare-earth element distribution in Holocene and Pleistocene corals and their redistribution during diagenesis. Chemical Geology, 1980, 28: 279-289.

[118] Banner J L, Hanson G N, Meyers W J. Rare earth element and Nd isotopic variations in regionally extensive dolomites from the Burlington-Keokuk Formation (Mississippian): implications for REE mobility during carbonate diagenesis. Journal of Sedimentary Research 1988, 58(3): 415-432.

[119] Cherniak D J. REE diffusion in calcite. Earth and Planetary Science Letters, 1998, 160(3): 273-287.

[120] Tanaka K, Miura N, Asahara Y, et al. Rare earth element and strontium isotopic study of seamount-type limestones in Mesozoic accretionary complex of Southern Chichibu Terrane, central Japan: implication for incorporation process of seawater REE into limestones. Geochemical Journal, 2003, 37(2): 163-180.

[121] Négrel P, Casanova J, Brulhet J. REE and Nd isotope stratigraphy of a Late Jurassic carbonate platform, eastern Paris Basin, France. Journal of Sedimentary Research, 2006, 76(3): 605-617.

[122] 修淳, 罗威, 杨红君, 等. 西沙石岛西科 1 井生物礁碳酸盐岩地球化学特征. 地球科学, 2015, 40(4): 645-652.

[123] Li R, Jones B. Evaluation of carbonate diagenesis: a comparative study of minor elements, trace elements, and rare-earth elements (REE+ Y) between Pleistocene corals and matrices from Grand Cayman, British West Indies. Sedimentary Geology, 2014, 314: 31-46.

[124] Porta G D, Webb G E, Mcdonald I. REE patterns of microbial carbonate and cements from Sinemurian (Lower Jurassic) siliceous sponge mounds (Djebel Bou Dahar, High Atlas, Morocco). Chemical Geology, 2015, 400: 65-86.

[125] 姜伟, 余克服, 王英辉, 等. 稀土元素地球化学在珊瑚礁环境记录中的研究进展. 热带海洋学报, 2016, 35(5): 62-74.

第十一节　荧光分析方法在古环境分析中的应用[①]

一、珊瑚骨骼中黄-绿荧光带的发现及其形成原因

1984 年 Isdale[1]首次报道了澳大利亚大堡礁的大块珊瑚切片在长波紫外线（UV）下发出黄-绿荧光带（黄-绿荧光与背景为蓝色的荧光构成带），并发现这些荧光带与附近河流径流量在时间和空间上具有相关性，从而引起了人们对该现象的研究。

Boto 和 Isdale[2]在研究中发现荧光带和背景区域珊瑚的荧光光谱非常宽，最大为 440～460nm，这是一种复杂的多重苯酚混合物——胡敏酸（humic acid）和富啡酸（fulvic acid），富啡酸通常在较低的相对分子质量范围（5×10^2～3×10^4），胡敏酸与富啡酸总称为腐殖酸。腐殖酸是腐殖物质的主要组分，能溶于水。腐殖物质一般分为 3 类：①胡敏素（humin），不溶于碱溶液，但能溶于乙酰溴；②胡敏酸，为碱抽提液中能被无机酸（盐酸、硫酸）沉淀的部分；③富啡酸，为碱抽提液中用酸处理后留在溶液中的部分。

---

① 作者：余克服

他们通过实验进一步发现并证明了引起黄-绿荧光带的成分为富啡酸。实验包括以下5个方面：①珊瑚样品在稀盐酸中溶解的溶液，具有腐殖酸化合物的典型的宽的荧光吸收和发射光谱。吸收光谱最大值发生在320～340nm，在250～270nm有明显的平肩，发射最大值发生在410～440nm；②通过原始珊瑚样品的热碱性（0.1mol/L NaOH）抽提物，获得了与上述相似荧光特征的溶解物，这意味着珊瑚骨骼中有机酸功能群的存在；③向上述珊瑚的酸溶解液或碱抽提液中加入过量Fe^{3+}，则发射光谱最大值发生移动（+25nm），在强度上缩小30%，这些与腐殖物质——Fe^{3+}络合物特征一致，其荧光被Fe^{3+}抑制；④将珊瑚样品的回收物酸化到pH为1，再用对酸性条件下的腐殖化合物吸附物有强亲和力的Amberlite XAD-2离子交换树脂处理，发现有90%的荧光物质被吸收到树脂中，紧接着能够用pH为11的NH_4OH洗提出来；⑤珊瑚中所有的荧光物质在pH为1中明显可溶，经过0.2μm过滤后，整个荧光带未改变，也进一步证实了该结论。因此，根据经典定义认为该物质为富啡酸。通过黄-绿荧光带区域和背景区域珊瑚的发射光谱的比较，可以看出它们的最大差别发生在480～530nm，这些差别足以导致黄-绿荧光带与背景荧光带的反差。

二、导致珊瑚骨骼中黄-绿荧光带的富啡酸来源于陆地

前人已经证明所有地方的珊瑚骨骼在紫外线下都发出蓝光[3]，其荧光物质为海洋中产生的富啡酸。但是在近岸，尤其是在河口附近的珊瑚中，则发现在蓝色背景的荧光之上产生黄-绿荧光带，引起这种黄-绿荧光带的仍为腐殖酸中的富啡酸成分，而且这种富啡酸来源于陆地，因为在实验和分析过程中发现有以下现象：①黄-绿荧光带仅仅在近岸的珊瑚中才发现，并且随着离岸距离的增加，荧光强度逐渐减弱，腐殖酸的含量降低，在中、外大陆架的珊瑚中黄-绿荧光带的现象消失[2]。②黄-绿荧光带的频率和强度与注入近岸环境的陆源径流量具有很好的相关性，在经历了一段长时间径流量的减少或缺失之后，近岸珊瑚也缺失黄-绿荧光带现象[4]。③通过对海水腐殖酸的分析发现，在含陆源物质的径流量低的时候，沿岸水体中的腐殖酸含量低，变化小。例如，在赫伯特河排水区域，在降雨之后，腐殖酸含量几乎没有发生变化，并且从沿岸向外海的剖面方向上，水体中腐殖酸含量减少；在经历了大的降雨之后，沿岸水体中腐殖酸含量陡增。1988年2月卡德韦尔地区经历了24h降雨183mm之后，沿岸水体中腐殖酸含量从1.13μg/ml增至7.87μg/ml；1988年3月伯德金河南部排水地区在热带气旋导致1200mm的降雨量之后，河口北部约5km处沿岸水体中有机酸含量3天后从0.52μg/ml增至2.80μg/ml，从河口沿潮流50km处，腐殖酸含量仅有少量增加（17天后从0.48μg/ml增至1.10μg/ml）[5]。④在海藻开花时期，从海水中获得的完整的溶解藻细胞含有与腐殖酸相似的化合物，但在*Oscillatoria orythraea*开花之后海水中腐殖酸含量没有增加，表明它们对海水腐殖酸含量影响极小，几乎难以察觉[5]。⑤在马尔格雷夫河口，当河水未与海水混合时（盐度高），沿着剖面方向海水中腐殖酸含量没有变化，表明海水与河水混合是沿岸水体中腐殖酸含量增加的必要条件[5]。⑥将快速生长的美丽鹿角珊瑚（*Acropora formosa*）培养于加入了10～15mg/L的从当地土壤中提取的富啡酸的海水中，能够引导出黄-绿荧光带[2]。⑦陆地有丰富的腐殖酸来源，它们通过植物腐烂贮存于土壤之中，一般干的植物中腐殖酸含量为1310～5070μg/g，这足以导致土壤和河流中有较高的腐殖酸含量[5]。土壤是一个大的腐殖酸库，再通过雨水径流而溶于河水之中，注入海水中的腐殖酸受到海水稀释，被吸收到珊瑚骨骼中，因此导致珊瑚骨骼黄-绿荧光带的腐殖酸肯定来源于陆地，这就为利用珊瑚骨骼中黄-绿荧光带来研究陆地降雨和径流提供了可能性。

三、珊瑚骨骼黄-绿荧光带与陆地降雨量之间关系的研究

Isdale[1]研究了澳大利亚潘多拉礁背风坡的滨珊瑚荧光带的荧光强度与伯德金河流泛滥之间的相关性（图12.18）。潘多拉礁位于伯德金河口外，这条大河每年的排泄量大部分在1～3月以洪水的形式排泄。研究发现伯德金河每月流量与珊瑚骨骼中测量荧光强度之间几乎呈同步变化的关系。1974年大的洪水泛

滥，对应的荧光特征也非常强；1931 年为干旱年，在荧光带上也很容易观察出来。

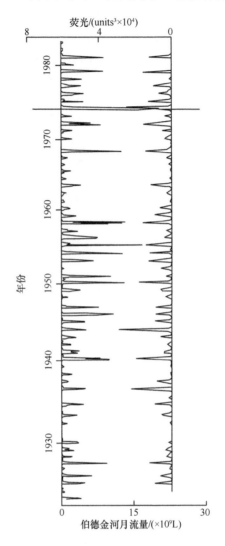

图 12.18　伯德金河的月流量与对应的珊瑚骨骼的荧光强度
据 Isdale，1984 修改[1]

Smith 等[6]研究了佛罗里达海湾（Florida Bay）彼德森礁盆（Petersen Key Basin）的孔星珊瑚（*Solenastrea bournoni*）骨骼中荧光强度与沙克河湾（Shark River Slough）等流域淡水流量之间的关系，也发现二者之间有很好的对应性。

Fang 和 Chou[7]研究了台湾南湾等地珊瑚生长带中富啡酸含量（相对荧光强度）与当地降雨量之间的关系，澄黄滨珊瑚（*Porites lutea*）和大蜂巢珊瑚（*Favia maxima*）的骨骼中富啡酸含量与当地降雨量之间有很好的相关性，相关系数分别为 0.9349 和 0.9214。在南湾海湾沿岸 1975~1985 年因为建核电厂，大量陆源剥蚀的腐殖酸被降雨冲入海湾，而该海湾为一个准封闭的潮流模式，因此，这些腐殖酸聚集于珊瑚骨骼中，与该地降雨量之间能形成很好的相关性。

在太平洋的巴布亚新几内亚的 Motupore 地区，Scoffin 等[8]也发现在河口 2km 外采集的滨珊瑚（*Porites lutea*）都有明显的黄-绿荧光带模式，这个带状模式与莫尔斯比港（Port Moresby）的月降雨量记录紧密相关。例如，1981~1982 年雨季降雨量的双峰分布对应着珊瑚骨骼中明显的双黄-绿荧光带，1982~1983 年季风季节降雨量低，与之相对应的黄-绿荧光带相当微弱。

以上不同地区珊瑚骨骼荧光带与降雨、河流排水之间都发现有很好的相关性。这种相关性的发现和被证实，为利用珊瑚荧光分析历史时期的古环境提供了一条新的途径。

四、光分析方法在古环境研究中的应用

一方面，导致珊瑚骨骼黄-绿荧光的富啡酸来源于陆地；另一方面，荧光强度与河流径流量或陆地的降雨量之间有很好的相关关系，因此，我们可以利用这种关系来进行古环境的研究和重建。

1989 年 Smith 等[6]根据彼得森礁盆地区采集的孔星珊瑚 1m 长岩心荧光带的研究，建立了沙克河湾 1881~1986 年的年径流量曲线（图 12.19），其中 1940~1986 年的径流量有实测资料。在研究中，Smith 等[6]首先建立了 1961~1986 年径流量和荧光强度间的回归模式，用 1940~1960 年的资料检验，表明该模式非常成功。得到验证后，便用该模式后报有荧光记录但无实测径流资料的年径流量（1881~1939 年）。从图 12.19 中可以看出，1932 年及以后的年径流量较 1932 年以前有大幅度减少。在 1932 年以前，有明显的 4~6 年的周期，这个周期与 Thomas 于 1974 年分析的佛罗里达南部的降雨周期相一致，作者认为 1932 年以后珊瑚记录中降雨量的减少和径流周期的消失，是因为该地区在这个时期一系列排水渠道的修建，通过沙克河湾排出的淡水受到控制。

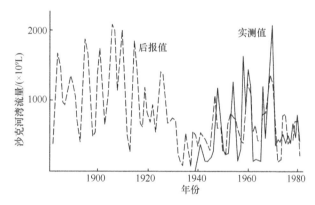

图 12.19 珊瑚荧光强度后报（实线）与实测（虚线）年径流量的比较

据 Smith et al., 1989[6]

Klein 等[4]于 1990 年分析了西奈（Sinai）化石珊瑚中的荧光特征。在埃拉特海湾（Eilat Gulf）沿岸和西奈半岛（Sinai Peninsula）南部有比较窄的现代珊瑚岸礁带，还很好地保存了三级上升的化石礁阶地，化石礁高出平均海平面 35m，沿西奈（Sinai）南部海岸延伸，三级上升的珊瑚礁时代分别为：最上部阶地（Ⅰ）距今 250 000 年，中部阶地（Ⅱ）距今 200 000~140 000 年，下部阶地（Ⅲ）距今 140 000~108 000 年，现代岸礁距今年代小于 10 000 年，这些珊瑚礁阶地形成于晚第四纪高海平面时期。研究中发现采集于 3 个阶地上的 26 个珊瑚样品中有 22 个珊瑚的切片在紫外线下显示出不同程度的荧光带，而在现代珊瑚中则没有这种荧光带。高精度层析表明珊瑚骨骼中的荧光来自结合于骨骼中的腐殖酸。通过对荧光特征的分析，作者认为珊瑚中的荧光带记录了珊瑚生长过程中的周期性事件，这是因为：①X 射线分析和化学分析表明这些化石珊瑚没有受到明显的化学成岩作用的影响，珊瑚骨骼中的荧光不可能是成岩作用所致；②通过对珊瑚中一个剖面的腐殖酸含量的分析，排除了腐殖酸中由外向内迁移的可能性。此外，溶解于周围土壤中的腐殖酸含量低于珊瑚骨骼中的腐殖酸含量。

因此，Klein 等[4]认为化石珊瑚骨骼中高的腐殖酸含量，以及骨骼中黄-绿荧光带是第四纪的径流所致。在这些珊瑚的生长时期。西奈地区气候潮湿，夏天盛行降雨，与极端干燥的现代西奈地区气候状况相反[4]，从而为晚第四纪的西奈地区提供了更加详细的古环境资料。

五、注意的问题和应用前景

陆源富啡酸影响的范围因地理位置、潮流状况不同而异。因此，在研究珊瑚骨骼中的荧光强度与降雨量或者径流量之间的关系时，首先，采集珊瑚样品的距离要因实际情况而定，一般离岸近及水循环相对封闭的环境，陆源富啡酸对珊瑚的影响强一些；其次，在建立珊瑚的荧光强度与径流量或者降雨量之间的关系时，对径流量、降雨量等资料的收集要尽量全面，尽量反映影响珊瑚骨骼中荧光的真实因素；最后，不同的珊瑚种类对富啡酸的敏感程度不一样，特别是在沿岸水体相对开放、富啡酸含量相对低的情况下，选择能敏感地反映陆源注入富啡酸的珊瑚种类就尤其重要了。例如，在台湾的小琉球岛，因为水体中陆源富啡酸受到大量海水的稀释而含量低，此时滨珊瑚骨骼中的荧光强度几乎不能反映出与陆源径流之间的关系，而另外一种大蜂巢珊瑚（*Favia maxima*）骨骼中荧光强度与当地降雨量之间的相关系数则相对较高。

大的珊瑚可生长几百年，而通过交叉定年可将珊瑚记录的历史大大延长，这样，应用珊瑚骨骼中荧光强度和降雨量或径流量之间的关系，重建历史时期的古环境状况，对于查明陆地降雨量、径流量之间的强度和周期，对未来环境状况的预测将是非常有用的工具[9]。

参 考 文 献

[1] Isdale P. Fluorescent bands in massive corals record centuries of coastal rainfall. Nature, 1984, 310(5978): 578-579.
[2] Boto K, Isdale P. Fluorescent bands in massive corals result from terrestrial fulvic acid inputs to nearshore zone. Nature, 1985, 315(6018): 396-397.
[3] Willey J D. The effect of seawater magnesium on natural fluorescence during estuarine mixing, and implications for tracer applications. Marine Chemistry, 1984, 15(1): 19-45.
[4] Klein R, Loya Y, Gvirtzman G, et al. Seasonal rainfall in the Sinai Desert during the late Quaternary inferred from fluorescent bands in fossil corals. Nature, 1990, 345(6271): 145-147.
[5] Susic M, Boto K, Isdale P. Fluorescent humic acid bands in coral skeletons originate from terrestrial runoff. Marine Chemistry, 1991, 33(1-2): 91-104.
[6] Smith T J I, Hudson H J, Robblee M B, et al. Freshwater flow from the Everglades to Florida Bay: a historical reconstruction based on fluorescent banding in the coral *Solenastrea bournoni*. Bulletin of Marine Science, 1989, 44(1): 274-282.
[7] Fang L S, Chou Y C. Concentration of fulvic acid in the growth bands of hermatypic corals in relation to local precipitation. Coral Reefs, 1992, 11(4): 187-191.
[8] Scoffin T P, Tudhope A W, Brown B E. Fluorescent and skeletal density banding in *Porites lutea* from Papua New Guinea and Indonesia. Coral Reefs, 1989, 7(4): 169-178.
[9] 余克服. 荧光分析方法在古环境分析中的应用//聂宝符. 南沙群岛及其邻近礁区造礁珊瑚与环境变化的关系. 北京：科学出版社，1997: 73-77.

第十二节　用珊瑚研究过去的地震①

地震作为一种大的地质灾害已日益引起人们的广泛重视，由于记录地震的历史相对较短，有记录的地震事件不是太多，因此，给地震复发规律的研究不可避免地带来了一些困难。Taylor 等[1-3]用珊瑚研究过去的地震取得了成功，为人们探索和认识人类未记录的地震开辟了一条新的途径。

---

① 作者：余克服

一、用珊瑚研究过去地震的原理

根据前人的研究[1-5]，用珊瑚研究过去地震活动的原理非常简单，即地震引起珊瑚礁或珊瑚抬升到海面或珊瑚生长上限以上，使活珊瑚全部或部分暴露于空气中或超过生长上限，这些珊瑚因离开了适合其生长的环境而死亡，珊瑚死亡的时间，即是地震引起珊瑚死亡的时间，也就是发生地震的时间。因此，可以根据珊瑚因抬升而死亡的时间来后报过去发生的地震，建立过去地震活动的历史。

珊瑚的生长，特别是大型块状滨珊瑚，其生长上限严格受到海平面的控制，一般顶部露出水面超过1h就要死亡。因此，那些大型的块状珊瑚都有一个生长上限。在野外一般将同一类型珊瑚生长的最高高程视为其生长上限。

对同一珊瑚，超过生长上限的部分（一般为顶部）将很快死亡。但在生长上限以内的部分（一般为周缘）因条件适宜仍将继续生长（侧向生长），因此，可以通过周缘还活着的珊瑚，逐年往回追溯其年生长带的方法，查明其顶部死亡的时间；对于全部超过生长上限、周缘也不存活的珊瑚，有可能通过与邻近活珊瑚较老的年生长带进行比较，用交叉定年方法查明其死亡年代；根据 Edwards 等[5]的报道，用 ^{230}Th 的测年方法基本上能够对生长在几百年以内的珊瑚进行准确的年代测定，误差为 3~5 年。因此可以根据珊瑚记录准确推测几百年以内地震的年代。

可以将大部分同一类珊瑚现代生长的顶面高度视为该种属珊瑚生长的上限。将因地震抬升而高出海面或超过生长上限而死亡的珊瑚顶面高程与现代珊瑚生长上限进行比较，其差值即可以认为是地震抬升的高度。如经历了多次地震抬升，则可能有多个差值。每次地震对珊瑚礁的抬升都会导致大量珊瑚死亡，对同一个小区域来说，这些死亡的珊瑚基本上会处于同一高程。结合其具有相同的死亡年代，就可以推测它们为一次地震事件抬升所致。根据这个原理，可以检测和后报珊瑚记录的多次地震事件。

一般来说，靠近震中的珊瑚抬升高度相对较大，通过对一个区域内地震抬升致死的珊瑚的高程进行调查，就有可能推测震中的方向和位置。

此外，我们还可以通过对调查地点离震中位置的远近及抬升高度的研究，通过与已知震级的地震现象比较来进一步推测过去地震的震级。

二、研究实例

Taylor 等[1-3]研究了三岛和马勒库拉岛北部沿岸珊瑚记录的地震事件，他们根据年生长带的数目，对周缘还存活、顶部已死亡的珊瑚的死亡年代和高程进行了研究，发现三岛东北沿岸的珊瑚顶部死亡时间为 1973 年，与该岛上一次地震的年代相同（1973 年，震级为 7.5 级）；马勒库拉岛北部沿岸珊瑚顶部死亡时间为 1965 年，与该岛上一次的地震也为同一年（震级为 7.5 级），因此，他们认为这些珊瑚顶部死亡是因为地震抬升导致其出露的结果。通过将这些顶部已经死亡的珊瑚的顶面高程，与同一地区相同类型的珊瑚生长上限进行比较，发现三岛 1973 年的地震抬升导致二者之间的高差为 0.6m，马勒库拉岛地震抬升导致二者之间的最大高差为 1.2m，此即地震导致珊瑚抬升的高度。

Edwards 等[5]对这两个岛完全出露的珊瑚进行了类似的分析，珊瑚的死亡年代由 ^{230}Th 的测年方法确定。分析结果表明，三岛在 1865 年发生过一次大地震，净抬升量为 1.2m，2 次地震的间隔为（108±4）年；马勒库拉岛在 1729 年发生过一次大地震，净抬升量为 1.2m，2 次地震的时间间隔为（236±3）年。通过对这两个岛珊瑚记录的过去地震以及几千年来两个岛抬升速率的研究，Edwards 等[5]认为用珊瑚后报过去地震方法的应用依赖于如下两个方面问题的解决：①地震特征是否与描述的一样保留于地质记录之中；②我们能否在野外识别这些特征。如果这些特征能够被发现，则我们可以准确地标定它们[6]。

参 考 文 献

[1] Taylor F W, Isacks B L, Jouannic C, et al. Coseismic and Quaternary vertical tectonic movements, Santo and Malekula Islands, New Hebrides island arc. Journal of Geophysical Research Solid Earth, 1980, 85(B10): 5367-5381.
[2] Taylor F W, Jouannic C, Bloom A L. Quaternary uplift of the Torres Islands, northern New Hebrides frontal arc: comparison with Santo and Malekula Islands, central New Hebrides frontal arc. Journal of Geology, 1985, 93(4): 419-438.
[3] Taylor F W, Frohlich C, Lecolle J, et al. Analysis of partially emerged corals and reef terraces in the central Vanuatu arc: comparison of contemporary coseismic and nonseismic with Quaternary vertical movements. Journal of Geophysical Research Solid Earth, 2012, 92(B6): 4905-4934.
[4] Shinn E A. Time capsules in the sea. Sea Frontiers, 1981, 27: 364-374.
[5] Edwards R L, Taylor F W, Wasserburg G J. Dating earthquakes with high-precision thorium-230 ages of very young corals. Earth and Planetary Science Letters, 1988, 90(4): 371-381.
[6] 余克服. 用珊瑚研究过去的地震//聂宝符. 南沙群岛及其邻近礁区造礁珊瑚与环境变化的关系. 北京: 科学出版社, 1997.

第十三节 微环礁的高分辨率海平面指示意义[①]

海平面上升是目前国际社会普遍关注的全球性重大主题之一。IPCC AR5 估计到 21 世纪末全球海平面上升 29~96cm，这个结论较 2007 年发布的 IPCC AR4 估计的全球海平面上升 18~59cm 高出不少[1]。也有学者认为 21 世纪末海平面将上升 1~2m[2-4]，甚至超过 2m[5,6]。预估未来海平面变化，关键是要了解过去海平面的波动历史[7-9]，这在很大程度上依赖于卫星高度计资料和验潮站的观测记录，但卫星 TOPEX/POSEDION（T/P）的海平面高度记录开始于 1992 年，尚不足以预测长期的海平面变化[10]。而覆盖面相对较广、时间序列相对较长的验潮站资料，一方面分布不均匀，另一方面经常受到站址搬迁、观测精度等的影响，不同站点以及同一站点不同时间段的资料缺少可比性，这在很大程度上限制了对过去海平面变化规律的认识。例如，早期的验潮站主要服务于航运等，故绝大部分设于港口、河口或者是海湾，之后由于港口扩建、河口三角洲的扩大、围海造陆等因素影响，常常导致所记录的海平面数据不能用于分析海平面变化历史[7,8]。因此，迫切需要加强对过去较长时间以来海平面变化过程的研究。

微环礁（microatoll）由生长在珊瑚礁的礁坪、呈环带状结构的造礁珊瑚构成，通常顶面死亡、周缘存活，是在海平面作用下形成的一种特殊的珊瑚结构。微环礁的生长上限严格受到潮汐的控制，是理想的海平面标志物[11-15]。本节综述微环礁在认识过去海平面变化过程中的作用，希望有助于认识海平面的历史过程，也为南海历史时期海平面的重建研究提供借鉴。

一、微环礁的定义和特征

微环礁是生长在珊瑚礁礁坪通常具有死的平顶（或平顶中间有凹陷）、圆周被活珊瑚围绕生长呈环带状的造礁珊瑚[15,16]。Darwin[17]第一次描述微环礁为珊瑚块（coral head，coral block）；Krempf[18]首次称它为微环礁，但他没有给出定义；Scoffin 等[16]正式详细地定义和描述了微环礁。微环礁在印度洋-太平洋礁区普遍发育，在加勒比海礁区则时有出现。多种珊瑚能形成微环礁，在 Rosen[20]的调查中发现在大堡礁北部有 23 属 43 种造礁珊瑚能形成微环礁。大部分微环礁为团块状造礁珊瑚（图 12.20a~图 12.20c），然而也有枝状（图 12.20d）或叶片状造礁珊瑚形成的微环礁。珊瑚虫向上生长时由于低水位限制，转而向

---

① 作者：杨红强，余克服

四周生长，进而形成微环礁。由于微环礁顶面活珊瑚的存活取决于浸没于海水或者暴露出水面，微环礁与海平面的变化有着极为密切的关系（图 12.21）。珊瑚虫对露出水面时间长短的容忍度决定了微环礁的高度，*Goniastrea* 和 *Platygyra* 珊瑚虫的耐受性要好一些，因此即使位于同一礁坪，它们的高度也普遍比滨珊瑚形成的微环礁高一些。

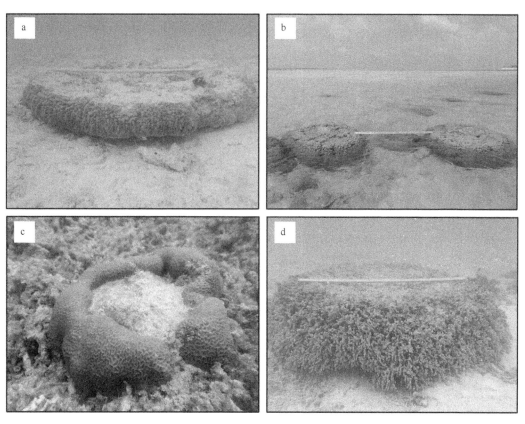

图 12.20　生长在南海西沙群岛的微环礁

a. 水下正在生长的滨珊瑚微环礁（*Porites lutea*）；b. 低潮时顶面露出海面的双子滨珊瑚微环礁（*Porites lutea*）；
c. 扁脑珊瑚形成的珊瑚微环礁（*Platygyra pini*）；d. 枝状滨珊瑚形成的微环礁（*Porites cylindrica*）

尽管有多种造礁珊瑚能形成微环礁，但块状滨珊瑚的骨骼在生长过程中会形成容易识别的不同密度的条带，一对生长条带代表珊瑚骨骼一年的增加量[21]，并且块状滨珊瑚能连续生长，可以长时间记录环境气候信息，更好地用作恢复古气候、古环境的代用指标[22]。将滨珊瑚骨骼切割成薄板，肉眼即可识别年分辨率的生长条带，如果对滨珊瑚骨骼沿生长轴切成薄板实施 X 射线照射[21]或者是紫外线照射，能更加清楚地显示出珊瑚骨骼的生长纹层。这些生长纹层能清楚识别出最初的块状珊瑚不断向上生长直至接近海平面（图 12.21a）；当海平面不变并且地表稳定时微环礁顶面高度保持不变，珊瑚虫向外缘生长（图 12.21b）；当海平面突然下降或者是地壳变动导致微环礁抬升时，珊瑚虫可在低处继续生长（图 12.21c）；因海平面上升或者是微环礁沉降，珊瑚虫再次向上生长（图 12.21d）；而从生长纹层能非常直观地看出海平面波动或是地表变动。滨珊瑚微环礁的年生长率在 1~2cm，活的滨珊瑚微环礁直径达数米，能连续生长数个世纪。一些化石微环礁直径更大，在大堡礁几个区域都发现了直径超过 6m 的化石滨珊瑚微环礁[23]。夏威夷的卡内奥赫海湾可见直径超过 7m 的化石滨珊瑚微环礁[24]。马里亚纳群岛的帕甘岛的一个化石微环礁直径超过 9m，它的中心记录年龄为（2195±80）年，它的最外缘记录的年龄为（1535±130）年，跨度了 500 多年[25]。余克服等在中国雷州半岛南端发现一个直径达 9.6m 的化石滨珊瑚微环礁，中心的年龄为（7009±41）年[26]。一个滨珊瑚微环礁能高分辨率、原位、连续记录一个地点数百年的古气候和古环境信息。因此滨珊瑚微环礁能成为器测记录外绝佳的古气候和构造事件代用指标。

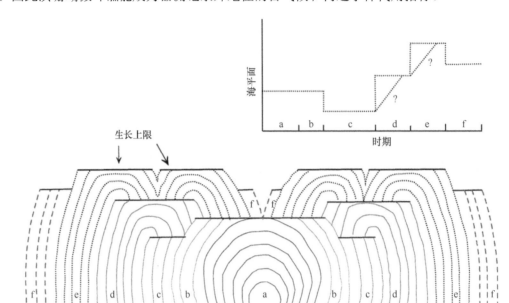

图 12.21 微环礁的生长纹层和海平面波动之间或地表变动之间的关系，图引自 Yu 等[26]

该图反映了微环礁生长对海平面变化或地表抬升和沉降的响应细节。a. 最初的块状珊瑚一直向上生长接近海平面；b. 珊瑚抵达生长上限后，海平面保持不变（同时地表保持稳定），向上生长终止，开始横向生长；c. 随着海平面降低（或是地表抬升），珊瑚的最高生长上限也随之降低，珊瑚在低海平面情况下横向生长；d. 随后，海平面又开始上升（或者地表沉降），珊瑚将向上向外生长，一直长到生长上限；e. 如果海平面继续上升（或者地表持续沉降），珊瑚甚至覆盖着老的死亡面继续向上向外生长，直到它们的生长上限；f. 最后，海平面下降（或者地表抬升），珊瑚又将在低处仅横向生长

在远离大陆缺乏验潮站的偏远岛礁，微环礁（本节除特别指出外均为滨珊瑚微环礁）在一定程度上替代验潮站的功用。但应用微环礁恢复海平面需要注意以下几点：①确定微环礁是否为原位生长，外力如风暴等可以使微环礁搬离原位失去指示海平面的作用；②化石微环礁死的顶面在严酷的热带条件下很容易被风化剥蚀，使用其顶面形态恢复古海平面应特别小心；③露出低海面并非是导致微环礁顶面死亡的唯一原因，海面温度过高导致珊瑚白化死亡和珊瑚疾病等都是可能的原因，应综合判定；④微环礁骨骼在反映海平面变化时因为其生长率的原因存在滞后性，分析时应加以考虑。

二、微环礁记录海平面的原理

（一）对相对海平面的高分辨率记录

在构造稳定的地区，微环礁经常被用作恢复历史相对海平面变化[13-15, 27]。由于微环礁顶面活珊瑚的存活取决于浸没海水或者露出水面，微环礁与海平面的变化有着极为密切的关系（图 12.20）。在一些热带海域的礁坪上生长着大量的微环礁，它们的顶面与海平面的垂直距离却惊人一致[14]，Smithers 和 Woodroffe[14]在南印度洋的科科斯群岛礁坪上选择了 19 个点对 282 个微环礁进行了详细的调查，结果表明微环礁的生长上限均严格受控于海平面，微环礁之间的平均高差在 2cm 之内。微环礁生长上限主要受潮差的控制，绝大部分微环礁都发育在小潮差或者是中等潮差的礁区。在中等潮差的中央大堡礁区，同一开阔礁坪的微环礁生长上限的高差在 ±10cm[28]；南印度洋科科斯环礁具有小的潮差，同一生长区的微环礁生长上限的高差在 ±5cm 之内[14]。生长在大堡礁区开阔海域里的微环礁，那里潮汐自由升降完全不受礁地貌的影响，它们的生长高度主要受控于平均大潮低潮面（MLWS）[16]；在小潮差的科科斯群岛，大部分开阔水域的微环礁的生长上限超过潮汐基准面，基本上位于平均大潮低潮面（MLWS）和平均小潮低潮面之间（MLWN）[14]。类似的情形均反映了潮汐高差引起的海平面波动限制了科科斯群岛和其他位于大洋中部微环礁的向上生长，同样是小潮差位于赤道太平洋的库克群岛的微环礁亦如此[12]。

微环礁常用来高精度重建海平面的年际波动历史[12,13,15]，甚至可以精确到月分辨率[29]。滨珊瑚骨骼X射线照片或者是用紫外线照射，可以看到非常清晰的生长纹层，这些生长纹层能清楚反映出珊瑚年际尺度（甚至是月）分辨率。最初的块状珊瑚向上生长到海平面附近（图12.21a），或者是横向生长（海平面不变）（图12.21b），或者是向低处生长（海平面下降）（图12.21c），或者再次追赶海平面（海平面上升）。通过对整个滨珊瑚生命过程生长纹层的计数分析，能很好地重建海平面波动历史。微环礁的生长率大概为1cm/a，一个直径为1m的微环礁能记录海平面时间约为50年，直径为数米以上的微环礁记录的时间则长达几个世纪。一个区域如果发育众多年龄相似的微环礁，对它们记录的海平面信息联合分析，则能更为准确地重建海平面变化曲线[13]。并且现代微环礁经常发育于化石微环礁附近，它们之间的高差可以直接进行对比，能非常直观地看出海平面的变化[30]。由于微环礁上部边缘和低潮面之间精准的关系，微环礁已起到替代验潮站的功能，成功应用于重建过去数十年和数百年之间海平面的波动[13,15]。

（二）对新构造活动的记录

2004年12月26日苏门答腊岛到安达曼群岛西侧海沟发生了9.2级地震，并引发了巨大的海啸，造成30.5万人死亡，此次海啸夺走的生命超过了历史上历次海啸造成死亡人数的总和[31]。时隔3个多月，于2005年3月28日该地区又发生了8.7级地震。同样在苏门答腊断裂带上，2012年4月11日再一次发生了8.6级的板内走滑地震。苏门答腊断裂带频繁发生的大地震引起科学家的广泛关注。而在苏门答腊海域的岛屿上发育着众多活体微环礁和化石微环礁，由于微环礁可准确指示海平面，其能高精度地记录断裂带活动引起的地壳形变，无论是大地震瞬间造成的地表抬升，或者是长期缓慢的震间形变。

在新构造活动频繁的海岸带或者岛屿，微环礁被用作记录地震导致的地表快速升降[32]或者是用来追踪板块活动活跃带缓慢的地表变形[33,34]。大的地震能导致地表急剧上升或者下降，生长在地震区域礁坪的微环礁会伴随着地震急剧上升或者是下降（图12.21），即微环礁随着地表上升暴露出海面，导致顶面珊瑚虫死亡，在微环礁外围接触海面的部分珊瑚虫会重新生长形成新的同心圆轮次，两者之间的高差，即微环礁当时垂直上升的高度，对死亡顶面准确定年可以确定古地震发生的时间，同时根据高差可以判定古地震导致的地表上升幅度，甚至可以推断古地震发生的强度[35]，这在研究史前地震或者是缺乏器测记录的偏远岛礁有着重要的意义。采用类似的方法也可以计算出地震导致没入水中的微环礁所记录的古地震的地表沉降幅度。微环礁在记录地表变动幅度的精度虽然不如GPS，但其有独特的优势，Subarya等[36]通过研究2004年苏门答腊安达曼大地震地表抬升记录，发现微环礁在记录精度上比GPS稍差，但不同区域众多的微环礁可以形成密集的阵列，能获取更加丰富的数据来计算破裂带的位移程度。

地震引起的同震地壳形变具有突然性并且相对容易记录，而在地震平静期的地壳形变是在应力长期积累下的缓慢变形，时间跨度在数十年甚至数百年，因此即使在科技发达的今天获取精确的长期记录依旧是个难题（GPS和遥感卫星所记录的时间太短）。微环礁骨骼的生长轮次可以精准地记录相对海平面升降（地表升降）[32]，借助珊瑚骨骼X射线照片可以清晰地辨别年分辨率的生长轮次，而每个生长轮次记录着地表缓慢抬升或下降的幅度，因而直径巨大的微环礁可以记录地壳长期缓慢的变形[37]。微环礁能连续生长100年以上，可以长时间尺度地记录地表的缓慢变形；准确测年的化石微环礁也具有恢复古地壳缓慢形变和探索古地震发震机制的潜力。

（三）记录 ENSO 对海平面的影响

强的 ENSO 事件能导致局部海域海平面大幅下降或上升[38, 39]，ENSO 现象明显的年份西太平洋赤道地区海平面大幅下降，东太平洋赤道地区海平面大幅上升[40-42]。图瓦卢的富纳富提环礁（Funafuti Atoll）的验潮站记录到 1982～1983 年强 ENSO 导致海平面下降达 35cm[39]，海平面大幅下降能导致生长在礁坪上严格受控于海平面的微环礁顶部珊瑚虫死亡，从而记录 ENSO 事件。库克群岛的汤加雷瓦环礁的滨珊瑚骨骼直接记录了 1983 年强 ENSO 导致的海平面大幅下降（大于 20cm）[43]。强 ENSO 期间能导致赤道信风带发生变化，信风驱使局部海平面上升，而海平面的快速上升会使微环礁周缘迅速向上生长形成明显的 ENSO 轮次[44]。

三、微环礁记录海平面的研究进展

（一）微环礁记录的近代海平面变化

在构造运动相对稳定的区域，微环礁能被用作高分辨率重建近代年际海平面变化的精准代用指标[14, 15]。Woodroffe 和 McLean[15]在太平洋的基里巴斯共和国的阿贝马马环礁选取了一个小的活微环礁（生长期为 1973～1989 年）进行切割和 X 射线照相分析，很好地反映了 1973～1989 年该环礁海域年际海平面波动，并与邻近的塔拉瓦验潮站的器测数据进行了对比，两者的年际海平面波动曲线的吻合度非常高。Smithers 和 Woodroffe[13]在东印度洋的科科斯环礁选取了两个大的活微环礁（一个直径 3.3m，另一个直径 2.7m），生长跨度为 1893～1992 年，刚好记录了 100 年的科科斯环礁的海平面变化，结果表明该海域的海平面在 100 年期间以缓慢的速度上升（0.35mm/a）。在基里巴斯共和国的阿拜昂环礁，Flora 和 Ely[29]对生长在礁坪上的 10 个活微环礁的上表面生长轮次进行了 3 年的现场观察和测量，同时对比微环礁骨骼的 X 射线照片，得出了微环礁记录海平面具有达到季节分辨率甚至是月分辨率的潜力。

（二）微环礁记录的中晚全新世海平面变化

印度洋-太平洋礁区存在大量的化石微环礁[11, 26, 45]，通过 ^{14}C 或 U 系测年能准确地测定其死亡年代[26]，利用微环礁的海平面功能能很好地重建地质时期的海平面波动[27]。Chappell[28, 46]采用微环礁作为代用指标，在大堡礁从南到北横跨上千千米选取 11 个点的微环礁进行 ^{14}C 测年，获得了 45 个年龄数据，结果表明在 6000～5500 a BP 年大堡礁海域存在比现今海平面高约 1m 的高海面期。Pirazzoli 等[47]利用微环礁结合其他代用指标确定出太平洋波利尼西亚的土阿莫土环礁在大约 4000 a BP 存在（0.8±0.2）m 的高海平面。在东印度洋的科科斯环礁，Woodroffe 等[48]对 12 个原位化石微环礁进行分析，它们的年龄为 3300～2500 a BP，那时的海平面比现今高约 0.4～0.8m。Woodroffe 等[49]在澳大利亚和巴布亚新几内亚之间的托雷斯海峡也利用化石微环礁结合钻孔资料的放射性测年数据，认为在该地区中晚全新世存在高海平面期，并且海平面在 5900～2740 a BP 逐步回落。Woodroffe 和 McLean[50]应用类似的方法，发现远在中东部太平洋的 Island 圣诞岛在中晚全新世也存在 0.5～1.0m 的高海平面。Azmy 等[51]在印度尼西亚爪哇岛北岸一个全新世珊瑚礁露头发现两个化石微环礁在同一剖面的不同高度（高差 0.7m，最上部的微环礁高于现今海面 1.5m），通过测年分别处于（7090±90）a BP 和（6960±60）a BP，表明在全新世中期该地处于高海面期，并且当时存在快速海侵事件。Yu 和 Zhao[52]采用更有优势的 U 系方法对大堡礁磁岛的微环礁进行定年，他们认为在大约 7000 年前大堡礁海平面比目前至少高约 0.7m，并且在距今约 5755 年海平面达到峰值，高海平面在大约 2000 年前结束，持续约 5000 年。Leonard 等[53]利用 64 个化石微环礁结合其他原位礁的 U 系年龄数据，得出在澳大利亚东海岸莫顿湾距今约 6600 年前海平面至少高出现今当地天文低潮 1.1m。

Yu 等[26]也在新构造活动稳定的中国雷州半岛，选取数量众多的化石微环礁（直径最大的达 9.6m）进行全新世中期海平面研究，结果表明在距今 7050～6600 年前或 7050～6600 a BP 海平面比现今高 1.7～2.2m，并且海平面在此期间呈波动状态，波动幅度在 20～40cm。时小军等[30]在海南岛琼海选取原位化石滨珊瑚礁块和活的微环礁进行对比，也得到了在中晚全新世（5500～5200 a BP）海南琼海的海平面比现今高约 1m 的结论。

在稳定沉降的岛屿，微环礁也能用作恢复历史海平面，位于南太平洋的新喀里多尼亚岛的化石微环礁测年为 3930 a BP，现今高出平均海平面 60mm，该岛稳定沉降的速率为每年 0.14 mm，扣除沉降部分恢复成当时海平面，高于现今 1.09m[54]。研究也表明全新世中晚期（8500～3000 a BP）是全新世最温暖的时期[55]，温度普遍比现在高，升温导致的热比容效应能引起海平面的显著上升，在全新世暖期的高峰时期，南海北部海面温度高出现今 2～3℃[56]，高出现代海平面 1～3m，为全新世最高海平面[57]。这与从以上众多微环礁得出的全新世中晚期存在全球性的高海平面的结论是一致的。

（三）微环礁海平面记录中的新构造活动

微环礁在研究新构造运动中在一定程度上能替代器测记录[32, 58]。Taylor 等[59]很早就应用礁坪上出露的珊瑚块（主要为滨珊瑚微环礁），绘制了南太平洋瓦努阿图中部马勒库拉岛在 1965 年地震中地表上升幅度的等值线图。Zachariasen 等[35]在位于印度-澳大利亚板块和巽他板块俯冲带的苏门答腊岛利用化石微环礁确定出 1833 年大地震时地表上升 1～2m，结合其他资料估计出该次大地震震级在 8.8～9.2 级。Natawidjaja 等[60]利用微环礁得出该地 1833 年大地震地表上升达 2.8m，发现此前 1797 年的另一个大地震导致地表至少上升 0.8m，该地震可能伴随有极具破坏性的大海啸。微环礁也记录了 1935 年 12 月发生在苏门答腊西部巴图岛（Batu Islands）附近的 7.7 级地震，当时地表至少上升了 55cm[61]。2004 年 12 月 26 日苏门答腊-安达曼海域发生了 9.2 级地震，苏门答腊西部的锡默卢岛上的微环礁记录了至少 44cm 的地表抬升[62]。Subarya 等[36]也在此次地震后测量了众多微环礁，抬升最高的达 1.5m。Rajendran 等[63]在北部的安达曼岛利用微环礁，发现此次地震造成安达曼岛的西部边缘上升达 1.5m。紧接着该次 9.2 级地震，苏门答腊岛西部在 2005 年的 3 月又发生了 8.7 级的震，Briggs 等[64]对该地震迅速展开了研究，他们利用微环礁结合 GPS 观测发现地震破裂带上方岛屿上升达 3m。2007 年 4 月 1 日，西太平洋的所罗门群岛西部发生了 8.1 级地震，Taylor 等[65]在该年的 4 月 16 日即赴该群岛进行调查，他们主要使用微环礁作为指示地表垂直升降的代用指标，发现在拉罗汤加岛的南部地表上升达 2.32～2.60m。

Zachariase 等[35]发现在大地震前的几十年间地表的沉降速度迅速加快，速率从年均 5mm 增加到 11mm，该发现也为预报现代大地震提供了一些启示，大地震前几十年地壳可能会加剧活动。Zachariasen 等[37]在苏门答腊俯冲带附近的明打威群岛上选取活的微环礁进行研究，表明该岛在最近 40～50 年沉降速率为每年 4～10mm，然而与它相对应的大陆地块则一直表现相对稳定，他们也发现沉降速率因位置不同存在差异，可能与破裂带距离远近有关系。Natawidjaja 等[61]采用微环礁研究了苏门答腊西部巴图群岛微环礁 1935 年大地震前后和 1962 年事件前后俯冲带地壳的缓慢形变，发现地震前后地壳的形变是复杂的，地震前地壳并非是简单的急剧上升或者是下降；震后也并非要经历一定的平静期。Natawidjaja 等[66]对苏门答腊附近岛屿微环礁所记录的地震平静期地壳的缓慢变形进行了深入研究，过去半个多世纪明打威群岛地壳的沉降率在 2～14mm/a，波动呈多期幕式而非稳定的形变。Meltzner 等[67]最近应用微环礁对巽他大型逆冲断层破裂带所记录的 1100 年来的大地震进行了分析，该破裂带在 1000 多年来至少经历了 7 次大的地震，发现在两个地震期间突然或持续的沉降率变化是常见的，这一点与 Natawidjaja 等[66]的结论是一致的。

(四) 微环礁记录的 ENSO 事件对海平面的影响

微环礁生长在海气界面附近，严格受控于海平面变化，而 ENSO 能导致赤道太平洋海域海平面大幅变化。Woodroffe 和 McLean[15]通过基里巴斯阿贝马马环礁的微环礁纵切面 X 射线照片，在其不长的生长历史中识别出了 ENSO 造成的骨骼生长异常，1983 年的强 ENSO 年最为明显。Smithers 和 Woodroffe[13]在相隔遥远的东印度洋的科科斯环礁的多个微环礁骨骼切片中也发现了同时期与 ENSO 相关的海平面降低导致的生长间断。Spencer 等[43]在南太平洋库克群岛的汤加雷瓦环礁（亦叫彭林环礁）选取一个生长了 57 年的微环礁（1936～1993 年），对其纵切面进行 X 射线拍照，识别出多期可能是 ENSO 事件造成的异常。对照 Quinn[68]的 ENSO 年表，汤加雷瓦环礁的微环礁在其生长历史中经历了 9 次 ENSO 暖位相较明显的时期，其中 1943～1944 年、20 世纪 70 年代末和 1983 年是相对严重的时期。即使不通过骨骼切片的方式，从原位微环礁生长顶面形态也可以识别出强 ENSO 活动异常的记录，Flora 等[29, 44]在基里巴斯的阿拜昂环礁，在 1997 年 ENSO 期间，通过现场长期观察的方式，发现礁坪上的微环礁顶面为了适应 ENSO 带来的强大西风气流导致的海平面上升，微环礁顶面追赶海面生长形成了明显的 ENSO 轮次。为了对此进行验证，Flora 和 Ely[29]也选取部分微环礁进行切割，对纵切面进行 X 射线拍照观察，生长有 ENSO 轮次顶面的年际变化曲线与澳大利亚国家潮汐中心提供的潮汐曲线是基本一致的。

四、结语和研究展望

微环礁是理想的海平面代用指标。微环礁高程和年代的准确测定，进一步增强了微环礁的海平面记录价值，将在时间和空间上弥补器测数据记录的不足。我国南海海域微环礁广泛分布，为研究长时间尺度的海平面变化过程提供了宝贵的材料，但目前关于现代微环礁及其记录的近百年海平面变化的研究还很少，而卫星观测表明 1993 年以来南海海平面上升速率明显高于同周期全球的海平面变化趋势，那么近百年来南海海平面上升率是否高于全球？长期变化趋势如何？对微环礁的研究，将有助于回答这些科学问题，并为预估未来海平面变化研究提供关键参数[69]。

参 考 文 献

[1] IPCC. 2013. Climate change 2013: The Physical Science Basis. Contribution of Working Group I to the Fifth Assessment Report of the Intergovernmental Panel on Climate Change//Contribution of Working Group I to the Fourth Assessment Report of the Intergovernmental Panel on Climate Change. Climate Change 2007: The physical Science Basis, 2013: 159-254.

[2] Schaeffer M, Hare W, Rahmstorf S, et al. Long-term sea-level rise implied by 1.5 degrees C and 2 degrees C warming levels. Nature Reports Climate Change, 2012, 2(2): 867-870.

[3] Vermeer M, Rahmstorf S. Global sea level linked to global temperature. Proceedings of the National Academy of Sciences of the United States of America, 2009, 106(51): 21527-21532.

[4] Pfeffer W T, Harper J T, O'Neel S. Kinematic constraints on glacier contributions to 21st-century sea-level rise. Science, 2008, 321(5894): 1340-1343.

[5] Sriver R L, Urban N M, Olson R, et al. Toward a physically plausible upper bound of sea-level rise projections. Climatic Change, 2012, 115(3-4): 893-902.

[6] Nicholls R J, Marinova N, Lowe J A, et al. Sea-level rise and its possible impacts given a beyond 4℃ world in the twenty-first century. Philosophical Transactions of the Royal Society a-Mathematical Physical and Engineering Sciences, 2011, 369(1934): 161-181.

[7] Pirazzoli P A. Gobal sea-level changes and their measurement. Global and Planetary Change, 1993, 8(3): 135-148.

[8] Groger M, Plag H P. Estimations of a global sea-level trend-limitations from the structure of the PSMSL global sea-level data set. Global and Planetary Change, 1993, 8(3): 161-179.

[9] Morner N A. Estimating future sea level changes from past records. Global and Planetary Change, 2004, 40(1): 49-54.
[10] Nerem R S. Measuring very low frequency sea level variations using satellite altimeter data. Global and Planetary Change, 1999, 20(2): 157-171.
[11] Woodroffe C D, Mcgregor H V, Lambeck K, et al. Mid-Pacific microatolls record sea-level stability over the past 5000 yr. Geology, 2012, 40(10): 951-954.
[12] Goodwin I D, Harvey N. Subtropical sea-level history from coral microatolls in the Southern Cook Islands, since 300 AD. Marine Geology, 2008, 253(1): 14-25.
[13] Smithers S G, Woodroffe C D. Coral microatolls and 20th century sea level in the eastern Indian Ocean. Earth and Planetary Science Letters, 2001, 191(1-2): 173-184.
[14] Smithers S G, Woodroffe C D. Microatolls as sea-level indicators on a mid-ocean atoll. Marine Geology, 2000, 168(1-4): 61-78.
[15] Woodroffe C, McLean R. Microatolls and recent sea-level change on coral atolls. Nature, 1990, 344(6266): 531-534.
[16] Scoffin T P, Stoddart D, Rosen B R. The nature and significance of microatolls. Philosophical Transactions of the Royal Society B Biological Sciences, 1978, 284(999): 99-122.
[17] Darwin C. The structure and distribution of coral reefs. New York: D. Appleton, 1889.
[18] Krempf A. La forme des récifs coralliens et le régime des vents alternants Saigon. Gouvernement Général de l'Indochine, 1927, 2: 1-33.
[19] Spender M. Island-Reefs of the Queensland coast. Part III. The Labyrinth. Geographical Journal, 1930, 76(4): 273-293.
[20] Rosen B R. Nature and significance of micro-atolls-appendix-determination of a collection of coral microatoll specimens from northern great barrier reef. Philosophical Transactions of the Royal Society B Biological Sciences, 1978, 284(999): 115-122.
[21] Knutson D W, Buddemei R W, Smith S V. Coral chronometers: seasonal growth bands in reef corals. Science, 1972, 177(4045): 270-272.
[22] 聂宝符, 陈特固, 梁美桃, 等. 南沙群岛及其邻近礁区造礁珊瑚与环境变化的关系. 北京: 科学出版社, 1997.
[23] Hendy E J, Lough J M, Gagan M K. Historical mortality in massive Porites from the central Great Barrier Reef, Australia: evidence for past environmental stress? Coral Reefs, 2003, 22(3): 207-215.
[24] Roy K J. Change in bathymetric configuration, Kaneohe Bay, Oahu 1882-1969. Hawaii Institute of Geophysics, 1970.
[25] Siegrist H G, Randall R H. Sampling implications of stable isotope variation in Holocene reef corals from the Mariana Islands. Micronesia, 1989, 22(2): 173-189.
[26] Yu K F, Zhao J X, Done T, et al. Microatoll record for large century-scale sea-level fluctuations in the mid-Holocene. Quaternary Research, 2009, 71(3): 354-360.
[27] Leonard N D, Zhao J, Welsh K J, et al. Holocene sea level instability in the southern Great Barrier Reef, Australia: high-precision U-Th dating of fossil microatolls. Coral Reefs, 2016, 35(2): 625-639.
[28] Chappell J, Chivas A, Wallensky E, et al. Holocene palaeo-environmental changes central to north Great Barrier Reef inner zone. Bmr Journal of Australian Geology and Geophysics, 1983, 8(3): 223-235.
[29] Flora C J, Ely P S. Surface growth rings of Porites lutea microatolls accurately track their annual growth. Northwest Science, 2003, 77(3): 237-245.
[30] 时小军, 余克服, 陈特固, 等. 中-晚全新世高海平面的琼海珊瑚礁记录. 海洋地质与第四纪地质, 2008, 28(5): 1-9.
[31] 马宗晋, 叶洪. 2004 年 12 月 26 日苏门答腊-安达曼大地震构造特征及地震海啸灾害. 地学前缘, 2005, 12(1): 281-287.
[32] Taylor F W, Frohlich C, Lecolle J, et al. Analysis of partially emerged corals and reef terraces in the central Vanuatu Arc: comparison of contemporary coseismic and nonseismic with quaternary vertical movements. Journal of Geophysical Research and Planets Solid Earth, 2012, 92(B6): 4905-4933.
[33] Sieh K, Ward S N, Natawidjaja D, et al. Crustal deformation at the Sumatran Subduction Zone revealed by coral rings. Geophysical Research Letters, 1999, 26(20): 3141-3144.
[34] Tsang L L H, Meltzner A J, Philibosian B, et al. A 15 year slow-slip event on the Sunda megathrust offshore Sumatra. Geophysical Research Letters, 2015, 42(16): 6630-6638.
[35] Zachariasen J, Sieh K, Taylor F W, et al. Submergence and uplift associated with the giant 1833 Sumatran subduction earthquake: evidence from coral microatolls. Journal of Geophysical Research Solid Earth, 1999, 104(B1): 895-919.
[36] Subarya C, Chlieh M, Prawirodirdjo L, et al. Plate-boundary deformation associated with the great Sumatra-Andaman earthquake. Nature, 2006, 440(7080): 46-51.
[37] Zachariasen J, Sieh T, Frederick W, et al. Modern vertical deformation above the Sumatran subduction zone: paleogeodetic insights from coral microatolls. Bulletin of the Seismological Society of America, 2000, 90(4): 897-913.
[38] Widlansky M J, Timmermann A, Mcgregor S, et al. An interhemispheric tropical sea level seesaw due to El Niño Taimasa. Journal of Climate, 2014, 27(3): 1070-1081.

[39] Becker M, Meyssignac B, Letetrel C, et al. Sea level variations at tropical Pacific islands since 1950. Global and Planetary Change, 2012, 80(80-81): 85-98.

[40] Busalacchi A J, Cane M A. Hindcasts of sea level variations during the 1982–1983 El Niño. Journal of Physical Oceanography, 2010, 15(2): 213-224.

[41] Mitchum G T, Lukas R. Westward propagation of annual sea level and wind signals in the Western Pacific Ocean. Journal of Climate, 2009, 3(10): 1102-1110.

[42] Merrifield M, Kilonsky B, Nakahara S. Interannual sea level changes in the tropical Pacific associated with ENSO. Geophysical Research Letters, 1999, 26(21): 3317-3320.

[43] Spencer T, Tudhope A W, French J R, et al. Reconstructing sea level change from coral microatolls, Tongareva (Penrhyn) Atoll, northern Cook Islands//Lessios H A, Macintyre I G. Proceedings of the eighth international coral reef symposium, Panama, 1997: 489-493.

[44] Flora C J, Ely P S, Flora A R. Microatoll edge to ENSO annulus growth suggests sea level change. Atoll Research Bulletin, 2009, 571: 1-10.

[45] 余克服, 钟晋梁, 赵建新, 等. 雷州半岛珊瑚礁生物地貌带与全新世多期相对高海平面. 海洋地质与第四纪地质, 2002, 22(2): 27-33.

[46] Chappell J. Evidence for smoothly falling sea level relative to north Queensland, Australia, during the past 6000 yr. Nature, 1983, 302(5907): 406-408.

[47] Pirazzoli P A, Montaggioni L F, Salvat B, et al. Late Holocene sea level indicators from twelve atolls in the central and eastern Tuamotus (Pacific Ocean). Coral Reefs, 1988, 7(2): 57-68.

[48] Woodroffe C D, Mclean R F, Smithers S G, et al. Atoll reef-island formation and response to sea-level change: West Island, Cocos (Keeling) Islands. Marine Geology, 1999, 160(1-2): 85-104.

[49] Woodroffe C D, Kennedy D M, Hopley D, et al. Holocene reef growth in Torres Strait. Marine Geology, 2000, 170(3-4): 331-346.

[50] Woodroffe C D, McLean R F. Pleistocene morphology and Holocene emergence of Christmas (Kiritimati) Island, Pacific Ocean. Coral Reefs, 1998, 17(3): 235-248.

[51] Azmy K, Edinger E, Lundberg J, et al. Sea level and paleotemperature records from a mid-Holocene reef on the North coast of Java, Indonesia. International Journal of Earth Sciences, 2010, 99(1): 231-244.

[52] Yu K F, Zhao J X. U-series dates of Great Barrier Reef corals suggest at least +0.7 m sea level similar to 7000 years ago. Holocene, 2010, 20(2): 161-168.

[53] Leonard N D, Welsh K J, Zhao J X, et al. Mid-Holocene sea-level and coral reef demise: U-Th dating of subfossil corals in Moreton Bay, Australia. Holocene, 2013, 23(12): 1841-1852.

[54] Yamano H, Cabioch G, Chevillon C, et al. Late Holocene sea-level change and reef-island evolution in New Caledonia. Geomorphology, 2014, 222(10): 39-45.

[55] Kaufman D S, Ager T A, Anderson N J, et al. Holocene thermal maximum in the western Arctic (0-180 degrees W). Quaternary Science Reviews, 2004, 23(5-6): 529-560.

[56] 李学杰, 韩建修, 唐革荣, 等. 南海北部全新世以来的古气候演变. 南海地质研究(九). 武汉: 中国地质大学出版社, 1999.

[57] 聂宝符. 五千年来南海海平面变化的研究. 第四纪研究, 1996, 16(1): 80-87.

[58] Gagan M K, Sosdian S M, Scottgagan H, et al. Coral $^{13}C/^{12}C$ records of vertical seafloor displacement during megathrust earthquakes west of Sumatra. Earth & Planetary Science Letters, 2015, 432: 461-471.

[59] Taylor F W, Isacks B L, Jouannic C, et al. Coseismic and Quaternary vertical tectonic movements, Santo and Malekula Islands, New Hebrides Island Arc. Journal of Geophysical Research Solid Earth, 1980, 85(B10): 5367-5381.

[60] Natawidjaja D H, Sieh K, Chlieh M, et al. Source parameters of the great Sumatran megathrust earthquakes of 1797 and 1833 inferred from coral microatolls. Journal of Geophysical Research Solid Earth, 2006, 111(B6): 232-241.

[61] Natawidjaja D H, Sieh K, Ward S N, et al. Paleogeodetic records of seismic and aseismic subduction from central Sumatran microatolls, Indonesia. Journal of Geophysical Research Solid Earth, 2004, 109(B4): 327-341.

[62] Meltzner A J, Sieh K, Abrams M, et al. Uplift and subsidence associated with the great Aceh-Andaman earthquake of 2004. Journal of Geophysical Research Solid Earth, 2006, 111(B2): 1-8.

[63] Rajendran C P, Rajendran K, Anu R, et al. Crustal deformation and seismic history associated with the 2004 Indian Ocean earthquake: a perspective from the Andaman-Nicobar Islands. Bulletin of the Seismological Society of America, 2007, 97(1A): S174-S191.

[64] Briggs R W, Sieh K, Meltzner A J, et al. Deformation and slip along the Sunda megathrust in the great 2005 Nias-Simeulue earthquake. Science, 2006, 311(5769): 1897.

[65] Taylor F W, Briggs R W, Frohlich C, et al. Rupture across arc segment and plate boundaries in the 1 April 2007 Solomons earthquake. Nature Geoscience, 2008, 1(4): 253-257.

[66] Natawidjaja D H, Sieh K, Galetzka J, et al. Interseismic deformation above the Sunda megathrust recorded in coral microatolls of the Mentawai islands, West Sumatra. Journal of Geophysical Research Solid Earth, 2007, 112(B2): B02404.
[67] Meltzner A J, Sieh K, Chiang H, et al. Persistent termini of 2004-and 2005-like ruptures of the Sunda megathrust. Journal of Geophysical Research Solid Earth, 2012, 117(B4): 185-186.
[68] Quinn W H. A study of Southern Oscillation-related climatic activity for AD 622-1900 incorporating Nile River flood data// Diaz H F, Markqrar V. El Niño: historical and paleoclimatic aspects of the southern oscillation. Cambridge: University of Cambridge, 1992: 119-149.
[69] 杨红强, 余克服. 微环礁的高分辨率海平面指示意义. 第四纪研究, 2015, 35(2): 354-362.

第十四节　南海周边中全新世以来的海平面变化研究进展[①]

海平面变化是世界沿海各国（特别是岛国）政府、科学家以及普通民众都关心的焦点问题。全世界约有半数以上居民生活在距海不到 60km 的沿海地区，我国有 41%的人口和 60%以上的财富分布在沿海地区[1]，海平面上升将对包括中国在内的全球经济社会安全构成严重威胁。南海海平面上升对华南沿岸，特别是经济较发达的珠江三角洲地区的威胁尤其巨大。虽然已经意识到这种危机的存在，但是人类至今还未完全了解到全球海平面变化的规律和机制，很难准确预测未来海平面的变化趋势。然而，通过对全新世历史时期海平面变化的研究，将有助于提高我们对海平面变化规律的认识。全新世近一万年来是与人类密切相关的一个时期。人类社会从原始社会发展至今，人类文明也经历了数次盛衰。全新世历史时期的海平面变化对当时沿岸居民的生活也产生了重大影响，并以不同的形式（历史资料、神话、传奇故事等）得以记载。因而全新世历史时期的海平面变化研究非常必要，只有把握了历史时期的海平面变化规律，才能更好地预测未来海平面的变化趋势，更好地制定相应的预防对策。所以这段时期的海平面变化成为国际上对过去海平面变化研究的重点。国内外学者对南海周边全新世以来的海平面变化做了比较深入的研究，取得了丰硕的成果[2-10]。

一、全新世古海平面研究的标志物

研究历史时期的海平面变化一般需要标志物。作为海平面变化的标志物，必须具备两个条件：一是能确定古海平面所在的位置；二是能准确测定出海平面变化的年代[2]。标志物一般分为生物标志物、沉积和地貌标志物[3]。生物标志物一般有原生珊瑚礁[2-11]、红树林腐木[3, 12-15]、贝壳[3, 6, 7, 12-14, 16, 17]、牡蛎壳[3, 7, 12, 14, 16, 17]、藤壶[3, 16, 18]、石灰质管形虫壳等[16, 18, 19]。而沉积和地貌标志物有海相沉积淤泥[12, 13, 20]、泥炭[3, 12, 15]、海滩岩[3, 12-14]、海蚀刻槽[3, 14, 21]、海蚀平台[3, 14]等。珊瑚礁实际生长上限在大潮低潮面以下 1m 深[2, 8]，是较为精确的海平面标志物，其中微环礁误差最低可低于 3cm[22]。珊瑚礁主要分布在热带海洋，是热带地区最常用的海平面标志物[2-11]。红树林腐木是指被海水淹没死亡而留下的红树林树桩和树干[12]，其位置一般代表小潮平均高潮位与大潮平均高潮位之间的潮间带[14]，在热带和亚热带地区也有不少人将其作为标志物使用[3, 12, 14, 15]。一些生活在潮间带的海洋软体动物死亡后，如果其壳保存在原生活位置上，则遗留的壳也可作为海平面标志物[12]。其精确度视固着生物的生活区域在垂直方向上的宽窄、是否有明显的边界和潮浪强弱等因素而定[18]。一些贝类、牡蛎、藤壶等由于生活区域较宽，没有严格的指示位置，精确度较低，误差范围最高可达±2m[18]。然而很多研究并没有给出其指示误差范围。而某些种属的管形虫（如 *Galeolaria caespitosa*）由于对潮浪、曝晒等因素比较敏感，一般生活在低潮线 0.95～1.2m 及以上的狭窄区域内，古管形虫壳的遗迹与现代管形虫的生活位置的高差即代表古今海平面的高差[18]。

[①] 作者：时小军，余克服，陈特固

其指示误差范围最高±0.5m[18]，而在潮浪较弱的环境中误差范围仅有±0.1m[19]。这类标志物也称为固着生物标志物（fixed biological indicator，FBI）[16, 18]。泥炭指半咸水泥炭，多形成于盐沼中，其形成部位往往与潮水水位相关，高位盐沼泥炭的形成部位相当于平均高潮位，低位盐沼泥炭的形成部位则相对于平均低潮位[12]。海相沉积淤泥也可能被用作海平面标志物，由于被压实，代表的海平面一般位于其上方[12]。海滩岩是热带、亚热带海岸特有的一种沉积岩石，一般认为形成于潮间带，其上限至少在大潮平均高潮位，下限可能相对于大潮平均低潮位[12]，是热带、亚热带地区较常用的海平面标志物之一[3, 12-14]。海岸边石灰崖上发育的平躺"U"字形的海蚀刻槽，其最深处也代表了古平均海平面的位置[14]，也有不少人将其作为标志物使用[3, 14, 21]。海蚀平台一般发育于低潮线以下，也对海平面有一定的指示意义[3, 14]。此外，一些沿海地区的古文化遗址、古岸堤，一般高于大潮高潮线，也可用于定性地判断古海平面变化[23]。

二、南海周边地区的全新世高海平面证据

有关南海周边地区中全新世以来海平面的变化，前人已做了大量的工作[2-10, 12-15, 17, 20, 21]。赵希涛等在南海岛沿岸珊瑚礁区进行研究时认为，6000 年来出现过多次高海面[4]；陈俊仁等通过对鹿回头珊瑚礁的调查，得出结论：海面在距今 6000～5000 年时的高程为 4～5m[5]；余克服等对雷州半岛灯楼角的珊瑚礁地貌进行调查后，指出稳定构造区域内出露的珊瑚礁真实地反映了 7200～6700 a BP 时的海平面比现在高 2～3m[9]；Chen 和 Liu[7]等在台湾澎湖通过对珊瑚礁和贝壳两类标志物的研究，也得出距今 4700 年时有 2.4m 的高海面的结论；Berdin 等[21]用海蚀刻槽重建了中全新世菲律宾中部的古海岸线，认为当时的海平面要高于现代 0.3～0.6m；在马来西亚，Tjia[14]综合运用海滩岩、海蚀刻槽、贝壳等多种标志物，证实了 5000 年前的海平面最高可高出现代 5m；在新加坡和印度尼西亚，Geyh 等[15]找到了距今 5000～4000 年前高出 2.5～5.8m 的海平面标志物——红树林腐木和泥炭；而 Korotky 等[6]在对越南东部岛屿上的珊瑚礁和贝壳进行研究后，也证实了中全新世曾有 2.5～3.0m 的高海平面。表 12.3 也详细列出了前人研究出的南海周边的最高海平面高度和出现的时间。可能因为构造背景的不一致，或者研究还不够广泛，高海平面证据显然分布不均。但这足以证实，中全新世南海普遍存在高海平面。

表 12.3 全新世南海周边地区最高海平面的高度和出现的时间

编号	地区	年代/a BP	最高高程/m	研究材料	构造背景	资料来源
1	台湾澎湖	4700 cal.a BP	2.4	珊瑚礁和贝壳	相对稳定	Chen and Liu, 1996[7]
2	闽南	6350（6840 cal.a BP）	4.5	贝壳、淤泥等	轻微抬升	方国祥等, 1992[13]
3	粤东	6300（6790 cal.a BP）	约 2	贝壳、淤泥等	轻微抬升	方国祥等, 1992[13]
4	珠海	5100（5510 cal.a BP）	3.8	陆架沉积物	轻微下沉	陈俊仁和李学杰, 1996[20]
5	香港	5140 cal.a BP	2	贝壳	相对稳定	Yim and Huang, 2002[17]
6	雷州半岛灯楼角 a	6550～5300（7100～5700 cal.a BP）	3～4	珊瑚礁	相对稳定	聂宝符, 1997[8]
7	雷州半岛灯楼角 b	7200～6700 cal.a BP	2～3	珊瑚礁	相对稳定	余克服等, 2002[9]
8	雷州半岛灯楼角 c	7000U/Th a BP	1.8	珊瑚礁	相对稳定	Yu et al., 2004[24]
9	三亚鹿回头	7300～6000 a BP	—	珊瑚礁	轻微下沉	黄德银, 2005[10]
10	马来西亚	约 5000 cal.a BP	约 5	贝壳、海滩岩等	相对稳定	Tjia, 1996[14]
11	越南 Baikan 岛	6200（6690 cal.a BP）	2.5～3.0	珊瑚礁、贝壳等	相对稳定	Korotky et al., 1995[6]
12	菲律宾邦劳岛	中全新世	0.3～0.6	海蚀刻槽	轻微抬升	Berdin et al., 2004[21]
13	新加坡和印度尼西亚	5000～4000 cal.a BP	2.5～5.8	腐木和泥炭	相对稳定	Geyh et al., 1979[15]

在世界其他地区，也陆续发现了不少中全新世的高海平面遗迹。如在巴西[26]、南非[27]、印度[28]、澳大利亚[29]均已证实中全新世有高出现代 2m 以上的高海平面。这说明中全新世南海周边的高海平面并不是一单独的局部事件，至少具有区域性背景。

三、研究热点与争议

（一）全新世是否存在高海平面

尽管如此，全新世南海的高海平面问题依然存在一些争议。就全球范围内而言，在20世纪60年代，关于全新世是否存在高海平面的问题存在不同的意见，其中具有代表性的有"谢泼德曲线"[30]和"费布里奇曲线"[31]。前者表现为现海平面是整个全新世的最高海平面，并且海平面在整个全新世内连续上升到现有高度[30]，即否认全新世存在高海平面。相反，后者显示出6500～5000年前的海平面曾比现海平面略高，此后海平面交替发生微小的波动而达到现今的高度[31]，即肯定全新世存在高海平面。此外，还有人认为全新世的海平面先是稳定上升，在3600～5000年前达到目前的海面高度，且稳定至今[32]。这3种不同类型的海平面变化说明了海面升降并不是全球一致的，存在重要的区域性差异[33]。

在南海周边，如上节所述，有大量证据[2-10, 12-15, 17, 20, 21, 23, 24]支持中全新世存在高海平面。赵希涛等[4]、陈俊仁等[5]、Chen和Liu[7]、Geyh[15]、Tjia[14]、Korotky[6]、余克服等[9]分别利用珊瑚礁、贝壳、海滩岩、海相沉积等标志物均发现了高海平面证据。聂宝符[34]分别对南沙群岛、西沙群岛、海南岛雷州半岛和台湾恒春半岛的珊瑚礁进行研究考察后，也赞同5000 a BP以来南海周边曾有2～3m的高海平面。这些高海平面都较大程度上与"费布里奇曲线"相一致。然而，仍有少数人对高海平面持否定态度[35-37]。李平日等[35]在对广东东部更新世以来的海平面进行研究时，不认为中全新世南海一定存在高海平面。薛春汀[36]对利用华南海岸珊瑚礁证明的高海平面持否定态度，认为从复杂的地质构造活动区域的珊瑚礁得出的高海平面结论难以令人信服。Zong[37]在重新分析大量华南沿岸的海平面标志物数据后，也得出了类似的结论：全新世南海不存在高于现代的古海平面，所有高出现代海平面的遗迹都是构造抬升的结果。他们比较倾向于认同"谢泼德曲线"。得出这些结论，可能是他们夸大了构造活动的作用，或者是他们忽视了构造相对稳定和下沉地区的高海平面遗迹。但无论如何，进一步地深入研究以揭示全新世南海海平面变化的真实过程，仍然相当必要。

（二）中全新世高海面的最高高度及其出现的时间

其实目前有关高海平面争议的热点并不在于高海平面是否存在，而是有关中全新世最高海面的高度和最高海平面出现的时间。在这两个问题上，存在较大的分歧（表12.3）。在马泰半岛上，Tjia[14]综合运用多种海平面标志物得出，5000 cal.a BP时古海面高程最大为5m，应是南海周边地区海平面高程的最大值。而Geyh等[15]以红树林腐木和泥炭得出最大5.8m的海平面高度。Woodroffe和Horton[38]在总结全新世印度-太平洋地区的海平面变化时指出这个数据有待校正，不代表真正的古海平面高度。而高海平面高程的最低值应该在1m以上，1m之内的高程大多都处于古海平面标志物的指示误差范围之内[39]。聂宝符[34]、黄镇国和张伟强[40]均认为最高海平面一般为2～3m，很多数据也处于这个范围之内。余克服等[24]最近从雷州半岛珊瑚礁剖面得出的最新成果：7.0 ka BP或7.0U/T ka BP时的高海平面为1.8m，也很接近这个范围。南海最高海平面出现的时间，最早的应是7300 cal.a BP[10]，三亚鹿回头出露珊瑚礁的最大年龄意味着这是全新世最高海平面的开始时期；而最晚的应是4700 cal.a BP[7]，为Chen和Liu[7]在台湾澎湖发现的高海平面标志物的最老时间。大多数据处于7.0～5.5 ka BP。而在南海以外的其他地区，如澳大利亚，Collins和Zhao[11]以珊瑚礁为标志物研究出，全新世最高海平面的高度和出现的时间分别为2.05m和6832 a BP，而Beaman等[41]以牡蛎壳得出的结论分别是1.62m和5660 cal.a BP。总之，在最高海面的高度及其出现时间的问题上，国内外均存在较大的分歧。除了地区性差异之外，这两个争议应在很大程度上分别与构造背景及其年代测定的精确度有关。

(三) 中晚全新世海平面的变化模式

此外，国际上还存在有关中全新世高海平面后期是如何变化到现代海平面位置的疑问。针对这个疑问，一般有两种观点。一种是平滑模式（smooth model），意思是指中晚全新世高海平面单调降低到现代海平面位置[11, 16, 18, 42]。另一种是振荡模式（oscillating model），是指中全新世高海平面经过几次波动后才到达现代海平面位置[16, 18, 42]。Baker 和 Haworth[42]认为，在远离冰均衡效应（glacial isostasy）影响的地区，水均衡效应（hydro isostasy），即海水绝对量的增加引起洋盆滞后缓慢下沉，可很好地解释平滑模式。例如，Collins 和 Zhao[11]对澳大利亚西南沿岸的珊瑚礁进行研究后，获得了一条平滑的中全新世以来高程-年代海平面变化曲线，海平面最高高程为 1.62m（6830U/Th a BP），此后单调降低到现代海面的位置，很好地反映了水均衡效应对海平面的影响。然而，如果考虑到气候波动对海平面的影响，振荡模式更加可信[42]。Angulo 等[26]对巴西南部海岸大量贝壳标志物进行调查时，指出中全新世高海平面以来至少有 2 次低海平面波动（分别处于 4100～3800 a BP 和 3000～2700 a BP），且分别对应相对低温期，反映了气候波动对海平面的影响。

气候波动主要是全球气温变化，影响海平面的变化。现代海平面上升的主要原因正是由温室效应导致的全球变暖。全球变暖引起绝对海平面上升主要是通过以下两个途径：一是全球温度升高，海水表层相应膨胀，海水体积增大。Nerem 等[43]估算 20 世纪 90 年代以来由于热膨胀使全球海平面上升了 1.6mm/a。二是全球变暖使冰川、冰盖融化，增加海水绝对量。Dyurgerov[44]通过对 260 个冰川的研究，提出陆地冰川融化对全球海平面的影响达 0.27mm/a。而极地冰盖，特别是南极冰盖，它是地球上最大的固体水库，约占全球陆地冰量的 90%，如果南极冰盖全部融化，世界洋面将升高 65m 左右[45]。自从上次冰盛期（30 000～19 000 a BP）以来，大约有 $50\times10^6 km^3$ 的冰融化为水，引起中低纬度地区的海平面上升约 130m[46]。这种海平面变化也称为水动型海平面变化（glacial eustasy）[38]。另外，海水绝对量的增加引起洋盆缓慢下沉，即水均衡效应，同样影响海平面变化[46]。除此之外，海平面波动还受大地水准面变化的控制[47]。而地动型海平面变化（tectono-eustasy），即由于地壳运动改变洋盆体积从而影响海平面变化[38]，是一个非常缓慢的过程，仅仅以 0.06mm/a 的速度改变绝对海平面[48]，在全新世不是一个主要因素。不过，局部地质垂直升降运动对相对海平面变化的影响非常大。

全新世冰后期以来，全球气温逐渐升高，北半球大陆冰川逐渐解体和消失，同时海水也逐渐膨胀，全球海平面则以较大速率上升，南海也受全球海平面升高的控制，海面上升速率曾高达 10mm/a[49]。刘以宣等[49]认为在距今 7400 年海面间歇性停留，形成–12m 左右的古海岸，Bird 等[50]有关新加坡古海平面变化的最新成果也得出类似的观点。海平面在 7300 a BP 时达到现海平面高度[24]，于 6000 a BP 左右达到最高。这次冰后期海进，多数人称为全新世海侵[51]。

对于南海中全新世高海平面以后的海平面变化，多数学者都支持振荡模式的观点。南海周边全新世海平面变化与温度变化的对照图（图 12.22）是对前人研究成果的汇总。该图显示了南海全新世海平面变化和气温变化具有周期波动性和二者之间具有一定的波动同步性。王绍鸿和吴学忠[52]对福建沿岸全新世海平面变化和气温进行对照研究时，也有类似的结论。7.2～6 ka BP（大西洋期）为大暖期的鼎盛阶段[53]，当时中国大陆的温度高于现代 2℃左右[54]，南海北部高出 2～3℃[55]。而当时的海平面为全新世的第一期高海平面，也是最高海平面，高出现代 2～3m[34, 40]。而这已得到了上述绝大多数高海平面证据的支持[1-10, 12-16, 17, 20, 21, 23, 24, 32, 34, 40]。6～5 ka BP 时气候激烈波动，出现了明显的降温[53]，也出现一次明显的海退，这在图 12.22 中的越南、香港、珠海三地的海平面变化曲线中均有所体现。5～3 ka BP，即亚北方（subboreal）时期，在最高海平面退却之后，气温又开始回升时，存在第二次小幅度的海进[6]。雷州半岛灯楼角[9]、三亚鹿回头[10, 56]和台湾澎湖[7]出露的珊瑚礁，都较好地佐证了这段时间存在第二期高海平面，当时海平面高度约 2m[6, 7]。3 ka BP 时，大暖期结束[53]，进入亚大西洋期（subAtlantic），气候比较温凉，波动幅度较小[5]。海平面也准同步波动下降至目前的位置，其间海平面最高只有 1.5m 左右[7, 20]，波动幅度小于中全新世。总体上，南海中全新世高海平面以后的海平面变化与温度变化呈准同步波动，表明气候波动是引起中全新世南海海平面变化的主要因素。但这二者之间又不完全同步，可能是由地质构造升降活动和分析方法以及定年误差所引起的[52]。

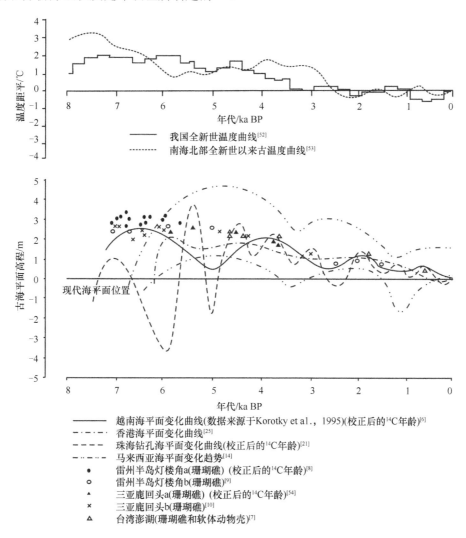

图 12.22　南海周边地区中全新世以来温度变化与海平面变化对照

（四）南海现代海平面的变化趋势

随着监测技术的发展，观测手段的进步，南海近几十年来的海平面变化趋势，已经有了比较清晰的轮廓。本部分从 TOPEX 和 Jason-1 的卫星观测结果中，获取了 1993～2006 年南海海域和全球平均海平面高度变化的数据，分别作 60 天平均滑动，得到一条最新的平均海平面（mean sea level，MSL）变化曲线，如图 12.23 所示。一元线形回归得出的趋势线显示，1993～2006 年南海海平面的上升速率为 3.9mm/a，略高于同期的全球平均值 3.1mm/a。李立等[57]根据 TOPEX 卫星观测数据得出的 1993～1999 年南海海平面上升率高达 10mm/a，表明 20 世纪末南海海平面上升速率极快，曾达到一个峰值，这在图 12.23 中也有所体现。这也明显高于由卫星高度计估算的同期（1993～1998 年）全球平均海平面上升速率 2.0～3.0mm/a[58]。

不过卫星高度计的观测结果只能反映海平面十几年的短期变化趋势,因而南海高达 10mm/a 的海平面上升率可能只是 7 年短时间尺度的变化所致,并不能反映长期的变化趋势[57]。沿海各验潮观测站的数据则可反映更长时间的变化趋势,不过也有分布的局限性且易受地质垂直变形的影响[43],故不能直接反映绝对海平面的变化。陈特固等[59]对广东沿海及珠江口 17 个验潮站的数据进行分析后,结果显示 40 年来(1955~1994 年)广东沿海平均相对海平面上升速率为 1.5~2.0mm/a。黄镇国和张伟强[60]在总结前人有关南海周边现代海平面变化的成果后,认为南海数十年来相对海平面的上升速率小于 2.5mm/a,经地面沉降速率校正后的理论海平面上升速率为 1.7~2.1mm/a。国家海洋局最近发布的《2006 年中国海平面公报》指出,由沿海监测站数据统计出的南海 1970~2006 年海平面的平均上升速率为 2.4mm/a,并高于公报指出的全球平均值 1.8mm/a[61]。这也略高于 Douglas[62]由验潮站观测得出的全球平均海平面上升率 1.7~1.9mm/a。综合卫星观测结果和验潮站的观测结果认为,南海近数十年来海平面上升速率略高于全球平均上升速率。李立等[57]指出上层海水变暖是南海海平面上升的重要原因,且这种变暖趋势可能与附近更暖的西太平洋暖池区的年代尺度变化有关。这可能可以解释南海目前的海平面上升速度高于全球平均的原因。

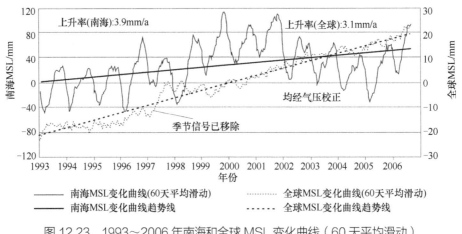

图 12.23　1993~2006 年南海和全球 MSL 变化曲线(60 天平均滑动)

数据来源于:http://sealevel.colorado.edu

针对未来海平面的变化趋势,不少学者和权威机构都做了预测。Tjia[14]认为目前海平面处于一个波动峰值,未来海平面变化有可能下降,但是人为因素导致的温室效应加剧改变了这个变化趋势,未来海平面仍将持续上升。黄镇国等[63]对 2030 年广东沿海理论海平面上升幅度做出预测,预计上升幅度达 7~8cm,而相对海平面的上升幅度可能还要考虑 2cm 以上的附加值。而《2006 年中国海平面公报》[61]预计未来 3~10 年,南海海平面将比 2006 年上升 10~31mm。IPCC 第三次气候评估报告[64](2001 年)强调,即使温室气体浓度稳定在目前的水平上,全球平均表面温度升高进而引起海平面升高预计要持续几百年,并预测 1990~2100 年全球海平面将升高 0.09~0.88m。而《IPCC 第一工作组第四次评估报告摘要》[65](2007 年)已提高了预测结果的精确度,预测结果为,到 2090~2099 年全球平均海平面相对于 1980~1999 年将高出 0.18~0.59m。如果此范围的中值最有可能代表全球平均上升量,那么考虑到南海海平面的上升率略高于全球平均上升速率,预计 21 世纪末南海海平面的上升量可能将处于此范围的中上限。

四、问题与探讨

(一)定年技术

高精度定年方法是古环境、古海洋研究的基础,全新世古海平面变化研究也不例外。目前全新世海平面标志物的定年方法主要是 ^{14}C 定年方法（AMS）。不过近年又发展了 TIMS 铀系定年技术，其在珊瑚礁的定年上已得到较好的应用[11,66]。相比 ^{14}C 定年法，TIMS 铀系定年法更精确、更准确。Eisenhauer 等[67]对这两种方法做过比较，最后得出珊瑚礁钻芯的 ^{14}C 年龄要比相应的 U/Th 年龄年轻 1000 年。余克服等[68]也认为未校正的 ^{14}C 年龄要比相应的 TIMS 年龄年轻 700 年，即使是校正过的年龄也要年轻 210 年。可见 ^{14}C 年龄误差之大，这可能源于各地碳库效应的不一致[68]。一些争议、分歧可能源于不精确的测定年龄[66]。例如，在最高海平面出现时间上的分歧与定年技术的较大误差很可能相关。只有高精度的年代分析才能产生高分辨率的古海平面变化曲线。因而提高测定年龄的精确度十分必要，也是解决部分争议的有效途径。

（二）局部地质构造活动

影响全新世古海平面高程准确性的最主要因素是地质构造活动，它在全新世对水动型海平面变化和其他因素（包括海水膨胀、水均衡效应影响、大地水准面的变化等）控制的海平面变化中起调整作用[37]。相对稳定的局部地质构造是得出高精度的古海平面变化的前提。然而，新生代印度-澳大利亚板块、欧亚板块、菲律宾海板块和太平洋板块的构造运动，使得大南海地区（包括南海周边地区）的构造活动极其复杂和剧烈[69]。这也影响着我国南部海岸及海岛在全新世的地质构造升降活动。表 12.4 列出了全新世中国南部海岸构造升降特征，总体上，从北到南，从东到西，都逐渐由隆起趋于稳定，三角洲则均表现为下沉状态。而在东南亚，其新构造运动比华南沿岸强烈得多，仅马来半岛、泰国南部及其邻近地区构造相对稳定[14]。此外，同一地区在全新世不同时间段里的构造升降活动也不一定相同，各种突发性事件如火山、地震、断裂等也使得构造活动变得复杂[23]。这样差异的构造升降活动，就使得南海沿岸各段得出的全新世古海平面高程相差甚大。黄镇国和张伟强[40]在对 61 例南海全新世古海平面遗迹的高程进行比较时发现，正高程的有 40 例，负高程和零高程的有 21 例。这些数据有的考虑了构造升降运动等因素，有的则直接采用古海平面遗迹的现存高程[40]，非常不容易进行比较。显然这些古海平面遗迹高程的差异，是不同地区、不同构造特征的反映。由此可见，局部地质构造活动对古海平面高程估算的影响非常重大，甚至可能导致相反的结论。很多争议、分歧也源于不准确的古海平面高程估算[66]。例如，最高海平面高度和后来的海平面波动振幅的差异，在很大程度上都因为无法获得准确的地质构造升降活动的数据，而影响古海平面高度的准确性。因而，考虑并准确地估算局部地质构造活动，然后扣除其对古海平面遗迹高程的影响，是摆在所有古海平面变化研究者面前的难题。然而就目前而言，准确地估算全新世范围内地质构造升降活动非常困难。那么，选择在公认为构造相对稳定岸段的标志物来估算全新世古海平面高度，就显得异常重要。

表 12.4 全新世中国南部海岸构造升降特征（修改自 Zong, 2004）[37]

海岸段	构造升降活动
福建	抬升
韩江三角洲	强烈下沉
广东东部	轻微抬升
珠江三角洲	轻微下沉
广东西部和海南	相对稳定

（三）标志物的指示误差

此外，影响全新世古海平面高程精确度的因素还有古海平面标志物的指示误差，如海滩岩、红树林腐木、贝壳等可能均代表潮间带，没有严格的指示位置，因而指示的海面高程就有较大的误差。Flood 和 Frankel[39]指出红树林腐木的指示误差范围达±1m 之多。而珊瑚礁和 FBI（如管形虫等）可近似代表一个面，误差范围大大降低。其中微环礁的指示误差范围只有±3cm，是最精确的海平面标志物[18]。管形虫壳的误差范围也可减小到±0.1m[19]。因而，采用高精度的标志物和统一的方法也是降低误差范围、减少争议的重要途径。此外，多种标志物的联用，也可减少误差，提高古海平面高程的精确度[70]。

五、结语

对于南海周边全新世以来海平面变化规律的探索，前人已做了大量的研究工作，基本上得出了一定的结论：中全新世南海存在高海平面，海平面最高有 2~3m，出现在 7.0~5.5 ka BP；而此后的海平面变化呈振荡模式，波动降低到目前海平面的位置，且与温度波动有一定的同步性，揭示了它们之间的紧密联系。由卫星观测结果统计出的最近十几年以来南海海平面的上升速率达 3.9mm/a，略高于同期全球平均值 3.1mm/a；而数十年来的验潮站数据显示南海海平面上升率为 2.4mm/a，也同样略高于验潮站数据得出的全球平均上升率 1.8mm/a。

近期的工作将着重于在构造稳定的岸段，寻找更多且有不同年龄段分布的高精度的全新世海平面标志物，并采用高精度的定年技术以及统一的方法，建立高分辨率的全新世海平面变化曲线[71]。

参 考 文 献

[1] 胡建国. 海平面上升: 不容忽视的灾害警报. http://www.cas.ac.cn/html/Dir/2007/02/07/14/73/46.html [2007-2-7].

[2] 聂宝符, 陈特固, 梁美桃, 等. 南沙群岛及其邻近礁区造礁珊瑚与环境变化的关系. 北京: 科学出版社, 1997: 62-63.

[3] 赵希涛, 杨达源. 全球海面变化. 北京: 科学出版社, 1992: 8-27.

[4] 赵希涛, 张景文, 李桂英. 海南岛南岸全新世珊瑚礁发育. 地质科学, 1983, (2): 150-159.

[5] 陈俊仁, 陈欣树, 赵希涛, 等. 全新世海南省鹿回头海平面变化之研究. 南海地质研究(三). 广州: 广东科技出版社, 1991, (3): 77-86.

[6] Korotky A M, Razjigaeva N G, Ganzey L A, et al. Late Pleistocene-Holocene coastal development of islands off Vietnam. Journal of Southeast Asian Earth Sciences, 1995, 11(4): 301-308.

[7] Chen Y, Liu T. Sea level changes in the last several thousand years, Penghu Islands, Taiwan Strait. Quaternary Research, 1996, 45(3): 254-262.

[8] 聂宝符, 陈特固, 梁美桃, 等. 雷州半岛珊瑚礁与全新世高海面. 科学通报, 1997, 42(5): 511-514.

[9] 余克服, 钟晋梁, 赵建新, 等. 雷州半岛珊瑚礁生物地貌带与全新世多期相对高海平面. 海洋地质与第四纪地质, 2002, 22(2): 27-33.

[10] 黄德银, 施祺, 张叶春. 海南岛鹿回头珊瑚礁与全新世高海平面. 海洋地质与第四纪地质, 2005, 25(4): 1-7.

[11] Collins L B, Zhao J X, Freeman H. A high-precision record of mid-late Holocene sea-level events from emergent coral pavements in the Houtman Abrolhos Islands, southwest Australia. Quaternary International, 2005, 145(4): 78-85.

[12] 杨建明, 郑晓云. 福建沿岸 6000 年来的海平面波动. 海洋地质与第四系地质, 1990, 10(4): 67-74.

[13] 方国祥, 李平日, 黄光庆. 闽南粤东全新世海平面变化. 第四纪研究, 1992, (3): 233-239.

[14] Tjia H D. Sea-level changes in the tectonically stable Malay-Thai Peninsula. Quaternary International, 1996, 31(1): 95-101.

[15] Geyh M A, Streif H, Kudrass H R. Sea-level changes during the late Pleistocene and Holocene in the Strait of Malacca. Nature, 1979, 278(5703): 441-443.

[16] Baker R G V, Haworth R J. Smooth or oscillating late Holocene sea-level curve? Evidence from the palaeo-zoology of fixed biological indicators in east Australia and beyond. Marine Geology, 2000, 163(1-4): 367-386.

[17] Yim W S, Huang G. Middle Holocene higher sea-level indicators from the South China coast. Marine Geology, 2002, 183(3-4): 225-230.

[18] Baker R G V, Haworth R J, Flood P G. Inter-tidal fixed indicators of former Holocene sea level in Australia: a summary of sites and a review of methods and models. Quaternary International, 2001, 83-85: 257-273.

[19] Laborel J, Laborel-Deguen F. Biological indicators of relative sea-level variations and co-seismic displacements in the Mediterranean region. Journal of Coastal Research, 1994, 10(2): 395-415.

[20] 陈俊仁, 李学杰. 珠海钻孔剖面沉积特征与海平面变化. 南海地质研究(八). 武汉: 中国地质大学出版社, 1996: 67-96.
[21] Berdin R D, Siringan F P, Maeda Y. Holocene sea-level highstand and its implications for the vertical stability of Panglao Island, southwest Bohol, Philippines. Quaternary International, 2004, 115-116(3): 27-37.
[22] Smithers S G, Woodroffe C D. Microatolls as sea-level indicators on a mid-ocean atoll. Marine Geology, 2000, 168(1-4): 61-78.
[23] 张虎南, 陈伟光, 黄坤容, 等. 华南沿海新构造运动与地质环境. 北京: 地震出版社, 1990: 173-237.
[24] Yu K F, Zhao J X, Liu T S, et al. High-frequency winter cooling and reef coral mortality during the Holocene climatic optimum. Earth and Planetary Science Letters, 2004, 224(1-2): 143-155.
[25] Baker R G V, Davis A M, Atichison J C, et al. Comment on "Mid-Holocene higher sea level indicators from the south China coast" by WWSYim and G Huang: a regional perspective. Marine Geology, 2003, 196(1-2): 91-98.
[26] Angulo R J, Giannini P C F, Suguio K, et al. Relative sea-level changes in the last 5500 years in southern Brazil (Laguna-Imbituba region, Santa Catarina State) based on vermetid ^{14}C ages. Marine Geology, 1999, 159(1-4): 323-339.
[27] Ramsay P J. 9000 Years of sea-level change along the southern African coastline. Quaternary International, 1996, 31(8): 71-75.
[28] Banjeree P K. Holocene and Late Pleistocene relative sea level fluctuations along the east coast of India. Marine Geology, 2000, 167(3-4): 243-260.
[29] Searle D J, Woods D J. Detailed documentation of a Holocene sea level record in the Perth Region, southern Western Australia. Quaternary Research, 1986, 26(3): 299-308.
[30] Shepard F P. Sea-level changes in past 6000 years, possible archaeological significance. Science, 1964, 143: 574-576.
[31] Fairbridge R W. Eustatic changes in sea-level. Physics and Chemistry of the Earth, 1961, 4(61): 99-185.
[32] 赵希涛, 赵叔松. 15 000 年来海平面变化研究的进展//中国第四纪研究委员会, 中国海洋学会. 中国第四纪海岸线学术讨论会论文集. 北京: 海洋出版社, 1985: 15-24.
[33] Kidson C. Sea level change in the Holocene. Quaternary Science Reviews, 1982, 1(2): 121-151.
[34] 聂宝符. 五千年来南海海平面变化的研究. 第四纪研究, 1996, 16(1): 80-87.
[35] 李平日, 黄镇国, 张仲英, 等. 广东东部晚更新世以来的海平面变化. 海洋学报, 1987, 9((2): 216-222.
[36] 薛春汀. 对我国沿海全新世海面变化研究的讨论. 海洋学报, 2002, 24(4): 58-67.
[37] Zong Y Q. Mid-Holocene sea-level highstand along the Southeast Coast of China. Quaternary International, 2004, 117(1): 55-67.
[38] Woodroffe S A, Horton B P. Holocene sea-level changes in the Indo-Pacific. Journal of Asian Earth Sciences, 2005, 25(1): 29-43.
[39] Flood P G, Frankel E. Late Holocene higher sea-level indicators from eastern Australia. Marine Geology, 1989, 90(3): 193-195.
[40] 黄镇国, 张伟强. 南海地区全新世高海平面遗迹高程的区域差异问题. 应用海洋学学报, 2005, 24(2): 228-235.
[41] Beaman R, Larcombe P, Carter R M. New evidence for the Holocene sea-level high from the inner shelf, Central Great Barrier Reef, Australia. Journal of Sedimentary Research Section A, 1994, A64(4): 881-885.
[42] Baker R G V, Haworth R J. Smooth or oscillating late Holocene sea-level curve? Evidence from cross-regional statistical regressions of fixed biological indicators. Marine Geology, 2000, 163(1-4): 353-365.
[43] Nerem R S, Éric Leuliette, Cazenave A. Pres-ent day sea-level change: a review. Comptes Rendus Geoscience, 2006, 338(14-15): 1077-1083.
[44] Dyurgerov M, Meier M. Glacier mass balance and regime. Boulder: Institute of Arctic and Alpine Research, University of Colorado, 2002.
[45] 温家洪, 孙波, 李院生, 等. 南极冰盖的物质平衡研究: 进展与展望. 极地研究, 2004, 16(2): 114-126.
[46] Lambeck K, Esat T M, Potter E K. Links between climate and sea levels for the past three million years. Nature, 2002, 419(6903): 199-206.
[47] Mörner N A. Eustasy and geoid changes. Journal of Geology, 1976, 84(2): 123-151.
[48] Mörner N A. Rapid changes in coastal sea level. Journal of Coastal Research, 1996, 12(4): 797-800.
[49] 刘以宣, 詹文欢, 陈俊仁, 等. 南海輓近海平面变化与构造升降初步研究. 热带海洋, 1993, 12(3): 24-31.
[50] Bird M I, Fifield L K, Teh T S, et al. An inflection in the rate of early mid-Holocene eustatic sea-level rise: a new sea-level curve from Singapore. Estuarine, Coastal and Shelf Science, 2007, 71(3-4): 523-536.
[51] 冯浩鉴. 中国东部沿海地区海平面与陆地垂直运动. 北京: 海洋出版社, 1999: 159-175.
[52] 王绍鸿, 吴学忠. 福建沿海全新世高温期的气候与海面变化. 应用海洋学学报, 1992, 11(4): 345-352.
[53] 施雅风, 孔昭宸, 王苏民, 等. 中国全新世大暖期的气候波动与重要事件. 中国科学 B 辑, 1992, 22(12): 1300-1308.
[54] 王绍武, 龚道溢. 全新世几个特征时期的中国气温. 自然科学进展, 2000, 10(4): 325-332.
[55] 李学杰, 韩建修, 唐荣荣, 等. 南海北部全新世以来的古气候演变. 南海地质研究(九). 武汉: 中国地质大学出版社, 1999: 86-104.

[56] 赵希涛, 彭贵, 张景文. 海南岛沿岸全新世地层与海面变化的初步研究. 地质科学, 1979, 14(4): 350-358.
[57] 李立, 许金电, 蔡榕硕. 20 世纪 90 年代南海海平面的上升趋势: 卫星高度计的观测结果. 科学通报, 2002, 47(1): 59-62.
[58] Cazenave A, Dominh K, Ponchaut F, et al. Sea level changes from TOPEX/Poseidon altimetry and tide gauges, and vertical crustal motions from DORIS. Geophysical Research Letters, 1999, 26(14): 2077-2080.
[59] 陈特固, 杨清书, 徐锡祯. 广东沿海相对海平面变化特点. 热带海洋学报, 1997, 16(1): 95-100.
[60] 黄镇国, 张伟强. 南海现代海平面变化研究的进展. 应用海洋学学报, 2004, 23(4): 530-535.
[61] 国家海洋局. 2006 年中国海平面公报. http://www.soa.gov.cn/hygb/2006hpm [2007-1-15].
[62] Douglas B C. Global sea level rise: A redetermination. Surveys in Geophysics, 1997, 18(2): 278-292.
[63] 黄镇国, 陈特固, 张伟强, 等. 广东海平面变化及其影响与对策. 广州: 广东科技出版社, 2000: 33-60.
[64] 高峰, 孙成权, 曲建升. 全球气候变化的新认识——IPCC 第三次气候评估报告第一工作组报告摘要. 地球科学进展, 2001, 16(3): 442-445.
[65] IPCC. Climate Changes 2007: The Physical Science Basics—The IPCC Working Group Ⅰ Fourth Assessment Report Summary for Policymakers. http://ipcc-wg1.ucar.edu/index.html [2007-2-5].
[66] 赵建新, 余克服. 南海雷州半岛造礁珊瑚的质谱铀系年代及全新世高海面. 科学通报, 2001, 46(20): 1734-1738.
[67] Eisenhauer A, Wasserburg G J, Chen J H, et al. Holocene sea-level determination relative to the Australian continent: U/Th (TIMS) and ^{14}C (AMS) dating of coral cores from the Abrolhos Islands. Earth and Planetary Science Letters, 1993, 114(4): 529-547.
[68] Yu K F, Liu D S, Shen C D, et al. High-frequency climatic oscillations recorded in a Holocene coral reef at Leizhou Peninsula, South China Sea. Science in China, 2002, 45(12): 1057-1067.
[69] 姚伯初, 万玲, 吴能友. 大南海地区新生代板块构造活动. 中国地质, 2004, 31(2): 113-122.
[70] Laborel J. Vermetid gastropods as sea level indicators//von de Plassche O. Sea Level Research. Norwich: Geo Books, 1986: 167-189.
[71] 时小军, 余克服, 陈特固. 南海周边中全新世以来的海平面变化研究进展. 海洋地质与第四纪地质, 2007, 27(5): 121-132.

— 第十三章 —

南海相对高纬度珊瑚对海洋环境变化的响应和高分辨率记录[①]

一、相对高纬度珊瑚的研究意义

造礁石珊瑚主要分布在低纬度的热带海域，其架构的珊瑚礁系统是极其重要的海洋生态资源，如何有效保护和可持续利用该资源一直是海洋科学和全球变化研究领域的热点。事实上，造礁石珊瑚并非总是局限在热带海域，在南、北半球的部分亚热带海域也有分布，甚至有些已经形成珊瑚礁，如日本[1]、中国台湾[2]等地的"高纬度珊瑚礁"，有些则是未成礁的珊瑚群落，如我国华南沿海的大亚湾[3]、香港[4]等地。必须阐明的是，"高纬度"只是相对于低纬度热带的珊瑚而言，目前国际上习惯直接用"high-latitude"而非"relative high-latitude"指代它们[5-8]。但本章仍用"相对高纬度"的提法，可能更加符合国内读者的理解。此外，相对高纬度珊瑚分布的区域还常被称为"边缘珊瑚栖息地（marginal coral habitat）"[9, 10]，这是由于这些珊瑚常年生活在"动荡"的环境中，通常表现为珊瑚生长慢、物种多样性较低、活珊瑚覆盖度低、恢复率低、珊瑚礁发育受到限制等，而这些与冬季低温、水体浑浊、底栖藻类增多、生物侵蚀、人类活动等有密切联系。在这些限制因子中，冬季低温及不定期暴发的极端低温事件（extreme cold event）[3, 11, 12]是高纬度珊瑚分布区域最具特色的环境影响因子，而热带珊瑚礁不曾遇到。

相对高纬度珊瑚同样具有重要的保护价值和研究意义。第一，从显而易见的资源效益上讲，其同样具备提供渔业、旅游等资源的生态服务功能；第二，从生态学上讲，气候持续变暖加上异常高温事件导致热带珊瑚礁大面积白化、死亡事件频发[13]，而理论上气候变暖可能有助于造礁石珊瑚的生存空间向更高纬度的海域拓展，因此近几年来有一种理论开始升温，即"亚热带的珊瑚分布海域有可能成为未来珊瑚的避难所"[3, 14, 15]；第三，从历史气候变化高分辨率记录（重建）研究方面来说，由于高纬度珊瑚生长于水温季节变化幅度相对较大的环境（如13～30℃），即既可能受到高温事件的影响，也可能受到热带海域不曾有的低温事件的影响，其骨骼地球化学指标可能包含与低纬度珊瑚不同的记录信息[16-18]。因此，

[①] 作者：陈天然，余克服

针对相对高纬度珊瑚的研究近年来越发受到国际珊瑚礁领域学者的重视。举一个最明显的例子：每4年举办一次的国际珊瑚礁学术研讨会（International Coral Reef Symposium，ICRS）是珊瑚礁学术界等级最高的学术研讨会，其选拔出来的口头报告、展板等直接代表了当时的前沿，是国际珊瑚礁学术界的"风向标"；而就在2012年7月于澳大利亚凯恩斯市举办的第12届ICRS中，第一次专门开展了名为"Subtropical Reef Futures-Review Research Objectives for Subtropical Reefs"的专题讨论会，足以体现了对相对高纬度珊瑚研究的重视。

二、南海北部相对高纬度珊瑚礁和珊瑚群落

中国科学院南海海洋研究所的张乔民[19]曾描述过南海北部造礁石珊瑚的分布概况："主要因为冬季低温及陆地径流和泥沙的不利影响，华南大陆沿岸从闽南东山湾（23°45′N）以南，沿海岛屿从钓鱼岛（25°45′N）以南，断续分布潮下浅水区造礁石珊瑚群落，通常尚未发育形成真正的珊瑚礁，仅在澎湖列岛、雷州半岛西南角等地局部发育有珊瑚岸礁礁坪"。因此可以总体概括为，南海北部相对高纬度珊瑚主要分布在广西、广东和福建沿岸，其中主要以广东沿岸为主，以及香港和台湾海域。然而，大多数区域仍缺乏系统的调查和研究记录。

广西涠洲岛自全新世中期以来发育珊瑚礁，把涠洲岛归到相对高纬度珊瑚分布区域主要是因为冬季低温事件能够影响到该区域的珊瑚[20, 21]。同样成礁的还有台湾南部沿岸及一些附近岛屿[22]，但珊瑚礁能够存在于如此高的纬度（大约22°N）主要是由于黑潮暖流，类似的还有日本的珊瑚礁；广东沿岸除了雷州半岛徐闻沿岸有珊瑚礁（属于热带珊瑚礁）分布外[23, 24]，更多的是未成礁的珊瑚群落的形式，如大亚湾[3, 25]、珠江口[26, 27]及香港海域[4, 28]等。以往研究表明，在大陆沿岸发现的造礁石珊瑚自然分布的最高纬度上限是在福建的东山海域[29, 30]。而根据杨顺良等[31]的最新报道，已将大陆沿岸造礁石珊瑚分布北缘扩展到了闽东的台山列岛和星仔列岛附近。

三、气候变暖和极端事件在珊瑚骨骼中的记录信号

海水表层温度（SST）是控制造礁石珊瑚生长的第一要素。在适宜的范围内，SST上升促进珊瑚生长（珊瑚虫分泌$CaCO_3$外骨骼）；过高（约大于30℃）或过低（约小于18℃）的SST均会抑制珊瑚生长[32]，造成其骨骼生长率下降，甚至死亡。在气候变暖、ENSO高温事件、海洋酸化等的影响下，已经有越来越多的证据表明，热带海域的珊瑚骨骼生长率呈显著下降的趋势[33-35]。那么，气候变化对高纬度珊瑚的影响如何以及高纬度珊瑚如何响应气候变化？最终回答该科学问题仍需要大量的观测，这里列举南海北部的涠洲岛和大亚湾两地的块状滨珊瑚骨骼生长率的研究结果作为前期的研究基础。

在气候变暖的背景下，涠洲岛海域1984~2010年的SST上升趋势明显（0.286℃/10a），超过了全球和北半球同期的SST上升速率。特别是自1997年以来，涠洲岛海域夏季最高月平均SST均出现了诸多峰值，即频繁出现了几个高温年；气候变暖的同时，某些年份的冬季也会暴发"冷事件"。通过分析器测水温记录[21]，显示该海域1984年以来至少发生了9次高温事件，分别在1987年、1993年、1998年、2003年、2004年、2005年、2007年、2009年和2010年的夏季，最高月平均值达到31℃（7月或8月），以及3次低温事件，分别在1984年、1989年和2008年的冬季，月平均值分别达到14.7℃、15.5℃和14.4℃，而极端低温均在14℃以下。持续上升的水温，频繁发生的高、低温事件对涠洲岛石珊瑚的生长甚至礁体的发育是不利的。涠洲岛滨珊瑚骨骼生长率的变化清晰地记录了上述历史上高、低温的胁迫——高温和低温均造成了生长率显著下降，出现明显的低谷（图13.1）。并且值得注意的是，高、低温事件出现的频率和强度似乎有增加的趋势，这意味着留给珊瑚每次"灾后恢复"的时间越发不够"充裕"。

第十三章　南海相对高纬度珊瑚对海洋环境变化的响应和高分辨率记录

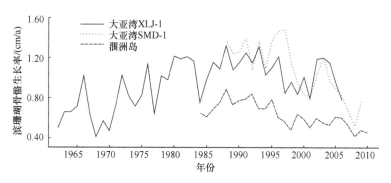

图 13.1　涠洲岛和大亚湾滨珊瑚骨骼生长率变化

大亚湾两条曲线各来自于一块滨珊瑚样品[36]；而涠洲岛滨珊瑚骨骼生长率变化曲线来自 6 个滨珊瑚样品的平均值[21]

采集于更高纬度大亚湾的滨珊瑚骨骼年龄可以追溯到 20 世纪 60 年代初，对应的珊瑚生长率变化序列可以上溯到 50 年（图 13.2）。其记录的信息[36]与涠洲岛的珊瑚既有相同之处，也有不同之处。大亚湾滨珊瑚骨骼生长率在 20 世纪 90 年代后呈下降的趋势，这与涠洲岛滨珊瑚骨骼生长率变化趋势大体相当，但导致的因素主要是气候变化及大亚湾核电站的运行（温排水）引起的水温上升，并对滨珊瑚骨骼形成高密度带造成抑制作用。此外，低温事件，如 2008 年的低温也同样明显抑制了大亚湾珊瑚的生长（图 13.2）。但 20 世纪 90 年代以前，特别是六七十年代珊瑚骨骼生长呈现上升的趋势，这在涠洲岛珊瑚生长率变化历史中没有被发现。说明全球变暖、SST 上升对大亚湾滨珊瑚生长有缓解冬季低温胁迫、促进骨骼钙化的作用，然而随着 SST 持续上升，加上人为温排水的热影响，最终导致珊瑚生长率下降[36]。

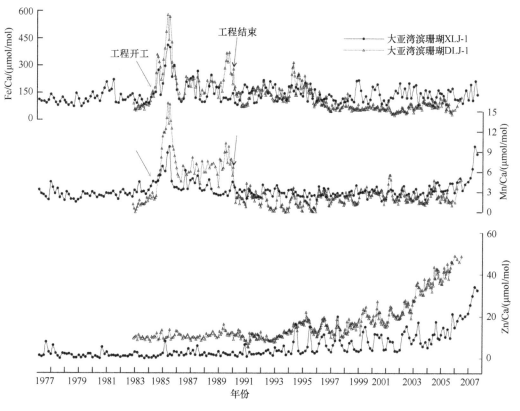

图 13.2　大亚湾滨珊瑚骨骼 Fe/Ca、Mn/Ca 和 Zn/Ca 的变化序列

从上述两个地点的研究成果可以得出初步的结论，即 20 世纪六七十年代的气候变暖确实有助于亚热带、相对高纬度珊瑚的生长，然而气候变化似乎并不总是对高纬度珊瑚有益，近 20 年来，随着持续变暖，

高、低温事件频发及人为干预的影响，相对高纬度石珊瑚明显显示了其脆弱性，并且在未来或许会表现得更加显著。

四、珊瑚骨骼元素地球化学指标对水环境变化的高分辨率记录

（一）对海水重金属污染的记录

珊瑚骨骼中的微量重金属元素，如 Ba、Cd、Cr、Cu、Fe、Mn、Ni、Pb、Sn、V、Zn 等的含量或与 Ca 的比值，是连续、高分辨率（至少达到月）记录水体对应的重金属污染事件很好的地球化学代用指标，因此在国际上被广泛应用于记录工业排放[37]、采矿[38]、航道疏浚[39]等人类活动造成的污染事件。在南海海域也开展了相应的研究，这里仅综述用相对高纬度珊瑚作为环境污染记录载体的研究。

在南海北部的大亚湾海域（图 13.2），滨珊瑚骨骼中的 Fe/Ca 和 Mn/Ca 在 20 世纪 80 年代出现了异常高的峰值[40]，记录了大亚湾核电站建设初期由于场平、开挖、填埋等工程，对周围海水造成的急性污染事件；而在同样珊瑚骨骼样品中的 Zn/Ca 序列则显示了不同的信号，从 1994 年左右开始逐渐上升，对应的是 20 世纪 90 年代大亚湾沿岸（主要是北部）工业化加速发展的历程，因此 Zn/Ca 记录的是慢性污染事件[40]。其他海域，如广东电白放鸡岛的滨珊瑚骨骼样品中的 Cd、Pb 和 Zn 含量在 1982~2001 年显示了明显的上升趋势，记录了由于经济发展、工农业排污、人口增加等对当地沿海海洋环境的污染日益加重[41]；而在香港海域采集的一块滨珊瑚样品的年龄达到近 200 年[42]，其骨骼中的 Al/Ca、Pb/Ca 和 Zn/Ca 序列清晰地显示了 19 世纪早期以来的香港工业化、城市扩张等各种人类活动（排污、开垦、矿业、船舶等）对香港附近海域的污染过程，其中一些显著的峰值还对应了由于战争导致的急性重金属污染事件。

南海北部高纬度珊瑚分布于华南沿海（图 13.2），该地也是经济发达、人类活动密集的区域，显著受到各种排污的影响，再加上水体污染的器测记录资料严重缺乏，因此用珊瑚作为指示生物监测海水重金属等污染过程是十分有意义的工作。通过上述部分地域的研究，虽然时间跨度不一，但可以初步总结为华南沿海随着经济增长、人口增加、工业和农业生产的不断扩大，对近海海洋环境的压力也逐渐加大，相应的保护措施势在必行。

（二）对海水磷含量的记录

磷元素是海洋中极重要的营养元素，是海洋初级生产力的限制性营养元素[43]。海水磷含量的变化与全球碳循环、气候变化等紧密联系，在冰期-间冰期时间尺度上扮演了间接调控地球气候变化的角色[44-46]。而在现代，各种人类活动，如农业、畜牧业、城市化、工业化等，向海洋（特别是河口、海岸带）中排入了过量的磷，导致了水体富营养化、赤潮等海洋灾害[47, 48]。因此，记录海洋（特别是表层）磷含量变化对于研究过去海水营养盐和初级生产力的时空变化、海水富营养化过程，以及与之相联系的海洋生物地球化学过程、海洋环流、气候变化、环境管理等都有十分重要的意义。然而要了解古海水磷含量变化就必须用地球化学代用指标重建；即使在现代，由于测定海水磷含量的分析步骤烦琐，加上不能原位观测，需要人工采集海水样品，造成了器测资料非常稀少、零散，覆盖的范围也非常有限。因此，开发出高分辨率、连续记录的地球化学代用指标具有重要的意义。

珊瑚骨骼中的磷元素与钙元素含量的比值（P/Ca）作为海水磷元素含量的直接代用指标非常新颖，而原理就是发现 P/Ca 与海水无机磷酸盐含量有显著的正相关[49-52]。然而作为非金属元素，对于 P 是如何进入珊瑚骨骼以及在珊瑚骨骼中的富存状态目前依然不清楚。Chen 和 Yu[53]分析了大亚湾滨珊瑚骨骼中的

P/Ca，发现其与海水中的总磷有很好的相关性而与无机磷相关性不明显（图 13.3），提出受人为排污影响严重、富营养化的近海海域，珊瑚骨骼的 P/Ca 信号对应的是海水中总磷的变化，这可能是由于在这些海域珊瑚骨骼中的磷主要是以无机磷酸盐以外的形式存在，如有机磷等。这一点与上述开放大洋的珊瑚骨骼中的 P/Ca 所记录的信息有所差别。此外，化学前处理方法以及测试分析手段也是影响珊瑚 P/Ca 地球化学指标的重要因素。

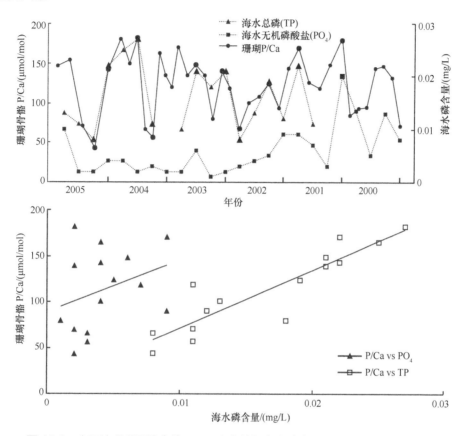

图 13.3　大亚湾珊瑚骨骼中的 P/Ca 变化并与海水磷含量的器测记录作相关分析

五、亚热带珊瑚 Sr/Ca-SST 温度计的建立

大型块状珊瑚（如滨珊瑚等）由于生长年限长（可达几百年）、骨骼年轮条带清晰、便于定年等特点，是用于热带古气候重建的常用材料。在诸多珊瑚骨骼地球化学代用指标中，Sr/Ca 值是记录 SST 最稳定的指标[54]，在重建热带海域古海温、ENSO 等气候变化研究中占有非常重要的地位。在以往的研究中，用珊瑚骨骼 Sr/Ca 建立 SST 温度计并用于记录古海水温度的研究主要集中在热带海域。然而，传统的方法并不适用于高纬度海域，这是因为高纬度亚热带海域由于常年受到冬季低温的影响，珊瑚骨骼在冬季生长非常缓慢甚至停止生长，导致冬季的 Sr/Ca 数据点与水温不能对应，即使提高取样分辨率也不能有效解决。如果仍然用传统高、低极值一一对应的方法，获得的方程以及重建的水温与器测水温偏差很大[55]。Chen 等[56]针对该状况，通过高分辨率（2~3 周）、高精度的分析手段，测定了南海北部大亚湾近 50 年来的滨珊瑚骨骼 Sr/Ca 数据，只选取夏半年（5~10 月）的 Sr/Ca 数据点，再根据 Sr/Ca 变化（如峰值）与水温对照，中间的数值用线性差值的方法，并用最小二乘拟合的方法与器测水温建立回归方程，即 Sr/Ca（mmol/mol）=10.432（±0.038）−0.048（±0.001）SST（图 13.4）。用该方程重建出来的水温要比传统方法更接近器测值，其重建的误差为（0.31±0.62）℃。并且，该方程的截距和斜率与南海周边其他

海域建立的珊瑚 Sr/Ca 温度计非常相似。

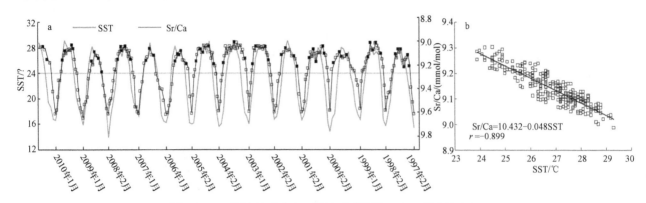

图 13.4　用新方法建立大亚湾滨珊瑚骨骼 Sr/Ca 温度计方程
a. 一段珊瑚骨骼的 Sr/Ca 序列与器测 SST 对比；b. 建立 Sr/Ca 与 SST 的回归方程

因此，针对亚热带滨珊瑚生长的季节变化差异性导致的冬季 Sr/Ca-SST 线性关系差的特殊情况，用新的方法建立了南海北部大亚湾滨珊瑚骨骼 Sr/Ca-SST 关系（即 Sr/Ca 温度计方程），使得珊瑚高分辨率重建亚热带古 SST、ENSO 等气候变化成为可能。该研究拓展了应用珊瑚作为高分辨率记录气候变化载体的地域，从热带延伸到了亚热带。此外，该方法并不局限于 Sr/Ca，对于其他地球化学指标，如 Mg/Ca、$\delta^{18}O$ 等也同样适用[57]。

参 考 文 献

[1] Yamano H, Hori K, Yamauchi M, et al. Highest-latitude coral reef at Iki Island, Japan. Coral Reefs, 2001, 20(1): 9-12.

[2] Liu P J, Meng P J, Liu L L, et al. Impacts of human activities on coral reef ecosystems of southern Taiwan: a long-term study. Marine Pollution Bulletin, 2012, 64(6): 1129-1135.

[3] Chen T R, Yu K F, Shi Q, et al. Twenty-five years of change in scleractinian coral communities of Daya Bay (northern South China Sea) and its response to the 2008 AD extreme cold climate event. Chinese Science Bulletin, 2009, 54(12): 2107-2117.

[4] Goodkin N F, Switzer A D, McCorry D, et al. Coral communities of Hong Kong: long-lived corals in a marginal reef environment. Marine Ecology Progress Series, 2011, 426(8): 185-196.

[5] Butler I R, Sommer B, Zann M, et al. The impacts of flooding on the high-latitude, terrigenoclastic influenced coral reefs of Hervey Bay, Queensland, Australia. Coral Reefs, 2013, 32(4): 1149-1163.

[6] Celliers L, Schleyer M H. Coral community structure and risk assessment of high-latitude reefs at Sodwana Bay, South Africa. Biodiversity and Conservation, 2008, 17(13): 3097-3117.

[7] DeBose J L, Nuttall M F, Hickerson E L, et al. A high-latitude coral community with an uncertain future: Stetson Bank, northwestern Gulf of Mexico. Coral Reefs, 2013, 32(1): 255-267.

[8] Vianney D, Takuma M, kouki T, et al. Coverage, diversity, and functionality of a high-latitude coral community (Tatsukushi, Shikoku Island, Japan). PLoS One, 2013, 8(1): e54330, 1-9.

[9] Kleypas J, McManus J W, Menez L A B. Environmental limits to coral reef development: where do we draw the line? American Zoologist, 1999, 39(1): 146-159.

[10] Guinotte J M, Buddemeier R W, Kleypas J A. Future coral reef habitat marginality: temporal and spatial effects of climate change in the Pacific basin. Coral Reefs, 2003, 22(4): 551-558.

[11] Coles S L, Fadlallah Y H. Reef coral survival and mortality at low temperatures in the Arabian Gulf: new species-species lower temperatrue limits. Coral Reefs, 1991, 9(4): 231-237.

[12] Colella M A, Ruzicka R R, Kidney J A, et al. Cold-water event of January 2010 results in catastrophic benthic mortality on patch reefs in the Florida Keys. Coral Reefs, 2012, 31(2): 621-632.

[13] Pandolfi J M, Bradbury R H, Sala E, et al. Global trajectories of the long-term decline of coral reef ecosystems. Science, 2003, 301(5635): 955-958.

[14] Riegl B, Piller W E. Possible refugia for reefs in times of environmental stress. International Journal of Earth Sciences, 2003, 92(4): 520-531.

[15] Halfar J, Godinez-Orta L, Riegl B, et al. Living on the edge: high-latitude *Porites* carbonate production under temperate eutrophic conditions. Coral Reefs, 2005, 24(4): 582-592.
[16] Fallon S J, McCulloch M T, van Woesik R V, et al. Corals at their latitudinal limits: laser ablation trace element systematics in Porites from Shirigai Bay, Japan. Earth and Planetary Science Letters, 1999, 172(3-4): 221-238.
[17] Kuhnert H, Patzold J, Hatcher B, et al. A 200-year coral stable oxygen isotope record from a high-latitude reef off western Australia. Coral Reefs, 1999, 18(1): 1-12.
[18] Omata T, Suzuki A, Kawahata H, et al. Oxygen and carbon stable isotope systematics in *Porites* coral near its latitudinal limit: the coral response to low-thermal temperature stress. Global and Planetary Change, 2006, 53(1-2): 137-146.
[19] 张乔民. 热带生物海岸对全球变化的响应. 第四纪研究, 2007, 27(5): 834-844.
[20] 周雄, 李鸣, 郑兆勇, 等. 近50年涠洲岛5次珊瑚冷白化的海洋站SST指标变化趋势分析. 热带地理, 2010, 30(6): 582-586.
[21] Chen T R, Li S, Yu K F, et al. Increasing temperature anomalies reduce coral growth in the Weizhou Island, northern South China Sea. Estuarine Coastal and Shelf Science, 2013, 130(3): 121-126.
[22] Wilkinson C. Status of coral reefs of the world. Global Coral Reef Monitoring Network and Reef and Rainforest Research Centre, Townsville, Australia, 2008: 145-147.
[23] 余克服. 雷州半岛灯楼角珊瑚礁的生态特征与资源可持续利用. 生态学报, 2005, 25(4): 669-675.
[24] 黄晖, 张浴阳, 练健生, 等. 徐闻西岸造礁石珊瑚的组成及空间分布. 生物多样性, 2011, 19(5): 505-510.
[25] 陈天然, 余克服, 施祺, 等. 广东大亚湾石珊瑚群落的分布及动态变化. 热带地理, 2007, 27(6): 493-498.
[26] 黄晖, 尤丰, 练健生, 等. 珠江口万山群岛海域造礁石珊瑚群落分布与保护. 海洋通报, 2012, 31(2): 189-197.
[27] 黄梓荣, 陈作志. 加蓬列岛造礁石珊瑚的群落结构研究. 南方水产科学, 2005, 1(2): 15-20.
[28] Lam K, Shin P K S, Bradbeer R, et al. Baseline data of subtropical coral communities in Hoi Ha Wan Marine Park, Hong Kong, obtained by an underwater remote operated vehicle (ROV). Marine Pollution Bulletin, 2007, 54(1): 107-112.
[29] 李秀保, 练健生, 黄晖, 等. 福建东山海域石珊瑚种类多样性及其空间分布. 应用海洋学学报, 2010, 29(1): 5-11.
[30] 姜峰, 陈明茹, 杨圣云. 福建东山造礁石珊瑚资源现状及其保护. 资源科学, 2011, 33(2): 364-371.
[31] 杨顺良, 赵东波, 任岳森, 等. 在闽东海域发现的石珊瑚的种类组成和分布. 应用海洋学学报, 2014, 33(1): 29-37.
[32] Marshall A T, Clode P. Calcification rate and the effect of temperature in a zooxanthellate and an azooxanthellate scleractinian reef coral. Coral Reefs, 2004, 23(2): 218-224.
[33] Tanzil J T I, Brown B E, Tudhope A W, et al. Decline in skeletal growth of the coral *Porites lutea* from the Andaman Sea, South Thailand between 1984 and 2005. Coral Reefs, 2009, 28(2): 519-528.
[34] De'Ath G, Lough J M, Fabricius K E. Declining coral calcification on the Great Barrier Reef. Science, 2009, 323(5910): 116-119.
[35] Cooper T F, De'Ath G, Fabricius K E, et al. Declining coral calcification in massive *Porites* in two nearshore regions of the northern Great Barrier Reef. Global Change Biology, 2008, 14(3): 529-538.
[36] 陈天然, 余克服, 施祺, 等. 全球变暖和核电站温排水对大亚湾滨珊瑚钙化的影响. 热带海洋学报, 2011, 30(2): 1-9.
[37] Al-Rousan S A, Al-Shloul R N, Al-Horani F A, et al. Heavy metal contents in growth bands of *Porites* corals: record of anthropogenic and human developments from the Jordanian Gulf of Aqaba. Marine Pollution Bulletin, 2007, 54(12): 1912-1922.
[38] David C P. Heavy metal concentrations in growth bands of corals: a record of mine tailings input through time (Marinduque Island, Philippines). Marine Pollution Bulletin, 2003, 46(2): 187-196.
[39] Esslemont G, Russell R A, Maher W A. Coral record of harbour dredging: Townsville, Australia. Journal of Marine Systems, 2004, 52(1-4): 51-64.
[40] Chen T R, Yu K F, Li S, et al. Heavy metal pollution recorded in *Porites* corals from Daya Bay, northern South China Sea. Marine Environmental Research, 2010, 70(3-4): 318-326.
[41] Peng Z, Liu J, Zhou C, et al. Temporal variations of heavy metals in coral *Porites lutea* from Guangdong Province, China: Influences from industrial pollution, climate and economic factors. Chinese Journal of Geochemistry, 2006, 25(2): 132-138.
[42] Wang B S, Goodkin N F, Anqeline N, et al. Temporal distributions of anthropogenic Al, Zn and Pb in Hong Kong *Porites* coral during the last two centuries. Marine Pollution Bulletin, 2011, 63(5-12): 508-515.
[43] Paytan A, McLaughlin K. The oceanic phosphorus cycle. Chemical Reviews, 2007, 107(2): 563-576.
[44] Baturin G N. Phosphorus cycle in the ocean. Lithology and Mineral Resources, 2003, 38(2): 101-119.
[45] Follmi K B. The phosphorus cycle, phosphogenesis and marine phosphate-rich deposits. Earth-Science Reviews, 1996, 40(1-2): 55-124.
[46] Tamburini F, Follmi K B. Phosphorus burial in the ocean over glacial-interglacial time scales. Biogeosciences Discuss, 2009, 6(4): 5133-5162.

[47] Cappenter S R, Caraco N F, Correll D L, et al. Nonpoint pollution of surface waters with phosphorus and nitrogen. Ecological Applications, 1998, 8(3): 559-568.

[48] Wang S F, Tang D L, He F L, et al. Occurrences of harmful algal blooms (HABs) associated with ocean environments in the South China Sea. Hydrobiologia, 2008, 596(1): 79-93.

[49] Montagna P, McCulloch M, Taviani M, et al. Phosphorus in cold-water corals as a proxy for seawater nutrient chemistry. Science, 2006, 312(5781): 1788-1790.

[50] LaVigne M, Field M P, Anagnostou E, et al. Skeletal P/Ca tracks upwelling in Gulf of Panama coral: evidence for a new seawater phosphate proxy. Geophysical Research Letters, 2008, 35(5): L05604, 1-5.

[51] LaVigne M, Matthews K A, Grottoli A G, et al. Coral skeleton P/Ca proxy for seawater phosphate: multi-colony calibration with a contemporaneous seawater phosphate record. Geochimica et Cosmochimica Acta, 2010, 74(4): 1282-1293.

[52] Mallela J, Lewis S E, Croke B. Coral Skeletons provide historical evidence of phosphorus runoff on the Great Barrier Reef. PLoS One, 2013, 8(9): e75663, 1-10.

[53] Chen T R, Yu K F. P/Ca in coral skeleton as a geochemical proxy for seawater phosphorus variation in Daya Bay, northern South China Sea. Marine Pollution Bulletin, 2011, 62(10): 2114-2121.

[54] Beck J W, Edwards R L, Ito E, et al. Sea-surface temperature from coral skeletal strontium calcium ratios. Science, 1992, 257(5070): 644-647.

[55] Gischler E, Lomando A J, Alhazeem S H, et al. Coral climate proxy data from a marginal reef area, Kuwait, northern Arabian-Persian Gulf. Palaeogeography, Palaeoclimatology, Palaeoecology, 2005, 228(1-2): 86-95.

[56] Chen T R, Yu K F, Chen T G. Sr/Ca-sea surface temperature calibration in the coral *Porites lutea* from subtropical northern South China Sea. Palaeogeography, Palaeoclimatology, Palaeoecology, 2013, 392(1-2): 98-104.

[57] 陈天然, 余克服. 南海相对高纬度珊瑚对海洋环境变化的响应和高分辨率记录. 第四纪研究, 2014, 34(6): 1288-1295.

第十四章

全新世珊瑚礁的发育概况及其记录的环境信息[①]

一、引言

距今约 1 万年的时段在地质学上称为全新世。深入了解全新世珊瑚礁，对于理解珊瑚礁的发育过程及其与环境之间的关系、预测珊瑚礁适应全球气候变化的能力等都具有重要意义，全新世珊瑚礁能准确地记录诸如海平面、强风暴、海温、El Niño 等环境信息，因此长期以来一直备受关注。本章通过收集和整理全球范围内全新世珊瑚礁钻孔的相关信息，从发育的起始时间、礁体厚度、基底特征、发育速率等方面总结了全新世珊瑚礁的发育概况，希望为进一步深入研究全新世珊瑚礁提供参考依据。

二、全新世珊瑚礁的发育概况

自 Darwin 1837 年提出了环礁成因的假说[1]，即珊瑚礁最早在死火山岛周围发育，这种珊瑚礁附着于火山岛发育的模式为岸礁；随后火山岛沉降，同时珊瑚礁向上生长发育，珊瑚礁与火山岛之间形成环状沟渠，这种珊瑚礁-沟渠-火山岛的地貌组合为堡礁；随后火山岛进一步沉降并完全被淹没，而珊瑚礁继续向上生长发育，形成环状的珊瑚礁，包绕中间的潟湖模式，称为环礁。为了验证 Darwin 的环礁演化假说，从 1896 年英国科学家在富纳富提环礁[2]进行珊瑚礁深钻开始，全球科学家先后在马绍尔群岛的比基尼环礁和埃尼威托克环礁[3, 4]、中途岛[5]、冲绳的北大东岛[6, 7]、澳大利亚大堡礁[8]，以及中国的南沙群岛[9, 10]和西沙群岛[11, 12]等地开展了珊瑚礁深钻和研究工作。随后，为了重点研究全新世珊瑚礁的发育概况，科学家在包括澳大利亚大堡礁[13, 14]、加勒比海[15]、琉球群岛[16, 17]、夏威夷群岛[18]、印度洋塞舌尔群岛[19]等在内的不少海区先后开展了珊瑚礁的浅钻研究，因此获得了大量关于全新世珊瑚礁发育的起始时间、礁体厚度、基底类型和发育速率等方面的信息。

[①] 作者：覃业曼，余克服，王瑞

(一)发育时间

早在20世纪70年代,学者在研究全新世珊瑚礁发育时间的时候就指出,全球范围内全新世珊瑚礁的起始发育时间应该是基本保持一致的,为7000~8300年[20,21]。本次共搜集了基于57个钻孔共54个珊瑚礁的全新世发育时间数据(图14.1),计算得平均发育时间为7172年,最老发育时间为菲律宾吕宋岛的9860年[22],最年轻发育时间为大堡礁中部帕尔马珊瑚礁的1300年[23],其中,7000~9000年发育的全新世珊瑚礁占总体的65%。总体而言,大多数印度-西太平洋海区、加勒比海区及中太平洋海区的全新世珊瑚礁发育时间都在7000~9000年。

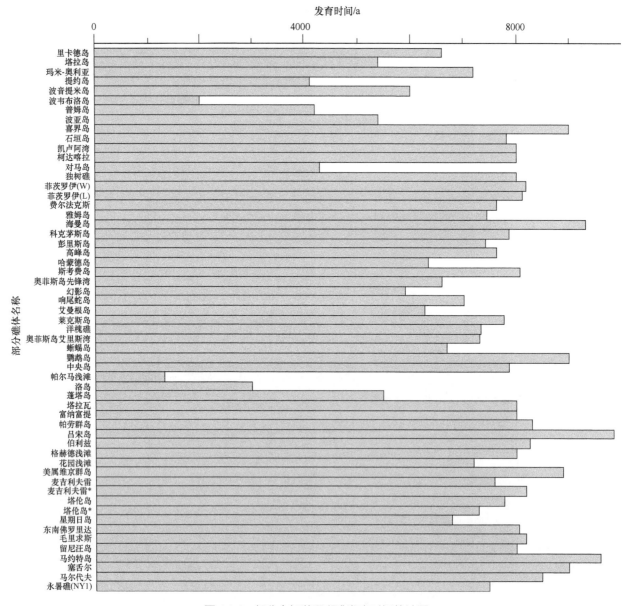

图14.1 部分全新世珊瑚礁发育时间统计图

图中礁体名称标识括号中的W和L分别代表windward和leeward,表示同一礁体的迎风面和背风面;图中礁体名称标识麦吉利夫雷和塔伦岛均采用了两组钻孔数据;图中礁体名称标识中的NY1代表南永1井;图中礁体发育时间数据,从纵坐标的上部至下部,分别来源于文献[24][25][17][18][26][27][13][28][20][9][19][29][30][31][32][33][23][34][35][37][38][39][14][15][40]

但是，全新世珊瑚礁的起始发育时间除了具有全球范围内的一致性之外，也存在海区性的差异。一方面，较大区域内的差异性最突出的便是东太平洋，包括墨西哥、尼加拉瓜、哥斯达黎加、巴拿马、哥伦比亚、厄瓜多尔、复活节岛等，该区域整体上水体浑浊度高、上升流频繁、珊瑚属种有限且受到强烈的生物侵蚀、存在严重的厄尔尼诺暖气候事件[41]，相比其他区域而言，珊瑚礁发育程度低。东太平洋海区大多数珊瑚礁都是近千年来才发育的，如哥伦比亚珊瑚礁2000~3000年前才开始发育[42]，哥斯达黎加的卡诺岛甚至是约1500年前才发育的[43]。不过随着研究的进一步深入，近年来在该海区也发现了部分早在6000~7000年前开始发育的全新世珊瑚礁[41]。另一方面，在较小区域内也存在发育时间上的差异性，如西南太平洋的新喀里多尼亚岛，其南部全新世珊瑚礁最早发育时间约为7000年，北部礁体的发育却不早于4200年，同南部相比滞后了约2800年，目前关于这种差异产生的原因，比较认可的解释是基底性质不同所致[24]。

（二）发育厚度

1978年，Bureau矿井公司在大堡礁南部开展了一系列的珊瑚礁钻探工作，通过实测发现，与之前所估计的相反，全新世珊瑚礁的厚度事实上是相对较薄的（4~20m）[13]。随后越来越多的钻井数据也印证了这一观点[39]。本次共搜集了基于59个钻孔共57个珊瑚礁全新世发育厚度的数据（图14.2），计算得平均发育厚度为11.71m，其中社会群岛的波拉波拉堡礁在整个全新世时期发育的厚度最厚，为30m，最薄的为新喀里多尼亚岛的普姆珊瑚礁，厚度约为3.5m，并且发育厚度在4~20m的珊瑚礁高达93%。

全新世珊瑚礁的发育厚度受诸如波能、地形等多种因素的综合影响，因而往往差异较大，即使是在同一区域，发育厚度仍然参差不齐。单就大堡礁而言，Rees等[39]就曾指出该区全新世珊瑚礁的发育厚度为3.9~20m，本次共统计了大堡礁26个礁体的发育厚度数据，结果显示其变化范围也较大，为6~15m。不过目前南沙群岛和西沙群岛的5组钻井数据显示该区全新世珊瑚礁的发育厚度大致相同，变化范围为16.8~18m[9, 10]。

（三）发育基底

本次共搜集了基于32个钻孔共30个全新世珊瑚礁的发育基底数据（表14.1），发现60%以上的全新世礁体基底都是更新世的珊瑚礁，还有部分是砂岩、黏土岩、碎屑岩等。

关于基底，目前比较普遍的认识是基底会影响全新世珊瑚礁的发育时间[24]。准确来说，喀斯特基岩表面粗糙，有利于珊瑚幼虫的附着并且可以促进珊瑚生长，故礁体的发育时间与洪泛时间（礁体的基底因海平面上升而被海水淹没的时间）往往间隔不大；相反，光滑的变质碎屑岩和陆相露头则不适合珊瑚的快速附着和生长，因而礁体通常在洪泛过后相当长的时间才会开始发育。Smithers等[48]对比了大堡礁海区14个不同基底的珊瑚礁发育时间（表14.2），发现更新世礁体上发育的珊瑚礁洪泛时间与萌发时间间隔最小，约为786年；其次是砾石基底，平均为925年；发育于砂泥质基底上的珊瑚礁洪泛时间与萌发时间间隔则高达1950年。

（四）发育速率

全新世珊瑚礁的发育速率与波能、珊瑚属种等密切相关[24, 49]。一般而言，高波能海区礁体发育速率较低，较为隐蔽的低波能海区礁体发育速率则较高；而且枝状珊瑚相的发育速率往往高于块状珊瑚相。因此，不同区域的全新世珊瑚礁的发育速率通常是不一样的，同一珊瑚礁在不同发育阶段的发育速率也存在较大差别。

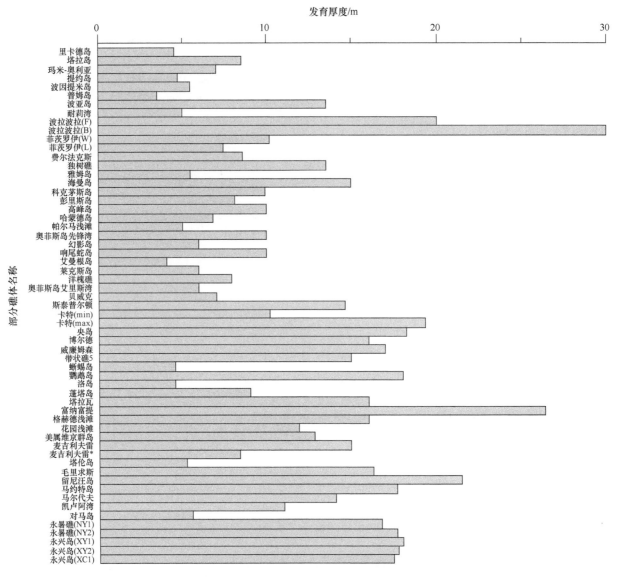

图 14.2 部分全新世珊瑚礁发育厚度统计图

图中礁体名称标识括号中的 W 和 L 分别代表 windward 和 leeward，表示同一礁体的迎风面和背风面；图中礁体名称标识麦吉利夫雷采用了两组钻孔数据；图中礁体名称标识括号中的 min 和 max 分别代表 minimum 和 maximum；图中礁体名称标识中的 NY1、NY2、XY1、XY2、XC1 分别代表南永 1 井、南永 2 井、西永 1 井、西永 2 井和西琛 1 井；图中礁体名称标识括号中的 F 和 B 分别代表 fringing 和 barrier，表示同一岛屿的岸礁部分和堡礁部分；图中礁体发育厚度数据，从纵坐标的上部至下部，分别来源于文献[44][21][45][10][9][46][12][29][14][39][15][28][35][47]

表 14.1 部分全新世礁体发育基底统计表

地点	站点	基底
	里卡德岛	更新世礁体
	塔拉岛	更新世礁体
	玛米-奥利亚	更新世礁体
新喀里多尼亚	提约岛	橄榄岩
	波因提米岛	粉砂岩、砂碎屑岩
	波韦布洛岛	云母片岩
	普姆岛	硅质黏土岩

续表

地点	站点	基底
新喀里多尼亚	波亚岛	固结砂
琉球群岛	石垣岛	更新世石灰岩
夏威夷	凯卢阿湾	晚更新世石灰岩
菲律宾群岛	吕宋岛	更新世生物碎屑岩
帕劳群岛	帕劳	更新世石灰岩
中太平洋基里巴斯	塔拉瓦	更新世淋溶石灰岩
	富纳富提	更新世珊瑚礁潟湖沉积物
东太平洋哥斯达黎加	蓬塔岛	白垩纪玄武岩
大堡礁	耐莉湾	更新世冲积相
	波拉波拉	更新世礁体
	独树礁	更新世石灰岩
	摩羯岛	更新世礁体
	蜥蜴岛	花岗岩
	鹦鹉岛	末次间冰期礁体
	洛岛	更新世礁体
	东宁格鲁礁	末次间冰期礁体
		中更新世生物碎屑岩
		更新世冲积扇砾岩
加勒比海	伯利兹	更新世石灰岩
	美属维京群岛	更新世礁体
	麦吉利夫雷	花岗岩
印度洋	毛里求斯	更新世礁体
	留尼汪岛	更新世礁体
	马约特	更新世礁体
	马尔代夫	更新世珊瑚粒状灰岩

表14.2 大堡礁部分不同基底的全新世珊瑚礁的发育时间统计表（据Smithers et al., 2006[48]，修改）

基底类型	礁体名称	发育时间/a	发育时间与洪泛时间差值/a	平均值/a
更新世礁体	雅姆岛	7460	600	>786
	海曼岛	9320	100	
	科克茅斯岛	7880	700	
	彭里斯岛	7430	1000	
	高峰岛	7650	1250	
	哈蒙德岛	6340	850	
	斯考费岛	8070	>1000	
黏土/沙	奥菲斯岛先锋湾	6610	2050	1950
	幻影岛	5910	2200	
	响尾蛇岛	7010	1600	
砾石/巨砾	艾曼根岛	6280	1500	925
	莱克斯岛	7780	350	
	洋槐礁	7330	1100	
	奥菲斯岛艾里斯湾	7320	750	

表14.3汇总了加勒比海区和印度-太平洋海区不同位置的全新世珊瑚礁和同一全新世珊瑚礁在不同时间段的发育速率。整体而言，加勒比海区全新世珊瑚礁的发育速率要高于印度-太平洋海区，计算得到的平均发育速率分别为6.5m/1000a和4.3m/1000a，比率为3:2，与Dullo[49]得出的结论相同。

表14.3 部分全新世珊瑚礁发育速率统计表

礁体名称	时间段/×1000a	速率/(m/1000a)	数据来源
加勒比海区			
艾卡朗，墨西哥	8.9~7.0	12.0	Macintyre et al., 1977[50]
艾卡朗，墨西哥	6.0~5.0	6.0	Macintyre et al., 1977[50]
加雷他礁	8.0~0.0	3.9	Macintyre and Glynn, 1976[51]
伯利兹	8.3~0.0	6.0	Shinn et al., 1982[52]
巴拿马	8.0~0.0	5.0	Macintyre and Glynn, 1976[51]
巴巴多斯	8.8~7.0	13.0	Fairbanks, 1989[53]
圣克罗伊	9.4~5.0	15.2	Adey et al., 1977[54]
圣克罗伊	9.4~0.0	6.0	Adey et al., 1977[54]
圣克罗伊	9.4~6.0	10.0	Adey, 1978[55]
圣克罗伊，潟湖	6~3.0	0.7	Hubbard et al., 1990[56]
美属维京群岛	8.9~0.0	5.8	Hubbard et al., 2013[15]
佛罗里达	8.0~0.0	4.9	Shinn et al., 1981[57]
佛罗里达，潟湖	8.0~0.0	1.3	Shinn et al., 1981[57]
佛罗里达海湾	8.0~0.0	6.5	Lighty et al., 1978[58]
佛罗里达长礁潟湖	8.0~0.0	0.7	Shinn et al., 1981[57]
平均值（加勒比海区）		6.5	
印度-太平洋海区			
大堡礁中部	8.0~6.0	8.0	Davies, 1985[59]
麦吉利夫雷，大堡礁北部	8.2~7.2	5.8	Rees et al., 2006[39]
麦吉利夫雷，大堡礁北部	7.2~0.0	1.4	Rees et al., 2006[39]
库克群岛	约9.0~1.0	2.2	Gray et al., 1992[60]
豪特曼群礁	9.8~6.5	7.6	Eisenhauer et al., 1993[61]
亚喀巴	2.8~2.0	1.7	Dullo, 2005[49]
亚喀巴	6.0~4.0	0.7	Dullo, 2005[49]
苏丹桑加奈卜	9.6~0.0	1.6	Dullo, 2005[49]
苏丹桑加奈卜	9.6~5.5	6.0	Dullo, 2005[49]
马约特	9.0, 8.0~2.0	2.8	Dullo, 2005[49]
马约特	9.6~7.2	8.6	Dullo, 2005[49]
留尼汪岛	8.0~1.0	1.7	Camoin et al., 1997[29]
留尼汪岛	7.4~6.9	4.4	Camoin et al., 1997[29]
蓬塔岛	5.5~1.5	1.2	Cortés et al., 1994[31]
蓬塔岛	1.5~0.5	6.5	Cortés et al., 1994[31]
蓬塔岛	0.5~0.0	2.3	Cortés et al., 1994[31]
埃尼威托克	7.0~6.5	10.0	Adey, 1978[55]
埃尼威托克	8.0~0.0	2.0~3.0	Thurber et al., 1965[62]
穆鲁罗瓦	8.0~0.0	2.0~3.0	Labeyrie et al., 1969[63]
塔拉瓦	8.0~0.0	5.0~8.0	Marshall and Jacobson, 1985[32]
马约特岛	9.6~9.3	7.0	Camoin et al., 1997[29]
马约特岛	9.3~8.6	4.3	Camoin et al., 1997[29]

续表

礁体名称	时间段/×1000a	速率/（m/1000a）	数据来源
印度-太平洋海区			
马约特	8.6~7.2	5.7	Camoin et al., 1997[29]
马约特	7.2~3.7	1.1	Camoin et al., 1997[29]
马约特	3.7~1.5	0.9	Camoin et al., 1997[29]
毛里求斯	8.2~7.0	1.0	Camoin et al., 1997[29]
毛里求斯	7.0~5.5	3.1	Camoin et al., 1997[29]
毛里求斯	5.5~3.4	2.6	Camoin et al., 1997[29]
毛里求斯	3.4~1.6	0.8	Camoin et al., 1997[29]
留尼汪岛	8.0~5.0	2.6	Camoin et al., 1997[29]
留尼汪岛	5.0~2.9	1.9	Camoin et al., 1997[29]
留尼汪岛	2.9~0.8	0.9	Camoin et al., 1997[29]
喜界岛，琉球群岛	7.8~0.0	3.0~4.0	Webster et al., 1998[16]
石垣岛，琉球群岛	7.8~5.8	7.5	Hongo and Kayanne, 2010[64]
石垣岛，琉球群岛	5.8~0.0	3.5	Hongo and Kayanne, 2010[64]
帕劳群岛	8.3~7.2	7.8	Kayanne et al., 2002[38]
帕劳群岛	7.2~4.0	2.2	Kayanne et al., 2002[38]
帕劳群岛	8.0~7.8	14.3	Kayanne et al., 2002[38]
帕劳群岛	7.8~6.9	5.1	Kayanne et al., 2002[38]
帕劳群岛	6.9~6.0	4.4	Kayanne et al., 2002[38]
帕劳群岛	6.0~5.3	6.2	Kayanne et al., 2002[38]
帕劳群岛	5.3~4.6	5.1	Kayanne et al., 2002[38]
帕劳群岛	4.6~0.3	0.46	Kayanne et al., 2002[38]
帕劳群岛	0.3~0.1	8.2	Kayanne et al., 2002[38]
塔希提	8.0~6.0	6.6	Bard et al., 1996[65]; Cabioch et al., 1999[66]
塔希提	6.0~0.0	1.1	Bard et al., 1996[65]; Cabioch et al., 1999[66]
菲茨罗伊，大堡礁南部	8.2~6.9	5.0	Dechnik et al., 2015[28]
菲茨罗伊，大堡礁南部	6.9~5.0	0.4	Dechnik et al., 2015[28]
吕宋岛西北部	9.2~8.2	10.0~13.0	Shen et al., 2010[22]
平均值（印度-太平洋海区）		4.3	

注：该表是在Dullo[49]所绘制表格的基础上进行了数据的补充以及重新计算最终形成；表中加下划线表示的数据原文中没有给出明确的时间段划分，是根据所在区域的礁体发育特征以及钻孔信息给出的估算值

全新世珊瑚礁的发育过程整体上可以划分为两大阶段，即垂直发育阶段和侧向加积阶段，也有不少学者将其进一步细化，如Marshall和Davies[13]便在这两个阶段的基础上加了一个过渡阶段，而不同的生长阶段礁体的发育速率往往也不同。图14.3展示了17个全新世珊瑚礁不同时间段的发育速率，对比发现较高的发育速率集中出现在距今9000~6000年，尤其是距今8000~7000年这一时间段；距今6000年以后礁体的发育速率整体下降，几乎不再超过4m/1000a，距今3500~1500年降至最低，约为1m/1000a甚至更低。如琉球群岛的喜界岛，其发育速率在距今7800~5800年高达7.5m/1000a，随后迅速下降至3.5m/1000a[17]。毛里求斯、留尼汪岛和马约特岛的全新世发育曲线（图14.4）也充分印证了以上结论，三者发育速率最快的阶段分别为距今7000~5500年、距今7500~5000年、距今8600~7200年，而且在距今3500~1500年礁体发育速率同步降至最低。

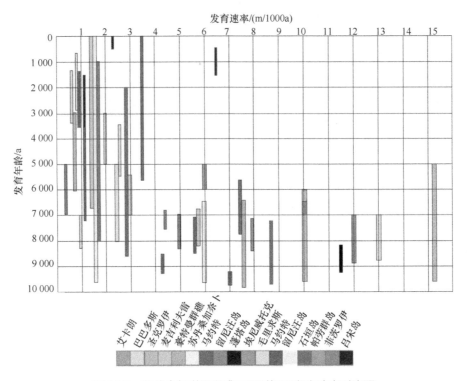

图 14.3　部分全新世珊瑚礁不同时间段发育速率对比图

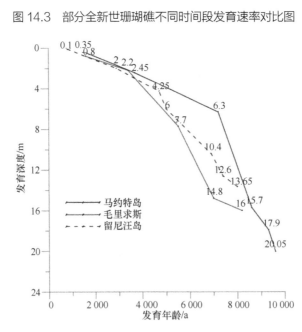

图 14.4　马约特岛、毛里求斯、留尼汪岛全新世发育示意图（据 Camoin et al., 1997[29]，修改）

三、全新世珊瑚礁对环境变化的记录

全新世珊瑚礁能够记录其所经历的多种环境变化过程，如温度的波动、海平面的升降、ENSO 的强弱、风暴活动的频率等，因此在重建热带和亚热带海区古环境方面意义重大。

（一）全新世珊瑚礁记录的海平面变化

早在 1985 年，Davies 和 Montaggioni[21]就依据礁体随不同海平面变化速率而表现出来的特征将其划分成为不同的生长类型，即保持型（keep-up）、追赶型（catch-up）和放弃型（give-up）。之后很长一段时间内，涉及与海平面变化相关的全新世珊瑚礁的研究都会围绕该划分方案进行讨论和验证。随着研究范围的扩大和研究程度的加深，针对该划分方案的进一步细化也在持续进行。例如，Woodroffe 和 Webster[67]将放弃型划分成为三小类，分别是淹没放弃型（drowned give-up）、侧向扩展放弃型（backstepped give-up）和暴露放弃型（emergent give-up），同时增加了侧向加积型（prograded），由此形成了新的包含 6 种生长型的划分方案。具体来说，它们分别是：①若海平面上升速率特别快，礁体的发育速率与之相差甚远，以至于礁体缺失了发育的动力，此时礁体发育便会表现为淹没放弃型；②若海平面的上升速率略有下降，而且存在适于发育的基底，那么礁体就有可能后退，可能在更向岸、基底高程更接近于海平面的位置形成新的珊瑚礁，此时便会表现为侧向扩展放弃型；③若海平面持续下降致使礁体出露、停止发育，便形成了暴露放弃型；④保持型，即为礁体的发育速率始终与海平面上升速率同步；⑤追赶型，即在礁体发育的初期其生长速率低于海平面上升速率，但是当海平面稳定之后，礁体的发育速率便可以赶上海平面变化的速率；⑥侧向加积型，是指在海平面稳定之后，礁体由于没有了垂直发育的空间，因此开始侧向加积。在重建海平面的过程中，因为保持型与海平面的关系最为紧密，因此重建的海平面也最为可靠。

从对海平面重建的结果来看，不同海区全新世相对海平面的变化是不一样的，如太平洋海区较为显著的特征便是在距今 6000 年前其海平面处于相对高的位置[68]，而大西洋的海平面则是以不断降低的速率、连续上升至现代海平面的位置[55]（图 14.5）。基于珊瑚对环境变化极为敏感，是高分辨率地记录过去环境变化的重要载体，全新世珊瑚礁的发育，尤其是保持型礁体的发育能很好地记录全新世海平面的变化特征。以太平洋海区为例，在距今 8000 年前后由于极地冰川融化，此时的海平面快速上升并淹没了先前形成的珊瑚礁地貌，为新珊瑚的生长提供良好的浅水环境；因此珊瑚礁的垂直发育在距今 8000~6000 年这一时间段内极为活跃，约有 80%的全新世珊瑚礁的礁格架形成于这一时期[67]；在距今 6000 年左右，海平面逐步稳定，礁体的垂向发育逐步放缓。

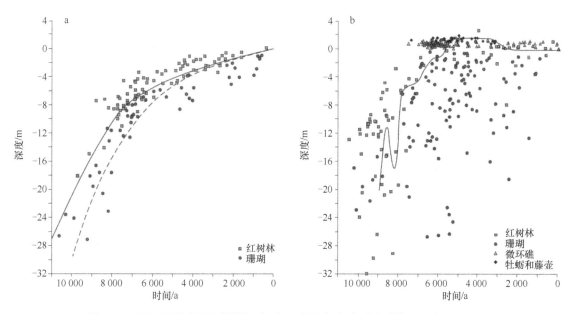

图 14.5　基于珊瑚礁的加勒比海（a）和大堡礁（b）全新世海平面变化重建图
（据 Woodroffe and Webster，2014[67]，修改）

研究发现，太平洋海区不少全新世珊瑚礁的发育过程很好地记录了该区全新世海平面的变化特征。例如，琉球群岛的石垣岛，距今 7800~5800 年其发育速率高达 7.5m/1000a，而从距今 5800 年开始迅速下降至 3.5m/1000a[17]；Kayanne 等[38]基于帕劳群岛珊瑚礁钻孔的研究也指出了该区全新世海平面在距今 8000～6000 年迅速上升，其后趋于稳定；与此同时，通过图 14.3 和表 14.3 中关于礁体发育速率的相关数据和信息也不难发现，诸如塔希提、马约特等珊瑚礁的研究也充分记录了相应区域全新世海平面的变化规律。其中最为典型的案例便是 Camoin 等[29]依据西南印度洋毛里求斯、马约特岛和留尼汪岛钻孔资料重建了该区的全新世海平面变化曲线，基于 39 个测年数据所得到的三组曲线（图 14.4）清晰地记录了海平面在距今 10 000～7500 年快速上升（约 6m/1000a）、在距今 7500～7000 年发生明显速率转换（海平面上升速率降至 1.1m/1000a），以及最终在距今 3000 年左右完全稳定至现代海平面位置的全过程。

以上通过礁体发育速率来反演海平面变化的工作，主要是基于保持型和追赶型的珊瑚礁。放弃型的珊瑚礁同样也可以记录海平面的波动，如位于琉球群岛的喜界岛，其显著特征便是在全新世礁体发育过程中，由于构造抬升而形成了四级阶地，通过阶地测年研究发现，喜界岛在距今 9000～6065 年、距今 6065～3390 年、距今 3790～2630 年和距今 2870～1550 年分别达到了现代海平面的位置[16]。

（二）全新世珊瑚礁记录的 ENSO 事件

El Niño 引发的高温会造成珊瑚的白化，并最终导致珊瑚的大规模死亡和礁体框架的坏损。ENSO 对东太平洋海区全新世珊瑚礁的影响尤为突出，该区域珊瑚礁总体发育程度较低，在很大程度上是因为受高频率、高强度的 ENSO 事件影响。例如，在 1982～1983 年的 ENSO 事件中，卡诺岛的珊瑚致死率高达 95%[69]，科科斯群岛也受到了致命的打击，直至 1987 年其珊瑚覆盖率仍然只有 3.5%[70]。Toth 等[71]指出巴拿马海区的珊瑚礁在距今 4000 年左右发育中止以及随后长达 2500 年的发育间断是受到了 ENSO 事件的影响，因为全新世 ENSO 事件强度增大、频率加快的时期便始于距今 4500～4000 年，并且在距今 3000 年左右达到峰值。

（三）全新世珊瑚礁记录的 SST

海水表层温度（SST）对珊瑚的生长至关重要，因而对全新世珊瑚礁的发育也存在显著的影响，尤其是在相对高纬度海区，往往会因为温度过低导致珊瑚礁的发育延缓甚至中断。琉球群岛位于北太平洋中高纬度海区，其 SST 不仅受到大气过程的影响，还与海洋动力过程造成的黑潮减弱等密切相关[72]。随着琉球群岛全新世珊瑚礁研究的深入，发现该区域礁体的发育时间表现出明显的纬度梯度（表 14.4），纬度越高，礁体的发育时间越晚，Hongo 和 Kayanne[17]推断形成这种发育时间梯度最可能的原因便是冬季 SST。Hamanaka 等[73]也指出整个日本海域的珊瑚礁在全新世阶段普遍存在 3 个明显的发育间断，分别是距今 5900～5800 年、距今 4400～4000 年和距今 3300～3200 年，与该区域黑潮减弱引发 SST 下降的时间吻合。

表 14.4 琉球群岛部分礁体发育时间和经纬度汇总表

礁体名称	经纬度	发育时间/a	数据来源
Sekisei	24°18′N，124°07′E	8500	Kan and Kawana，2006[74]
伊原间	24°30′N，124°17′E	7800	Hongo and Kayanne，2009[17]
久米岛	26°21′N，126°43′E	7800	Takahashi et al.，1988[75]
冲永良部	27°20′N，128°34′E	7500	Kan et al.，1995[76]
Mage	30°45′N，130°51′E	6600	Kan et al.，2006[77]

四、结论

（1）全新世珊瑚礁平均发育时间为 7172 年，大多数印度-西太平洋海区、加勒比海区及中太平洋海区的全新世珊瑚礁的起始发育时间都在距今 9000～7000 年，占总体的 65%；东太平洋海区由于受到环境因素的制约，其全新世珊瑚礁的起始发育时间普遍偏晚。

（2）全新世珊瑚礁平均发育厚度为 11.71m，发育厚度在 4～20m 的珊瑚礁高达 93%。

（3）60% 以上的全新世礁体基底都是更新世的珊瑚礁，还有部分则是砂岩、黏土岩、碎屑岩等；基底会影响全新世珊瑚礁的发育时间，一般粗糙的喀斯特基岩比光滑的变质碎屑岩、黏土岩等要有利于珊瑚的附着和生长。

（4）加勒比海区全新世珊瑚礁的发育速率要高于印度-太平洋海区，这两大区域全新世珊瑚礁的平均发育速率分别为 6.5m/1000a 和 4.3m/1000a，比率为 3:2；全新世珊瑚礁发育过程中较高的发育速率集中出现在距今 9000～6000 年，尤其是距今 8000～7000 年这一时间段，距今 6000 年以来礁体的发育速率整体下降，距今 3500～1500 年降至最低。

（5）全新世珊瑚礁被划分为淹没放弃型、侧向扩展放弃型、暴露放弃型、侧向加积型、保持型和追赶型，几个保持型的礁体完好地记录了太平洋海区距今 8000～6000 年海平面快速上升、距今 6000 年左右海平面趋于稳定的变化规律。

（6）东太平洋海区全新世珊瑚礁的发育间断和珊瑚的大量死亡很好地记录了 ENSO 事件。琉球群岛全新世珊瑚礁的发育时间纬度梯度以及发育间断则记录了 SST 的变化。

参 考 文 献

[1] Darwin C R. The structure and distribution of coral reefs. London: Smith, Elder and Company, 1842.
[2] Bonney T G. The atoll of Funafuti. London: The Royal Society, 1904: 428.
[3] Ladd H S, Ingerson E, Townsend R C, et al. Drilling on Eniwetok atoll, Marshall Islands. AAPG Bulletin American Association of Petroleum Geologist, 1953, 37(10): 2257-2280.
[4] Ladd H S, Schlanger S O. Bikini and nearby atolls, Marshall Islands; drilling operations on Eniwetok Atoll. Washington: United States Government Printing Office, 1960: 863-903.
[5] Ladd H S, Tracey J I, Gross M G. Drilling on Midway Atoll, Hawaii. Science, 1967, 156(3778): 1088-1094.
[6] Hanzawa S. Micropalaeontologicalstudies of drill cores from a deep well in Kita-daito-Zima. Jubilee Publication in Commemoration of Prof H Yabe's 60th Birthday, 1940: 755-802.
[7] Sugiyama T. The second boring in Kita-daito-Zima. Contribution Institution Geology Paleontology, 1936, 25: 1-34.
[8] Braithwaite C J R, Dalmasso H, Gilmour M A, et al. The Great Barrier Reef: the chronological record from a New Borehole. Journal of Sedimentary Research, 2001, 74(2): 298-310.
[9] 中国科学院南沙综合科学考察队. 南沙群岛永暑礁第四纪珊瑚礁地质. 北京: 海洋出版社, 1992.
[10] 朱袁智, 沙庆安, 郭丽芬. 南沙群岛永暑礁新生代珊瑚礁地质. 北京: 科学出版社, 1997.
[11] 张明书, 刘健, 周墨清. 西琛一井礁序列锶同位素组分变化. 海洋地质与第四纪地质, 1995, (1): 125-130.
[12] 张明书, 何起祥, 业治铮, 等. 西沙生物礁碳酸盐沉积地质学研究. 北京: 科学出版社, 1989.
[13] Marshall J F, Davies P J. Internal structure and Holocene evolution of one tree reef, southern Great Barrier Reef. Coral Reefs, 1982, 1(1): 21-28.
[14] Solihuddin T, O'Leary M J, Blakeway D, et al. Holocene reef evolution in a macrotidal setting: Buccaneer Archipelago, Kimberley Bioregion, northwest Australia. Coral Reefs, 2016, 35(3): 1-12.
[15] Hubbard D K, Gill I P, Burke R B. Holocene reef building on eastern St. Croix, US Virgin Islands: Lang Bank revisited. Coral Reefs, 2013, 32(3): 653-669.
[16] Webster J M, Davies P J, Konishi K. Model of fringing reef development in response to progressive sea level fall over the last 7000 years-(Kikai-jima, Ryukyu Islands, Japan). Coral Reefs, 1998, 17(3): 289-308.
[17] Hongo C, Kayanne H. Holocene coral reef development under windward and leeward locations at Ishigaki Island, Ryukyu

Islands, Japan. Sedimentary Geology, 2009, 214(1): 62-73.

[18] Grossman E E, Fletcher C H. Holocene reef development where wave energy reduces accommodation space, Kailua Bay, Windward Oahu, Hawaii, USA. Journal of Sedimentary Research, 2004, 74(1): 49-63.

[19] Braithwaite C J R, Montaggioni L F, Camoin G F, et al. Origins and development of Holocene coral reefs: a revisited model based on reef boreholes in the Seychelles, Indian Ocean. International Journal of Earth Sciences, 2000, 89(2): 431-445.

[20] Montaggioni L F. Holocene reef growth history in mid-plate high volcanic islands. Proceeding of the 6th International Coral Reef Symposium, Australia, 1988, 3: 455-460.

[21] Davies P J, Montaggioni L. Reef growth and sea-level change: the environmental signature. Proceeding of the 6th International Coral Reef Symposium, Australia, 1985, 3: 477-511.

[22] Shen C C, Siringan F P, Lin K, et al. Sea-level rise and coral-reef development of Northwestern Luzon since 9.9ka. Palaeogeography, Palaeoclimatology, Palaeoecology, 2010, 292(4): 465-473.

[23] Smithers S, Larcombe P. Late Holocene initiation and growth of a nearshore turbid-zone coral reef: Paluma Shoals, central Great Barrier Reef, Australia. Coral Reefs, 2003, 22(4): 499-505.

[24] Cabioch G, Montaggioni L F, Faure G. Holocene initiation and development of New Caledonian fringing reefs, SW Pacific. Coral Reefs, 1995, 14(3): 131-140.

[25] Kikuchi R K P, Leão Z M A N. The effects of Holocene sea level fluctuation on reef development and coral community structure, Northern Bahia, Brazil. Anais Da Academia Brasileira De Ciências, 1998, 70(2): 159-171.

[26] Yamano H, Sugihara K, Watanabe T, et al. Coral reefs at 34° N, Japan: exploring the end of environmental gradients. Research in Economics, 2011, 65(3): 137-143.

[27] Hamanaka N, Kan H, Nakashima Y, et al. Holocene reef growth dynamics on Kodakara Island (29°N, 129°E) in the Northwest Pacific. Geomorphology, 2015, 243: 27-39.

[28] Dechnik B, Webster J M, Davies P J, et al. Holocene "turn-on" and evolution of the Southern Great Barrier Reef: revisiting reef cores from the Capricorn Bunker Group. Marine Geology, 2015, 363: 174-190.

[29] Camoin G F, Colonna M, Montaggioni L F, et al. Holocene sea level changes and reef development in the southwestern Indian Ocean. Coral Reefs, 1997, 16(4): 247-259.

[30] Gischler E, Hudson J H, Pisera A. Late Quaternary reef growth and sea level in the Maldives (Indian Ocean). Marine Geology, 2008, 255(1-2): 102-106.

[31] Cortés J, Macintyre I G, Glynn P W. Holocene growth history of an eastern Pacific fringing reef, Punta Islotes, Costa Rica. Coral Reefs, 1994, 13(2): 65-73.

[32] Marshall J F, Jacobson G. Holocene growth of a mid-Pacific atoll: Tarawa, Kiribati. Coral Reefs, 1985, 4(1): 11-17.

[33] Frank T D. Late Holocene island reef development on the inner zone of the northern Great Barrier Reef: insights from Low Isles Reef. Australian Journal of Earth Sciences, 2008, 55(5): 669-683.

[34] Stathakopoulos A, Riegl B M. Accretion history of mid-Holocene coral reefs from the southeast Florida continental reef tract, USA. Coral Reefs, 2015, 34(1): 173-187.

[35] Ohde S, Greaves M, Masuzawa T, et al. The chronology of Funafuti atoll: revisiting an old friend. Proceedings Mathematical Physical & Engineering Sciences, 2002, 458(2025): 2289-2306.

[36] Gischler E, Hudson J H. Holocene development of the Belize Barrier Reef. Sedimentary Geology, 2004, 164(3): 223-236.

[37] Ryan E J, Smithers S G, Lewis S E, et al. The influence of sea level and cyclones on Holocene reef flat development: Middle Island, central Great Barrier Reef. Coral Reefs, 2016, 35(3): 805-818.

[38] Kayanne H, Yamano H, Randall R H. Holocene sea-level changes and barrier reef formation on an oceanic island, Palau Islands, western Pacific. Sedimentary Geology, 2002, 150(1): 47-60.

[39] Rees S A, Opdyke B N, Wilson P A, et al. Holocene evolution of the granite based Lizard Island and MacGillivray Reef systems, Northern Great Barrier Reef. Coral Reefs, 2006, 25(4): 555-565.

[40] Woodroffe C D, Kennedy D M, Hopley D, et al. Holocene reef growth in Torres Strait. Marine Geology, 2000, 170(3): 331-346.

[41] Toth L T, Macintyre I G, Aronson R B. Holocene Reef Development in the Eastern Tropical Pacific//Coral Reefs of the Eastern Tropical Pacific. Berlin, Heidelberg, New York: Springer, 2017: 117-201.

[42] Prahl H. Crustaceos decapodos, asociados a diferentes habitats en la Ensenada de Utria, Choco, Colombia. Actualidades Biologicas, 1986, 15(57): 95-99.

[43] Macintyre I G, Glynn P W, Cortés J. Holocene reef history in the eastern Pacific: mainland Costa Rica, Caño Island, Cocos Island, and Galapagos Islands. Proceeding of the 7th International Coral Reef Symposium, Guam, 1992, 2: 1174-1184.

[44] Thom B G, Orme G R, Polach H A. Drilling investigation of Bewick and Stapleton Islands. Philosophical Transactions of The Royal Society B: Biological Sciences, 1978, 291(1378): 37-54.

[45] Harvey N, Davies P J, Marshall J F. Seismic refraction: a tool for studying coral reef growth. AGSO Journal of Australian

Geology & Geophysics, 1979, 4(2): 141-147.
[46] 赵强. 西沙群岛海域生物礁碳酸盐岩沉积学研究. 青岛: 中国科学院研究生院(海洋研究所)博士学位论文, 2010.
[47] Lewis S E, Webster J M, Renema W, et al. Development of an inshore fringing coral reef using textural, compositional and stratigraphic data from Magnetic Island, Great Barrier Reef, Australia. Marine Geology, 2012, 299-302(1): 18-32.
[48] Smithers S G, Hopley D, Parnell K E. Fringing and nearshore coral reefs of the Great Barrier Reef: episodic Holocene development and future prospects. Journal of Coastal Research, 2006, 22(1): 175-187.
[49] Dullo W C. Coral growth and reef growth: a brief review. Facies, 2005, 51(1-4): 33-48.
[50] Macintyre I G, Burke R B, Stuckenrath R. Thickest recorded Holocene reef section, Isla Perez core hole, Alacran Reef, Mexico. Geology, 1977, 5(12): 749-754.
[51] Macintyre I G, Glynn P W. Evolution of modern Caribbean fringing reef, Galeta Point, Panama. American Association Petroleum Geologist Bulletin, 1976, 60(7): 1054-1072.
[52] Shinn E A, Hudson J H, Halley R B, et al. Geology and sediment accumulation rates at Carrie Bow Cay, Belize. Smithsonian Contributions to the Marine Science, 1982, 12: 63-75.
[53] Fairbanks R G. A 17000-year glacio-eustatic sea level record: influence of glacial melting rates on the Younger Dryas event and deep-ocean circulation. Nature, 1989, 342(6250): 637-642.
[54] Adey W H, Macintyre I G, Stuckenrath R, et al. Relict barrier reef system off St. Croix: its implications with respect to late Cenozoic coral reef development in the western Atlantic. Proceeding of the 3rd International Coral Reef Symposium, 1977, 2: 15-21.
[55] Adey W H. Coral reef morphogenesis: a multidimensionalmodel. Science, 1978, 202(4370): 831-837.
[56] Hubbard D K, Miller A I, Scaturo D. Production and cycling of calcium carbonate in a shelf-edge reef system (St. Croix, US. Virgin Islands): applications to the nature of reef systems in the fossil record. Journal of Sediment Research, 1990, 60(3): 335-360.
[57] Shinn E A, Hudson J H, Robbin D, et al. Spurs and grooves revisited: construction versus erosion, Looe Key reef, Florida. Proceeding of the 4th International Coral Reef Symposium, Manila, 1981, 1: 476-483.
[58] Lighty R G, Macintyre I G, Stukenrath R. Submerged early Holocene barrier reef southeast Florida shelf. Nature, 1978, 276(5683): 59-60.
[59] Davies P J. Relationships between reefgrowth and sea level in the Great Barrier Reef. Proceeding of 6th International Coral Reef Symposium, Australia, 1985, 3: 95-103.
[60] Gray S C, Hein J R, Haumann R, et al. Geochronology and subsurface stratigraphy of Pukaputa and Rakahanga atolls, Cook Islands: Late Quaternary reef growth and sea level history. Palaeogeography, Palaeoclimatology, Palaeoecology, 1992, 91(3-4): 377-394.
[61] Eisenhauer A, Wasserburg G J, Chen J H, et al. Holocene sea-level determinationsrelative to the Australian continent: U/Th (TIMS) and ^{14}C (AMS) dating of coral cores from the Abrolhos Islands. Earth and Planetary Science Letter, 1993, 114(4): 529-547.
[62] Thurber D L, Broecker W S, Blanchard R L, et al. Uranium-series ages of Pacific atoll coral. Science, 1965, 149(3679): 55-58.
[63] Labeyrie J, Lalou C, Delibrias G. Etude des transgressions marines sur l'atoll de Mururoa par la datation des différents niveaux de corail. Cahiers du Pacifique, 1969, 13: 59-68.
[64] Hongo C, Kayanne H. Holocene sea-level record from corals: reliability of paleodepth indicators at Ishigaki Island, Ryukyu Islands, Japan. Palaeogeography, Palaeoclimatology, Palaeoecology, 2010, 287(1-4): 143-151.
[65] Bard E, Hamelin B, Arnold M, et al. Deglacial sea-level record from Tahiti corals and the timing of global meltwater discharge. Nature, 1996, 382(6588): 241-244.
[66] Cabioch G, Camoin G F, Montaggioni L F. Postglacial growth history of a French Polynesian barrier reef tract, Tahiti, central Pacific. Sedimentology, 1999, 46(6): 985-1000.
[67] Woodroffe C D, Webster J M. Coral reefs and sea-level change. Marine Geology, 2014, 352(2): 248-267.
[68] Thom B G, Chappell J. Holocene sea levels relative to Australia. Search, 1975, 6(3): 90-93.
[69] Cortés J, Murillo M M, Guzmán H M. Pérdida de zooxantelas y muerte de corales y otros organismos arrecifales en el Caribe y Pacífico de Costa Rica. Revista De Biología Tropical, 1984, 32(2): 227-231.
[70] Guzmán H M, Cortés J. Cocos Island (Pacific of Costa Rica) coral reefs after the 1982-83 El Niño disturbance. Revista De Biología Tropical, 2016, 40: 309-324.
[71] Toth L T, Aronson R B, Vollmer S V, et al. ENSO drove 2500-year collapse of eastern Pacific coral reefs. Science, 2012, 337(6090): 81-84.
[72] 周舒岚, 林霄沛, 张进乐. 北太平洋冬季SST、风场及环流对淡水强迫的响应. 中国海洋大学学报(自然科学版), 2012, 42(5): 14-19.

[73] Hamanaka N, Kan H, Yokoyama Y, et al. Disturbances with hiatuses in high-latitude coral reef growth during the Holocene: correlation with millennial-scale global climate change. Global & Planetary Change, 2012, 80(80-81): 21-35.

[74] Kan H, Kawana T. 'Catch-up' of a high-latitude barrier reef by back-reef growth during post-glacial sea-level rise, Southern Ryukyus, Japan. Proceeding of the 10th International Coral Reef Symposium, Okinawa, 2006, 1: 494-503.

[75] Takahashi T, Koba M, Kan H. Relationship between reef growth and sea level onthe northwest of Kume Island, the Ryukyus: data from drill holes on the Holocene coral reef. Proceeding of the 6th International Coral Reef Symposium, Australia, 1988, 3: 491-496.

[76] Kan H, Hori N, Nakashima Y, et al. The evolution of narrow reef flats at high latitude in the Ryukyu Islands. Coral Reefs, 1995, 14(3): 123-130.

[77] Kan H, Nakashima Y, Hori N, et al. Holocene development of high-latitude coral reefs: timing of reef accretion in Satsuman Islands. Japan Geoscience Union Meeting Abstract, 2006: L003-L129.

第十五章

南海珊瑚礁及其对全新世环境变化的记录和响应[①]

作为生物多样性最高、资源最丰富的生态系统[1, 2]，珊瑚礁为全球约 6.5 亿人提供资源服务[3]，包括食物供给、休闲旅游、海岸保护等。珊瑚礁的主要构建者珊瑚，以其对环境变化极其敏感、年生长量大（块状珊瑚每年长 1~2cm，枝状珊瑚则更大）、年际界线清楚（像树轮一样）、连续生长时间长（一般块状珊瑚可连续生长 200~300 年，最长达 800 年左右）、文石质骨骼适合高精度铀系测年 [如（12±1）年]、分布广等特点[4]，是高分辨率地记录过去环境变化过程的重要载体，并在揭示低纬度热带海区环境变化过程及其在全球气候变化中的作用等方面发挥着重要功能，如大堡礁近 420 年的珊瑚记录显示全球小冰期气候在一定程度上是热带太平洋水汽加强向极地传输所致[5]；太平洋和印度洋的珊瑚记录也显示热带海区对全球气候变化的驱动作用[6]。

南海珊瑚礁星罗棋布，从近赤道的曾母暗沙（约 4°N），一直到南海北部雷州半岛、涠洲岛（约 20°~21°N）以及台湾南岸恒春半岛（约 24°N）都有分布；包括环礁、岛礁和岸礁等多种类型；发育历史可追述至早中新世或晚渐新世[7]。与世界其他海域的珊瑚礁一样，南海珊瑚礁一直在资源供给等方面发挥着重要作用。近年来南海珊瑚礁在记录高分辨率的过去环境变化过程与珊瑚礁对环境变化的响应规律等方面显示出巨大的潜力。

一、南海珊瑚礁的分布与生态现状

从分布的区域出发，南海珊瑚礁可大体分为南沙群岛、西沙群岛、中沙群岛、东沙群岛、海南岛、台湾岛、华南大陆沿岸、越南沿岸和菲律宾沿岸等 9 大区域。初步估计南海现代珊瑚礁的面积约 8000km²（未包括越南和菲律宾沿岸的珊瑚礁）[7]，但珊瑚礁碳酸盐台地的面积要大得多，因为没有统计深水碳酸盐台地和水深 50m 以下的珊瑚礁面积。

[①] 作者：余克服

生态监测结果显示，南海珊瑚礁在过去几十年来处于急剧退化之中。从最能反映珊瑚礁健康状况的活珊瑚覆盖度这一指标来看，南海北部大亚湾海区活珊瑚覆盖度从 1983/1984 年的约 76.6%下降到 2008 年的约 15.3%[8]；海南三亚鹿回头岸礁从 1960 年的 80%～90%下降到 2009 年的约 12%[9]；西沙群岛永兴岛从 1980 年的约 90%下降到 2008～2009 年的约 10%[10-12]（图 15.1）。南海珊瑚礁的退化主要是受人类活动加剧的影响，如海南三亚鹿回头珊瑚礁 20 世纪 60 年代以来先后经历了礁石挖掘、破坏性捕捞、海上养殖、海岸工程建设和潜水旅游等几个阶段[9]。受人类活动加剧和全球气候变暖（导致珊瑚白化）的双重影响，近几十年来世界范围内珊瑚礁总体处于严重退化之中，如澳大利亚大堡礁在 1960～2003 年活珊瑚覆盖度从约 50%下降到约 20%[13]；加勒比海珊瑚礁区在 1977～2001 年活珊瑚覆盖度从约 50%下降到约 10%[14]（图 15.2）。南海各珊瑚礁中，人类活动影响相对较小的南沙群岛美济礁 2007 年的活珊瑚覆盖度约 40%（未发表）；但与珊瑚共生的虫黄藻密度研究结果显示，南沙群岛珊瑚的虫黄藻密度远低于南海北部的珊瑚，与其正常状况相比平均损失了 31%～90%的共生虫黄藻[15]，表明看起来健康的南沙群岛珊瑚礁正经历高温的威胁，实质上也并不健康。迄今为止，世界上几乎没有处于"原始状态"的珊瑚礁[16]，这正是南海珊瑚礁状况的写照。

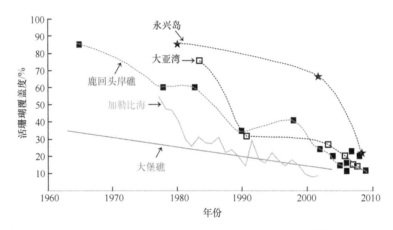

图 15.1 南海及大堡礁、加勒比海珊瑚礁的退化[8-14]

珊瑚礁的退化严重影响到珊瑚礁生态功能及其在碳循环中的作用，如海南三亚鹿回头珊瑚礁的退化导致其碳酸盐生产力自 1960 年以来下降了 80%～90%[17]；初步估计南海现代珊瑚礁的碳酸盐年产量为 2.12×10^{10}kg，相当于全球珊瑚礁碳酸盐产量的 1.6%～3.3%[7]，当然与珊瑚礁的面积估算一样，这也是最小估计。

虽然关于珊瑚礁对大气 CO_2 的"源"或"汇"方面还有不少争议，但一般认为当珊瑚占优势时珊瑚礁区多表现为大气 CO_2 的源，而当大型藻类占优势时珊瑚礁则表现为 CO_2 的汇[18,19]。历史上珊瑚礁可能通过参与碳循环而对调控气候变化起到过关键作用，如珊瑚礁假说提出 14 000 年前冰盖消退过程中大气 CO_2 含量的增加是由于珊瑚礁沉积速率的变化引起的[20]。对南海南沙群岛永暑礁（环礁）、西沙群岛永兴岛（岛礁）和海南三亚鹿回头岸礁进行的海-气 CO_2 交换的监测结果表明，海水和大气 CO_2 分压（pCO_2）均存在明显的日周期变化，表现为夜间上升，白天下降；虽然不同礁区海-气 CO_2 交换通量具有明显的区域差异，但南海现代珊瑚礁总体上在夏季是大气 CO_2 的源[21]。

大气 CO_2 含量的增加导致了海水酸化，也影响到了珊瑚的钙化能力。最新的研究发现 20 世纪 90 年代以来大堡礁等海域的珊瑚钙化率明显下降，幅度可达 14%～21%[22,23]，超出了过去 400 年内的变化幅度，推测是大气 CO_2 含量上升和全球变暖对珊瑚的影响所致。南海南沙群岛美济礁珊瑚的钙化率研究[24]显示，近 200 年来珊瑚的钙化率可分为 5 个阶段，即 1770～1830 年、1870～1920 年和 1980～2000 年为钙化率总体增长阶段，1830～1870 年和 1920～1980 年为钙化率总体下降阶段；其中 1770～1830 年和

1920~1980 年分别为近 200 多年来的最大增幅（4.5%）和最大降幅（6.2%）时段，1980~2000 年珊瑚钙化率有小幅度上升，钙化率的年代际变化仍维持在历史的变动范围之内。进一步分析显示，美济礁珊瑚钙化率对大气 CO_2 含量的上升和热带海区水温变暖之间的关系的影响并不显著。对南海北部大亚湾海区近 46 年珊瑚的钙化率研究[25]显示，在相对高纬度海区，温度上升对珊瑚礁钙化率具有促进作用；但温度持续上升并超过珊瑚适应的温度上限之后，则会降低珊瑚的钙化率。可见，南海珊瑚钙化率对大气 CO_2 和海水温度的响应程度也具有明显的区域差异，这主要受不同珊瑚礁区的气候条件所制约。

二、南海珊瑚礁记录的环境变化过程

对环境变化极其敏感的珊瑚，其快速生长的骨骼能够清楚地记录其所经历的多种环境变化过程，如温度的波动、海平面的升降、El Niño 的强弱、风暴活动的频率、海水的酸碱度、洪水泛滥历史等，因此被广泛应用于热带海区高分辨率的过去环境重建。广泛分布于南海的珊瑚礁揭示出了多种环境变化信息，如全新世高温期存在高频率且大幅度的冬季降温事件、全新世存在千年和百年尺度的 El Niño 活动的周期性、海平面波动、强风暴和东亚季风的强弱变化等。

（一）南海珊瑚记录之中-晚全新世温度过程与气候事件

迄今已基本建立了南海各主要珊瑚礁区的珊瑚地化指标与温度之间的关系式，包括南沙群岛、西沙群岛、海南岛、雷州半岛和台湾岛等[26-31]，为进一步开展高分辨率的过去温度重建提供了温度标尺。

依据建立的温度标尺，雷州半岛全新世不同时期发育的珊瑚月分辨率的 Sr/Ca 和 $\delta^{18}O$ 记录[4]显示，海水表层温度（SST）自约 6800 年前至约 1500 年前总体上在波动中呈下降的趋势，其中 6.8~5.0 ka BP SST 比现在（20 世纪 90 年代，本区最暖的 10 年）高 0.5~0.9℃，约 2.5 ka BP 时 SST 与现在相当，约 1.5 ka BP 时 SST 比现在低约 2.2℃（图 15.2a）。这一温度的总体下降过程同时伴随着有效蒸发量的减少，导致了海水 $\delta^{18}O$ 值降低。但与约 6800 年来的总体趋势相反，20 世纪后期以来珊瑚记录显示温度急剧上升，与器测记录一致，可能反映了人类活动导致的温室气体对气候的影响。雷州半岛珊瑚记录的中全新世高温特征在海南三亚的珊瑚记录中得到了很好的重现，如 6.5~6.1 ka BP 的 3 段珊瑚骨骼 Sr/Ca 记录表明，当时

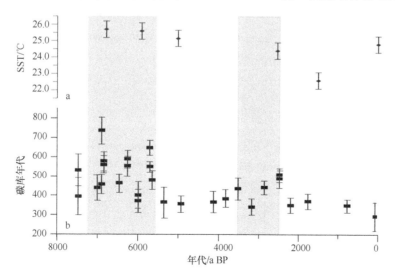

图 15.2 珊瑚记录之中-晚全新世温度过程[4]（a）与碳库年代[35]（b）

7500 年来碳库年代的总体下降的趋势指示 El Niño 活动是一个总体增强的过程；7.2~5.6 ka BP 和 3.5~2.5 ka BP 之间 2 个高碳库年代峰值指示弱 El Niño 活动期

冬季温度与现代相当，但夏季温度则高于现在 1~2℃[32]；距今约 540 年的西沙群岛珊瑚 Sr/Ca 记录则显示当时温度比现在低 1℃左右，对应于历史上的"小冰期"[28]。西沙群岛珊瑚生长率[33]和 Sr 含量[34]则记录了近 100~220 年的温度变暖特征，总体与器测温度记录一致，佐证了珊瑚记录温度的可靠性。

6.8~5.0 ka BP 的夏季高温指示当时是一个强夏季风时期[4, 32]。但在 6.8 ka BP 以前则经历过一段冬季风异常强劲的时期。南海北部雷州半岛独特发育的角孔珊瑚 Sr/Ca 记录[27, 36]显示，7.5~7.0 ka BP，夏季温度与现代（20 世纪 90 年代）相当，而冬季温度则比现在低 2~3℃，反映当时冬季风强劲。以角孔珊瑚为绝对优势种构成的面积超过 1km² 而厚逾 4m 的珊瑚礁是中全新世雷州半岛珊瑚礁的特色，极高的角孔珊瑚覆盖度（大于 90%）显示当时的气候环境是珊瑚礁发育的适宜期，但该珊瑚礁剖面中的多个间断面又指示当时发生过多次环境突变事件。进一步对间断面附近珊瑚骨骼 Sr/Ca 和骨骼密度等的研究揭示，20~50 年一次的异常强劲的冬季风所导致的大幅度（大于 7℃）的冬季降温事件，是导致珊瑚死亡并形成间断面的主要原因。这种降温事件被称为"雷州事件"，表明中全新世高温期气候并不稳定，至少发生过 9 次大幅度的冬季降温事件。

（二）南海珊瑚记录之中-晚全新世千年尺度的 El Niño 强弱波动

El Niño 活动对南海的影响是多方面的，其中之一是影响南海海水的 ^{14}C 含量[36]，当 El Niño 活动频繁的时候，东太平洋上升流减弱以及太平洋北赤道流（NEC）向北偏移，导致 ^{14}C 含量相对高的表层太平洋水体进入南海，并记录于珊瑚骨骼之中，形成低的碳库年代（R）；反之，当 El Niño 活动弱的时候，经太平洋北赤道流进入南海的水体 ^{14}C 含量相对较低，南海珊瑚骨骼记录的碳库年代（R）就高。根据珊瑚碳库年代与 El Niño 活动之间的关系原理，余克服等[36]对 7500 年来不同时段的 20 个珊瑚样品同时开展了高精度 TIMS U-Th 和 AMS^{14}C 年代测定，建立了南海 7500 年来的碳库年代序列，结果显示 7500 年来南海的碳库年代总体呈下降的趋势，但有 2 个峰值期，分别位于 7.2~5.6 ka BP 和 3.5~2.5 ka BP 之间（图 15.3b）。结合碳库年代与 El Niño 活动的关系，可以看出 7500 年来 El Niño 活动是一个总体增强的过程，但其间存在 2 个明显的 El Niño 活动偏弱的时期，大体呈现千年尺度的波动周期。

珊瑚碳库年代揭示的中全新世 El Niño 活动偏弱的现象在珊瑚 Sr/Ca 记录中也得到了很好的验证，如海南中全新世（6.5~6.1 ka BP）珊瑚高分辨率的 Sr/Ca 显示当时 El Niño 活动甚弱，主要表现为 El Niño 周期（2.5~7 年）的缺失或不明显，估计这种弱的 El Niño 活动是受到了强夏季风的抑制所致[32]。南沙群岛珊瑚 $\delta^{18}O$ 和 $\delta^{13}C$ 则记录 1972 年以来 El Niño 气候特征明显朝向暖湿气候发展，这一记录与器测资料基本一致，也证明珊瑚对 El Niño 活动记录的可靠性[29, 37]。

（三）珊瑚记录之全新世千年、百年尺度的海平面波动

珊瑚礁被认为是理想的过去海平面的标志物，主要是因为珊瑚礁发育与海平面变化之间有着密切的关系[38, 39]，如珊瑚仅能够在海平面以下才能生长，因此珊瑚顶面可指示海平面的最低位置；另外珊瑚礁中经常可见到一种呈环状向外发育的圆盘状珊瑚，称为微环礁（microatoll），它的环状结构及其高程是受潮位波动而形成的，因此能够非常准确地指示海平面的位置及其年际尺度的变化，被喻为"自然界的潮汐观测站"[40]。结合珊瑚在高精度年代测定方面的优势，珊瑚礁一直在海平面变化历史的研究中发挥着重要作用。

利用珊瑚礁发育与海平面之间关系的原理，Zhao 和 Yu[41]对南海北部雷州半岛珊瑚礁进行了系统的高程测量、高密度样品采集和高精度的 TIMS U-Th 年代测定，勾画了珊瑚礁年代的面上分布，发现雷州半岛珊瑚礁总体呈现中间老、两侧新的带状分布模式；结合不同时期珊瑚相对于现代微环礁的顶面高程，

得出过去 7500 年来存在 6 个相对高海平面时期：7500~6300 a BP、5850~5700 a BP、约 5009 a BP、4156~3675 a BP、2795~2509 a BP 和约 1511 a BP（图 15.3a），大体呈现出千年尺度的波动周期；其中，每一高海平面时期的相对海平面分别比现在高 1.3~2.8m。进一步对高海平面时期发育的微环礁的研究[42]发现，千年尺度的高海平面时期又存在多期百年尺度的波动，如 7050~6600 a BP 至少存在 4 次波动，波动周期分别为 7050~6920 a BP、6920~6820 a BP、6820~6690 a BP 和 6690~? a BP（图 15.3b），大体呈现百年尺度的周期性，波动幅度为 20~40cm。这种百年尺度的波动也记录于该珊瑚礁区的海滩沉积之中，如该区晚全新世（1.7~1.2 ka BP）发育的海滩沉积剖面清楚地记录了至少 2 次海平面波动周期，时间上对应于 1.7~1.5 ka BP 和 1.4~1.2 ka BP，海平面下降波动发生在 1.5 ka BP 左右[43]。

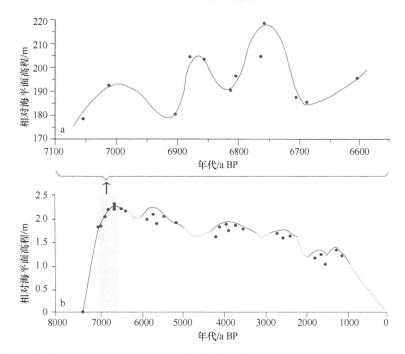

图 15.3 雷州半岛珊瑚记录之百年（a）、千年（b）尺度的海平面波动[27, 41-45]

雷州半岛角孔珊瑚礁剖面的研究则进一步揭示了海平面在约 7.3 ka BP 时达到了现在的高程，约 7.1 ka BP 时的海平面比现在高约 1.8m[27]，这一珊瑚礁区的海滩沉积剖面记录约 1.2 ka BP 时的海平面比现在的至少高 128cm；之后海平面开始下降，至今海岸线后退了约 210m[43]。这些全新世南海海平面的变化特征也清楚地记录于海南三亚[46]、琼海[47]以及越南沿岸[48]的珊瑚礁中。

（四）南海珊瑚礁潟湖沉积记录之近 4000 年的强风暴历史

日益增加的强风暴频率及其带来的巨大损失引起了人们越来越多的关注，如全球范围内过去 10 多年来因为极端气候造成的损失相对于 20 世纪 50 年代增加了 10 倍[49]。新的 IPCC 报告预测未来强风暴活动的频率和强度都将随着全球气候变化而增加[50]。但正如对全球气候变暖的认识一样，因为文献记录的短暂性（一般小于 150 年）和不连续性，要想清楚了解强风暴活动发生的规律及其与人类活动的关系，则必须开展过去千年乃至更长时间序列的古风暴历史重建研究。

在对南海南部南沙群岛珊瑚礁上散布的大型块状（大于 2m³）珊瑚进行系统调查的基础上，Yu 等[51]提出这些大型块状珊瑚是强风暴活动的产物，其表面的年代可指示过去强风暴事件发生的年代。这一论点在经历 2004 年印度洋海啸和澳大利亚台风活动的珊瑚礁区得到了很好的验证；在这些事件中，一些巨大的活珊瑚块在海啸和台风引起的强水动力作用下被运移到珊瑚礁的表面或其他位置堆积而死亡[52]，因此这些珊瑚块的死亡年代，亦即珊瑚块最表面的年代，就是强风暴等发生的年代。根据这一原理，Yu等[51]对南沙群岛永暑礁（环礁）表面完好保存的珊瑚块进行了高精度年代测定，识别了过去1000年内发生的6次强风暴事件，平均为160年周期。随后开展的潟湖沉积速率和沉积粒度的研究对上述工作进行了进一步证实。他们在永暑礁潟湖钻取了长14.2m的沉积岩心，利用沉积岩心中表面完好保存的珊瑚枝的高精度铀系年代建立了其高分辨率的年代框架[53]，这是迄今为止最好的珊瑚礁潟湖沉积年代序列；根据年代分布计算了其沉积速率，他们发现永暑礁珊瑚块所指示的过去1000年中发生的6次强风暴事件在潟湖沉积中都有明显的响应，表现为相应时间段内沉积速率的大幅增加。依据潟湖沉积速率的变化，进一步识别出过去4000年内有2个强沉积动力或强风暴活动的时期，即100～350 AD和近1000年来。

永暑礁潟湖柱状沉积物的粒度分析[49]显示：①近4000年来南海南部至少发生过20次强风暴/海啸事件，其中13次发生在最近1000年内，其中约1200 BC、约400 BC和约1200 AD为3个风暴活动特别活跃的时期（图15.4）；②4000年来南沙群岛强风暴/海啸事件发生的频率有明显增加的趋势，但近1000年来则相对稳定；③4000年来南沙群岛强风暴/海啸事件发生的频率显示出明显的周期性，如18.7年、23.6年、25年、27年、32年、65年、132年和195年，大体与太阳活动的周期相吻合，指示太阳活动对强风暴事件发生的制约。

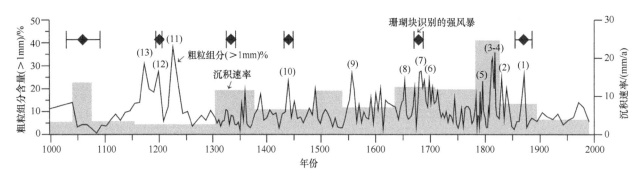

图15.4　南沙群岛珊瑚礁记录之近1000年来的强风暴活动历史[49, 51, 53]

总体来看，珊瑚礁潟湖沉积物的粒度、沉积速率与珊瑚块的组合，是重建热带珊瑚礁区古风暴活动序列的有效手段。

（五）南海珊瑚记录之中-晚全新世海水酸化状况

利用珊瑚硼同位素（$\delta^{11}B$值）与海水pH的关系，Liu等[54]计算了中全新世以来海水的pH变化过程，得出中-晚全新世以来南海海表的pH出现过2个低峰值（或酸化），分别在距今6000年前后和工业革命以来；在这2个时间段之间，南海海表pH略有增加趋势。距今6000年前后的酸化，是因为当时南海夏季风强，海温和海平面高，导致南海上升流增加，使深层低pH的海水上涌，因此产生了低pH的海洋化学环境。全球工业革命以后（1840年以来）的酸化，则可能是由于大量的化石燃料造成温室气体（主要为CO_2）的排放增加。

（六）南海珊瑚对季风的记录

中国的天气、气候异常与亚洲季风异常有着密切的关系，因此季风在珊瑚中的记录一直是研究的热点之一。通过南沙群岛永暑礁珊瑚（1953～1997年）$\delta^{18}O$与冬季风指数（WMI）的比较分析[29]，得出珊

瑚冬季 $\delta^{18}O$ 与 WMI 之间存在显著的正相关关系，冬季珊瑚 $\delta^{18}O$ 越低（SST 越高），表征东亚季风越弱；反之，冬季珊瑚 $\delta^{18}O$ 越高（SST 越低），表征东亚季风越强。研究也发现海南岛珊瑚 $\delta^{18}O$ 能够比较好地指示冬季风的强度[55-57]；海南岛约 4400 a BP 的珊瑚 $\delta^{18}O$ 则指示当时冬季温度偏低，季风偏强，并导致强的海水蒸发和 $\delta^{18}O$ 富集[58]。此外，利用冬季温度与季风之间的关系，海南珊瑚 Sr/Ca 记录了近百年（1905～1996 AD）来冬季风的减弱趋势[59]。

南海珊瑚也提供了不少夏季风的信息，如南海北部雷州半岛中-晚全新世以来温度的总体下降过程记录着夏季风的总体减弱[4]；近 7500 年来南海碳库年代的总体降低也记录着夏季风减弱导致的上升流减弱过程[36]；中全新世偏弱的 El Niño 活动则是受到强夏季风的抑制所致[32]等。

（七）南海珊瑚对其他环境要素的记录

珊瑚也被广泛用来监测水体环境的变化，其中对海洋环境污染方面的监测是国际上非常关注的主题之一，如珊瑚中 Pb 和 Cd 等含量的变化清楚地记录了工业化进程对海洋环境的污染状况[60]。南海北部大亚湾珊瑚（1976～1998 AD）研究[61]显示其能够比较好地记录大亚湾海域重金属含量的年际变化，并识别出 1979 年和 1991 年为 2 个重金属含量比较高的年份。大亚湾珊瑚（1976～2007 AD）Fe/Ca、Mn/Ca、Zn/Ca、P/Ca 和 Ba/Ca 的研究[62-64]则显示，珊瑚 Fe/Ca 和 Mn/Ca 值的增加清楚地记录了大亚湾核电站修建过程中大量陆源物质对水体环境的影响；Zn/Ca 值的增加则显示工业排污增加对水体环境的影响；珊瑚 P/Ca 能指示海水的磷含量以及营养化状况；Ba/Ca 则记录了低温压力对相对高纬度珊瑚生长的抑制作用。室内模拟实验则研究了 Cu 和 Zn 含量增加对珊瑚虫黄藻密度和光合作用的影响[65, 66]，显示重金属污染对珊瑚共生藻的光合作用有明显的抑制作用，最终导致珊瑚死亡。

对海南万泉河口和香港靠近珠江口附近珊瑚稀土元素的含量研究[67]则发现，珊瑚稀土元素含量与海平面升高变化之间有明显的负相关关系。这是因为当海平面快速上升时，河口附近的珊瑚受到来自河流的陆源物质影响减弱，而受到海水中低稀土元素含量和相对富集的重稀土的配分模式影响显著。南沙群岛永暑礁珊瑚 $\delta^{13}C$ 则可以反映日照时数、总云量和降雨量等的变化[37]。

三、南海珊瑚礁对历史时期气候变化的响应规律

全球珊瑚礁在退化已是不争的事实，如 2008 年全球仅 46%的珊瑚礁处于相对健康状态[3]。对全球而言，珊瑚礁退化的最主要原因是珊瑚礁白化，即五彩缤纷的珊瑚失去共生虫黄藻或虫黄藻失去色素而变白的一种生态现象[68]。目前研究一致认为 El Niño 加剧、全球变暖导致的海水温度上升是珊瑚礁白化的最主要原因[69]，如 1998 年 El Niño 高温导致世界珊瑚礁退化了 16%，几乎影响到了世界所有珊瑚礁区，在大堡礁一些连续生长了约 1000 年的珊瑚也在这一事件中死亡[70]。有生态学者预测到 2100 年热带海洋升温 1～3℃，珊瑚礁很可能是因全球环境变化而失去的第一个生态系统[70]。但包括珊瑚记录在内的大量证据显示，中全新世海温比现在高 1～2℃[4, 71]，而当时珊瑚并没有因为高温灭绝，因此了解珊瑚对过去高温等气候环境的响应规律将有助于更好地了解现代高温与珊瑚白化的关系。南海珊瑚礁的研究[27, 72]表明，不管高温导致的珊瑚礁热白化还是低温导致的冷白化，历史上都曾经反复出现过，珊瑚礁并没有因此而灭绝，显示珊瑚本身对极端气候事件的潜在的适应能力。

（一）近 200 年来南海南部珊瑚礁的热白化历史

现代高温导致的珊瑚礁热白化最早报道于 1982 年[73]，对此之前珊瑚对高温的响应知之其少[74]。为了寻找指示历史时期珊瑚礁白化的标志，珊瑚礁研究者在南海展开了一系列的研究，包括珊瑚共生虫黄藻

的密度、珊瑚对极端温度的抵抗力等。对南海珊瑚共生虫黄藻的研究[75]发现，珊瑚共生虫黄藻密度的种间差异是导致珊瑚抵抗白化能力的重要因素：枝状珊瑚共生虫黄藻密度低，因此容易白化；而块状珊瑚共生虫黄藻密度高，因此不容易白化；叶片状珊瑚的虫黄藻密度和抵抗白化的能力均介于上述二者之间。这一结论在野外观察和室内模拟实验中获得了很好的验证[76, 77]，即块状珊瑚对高温表现出最强的适应能力，最不容易白化，这也许可以部分解释为什么块状珊瑚可连续生长数百年。从这个意义上说，大型块状珊瑚的死亡可指示过去极端环境事件[78]。

这种能够指示过去极端环境事件的死亡了的大型块状珊瑚在南海南部南沙群岛的珊瑚礁中广泛分布。Yu 等[72]对这些死亡的大型块状珊瑚进行了细致的生态调查，并分别从永暑礁和美济礁钻取了 27 个死亡的块状珊瑚样品进行高精度年代测定，进而确定了它们的死亡年代，也就是这些死亡的、顶面完好保存的块状珊瑚最表面的年代。结果表明，这 27 个珊瑚的死亡都发生在过去 200 年内；在定年误差范围内这些珊瑚的死亡年代基本上与历史上已知的 El Niño 高温年份相对应（图 15.5）。分析各种可能导致珊瑚死亡的原因，包括低温、淡水、火山活动、珊瑚天敌、珊瑚疾病和人类影响（污染、旅游、养殖、过度捕捞、炸鱼等）等。Yu 等[72]提出这些珊瑚的死亡是历史时期强白化的产物，也就是说高温引起的现代珊瑚热白化其实并不是新的生态现象，而是至少在过去 200 年来反复发生的珊瑚对环境变化的一种自然响应。但迄今为止还没有发现更早以前发生珊瑚礁热白化的证据。

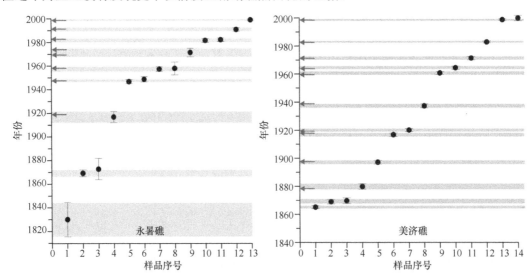

图 15.5 南沙群岛珊瑚记录之近 200 年来的珊瑚热白化事件[72]

（二）中全新世高温期南海北部珊瑚冷白化事件

冷白化是指低温导致的珊瑚礁白化现象。2003 年 7 月在澳大利亚大堡礁南部曾经出现过低温导致珊瑚礁大面积白化[79]，这是在现代暖期中发生的异常生态现象。但南海北部雷州半岛的珊瑚礁记录显示，这种异常的珊瑚礁冷白化现象在中全新世高温期曾经反复发生。

记录的中全新世高温期冷气候事件（雷州事件）的角孔珊瑚礁剖面[27, 35]，由至少 9 层覆盖度大于 90%的角孔珊瑚组成，层与层之间的间断面清楚而平整。角孔珊瑚 Sr/Ca 和骨骼密度的研究揭示，这些珊瑚的死亡和间断面的形成是大幅度（大于 7℃）的冬季降温事件所致，Sr/Ca 温度显示当时的最低温很可能在 10.7℃以下。结合现代珊瑚热白化的特点，即珊瑚失去共生虫黄藻或共生虫黄藻失去色素而变白，Yu 等[27]提出中全新世雷州半岛大片角孔珊瑚的死亡必然会导致虫黄藻的丢失、导致大面积的珊瑚变白，因此是一种严重的白化现象；这种白化是由冬季突然降温引起的，因此是冷白化。这是第一个关于历史时期珊礁冷白化的证据。该剖面显示7.5～7.0 ka BP的高温期珊瑚冷白化每20～50年发生一次,至少发生过9次,白化后珊瑚礁的恢复一般需要20～25年。

2008年初华南经历了近50年来罕见的极端低温事件,持续了32天。南海北部大亚湾海区2008年2月平均SST低于14℃,连续多天最低SST为12.3℃左右。生态调查结果显示这样的低温抑制了大亚湾海区珊瑚的生长活动,但并没有产生致命的影响[8],显然还需要更大幅度的降温才会导致大面积珊瑚的白化和死亡,这也佐证了更大幅度的降温(如低达珊瑚Sr/Ca记录的10.7℃)是导致中全新世雷州半岛珊瑚冷白化和死亡的原因。

(三)中全新世高温期珊瑚的死亡与恢复

为了了解中全新世高温期珊瑚的死亡与恢复。Yu等[78]对海南三亚中全新世(7000～6000 a BP)2块保存有死亡间断面和1块保存了死亡面的块状珊瑚进行了深入研究,包括测定珊瑚死亡和恢复的年代、死亡的季节和死亡前的温度状况等。结果表明这2个大型块状珊瑚死亡后恢复的时间分别为(41±18)年和(31±28)年,大体表明中全新世高温期珊瑚死亡后在10～20年的时间内可以恢复生长(图15.6)。珊瑚骨骼Sr/Ca、Mg/Ca和生长率显示,这3块珊瑚分别死亡于春季和秋季,与当时的夏季高温(Sr/Ca SST=31～32℃)没有明显的关系,显示块状珊瑚对中全新世高温的适应性。

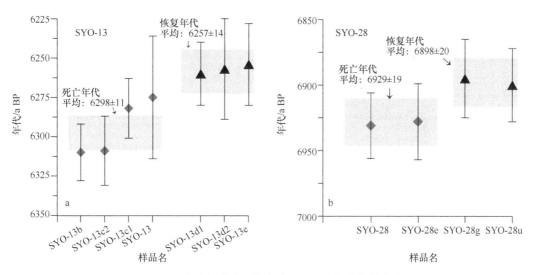

图15.6 中全新世高温期海南珊瑚死亡与恢复的年代

四、结论

(1)广泛分布的南海珊瑚礁在近50年来处于严重退化之中,其中活珊瑚覆盖度下降约80%,是人类活动的加剧与气候变暖共同作用所致;迄今为止南海几乎没有原始状态的珊瑚礁;南海珊瑚钙化率和碳酸钙生产力均下降;南海珊瑚礁在夏季表现为大气CO_2的源。

(2)南海珊瑚礁记录了全新世多种环境信息,如中-晚全新世高分辨率的温度过程与极端低温气候事件、千年尺度的El Niño活动强弱变化、千年-百年尺度的多期相对高海平面的波动、近4000年来周期性的强风暴活动、东亚季风的强弱、海水酸度和污染状况等,这些信息将有助于认识过去及现代气候环境变化的规律性。

(3)野外观察和实验模拟都显示南海块状珊瑚对极端环境事件有最强的抵抗力,原因之一是块状珊瑚有相对高的共生虫黄藻密度。以块状珊瑚的死亡年代为指示强白化事件的标志,得出高温引起的珊瑚礁白化在过去 200 年来在南海南部曾经多次发生。低温引起的珊瑚礁冷白化在全新世高温期也曾经反复发生，并显示 20～50 年的周期性，冷白化后的恢复时间一般为 20～25 年。中全新世高温期块状珊瑚死亡后的恢复时间为 10～20 年[80]。

参 考 文 献

[1] Moore F, Best B. Coral reef crisis: causes and consequences//Best B, Bornbusch A. Global trade and consumer choices: coral reefs in crisis. Washington D. C.: American Association for The Advancement of Science, 2001: 5-10.

[2] 赵美霞, 余克服, 张乔民. 珊瑚礁区的生物多样性及其生态功能. 生态学报, 2006, 26(1): 186-194.

[3] Wilkinson C. Status of coral reefs of the world. Townsville: Global Coral Reef Monitoring Network and Reef and Rainforest Research Centre, 2008: 1-296.

[4] Yu K F, Zhao J X, Wei G J, et al. Mid-late Holocene monsoon climate retrieved from seasonal Sr/Ca and $\delta^{18}O$ records of *Porites lutea* corals at Leizhou Peninsula, northern coast of South China Sea. Global and Planetary Change, 2005, 47(2-4): 301-316.

[5] Hendy E J, Gagan M K, Alibert C A, et al. Abrupt decrease in tropical Pacific Sea surface salinity at end of Little Ice Age. Science, 2002, 295(5559): 1511-1514.

[6] Linsley B K, Wellington G M, Schrag D P. Decadal sea surface temperature variability in the subtropical South Pacific from 1726 to 1997AD. Science, 2000, 290(5494): 1145-1148.

[7] Yu K F, Zhao J X. Coral reefs// Wang P X, Li Q Y. The South China Sea: Paleoceanography and Sedimentology. Dordrecht: Springer, 2009: 229-254.

[8] 陈天然, 余克服, 施祺, 等. 大亚湾石珊瑚群落近 25 年的变化及其对 2008 年极端低温事件的响应. 科学通报, 2009, 54(6): 812-820.

[9] Zhao M X, Yu K F, Zhang Q M, et al. Long-term decline of a fringing coral reef in the northern South China Sea. Journal of Coastal Research, 2012, 28(5): 1088-1099.

[10] 施祺, 严宏强, 张会领, 等. 西沙群岛永兴岛礁坡石珊瑚覆盖率的空间变化. 热带海洋学报, 2011, 30(2): 10-17.

[11] 李颖虹, 黄小平, 岳维忠, 等. 西沙永兴岛珊瑚礁与礁坪生物生态学研究. 海洋与湖沼, 2004, 35(2): 176-182.

[12] 王国忠. 南海珊瑚礁区沉积学. 北京: 海洋出版社, 2001: 171-192.

[13] Bellwood D R, Hughes T P, Folke C, et al. Confronting the coral reef crisis. Nature, 2004, 429(6994): 827-833.

[14] Gardner T A, Cote I M, Gill J A, et al. Long-term region-wide declines in Caribbean corals. Science, 2003, 301(5635): 958-960.

[15] 李淑, 余克服, 陈天然, 等. 珊瑚共生虫黄藻密度结合卫星遥感分析 2007 年南沙群岛珊瑚热白化. 科学通报, 2011, 56(10): 756-764.

[16] Hodgson G. A global assessment of human effects on coral reefs. Marine Pollution Bulletin, 1999, 38(5): 345-355.

[17] 施祺, 赵美霞, 张乔民, 等. 海南三亚鹿回头造礁石珊瑚碳酸盐生产力的估算. 科学通报, 2009, 54(10): 1471-1479.

[18] 严宏强, 余克服, 谭烨辉. 珊瑚礁区碳循环研究进展. 生态学报, 2009, 29(11): 6207-6215.

[19] Suzuki A, Kawahata H. Reef water CO_2 system and carbon production of coral reefs: topographic control of system-level performance//Shiyomi M, Kawahata H, Koizumi H, et al. Global Environmental Change in the Ocean and on Land. Tokyo: Terraphub, 2004: 229-248.

[20] Berger W H. Increase of carbon dioxide in the atmosphere during deglaciation: the coral reef hypothesis. Naturwissenschaften, 1982, 69(2): 87-88.

[21] 严宏强, 余克服, 施祺, 等. 南海珊瑚礁夏季是大气 CO_2 的源. 科学通报, 2011, 56(6): 412-422.

[22] De'Ath G, Lough J M, Fabricius K E. Declining coral calcification on the Great Barrier Reef. Science, 2009, 323(5910): 116-119.

[23] Cooper T F, De'Ath G, Fabricius K E, et al. Declining coral calcification in massive *Porites* in two nearshore regions of the northern Great Barrier Reef. Global Change Biology, 2008, 14(3): 529-538.

[24] 施祺, 余克服, 陈天然, 等. 南沙群岛美济礁 200 余年滨珊瑚骨骼钙化率变化及其与大气 CO_2 和海温的响应关系. 中国科学(D 辑), 2012, 42(1): 71-82.

[25] 陈天然, 余克服, 施祺, 等. 全球变暖和核电站温排水对大亚湾滨珊瑚钙化的影响. 热带海洋学报, 2011, 30(2): 1-9.

[26] Yu K F, Zhao J X, Wei G J, et al. $\delta^{18}O$, Sr/Ca and Mg/Ca records of *Porites lutea* corals from Leizhou Peninsula, northern South China Sea, and their applicability as paleoclimatic indicators. Palaeogeography, Palaeoclimatology, Palaeoecology, 2005, 218(1-2): 57-73.

[27] Yu K F, Zhao J X, Liu T S, et al. High-frequency winter cooling and reef coral mortality during the Holocene climatic optimum. Earth and Planetary Science Letters, 2004, 224(1-2): 143-155.

[28] 韦刚健, 余克服, 李献华, 等. 南海北部珊瑚 Sr/Ca 和 Mg/Ca 温度计及高分辨率 SST 记录重建尝试. 第四纪研究, 2004, 24(3): 325-331.

[29] 余克服, 陈特固, 黄鼎成, 等. 中国南沙群岛滨珊瑚 $\delta^{18}O$ 的高分辨率气候记录. 科学通报, 2001, 46(14): 1199-1203.

[30] Wei G J, Sun M, Li X H, et al. Mg/Ca, Sr/Ca and U/Ca ratios of a *Porites* coral from Sanya Bay, Hainan Island, South China Sea and their relationships to sea surface temperature. Palaeogeography, Palaeoclimatology, Palaeoecology, 2000, 162(1-2): 59-74.

[31] Shen C C, Lee T, Chen C Y, et al. The calibration of D[Sr/Ca] versus sea surface temperature relationship for *Porites* corals. Geochimica et Cosmochimica Acta, 1996, 60(20): 3849-3858.

[32] Wei G J, Deng W F, Yu K F, et al. Sea surface temperature records in the northern South China Sea from mid-Holocene coral Sr/Ca ratios. Paleoceanography, 2007, 22(3): 2816-2820.

[33] 聂宝符, 陈特固, 彭子成. 由造礁珊瑚重建南海西沙海区近 220a 海面温度序列. 科学通报, 1999, 44(22): 2094-2098.

[34] Sun Y L, Sun M, Wei G J, et al. Strontium contents of a *Porites* coral from Xisha Island, South China Sea: a proxy for sea-surface temperature of the 20th century. Paleoceanography, 2004, 19(2): 157-175.

[35] Yu K, Hua Q, Zhao J X, et al. Holocene marine ^{14}C reservoir age variability: evidence from 230th-dated corals in the South China Sea. Paleoceanography, 2010, 25(25): 375-387.

[36] 余克服, 刘东生, 沈承德, 等. 雷州半岛全新世高温期珊瑚生长记录的环境突变事件. 中国科学(D 辑), 2002, 32(2): 149-156.

[37] 余克服, 刘东生, 陈特固, 等. 中国南沙群岛滨珊瑚高分辨率 $\delta^{13}C$ 的环境记录. 自然科学进展, 2002, 12(1): 63-67.

[38] Yu K F, Zhao J X. U-series dates of Great Barrier Reef corals suggest at least +0.7m sea level ~7000 years ago. The Holocene, 2010, 20(2): 161-168.

[39] Chappell J. Evidence for smoothly falling sea level relative to North Queensland, Australia, during the past 6000 yr. Nature, 1983, 302(5907): 406-408.

[40] Woodroffe C, McLean R. Microatolls and recent sea level change on coral atolls. Nature, 1990, 344(6266): 531-534.

[41] Zhao J X, Yu K F. Millennial-, century- and decadal-scale oscillations of Holocene sea-level recorded in a coral reef in the northern South China Sea. Quaternary International, 2007, (167-168): 473.

[42] Yu K F, Zhao J X, Done T, et al. Microatoll record for large century-scale sea-level fluctuations in the mid-Holocene. Quaternary Research, 2009, 71(3): 354-360.

[43] 余克服, 陈特固. 南海北部晚全新世高海平面及其波动的海滩沉积证据. 地学前缘, 2009, 16(6): 138-145.

[44] 黄德银, 施祺, 张叶春. 海南岛鹿回头珊瑚礁与全新世高海平面. 海洋地质与第四纪地质, 2005, 25(4): 1-7.

[45] 时小军, 陈特固, 余克服. 近 40 年来珠江口的海平面变化. 海洋地质与第四纪地质, 2008, 28(1): 127-134.

[46] Nguyen A D. Climate and environmental reconstruction based on Holocene coral reefs on central Vietnamese coast, western South China Sea. Dissertation for The Doctoral Degree. Brisbane: The University of Queensland, Australia, 2011: 1-241.

[47] 赵建新, 余克服. 南海雷州半岛造礁珊瑚的质谱铀系年代及全新世高海面. 科学通报, 2001, 46(20): 1734-1738.

[48] 余克服, 钟晋梁, 赵建新, 等. 雷州半岛珊瑚礁生物-地貌带与全新世多期相对高海平面. 海洋地质与第四纪地质, 2002, 22(2): 27-34.

[49] Yu K F, Zhao J X, Shi Q, et al. Reconstruction of storm/tsunami records over the last 4000 years using transported coral blocks and lagoon sediments in the southern South China Sea. Quaternary International, 2009, 195: 128-137.

[50] Jansen E, Overpeck J, Briffa K R, et al. Palaeoclimate//Solomon S D, Qin D H, Manning M, et al. Climate Change 2007: the Physical Science Basis-Contribution of Working Group Ⅰ to the Fourth Assessment Report of the Intergovernmental Panel on Climate Change. Cambridge: Cambridge University Press, 2007: 463-497.

[51] Yu K F, Zhao J X, Collerson K D, et al. Storm cycles in the last millennium recorded in Yongshu Reef, southern South China Sea. Palaeogeography, Palaeoclimatology, Palaeoecology, 2004, 210(1): 89-100.

[52] Gilmour J P, Smith L D. Category 5 cyclone at Scott Reef, Northwestern Australia. Coral Reefs, 2006, 25(2): 200.

[53] Yu K F, Zhao J X, Wang P X, et al. High-precision TIMS U-series and AMS ^{14}C dating of a coral reef lagoon sediment core from southern South China Sea. Quaternary Science Reviews, 2006, 25(17-18): 2420-2430.

[54] Liu Y, Liu W, Peng Z, et al. Instability of seawater pH in the South China Sea during the mid-late Holocene: evidence from boron isotopic composition of corals. Geochimica et Cosmochimica Acta, 2009, 73(5): 1264-1272.

[55] Su R, Sun D, Chen H, et al. Evolution of Asian monsoon variability revealed by oxygen isotopic record of middle Holocene massive coral in the northern South China Sea. Quaternary International, 2010, 213(1-2): 56-68.

[56] Peng Z C, Chen T G, Nie B F, et al. Coral $\delta^{18}O$ records as an indicator of winter monsoon intensity in the South China Sea.

Quaternary Research, 2003, 59(3): 285-292.
[57] Deng W F, Wei G J, Li X H, et al. Paleoprecipitation record from coral Sr/Ca and $\delta^{18}O$ during the mid Holocene in the northern South China Sea. Holocene, 2009, 19(6): 811-821.
[58] Sun D H, Gagan M K, Cheng H, et al. Seasonal and interannual variability of the Mid-Holocene East Asian monsoon in coral $\delta^{18}O$ records from the South China Sea. Earth Planetary Science Letters, 2005, 237(1-2): 69-84.
[59] Liu Y, Peng Z, Chen T, et al. The decline of winter monsoon velocity in the South China Sea through the 20th century: evidence from the Sr/Ca records in corals. Global and Planetary Change, 2008, 63(1): 79-85.
[60] Shen G T, Boyle E A. Lead in corals-reconstruction of historical industrial fluxes to the surface ocean. Earth Planetary Science Letter, 1987, 82(3-4): 289-304.
[61] 余克服, 陈特固, 练健生, 等. 大亚湾扁脑珊瑚中重金属的年际变化及其海洋环境指示意义. 第四纪研究, 2002, 22(3): 230-235.
[62] Chen T R, Yu K F. P/Ca in coral skeleton as a geochemical proxy for seawater phosphorus variation in Daya Bay, northern South China Sea. Marine Pollution Bulletin, 2011, 62(10): 2114-2121.
[63] Chen T R, Yu K F, Li S, et al. Anomalous Ba/Ca signals associated with low temperature stresses in *Porites* corals from Daya Bay, northern South China Sea. Journal of Environmental Sciences, 2011, 23(9): 1452-1459.
[64] Chen T R, Yu K F, Li S, et al. Heavy metal pollution recorded in *Porites* corals from Daya Bay, northern South China Sea. Marine Environmental Research, 2010, 70(3): 318-326.
[65] 周洁, 余克服, 李淑, 等. 重金属铜污染对石珊瑚生长影响的实验研究. 热带海洋学报, 2011, 30(2): 57-76.
[66] 黄玲英, 余克服, 施祺, 等. 锌胁迫下两种鹿角珊瑚虫黄藻荧光值的变化. 热带地理, 2010, 30(4): 357-362.
[67] Liu Y, Peng Z, Wei G, et al. Interannual variation of rare earth element abundances in corals from northern coast of the South China Sea and its relation with sea-level change and human activities. Marine Environmental Research, 2010, 71(1): 62-69.
[68] 李淑, 余克服. 珊瑚礁白化研究进展. 生态学报, 2007, 27(5): 2059-2069.
[69] Hoegh-Guldberg O. Climate change, coral bleaching and the future of the world's coral reefs. Marine and Freshwater Research, 1999, 50(8): 839-866.
[70] Wilkinson C. Status of coral reefs over the world: 2004. Townsville: Global Coral Reef Monitoring Network and Reef and Rainforest Research Centre, 2004: 1-316.
[71] Gagan M K, Ayliffe L K, Hopley D, et al. Temperature and surface-ocean water balance of the mid-Holocene tropical Western Pacific. Science, 1998, 279(5353): 1014-1018.
[72] Yu K F, Zhao J X, Shi Q, et al. U-series dating of dead *Porites* corals in the South China sea: evidence for episodic coral mortality over the past two centuries. Quaternary Geochronology, 2006, 1(2): 129-141.
[73] Glynn P W. Extensive bleaching and death of reef corals on the Pacific coast of Panama. Environmental Conservation, 1983, 10(2): 149-154.
[74] Stone L, Huppert A, Rajagopalan B, et al. Mass coral reef bleaching: a recent outcome of increased El Niño activity? Ecology Letters, 1999, 2(5): 325-330.
[75] 李淑, 余克服, 施祺, 等. 南海北部珊瑚共生虫黄藻密度的种间与空间差异及其对珊瑚礁白化的影响. 科学通报, 2007, 52(22): 2655-2662.
[76] 李淑, 余克服, 施祺, 等. 造礁石珊瑚对低温的耐受能力及响应模式. 应用生态学报, 2009, 20(9): 2289-2295.
[77] 李淑, 余克服, 施祺, 等. 海南岛鹿回头石珊瑚对高温响应行为的实验研究. 热带地理, 2008, 28(6): 534-539.
[78] Yu K F, Zhao J X, Lawrence M G, et al. Timing and duration of growth hiatuses in mid-Holocene massive *Porites* corals from the northern South China Sea. Journal of Quaternary Science, 2010, 25: 1284-1292.
[79] Hoegh-Guldberg O. Low temperatures cause coral bleaching. Coral Reefs, 2004, 23(3): 444.
[80] 余克服. 南海珊瑚礁及其对全新世环境变化的记录和响应. 中国科学: 地球科学, 2012, 42(18): 1160-1172.

— 第十六章 —

冷水珊瑚礁研究进展与评述[①]

与生长在热带浅海水域的暖水珊瑚不同，冷水珊瑚通常分布在海面以下 30～1000m、水温 4～12℃的冷水水域。由于冷水珊瑚不与单细胞藻类虫黄藻共生，主要以水中的浮游生物及从浅水层沉降下去的有机质为食，可以生长在缺光或无光的深海环境，故也称为深海珊瑚。冷水珊瑚主要包括石珊瑚、软珊瑚（包括红珊瑚、柳珊瑚、竹珊瑚等）、黑珊瑚和柱星珊瑚等[1]。其中，石珊瑚是冷水珊瑚礁的骨架生物，由其堆积建造的冷水珊瑚礁为鱼、虾、蟹、管虫等提供了良好的生境条件，使得暗淡无光的深海环境充满生机。近年来，随着海洋探测技术和深海调查技术的飞速发展，冷水珊瑚礁的神秘面纱逐渐被揭开，其在维持生物多样性、生态资源和科研价值方面的重要性引起广泛关注，国际上出现了冷水珊瑚礁研究热潮。本章以冷水石珊瑚为切入点，对近年来国际上有关冷水珊瑚礁的研究进行综述分析，并对我国开展深海冷水珊瑚礁提出几点建议，以期促进我国冷水珊瑚礁研究的发展。

一、冷水珊瑚礁的重要性

冷水珊瑚礁是深海生态系统中的重要组成部分，其具有较高的生物多样性和生态资源价值[1-3]。例如，在东北大西洋一处主要以石珊瑚 Lophelia pertusa 为优势种的冷水珊瑚礁区域，栖息着超过 1300 种海洋生物[1]。Henry 和 Roberts[4]利用箱型岩心取样器对珊瑚礁的顶部及外部的取样结果进行对比分析发现，礁顶的生物种类数量（313 种）明显比礁外（102 种）多，且 Shannon-Wiener 指数显著偏高。而且，冷水珊瑚礁区聚集分布着许多经济鱼类及无脊椎动物，如石斑、海鲈、鲷鱼和岩鱼等，是重要的深海渔场[5-7]。此外，与热带浅海珊瑚一样，冷水石珊瑚也是记录长时间尺度气候变化的良好载体，可揭示长时间序列、高分辨率的深海海洋环境的变化历史[8-10]，具有重要的科研价值。

与热带浅海珊瑚礁生态系统类似，冷水珊瑚礁也是非常脆弱的生态系统，对各种直接或间接的破坏活动极其敏感。由于冷水珊瑚生长较为缓慢，一旦受到破坏，需要成百上千年的时间才能恢复到原来的状况。目前认识到的冷水珊瑚礁受到的威胁主要来自 3 个方面：一是在捕获深海鱼类时采用的底部拖网作业方式对冷水珊瑚礁造成的机械破坏[11-13]，据估测，挪威冷水珊瑚礁 30%～50%遭受底拖网的破坏[11]；

[①] 作者：赵美霞，余克服

二是在油气钻探、开采过程中对冷水珊瑚礁生境的干扰及破坏[14, 15]；三是全球气候变化引起的海洋酸化对冷水石珊瑚建造能力的影响[16, 17]。

随着冷水珊瑚及冷水珊瑚礁的重要性逐渐被认识，1984年南大西洋海洋渔业委员会在佛罗里达附近海域建立了第一块重点保护冷水石珊瑚 Oculina varicose 的"特别值得关注的栖息地"（面积为316km^2），1994年该区域升格为保护区，2000年保护区面积增至1030km^2。目前，澳大利亚、加拿大、新西兰、挪威、英国等均已开展了包括建立海洋保护区等在内的各种措施，加强对冷水珊瑚及其生境的保护[18]。

二、国际冷水珊瑚礁研究动态

虽然冷水珊瑚在18世纪就已被发现，但是由于研究方法和采样技术的限制，有关冷水珊瑚礁的研究较为粗浅。近年来，随着水下机器人和深潜器技术的进步，国际上出现了冷水珊瑚礁研究热潮，在冷水石珊瑚的种类与分布、冷水珊瑚礁的形成与演化、海洋酸化对冷水珊瑚礁的影响及冷水石珊瑚对海洋古环境的高分辨率记录等方面取得了突破性进展。

（一）冷水石珊瑚的物种多样性及其分布特征

已知的711种无共生藻石珊瑚种类中，有622种生长在水深大于50m的深海冷水环境，温度最低可达−1.1℃[19]，深度最深可达6328m[20]。冷水石珊瑚多数为不具有造礁作用的非功能性种类，只有17种具有建造功能。其中，Lophelia pertusa、Madrepora oculata、Goniocorella dumosa、Oculina varicosa、Enallopsammia profunda、Solenosmilia variabilis 等6种分布较为广泛，且能为深海鱼类和无脊椎动物建造三维生境，在冷水珊瑚礁研究中备受重视[21-25]。

已报道的冷水珊瑚主要分布在大陆架、大陆坡、峡谷及海山附近[1, 2, 25]。Qurban 等[26]报道红海北部400~760m海底发现7种冷水珊瑚，其中冷水石珊瑚3种；Whitmire 和 Clarke[27]报道美国西海岸冷水珊瑚101种，其中冷水石珊瑚有7科18种；Cairns[28]根据95个区域的无共生藻石珊瑚种类资料首次绘制了全球多样性格局图，并指出三大多样性中心为：①菲律宾－新喀里多尼亚－新几内亚（120~157种）；②古巴－安的列斯群岛（81种）；③西北印度洋（79种）。

决定冷水石珊瑚分布的主要因素有温度、文石饱和度、氧含量等[2, 25, 29]。大部分冷水石珊瑚的生长环境温度为3.5~13.5℃，盐度为34‰~37‰[1, 2]，但是有些红海深海石珊瑚种类生长在高温（大于20℃）和高盐（大于40‰）环境中[3, 26]。Tittensor 等[29]分析已报道的全球1880个冷水石珊瑚的分布记录，发现文石饱和度及氧含量是指示冷水石珊瑚分布区的重要指标。Davies 和 Guinotte[25]对已报道的5种主要冷水石珊瑚种类在2279个站点的分布资料进行综合分析后指出，温度和文石饱和度状况是决定冷水石珊瑚分布的最主要因素。Bostock 等[30]通过分析1000个冷水石珊瑚的分布记录，发现西南太平洋大部分冷水石珊瑚主要分布于中层水深（800~1400m）、低盐（34.4‰~34.5‰）、高氧（180~220μmol/kg）的冷水（4~8℃）环境中，且周围文石饱和度大于1，小部分冷水石珊瑚分布于更深、更低温且文石饱和度小于1的区域，但氧含量仍必须高于160μmol/kg。利用模型在局域、区域和全球尺度上开展适宜于冷水石珊瑚分布的模拟研究[22, 29, 31-32]很多，但是由于调查取样样点的数目及生境差异性等，预测结果的准确性和模型的适用性有待考察，需要更深入的野外调查和现场验证性研究。

（二）冷水石珊瑚的生长特征及其测量方法

由于冷水石珊瑚主要生长在深海，受调查条件和测试技术的限制，对其生长特征进行研究较为困难，已开展的冷水石珊瑚生长率的测量主要通过3种途径进行：①通过深海取样至水族缸培养的方法测量，这种方法测得 Lophelia pertusa 和 Madrepora oculata 两种主要冷水石珊瑚种类的平均生长率分别为 9~17mm/a 和 3~18mm/a[33-34]；②通过观测生长在不同人工结构体上的冷水石珊瑚生长率进行外推，这种方法测得的 L. pertusa 的生长率为 6~27mm/a[2, 23]；③通过测定珊瑚骨骼同位素来估计冷水石珊瑚的生长率，如利用氧、碳同位素方法测得 L. pertusa 的生长率为 6~25mm/a[35, 36]，利用 ^{210}Pb-^{226}Ra 方法测得的 L. pertusa 的平均生长率为 8mm/a[24]。此外，Lartaud 等[37]利用荧光染色方法对生长在西北地中海海域的 2 种冷水石珊瑚 L. pertusa 和 M. oculata 进行生长率测定，发现其珊瑚幼体生长率分别是 7.5mm/a 和 3.5mm/a。

（三）冷水珊瑚礁的类型、形成与演化

冷水珊瑚礁是在特定的水动力条件下，由复杂的生物和地质过程形成的具有多种形态特征的地质构造体。根据不同的形态和发展阶段，冷水珊瑚礁可分为簇礁（cluster reef）、节状礁（segment reef）、骨架礁（frame reef）和胶结礁（cement reef）等[38]。

关于冷水珊瑚礁的形成，主要有 2 种观点：①由 Hovland 提出的动力学理论[39]。该理论认为，冷水珊瑚礁的形成与海底往外渗漏流体以及流体柱中所富含的生物有机质有关。该理论可以很好地解释墨西哥深海冷水珊瑚礁的分布特点[40]，但是与东北大西洋深海珊瑚礁的地震学研究结果[41]不符，而且综合大洋钻探计划（IODP）对挑战者丘的钻孔岩心的研究也没有找到任何碳氢化合物的证据[42]。②环境控制学说，这种观点被多数科学家所认可，即冷水珊瑚礁的形成受基底、温度、海流、盐度、溶解氧、文石饱和度等环境条件的控制[2, 25, 29]。

确定生长慢、寿命长的冷水石珊瑚的生长年代主要有 3 种方法：U-Th 定年技术[43]；^{14}C 测年技术[44]；^{210}Pb 测试技术[45]。Robinson 等[8]利用精确的 U-Th 定年技术测试了采自西北大西洋 127 个冷水石珊瑚的年龄，在此基础上勾勒了该区域冷水珊瑚礁从过去 22.5 万年前至今的演化历史。但是，不同区域、由不同冷水石珊瑚种类建造的冷水珊瑚礁，其演化过程中的堆积速率存在明显差异。Lindberg 等[46]测算挪威 Fugloy Reef（由冷水石珊瑚 Lophelia pertusa 建造）的堆积速率约为 5mm/a，明显比爱尔兰西南部附近的 Challenger Mound（由冷水石珊瑚 L. pertusa 建造）的堆积速率（0.067~0.5mm/a）高[47, 48]，而在佛罗里达附近的冷水珊瑚礁（由冷水石珊瑚 M. oculata 建造）的堆积速率可达 16mm/a[49]，是挪威 L. pertusa 礁的 3 倍以上。

（四）海洋酸化对冷水珊瑚礁的影响

全球气候变化引起的海洋酸化使得表层海水的全球平均 pH 已比工业革命前降低了 0.1，预计 21 世纪末 pH 将下降 0.3~0.4[50]。冷水珊瑚礁被认为是受海洋酸化影响最严重的生态系统，Guinotte 等[16]预测在 21 世纪末，超过 70%的冷水珊瑚礁将面临文石饱和度小于 1 的酸化处境。

海洋酸化对冷水珊瑚礁的影响主要表现在文石饱和度下降导致冷水石珊瑚的钙化率发生变化。已开展的为数不多的海洋酸化对冷水石珊瑚钙化率的影响研究主要集中在 2 种分布最为广泛的 Lophelia pertusa 和 Madrepora oculata 上。研究表明，这 2 种珊瑚在应对海洋酸化方面存在着明显的种间和种内差异。Maier 等[51]针对 L. pertusa 开展的 24h 短期培养实验研究结果发现，在 pH 降低 0.15 及 0.3 的水平上，其钙化速率分别降低了 30%和 56%，而且幼体珊瑚比成体珊瑚对海洋酸化更敏感。Form 和 Riebesell[52]将 L. pertusa 置于低温环境 6 个月，发现其在第一周生长率明显下降，但是在接下来的时间里表现出明显的低温适应性；对于 M. oculata，将其置于高 pH 环境下（相当于工业革命前的水平），其钙化速率增高 50%[53]；同样地，长期胁迫实验结果显示在长达 6 个月[52, 54]甚至 9 个月[55]的低 pH 环境下，珊瑚的钙化速率并没有显著降低。Movilla 等[54]研究发现，将 Desmophyllum dianthus 和 Dendrophyllia cornigera 暴露在酸化环境中 314 天，D. dianthus 的钙化率下降了 70%，而 D. cornigera 则与初始钙化率没有明显差异，

推测这可能与 *D. dianthus* 生长率快、钙化率高有关，并指出钙化率高的珊瑚种类对海洋酸化更敏感。

（五）冷水石珊瑚对海洋古环境的记录

冷水石珊瑚钙质骨骼的生长除受自身生命过程的影响外，还受周围海洋环境的控制，所以，其骨骼被认为是记录海洋环境的档案室[2, 8, 9]。Emiliani 等[56]在 1978 年通过分析浅水石珊瑚和深海冷水石珊瑚的碳、氧同位素结果，发现冷水石珊瑚 *Bathypsammia tintinnabulum* 的 $\delta^{18}O$ 测值与其生长率呈负相关，首次尝试利用其 $\delta^{18}O$ 来重建海洋古海温。Smith 等[57]分析采自全球不同区域的 18 种共 35 个冷水石珊瑚样品的骨骼成分发现 $\delta^{18}O$ 和 $\delta^{13}C$ 存在显著的线性相关关系，并对利用 $\delta^{18}O$ 重建古海温的方法进行了修正。与浅水造礁石珊瑚骨骼 Sr/Ca 值在重建古海温研究中的广泛应用[58]不同，冷水石珊瑚的 Sr/Ca 值虽然与温度存在负相关关系，但是由于其振幅较大，利用该指标来重建海温的精度较差[10]。而综合了 Li/Ca 和 Mg/Ca 优势的 Mg/Li 值在利用冷水石珊瑚重建海温的研究中优势明显，是新近发现的更为良好的代用指标[10, 59]。

冷水石珊瑚骨骼成分除可用来重建海洋温度外，还可以用来分析研究海洋的碳循环[60, 61]、水团历史[62-64]等。例如，Burke 和 Robinson[60]利用南大洋冷水石珊瑚的放射性碳资料证实了冰期和冰消期的南大洋海洋环流变化与大气层二氧化碳浓度下降之间的联系。Montero-Serrano 等[64]利用东北大西洋冷水石珊瑚的 Nd 同位素重建了大西洋中层水在过去 30 万年暖期和冷期的变动历史，指出中深层副极地环流（mid-depth subpolar gyre，mSPG）在冷期时向西方向的发展受限，而在暖期时向西北方向强扩展。

三、展望

目前，国际上对冷水珊瑚礁的研究主要集中在大西洋的东北部、西北部和南太平洋等区域[2, 9]，成果主要产出于美国、英国、新西兰等国家。冷水珊瑚礁调查和采样必须通过水下机器人和深潜器完成，技术条件高，资金花费大，因此研究产出与技术条件和资金的投入有很大关系，如 NOAA 的冷水珊瑚礁研究计划在 2012 年和 2013 年分别投入了 246×10^6 美元和 237×10^6 美元。从 Cairns[28]列出的世界冷水石珊瑚物种多样性格局分布图可以看出，中国南海濒临菲律宾—新喀里多尼亚—新几内亚多样性热点，南海已开展的深海调查中也采集到零星的冷水珊瑚样品[65]，但是还没有比较系统地开展该区域冷水珊瑚礁的调查与研究。

纵观国际上近年来出现的冷水珊瑚礁研究热点，建议中国南海的冷水珊瑚礁研究主要从以下几方面开展：①探测南海冷水珊瑚礁的分布，监测珊瑚礁区生态环境，勾画出南海冷水珊瑚礁生境分布图；②对南海冷水石珊瑚进行实地观测和采样分析，研究冷水石珊瑚的生物多样性和群落特征；③对冷水石珊瑚进行培养试验，研究其对海洋酸化的响应机制；④对南海冷水石珊瑚的骨骼成分进行年代测试和地化分析，重建南海冷水珊瑚礁的发育历史及所记录的古海洋环境[66]。

参 考 文 献

[1] Roberts J M, Wheeler A J, Freiwald A. Reefs of the deep: the biology and geology of cold-water coral ecosystems. Science, 2006, 312(5773): 543-547.

[2] Roberts J M, Wheeler A, Freiwald A, et al. Cold Water Corals: the Biology and Geology of Deep-Sea Coral Habitats. Cambridge: Cambridge University Press, 2009.

[3] Roder C, Berumen M L, Bouwmeester J, et al. First biological measurements of deep-sea corals from the Red Sea. Scientific Reports, 2013, 3(10): 2802.

[4] Henry L A, Roberts J M. Biodiversity and ecological composition of macrobenthos on cold-water coral mounds and adjacent off-mound habitat in the bathyal Porcupine Seabight, NE Atlantic. Deep Sea Research Part Ⅰ: Oceanographic Research Papers, 2007, 54: 654-672.

[5] Auster P J. Are deep-water corals important habitats for fishes//Freiwald A, Roberts J M. Cold-water Corals and Ecosystems. Berlin, Heidelberg: Springer, 2005: 747-760.

[6] Auster P J. Linking deep-water corals and fish populations. Bulletin of Marine Science, 2007, 81(3): 93-99.

[7] Husebø A, Nøttestad L, Fossa J H, et al. Distribution and abundance of fish in deep-sea coral habitats. Hydrobiologia, 2002, 471(1): 91-99.

[8] Robinson L F, Adkins J F, Scheirer D S, et al. Deep-sea scleractinian coral age and depth distributions in the northwest Atlantic for the last 225 000 years. Bulletin of Marine Science, 2007, 81(3): 371-391.

[9] Robinson L F, Adkins J F, Frank N, et al. The geochemistry of deep-sea coral skeletons: a review of vital effects and applications for palaeoceanography. Deep Sea Research Part II: Topical Studies in Oceanography, 2014, 99: 184-198.

[10] Raddatz J, Liebetrau V, Rüggeberg A, et al. Stable Sr-isotope, Sr/Ca, Mg/Ca, Li/Ca and Mg/Li ratios in the scleractinian cold-water coral *Lophelia pertusa*. Chemical Geology, 2013, 352: 143-152.

[11] Fossa J H, Mortensen P B, Furevik D M. The deep-water coral *Lophelia pertusa* in Norwegian waters: distribution and fishery impacts. Hydrobiologia, 2002, 471(1): 1-12.

[12] Hall-Spencer J, Allain V, Fossa J H. Trawling damage to Northeast Atlantic ancient coral reefs. Proceedings of The Royal Society of London Series B-Biological Sciences, 2002, 269(1490): 507-511.

[13] Clark M R, Rowden A A. Effect of deepwater trawling on the macro-invertebrate assemblages of seamounts on the Chatham Rise, New Zealand. Deep Sea Research Part I: Oceanographic Research Papers, 2009, 56(9): 1540-1554.

[14] Roberts J M. Full effects of oil rigs on corals are not yet known. Nature, 2000, 403(6767): 242-243.

[15] Halfar J, Fujita R M. Danger of deep-sea mining. Science, 2007, 316(5827): 987.

[16] Guinotte J M, Orr J, Cairns S, et al. Will human-induced changes in seawater chemistry alter the distribution of deep-sea scleractinian corals? Frontiers in Ecology and The Environment, 2006, 4(3): 41-146.

[17] Turley C M, Roberts J M, Guinotte J M. Corals in deep-water: will the unseen hand of ocean acidification destroy cold-water ecosystems? Coral Reefs, 2007, 26(3): 445-448.

[18] Davies A J, Roberts J M, Hall-Spencer J. Preserving deep-sea natural heritage: emerging issues in offshore conservation and management. Biological Conservation, 2007, 138(3): 299-312.

[19] Vaughan T W, Wells J W. Revision of the suborders families, and genera of the Scleractinia. Geological Society of America Special Papers, 1943, 44: 1-363.

[20] Keller N B. The deep-sea madreporarian corals of the genus Fungiacyathus from the Kurile-Kamchatka, Aleutian Trenches and other regions of the world oceans. Trudy Instituta Okeanologii, 1976, 99: 31-44.

[21] Davies A J, Wisshak M, Orr J C, et al. Predicting suitable habitat for the cold-water reef framework-forming coral *Lophelia pertusa* (Scleractinia). Deep Sea Research Part I: Oceanographic Research Papers, 2008, 55(8): 1048-1062.

[22] Howell K L, Holt R, Endrino I P, et al. When the species is also a habitat: comparing the predictively modeled distributions of Lophelia pertusa and the reef habitat it forms. Biological Conservation, 2011, 144(11): 2656-2665.

[23] Gass S E, Roberts J M. Growth and branching patterns of *Lophelia pertusa* (Scleractinia) from the North Sea. Journal of The Marine Biological Association of UK, 2011, 91(4): 831-835.

[24] Sabatier P, Reyss J L, Hall-Spencer J M, et al. Pb-210-Ra-226 chronology reveals rapid growth rate of *Madrepora oculata* and *Lophelia pertusa* on world's largest cold-water coral reef. Biogeosciences, 2012, 9: 1253-1265.

[25] Davies A J, Guinotte J M. Global habitat suitability for framework-forming cold-water corals. PLoS One, 2011, 6(4): e18483.

[26] Qurban M A, Krishnakumar P K, Joydas T V, et al. *Insitu* observation of deep water corals in the northern Red Sea waters of Saudi Arabia. Deep Sea Research Part I: Oceanographic Research Papers, 2014, 89: 35-43.

[27] Whitmire C E, Clarke M E. State of deep coral ecosystems of the US Pacific Coast: California to Washington// Lumsden S E, Hourigan T F, Bruckner A W, et al. The state of deep coral ecosystems of the United States. NOAA Technical Memorandum CRCP-3, 2007: 109-154.

[28] Cairns S D. Deep-water corals: an overview with special reference to diversity and distribution of deep-water scleractinian corals. Bulletin of Marine Science, 2007, 81(3): 311-322.

[29] Tittensor D P, Baco A R, Brewin P E, et al. Predicting global habitat suitability for stony corals on seamounts. Journal of Biogeography, 2009, 36(6): 1111-1128.

[30] Bostock H C, Tracey D M, Currie K I, et al. The carbonate mineralogy and distribution of habitat-forming deep-sea corals in the southwest pacific region. Deep Sea Research Part I: Oceanographic Research Papers, 2015, 100: 88-104.

[31] Guinotte J M, Davies A J. Predicted deep-sea coral habitat suitability for the US West Coast. PLoS One, 2014, 9(4): e93918.

[32] Rengstorf A M, Yesson C, Brown C, et al. Towards high resolution habitat suitability modelling of vulnerable marine ecosystems in the deep-sea: resolving terrain attribute dependencies. Marine Geodesy, 2012, 35: 343-361.

[33] Orejas C, Gori A, Gili J M. Growth rates of live *Lophelia pertusa* and *Madrepora oculata* from the Mediterranean sea

maintained in aquaria. Coral Reefs, 2008, 27(2): 255.

[34] Orejas C, Ferrier-Pages C, Reynaud S, et al. Experimental comparison of skeletal growth rates in the cold-water coral *Madrepora oculata* Linnaeus, 1758 and three tropical scleractinian corals. Journal of Experimental Marine Biology and Ecology, 2011, 405(1): 1-5.

[35] Mikkelsen N, Erlenkeuser H, Killingley J S, et al. Norwegian corals: radiocarbon and stable isotopes in *Lophelia pertusa*. Boreas, 1982, 11(2): 163-171.

[36] Mortensen P B, Rapp H T, Bamstedt U. Oxygen and carbon isotope ratios related to growth line patterns in skeletons of *Lophelia pertusa* (L)(Anthozoa, Scleractinia): implications for determining of linear extension rates. Sarsia, 1998, 83(5): 433-446.

[37] Lartaud F, Pareige S, de Rafelis M, et al. A new approach for assessing cold-water coral growth *in situ* using fluorescent calcein staining. Aquatic Living Resources, 2013, 26(2): 187-196.

[38] Riding R. Structure and composition of organic reefs and carbonate mud mounds: concepts and categories. Earth-Science Reviews, 2002, 58(1): 163-231.

[39] Hovland M. Do carbonate reefs form due to fluid seepage? Terra Nova, 1990, 2(1): 8-18.

[40] Cordes E E, McGinley M P, Podowski E L, et al. Coral communities of the deep Gulf of Mexico. Deep Sea Research Part Ⅰ: Oceanographic Research Papers, 2008, 55(6): 777-787.

[41] Huvenne V A I, Bailey W R, Shannon P M, et al. The Magellan mound province in the Porcupine Basin. International Journal of Earth Sciences, 2007, 96(1): 85-101.

[42] Williams T, Kano A, Ferdelman T, et al. Cold-water coral mounds revealed. Eos Transactions American Geophysical Union, 2006, 87(47): 525-526.

[43] Cheng H, Adkins J, Edwards R L, et al. U-Th dating of deep-sea corals. Geochimica et Cosmochimica Acta, 2000, 64(14): 2401-2416.

[44] Eltgroth S F, Adkins J F, Robinson L F, et al. A deep-sea coral record of North Atlantic radiocarbon through the Younger Dryas: Evidence for intermediate water/deepwater reorganization. Paleoceanography, 2006, 21(4): 1-12.

[45] Cairns S D, Haussermann V, Forsterra G. A review of the Scleractinia (Cnidaria: Anthozoa) of Chile, with the description of two new species. Zootaxa, 2005, 1018(1): 15-46.

[46] Lindberg B, Berndt C, Mienert J. The Fugløy Reef at 70°N: acoustic signature, geologic, geomorphologic and oceanographic setting. Internatinal Journal of Earth Sciences, 2007, 96(1): 201-213.

[47] Dorschel B, Hebbeln D, Ruggeberg A, et al. Carbonate budget of a cold-water coral carbonate mound: Propeller Mound, Porcupine Seabight. International Journal of Earth Sciences, 2007, 96(1): 73-83.

[48] Kano A, Ferdelman T G, Williams T, et al. Age constraints on the origin and growth history of a deep-water coral mound in northeast Atlantic drilled during integrated ocean drilling program expedition 307. Geology, 2007, 35(11): 1051-1054.

[49] Reed J K, Pomponi S A, Weaver D, et al. Deep water sinkholes and bioherms of South Florida and the Pourtalés Terrace: habitats and fauna. Bulletin of Marine Science, 2005, 77(2): 267-296.

[50] Orr J C. Recent and future changes in ocean carbonate chemistry//Gattuso J P, Hansson L. Ocean Acidification. Oxford: Oxford University Press, 2011, 1: 41-66.

[51] Maier C, Hegeman J, Weinbauer M G, et al. Calcification of the cold water coral *Lophelia pertusa* under ambient and reduced pH. Biogeosciences, 2009, 6(8): 1671-1680.

[52] Form A U, Riebesell U. Acclimation to ocean acidification during long-term CO_2 exposure in the cold-water coral *Lophelia pertusa*. Global Change Biology, 2012, 18(3): 843-853.

[53] Maier C, Watremez P, Taviani M, et al. Calcification rates and the effect of ocean acidification on Mediterranean cold-water corals. Proceedings of the Royal Society of London B: Biological Sciences, 2012, 279(1734): 1716-1723.

[54] Movilla J, Orejas C, Calvo E, et al. Differential response of two Mediterranean cold-water coral species to ocean acidification. Coral Reefs, 2014, 33(3): 675-686.

[55] Maier C, Schubert A, Sànchez M M B, et al. End of the century $p$$CO_2$ levels do not impact calcification in Mediterranean cold-water corals. PLoS One, 2013, 8(4): e62655.

[56] Emiliani C, Hudson J H, Shinn E A, et al. Oxygen and carbon isotopic growth record in a reef coral from the Florida Keys and a deep-sea coral from Blake Plateau. Science, 1978, 202(4368): 627-629.

[57] Smith J E, Schwarcz H P, Risk M J, et al. Paleotemperatures from deep-sea corals: overcoming 'vital effects'. Palaios, 2000, 15(1): 25-32.

[58] Cohen A L, Layne G D, Hart S R, et al. Kinetic control of skeletal Sr/Ca in asymbiotic coral: implications for the paleotemperature proxy. Paleoceanography, 2001, 16(1): 20-26.

[59] Case D L, Robinson L F, Auro M E, et al. Environmental and biological controls on Mg and Li in deep-sea scleractinian corals. Earth and Planetary Science Letters, 2010, 300(3): 215-225.

[60] Burke A, Robinson L F. The southern ocean's role in carbon exchange during the last deglaciation. Science, 2012, 335(6068): 557-561.

[61] Mangini A, Lomitschka M, Eichstadter R, et al. Coral provides way to age deep water. Nature, 1998, 392(6674): 347-348.

[62] Colin C, Frank N, Copard K, et al. Neodymium isotopic composition of deep-sea corals from the NE Atlantic: implications for past hydrological changes during the Holocene. Quaternary Science Reviews, 2010, 29(19): 2509-2517.

[63] Copard K, Colin C, Henderson G M, et al. Late Holocene intermediate water variability in the northeastern Atlantic as recorded by deep-sea corals. Earth and Planetary Science Letters, 2012, 313: 34-44.

[64] Montero-Serrano J C, Frank N, Colin C, et al. The climate influence on the mid-depth Northeast Atlantic gyres viewed by cold-water corals. Geophysical Research Letters, 2011, 38(19): L19604.

[65] 张旭."蛟龙"号超额完成试验性应用南海航段任务. http: //www. chinanews.com/gn/2013/07-10/5027386.shtml [2013-7-10].

[66] 赵美霞, 余克服. 冷水珊瑚礁研究进展与评述. 热带地理, 2016, 36(1): 94-100.

— 第十七章 —

珊瑚礁的成岩作用[①]

珊瑚礁覆盖了海洋面积的 250 000km², 广泛分布于 33°N～33°S 的低纬度大洋区, 从中生代至现代都有发育[1]。珊瑚礁对古环境、古气候等提供了持续、长时间及高分辨率的记录[2, 3], 但极易受到海水、大气淡水的成岩改造而改变其地球化学元素组成, 造成古环境、古气候重建的精确度降低; 同时, 珊瑚礁具有重要的油气、矿产资源储集潜能[4], 成岩作用的研究对评价其储集性能至关重要。Bate 和 Jackson[5]首次将珊瑚礁成岩作用定义为: 沉积物在沉积之后、变质作用或风化作用之前所发生的一系列物理的、化学的和生物的作用。

珊瑚礁的成岩作用研究最早可以追溯到 1904 年 Cullis[6]对富纳富提岛钻井岩心的观察和研究工作, 但直到 20 世纪 60 年代末, 在现代海底珊瑚礁内发现了早期海底胶结物以后, 成岩作用研究才引起了学者的极大兴趣, 主要表现在[7, 8]: ①发现并开展了百慕大群岛礁的海相胶结物研究; ②对大量更新世礁的成岩作用开展了研究, 尤其是对巴巴多斯岛的研究工作。20 世纪七八十年代, 珊瑚礁成岩作用研究有了长足的发展[7, 9-11], 主要表现为: ①1986 年 Purser 和 Schroeder[11]依据在塔西提亚召开的第五届国际珊瑚礁会议编辑出版了《礁的成岩作用》一书, 其涵盖了从古生代至新生代典型生物礁的成岩作用研究; ②对现代珊瑚礁成岩作用的研究主要包括埃尼威托克环礁[12]、穆鲁罗瓦环礁[13]、大堡礁[14]、红海礁[15]、新几内亚礁[16]等, 研究方法以岩心和岩石薄片观察为主, 辅以稳定同位素分析[17], 研究内容包括成岩作用类型及特征、成岩环境、发育模式、水文及地球化学特征等[18]。20 世纪 90 年代则以扫描电镜、X 衍射、稳定同位素及放射性元素综合分析为特点, 除了对成岩作用的基本特征进行深入描述外, 进一步开展了沉积类型、层序地层、构造活动与成岩作用之间关系的研究[19-23]。2000 年以后, 背散射、原子粒显微镜等新技术不断应用[24], 实验模拟成岩作用过程亦开始深入发展[25, 26], 使得珊瑚礁成岩作用的研究内容不断深化和扩展, 包括成岩作用对沉积物元素迁移[27]、珊瑚 U 系定年[28]、磁性矿物变化[29]等影响的研究, 但这一时期最主要的特点是注重成岩作用与古气候、古海平面变化关系的研究[30-34]。与古代碳酸盐岩台地成岩作用相比, 不论从年龄还是组构上来说, 近现代珊瑚礁都具有一系列特殊性[35]: ①它们具有很高的原始孔隙度; ②生长时即成岩化, 这限制了压实作用的影响进而保护了原生孔隙; ③珊瑚礁通常由不稳定的文石和高镁方解石组成, 它们在成岩过程中组分和组构易遭受改造; ④生物、物理、化学过程的

[①] 作者: 王瑞, 余克服, 王英辉, 边立曾

相互作用、水的分层和流动导致礁成岩过程的相对复杂性。

我国南海的东沙群岛、中沙群岛、西沙群岛和南沙群岛都发育有珊瑚礁。自 20 世纪 70 年代开始，政府就多次组织相关科研机构对南海珊瑚礁实施了科研钻探，获取了大量宝贵的岩心资料[36]。珊瑚礁成岩作用作为重要的研究内容，专家对其成岩作用类型、成岩演化及其与海平面变化的关系等开展了相应的工作[37-47]，主要成果包括：①开展了珊瑚礁内成岩作用类型和成岩环境的描述；②初步探讨了南海珊瑚礁白云岩的成因及其环境意义。但珊瑚礁成岩作用本身及其所蕴含的古环境、古气候信息等都还有待进一步探索。本章综述了前人关于珊瑚礁成岩作用过程及其古气候、古环境意义的相关工作，以期为我国珊瑚礁与环境关系的研究提供借鉴。

一、珊瑚礁的现代沉积特征

营造现代珊瑚礁的生物中最主要的是浅水造礁石珊瑚，其中包括大量六射珊瑚、2 种八射珊瑚和数种千孔螅，其次是红藻门的珊瑚藻类和微生物，附礁生物则有苔藓动物、绿藻类、有孔虫类、软体动物等[48]。这些生物在波浪、潮汐、风暴等应力作用下可破碎形成泥级至砾级的生物碎屑，沉积在礁相的不同环境中。另外，珊瑚礁内沉积物可能还含有陆源碎屑、火山碎屑及来自太空的宇宙尘埃。

珊瑚礁中形成的生物骨骼主要由文石、低镁方解石和高镁方解石构成，其分布受生物体在礁生态系统中的分布所控制。建造礁的现代石珊瑚几乎全部由文石组成，可含有少量的菱锶矿[49]和方解石[50]。钙藻类分为 2 组，红藻类以分泌高镁方解石为主，绿藻类则以分泌针状文石为主。在其他包壳类生物中，钙质海绵分泌方解石，有孔虫类分泌高镁方解石。礁中附生软体动物群的骨骼以文石和/或方解石为主。棘皮类主要由高镁方解石构成。除藤壶类具有方解石骨骼外，节肢动物通常贫矿化而没有明显的沉积组构。文石和高镁方解石都是不稳定的矿物成分，易受成岩作用改造从而转化为稳定的低镁方解石。

二、主要成岩作用过程

在珊瑚礁内，沉积和成岩作用往往是共生的。礁发育过程中包含了多种埋藏前即发生的成岩作用过程[11, 51]，主要包括生物黏结作用（造礁珊瑚或钙藻等底栖、固着生长的生物以其基部黏附或包覆于硬底之上，以保持其稳定的抗浪作用）、生物侵蚀作用（礁内各类生物对海底沉积物的侵蚀作用）、泥晶化作用（micritization）（藻类或真菌对软体动物或有孔虫介壳等碳酸盐颗粒钻孔，钻孔者死后留下空洞，洞内充填微晶碳酸盐，反复的钻孔和充填的结果是在颗粒表层形成微晶套，这一过程称为泥晶化作用）[52]、内沉积物充填作用（灰质砂、粉砂和似球粒充填在孔洞内部）、非生物成因的胶结作用（文石和高镁方解石胶结）、机械侵蚀作用等。本部分将重点介绍为研究珊瑚礁古气候、古环境提供重要信息的成岩作用类型，主要为埋藏之后的成岩作用，也包括同沉积期非生物成因的胶结作用。

（一）胶结作用

随着珊瑚礁内沉积水体温度升高、CO_2 气体的排出、微生物作用等，文石、方解石（包括高镁方解石，有时是白云石和磷酸盐类）在沉积物的孔隙内沉淀形成胶结物，使得沉积物固结成岩[53]。珊瑚礁灰岩内主要可概括为 3 种胶结物类型：①同沉积期胶结物，是在沉积阶段或沉积期后短时间内于海水环境下形成的；②近地表胶结物，是在大气淡水或混合带水体环境中沉淀形成的，反映海平面下降导致了礁体的暴露；③古代礁中的早期胶结物，主要是在埋藏环境下形成或改造的，反映了晚期流体的成岩作用。

1. 同沉积期胶结物

浅层的海水通常对文石和方解石都是过饱和的，文石和高镁方解石的胶结作用使珊瑚礁快速成岩是珊瑚礁内广泛发育的特征[54, 55]，它使得礁体变硬，具备抗压实性，进而很好地保存了礁结构。

（1）文石胶结物。在现代海相沉积物中，由于镁离子对方解石沉淀的阻碍作用，文石往往优先于方解石沉淀[56]。在现代和更新世的珊瑚礁内文石胶结物一般发育为 2 种形态：针状和葡萄状（图 17.1a）。前人[54, 57-61]对针状文石的发育特征开展了细致的研究工作；文石针一般长 50～300μm、宽 2～10μm，往往形成等厚环边，或在文石质生物碎屑表面外延生长。葡萄状文石在百慕大群岛珊瑚礁[58]、伯利兹珊瑚礁[59]和穆鲁罗瓦珊瑚礁[62]中都有过细致描述。葡萄状文石胶结物形成单个和/或联合的紧密的文石纤状晶体圆丘，直径为 1cm 至数厘米，甚至达十几厘米；通常出现在开放的礁墙或礁斜坡孔洞内，其内部可与内沉积物交替出现；亦可以生长在方解石、高镁方解石或文石质底板上，但其生长不受底板的控制[13]。从全新世和更新世的葡萄状胶结物的稳定碳、氧同位素，Sr 含量［为（8000～10 450）×10^{-6}]分析来看，亦证明了其产出于正常海水环境[13, 61]。文石胶结物的分布具有多样性，甚至在同一张薄片的不同孔隙内，一些被文石胶结，而另一些缺乏文石胶结。

（2）高镁方解石胶结物。当方解石中 $MgCO_3$ 的摩尔分数大于 4%时，这种方解石便被定义为高镁方解石[56]。在全新世和更新世的礁格架中，高镁方解石通常是最常见和最重要的胶结物，主要包括：纤状高镁方解石、刀片状或叶片状高镁方解石、短柱状高镁方解石、块状高镁方解石和高镁方解石微晶。纤状高镁方解石在原生粒间/粒孔内形成单个或多个等厚环边层，单个晶体长十几至数百微米，如在穆鲁罗瓦环礁边缘带孔洞内，几个胶结物层的厚度可以达到几厘米[13]。刀片状或叶片状晶体一般形成栅状层（图 17.1b），单个晶体通常宽 20～50μm，长数百微米[61]。短柱状高镁方解石一般比较少见，且主要发育在小的不规则的孔洞内，常在颗粒表面形成等厚环边，长十几至数百微米，从颗粒边缘至孔隙中心晶粒逐渐变大[13, 61]。块状高镁方解石比较少见，在百慕大和巴哈马的珊瑚礁中有过描述，长 20～60μm，且被认为是在开放的海相环境中形成的[58, 63]。高镁方解石微晶在全新世和更新世的礁中普遍存在，但其含量从一个地方到另一个地方变化很大，且通常是无结构的，数微米大小，常内衬在颗粒表面或充填在颗粒的孔隙内（图 17.1c）；它们与泥晶套是有差别的，后者（泥晶套）主要是由海藻-微生物在生物碎屑颗粒表面的泥晶化作用形成的。前人研究描述的大多数第四纪礁中，高镁方解石胶结物中 Mg^{2+} 的含量与胶结物类型之间有一定的相关性，如在穆鲁罗瓦礁中纤状或瘦长状的晶体中 Mg^{2+} 含量较高[13]。目前观察到的珊瑚礁中高镁方解石胶结物的地球化学组分（包括微量元素和稳定碳、氧同位素）都支持它们属于正常海水成因[13]。

2. 近地表胶结物

当海平面下降，礁体遭受大气淡水作用时，水会穿过礁体由渗流带向潜流带流动，随着不稳定的文石和高镁方解石不断被溶解，水中碳酸钙饱和度不断增加，使得低镁方解石可能沉淀下来。低镁方解石胶结物在第四纪珊瑚礁中较常见，通常体积不大，但严格分布在礁的特定水平层中。其形态上包含针状方解石和一系列粒状方解石。

针状方解石胶结物发育在钙结层中，单个晶体呈针纤状，常形成松散的齿槽状构造（图 17.1d），显示了单个晶体的多种习性和生长状态；但它是由地表环境下地球化学变化导致碳酸钙过饱和而直接沉淀的，还是由生物或微生物作用产生的，至今仍存争议[64]。

粒状（包括短柱状和块状）方解石胶结物形态在渗流带和潜流带是不同的，渗流带内吸附水和束缚水作用在颗粒表面形成由块状晶体构成的重力悬垂形或新月形胶结物（图 17.1e）；潜流带内自由水则沉淀结晶出短柱状或块状晶体（图 17.1f），前者通常生长于孔洞边缘，后者则一般位于孔洞中心，且晶体大（100μm～1mm）和透明。这类胶结物往往发育在礁体表面暴露和喀斯特化时期，显示了它们形成于近地表环境，其微量元素和碳、氧同位素的特征亦证实了这一认识[35]。例如，我国南海西沙群岛的钻井中见到多期次近地表粒状方解石的发育，反映了冰期-间冰期旋回中海平面下降导致的礁体暴露[38, 40]。

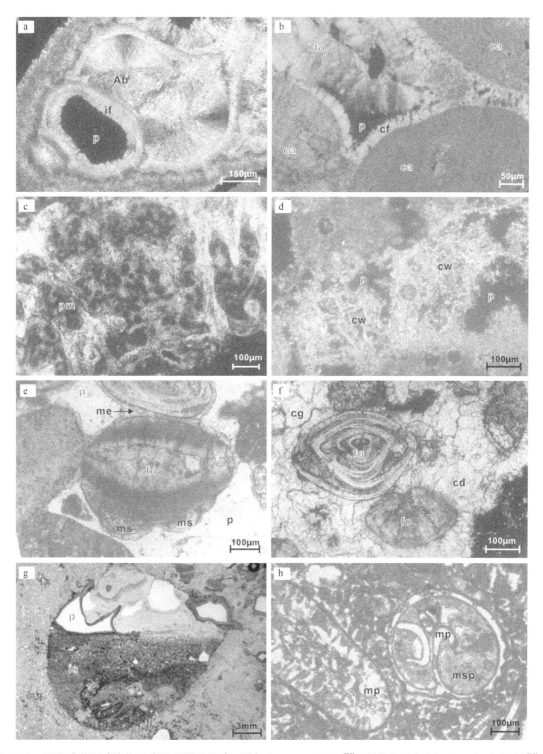

图17.1　珊瑚礁典型成岩作用类型显微照片（g引自James，1974[66]；其他均引自Montaggioni 2009[53]）

a. 腹足体腔孔内见等厚环边文石针（if）和葡萄状文石发育（Ab），p=原生孔隙，正交光；b. 叶片状高镁方解石胶结物（cf）呈等厚环边状发育在生物颗粒间的孔隙内，ca=珊瑚藻，fo=有孔虫，正交光；c. 高镁方解石微晶球粒（pm）充填在珊瑚骨架孔洞内，单偏光；d. 针纤状低镁方解石（cw）显示的齿槽状构造，正交光；e. 新月形（me）和重力悬垂形（ms）低镁方解石胶结物，单偏光；f. 形成于大气淡水潜流带的短柱状（cd）和块状（cg）低镁方解石胶结物，单偏光；g. 伯利兹全新世礁灰岩的内沉积物（is），单偏光；h. 溶解作用形成的文石质骨骼铸模孔（mp），msp=低镁方解石微晶胶结物，单偏光

3. 古代礁中的早期胶结物

古代礁一般经历了多期胶结过程，发育了多种类型的胶结物，其主要与孔隙流体的物理化学条件和过饱和度有关。

（1）葡萄状胶结物。在古代礁和碳酸盐岩台地中较常见，在前寒武纪至新近纪的地层中都有过描述。尽管它们的形态和大小与现代葡萄状胶结物类似，但两者的矿物学和岩石学特征却存在明显差异。古代葡萄状胶结物成分为低镁方解石（LMC），一般由原始葡萄状的文石转化而来，其表现为在方解石晶体中有文石残余[62]。

（2）叶片状胶结物。代表了古代礁或台地中常常出现的同沉积期胶结物。它们通常在原生孔洞中形成叶片状晶体等厚层，呈平行或扇状排列，且通常富含黑色的微晶杂质；在岩石薄片观察中，正交光下会消光。大部分古代叶片状胶结物主要由低镁方解石构成，没有保存原始的矿物成分；如在穆鲁罗瓦环礁的下部碳酸盐岩地层中，Berbey[65]认为在成岩过程中，由于钙离子逐渐替换了高镁方解石晶格中的镁离子，叶片状高镁方解石均转变为低镁方解石。

（3）其他亮晶胶结物。是古代礁相中最为丰富的胶结物，一般由低镁方解石构成。依据晶体的排列方式和矿物形态，可以识别出多种类型（块状、柱状等）的亮晶胶结物；胶结物的形成顺序可以通过岩石学分析识别出来。但这些低镁方解石的来源可以有明显的不同，包括地表水环境至晚期埋藏成岩环境。由于缺乏可靠的地球化学和岩石学判别标准来区分近地表亮晶和深埋藏亮晶，因此对于这些亮晶胶结物及其成因流体的来源往往是难以推断的[35]。

4. 胶结物的分布

（1）微相级别。从微观上来说，胶结物的分布是多变的，其分布特征（规模等）直接受控于：①礁孔隙内水的含量和地球化学性质，如潜水面上下由于水的含量不同（潜流带孔隙内饱含水，而渗流带可能仅在颗粒接触带存在水），渗流带内胶结物数量较少或仅在颗粒接触带发育，而潜流带更多的是形成颗粒表面等厚环边的胶结物和内衬的胶结物。②礁灰岩的岩石物性（孔隙度、渗透率等），在小尺度范围内（同一薄片内、相邻孔隙间）胶结物的形态和分布都可能不同，这是由于小尺度范围内的孔隙大小和相互连接性不同（使得其孔隙度和渗透率不同），而对于这些孔隙很难预测和建立模型；人们引入成岩微环境的概念来试图解决这一问题[35]，成岩微环境的定义为微小规模的成岩作用发生的环境，其地球化学性质和岩石物性均存在差异。

（2）礁复合体级别。针对不同地区众多类型珊瑚礁的研究已经证实，在其靠近海洋方向一侧的边缘中存在大量同沉积期海相胶结物，包括大西洋百慕大群岛[67]、伯利兹[61]、南佛罗里达[68]、牙买加[69]、巴拿马[54]、大堡礁[14]、穆鲁罗瓦环礁[62]。同沉积期胶结物的发育程度与沉积物的结构属性之间有一定的联系：越靠近波浪搅动区域，沉积物粒度越粗，其发育的可能性就越大，而背风侧和潟湖相内很少或几乎不发育。这在抬升和非抬升的礁台地中都有很好的显示[35, 70]（图17.2）。这种胶结物的非对称分布被认为是向海侧沉积物强烈受到高能的波浪和潮汐作用，使得更多体积的水流过礁格架，同时，冷水的升温和运动使得其内CO_2能更有效地排出，进而促进海相胶结物的快速生长。

非海相胶结物集中分布在礁体特定水平层中，向下胶结物逐渐减少，显示了重力对孔隙水流动的控制作用。这种分布特征与海平面的升降变化和礁体暴露时间有关，胶结物在海平面下降期沉淀，暴露时间越长，礁体受淡水改造作用越强烈，胶结物的发育程度越好[35]（图17.2）。

5. 胶结物形态的控制因素

在目前已经研究的珊瑚礁内，不论是在海水成岩环境还是大气淡水成岩环境中，胶结物的形态都是多种多样的。一般来说，胶结物的形态主要受以下因素控制：杂质（contamination）、生长率和反应物供给（growth rate and reactant supply）、流体化学性质变化（changes in water chemistry）、流体流动速率（rates of fluid flow）和微生物控制（microbial control）。

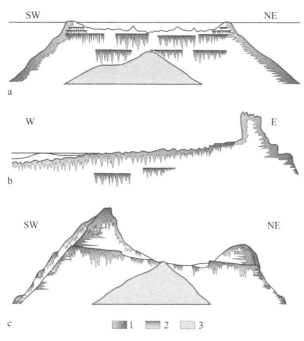

图 17.2　珊瑚礁复合体中胶结物的分布图示（据[35]）

1. 海相胶结物；2. 非海相大气淡水胶结物；3. 灰色为火山基底；a. 穆鲁罗瓦环礁，大洋洲；b. 半翘起的乌韦阿（Ouvéa）半环礁，新喀里多尼亚；c. 翘起的马雷（Maré）台地/环礁，新喀里多尼亚

杂质：大量的"异质"污染物在矿物结晶过程中进入晶体，会影响晶体的生长形态，可形成"裂开的晶体"、蝴蝶形晶体、小球粒状晶体等，这是由杂质吸附在特定的晶体生长面上所导致的[53]。

生长率和反应物供给：Morse 等[71]第一次解释了晶体形状、矿物组分和反应物供给三者之间的系统关系。等轴粒状（块状）低镁方解石晶体通常被认为是在饱和、流体流动速度慢、水体偏酸性（溶解了更多的 CO_2）的流体中形成的。针状或晶须状低镁方解石则被认为是在碳酸钙过饱和流体中 CO_2 快速逃逸时形成的，如在大气淡水渗流带环境中。而在温暖的浅海中，由于孔隙流体温度升高和 CO_2 浓度减少所形成的高镁方解石晶体通常为针状，但在较深部位也可形成刀片状或叶片状的高镁方解石晶体[13]。

流体化学性质变化：流体组分中 Mg^{2+} 含量对胶结物晶体的形态有重要影响。Morse 等[72]展示了 Mg^{2+} 含量的细微变化对矿物成分和形态的影响：在纯的 $CaCO_3$ 溶液中，由于方解石比文石结晶的过饱和度低，首先沉淀出的是简单的菱形方解石晶体；而在过饱和的纯 $CaCO_3$ 溶液中，沉淀出的则是针状文石晶体；当在溶液中增加少量 Mg^{2+} 时，文石晶体的生长受到了抑制，此时，溶液中沉淀出了粗粒、哑铃状和蝴蝶形的方解石晶体；而当溶液中 Mg^{2+} 含量达到最大值时，则沉淀出小球粒状的方解石晶体。

流体流动速率：实验已经证实流体流动和组分对晶体的生长有影响。不足 6 倍 $CaCO_3$ 过饱和度浓度的溶液形成末端平整的菱形方解石晶体，当溶液浓度增加时，晶体的末端变尖[73]。Frisia 等[74]认为 CO_2 的排出、蒸发作用和流体的 Mg 与 Ca 的比例控制了文石胶结物的形态，CO_2 的排出和蒸发作用产生针状文石晶体，而葡萄状文石晶体则在低流速、Mg/Ca 大于 1.1 的流体中形成。

微生物控制：人们已经注意到微生物在胶结物的生长中具有诱导和促进作用[75]。球粒高镁方解石微晶胶结物在礁中大量出现，其成因存在争议，但认为其主要是由细菌沉淀产生的[75]。Verrecchia 等[76]描述了在钙结层中蓝藻细胞壁的黏结壳内方解石小球粒的形成。Montaggioni 和 Braithwaite[53]观察到纤状方解石胶结物明显在微生物丝上成核。

尽管实验模拟能够再生产出不同形态的胶结物晶体，但是相似的晶体形态能够在许多物理化学条件下产生。尽管胶结物晶体形态的变化反映了成岩环境变化，但难以识别出究竟成岩环境中的什么因素导致这种变化。对大多数晶体而言，它很可能反映的是一系列因素相互作用的结果，而非由单一特殊因素产生。

（二）内沉积物的充填作用

内沉积物被定义为在已成岩基底的孔洞中沉积的物质[35]。所以内沉积物与岩石成岩之间是有时间先后顺序的，内沉积物是在第一期胶结物发育之后才出现的。孔渗性好、早期胶结物易发育的高能环境是内沉积物发育的有利场所。珊瑚礁内沉积物一般包含海相内沉积物和非海相内沉积物。

海相内沉积物是现代礁中最常见的内沉积物，表现为由细粒的生物碎屑构成和发育的示顶底构造（图17.1g）。非海相内沉积物是近地表沉积作用的产物，主要发育在海平面低位期的渗流带或喀斯特中，是重建礁的演化历史、礁对海平面下降响应的重要证据，主要包含：①渗流带内沉积物，主要为细晶碎片堆积形成的渗流沙，由渗流带内已经成岩的碎屑机械磨损产生，它们经常与亮晶方解石一起出现，同时伴随有强烈的大气淡水溶解作用；②喀斯特内沉积物，这类内沉积物充填在原生孔隙中或溶解于孔洞中（有时是大孔洞），包括岩屑、角砾和细粒黏土物质等，一般缺少海相生物碎屑，颜色主要为橙红色。

（三）溶解作用和新生变形作用

近现代珊瑚礁可识别出溶解作用和新生变形作用 2 种特征差异明显的替代作用，前者可以改变原始矿物成分和结构的任何信息，而后者似乎是一个"固态"过程而保留了详细的原始结构信息。

1. 溶解作用

溶解作用是指水对碳酸盐岩的化学溶解作用。所有的碳酸盐矿物都是可溶的，但在一定程度上从文石、高镁方解石、低镁方解石到白云石的可溶性逐渐降低[77]。溶解作用一般发生在岩石进入冷的海水、海水被淡水稀释或直接被淡水取代的环境中。同时，受颗粒结构和矿物成分的控制，溶解作用一般具有选择性，依据溶解对象的不同，珊瑚礁中的溶解作用主要包括生物骨骼的选择性溶解、胶结物的溶解和白云石的溶解。

（1）生物骨骼的选择性溶解。生物骨骼的矿物成分、微观结构和形态决定了其被溶解性的强弱。由高镁方解石和文石组成的生物骨骼最容易被溶解（图 17.1h）。但微观结构的不同决定了其被溶解的差异，有些文石质珊瑚类比其他珊瑚类更容易被溶解，且溶解作用也往往先出现在某些位置，如珊瑚中间的隔板往往是最先溶解的[66, 78]；现代活着的珊瑚虫实例研究证实，溶解的最早期阶段主要发生在其钙化中心[79]。

（2）胶结物的溶解。胶结物的矿物成分、晶体形态和元素组成都是控制其被溶解的重要因素。文石、高镁方解石和钙质白云石胶结物都是容易被溶解的[11]，如在现代穆鲁罗瓦环礁中，容易见到文石和高镁方解石胶结物的溶解作用[13, 80]；但文石质生物碎屑由微生物作用而形成边缘泥晶化后，泥晶是高镁方解石，生物碎屑是文石，在溶解作用过程中文石质生物碎屑被溶蚀而边缘仍然保存了下来，形成了所谓的"泥晶套"[52]。另外，在穆鲁罗瓦环礁中，厚层纤状高镁方解石内见到的不规则溶蚀和优先溶蚀的位置不同，可能与晶体间元素组分的不同有关[11]。

（3）白云石的溶解。在全新世、更新世的礁灰岩中，白云石的溶解或去白云石化石是形成次生孔隙的重要原因，由白云石溶解产生的次生孔隙在礁灰岩中占有重要的部分，有些情况下可达 40%[81]。去白云石化石会形成特殊的孔隙（几十微米至数厘米大小），其形状与任何已知的生物碎屑不同，而是具有白云岩晶体的形态，这些溶解的孔洞可以被后来的方解石再充填。这些白云石的溶蚀孔洞可解释和重建礁的演化历史、了解礁的成岩演化过程，因为其是早期白云石化的唯一证据；此外，通过识别去白云石化孔洞或许能够有助于精确确定原始白云岩晶体的形态[13, 62]。

2. 新生变形作用

新生变形作用术语为 Folk 定义的，用来描述一个转换过程：典型的文石在分子规模上的溶解，然后方解石快速沉淀，一些残留文石或许会成为新生方解石的一部分[82]。已变换的晶体和未变换的晶体之间的间隔是分子级别的，所以老晶体的构造组成甚至颜色都可能与新生的晶体一致，这就产生了一种错觉，以为这个变换过程是"固体的状态"。然而，Martin 等[83]认为这种作用必须有流体的交换。珊瑚礁的新生变形作用主要为文石、高镁方解石的新生变形作用，且一般与大气淡水作用相关。

（1）文石的新生变形作用。从文石到方解石的新生变形作用主要包含两种文石类型：文石胶结物[62]或文石质生物骨骼[15, 66]。这 2 种情况下的矿物转换均可在很小的距离内（数微米至几十微米）发生：首先是文石质先驱物质被不连续的溶解，紧接着是方解石在新产生的次生孔隙中快速沉淀。其中，文石胶结物的转换是容易观察到的，而在生物质文石（文石质生物骨骼）中，受生物骨骼的结构和组分控制，其溶解-沉淀过程难以识别[35]。

（2）高镁方解石的新生变形作用。高镁方解石在正常淡水条件下是不稳定的，随着 Mg^{2+} 含量的增加，方解石的溶解度增加[77]。通常 Mg^{2+} 丢失的速度相对较快，高镁方解石转化为低镁方解石时易保留原始的精细结构。Wollast 和 Reinhard-Derie[84]指出生物骨骼内高镁方解石是不均匀的，其溶解作用是不一致的：高镁方解石区域首先被溶解，释放出的镁离子在溶液中被带走，此过程持续到整个颗粒逐渐被交代达到与低镁流体的平衡。

（四）白云岩化作用

在中新世、更新世和全新世中的热带礁灰岩中，礁主体或礁坪部分容易发生白云岩化[85-87]。礁易白云岩化是受综合因素的影响[11]：礁相具有重要的原始孔隙度和渗透率；频繁的海平面变化导致孔隙水化学性质快速变化；具有高含量的不稳定矿物；存在大量有机物。

（1）白云石的岩石学特征。不同的成岩过程中可以产生不同的白云石类型，包括胶结作用、先驱沉积物的交代作用和早期白云石的重结晶作用，这 3 种作用在礁相中可以时常发生[63]。依据成岩过程的不同可划分出 3 种礁白云石类型：白云石胶结物、交代白云石和重结晶白云石[63, 70]。白云石胶结物在薄片中为亮晶白云石，以透明、相对大粒径为特征（几十微米到大于 100μm），发育在原生或次生孔隙中，完全或部分充填孔隙，通常具有"雾心亮边"结构，"雾心"为非白云石化的先前存在的物质，"亮边"则为白云石胶结物。交代白云石主要为微晶白云石，由数微米至 10μm 的晶体所构成，其保留了原始生物碎屑或胶结物的细致形态，往往具有相对较高的晶间孔隙度。重结晶白云石为具有大粒径（数百微米）的菱形或次菱形六面体晶体，通常包含较小的菱形六面体晶体，此类白云石内往往没有残留任何原始组构[62, 88]。白云石的岩石学特征的分析是弄清白云岩在礁体中分布、白云岩化成岩流体解释、演化历史重建的基础。

（2）白云石的分布。更新世和全新世礁白云石化研究有助于我们研究古代碳酸盐岩台地的白云岩化作用。尽管不同白云石的类型（白云石胶结物、交代白云石、重结晶白云石）可能会出现在同一个礁复合体中，但在礁复合体的某些部位上某些成岩过程往往占支配地位：白云石胶结物趋向于分布在礁复合体的外部，那里粒度粗，孔渗性好，成岩流体能更有效地流动；交代白云石通常更容易发育在潟湖或礁后细粒沉积物中；重结晶白云石则往往发育在礁体复合体的底部[13, 88]。

（3）白云石的成因。对白云石的成因已经进行了大量的辩论，但仍然存在一系列争论的问题[89-92]。早期最通用的礁相白云岩化模式为"混合水"模式[93]，主要由白云石的碳、氧同位素特征推断而来，其显示为海水和淡水的混合水特征；但目前学者大多认为混合水难以形成大规模的白云岩化，往往形成的只是胶结物[92]。混合水白云岩化一般需要：①海水由礁体边缘向中心流动，海水向混合带内提供 Mg^{2+}。驱动机制包括：海水自然驱动，如波浪、潮汐、风暴；由礁内部与外部海水的温度差异产生的对流[94, 95]；

从大的时间尺度上来看，海平面的升降也产生水体的侧向流动。②要有一定规模的混合水层，保证白云岩体的发育，推测认为海平面要下降到一定程度或礁体暴露到一定高度[13]。回流模式和热对流驱动海水大规模循环模式用来解释礁相中大规模的白云岩化，得到人们的广泛认可[56, 92]。回流白云岩化模式：一般是由于障壁的存在，台地表层水的循环严格受限，从而导致蒸发作用和向陆方向的盐度梯度变化，Mg/Ca值已经提高的蒸发水由于密度增加向下流抵台地或向海流经台地沉积物（即回流作用），使得被高 Mg/Ca值蒸发水渗透的沉积物发生白云岩化[56]。热对流驱动海水大规模循环模式中，热对流的原始动力源于温度在空间上的差异，并导致孔隙水密度和有效水头的改变，以下情况可能会造成这种温度在空间上的差异：①火成岩侵入造成其附近热流密度的升高；②温暖的台地水域和寒冷的大洋水域之间的侧向温度差；③岩性变化造成的热传导率的差异，如碳酸盐岩之上覆盖厚层蒸发岩的情况[56]。在我国西沙海域的珊瑚岛礁中，晚中新世时期发育了厚 200~300m 的白云岩层，研究显示此段白云岩可能是受到了渗透回流、热对流和混合水的共同作用而形成的[42, 46, 47]。

三、成岩作用的发育模式

在近现代珊瑚礁的沉积演化过程中，存在多次由构造沉降和冰期-间冰期旋回引起的礁体暴露，在暴露面以下会形成一个明显的淡水和海水的水化学分层，使得礁体遭受强烈而多变的成岩作用改造。

（1）早期海水胶结物。导致外部礁边缘优先成岩的一个重要因素是强烈的水体流动，地热对流/密度差等因素能够驱动大量含过饱和碳酸钙的水体从礁的外部带向内部带流动。海水胶结物的发育不依赖于气候和礁复合体的类型。因此，事实就是海水胶结物更多地沿着礁边缘发育，这在现代礁台地、岛屿和环礁中都可以经常见到（图 17.3）。这种现象被 Aissaoui 等[13]描述为"最大胶结物原则（principle of maximal cementation）"。

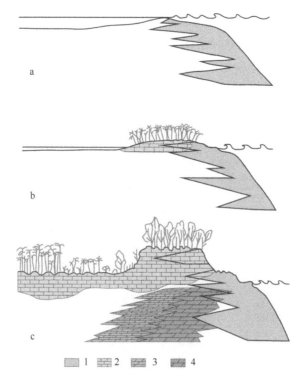

图 17.3 礁演化中的不同成岩作用类型[13][35]

1. 早期海相胶结物；2. 沉积期后大气淡水胶结物；3. 交代白云石；4. 白云石胶结物；
a. 潮下带礁复合体；b. 礁体暴露，低起伏面；c. 礁体暴露，高起伏面

（2）大气淡水胶结物。大气淡水胶结作用主要依靠 2 种驱动因素：①暴露的程度，其决定了沉积物受胶结物影响的厚度和程度；②区域气候，其可能影响了大量钙质碳酸盐的溶蚀作用，因此也间接影响了沉淀胶结物的孔隙水的过饱和度[13, 35]。

在大气淡水成岩作用过程中，溶解作用与胶结作用几乎同时进行，因此，精确确定沉淀大气淡水胶结物的孔隙的体积是比较困难的。然而，在台地和礁复合体的规模上，大气淡水胶结物更倾向层状发育于台地或礁复合体的中部和内侧（图 17.3）。

（3）白云岩化作用。以混合水白云岩化为例。向心的、穿过礁块体的海水流动和长期存在的混合水带是礁白云岩化的主要条件。大部分礁体白云岩往往向台地中心整体变薄和逐渐消失，且"交代"白云石占据了白云岩体的内侧部分，据此可合理推测礁体白云岩化有向心的水体流动（图 17.3）。混合水白云岩化总是与沉积物颗粒或基质的溶解作用相关，反映了其与不饱和含水层的存在有关。

总体而言，珊瑚礁的成岩作用整体表现为：由中心向边缘，海相胶结作用和白云岩化作用程度都有明显的增加；大气淡水胶结物往往呈层状分布，显示了珊瑚礁受海水和淡水共同作用的影响。因为这些流体也是古代礁层序的基本流体，因此现代环礁的成岩模式或许能帮助预测古代礁体的成岩演化过程[13, 35]。

四、成岩作用的古气候、古环境意义

（一）成岩作用对珊瑚重建古气候的影响

现代珊瑚和微化石珊瑚的文石骨骼的地球化学组成，已经用于评价过去几百年甚至几万年以来的厄尔尼诺现象和热带气候变化[96-98]，还可以通过珊瑚骨骼内精确的同位素定年，测量原地化石珊瑚的海拔来推测地质时期的海平面[99]。研究表明，微弱的成岩改造可能导致珊瑚同位素和微量元素的明显变化[30, 100, 101]，进而导致其古气候重建的精确度降低。

珊瑚重建古气候的载体主要为 $\delta^{18}O$ 和 Sr/Ca 值，珊瑚 $\delta^{18}O$ 是反映海水表层温度（SST）和/或水文变化的指标，珊瑚 Sr/Ca 值通常是反映海水表层温度的指标[102, 103]。成岩作用对珊瑚的改造主要表现在：①原生珊瑚文石的溶解；②珊瑚骨骼孔隙内次生胶结物的充填；③珊瑚文石新生变形为方解石，这些改造将会导致珊瑚重建古气候的载体发生变化。例如，海水成岩作用通常以次生文石和高镁方解石沉淀为特征，与珊瑚骨骼的文石相比，次生文石胶结物 $\delta^{18}O$ 富集、具有较高的 Sr/Ca 值，这将导致珊瑚重建的 SST 低几度[30, 104, 105]；而高镁方解石则具有较低的 Sr/Ca 值，这将造成其重建的 SST 温度偏高[30, 101]。大气淡水成岩作用通常以原生珊瑚文石骨骼溶解和次生方解石再沉淀为特征。溶解作用对珊瑚地球化学的影响是不确定的，但文石重结晶为方解石后将使得文石内 $\delta^{18}O$ 降低和 Sr/Ca 值减小，这都将造成重建的 SST 偏高[100]。所以，对于珊瑚重建古气候研究来说，收集不同年龄和地点的化石珊瑚的成岩作用程度和类型，定量研究成岩作用对珊瑚地球化学的影响，是成岩作用未来需研究的一个重要内容。

（二）成岩作用与海平面变化

尽管海平面变化对珊瑚礁成岩作用的影响是毋庸置疑的，但它们如何影响成岩作用却是存在争议的：海平面的波动是否会自然地导致重复的和普遍的叠加作用（overprint）？是否成岩产物反映了与特定暴露事件相关的地下水文带的作用？

Quinn[106]建立了一个静态模型来描述海平面下降产生的地层成岩序列：渗流带的特殊形态胶结物和溶解作用，潜流带的新生变形作用，混合带的白云石化和海水潜流带未受淡水改造的碳酸盐岩。依据此模型推测认为，地下水文带随着海平面的波动而上下移动，晚期胶结物会叠加（overprint）在早期胶结物之上，形成一个胶结物序列，此序列即反映了成岩环境演化的顺序。Quinn[106]依据此模型用潜水面和混合带相对位置的变化来解释碳酸盐岩台地成岩序列的变化。Quinn 和 Matthews[107]增加了近地表暴露面至模型中，在埃尼威托克上新世环礁体中预测了多期大气淡水潜流带的成岩作用。Whitaker 等[108]推论认为，由于叠加作用的影响，"成岩历史不能用传统地层学和沉积学方法来解释"。Melim 等[109]也持这种观点，认为"不存在大规模的潜流带成岩作用能够归因于某一期大规模的海平面下降作用"。不同期次的暴露面可能会产生不同化学性质的水，由于叠加作用的影响，其沉淀出的胶结物序列与特定暴露面之间的关系是非系统的和模糊不清的[32]。

然而，来自大堡礁和穆鲁罗瓦环礁的研究认为，这种模型序列与实际观察到的序列之间缺少一致性[31, 32]，这 2 个礁体内均见到潜流带内保存了某一期的胶结物，而渗流带内则发育多期的胶结物。研究认为：①大气淡水潜流带发生新生变形作用和胶结物沉淀作用，胶结物沉淀后会堵塞孔隙，阻碍了晚期的叠加作用，并保持相对的稳定性，因此，某一潜流带的胶结物能够反映特定暴露面事件的地下水文带的作用；②渗流带具有更复杂的成岩序列，发育多期的溶解作用和胶结物沉淀。但海平面变化过程中，很难说潜流带的胶结物中不包括后期成岩事件形成的胶结物叠加，只是其形成的可能性很小[32]。

同时，气候、水化学性质可能对胶结物叠加也有影响，如在大堡礁相对高降雨量的地区，大量的水冲刷礁系统，使得潜流带内方解石不饱和，导致没有或有弱的胶结物发育[110]；另外，大规模的海平面下降可能不产生具有化学活力的淡水透镜体，渗流带和潜流带几乎都不发生胶结作用[109]。因此，成岩作用与海平面变化之间的关系仍是未来需要重点探索的问题。

（三）成岩作用对地球化学元素的改造

地球化学元素是用来研究成岩历史及恢复古环境、古气候的一种重要手段[110]。在碳酸盐岩成岩过程中，受大气淡水、地下热液流体的水-岩反应作用，沉积物的地球化学元素发生迁移，迁移过程受控于温度、压力、地球化学元素性质、流体性质、微生物活动等多种因素[56]。在近现代的珊瑚礁中，频繁的海平面升降产生的大气淡水作用是造成现代珊瑚礁地球化学元素迁移的最主要作用。

受大气淡水改造，礁沉积物地球化学元素变化主要表现为以下几个方面：①常量元素含量的变化。大气淡水通常比海水含有更少的 Sr^{2+}、Na^+、Mg^{2+}，而含有更多的 Mn^{2+}、Fe^{2+}、Zn^{2+}，礁灰岩受大气降水影响后，会使其中的 Sr^{2+}、Na^+含量降低而 Mn^{2+}、Fe^{2+}含量升高[111]。②稀土元素的变化。稀土元素离子半径大、低温下不易溶于水，即使在强烈蚀变过程中，古代碳酸盐岩的稀土元素也可能十分稳定[112]。所以，稀土元素一般仍保存了沉积时的水体特征，能够很好地反映沉积环境[113]。③放射性元素 Sr 同位素的变化。Sr 同位素可用于海平面变化、其他全球地质事件的研究和海相地层的年龄标定等[56]，其成岩变化主要受控于[114]：碳酸盐沉积物的溶解再沉淀，由于海相沉积物中 Sr 含量是淡水流体的近 20 倍，其溶解再沉淀后会造成围岩 $^{87}Sr/^{86}Sr$ 值的变化；流体中锶元素的扩散作用能够使流体与围岩的锶含量逐渐均一化。④碳、氧同位素的变化。早期碳酸盐岩沉积物遭受大气淡水淋滤改造时，大气淡水溶解了大量地表和土壤中的有机碳氧化形成的 CO_2，这些与陆生植物有关的 CO_2 具有非常低的 $\delta^{13}C$ 值（−34‰～−24‰），远低于海相碳酸盐的 $\delta^{13}C$ 值（0‰）[115]；而大气降水中氧含量远高于碳酸盐中的氧含量；因此，当礁沉积物遭受大气淡水改造时，会使得碳酸盐矿物的 $\delta^{13}C$ 值、$\delta^{18}O$ 值明显降低。所以，在利用地球化学元素来研究成岩历史及恢复古气候、古环境的实际应用中，需要仔细分析各指标的意义及成岩作用对其影响的结果，才能寻找出重建古环境和古气候的有效地球化学指标。

（四）成岩作用中的生物活动

生物体在礁内大量发育，但它们在礁体成岩过程中的作用研究还远远不够深入。首先是有机质的作用。有机质与碳酸盐岩矿物沉淀或溶解作用之间的相互作用，已经在礁和台地的成岩作用研究中做了大量工作，有机化合物的影响常常被认为是碳酸盐岩产生非热力学行为的原因[116]，但这项研究工作仍处于初级阶段，实验室模拟和原地观测都是研究成岩作用所必需的[35]，主要需从以下 3 个方面进行关注：① 有机质溶解过程中碳酸盐岩的变化（和相关的碳酸盐成岩过程）；② 有机化合物与矿物表面优先吸附点之间的关系；③ 有机蛋白物质以骨骼碳酸钙和生物碎屑内有机基质的形式出现。其次是微生物的作用。近些年，现代珊瑚礁调查研究已经集中在微生物底栖动物群的定性和定量评价上，包括光合作用的底栖微藻。在整个礁的生态系统中，微生物群落对碳酸盐岩沉积物的贡献可能与珊瑚的贡献处于同一个级别[117]，但目前对早期成岩作用过程中微生物作用的机制和过程仍不清楚（尤其是海水胶结过程中），仍是礁成岩作用研究未来需探索的方向。

五、结语

珊瑚礁的初始沉积物为丰富多样的生物骨骼，其矿物成分主要为文石和高镁方解石。在同沉积阶段，文石质和高镁方解石质的胶结物可能会在沉积物孔隙中发育。如果海平面下降，通过新生变形作用和大规模的溶解作用，这些不稳定的组分会有规律地被替代；随着时间推移，所有不稳定组分都将转化为低镁方解石。在珊瑚礁内的一些区域，富含 Mg^{2+} 的流体流经其中（海水是最主要的流体），将导致低镁方解石等矿物被替代而形成白云石，亦产生白云石胶结物。这些矿物演化与水化学之间的关系表明礁体中的矿物转化对海平面变化响应非常敏感，但转化程度受控于当地的降雨量和暴露持续的时间。多数情况下，在海平面升降变化过程中，由于先存的沉积/成岩特征很可能被叠加了（overprinted），即使识别出成岩环境，也很难将其归因于特定的暴露事件；但少数情况下，淡水潜流带的胶结物不发生叠加作用，可与特定暴露事件相对应；成岩作用与海平面变化之间的关系仍是未来需要重点探索的内容。在利用珊瑚或其他沉积物的地球化学元素来重建古环境、古气候时，要正确认识成岩作用对礁沉积物地球化学元素迁移的影响，才能寻找出重建古环境、古气候的有效地球化学指标。另外，由于生物群落在礁生态系统中的重要性和复杂性，未来还需要关注的一个重要方向是有机质和微生物在珊瑚礁早期成岩过程中的作用。

参 考 文 献

[1] 张乔民, 余克服, 施祺, 等. 中国珊瑚礁分布和资源特点//中国高科技产业化研究会. 第二届全国海洋高新技术产业化论坛论文集, 2005.

[2] Sayani H R, Cobb K M, Cohen A L, et al. Effects of diagenesis on paleoclimate reconstructions from modern and young fossil corals. Geochimica et Cosmochimica Acta, 2011, 75(21): 6361-6373.

[3] 余克服. 南海珊瑚礁及其对全新世环境变化的记录与响应. 中国科学: 地球科学, 2012, 42(8): 1160-1172.

[4] 余克服, 张光学, 汪稔. 南海珊瑚礁: 从全球变化到油气勘探——第三届地球系统科学大会专题评述. 地球科学进展, 2014, 29(11): 1287-1293.

[5] Bates R L, Jackson J A. Glossary of Geology. 2nd. Boulder: American Geological Institute, 1980: 751.

[6] Cullis C G. The mineralogical changes observed in the cores of the Funafuti borings. The Atoll of Funafuti, 1904: 392-420.

[7] Macintyre I G, Mountjoy E W, Danglejan B F. An occurrence of submarine cementation of carbonate sediments off the west coast of Barbados. Journal of Sedimentary Research, 1968, 32(2): 660-664.

[8] Ginsburg R N, Shinn E A, Schroeder J H. Submarine cementation and internal sedimentation within Bermuda reefs. Geological Society of America Special Paper, 1967, 115: 78-79.

[9] Friedman G M, Amiel A J, Schniedermann N. Submarine cementation in reefs: example from the Red Sea. Journal of Sedimentary Research, 1974, 44(3): 816-825.

[10] Land L S, Goreau T F. Submarine lithification of Jamaican reefs. Journal of Sedimentary Research, 1970, 40(1): 457-462.

[11] Purser B H, Schroeder J H. Reef Diagenesis. Berlin, Heidelberg, New York: Springer, 1986: 424-446.

[12] Goted E R, Friedman G M. Deposition and diagenesis of the windward reef of Enewetak Atoll. Carbonates and Evaporites, 1988, 2(2): 157-179.

[13] Aissaoui D M, Buigues D, Purser B H. Model of reef diagenesis: Mururoa atoll, French Polynesia//Johannes H S P D, Purser

B H. Reef Diagenesis. Berlin, Heidelberg: Springer, 1986: 27-52.

[14] Marshall J F. Regional distribution of submarine cements within an epicontinental reef system: central Great Barrier Reef, Australia//Johannes H S P D, Purser B H. Reef Diagenesis. Berlin, Heidelberg: Springer, 1986: 8-26.

[15] Dullo W C. Variation in diagenetic sequences: an example from Pleistocene Coral Reefs, Red Sea, Saudi Arabia//Johannes H S P D, Purser B H. Reef Diagenesis. Berlin, Heidelberg: Springer, 1986: 77-90.

[16] Zhu Z R, Marshall J, Chappell J. Diagenetic sequences of reef-corals in the late Quaternary raised coral reefs of the Huon Peninsula, New Guinea. Proceedings of the 6th International Coral Reef Symposium, Australia, 1988: 565-573.

[17] Allan J R, Matthews R K. Isotope signatures associated with early meteoric diagenesis. Sedimentology, 1982, 29(6): 797-817.

[18] Buddemeier R W, Oberdorfer J A. Internal hydrology and geochemistry of coral reefs and atoll islands: key to diagenetic variations//Johannes H S P D, Purser B H. Reef Diagenesis. Berlin, Heidelberg: Springer, 1986: 91-111.

[19] Moursi M E, Montaggioni L F. Diagenesis of Pleistocene reef-associated sediments from the Red Sea coastal plain, Egypt. Sedimentary Geology, 1994, 90(1-2): 49-59.

[20] Strasser A, Strohmenger C. Early diagenesis in Pleistocene coral reefs, southern Sinai, Egypt: response to tectonics, sea-level and climate. Sedimentology, 1997, 44(3): 537-558.

[21] Zhu Z R, Marshall J F, Chappell J. Effects of differential tectonic uplift on Late Quaternary coral reef diagenesis, Huon Peninsula, Papua New Guinea. Australian Journal of Earth Sciences, 1994, 41(5): 463-474.

[22] Quinn T M. Meteoric diagenesis of Plio-pleistocene limestones at Enewetak Atoll. Journal of Sedimentary Research, 1991, 61(5): 681-703.

[23] Strasser A, Strohmenger C, Davaud E, et al. Sequential evolution and diagenesis of Pleistocene coral reefs (South Sinai, Egypt). Sedimentary Geology, 1992, 78(1-2): 59-79.

[24] Dalbeck P, Cusack M, Dobson P S, et al. Identification and composition of secondary meniscus calcite in fossil coral and the effect on predicted sea surface temperature. Chemical Geology, 2011, 280(3-4): 314-322.

[25] Braithwaite C J R, Rizzi G, Darke G. The geometry and petrogenesis of dolomite hydrocarbon reservoirs: introduction. Geological Society of London Special Publications, 2004, 235(1): 1-6.

[26] Nader F, Bachaud P, Michel A. Numerical modelling of fluid-rock interactions: Lessons learnt from carbonate rocks diagenesis studies//Vienna: EGU General Assembly Conference. EGU General Assembly Conference Abstracts, 2015.

[27] Webb G E, Nothdurft L D, Kamber B S, et al. Rare earth element geochemistry of scleractinian coral skeleton during meteoric diagenesis: a sequence through neomorphism of aragonite to calcite. Sedimentology, 2009, 56(5): 1433-1463.

[28] Lachniet M S, Bernal J P, Asmerom Y, et al. Uranium loss and aragonite-calcite age discordance in a calcitized aragonite stalagmite. Quaternary Geochronology, 2012, 14(4): 26-37.

[29] Roberts A P. Magnetic mineral diagenesis. Earth-Science Reviews, 2015, 151: 1-47.

[30] Allison N, Finch A A, Webster J M, et al. Palaeoenvironmental records from fossil corals: the effects of submarine diagenesis on temperature and climate estimates. Geochimica et Cosmochimica Acta, 2007, 71(19): 4693-4703.

[31] Braithwaite C J R, Montaggioni L F. The Great Barrier Reef: a 700 000 year diagenetic history. Sedimentology, 2009, 56(6): 1591-1622.

[32] Braithwaite C J R, Camoin G F. Diagenesis and sea-level change: lessons from Moruroa, French Polynesia. Sedimentology, 2011, 58(1): 259-284.

[33] Kumar S K, Chandrasekar N, Seralathan P, et al. Diagenesis of Holocene reef and associated beachrock of certain coral islands, Gulf of Mannar, India: implication on climate and sea level. Journal of Earth System Science, 2012, 121(3): 733-745.

[34] Webb G E, Nothdurft L D, Zhao J X, et al. Significance of shallow core transects for reef models and sea-level curves, Heron Reef, Great Barrier Reef. Sedimentology, 2016, 63(6): 1396-1424.

[35] Perrin C. Diagenesis. Netherlands: Springer, 2011.

[36] 中国科学院南沙综合科学考察队. 南沙群岛永署礁第四纪珊瑚礁地质. 北京: 海洋出版社, 1992.

[37] 孙启良, 马玉波, 赵强, 等. 南海北部生物礁碳酸盐岩成岩作用差异及其影响因素研究. 天然气地球科学, 2008, 19(5): 665-672.

[38] 赵爽, 张道军, 刘立, 等. 南海西沙海域西科 1 井第四系生物礁: 碳酸盐岩成岩作用特征. 地球科学, 2015, 40(4): 711-717.

[39] 朱袁智, 沙庆安. 南沙群岛永暑礁第四纪珊瑚礁成岩作用与海平面变化关系. 热带海洋学报, 1994, 13(2): 1-8.

[40] 刘健, 韩春瑞, 吴建政, 等. 西沙更新世礁灰岩大气淡水成岩的地球化学证据. 沉积学报, 1998, 16(4): 71-77.

[41] 李建生. 西沙群岛的现代沉积成岩作用. 华南师范大学学报(自然科学版), 1982, (1): 29-33.

[42] 魏喜, 贾承造, 孟卫工. 西沙群岛西琛 1 井碳酸盐岩白云石化特征及成因机制. 吉林大学学报(地球科学版), 2008, 38(2): 217-224.

[43] 张明书, 刘健, 李绍全, 等. 西沙群岛西琛一井礁序列成岩作用研究. 地质学报, 1997, 71(3): 236-244.
[44] 中国科学院南沙综合科学考察队. 南沙群岛及其邻近海区第四纪沉积地质学. 武汉: 湖北科学技术出版社, 1994: 48-57.
[45] 朱袁智, 沙庆安, 郭丽芬, 等. 南沙群岛永暑礁新生代珊瑚礁地质. 北京: 科学出版社, 1997.
[46] 王振峰, 时志强, 张道军, 等. 西沙群岛西科 1 井中新统-上新统白云岩微观特征及成因. 地球科学, 2015, 40(4): 633-644.
[47] 何起祥, 张明书. 西沙群岛新第三纪白云岩的成因与意义. 海洋地质与第四纪地质, 1990, 10(2): 45-55.
[48] 王国忠. 南海珊瑚礁区沉积学. 北京: 海洋出版社. 2006.
[49] Greegor R B, Pingitore N E, Lytle F W. Strontianite in coral skeletal aragonite. Science, 1997, 275(5305): 1452-1454.
[50] Houck J E, Buddemeier R W, Chave K E. Skeletal low-magnesium calcite in living scleractinian corals. Science, 1975, 189(4207): 997-999.
[51] Schroeder J H, Purser B H. Reef Diagenesis. Berlin: Springer, 2012.
[52] Wolf K H. Carbonate sediments and their diagenesis. Earth-Science Reviews, 1973, 9(2): 152-157.
[53] Montaggioni L F, Braithwaite C J R. Chapter eight reef diagenesis. Developments In Marine Geology, 2009, 5: 323-372.
[54] Macintyre I G. Distribution of submarine cements in a modern Caribbean fringing reef, Galeta Point, Panama; discussion and reply. Journal of Sedimentary Research, 1978, 48(2): 665-670.
[55] Friedman G M. Rapidity of marine carbonate cementation-implications for carbonate diagenesis and sequence stratigraphy: perspective. Sedimentary Geology, 1998, 119(1): 1-4.
[56] 黄思静. 碳酸盐岩的成岩作用. 北京: 地质出版社, 2010.
[57] Ginsburg R N, Schroeder J H. Growth and submarine fossilization of algal cup reefs, Bermuda. Sedimentology, 1973, 20(4): 575-614.
[58] Schroeder J H. Fabrics and sequences of submarine carbonate cements in Holocene Bermuda cup reefs. Geologische Rundschau, 1972, 61(2): 708-730.
[59] James N P, Ginsburg R N, Marszalek D S, et al. Facies and fabric specificity of early subsea cements in shallow Belize (British Honduras) reefs. Journal of Sedimentary Petrology, 1976, 46(3): 523-544.
[60] Harris P M, Kendall C G S C, Lerche I. Carbonate cementation-a brief review. Geological Society of London Special Publications, 1985: 79-95.
[61] James N P, Ginsburg R N. The seaward margin of Belize barrier and atoll reefs//Richter D K, Füchtbauer H. Carbonate Diagenesis. New York: Wiley-Blackwell Publishing Ltd., 2009: 55-80.
[62] Aissaoui D M, Purser B H. Reef diagenesis: cementation at Mururoa atoll (French Polynesia) //Proceedings of 5th International Coral Reef Congress, 1985, 3: 257-262.
[63] Pierson B J, Shinn E A. Cement distribution and carbonate mineral stabilization in Pleistocene limestones of Hogsty Reef, Bahamas. Geological Society of London Special Publications, 1985: 153-168.
[64] Cailleau G, Verrecchia E P, Braissant O, et al. The biogenic origin of needle fibre calcite. Sedimentology, 2009, 56(6): 1858-1875.
[65] Berbey H. Sédimentologie et géochimie de la transition substrat volcanique-couverture sédimentaire de l'atoll de Mururoa (Polynésie Française). Bibliogr, 1989.
[66] James N P. Diagenesis of scleractinian corals in the subaerial vadose environment. Journal of Paleontology, 1974, 48(4): 785-799.
[67] Ginsburg R N, Marszalek D S, Schneidermann N. Ultrastructure of carbonate cements in a Holocene algal reef of Bermuda. Journal of Sedimentary Petrology, 1971, 41(2): 472-482.
[68] Lighty R G. Preservation of internal reef porosity and diagenetic sealing of submerged early Holocene barrier reef, southeast Florida shelf. Geological Society of London Special Publications, 1985: 123-151.
[69] Land L S, Moore C H. Lithification, micritization and syndepositional diagenesis of biolithites on the Jamaican island slope. European Polymer Journal, 1980, 3(3): 101-115.
[70] Carrière D. Sédimentation, Diagenèse et Cadre Géodynamique del'atoll Soulevé de Maré, Nouvelle Calédonie[D]. Orsay: Universite Paris-sud, 1987.
[71] Morse J W, Given R K, Wilkinson B H. Kinetic control of morphology, composition, and mineralogy of abiotic sedimentary carbonates. Science, 1995, 55(1): 109-119.
[72] Morse J W, Wang Q, Tsio M Y. Influences of temperature and Mg: Ca ratio on $CaCO_3$ precipitates from seawater. Geology, 1997, 25(1): 85-87.
[73] Dickson J A D, Gonzalez L A, Carpenter S J, et al. Inorganic calcite morphology; roles of fluid chemistry and fluid flow; discussion and reply. Journal of Sedimentary Petrology, 1992, 63(62): 382-399.

[74] Frisia S, Borsato A, Fairchild I J, et al. Calcite fabrics, growth mechanisms, and environments of formation in speleothems from the Italian Alps and Southwestern Ireland. Journal of Sedimentary Research, 2000, 70(5): 1183-1196.

[75] Buczynski C, Chafetz H S. Habit of bacterially induced precipitates of calcium carbonate and the influence of medium viscosity on mineralogy. Journal of Sedimentary Research, 1991, 61(2): 226-233.

[76] Verrecchia E P, Freytet P, Verrecchia K E, et al. Spherulites in calcrete laminar crusts: Biogenic $CaCO_3$ precipitation as a major contributor to crust formation. Journal of Sedimentary Research, 1995, 65(4): 690-700.

[77] Chave K E, Deffeyes K S, Weyl P K, et al. Observations on the solubility of skeletal carbonates in aqueous solutions. Science, 1962, 137(3523): 33-34.

[78] Constantz B R. The primary surface area of corals and variations in their susceptibility to diagenesis//Johannes H S P D, Purser B H. Reef Diagenesis. Berlin, Heidelberg: Springer, 1986: 53-76.

[79] Perrin C, Smith D C. Earliest steps of diagenesis in living scleractinian corals: evidence from ultrastructural pattern and Raman spectroscopy. Journal of Sedimentary Research, 2007, 77(6): 495-507.

[80] Aissaoui D M. Magnesian calcite cements and their diagenesis: dissolution and dolomitization, Mururoa atoll. Sedimentology, 1988, 35(5): 821-841.

[81] Walter L M. Relative reactivity of skeletal carbonates during dissolution: implications for diagenesis. Geological Society of London Special Publications, 1985: 3-16.

[82] Folk R L. Some aspects of recrystallization in ancient limestones. Geological Society of London Special Publications, 1965: 14-48.

[83] Martin G D, Wilkinson B H, Lohmann K C. The role of skeletal porosity in aragonite neomorphism-strombus and *Montastrea* from the Pleistocene Key Largo Limestone, Florida. Journal of Sedimentary Petrology, 1986, 56(2): 194-203.

[84] Wollast R, Reinhard-Derie D. Equilibrium and mechanism of dissolution of Mg-calcites//Andersen E B. The fate of fossil fuel CO_2 in the Oceans. New York: Plenum Press, 1977: 479-492.

[85] Aharon P, Socki R A, Chan L. Dolomitization of atolls by sea water convection flow: test of a hypothesis at Niue, South Pacific. The Journal of Geology, 1987, 95(2): 187-203.

[86] Hein J R, Gray S C, Richmond B M, et al. Dolomitization of Quaternary reef limestone, Aitutaki, Cook islands. Sedimentology, 1992, 39(4): 645-661.

[87] Montaggioni L F, Camoin G F. Geology of Makatea Island, Tuamotu Archipelago, French Polynesia. Developments in Sedimentology, 1997, 54: 453-473.

[88] Buigues D. Sédimentation et diagenése des formations carbonatees de l'atoll de Mururoa (Polynesie Française). University of Paris-Sud, Orsay, 1982.

[89] Fantle M S, Higgins J. The effects of diagenesis and dolomitization on Ca and Mg isotopes in marine platform carbonates: implications for the geochemical cycles of Ca and Mg. Geochimica et Cosmochimica Acta, 2014, 142: 458-481.

[90] Gregg J M, Bish D L, Kaczmarek S E, et al. Mineralogy, nucleation and growth of dolomite in the laboratory and sedimentary environment: a review. Sedimentology, 2015, 62(6): 1749-1769.

[91] 黄擎宇, 刘伟, 张艳秋, 等. 白云石化作用及白云岩储层研究进展. 地球科学进展, 2015, 30(5): 539-551.

[92] Machel H G. Concepts and models of dolomitization: a critical reappraisal. Geological Society of London Special Publications, 2004, 235(1): 7-63.

[93] Badiozamani K. The dorag dolomitization model-application to the Middle Ordovician of Wisconsin. Journal of Sedimentary Research, 1973, 43(4): 965-984.

[94] Rougerie F. Nature et fonctionnement des atolls des Tuamotu (Polynésie Française). Oceanologica Acta, 1995, 18(1): 61-78.

[95] Rougerie F, Wauthy B. Le concept d'endo-upwelling dans le fonctionnement des atolls-oasis. Oceanologica Acta, 1986, 9(2): 133-148.

[96] Zinke J, Dullo W C, Heiss G A, et al. ENSO and Indian Ocean subtropical dipole variability is recorded in a coral record off southwest Madagascar for the period 1659 to 1995. Earth and Planetary Science Letters, 2004, 228(1): 177-194.

[97] Abram N J, Gagan M K, Liu Z, et al. Seasonalcharacteristics of the Indian Ocean Dipole during the Holocene epoch. Nature, 2007, 445(7125): 299-302.

[98] Smith T M, Reynolds R W. Improved extended reconstruction of SST (1854-1997). Journal of Climate, 2004, 17(12): 2466-2477.

[99] Cabioch G, Ayliffe L K. Raised coral terraces at Malakula, Vanuatu, Southwest Pacific, indicate high sea level during marine isotope stage 3. Quaternary Research, 2001, 56(3): 357-365.

[100] Mcgregor H V, Gagan M K. Diagenesis and geochemistry of *Porites* corals from Papua New Guinea: implications for paleoclimate reconstruction. Geochimica et Cosmochimica Acta, 2003, 67(12): 2147-2156.

[101] Nothdurft L D, Webb G E. Earliest diagenesis in scleractinian coral skeletons: implications for palaeoclimate-sensitive geochemical archives. Facies, 2009, 55(2): 161-201.

[102] Beck J W, Edwards R L, Ito E, et al. Sea-surface temperature from coral skeletal strontium/calcium ratios. Science, 1992, 257(5070): 644-648.

[103] Alibert C, Mcculloch M T. Strontium/calcium ratios in modern *Porites* corals from the Great Barrier Reef as a proxy for sea surface temperature: calibration of the thermometer and monitoring of ENSO. Paleoceanography, 1997, 12(3): 345-363.

[104] Enmar R, Stein M, Bar-Matthews M, et al. Diagenesis in live corals from the Gulf of Aqaba. Ⅰ. The effect on paleo-oceanography tracers. Geochimica et Cosmochimica Acta, 2000, 64(18): 3123-3132.

[105] Cohen A L, Hart S R. Deglacial sea surface temperatures of the western tropical Pacific: a new look at old coral. Paleoceanography, 2004, 19(4): 1730-1737.

[106] Quinn T M. Forward modeling of bank margin carbonate diagenesis: results of sensitivity tests and initial applications. Quantitative Dynamic Stratigraphy: Prentice-Hall, 1989: 445-455.

[107] Quinn T M, Matthews R K. Post-Miocene diagenetic and eustatic history of Enewetak atoll: model and data comparison. Geology, 1990, 18(10): 942-945.

[108] Whitaker F, Smart P, Hague Y, et al. Coupledtwo-dimensional diagenetic and sedimentological modeling of carbonate platform evolution. Geology, 1997, 25(2): 175-178.

[109] Melim L A, Westphal H, Swart P K, et al. Questioning carbonate diagenetic paradigms: evidence from the Neogene of the Bahamas. Marine Geology, 2002, 185(1-2): 27-53.

[110] Swart P K. The geochemistry of carbonate diagenesis: the past, present and future. Sedimentology, 2015, 62(5): 1233-1304.

[111] Derry L A, Kaufman A J, Jacobsen S B. Sedimentary cycling and environmental change in the Late Proterozoic: evidence from stable and radiogenic isotopes. Geochimica et Cosmochimica Acta, 1992, 56(3): 1317-1329.

[112] Webb G E, Kamber B S. Rare earth elements in Holocene reefal microbialites: a new shallow seawater proxy. Geochimica et Cosmochimica Acta, 2000, 64(9): 1557-1565.

[113] Allwood A C, Kamber B S, Walter M R, et al. Trace elements record depositional history of an Early Archean stromatolitic carbonate platform. Chemical Geology, 2010, 270(1): 148-163.

[114] Fantle M S, Maher K M, Depaolo D J. Isotopic approaches for quantifying the rates of marine burial diagenesis. Reviews of Geophysics, 2010, 48(3): 633-650.

[115] Buonocunto F P, Sprovieri M, Bellanca A, et al. Cyclostratigraphy and high-frequency carbon isotope fluctuations in Upper Cretaceous shallow-water carbonates, southern Italy. Sedimentology, 2002, 49(6): 1321-1337.

[116] Morse J W, Arvidson R S, Lüttge A. Calcium carbonate formation and dissolution. Chemical Reviews, 2007, 107(2): 342-381.

[117] Werner U, Blazejak A, Bird P, et al. Microbial photosynthesis in coral reef sediments (Heron Reef, Australia). Estuarine, Coastal and Shelf Science, 2008, 76(4): 876-888.

第十八章

珊瑚礁区的海滩岩及其记录的环境信息[①]

一、引言

国际上通常将海滩岩定义为热带、亚热带地区砂质海滩上，由碳酸钙胶结潮间带沉积物形成的一种海滩相沉积岩[1]。超过 90%的海滩岩在 40°N 和南回归线之间，这些海滩岩形成时期从 2.6 万年前一直到几十年前[2]。已报道的珊瑚礁区海滩岩则主要分布在热带、亚热带珊瑚礁区域砂质海滩上，包括加勒比海[3]、美国佛罗里达州东南部的巴哈马朱尔特斯岛[4]、圣萨尔瓦多岛[5]和东部小安的列斯群岛海岸带[6]、夏威夷毛伊岛[7]、拉丁美洲伯利兹珊瑚礁岛屿[8]、巴西北部马考海岸带东部沙洲[9]和卡贝略[8]地区海岸带，里约瓜纳巴拉湾海岸带[10]、北里奥格兰德海岸[9]、埃及东部红海西海岸舒艾拜海岸带[11]、亚喀巴湾[12]、阿拉伯湾[13]、塞法杰港[14]、加里卜角、埃尔贝达[13]、科威特波斯湾[12]、印度东南部马纳尔湾[15, 16]、泰米尔纳德邦沿岸区域[17]和安达曼群岛海岸带[18, 19]、西印度大开曼岛[20]、太平洋西部中国南海[21-30]，以及澳大利亚东部赫伦岛海岸带[31, 32]和西部沙克湾海岸带[13]、南非德班[33]等地。根据样品测年推断这些海滩岩的成岩时间多为第四纪晚更新世和全新世时期，包括现代的沉积露头。

海滩岩的文字记录最早起源于 1817 年 Francis Beauford 关于海滩岩野外露头沉积特征的描述[34, 35]，那时还没有海滩岩（beachrock）一词，而是砂质海岸砂岩。Darwin[36]等在巴西西海岸考察时称之为引人注目的特殊砂岩。直到 20 世纪 60 年代早期，以海滩岩为主流的观念才形成，甚至提出了碳酸盐作为一种热带、亚热带海岸成岩作用中特有的胶结物这一观念。而关于珊瑚礁区海滩岩的最早记录，可追溯到 20 世纪七八十年代对西印度大开曼岛[20]、中国南海等珊瑚礁区海滩岩的记载[29, 37, 38]。从全球范围内来看，相关研究成果在 20 世纪 90 年代前后显著增加，可以认为海滩岩的研究真正达到成熟。近些年，随着研究的不断深入，海滩岩的研究从最初的定性描述逐渐转变为多学科交叉、定量分析，研究内容从海滩岩的基本性质逐渐转变成海滩岩的成岩作用、与海平面变化关系的研究等。

由于珊瑚礁区海滩岩存在的地理条件限制，其对海平面往往具有很好的指示意义。同时，海滩岩的形成通常与古气候背景、区域构造演化之间有密切的联系，所以，珊瑚礁区海滩岩是开展海平面变化、古气候演化和区域构造活动研究的理想材料。本章综合分析全球珊瑚礁区海滩岩的发育特征、演化规律

[①] 作者：刘文会，余克服，王瑞

和形成机制，期望为深入利用海滩岩开展古环境、古气候研究提供借鉴。

二、珊瑚礁区海滩岩的岩石学特征

（一）沉积学特征

海滩岩为沉积岩的一种，由于沉积物来源的差异，不同地区的海滩岩的沉积学特征往往具有差异性。通过分析全球已报道的珊瑚礁区海滩岩的沉积学特征，将其发育特点归结如下（表18.1）。

（1）海滩岩通常发育在破浪带和碎浪带之间，但更易在近岸的前滨带形成；往往出露数十米宽、数百至千米长，可连续分布，也可呈断带状分布[39]；厚度一般从几十厘米到几百厘米[11]，可以连续沉积，亦可分层沉积；原地未经搬移的层状结构薄板状构造的海滩岩多呈现出低角度向海倾斜，角度一般不超过20°[5, 8, 9, 11, 13, 21, 23]，若未出现向海倾斜的层状构造可能与后期地质构造运动使其改变有关[8, 9, 11, 13, 23, 30, 37, 38]（图18.1a，图18.1b）。

表18.1 全球已报道珊瑚礁区海滩岩沉积特征[3, 5-21, 23, 31-33, 41, 44, 55]

序号	地区	研究区域	年代/a BP	测年方法	胶结物	形成机制简述	其他
1	澳大利亚	大堡礁赫伦岛	—	—	胞外聚合物	微生物、胞外聚合物的作用	
2	沙特阿拉伯	红海东部 Al-Shoaiba 海岸带	—	—	泥晶灰岩、文石、高镁方解石	文石、高镁方解石胶结，提出核的重要性	
3	巴西	里约热内卢瓜纳巴拉湾	8100	^{14}C	方解石	三个连续的阶段，先海水，后海水和大气水混合充填孔隙，发生碳酸钙沉淀，方解石结晶生长	体现海岸带进化和全新世海平面波动。全新世海侵
4	印度	马纳尔湾	3600~2100	OSL	—	—	全新世海岸线重建
5	印度	马纳尔湾	5440±60 4020±120 3920±160	^{14}C	文石，高镁方解石，白云石	无机、生物介质导致；海水、大气水。基于较高海水温度环境下文石和高镁方解石依靠泥晶和生物膜结晶	全新世中期气候和海平面指示意义
6	欧洲/美洲	红海/加勒比海板块	—	—	—	—	海平面起伏和/或构造运动（地震）
7	拉丁美洲	小安的列斯群岛	—	—	—	—	极端波浪事件
8.1	欧洲	波斯湾	2185~655	^{14}C	微晶质高镁方解石和文石	碳酸钙快速沉淀胶结了潮间带海滩砂，胶结机制本质上是有机的	
8.2		亚喀巴湾	5075~2748	^{14}C			
9	澳大利亚	赫伦岛	—	—	文石，方解石	微晶胶结，但在颗粒边缘处会发生块状镁方解石和针状文石的胶结	微生物群落能够诱导文石和镁方解石沉积
10	科威特	阿拉伯湾	—	—	文石，胞外聚合物，微生物	与胞外聚合物和微生物化石有关	生物因素与非生物因素交互负责机制
11	印度	安达曼群岛	—	—	方解石，文石，白云石	海水过饱和的碳酸盐矿物	
12	印度	泰米尔纳德	—	—	方解石，文石	海水过饱和的碳酸盐矿物	
13	南非	德班	约72	观测计算	文石	颗粒胶结开始于泥晶灰岩，后面跟随第一代针状文石，颗粒表面同时结晶成核，致使结晶方向规则大小统一。两代胶结等厚规则分布表明是海相浅水环境沉积	

续表

序号	地区	研究区域	年代/a BP	测年方法	胶结物	形成机制简述	其他
14	中国	涠洲岛	—	—	泥晶方解石、文石，高镁方解石生物分泌物	1. 淡水渗滤胶结成岩——泥晶方解石薄膜；2. 粒间海水蒸发浓缩，或机械混入泥质胶结，或生物分泌物胶结，淡水——海水混合作用，海水渗流带	
15	中国	涠洲岛	—	—	方解石	淡水渗流	油气的有利储层
16	印度	安达曼群岛-尼科巴群岛	1540～1350 4410～3900	^{14}C	低镁方解石	方解石先胶结，在颗粒间形成框架，适度分选的泥粒灰岩充填了石英棱角缝隙；生物成因	苔藓虫硬壳指示了风暴气候和迅速沉淀；形成时间为全新世晚期，对应于佛兰德海侵
17	巴西	马考	—	^{14}C	—	—	沉积建筑学
18	巴西	北里奥格兰德海岸	7460～1730		—	—	根据不同时期形成的海滩岩出露在海平面的位置不同，画出该段时期海平面变化图
19	埃及	塞法杰港	几百年	推断	高镁方解石，文石	等厚泥晶纤维边缘两个胶结阶段，高镁方解石边缘包围颗粒。随后碳酸盐矿物（高镁方解石，文石）呈纤维状生长	
20	巴西	北里奥格兰德海岸	7460～50	^{14}C	—	—	
21	多哥	洛美	—	^{14}C	高镁方解石，文石，低镁方解石	—	
22	拉丁美洲	伯利兹海岸珊瑚礁岛屿	AD345～1435	^{14}C	高镁方解石，文石	—	作为海平面变化及近期构造运动的指示
23	巴西	卡贝略	—	^{14}C			
24	美国	佛罗里达州	—	^{14}C	低镁方解石		
25	埃及	加里卜角	—	^{14}C	文石		
26	埃及	埃尔贝达	—	^{14}C	文石		
27	沙特阿拉伯	亚喀巴湾	—	^{14}C	高镁方解石，文石	—	
28	沙特阿拉伯	阿拉伯湾	—	^{14}C	高镁方解石，文石		
29	澳大利亚	沙克湾	—	^{14}C	文石		
30	中国	海山岛	1100	^{14}C	低镁方解石，文石，泥晶灰岩，纤维文石，亮晶方解石，铁质胶结物	—	沿海岛屿 5 期隆起和沉降，每期500年均分
31	美国	夏威夷毛伊岛	—	—	高镁方解石		
32	大开曼岛	该岛海岸带			高镁方解石，文石	大气水和海水混合条件下，高镁方解石和文石胶结	
33	巴哈马群岛	圣萨尔瓦多岛	965±60	^{14}C	低镁方解石，文石	大气渗流水条件下为低镁方解石胶结；文石胶结分为两代，第一代为新月形，第二代为等厚纤维边缘；海水环境条件下为泥晶胶结	一系列数据推断海平面平缓上升的光滑曲线，低振幅波动。反映全新世晚期海侵事件

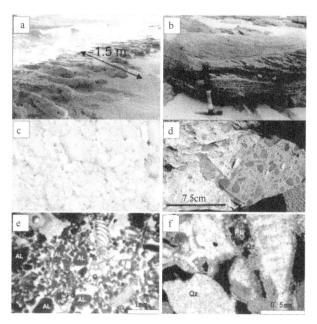

图 18.1　珊瑚礁区海滩岩的岩石学特征图[9, 11, 30, 34, 40]

（2）海滩岩露头没有固定的出露位置，有出露在现代海平面之上几米到十几米位置的，也有和现代海平面平行位置的，甚至出露在现代海平面之下几米处[10, 19]。由于受珊瑚礁的迁移、砂质海岸掩埋和侵蚀的影响，海滩岩露头多处于高度不稳定的环境中[8]。例如，红海东部沙特阿拉伯 Al-Shoaiba 海岸带的珊瑚礁区海滩岩，3 个取样地点的海滩岩出露海拔不同[11]。

（3）海滩岩的颜色主要由内部碎屑成分来控制。陆源碎屑占主导的海滩岩中，多呈灰色、灰黑色、浅绿色等深色颜色[11]；而生物碎屑占主导的海滩岩中，则呈黄白色、白色（图 18.1c）。

（4）海滩岩碎屑颗粒往往分选中等至较好，磨圆度较差至中等[9, 23, 33]。例如，科威特沙特阿拉伯和西沙群岛海滩岩为海滩砂沉积胶结，其碎屑颗粒分选良好，磨圆度一般，粒度粗细不等；而印度尼西亚爪哇岛南部风暴沉积产物形成的海滩岩，可见明显的火山碎屑岩颗粒，碎屑分选差，磨圆度差，颗粒粗细大小不均，形状各异（图 18.1d）。

（5）不同区域海滩岩的碎屑颗粒不同，反映出其物源的差异。这些碎屑颗粒主要为石英、长石、黏土、火山碎屑[19, 23]及红藻、软体动物壳和珊瑚骨骼碎片[5, 6, 18, 21, 39]，甚至是人造垃圾[33]等。靠近陆源的海滩岩往往以石英、长石及黏土为主，而远离陆源的海滩岩则以礁区生物碎屑为主。例如，位于波斯湾和亚克巴湾珊瑚礁区的海滩岩，其碎屑主要由石英和长石的砂、砾石级颗粒组成，还有少量火成岩碎片和碳酸盐骨骼颗粒[12]。而位于印度东部安达曼群岛的海滩岩除了少量陆源碎屑外，主要为海相贝壳碎片[18]（软体动物、珊瑚藻及有孔虫）（图 18.1d，图 18.1e）。

（6）海滩岩的孔隙度大小不等[11, 18, 41]，为 10%～45%，但是可以肯定的是在胶结的过程中海滩岩的孔隙度逐渐降低。在砂质海岸松散沉积海滩岩胶结之前，颗粒间孔隙度最大，随着胶结作用的发育（碳酸盐矿物在碎屑颗粒表面结晶生长），逐渐将孔隙填充，孔隙度降低，甚至低到 9%[34]。

（7）海滩岩在形成过程中胶结速率并不一致[18]，若胶结迅速，则可以在短短十几年内固结成岩。例如，海南岛南部连陆沙洲就是在 1950 年后才有海滩岩的发育，于 1970 年形成连陆洲，这说明海滩岩可以在短短 20 年内发育成熟[37]。另外，从海滩岩的一些特殊组成成分也可以反映其快速成岩的特点。例如，在西沙群岛树岛（赵述岛）的海滩岩样品中发现一枚明朝洪武通宝[37]，推测其成岩时期距今 600 年以内；而南非德班海滩岩碎屑中发现手榴弹碎片和人类捕鱼用的叉头，推测其为第二次世界大战时期成岩[33]，同样情况也出现在埃及塞法杰港海滩岩碎屑中，从人造玻璃及陶瓷碎屑推断其成岩时期距今只有几百年的历史[14]。

（二）胶结物特征

海滩岩的胶结物是在成岩过程中由孔隙水沉淀出来的矿物晶体，对碎屑等颗粒起到固结的作用。珊瑚礁区海滩岩的胶结物主要是方解石和/或文石[1, 13, 30, 42]；但在一些海滩岩中发现，白云石[18, 43]、胞外聚合物[32, 44]、生物分泌物[23]、铁质胶结物[21]对沉积物也起到胶结的作用。早期的海滩岩胶结物可随着时间推移而发生改变、分解甚至白云岩化。

1. 方解石

方解石是一种天然碳酸钙中最常见的矿物，作为胶结物的方解石又分为高镁方解石（HMC）和低镁方解石（LMC），二者的主要区别在于方解石中镁的含量不同，HMC 中 $MgCO_3$ 摩尔分数大于 4%（一般为 11%～19%）。低镁方解石胶结物通常为淡水沉淀[14]，而高镁方解石胶结物则主要形成于浅海环境中。但 HMC 往往不稳定，会逐渐向 LMC 转化，进而形成稳定的海滩岩胶结物。方解石的晶体形状多种多样，它们的集合体可以是一簇簇的晶体，也可以是粒状、纤维状等（图 18.2a）。

图 18.2　珊瑚礁区海滩岩胶结物及促进胶结的物质特征图[10, 11, 32, 33]

方解石通过自身的微晶结构产生胶结作用，一般结晶在淡水渗流的海滩岩中[23]，有的形成泥晶方解石等厚边缘薄膜[7, 23]，亦有形成新月形或者嵌晶结构的[5, 10, 21]，还可形成由纤维状-针状方解石组成的环边结构，甚至是球粒结构[11]。这些微晶结构通常生长在碎屑颗粒周围，包围碎屑颗粒[14]，填充孔隙，最后胶结成岩。例如，红海沙特阿拉伯海滩岩中，不连续和不规则的褐色高镁方解石涂层厚度大小为 30～60μm，呈纤维状，有选择性地覆盖在钙质颗粒周围[11]。

2. 文石

文石也是碳酸盐矿物，主要成分为 $CaCO_3$，又称霰石，文石胶结是现代海滩岩最常见的一种胶结类型。其晶体呈针状和叶片状，集合体多呈皮壳状等（图 18.2b），通常呈白色、黄白色。文石在自然界不稳定，常转变为低镁方解石。作为胶结物的文石（Ar，$MgCO_3$ 摩尔分数小于 2%）不同于低镁方解石，通常为海水沉淀[12, 14]。

文石结晶时通常自身形成纤维针状晶体[32]或者等厚不对称叶片边缘[11, 20]，包围碎屑颗粒从而产生胶结作用。例如，在显微镜下观察西沙群岛海滩岩样品，岩石颗粒外一般都先包裹一层浑暗的不显晶粒的文石泥，厚 0.02~0.03mm。文石泥外再由文石针构成环边，文石针基本上垂直于颗粒表面而定向排列，其大小均匀，文石针一般长 0.004~0.08mm[27, 38]。在颗粒靠近处它们相互衔接，较大的粒间孔隙均未填满。有的文石针发育得较粗，晶形较好，有的在文石针外又发育有薄层文石泥，在一些粒间孔隙中常有文石泥与文石针的多次交替发育，即多世代的胶结现象[38]。也有文石针环边与文石泥或高镁方解石泥充填的胶结类型，先是在颗粒外有一层文石针构成环边，再外边为文石泥或高镁方解石泥和少量粉砂屑填充部分粒间孔隙。

朱长歧等[30]对南海石岛、广金岛的海滩岩样品在显微镜下进行观察，总结了如下胶结过程：①犬齿状文石晶体在泥晶套上生长；②埋藏期粒状方解石晶体胶结；③溶蚀作用；④针状文石在溶蚀孔孔壁上生长。

3. 其他胶结物

1）白云石

胶结物中的白云石[$CaMg(CO_3)_2$]主要由方解石和文石白云岩化所形成。在大气淡水与海水混合后，方解石不饱和而白云石饱和，所以大量的方解石溶解和白云石沉淀岩化[16]。

2）生物分泌物

生活在悬崖或者礁石上的许多生物，如螺、牡蛎等钻孔生物，可以分泌出很多黏液，未死亡的珊瑚碎屑表面也可以分泌出大量黏液，这些黏液可以阻挡回旋流中碎屑物流走并将其黏结在一起。珊瑚枯死过程中也释放出黏液，进一步将碎屑物固结在一起，虽然这些沉积物在潮水退却后将长时间暴露在空气中，粒间水蒸发，泥晶方解石沉淀，但从珊瑚礁区海滩岩韧而不脆的性质可以证明生物分泌物起着一定的胶结作用。例如，涠洲岛海滩岩的形成与现代生物关系较密切，除了泥晶方解石胶结外，生物分泌物也起到了一定的胶结作用[23]。

3）铁质胶结物

铁质胶结物的主要成分是铁的氧化物，如赤铁矿和褐铁矿。这类胶结物在珊瑚礁区海滩岩胶结物中很少见，因为铁质胶结物仅出现在海滩岩与现代海平面位于同一水平面上的情况中，海滩岩在受到外力作用时原有的泥晶、文石、方解石胶结处出现裂痕，随后这些海滩岩变得松散，此时在裂痕处铁质胶结物会对裂痕产生胶结作用[21]（图 18.2d）。

4. 其他可促进胶结物胶结的物质

1）胞外聚合物

胞外聚合物（extracellular polymeric substance，EPS）是在一定环境条件下由微生物（主要是细菌）分泌于体外的一些高分子聚合物。主要成分与微生物的胞内成分相似，是一些高分子物质，如多糖、蛋白质和核酸等聚合物（图 18.2e）。EPS 结合金属离子的能力是普遍的，其涉及的主要反应方程式为[45]：$HCO_3^- + H_2O \rightarrow CH_2O + O_2 + OH^-$（微生物光合作用生成氢氧根离子，导致 pH 增加）；$HCO_3^- + OH^- \rightarrow CO_3^{2-} + H_2O$（氢氧根离子与碳酸氢根离子反应，导致碳酸盐矿物的饱和度增加）；$R-COOH + OH^- \rightarrow R-COO^- + H_2O$（pH 增加，导致氢离子脱离 EPS，EPS 构型发生变化以致结合二价阳离子）。

这一过程称为有机矿化作用，与大体积水化学相比引起微环境阳离子浓度的增加，EPS 可作为阳离子接收者。通过异养生物导致的 EPS 的消耗减少大量可获得的阳离子结合点，导致局部碳酸盐矿物饱和度指数增加并且随后沉淀。

2）核

胶结物中核的重要性体现在胶结的容易程度，因为无须提供晶种，碳酸盐胶结成核更加容易[11]，而胞外聚合物对成核也起到关键作用[44, 45]。有研究表明：颗粒胶结开始于泥晶灰岩，后面跟随着第一代针状文石，颗粒在被胶结物胶结的同时，针状文石在颗粒表面结晶成核，致使结晶方向、规则、大小统一[33]，颗粒更容易被胶结（图18.2f）。

由于胶结物的成核结晶受到底质的影响，在珊瑚岛海滩岩中常见到高镁方解石质有孔虫的壳体上并没有文石沉淀生长[38]。当然，最终它们同样都会被胶结起来。这个现象表明，在高镁方解石质骨壳颗粒上文石的结晶生长要难一些，相反，在文石质珊瑚屑上文石则易于生长，有时与珊瑚屑中的文石衔接生长。底质控制胶结物成核生长的情况，同样也发生在大气淡水作用下方解石的胶结过程中[29]。

5. 胶结物胶结的特点

（1）地域区别：已经报道过出现的胶结物显示出没有绝对的地域性趋势，也就是说方解石或者文石胶结的海滩岩在全球范围内均匀分布[34]。然而，Burton和Walter[46]、Neumeier[47]实验室关于碳酸盐岩胶结物的实验，认为一些文石胶结的碳酸盐岩出现在较暖的区域，而高镁方解石胶结的碳酸盐岩出现在较冷的区域。

（2）胶结强度：海滩岩的碎屑不同，其胶结物种类和胶结强度不同。例如，雷元青研究涠洲岛海滩岩的岩石特征时指出：珊瑚碎屑通过针状文石来胶结，胶结强度较大；火山岩碎屑是通过雾状泥晶集合体的高镁方解石作为主要胶结物来胶结的，胶结强度较大；砾石等陆源碎屑则通过呈皮壳状的微晶方解石及黏土泥质物胶结，胶结强度较弱[19, 23]。

（3）胶结厚度：胶结物在胶结碎屑过程中，其胶结的厚度可能是由胶结沉积速率、颗粒大小、孔隙空间的大小和形状控制的。这一观点是Ghandour等[11]在研究红海沙特阿拉伯Al-Shoaiba海岸带3个位置的海滩岩时提出来的，他通过观察发现3处海滩岩的沉积速率不一致，颗粒大小有差别，孔隙空间特征不一致，并且胶结物的成分、沉淀、成岩作用具有地域选择性。

三、珊瑚礁区海滩岩的形成机制

在海滩岩沉积成岩过程中，成岩环境主要分为大气淡水、海水及二者混合水，这些流体中碳酸盐的结晶沉淀主要受到物理、化学以及生物等环境因素的影响，所以不同区域的海滩岩的成岩机制也有差异。

（一）海水胶结作用

海水环境是珊瑚礁区海滩岩所必须经历的成岩环境。由于海水对方解石和文石都是过饱和的，当海水快速通过多孔的沉积物时（通常为高能的海水潜流带），由于海水中CO_2的释放，方解石或文石便会沉淀出来形成胶结物。海水环境下形成的胶结物组构为等厚纤状环边胶结物和杂乱的针状胶结物。当胶结物生长的基板中文石矿物的定向性较好时，文石胶结物具有较大的长宽比，且在充足的空间内具有一致的生长速度，易形成等厚的环边结构；当非文石基板或基底文石的定向性较差时，文石胶结物则呈杂乱的针状生长[48]。

（二）淡水胶结作用

淡水成岩环境的胶结作用主要可分为渗流带和潜流带胶结作用。

1. 淡水渗流胶结作用

在淡水渗流环境中，海滩岩沉积物的孔隙中充满空气和大气水，这样的孔隙介质可以满足较高的 CO_2 分压。因为淡水渗流环境对碳酸盐是不饱和的，所以渗流带可以进一步分为溶解带和沉淀带上下两部分，顶部溶解带中溶解的碳酸盐往往会在底部沉淀带重新沉淀。因渗流带中水的垂直运动方式，胶结物的形态往往具有新月形和等轴粒状的特征。新月形胶结物导致粒间孔隙变成与新月形表面相一致的较圆的孔隙。在淡水流体中镁离子浓度显著低于海水，因而胶结物通常为细粒的等轴低镁方解石晶体。另外，晶体生长终止于空气与水的界面处，所以晶体末端通常不发育，且大多数胶结物不再具有等厚的特点[48]。

2. 淡水潜流胶结作用

淡水潜流环境的沉淀作用远比溶解作用发育。同淡水渗流环境一样，沉淀的物质经常来源于被溶解的碳酸盐，甚至包括在渗流带中被溶解的碳酸盐。碳酸盐的饱和度在淡水潜流环境中显著大于淡水渗流环境，基本上都是等轴等厚环边粒状晶体、从孔隙边缘向中心生长的低镁方解石。另外，淡水成岩环境中较为关键的成岩过程为碳酸盐矿物的新生变形作用，因为在含较低镁离子浓度的淡水环境中，文石或高镁方解石作为碳酸盐不稳定矿物必然转变为相对稳定的低镁方解石，这就是淡水潜流环境胶结物都是低镁方解石的原因[48]。

（三）淡水与海水混合胶结作用

在大气淡水和海水的混合水环境中，可同时发生淡水环境和海水环境的成岩作用。由于碳酸钙的溶解度伴随着盐度的增加而增加，海水和淡水的混合可能导致碳酸盐的过饱和而发生沉淀。在 Melim 等[49] 对佛罗里达州和巴哈马地区混合水环境观察中，混合水环境底部附近存在少量文石，这说明混合水环境下部具有海水潜流环境的特征，沉积开始时碳酸盐中文石的含量较高，而后在混合水环境中新生变形成方解石。而顶部则表现为淡水成岩作用特征的块状亮晶胶结物。因此，大气淡水和海水共同作用下的海滩岩，其胶结作用体现了两种环境中共有的沉积特征[48]。

（四）二氧化碳的作用

二氧化碳的存在对碳酸盐的胶结过程具有重要作用。一系列的研究发现，二氧化碳的排放有助于具有高二氧化碳分压、碳酸盐过饱和的渗流带地下水中的碳酸钙快速沉淀，完成沉淀的时间快达 12～48h。如果有海水混入新鲜的地下水系统中，只会改变胶结进程的时间、数量、大小和沉积物的形态，而不会改变胶结沉积物的种类[11]。这个观点强调海滩岩形成过程中不需要新鲜水的长时间存在。但是由于海滩岩的特殊性质，在形成过程中其内部孔隙度逐渐降低，这就抑制了地下水中二氧化碳的排放，进而导致碳酸盐的胶结能力也随之下降。因此碳酸盐胶结过程中适当的地下水流动是必要的，并且地下水存在的时间越长越有利于碳酸盐的胶结沉积。

图 18.3 体现了海岸及其区域海滩岩胶结物分布、碳酸盐沉积物地球化学和层理结构特征。胶结物主要分布在潮间带及潮上带海滩岩中，其中文石主要分布在潮间带海滩岩中，而低镁方解石主要分布在潮上带海滩岩中，高镁方解石大部分分布在潮间带海滩岩中，也可出现在冲刷带附近的海滩岩中。不同位置的海滩岩的胶结物形状也有所差别，潮间带海滩岩胶结物的形状主要为等厚纤维状，而潮间带与潮上带之间的海滩岩胶结物主要为半月板纤维状。海滩岩的沉积物产状特征与其产出位置有关，位于潮下带顶部的海滩岩常呈现出小不对称波纹的低角度前积层理，潮间带的海滩岩呈现出小对称波纹低角度水平平行层理，而位于潮上带的海滩岩主要为原地水平槽状交错层理。

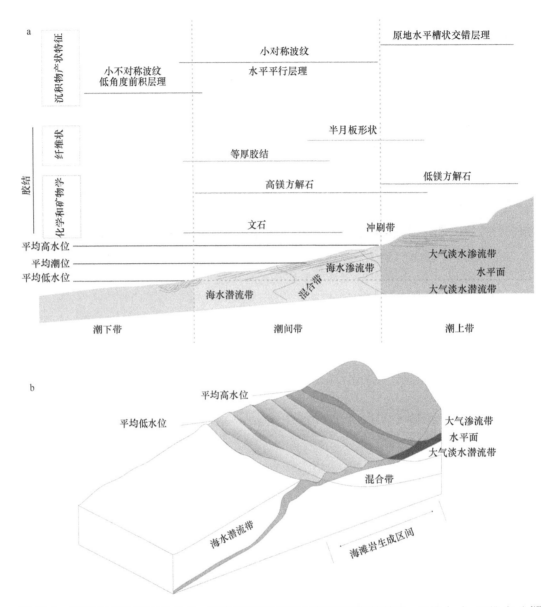

图 18.3 海岸及其区域胶结物分布、碳酸盐沉积物地球化学和层理结构特征；二维（a）、三维（b）[13]

四、珊瑚礁区海滩岩的环境意义

珊瑚礁区海滩岩的研究对区域古气候的还原、构造运动与古海平面的演化以及海岸带的保护等方面有着重要的实际意义。

（一）海滩岩与古气候的关系

Friedman[50]利用红海海滩岩胶结物中的氧同位素组成分析了全新世的气候变化特征，指出海滩岩具有古气候变化方面的指示意义。其原理是：当温度升高时海水蒸发，海相胶结物和海水之间在平衡条件下发生氧同位素的分馏，使得胶结物中氧同位素组成中 ^{18}O 的含量要高于 ^{16}O 的含量。所以温度升高或降低，^{18}O 和 ^{16}O 二者含量的比值跟着升高或降低。但是该方法的使用有较为严格的前提条件，即胶结物不能经过淡水改造[15]。例如，红海东部珊瑚礁区的海滩岩胶结物指示了海滩岩形成时的干燥气候环境[11]。印度马纳尔湾的海滩岩具有海水和大气淡水共同作用的特征，指示了全新世中期干旱-半干旱的气候环境[16]。赵希涛等研究了不同纬度海滩岩与当地年平均气温之间的关系，指出全新世海滩岩形成时的年平均气温较现在高2~4℃，并认为全新世气候最适宜期具有全球一致性的特征[29]。

珊瑚礁区海滩岩也被认为具有对灾害事件的指示作用[22, 40]（图 18.1d）。例如，香港的砂质海滩中发育含有极粗贝壳和贝屑的海滩岩，这些粗粒的海滩岩物质来源于风暴潮沉积，因此可指示风暴潮沉积事件[22]；位于北美加勒比海的海滩岩则记录了发生的地震事件[3]；位于印度的安达曼群岛海滩岩中的苔藓虫硬壳也指示了风暴沉积过程[19]。

（二）海滩岩与构造运动及古海平面的关系

现已发现的海滩岩的露头与海平面的相对位置关系表明：海滩岩的沉积学、胶结物和地球化学特征等可显示出与全球海平面升降和构造运动的关系[3, 28]。形成于潮间带的海滩岩应大致代表古海平面的位置和水动力较强的区域，如涠洲岛的海滩岩高出现代平均海平面5m，指示涠洲岛海滩岩形成以来该区域相对抬升或海平面的相对下降[51-53]。海滩岩作为古海平面的标志时要根据当地水文环境和构造升降背景进行具体分析[1]。

全球多个珊瑚礁区都有利用海滩岩记录海平面历史的报道。余克服和陈特固[54]对中国南海雷州半岛珊瑚礁区海滩沉积序列的研究，得出 1.7~1.2 cal.ka BP 总体上是一个海平面持续上升的时期，其中约 1.5 cal.ka BP 时海平面有过短暂下降波动，约 1.2 cal.ka BP 时海平面比现在至少高128cm，之后海平面开始下降，至今海岸线后退了约 210m。位于巴西里约热内卢瓜纳巴拉湾的海滩岩出露于距今海平面水下 5~7m 深，距今海滩 100m 远，其成岩时间与全新世海侵时间相对应，因而指示了海岸带进化和全新世海平面的波动[10]。位于南非德班海岸带的海滩岩本应在冲刷带区域，而现在出露于距今海平面 0.1~0.2m 高，体现了海滩岩发育时的海平面连续高水位期[33]。印度安达曼和尼科巴群岛区域海滩岩，通过 ^{14}C 测年时间确定为全新世晚期，对应于弗兰德海侵事件，形成了现代海岸构造[19]。而位于巴哈马群岛的圣萨尔瓦多沿岸带的海滩岩，通过测年数据和出露海平面位置推断出海平面平缓上升的光滑曲线，反映了全新世晚期海侵事件[5]。相同的办法运用在巴西里约北里奥格兰德海岸沿岸的珊瑚礁区海滩岩中，样品数目更多，得到了更具有代表性的全新世海平面变化图[55]（图 18.4）。另外，在海平面相对稳定期，海滩岩可记录构造活动的升降。例如，位于中国海山岛的海滩岩体现了沿海岛屿每期 500 年共 5 期的隆起和沉降，每期隆起和沉降为 250 年周期，指示了构造抬升与下沉[21]。

由于古海平面变化受控于全球海平面的变化、区域构造升降以及局部海岸过程等 3 个因素的影响，因此用海滩岩来指示构造运动或者古海平面变化时，应综合考虑这些因素的共同作用。

（三）海滩岩对海岸带位置的指示意义

海滩岩可以很好地指示古海平面变化过程中海岸带的演化过程。例如，巴西里约热内卢全新世海平面变化经历了海侵（5100 a BP）和海退（2800 a BP）两个时期，而其海滩岩的年龄为 7800~8100 a BP，并位于现代海平面以下，说明该处海岸带相比于海滩岩形成之初向内陆发生了明显的移动[10]。

海滩所处的潮间带位置，受水陆交互作用影响明显，因此侵蚀现象普遍存在[8]。海滩岩平行于海岸带分布且质地坚硬，对海岸带、海滩可起到很好的保护作用。其保护主要体现在保护沿岸沙堤，有效防止海水接触沿岸沙，避免将沿岸沙冲走。例如，海南岛南部的海滩岩可沿岸分布长达 3.5km，可很好地保护海岸沙质地貌带[37]。

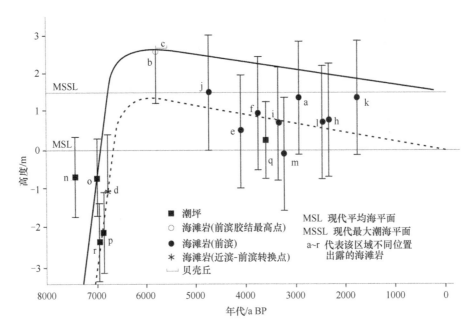

图 18.4 巴西海滩岩反映的全新世海平面变化曲线[55]

五、结论

珊瑚礁区海滩岩主要具有以下特征。

（1）珊瑚礁区海滩岩发育于珊瑚礁区砂质海岸潮间带区域，可连续分布或段带分布，呈板状平行层理或槽状交错层理，低角度向海倾斜；其颜色受生物碎屑的颜色和含量控制，主要呈黄白色和白色；碎屑颗粒往往分选中等至较好，磨圆度较差至中等，具有较高的孔隙度；胶结物主要为方解石和文石，少量白云石、生物分泌物和铁的氧化物在不同的地域环境中也可起到一定的胶结作用。

（2）海滩岩的胶结物主要形成于海水环境、大气淡水环境、海水和大气淡水混合环境中，其中水温、pH、盐度、CO_2 的分压、镁离子浓度等对胶结物的形成起到了积极的控制作用。因此，珊瑚礁区海滩岩可以很好地反映古环境信息。

（3）海滩岩的形成时间和位置可以指示相对海平面变化和构造运动特征，或可指示风暴潮等灾害事件。

参 考 文 献

[1] 孙金龙, 徐辉龙. 中国的海滩岩研究与进展. 热带海洋学报, 2009, 28(2): 103-108.

[2] Danjo T, Kawasaki S. Characteristics of beachrocks: a review. Geotechnical and Geological Engineering, 2014, 32(2): 215-246.

[3] Friedman G M. Rhythm of Beachrock Levels in Contrasting Plate Settings: Rifting Red Sea and North American-Caribbean Plates//Magoon O T, Robbins L L, Ewing L. Carbonate Beaches 2000. American Society of Civil Engineers, 2012.

[4] Strasser A, Davaud E. Formation of Holocene limestone sequences by progradation, cementation, and erosion two examples from the Bahamas. Journal of Sedimentary Research, 1986, 56(3): 422-428.

[5] Kindler P, Bain R J. Submerged Upper Holocene beachrock on San Salvador Island, Bahamas: implications for recent sea-level history. Geologische Rundschau, 1993, 82(2): 241-247.

[6] Caron V. Geomorphic and sedimentologic evidence of extreme wave events recorded by beachrocks: a case study from the Island of St. Bartholomew (Lesser Antilles). Journal of Coastal Research, 2012, 28(4): 811-828.

[7] Meyers J H. Marine vadose beachrock cementation by cryptocrystalline magnesian calcite, Maui, Hawaii. Journal of Sedimentary Research, 1987, 57(3): 558-570.

[8] Gischler E, Lomando A J. Holocene cemented beach deposits in Belize. Sedimentary Geology, 1997, 110(3-4): 277-297.

[9] Bezerra F H R, Barreto A M F, Suguio K. Holocene sea-level history on the Rio Grande do Norte State coast, Brazil. Marine Geology, 2003, 196(1-2): 73-89.
[10] Silva A L C, Silva M A M, Souza R S, et al. The role of beachrocks on the evolution of the Holocene Barrier systems in Rio De Janeiro, southeastern Brazil. Journal of Coastal Research, 2014, 70(1): 170-175.
[11] Ghandour I M, Al-Washmi H A, Bantan R A, et al. Petrographical and petrophysical characteristics of asynchronous beachrocks along Al-Shoaiba Coast, Red Sea, Saudi Arabia. Arabian Journal of Geosciences, 2014, 7(1): 355-365.
[12] Al-Ramadan K. Diagenesis of Holocene beachrocks: a comparative study between the Arabian Gulf and the Gulf of Aqaba, Saudi Arabia. Arabian Journal of Geosciences, 2014, 7(11): 4933-4942.
[13] Mauz B, Vacchi M, Green A, et al. Beachrock: a tool for reconstructing relative sea level in the far-field. Marine Geology, 2015, 362(1): 1-16.
[14] Holail H, Rashed M. Stable isotopic composition of carbonate-cemented recent beachrock along the Mediterranean and the Red Sea Coasts of Egypt. Marine Geology, 1992, 106(1-2): 141-148.
[15] Psomiadis D, Albanakis K, Nikoleta Z, et al. Clastic sedimentary features of beachrocks and their palaeo-environmental significance: comparison of past and modern coastal regimes. International Journal of Sediment Research, 2014, 29(2): 260-268.
[16] Kumar S K, Chandrasekar N, Seralathan P, et al. Diagenesis of Holocene reef and associated beachrock of certain coral islands, Gulf of Mannar, India: implication on climate and sea level. Journal of Earth System Science, 2012, 121(3): 733-745.
[17] Ravisankar R. Using different analytical techniques to study beachrocks of Tamilnadu, India. Nuclear Science and Techniques, 2009, 20(3): 140-145.
[18] Ravisankar R, Chandrasekaran A, Kalaiarsi S, et al. Mineral analysis in beachrocks of Andaman Island, India by spectroscopic techniques. Archives of Applied Science Research, 2011, 3(3): 77-84.
[19] Rajshekhar C, Reddy P P. Late Quaternary beachrock formations of Andaman-Nicobar Islands, Bay of Bengal. Journal of The Geological Society of India, 2003, 62(5): 595-604.
[20] Clyde H, Moote J. Intertidal carbonate cementation Grand Cayman, West Indies. Journal of Sedimentary Petrology, 1973, 43(3): 591-602.
[21] Bi F, Yuan Y. Study on the "beachrock field" in Haishan Island, Guangdong Province. Chinese Journal of Oceanology & Limnology, 1988, 6(4): 343-357.
[22] Wang W. Beachrocks and storm deposits on the beaches of Hong Kong. Science in China Earth Sciences, 1998, 41(4): 369-376.
[23] 雷元青, 张垚斌. 广西涠洲岛海滩岩的特征及成因分类. 桂林理工大学学报, 1991, 11(4): 345-353.
[24] 孙志鹏, 许红, 王振峰, 等. 西沙群岛海滩岩类型及其油气地质意义. 海洋地质动态, 2010, 26(7): 1-6.
[25] 滕建彬, 金春花, 沈建伟. 海南岛鹿回头水尾岭海滩岩中的微生物岩. 海洋地质与第四纪地质, 2007, 27(3): 25-30.
[26] 滕建彬, 沈建伟. 海南岛鹿回头水尾岭海滩岩中的微生物碳酸盐沉积研究. 中国科学: 地球科学, 2007, 37(10): 1338-1348.
[27] 王恕一, 叶德胜. 海南岛全新世海滩岩的胶结作用与成岩环境的关系. 沉积学报, 1985, 3(4): 45-53.
[28] 徐起浩, 冯炎基. 南海北部陆架及近岸沉溺古海滩岩的发现及其形成环境的讨论. 海洋学报(中文版), 1989, 11(2): 193-202.
[29] 赵希涛, 沙庆安, 冯文科. 海南岛全新世海滩岩. 地质科学, 1978, 13(2): 163-173.
[30] 朱长歧, 周斌, 刘海峰. 南海海滩岩的细观结构及其基本物理力学性质研究. 岩石力学与工程学报, 2015, 34(4): 683-693.
[31] Mccutcheon J, Nothdurft L D, Webb G E, et al. Beachrock formation via microbial dissolution and re-precipitation of carbonate minerals. Marine Geology, 2016, 382(1): 122-135.
[32] Webb G E, Jell J S, Baker J C. Cryptic intertidal microbialites in beachrock, Heron Island, Great Barrier Reef: implications for the origin of microcrystalline beachrock cement. Sedimentary Geology, 1999, 126(1-4): 317-334.
[33] Cawthra H, Uken R. Modern beachrock formation in Durban, KwaZulu-Natal. South African Journal of Science, 2012, 108(7-8): 107-112.
[34] Vousdoukas M I, Velegrakis A F, Plomaritis T A. Beachrock occurrence, characteristics, formation mechanisms and impacts. Earth-Science Reviews, 2007, 85(1-2): 23-46.
[35] Goudie A. Anote on mediterranean beachrock: its history. Atoll Research Bulletin, 1969, 126(19): 11-14.
[36] Darwin C. On a remarkable bar of sandstone off Pernambuco, on the coast of Brazil. Philosophical Magazine Series 3, 1841, 19(124): 257-260.
[37] 曾昭璇. 略论我国的海滩岩. 第四纪研究, 1980, 5(1): 14-19.
[38] 黄金森, 朱袁智, 沙庆安. 西沙群岛现代海滩岩岩石学初见. 地质科学, 1978, 13(4): 358-364.

[39] Ravisankar R, Eswaran P, Vijay A K, et al. EDXRF analysis of beachrock samples of Andaman Island. Nuclear Science and Techniques, 2009, 20(2): 93-98.

[40] Friedman G M. Beachrocks record Holocene events, including natural disasters. Carbonates and Evaporites, 2011, 26(2): 97-109.

[41] 沙庆安, 李菊英, 王尧. 广西涠洲岛全新世上升海滩沉积及其成岩作用. 沉积学报, 1986, 4(2): 39-46.

[42] 张明书. 关于海滩岩几个问题的初步研究. 海洋地质与第四纪地质, 1985, 5(2): 105-112.

[43] Krishna K S, Chandrasekar N, Seralathan P, et al. Depositional environment and faunal assemblages of the reef-associated beachrock at Rameswaram and Keelakkarai Group of Islands, Gulf of Mannar, India. Frontiers of Earth Science, 2011, 5(1): 61-69.

[44] Alshuaibi A A, Khalaf F I, Al-Zamel A. Calcareous thrombolytic crust on late Quaternary beachrocks in Kuwait, Arabian Gulf. Arabian Journal of Geosciences, 2015, 8(11): 9721-9732.

[45] Mccutcheon J, Nothdurft L D, Webb G E, et al. Beachrock formation via microbial dissolution and re-precipitation of carbonate minerals. Marine Geology, 2016, 382(1): 122-135.

[46] Burtou E A, Walter L M. Relative precipitation rates of aragonite and Mg calcite from seawater. Temperature of carbonate ion control? Geology, 1987, 15: 111-114.

[47] Neumeier U. le rôle de l'activité microbienne dans la cimentation précoce des beachrocks (sédiments intertidaux). PhD Thesis 2994, University of Geneua. 1998. PP183.

[48] 黄思静. 碳酸盐岩的成岩作用. 北京: 地质出版社, 2010.

[49] Melim L A, Swart P K, Eberli G P. Mixing-zone diagenesis in the subsurface of Florida and the Bahamas. Journal of Sedimentary Research, 2004, 74(6): 904-913.

[50] Friedman G M. Climatic significance of Holocene beachrock sites along shorelines of the Red Sea. American Association of Petroleum Geologists Bulletin, 2005, 89(7): 849-852.

[51] 刘敬合, 黎广钊, 农华琼. 涠洲岛地貌与第四纪地质特征. 广西科学院学报, 1991, 7(1): 27-36.

[52] 莫永杰. 涠洲岛海岸地貌的发育. 热带地理, 1989, 9(3): 243-248.

[53] 叶维强, 黎广钊, 庞衍军, 等. 北部湾涠洲岛珊瑚礁海岸及第四纪沉积特征. 海洋科学, 1988, 12(6): 13-17.

[54] 余克服, 陈特固. 南海北部晚全新世高海平面及其波动的海滩沉积证据. 地学前缘, 2009, 16(6): 138-145.

[55] Caldas L H D O, Stattegger K, Vital H. Holocene sea-level history: evidence from coastal sediments of the northern Rio Grande Do Norte coast, NE Brazil. Marine Geology, 2006, 228(1-4): 39-53.

第十九章

珊瑚礁地下水

第一节　珊瑚礁岛屿淡水透镜体研究综述[①]

在太平洋、印度洋和大西洋上有超过 5 万个热带小岛，其中大约 8000 个有人居住。许多海岛非常小，面积不到 $10km^2$，或者岛的最大宽度小于 3km。这些岛多由沙洲、珊瑚环礁岛或隆起的小的石灰岩岛屿构成[1]。由于岛屿面积小，多是灰沙岛，地表不积水，没有溪流、库塘地表水资源，因此岛上的居民只能靠收集雨水和地下淡水资源来维持日常生活和进行农业生产。屋顶的淡水收集只在一些小范围内实施，不能满足要求时，人们便通过挖井和挖地下集水通道（暗渠）的方式来抽取地下淡水。

人们在长期利用地下淡水的过程中，发现在海岛上部往往都能抽取到淡水，但有的地方并非时时都有，即有时抽出来的水是咸的，而有时候则完全抽不到。于是人们不断产生疑问：为什么会出现以上这些情况？这些地下淡水是从哪里来的？如何分布的？如何可以保证长期抽取到质量不变的淡水？

最早进行沿海开发出现的供水问题吸引了科技人员的注意，他们开始对沿海地下淡水资源进行调查，发现沿海陆地上的大部分地下淡水形成了一个覆盖在咸海水上的透镜状的淡水体，因而提出了"淡水透镜体"（freshwater lens）的概念[2, 3]。后来的科学家在对海岛开发的供水问题研究中，引入了这个概念。一个世纪以来，科学家对珊瑚礁岛屿淡水透镜体的形成、特征、影响因素、威胁因素和保护管理等方面进行了详细研究，但国内却缺少全面的介绍，随着我国对海洋资源尤其是海岛资源的重视，如何充分研究以实现开发和保护并重对我们提出了更多要求，因此本节将对国内外珊瑚礁岛屿淡水透镜体的研究工作加以综述，以期对淡水透镜体有更全面的了解和认识，为国内珊瑚礁岛屿淡水透镜体的进一步研究提供更多的借鉴和思路。

一、淡水透镜体的形成

淡水透镜体是由 Ghyben、Herzberg 分别于 1889 年、1901 年在对欧洲大陆沿海地区提供淡水问题的

[①] 作者：赵焕庭，王丽荣

各自独立研究中发现的[2, 3]，原文全文不便查阅。Ghyben[2]是在荷兰皇家工程研究所杂志上用荷兰文发表的，笔者请 Harald Printz 博士将该文题目翻译为英文 *Note in connection with the proposed wellbore near Amsterdam*，中文为《关于在阿姆斯特丹附近的打井建议》。Herzberg[3]在文集中用德文写作的论文，笔者请赵琳将该文题目翻译为中文《几个北海浴场的供水》。之后多年来，国内外学者不断地做了许多调查研究[4-90]，认识到珊瑚礁岛的淡水透镜体中淡水的来源是雨水，即由雨水渗入地下而形成的；但光有雨水还不够，岛的地质地貌结构决定了该岛是否能够形成淡水透镜体（下文叙述）。

淡水透镜体主要出现在地势低洼的碳酸盐岛上，岛上松散的沙砾不整合地堆积在古喀斯特化（古熔岩化）石灰岩珊瑚礁上[4]。通常珊瑚礁岛的下部是更新世礁灰岩，具有成熟的岩溶特征，孔隙和溶洞极为发育，渗透性高[5]，礁体外的海水容易渗入和流通，并成为礁体内常态水，而从礁上部渗透下来的淡水不易保存，自然融入下部的海水中，不能形成淡水透镜体。珊瑚礁上部是松散的全新世沉积物，孔隙率相对较低，渗透率也相对较低，海水不易渗入，而由地表渗入的雨水却容易保留，并且由于淡水和海水的密度差异，形成了漂浮在海水之上的淡水透镜体[1, 6, 7]（图 19.1）[10]。

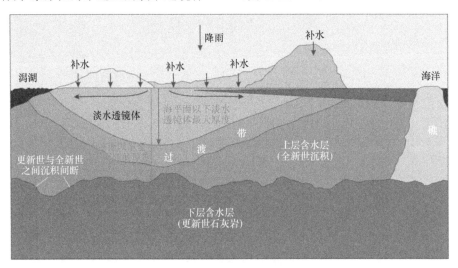

图 19.1　珊瑚环礁岛屿淡水透镜体示意图

淡水会从透镜体中流失到岛边缘的海洋或潟湖中，同时在与海水的混合中也有损失，因此淡水透镜体形成后就在补给与损失中维持着动态平衡。淡水透镜体水分平衡的短期变化主要发生在淡水透镜体的上部，显示为水位的季节性波动，而淡水透镜体下部的变化相当慢，需要长时间来使整个系统达到平衡[8]。由于在多数海岛上雨水的收集普遍没有成为常态，淡水透镜体便成为最重要的淡水资源，因而它的存在对于人们长期居住和维持海岛的生态系统非常重要。

在珊瑚礁岛地下淡水研究中，引入了淡水透镜体的理论，常称为 Ghyben-Herzberg 透镜体。例如，Bugg 和 Lloyd[9]在 1976 年应用电阻率方法研究加勒比海开曼群岛的淡水透镜体结构。1986 年，Ayers 和 Vacher[10]进一步阐明珊瑚岛地下淡水透镜体。1991 年，Budd 和 Vacher[11]概括了前人关于珊瑚礁岛淡水透镜体的理论模式（图 19.2），介绍了美国路易斯安那州北部基面下 50~100m 的二叠纪古安德列岛的古淡水透镜体。

Badon-Ghyben 等对淡水透镜体做了最为基础的流体静力学研究，在假设含水层是同质的，水的流动主要是水平的、稳定的以及淡水到海水之间的变化是突然的 3 个前提下，给出了 Ghyben-Herzberg 原则或关系图（图 19.3）[17, 18]。图中，$z=38h$，其中 z 为海平面下淡水透镜体的厚度，h 是淡水透镜体高出海平面的高度，而 38 则是淡水密度和咸水密度与淡水密度差的比值[17]，Rotzoll 等给出的比值为 40[12]。由于在此假设下，淡水透镜体的形状是对称的，因此人们可以根据淡水透镜体的水位高度大致估计出淡水透镜体的厚度。

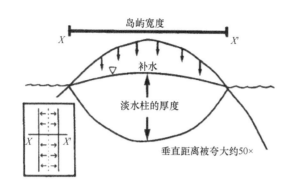

图 19.2　淡水透镜体的理论模式

这是一个同质的裸露岛屿简单的 Ghyben-Herzberg 透镜体横断面和平面图

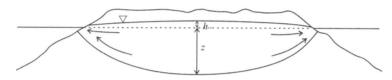

图 19.3　Ghyben-Herzberg 原则在淡水透镜体中的示意图

Dupuit-Ghyben-Herzberg 理论[13,14]假定理想的淡水透镜体位于一个同质的、各向同性的线状或带状岛上，它以岛为中心形成对称结构，厚度与平均海平面上的水位高度成正比。淡水透镜体的厚度同含水层的补水和渗透系数的比值以及岛的面积成正比。而分开地下淡水和海水的过渡带的大小则依赖于含水层参数和潮差，一般来说，它与渗透率和潮差成正比[15]。即淡水透镜体的厚度依赖于补水率（R）和渗透系数（K）的比值，若 R/K 大，则淡水透镜体厚。而随着 R 和 K 的变化，淡水透镜体也出现不对称情况，淡水透镜体的最大厚度会倾向比值高的区域（图 19.4）[14]。渗透系数高会促使淡水和海水的混合，使过渡带变厚，并限制了淡水透镜体的发育[16]。

但实际上，淡水透镜体中淡水和底层海水之间的边界并不像经典的"Ghyben-Herzberg"原则和"Dupuit-Ghyben-Herzberg"理论设想的那么简单和突然。相反，这个边界以一个宽的微咸过渡带或混合带的形式出现，由于混合和扩散作用，地下水的咸度随淡水向海水深度的增加而增加[17]。这使得淡水透镜体的研究更为复杂。

各岛上淡水透镜体的厚度不同，通常比较薄，多为几米到几十米。而有的珊瑚礁小岛在雨季会形成淡水透镜体，而在旱季却消失。目前测到的最厚的淡水透镜体位于夏威夷，达 262m[12]，它存在于火山岩含水层中，上覆厚的海岸沉积物。

二、淡水透镜体形成发育的影响因素

简单地讲，淡水透镜体的形成是指降雨渗入一个最初完全被海水浸泡的珊瑚礁岛，之后经过短暂的淡水透镜体的发育过程，最终达到长期稳定状态[19]。但实际上，淡水透镜体的形成、发育和演化依赖很多因素，情况也更为复杂，如水文地质、岛的地形、土壤和植被、气候、潮汐等，在这些因素的综合作用下维持补水与流出过程中的平衡状态。

（一）水文地质

淡水透镜体的形成与演变和海岛的沉积环境、年龄、成岩作用的阶段、礁灰岩内岩溶发育情况等因素有关[20]，含水层的水文地质对淡水透镜体的大小、盐度和可持续性有直接的影响；而裂隙和溶洞决定了淡水透镜体的外形；特别是岛礁上部全新世松散堆积层和下部更新世礁灰岩之间不整合面的深度，往往是淡水透镜体厚度的主要控制特征[6]。

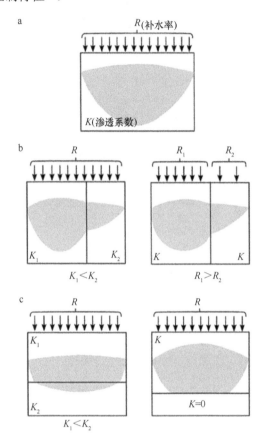

图 19.4　简单的淡水透镜体模型

a. K 和 R 均为同质时；b. K（左图）和 R（右图）变化导致的淡水透镜体的不对称发育；
c. 淡水透镜体由于 K 高（左图）和渗透系数为 0（右图）而变薄

淡水透镜体在年轻的、松散的、渗透性较差的礁灰岩中[20]会发育得较厚，随着礁灰岩变得固结，孔隙率和渗透性变得较高，礁灰岩变得实而不密，水在其裂隙中流动较通畅，下渗的淡水较快地融入下部海水中，这渐渐成为常态，导致淡水透镜体变薄，水质变差。而当下渗的淡水进入被海水完全浸泡的礁灰岩中的裂隙和溶洞中时，淡水透镜体最薄、最差。所以，全新世沉积物的厚度大，淡水透镜体厚度就大，而更新世礁灰岩的厚度会限制淡水透镜体的厚度[21]。从发育在印度洋-太平洋的环礁和加勒比海的小的礁灰岩岛上的淡水透镜体可以看到这些现象[20, 21]。

而在火山岛上则少见淡水透镜体，这是因为同一岛上火山岩和其他岩石的风化层渗透性不同，使得含水层出现在有其他岩石风化层分布的岛的另一部分，而火山岩分布的部分则没有[17]。另外，水文地质对碳酸盐堡礁岛和硅质碎屑堡礁岛的淡水透镜体的控制亦有不同[22]。

（二）气候

淡水透镜体的状态由补给和排泄之间的平衡决定。其中补给主要和降雨入渗有关，而排泄主要是指蒸发和淡水流入海洋或潟湖。

一般来讲，降雨量大的比降雨量小的珊瑚礁岛有更厚的淡水透镜体[23]，淡水透镜体的贮量随年降雨量的变化而变化[24]。但厚的、有低渗透性海岸沉积物的玄武岩岛的淡水透镜体对降雨变化的反应会慢些[25]。而蒸发的变化一般会比降水的变化小[16]，有时情况更为特殊，如Falkland[26]在1994年发现太平洋北部和印度洋的一些珊瑚礁岛上，由于蒸发损失高，淡水透镜体的补水小于年降水的50%。

盛行风通过改变地形地貌而影响淡水透镜体的厚度，如Mather[27]研究认为盛行风会在临潟湖的一边堆积显著的厚层沙，这为淡水透镜体的发育提供了适宜的环境。

另外，淡水透镜体厚度也与海平面有关，如在堡礁上，潟湖或海湾与海的有效平均海平面的显著差异会导致淡水透镜体的不对称发育[28]，在宽度小于100m的带状小岛上这个现象更为明显[14]。

（三）岛的生物地理

岛的生物地理包括岛的形态、土壤和植被。因为它们会改变补水格局，从而间接对淡水透镜体的厚度和形状产生影响[29]。

岛的形态是指岛的大小、地表特征、地势（尤其是高于平均海平面的高度和宽度）等方面。一般来讲，面积大且宽度更大的珊瑚礁沙岛会产生更厚的淡水透镜体，而海拔更高的礁灰岩岛通常也会发育更厚的淡水透镜体[16]。对于湿地和洼地而言，蒸腾损失更多[29]，因而会使淡水透镜体变薄；而沙丘地形会减少蒸发蒸腾作用，维持淡水透镜体的厚度[30]。

岛上植被的作用也不可忽视，密集的植物如灌木、草丛的空间格局会影响蒸发，尤其是深根植物，由于其会深入淡水透镜体内，增加蒸发的损失[31]，从而改变淡水透镜体的厚度。例如，椰树蒸发的淡水大约为每棵150L/d[32]。

土壤的作用也很重要，土壤的厚薄和渗透能力影响淡水透镜体的质量。一般礁灰岩岛上的土壤很薄，但有些岛也有较厚的土壤[33]，环礁灰沙岛和礁灰岩岛的高渗透性土壤促使雨水的渗透变快，另外，环礁岛珊瑚砂上只有一层薄的土壤，通常缺乏有机质和营养，保水能力低，很难保护下层的淡水透镜体免受随雨水渗入的腐殖质的影响，造成淡水透镜体的水质受到污染[7, 12]。

（四）潮汐

由于淡水透镜体漂浮于海水之上，通过孔隙、溶洞与海水相连[7]，因此，潮汐带来的海平面的日波动，会造成淡水透镜体滞后性的上升和下降运动，而潮汐引起的压力变化使淡水和海水混合，从而使淡水透镜体厚度减小，过渡带的厚度增加[34-36]。

对于没有沉积物覆盖的玄武岩岛，渗透率高，因而淡水透镜体对潮汐波动的反映很迅速[25]。另外，潮汐更容易向淡水透镜体内渗透系数高且比容（海水比容是指单位质量海水所占的容积，在数值上是密度的倒数）低的部分传播[15]。

三、自然和人为因素对淡水透镜体的压力

淡水透镜体非常脆弱，尤其是面对一系列自然和人为的压力。随着珊瑚礁沙岛上人口的增长和经济的不断发展，人们对淡水透镜体的需求和利用程度的压力也日益增加，加之通常缺乏有效管理，造成淡水透镜体很容易被过度抽取或被污染。另外，各种突发的、极端的自然事件也威胁着淡水透镜体[1, 37]。

（一）自然压力

1. 干旱

由于珊瑚礁岛屿处于海洋中，因而更易受到极端气候的影响，如由厄尔尼诺（El Niño）、拉尼娜（La Niña）和南方涛动（southern oscillation）所引起的降雨模式的改变[33,38]，从而减少对淡水透镜体的补给。而干旱期频率的增加和时间的延长[39,40]，更造成淡水透镜体的补水不足以补充由于其和下层海水混合以及从透镜体边界流出造成的淡水损失[40]，进而使淡水透镜体变薄。

2. 海水入侵

地震引发的海啸和与强大的热带气旋相关联的风暴浪、风暴潮造成低洼岛屿的部分或全部被淹没[41]，使得海水入侵淡水透镜体，导致淡水透镜体的缩小和咸化[41,42]。海水入侵过程很复杂，Terry 和 Falkland[21]通过对太平洋珊瑚礁小岛发生风暴潮后的实地调查，研究了环礁岛屿淡水透镜体对风暴潮淹没的反应，认为淡水透镜体需要 11 个月的时间来恢复。而 Bailey 等[43]的研究还发现这种干旱和淹没给淡水透镜体带来的影响是暂时的，几个月或几年后会通过降雨的补给而恢复。

3. 海平面升高和岛屿的机械侵蚀

随着全球气候变暖，海平面上升，海洋侵蚀导致热带海洋中的环礁岛屿的物理结构逐渐变化，并趋于消失，而这直接导致淡水透镜体的缩小甚至消失。但事实上，这个过程是缓慢而长期的[44]。Terry 和 Chui[45]在研究中发现，假设岛边缘的土地没有失去，那么海平面上升 1m 对淡水透镜体的影响很小，事实上，淡水透镜体的厚度和容量预计会有轻微增加，其大部分会在上层、低渗透性的全新世沉积物中[17,45]。若岛边缘的土地被侵蚀，岛的面积减小了，淡水透镜体的容量也会减小。但由于海平面的变化缓慢，一般来说，岛屿的机械侵蚀多发生在极端事件中，如强风暴等引发的而非海平面的缓慢变化引起的事件[44]。

（二）人为压力

太平洋上约有 1000 个小岛上有人居住[17]。许多岛的面积小于 10km²，而在多数的环礁沙岛上，面积通常小于 1km²，宽度小于 1km[46]。在这些珊瑚礁小沙岛上，人们的活动给淡水透镜体带来了威胁。

1. 过度抽取淡水

岛上居民需要长期抽取淡水来满足生活和生产的需要，但如果不能掌握好抽取的量，则会使淡水透镜体形态发生改变。由于抽取淡水的垂直井的锥（漏斗）形凹陷降低了淡水透镜体的高度，导致了咸淡水交界面上"倒锥"的形成并使海水进入井里[47,48]，从而造成海水入侵，使淡水透镜体缩小和淡水变咸[49]，而过度地抽取淡水有可能穿透淡水透镜体，使其完全被破坏。例如，Rotzoll 等[12]对上覆海岸沉积物的玄武岩岛含水层过去 40 年来淡水透镜体厚度的变化进行研究发现，淡水透镜体的厚度在持续缩小，反映了抽取、灌溉和补给之间的波动更偏向于人为一边，造成淡水透镜体的变化趋势倾向于不可持续。Anthony[50]认为从淡水透镜体抽取的水量要低于平均年补水量的 20%才能保证淡水透镜体的完整与健康。Volker 等[23]用稳态分析预测了抽水情况下淡水透镜体的变化，认为当抽水率是平均补水率的 50%时，淡水透镜体的最大厚度将是未抽水时平均厚度的 71%，而过渡带的宽度会增加 41%，干旱情况下（即补水减少），淡水透镜体的变化与抽水情况下相似。而耗尽的淡水透镜体需要 1.5 年的时间来恢复[44]。

2. 污染

污染主要来自不合理地使用农药、肥料，以及由于缺乏足够的环境卫生管理和废水处理而导致的人畜粪便污染[51]。种植中使用的农药和肥料会随雨水渗入淡水透镜体中，而岛上居民生活和生产的废弃物只经过简单处理或没有处理就排放，同样会渗入地下，污染淡水透镜体。

3. 地形的改变

通过对珊瑚礁岛沼泽的填充、沙丘的被侵蚀以及建筑物的覆盖等改变了地表和沉积物的状态，淡水透镜体的形态发生变化；而砍伐植物、农作物种植等改变了植被生长模式，通过影响蒸发蒸腾方式从而影响淡水透镜体的厚度；而在淡水透镜体附近挖砂石来做建筑材料，会使淡水透镜体上部的沉积物覆盖变薄，直接影响淡水透镜体的形态[52]。

4. 海岸工程

海岸工程会造成对珊瑚礁岛某些岸段的侵蚀，从而改变岛的形状或大小，使淡水透镜体的厚度减小。

四、淡水透镜体的研究模型

淡水透镜体的研究模型最早出现在 1898 年的 G-H 定律（盖本-赫兹伯格模型）中，而后发展了更多的方法和模型。从研究内容来看，有计算淡水透镜体厚度的模型、有计算其可持续抽取量的模型和估计各种因素对淡水透镜体影响的模型；从方法上来看，分为物理模型、解析模型和数值模型。

（一）物理模型

物理模型是早期用来研究淡水透镜体内淡水和海水相互作用的方法之一，至今仍在应用[53]，它不仅可以将海水和淡水的相互作用过程形象化，而且可以检验解析模型和数值模型的性能。物理模型主要是利用地电和电磁技术，用来描绘淡水和海水的分布，并确定两者分界面的位置[54]，而淡水透镜体的产生和倒锥现象也可以通过物理实验来分析[55]。一系列的物理模型试验用来研究同质含水层中淡水透镜体的形成和退化，即强调淡水透镜体的稳定形态[56]。例如，Stoeckl[57]利用一系列的物理模型研究了淡水透镜体随时间的形成和退化、流动路径和时间、内部的年龄分层，更多的实验也表明从咸淡水交界面上的一个水平井和垂直井里抽取淡水的差异，这些有着相同边界条件的实验确认水平井比垂直井更少引起倒锥现象，因此可持续的产水量更高。

（二）解析模型

解析模型用来计算淡水透镜体的形态和发育[58]，即研究淡水透镜体的厚度、过渡带的厚度或范围，并可以得到预测停留和运动时间的解析解。利用空间矩来数值模拟淡水透镜体和过渡带的厚度，其中，瑞利数（反映密度差异）和质量流量比（反映向上的海水渗透和降水的比）决定了淡水透镜体的厚度，而过渡带的厚度主要受质量流量比以及反映扩散过程的3个无量纲组影响。Fetter[59]在考虑了向上的渗流后，用解析法和数值法分别对淡水透镜体的厚度进行了计算，并对淡水透镜体和下层地下水之间有或无密度差的 2 种情况作了比较分析，认为淡水透镜体厚度的数值解和解析解是吻合的。另外，他对淡水透镜体形成的不同阶段中纵向和横向水动力扩散对过渡带厚度的相对贡献也做了量化计算，结果表明纵向扩散主导淡水透镜体形成的早期阶段，而稳定期则以横向扩散占主导。而 Dupuit-Ghyben-Herzberg 解析模型综合了 Dupuit 关于垂直均势的假设[60]和 Ghyben-Herzberg 关于淡水和海水不融合的假设。Vacher[61]用分析数学方法并辅以监测井的数据来研究淡水透镜体的形态特征。Baharuddin 等[62]用化学-电阻率综合技术来评价受海水入侵影响下淡水透镜体的形态。

（三）数值模型

数值模型多在缺乏实测资料的情况下来预测淡水透镜体的范围，如密度制约的溶质运输模型适合海岸和岛屿含水层系统的模拟，这类模型包括 SUTRA[63]（Voss and Provost，2.1 版）、HST3D[64]、VTT[65]、SALTFLOW[66]、MOCDENS3D[67]、SEAWAT[68]、FEFLOW 5.4[69]和 SHARP[70]等。这些模型提供 2 个同步的、非线性偏微分方程的解，其中 SUTRA 模型用途很广，可用于了解海岸含水层内海水入侵的过程，分析各种过程对淡水透镜体的影响以及模拟不同的管理选择。Alam 和 Falkland[71]用 SUTRA 来校正估计的淡水透镜体的可持续抽取量。淡水透镜体三维数学模型涉及可混溶流体水动力弥散问题。整个问题可用 2 个偏微分方程来描述，第一个方程用来描述密度可变的混合流体的流动，第二个方程用来描述混合流体中盐分的运移。它能通过利用 SUTRA 来模拟咸淡水之间的相互作用和盐的移动，分析补水的变化对淡水透镜体的影响。Oberdorfer 等[72]利用 SUTRA 研究了 1 年内含水层补水变化情况下 Enjebi 岛 Enewetak 环礁淡水透镜体厚度的季节变化，认为潮汐变化是岛下水流的主要驱动力，导致微咸水混合区的体积增大。Baily 等[43]用日补水的估计值来模拟 1997 年 El Niño 事件后淡水透镜体的变薄以及恢复；Nutbrown[73]利用代数模型来预测平均降雨和 El Niño 引起的干旱情况下环礁沙岛上淡水透镜体的厚度以及利用一维模型来评价抽水的影响；Hocking 和 Forbes[74]用格林函数的方法、Padilla 和 Cruz-Sanjulian[75]用有限差分模型研究了抽取淡水对咸淡水间界面位置和形状的影响，得到不同取水点击穿淡水透镜体导致咸水入侵的最大抽取量。另外，减少含水层间的密度比或增加抽取高度对于临界流率很关键。Ghassemi 等[76]用 SALTFLOW 软件包对淡水透镜体进行了三维模拟，试图了解影响淡水透镜体的主要过程，评估了影响系统的参数和淡水透镜体的产量。

五、我国对珊瑚礁岛屿淡水透镜体的研究

我国对珊瑚礁岛屿淡水透镜体的研究开始较晚。1994 年赵焕庭等在对南海珊瑚礁地质地貌的研究中就关注淡水透镜体的存在[77-79]（图 19.5）[79]。而更多的调查研究工作始于 1995 年，中国人民解放军有关院校的学者和工程单位的科技人员开展了对西沙群岛地下水资源的调查、勘探和实验，对永兴岛的淡水透镜体进行了详细的调查研究[6, 7, 24, 80-90]，赵焕庭等[91]曾对这些成果作述评。周从直等[6, 24, 83, 90]对珊瑚礁岛屿淡水透镜体的模拟和开发利用进行了研究，运用有限差分法和 Visual Modflow 模型研究了永兴岛淡水透镜体的动力学特征，计算了永兴岛淡水透镜体的包络面，与实测值比较误差在 3%～15%，制作了永兴岛淡水透镜体等深图和淡水透镜体三维视图，并分析了四季雨量变化和年降雨量变化对淡水透镜体的影响，即年中淡水贮水量变化同雨量变化相对应，水头值 4 月最小（16m），10 月最大（17.2m），两者相差 7.5%，相应的淡水贮量相差约 10.5%。年际淡水透镜体中央最厚点变化也同雨量变化相对应，丰水年、平水年和枯水年的水头模拟值分别为 18.7m、16.5m 和 15.5m，丰水年比平水年多 13.3%，枯水年比平水年少 6.1%，对应的淡水贮量分别多 16.8%和少 7.2%。梁恒国等[7]介绍了珊瑚礁岛屿淡水透镜体的形成特征及影响因素；方振东等[84]运用 Visual Modflow 软件对三维数学模型进行数值求解，对珊瑚礁岛屿淡水透镜体抽水致倒锥的影响因素进行研究，研究表明取年均降雨量的 40%为回补量，永兴岛淡水透镜体最大计算厚度为 15m，而抽水倒锥上升高度随抽水强度和时间的增加而增加，随井底到淡水透镜体底部边界距离的增加而减少。甄黎等[86]、赵军等[88]采用室内物理模型，对海岛淡水透镜体的演变过程进行了模拟实验，分析了淡水透镜体形

成和产生倒锥现象的演变规律，认为当开采量达到 $0.373\times10^{-4}\text{m}^3/\text{s}$ 时，倒锥进入抽水井，淡水透镜体被击穿；另外，赵素丽[80]、周从直等[84]用生物修复试验对永兴岛的淡水透镜体进行了研究，即对受到有机污染的珊瑚岛礁淡水透镜体进行原位曝气生物修复研究，分析了溶解氧（dissolved oxygen，DO）在地下水中的分布规律及脱色和化学需氧量（chemical oxygen demand，COD）的去除效果。

从目前的研究状况来看，对西沙群岛淡水透镜体的研究最为具体，对于淡水透镜体的厚度等基本特征也有所了解。周从直等[83]通过三维数值模拟计算永兴岛淡水透镜体的最大厚度为 16.5m；而方振东等[84]运用 Visual Modflow 软件研究发现取年降雨量的 40% 为补水量，则永兴岛淡水透镜体的最大厚度为 15m，且东、西发育不对称，最大厚度向西（临宣德环礁潟湖一侧）偏移。

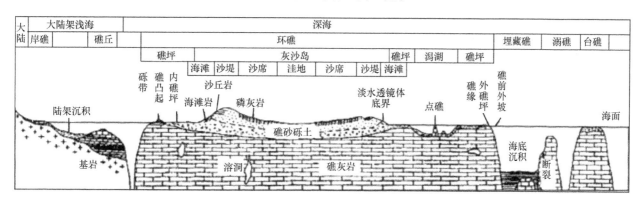

图 19.5　南海珊瑚礁地质地貌模式图

六、展望

我国南海地理位置特殊，南海和南海诸岛的资源丰富，维权和资源开发任务重，供水保障需求量不断加大，因而对南海珊瑚礁岛屿淡水透镜体进行更多的调查研究显得格外重要。而研究重点应放在两个方面：①目前永兴岛淡水透镜体中的淡水由于污染不能饮用，因此岛上的饮用水主要来自大陆水厂生产的自来水，未能发挥淡水透镜体的作用，探讨如何使淡水透镜体除污后能够饮用显得尤为重要；②由于对淡水透镜体的研究主要集中在永兴岛，因此应开展对南海其他珊瑚礁岛屿淡水透镜体的研究，以充分了解南海珊瑚礁岛屿淡水资源的全部情况，为珊瑚礁岛屿的进一步开发利用提供最基本的、可持续的饮用水保障[92]。

参 考 文 献

[1] White I, Falkland T, Perez P, et al. Challenges in freshwater management in low coral atolls. Journal of Cleaner Production, 2007, 15(16): 1522-1528.
[2] Ghyben B W. Nota in verband met de voorgenomen putboring nabij Amsterdam. Koninglijk Instit Ing Tijdschrift, 1889: 8-22.
[3] Herzberg D. Die wasserversorgung einiger nordseebäder. J Gasbeleuchtung Wasserversorgung, 1901, 44: 815-819.
[4] White I, Falkland T. Management of freshwater lenses on small Pacific islands. Hydrogeology Journal, 2010, 18(1): 227-246.
[5] Vacher H L, Mylroie J E. Eogenetic karst from the perspective of an equivalent porous medium. Carbonates and Evaporites, 2002, 17(2): 182-196.
[6] 周从直, 方振东, 官举德, 等. 珊瑚岛礁淡水透镜体的模拟与开发利用. 杭州应用工程技术学院学报, 1999, 11(1/2): 16-20.
[7] 梁恒国, 周从直, 方振东. 珊瑚岛礁淡水透镜体的形成特征及影响因素. 西南给排水, 2006, 28(5): 23-24.
[8] Wentworth C K. Storage consequences of the Ghyben-Herzberg theory. Eos Transactions American Geophysical Union, 1942, 23: 683-693.
[9] Bugg S F, Lloyd J W. A study of fresh water lens configuration in the Cayman Islands using resistivity methods. Quarterly

Journal of Engineering Geology and Hydrogeology, 1976, 9(4): 291-302.
[10] Ayers J F, Vacher H L. Hydrogeology of an atoll island: a conceptual model from detailed study of a Micronesian example. Ground Water, 1986, 24(2): 185-198.
[11] Budd D A, Vacher H L. Predicting the thickness of fresh-water lenses in carbonate paleo-islands. Journal of Sedimentary Research, 1991, 61(1): 43-53.
[12] Rotzoll K, Oki D S, El-Kadi A I. Changes of freshwater-lens thickness in basaltic island aquifers overlain by thick coastal sediments. Hydrogeology Journal, 2010, 18(6): 1425-1436.
[13] Hubbert M K. The theory of ground-water motion. The Journal of Geology, 1940, 48: 785-944.
[14] Vacher H L. Ground water in barrier islands: theoretical analysis and evaluation of the unequal-sea level problem. Journal of Coastal Research, 1988, 4(1): 139-148.
[15] Cooper H H. A hypothesis concerning the dynamic balance of fresh water and salt water in a coastal aquifer. Journal of Geophysical Research, 1959, 64(4): 461-467.
[16] Vacher H L. Dupuit-Ghyben-Herzberg analysis of strip-island lenses. Geological Society of America Bulletin, 1988, 100(4): 580-591.
[17] Fratesi B. Hydrology and geochemistry of the freshwater lens in coastal karst//Lace M J, Mylroie J E. Coastal Karst Landforms. Netherlands: Springer, 2013: 59-75.
[18] Badon-Ghyben W. Nota in verband met devoorgenomen putboring nabij Amsterdam. Tijdschrift van het koninklijk Instituut van Ingenieurs, The Hague, 1889: 8-22.
[19] Lebbe L, van Meir N, Viaene P. Potential implications of sea-level rise for Belgium. Journal of Coastal Research, 2008, 24(2): 358-366.
[20] Mather J D, The influence of geology and karst development on the formation of freshwater lenses on small limestone islands. Karst Hydrogeology and Karst Environment Protection, 1988, (1): 423-428.
[21] Terry J P, Falkland A C. Responses of atoll freshwater lenses to storm-surge overwash in the Northern Cook Islands. Hydrogeology Journal, 2010, 18(3): 749-759.
[22] Schneider J C, Kruse S E. A comparison of controls on freshwater lens morphology of small carbonate and siliciclastic islands: examples from barrier islands in Florida, USA. Journal of Hydrology, 2003, 284(1): 253-269.
[23] Volker R E, Mariño M A, Rolston D E. Transition zone width in ground water on ocean atolls. Journal of Hydraulic Engineering, 1985, 111(4): 659-676.
[24] 周从直, 方振东, 梁恒国, 等. 雨量变化对珊瑚岛礁淡水透镜体的影响. 中国给水排水, 2006, 22(1): 53-57.
[25] Kim K Y, Park Y S, Kim G P, et al. Dynamic freshwater saline water interaction in the coastal zone of Jeju Island, South Korea. Hydrogeology Journal, 2009, 17(3): 617-629.
[26] Falkland A C. Climate, Hydrology, and Water Resources of the Cocos (Keeling) Islands. Atoll Res Bull, 1994, 400: 52.
[27] Mather J D. Saline intrusion and groundwater development on a Pacific atoll. Proc 5th Salt Water Intrusion Meeting, Medmenham, 1977: 127-135.
[28] Urish D W, Ozbilgin M M. The Coastal Ground-Water Boundary. Groundwater, 1989, 27(3): 310-315.
[29] Wallis T N, Vacher H L, Stewart M T. Hydrogeology of freshwater lens beneath a Holocene strandplain, Great Exuma, Bahamas. Journal of Hydrology, 1991, 125(1): 93-109.
[30] Whittecar G R, Johnson C J. Hydrogeologic analysis of water table fluctuations on a barrier island, Cape Henry, Virginia. Abstracts with programs. Geol Soc Am, 1990, 22: 122-123.
[31] Peterson F L. Hydrogeology of the Marshall Islands. Developments in Sedimentology, 2004, 54: 611-636.
[32] White I, Falkland A, Etuati B, et al. Recharge of fresh groundwater lenses: Field study, Tarawa Atoll, Kiribati. Republic of Panama: hydrology and water resources management in the humid tropics. Proc Second International Colloquium, Panama, 1999: 299-322.
[33] van der Velde M, Javaux M, Vanclooster M, et al. El Niño-southern oscillation determines the salinity of the freshwater lens under a coral atoll in the Pacific Ocean. Geophysical Research Letters, 2006, 33(21): 1-5.
[34] Hunt C D J, Peterson F L. Groundwater resources of Kwajalein island. Marshall Islands: Technical Report, 1980.
[35] Wheatcraft S W, Buddemeier R W. Atoll island hydrology. Ground Water, 1981, 19(3): 311-320.
[36] Crennan L, Berry G. Review of community-based issues and activities in waste management, pollution prevention and improved sanitation in the Pacific Islands Region. Prepared for the International Waters Programme, South Pacific Regional Environment Programme, 2002.
[37] Falkland A. Tropical island hydrology and water resources current knowledge and future needs//Glodwell J S. Hydrology and water management in the humid tropics. Paris: Technical Documents in Hydrology No.52, UNESCO International Hydrology Programme-V, 2002: 237-298.
[38] White I, Falkland T, Metutera T, et al. Climatic and human influences on groundwater in low atolls. Vadose Zone Journal,

2007, 6(3): 581-590.

[39] Scott D, Overmars M, Falkland A, et al. Pacific dialogue on water and climate: synthesis report. Suva: South Pacific Applied Geoscience Commission, 2003: 36.

[40] White I, Falkland T, Scott D. Droughts in small coral islands: case study, South Tarawa, Kiribati. Paris: UNESCO, 1999.

[41] Terry J P. Tropical Cyclones: Climatology and Impacts in the South Pacific. New York: Springer, 2007.

[42] Spennemann D. Freshwater lens, settlement patterns, resource use and connectivity in the Marshall Islands. Transforming Cultures, 2006, 1(2): 42-63.

[43] Bailey R T, Jenson J W, Olsen A E. Numerical modeling of atoll island hydrogeology. Ground Water, 2009, 47(2): 184-196.

[44] Woodroffe C D. Reef-island topography and the vulnerability of atolls to sea-level rise. Global and Planetary Change, 2008, 62(1): 77-96.

[45] Terry J P, Chui T F M. Evaluating the fate of freshwater lenses on atoll islands after eustatic sea-level rise and cyclone-driven inundation: a modelling approach. Global and Planetary Change, 2010, 88: 76-84.

[46] Dijon R. Some aspects of water resources planning and management in smaller islands//Salamat MR. Natural resources forum. New York Blackwell Publishing Ltd., 1983, 7(2): 137-144.

[47] Dagan G, Bear J. Solving the problem of local interface upconing in a coastal aquifer by the method of small perturbations. Journal of Hydraulic Research, 1986, 6(1): 15-44.

[48] Zhou Q, Bear J, Bensabat J. Saltwater upconing and decay beneath a well pumping above an interface zone. Transport in Porous Media, 2005, 61(3): 337-363.

[49] Falkland A, Custodio E. Characteristics of small islands. Hydrology and water resources of small islands: a practical guide. Paris: UNESCO, 1991: 1-9.

[50] Anthony S S. Case study 7: Majuro atoll//Falkland A. Hydrology and water resources of small islands: a practical guide. Paris: UNESCO, 1991: 368-374

[51] Dillon P. Groundwater pollution by sanitation on tropical islands. Paris: UNESCO, 1997.

[52] White I, Falkland A, Crennan L, et al. Issues, traditions and conflicts in groundwater use and management. Paris: Technical Participatory Assessment of Water Developments in an Atoll Town, 1999: 403.

[53] Luyun R, Momii K, Nakagawa K. Effects of recharge wells and flow barriers on seawater intrusion. Ground Water, 2011, 49: 239-249.

[54] Barrett B, Heinson G, Hatch M, et al. Geophysical methods in saline groundwater studies: locating perched water tables and fresh-water lenses. Exploration Geophysics, 2002, 33(2): 115-121.

[55] Zhao J, Hui W Z, Cang S L, et al. A Laboratory Model of the Evolution of an Island Freshwater Lens. Hyderabad: IAHS Press, 2009: 154-161.

[56] Dose E J, Stoeckl L, Houben G J, et al. Experiments and modeling of freshwater lenses in layered aquifers: steady state interface geometry. Journal of Hydrology, 2014, 509(4): 621-630.

[57] Stoeckl L, Houben G. Flow dynamics and age stratification of freshwater lenses: experiments and modeling. Journal of Hydrology, 2012, 458(43): 9-15.

[58] Eeman S, Leijnse A, Raats P A C, et al. Analysis of the thickness of a fresh water lens and of the transition zone between this lens and upwelling saline water. Advances in Water Resources, 2011, 34(2): 291-302.

[59] Fetter C W. Position of the saline water interface beneath oceanic islands. Water Resources Research, 1972, 8(5): 1307-1314.

[60] Kirkham D. Explanation of paradoxes in Dupuit-Forchheimer seepage theory. Water Resources Research, 1967, 3(2): 609-622.

[61] Vacher H L. Hydrogeology of Bermuda-Significance of an across the island variation in permeability. Journal of Hydrology, 1978, 39(3): 207-226.

[62] Baharuddin M F T, Othman A R, Taib S, et al. Evaluating freshwater lens morphology affected by seawater intrusion using chemistry-resistivity integrated technique: a case study of two different land covers in Carey Island, Malaysia. Environmental Earth Sciences, 2013, 69(8): 2779-2797.

[63] Voss C I. SUTRA (Saturated–Unsaturated Transport), a finite element simulation model for saturated-unsaturated fluid density dependent groundwater flow with energy transport or chemically reactive single species solute transport. Water Resources Investigation Report, 1984: 84-4369.

[64] Kipp K L. HST3D: a computer code for simulation of heat and solute transport in three-dimensional ground-water flow systems. Water-resources Investigations Report (USA), 1987, 86-4095(1): 127.

[65] Jacob F. Mode 'lisation tridimensionnelle par la me' thode des e 'le' ments finis de l 'e' coulement et du transport en milieu poreux sature. PhD dissertation, Laboratoire de Calcul Scientifique, Universite de Franche-Comte. France: Besancon, 1993: 184.

[66] Molson J W, Frind E O. SALTFLOW: density dependent flow and mass transport model in three dimensions. User guide,

Waterloo Centre for Groundwater Research, University of Waterloo, Ontario, 1994.
[67] Essink O. MOC3D adapted to simulate 3D density-dependent groundwater flow. Colorado: Proceedings of the MODFLOW'98 conference, 1998: 291-303.
[68] Langevin C D, Shoemaker W B, Guo W. MODFLOW-2000, the US Geological Survey modular ground-water model-documentation of the SEAWAT-2000 version with the variable-density flow process (VDF) and the integrated MT3DMS transport process (IMT). US Department of the Interior: US Geological Survey, 2003: 43.
[69] Diersch H J G. DHI-WASY software FEFLOW finite element subsurface flow and transport simulation system. WASY GmbH Institute for Water Resources Planning and Systems Research, 2005: 292.
[70] Essaid H I. The computer model SHARP, a quasi-three-dimensional finite-difference model to simulate freshwater and saltwater flow in layered coastal aquifer systems. Department of the Interior: US Geological Survey, 1990: 90-4130.
[71] Alam K, Falkland A C. Home island groundwater modelling and potential future groundwater development. ECOWISE Environmental, Canberra: ACTEW Corporation, 1997: 25.
[72] Oberdorfer J A, Hogan P J, Buddemeier R W. Atoll island hydrogeology: flow and freshwater occurrence in a tidally dominated system. J Hydrol, 1990, 120: 327-340.
[73] Nutbrown D A. Optimal pumping regimes in an unconfined coastal aquifer. J Hydrol, 1976, 31: 271-280.
[74] Hocking G C, Forbes L K. The lens of freshwater in a tropical island—2d withdrawal. Computers & Fluids, 2004, 33: 19-30.
[75] Padilla F, Cruz-Sanjulian J. Modeling sea-water intrusion with open boundary conditions. Ground Water, 1997, 35: 704-712.
[76] Ghassemi F, Molson J W, Falkland A, et al. Three-dimensional simulation of the Home Island freshwater lens: preliminary results. Environmental Modelling & Software, 1998, 14(2): 181-190.
[77] 赵焕庭, 宋景朝, 余克服, 等. 西沙群岛永兴岛和石岛的自然与开发. 海洋通报, 1994, 13(5): 44-56.
[78] 张利军, 郭见扬. 珊瑚礁岛建筑场地的工程地质问题——以永兴岛为例//赵焕庭. 中国科学院南沙综合科学考察队. 南沙群岛及其邻近海区地质地球物理及岛礁研究论文集(二). 北京: 科学出版社, 1994: 160-165.
[79] 赵焕庭, 宋朝景, 卢博, 等. 珊瑚礁工程地质初论——新的研究领域珊瑚礁工程地质. 工程地质学报, 1996, 4(1): 86-90.
[80] 赵素丽. 西沙珊瑚岛礁淡水透镜体的生物修复试验研究. 水处理技术, 2007, 33(8): 77-78.
[81] 马颖, 周从直, 梁恒国, 等. 珊瑚岛礁地下淡水有机物去除实验研究. 后勤工程学院学报, 2000, 16(3): 1-5.
[82] 梁恒国, 方小军, 方振东, 等. 电凝聚法处理珊瑚岛地下水研究. 中国给水排水, 2002, 18(1): 54-56.
[83] 周从直, 方振东, 梁恒国, 等. 珊瑚岛礁淡水透镜体的数值模拟. 海洋科学, 2004, 28(11): 77-80.
[84] 方振东, 周从直, 梁恒国, 等. 珊瑚岛淡水透镜体抽水倒锥影响因素研究. 后勤工程学院学报, 2012, 28(4): 57-66.
[85] 周从直, 赵素丽, 谯华. 珊瑚岛礁淡水透镜体的生物修复研究. 海洋科学, 2008, 32(4): 68-73.
[86] 甄黎, 周从直, 束龙仓, 等. 海岛淡水透镜体演变规律的室内模拟实验. 吉林大学学报(地球科学版), 2008, 38(1): 81-85.
[87] 束龙仓, 周从直, 甄黎, 等. 珊瑚含水介质水理性质的实验室测定. 河海大学学报(自然科学版), 2008, 36(3): 330-332.
[88] 赵军, 温忠辉, 束龙仓, 等. 海岛淡水透镜体形成及倒锥演变规律分析. 工程勘察, 2009, (5): 40-44.
[89] 李决龙. 珊瑚岛礁淡水资源开发理论与技术. 北京: 国防工业出版社, 2009.
[90] 周从直, 何丽, 杨琴, 等. 珊瑚岛礁淡水透镜体三维数值模拟研究. 水利学报, 2012, 41(5): 560-566.
[91] 赵焕庭, 王丽荣, 宋朝景. 南海诸岛灰沙岛淡水透镜体研究述评. 海洋通报, 2014, 33(6): 601-610.
[92] 赵焕庭, 王丽荣. 珊瑚礁岛屿淡水透镜体研究综述. 热带地理, 2015, 35(1): 120-129.

第二节 南海诸岛灰沙岛淡水透镜体研究述评[①]

南海是新生代热带海洋, 整个新生代时期造礁石珊瑚繁生。造礁石珊瑚附着在硬质浅海海底后逐渐发育成珊瑚礁, 礁缘波浪破碎带的产物被抛上外礁坪, 堆积礁缘脊砾石堤, 在内礁坪上堆积潮间带浅滩, 并逐步发展为潮上带未长草木的裸沙洲和有植被的灰沙岛。南海诸岛的灰沙岛有49个, 其中, 南沙群岛有面积较大的已命名的灰沙岛17个(包含6个干出沙洲), 总面积近$2km^2$; 而西沙群岛则有大小灰沙岛31个(包含至少7个干出沙洲); 东沙群岛有灰沙岛1个。基本上是全新世中期高海面以来形成的新灰沙

---
① 作者：赵焕庭, 王丽荣, 宋朝景

岛，最早的灰沙岛只有 4000 多年的历史，其长度和宽度都小于 2km，面积小，大多小于 0.5km²，且较低矮。新灰沙岛海拔一般不过 8m，多为 3~6m，高潮时不会被淹没。而全新世中期高海面以前就形成的老灰沙岛只有 1 个，即西沙群岛的石岛，海拔最高，约 15m。这些灰沙岛虽然雨水较多，但都没有溪流[1-3]。有些较大的灰沙岛，部分降雨通过渗透进入含水层，并在补水与损失过程中维持平衡状态，发育有浮在底层内渗海水上的淡水体，即淡水透镜体。由于南海灰沙岛大多远离陆地，因此淡水透镜体就成为维持岛上居民生产、生活和海岛陆地生态系统的重要淡水资源。

中国历代渔民在南海捕捞，有时需要临时登岛寻找水源补给生活用水，有时则需要驻岛半年至数年，因此必须挖井用于寻找自给淡水和浇灌蔬菜、木瓜及番薯。他们对南海诸岛水井和其中可供饮用的水了若指掌，不仅记在脑子里，还记录在驾风帆船使用指南针罗盘的航海指南《更路簿》[手抄写本，现存至少有 13 种版本[4]]中。《南海诸岛志略》[5]也记述了这些岛屿中分布的淡水井。海南政府鉴于淡水资源在海岛建设中至关重要，早在 1968 年就安排广东省海南地质队调查勘探西沙群岛的地下水资源，在永兴岛和东岛共打了 5 口水文地质井，最大井深 111.8m，成果未刊。1995~1999 年中国人民解放军有关院校的学者和工程单位的科技人员开展了西沙群岛地下水资源的调查、勘探和实验，陆续发表研究成果[6-19]。南海地理位置非常重要，珊瑚礁灰沙岛就成为维护海洋权益和进一步开发海洋资源的重要依托。本节以永兴岛为例对淡水透镜体研究作评述，对南海灰沙岛淡水透镜体的形成和开发利用状况等进行讨论并提出建议，希望对灰沙岛淡水透镜体进行更好的开发利用及保护管理。

一、淡水透镜体的理论

淡水透镜体被称为 Ghyben-Herzberg 透镜体，这是 Ghyben 和 Herzberg 分别于 1889 年和 1901 年在欧洲大陆沿海地区提供淡水问题的各自独立研究中分别发现的[20, 21]。之后，国外许多学者引入了淡水透镜体的理论来研究珊瑚礁岛地下淡水[2]，例如，研究珊瑚礁岛淡水透镜体结构、制作了珊瑚礁岛地下淡水透镜体图式、概括珊瑚礁岛淡水透镜体的理论模式图；国内也有人较早注意到南海灰沙岛地下淡水透镜体的存在[1, 22]。

在堡礁和远离大陆的海岛上，地下淡水和地下内渗海水之间由于密度的不同而形成类似透镜形状的、薄且漂浮在内渗海水之上的淡水透镜体（图 19.6）[23]。而通常淡水和底层内渗海水之间的边界以一个宽且微咸过渡带或混合区的形式出现，并由于混合和扩散作用，地下水的咸度随淡水向内渗海水深度的增加而增加[24]。淡水透镜体的形成、发育和演化依赖很多因素，如水文地质、气候、岛屿地形、潮汐、土壤和植被等，但对于碳酸盐岩岛来说，控制淡水透镜体形态的主要因素是地质、地形及植被的空间格局，有时潮差也很重要。碳酸盐岩岛多由过去高海平面时形成的碳酸盐岩和近期碳酸盐沉积物构成，这些岩石的成岩变化的程度是决定其含水层性质的最重要因素。总体来说，老的岩石经历了更广泛的成岩作用，孔隙度和渗透系数都会很高，而这又会影响淡水透镜体的形成和发育，而在形成年代晚且未固结的砂砾沉积层中，地下水流为粒间孔隙流，发育有广泛的淡水透镜体[25]。

二、永兴岛地质地貌环境

南海珊瑚礁灰沙岛的基础多为远离大陆的碳酸盐岩岛，先后从晚渐新世中期于礼乐滩[26]和从中新世于西沙群岛[27-29]开始成礁，并与更新世和近期海平面变化紧密相关。这里，我们关注的是永兴岛的灰沙岛地质特征和地表状况与淡水透镜体的关系。

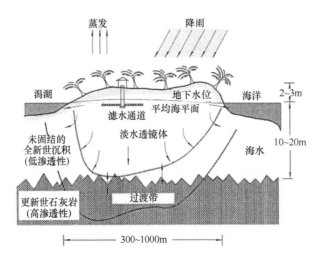

图 19.6　珊瑚礁岛屿淡水透镜体示意图（据 White et al., 2007[23]）
滤水通道指水井周围若干米范围之内人工开挖的汇入水井的地下横向暗渠

永兴岛在南海诸岛中陆地面积最大，自然条件优越，又是南海航行中最重要的航线，台湾海峡和巴士海峡—马六甲海峡航线就在它的东侧通过，因此区位重要。1959 年我国在此设置了"西沙群岛、中沙群岛、南沙群岛办事处"，隶属广东省海南行政区，成为南海诸岛中心。1988 年海南省建立后归海南省直属。2012 年 6 月 21 日永兴岛成为新设置的海南省三沙市的首府。目前它有 1 座中型飞机场，可起降波音 737 型飞机。沿岛西侧礁坪上，自西北—西南，已分期建成 3 个大港池，可供 1000～5000 吨级舰船靠泊。1979 年在永兴岛和石岛之间的礁坪上筑造了 1 条宽 3m、相对高 1.8m 的石堤，可通车，后改造为混凝土公路。永兴岛上混凝土路成网，沿路有政府机关、事业单位、军营，西部临港带则呈现商店与街道构成的现代小城镇雏形。永兴岛上还设有中国最基层行政村级的永兴居民委员会，2012 年 7 月统计有 38 户 159 人，居民主要从事渔业捕捞、加工和商贸等产销活动。2014 年永兴岛常住和流动人口已逾 3000 人，人气较旺盛。

永兴岛位于西沙群岛东北部宣德群岛的东南部，它和石岛同处 1 座台礁，该台礁呈梨形，东端尖，西边钝圆，长轴 NEE—SWW 向，长约 4100m，短轴 NNW—SSE 向，宽约 3000m，礁顶的礁坪和陆地面积共约 8.3km^2。该台礁礁体是中新世以来的生物堆积，厚 1251m，基底为古生代变质岩。礁顶分布两座灰沙岛，即东北部较小的老灰沙岛石岛和西南部大的现代灰沙岛永兴岛（图 19.7），两岛间距近 800m。

图 19.7　永兴岛航空照片
向东鸟瞰，近景是永兴岛及其西岸 3 处港池，以及南岸飞机场，远景是石岛和连岛公路。2013 年 5 月 29 日摄

根据西石 1 井（位于石岛的东南侧丘坡上，井深 200.63m，未穿透礁相地层）的资料，石岛是 1 个在晚玉木冰期低海平面时珊瑚礁岛上的风沙堆积体（现存厚度从"西石 1 井"井口至井深 24.68m[29]，按井口高程若干米计，则分布至海平面以下约 20m），之后在大气-淡水环境下已固结成岩，变成石山，冰后期海水上涨成为老灰沙岛，南北向长约 500m，东西向宽约 260m，面积为 0.08km^2，海拔为 15.9m。沙丘岩较松脆。石岛周围已被海浪侵蚀后退，四周多为海蚀崖和袋状海滩。岛上生长稀疏的灌木草丛，有水井，但水质不好，不宜饮用。

永兴岛是一个堆积在其礁顶西南部质地疏松的新灰沙岛，呈不规则椭圆形，岛屿陆地 NWW－SEE 向长约 1950m，宽约 1350m，是南海诸岛中面积最大的一个岛屿。最高点位于西北部沙堤上，海拔为 8.2m。永兴岛是在全新世冰后期海面上涨至最高以来发育的[1]。对永兴岛的地层已有详细的钻探、采集岩心研究。根据西永 1 井（位于岛的东南侧沙堤间洼地，井深 1384.6m，穿透礁相地层）的资料[27]，井深 0～1251m 为礁相地层。根据西永 2 井（位于岛中部洼地的西侧，井深 600.02m，未穿透礁相地层）的资料[29]，作为淡水透镜体的围岩部分，即地表至地下数十米的地层，如下：井深 0～0.5m 为灰黄色生物骨屑砾砂层；0.5～3.0m 为棕褐色生物骨屑砾砂层；3.0～3.3m 为棕褐色枝状珊瑚砾块层；3.3～4.0m 为棕褐色生物骨屑砂砾层；4.0～5.0m 为灰白色藻屑灰泥，杂有珊瑚砾块；5.0～5.2m 为白色礁格架灰岩，属于潟湖点礁；5.2～5.6m 为褐黄色生物碎屑砂砾层；5.6～10.8m 为褐灰色、灰黄色生物碎屑灰岩；10.8～13.15m 为棕褐色生物骨屑砂砾层，向下砾石增多；13.15～17.72m 为棕褐色生物骨屑砂砾层夹生物碎屑灰岩，层底为沉积间断；17.72～20.77m 为灰白色礁格架灰岩；20.77～31.36m 均为礁格架灰岩。归纳地层 0～17.72m 为晚更新世上段，17.72～31.36m 为晚更新世下段。从西永 1 井井深 14m 处潟湖相生物碎屑 ^{14}C 年龄为 (6790±95) a BP[29]来看，西永 2 井井深 17.72m 应为晚更新世与全新世之间的沉积间断，0～17.72m 为全新世松散的生物骨壳碎屑砂砾层，17.72m 以下为更新世及更老的、已成岩的礁灰岩。礁坪向上增长至今，永兴岛西北礁坪珊瑚礁灰岩 ^{14}C 年龄为 (1754±40) a BP，与礁坪上的洲岛形成时间同步。西沙群岛的沙岛（甘泉岛）成岛时期为冰后期距今五六千年的高海平面时，沙洲因埋藏有文物而确定成洲时期为人类历史时期[30]。从永兴岛西北海滩上的海滩岩（已由于专业人员采集标本和游客砸采而逐渐消失了，产地亦被新的渔业补给综合港池码头建设彻底毁了）^{14}C 年龄为 (2680±95) a BP[31]可知，大约 3000 年前已有海滩，推测沙堤也可能同时存在了，则永兴岛出现了。

永兴岛的地貌与沉积特征为从岛缘向岛中央依次分为海滩、沙堤、沙席和洼地（图 19.8），呈环状展布[1, 31]。灰沙岛整体地形呈碟形洼地[32]。岛周围的礁坪，东、西礁坪不对称，西部宽 250～500m，而东部宽 400～1000m，东部最宽达 1500m。礁前水下斜坡陡峻，一般坡度为十几度，是珊瑚丛生和原生礁带，由于斜坡上往复流作用和造礁生物生长，形成礁缘坡脊－槽沟系，礁缘一圈处于波浪破碎带，常见破碎波翻滚。大浪把礁前礁块（直径可达 0.2～3.0m）和生物碎屑掷上礁缘，堆积成宽 100m 左右、高 0.2～0.5m 的礁凸起带，略呈堤状。礁坪大体平整，堆积以砾石为主，向岛岸砂屑增加。内礁坪略低，一般退潮时仍积薄层（5～50cm）浅水。环岛一圈为潮间带海滩，宽 50m 左右；向里一圈为沙堤，宽 100m 左右。岛西北部至东北部沙堤单一，较高，一般高达 6～8m，也较宽，达 100～150m；西北侧沙堤坡角达 32°；东部至南部沙堤由 3 道组合，每道高 4～6m，宽 80～100m，坡度较和缓。植物繁茂，种类多。沙堤上植被以草海桐（羊角树）、银毛树和海巴戟为主，浓密的厚藤覆盖至与海滩交接处。沙席处于沙堤背风坡与岛内洼地的过渡部位，是风驱动海滩砂、沙堤砂越过沙堤顶后，在沙堤背风坡下被覆在洼地上的沉积。永兴岛沙席环沙堤背风坡分布，宽 500m 以上，海拔一般在 2m 以上，过去有人称为沙平台[32, 33]。由此有人认为这是地壳上升的结果，其实这仅是风力加积的产物。堆积物以砂为主，也含少量小砾。植被茂盛，以白避霜花（麻风桐）、海岸桐、榄仁树和椰树为主。过去鸟类数量多，还逸生"野黄牛、野猪、野鸡"，林下沙席上堆积鸟粪层[34-37]。1930 年陈铭枢根据广东省政府 1928 年的调查资料编纂《海南岛志》，当时永兴岛鸟粪层面积 1 291 600m^2，平均厚 0.25m，鸟粪层体积 322 900m^3，除去植物根系约占的 1 成之外，鸟粪层体积实为290 610m³，总计223 550t。1947年陆发熹估计松散层鸟粪60 000t，块状鸟粪层40 000t[37]。沙堤围圈的岛内潟湖或浅水礁塘，随着沙席的扩展而萎缩消亡。礁塘在1974年可涉水而过，行将自然干涸。1994年时已成为潮湿洼地，沉积中-细砂，还生长莎草科植物。永兴岛多年平均降雨量1505mm，雨量丰沛，地下淡水（岛水）浅藏，水位埋深0.3~2.9m，落潮时最大埋深达4.0m[17]。不少单位和居民都开挖水井取水。初期，岛上人少，尚可满足需要。据1993年调查[22]，随着人口数量增加，过量抽取地下水，使淡水透镜体被破坏并被咸化了，但雨后岛水会变淡些。由于岛水已受到环境与人为污染，不符合饮用标准，也不宜洗澡与洗衣服，一般只供冲洗公地和浇灌用。各单位和居民历来都在建筑物建有雨水收集系统，供生活用水；同时永兴岛领导机构实施定期运送大陆优质自来水供饮用的措施，每年总计12万t左右。成本（含运费）为20元/t，耗资240万元。

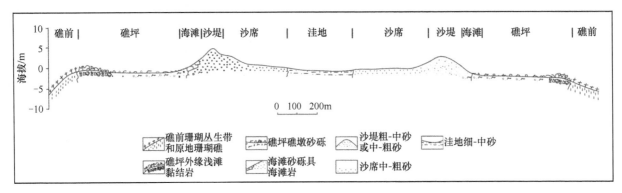

图19.8　永兴岛地貌与沉积剖面图[1]

三、永兴岛淡水透镜体

南海诸岛虽然无径流可渗水，也无库塘可渗水，但降雨为地下淡水提供了丰沛来源。灰沙岛碟形洼地有利于降雨渗入地下时向岛中部汇集，但集雨面积要足够，以使地下淡水能够汇集，不至于全部泄入海洋和潟湖或全部混入下层中的内渗咸水中。参照南印度洋可可群岛南基林群岛环礁勘测成果，灰沙岛宽度小于270m时，降雨和渗入沙土的淡水很快流入海洋，不能形成淡水透镜体[6]。永兴岛勘探资料表明，井深17.72m沉积间断面以上为全新世碳酸盐生物骨壳堆积物，即珊瑚、贝壳断肢碎屑砂砾，由于未发生成岩作用，呈松散状态，孔隙率（或孔隙度，指砂土样中孔隙的体积与砂土样的总体积之比）较高，渗透率也较高。借用西沙群岛琛航岛钻孔岩心礁砂土样实测孔隙率[38]，西琛21孔孔深4.9~9.2m处采样15个，孔隙率一般为45.1~50.7，平均为48.7；西琛15孔孔深2.4~12.0m，采样54个，一般为48.7~58.6，平均为51.7。可见孔隙率高，雨水容易从砂砾间渗下，并藏在砂砾自身的孔隙（内孔隙）中和砂砾间的空隙（外孔隙）中；海水也容易从礁体外横向渗入礁体海面以下的砂砾层中。沉积间断面以下更新世和此前更古老的碳酸盐发生成岩作用，固结成礁灰岩，只保留部分原始沉积物自身的孔隙和间隙（个数变少和尺度变小），使孔隙率变低，渗透率变低，但由于新增成岩时产生的次生孔隙，特别是成岩后遭遇地质历史上海平面大大下降或地壳上升运动使礁体陆露成岛，喀斯特地下水垂直（溶洞）与水平体系（地下河）发育，使礁灰岩总的孔隙率不降低反而变高，渗透性更强，当海平面上升或地壳下降运动使礁体沉没海中时，海水较容易渗入，使礁体内外被海水浸泡，并随潮汐运动使礁体内海水水位升降，使礁体内潮间带海水与礁体外海水发生往复式流动、交换。更新世礁灰岩的海水也可能向上渗入全新世生物骨壳沉积层中，由于海水密度比淡水大，海水顶托淡水。这样，由地表渗入的雨水保留在生物骨壳沉积层中，从而为淡水透镜体的形成提供了基本条件。

1995年，中国人民解放军总后勤部批准"珊瑚岛礁淡水资源开发与应用研究"立项并下达了研究任务，由海军后勤部基建营房部和解放军后勤工程学院等单位有关科技人员组成课题组，于 1995～1999 年实施。周从直等[9]抓住了该项目的科技核心——灰沙岛淡水透镜体的形成、淡水资源消长、合理开发和修复保护等问题，开展了西沙群岛现场勘探、调查研究和实验室测试、模拟试验，陆续发表成果。淡水透镜体的含盐量一般限制在氯离子浓度 600mg/L 之内，这一浓度边界也常被视作淡水透镜体的几何边界。周从直等参考了加勒比海大开曼群岛中央淡水透镜体的数值模拟所建立的基于质量守恒、达西定律和 Ghyben-Herzberg 关系导出的数学模型，模拟了永兴岛淡水透镜体的演变过程，选用有限差分法，回补率为每年 280mm、渗透系数为每天 7～700m，计算了淡水、海水界面的坐标，与实测值吻合很好，为确定开采水量和开采强度提供了依据。同时指出岛水由于有机污染，色度严重超标，水有异味，磷含量高，必须作正规的水处理[6]。他们介绍了用有限差分法计算永兴岛淡水透镜体的包络面，与实测值比较误差在 3%～15%。制作了永兴岛淡水透镜体等深图（图 19.9）和淡水透镜体三维视图（图 19.10），这为科学开发西沙地下淡水资源提供了可靠的资料[9]。

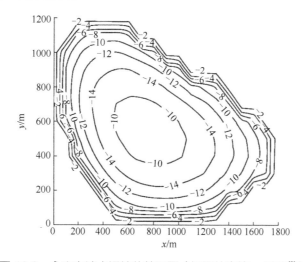

图 19.9　永兴岛淡水透镜体等深图（据周从直等，1999[9]）

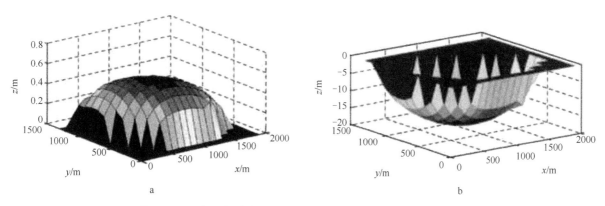

图 19.10　永兴岛淡水透镜体三维视图（据周从直等，1999[9]）

a. 海平面以上部分　b. 海平面以下部分

周从直等分析了永兴岛淡水透镜体的形成机制及其影响因素，最重要的是气象气候因素。根据永兴岛 1989～1998 年 10 年的月平均降雨量及最高、最低年降雨量，用有限差分法计算了永兴岛淡水透镜体的外形和贮水量的变化[10]。结果显示，根据模拟计算值绘制的淡水透镜体形状为中央厚，边缘薄。一年之内淡水贮水量变化同雨量变化相应，水头值 4 月最小（16m），10 月最大（17.2m），两者相差 7.5%，相应的淡水贮量相差约 10.5%。年际淡水透镜体中央最厚点变化也同降雨量变化相应，丰水年、平水年和枯水年的水头模拟值分别为 18.7m、16.5m 和 15.5m，丰水年比平水年多 13.3%，枯水年比平水年少 6.0%，对应的淡水贮量分别多 16.8%和少 7.2%。这阐明了淡水透镜体存在一个不断回补和损耗的过程，即降雨是回补，使淡水透镜体增厚，淡水贮量增加；损耗使淡水透镜体变薄，贮量减少。回补只是在下雨时才有可能发生，损耗的表征是淡水-咸水界面处的淡水流失，其动力是淡水透镜体中央向边缘存在的水力坡度。损耗是一个持续发生的过程，因此淡水透镜体是一种不断自行损耗的、可再生的自然资源，可以充分开发利用。梁恒国等[11]专文介绍了影响淡水透镜体的自然因素，除了气象气候条件，还有岛屿面积、水文地质（渗透率）、植被（枯枝落叶造成有机污染，但未提涵养水源与蒸腾损耗）等，而人为因素方面则是过量抽取淡水，使井中水头急剧下降，淡水透镜体底部的海水被带动上升，海水与淡水的交界面出现犹如一倒立的锥面，俗称"倒锥"，淡水透镜体被破坏，细分为两个，使淡水储量减少；另外，地面建筑物的排污、收集、处理系统缺失，导致污水渗入地下，造成污染。甄黎等在束龙仓老师的指导下完成了岛屿淡水透镜体形成与演化的物理模拟[14]。同时赵军等也做了类似的淡水透镜体形成及倒锥演变过程的室内物理模型的模拟试验[16]。

周从直等[18]进一步根据现场勘测和试验获得的水文地质参数，运用有限差分法和 Visual Madflow 对模型进行数值求解，获得了透镜体内淡水流向、水头分布、过渡带厚度与淡水贮量的季节变化，计算结果显示，以氯离子浓度 600mg/L 值求等值面为透镜体的包络面,揭示永兴岛淡水透镜体最大厚度为 16.9m，最大厚度处过渡带厚度为 8.3m。透镜体淡水贮量为 1 472 000m³，很丰富。淡水贮量年内变化，4 月最小，9 月最大，9 月淡水贮量较 4 月多 8.5%。与降雨量相比，淡水贮量变化滞后 1～2 个月。该项成果可用于制定淡水透镜体的开采策略，有利于地下淡水资源的持续开发利用。方振东等[19]研究认为，在一定的水文地质条件下，淡水透镜体处于动态平衡，上表面高出海平面。其水头差保证了淡水透镜体中淡水持续向海水渗流，使因弥散而进入淡水透镜体的海水向外退缩，淡水透镜体才得以存在。永兴岛淡水透镜体水头的计算值与实测值之差为-3.86%～-0.58%；取年均降雨量的 40%为回补量，计算淡水透镜体的最大厚度为 15m；淡水透镜体东西不对称，西部（向宣德环礁潟湖侧）较厚，东部（向大海侧）较薄。从水井抽取淡水，水井水位降深，使水井下方静压降低，过渡带便在抽水过程中逐渐上升，形成倒锥。倒锥上升高度随抽水强度和时间的增加而增加，随井底到淡水透镜体底部边界距离的增加而减少。抽水初期，倒锥上升较迅速，之后，上升趋势减缓。

鉴于永兴岛地下淡水外观因明显受到枯枝烂叶的污染，富含腐殖质等有机物，经水质分析，其一般化学指标、毒理学指标绝大多数在饮用水水质要求范围内，但色度严重超标，呈黄色，色度一般在 30°～50°，最高达 72°；有异味、臭味，不能直接饮用；总硬度（主要由钙、镁离子物质组成）超标，最高达 621mg/L；部分水井氯化物超标，最高达 779.6mg/L[13]。通过实验提出了修复技术方案。传统的加药混凝方法较难去除溶解性有机物产生的色度和气味，且投药量特别大。马颖等[7]和梁恒国等[8]借鉴文献采用电凝聚法，在永兴岛选具代表性的大口井井水做现场试验，取得成功。结果表明，当电极板间距为 5mm，电流密度为 20A/m²、停留时间为 100s 左右时，试验效果最优，处理后的水色度是原来的十分之一，甚至更低、浊度小于 2.8FTU，不增加额外阴离子（如 SO_4^{2-}、Cl^-）的残留和积累，满足国家生活饮用水水质标准。用电凝聚法比化学凝聚法处理效果更好，能有效去除有机物；同时，不需投加药剂，省去一系列与此有关的工序、设备和物料；设施组装简单，操作方便。赵素丽[12]和周从直等[13]根据文献介绍国内外从 20 世纪 80 年代以来发展的地下水生物修复技术，人工向水井或地层输入大量空气，使喜氧微生物繁殖，并加强合成和分解作用，最终使有机物浓度降低。运用生物修复技术，已能去除重金属、N、P、氯代有机物、石油污染物、可生物降解聚合物及固体废物。在永兴岛对淡水透镜体进行原位曝气生物修复实验，结果显示：径向上，在主流区半径 R 为 0.2～0.5m 时，溶解氧（DO）的质量浓度随 R 的增大而增大；$R>0.5m$ 时，DO 的质量浓度随 R 的增大而降低。垂向上，DO 的质量浓度随高度的增大而迅速增大；地下水色度和化学需氧量（COD）均随曝气时间的增加而降低，色度为 40°、COD 为 96mg/L 的原水，曝气 18 天后，色度均不超过 15°，曝气 30 天后，色度不超过 10°，COD 为 21~36mg/L。以色度不超过 15°作为修复的标准，修复区半径 R 达 0.7m，修复区高度 H 为 0.9m。修复 1m³ 的上述原水和 1.3m³ 的土壤所需的空气量约为 211m³，并认为该技术操作简单，效果令人满意，成本低廉，而且不会造成二次污染。

四、南海珊瑚礁灰沙岛淡水透镜体的开发利用问题

永兴岛的开发利用程度在南海诸岛中最高，建有机场、码头以及各类建筑物，常住和流动人口 3000 多人，随着三沙市首府设在永兴岛，永兴岛的开发还将有大的发展，人们对淡水资源的需求也逐渐加大，因此，如何合理开采淡水透镜体，使其能提供可持续的可饮用淡水，则显得更为重要。

前述永兴岛淡水透镜体储水量计算值为 1 472 000m³，可谓丰富。按永兴岛数年前每天用水 120m³ 计，1 年用水 43 800m³，仅为淡水透镜体储水量的 2.97%[17]，理应自给有余。然而由于自然的鸟粪层和枯枝落叶层腐殖质被雨水和渗流带地下水淋溶，令南海多数即使人烟稀少的灰沙岛水井中的地下水呈黄色，味苦涩，不能饮用。加上人为污染，情况更加严重。例如，永兴岛的鸟粪层虽然在 20 世纪 30~50 年代已被挖空，但地层中仍含较多的鸟粪颗粒或磷元素[1, 39]，过去成岛数千年来地下水积累的自然污染多少仍然存在，更严重的是，数十年来随着岛上人口和各类设施大增，垃圾、生活污水、医院和维修车间废水、菜地施肥的残留等也增多，并且在三沙市设置前长期没有得到妥善的处理，导致地下水呈黄色，味苦涩，发臭气，不能饮用，也不能用于洗漱和洗衣服，仅用于冲洗公地、厕所，绿地和菜地浇灌以及养殖等。现在岛上的生活用水，除部分使用雨水收集贮存系统供给外，主要靠船运大陆水厂生产的水。针对地下淡水污染问题，历来不少人提出对废污物的处理意见，学者还分别做了利用电凝聚法去除水中有机污染和生物修复试验，希望沙市政府予以考虑，进一步组织不同方案的技术经济论证，以便决策和立项实施。

永兴岛上对淡水透镜体的利用主要是通过垂直打井的方式来获取，目前有 40 多口井。这些井的井壁由砖头水泥砂浆砌成。但有的井位于透镜体边缘，如果抽水强度过大或是早季不减少抽取量，都会造成倒锥现象，引起海水入侵，破坏了淡水透镜体[18]。方振东等[19]研究认为，为避免引发咸淡水交界处淡水透镜体出现倒锥现象，水井开凿应尽量靠近淡水透镜体中央区域，不要在边缘打井，且宜打浅井。对于永兴岛上长期取水的水井，建议抽水速率不宜超过 5m³/h，以防出现倒锥现象。周从直等[18]还建议用集水通道并开采多井来抽取淡水透镜体最上层的水，可避免倒锥现象发生。沙市政府有关部门对现有水井的存毁和开凿新井应予以严格的、经过科学论证的管理。

有人认为永兴岛现有建筑（房屋、混凝土场坪、混凝土路、机场）的承载量接近饱和，如果继续扩建、新建，势必占用雨水补给自然地面，导致淡水透镜体萎缩；永兴岛淡水透镜体平均埋深–1.6m，如果建造大楼、开挖基槽，就会改变淡水透镜体的自然形态；如果实施爆破炸礁作业，造成礁体浅层裂缝，可能割裂淡水透镜体，导致淡水贮量减小；如果大量增加人员和设备，又缺乏相应的环保设施，必然增加对淡水透镜体的污染。因而提出，要严格控制人员、船舶和建筑物的盲目增加，确保不发生争地争水现象；建筑物限高 3 层以下，建筑物基槽挖深不得超过–1.6m 等。对其中有些问题，我们认为可采取相应措施解决，如对建筑物设计雨水收集贮存或回注地下系统；建立完善的环保监测、废污物处理系统。对于有些问题尚须进一步研究，如爆破作业造成礁体浅层裂缝问题，它对一定范围内现有的建筑物存在程度不同的伤害，是否会割裂淡水透镜体？钻探、基槽挖深、爆破作业造成的裂缝纵横影响会出现什么情形？渗透系数是计算淡水、海水界面的重要参数，渗透系数同孔隙率有关，已知南海珊瑚礁表层厚约 20m 的松散的未成岩的珊瑚礁砂砾层，其孔隙率为 20%以上；珊瑚礁砂砾层以下已成岩的礁灰岩，其孔隙率一般估计为 10%左右，越往下孔隙率越小。故礁体内的地下水与礁体外的海水在水平方向上可以相互自由渗透、连通。垂直方向上上层淡水透镜体的淡水和下层内渗咸水（海水）处于动力平衡状态，只要钻

井中的上层淡水不被抽走，动力平衡状态就不会被打破，下层内渗海水无动力驱动其上涌。又因为下层海水不是承压水，它不会趁着钻井打破地层解压的时候自动上喷。至于开挖基槽，不容置疑，在挖开基槽的同时回填块石，浇灌混凝土砂灰浆，基槽的空间成为人工隔水层，使基槽（已是建筑物的墙基）上下的水体分隔，永不交流。钻探、基槽挖深、爆破作业造成的裂缝，与偌大的礁体面积比较，可看作仅增加了些微的孔隙率，当纵横影响不超过透镜体和过渡带的总厚度（约 25m）时，可否认为无影响？如果超过透镜体和过渡带的厚度时，增加了些微的孔隙率，给透镜体形变又造成多少影响？对上述问题要给出科学依据。要避免一概而论和一刀切。马尔代夫首都马累也是一个灰沙岛，面积为 $2.0km^2$，同永兴岛面积相似，但那里人口多，近 10 万人，密度大（47 415 人/km^2）；高楼多，密度大；岛礁边缘兴建大量码头和深挖港口航道，在邻近岛礁上填筑大型国际机场，建设成为国际著名的旅游城市[40]。其开发工程所涉及的钻探、基槽挖深和爆破作业的过程值得借鉴。

此外，最近有学者探讨了利用雨水收集和可再生能源发电制水两种方式解决偏远岛礁就地供水保障问题，构想采用"珊瑚沙滩浅层暗湖雨水收集利用系统"和"光伏直接供能反渗透海水淡化系统"这两种生产淡水系统联合工作模式，认为具有较强的互补性和可靠性，适合在偏远岛礁推广应用[40]。但没有介绍这两种生产淡水系统联合工作模式的建成、主要技术参数和经济指标、收到的经济效益的实例。令人生疑：如果在灰沙岛的"沙滩"即海滩上营造浅层暗湖雨水收集利用系统，如何确保在涨潮时"暗湖"不被海水淹没、渗入？如果在灰沙岛的"沙堤"上营造浅层暗湖雨水收集利用系统，除了发生风暴潮时有可能被海水淹没、渗入，其余大部分时间无虞，但南海诸岛的灰沙岛面积一般都很小，沙堤规模小，甚至无。

五、结论

（1）周从直等[9]对淡水透镜体的理论推导和对永兴岛淡水透镜体的实验模拟的系列研究成果的结论是正确的，数据和图件资料翔实，同我们对永兴岛地质、地貌、气象气候、植被与环境的了解及其与淡水透镜体关系的定性分析、估计是一致的。如果应用他们检验过的理论与方法，以及宝贵的经验，推测南海诸岛其他未开展调查研究的灰沙岛淡水透镜体，可以做出初步判断。

（2）虽然现有成果估计了淡水透镜体的厚度和几何形态，但如果要更真实地了解，建议还要采取野外的实地测量。地球物理调查（利用电阻率和电测感应方法[41]）可以对淡水透镜体的位置、形状、厚度进行合理准确的和相对快速的评价，且费用较低。另外，也可用氯离子平衡方法来初始估计补水[42]，也可以应用连续的水位记录结合潮汐、气压和降水记录来评估补水[43]。

（3）灰沙岛淡水透镜体是非常脆弱的，因而若想长期稳定地从淡水透镜体获取淡水，政府就要根据科学研究报告制定合理的淡水抽取计划，并提供有效的措施，使公众积极参与到具体的工作中来。考虑到南海诸岛的进一步开发，保护和管理好淡水透镜体是这些工作的基础。

（4）对于学者建议"灰沙岛淡水透镜体上建筑物限高 3 层以下，建筑物基槽挖深不得超过–1.6m"提出了质疑，建议作进一步研究。

（5）今后南海诸岛的淡水需求将随着开发事业发展而大增，必须立足充分利用各岛礁本土淡水资源。建议三沙市市政部门首先对永兴岛淡水资源开发现状、现有调查研究成果和进一步开发设想作一次全面的研究，组织同行专家评议，进一步组织不同方案的技术经济论证，其中既要对使用电凝聚法或用生物修复技术去除水中有机污染这两种方法做出选择，又要对现有雨水资源开发工程、海水淡化工程和船运大陆自来水补给做出评估。在此基础上整合出一个较完善的可持续发展的有人居住的岛礁淡水资源开发规划和计划安排[44]。

参 考 文 献

[1] 余克服, 宋朝景, 赵焕庭. 西沙群岛永兴岛地貌与现代沉积特征. 热带海洋, 1995, 14(2): 24-31.
[2] 中国科学院南沙综合科学考察队. 南沙群岛自然地理. 北京: 科学出版社, 1996, (2): 1-401.
[3] 赵焕庭, 宋朝景, 孙宗勋, 等. 南海诸岛全新世珊瑚礁演化的特征. 第四纪研究, 1997: 301-309.
[4] 广东省地名委员会. 我国渔民在南海诸岛的航海针经书或《更路簿》汇编//广东省海域地名志. 广州: 广东省地图出版社, 1989: 88-139, 462-470.
[5] 陈史坚, 钟晋梁. 南海诸岛志略. 海口: 海南人民出版社, 1989: 140-254.
[6] 赵素丽. 西沙珊瑚岛礁淡水透镜体的生物修复试验研究. 水处理技术, 2007, 33(8): 77-78.
[7] 马颖, 周从直, 梁恒国, 等. 珊瑚岛礁地下淡水有机物去除实验研究. 后勤工程学院学报, 2000, 16(3): 1-5.
[8] 梁恒国, 方小军, 方振东, 等. 电凝聚法处理珊瑚岛地下水研究. 中国给水排水, 2002, 18(1): 54-56.
[9] 周从直, 方振东, 官举德, 等. 珊瑚岛礁淡水透镜体的模拟与开发利用. 杭州应用工程技术学院学报, 1999, 11(1-2): 16-20.
[10] 周从直, 方振东, 梁恒国, 等. 雨量变化对珊瑚岛礁淡水透镜体的影响. 中国给水排水, 2006, 22(1): 53-57.
[11] 梁恒国, 周从直, 方振东. 珊瑚岛淡水透镜体的形成特征及影响因素. 西南给排水, 2006, 28(5): 23-24.
[12] 赵素丽. 西沙珊瑚岛礁淡水透镜体的生物修复试验研究. 水处理技术, 2007, 33(8): 77-78.
[13] 周从直, 赵素丽, 谯华. 珊瑚岛礁淡水透镜体的生物修复研究. 海洋科学, 2008, 32(4): 68-73.
[14] 甄黎, 周从直, 束龙仓, 等. 海岛淡水透镜体演变规律的室内模拟实验. 吉林大学学报(地球科学版), 2008, 38(1): 81-85.
[15] 束龙仓, 周从直, 甄黎, 等. 珊瑚含水介质水理性质的实验室测定. 河海大学学报(自然科学版), 2008, 36(3): 330-332.
[16] 赵军, 温忠辉, 束龙仓, 等. 海岛淡水透镜体形成及倒锥演变规律分析. 工程勘察, 2009, (5): 40-44.
[17] 李泱龙. 珊瑚岛礁淡水资源开发理论与技术. 北京: 国防工业出版社, 2009: 1-410.
[18] 周从直, 何丽, 杨琴, 等. 珊瑚岛礁淡水透镜体三维数值模拟研究. 水利学报, 2010, 41(5): 560-566.
[19] 方振东, 周从直, 梁恒国, 等. 珊瑚岛淡水透镜体抽水倒锥影响因素研究. 后勤工程学院学报, 2012, 28(4): 57-66.
[20] Gyben B W. Nota in verband met de voorgenomen putboring nabij Amsterdam. Tijdschr K Inst Ing, 1889: 8-22.
[21] Herzberg D. Die wasserversorgung einiger nordseebäder. Gasbeleuchtung and Wasserversog ung, 1901: 815-819.
[22] 张利军, 郭见扬. 珊瑚礁岛建筑场地的工程地质问题——以永兴岛为例//中国科学院南沙综合科学考察队. 南沙群岛及其邻近海区地质地球物理及岛礁研究论文集(二). 北京: 科学出版社, 1994: 160-165.
[23] White I, Falkland T, Perez P, et al. Challenges in freshwater management in low coral atolls. Journal of Cleaner Production, 2007, 15(16): 1522-1528.
[24] White I, Falkland T. Management of freshwater lenses on small Pacific islands. Hydrogeology Journal, 2010, 18(1): 227-246.
[25] Schneider J C, Kruse S E. A comparison of controls on freshwater lens morphology of small carbonate and siliciclastic islands: examples from barrier islands in Florida, USA. Journal of Hydrology, 2003, 284(1): 253-269.
[26] ASCOPE. Tertiary sedimentary basins of the Gulf of Thailand and South China Sea: stratigraphy, structure and hydrocarbon occurences. ASEAN Council on Petroleum, 1981.
[27] 曾鼎乾. 西沙群岛调查及"西永 1 井"及上第三系礁岩及储油物性的初步研究(1973, 1978)//曾鼎乾. 曾鼎乾地质文选. 北京: 石油工业出版社. 1990: 117-141.
[28] 吴作基, 余金凤. 西沙群岛某钻孔底部的孢子花粉组合及其地质时代//中国孢粉学会. 中国孢粉学会第一届学术会议论文集. 北京: 科学出版社, 1982: 81-84.
[29] 张明书, 何起祥, 业治铮, 等. 西沙生物礁碳酸盐沉积地质学研究. 北京: 科学出版社, 1989: 1-117.
[30] 卢演俦, 杨学昌, 贾蓉芬. 我国西沙群岛第四纪生物沉积物及成岛时期的探讨. 地球化学, 1979, (2): 93-102.
[31] 袁家义, 赵焕庭, 陆铁松, 等. 华南海岸动力地貌体系. 海洋学报, 1992, 14(1): 72-81.
[32] 王国忠, 吕炳全, 全松青. 永兴岛珊瑚礁的沉积环境和沉积特征. 海洋与湖沼, 1986, 17(1): 36-44.
[33] 吕炳全, 王国忠, 全松青. 西沙群岛灰沙岛的沉积特征和发育规律. 海洋地质与第四纪地质, 1987, 7(2): 59-70.
[34] 朱庭祜. 西沙群岛鸟粪. 两广地质调查所年报, 1928, (1): 99.
[35] 沈鹏飞. 调查西沙群岛报告书. 广州: 中山大学农学院, 1930: 1-113.
[36] 王本荄, 高存礼. 西沙群岛磷矿. 地质论评, 1947, 12(5): 441-448.
[37] 陆发熹. 广东西沙群岛之土壤及鸟粪磷矿. 土壤(季刊), 1947, 6(3): 67-77.

[38] 宋朝景, 卢博, 汪稔, 等. 珊瑚礁的工程地质特性//中国科学院南沙综合科学考察队. 南沙群岛及其邻近海区地质地球物理及岛礁研究论文集(二). 北京: 科学出版社, 1994: 153-159.

[39] 吴志东, 龚子同. 我国西沙群岛土壤的地球化学特征//龚子同. 土壤地球化学的进展和应用. 北京: 科学出版社, 1985: 177-181.

[40] 姜海波, 赵云鹏, 程忠庆. 偏远岛礁就地供水保障模式分析. 中国工程科学, 2014, 16(3): 99-102.

[41] Stewart M. Electromagnetic mapping of fresh-water lenses on small oceanic islands. Ground Water, 1988, 26(2): 187-191.

[42] Nullet D. Waterbalance of Pacific atolls. JAWRA Journal of the American Water Resources Association, 1987, 23(6): 1125-1132.

[43] Furness L J, Gingerich S. Estimation of recharge to the fresh-water lens of Tongatapu, Kingdom of Tonga. IAHS Publication, 1993: 317-317.

[44] 赵焕庭, 王丽荣, 宋朝景. 南海诸岛灰沙岛淡水透镜体研究述评. 海洋通报, 2014, 33(6): 41-50.

第二十章

珊瑚礁工程

第一节 珊瑚礁工程地质研究的内容和方法[①]

一、珊瑚礁工程地质研究内容

（一）珊瑚礁自然地质条件

（1）珊瑚礁地形地貌：包括珊瑚礁地形、出露情况、珊瑚礁的类型、环礁类型[1, 2]，珊瑚礁地貌、灰沙岛发育阶段[3]，地貌形成的原因、时代和过程等。国外有较系统的珊瑚礁地貌学理论专著[4]可供参考。地形地貌的分布和组合能综合反映工程区构造、岩性、水文地质、新构造运动及自然地质作用，往往是工程规划优先考虑的因素[5]。

（2）珊瑚礁地层岩性：包括珊瑚礁岩土的组分[1, 6]、碎屑类型、珊瑚的细结构[7]、礁灰岩类型[6]、沉积相带[1]、沉积物源、沉积旋回、沉积年龄和地层划分等[6]。

（3）地质构造和沉积结构：包括珊瑚礁附着基础的构造及其运动性质，断裂，沉积间断面，层理，节理，其产状、特征及分布，这些对地貌、沉积和建筑物沉降变形与稳定均有控制作用。

（4）水文地质：地下水是影响岩土胶结强度、造成碎屑土层分上硬下软二元结构、影响岩体稳定的物质因素，其有害成分对混凝土和钢材的腐蚀直接影响建筑物的安全。

（5）物理地质：岩溶、塌陷、流沙、浪流冲淤、风沙移动等，这些作用影响建筑物地基、边坡的稳定，甚至直接危及建筑物的安全[5]。

（二）珊瑚礁岩土的物理力学性质

（1）礁砂土的物理力学性质：研究指出礁砂的基本特点是疏松、多孔、低硬度、低强度及脆性[8]。多

[①] 作者：赵焕庭，宋朝景，卢博

孔性使得它的压缩性相当大。这种性质可通过三轴各向等压固结试验或一维固结仪上的试验显示[9]。仅在围压很小的状态下发生剪胀现象是钙质砂的一个重要性质[10]，较高围压下，颗粒的破碎与压密引起体积减小（图 20.1）。钙质砂浅基础承载力试验结果表明，极限承载力随超载的增大而增加，同时钙质砂的承载力较硅质砂小得多（图 20.2）[11]。礁砂颗粒的内孔隙决定它与硅质砂有根本的区别；颗粒受外力作用发生破碎，具有相当高的压缩性，利用常规方法往往过高地估计了其工程性质；由于形状极不规则，内摩擦角比硅质砂大，同时随着围压的增大而减小，在密实状态下发生剪缩现象，使礁砂土中桩基的侧摩阻力较硅质砂低许多[12]。

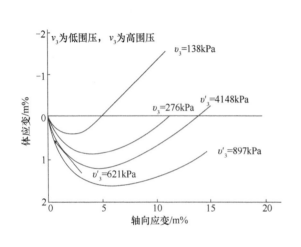 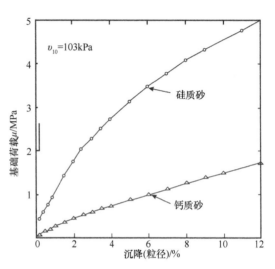

图 20.1　钙质砂典型的体应变（据 Murff，1987）[10]　　图 20.2　浅基础的模型试验（据 Poulos and Chua，1985）[11]

（2）礁灰岩的物理力学性质：研究指出礁灰岩的抗压强度和抗拉强度与岩石的组成结构、风化程度和裂隙发育情况有直接关系，当然也与海水冲刷、溶蚀和成岩过程有关；抗压强度与抗拉强度随岩石埋深增大而逐渐增大（图 20.3）[6]。

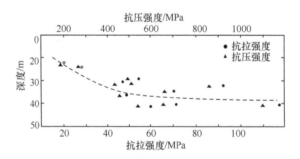

图 20.3　南永 1 井礁灰岩抗压强度 R、抗拉强度 δt 的垂直变化

（3）礁灰岩的声学物理特性：实测南永 1 井礁灰岩的 V_p（纵波声速）值和 V_s（横波声速）值均有随埋深增加而增大的趋势（图 20.4），说明礁岩随埋深增加逐渐变得致密坚硬，某区段的 V_p 和 V_s 值较低且起伏频繁与该段岩心存在裂隙相对应；南永 1 井礁灰岩 V_s/V_p 值在 0.3～0.5，按照我国工程地质标准属于碎裂-散体结构岩；据我国地质矿产部对多类多组岩石多样测定的 V_s/V_p 与抗压强度的关系式，对照南永 1 井礁灰岩的实测值，也表明其属于散体结构岩体[5]。

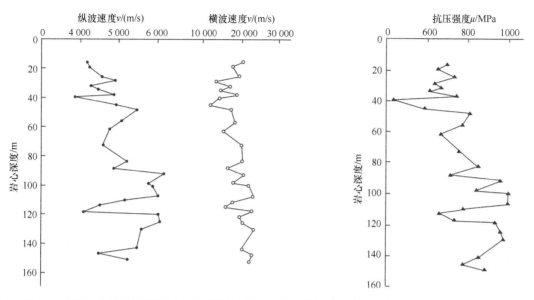

图 20.4　南永 1 井礁灰岩的纵波声速（V_p）、横波声速（V_s）和根据（V_p）、（V_s）值计算的抗压强度垂直变化曲线

（三）珊瑚礁混凝土料问题

珊瑚礁岩土作为建筑材料早在 20 世纪 30 年代已应用，后来人们逐渐注重理论分析研究。国外为减少海水的影响而在结构设计上尽可能采用预应力（粗钢筋）混凝土结构；最好选用抗硫酸盐水泥；混凝土施工时应充分地捣固，提高混凝土的密实性；对混凝土表面处理，施工涂覆层如聚合物浸渍混凝土、聚合物涂覆层等，可使其耐蚀性提高几十倍；针对海洋环境中混凝土内部钢筋的锈蚀原因而研究提出钢筋混凝土工程结构的设计、技术措施与施工要求。

从 20 世纪 80 年代后期开始，我国少数单位开始开展珊瑚礁混凝土的实验研究。无论是以纯珊瑚礁砂砾为骨料还是掺入部分碎石拌成混凝土，其水泥用量均随混凝土标号的提高而增大，当标号超过 200#时，水泥用量将明显增大，因此从经济上考虑珊瑚礁砂砾最适于配制 150#～200#混凝土，在同样的骨料和相同配合比的条件下，用海水拌合养护的混凝土比用淡水（或岛水）拌和养护的混凝土早期强度增加较快，但后期强度增加较慢。卢博等[13]针对海洋环境硫酸盐的腐蚀机制而设计试验[13]，研究认为用海水和珊瑚礁砂砾制成的素混凝土在实际应用上是可行的，只要适当提高混凝土标号，比一般混凝土多增加一点水泥用量，降低水灰比，便可以得到足够的强度；抗硫酸盐水泥的效果比普通硅酸盐、矿渣水泥好，切不可使用火山灰水泥。工程界为保证水下混凝土的质量，采用国产絮凝剂配制水下不分散混凝土和砌筑砂浆。

二、珊瑚礁工程地质研究方法

现行的工程地质学野外勘测和实验室分析研究方法[14-16]对任何岩土类均有普遍意义。毕竟珊瑚礁是一种特殊的岩土类，使用这些方法时要有选择性和针对性，勘测与实验装备要适用。通过这几年来的工作，我们有一些体会。在珊瑚礁进行勘测工作时必须使用大船为母船，用救生艇和摩托艇登礁工作。有时还要使用临时安装在艇上的蚌式底质采样器、采水器，有时要潜水采样，所以野外勘测人员都必须熟悉水性。

（一）钻探

由于珊瑚礁岩土的脆性、易碎性，通常海上钻探采样用的冲击方法会明显地破坏岩土的胶结状况和引起颗粒的破碎，修样时也会引起附加的扰动。经验表明，因珊瑚砂多孔和松散的特点，所有的钻孔必须下套管，套管内径应不小于10cm，在礁灰岩中钻进应使用碳化钨硬合金钻头，并使用单动双层岩心取样器，但是，当岩心恢复率很低或RQD值（岩石质量指标）为零时，应使用标准贯入法（SPT）对地层作补充测试。为了不破坏下伏层的原位状态，不应预先打入套管。无论是常规的还是空心的螺旋钻头都不应使用，因为在套管中卸去螺旋钻时会引起孔底土的扰动和松散[17]。中国科学院南沙综合科学考察队[6]在设计全采芯地质钻探时，考虑到全孔均是珊瑚礁层，属于第一类的松软、松散地层，裂隙发育，可能存在溶洞，钻进过程中会出现坍塌、掉块、漏失严重等情况，为此，全孔采用硬质合金钻钻进技术，全孔下套管护壁，清水钻进。实施结果显示采芯率为70.11%，满足研究的需要。工程地质浅钻是采用套管跟进及护壁超前法进行钻探作业的[18]。国外已应用了一种记录钻进参数的技术，即在钻进过程中利用钻头的传感器感应记录诸如钻进速率、扭矩、回转速度、钻进压力等随深度的变化情况，还可以记录冲洗液的压力和流速[9]。这些参数对判断层位变化、洞隙、软弱夹层、透镜体等有重要参考意义，甚至可供桩基设计应用。被珊瑚藻黏结的礁坪可看作岩体（松散结构的），其强度可用无侧限抗压强度表示。因钻进过程破坏了礁体的完整性，且有限的岩心也不能满足不同种类试件的要求，限制了大量无侧限抗压试验在岩心中的进行。因此，通常在现场进行点荷载试验获得礁体的抗压强度，但必须大量测试统计才具有可靠的代表性。

（二）触探

由于钻进过程中对礁岩土的扰动，以及岩心脱离岩体后环境条件的变化，或对测试样品的前处理，都直接或间接地影响测试结果，故还要进行较为可靠的原位测试[9]，触探试验就是原位测试之一。静力触探（CPT）是通过加压系统把金属探头压入土层，根据连续测得探头锥尖的阻力大小，间接测定土层变形模量和承载力。它适用于水深较大和勘探深度较深的无胶结至中度胶结的松散屑或钙质碎屑层，试验时使用双桥探头，其锥尖阻力值可预估钙质砂土的内摩擦角和相对密度，侧壁套筒的阻力则用于计算摩擦阻比。在浅层CPT试验中可直接提供CPT连续变化曲线，为钙质砂土分类提供判据，还可作为桩基设计的参考[9]。动力触探用一定规格的圆锥形探头，以一定重量的锤击能量把探头击入土层中。按一般规定，轻型触探多用在一般细颗粒的黏土类地层中，重型触探用在粗碎石、卵砾石等地层中。考虑到重型和中型触探仪重量较大，在礁坪上搬运困难，我们使用携带方便的轻型触探仪设备（DPL）在南沙群岛珊瑚礁上勘测，并根据锤击数与贯入深度 N_{10}-h 的关系将礁碎屑土初步分为裸沙洲堆积砂砾土、礁塘砾砂土、礁坪洼坑砾砂土和礁坪礁块4类[19]。

（三）地球物理勘测

物探是快速、高效和低成本的一种勘探方法。在珊瑚礁中常用人工地震和声波探测技术进行勘察。南海海洋研究所"实验2号"地球物理调查船在南沙群岛海域进行高分辨率人工地震调查时，使用美国EG&G公司制造的电火花剖面仪，震源能量1~8kJ，反射信号频率选取20~1500Hz，扫描时间为0.5~2s，航速6km，理论穿透深度大于700m，分辨率为3~5m[1]。其在礼乐滩沉溺礁区获得了217km高分辨率的地震调查记录，清晰显示了礁体的地层、结构、断裂构造和基座岩性，以及海底沉积物覆盖下的埋藏礁等[20]。南海海洋研究所"实验3号"综合考察船在南沙群岛礁区考察时，在登礁小艇上使用了美国Klein公司制造的530型旁侧声呐/浅地层扫测系统。旁侧声呐工作频率为100kHz或500kHz，浅地层剖面仪工作频率为3.5kHz。走航式同步记录了测线水深、测线两侧（量程100m）水下海底表面声学性质及线上浅地层剖面（厚度20m以内）。用德国Klein公司制造的IBAKL-70C型和UFF-22型（彩色）水下电视系统观察水中和海底世界并录像。用这些仪器测绘了曾母暗沙礁丘，地貌上分为礁核和礁翼两个类型，沉积层可分为表层生物碎屑层及下伏原生礁礁灰岩（亦有露头）[21]。此后分别在万安滩、礼乐滩和其他环礁进行探测。1994年对南沙群岛北部信义礁等几座环礁的旁侧声呐地貌探测中还同步使用了回声测深仪、美国Garmin公司制造的全球卫星定位系统GPS75型定位仪和中国台湾恒升公司（MAX）486SKD单显笔记本进行配合，提高了定位和测深的精度，保障了设计测线的实施[22]。

三、结语

由于珊瑚礁是一种特殊的岩土类型，关于其许多工程地质现象的本质和机制还未弄清楚，研究方法也不成熟，尚无完全适用的测试设备，现有处理工程地质问题的初步办法还须检验，总之珊瑚礁工程地质研究还处于探索、试验阶段，因此它是一个富有挑战性的新领域，希望同行着意发展珊瑚礁工程地质学科理论，为珊瑚礁工程地质勘测、实验和工程设计、施工的规范化提供科学依据[23]。

参 考 文 献

[1] 中国科学院南沙综合科学考察队. 南沙群岛及其邻近海区综合调查研究报告(一). 北京: 科学出版社, 1989.

[2] 赵焕庭, 宋朝景, 朱袁智. 南沙群岛"危险地带"腹地珊瑚礁的地貌与现代沉积特征. 第四纪研究, 1992, 12(4): 368-377.

[3] 赵焕庭, 温孝胜, 孙宗勋, 等. 南沙群岛自然综合体的形成和发展初探//南沙群岛及其邻近海区地质地球物理及岛礁研究论文集(二). 北京: 科学出版社, 1994: 226-239.

[4] Guilcher A. Coral Reef Geomorphology. New York: John Wiley and Sons, 1988.

[5] 宋朝景, 卢博, 汪稔, 等. 珊瑚礁的工程地质特征//中国科学院南沙综合科学考察队. 南沙群岛及其邻近海区地质地球物理及岛礁研究论文集(二). 北京: 科学出版社, 1994: 153-159.

[6] 中国科学院南沙综合科学考察队. 南沙群岛永暑礁第四纪珊瑚礁地质. 北京: 海洋出版社, 1992.

[7] 聂宝符, 梁美桃, 朱袁智, 等. 南海礁区现代造礁珊瑚类骨骼细结构的研究. 北京: 中国科学技术出版社, 1991.

[8] 陈兆林, 陈天月, 曲勋明. 珊瑚礁砂混凝土的应用可行性研究. 海洋工程, 1991, (3): 67-80.

[9] Jewell R J, Andrews D C. Proceedings of International Conference on Calcareous Sediments. Rottedam: Balkema, 1988: 18-82.

[10] Murff J D. Pile capacity in calcareous sands: state of the art. American Society of Civil Engineers, Journal of Geoechnical Engineering Division, 1987, 113(5): 490-507.

[11] Poulos H G, Chua E W. Bearing capacity of foundations on calcareous Sand. Proceedings of the 11th International Conference on Soil Mechanics and Foundation Engineering, San Francisco, 1985, 3: 1149-1152.

[12] 杨志强. 钙质砂(珊瑚砂)的物理力学性质研究//中国科学院南沙综合科学考察队. 南沙群岛及其邻近海区地质地球物理及岛礁研究论文集(二). 北京: 科学出版社, 1994: 172-180.

[13] 卢博, 梁元博. 海水珊瑚砂混凝土的实验研究Ⅰ. 海洋通报, 1993, 12(5): 69-74.

[14] 胡广韬, 杨文远. 工程地质学. 北京: 地质出版社, 1984: 377.

[15] 张咸恭, 李智毅, 郑达辉, 等. 专门工程地质学. 北京: 地质出版社, 1990: 281.

[16] 常士骠. 工程地质手册. 3版. 北京: 中国建筑工业出版社, 1992: 978.

[17] Hagenaar J, Berg J V D. Installation of piles of marine structures in the Red Sea. Proceedings of the 10th International Conference on Soil Mechanics and Foundation Engineering, Stockholm, 1981, 8129: 727-730.

[18] 汪稔, 张利军, 余毓良, 等. 永暑礁工程地质初评//中国科学院南沙综合科学考察队. 南沙群岛及其邻近海区地质地球物理及岛礁研究论文集(二). 北京: 科学出版社, 1994: 189-202.

[19] 杨志强, 赵威, 宋朝景. 珊瑚礁场址的工程地质勘探方法和碎屑土类型//中国科学院南沙综合科学考察队. 南沙群岛及其邻近海区地质地球物理及岛礁研究论文集(二). 北京: 科学出版社, 1994: 181-188.

[20] 袁友仁, 葛宜瑞, 柳枞阳, 等. 南海南沙群岛礼乐滩海域晚新生代地层与构造//梁名胜, 张吉林. 中国海陆第四纪对比研究. 北京: 科学出版社, 1991: 124-133.

[21] 中国科学院南海海洋研究所. 曾母暗沙——中国南疆综合调查研究报告. 北京: 科学出版社, 1987: 1-29.

[22] 钟晋梁, 陈欣树, 孙宗勋, 等. 南沙群岛七座环礁的地貌声图分析//中国科学院南沙综合科学考察队. 南沙群岛及其

邻近海区地质地球物理及岛礁研究论文集(二). 北京: 科学出版社, 1994: 69-78.

[23] 赵焕庭, 宋朝景, 卢博. 珊瑚礁工程地质研究的内容和方法. 工程地质学报, 1997, 15(1): 21-27.

第二节　珊瑚礁岩土的工程地质特性研究进展[①]

一、引言

造礁石珊瑚群体死亡后，其遗骸经过漫长的地质作用形成的岩土体即为珊瑚礁。珊瑚礁岩体的主要成分为碳酸钙，常被称为礁灰岩。全球现代珊瑚礁主要分布在南北回归线之间的热带太平洋、印度洋和大西洋海域，如著名的澳大利亚大堡礁绵延达 2000 多千米。我国现代珊瑚礁主要分布在南海诸岛及北部沿岸，南海的岛礁基本上由珊瑚礁构成[1-3]。

珊瑚礁几乎是我国在南海唯一的陆地国土，我国目前在南海所有的军事、渔政设施无一例外地都建在珊瑚礁上，因此南海的珊瑚礁在我国被赋予了多重功能[4]。近年来，南海岛礁吹填工程是珊瑚礁岩土作为工程介质服务于国家建设的最典型案例。但由于以往对珊瑚礁岩土利用的实践偏少，目前对珊瑚礁岩土工程特性的认识仍处于探索阶段。实际上，生物成因的珊瑚礁岩土具有易破碎、多孔隙、高压缩等特性，加之受海水介质的影响，其与常规的陆地岩土之间存在很大的差异性。这些差异性给珊瑚岛礁工程建设带来了很多的不确定性。本节总结珊瑚礁岩土工程地质特性的相关研究成果，以期为南海岛礁工程建设提供依据，也为珊瑚礁岩土工程特性的深入研究提供参考资料。

二、珊瑚礁岩土的组成

珊瑚礁体通常的结构是表层以全新世松散礁砂砾层为主，以下则为固结的礁灰岩。松散砂砾层主要为钙质砂，由造礁珊瑚及其他海洋钙质生物碎屑组成，并且主要由生物过程形成的一种沉积物。其矿物成分主要为文石、白云石和方解石，化学成分主要为碳酸钙。珊瑚礁碳酸钙岩土组分的颗粒尺寸变化较大，既有砂性土也有黏性土，颜色常常呈淡黄色至白色，无塑性[5-7]。在南海的珊瑚礁钙质砂，因区域不同其成分通常有差异，如西沙、南沙群岛的钙质砂的组分以碳酸钙为主，辅以其他陆源组分，而南海北部岸礁区域（如雷州半岛、涠洲岛等）的钙质砂的组分基本上全部为碳酸钙。多孔隙的生物结构以及比陆源石英砂低很多的硬度，都使碳酸盐质的碎屑颗粒更容易破碎[8]。中国科学院南海海洋研究所[9]对南沙群岛信义礁等 4 座环礁的现代碎屑沉积物进行研究发现，相同地貌带的碎屑沉积物具有相似的沉积特征，不同地貌带碎屑沉积物的沉积特征相差较大，主要表现在沉积颗粒的粒度和生物组成等方面。在粒度上，沿礁坪向潟湖盆底方向，沉积物粒度逐渐变细。在生物组分上，礁坪沉积物一般以珊瑚屑和珊瑚藻屑为主，有孔虫含量低；潟湖盆底沉积物以仙掌藻片和有孔虫含量高为普遍特征；潟湖坡沉积物中的生物组分介于礁坪和潟湖盆底之间。

三、珊瑚礁钙质砂的物理性质

（一）颗粒密度

钙质砂的颗粒密度一般为 $2.70\sim2.85\text{g/cm}^3$，比石英砂的平均颗粒密度（$2.65\text{g/cm}^3$）大。因钙质砂颗

[①] 作者：袁征，余克服，王英辉，孟庆山，汪稔

粒表面含有易溶盐，利用不同介质测量时颗粒密度值会有所不同，且颗粒粒径越小，颗粒密度越大[5, 10, 11]。汪稔等[8]利用浮称法和虹吸法对永暑礁珊瑚块进行密度测定，浮称法结果为 2.53～2.71g/cm³，虹吸法结果为 2.25～2.33g/cm³，不少实验室认为虹吸筒法由于粗粒实体体积测量不准确。刘崇权和吴新生[12]分别用比重瓶法、浮称法和虹吸筒法测量钙质砂颗粒密度，结果显示采用煤油作为液体的比重瓶法测得的钙质砂颗粒密度较为准确，其颗粒密度为 2.73g/cm³。

（二）孔隙比

钙质砂的孔隙由两部分组成，即颗粒间的外孔隙与颗粒本身的内孔隙。钙质砂孔隙比为 0.54～2.97，比石英砂通常的范围（0.4～0.9）高出许多。实验结果显示，钙质砂内孔隙约占全部孔隙的 10%，它反映了钙质砂颗粒本身的疏松、多孔程度[5]。在压缩过程中，钙质砂颗粒重新排列引起体积收缩，同时在颗粒破碎的过程中，内孔隙得到释放，释放后的内孔隙被更小的颗粒填充，加剧体积收缩[5, 10, 11]。陈海洋[13]对钙质砂进行显微实验，获取钙质砂内孔隙的显微图片，同时利用分形几何学对孔隙形状进行了分析，证明了钙质砂内孔隙具有较好的分形特征，分形维数为 0.95～1.07。朱长歧等[14]通过实验获取钙质砂颗粒的内孔隙显微图像，定量分析了钙质砂的内孔参数，得出较大颗粒钙质砂的内孔隙断面孔隙度相对较大，小孔隙数量较多，而大孔隙所占空间较大。

四、珊瑚礁钙质砂的静力学特性

（一）钙质砂的压缩性

高压缩性是钙质砂颗粒的重要特性之一。实验显示钙质砂的压缩指数是石英砂的 100 倍，这是由钙质砂颗粒本身的性质决定的。一方面，与石英砂相比，钙质砂颗粒硬度低、棱角度高、具有较多的内孔隙；另一方面，钙质砂在常应力水平下的颗粒破碎也被认为是造成其高压缩性的主要原因。此外，由于钙质砂颗粒形状不规则，在外力作用下颗粒之间的相对位置调整比石英砂缓慢，因此其压缩固结的时间要比石英砂的长[15]。张家铭[15]对钙质砂一维与等向条件下的压缩特性进行了分析，指出钙质砂的压缩特性类似于正常固结黏结性土，在低压阶段，压缩变形主要促进颗粒之间位置的重新调整；在高压阶段，颗粒破碎对其压缩特性起控制作用。王新志等[16]对南海渚碧礁潟湖的钙质砂进行室内荷载试验，结果表明钙质砂的承载力和变形模量随相对密实度的增大而显著提高，可以通过夯实的办法显著提高地基的承载力，并且钙质砂地基中土压力的有效影响深度为 2～3 倍基础宽度。

（二）钙质砂的抗剪特性

抗剪特性是钙质砂颗粒的另一重要特性。张家铭等[17-19]通过三轴剪切试验得出，钙质砂颗粒质脆，在剪切作用下会产生大量的颗粒破碎，从而影响钙质砂的力学性质；钙质砂的三轴剪切应力-应变关系随应力水平的变化而变化，其颗粒的剪胀性和峰值应力比与围压关系密切；低围压下剪胀对其强度的影响远远大于颗粒破碎，而随着围压的增加，钙质砂颗粒破碎加剧，剪胀影响越来越小，而颗粒破碎对抗剪强度的影响越来越大。胡波[20]通过三轴试验发现，钙质砂排水剪切和不排水剪切所测得的强度参数有很大不同，固结不排水剪切时钙质砂应以峰值有效应力比作为破坏标准比较合适。

（三）颗粒的破碎性

经典土力学认为，土颗粒是不可压缩和破碎的，其变形是由土体孔隙中气、水排出和颗粒的重组造成的，且其强度理论建立在颗粒摩擦和滑移基础之上。实际上，土颗粒在受到大于其自身强度的应力作用时会产生部分或整体破裂[15, 21]。Hardin[22]通过实验得出，土体颗粒破碎与颗粒级配、颗粒形状、有效应力、颗粒强度等因素有关。张家铭等[23]采用 Hardin 的破碎势模型对钙质砂压缩试验的数据进行分析发现，大颗粒在压缩过程中的破碎形式主要是棱角的折断和颗粒间的研磨。同时，张家铭等[17, 19]还通过三轴剪切试验对钙质砂在剪切作用下的颗粒破碎情况进行了研究，发现围压越大，剪切应变越大，颗粒破碎越明显；颗粒破碎对抗剪强度有很大影响，随着颗粒破碎的加剧，这种影响越显著。吴京平等[24]通过三轴剪切试验发现，钙质砂较大的体积应变主要是由特殊的颗粒形状和颗粒破碎引起的，破碎引起的体积应变与颗粒相对破碎度呈递增的直线关系，而且破碎程度与受力过程中所吸收的塑性功的大小密切相关。陈清运等[25]通过声发射（应力波发射）研究发现，随着围压的增加，颗粒破碎先加剧后减弱，存在一个界限围压；钙质砂存在一个界限孔隙比，当初始孔隙比偏离该值时，颗粒破碎有不同程度的提高；颗粒破碎程度还与级配有关。胡波[20]通过三轴压缩试验得出，钙质砂的颗粒破碎程度随着粒径的增加而增大；级配不良的钙质砂比级配良好的钙质砂颗粒破碎更显著；颗粒形状对钙质砂破碎的影响十分显著。Shahnazari 和 Rezvani[26]通过三轴压缩试验发现，与其他一些因素相比，围压对钙质砂的颗粒破碎的影响程度最大。

上述研究成果揭示了珊瑚礁钙质砂的一些基本力学性能。颗粒易破碎是钙质砂最重要的特性，这一特性影响了钙质砂的其他力学性能，而影响钙质砂颗粒破碎的主要因素有围压、有效应力、颗粒级配、初始孔隙比、颗粒强度、颗粒形状等。

五、珊瑚礁岩土中的桩基工程特性

桩基具有承载力高、沉降量小且较均匀的特点，几乎可以应用于各种工程地质条件和各种类型的工程中，因此海洋平台基础类型首选桩基。然而，大量的试验和工程实例表明，基于常规地基材料的桩基设计经验在钙质砂土中是不适用的[27-34]。一个经典的例子是，1968 年在伊朗的拉文 Lavan 石油平台建设过程中，直径约 1m 的桩在穿过约 8m 的胶结程度良好的地层后，自由下落约 15m[35]。

单华刚和汪稔[36]分析了钙质砂桩基承载力低的原因，指出成桩方法对桩侧摩阻力影响较大，打入桩的桩侧摩阻力较低，钻孔灌注桩或沉管灌注桩的桩侧摩阻力较高；影响桩端阻力的因素有围压、压缩性、循环荷载和胶结程度等。刘崇权等[37]认为变化的法向压力才是导致钙质砂桩侧摩阻力低的主要直接原因。Lee 和 Poulos[38]对灌注桩进行了静力试验和控制位移、荷载的动力试验，发现桩侧摩阻力随着桩直径的增大而减小；循环试验中滑动位移越大，桩侧摩阻力越小。江浩等[39]通过模型桩试验得出，钙质砂中钢管桩承载能力很低，且闭口钢管桩承载力为石英砂中闭口钢管桩的 66%~70%；钙质砂中钢管桩轴力衰减速率一直很缓慢，桩身下部轴力和上部轴力相差不大，这表明桩侧摩阻力很小，具有深度效应，桩身荷载大部分由桩端阻力来提供，表现为端承桩性状；相对密度对钙质砂中钢管桩的桩侧摩阻力影响比石英砂的小得多。同时，江浩等[40]还通过群桩模型试验得出，钙质砂相对密度对群桩承载力有较大影响；闭口群桩承载力比开口群桩高 17%~20%，但仍远小于石英砂中闭口群桩的承载力；钙质砂中的群桩效应与石英砂有着明显差别，钙质砂的桩侧摩阻力群桩效应系数比石英砂的大，接近于 1，而承载力群桩效应系数小于 1，且随相对密度的增加而增加。秦月等[41]对钙质砂地基中单桩在不同受力方向下的承载力进行了研究，发现桩体变位、桩身变形受到埋深与受力方向的影响；相同条件下增大桩的埋深对垂向抗拔桩的意义大过抗压桩。Murff[42]指出钙质砂中的打入桩承载力低且变化大，而钻孔桩和灌注桩的承载力与石英砂中的打入桩相当。Zhang 等[43]在分析颗粒级配变化的基础上，利用有限单元法提出一种计算桩基承载力的方法。

目前对钙质砂中的桩基研究主要集中在桩基承载力的影响因素和传统桩基在钙质砂中的应用方面，还没有提出能够适应钙质砂环境的新型桩基，因此还需对钙质砂中的新型桩基开展进一步研究。

六、珊瑚礁混凝土的特性

在珊瑚岛礁上的工程建设，特别是那些远离大陆的海岛，必须考虑材料供给与成本问题。事实上，就地取材利用珊瑚礁材料包括珊瑚砂作为混凝土骨料的现象已比较多地存在于珊瑚岛礁建设之中，主要是因为从远离海岛的大陆取材运输成本太高。余克服等[4]因此提出了"绿色工程"的理念，希望岛礁工程建设的选址、取材等尽可能结合珊瑚礁的生态脆弱性进行合理规划、减少破坏。通常的做法是用珊瑚礁块代替碎石，用海水代替淡水，拌养珊瑚混凝土。从岛礁工程的角度，研究珊瑚礁混凝土的强度与耐久性具有重要意义。

（一）强度

陈兆林等[44]以珊瑚礁砂为基本骨料，分别采用海水、岛水、淡水拌养，制成不同标号的珊瑚礁混凝土，并与普通碎石、河砂混凝土相比较发现，混凝土水泥用量随着混凝土标号的提高而增加，只是前者比后者增加得慢；在相同骨料和配合比的条件下，用海水拌养的混凝土比用淡水拌养的混凝土早期强度增加较快，但后期强度增加较慢。卢博等[45, 46]采用不同品种水泥，分别用海水和淡水拌养混凝土，然后对试样进行强度测试和超声波测试，发现抗硫酸盐水泥是较适合的品种，而火山灰水泥不能用于海岸工程。李林[47]利用普通硅酸盐混凝土、珊瑚碎屑、普通中砂和自来水拌制成混凝土，并与普通混凝土进行对比测试发现，水泥用量对珊瑚混凝土强度影响最大；在养护初期，珊瑚混凝土的强度发展快于普通混凝土，约提高50%，但随着时间的推移，珊瑚混凝土强度发展逐渐变慢。潘柏州和韦灼彬[48]按照全因子试验的方法进行了珊瑚混凝土立方体抗压强度对比试验，发现采用抗硫酸盐水泥、海水拌养的珊瑚砂混凝土具有较好的工作性能和较高的强度。Chen等[49]利用硫铝酸盐水泥、钙质砂和海水拌养混凝土发现，这种混凝土比普通硅酸盐混凝土具有更好的工作性能。徐超等[50]通过配比试验发现，水泥掺量是影响混凝土抗压强度和抗渗性能的主要因素，其次是掺砂量，水灰比和搅拌时间的影响不大。孙宝来[51]通过掺入硅灰代替混凝土试验发现，代替率为20%～30%的硅灰可有效提高珊瑚混凝土的抗压强度及劈裂抗拉强度。王磊等[52]通过向珊瑚混凝土中添加剑麻纤维进行试验发现，剑麻纤维的掺入对混凝土立方体抗压强度的影响很小，掺量3～4.5kg/m^{3}的剑麻纤维可显著提高珊瑚混凝土的抗折强度及劈裂抗拉强度，同时剑麻纤维的掺入可以改善珊瑚混凝土的脆性，使其破坏时表现出良好的延性。

（二）耐久性

因为海岛所处环境复杂，包括高水汽、高盐度、强风力、强辐射等，所以岛礁工程要充分考虑混凝土的耐久性。余强和姜振春[53]对西沙某岛的混凝土耐久性问题进行了归纳，发现主要存在以下问题：①海水-珊瑚混凝土长期在高温环境下的强度发展问题；②干湿交替区域混凝土表面开裂；③盐分的腐蚀作用，包括氯盐、硫酸盐与镁盐等；④强紫外线辐射会使混凝土表面老化、开裂、强度降低；⑤台风及海浪的冲刷等。影响珊瑚混凝土耐久性的主要因素是高湿、高温、高盐雾、强紫外线辐射和多台风的气候条件[53]。张敏和卢博[54]利用不同品种水泥与花岗岩、珊瑚碎屑及海水拌养混凝土，发现抗硫酸盐水泥的抗腐蚀性最强，其次是矿渣水泥和普通硅酸盐水泥，火山灰水泥稍差；在一定浓度的环境介质中，不同强度等级的混凝土，其抗腐蚀性能变化不大；为了减少用水量，改善混凝土的和易性，在海岛工程中尽可能于搅拌过程中掺加减水剂，这样可以提高混凝土的密实性和抗腐蚀能力。陈兆林等[55]利用海水进行混凝土的拌养，发现可以采用海水拌养混凝土修建工程，但海水应为无杂质的清洁自然海水；采用珊瑚礁砂以及陆地碎石河砂为骨料拌制的混凝土能够满足工程耐久性的要求；海水拌制的混凝土适用于不配置钢筋的素混凝土或纤维混凝土。张伟等[56]通过对珊瑚混凝土所处外在环境、水泥熟料、水泥水化产物进行分析，指出为了提高珊瑚混凝土的耐久性，珊瑚混凝土所用水泥中的铝酸三钙含量应控制在6%以下，还应适当降低硅酸三钙的含量。王芳和查晓雄[57]通过对钢管混凝土柱进行氯离子腐蚀分析得出，当外界氧气无法进入钢管内部，且钢管为均匀腐蚀时，珊瑚混凝土在密闭环境下对钢管的平均腐蚀厚度很小，可以忽略不计，珊瑚混凝土不需经过处理即可直接应用于钢管混凝土中。

由以上研究成果可知，目前对珊瑚混凝土的研究主要是在素混凝土方面，其中抗硫酸盐珊瑚混凝土较适用于岛礁工程。但是钢筋混凝土才是建筑物中应用最广泛的，而海岛环境对钢筋的腐蚀很严重，因此需要加强对珊瑚钢筋混凝土的研究与应用。

七、珊瑚岩土固结成岩后的工程特性

目前的研究比较多的是针对珊瑚礁区松散的钙质砂或珊瑚砂，但对松散层下的礁灰岩研究较少。钙质砂或珊瑚砂固结成岩后称为礁灰岩。礁灰岩的成岩作用因时期不同及所经历后期环境条件不同，各岩段的岩石学性质各有特点。礁灰岩的成岩作用主要有胶结作用、溶解-填充作用、溶蚀作用和白云岩化作用[8]。每当环境发生重大变化，尤其是因为海平面下降时，礁体出露于海平面部分往往发生新的成岩作用；而当海平面上升时，礁体被海水淹没，原来的成岩作用便停止，海增平面再次下降时新的成岩作用叠加[8, 58]。成岩作用对礁灰岩的性质有重要影响，而珊瑚礁区的任何工程建设的基底都是礁灰岩，因此需要高度关注礁灰岩的工程特性。

王新志等[59]通过对南沙群岛取得的礁灰岩进行力学性质测试发现，礁灰岩具有较高的孔隙率，远远大于其他岩石；礁灰岩的软化性较弱，干燥抗拉强度为0.94～1.76MPa，与饱和抗拉强度0.88～1.56MPa相差不大；常规三轴试验结果表明，礁灰岩在被破坏时是沿着生长线发生拉张破坏，破坏后在围压作用下的残余强度最高可达到峰值强度的77%，这表明礁灰岩被破坏后仍具有较大的承载能力。孙宗勋和卢博[60]发现高能动力环境往往形成致密结构的礁灰岩，与低能环境形成的礁灰岩相比具有较高的弹性波波速值。刘志伟等[61]通过对沙特红海的珊瑚礁灰岩进行测试发现，在50m的勘察深度内，岩体溶穴直径小于15mm，对建筑物的整体性不会构成危害。马峰[62]通过对苏丹港附近的珊瑚礁灰岩进行勘察发现，对于重力式码头，可采用强风化珊瑚礁灰岩及其以下岩土层作为地基基础持力层；若采用桩基，宜以中等风化珊瑚礁灰岩及其以下岩土层作为桩基持力层；对沉降比较敏感的建筑，应进行地基变形的均匀性评价。唐国艺和郑建国[63]通过电镜扫描和矿物分析发现，东南亚地区发育于浅海环境的礁灰岩，成岩作用弱，这导致该地区礁灰岩具有较大的孔隙率和疏松的结构。南沙群岛珊瑚礁钻探的结果表明，从珊瑚礁表面往下的150m厚度以内，至少2次出现大的喀斯特状溶洞，高度分别为2m和8.5m，是后期成岩作用的产物[64]。

目前对礁灰岩的研究主要为室内试验，而工程应用研究较少，因此需要加强在礁灰岩地区的工程应用技术和对不同地区地质条件的研究。

八、珊瑚礁岩土工程研究展望

虽然珊瑚礁岩土工程的研究已经有了不少认识，但这毕竟是工程地质学的一个新领域，无论是基础理论研究还是工程实践都尚处于初级阶段，还有诸多方面需要深入探索。

（1）颗粒破碎是钙质砂区别于陆源砂的一个重要特性，也是影响其力学特性的最主要因素。需要加强颗粒破碎的微观机制研究，建立微观力学模型和强度准则。

（2）确定钙质砂力学性能各影响因素与颗粒破碎的耦合关系，建立能够正确描述在不同荷载条件下钙质砂的力学性质与行为的本构模型。

（3）总结钙质砂的颗粒破碎、高压缩性、低强度等特性可能引起的工程问题，并提出具体的灾害预防及处理措施。

（4）需要对珊瑚礁钢筋混凝土，以及掺加其他添加剂的更多类型混凝土进行强度和耐久性试验，提出适应海洋环境的珊瑚礁混凝土类型。

（5）现有的桩基模型不能完全满足珊瑚礁工程建设要求，需要研究新的桩基模型以适应珊瑚礁工程建设需要。

（6）开展对珊瑚礁灰岩的研究，尤其是对不同类型礁灰岩的工程地质特性研究。

（7）由于海岛所处环境复杂且变化较快，需要研究制定岛礁工程的后期养护措施及规范[65]。

参 考 文 献

[1] 赵焕庭. 中国现代珊瑚礁研究. 世界科技研究与发展, 1998, 20(4): 98-105.
[2] 张乔民, 余克服, 施祺, 等. 中国珊瑚礁分布和资源特点. 2005 年全国海洋高新技术产业化论坛. 中国海口, 2005, 3: 419-421.
[3] 沈建华, 汪稔. 钙质砂的工程性质研究进展与展望. 工程地质学报, 2010, 26(7): 27-30.
[4] 余克服, 张光学, 汪稔. 南海珊瑚礁: 从全球变化到油气勘探——第三届地球系统科学大会专题评述. 地球科学进展, 2014, 29(11): 1287-1293.
[5] 孙宗勋. 南沙群岛珊瑚砂工程性质研究. 热带海洋学报, 2000, 19(2): 1-8.
[6] 赵焕庭, 宋朝景, 卢博, 等. 珊瑚礁工程地质初论——新的研究领域珊瑚礁工程地质. 工程地质学报, 1996, 4(1): 86-90.
[7] 崔永圣. 珊瑚岛礁岩土工程特性研究. 工程勘察, 2014, 42(9): 40-44.
[8] 汪稔, 宋朝景, 赵焕庭. 南沙群岛珊瑚礁工程地质. 北京: 科学出版社, 1997.
[9] 中国科学院南海海洋研究所. 南海海洋科学集刊. 北京: 科学出版社, 1980.
[10] 单华刚, 汪稔, 周曾辉. 南沙群岛永暑礁工程地质特性. 海洋地质与第四纪地质, 2000, 20(3): 31-36.
[11] 单华刚, 汪稔. 珊瑚礁工程地质中的几个重要问题研究. 工程地质学报, 2000, 增刊: 361-365.
[12] 刘崇权, 吴新生. 钙质砂物理力学性质试验中的几个问题. 岩石力学与工程学报, 1999, 18(2): 209-212.
[13] 陈海洋. 钙质砂的内孔隙研究. 武汉: 中国科学院研究生院(武汉岩土力学研究所)博士学位论文, 2005.
[14] 朱长歧, 陈海洋, 孟庆山, 等. 钙质砂颗粒内孔隙的结构特征分析. 岩土力学, 2014, 35(7): 1831-1836.
[15] 张家铭. 钙质砂基本力学性质及颗粒破碎影响研究. 武汉: 中国科学院研究生院(武汉岩土力学研究所)博士学位论文, 2004.
[16] 王新志, 汪稔, 孟庆山, 等. 钙质砂室内载荷试验研究. 岩土力学, 2009, 30(1): 147-151.
[17] 张家铭, 蒋国盛, 汪稔. 颗粒破碎及剪胀对钙质砂抗剪强度影响研究. 岩土力学, 2009, 30(7): 2043-2048.
[18] 张家铭, 张凌, 刘慧, 等. 钙质砂剪切特性试验研究. 岩石力学与工程学报, 2008, 27(S1): 3010-3015.
[19] 张家铭, 张凌, 蒋国盛, 等. 剪切作用下钙质砂颗粒破碎试验研究. 岩土力学, 2008, 29(10): 2789-2793.
[20] 胡波. 三轴条件下钙质砂颗粒破碎力学性质与本构模型研究. 武汉: 中国科学院研究生院(武汉岩土力学研究所)博士学位论文, 2008.
[21] 孙吉主, 汪稔. 三轴压缩条件下钙质砂的颗粒破裂过程研究. 岩土力学, 2003, 24(5): 822-825.
[22] Hardin B O. Crushing of soil particles. Journal of Geotechnical Engineering, 1985, 111(10): 1177-1192.
[23] 张家铭, 汪稔, 石祥锋, 等. 侧限条件下钙质砂压缩和破碎特性试验研究. 岩石力学与工程学报, 2005, 24(18): 3327-3331.
[24] 吴京平, 褚瑶, 楼志刚. 颗粒破碎对钙质砂变形及强度特性的影响. 岩土工程学报, 1997, 19(5): 51-57.
[25] 陈清运, 孙吉主, 汪稔. 钙质砂声发射特征的三轴试验研究. 岩土力学, 2009, 30(7): 2027-2030.
[26] Shahnazari H, Rezvani R. Effective parameters for the particle breakage of calcareous sands: an experimental study. Engineering Geology, 2013, 159(9): 98-105.
[27] Angemerr J, Carlson E G, Klick J H. Techniques and results of offshore pile load testing in calcareous soils. Offshore Technology Conference, Houston, 1973.

[28] Dolwin J, Khorshid M S, Goudpever P V. Evaluation of driven pile capacity—methods and results. Engineering for Calcareous Sediments, 1988, 2: 333-342.
[29] Hagenaar J, Berg J V D. Installation of piles for marine structures in the red sea. Xicsmfe, Stockholm, 1981, 8129: 727-730.
[30] Angemerr J, Carlson E D, Stroud S, et al. Pile load tests in calcareous soils conducted in 400 feet of water from a semi-submersible exploration rig. Offshore Technology Conference, Houston, 1975.
[31] Hagenaar J. The use and interpretation of SPT results for the determination of axial bearing capacities of piles driven into carbonate soils and coral. Proceedings of the Second European Symposium on Penetration Testing, Amsterdam, 1982.
[32] Dutt R N, Cheng A P. Frictional response of piles in calcareous deposits. Offshore Technology Conference, Houston, 1984.
[33] Dutt R N, Moore J E, Mudd R W, Rees T E. Behavior of piles in granular carbonate sediments from offshore Philippines. Offshore Technology Conference, Houston, 1985.
[34] Gilchrist J M. Load tests on tubular piles in coralline strata. Journal of Geotechnical Engineering, 1985, 111(5): 641-655.
[35] McClelland B. Calcareous sediments: an engineering enigma. Proceedings of the 1st International Conference on Calcareous Sediments, Perth, 1988, 2: 777-784.
[36] 单华刚, 汪稔. 钙质砂中的桩基工程研究进展述评. 岩土力学, 2000, 21(3): 299-304.
[37] 刘崇权, 单华刚, 汪稔. 钙质土工程特性及其桩基工程. 岩石力学与工程学报, 1999, 18(3): 331-335.
[38] Lee C Y, Poulos H G. Tests on model instrumented grouted piles in offshore calcareous soil. Journal of Geotechnical Engineering, 1991, 117(11): 1738-1753.
[39] 江浩, 汪稔, 吕颖慧, 等. 钙质砂中模型桩的试验研究. 岩土力学, 2010, 21(3): 780-784.
[40] 江浩, 汪稔, 吕颖慧, 等. 钙质砂中群桩模型试验研究. 岩石力学与工程学报, 2010, 29(a01): 3023-3028.
[41] 秦月, 孟庆山, 汪稔, 等. 钙质砂地基单桩承载特性模型试验研究. 岩土力学, 2015, 36(6): 1714-1720.
[42] Murff J D. Pile capacity in calcareous sands: state if the art. Journal of Geotechnical Engineering, 1987, 113(5): 490-507.
[43] Zhang C, Einav I, Nguyen G D. The end-bearing capacity of piles penetrating into crushable soils. Géotechnique, 2013, 63(5): 341-354.
[44] 陈兆林, 陈天月, 曲勘明. 珊瑚礁砂混凝土的应用可行性研究. 海洋工程, 1991, 9(3): 67-80.
[45] 卢博, 李起光, 黄韶健. 海水-珊瑚砂屑混凝土的研究与实践. 广东建材, 1997, (4): 8-10.
[46] 卢博, 梁元博. 混凝土的声学测量. 海洋工程, 1993, 11(1): 70-77.
[47] 李林. 珊瑚混凝土的基本特性研究. 南宁: 广西大学博士学位论文, 2012.
[48] 潘柏州, 韦灼彬. 原材料对珊瑚砂混凝土抗压强度影响的试验研究. 工程力学, 2015, 32(s1): 221-225.
[49] Chen C, Ji T, Zhuang Y, et al. Workability, mechanical properties and affinity of artificial reef concrete. Construction and Building Materials, 2015, 98: 227-236.
[50] 徐超, 李钊, 阳吉宝. 珊瑚礁砂水泥配比试验研究. 水文地质工程地质, 2014, 41(5): 70-74.
[51] 孙宝来. 硅灰增强珊瑚混凝土力学性能试验研究. 低温建筑技术, 2014, 36(8): 12-14.
[52] 王磊, 刘存鹏, 熊祖菁. 剑麻纤维增强珊瑚混凝土力学性能试验研究. 河南理工大学学报(自然科学版), 2014, 33(6): 826-830.
[53] 余强, 姜振春. 浅析西沙某岛海水-珊瑚礁砂混凝土的耐久性问题. 施工技术, 2013, 增刊: 258-260.
[54] 张敏, 卢博. 热带海岛混凝土在腐蚀介质中的腐蚀及反腐蚀措施的研究. 海洋工程, 1997, 15(2): 88-91.
[55] 陈兆林, 唐筱宁, 孙国峰, 等. 海水拌养混凝土耐久性试验与应用. 海洋工程, 2008, 26(4): 102-106.
[56] 张伟, 刘丹, 徐世君. 利用海砂海水生产混凝土——海洋岛礁混凝土发展的新方向. 商品混凝土, 2015, (1): 4-8.
[57] 王芳, 查晓雄. 钢管珊瑚混凝土试验和理论研究. 建筑结构学报, 2013, 34(S1): 288-293.
[58] 朱袁智, 王有强, 赵焕庭, 等. 南沙群岛永暑礁第四纪珊瑚礁成岩作用与海平面变化关系. 热带海洋, 1994, 13(2): 1-8.
[59] 王新志, 汪稔, 孟庆山, 等. 南沙群岛珊瑚礁礁灰岩力学特性研究. 岩石力学与工程学报, 2008, 27(11): 2221-2226.
[60] 孙宗勋, 卢博. 南沙群岛珊瑚礁灰岩弹性波性质的研究. 工程地质学报, 1999, 7(2): 175.
[61] 刘志伟, 李灿, 胡昕. 珊瑚礁礁灰岩工程特性测试研究. 工程勘察, 2012, 40(9): 17-21.
[62] 马峰. 浅谈苏丹港珊瑚礁灰岩的工程地质特征. 城市建设理论研究(电子版), 2013(8).
[63] 唐国艺, 郑建国. 东南亚礁灰岩的工程特性. 工程勘察, 2015, 43(6): 6-10.
[64] 中国科学院南沙综合科学考察队. 南沙群岛永暑礁第四纪珊瑚礁地质. 北京: 海洋出版社, 1992.
[65] 袁征, 余克服, 王英辉, 等. 珊瑚礁岩土的工程地质特性研究进展. 热带地理, 2016, 36(1): 87-93.

第三节　钙质砂的工程性质研究进展与展望①

一、引言

海洋中有丰富的资源。在当今全球粮食、资源、能源供应紧张与人口迅速增长的矛盾日益突出的情况下，开发利用海洋中丰富的资源，已是历史发展的必然趋势。20 世纪初，各国均开始了海底油气的开发，大量的石油平台开始修建。从 60 年代开始，在世界许多地区海洋平台的建设中都遇到钙质砂，由于当时对其特殊的物理力学性质缺乏了解，工程在建设和使用过程中出现了一系列问题，引起了大批专家学者对这种特殊岩土的介质力学、工程特性进行了全面而深入的研究，取得了丰硕的成果[1]。国内直到 20 世纪 80 年代中期开始的"七五""八五"南沙科学考察，才开始将钙质砂作为一种具有特殊工程力学性质的对象来研究。

二、钙质砂的成因与分布

钙质砂，通常是指海洋生物（珊瑚、海藻、贝壳等）成因的富含碳酸钙或其他难溶碳酸盐类物质的特殊岩土介质。它的主要矿物成分为碳酸钙（大于 50%），是长期在饱和的碳酸钙溶液中，经物理、生物化学及化学作用过程（其中包括有机质碎屑的破碎和胶结过程，以及一定的压力、温度和溶解度的变化过程）形成的一种与陆相沉积物有很大差异的碳酸盐沉积物。由于其沉积过程大多未经长途搬运，保留了原生生物骨架中的细小孔隙等，形成的土颗粒多孔隙（含有内孔隙）、形状不规则、易破碎、颗粒易胶结等，使得其工程力学性质与一般陆相、海相沉积物相比有较明显的差异[1-3]。

钙质砂的主要物质来源为造礁珊瑚、珊瑚藻及其他海洋生物的骨架残骸在原地沉积或近源搬运沉积。因此，全球钙质砂的分布与珊瑚礁的分布基本一致，主要在南纬 30°和北纬 30°之间的热带或亚热带气候的大陆架和海岸线一带。加勒比海北部海域（佛罗里达南部海域、美国墨西哥湾、百慕大群岛、巴哈马群岛、特克斯及凯科斯群岛等）、加勒比海西部海域（墨西哥、伯利兹海域等）、加勒比海东部海域和大西洋海域（海地岛、多米尼加、波多黎各岛屿等）、印度洋中西部海域、东南亚台湾海峡、我国南部海域、太平洋群岛大部分海域均有钙质砂的分布[4]。但澳大利亚南端的巴斯海峡的钙质土例外。Morrison 等[5]指出，如果地质历史时期内含有必要化学成分的暖流流过位于赤道附近南北纬 30°以外的地区，那么该地区也可能存在钙质土。澳大利亚的巴斯海峡就被认为是 Agnlhas 暖流作用的结果。

三、钙质砂的力学特性

（一）钙质砂的静力学特性

压缩性是钙质砂最基本的工程特性之一，但研究表明钙质砂在常应力水平下即能发生颗粒破碎，与经典土力学中以粒间摩擦、滑移为理论基础的力学理论完全不同。为此各国研究者对钙质砂这种特殊的岩土介质进行了大量研究工作。对钙质砂的压缩性已经有了基本的认识，研究结果发现钙质砂的压缩性与黏性土相似，符合剑桥模型，但钙质砂的 λ 值均较高，并且固结特征与 $CaCO_3$ 含量、胶结状况、沉积年代有关，具有明显的蠕变性[2]。刘崇权等[1]对我国南海南沙永暑礁的钙质砂进行了单轴压缩、三轴压缩

---

① 作者：沈建华，汪稔

试验，研究结果与上述结果吻合，发现钙质砂压缩变形中的弹性分量比黏性土小得多，表明在压缩过程中钙质砂发生了不可恢复的塑性变形——颗粒破碎。张家铭[6]对南沙群岛附近海域的未胶结钙质砂进行了一维压缩试验和等向压缩试验，试验结果再次说明钙质砂的压缩特性类似于正常固结黏性土且可以用P-W模型对其进行模拟，指出在低压阶段，压缩变形主要促进颗粒之间位置的重新调整，而在高压阶段，颗粒破碎对其压缩特性起控制作用。王新志等[7]对南海渚碧礁潟湖的钙质砂进行了室内荷载试验，结果表明钙质砂的变形模量与砂的密实度、含水率等有关，与石英砂相比，钙质砂具有较高的变形模量，地基的承载力要比石英砂地基大得多，沉降量小，沉降稳定快，荷载的有效影响深度为2~3倍基础宽度。

抗剪性是钙质砂工程特性的另一重要组成部分。Coop[8]研究表明，钙质砂的排水剪有向着一个定体积、定差应力方向发展的趋势，与黏土类似。Fahey[9]认为，钙质土的排水剪在高压与低压下有明显的不同。低压下，初期发生刚性效应，紧接着发生屈服，最终是逐渐的应变硬化阶段；而高压下，初期反应较弱，并无明显的屈服点。刘崇权等[1, 3]的三轴试验结果验证了Fahey的观点，得出钙质砂的应力-应变关系受应力路径影响，其低应力水平时总体上类似于普通陆源砂，随着初始孔隙比的变化有可能发生剪胀，也有可能发生剪缩；在中、高压力时类似于松砂，由于颗粒破碎呈明显的绝对压缩性；并且钙质砂强度机制类似于石英砂，但颗粒破碎减少滑动摩擦分量；钙质砂的强度指标较石英砂要大，但随着应力水平的增加而降低，Mohr包线呈非线性。评价钙质砂的强度时应考虑碳酸盐含量、相对密度、应力历史、颗粒破碎、剪胀、颗粒重组等因素的影响。张家铭[6]分析了砂颗粒破碎与剪胀对钙质砂强度的影响，低围压下剪胀对其强度的影响远大于颗粒破碎，随着围压的增加，颗粒破碎的影响越来越显著；最终当破碎达到一定程度后颗粒破碎渐趋减弱，其影响也渐趋于稳定。

总之，钙质砂的强度指标与陆源砂同为应力水平的函数，是一个状态变量而非常量。因此，在实际工程中，要根据现场实际情形进行应力路径试验，从而获取正确的强度指标。

（二）钙质砂的动力学特性

由于所处的特殊自然环境，钙质砂不仅受到风、浪、流等周期荷载的作用，还承受着各类海工建筑物传来的各种动荷载作用，因此对钙质砂的动力学特征的研究必不可少。

在国外，Datta等[10]对钙质砂进行了不排水循环压缩试验，模拟了打桩过程中钙质砂的应力状态，分析了循环荷载下孔压的发展模式及其对桩侧阻力的影响；Knight[11]对钙质砂进行了慢速、快速不排水循环压缩试验及慢速排水循环试验，模拟了桩侧钙质砂在不同应力水平的动态荷载作用下表现出的工程特性。Monison等[12]、Fahey[9]、Kaggwa等[13, 14]、Airey和Fahey[15]、knodel等[16]均对不同地区的钙质砂进行了循环荷载下的试验研究。研究发现，钙质砂的动力学性质主要受其高孔隙率和颗粒破碎的影响，并且与碳酸钙含量、胶结程度、循环荷载的大小、加载循序等有关。在国内，虞海珍和汪稔[17]对我国南沙钙质砂在不同相对密度、级配、振动频率、围压和固结应力下动力学特性的研究结果表明，钙质砂具有独特的液化特性，在特殊条件下（低围压、高固结应力比）可发生液化，其液化机制为循环活动性，不会出现流滑。由于钙质砂具有高孔隙比，在循环荷载作用下，极易产生大量的、不可恢复的塑性应变，试样发生变形破坏，从而具有很高的压缩性。李建国[18]在虞海珍和汪稔研究[17]的基础上，试验改采用常规的动三轴试验仪为土工静力-动力液压三轴-扭转多功能剪切仪，考虑主应力方向连续旋转的影响，对南沙群岛的钙质砂进行了垂向-扭向循环耦合剪切试验，模拟了波浪荷载，研究了破浪荷载作用下钙质砂的动力学特性。研究结果表明，初始主应力方向角对钙质砂的动强度影响较大，主应力系数对其有影响但影响不大，并建立了考虑初始主应力方向角的动强度模式；该研究还对均压固结与非均压固结两种情况下的饱和钙质砂的液化情况、孔隙水压力效应、残余孔压的增长模式、钙质砂的骨干曲线、动态模量特征、动态阻尼特征进行了分析，并与石英砂的动力学特性进行了初步对比。

由于国防安全和工程建设方面的需要，相关文献已经开始了对饱和砂土介质在爆炸荷载作用下的动力学特性的研究。对于钙质砂在爆炸荷载下的动力学特性，徐学勇[19]首先进行了探索研究。以南沙群岛美济礁钙质砂为研究对象，采用室内小型爆炸试验、理论分析与数值模拟等方法，研究了饱和钙质砂在爆炸荷载作用下的动力响应特性以及爆炸应力波在钙质砂中的传播和衰减规律等。试验结果与数值分析结果吻合较好，由于采用的有效应力弹塑性本构模型无法很好地考虑钙质砂颗粒破碎，土压力与孔隙水压力峰值衰减百分率与试验值有一定的误差。

对于钙质砂的动力学特性虽然已经进行了较多的研究，但研究并不全面，在不同动态荷载下钙质砂的动态本构关系、颗粒破碎对其性质的影响等均未见报道；爆炸荷载作用下的动力学特性还有待进一步深入研究。

四、钙质砂的特殊力学性能

（一）颗粒强度

颗粒强度对颗粒材料的宏观力学性质有着重要的影响，两者之间的关系很早就引起人们的重视。从微观结构上看，钙质砂具有棱角度高、多孔隙（含有内孔隙）、形状不规则等特点，与陆源砂在结构上有很大差异，因此对钙质砂颗粒强度与其宏观力学性质之间关系的研究非常关键。

国内张家铭[6]在有关文献对陆源砂颗粒强度的研究基础上，自行设计研制了钙质砂颗粒强度的实验装置（图20.5），对不同粒径（0.7~4.8mm）的140颗钙质砂颗粒进行了强度测试。

图20.5　颗粒强度测试装置

研究结果表明，钙质砂颗粒强度符合Weibull分布特征，随着颗粒粒径的增加，颗粒强度逐渐降低，与脆性材料的强度特性吻合，并与石英砂的强度进行了比较，发现其颗粒强度远远低于石英砂。这也直观地解释了钙质砂颗粒在常应力下的破碎现象。陈海洋[20]从钙质砂内孔隙的大小和分布特征角度，运用JAYATILAKA-TRUSTRUM分析方法和分析理论对颗粒强度进行分析，分析结果与文献[4]结果吻合并利用两种不同的分析方法对Weibull模量进行了解释。相对于钙质砂宏观力学性能的研究，钙质砂颗粒强度的研究报道较少。

（二）内孔隙

钙质砂由于在沉积过程中大多未经长途搬运，保留了原生生物骨架中的细小空隙，颗粒中多含有内孔隙，已有研究[1, 3, 6, 21]表明：由于内空隙的存在，钙质砂在宏观上表现出与陆源砂完全不同的特性，即易破碎、难饱和、高压缩等。对钙质砂进行微观研究，可以从微观角度解释其宏观力学特性，目前国外有关钙质砂的微观研究主要集中在化学性质方面，并没有涉及细观形态的研究，国内刘崇权[22]首次对钙质土进行了扫描电镜试验，发现钙质砂中的内孔隙分布，但是只对其进行了形态描述，并没有进行深入分析。吕海波等[23]在刘崇权[22]研究的基础上，利用压汞仪进行了压汞试验，用压力将水银压入介质的孔隙内，通过压力与孔隙直径的关系，换算出孔隙的体积，从而获得了礁灰岩碎块和珊瑚断枝中的孔隙分布规律，简单分析了钙质土细观特性对力学性质的影响。陈海洋[20]利用飞秒激光对钙质砂断面进行了"冷"切割，采用三维视频显微观测仪对内孔隙进行了图像处理，并利用分形理论对内孔隙进行了分形计算。对于如何全面地对钙质砂颗粒的形状、大小、颗粒排列等进行分析，建立定量的细观力学模型尚需更进一步的研究。

（三）颗粒破碎

土体颗粒破碎是指组成土体的颗粒在外部荷载作用下结构破坏或破损，分裂成粒径相等或不等的多个颗粒。颗粒破碎会引起土体级配的改变，从而使其物理力学性质发生变化。由于粒状土颗粒被广泛应用于水利、港口、交通等岩土工程建设中，颗粒破碎产生的影响越来越显著，进而引起了人们的重视。刘崇权等[21]对土体颗粒破碎的研究进行了全面的总结，发现目前对颗粒破碎的研究主要集中在破碎的影响因素分析上，对破碎本身的机制还缺乏系统的认识。

由于钙质砂在常应力下就能发生颗粒破碎，因此对钙质砂颗粒破碎的研究成为其各项力学特性研究的关键。在已有文献研究的基础上，Coop等[24]对犬湾的钙质砂进行了室内土工试验环剪试验，试验结果表明颗粒破碎与垂直应力和初始形态有关，颗粒破碎过程伴随着体积压缩，并且颗粒破碎停止的临界荷载比由三轴试验确定的临界荷载高，Coop等认为尽管土体颗粒严重破碎，但其颗粒的滑动内摩擦角变化不大。张家铭[6]、陈海洋[20]、胡波[25]等从钙质砂颗粒的微观性质——颗粒强度、内孔隙、颗粒形态等方面进行研究，给出了三轴条件下单个颗粒所受特征的应力公式，建立了钙质砂在三轴条件下考虑颗粒破碎影响的本构模型。模型采用新的塑性流动准则，能够预测各剪切应变阶段的颗粒破碎，并利用ABAQUS有限单元程序对本构模型的计算结果进行对比，发现此本构模型能较好地预测高围压下钙质砂的应力-应变和体变特性。

五、钙质砂中的基础类型

钙质砂具有特殊的力学特性，在钙质砂地层的海洋平台建设等工程中选用何种类型的钙质砂、如何确定设计参数成为国内外学者研究的热门话题。

桩基具有承载力高、沉降量小且较均匀的特点，几乎可以应用于各种工程地质条件和各种类型的工程中。因此，海洋平台基础类型首选桩基。然而，在此类地层中，桩基基于其他材料的传统经验已经不再适用。在钙质砂地层中，虽然钙质砂内摩擦角较大，但桩侧摩阻力、桩端阻力非常小，打入桩更小；通过原位测试数据难以确定桩基设计参数，桩基承载力受胶结程度影响较大；桩端阻力、水平承载力与桩侧土的压缩性有关[26-30]。Dutt和Cheng[30]总结了国内外桩基原位测试室内试验研究结果，并对桩侧阻力、桩端阻力、桩水平承载能力、桩端破坏模式、理论计算模式等进行了归纳总结。江浩[31]基于现有的研究方法与结论大部分针对单桩模型且定性分析较多的现状，对钙质砂中的群桩进行了模型试验和数值计算，分析了群桩基的承载性能并解释其影响因素，进而提出了考虑钙质砂特性的桩基沉降计算方法，进一步完善了对钙质砂中桩基性能的研究。

浅基在海洋工程中应用较为广泛，国内外学者对其在海洋工程中浅基的形式、承载力特性以及设计方法等方面做了大量的研究[32-34]，但研究大部分针对普通砂、黏土等地层，钙质砂地层上的浅基研究比较少。有关文献报道，钙质砂中浅基形式有桶形基[35, 36]、吸力式沉箱基[37]等。中国科学院力学研究所王丽等[35]利用室内小模型试验确定桶形基在垂直静极限承载力和动荷载下的动力响应，并申请了国家专利用于钙质砂的基础加固。钙质砂地层中的浅基将随着研究的深入出现更多类型。

六、珊瑚礁上修建大型工程的探讨

第二次世界大战以来，美国和澳大利亚等国家纷纷在珊瑚岛礁上修建机场和公路，使用至今。目前，国内虽然在岛礁土上修建过机场和其他的一些军事营房等，但并没有在珊瑚礁上修建大型工程的经验。南沙群岛独特的地理位置以及其丰富的自然资源，成为我国的重要疆域，而其岛礁主要分布珊瑚礁。因此，不管出于何种需求，都有必要对在珊瑚礁上修建大型工程进行研究。

王新志[38]以在南沙群岛某岛礁修建机场跑道为例，分析了岛礁的工程地质环境、岩土体结构与力学特性，对岛礁稳定性、地基承载力及沉降变形过程进行了有限单元计算，根据计算结果对珊瑚礁工程建设的适宜性进行了评价。结果表明，在珊瑚礁上用钙质砂修建机场跑道理论上是可行的，礁坪适合做建筑地基，且可以使用钙质砂作为填料，可以解决建筑材料缺乏的问题，降低建筑成本。

目前，在珊瑚礁上建大型工程的研究还处于探索阶段，加强这方面的研究具有重大理论价值与战略意义。

七、钙质砂的研究展望

综上所述，钙质砂经过近几十年的研究，取得了大量的研究成果，为人们开发海洋资源提供了有力的支持。目前对于钙质砂的研究并不全面，随着海洋工程的发展，要求国内外研究者对钙质砂的工程性质要有全面的认识，为实际工程提供技术依据。笔者认为今后的研究方面如下。

（1）颗粒破碎是钙质砂区别于陆源砂的一个重要特性，也是影响其力学特性的主要因素。加强颗粒破碎的微观研究，从微观角度分析颗粒破碎的发生机制，建立微观力学模型，确定破碎的影响因素。

（2）确定钙质砂力学性能各影响因素与颗粒破碎的耦合关系，建立能够正确描述在不同荷载条件下钙质砂的力学性质与行为的本构模型。完善破浪荷载、爆炸荷载下钙质砂动力学特性的研究，开展振动荷载下钙质砂力学特性的研究。

（3）在全面了解钙质砂力学性质的基础上，将颗粒破碎、胶结特性、高压缩性等应用于桩基工程，研究桩土共同作用，并对桩基的沉降计算方法进行深入研究。

（4）加强对钙质砂中各类浅基的受力特性、加固机制的研究。加强对原位测试结果与钙质砂胶结程度、密实度、颗粒级配等因素之间关系的研究，并与室内试验数据进行对比分析，通过室内试验数据提出相应的基础设计参数并与现场原位测试数据相互参考，形成一套成熟理论。

（5）钙质砂地层建设大型工程的深入研究。礁体工程地质环境、岩土体结构与力学性质、礁体稳定性等问题的研究以及如何对钙质砂进行充分利用[39]。

参 考 文 献

[1] 刘崇权, 杨志强, 汪稔. 钙质土力学性质研究现状与发展. 岩土力学, 1995, 16(4): 74-83.

[2] 汪稔, 宋朝景, 赵焕庭, 等. 南沙群岛珊瑚礁工程地质. 北京: 科学出版社, 1997.
[3] 刘崇权, 汪稔. 钙质砂物理学性质初探. 岩土力学, 1998, 19(3): 32-37.
[4] Mark D S, Edmund P G, Corinna R. World Atlas of Coral Reefs. Berkeley: University of California Press, 2001, 19(4): xlvi.
[5] Morrison M J, Mcintyre P D, Sauls D P. Laboratory test result for carbonate soils from offshore Africa. Proceedings of International Conference on Calcareous Sediments, Perth, 1988.
[6] 张家铭. 钙质砂基本力学性质及颗粒破碎影响研究. 武汉: 中国科学院武汉岩土力学研究所, 2004.
[7] 王新志, 汪稔, 孟庆山, 等. 钙质砂室内载荷试验研究. 岩土力学, 2009, 30(1): 147-151, 156.
[8] Coop M R. The mechanics of uncemented carbonate sands. Geotechnique, 1990, 40(4): 607-626.
[9] Fahey M. The response of calcareous soils in static and cyclic triaxial text. Proceedings of International Conference on Calcareous Sediments, Perth, 1988(2): 61-68.
[10] Datta M, Rao G V, Gulhati S K. Development of pore water in a dense calcareous sand under repeated compressive stress cycles. Proceedings of International Symposium on Soils Under cyclic and Transient Loading, Swansea, 1980, 1: 33-37.
[11] Knight K. Contribution to the performance of calcareous sands under cyclic loading. Proceedings of International Conference on Calcareous Sediments, Perth, 1988: 877-880.
[12] Morrison M J, Mcintyre P D, Sauls D P. Laboratory test results for carbonate soils from offshore Africa. Proceeding of International Conference on Calcareous Sediments, Perth, 1988: 109-188.
[13] Kaggwa W S, Poulos H G, Cater J P. Response of carbonate sediments under cyclic triaxial test condition. Proceeding of International Conference on Calcareous Sediments, Perth, 1988: 97-107.
[14] Kaggwa W S, Booker J R. Analysis of behavior of calcareous sand under uniform cyclic loading. University of Sydney: Engineering Properties of Calcareous Sediments Research Report, 1990.
[15] Airey D W, Fahey M. Cyclic response of calcareous soil from the North-West Shelf of Australia. Geotechnique, 1991, 41(1): 101-121.
[16] Knodel P C, Al-Douri R H, Poulos H G. Static and cyclic direct shear tests on carbonate sands. Geotechnical Testing Journal, 1992, 15(2): 20.
[17] 虞海珍, 汪稔. 钙质砂动强度试验研究. 岩土力学, 1999, 20(4): 6-11.
[18] 李建国. 波浪荷载作用下饱和钙质砂动力特性的试验研究. 中国科学院研究生院(武汉岩土力学研究所)博士学位论文, 2005.
[19] 徐学勇. 饱和钙质砂爆炸响应动力特性研究. 武汉: 中国科学院研究生院(武汉岩土力学研究所)博士学位论文, 2009.
[20] 陈海洋. 钙质砂的内孔隙研究. 武汉: 中国科学院研究生院(武汉岩土力学研究所)硕士学位论文, 2005.
[21] 刘崇权, 汪稔, 吴新生. 钙质砂物理力学性质试验中的几个问题. 岩石力学与工程学报, 1999, 18(2): 209-212.
[22] 刘崇权. 钙质土土力学理论及其工程应用. 岩石力学与工程学报, 1999, 18(5): 616.
[23] 吕海波, 汪稔, 孔令伟. 钙质土破碎原因的细观分析初探. 岩土力学与工程学报, 2001, 20(a01): 890-892.
[24] Coop M R, Sorensen K K, Freitas T B, et al. Particle breakage during shearing of a carbonate sand. Geotechnique, 2004, 54(3): 157-163.
[25] 胡波. 三轴条件下钙质砂颗粒破碎力学性质与本构模型研究. 武汉: 中国科学院研究生院(武汉岩土力学研究所)博士学位论文, 2008.
[26] 单华刚, 汪稔. 钙质砂中的桩基工程研究进展评述. 岩土力学, 2000, 21(3): 299-304.
[27] Angemeer J, Carlson E, Klick J. Techniques and results of offshore pile load testing in calcareous oils. Proceeding of the 5th Annual offshore Technology, Houston, 1973.
[28] Angemeer J, Carlson E, Stroud S, et al. Pile load tests in calcareous soils conducted in 400 feet of water from a semi-submersible exploratory rig. Proceeding of the 7th Annual Offshore Technology Conference, Huston, 1975.
[29] Agarwal S L, Malhotra A K, Banerjee R. Engineering properties of calcareous soils affecting the design of deep penetration piles for offshore structures. Proceeding of the 9th Annual Offshore Technology Conference, Houston, 1977: 544-546.
[30] Dutt R N, Cheng A P. Frictional response of piles in calcareous deposits. Proceeding of the 16th Annual Offshore Technology Conference, Huston, 1984, 3: 527-530.
[31] 江浩. 钙质砂中桩基工程承载性状研究. 武汉: 中国科学院研究生院(武汉岩土力学研究所)博士学位论文, 2009.
[32] Mangal J K, Houlsby G T. Partially-drained loading of shallow foundations on sand. Proceedings of Offshore Technology Conference, Houston, 1999: 1-9.
[33] Byrne B W, Cassidy M J. Investigating the response of offshore foundations in soft clay soils. Proceedings of the 21st International Conference on Offshore Mechanics and Arctic Engineering, Oslo, 2002: 263-275.
[34] Houlsby G T. Modelling of Shallow Foundations for Offshore Structure. London: Thomas Telford, 2001.
[35] Bye A, Erbrich C, Rognlien B, et al. Geotechnical design of bucket foundations. Proceedings of Offshore Technology

Conference, Houston, 1995: 7793.
[36] 王丽, 鲁晓兵, 时忠民. 钙质砂地基中桶形基础垂直动载响应实验研究. 中国海洋平台, 2009, 24(1): 40-45.
[37] Watson P G, Randolph M F. Failure envelops for caisson foundations in calcareous sediments. Applied Ocean Research, 1998, 20(1): 83-94.
[38] 王新志. 南沙群岛珊瑚礁工程地质特性及大型工程建设可行性研究. 武汉: 中国科学院研究生院(武汉岩土力学研究所)博士学位论文, 2008.
[39] 沈建华, 汪稔. 钙质砂的工程性质研究进展与展望. 工程地质学报, 2010, 26(7): 17-32.

第四节　钙质砂中的桩基工程研究进展述评[①]

一、引言

（一）国内外研究历史

早在20世纪60年代，在伊朗波斯湾海洋石油平台桩基工程建设中就遇到钙质砂产生的工程问题：大直径钢管桩在穿过泥线下8m的良好地层后，进入钙质砂层，仅在其自重作用下突然自由下沉约15m[1]。该问题由于是首次遇到而未引起人们的足够重视。此后，在70年代世界石油危机爆发，随着钙质砂海域石油的开发利用，海洋石油平台的大量建设，所遇到的类似问题越来越多，人们才逐渐认识到钙质砂物理力学性质的特殊性及其带来的一系列工程建设问题的重要性，并继而对钙质砂的力学特性和基础工程（主要为桩基工程）特性的研究产生了浓厚的兴趣。据有关文献报道，涉及钙质砂引起的工程问题的区域有澳大利亚的西北大陆架北兰金A、B石油平台[2,3]，巴斯海峡（Bass Strait）[4]，东部大陆架大堡礁和白头礁（White Tip Reef），巴西南部海域坎波斯和塞尔希培盆地[5]，法国西部Quiou、Pisiou和普卢阿斯恩[6]，北美佛罗里达海域，中美洲的墨西哥湾、加勒比海[7]，中东的红海[8]，印度西部海域，日本西南岛屿，南非的莫塞尔海湾南部及菲律宾马丁洛平台等。特别是70年代澳大利亚西北大陆架的石油开发，引起了大批专家学者对钙质土这种特殊岩土介质的力学、工程特性进行了空前、全面、深入的研究，取得了丰硕的成果，使人们对钙质土的认识上升到一个新的高度。1988年，在澳大利亚珀斯（Perth）召开了首届国际钙质沉积物工程特性学术会议，从钙质沉积物的成因和结构、钙质沉积物的钻探取样和室内土工试验、现场原位测试、桩基设计及承载力测试与评价、兰金平台设计等方面，全面总结了近20年的研究成果，这是钙质砂工程力学性质研究的一个高峰和里程碑。

我国对钙质砂工程性质的研究始于20世纪70年代，研究内容主要集中于珊瑚混凝土特性试验、钢板桩设计与施工以及浅基础设计参数选定等工程应用方面，但也发现了一些问题，在设计参数取值上给予了一定考虑。1988年，在我国南海某平台场址的土工调查中也遇到了富含钙质砂的土层，但有关专家没有将其特殊对待[9]。直到"七五"至"九五"中国科学院武汉岩土力学研究所和南海海洋研究所在南沙综合科学考察中，才开始将钙质砂作为一种具有特殊工程力学性质的研究对象，从珊瑚礁工程地质勘查与评价、钙质砂基本工程力学性质、颗粒破碎特性以及桩基工程等方面展开了全面深入的研究[10-13]。另外，中国科学院力学研究所在钙质砂基本力学性质方面也做了一定工作[9]。在工程应用方面，北京煤炭科学研究院于1992年在西沙永兴岛珊瑚礁地基上采用高压喷射注浆技术修建地下集水池，获得成功。

[①] 作者：单华刚, 汪稔

（二）钙质砂中桩基工程特性概述

钙质砂中桩基工程特殊性质很多，概括起来主要为以下几点。

（1）虽然钙质砂内摩擦角较高，但是打入桩桩侧阻力却很低，桩端阻力也较低，一般认为是由颗粒破碎和胶结作用破坏造成的。

（2）打入桩桩侧阻力远低于钻孔灌注桩或沉管灌注桩（在打入钢管桩壁预先设置喷嘴，钢管桩打入后再向桩内注水泥浆，浆液通过喷嘴注入钙质砂中而成桩）。

（3）原位测试数据难以确定桩基承载力，桩基承载力往往受胶结程度的影响较大，即使同一个地区也难以确定地区经验。

（4）桩侧阻力与钙质砂压缩性有关。

（5）珊瑚礁浅部地层中胶结层与未胶结层交互出现，给桩基承载力计算、工程设计和施工带来很大困难。

二、桩基场址岩土工程调查和现场测试

钙质砂海域现场勘探方法很多，而且最初的研究也是从此方向起步的。多年来，研究成果很多，涉及面广，所用的测试方法主要有静力触探、标准贯入试验、重型动力触探、轻型动力触探、平板荷载试验、水平荷载试验、旁压试验、钢土摩擦试验、钻进参数测试以及打入桩动力打桩评价等。

（1）静力触探试验：澳大利亚的北兰金平台和菲律宾马丁洛平台均使用了静力触探（CPT）试验。在北兰金平台[14]，采用的触探头锥底面积为 $10cm^2$，贯入速度为 2mm/s。根据 CPT 试验结果，桩侧阻力峰值为 40kPa，抗拔摩阻力为 5~19kPa，并经过两次循环后，降为 5kPa 以下。同样，马丁洛平台基础桩设计中，峰值桩侧阻力为 100kPa，抗拔摩阻力为 8~17kPa[14]。

（2）标准贯入试验：Hagenaar[8]在红海进行了大量标准贯入（SPT）试验，用 SPT 锤击数来区分各沉积层，并提出用 N 值来反映钙质土层中钢管桩的极限承载力。桩侧阻力极限值为 20kPa，此时 $N=25$ 击，若 $N>25$ 击，则不增加；$N=0$~25 击，桩侧阻力相应为 0~20kPa，呈线性发展。汪稔等[10]在南沙群岛永暑礁打了 4 个工程地质钻孔，均进行了 SPT 试验，N 值为 1~80 击，并以此来进行工程地质地层分序。

（3）重型动力触探：Bock 等[15]在白头礁的勘探中，根据重型动力触探锤击数 N 值（锤重 50kg）对珊瑚礁进行分层，见表 20.1，并用以预估打入的承载力。笔者在南沙群岛永暑礁工程地质勘查中，测试得松散珊瑚礁重型动力触探（锤重 63.5kg）N 值为 0~10 击，弱胶结礁灰岩 N 值大于 20 击。

表 20.1　钙质沉积物重型动力触探（heavy dynamic proking，HDP）结果分析[10]（重制表）

N/击	密实程度	岩土介质
0	极松	孔洞
1~3	松	疏松珊瑚砂
4~10	稍密	弱胶结珊瑚灰岩
10~20	中密	一般胶结珊瑚灰岩
20~50	密实	软胶结珊瑚灰岩
>50	极密	礁灰岩

（4）轻型动力触探：杨志强等[16]在南沙群岛做了大量的轻型动力触探试验（锤重 10kg），详细描绘了测试结果，并进行了初步的地层分类，将珊瑚礁碎屑土分为 4 类：①礁坪上松散堆积砂砾土（N_{10}=8～20 击）；②礁塘砾砂土（N_{10}=25～40 击）；③礁坪洼砂砾土（N_{10}=40～65 击）；④礁坪礁块层（N>70 击）。朱长歧和刘崇权[17]在三亚市鹿回头公园进行了轻型动力触探试验，以期建立 N_{10} 与平板荷载试验结果的相关关系，同时发现 N_{10} 与土颗粒粒径及级配关系密切，中值粒径 D_{50} 与 N_{10} 之间存在明显的正比关系。笔者在永暑礁的轻型动力触探试验结果说明，弱胶结岩 N_{10} 值达 100 击以上，人工堆积松散珊瑚砂的 N_{10} 值很低，一般为 4～15 击。

（5）平板荷载试验：朱长歧和刘崇权[17]在永兴岛和三亚市鹿回头珊瑚沉积物上进行了平板荷载试验，发现承压板应力达 1.1MPa 以上，地基沉降量仅为 0.88～2.4mm，回弹变形量为零，综合分析后认为主要是土颗粒间的胶结作用使沉降量较小，而颗粒破碎及胶结结构破坏引起永久塑性变形。Sharp 和 Seters[18] 在澳大利亚北兰金 A 平台的现场勘查中，做了孔内平板荷载试验，试验点深度为泥线下 117～141m，试验地层为胶结钙质岩，荷载板直径 508mm，试验结果表明，其在加载和卸载时的反应都是刚性的，其屈服在压力为 1.7～11MPa。

（6）水平荷载试验：Renfrey 等[19]在北兰金石油平台现场做了 17 个试验。试验表明，钙质土桩基在水平应力作用下，其承载力值约在正常固结黏土与松砂（φ=27°）之间。他还指出，虽然水平荷载试验结果比较满意，但还必须进行认真分析与研究，才能决定桩的水平承载力[14]。

（7）旁压试验：Fahey[20]在澳大利亚西北大陆架珊瑚砂层原位测试中，应用了自钻式旁压仪，由于土的扰动和冲失，试验不太顺利，试验曲线经过修正后得出该类土的剪切模量和剪切强度，另外发现自钻式旁压试验结果与 CPT 试验数据的一致性。

（8）钢土摩擦试验：在澳大利亚北兰金现场，通过 25 根小型模型钢桩测试来研究钢土摩阻力，Renfrey 等[19]对结果进行了描述及分析，提出了钢土摩阻力极限值为 40kPa 左右。

（9）钻进参数测试：法国人 Bécue 等[21]将钻进参数记录应用于珊瑚砂的工程地质勘探中。这个方法主要依靠测定钻探时的钻压、钻速、转速、扭矩、冲洗液压力、流量等参数，通过现场采集与微机处理，分析地层软硬特性，从而达到初步区分软弱层、硬壳层及某些孔洞等的目的。

（10）打入桩动力打桩评价：在北兰金 A 石油平台施工中，Dolwin 等[2]对钢管桩进行了动力打桩测试和评价，通过记录重锤冲击桩头的应力波传递速度和桩身应变等数据以及锤入一定深度的锤击数，来评价地层软硬程度、打入钢管桩打入的难易程度、收锤标准确定以及承载力测试。

总之，钙质土桩基场址的勘查方法很多，而且各测试结果也不尽相同。研究成果都是地区性的和经验性的，并不能照搬。特别是遇到弱胶结层时，原位测试数据往往较高，但并不能说明该处密实度高、承载力高，相反，由于胶结作用破坏，该处的打入桩桩侧阻力却很低。在应用时关键要注意两点：一是如何根据现场实际情况来正确选用原位测试；二是如何综合确定原位测试数据与土层性质、基础承载力之间的关系。

三、桩侧摩阻力特性

钙质砂具有高的内摩擦角，但没有高的桩侧摩阻力值。打入桩极低的桩侧阻力是钙质砂工程的主要特点之一。

以往的试验结果表明，钙质土桩侧阻力一般是较低的，而且随成桩方法和地域性变化很大，最大的可达 200kPa 以上（钻孔灌注桩或沉管灌注桩），而最小的甚至不到 3kPa（打入钢管桩），差异如此之大给工程建设带来了较大的困难，成为许多专家研究的重点。

（一）成桩方法的影响

实验表明，成桩方法对钙质砂承载力性状影响较大。对于一般陆源硅质砂，打入桩由于具有挤出效应，其桩侧摩阻力往往大于钻孔灌注桩，而钙质土中桩侧摩阻力则刚好相反。据多个文献报道[1, 4, 6]，钙质砂中，打入钢管桩的极限摩阻力值 f_u 一般为 10～40kPa，多为 20kPa 以内，而钻孔灌注桩则达 160～200kPa，若为胶结层则有的高达 300～400kPa，并且指出沉管灌注桩的摩阻力值类似于钻孔灌注桩，但具有施工方便、造价相对较低等特点。Joer 等[22]用拉杆模型桩试验来研究沉管灌注桩也得出类似结论，同时强调了胶结程度提高桩摩阻力的作用。

针对成桩方法不同、桩侧摩阻力相差极大这一问题的解释，一般认为原因有以下几个方面。首先，打入桩打入过程中，对桩侧土产生一定的挤压作用，一方面由于侧向挤压而产生桩侧土的压密，侧向压力提高；另一方面也造成桩侧土结构破坏、颗粒破碎或胶结体的破坏，导致桩侧土变松，侧向压力减小。对于一般的石英砂，前一个方面的作用远大于后一个方面并起主导作用，使桩侧摩阻力提高，而对于钙质砂，结果却相反，颗粒破碎引起的体积收缩效应和弱胶结体破坏引起的应变软化效应远比挤压作用严重，使桩侧土密度变小，侧向压力减小，桩侧阻力降低。其次，在桩受垂向荷载而产生相对位移时，桩侧土的剪缩进一步引起桩侧土体积收缩，桩侧法向压力减小，桩侧阻力降低。在钻孔灌注桩或沉管灌注桩施工中，由于一般钙质土棱角度大、颗粒较粗，多见细砂到砾砂，弱胶结体中孔隙也较多，使灌注的水泥浆液容易渗入桩周土层中，在桩周形成一个外表面黏有钙质土的胶结带，很可能发挥了钙质土的高摩擦角特性，极大地提高了桩侧摩阻力。

（二）打入桩低侧摩阻力性状

在现有 3 种成桩方法中，打入桩具有施工最简单、费用最低等优点，一直是海洋平台的首选桩型。但这种桩型在钙质土中却给人们带来了前所未有的困惑，打入桩低侧摩阻力性状在世界上多个地区均有发现。20 世纪 70 年代澳大利亚巴斯海峡第一代石油平台开口钢管桩的极限桩的侧摩阻力设计参数为 5～20kPa[4]。Datta 等[23]总结了当时世界上 3 个离岸工程含胶结钙质砂中的桩基荷载试验结果，见表 20.2。Aggarwal 等[24]给出了不同碳酸盐含量的土的极限摩阻力 f_u 和端阻力 q_u 的建议值，随碳酸盐含量的增加 f_u 和 q_u 减小。巴西坎波斯盆地 Carapeba-1 平台闭口钢管桩钙质土层 19～34m 处的桩侧摩阻力极限设计值为 18kPa，35～50m 处极限设计值为 17kPa，含硅质成分的 57～72m 处极限设计值为 32kPa[5]。Nauroy 和 Tirant[6]通过模型桩试验，得到钙质砂和石英砂的桩侧摩阻力实测值，见表 20.3。实测结果清楚地说明了钙质砂中桩侧摩阻力远小于石英砂的相应值。同时，他还测试到在打入桩（静压桩）成桩过程中，石英砂表现出桩周土侧向压力增加而钙质砂表现出侧向压力减小的特殊现象。Poulos[25]也指出在打桩过程中，桩侧土的应变软化导致了有效法向压力的减小。

表 20.2 胶结钙质砂中桩基荷载试验结果[23]

位置	图层描述	试验数量/根	f_u/kPa	q_u/MPa	备注
澳大利亚巴斯海峡	胶结程度不一的砂、粉土	5	11～16	5.86～9.76	打入钢管桩，泥线下 45～82m
澳大利亚西北大陆架	胶结程度不一的砂纸黏土到粉质黏土	1	38	—	打入钢管桩，泥线下 73m，有 11m 的孔洞
沙特阿拉伯湾	胶结砂、礁灰岩	3	>32	—	打入钢管桩，泥线下 45～82m

表20.3 模型桩桩侧摩阻力[6]

桩型	成桩方式	围压/kPa	桩侧摩阻力/kPa		
			石英砂	钙质砂C1	钙质砂C2
闭口管桩	静压	50	41	16	—
闭口管桩	静压	200	194	15	9
闭口管桩	静压	400	300	18	12
闭口管桩	打入	50	97	17	7.5
闭口管桩	打入	200	175	19	8
闭口管桩	打入	400	230	20.5	8.2
开口管桩	打入	200	108	19.3	2.4

（三）桩侧摩阻力与压缩性的相关性

钙质砂中桩侧阻力远小于石英砂中的一个很大因素是砂的压缩性不同。试验表明，桩侧阻力与砂的压缩指数具有如图20.6所示的双对数曲线关系。石英砂的压缩性小，侧阻力较大，而钙质砂的压缩性大，侧阻力较小。这是Nauroy和Tirant[6]在钙质砂模型桩试验中得出的结果。试验还表明，钙质砂桩侧摩阻力随砂的围压增大而缓慢增加，而石英砂桩侧摩阻力却增加较快。主要原因是钙质砂的压缩性比石英砂大。

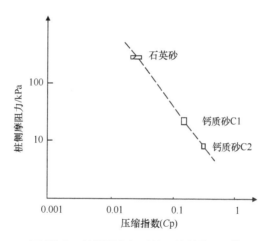

图20.6 桩侧阻力与砂的压缩性的关系[6]

（四）循环荷载作用的影响

钙质沉积物一般分布于海岸带、大陆架、浅海珊瑚礁等地。服务于近海石油平台、港口建筑、海洋航标等工程设施的钙质土中的桩基必然受到各种海洋动荷载和机器振动的作用，这些动力循环荷载通过桩基作用于桩侧土中，降低了桩侧土的承载力。Poulos[25]指出轴向循环荷载导致桩侧摩阻力降低，降低程度与循环荷载水平和循环位移量有关，而随循环次数增加，灌注桩比打入桩减小快。另外，桩顶位移也与循环应力水平有关。

四、桩端阻力性状

桩端阻力是钙质砂桩基研究中的另一个重要问题。一般认为，钙质砂的桩端阻力与其高的压缩性和普通围压下弯曲的Mohy-Coulomb强度包线有关。图20.7是各向等压压缩试验中密砂的试验结果[26]，清楚地说明了钙质砂的压缩性比石英砂大得多。Yasufuku 和 Hyde[26]的试验还表明，钙质砂的抗剪强度受围压的影响很大，从围压 100kPa 时的 50°到 900kPa 的 38°，相差达 12°。高压缩性和低压下强度包线的非线性特征是钙质砂比较显著的特点，研究这两个性质对桩端阻力的影响是研究钙质砂桩端阻力的关键。

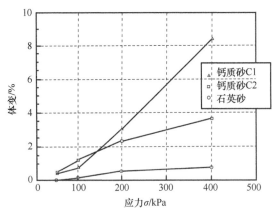

图 20.7　砂的压缩性[26]

（一）桩端破坏模式

一般来说，具有代表性的传统的极限桩端阻力理论计算破坏模型有 5 个，它们是：①Terzaghi-Praulth 理论；②Meyerhoff 理论；③Еерезанцев 理论；④Vesic 孔穴扩张理论；⑤Ohde 理论和 Genoble 理论。这些理论都是在假定不同的破坏滑动形态前提下来求得不同的极限桩端理论表达式。其中前 3 种为刚塑性模型，Vesic 球形孔穴扩张理论为压缩剪切模型，Ohde 理论和 Genoble 理论为压缩理论。对于均质可破碎钙质砂，桩端土的破坏形态更类似于 Vesic 球形孔穴扩张理论模型，见图 20.8[26]。

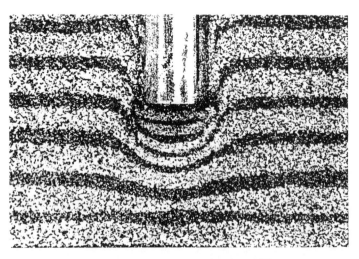

图 20.8　均匀钙质砂桩端破坏形态[26]

（二）桩端阻力的主要影响因素

（1）围压的影响：一般来说，在临界深度以上，砂中桩端阻力随围压的增大而增加，钙质砂中也有类似现象，但受围压的影响较石英砂小。Nauroy 和 Tirant[6]、Poulos 和 Chua[27]以及 Yasufuku 和 Hyde[26]均对石英砂和钙质砂作了对比，图 20.9 是模型桩实测典型曲线[19]。

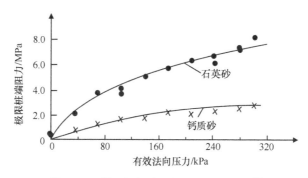

图 20.9　模型桩桩端阻力与围压的关系[27]

（2）压缩性的影响：在研究桩端阻力与围压之间的关系时，许多学者已经提出压缩性是影响桩端阻力的根本原因之一[26, 27]。钙质砂在较高的围压下体积压缩变形量大，比同条件下的石英砂有更大的体积来容纳桩的贯入体积，使桩侧阻力下降。而砂的密实度也同样是通过压缩性来对桩端阻力产生影响的。

（3）循环荷载的影响：循环荷载对钙质砂中桩端阻力会产生一定影响。循环荷载导致桩端阻力减小往往与位移的发展有关，但是假如最大循环荷载小于 1/3 静止极限承载力，则减小量不可能大于 10%[27]。

（4）胶结程度的影响：钙质土的胶结程度直接影响胶结体的抗压强度和桩端阻力。胶结程度高，则胶结体抗压强度也高，桩端阻力也越大。

（三）理论计算模式

如前所述，极限桩端阻力理论计算方法较多，其计算结果相差较大，因此计算时选择合理的桩端土破坏模型显得格外重要。经过前面的分析发现，钙质砂中桩端极限阻力利用考虑土的压缩性和剪缩特征的 Vesic 球形孔穴扩张理论比较合适。但也不能将其全部照搬，另外还得考虑低压力水平下摩擦角减小这一重要因素。Poulos 和 Chua[27]通过模型桩桩端阻力实验数据与 Vesic 球形孔穴扩张理论、太沙基整体剪切破坏模型、太沙基局部剪切破坏模型计算值进行比较，发现两种传统太沙基模型计算结果偏高，相差较大，而 Vesic 理论计算值偏低，相差不太大。Yasufuku 和 Hyde[26]在研究可破碎砂中桩端阻力时也得到了类似结论，他将 Vesic 球形孔穴扩张理论桩端阻力计算值乘以一个系数，该系数根据桩端破坏形态经几何方法推导而得，系数为 $\dfrac{1}{1=\sin\varphi}$，（$\sin\varphi=1$）最后结果经模型桩试验对比，效果较好。

五、水平承载特性

作为海洋石油平台的基础，钙质土中桩基往往会承受多种水平荷载，包括波浪力、风力、海流力和船舶撞击力等。研究水平荷载在桩-土体系中所产生的效应是一项具有实际意义的工作。目前，关于水平荷载作用下钙质土桩基的研究和报道还较少。据 King 等[14]的研究成果描述，Renfrey 等[19]在兰金北部现场测试中得到钙质土中桩基水平承载力在松砂与正常固结黏土之间；Reese 和 Cox[28]研究了遭受暴风雨冲击波的钙质土中的桩基性能。Randolph 等[29]详细分析了钙质土的剪切模量 G 的数值后，利用弹性理论法来求解半无限体中桩的水平承载力和变位，并考虑了钙质砂及弱胶结钙质岩的应变软化现象，将桩的上、下部分别用塑性和弹性理论来计算。

关于钙质砂中桩基水平承载力相对较低的一种解释是钙质土颗粒棱角度大和颗粒破碎，使其受应力作用产生的总变形量中往往塑性变形部分较大。

六、其他特性简述

（一）软硬互层地基

在钙质砂海域，由于特殊的海洋沉积环境，钙质沉积地层中，软硬互层的现象较为突出。在珊瑚礁形成演变过程中，各个时期的海洋生态环境、气候条件、海洋动力因素、珊瑚等造礁生物生长状况等条件都对钙质沉积与胶结产生较大影响。这种软硬互层现象主要包括两个方面：一是钙质砂层中不同粒度组成和密实程度不同而产生的软硬互层；二是由于钙质砂的胶结作用而产生的胶结层（硬层）与松散层（软层）之间的交错互层现象。后一个现象是钙质沉积地域所特有的现象，也是本小节分析的重点。由于胶结层一般强度较高，很有可能被人们作为桩基持力层，但因为软硬互层地基中胶结层是有一定厚度的，如何确定硬层（胶结层）的临界厚度将显得很重要。因此，必须综合硬、软层的力学性质才能准确计算桩端阻力。牛津大学 Houlsby 等[30]对其进行了模型桩试验研究。他采用石膏人工胶结体来模拟硬层，得到了桩端阻力随厚度变化曲线，从曲线中看，钙质土中胶结层临界厚度约为 5 倍桩径。但该文没有深入进行计算分析。

（二）打入桩群桩效应

钙质砂打入桩群桩效应类似于石英砂，据文献报道，群桩中的单桩桩侧阻力比单桩中提高约 50%，钙质砂的密实度及法向压力增大则相邻桩所受的影响也增大[30]。Al-Douri 和 Poulos[31]通过模型试验研究了在静、动荷载作用下邻桩的相互影响，得出了许多试验曲线，并认为桩底部受邻桩的影响较大。

七、结论与展望

（1）极低的打入桩桩侧阻力和较低的桩端阻力是钙质砂的一个重要工程特性，一般认为是由颗粒棱角度大、颗粒破碎和胶结作用破坏造成的。

（2）已有的各种钙质砂中桩基承载力设计方法和参数的确定，均基于各地的实际土质情况而定，尚未形成成熟、统一的标准，因此，应用时需结合实际的土质条件，依靠原位测试技术和工程实践经验来选定。

（3）目前对钙质土的物理力学性质研究成果较多，并且较深入，内容涉及颗粒破碎、胶结特性、高压缩性等方面。因此，如何将这些研究成果真正应用于桩基工程、研究桩土共同作用问题，将是一个亟待解决的重要课题[32]。

参 考 文 献

[1] McClelland B. Calcareous sediments: an engineering enigma. Proceedings of International Conference on Calcareous Sediments, Perth, 1988, (2): 777-787.

[2] Dolwin J, Khorshid M S, Goudoever P V. Evaluation of driven pile capacity—methods and results. Proceedings of International Conference on Calcareous Sediments, Perth, 1988, (2): 409-428.

[3] King R, Lodge M. North west shelf development—the foundation engineering challenge. Proceedings of International Conference on Calcareous Sediments, Perth, 1988, (2): 333-341.

[4] Wiltsie E A, Hulelt J M, Murff J D, et al. Foundation design for external strut strengthening system for bass strait first generation platforms. Proceedings of International Conference on Calcareous Sediments, Perth, 1988, (1): 321-330.

[5] Mello J R C, Amaral C, Costa A M, et al. Closed-Ended pile piles: testing and piling in calcareous sand. Proceedings of the

21st Annual offshore Technology Conference, Houston, 1989: 341-352.

[6] Nauroy J F, Tirant P L. Model tests of piles in calcareous sands, Proceedings of Conference on Geotechnical Practice in Offshore Engineering, Texas, 1983, (4): 356-369.

[7] Dutt R N, Ingram W B. Bearing capacity of jack-up footings in carbonate granular sediments. Proceedings of International Conference on Calcareous Sediments, Perth, 1988, (1): 291-296.

[8] Hagenaar J. The use and interpretation of SPT results for the determination of axial bearing capacities of piles driven into carbonate soils and coral. Proceeding of the Second European Symposium on Penetration Testing, Amsterdam, 1982: 51-55.

[9] 吴京平, 楼志刚. 钙质土的工程特性//吴京平, 楼志刚. 第七届全国土力学及基础工程会议论文集. 北京: 中国建筑工业出版社, 1995.

[10] 汪稔, 宋朝景, 赵焕庭, 等. 南沙群岛珊瑚礁工程地质. 北京: 科学出版社, 1997.

[11] 刘崇权, 单华刚, 汪稔. 钙质土工程特性及其桩基工程. 岩石力学与工程学报, 1999, 18(3): 331-335.

[12] 刘崇权, 杨志强, 汪稔. 钙质土力学性质研究现状与进展. 岩土力学, 1995, 16(4): 74-84.

[13] 刘崇权, 汪稔. 钙质砂物理力学性质初探. 岩土力学, 1998, 9(1): 32-37.

[14] King R, Hooydonk W, Kolk H, et al. Geotechnical investigations of calcareous soils on the North West shelf. Proceedings of the 12th Annual offshore Technology Conference, Houston, 1980: 303-314.

[15] Bock H, Enever J R, Mckean S B. Instrumental rotary drilling and heavy dynamic probing as predictive tools for the construction performance of piles in coralline material. Proceedings of International Conference on Calcareous Sediments, Perth, 1988: 147-155.

[16] 杨志强, 赵威, 宋朝景. 钙质土层的工程地质调查. 岩土力学, 1994, (4): 53-60.

[17] 朱长歧, 刘崇权. 西沙永兴岛珊瑚砂场地工程性质研究. 岩土力学, 1995, (2): 35-41.

[18] Sharp D E, Seters A J D. Results and evaluation of plate load test results. Proceedings of International Conference on Calcareous Sediments, Perth, 1988, 2: 473-483.

[19] Renfrey G E, Waterton C A, Goudoever P V. Geotechnical data used for the design of the North Rankin'A'platform foundation. Proceedings of International Conference on Calcareous Sediments, Perth, 1988: 343-357.

[20] Fahey M. Self-boring pressuremeter testing in calcareous soil. Proceedings of International Conference on Calcareous Sediments, Perth, 1988: 165-173.

[21] Bécue J P, Puech A, Lhuillier B. Recording of clritting parameters: A complementary toot for improving geotechnical investigation in carbonate formations. Proceedings of International Conference on Calcareous Sediments, Perth, 1988: 283-291.

[22] Joer H, Randolph M F, Gunasena U. Grouted driven piles in calcareous Soil. Proceedings of International Conference on Soil Mechanics and Foundation Engineering, 1994, 3: 1673-1676.

[23] Datta M, Gulhati S K, Rao G V. An appraisal of the existing practice of determining the axial load capacity of deep penetration piles in calcareous sands. Proceedings of the 12th Annual offshore Technology Conference, Houston, 1980: 119-130.

[24] Aggarwal S L, Malhotra A K, Banerjee R. Engineering properties of calcareous soils affecting the design of deep penetration piles for offshore structures. Proceedings of the 9th Annual Offshore Technology Conference, Houston, 1979, 3: 503-512.

[25] Poulos H G. Modified calculation of pile-group settlement interaction. Journal of Geotechnical Engineering, 1988, 114(6): 697-706.

[26] Yasufuku N, Hyde A F L. Pile end-bearing capacity in crushable sands. Géotechnique, 1995, 45(4): 663-676.

[27] Poulos H G, Chua E W. Bearing capacity of foundations on calcareous sand. Proceeding of the 11th International Conference on Soil Mechanics and Foundation Engineering, San Francisco, 1985, 3: 1619-1622.

[28] Reese L C, Cox W R. Pullout tests of piles in sands. Proceedings of the 8th Annual offshore Technology Conference, Houston, 1976, (1): 527-538.

[29] Randolph M F, Jewell R J, Poulos H G. Evaluation of pile lateral load performance. Proceedings of International Conference on Calcareous Sediments, Perth, 1988, (2): 639-645.

[30] Houlsby G T, Evans K N, Sweency M A. Engineering bearing capacity of model piles in layered carbonate soils. Proceedings of International Conference on Calcareous Sediments, Perth, 1988: 209-214.

[31] Al-Douri R H, Poulos H G. Interaction between jacked piles in calcareous sediments. Proceedings of International Conference on Soil Mechanics and Foundation Engineering, India, 1994: 1669-1672.

[32] 单华刚, 汪稔. 钙质砂中的桩基工程研究进展述评. 岩土力学, 2000, 21(3): 299-304, 308.

第五节 南沙群岛永暑礁工程地质特性[①]

珊瑚礁是由造礁石珊瑚群体死后遗骸经过破坏、搬运、堆积及胶结等作用而形成的特殊岩土体。我国南海诸岛绝大部分是珊瑚礁。珊瑚岛礁面积虽然很小，但在茫茫大海中却是极为宝贵的陆地资源，自然成为海洋资源开发和海洋权益保护的基地。因此，研究作为海洋工程地质分支的珊瑚礁工程地质对于开发南海资源和加强国防建设具有深远的意义。

当前，国内外有关珊瑚礁及其岩土的工程地质性质研究的报道较少。许多工程地质学综合性书籍均未将珊瑚礁类土作为特殊性土类进行介绍。直到20世纪80年代开始的中国科学院南沙及其邻近海域综合科学考察，才将珊瑚礁作为一种具有特殊性质的研究对象进行工程地质研究。此外，海军工程设计部门在珊瑚礁工程建设过程中，对珊瑚礁工程地质也进行了一些研究。

永暑礁是南沙群岛西南群西南组的组成部分，礁顶呈橄榄核形，东北部和西南部两端窄小，中间略为宽大，属于半开放型环礁，它兼有封闭型和开放型两类礁体的特点[1]。同时，在综合考虑机械维修和考察队员生活条件等因素之后，永暑礁被选为研究南沙群岛珊瑚礁工程地质特性的主要礁体。

一、永暑礁地质条件

（一）永暑礁地貌及地层概况

永暑礁位于 $9°32'\sim 9°42'N$，$112°52'\sim 113°04'E$，是一座从水深2000m的海底拔起的珊瑚礁，礁顶长轴呈 NEE—SWW 向，长约25km，短轴 NW—SE 向，长约6km，面积为110km^2[1]。高潮时被淹没，低潮时断续出露几处礁坪，主要为西南、东北、西北3个礁坪。礁顶中部为一开敞式湖，名叫南湾湖，面积约为105km^2，水深达20~30m。该礁的周围有明显的破浪带，距离数海里外即可看见。礁前斜坡陡，尤以东南坡和西北坡为甚，平均坡角达45°以上。西南礁坪东南部礁前斜坡存在6~8m、35~38m等多级水下阶地[2]。

永暑礁的基座可能类似于西沙群岛的基座，为古生代变质岩和中生代岩浆岩，从白垩纪晚期至渐新世早期，沉积了滨海相碎屑岩，渐新世晚期以后区域性下降，珊瑚丛生和珊瑚礁发育，沉积了渐新世至第四纪的礁灰岩，在构造下降过程中叠加第四纪冰期与间冰期由古气候变化引起的古海平面振荡，使礁灰岩中有多次沉积间断[1]。据南永1井揭示，在西南礁坪内离礁缘约200m处，除孔深130.3~132.3m及133.5~142.0m是溶洞外，全部岩心是碳酸盐生物骨壳沉积，并以造礁珊瑚为主，孔深0~17.3m为松散生物砂砾屑层，17.3~24.3m为松散生物砂与胶结灰岩夹层，24.3~133.5m基本为生物灰岩，其中89.8m处有一侵蚀面，142m下发生白云岩化[1]。据南永2井揭示（图20.10），在西南礁坪内离礁缘约100m处，孔深4~17.7m为松散生物砂砾屑层，17.7~51.2m为松散生物砾砂层与胶结灰岩层交互出现，268m为第四纪下界[3]。图20.11是南永2井浅部地层工程地质剖面简图。

（二）浅部地层结构

永暑礁浅部地层结构大体上可分为生物砾砂屑层和礁灰岩层。生物砾砂屑层主要分布于内礁坪和湖内上部地层。礁灰岩层大都分布于生物碎屑层以下，礁缘、外礁坪及内礁坪外侧部分也有出露。生物碎

[①] 作者：单华刚，汪稔

屑层主要为细砂到砾石，颗粒不均匀，棱角度大，夹有珊瑚断枝和贝壳遗骸，结构松散，从白色到淡黄色。根据胶结程度，礁灰岩主要从弱胶结到致密胶结不等，胶结程度大致随地层深度增加而变强，岩块强度也相应增高。弱胶结礁灰岩能明显见到珊瑚等生物碎屑，有孔洞。礁灰岩层中只有层状松散碎屑层和侵蚀面，尚未发育有节理、裂隙断层等结构面，表现出较好的完整性和稳定性。

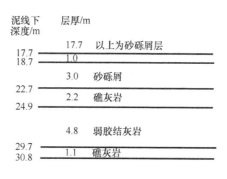

图 20.10　南永 2 井浅部礁灰岩层剖面（据朱袁智等，1997[3]）

从横截西南礁坪的工程地质剖面来看，松散碎屑层大体可分为 3 层（除了人工填筑层）。第 1 层为含砾中、粗砂，白色夹红点；第 2 层为淡黄色含砾细砂，常出现洞穴现象；第 3 层为白色砾砂层，砂中含珊瑚断枝和胶结碎块较多。图 20.11 为横截西南礁坪、水深 12m 左右的小潟湖和礁坪的工程地质剖面 $A—A'$，值得注意的是，从这条工程地质剖面和汪稔等[4]报道的内容来看，有以下 4 个主要特点。

（1）弱胶结礁灰岩具有礁缘处高且出露，而内礁坪内侧和潟湖低的特征，我们将此称为岩盆。

（2）松散沉积物颗粒粒径呈内礁坪较粗而潟湖较细的现象。

（3）第 2 层松散含砾砂层中有类似洞穴的现象，表现为钻探时套管突然自由下落近 1m 或标贯一击下降达 20cm 以上。

（4）以海平面为准计算，小潟湖底遇胶结层（同时也是侵蚀面）约 21m，内礁坪内侧遇胶结岩为 19m，大体相当，可以说明西南礁坪小潟湖形成历史与西南礁坪上层松散砂砾屑层大致相当。

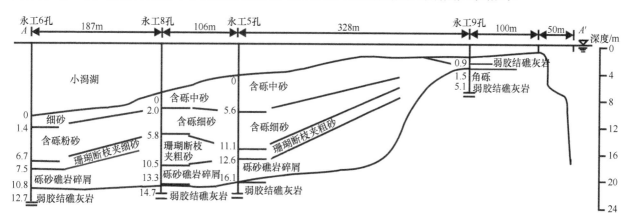

图 20.11　永暑礁小潟湖工程地质剖面 $A—A'$

（三）珊瑚礁岩土的基本物理力学性质

永暑礁的珊瑚砂砾矿物成分中，碳酸钙含量高达 96.7%，其中文石占 33%～47%，高镁方解石占 53%～67%，是所有文献报道中碳酸盐含量最高的，按一般国外海洋土分类标准，海洋土中碳酸钙含量达 50%时，其力学性质将发生较为显著的变化，因此，通常将珊瑚砂砾称为钙质砂。由于钙质砂是造礁珊瑚等生物骨骸破碎而形成的，又未经长途搬运，造成其颗粒中有孔隙、棱角度大、易破碎。砂体结构疏松，孔隙比石英砂高，一般为 0.8～2.79，孔隙类型有粒间孔隙和粒内孔隙（封闭和开放两种）。进行钙质砂比重测试时，比重瓶中的液体为纯水时，比重为 2.80，大于以煤油为液体的 2.73，原因是颗粒表面含有易溶盐[4, 5]。

在土力学性质方面，钙质砂也表现出一些特殊现象。

（1）内摩擦角较高，孔隙比（e_0）为 1.44 时，φ=37.4°；孔隙比为 1.13 时，φ=44.3°。

（2）由于有颗粒破碎现象，摩尔-库仑包络线有往下弯曲的现象。

（3）密砂或弱胶结状态下，压缩性较小，而且变形几乎全为不可恢复的塑性变形；松砂的压缩性较一般石英砂为大，而且以塑性变形为主，弹性变形较小，同时伴有颗粒破碎现象；现场一般为松砂到中密砂。

（4）在垂直循环动荷载作用下，等压固结和偏压固结的偏应力比较小时，不产生液化，而且属过度变形拉破坏。

（5）钙质砂中打入桩桩侧摩阻力较小，一般在 20kPa 以内，桩端阻力也比石英砂为小。图 20.12 是石英与钙质砂模型桩荷载试验结果对比，说明钙质砂中的桩基承载力比石英砂低。由于钙质砂特殊的物理性质，其有许多特殊的工程力学性质，如何深入认识这些性质是研究钙质砂力学特性的关键。

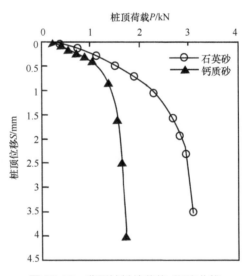

图 20.12　典型桩基的荷载-沉降曲线

二、原位测试结果及分析

在永暑礁主要采用了 3 种原位测试方法，它们是标准贯入试验、重型动力触探试验和轻型动力触探；而静力触探和旁压仪则不适用。

在永暑礁内礁坪上，郭见扬和汪稔[6]等实施了标准贯入试验，试验结果以 1～100 击及以上，常见砾砂层多为 7～30 击，弱胶结岩层为大于 50 击，洞穴为 1 或 2 击，根据《工程地质手册》中介绍的按标贯

锤击数 N 判定砂土紧密程度的方法，认为砾砂层呈松到中密状态，基础承载力标准值在 250kPa 以内。

在永暑礁小潟湖内进行重型动力触探试验，发现湖底部沉积松散砂层，结构较松散，重探锤击数为 1～10 击，根据《工程地质手册》中介绍的重探锤击数与砂土密度的关系，属于松散到中密状态，而且基本呈上松下紧现象。在弱胶结岩层中，重探锤击数大于 20 击。内礁坪上轻型动力触探试验锤击数人工堆积松散珊瑚砂 N_{10} 值一般为 4～15 击，弱胶结岩则达 100 击以上。

三、浅层地震勘探

物探方法是一种快速、高效和低成本的间接勘探方法。本次珊瑚礁调查的目的是探测珊瑚松散层的厚度和礁灰岩的埋深及起伏形态。表层珊瑚砂较松散，波速低于 900m/s，礁灰岩由于成岩作用，其密度增大，波速在 2000m/s 以上。基于这种环境和场地，选取了浅层地震勘探方法进行探测，并结合钻探资料进行综合分析的方法。图 20.13 是横贯永暑礁西南礁坪小潟湖的浅震时间剖面图。时间剖面上清晰可见 4 个同相轴波组，分别为 T_1、T_2、T_3、T_4，它们的对应深度分别为 18m、45m、65m、88m 左右（以海平面为准），同相轴基本呈水平分布，相对高差在 5m 左右。结合南永 1 井资料，18m 和 88m 分别对应 18.4m 和 89.8m（以海平面为准）的两个侵蚀面；45m 和 65m 分别可对应 44.3m 的珊瑚藻石砂砾屑灰岩顶面和 63m 的珊瑚藻石砂砾屑灰岩与生物砂屑灰岩分界面。

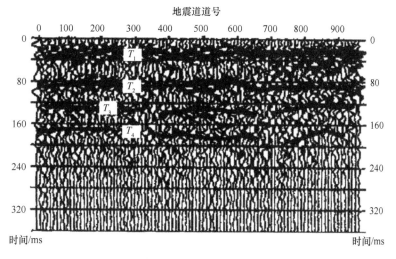

图 20.13　永暑礁小潟湖浅震勘探时间剖面

四、礁体工程地质稳定性

永暑礁礁体工程地质稳定性主要可以从两个方面来分析，首先是礁体整体稳定性，其次是礁体浅部地层稳定性。本部分不讨论区域地质稳定性问题。

首先分析礁体整体稳定性。一般认为，永暑礁生物礁灰岩沉积高度约有 2000m，最上面的西南礁坪礁盘顶部宽度约为 1000m，越过礁缘，水深迅速变大，普遍发育几个阶地，水深 6～8m 处为第一级浅水平台，水深 35～38m 为第二级浅水平台，在第一级和第二级平台之间及第二级平台外缘，其坡度可达 60°，几近 90°[2]，使人容易对礁体稳定性和边坡稳定性产生怀疑。当然，目前，人类尚未发现珊瑚礁体有整体失稳现象，但若发生大地震或在礁体边缘修建大型工程是否会诱发触动陡壁的岩体滑移破坏，这是一个值得深入研究的问题，对人类在礁体上的工程建设有重要的指导意义。

其次分析礁体浅部地层稳定性。前文已述，礁体浅部地层的礁灰岩有岩盆现象，岩盆的存在对礁体稳定性具有重要作用。一方面抵御了海洋动力作用，使松散砂免于冲失；另一方面为珊瑚提供了稳定、平静、适于大量繁衍的生长环境，保证了造礁材料的供应。

五、工程地质原理对礁体成长过程初评

这里简要介绍如何用工程地质原理对礁体成长过程进行推测。礁体的成长环境因素主要有3个方面：①有一个适宜珊瑚生长的生态环境；②具有地层缓慢沉陷或海平面上升的地质条件，下沉速度与珊瑚生长速度相当；③能胶结形成礁体，即从工程地质角度来说，礁体是稳定的。

只有具备以上3个基本条件，珊瑚礁才有可能顺利成长，缺一不可。对于前两个条件许多文献都有详细论述，而对第三个条件却不够关注。事实上，珊瑚礁礁体的稳定性是非常重要的，很难想象一个沙堆能矗立于水深2000m的大海中。礁体的稳定主要是通过碳酸盐类物质的胶结成岩作用而实现的。礁体边缘处海洋动力作用强，同时在雨水、藻类等条件共同作用下，碳酸盐类容易胶结成岩，礁顶中部海洋动力作用相对较弱，不容易胶结成岩，更多的是松散碎屑，于是形成了岩盆现象，而岩盆现象恰恰对珊瑚礁体稳定性起到了很大作用，促使珊瑚礁顺利成长。另外，在海洋动力作用强的礁缘，海浪冲击着珊瑚枝，影响珊瑚大量繁衍，迫使礁体顶面的面积越来越小，使珊瑚礁体形成一个锥台体，同时，也缩小了礁坪的面积，直到封闭湖变为开放型。此外，水下阶地的现象往往与礁体整体的间断性沉降（或隆起）有关。当沉降停止或隆起时，礁坪上的松散碎屑更容易胶结成岩，使岩体强度增加，若随后继续沉降，珊瑚难以在海洋动力作用强烈的坚硬胶结岩上大量生长，而只能退避于内礁坪内侧，这样持续发展逐渐形成了阶地。

六、结论

珊瑚礁是一种特殊的地质体，其工程地质特性尚待更深入研究。根据多年来对它的研究，大致有以下几点体会。

（1）永暑礁礁体浅部地层存在岩盆现象，对礁体工程地质稳定性起到重要作用，并有利于礁体成长发展。

（2）珊瑚礁松散砂砾层的原位测试发现其密实度处于松散至中密之间，原位测试数据与工程力学指标的关系问题尚待进一步研究。

（3）永暑礁松散砂砾有许多特殊的物理力学性质，主要有颗粒易破碎、颗粒形态不规则、粒间孔隙率大及内摩擦角大等。

（4）钙质砂砾的工程地质特性不利于礁区工程建设，尤其是桩基工程建设。

（5）浅层地震勘探法适用于珊瑚礁地层勘探[7]。

参 考 文 献

[1] 中国科学院南沙综合科学考察队. 南沙群岛永暑礁等四纪珊瑚礁地质. 北京：海洋出版社，1992.
[2] 于红兵, 孙宗勋, 毛庆文. 南沙群岛永暑礁上部向海坡地貌特征研究. 海洋通报, 1999, 18(3): 49-54.
[3] 朱袁智, 沙庆安, 郭丽芬, 等. 南沙群岛永暑礁新生代珊瑚礁地质. 北京：科学出版社，1997.
[4] 汪稔, 宋朝景, 赵焕庭, 等. 南沙群岛珊瑚礁工程地质. 北京：科学出版社，1997.
[5] 郭见扬. 略论南沙群岛的工程地质问题. 岩石力学与工程学报, 1995, 14(3): 282-287.
[6] 郭见扬, 汪稔. 强夯碎石柱法处理淤泥质粘土地基. 岩土力学, 1993, (2): 61-74.
[7] 单华刚, 汪稔. 南沙群岛永暑礁工程地质特性. 海洋地质与第四纪地质, 2000, 20(3): 31-36.

第二十一章

珊瑚礁监测技术

第一节 叶绿素荧光技术在珊瑚礁研究中的应用[①]

叶绿素荧光是指叶绿素分子吸收光量子（主要指蓝光和红光）由受激 I 通过再发射而产生的一种主要光信号，由于高等植物的活体叶片中叶绿素 b 的激发态能量会高效地转给叶绿素 a 分子，因此叶绿素荧光几乎都来自于叶绿素 a，其强度正比于叶绿素 a 激发分子的浓度。德国的 Kautsky 和 Hirsch 在 1931 年发现，经过暗适应的光合材料接受光照后，叶绿素荧光强度先迅速上升到一个最大值，然后逐渐下降，最后达到一个稳定值，他们将其与光合作用联系起来，称为叶绿素荧光诱导现象，后来又被称为 Kautsky 效应[1]。此后，人们对叶绿素荧光诱导现象进行了广泛而深入的研究，并逐步形成了光合作用的荧光诱导理论，被广泛应用于光合作用研究。1983 年，WALZ 公司首席科学家、德国乌兹堡大学的 Ulrich Schreiber 设计制造了世界上第一台调制荧光仪——PAM-101/102/103，使得叶绿素荧光技术第一次由室内走向野外（可在有光的条件下测量），其应用从传统的植物生理学延伸到植物生态学、农学、林学、水生生物学和环境科学等领域[1, 2]。

造礁珊瑚（scleractinian coral）是一类生活于热带浅海底的低等无脊椎动物，在动物分类学上属于刺胞动物门珊瑚亚门六放珊瑚纲石珊瑚目，其种类繁多。由于其生长速度快，同时分泌碳酸钙，有造礁功能，因此称为造礁珊瑚，是珊瑚礁生态系的最主要成分。造礁珊瑚的最基本生态特征就是与虫黄藻的共生，虫黄藻生活在宿主珊瑚虫内胚层细胞的液泡[3, 4]里并透过宿主共生体屏障将其95%以上的光合作用产物诸如氨基酸、糖、碳水化合物和小分子肽等提供给宿主，作为宿主生存的能量和必需的化合物；虫黄藻则从宿主的代谢产物中得到至关重要的营养盐，如胺和磷酸盐[3]。虫黄藻内叶绿体含有直接参与光化学反应的反应中心色素叶绿素 a，以及辅助色素，如其他叶绿素、类胡萝卜素和藻胆素等[5, 6]。本节在分析叶绿素荧光动力学原理的基础上，综述了近年来国际和国内叶绿素荧光技术在造礁珊瑚研究中的应用进展。

[①] 作者：周洁，施祺，余克服

一、叶绿素荧光动力学原理

对许多色素分子来说，荧光发生在纳秒级，而光化学反应发生在皮秒级，因此当光合生物处于正常的生理状态时，PSⅡ色素吸收的光能绝大部分用来进行光化学反应，荧光只占很小的一部分。类囊体膜上电子门（PQ）的数量与捕光色素吸收的光子数（微摩尔级）相比是微不足道的。因此进行光合作用时，PSⅡ释放出的电子总是有部分会累积在PQ处，这部分处于还原态（累积电子）的电子门就处于关闭态，或者说PSⅡ的反应中心处于关闭态。当植物处于黑暗中时，PSⅡ不再释放电子，但累积在PQ处的电子会逐渐向PSⅠ传递。经过足够长的暗适应后，PQ处没有任何电子时，所有PSⅡ的反应中心全部处于开放态，此时其光合潜力最大。如果此时给予一个弱到不足以引起PSⅡ中心产生激发光，只激发色素的本底荧光但不足以引起任何光合作用，那么首先产生的稳定荧光信号F_o称为最小荧光（暗荧光）。因此F_o在一定程度上与色素含量呈线性关系。接着用一适量的引起光合活性的光化学激发，PSⅡ瞬间释放出大量电子，导致许多电子门被关闭，荧光在F_o之后被驱动上升到峰值F_p。此时，光合器官会迅速启动调节机制来适应这种光照状态，PSⅠ逐渐从PQ处获得电子，随着时间的延长，处于关闭态的电子门越来越少，F逐渐下降并达到稳态（T: steady），此时PSⅡ和PSⅠ达到了动态平衡。上述的荧光动力学曲线，即叶绿素荧光诱导曲线（fluorescence induction or fluorescence decay，图21.1）。

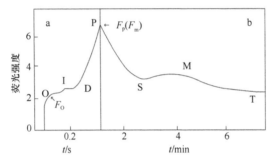

图21.1 典型的叶绿素荧光诱导动力学曲线
a. 快相动力学；b. 慢相动力学

从以上描述可看出诱导曲线包括O—I—D—P—S—M—T诸相（图21.1[7]）。这些信号反映着从能量吸收、转化、转移到CO_2固定的一系列过程。粗略来说，O—P为快速荧光（1s内完成），反映光合作用的光反应，P—T为慢荧光，反映暗反应[8]。PSⅡ的热耗散增加导致F_o降低，PSⅡ反应中心的破坏或可逆失活引起F_o的增加。因此，可以根据F_o的变化推断反应中心的状况。其常用的荧光参数有PSⅡ的光化学效率F_v/F_m，有效光量子产量F_v/F_m'，荧光淬灭系数q_P、q_{NP}、NPQ，相对电子传递速率（rETR）等。

二、叶绿素荧光技术在造礁珊瑚研究中的应用

（一）揭示珊瑚共生藻光生理学原理

珊瑚共生藻的光生理学的基本特征的理论性研究，是揭示珊瑚白化机制的基础，也是开展不同环境胁迫下珊瑚光合作用响应研究的依据。叶绿素荧光技术在珊瑚研究中的应用始于20世纪末，Beer等利用水下荧光仪DIVING-PAM对2种蜂巢珊瑚［黄癣蜂巢珊瑚（*Favia favus*）和片脑纹珊瑚（*Platygyra lamellina*）］进行了光合作用监测的初步尝试[9]。目前已有的研究侧重于观测不同种珊瑚共生藻的荧光参数特征及其所揭示的珊瑚光合作用的变化规律，并探讨影响珊瑚共生藻光合作用的生理学机制。

Hoegh-Guldberg 与 Jones 最早发现了珊瑚共生藻光化学效率（F_v/F_m）的日变化特征[10]，研究认为这一变化规律与光呼吸作用相联系，与叶黄素循环有关，是光抑制引起的，为早期的珊瑚共生藻光生理学研究提供了方向。进一步的研究发现，柱状珊瑚（*Stylophora pistillata*）的向阳枝与背阴枝的光化学效率存在显著差异，在饱和光下，二者的 F_v/F_m 值都会下降，但背阴枝的 F_v/F_m 值要明显低于向阳枝，向阳的 F_v/F_m 下降是由于 F_m 和 F_o 下降造成的可逆下降，是一种光保护机制，而不是持久性伤害；而背阴枝的 F_v/F_m 的下降是由 F_m 的下降和 F_o 的上升造成的，是一种长期累积的光抑制效应[11]。研究认为这与珊瑚共生体内存在多种藻类有关，是由于珊瑚共生体内不同种类藻的适光性差异造成的。此外，还发现在该条件下珊瑚的背阴枝会快速失去共生藻（白化），而向阳枝未发生白化现象，表明共生藻只有在光合器官受到损害时才会被排出，造成白化现象。

另一项研究则通过对强壮鹿角珊瑚（*Acropora valida*）体内共生藻进行单链构象多态（SSCP）分析、定量聚合酶链反应（qPCR）以及基因的研究，发现 *A. valida* 向阳枝和背阴枝内共生藻基因型为 C 系群或 A、C 系群共存，当光强为 1100μmol photons/(m^2·s) 时，A、C 系群共存的珊瑚虫体内氧含量要高于仅共生 C 系群的，而在光生理学的其他方面并没有明显差异，这些结果表明单个珊瑚虫所处的光环境（向阳与否）并不是共生藻光合能力的唯一决定因素[12]。更深入的研究则揭示出珊瑚虫黄藻存在季节变化，日本琉球大学的研究人员发现牡丹珊瑚 *Pavona decussata* 内只有 C 系群的虫黄藻，而另一种牡丹珊瑚 *Pavona divaricata* 内共生藻的组成会随季节而发生改变[13]。而宿有 D 系群的 *Pavona divaricata* 比宿有 C 系群的 *Pavona decussata* 的 PSⅡ光化学效率（F_v/F_m）更稳定，光损伤程度更小，恢复得更快[14]，表明珊瑚存在通过改变共生藻种类来调节光化学的适应性。

（二）探索珊瑚白化的机制

珊瑚礁白化是由于珊瑚失去体内共生的虫黄藻和（或）共生的虫黄藻失去体内色素而导致五彩缤纷的珊瑚礁变白的生态现象。早在 20 世纪 30 年代人们就发现在环境胁迫下珊瑚会失去大量的虫黄藻而变白，并首次提到白化[15]，20 世纪 80 年代以来珊瑚白化现象的发生越来越频繁，引起了人们的广泛关注。气候变化造成海水表层温度（SST）升高导致大面积珊瑚礁白化是全球珊瑚礁系统退化的最主要原因[16]。Fit 和 Warner 从 1995 年开始利用 Turner 荧光仪对 4 种珊瑚（*Montastrea annularis*、*M. cavernosa*、*Agaricia agaricites*、*A. lamarcki*）的白化模式进行了探索[17]，发现自然条件下的白化现象与珊瑚共生藻的耐受性有关，且光照在白化中起到了重要的作用。进一步研究发现，*M. annularis* 和 *A. lamarcki* 对温度的敏感性较高，且不同种珊瑚体内叶绿素含量及白化时共生藻丢失的程度都存在差异性[18]。由此根据珊瑚受环境胁迫的严重程度将珊瑚白化分为生理性白化（physiological bleaching）、共生藻胁迫白化（algae-stress bleaching）和珊瑚虫胁迫白化（animal stress bleaching）[19]。

珊瑚共生藻光生理学前期的研究曾提出白化现象是由共生藻的光合作用受损所致[11]，那么排出的共生藻一定也是失活的，至少光合系统是受到损伤的，因为它们来自同一个整体。Ralph 等利用可测量单细胞调制荧光的 Microscopy-PAM 检测了高温（33℃）胁迫下锯齿刺星珊瑚（*Cyphastrea serailia*）和鹿角杯形珊瑚（*Pocillopora damicornis*）所排出的共生藻的 F_v/F_m 及快速光响应曲线（rapid light curve，RLC）[20]，发现排出的共生藻光合功能状况与珊瑚共生体内的藻类一样，受损程度是相同的，有的甚至没有受损。这说明珊瑚的白化现象并不是为了将受损的虫黄藻排出体外。随后他们又检测了这两种珊瑚 PSⅡ的实际光化学产量 Yield，发现在暴露于白化条件［500μmol photons/(m^2·s)，33℃］8h 后，其排出的共生藻有些仍具有光合活性（Yield＞0.65），但两种珊瑚排出的共生藻种群具有不同的 Yield 频率分布趋势。且原位测量的珊瑚虫体内的共生藻 Yield 值总是比排出的共生藻高，显示出宿主组织为共生藻提供了额外的光保护[21]。Bhagooli 和 Hidaka 曾发现在白化条件下，健康的共生藻被排出的同时宿主还会释放大量未收回的刺胞[22]，说明宿主细胞受到了损伤，因此宿主珊瑚是共生体中更敏感的部分。排出的共生藻的耐热性比白化发生的温度还要高上几度[20]，因此可能引起白化的机制并不只是与光合系统的崩溃有关，也可能与宿主-藻类共生体的机能障碍有关。

同时气候变化的另一个负面作用——海水盐度的降低也是导致珊瑚白化的潜在杀手。近期一项研究发现当盐度低于28‰时，共生藻的光合器官就会受到损害[23]，Kerswell等也发现盐度低于26‰时F_v/F_m会发生明显的下降，并且发现无论光照与否，珊瑚都会发生白化现象，且在一天后其PSⅡ的光化学效率（F_v/F_m）都会下降到最低值，然后恢复；当盐度降到15‰时，珊瑚在第二天就已死亡[24]。这意味着盐度对珊瑚白化的影响机制可能与温度、光照因子都不同。

由于受工业革命以来人类活动的影响，全球大气CO_2、CH_4、N_2O等温室气体浓度明显增加，带来了严重的温室效应，使得全球气候变暖，同时导致海水中CO_2浓度过饱和以及酸度增加。在海温上升与海洋酸化的双重压力下，造礁珊瑚骨骼遭到腐蚀，珊瑚礁生态系统更加脆弱，原有的生态功能（如防风固浪）也将逐渐消失。海洋酸化除了会对造礁珊瑚的钙化作用[25-28]产生影响，还会对珊瑚虫的生产力、光合作用等其他新陈代谢过程产生影响。Anthony等[29]在研究海洋酸化对珊瑚礁3种造礁生物[珊瑚藻（*Porolithon onkodes*）、鹿角珊瑚（*Acropora intermedia*）和滨珊瑚（*Porites lobata*）]生理过程的影响时发现，高达1000~1300ppm的大气CO_2浓度会导致40%~50%的鹿角珊瑚和10%~20%的滨珊瑚白化，而且海洋酸化对其的影响要比温度大得多。当大气CO_2浓度为现在水平的两倍时（即520~700ppm），鹿角珊瑚的白化率则降为20%，滨珊瑚的白化率则更低，虽然净生产力有所下降，但其实际光合产量未受到明显影响[30]。

除了温度、光照及海洋酸化，病原微生物也可能导致珊瑚白化。Banin等在研究弧菌*Vibrio shiloi*对地中海珊瑚（*Oculina patagonica*）感染过程中发现，若让受到光合抑制剂NH_4Cl作用的珊瑚感染上该细菌，会使其PSⅡ的实际光化学产量Yield大幅度降低，且抑制剂浓度越高，受抑制程度越大[31]。但对于导致大量珊瑚组织从骨骼上脱落死亡的鹿角白化症（acroporid white syndrome），研究人员检测了其共生藻的F_v/F_m，却未发现病变带内共生藻的光合作用受到影响[32]。

（三）监测及预警珊瑚白化事件

美国国家海洋与大气管理局（NOAA）的珊瑚礁监测计划（Coral Reef Watch，CRW）长久以来利用卫星监测海洋表面温度来预警珊瑚白化现象，这对于监测全球范围的珊瑚礁状况是很有效的，但由于其忽略了其他致白化因素（如光、水动力学），也未考虑珊瑚-藻类的共生关系，使得其监测的时空分辨率不够精密。

为此，NOAA的珊瑚综合监测网络（integrated coral observing network，ICON）在2006年引进了全世界第一套能够长期连续监测的调制荧光仪——Monitoring-PAM，建立了珊瑚礁早期预警系统（coral reef early warning system，CREWS），用其进行实时测量并通过卫星将实时数据传送到NOAA的大西洋海洋与气候实验室（Atlantic oceanographic and meteorological laboratory，AOML），将卫星监测与实时测量相结合，通过荧光参数的长期变化来监测珊瑚礁生态系统的健康状况，并成功地监测了2005年巴哈马Lee Stocking岛的白化事件[33]。

（四）研究珊瑚对污染的响应

日益增加的近海水域海水污染对珊瑚礁生态系统造成了严重的威胁，利用叶绿素荧光技术测量污染环境下珊瑚的光合作用荧光参数，可以深入了解这些污染环境胁迫对造礁珊瑚的危害程度。

富营养化的水体含有丰富的无机氮和无机磷，会促进细菌大量繁殖，使海水中的氧气浓度大大降低，影响珊瑚的生长代谢，严重时会使一些珊瑚种类窒息死亡，同时也增加了珊瑚病害的暴发概率[34]。时翔等利用超便携调制荧光仪 MINI-PAM，研究了磷酸盐浓度对两种鹿角珊瑚［佳丽鹿角珊瑚（*Acropora pulchra*）和多孔鹿角珊瑚（*Acropora millepora*）］共生藻光合作用的影响[35]。结果表明，两种珊瑚在对照组磷酸盐浓度下，共生藻的 F_v/F_m 处于稳定状态；在 15μmol/L 和 30μmol/L 磷酸盐浓度下，该值迅速下降，分别经过 2 天和 5 天开始慢慢恢复，但是最终只能恢复到比对照组低的水平。同时两种珊瑚的共生藻密度也有所降低。

重金属对珊瑚共生体的毒害主要体现在其对珊瑚或虫黄藻生长[36]、新陈代谢[37]、呼吸作用[38]、碳化活动[39]、基因表达水平的选择[40]、幼体死亡率和对繁殖的抑制作用（如受精作用、变态、附着过程和游泳能力）[41]等方面的影响。Ferrier-Pagès 等研究了柱状珊瑚（*Stylophora pistillata*）在不同浓度时的锌累积效应，观察锌对共生藻 PSⅡ功能的影响[42]，结果表明环境中锌含量的增加会引起 rETR 的升高，F_v/F_m 的降低，并且光可刺激珊瑚对锌的吸收，虫黄藻很可能通过光合作用来影响锌在组织中的积累，含 10nmol 锌的培养环境可显著增加珊瑚的光合效率，这说明生活在贫营养水域的珊瑚可能受到主要金属如锌的限制。此外，花鹿角珊瑚（*Acropora florida*）、浪花鹿角珊瑚（*Acropora cytherea*）的锌胁迫实验也表明，锌污染对造礁珊瑚虫黄藻的光合能力有严重的抑制作用，从而影响到珊瑚生长，高浓度的锌使虫黄藻光合作用快速衰减直至停止，导致珊瑚在短时间内快速死亡，在高浓度锌（105.6μg/L）胁迫环境下两种鹿角珊瑚的耐受性也存在明显差别[43]。急性锌胁迫实验则发现，锌浓度为 60μg/L 和 100μg/L 的 24h 胁迫后，指状蔷薇珊瑚（*Montipora digitata*）有效光量子产量 F_v/F_m' 降低至 0.60 以下，说明虫黄藻光合活性降低，但此时却有较高的虫黄藻密度，因此虫黄藻密度并不能完全反映珊瑚的健康状况[44]。

Jones 研究了 PSⅡ型除草剂对珊瑚的生态毒理学效应，发现 PSⅡ除草剂很容易透过珊瑚组织，快速（几分钟内）降低细胞内共生藻的光化学效率。在低水平上，若暴露时间短，影响是完全可逆的；但若长时间暴露在高浓度下，会造成共生藻光化学效率的持续下降[45]。

（五）监测珊瑚对水体浑浊的响应

水体悬浮物和沉积物的增多会导致水体浑浊度的增加，会抑制珊瑚的生长速率，同时也会影响到珊瑚共生藻的光合作用能力。Piniak 利用 DIVING-PAM 研究了两种夏威夷造礁珊瑚（*Porites lobata*、*Montipora capitata*）在短期暴露于沉积物（砂质和泥质）时的 PSⅡ光化学效率（F_v/F_m），发现暴露时间超过 30h 的珊瑚荧光产量下降值最大，且实验期间几乎没有恢复，泥质对 *Porites lobata* 的影响较砂质更大，而这两种沉积物对 *Montipora capitata* 的效应相同[46]。珊瑚荧光产量的变化主要与沉积物量和珊瑚的耐受能力、沉积物营养元素或有机含量[47]相关。富含营养物的陆源沉积可以通过生物作用聚集成"海雪"（marine snow），只要暴露几小时就会对珊瑚礁生物产生有害或致死效应[48]。因此，沉积物对珊瑚的反应机制有物理窒息、化学效应、缺氧现象以及与沉积物有关的微生物聚集等间接影响，或是上述各因素结合起作用[46]。

（六）探寻珊瑚礁生态模式

虽然造礁珊瑚占据了海洋中的浅水区域，但是大多数珊瑚种有其独特的分布模式。有人猜测这与共生藻的多样性有关，Iglesias-Prieto 等将光生理学与基因型分析相结合，证实了这一猜测，其分析的两种太平洋珊瑚中的共生藻对光的适应性差异很大，并推测基本上每一种珊瑚的共生藻都有其特异性，是造成其生态位多样性的主要原因[49]。此外，珊瑚礁生态系统中多样的底栖生物与珊瑚形成复杂的生态关系。研究发现，一些加勒比海绵组织中产生的某些次级代谢产物会对珊瑚共生藻产生化感作用，当把这些海绵固定于扁脑珊瑚附近，约18h后共生藻的光合能力明显下降，珊瑚组织发生白化，而未与其接触的珊瑚没有白化[50]。底栖蓝藻（Lyngbya bouillonii）与澄黄滨珊瑚（Porites lutea）体外培养共生藻的直接接触会使共生藻密度、PSⅡ的光化学效率及叶绿素浓度明显下降，还会在珊瑚活体上繁殖，从而对活珊瑚的组织造成损伤，甚至致其死亡[51]。

珊瑚及其共生藻体内都含有荧光色素，它们可以吸收一定波长的光，同时再发射出另一不同波长的光。研究发现，当用蓝光或紫外线激发时，珊瑚通常会发出绿色或橘黄色的荧光，而其他礁区生物，如藻类通常发出红光[52]。根据这一原理，多种船载的荧光系统发展起来了，用来进行珊瑚覆盖率、生长状态的调查[53-56]，表明利用珊瑚及其共生藻的荧光有助于提高珊瑚礁生态调查的效率及准确性。

三、展望

造礁珊瑚的叶绿素荧光动力学是以光合作用理论为基础的，是利用共生藻体内叶绿素来研究和探测共生体的光合生理状况及外界因子对其细微影响的一种新型活体测量和诊断技术。从世界第一台调制荧光仪PAM-101/102/103诞生至今已有近35年，叶绿素荧光技术和测试仪器的不断进步带动了造礁珊瑚研究的不断深入。其独特的调制技术与饱和脉冲技术，使通过选择性的原位测量叶绿素荧光来检测珊瑚光合作用的变化成为可能。而防水设计的加入，实现了水下原位光合研究。2006年，第一台可无线传输数据的调制荧光仪RADIO-PAM的问世，使研究者可以向更深的领域进行探索。在造礁珊瑚研究领域，目前它主要用于珊瑚白化机制的研究。由于其具有快速、灵敏和非破坏性测量等优点，它比其他现有的珊瑚测量方法更优越。

前人的工作显示了PAM荧光仪可提供有关共生藻光合功能的丰富信息，但这些技术并不是没有限制的，在解译荧光数据时必须非常谨慎。叶绿素荧光技术始于植物光合作用研究，因此光合基础理论是以植物为背景的，故这些模式不一定适用于珊瑚或藻类的荧光解译。Ralph等将8mm、1mm、140μm 3种直径的光学纤维探针与DIVING-PAM联用，测得了6种珊瑚的快速光响应曲线（RLC）[57]，其中1mm光学纤维探针可以放在一个单独水螅体的顶部或两个相邻的水螅体之间，而140μm光学纤维探针可插进一个水螅体内来测定伸展的触手组织和充气真皮组织的光合活动。实验表明用8mm光学纤维探针测得的荧光信号主要来自共肉组织，因为这个组织更薄，且比丰满的水螅体组织有更高程度的背反射，从而导致高荧光信号的产生，而且8mm探针荧光测量得到的参数是各种组织的平均值，这些组织根据其光学性质成比例地对荧光信号做出贡献。当水螅体伸展或收缩时，光学性质会发生变化，从而改变共肉组织相对于水螅体的暴露面积，这在解译时会被错误地认为是光合效率的改变。除了珊瑚水螅体的光保护响应及以上提到的水螅体的伸展/收缩效应，珊瑚附近的光学纤维探针的存在会影响区域水流模式和珊瑚周围复杂的扩散边界层[58-60]，这些都为荧光信号的解译提供了难度。因此，珊瑚及共生藻的荧光特征仍然是需要深入探究的。

叶绿素荧光技术在继续朝着小型化、智能化方向发展的同时，还将与其他测量仪器相结合，如与光合仪GFS-3000联用可同步测量CO_2气体交换、PSⅠ活性（P700）和叶绿素荧光，还可与其他水质仪联用，置于浮标上用于常规的海洋水文监测，共同朝着多功能综合性的研究方向发展，完善人们对于珊瑚礁生态系统甚至整个海洋生态系统的了解。由于荧光信号包含珊瑚和环境相互作用的大量信息，因此受到越来越多生态学者的重视，挖掘分析和利用这些信息是生理学者和生态学者今后的共同任务。因此，它在未来珊瑚生理生态研究中将发挥越来越大的作用[61]。

参 考 文 献

[1] Lichtenthaler H K. The Kautsky effect: 60 years of chlorophyll fluorescence induction kinetics. Photosynthetica, 1992, 27(1-2):

45-55.

[2] Papageorgiou G C, Govindjee S. Chlorophyll a Fluorescence: a Signature of Photosynthesis. The Netherlands: Springer, 2004.

[3] Trench R K. The cell biology of plant-animal symbiosis. Annual Review of Plant Physiology, 1979, 30(1): 485-531.

[4] Loh W, Carter D, Hoegh-Guldberg O. Diversity of zooxanthellae from scleractinian corals of One Tree Island (the Great Barrier Reef. Proceedings of the Proceedings of the Australian Coral Reef Society 75th Anniversary Conference, Heron Island, F, 1997. School of Marine Science, The University of Queensland: Brisbane, 1998: 141-150.

[5] Hoegh-Guldberg O. Climate change, coral bleaching and the future of the world's coral reefs. Marine and Freshwater Research, 1999, 50(8): 839-866.

[6] Takabayashi M, Carter D A, Ward S, et al. Inter-and intra-specific variability in ribosomal DNA sequence in the internal transcribed spacer region of corals. Proceedings of the Proceedings of the Australian Coral Reef Society 75th Anniversary Conference, Heron Island, F, 1997 . School of Marine Science, The University of Queensland: Brisbane, 1998: 241-248.

[7] 陈建明, 俞晓平, 程家安. 叶绿素荧光动力学及其在植物抗逆生理研究中的应用. 浙江农业学报, 2006, (1): 51-55.

[8] Schreiber U, Schliwa U, Bilger W. Continuous recording of photochemical and non-photochemical chlorophyll fluorescence quenching with a new type of modulation fluorometer. Photosynthesis Research, 1986: 10(1): 51-62.

[9] Beer S, Ilan M, Eshel A, et al. Use of pulse amplitude modulated (PAM) fluorometry for in situ measurements of photosynthesis in two Red Sea faviid corals. Marine Biology, 1998, 131(4): 607-612.

[10] Hoegh-Guldberg O, Jones R J. Photoinhibition and photoprotection in symbiotic dinoflagellates from reef-building corals. Marine Ecology Progress Series, 1999, 183: 73-86.

[11] Jones R J, Hoegh-Guldberg O. Diurnal changes in the photochemical efficiency of the symbiotic dinoflagellates (Dinophyceae) of corals: photoprotection, photoinactivation and the relationship to coral bleaching. Plant Cell and Environment, 2001, 24(1): 89-99.

[12] Ulstrup K E, van Oppen M J H, Kuhl M, et al. Inter-polyp genetic and physiological characterisation of symbiodinium in an *Acropora valida* colony . Marine Biology, 2007, 153(2): 225-234.

[13] Suwa R, Hirose M, Hidaka M. Seasonal fluctuation in zooxanthella genotype composition and photophysiology in the corals *Pavona divaricata* and *P. decussata*. Marine Ecology Progress Series, 2008, 361: 129-137.

[14] Rowan R. Coral bleaching: thermal adaptation in reef coral symbionts. Nature, 2004, 430(7001): 742-742.

[15] Yonge C M, Nicholls A G. Studies on the physiology of corals. IV. The structure, distribution and physiology of the zooxanthellae. Scientific Report of the Great Barrier Reef Expedition 1928-1929, 1931, 1: 135-176.

[16] 李淑, 余克服. 珊瑚礁白化研究进展. 生态学报, 2007, (5): 2059-2069.

[17] Fitt W K, Warner M E. Bleaching patterns of four species of Caribbean reef corals. Biological Bulletin, 1995, 189(3): 298-307.

[18] Warner M E, Fitt W K, Schmidt G W. The effects of elevated temperature on the photosynthetic efficiency of zooxanthellae in hospite from four different species of reef coral: a novel approach. Plant Cell and Environment, 1996, 19(3): 291-299.

[19] Fitt W, Brown B, Warner M, et al. Coral bleaching: interpretation of thermal tolerance limits and thermal thresholds in tropical corals. Coral Reefs, 2001, 20(1): 51-65.

[20] Ralph P J, Gademann R, Larkum A W D. Zooxanthellae expelled from bleached corals at 33℃ are photosynthetically competent . Marine Ecology Progress Series, 2001, 220: 163-168.

[21] Ralph P J, Larkum A W D, Kühl M. Temporal patterns in effective quantum yield of individual zooxanthellae expelled during bleaching. Journal of Experimental Marine Biology and Ecology, 2005, 316(1): 17-28.

[22] Bhagooli R, Hidaka M. Release of zooxanthellae with intact photosynthetic activity by the coral *Galaxea fascicularis* in response to high temperature stress. Marine Biology, 2004, 145(2): 329-337.

[23] Downs C A, Kramarsky-Winter E, Woodley C M, et al. Cellular pathology and histopathology of hypo-salinity exposure on the coral *Stylophora pistillata*. Science of The Total Environment, 2009, 407(17): 4838-4851.

[24] Kerswell A P, Jones R J. Effects of hypo-osmosis on the coral *Stylophora pistillata*: nature and cause of 'low-salinity bleaching'. Marine Ecology Progress Series, 2003, 253: 145-154.

[25] Fine M, Tchernov D. Scleractinian coral species survive and recover from decalcification. Science, 2007, 315(5820): 1811.

[26] Cohen A L, Holcomb M. Why corals care about ocean acidification: uncovering the mechanism. Oceanography, 2009, 22(4): 118-127.

[27] Ries J, Cohen A, Mccorkle D. A nonlinear calcification response to CO_2-induced ocean acidification by the coral *Oculina arbuscula*. Coral Reefs, 2010, 29(3): 661-674.

[28] Holcomb M, Mccorkle D C, Cohen A L. Long-term effects of nutrient and CO_2 enrichment on the temperate coral *Astrangia poculata* (Ellis and Solander, 1786). Journal of Experimental Marine Biology and Ecology, 2010, 386(1-2): 27-33.

[29] Anthony K R N, Kline D I, Diaz-Pulido G, et al. Ocean acidification causes bleaching and productivity loss in coral reef

builders. Proceedings of the National Academy of Sciences of the United States of America, 2008, 105(45): 17442-17446.
[30] Rodolfo-Metalpa R, Martin S, Ferrier-Pagès C, et al. Response of the temperate coral *Cladocora caespitosa* to mid-and long-term exposure to $p\text{CO}_2$ and temperature levels projected for the year 2100 AD. Biogeosciences, 2010, 7: 289-300.
[31] Banin F, Ben-Haim Y, Israely T, et al. Effect of the environment on the bacterial bleaching of corals. Water Air and Soil Pollution, 2000, 123(1-4): 337-352.
[32] Roff G, Kvennefors E C E, Ulstrup K E, et al. Coral disease physiology: the impact of acroporid white syndrome on *Symbiodinium*. Coral Reefs, 2008, 27(2): 373-377.
[33] Manzello D, Warner M, Stabenau E, et al. Remote monitoring of chlorophyll fluorescence in two reef corals during the 2005 bleaching event at Lee Stocking Island, Bahamas. Coral Reefs, 2009, 28(1): 209-214.
[34] 朱葆华, 王广策, 黄勃, 等. 温度、缺氧、氨氮和硝氮对3种珊瑚白化的影响. 科学通报, 2004, 49(17): 1743-1748.
[35] 时翔, 谭烨辉, 黄良民, 等. 磷酸盐胁迫对造礁石珊瑚共生虫黄藻光合作用的影响. 生态学报, 2008, (6): 2581-2586.
[36] Goh B P L, Chou L M. Effects of the heavy metals copper and zinc on zooxanthellae cells in culture. Environmental Monitoring and Assessment, 1997, 44(1): 11-19.
[37] Nyström M, Nordemar I, Tedengren M. Simultaneous and sequential stress from increased temperature and copper on the metabolism of the hermatypic coral *Porites cylindrica*. Marine Biology, 2001, 138(6): 1225-1231.
[38] Howard L S, Crosby D G, Alino P. Evaluation of some methods for quantitatively assessing the toxicity of heavy metals to corals//Jokiel P J, Richmond R H, Rogers R A. Coral Reef Population Biology. Hawaii Institute of Marine Biology, Honolulu, Hawaii. Technical Report, 1986, (37): 452-464.
[39] Gilbert A L, Guzmán H M. Bioindication potential of carbonic anhydrase activity in anemones and corals. Marine Pollution Bulletin, 2001, 42(9): 742-744.
[40] Mitchelmore C L, Schwarz J A, Weis V M. Development of symbiosis-specific genes as biomarkers for the early detection of cnidarian-algal symbiosis breakdown. Marine Environmental Research, 2002, 54(3-5): 345-349.
[41] Reichelt-Brushett A J, Harrison P L. The effect of selected trace metals on the fertilization success of several scleractinian coral species. Coral Reefs, 2005, 24(4): 524-534.
[42] Ferrier-Pagés C, Houlbreque F, Wyse E, et al. Bioaccumulation of zinc in the scleractinian coral *Stylophora pistillata*. Coral Reefs, 2005, 24(4): 636-645.
[43] 黄玲英, 余克服, 施祺, 等. 锌胁迫下两种鹿角珊瑚虫黄藻荧光值的变化. 热带地理, 2010, 30(4): 357-362.
[44] 黄玲英. 三亚造礁石珊瑚虫黄藻光合作用荧光参数的变化及其对珊瑚健康状况的指示意义. 广州: 中国科学院南海海洋研究所硕士学位论文, 2010.
[45] Jones R. The ecotoxicological effects of Photosystem II herbicides on corals. Marine Pollution Bulletin, 2005, 51(5-7): 495-506.
[46] Piniak G A. Effects of two sediment types on the fluorescence yield of two Hawaiian scleractinian corals. Marine Environmental Research, 2007, 64(4): 456-468.
[47] Weber M, Lott C, Fabricius K E. Sedimentation stress in a scleractinian coral exposed to terrestrial and marine sediments with contrasting physical, organic and geochemical properties. Journal of Experimental Marine Biology and Ecology, 2006, 336(1): 18-32.
[48] Fabricius K E, Wolanski E. Rapid smothering of coral reef organisms by muddy marine snow. Estuarine, Coastal and Shelf Science, 2000, 50(1): 115-120.
[49] Iglesias-Prieto R, Beltran V H, Lajeunesse T C, et al. Different algal symbionts explain the vertical distribution of dominant reef corals in the eastern Pacific. Proceedings of the Royal Society B: Biological Sciences, 2004, 271(1549): 1757.
[50] Pawlik J R, Steindler L, Henkel T P, et al. Chemical warfare on coral reefs: Sponge metabolites differentially affect coral symbiosis *in situ*. Limnology and Oceanography, 2007, 52(2): 907-911.
[51] Titlyanov E A, Yakovleva I M, Titlyanova T V. Interaction between benthic algae (*Lyngbya bouillonii*, *Dictyota dichotoma*) and scleractinian coral *Porites lutea* in direct contact. Journal of Experimental Marine Biology and Ecology, 2007, 342(2): 282-291.
[52] Vermeij M J A, Delvoye L, Nieuwland G, et al. Patterns in Fluorescence over a Caribbean Reef Slope: the Coral Genus *Madracis*. Photosynthetica, 2002, 40(3): 423-429.
[53] Piniak G A, Fogarty N D, Addison C M, et al. Fluorescence census techniques for coral recruits. Coral Reefs, 2005, 24(3): 496-500.
[54] Sasano M, Imasato M, Yamano H, et al. Development of a regional coral observation method by a fluorescence imaging LIDAR installed in a towable buoy. Remote Sensing, 2016, 8(1): 48.
[55] Treibitz T, Neal B P, Kline D I, et al. Wide field-of-view fluorescence imaging of coral reefs. Scientific Reports, 2015, 5: 7694.

[56] 陈启东, 邓孺孺, 秦雁, 等. 不同生长状态珊瑚光谱特征分析. 生态学报, 2015, 35(10): 12.
[57] Ralph P J, Gademann R, Larkum A W D, et al. Spatial heterogeneity in active chlorophyll fluorescence and PSII activity of coral tissues. Marine Biology, 2002, 141(4): 639-646.
[58] de Beer D, Kühl M, Stambler N, et al. A microsensor study of light enhanced Ca^{2+} uptake and photosynthesis in the reef-building hermatypic coral *Favia* sp. Marine Ecology Progress Series, 2000, 194: 75-85.
[59] Patterson M. A chemical engineering view of cnidarian symbioses. Integrative and Comparative Biology, 1992, 32(4): 566.
[60] Shashar N, Cohen Y, Loya Y. Extreme diel fluctuations of oxygen in diffusive boundary layers surrounding stony corals. The Biological Bulletin, 1993, 185(3): 455-461.
[61] 周洁, 施祺, 余克服. 叶绿素荧光技术在珊瑚礁研究中的应用. 热带地理, 2011, 31(2): 223-229.

第二节 叶绿素荧光技术在珊瑚共生虫黄藻微观生态研究中的应用与前景①

造礁珊瑚是珊瑚礁生态系统最主要的构建者，最基本的生态特征就是与虫黄藻共生。共生虫黄藻的叶绿体含有叶绿素 a 及辅助色素，如其他叶绿素、类胡萝卜素和藻胆素等，能通过光合作用为宿主珊瑚提供能量，同时使珊瑚在水中呈现出各种颜色。据估算，每 $1cm^2$ 珊瑚组织约含 1×10^6 个共生虫黄藻细胞[1]，由虫黄藻向珊瑚提供的光合作用产物约占珊瑚能量来源的 90%[2]。因此，造礁珊瑚的生长甚至珊瑚礁生态系统状况都与虫黄藻的光合作用息息相关。

近年来逐渐发展起来的研究珊瑚共生藻的叶绿素荧光技术，是以光合作用理论为基础，利用共生藻体内叶绿素的特性来研究和探测共生体的光合生理状况的新型活体测量、诊断技术。由于该技术具有快速、灵敏和非破坏性测量等优点，因此在珊瑚礁生理生态研究方面逐步得到重视。随着测量仪器的不断改进，各项荧光参数可在水下直接测量，在珊瑚礁野外生态工作中的应用越来越多，为一些珊瑚礁生态学关键问题的解决起到了推动作用。周洁等[3]从揭示珊瑚共生藻光生理学原理、探索珊瑚白化机制、监测和预警珊瑚白化事件、研究珊瑚对污染和水体浑浊的响应、探寻珊瑚礁生态模式等方面总结了叶绿素荧光技术在珊瑚礁研究中的应用，特别强调了其在宏观生态监测中的作用。本节则侧重于总结叶绿素荧光技术在珊瑚及其共生藻微观生态方面的进展，期望促进这一技术在珊瑚礁生态研究、监测和管理等方面的全面应用。

一、珊瑚共生藻光合作用的周期性变化

通过叶绿素荧光技术测量珊瑚共生虫黄藻的各项荧光参数，揭示了珊瑚共生虫黄藻光合作用的生态特征，如光合作用的日周期和季节变化规律、光合效率的空间与种间差异，光合作用变化的驱动因素等。

（一）珊瑚共生藻光合作用的日变化与季节变化规律

珊瑚共生虫黄藻的光合作用存在日变化规律。Jones 和 Hoegh-Guldberg[4]的研究表明珊瑚共生藻暗适应后的最大光量子产量（F_v/F_m）上午随太阳辐射增强而下降，在正午太阳辐射最强时下降至最低值，之后逐渐上升，傍晚恢复至早晨的高值。自然光下测得的珊瑚共生虫黄藻有效光量子产量（$\Delta F/F_m'$）也存在明显的日周期变化[5-7]。早晨和傍晚当太阳辐射强度低时，珊瑚虫黄藻的 $\Delta F/F_m'$ 值处于高值，中午太阳辐射强度高时，$\Delta F/F_m'$ 值降低，说明光合作用效率降低。对珊瑚共生虫黄藻有效光量子产量 $\Delta F/F_m'$ 与光

---
① 作者：赵美霞，余克服

合有效辐射（PAR）进行线性拟合发现，当 PAR 小于最低饱和辐射（Ek）时，$\Delta F/F_m'$ 值随光强增强而上升，超过这一辐射强度时，$\Delta F/F_m'$ 迅速降低[7, 8]。

珊瑚共生虫黄藻的光合作用也存在季节性变化规律。Warner 等[9]对加勒比海 Montastrea spp. 及 Winters 等[10]对红海 Favia favus 和 Stylophora pistillata 珊瑚的最大光量子产量（F_v/F_m）监测数据均显示，冬季的 F_v/F_m 值明显高于夏季。前者研究发现 F_v/F_m 的变化与 PAR 和 SST 相关性较高，而后者的 F_v/F_m 的季节变化只与 PAR 相关，与 SST 变化无关。这可能与两个地区的温度季节变化幅度有关，如加勒比海巴哈马珊瑚礁区日最高 SST 的季节变幅为 11℃[9]，而红海变幅为 6℃[10]。Piniak 与 Brown[11]对美国萨摩亚群岛 10 种珊瑚的 F_v/F_m、$\Delta F/F_m'$ 和 rETR 3 个参数进行测量，发现珊瑚共生虫黄藻在冬季具有较高的 F_v/F_m、$\Delta F/F_m'$ 值和较低的 rETR 值，进一步验证了珊瑚共生藻光合效率的季节性变化不是偶然的，而是存在于不同区域、不同珊瑚种类中，而且进一步确认了温度变化对珊瑚共生虫黄藻光合作用季节性变化的影响。在温度变化明显的区域，珊瑚共生虫黄藻 3 个荧光参数的季节性差异明显，而在温度变化不太明显的区域其季节性差异不显著。

（二）珊瑚共生藻光合效率的空间和种间差异

生长于不同水深的珊瑚，其共生虫黄藻的光合效率存在明显差异。Winters 等[5]在研究红海不同水深柱状珊瑚（Stylophora pistillata）光合作用的日周期变化时发现，浅处（水深 2m）珊瑚的共生虫黄藻夜间 $\Delta F/F_m'$ 测值（相当于 F_v/F_m）小于深处（水深 11m）所测值。Winters 等[10]对红海另一种珊瑚黄癣蜂巢珊瑚（Favia favus）分别在 5m 和 20m 的 F_v/F_m 测值也表明浅处珊瑚共生虫黄藻的光合效率明显小于深处。珊瑚共生虫黄藻光合效率的空间差异与不同水深处的光照条件不同有关。浅处珊瑚受到的光合有效辐射（PAR）强度大，而在深处的珊瑚所受到的 PAR 强度较小。

生长于相同水深的不同珊瑚间测得的共生虫黄藻光合效率也存在差异。Hennige 等[12]监测印度尼西亚海域同水深处的 4 种块状珊瑚 [同双星珊瑚（Diploastrea heliopora）、标准蜂巢珊瑚（Favia speciosa）、翘齿蜂巢珊瑚（Favia matthaii）、澄黄滨珊瑚（Porites lutea）] 的 $\Delta F/F_m'_{(max)}$ 种间差异明显。种间差异的出现可能与珊瑚礁微生境的稳定性有关。Piniak 和 Brown[11]的研究发现在温度变化明显的区域，不同珊瑚的共生虫黄藻光合效率的种间差异不明显，而在温度变化不太明显的区域，珊瑚共生虫黄藻光合效率的季节性差异不显著，但种间差异显著。

二、珊瑚共生虫黄藻的光驯化现象及内在机制

自然光环境中，光合有效辐射存在日变化、季节变化以及空间差异，珊瑚及共生虫黄藻为了适应这种变化的光环境，形成了一系列光驯化（photo acclimation）机制。叶绿素荧光参数中的最低饱和辐射（Ek）和相对电子传递速率（rETR）变化可用来表征珊瑚共生虫黄藻的光驯化现象。珊瑚共生虫黄藻在高光条件下具有较高的 Ek 和 rETR，而在低光条件下具有较低的 Ek 和 rETR。珊瑚共生体可以通过调整虫黄藻的大小、位置、密度及叶绿素含量来完成光驯化以适应光环境的变化。

（一）珊瑚共生虫黄藻的光驯化现象

珊瑚共生虫黄藻通过空间光驯化（spatial photoacclimation）来适应不同水深处的光环境变化。Mass[13]测得红海柱状珊瑚的最低饱和辐射（Ek）随生长水深不断增加而下降，系统效率（α）则不断增大。Hennige 等[12]监测印度尼西亚海域不同水深处块状珊瑚澄黄滨珊瑚（Porites lutea）的荧光参数发现，Ek、$rETR_{max}$ 与光学深度（ζ）负相关，随深度增大而变小，而 $\Delta F/F_m'_{(max)}$、α 与光学深度（ζ）正相关，随深度增大而变

大。Suggett 等[14]对巴西近岸珊瑚礁不同种类的珊瑚共生体的光生物学特性进行研究，进一步验证了随光学深度变化，不同珊瑚种类均存在光驯化现象，但常见种和特有种之间存在差异。珊瑚共生虫黄藻通过时间光驯化来适应光照的日变化和季节性变化。特别是浅水处珊瑚，其共生虫黄藻在冬季具有较低的 Ek 和 rETR 值来有效地捕获和利用较低的太阳辐射，而在夏季具有较高的 Ek 和 rETR 值来应对高光辐射[11, 15]。对于光照的日变化，珊瑚共生虫黄藻通过动态光抑制来调节。Winter 等[5]发现水深 2m 处的柱状珊瑚（*Stylophora pistillata*）在同样的光强下，下午的 $\Delta F/F_m'$、rETR 明显低于上午，而 NPQ 值高于上午，珊瑚存在较强的光抑制，而在水深 11m 处，由于受到的 PAR 强度明显弱于浅水处，光抑制现象不明显。

（二）珊瑚共生虫黄藻的光驯化机制

珊瑚共生体通过调整虫黄藻密度及叶绿素含量来适应不同的光环境，但不同礁区、不同珊瑚种类间存在差异。Dustan[16]和 Titlyanov 等[17]曾报道随深度不断增加，珊瑚共生的虫黄藻密度不断增大以适应逐渐减小的太阳辐射，Winters 等[18]针对不同深度、不同季节的珊瑚共生虫黄藻的光驯化研究发现，珊瑚共生虫黄藻密度变化与深度变化相关性不明显，单位藻细胞内叶绿素含量变化导致珊瑚所含叶绿素密度随深度增加而增大，而虫黄藻密度冬、夏季节差异明显，在太阳辐射较高的夏季，珊瑚共生虫黄藻密度大于辐射较小的冬季。另外，珊瑚共生藻还可以通过调整虫黄藻的大小和位置来适应光照条件的变化。珊瑚组织学分析发现相对于低光条件（夏季深水处或冬季浅水处），高光下的珊瑚共生虫黄藻细胞位于珊瑚组织较深处，且直径较小[18]。

三、珊瑚共生藻光合作用对环境胁迫的响应

现代珊瑚礁受到的环境胁迫主要有全球变化引起的 SST 上升和海洋酸化以及人类活动导致的海水污染等。当珊瑚共生体受到以上环境胁迫时，共生虫黄藻的光合作用会受到抑制，光量子产量 F_v/F_m、$\Delta F/F_m'$ 下降，不同珊瑚种类对环境胁迫的敏感性不同。

（一）全球变化

全球气候变暖导致 SST 上升被认为是珊瑚礁面临的最大威胁之一。高温可导致珊瑚白化，即珊瑚失去体内共生虫黄藻和（或）共生虫黄藻失去色素而导致珊瑚变白。1998 年大堡礁的 Heron Island Reef 珊瑚白化事件现场调查发现，白化珊瑚的 F_v/F_m 值明显低于非白化珊瑚的 F_v/F_m 值[4]。将珊瑚暴露在高温环境下，珊瑚共生虫黄藻的最大光量子产量 F_v/F_m 和有效光量子产量 $\Delta F/F_m'$ 显著下降[19-21]，而且 F_v/F_m 值的变化先于肉眼观察到的珊瑚颜色变浅[22]。Rodrigues 等[19]将扁缩滨珊瑚（*Porites compressa*）和（*Montipora capitata*）置于 30℃ 高温下（当时的环境海温为 27℃）一个月后，其共生虫黄藻 F_v/F_m 值分别降低至 88% 和 75%，且后者比前者提早 6 天白化。

温室气体的增加除引起全球气候变暖外，同时导致海洋酸化。海洋酸化不仅会对造礁珊瑚的钙化作用产生影响，而且影响珊瑚共生虫黄藻的光合作用。Iguchi 等[23]对不同 pH 梯度（8.0、7.6、7.4）下 *Porites australiensis* 的研究表明，酸化使得澳大利亚滨珊瑚（*Porites australiensis*）的钙化率和荧光产量 F_v/F_m 均不断降低。周洁等[24]对水体中不同 pCO_2 梯度（450μatm、650μatm、750μatm）下强壮鹿角珊瑚（*Acropora valida*）和稀杯盔形珊瑚（*Galaxea astreata*）测试发现，随着胁迫时间的延长，珊瑚共生虫黄藻的荧光参数都有不同程度的下降趋势。其中，稀杯盔形珊瑚的 $\Delta F/F_m'$、$rETR_{max}$ 和 Ek 出现明显下降，pCO_2 对电子传递链有抑制作用，而强壮鹿角珊瑚除了这几个参数，F_v/F_m、α 和淬灭系数（qP 和 NPQ）也都有显著降低，说明其光合系统受到了严重影响。

(二) 人类活动

随着珊瑚礁区人类活动强度和频度不断增大，对珊瑚礁的破坏性影响越来越明显。其中，水体浑浊、富营养化和除草剂等污染对珊瑚共生虫黄藻的光合作用影响较为突出。悬浮物和沉积物的增多是导致水体浑浊度增加的主要原因。室内模拟实验[25, 26]发现水体浑浊会明显降低珊瑚共生虫黄藻 F_v/F_m 值和虫黄藻密度，且抑制作用随浑浊度增大和胁迫时间延长而增强。Piniak 和 Storlazzi[27]在夏威夷莫罗凯珊瑚岸礁礁坪的野外监测发现上午和下午的海表 PAR 基本相同，但在信风和大潮影响下，下午的浑浊度增加，导致 $\Delta F/F_m'$ 升高，rETR 降低，说明珊瑚礁区部分海区的海水浑浊主要通过降低水下 PAR 来影响珊瑚共生藻的光合作用。所以，水体浑浊对珊瑚礁光合作用的影响较为复杂。

富营养化的水体含有丰富的无机氮和无机磷，导致水体水质变差。Cooper 和 Ulstrup[28]研究表明澳大利亚圣灵岛杯形珊瑚（鹿角杯形珊瑚 *Pocillopora damicornis*）从沿岸（高营养、低辐射）到外海（低营养、高辐射）随水质不断好转，其共生虫黄藻的荧光产量 F_v/F_m 值不断增大。无机氮、磷[29-31]增加对共生藻光合作用均有不同程度的抑制作用，且随营养盐浓度的升高抑制作用加强。Wiedenmann 等[32]研究表明，相比 N、P 均富营养的情况，营养不平衡对珊瑚的伤害更大，使得珊瑚对温度和辐射的敏感性更强，更易于发生白化。

此外，海水受到重金属、除草剂等污染后，也会对珊瑚共生藻的光合作用产生抑制作用，从而对整个珊瑚礁生态系统产生影响。Ferrier-Pagès 等[33]研究柱状珊瑚（*Stylophora pistillata*）在不同锌浓度下的光合作用时发现，环境中锌含量的增加会引起 rETR 的升高和 F_v/F_m 的降低。黄玲英等[34]对花鹿角珊瑚（*Acropora florida*）、浪花鹿角珊瑚（*Acropora cytherea*）的锌胁迫实验也表明，锌污染对珊瑚共生虫黄藻的光合能力有明显的抑制作用，从而影响到珊瑚生长，特别是高浓度的锌使虫黄藻光合效率快速衰减直至停止，导致珊瑚短时间内快速死亡。Jones[35]研究 PSⅡ除草剂对珊瑚的生态毒理学效应，发现 PSⅡ除草剂很容易透过珊瑚组织，快速（几分钟内）降低细胞内共生藻的光化学效率。Shaw 等[36]在香港珊瑚分布区检测出 PSⅡ除草剂 Irgarol-1051 的浓度值已超过了 EC_{50} 值（半数有效浓度），推测除草剂污染可能是影响该区珊瑚生长的限制因子之一。

四、珊瑚共生藻叶绿素荧光值在指示、监测珊瑚礁健康状况中的应用前景

珊瑚共生藻的光合作用与珊瑚生长息息相关，叶绿素荧光值能指示珊瑚的健康状况，可作为反映珊瑚礁生态状况的重要指标。选定对环境比较敏感的珊瑚种类，通过测定其共生虫黄藻叶绿素荧光值并结合其本底值，可定量评估珊瑚礁的生态现状，对完善珊瑚礁监测系统、加强珊瑚礁保护和管理具有重要的意义。

（一）叶绿素荧光值可作为指示珊瑚健康状况的指标

珊瑚与虫黄藻构成相互依存的共生体，虫黄藻从珊瑚代谢产物中获得营养盐等物质进行光合作用，并把光合作用产物诸如氨基酸、葡萄糖等提供给珊瑚，作为珊瑚生存的能量和必需的化合物，故共生虫黄藻的光合作用与珊瑚的健康密切相关。共生虫黄藻通过光驯化机制，其光合作用对环境变化具有一定的适应性。但当环境胁迫到一定程度时，珊瑚共生虫黄藻的光合作用将受到严重抑制，同时宿主珊瑚的生长状况也受到影响。利用叶绿素荧光技术不仅可以探测珊瑚共生藻的光生理状况及其光合作用对环境变化的响应，而且可以判断珊瑚的健康状况及受胁迫程度。同时，叶绿素荧光技术具有快速、灵敏和非

破坏性测量等优点，使它比其他现有的珊瑚测量方法更显优越。因此，把叶绿素荧光值作为指示珊瑚健康状况的指标之一，结合珊瑚共生虫黄藻密度、叶绿素含量等分析，可以对珊瑚共生体应对全球变化和人类活动的生态响应有更深入、更全面的认识。

（二）叶绿素荧光值可作为监测珊瑚礁健康状况的指标

当珊瑚共生体受到环境胁迫时，共生虫黄藻的光合作用受到抑制，叶绿素荧光值的变化相比珊瑚应对环境胁迫的其他各种反应要更加迅速。Manzello 等[37]曾利用叶绿素荧光技术监测到 2005 年巴哈马 Lee Stocking 岛的两种珊瑚（*Siderastrea siderea* 和 *Agaricia tenuifolia*）发生白化现象。*Siderastrea* 珊瑚光合失活要比卫星监测 SST 预报的珊瑚白化早了一个月左右。考虑珊瑚共生虫黄藻的光生理状态，把叶绿素荧光值作为监测指标可以弥补只利用 SST 作为珊瑚礁白化监测指标的不足。同时，由于不同珊瑚种类对环境胁迫的敏感性和恢复能力不同，其共生虫黄藻的叶绿素荧光值变化也明显不同。Rodrigues 等[19]研究珊瑚白化及恢复期间的荧光效率时就发现 *Montipora* 比 *Porites* 早 6 天白化，而 *Porites* 需要较短时间就可恢复，比 *Montipora* 早 6.5 个月。另外，明确各珊瑚礁区珊瑚共生藻的各项荧光参数本底值是至关重要的，由于珊瑚共生藻的光合作用存在明显的日变化和季节变化，在不同深度及微生境中也存在明显差异，将不同时空尺度上的荧光参数监测数据对比就很可能混淆了正常变化与异常胁迫引起的变化。因此，选定对环境变化比较敏感的珊瑚种类作为指示种，通过测定其共生虫黄藻的叶绿素荧光值并结合其本底值，可对珊瑚礁的生态状况进行定量评估。这不仅可以完善珊瑚礁监测系统，而且为珊瑚礁健康评价、保护和管理提供科学而可靠的依据。

五、小结

珊瑚礁最基本的生态特征是虫黄藻与珊瑚虫的共生，造礁珊瑚的生长甚至珊瑚礁生态系统状况都与虫黄藻的光合作用息息相关。叶绿素荧光技术是以光合作用理论为基础，利用共生藻体内叶绿素的特性来研究和探测共生体的光合生理状况的新型活体测量、诊断技术。该技术具有快速、灵敏和非破坏性测量等优点，对珊瑚共生虫黄藻的光合作用效率及其相关的珊瑚礁微观生态研究起到了有效的推动作用。它不仅揭示了珊瑚共生虫黄藻光合作用的生态特征，而且识别了珊瑚共生虫黄藻的光驯化机制，还发现了珊瑚共生虫黄藻光合作用对各种环境胁迫的响应。随着研究的不断深入和测量仪器的不断改进，该技术在珊瑚礁生态研究方面将有更广阔的应用空间。叶绿素荧光值可指示珊瑚的健康状况，可作为评价珊瑚礁生态状况的重要指标。选定对环境比较敏感的珊瑚种类，通过测定其共生虫黄藻叶绿素荧光值，可定量评估珊瑚礁的生态现状，对珊瑚礁生态系统监测、保护和管理等具有重要的现实意义[38]。

参 考 文 献

[1] 李淑, 余克服. 珊瑚礁白化研究进展. 生态学报, 2007, 27(5): 2059-2069.
[2] Trench R. The cell biology of plant-animal symbiosis. Annual Review of Plant Physiology, 1979, 30(1): 485-531.
[3] 周洁, 施祺, 余克服. 叶绿素荧光技术在珊瑚礁研究中的应用. 热带地理, 2011, 31(2): 223-229.
[4] Jones R, Hoegh-Guldberg O. Diurnal changes in the photochemical efficiency of the symbiotic dinoflagellates (Dinophyceae) of corals: photoprotection, photoinactivation and the relationship to coral bleaching. Plant, Cell and Environment, 2001, 24(1): 89-99.
[5] Winters G, Loya Y, Röttgers R, et al. Photoinhibition in shallow-water colonies of the coral *Stylophora pistillata* as measured *in situ*. Limnology and Oceanography, 2003, 1388-1393.
[6] Adzis K A A, Amri A Y, Oliver J, et al. Effective and maximum quantum yield of the lace coral *Pocillopora damicornis* (Anthozoa: Scleractinia: Pocilloporidae) in Pulau Tioman, Malaysia. Journal of Science and Technology in the Tropics, 2009,

5: 13-17.
[7] 黄玲英, 余克服, 施祺, 等. 三亚造礁石珊瑚虫黄藻光合作用效率的日变化规律. 热带海洋学报, 2011, 30(2): 46-50.
[8] Gorbunov M Y, Kolber Z S, Lesser M P, et al. Photosynthesis and photoprotection in symbiotic corals. Limnology and Oceanography, 2001, 46(1): 75-85.
[9] Warner M, Chilcoat G, McFarland F, et al. Seasonal fluctuations in the photosynthetic capacity of photosystem II in symbiotic dinoflagellates in the Caribbean reef-building coral *Montastrea*. Marine Biology, 2002, 141(1): 31-38.
[10] Winters G, Loya Y, Beer S. *In situ* measured seasonal variations in F_v/F_m of two common Red Sea corals. Coral Reefs, 2006, 25(4): 593-598.
[11] Piniak G A, Brown E K. Temporal variability in chlorophyll fluorescence of back-reef corals in Ofu, American Samoa. The Biological Bulletin, 2009, 216(1): 55-67.
[12] Hennige S J, Smith D J, Perkins R, et al. Photoacclimation, growth and distribution of massive coral species in clear and turbid waters. Mar Ecol Prog Ser, 2008, 369: 77-88.
[13] Mass T, Einbinder S, Brokovich E, et al. Photoacclimation of *Stylophora pistillata* to light extremes: metabolism and calcification. Marine Ecology Progress Series, 2007, 334: 93-102.
[14] Suggett D J, Kikuchi R K P, Oliveira M D M, et al. Photobiology of corals from Brazil's near-shore marginal reefs of Abrolhos. Marine Biology, 2012, 159: 1461-1473.
[15] Rodolfo-Metalpa R, Huot Y, Ferrier-Pagès C. Photosynthetic response of the Mediterranean zooxanthellate coral Cladocora caespitosa to the natural range of light and temperature. Journal of Experimental Biology, 2008, 211(10): 1579-1586.
[16] Dustan P. Depth-dependent photoadaption by zooxanthellae of the reef coral *Montastrea annularis*. Marine Biology, 1982, 68(3): 253-264.
[17] Titlyanov E, Titlyanova T, Yamazato K, et al. Photo-acclimation dynamics of the coral *Stylophora pistillata* to low and extremely low light. Journal of Experimental Marine Biology and Ecology, 2001, 263(2): 211-225.
[18] Winters G, Beer S, Zvi B B, et al. Spatial and temporal photoacclimation of *Stylophora pistillata*: zooxanthella size, pigmentation, location and clade. Marine Ecology Progress Series, 2009, 384: 107-119.
[19] Rodrigues L J, Grottoli A G, Lesser M P. Long-term changes in the chlorophyll fluorescence of bleached and recovering corals from Hawaii. Journal of Experimental Biology, 2008, 211(15): 2502-2509.
[20] Fitt W, Gates R, Hoegh-Guldberg O, et al. Response of two species of Indo-Pacific corals, *Porites cylindrica* and *Stylophora pistillata*, to short-term thermal stress: The host does matter in determining the tolerance of corals to bleaching. Journal of Experimental Marine Biology and Ecology, 2009, 373(2): 102-110.
[21] Middlebrook R, Anthony K, Hoegh-Guldberg O, et al. Thermal priming affects symbiont photosynthesis but does not alter bleaching susceptibility in *Acropora millepora*. Journal of Experimental Marine Biology and Ecology, 2012, 432: 64-72.
[22] Jones R J, Ward S, Amri A Y, et al. Changes in quantum efficiency of Photosystem II of symbiotic dinoflagellates of corals after heat stress, and of bleached corals sampled after the 1998 Great Barrier Reef mass bleaching event. Marine and Freshwater Research, 2000, 51(1): 63-71.
[23] Iguchi A, Ozaki S, Nakamura T, et al. Effects of acidified seawater on coral calcification and symbiotic algae on the massive coral Porites australiensis. Marine Environmental Research, 2011, 73: 32-36.
[24] 周洁, 余克服, 施祺. pCO_2 增加引起的海洋酸化对造礁珊瑚光合效率的影响. 海洋与湖沼, 2014, 45(1): 39-51.
[25] 邢帅, 谭烨辉, 周林滨, 等. 水体浑浊度对不同造礁石珊瑚种类共生虫黄藻的影响. 科学通报, 2012, 57(5): 348-354.
[26] Piniak G A. Effects of two sediment types on the fluorescence yield of two Hawaiian scleractinian corals. Marine Environmental Research, 2007, 64(4): 456-468.
[27] Piniak G A, Storlazzi C D. Diurnal variability in turbidity and coral fluorescence on a fringing reef flat: Southern Molokai, Hawaii. Estuarine, Coastal and Shelf Science, 2008, 77(1): 56-64.
[28] Cooper T F, Ulstrup K E. Mesoscale variation in the photophysiology of the reef building coral Pocillopora damicornis along an environmental gradient. Estuarine, Coastal and Shelf Science, 2009, 83(2): 186-196.
[29] Ferrier-Pages C, Gattuso J P, Dallot S, et al. Effect of nutrient enrichment on growth and photosynthesis of the zooxanthellate coral *Stylophora pistillata*. Coral Reefs, 2000, 19(2): 103-113.
[30] 雷新明, 黄晖, 王华接, 等. 造礁石珊瑚共生藻对富营养的响应研究. 海洋通报, 2009, 28(1): 43-49.
[31] 时翔, 谭烨辉, 黄良民, 等. 磷酸盐胁迫对造礁石珊瑚共生虫黄藻光合作用的影响. 生态学报, 2008, 28(6): 2581-2586.
[32] Wiedenmann J, D'Angelo C, Smith E G, et al. Nutrient enrichment can increase the susceptibility of reef corals to bleaching. Nature Climate Change, 2013, 3(2): 160-164.
[33] Ferrier-Pagès C, Houlbrèque F, Wyse E, et al. Bioaccumulation of zinc in the scleractinian coral *Stylophora pistillata*. Coral Reefs, 2005, 24(4): 636-645.
[34] 黄玲英, 余克服, 施祺, 等. 锌胁迫下两种鹿角珊瑚虫黄藻荧光值的变化. 热带地理, 2010, 30(4): 357-362.

[35] Jones R. The ecotoxicological effects of Photosystem II herbicides on corals. Marine Pollution Bulletin, 2005, 51(5): 495-506.
[36] Shaw C M, Lam P K S, Mueller J F. Photosystem II herbicide pollution in Hong Kong and its potential photosynthetic effects on corals. Marine Pollution Bulletin, 2008, 57(6): 473-478.
[37] Manzello D, Warner M, Stabenau E, et al. Remote monitoring of chlorophyll fluorescence in two reef corals during the 2005 bleaching event at Lee Stocking Island, Bahamas. Coral Reefs, 2009, 28(1): 209-214.
[38] Zhao M, Yu K. Application of chlorophyll fluorescence technique in the study of coral symbiotic zooxanthellae micro-ecology. Acta Ecologica Sinica, 2014, 34(3): 165-169.

第三节　分子标记技术在珊瑚群体遗传学中的应用[①]

一、引言

分子标记技术是在形态标记、细胞标记、生化标记之后兴起的一种较为理想的遗传标记技术[1]。该技术以蛋白质和核酸分子的变异序列为基础检测生物体遗传结构和变异情况，它能直接反映DNA水平遗传多样性[2]。相对于其他的遗传标记技术，分子标记技术具有以下优点[3, 4]：①共显性遗传，可鉴别出二倍体的杂合度和纯合度基因型；②多态性高，存在许多等位变异；③能明确辨别等位基因；④标记数量多，遍布整个基因组；⑤检测手段简单、快速、易于自动化；⑥不受组织、发育状态、环境等因素的影响；⑦选择中性，即无基因多效性；⑧提取的DNA可长期保存，有利于追溯性或仲裁性的鉴定；⑨开发成本和使用成本低廉；⑩重复性好，便于数据交换。

珊瑚礁生态系统被誉为"海洋中的热带雨林""蓝色沙漠中的绿洲"，有着丰富的生物多样性和很高的初级生产力[5]。但近年来，由于人类活动的破坏和环境的恶化，全球范围的珊瑚礁生态系统严重退化[6]，因此，对珊瑚礁生态系统的保护工作迫在眉睫。

为了更好地保护珊瑚礁，应用分子标记技术对其进行研究。获得珊瑚DNA后，通过DNA分子标记技术，反映珊瑚个体或群体间的基因组差异[2]，从而得到珊瑚的群体遗传结构、遗传多样性、种质资源、基因流等信息，为珊瑚礁的保护和恢复提供了科学指导和理论依据。

二、第一代分子标记

第一代DNA分子标记指限制性片段长度多态性标记，以Southern印迹杂交为核心。限制性片段长度多态性(restriction fragment length polymorphism, RFLP)是由Grodjicker于1974年创立，1980年Botstein等再次提出第一代DNA分子标记技术[7]。RFLP的原理是限制性内切酶切割不同个体的DNA时，产生长度不同的DNA片段。RFLP属于DNA一级水平变异，因点突变或部分DNA片段的缺失、插入、倒位而引起酶切位点缺失，最终导致酶切后的DNA片段长度改变，可根据酶切位点产生不同长度的DNA片段来鉴定和区分不同的个体。如果变异位点不在内切酶位点上，则难以被检测到，但是随着内切酶种类的增多，DNA变异位点的覆盖面逐渐变大，便可得到较可靠的实验数据[2]。RFLP的基本流程如下[8]：取DNA分子样本之后，用特定的酶剪切，然后通过电泳将这些片段按长度分开，再将胶上的片段转移到硝酸纤维膜上，用放射性标记的专一性DNA探针杂交，探针将会杂交到相应的片段上，通过放射自显影就可以看到该片段并判断其位置和分子长度。

RFLP在生物体内广泛存在，有个体、种、属等各层次水平的特异性，在系统发育研究、种质的鉴定、

---
① 作者：罗燕秋，黄雯，余克服

遗传图谱的构建、群体遗传结构分析等方面得到广泛的应用[9]。一般而言，RFLP 在单位点上表现为双等位基因变异，符合孟德尔的共显性遗传，结果稳定，重复性好。在非等位的标记之间互不干扰，不存在互作效应。Shearer 和 Coffroth[10]应用 COI-RFLP 标记对 Flower Garden Banks 和 Florida Keys 两海区珊瑚幼虫补充状况和珊瑚的遗传连通性进行了研究，了解了珊瑚幼虫补充的模式，为更好地监测珊瑚的健康状况提供了科学依据。但该标记在珊瑚的群体遗传研究中应用较少，原因在于 RFLP 需要酶切，对 DNA 的数量和质量有较高的要求，而珊瑚 DNA 的提取易受到共生虫黄藻 DNA 的污染；同时，RFLP 也存在多态性及灵敏度低的问题[2]。因此，RFLP 标记逐渐被第二、第三代 DNA 分子标记所取代。

三、第二代分子标记

第二代分子标记分为两类：以限制性酶切技术与 PCR 结合的 DNA 分子标记，如扩增片段长度多态性；基于 PCR 的 DNA 分子标记，如 DNA 随机扩增多态性标记、微卫星和 ITS 标记等。

（一）DNA 随机扩增多态性

DNA 随机扩增多态性（random amplified polymorphic DNA，RAPD）是由美国的科学家 Williams 等[11]、Welsh 和 McClelland[12]在 1990 年几乎同一时间提出来的，是一种采用随机核苷酸序列来扩增基因组 DNA 的随机片段、基于 PCR 上的可对整个未知序列的基因进行分析的分子标记。该标记一般以 10bp 的寡核苷酸序列为引物，通过 DNA 随机扩增鉴别其多态性，可检测多个基因位点。RAPD 的基本原理是：以基因组 DNA 作为模板，以单一的随机寡聚核苷酸作为引物，通过 PCR 反应非定点扩增 DNA 片段，即可产生不连续的 DNA 产物，再通过琼脂糖凝胶或聚丙烯酰胺凝胶电泳来分离扩增片段，通过溴化乙锭显色或放射性自显影检测 DNA 的多态性[13]。不同的引物在基因组 DNA 序列上有特定的结合位点，DNA 片段发生了缺失、插入或碱基突变都可能导致扩增产物大小的不同，从而表现出多态性[9]，即引物序列的碱基呈随机排列的状态。RAPD 分析所用到的引物量很大，检测区域基本覆盖了整个基因组[13]。

RAPD 技术具有以下优点[14, 15]：①对 DNA 质量和数量要求不高；②技术简单，检测迅速，不需要结合 Southern 印迹杂交；③灵敏度高，特异性高；④无须用到放射性同位素，一般实验室即可操作；⑤不需要专门设计扩增反应引物；⑥不需要 DNA 探针与分子杂交；⑦成本较低；⑧引物具有通用性，不受物种的限制。但 RAPD 自身也有其局限性，如为显性遗传，不能鉴别纯合子与杂合子，不能分析基因型且存在共移问题，实验重复性和稳定性较差[16]，此外，RAPD 对反应条件比较灵敏，模板和 Mg^{2+} 浓度都会影响实验效果[17]。

目前 RAPD 广泛应用于构建指纹图谱、种质鉴定、遗传多样性评估、基因定位、系统发育等方面[18]。由于珊瑚骨骼形态多变，难以根据形态特征来研究其系统发育关系。Song 和 Lee[19]基于 RAPD 标记研究了软珊瑚 *Dendronephthya* 的系统发育关系，研究发现 RAPD 标记的研究成果与形态学标记一致，并表明 RAPD 标记在软珊瑚 *Dendronephthya* 的系统发育中起着重要的作用。在珊瑚群体遗传学的相关研究中，极少用到 RAPD 标记技术，因为 RAPD 标记在扩增的过程中具有随机性，而目前无法提取到纯的珊瑚 DNA，难以保证 PCR 扩增出的产物一定是珊瑚的，故该标记在珊瑚群体遗传学中的应用受到一定的限制。

（二）扩增片段长度多态性

扩增片段长度多态性（amplified fragment length polymorphism，AFLP），又称为限制片段扩增技术（selective restriction fragment amplification，SRFA），是一种第二代高效的 DNA 分子标记技术。该标记技术是由 Vos Pieter[20]等发展起来的一种 DNA 多态性检测技术，并在 1993 年获得专利。AFLP 是在限制性片段长度多态性技术和随机扩增多态性技术上发展起来的 DNA 多态性检测技术，既有 RFLP 的高重复性和 RAPD 简便快捷的特点，又避免了 RFLP 受探针限制的不足，是一种稳定的遗传标记[21]。

AFLP 是建立在 RFLP 基础上的一种选择性 PCR 技术，其原理是先将 DNA 进行限制性酶切，然后将特定的接头接在酶切片段的两端从而形成一个带接头的特异性片段，再以此为模板，以接头序列和限制性内切酶的切点序列为基础设计引物，进行 PCR 扩增[22]。AFLP 标记通过少量的引物扩增产生丰富的带型标记，且灵敏度高，特异性好；分辨率和多态性高；具有结果稳定、可靠性好、操作简单、无须制备探针与分子杂交、实验重复性好等[23]优点。AFLP 信息量大，应用广泛，是一种非常理想和有效的 DNA 分子标记。早期常使用放射性同位素自显影来检测其结果，但由于其危险性较大，操作不方便，相应的配套成本较高，现被银染和荧光扩增片段多态性取代[24]。

AFLP 技术起初只应用于分析植物的基因组，文后随着 AFLP 技术的改进和完善，有集成高通量、高效性、无须知道序列信息等优势，在群体遗传结构和多样性的研究，以及系统进化及分类学、基因定位、种质的鉴定、遗传育种、遗传图谱的构建等方面都得到广泛的应用[21]。AFLP 技术也可应用于珊瑚的研究，但改良前的 AFLP 标记技术的准确性易受珊瑚共生虫黄藻 DNA 的影响，故之前的 AFLP 技术较少应用于珊瑚的群体遗传学研究[25]，但由于红海软珊瑚缺乏共生藻类，因此 Barki 等[26]应用 AFLP 技术对 4 个不同群体的红海软珊瑚发育幼虫进行遗传多样性的研究，揭示了幼虫的广泛散布是基因流持续的主要来源，地理隔离是阻碍基因流而导致种群差异的一个重要因素。随着研究的深入，通过改进 DNA 提取方式可避免虫黄藻 DNA 的污染，在此基础上 AFLP 技术得到了改良，经过改良后的 AFLP 技术已广泛应用于珊瑚的群体遗传学和生态学研究。Amar 等[25]利用 AFLP 标记对造礁石珊瑚等共生刺胞动物进行了研究，认为 AFLP 标记可避免共生藻有机体 DNA 对刺胞动物的影响，通过 AFLP 中的细胞富集法（CPEM）和总组织提取法（TTEM）两种不同的 DNA 提取方式对造礁石珊瑚等共生刺胞动物进行了研究，比较两者的优缺点，结果发现 CPEM 的精确度很高，但耗时较长，而 TTEM 的精确度虽然会受到共生虫黄藻 DNA 轻度的污染，但其提取 DNA 的速率快，易处理，适用于大批量样品的处理[25]。Douek 等[27]在 2006 年和 2007 年的珊瑚繁殖季节运用 AFLP 标记技术对红海埃拉特湾（Eilat）雌雄同体造礁珊瑚 Stylophora pistillata 的浮浪幼虫进行了研究，探究其繁殖方式，发现近亲交配对已释放的幼虫的遗传分化水平无影响。Brazeau 等[28]通过 AFLP 标记作为小规模的手段研究加勒比海珊瑚 Montastrea cavernosa 地理位置和深度之间的遗传多样性，结果表明该珊瑚在群落间和群落内的连通性低，不会向邻近的珊瑚礁提供幼虫的补充。Fuchs 等[29]通过 AFLP 标记对埃拉特湾海域的珊瑚 Heteroxenia fuscescens 的繁殖方式和基因多样性进行了研究，发现其在埃拉特湾海域北部存在一个大的基因库和大范围的基因流动，因此埃拉特湾海域的珊瑚基因多样性与观察到的珊瑚生态退化之间没有必然的联系。

以上研究表明，AFLP 在研究珊瑚群体的遗传多样性和遗传结构、探究珊瑚群体间的基因流和连通性、推断珊瑚的地理系统进化关系、分析群体地理分布格局及其影响因素等方面具有很高的应用价值。

（三）微卫星

微卫星 DNA（microsatellite），又称为简单重复序列（simple sequence repeat，SSR）、短串联重复（short tandem repeat，STR）、简单序列长度多态性（simple sequence length polymorphism，SSLP）[30]，是真核生物基因组重复序列的主要组成部分，由 1~6 个碱基作为重复单位构成，一个简单重复序列的总长度可达几十到几百个碱基。微卫星 DNA 广泛分布在真核生物基因组的编码区和非编码区中，分布具随机性，每隔一定距离就会有一个微卫星 DNA[31]。微卫星根据基序的不同可分为单一型、复合型和间断型 3 种类型。不同遗传材料的重复次数导致产生不同 SSR 长度的高度变异性，这一特点正好是产生 SSR 标记的基础。自 1982 年 Hamade 发现了简单序列重复标记后，SSR 已得到广泛的应用[32]。

微卫星 DNA 由核心序列和侧翼序列组成，核心序列呈串联重复排列；侧翼序列为保守的特异单拷贝序列，位于核心序列的两端，使微卫星特异地定位于常染色质区的特定部位。微卫星 DNA 的产生是在 DNA 复制、修复过程中，DNA 滑动、错配、有丝分裂、减数分裂期姐妹染色单体不均等交换的结果[2]。根据核心序列重复数目的不同扩增出不同长度的 PCR 产物，这也是检测 DNA 多态性的基础。PCR 反应扩增微卫星片段可通过荧光标记或银染来检测。与 RFLP 和 RAPD 等分子标记技术相比，SSR 的优势[33]主要表现在：①丰度高，选择中性；②检测容易，重复性好，可靠性高；③对 DNA 的质量和数量要求不高，扩大了取样范围；④提供了丰富的遗传资料；⑤分布均匀，多态信息位点高；⑥共显性表达，符合孟德尔遗传模式；⑦通过特异性引物，排除虫黄藻 DNA 的污染，这一点在珊瑚的群体遗传学研究中尤其重要。但微卫星也存在不足之处[34]：①动力学和进化机制尚不清楚；②无等效基因和在扩增时等位基因易丢失；③存在大小承异同行性，即 PCR 产物长短相同但遗传组成不同的等位基因易被误认为同源性，从而导致遗传多样性的降低；④开发成本高，费时费事；⑤前滞带和后滞带会影响等位基因的判读。SSR 主要应用于遗传连锁图谱、性状分析、群体遗传学、进化生物学、种质鉴定及遗传育种等方面。

虽然新的标记技术层出不穷，但由于微卫星技术具有独特的优点，仍是目前广泛使用的一种遗传标记技术，在珊瑚群体遗传学方面得到广泛的应用。如 Polato 等通过 9 对微卫星标记研究夏威夷群岛和邻岛 Johnston atoll 之间的基因流模型和种群结构，发现遗传距离和地理隔离呈正相关的关系，符合距离模型。但基因流主要发生在邻近夏威夷的环礁岛屿之间，使整个群岛之间不足以产生固定的种群结构[35]。而应用微卫星标记对红海 *Seriatopora hystrix* 珊瑚幼虫散布的研究结果表明，孵卵型石珊瑚即使在较小的空间范围内也产生了地理隔离[36]。Baums 等应用 12 对微卫星标记对太平洋中部和东部 *Potites lobata* 珊瑚的基因流进行研究，发现地理环境已导致大范围的海洋生物地理隔离，对基因流起到阻碍作用[37]。Tay 等应用 7 对微卫星标记探究新加坡海峡对珊瑚基因流的影响，以新加坡附近岛屿和印度尼西亚民丹岛屿的中华扁脑珊瑚为研究对象，结果发现中华扁脑珊瑚具有较高的遗传多样性，不同研究地点之间的连通性高，表明新加坡海峡对基因流的阻碍作用不明显，因此该珊瑚群体在这一大区域的退化风险较小[38]。在加勒比海区，由于珊瑚具有中低水平的线粒体 DNA 变异水平，又明显缺乏可变单拷贝核标记，这些因素导致该区域珊瑚的遗传结构变化和种群连通性研究难度增大。研究发现，鹿角珊瑚（*Acropora palmata*）是加勒比海区的标志性珊瑚种类，该珊瑚具有高丰度和高多样性的 AAT 重复序列。因此，Baums 等开发 8 对具多态性的微卫星标记，揭示了该鹿角珊瑚呈共显性遗传模式，从而使微卫星标记成为加勒比海区珊瑚种质资源研究和保护的重要工具[39]。为了增加数据说服力，一些研究者将微卫星技术与其他技术联合起来开展研究，如 Goff-Vitry 等通过微卫星标记和 ITS 序列研究了北大西洋深海珊瑚 *Lophelia pertusa* 的种群遗传结构，选择了 10 个不同地点的珊瑚，结果显示遗传多样性水平和无性繁殖对该亚群的维持作用在所有地点各不相同[40]。我国杨新龙采用磁珠富集法分离尖边扁脑珊瑚微卫星序列合成引物对 4 种造礁石珊瑚群体进行分析，得出香港的尖边扁脑珊瑚和徐闻的角蜂巢珊瑚遗传多样性相对丰富，而徐闻的精巧扁脑珊瑚和澄黄滨珊瑚的遗传多样性处于中等水平[41]。微卫星标记可以排除虫黄藻 DNA 的影响，特异性地检测珊瑚虫的遗传信息，而广泛地应用于珊瑚群体遗传学研究中，为珊瑚种质资源的评估、珊瑚礁的科学保护做出卓越贡献。

（四）内转录间隔区

内转录间隔区（internal transcribed space，ITS）为核糖体 DNA 中的非编码区，包括 ITS1 和 ITS2。核糖体 DNA 基因组序列从 5'端到 3'端可分为基因间隔区、18S 基因、ITS1、5.8S 基因、ITS2、28S 基因和基因间隔序列[42]。它是真核生物中 DNA 基因组中度重复并具有转录活性的一个组分，有 100～500 个拷贝，其总长度为 7～13kb。其中的 ITS 不参与蛋白质的合成，选择压力较小，进化速率相对较快，变异位点和信息位点丰富,是鉴定种质资源和遗传分化的重要遗传标记[43-45]。ITS 标记由 Gonzalea 于 1990 年提出,由于其为多拷贝,所需的样品量少,并且突变方式以点突变为主,变异位点相互独立,协同进化较快,适合对种和种下水平进行分子分类研究,又因为 ITS 的两翼序列非常保守,根据其开发的引物通用性好,也作为种间分类的分子标记[44]。

内转录间隔区因其功能上的高度保守性和进化的时钟性,在很多物种(包括珊瑚)的种质资源、遗传进化和遗传多样性等方面研究得到广泛的应用[46]。Stefani 等[47]应用 ITS 标记结合形态学特征对 4 种不同的沙珊瑚进行分类鉴定并研究其遗传发育关系[47]。张颖等应用 ITS 标记对海南 4 种蔷薇珊瑚进行了物种鉴定,发现用 ITS 标记鉴定蔷薇珊瑚属的可靠性高[48]。李文娟等应用 ITS 标记研究 3 种徐闻滨珊瑚属的系统发生关系,发现火焰滨珊瑚和小丘滨珊瑚的分类地位较近,遗传距离仅为 0.033,不足以成为滨珊瑚的一个亚属[49]。Goodbody-Gringley 等应用 ITS、β-Tublin 及基因间区(IGR)3 种 DNA 分子标记对加勒比海和西大西洋 5 个地区的排卵型圆菊珊瑚(*Montastrea cavernosa*)的连通性和遗传多样性进行了研究,发现较大地理范围会限制基因流[50]。Rodriguez-Lanetty 和 Hoeghguldberg 于 2002 年应用 ITS1 和 ITS2 序列对澳大利亚东部和日本琉球群岛的 *Plesiatrea versipora* 群体连通性和遗传多样性进行了研究,发现琉球群岛 3 个群体间不存在明显的遗传分化,而澳大利亚东部的 5 个群体间存在明显的遗传分化[51]。Ruby 等应用 ITS 序列对毛里求斯 2 个不同地区牡丹珊瑚 *Pavona cactus* 和 *P. decussata* 的遗传结构进行了分析,结果表明这 2 个地区间的牡丹珊瑚并不存在遗传分化[52]。田鹏等结合 ITS 和 COI 对澄黄滨珊瑚群体遗传多样性进行研究,发现 ITS1+ITS2 序列适用于澄黄滨珊瑚的群体遗传学研究,而 COI 不适合[6]。

不同种类的石珊瑚 ITS 序列变异程度不同,因此 ITS 标记不能适用于所有的珊瑚。例如,Galderón 等通过 COI 和 ITS2 序列对地中海 4 种柳珊瑚进行遗传结构分析,发现柳珊瑚中的 ITS2 序列在个体和群体间的差异太小,因此不能作为柳珊瑚遗传结构分析的标记[53]。Vollmer 和 Palumbi[54]和 Wei 等[55]的研究也相继表明,因为在鹿角珊瑚中有极高的变异率,ITS 序列不适合作为鹿角珊瑚群体遗传学的系统发育标记[56]。但从上述文献来看,ITS 标记可以很好地应用于大多数珊瑚的群体遗传学研究,包括珊瑚种属的分类鉴定、基因的连通性、遗传多样性、群体间的遗传结构等,这为我国南海造礁石珊瑚的群体遗传学研究提供了重要手段。

四、第三代分子标记

第三代分子标记是一种基于 cDNA 芯片、直接以序列变异为基准的分子标记技术。目前在生物体中应用得较为广泛的有表达序列标签和单核苷酸多态性。

(一)表达序列标签

表达序列标签(expressed sequence tag,EST)是一段长度为 150~500bp 的短 cDNA 序列,能快捷和高效地反映基因组信息[57]。EST 最初是由美国科学家 Venter 等在 1990 年实施人类基因组计划时提出的构想,由 Adams 于 1991 年创建并应用[58]。EST 技术是将 mRNA 反转录成 cDNA 并克隆到相应的载体构建成 cDNA 文库后,大规模随机挑选 cDNA 克隆,再对其 3'端和 5'端测序,获得的短 cDNA 部分序列,代表一个完整基因的一小部分[59]。EST 被称为基因的"窗口",可代表生物体某种组织某一时间的一个表达基因,被称为"表达序列标签"。用它作为分子标记具有一系列优点[59,60]:①EST 反映的是基因的编码区,能够直接获得相关的基因表达信息;②可建立一个 EST 数据库,为基因的鉴别提供丰富的信息位点;③通用性和保守性好,适用于远源物种之间的基因比较和数量性状位点信息的比较;④利用 EST 标记能在 Genbank 等数据库中进行序列比对;⑤便于找到与控制性状相关的基因;⑥操作简便,省时省力。当然，EST也存在不足之处[58-60]：①软件对序列进行拼接时可能导致错拼，一次性测序准确率不高；②获得的基因组信息不全面，无法反映非编码序列和调控序列等在基因表达调控中起到的作用；③EST存在着中高度表达丰度的基因，导致冗余性；④序列数据不够精准；⑤对DNA质量和cDNA文库要求高；⑥不适用于中小型的实验室操作；⑦EST序列的保守性会限制其多态性。

EST自提出以来，在分子遗传和基因组研究中得到广泛应用，如构建遗传学图谱、分离鉴定新基因、研究基因表达谱、比较基因组学的研究及制备DNA芯片等[61]。Kortschak等应用EST标记对鹿角珊瑚、人类、线虫和果蝇进行序列分析，发现相对于果蝇、线虫等无脊椎动物，珊瑚的EST和脊椎动物（人类）具有更高的相似度，从而支持鹿角珊瑚是部分脊椎动物基因家族进化起源的观点[62]。为了鉴定造礁石珊瑚的快速进化基因，Iguchi等应用EST标记对加勒比海和澳大利亚大堡礁2个地区的鹿角珊瑚序列进行研究，结果发现珊瑚基因的进化选择受到功能性限制，其中8个独立基因的dN/ds>1，3个独立基因的dn/ds明显偏离1，表明该快速进化基因在鹿角珊瑚的进化史中占有重要地位[63]。EST标记也常联合其他的分子标记一起使用，形成EST-SSR、EST-AFLP、EST-SNP等。Forêt等在对珊瑚种间的基因序列差异和快速进化基因的研究中，采用了微阵列法、EST和WGS等方法，并认为这些方法有助于更好地理解珊瑚在遗传和生理上的关联性[64]。Shi等应用SSR分别与EST、WGS结合开发新引物对鹿角珊瑚进行研究，发现78.9%的EST-SSR能够成功扩增鹿角珊瑚的DNA，而WGS-SSR只有47.6%的成功率，因此EST-SSR比WGS-SSR具有更高的可转移性[65]。虽然EST具有第三代DNA分子标记技术的优越性，但其对设备及样品质量的要求较高，成本也较高，因此在珊瑚群体遗传学研究中尚未广泛应用。

（二）单核苷酸多态性

单核苷酸多态性（simple nucleotide polymorphism，SNP）标记于1998年在人类基因组计划的实施过程中产生。它是指基因组水平上DNA序列中由于单个核苷酸（A、T、C、G）的突变而引起的多态性，有插入、缺失、转换和颠换等形式。SNP在基因组位点上面的核苷酸变化主要有两种形式[66]：①单个碱基的转换，即一种嘌呤置换另一种嘌呤或一种嘧啶置换另一种嘧啶（包括C与T互换，在其互补链上则为G与A互换）；②碱基的颠换，即一种嘧啶和一种嘌呤的转换（C与A、G与T、C、C与G、A与T互换），在SNP的总量中大约有2/3的SNP是转换型变异的。虽然理论上发生突变的碱基可以是A、T、C、G，但是实际上发生突变的碱基通常是C和T。

SNP广泛地存在在生物体基因组中，它的发生频率约为1%或者更高，人类基因组中每1000个碱基中就有1个SNP。理论上，SNP不仅呈二等位多态性，还有可能呈三或四个等位多态性，但实际上后两者几乎不存在[2]。根据SNP在基因组中的分布位置可将其分为基因编码区SNP（cSNP）、基因调控区SNP（pSNP）和基因间随机非编码区SNP（rSNP）[67]。

SNP标记的优点[68-70]如下：①数量多，分布广泛；②高度的稳定性；③等位基因的频率易于估算；④基因调控区的SNP有可能导致蛋白质结构和基因表达水平的改变；⑤适合快速、规模化筛查，易于实现自动化分析；⑥易于基因分型，在基因组中分布不均匀。不同于第一代和第二代DNA分子标记技术，SNP不再以DNA的长度变化而是直接以序列变异作为标记的基准[9]，识别方法有以PCR产物为对象的直接测序方法、EST基因文库或鸟枪法基因文库筛选法。之前对DNA片段的检测只能逐个进行，自从DNA芯片技术和计算机相结合之后，研究人员可进行大规模的克隆测序，然后利用相关软件进行分析[8]。基于DNA芯片技术，既可对已知的SNP进行分析，也能对未知的SNP进行分析[2]。SNP独特的优点，使它在遗传图谱的构建、进化生物学和生态学的研究、个体识别和亲缘关系的鉴定、遗传多样性和种质资源的保护中得到了广泛的应用[68]。

SNP标记在珊瑚的相关研究中应用较少。Shi等应用SNP标记和微卫星标记构建高分辨率的遗传图谱，并通过比较基因组对造礁石珊瑚 *Acropora millepora* 进行遗传学分析。发现珊瑚的基因组序列和其他后生动物（人类、线虫、苍蝇、海葵和扁盘动物）的基因组序列具有共线性区域，同时，该遗传图谱的构建将成为珊瑚 QTL 分析的基础，为未来珊瑚基因组序列的组装、后生动物基因组结构进化上的比较基因组学研究提供了重要的资源[65]。Shinzato 等利用 *Acropora digitifera* 基因组和全基因组 SNP 分析阐明了琉球群岛南部的珊瑚种群结构，发现从琉球群岛到冲绳群岛有强的历史迁移，而庆良间群岛正是历史迁移的汇聚点，导致该区域具有很高的遗传多样性，因此在全球珊瑚白化事件中未受影响[71]。Lundgren 等[72]对澳大利亚大堡礁 *Acropora millepora* 珊瑚基因型与环境类别的相关性进行了研究，结果发现，在高达 55%的测试位点中检测到环境类型与 SNP 等位基因频率有显著的相关性[74]。另外，在澳大利亚大堡礁关于珊瑚的基因型-环境的相关性研究中，Jin[73]研发出了能有效地从总样品中获得等位基因的 SNP 标记，然后利用获得的 SNP 标记研究了珊瑚的白化耐受基因。因为 SNP 标记可与计算机技术结合，易于自动化分析，能够快速、高效地得到数据分析结果，所以 SNP 标记已成为研究珊瑚适应性遗传多样性的理想分子标记，为珊瑚的管理、保护及生态恢复等提供了新的标记技术，有助于评估珊瑚对环境耐受性的空间定位、胁迫耐受种群的鉴定、选择性育种更强的环境耐受性的珊瑚等，最终服务于珊瑚礁的生态修复。但是 SNP 的专利因素和高成本限制了该技术的发展，此外分析基因与性状表达的关系还不十分精确、分子标记的突变率及其适用性等也影响了 SNP 的使用效果[74]，因此，该技术在珊瑚群体遗传学研究中还未得到广泛的应用，有待进一步的探索。

五、结论与展望

分子标记技术至今已发展到第三代，各项技术逐渐成熟和优化，珊瑚群体遗传学研究的广度和深度都得到了拓展。由于每种分子标记技术都有各自的优缺点，并且不同珊瑚的基因序列的变异程度不一，因此在实际研究中需要根据珊瑚类型和研究目的选择最为合适的分子标记技术。如表 21.1 所示，作为第一代分子标记技术，RFLP 标记较早应用于珊瑚群体遗传学研究，结果重复性较好和比较稳定，但多态性位点和信息位点低，灵敏度不高。RAPD 标记技术对 DNA 的要求不高，使用量少，安全性好，但由于其扩增的随机性，因此在珊瑚的研究上受到了限制。与前面两种技术相比，AFLP 技术具有前两者的优点，避免了烦琐的杂交过程，有利于实验的大规模进行，但是 AFLP 技术难度较大，实验步骤多，实验成本高[77]。研究也表明，RFLP 标记、RAPD 标记和 AFLP 标记对珊瑚研究的精确度会受共生虫黄藻的 DNA 的影响。目前，研究者比较倾向于采用 SSR、ITS、EST 和 SNP 等标记[76, 77]，因为它们具有对 DNA

表 21.1 分子标记的特点及其在珊瑚中的应用情况

标记类型	RFLP	RAPD	AFLP	SSR	ITS	EST	SNP
DNA 质量要求	高	低	高	低	中	高	高
基因组分布	低拷贝编码序列	整个基因组	整个基因组	整个基因组	单位点	功能基因区	整个基因组
遗传特点	共显性	多数共显性	共显性/显性	共显性	共显性	共显性	共显性
多态性	中等	较高	较高	高	高	高	高
技术难度	高	低	中等	低	低	高	高
可靠性	高	低	高	高	中	高	高
所用时间	多	少	中等	少	少	多	多
实验成本	高	较低	较高	中等	中等	高	高
应用于珊瑚的情况	少	少	较多	多	多	较少	较少
是否受虫黄藻影响	是	是	是	否	否	否	否

质量要求不高、多态性位点与信息位点多，以及检测简单、重复性好等优点。尤其是以 DNA 芯片技术为基础的 EST 和 SNP 标记，简便快捷，准确度高，但它们也存在成本过高的不足，导致很多实验室难以开展。这些技术为珊瑚群体的遗传结构分析、遗传多样性评估、种质鉴定、属种识别、科学评价、物种保护和恢复等提供科学依据。随着基因组测序的快速发展和技术的成熟优化，应用分子标记技术对珊瑚群体遗传学的研究逐渐深入。目前我国珊瑚的群体遗传学研究仍处于起步阶段，导致我国珊瑚群体间的遗传结构和遗传多样性信息匮乏，遗传关联性和进化关系未知，这在很大程度上阻碍了珊瑚礁的科学保护和生态修复，亟待进行更深入的研究。

参 考 文 献

[1] 关强, 张月学, 徐香玲, 等. DNA 分子标记的研究进展及几种新型分子标记技术. 黑龙江农业科学, 2008, (1): 102-104.

[2] 周延清. DNA 分子标记技术在植物研究中的应用. 生命科学, 2005, 17(3): 15-17.

[3] 刘华, 贾继增. 指纹图谱在作物品种鉴定中的应用. 中国种业, 1997, (2): 45-48.

[4] 黎裕, 贾继增, 王天宇. 分子标记的种类及其发展. 生物技术通报, 1999, 15(4): 19-22.

[5] 赵美霞, 余克服, 张乔民. 珊瑚礁区的生物多样性及其生态功能. 生态学报, 2006, 26(1): 186-194.

[6] 田鹏, 牛文涛, 林荣澄, 等. 2 种分子标记应用于澄黄滨珊瑚群体遗传多样性研究中的可行性. 应用海洋学学报, 2014, 33(1): 46-52.

[7] Botstein D, White R L, Skolnick M, et al. Construction of a genetic linkage map in man using restriction fragment length polymorphisms. American Journal of Human Genetics, 1980, 32(3): 314-31.

[8] 王晓梅, 杨秀荣. DNA 分子标记研究进展. 天津农学院学报, 2007, 7(1): 21-24.

[9] 白玉. DNA 分子标记技术及其应用. 安徽农业科学, 2007, 35(24): 7422-7424.

[10] Shearer T L, Coffroth M A. Genetic identification of Caribbean scleractinian coral recruits at the Flower Garden Banks and Florida Keys. Marine Ecology Progress Series, 2006, 306(8): 133-142.

[11] Williams J G K, Kubelik A R, Livak K J, et al. DNA polymorphisms amplified by arbitrary primers are useful as genetic markers. Nucleic Acids Research, 1990, 18(22): 6531-6535.

[12] Welsh J, McClelland M. Fingerprinting genomes using PCR with arbitrary primers. Nucleic Acids Research, 1990, 18: 7213-7218.

[13] 刘堰, 欧阳克清, 赵虎成, 等. 随机扩增多态性 DNA 技术在生命科学中的应用. 重庆大学学报, 2001, 24(4): 114-117.

[14] 贺学礼, 滕华容. 分子标记 RAPD 在被子植物分类上的应用. 河北大学学报(自然科学版), 2004, 24(5): 556-560.

[15] 黄映萍. DNA 分子标记研究进展. 中山大学研究生学刊(自然科学与医学版), 2010, (2): 27-36.

[16] 汪永庆, 徐来祥, 张知彬. RAPD 技术的标准化问题. 动物学杂志, 2000, 35(4): 57-60.

[17] 赵淑清, 武维华. DNA 分子标记和基因定位. 生物技术通报, 2000, (6): 1-4.

[18] 许云华, 沈洁. DNA 分子标记技术及其原理. 连云港师范高等专科学校学报, 2003, (3): 78-82.

[19] Song J I, Lee Y J. Systematic relationships among species of the genus (alcyonacea; octocorallia; anthozoa) based on RAPD analysis. Korean Journal of Biological Sciences, 2010, 4(4): 1-7.

[20] Vos P, Hogers R, Bleeker M, et al. AFLP: a new technique for DNA fingerprinting. Nucleic Acids Research, 1995, 23(21): 4407.

[21] 刘静. AFLP 分子标记的发展及应用. 山东农业科学, 2010, (5): 10-14.

[22] Agresti J J, Seki S, Cnaani A, et al. Breeding new strains of tilapia: development of an artificial center of origin and linkage map based on AFLP and microsatellite loci. Aquaculture, 2000, 185(1): 43-56.

[23] 韩双艳, 郭勇. AFLP 在分子生物学研究中的应用. 生物技术通报, 2001, (2): 22-24.

[24] 徐安毕, 王文泉. 几种分子标记方法相结合建立的新型分子标记方法. 生物学通报, 2007, 42(1): 26-28.

[25] Amar K O, Douek J, Rabinowitz C, et al. Employing of the amplified fragment length polymorphism (AFLP) methodology as an efficient population genetic tool for symbiotic cnidarians. Marine Biotechnology, 2008, 10(4): 350-357.

[26] Barki Y, Douek J, Graur D, et al. Polymorphism in soft coral larvae revealed by amplified fragment-length polymorphism (AFLP) markers. Marine Biology, 2000, 136(1): 37-41.

[27] Douek J, Amar K O, Rinkevich B. Maternal-larval population genetic traits in *Stylophora pistillata*, a hermaphroditic brooding coral species. Genetica, 2011, 139(11): 1531-1542.

[28] Brazeau D A, Lesser M P, Slattery M. Genetic structure in the coral, *Montastrea cavernosa*: assessing genetic differentiation

among and within Mesophotic reefs. PLoS One, 2013, 8(5): e65845.

[29] Fuchs Y, Douek J, Rinkevich B, et al. Gene diversity and mode of reproduction in the brooded larvae of the Coral *Heteroxenia fuscescens*. Journal of Heredity, 2006, 97(5): 493.

[30] 黄原. 分子系统学: 原理、方法及应用. 北京: 中国农业出版社, 1998.

[31] Weber J L, May P E. Abundant class of human DNA polymorphisms which can be typed using the polymerase chain reaction. American Journal of Human Genetics, 1989, 44(44): 388-396.

[32] Hamada H, Petrino M G, Kakunaga T. A novel repeated element with Z-DNA-forming potential is widely found in evolutionarily diverse eukaryotic genomes. Proceedings of the National Academy of Sciences of the United States of America, 1982, 79(21): 6465-6469.

[33] 盛岩, 郑蔚虹, 裴克全, 等. 微卫星标记在种群生物学研究中的应用. 植物生态学报, 2002, 26(s1): 119-126.

[34] 胡静. 基于线粒体 DNA 序列和微卫星标记分析波纹唇鱼不同地理群体的遗传多样性及遗传分化. 海口: 海南大学硕士学位论文. 2012.

[35] Polato N R, Concepcion G T, Toonen R J, et al. Isolation by distance across the Hawaiian Archipelago in the reef-building coral *Porites lobata*. Molecular Ecology, 2010, 19(21): 4661-77.

[36] Maier E, Tollrian R, Rinkevich B, et al. Isolation by distance in the scleractinian coral *Seriatopora hystrix* from the Red Sea. Marine Biology, 2005, 147(5): 1109-1120.

[37] Baums I B, Boulay J N, Polato N R, et al. No gene flow across the Eastern Pacific Barrier in the reef-building coral *Porites lobata*. Molecular Ecology, 2012, 21(22): 5418.

[38] Tay Y C, Noreen A M E, Suharsono, et al. Genetic connectivity of the broadcast spawning reef coral *Platygyra sinensis*, on impacted reefs, and the description of new microsatellite markers. Coral Reefs, 2015, 34(1): 301-311.

[39] Baums I B, Hughes C R, Hellberg M E. Mendelian microsatellite loci for the Caribbean coral *Acropora palmata*. Marine Ecology Progress Series, 2005, 288: 115-127.

[40] Goff-Vitry L, Pybus O G, Rogers A D. Genetic structure of the deep-sea coral *Lophelia pertusa* in the northeast Atlantic revealed by microsatellites and internal transcribed spacer sequences. Molecular Ecology, 2004, 13(3): 537-549.

[41] 杨新龙. 尖边扁脑珊瑚微卫星引物开发及相近种群遗传多样性分析. 湛江: 广东海洋大学硕士学位论文, 2013.

[42] 陈凤毛. 真菌 ITS 区序列结构及其应用. 林业科技开发, 2007, 21(2): 5-7.

[43] 马婷婷, 陈光, 刘春香. ITS 序列的特点及其在昆虫学研究中的应用. 应用昆虫学报, 2011, 48(3): 710-715.

[44] 翁亚彪, 谢德华, 林瑞庆, 等. 弓形虫 ITS 及 5.8S 序列的 PCR 扩增、克隆及分析. 畜牧兽医学报, 2005, 36(1): 70-73.

[45] 牛庆丽, 罗建勋, 殷宏. 转录间隔区(ITS)在寄生虫分子生物学分类中的应用及其进展. 中国动物传染病学报, 2008, 16(4): 41-47.

[46] Dover G. Molecular drive: a cohesive mode of species evolution. Nature, 1982, 299(5879): 111-117.

[47] Stefani F, Benzoni F, Pichon M, et al. Genetic and morphometric evidence for unresolved species boundaries in the coral genus *Psammocora* (Cnidaria; Scleractinia). Hydrobiologia, 2008, 596(1): 153-172.

[48] 张颖, 姚雪梅, 王尔栋, 等. 4 种蔷薇珊瑚的核糖体基因 ITS 的序列分析和分子鉴定. 海南大学学报(自然科学版), 2015, 33(1): 39-44.

[49] 李文娟, 刘楚吾, 刘丽, 等. 利用 ITS 基因研究徐闻滨珊瑚的系统发生关系. 北京: 2011 年中国水产学会学术年会, 2011.

[50] Goodbody-Gringley G, Woollacott R M, Giribet G. Population structure and connectivity in the Atlantic scleractinian coral *Montastrea cavernosa* (Linnaeus, 1767). Marine Ecology, 2012, 33(1): 32-48.

[51] Rodriguez-Lanetty M, Hoeghguldberg O. The phylogeography and connectivity of the latitudinally widespread scleractinian coral *Plesiastrea versipora* in the Western Pacific. Molecular Ecology, 2002, 11(7): 1177-1189.

[52] Ruby K, Pillay M, Asahida T, et al. ITS ribosomal DNA distinctions and the genetic structures of populations of two sympatric species of Pavona (Cnidaria: Scleractinia) from Mauritius. Zoological Studies, 2006, 45(1): 132-144.

[53] Calderón I, Garrabou J, Aurelle D. Evaluation of the utility of COI and ITS markers as tools for population genetic studies of temperate gorgonians. Journal of Experimental Marine Biology & Ecology, 2006, 336(2): 184-197.

[54] Vollmer S V, Palumbi S R. Testing the utility of internally transcribed spacer sequences in coral phylogenetics. Molecular Ecology, 2004, 13(9): 2763-2772.

[55] Wei N W V, Wallace C C, Dai C F, et al. Analyses of the ribosomal internal transcribed spacers (ITS) and the 5.8S gene indicate that extremely high rDNA heterogeneity is a unique feature in the scleractinian coral Genus *Acropora* (Scleractinia; Acroporidae). Zoological Studies, 2006, 45(3): 404-418.

[56] Odorico D M, Miller D J. Variation in the ribosomal internal transcribed spacers and 5.8S rDNA among five species of *Acropora* (Cnidaria; Scleractinia): patterns of variation consistent with reticulate evolution. Molecular Biology & Evolution, 1997, 14(5): 465.

[57] 钱学磊, 闫海芳, 李玉花. EST 的研究进展. 生命科学研究, 2012, 16(5): 446-450.

[58] Adams M D, Venter J C. Complementary DNA sequencing: expressed sequence tags and human genome project. Science, 1991, 252(5013): 1651-1656.

[59] Yamamoto K, Sasaki T. Large-Scale EST Sequencing in Rice Sasaki T, Moore G *Oryza*: From Molecule to Plant. Netherlands: Springer, 1997: 135-144.

[60] Decroocq V, Favé M G, Hagen L, et al. Development and transferability of apricot and grape EST microsatellite markers across taxa. Theoretical and Applied Genetics, 2003, 106(5): 912-922.

[61] 于凤池. EST 技术及其应用综述. 中国农学通报, 2005, 21(2): 54-58.

[62] Kortschak R D, Samuel G, Saint R, et al. EST analysis of the cnidarian *Acropora millepora* reveals extensive gene loss and rapid sequence divergence in the model invertebrates. Current Biology, 2003, 13(24): 2190-2195.

[63] Iguchi A, Shinzato C, Forêt S, et al. Identification of fast-evolving genes in the scleractinian coral *Acropora* using comparative EST analysis. PLoS One, 2011, 6(6): e20140.

[64] Forêt S, Kassahn K S, Grasso L C, et al. Genomic and microarray approaches to coral reef conservation biology. Coral Reefs, 2007, 26(3): 475-486.

[65] Shi W, Zhang L, Meyer E, et al. Construction of a high-resolution genetic linkage map and comparative genome analysis for the reef-building coral. Acropora millepora Genome Biology, 2009, 10(11): 1-17.

[66] 唐立群, 肖层林, 王伟平. SNP 分子标记的研究及其应用进展. 中国农学通报, 2012, 28(12): 154-158.

[67] 朱玉贤. 现代分子生物学. 北京: 高等教育出版社, 2013.

[68] Brook A J. The essence of SNPs. Gene, 1999, 234: 177-186.

[69] 顾渝娟, 郭建英, 程红梅, 等. 单核苷酸多态性的检测及应用. 农业生物技术科学, 2007, (23): 38-41.

[70] 陈吉宝, 赵丽英, 褚学英, 等. 植物中单核苷酸多态性的分布及其应用. 安徽农业科学, 2009, 37(31): 15153-15155.

[71] Shinzato C, Mungpakdee S, Arakaki N, et al. Genome-wide SNP analysis explains coral diversity and recovery in the Ryukyu Archipelago. Scientific Reports, 2015, 5: 18211.

[72] Lundgren P, Vera J C, Peplow L, et al. Genotype-environment correlations in corals from the Great Barrier Reef. BMC Genetics, 2013, 14(1): 1-16.

[73] JinY K. Nature or nurture? Testing the correlation between stress tolerance and genotype in the coral *Acropora millepora* on the Great Barrier Reef. Australia: James Cook University Master Thesis, 2015.

[74] 邹刚刚, 陈永久, 吴常文. SNP 及其在鱼类养殖中的应用. 浙江海洋学院学报(自然科学版), 2012, 31(5): 447-453.

[75] 鲍露. 基于 SSR, AFLP 及 ITS 标记在梨和胡柚系统演化上的研究. 杭州: 浙江大学博士学位论文, 2006.

[76] van Oppen M J, Gates R D. Conservation genetics and the resilience of reef-building corals. Molecular Ecology, 2006, 15(13): 3863-3883.

[77] Ridgway T, Gates R D. Why are there so few genetic markers available for coral population analyses? Symbiosis, 2006, 41(1): 1-7.

第四节　珊瑚礁生态的遥感监测方法[①]

一、引言

珊瑚礁是海洋中拥有最多物种和最高初级生产力的生态系统[1-3]，对人类社会和海洋生态环境的健康与可持续发展起着至关重要的作用。它能够为海岸提供保护，为海洋生物提供栖息地，为人类提供旅游和渔业等资源[3]。但珊瑚礁又是敏感而脆弱的生态系统，由人类活动和气候变化导致的环境变异均能在珊瑚礁生态系统中得到迅速响应[4]，所以珊瑚礁常被作为气候和环境变化的生物指示器[5]，对珊瑚礁生态系统进行定量监测是人类迫切而重要的任务。

珊瑚礁对我国而言则是南海唯一的陆地国土，是我国开发、利用、保护与管控海洋的重要支点，战略价值重大[6-8]，我国岛礁吹填工程和渔政军事基地建设无一不是发生在珊瑚礁区。因此我们需要建立

---

① 作者：黄荣永，余克服

对南海大面积珊瑚礁的生态监测和评估方法，便于判别和分析人类活动、全球环境变化对南海珊瑚礁的影响。

目前国内外生态学界对珊瑚礁进行定量监测主要还是 Reef Check、截线样条法和 HY/T082-2005 珊瑚礁生态监测技术规程等基于现场潜水调查或水下摄像的方法[9, 10]。这些方法虽然非常准确，但是耗时耗力，难以对大范围珊瑚礁区进行连续的监测。遥感则是至今唯一具有大范围测量、时间和空间分辨率高、非接触信息采集以及成本低等特点的调查手段，因而被认为是现场调查的非常有价值的补充和水下宏观环境调查的潜在方法[11]。

国内外学者长期以来利用遥感技术对珊瑚礁的定量监测不断地进行探索与研究[11-15]，但珊瑚礁定量遥感不同于常规方法，除大气作用外还受到更严重的水体作用，剧烈的水体吸收、反射和散射等作用使得遥感影像能够记录的珊瑚礁水下信息微乎其微，导致珊瑚礁的定量遥感技术尚未足够完善，以至于人类积累了几十年的遥感影像未能在珊瑚礁的定量监测中发挥应有的作用。例如，《科学》杂志就曾经从珊瑚礁生态与环境的角度对我国岛礁工程建设提出批评[16]，但我国缺乏科学的数据予以回复，而《科学》杂志对我国南海珊瑚礁生态系统的批评也只能依据高分卫星遥感影像进行少量定性的理论推测。

综上所述，珊瑚礁生态遥感监测是研究与应对全球环境变化的迫切要求，也是我国岛礁工程建设、资源开发和生态保护的迫切需要。它有助于监测珊瑚礁生态系统发展和演替的趋势并理解珊瑚礁与全球气候变化和人类活动的关系。卫星可见光遥感具有成本较低、获取便捷和透水性较好等优点，所以在珊瑚礁遥感监测中应用最普遍[15]，进而珊瑚礁生态的遥感监测通常要以卫星可见光/红外遥感影像为基础。因此，本节将选择对珊瑚礁生态的卫星可见光/红外遥感监测方法的研究现状进行综述，以期为我国进行进一步的珊瑚礁生态遥感监测方法研究提出建议与依据。

就目前而言，珊瑚礁生态遥感监测主要有 3 种可选择的途径：遥感监测珊瑚白化预警；遥感监测珊瑚礁变化检测；遥感监测珊瑚礁底质识别与统计。其中，遥感监测珊瑚礁底质识别与统计是珊瑚礁生态遥感监测最有潜力的途径。故本节将首先对珊瑚白化预警和珊瑚礁变化检测进行简述，然后再着重分析珊瑚礁底质识别与统计的研究现状。

二、遥感监测珊瑚白化预警

珊瑚白化与温度异常密切相关，所以通过海水表层温度（SST）异常的检测可以实现珊瑚白化预警[17-19]。例如，美国国家海洋与大气管理局（NOAA）基于 AVHRR 遥感 SST 数据开发的全球分辨率珊瑚礁白化热点（hot spot）和周热度指数（DHW）已经被很多学者证实可以用于珊瑚健康状态的预警[13, 20, 21]。Liu 等[22]曾基于热点和周热度指数，利用现场观测数据和卫星数据，对大堡礁 2002 年的白化现象的对比研究，结果指出热点和周热度指数能成功地对大堡礁的珊瑚白化提前进行预警。陈标等[23]曾结合遥感平均年际最大周热度指数值和野外实地调查资料，对西沙群岛 2010 年的珊瑚白化事件与 2009~2010 年厄尔尼诺事件的关系进行分析，结果表明结合遥感和实地观测方法能够基本满足我国珊瑚白化预警工作的需要。李淑等[17]曾基于实测 SST 并结合 NOAA 卫星的热点和周热度指数指出，2007 年 6 月南沙群岛异常高的 SST 是导致美济礁和渚碧礁珊瑚白化的主要原因。

综上所述，卫星遥感具有能够提供大范围、同步与连续的低成本海洋数据的优点，并且利用卫星遥感进行珊瑚白化预警已经被证实切实可行，所以基于卫星遥感的珊瑚白化预警目前已经得到广泛应用。然而，利用卫星遥感进行珊瑚礁白化事件的预警也存在其固有的不足。例如，李淑等[17]曾经发现单纯用卫星遥感预警珊瑚白化事件可能会存在低估的现象。又如，虽然卫星遥感可以通过对温度异常的检测而有效地对珊瑚礁健康状况进行动态、实时的预警[24]，但预警与监测不同，珊瑚白化预警难以准确指出珊瑚白化是否确实发生并指出精确的位置、分布、时间和数量等的详细信息。虽然我们对珊瑚礁的研究、开发、利用和保护离不开卫星遥感监测珊瑚白化预警的辅助，但是我们更需要从底质识别与分类等方面对珊瑚礁生态进行更精细的遥感监测。

三、遥感监测珊瑚礁变化检测

首先，珊瑚礁变化检测可以利用不同时相卫星遥感影像的直接比较来实现。Ledrew 等[25]曾利用健康珊瑚群落空间异质性强[26]而不健康珊瑚群落空间异质性弱的特点，通过比较多时相遥感影像的空间自相关系数来发现健康状况恶化的珊瑚群落。而 Elvidge 等[27]则以相对辐射校正为基础，利用不同时相卫星遥感差值影像对澳大利亚大堡礁进行珊瑚白化检测。通过卫星遥感影像的直接比较来实现对珊瑚礁变化的检测，通常隐含底质为珊瑚这个前提条件，不利于珊瑚礁不同底质空间分布的判读与估计（难以确定变化的部分是何种底质）。

通过卫星遥感影像的直接比较来实现对珊瑚礁变化的检测通常还需要解决多时相卫星遥感影像的时空配准问题，波段设置、波段宽度、分辨率甚至时间地点的不同都会造成变化检测结果的显著差异。例如，Andréfouët[26]、Yamano 和 Tamura[28]的研究认为珊瑚礁变化检测（能够发现珊瑚白化）所需的遥感影像空间分辨率至少要达到 0.4～0.8m（卫星影像多数还难以达到该空间分辨率），时空配准误差和底质光谱混合等因素都有可能造成珊瑚变化检测极大的不确定性。

此外，珊瑚礁变化检测还可以利用遥感影像分类的方式来实现。Scopélitis 等[29, 30]曾采用人机交互制图方式，基于多源多时相多尺度遥感影像进行珊瑚分布变化的检测。Palandro 等[31]曾利用监督分类法对佛罗里达群岛若干珊瑚礁珊瑚进行变化检测并指出其效果与现场调查无显著差异。遥感影像分类与统计属于珊瑚礁生态遥感监测的另一重要途径，因而接下来将着重对其研究现状进行综述与分析。

四、遥感监测珊瑚礁底质识别与统计

遥感监测珊瑚礁底质识别与统计则是珊瑚礁生态遥感监测最有潜力的途径，其内容最容易形成定量和连续的时间序列而更接近于描述与分析珊瑚礁生态系统发展和演替趋势的需要。前述珊瑚礁变化检测问题甚至也可以通过珊瑚礁底质分类与统计来实现，所以遥感珊瑚礁底质识别与统计是监测最准确、内容最全面且最接近生态描述的珊瑚礁生态遥感监测途径。

引言部分已经指出珊瑚礁生态的遥感监测要以卫星可见光遥感影像为基础。然而，水体对辐射传输的衰减作用会导致卫星所能接收到的水底光谱信息较少[32]，但遥感监测珊瑚礁底质分类又需要通过探测水下光谱信息来实现，这正是珊瑚礁遥感监测相比陆地遥感监测最大的困难和不同。可见，要实现遥感监测珊瑚礁底质的分类与统计，通常需要先解决水体辐射传输衰减作用消除的问题。故遥感监测珊瑚礁底质分类研究包括如下两个方面的基本内容：水体辐射传输衰减作用消除和珊瑚礁遥感影像的分类与统计。

（一）水体辐射传输衰减作用消除方法的研究现状

水体辐射传输衰减作用消除在珊瑚礁生态遥感监测研究中具体表现为水深反演和水底反射率反演。水底反射率反演是底质识别与统计的前提，而水深反演则可以用于水底反射率反演和珊瑚礁生态参数的计算。目前水体辐射传输衰减作用消除主要有波段组合[33, 34]、物理模型[35, 36]、光谱匹配[37]和统计分析等方法。对这些方法的研究通常以模型构建为主，其效果多依赖于特定数据，且尚需更多的数据实验与验证[35]。

波段组合法简单便捷，最为常用，但通常需额外添加较多的未必符合实际的假设。Lyzenga[33]早在 1978 年就提出波段组合法所依赖的基本假设：①同种底质不同像素辐亮度的不同是由深度不同所引起的；

②水体辐射传输的衰减系数对每一波段而言是一个常数。按照该基本假设和辐射传输指数衰减模型[33,36,38]，Lyzenga[33,39]采用不同波段的辐亮度对数的线性组合消掉辐射传输模型所包含的水深参数，产生不受水深影响的伪彩色影像，可以用于珊瑚礁底质分类等问题。之后的波段组合法多数是在 Lyzenga 基础上改进和发展而来的。例如，Tassan[40]通过数值模拟构建两个不同波段的组合关系，而 Sagawa 等[34]则利用均匀底质（砂质）与水深回归关系而构建正比于水底反射率的指标。

物理模型法适用于多光谱和高光谱遥感影像，可以直接得到水深和水底反射率值，但通常需以吸收和散射系数等水体参数测量为前提[35]，且通常缺乏足够的数据验证[36]。Lyzenga[41]曾利用辐射传输方程，推导出了浅水区光反射与水深间的关系，Gordon 和 Brown[42]则在水体各向同性假设基础上结合模型参数的经验估计给出早期的物理模型水底反射率反演方法，Bierwirth[43]则在水体衰减系数已知的条件下，利用辐射传输指数衰减模型近似推导得到水深反演和水底反演的计算公式，而李先等[36]也曾用辐射传输指数衰减模型进行了类似的研究。Yang 等[44]则在水深已知的条件下提出基于水体分层的物理分析水底反射率反演方法，计算和操作都比较复杂，所以实用性并不强。

光谱匹配法基于现场测量而建立水底底质光谱库，模拟产生各种不同水体条件下的光谱曲线，通过与高光谱卫星遥感影像进行匹配而达到水深、水底反射率甚至水底底质类型等参数反演的目的。常见的如 Mobley 等[45]、Klonowski 等[46]和 Fearns 等[47]所提出的方法，通常需要通过查找表（LUT）技术来实现光谱曲线的快速匹配。尽管这类方法具有良好的应用和开发潜力，但由于需要以光谱测量和模拟为基础，因此往往需要耗费大量的人力和时间进行光谱库的模拟计算及构建[37]。

统计分析法主要用于解决水深反演问题，即利用实测水深和遥感影像信息进行分析，从而建立相应的水深反演模型。Lyzenga[33,39]曾采用主成分分析法建立模型从而计算水深值。Sandidge 和 Holyer[48]曾尝试利用反向传播神经网络构建水深与遥感辐亮度间的关系，而樊彦国和刘金霞[49]也曾经做过类似的神经网络方法探索。党福星和丁谦[50]曾探讨了波段比值法水深反演模型及其应用，而王晶晶和田庆久[51]也曾利用波段比值法对 TM 遥感影像的近海岸带水深反演方法进行探究。Sánchez-Carnero 等[52]则通过分析单波段、主分量分析和多元线性等统计水深反演方法在高浑浊度的瓜地亚纳河口所表现的性能，验证了统计分析模型利用可见光遥感进行短期水深监测的有效性。张靖宇[53]则以西沙群岛北岛为研究区域，基于多元线性回归模型的结果，探讨了多源、多角度和多时相等多维度的水深反演效果的融合。

水深反演和水底反射率反演旨在消除水体辐射传输衰减作用，为珊瑚礁底质的进一步识别与统计等更有利于生态学的研究提供基础与前提。然而，国内外学者的相关研究主要集中于基本模型的构建与检验，其结果通常依赖于特定数据，缺乏以此为依据的工程设计和应用研究，尤其数据自身空间变化的连续性和海陆交界像元所提供的边界约束等条件尚未被引入进来。这导致水深反演和水底反射率反演至今都没有在实际中大范围广泛应用于珊瑚礁生态遥感。

（二）珊瑚礁遥感影像的分类与统计方法研究现状

前述遥感监测珊瑚礁白化预警实质是根据温度与珊瑚白化的关系，通过海水表层温度的遥感影像间接地对珊瑚可能的白化进行等级划分；而遥感监测珊瑚变化检测实质则是在底质已知为珊瑚的假设条件下，通过计算多时相遥感影像所反映的光谱响应的变化，对珊瑚礁底质发生白化等变化情况进行推断。只有珊瑚礁遥感影像的分类与统计可以直接通过遥感影像记录的光谱响应分布情况，对珊瑚礁底质进行分类、识别和统计，是目前监测最准确、内容最全面且最接近生态描述的珊瑚礁生态遥感监测途径。因此，珊瑚礁底质识别与统计是珊瑚礁生态遥感监测研究的主要内容和关键。

目前的研究尚缺乏针对珊瑚礁底质的遥感影像分类方法研究，主要还是沿用监督分类法或最大似然法等传统模式识别方法来实现遥感影像进行的珊瑚礁底质分类与识别。例如，Purkis 等[54]先用现场光谱测量数据进行样本训练，然后再对密集活珊瑚、密集死珊瑚、稀疏活珊瑚、海草、浅水海藻、深水海藻、岩和沙等8种底质进行IKONOS多光谱遥感影像分类与识别，最终获得69%的总体精度；Hochberg等[55]则利用最大似然法对IKONOS多光谱遥感影像进行珊瑚、稀疏海草、密集海草、浅水海藻、深水海藻、浅水沙和深水沙等7种底质的识别，获得50%～60%的用户精度；Phinn和Mumby[56]则利用QuickBird多光谱遥感影像，基于多尺度面向对象方法，进行珊瑚礁地貌与生态分区的制图并取得良好效果，但他们同时指出该方法受主观因素影响较强、成本较高和难以大范围应用的缺点。

国内的胡蕾秋等[57]也曾利用Hochberg等[55]提出的水上和水下信息分离方法，在消除SPOT多光谱遥感影像的水表和波浪反射作用的影响后，再利用最大似然法对珊瑚底质（礁前与礁顶：沙、活珊瑚；礁后：沙、死珊瑚；潟湖：泥、沙）进行分类与识别，获得80%以上的分类精度（相对于QuickBird图像的判读结果）。然而，国内珊瑚礁遥感监测研究更多的是注重对珊瑚礁地貌的识别，而在珊瑚礁生态的遥感监测方面取得的进展甚微，如陈建裕等[58]、王利花等[59]、龚剑明等[60]和周旻曦等[61]的研究都较少地涉及珊瑚礁底质识别问题。

研究人员虽然较早就已经基于卫星遥感影像和轻便型机载光谱成像仪（CASI）影像对珊瑚礁底质分布状况的分类和识别进行比较分析[62, 63]，并且也有结果认为较高分辨率的遥感影像可以获得较好的珊瑚底质分类与识别效果[64]，但综上文献所述，在实际的研究和应用中，珊瑚礁底质分类与识别精度即使在同种类型遥感影像的条件下，也会具有较大范围的波动变化（50%～80%），高分辨率卫星遥感影像的效果也并非一定优于较低分辨率的遥感影像。

因此，可见光卫星遥感影像的空间分辨率与其在珊瑚底质分类与识别中能够达到的效果之间的关系目前并没有得到被公认的明确和统一的结论。Mumby等[64, 65]曾经认为轻便型机载光谱成像仪（CASI）在进行粗分类时与高分辨率卫星遥感没有显著差异，只有在进行精分类时，轻便型机载光谱成像仪影像才会显著优于卫星遥感影像，但还是无法区分海藻、海草和不同种类的珊瑚。陈建裕等[58]曾认为SPOT在光谱设置方面具有不利于珊瑚礁信息提取的缺陷（只有两个水体穿透信道），其区分水体的能力弱于ETM数据，但SPOT影像具有较高的空间分辨率，所以对潟湖淤泥质中珊瑚礁的提取能力要强于ETM数据。Hedley等[63]曾经指出像元混合（遥感影像像元由几种主要的底质混合构成）是珊瑚礁底质分类与识别的主要制约因素，仪器噪声反而对珊瑚礁底质分类与识别效果影响甚微。而Scopélitis等[66]甚至认为只可以用高分辨率遥感影像进行珊瑚底质分类，而难以通过遥感估计活珊瑚的覆盖情况。

除成像质量和空间分辨率不同外，造成珊瑚礁遥感分类与识别效果差异的更重要的原因是所采用的珊瑚礁底质分类体系具有显著差异。珊瑚礁遥感底质分类体系差异显著的原因则是珊瑚礁生态学者与遥感专家两者之间相互独立。这直接导致遥感底质识别与珊瑚礁生态监测需求的相互脱离，使得两者相互交叉与融合的研究仅能见诸零星报道。例如，Knudby等[67]指出珊瑚底质参数与珊瑚鱼类种群之间具有很多能够被证实的统计关系，Sawayama等[68, 69]将遥感影像底质分类识别与现场调查相互结合而研究鱼类种群、鱼类数量与珊瑚覆盖率、珊瑚分布之间的关系。

珊瑚礁生态与遥感监测至今未能有效相互融合的很重要的一个制约因素是目前对底质识别结果与底质覆盖率等参数之间的转换关系缺乏足够细致的探讨。例如，前述Sawayama等[68, 69]的研究仅仅基于简单像元计数来实现对珊瑚礁底质覆盖率和空间分布的估计，未能消除水下地形坡度变化引起的面积变形和Hedley等[63]所提出的像元混合（遥感影像像元由几种主要的底质混合构成）等因素对珊瑚礁底质判读和估计的影响。

可见，国内外学者已对诸如最大似然法或监督分类法之类的传统模式识别方法应用于珊瑚礁遥感影像进行了不少的探索，积累了丰富的实践经验。但对于珊瑚礁生态与遥感之间的交叉与融合至今仍然缺乏较为稳定可靠的珊瑚礁底质判读方法，以及对相应底质覆盖率等参数估计缺乏详细探讨，以至于很多遥感影像至今还较难转换成珊瑚礁生态遥感监测所需要的结果，进而还难以通过遥感影像形成珊瑚礁底质的时间序列而对珊瑚礁生态状况的演变特征进行描述与分析。

五、国产卫星与珊瑚礁生态的遥感监测

对我国珊瑚礁生态的遥感监测方法的研究仍多借助国外卫星遥感影像完成，而同国产卫星种类和数量日益增多、空间分辨率也越来越高的现状并不相互匹配。这与我国对珊瑚礁生态遥感监测的认识和重视不足有关。

李继龙等[15]进行近海栖息地遥感综述时，在基于卫星可见光遥感影像的珊瑚礁分布与变化监测研究方面，只简要指出Ledrew等[25]关于利用空间自相关系数来发现非健康珊瑚群落，以及Yamano和Tamura[28]关于遥感监测珊瑚白化的能力这两方面的内容，却缺乏对更精细的遥感底质分类、识别与统计等相关方面的论述。李晓敏等[6]在总结国产卫星影像在海洋领域的应用时，认为国产中巴地球资源卫星（CBERS）和资源二号（ZY-2）卫星的自主性强，对我国南海珊瑚岛礁调查、管理和权益维护等具有重要的意义，但尚未指出国产卫星在珊瑚礁生态系统研究中的意义。而周旻曦等[61]则将中巴地球资源卫星（CBERS）遥感影像用于岛礁地貌分类研究中，但未能涉及更精细的珊瑚礁底质分类、识别与统计等问题。

因此，我国需要在充分借鉴国外卫星遥感影像应用经验的同时，进一步加强国产卫星影像在珊瑚礁生态状况的遥感监测应用中的研究，尤其是精细的遥感监测珊瑚礁底质分类、识别与统计的方法研究。唯有如此才能充分发挥国家多年发展的高分辨率卫星遥感技术的作用，自主形成系统的珊瑚礁生态遥感监测方法体系，并最终服务于我国南海珊瑚岛礁的建设、开发、利用和保护。

六、结论与展望

早在21世纪初，就有人预测珊瑚礁遥感监测需要更高的空间分辨率和光谱分辨率，有必要制造专门针对珊瑚礁、具有一些专门选定的窄波段和较好的空间、辐射测量及时间分辨率的传感器[11]。然而，我们至今尚未发现针对珊瑚礁生态的遥感监测而设计的实用的遥感卫星传感器。目前遥感影像的成像质量和空间分辨率虽然已经得到很大的改善和提高，前述珊瑚礁生态的卫星可见光遥感监测方法的研究正是建立在遥感影像的质量不断提高基础之上，但这些方法同时还存在不少的局限性和诸多需要改进与完善的地方。

（1）遥感监测珊瑚白化预警的实质是通过遥感检测海水表层温度的异常而间接地对珊瑚健康状况进行动态和实时的预警（即根据温度异常对珊瑚白化的可能性进行等级划分），因而珊瑚白化预警难以准确指出珊瑚白化是否确实发生并指出其精确的位置、分布、时间和数量等详细信息。

（2）遥感监测珊瑚变化检测通常根据珊瑚健康状况或覆盖率改变所引起的光谱响应的变化，通过不同时相遥感影像的比较来发现珊瑚底质的增减和健康状况的变化情况。影响遥感监测珊瑚变化效果的因素有波段设置、波段宽度、空间分辨率以及时空配准误差等。遥感监测珊瑚礁变化检测隐含的前提条件是所检测位置的底质类型已知为珊瑚，认为光谱响应的变化由珊瑚健康状况或珊瑚覆盖率的变化所引起，但我们在实际中很难确定变化的部分是何种底质，因而不利于对珊瑚礁其他底质类型空间分布的判读与估计。

（3）遥感监测珊瑚底质识别与统计监测最准确、内容最全面且最接近生态描述的珊瑚礁生态遥感监测途径，甚至珊瑚礁变化检测也可以转换为遥感影像分类问题而得到实现，所以遥感监测珊瑚礁底质识别与统计是珊瑚礁生态遥感监测最有潜力的途径。遥感监测珊瑚礁底质识别与统计包含水体辐射传输衰减作用和珊瑚礁遥感影像的分类与统计两个方面的内容。

首先，水体辐射传输衰减作用的消除具体表现为水深反演和水体反射率反演两个方面。无论是水深反演还是水底反射率反演，目前的研究多数还是以模型构建和验证为主，其结果往往适用于局部的研究

范围，缺乏以所构建模型为依据的工程设计和应用研究，尤其数据自身空间变化的连续性和海陆交界像元所提供的边界约束等条件均未能被有效引入。这导致水深反演和水底反射率反演至今都没有被大范围广泛实际应用于珊瑚礁生态遥感，以至于珊瑚礁遥感影像分类与统计的研究还难以考虑水体辐射传输衰减作用的影响。

其次，珊瑚礁遥感影像的分类主要还是沿用诸如最大似然法或监督分类法之类的传统模式识别方法，其贡献主要在于实践和应用经验的积累。由于受到珊瑚礁底质分类体系差异和影像分辨率差异等因素的影响，珊瑚礁遥感影像分类的精度在 50%～80%波动，整体效果并不令人满意。因而珊瑚礁遥感影像的分类不仅需要在珊瑚礁底质分类体系方面进行改进和统一，还需要在遥感影像分类方法方面进行有针对性的改进和完善，消除水体辐射传输衰减作用的影响，提高珊瑚礁遥感影像分类的精度。

最后，珊瑚礁遥感影像分类结果目前通常只是依据简单的像元计数方法而被转换为底质覆盖面积和底质覆盖率，缺乏对水下地形坡度变化引起的面积变形和遥感影像像元由几种主要的底质混合构成等因素所造成的影响的考虑。因此，在珊瑚礁生态遥感监测方法的研究中，看似简单的珊瑚礁遥感影像分类结果到底质覆盖面积和覆盖率等参数转换也还是无法忽略并且需要仔细进行探讨的重要问题。

（4）Mellin 等[70]曾经提出遥感需要在珊瑚生态系统概念的发展过程中发挥作用，而不能仅作为研究的后验辅助工具。然而，珊瑚礁生态学者与遥感专家之间的研究至今还是相互独立的，珊瑚礁生态系统与遥感之间仍然缺乏有效的交叉和融合，生态学界还往往只把遥感作为提供绘制珊瑚礁形态特征图的简单工具[11, 60, 71]。前述关于遥感监测珊瑚礁底质分类体系和珊瑚礁遥感影像分类结果转换等问题的根本原因也正在于此。因此，珊瑚礁生态系统与遥感监测两者之间迫切需要进行深入的交叉与融合，以便建立和发展可靠的珊瑚礁生态遥感判读方法，满足我国甚至全球珊瑚礁的定量遥感监测的需要。

（5）经过多年的发展，我国近年来已经拥有 ZY-2/3、GF-1/2、HJ-1A/B 和 GF-4 等具有高空间分辨率和高时间分辨率的卫星遥感影像，具有极大的珊瑚礁生态的遥感监测应用潜力。然而，对于国产卫星遥感影像在珊瑚礁生态的遥感监测研究中的认识和应用程度不足，我们需要加强国产卫星影像在珊瑚礁生态状况的遥感监测方法中的应用研究，尤其是对精细的遥感监测珊瑚礁底质的分类、识别与统计方法的研究，以便享受我国空间遥感技术多年发展所取得的成果，更大程度地发挥其对国内研究和生产的作用。

反过来说，我们也可以认为，我们之所以尚未发现针对珊瑚礁生态的遥感监测进行设计的实用的传感器，正是由于目前珊瑚礁生态的可见光遥感监测方法研究的完善程度不足。因此，我们必须充分利用现存各个时期、各个国家、各种传感器、各种分辨率以及各种波段的卫星遥感影像，根据前述所指出的局限性，对珊瑚礁生态的遥感监测方法，尤其是珊瑚礁遥感影像的分类与统计，进行更全面、深入的探讨和研究，提高珊瑚礁生态遥感监测研究的完善程度，满足对珊瑚礁生态现状的遥感监测需要，也为未来可能针对珊瑚礁生态状况遥感监测而进行的传感器设计的波段组合与优化设计作充分的准备。

珊瑚礁生态的遥感监测方法的研究是研究与应对全球环境变化的要求，也是我国岛礁工程建设、资源开发和生态保护的需要。它有助于监测珊瑚礁生态系统发展和演替的趋势并理解珊瑚礁与全球气候变化和人类活动的关系。整体而言它有潜力切实成为珊瑚礁现场生态调查非常有价值的补充和水下宏观环境调查的有效手段。

参 考 文 献

[1] Bellwood D R, Hughes T P. Regional-scale assembly rules and biodiversity of coral reefs. Science, 2001, 292(5521): 1532-1535.
[2] Connell J H. Diversity in tropical rain forests and coral reefs. Science, 1978, 199(4335): 1302-1310.
[3] 余克服. 南海珊瑚礁及其对全新世环境变化的记录与响应. 中国科学: 地球科学, 2012, (8): 1160-1172.
[4] Hoegh-Guldberg O, Mumby P J, Hooten A J, et al. Coral reefs under rapid climate change and ocean acidification. Science, 2007, 318(5857): 1737-1742.

[5] Holden H, Ledrew E. Spectral discrimination of healthy and non-healthy corals based on cluster analysis, principal components analysis, and derivative spectroscopy. Remote Sensing of Environment, 1998, 65(2): 217-224.
[6] 李晓敏, 张杰, 马毅, 等. 中巴地球资源卫星数据在海洋领域的应用. 中国航天, 2010, (3): 10-14.
[7] 汪业成, 刘永学, 李满春, 等. 基于场强模型的南沙岛礁战略地位评价. 地理研究, 2013, 32(12): 2292-2301.
[8] 赵焕庭, 王丽荣, 袁家义. 南海诸岛珊瑚礁可持续发展. 热带地理, 2016, 1(36): 1-11.
[9] 李元超, 于洋, 王道儒, 等. 原位监测技术在西沙群岛珊瑚礁生态系统中的应用. 海洋开发与管理, 2015, 32(2): 63-65.
[10] 梁文, 黎广钊, 谭趣孜, 等. 一种适合珊瑚礁生态区用海项目的礁系生物群落调查方法. 广西科学院学报, 2012, 28(3): 212-215.
[11] Petra Philipson, Tommy Lindell. 能从太空监测珊瑚礁吗? Ambio-人类环境杂志, 2003, 32(8): 580-586.
[12] Leiper I A, Siebeck U E, Marshall N J, et al. Coral health monitoring: linking coral colour and remote sensing techniques. Canadian Journal of Remote Sensing, 2009, 35(3): 276-286.
[13] 潘艳丽, 唐丹玲. 卫星遥感珊瑚礁白化概述. 生态学报, 2009, 29(9): 5076-5080.
[14] 王圆圆, 刘志刚, 李京, 等. 珊瑚礁遥感研究进展. 地球科学进展, 2007, 22(4): 396-402.
[15] 李继龙, 杨文波, 李小恕, 等. 近海栖息地卫星遥感监测与生境变化对生态影响的研究进展. 中国水产科学, 2015, 22(2): 171-184.
[16] Larson C. China's island building is destroying reefs. Science, 2015, 349(6255): 1434.
[17] 李淑, 余克服, 陈天然, 等. 珊瑚共生虫黄藻密度结合卫星遥感分析 2007 年南沙群岛珊瑚热白化. 科学通报, 2011, 56(10): 756-764.
[18] 汤超莲, 李鸣, 郑兆勇, 等. 近 45 年涠洲岛 5 次珊瑚热白化的海洋站 Sst 指标变化趋势分析. 热带地理, 2010, 30(6): 577-581.
[19] 周雄, 李鸣, 郑兆勇, 等. 近 50 年涠洲岛 5 次珊瑚冷白化的海洋站 Sst 指标变化趋势分析. 热带地理, 2010, 30(6): 582-586.
[20] Ziskin D C, Aubrecht C, Elvidge C D, et al. Describing coral reef bleaching using very high spatial resolution satellite imagery: experimental methodology. Journal of Applied Remote Sensing, 2011, 5(1): 53531.
[21] Donner S D, Skirving W J, Little C M, et al. Global assessment of coral bleaching and required rates of adaptation under climate change. Global Change Biology, 2005, 11(12): 2251-2265.
[22] Liu G, Strong A E, Skirving W. Remote sensing of sea surface temperatures during 2002 barrier reef coral bleaching. Eos Transactions American Geophysical Union, 2003, 84(15): 137-141.
[23] 陈标, 陈永强, 黄晖. 西沙群岛 2010 年珊瑚热白化卫星遥感监测. 中国环境科学学会学术年会, 中国香港, 2012.
[24] 陈标, 黄晖, 陈永强, 等. 三沙珊瑚礁健康状况实时监测与预警. 海洋开发与管理, 2013, (B12): 89-92.
[25] Ledrew E F, Holden H, Wulder M A, et al. A spatial statistical operator applied to multidate satellite imagery for identification of coral reef stress. Remote Sensing of Environment, 2004, 91(3-4): 271-279.
[26] Andréfouët S, Berkelmans R, Odriozola L, et al. Choosing the appropriate spatial resolution for monitoring coral bleaching events using remote sensing. Coral Reefs, 2002, 21(2): 147-154.
[27] Elvidge C D, Dietz J B, Berkelmans R, et al. Satellite observation of keppel islands (Great Barrier Reef) 2002 coral bleaching using IKONOS data. Coral Reefs, 2004, 23(1): 123-132.
[28] Yamano H, Tamura M. Detection limits of coral reef bleaching by satellite remote sensing: simulation and data analysis. Remote Sensing of Environment, 2004, 90(1): 86-103.
[29] Scopélitis J, Andréfouët S, Phinn S, et al. Changes of coral communities over 35 years: integrating *in situ* and remote-sensing data on Saint-Leu reef (La Réunion, Indian Ocean). Estuarine Coastal & Shelf Science, 2009, 84(3): 342-352.
[30] Scopélitis J, Andréfouët S, Phinn S, et al. Coral colonisation of a shallow reef flat in response to rising sea level: quantification from 35 years of remote sensing data at Heron Island, Australia. Coral Reefs, 2011, 30(4): 951-965.
[31] Palandro D A, Andréfouët S, Hu C, et al. Quantification of two decades of shallow-water coral reef habitat decline in the Florida keys national marine sanctuary using Landsat data (1984-2002). Remote Sensing of Environment, 2008, 112(8): 3388-3399.
[32] 唐军武, 田国良, 汪小勇, 等. 水体光谱测量与分析: 水面以上测量法. 遥感学报, 2004, 1(81): 37-44.
[33] Lyzenga D R. Passive remote sensing techniques for mapping water depth and bottom features. Applied Optics, 1978, 17(3): 379-383.
[34] Sagawa T, Boisnier E, Komatsu T, et al. Using bottom surface reflectance to map coastal marine areas: a new application method for lyzenga's model. International Journal of Remote Sensing, 2010, 31(12): 3051-3064.
[35] Zoffoli M L, Frouin R, Kampel M. Water column correction for coral reef studies by remote sensing. Sensors, 2014, 14(9): 16881-16931.

[36] 李先, 陈圣波, 王旭辉, 等. 基于辐射传输模型的水底反射率定量遥感反演研究. 吉林大学学报(地球科学版), 2008, (S1): 235-237.
[37] Brando V E, Anstee J M, Wettle M, et al. A physics based retrieval and quality assessment of bathymetry from suboptimal hyperspectral data. Remote Sensing of Environment, 2009, 113(4): 755-770.
[38] 潘德炉, 马荣华. 湖泊水质遥感的几个关键问题. 湖泊科学, 2008, 20(2): 139-144.
[39] Lyzenga D R. Remote sensing of bottom reflectance and water attenuation parameters in shallow water using aircraft and landsat data. International Journal of Remote Sensing, 1981, 2(1): 71-82.
[40] Tassan S. Modified Lyzenga's method for macroalgae detection in water with non-uniform composition. International Journal of Remote Sensing, 1996, 17(8): 1601-1607.
[41] Lyzenga D R. Shallow-water reflectance modeling with applications to remote sensing of ocean floor. Proceeding of 13th International Symposium on Remote Sensing of Environment, Ann Arbor, Michigan, 1979.
[42] Gordon H R, Brown O B. Influence of bottom depth and albedo on the diffuse reflectance of a flat homogeneous ocean. Applied Optics, 1974, 13(9): 2153-2159.
[43] Bierwirth P N. Shallow sea-floor reflectance and water depth derived by unmixing multispectral imagery. Photogrammetric Engineering & Remote Sensing, 1993, 59(3): 331-338.
[44] Yang C, Yang D, Cao W, et al. Analysis of seagrass reflectivity by using a water column correction algorithm. International Journal of Remote Sensing, 2010, 31(17-18): 4595-4608.
[45] Mobley C D, Sundman L K, Davis C O, et al. Interpretation of hyperspectral remote-sensing imagery by spectrum matching and look-up tables. Applied Optics, 2005, 44(17): 3576-3592.
[46] Klonowski A S W M, Fearns P R C S, Lynch M J. Retrieving key benthic cover types and bathymetry from hyperspectral imagery. Journal of Applied Remote Sensing, 2007, 1(1): 6656-6659.
[47] Fearns P R C, Klonowski W, Babcock R C, et al. Shallow water substrate mapping using hyperspectral remote sensing. Continental Shelf Research, 2011, 31(12): 1249-1259.
[48] Sandidge J C, Holyer R J. Coastal bathymetry from hyperspectral observations of water radiance. Remote Sensing of Environment, 1998, 65(3): 341-352.
[49] 樊彦国, 刘金霞. 基于神经网络技术的遥感水深反演模型研究. 海洋测绘, 2015, 35(4): 20-23.
[50] 党福星, 丁谦. 多光谱浅海水深提取方法研究. 国土资源遥感, 2001, 13(4): 53-58.
[51] 王晶晶, 田庆久. 基于TM遥感图像的近海岸带水深反演研究. 遥感信息, 2006, (6): 27-30.
[52] Sánchez-Carnero N, Ojeda-Zujar J, Rodríguez-Pérez D, et al. Assessment of different models for bathymetry calculation using SPOT multispectral images in a high-turbidity area: the mouth of the Guadiana Estuary. International Journal of Remote Sensing, 2014, 35(2): 493-514.
[53] 张靖宇. 浅海水深多维度遥感反演融合方法研究. 青岛: 国家海洋局第一海洋研究所硕士学位论文, 2015.
[54] Purkis S J. A "Reef-Up" approach to classifying coral habitats from IKONOS imagery. IEEE Transactions on Geoscience & Remote Sensing, 2005, 43(6): 1375-1390.
[55] Hochberg E J, Andrefouet S, Tyler M R. Sea surface correction of high spatial resolution IKONOS images to improve bottom mapping in near-shore environments. IEEE Transactions on Geoscience & Remote Sensing, 2003, 41(7): 1724-1729.
[56] Phinn S R, Mumby C M R P. Multiscale, object-based image analysis for mapping geomorphic and ecological zones on coral reefs. International Journal of Remote Sensing, 2012, 33(12): 3768-3797.
[57] 胡蕾秋, 刘亚岚, 任玉环, 等. SPOT5 多光谱图像对南沙珊瑚礁信息提取方法的探讨. 遥感技术与应用, 2010, 25(4): 493-501.
[58] 陈建裕, 毛志华, 张华国, 等. SPOT5 数据东沙环礁珊瑚礁遥感能力分析. 海洋学报(中文版), 2007, 29(3): 51-57.
[59] 王利花, 周云轩, 田波. 基于TM和ETM+影像数据的东沙环礁珊瑚礁监测. 吉林大学学报(地球科学版), 2011, 41(5): 1630-1637.
[60] 龚剑明, 朱国强, 杨娟, 等. 面向对象的南海珊瑚礁地貌单元提取. 地球信息科学学报, 2014, 16(6): 997-1004.
[61] 周旻曦, 刘永学, 李满春, 等. 多目标珊瑚岛礁地貌遥感信息提取方法——以西沙永乐环礁为例. 地理研究, 2015, 34(4): 677-690.
[62] Bertels L, Vanderstraete T, van Coillie S, et al. Mapping of coral reefs using hyperspectral CASI data; a case study: Fordata, Tanimbar, Indonesia. International Journal of Remote Sensing, 2008, 29(8): 2359-2391.
[63] Hedley J D, Roelfsema C M, Phinn S R, et al. Environmental and sensor limitations in optical remote sensing of coral reefs: implications for monitoring and sensor design. Remote Sensing, 2012, 4(1): 271-302.
[64] Mumby P J, Green E P, Edwards A J, et al. Coral reef habitat mapping: how much detail can remote sensing provide? Marine Biology, 1997, 130(2): 193-202.
[65] Mumby P J, Edwards A J. Mapping marine environments with IKONOS imagery: enhanced spatial resolution can deliver

greater thematic accuracy. Remote Sensing of Environment, 2002, 82(s 2-3): 248-257.
[66] Scopélitis J, Andréfouët S, Phinn S, et al. The next step in shallow coral reef monitoring: combining remote sensing and *in situ* approaches. Marine Pollution Bulletin, 2010, 60(11): 1956-1968.
[67] Knudby A, Ledrew E, Brenning A. Predictive mapping of reef fish species richness, diversity and biomass in Zanzibar using IKONOS imagery and machine-learning techniques. Remote Sensing of Environment, 2010, 114(6): 1230-1241.
[68] Sawayama S, Nurdin N, Muhammad Akbar A S, et al. Introduction of geospatial perspective to the ecology of fish-habitat relationships in indonesian coral reefs: a remote sensing approach. Ocean Science Journal, 2015, 50(2): 343-352.
[69] Sawayama A S, Komatsu T, Nurdin N. Coral reef habitats mapping of Spermonde Archipelago using remote sensing compared with *in situ* survey of fish abundance. SPIE Asia-Pacific Remote Sensing, 2012, 8525: 85250P.
[70] Mellin C, Andréfouët S, Kulbicki M, et al. Remote sensing and fish-habitat relationships in coral reef ecosystems: review and pathways for multi-scale hierarchical research. Marine Pollution Bulletin, 2009, 58(1): 11-19.
[71] 杨娟, 苏奋振, 石伟, 等. 南海珊瑚环礁开放程度模型构建研究. 热带海洋学报, 2014, (3): 52-56.

第五节　遥感技术在珊瑚礁研究和管理中的应用[①]

一、引言

珊瑚礁是海洋中生物种类最丰富、生物多样性最高的生态系统。它具有极高的生产力水平，是与陆地的热带雨林齐名的海洋生物物种资源宝库，因而也被称为海洋中的热带雨林[1]。它们起着维持全球生态平衡的作用，对维持地球生物资源和多样性具有特殊的价值[2]。珊瑚礁仅占世界海洋环境总面积的 0.25%，却栖居着全球 25%以上的海洋鱼类种群[3]。然而，受到人类活动和气候变化等因素的影响，珊瑚礁的生存正在受到严重的威胁。第十一届国际珊瑚礁论坛曾经在 2008 年指出，随着全球气候变化及人类活动等方面的影响，全球近 1/3 的珊瑚礁已濒临死亡的边缘[4]。

为了保护珊瑚礁，我们需要从珊瑚礁的管理和研究中入手，限制和控制人类对珊瑚礁的破坏，恢复因人类不合理利用而引起的珊瑚礁损坏，使其能继续维持生物群落的复杂性和物种的多样性[3]，让渔业和旅游业能持续发展。

珊瑚礁的生态调查对珊瑚礁的研究和管理都具有重要的作用，是保护和利用珊瑚礁的基础，其主要内容包括珊瑚礁的分布、健康状况、水体环境和底栖生境分布等。而要对珊瑚礁进行保护、规划或生态修复，则必须先清楚珊瑚礁的分布、生态现状等内容。珊瑚礁生态的传统调查以实地潜水、现场测量为基础，再辅以相应的室内解译。虽然这一方法为珊瑚礁的生态现状与动态过程研究提供了准确和重要的信息，但费时费力，对偏远区域珊瑚礁的调查更是极为不便，因此不利于对珊瑚礁进行持续和全面的监测[5]。

遥感是诸多学科融合与交叉的产物[6]，原理是通过传感器装置，在不与探测对象直接接触的情况下，从不同角度和高度（使用不同的卫星）来探测地面的空间信息技术，具有宏观、动态、便捷、低成本、高精度等特点。近年来，遥感在观测地球的宏观特征方面发挥着越来越重要的作用，已经被广泛地应用于国民经济与社会发展的各个领域，如资源管理、地理国情监测、自然灾害监测和军事侦察等。理论上讲，遥感技术有能力精确地记录岛礁及其相关的环境信息，能够有效地克服传统调查方法中的不足（如无法对偏远位置的珊瑚礁进行调查、无法进行大面积观测等），因此在岛礁调查中具有突出的优势[7]。国际上已经开始利用遥感技术研究珊瑚礁活珊瑚的覆盖率[8]，对珊瑚礁的地貌进行提取[9]、对珊瑚礁的水深进行绘制[10]，以及对珊瑚礁的底质进行分类[11]。遥感可以用来对珊瑚礁生态的健康状况展开调查，并对其变化进行监测（如珊瑚礁遥感图像时序检测[12]、珊瑚礁健康状况监测[13]等），还可以用来对周围水体环境进行监测，从而实现对珊瑚礁进行白化预警[14]。可见，遥感技术应用在珊瑚礁的管理和研究中有着强

[①] 作者：张惠雅，黄荣永，余克服

大的生命力和广阔的前景。

本节将从遥感在珊瑚礁专题图制作中的应用、遥感在珊瑚礁生态监测中的应用以及遥感在珊瑚礁环境因子检测中的应用等 3 个方面来介绍遥感技术在珊瑚礁研究和管理中的应用。其中，珊瑚礁的制图包括珊瑚礁生境、水深和地貌等专题图的制作；珊瑚礁生态的监测包括珊瑚礁生态过程的揭示和珊瑚礁白化的检测等方面的内容，珊瑚礁环境因子检测包括海水表层温度、叶绿素浓度和太阳辐射强度等因素的检测。珊瑚礁环境的检测获得的大范围环境参数可以用于白化预警模型的建立。本节最后将尝试总结当前遥感在珊瑚礁研究和管理应用中的不足，探讨珊瑚礁遥感未来的发展方向，希望能够促进遥感技术在珊瑚礁研究与管理中的应用研究。

二、遥感在珊瑚礁专题图制作中的应用

遥感图像可以用于制作珊瑚礁的生境分布、浅海水深地形、地貌等与珊瑚礁生态特征有关的专题图。这些专题图不仅可以用于珊瑚礁结构和资源等基础信息的检查，而且可以用作珊瑚礁生态功能的评估。

（一）遥感制图是珊瑚礁监测的良好选择

遥感对珊瑚礁生态状况的获取，不仅具有较好的时间和空间分辨率，而且具有较高的精度，因此是珊瑚礁制图的有效方法。万荣胜等[15]使用 10m 分辨率的 ALOS 多光谱遥感影像得到了徐闻珊瑚礁的分布图。该分布图可以用于分析此片区珊瑚礁的生态状况及变迁情况，并作为珊瑚礁生态保护和修复的依据。他们认为所做的分布图与赵焕庭等[16]通过实地潜水观察、测量和调查得到的徐闻珊瑚礁分布图范围大致相当，但更为精细。Selgrath 等[17]曾经对基于访谈获取地方环境知识（LEK）和基于高空间分辨率（2.0m）遥感图像这两种珊瑚礁制图方法进行详细的比较，结果表明遥感能够提供更准确的珊瑚礁生境信息，因而遥感被认为是珊瑚这种敏感物种保护与珊瑚礁规划所需的良好监测手段。他们还指出，LEK 和遥感能够相互补充，LEK 更适合用于水体浑浊的近岸和光线较弱的深海水域的调查，而遥感则更适宜在水体清澈的浅海区域使用。因此，在条件允许的情况下，LEK 和遥感两者如果能够结合使用，珊瑚礁分布和生境制图将会更准确，因而能更好地帮助决策者进行珊瑚礁的规划、管理和保护。

传统的珊瑚礁监测方法主要参照国际通用的珊瑚礁普查（reef check）、截线样条和照片样方等方法，即让专业的潜水员执行穿越线法，通过拍摄和录像等，记录调查范围内的珊瑚生长情况、健康状况、白化比例和底栖类别等信息。这些方法难以监测到珊瑚礁的突发事件，也难以对固定区域的珊瑚礁群落进行持续的监测，更难以在遥远和急流等危险自然条件下实施。这些传统的方法属于对点和线的监测，而遥感则属于对大面积范围的监测，因而遥感可以弥补传统方法的局限：可以对较大面积的珊瑚礁周期性地进行非接触的连续监测，不仅能够监测珊瑚礁的时间和空间分辨率，还能够极大地提高对珊瑚礁突发事件的监测能力。因此，我们认为遥感制图是珊瑚礁监测的良好选择。

（二）遥感制图能够揭示珊瑚礁区的底栖生境特征

底栖生境被定义为底栖大生物（动植物）和底质的组合[11]，生境制图（habitat mapping）是现在遥感应用于珊瑚礁的最广泛的内容。考虑到沿海生态系统对海洋环境质量和全球气候的重要意义（如海草是沿海海洋生物的基石，为渔业提供关键的生境和营养），沿海生态系统底栖生境的有效和充分的信息对于政府机构和公众都非常重要，它们能帮助政府和公众更有效地管理和规划珊瑚礁。底栖生境监测能够提供对海洋生态系统健康的观测，而这正是珊瑚礁管理与规划所需要的。

珊瑚礁生境分类图多数是通过传统的航空摄影，使用照片判读技术或实地测量得到的[15]，但随着高

分辨率卫星图像可用性的增加和成本的降低，遥感图像分析方法为珊瑚礁生境制图提供了成本更低、效益更高的方案[18]。采用高分辨率卫星影像对珊瑚礁进行遥感监测，可以为珊瑚礁的合理利用提供科学依据。例如，邹亚荣等[19]基于高分辨率（0.6m）的 QuickBird 全色影像建立了岛礁几何参数与发育指数，以便对南沙珊瑚礁的发育状况进行监测，对南沙珊瑚礁的保护起到了指导作用。

底栖生境制图主要是基于遥感图像（光谱信息）对底栖生境类型进行分类，以便提供关于珊瑚礁的充分和精确的信息。底栖生境制图目前已被广泛用于了解和预测珊瑚礁资源的空间分布和环境的动态变化，并在监测抽样策略的设计、海洋保护区的划定和珊瑚礁保护效果的评估等方面起到了重要的作用[20]。遥感影像所能辨识的生境类型受制于许多因素，如传感器平台、传感器类型、大气清洁度、海洋表面粗糙程度、水质状况及水深等均会对生境分类造成影响。

遥感传感器平台和传感器类型的选择对珊瑚礁生境分类的精确性是十分重要的，而这也是众多研究者所关注的一个焦点问题。Mumby 等[11]、Hochberg 和 Atkinson[21]、Leiper 等[22]都曾经对其进行了深入的研究。根据他们的研究，我们对部分不同类型传感器的珊瑚礁生境制图能力进行了简要的总结，如表 21.2 所示。

表21.2　各种类型传感器遥感影像的珊瑚礁生境制图能力简表

传感器类型	底质粗分类（≤6）	底质中等分类（7～12）	底质精细分类（>12）	珊瑚覆盖率	水深测量	变化监测	白化监测	白化预警
机载/星载高空间分辨率高光谱（AAHIS、AIVRIS、CASI、Hyperion 等）	√	√	√	√	√	√	√	√
星载高空间分辨率多光谱（IKONOS、QuickBird2 等）	√	√		√	√	√	√	
星载中空间分辨率多光谱（SPOT、Landsat 等）	√				√	√	√	
星载低空间分辨率多光谱（MODIS、MERIS 等）								√

中空间分辨率多光谱遥感影像（如 SPOT、Landsat 等）由于易获取且成本低，过去常常被用来进行珊瑚礁的研究[11]。部分底质（如珊瑚、海草和海藻等）具有相似的光谱反射特征，而这限制了这些多光谱遥感影像对珊瑚礁底质类型的鉴别能力。通常中空间分辨率多光谱遥感影像可以用于底质类型的粗分类（≤6 类）。Mumby 等[11]的研究表明，多光谱遥感影像在粗略绘制生境地图时具有较高的精度和最好的成本效益。Hochberg 和 Atkinson[21]等则认为多光谱遥感影像的波段通常比较宽，所以不能很好地区分珊瑚、藻类和沙子。王利花等[23]指出，对于简单的珊瑚礁群落分类（4～6 类），中等分辨率的多光谱影像（如 ETM+、TM 影像）具有很高的性价比。他们同时指出对于更详尽的珊瑚礁调查、评估及环境监测，则需要更高空间分辨率的多光谱遥感数据（如 IKONOS、QuickBird2 等），但数据的成本也将大幅度提高。

相比于多光谱，具有多个窄波段的高光谱遥感影像则能分辨出更多的细节，所以它能够以更高的精度对更多的珊瑚礁生境类型进行划分。Mumby 等[11]的研究指出，多光谱与高光谱遥感影像在粗略底质分类时都能有效发挥其作用，但在更详尽的底质分类（>6 类）时，高光谱遥感影像的分类精度就超越了多光谱遥感影像。很多高光谱遥感影像分类方法都需要先得到在特定波长处底质光谱的特征，所以高光谱遥感影像分类方法常常需要原位测量的光谱信息来作为数据支持。Leiper 等[22]在使用轻便型机载光谱成像仪（CASI）来绘制苍鹭岛珊瑚礁的分布图时，采用利用原位测量纯端元光谱与 CASI-2 图像结合的方法将底质分为 10 类，并取得65%的整体分类精度。Mohanty 等[24]结合 E0-1 卫星 Hyperion 高光谱成像仪影像与原位测量光谱信息，根据光谱、纹理、形状等将珊瑚礁区进行 9 个不同类别的划分，总体精度达到 92.01%，但珊瑚礁的面积被高估。因为星载的高光谱数据空间分辨率较低，所以他们认为如果能结合高空间分辨率的遥感图像（能更清楚地得知其纹理变化、形状），则能够得到分类精度更高的结果。

随着遥感工具和技术的不断发展，遥感在珊瑚礁生物多样性评估方面具有巨大潜力，很多珊瑚研究者试图通过遥感对海洋物种多样性进行有效估计。Lucas 和 Goodman[25]曾经采用 GER-1500 光谱仪以 1.5nm 的采样间隔对 9400 多个珊瑚礁进行了原位光谱，对珊瑚礁的光谱可分离性进行详细分析。他们的分析表明许多珊瑚种类都表现出相似的光谱反射特征。正因为这些固有的光谱相似性，导致遥感通常会低估研究区域的生物多样性。而且随着水深的增加，珊瑚礁水下各种不同组分（珊瑚、海绵、水下植被和沙子）之间的相对可分性会随之不断降低，尤其是不同珊瑚种类的光谱特征就变得愈加难以区分。他们为此推断，除某些种类能够表现出独特光谱特征外，即使采用高光谱分辨率和高空间分辨率的遥感图像，我们也难以利用光谱对所有的个体物种进行区分，所以遥感难以如实地反映海洋生物的多样性。可见，利用遥感进行海洋生物多样性的评估时，我们只能对其下限进行粗略的估计。

（三）遥感制图能够揭示珊瑚礁区的地形分布

使用遥感技术来进行珊瑚礁地形调查可以降低成本，并且大范围地掌握珊瑚礁区的地形，可以作为声学水深测量的有效补充。珊瑚礁区水深分布图能够为珊瑚礁鉴别提供有效的基底[10]，能够为划分珊瑚礁水下生态带提供基础，能够为珊瑚礁研究和管理提供基础数据。党福星和丁谦[26]曾经指出当水质和大气条件在水平方向均一时，遥感反演水深的方法分为底质分区法、波段比值法和多波段组合法。Leiper 等[22]利用底质分区法（即先进行底质类型的划分，然后再根据不同底质类型建立图像值与水深的关系，从而消除底质类型的不同对水深反演的影响）对轻便型机载光谱成像仪（CASI）数据进行水深反演。他们得到的水深与原位声呐测量结果高度一致（拟合优度达到 0.93）。Warnasuriya 等[27]基于 Landsat ETM+影像，使用"水深穿透（depth of penetration）"方法对斯里兰卡南部珊瑚礁区域进行了水深测图。他们认为，Landsat ETM+影像容易获取，是绘制珊瑚礁深度的较好选择，但由于其空间分辨率（15m、30m、60m）的限制，因此只适用于长度超过 30m 的大型珊瑚礁。高空间分辨率遥感卫星的出现使制作高分辨率的海底水深分布图成为可能。Eugenio 等[10]曾经针对高空间分辨率的 WorldView-2 影像，对半分析模型（QAA）水深反演方法进行研究，可以绘制的最大水深达 25m。他们使用现场测量数据实现的水深反演效果验证结果表明，所提出的水深反演方法反演水深的均方根误差达到 1.2～1.94m。这说明高空间分辨率的遥感影像能够提高水深反演的精度。

（四）遥感制图能够揭示珊瑚礁区的地貌结构

珊瑚礁地貌信息对珊瑚礁的管理、保护，以及资源的利用和可持续发展具有重要的指导意义。珊瑚礁在各种不同因素的综合作用下（如造礁珊瑚、沉积、搬运和海洋动力等）会形成独特的地貌单元。这些单元的构成、色泽、纹理、颗粒等的特异性使其具有可分性[9]。因此，根据这些珊瑚礁地貌的形成过程和结构特点等地学先验知识，我们可以针对遥感影像建立一个专门提取珊瑚礁地貌信息的模型，以便以后能够通过遥感影像实时、快速、高效和准确地对珊瑚礁进行地貌特征的提取。

龚剑明等[9]曾经针对南海珊瑚礁的地貌单元，将珊瑚礁地貌特征与高分辨率遥感影像的形状和纹理等进行融合，从而提高了珊瑚礁地貌单元提取的完整性和精度甚至珊瑚礁边界细节的表达能力。他们实际构建了一个可以吸纳珊瑚礁地貌单元、光谱和形状等特征的珊瑚礁地貌单元提取模型。而他们最后利用 WorldView-2 高分辨率遥感影像进行的实验证明了所提取模型能够获得较高精度的南海珊瑚礁地貌信息。周旻曦等[28]通过中巴地球资源卫星（CBERS-02B）影像判别了南海珊瑚岛礁地貌的分异特征（"宏观环状连续、微观异质破碎"）。针对该特征，他们建立了双尺度转化下的数据与模型混合驱动的岛礁地貌信息提取框架。他们的实验还验证了所提框架在永乐礁区域具有很好的适用性。他们认为该方法能够全自动化地执行,且比需要人工干预的监督分类方法更加方便有效。

综上所述,遥感制图是珊瑚礁监测的良好选择,能够揭示珊瑚礁区的底栖生境特征、地形分布和地貌结构,具备大面积和周期性连续监测的潜力。但遥感制图受到传感器、大气质量、云层、水质、水深和底质等诸多因素的限制,其制图精度有限,导致根据遥感制图得到的珊瑚礁区分布区域和分布面积等参数具有无法消除的误差。例如,我们可以利用遥感对珊瑚礁生境进行较为粗略的划分,但是我们无法据此而得知准确的物种多样性。因而,遥感可以作为传统生态调查方法的补充,并将其应用于遥远区域或危险区域等困难条件下大范围珊瑚礁状况的监测。

三、遥感在珊瑚礁生态变化监测中的应用

近年来,由于自然和人为因素,珊瑚礁正在逐渐减少甚至消失。为了保护珊瑚礁,对珊瑚礁的变化进行监测和分析是至关重要的。过去,珊瑚礁退化的监测主要采用原位观测的方式而得以实现(通过系列结果前后对比判断珊瑚礁是否有减少、白化和消失的现象,以及它们的变化程度)。若想扩大监测范围,进行区域甚至全球的珊瑚礁变化监测时,原位观测将难以实现。因此,我们此时需要借助遥感的方法而实现大范围的珊瑚礁变化监测。珊瑚礁变化遥感监测主要包括基于多时相遥感影像的珊瑚礁变化过程监测,以及基于光谱信息的珊瑚礁健康状况分析两个方面的内容。

(一)基于多时相遥感影像的珊瑚礁变化过程监测

传统的珊瑚礁生态过程的监测方法主要依靠现场调查数据和航空摄影[29],但这些方法对于面积较大的区域既耗时又昂贵。对于较大范围的区域研究,卫星遥感与地理信息系统(GIS)的结合能够提供性价比较高的珊瑚礁变化监测工具。我们可以通过不同年份的遥感图像查看多年来珊瑚礁的变化情况。结合GIS的时相分析功能,我们可以分析和统计珊瑚礁变化的具体情况,从而能够定量地观测到珊瑚礁是否得到保护和恢复,以及珊瑚礁是否有退化和减少等方面的内容。

由于不同传感器具有不同的影像采集条件(高度、角度和分辨率等),使用同一传感器的数据更有利于进行珊瑚礁变化过程的监测。因为Landsat系列卫星提供1984年至今最长时间的序列图像[30],Palandro等[30]、王利花等[31]和El-Askary等[12]都使用Landsat系列卫星的遥感图像来对珊瑚礁进行动态变化监测。这些研究者的实践经验表明Landsat系列卫星的遥感图像在十年尺度的珊瑚礁变化过程的监测中具有普遍的适用性。具体而言,他们要么首先通过对不同年份同一地点的Landsat进行生境分类,然后再采用GIS的空间分析和统计功能[23],而达到对珊瑚礁变化过程监测的目的;要么通过最新的分类图像与原始分类图像的差[12]来定性和定量分析珊瑚礁的变化情况,并据此分析珊瑚礁被破坏的原因、检查珊瑚礁是否得到有效保护等。

当然,部分研究者也考虑利用多源数据来进行珊瑚礁变化过程的监测。例如,Iovan等[31]曾经提出一种从不同传感器获得的多时相卫星影像中进行珊瑚礁生境变化检测的框架,从而分析了印度尼西亚布纳肯岛12年间珊瑚礁生境的变化情况。

(二)基于光谱信息的珊瑚礁健康状况分析

珊瑚礁白化是由于珊瑚失去体内共生的虫黄藻和(或)共生的虫黄藻失去体内色素而导致五彩缤纷的珊瑚礁变白的生态现象。珊瑚礁白化不仅会导致珊瑚死亡和珊瑚礁生态系统严重退化,破坏礁栖生物的生存环境,同时给人类带来巨大的损失。近年来,频繁发生的珊瑚礁白化预示着珊瑚礁生态系统的严重退化,并已经影响到全球珊瑚礁生态系统的平衡,受到了人们的高度重视[32]。

利用光谱信息对珊瑚礁底质（特别是活珊瑚和大藻类）进行分析可以提供与珊瑚礁健康状况有关的信息（如珊瑚白化）。光谱测量是珊瑚礁白化检测的基础，能够为珊瑚礁遥感监测后续工作的开展提供光谱学基础，也为遥感数据源的选择以及相应遥感影像的底质分类提供基本依据。要对健康和白化珊瑚进行区分，首先要对其光谱进行测量与分析，所以原位光谱测量在遥感应用中起着重要作用。Holden 和 Ledrew[13]利用光谱辐射计对珊瑚礁进行光谱测量，结果表明斐济和印度尼西亚的活珊瑚和白化珊瑚的光谱反射率有显著的差异，因而可以通过光谱信息对活珊瑚和死珊瑚进行鉴别。然而，死珊瑚被藻类覆盖后的色素往往类似于某种类型珊瑚，导致活珊瑚和死珊瑚的鉴别变得更复杂。Clark 等[33]曾经通过原位光谱测量结果对活珊瑚和被藻类覆盖的死珊瑚的光谱反射率进行比较分析。他们认为，我们能通过光谱信息特征来区分死亡时间不大于 6 个月的珊瑚、死亡时间大于 6 个月的珊瑚和活珊瑚等 3 种类型，并指出鉴别活珊瑚与死亡珊瑚应该着重采用 515～572nm 和 596nm 波长的光谱信息。Karpouzli 和 Malthus[34]通过从圣安德烈斯群岛和普罗维登西亚群岛沿海水域收集了 28 种健康和病态的珊瑚，以此为基础研究如何进行白化和健康珊瑚的区分，并指出光谱特性曲线的一阶导数能更好地区分珊瑚的这两种状态的结论。陈标等[35]针对三亚海域常见的风信子鹿角珊瑚和疣状杯形珊瑚的光谱进行测量，并分析了它们在健康和白化状态下的反射率特征，结果表明表面反射率能够很好地识别出这两种珊瑚。他们同时还确定了这两种珊瑚的敏感波段（即两种健康珊瑚均在 575nm、605nm、650nm 处出现显著波峰）。最后，他们还指出，对不同海域、不同种类健康与白化状态珊瑚的反射率特征的深入分析，将是今后的研究重点。

确定健康与白化状态下珊瑚反射率的特征及敏感波段，能推进珊瑚礁遥感技术在监测珊瑚礁生态系统工作中的应用，为珊瑚礁遥感技术的进一步发展提供基础依据。就目前而言，原位高光谱在鉴别珊瑚健康与白化状态方面虽然已经取得了一定的成果，但能否通过机载或星载高光谱遥感影像准确区分出健康与白化珊瑚还是一个亟待解决的问题。

四、遥感在珊瑚礁环境因子检测中的应用

温度升高、太阳辐射、低温、污染物、营养盐过高或过低、病害等都会成为导致珊瑚礁白化的因素[32]。除了对珊瑚礁本身进行变化监测外，遥感还可以对珊瑚礁周边水体生态环境进行监测。珊瑚白化后，如果环境有所改善，则它们还是可以恢复健康的，但需要很长的时间。珊瑚礁环境监测的意义在于预测珊瑚礁健康与白化状况的趋势，为珊瑚白化事件提供预警，并及时提醒保护者和政府。

目前认为珊瑚礁大面积白化的最主要原因是海水温度异常升高[36]：当海水表层温度超过月平均最高温度1℃并持续时间达到数天或数星期时，珊瑚礁就有白化的可能。美国国家海洋和大气管理局（NOAA）的珊瑚礁观察计划（Coral Reef Watch，CRW）研发了 50km 分辨率的卫星来监测全球的珊瑚礁，并提出白化热点（hot spot）和周热度指数（degree heating week，DHW）两个指标。这两个指标目前被作为研究与珊瑚礁白化有关的海水温度的压力指数，可以用于对珊瑚礁的健康状况进行判断，对珊瑚礁可能发生的白化现象进行预警。陈标等[37]认为如果能把卫星遥感同浮标实测和现场监测数据结合来对三沙珊瑚礁健康状况进行动态、实时的监测，就能得到理想的珊瑚礁健康状况监测效果。他们利用这两种产品（hot spot 和 DHW）对西沙群岛 2010 年珊瑚热白化现象进行动态监测研究，从而实现了国内首次利用遥感进行实时、大面积珊瑚白化的动态监测[38]。作者最后指出，以后工作应该立足于以高分辨率遥感监测与特定海域实地调查相结合的方式来对珊瑚礁进行监测。此外，CRW 最新还开发了 5km 空间分辨率的白化温度产品。与 50km 产品相比，5km 空间分辨率产品能够大大减少混合像元的数量（低空间分辨率会造成全球 60%以上的浅水珊瑚礁不被直接覆盖），因而能够使珊瑚白化预警的准确性得到进一步提高[39]。然而，目前使用 5km 温度产品的研究者还较少，其数据准确性还有待验证，并且像元空间分辨率仍然是温度产品应用的瓶颈（$25km^2$ 的像元仍然会导致对白化预警的低估）。

虽然温度被认为是使珊瑚礁白化的最重要因素，但其他影响因子对珊瑚礁白化的影响也不容忽视，所以为了更好地提高珊瑚礁白化预警的准确性，我们应把影响因子一并考虑进去。Liu 等[14]指出 NOAA 开发的温度产品虽然已经成功地被应用于珊瑚礁环境因子的检测，但我们还需要不断改善以便适应新的环境和区域，并且结合别的环境参数，以便能够对珊瑚礁对环境变化的响应进行更全面的预测。赵文静等[40]结合 2004~2012 年 MODIS-Aqua 三级遥感产品数据，对西沙群岛周边海域叶绿素 a 浓度（Chla）和海水表层温度（SST）的时空分布特征进行了分析，并预测西沙群岛珊瑚礁周围的海域在 2014 年极有可能发生珊瑚白化事件。不过，我们目前还没有收集到可靠的证据或记录来表明 2014 年西沙群岛是否真的发生了珊瑚礁白化事件。Barnes 等[41]曾经研究海水表层温度（SST）、紫外线辐射（UV）、可见光（VIS）等环境参数对佛罗里达群岛珊瑚礁白化的影响，结果表明这些因素异常都有可能会导致珊瑚礁白化。在此基础上，他们还针对佛罗里达群岛构建了一个模型，以便用于预测珊瑚礁白化现象。该模型利用多种有关环境因素的指标实现了佛罗里达群岛珊瑚礁白化预警的自动化，使该岛能及时且有效地获得珊瑚礁白化的预警信息。多指标白化预警自动化能更全面地反馈珊瑚所遭受的压力，因而是珊瑚礁环境因子检测未来研究的重要方向。

由此可见，虽然白化预警的发展已经有了一段时间，但是我们目前还没有发现哪一个模型能够完全准确地预警可能发生的白化现象。

五、结论

近年来，许多国内外学者使用遥感技术作为珊瑚礁研究和管理的手段，做了许多相关研究，比起传统的珊瑚礁生态调查而言，遥感的成本效益更高（较低成本带来更高收益），并且可以大范围、实时地获取珊瑚礁的信息，特别是在对偏远位置的珊瑚礁进行调查时遥感有更为突出的优势。因此，遥感技术对珊瑚礁的管理和研究有重要意义。

在珊瑚礁专题图制作方面，遥感技术可以以一定的精度得到大范围的有关珊瑚礁的分布、数量、面积、水深、地形、地貌和生境特征等信息，因而是珊瑚礁监测的良好选择，也是传统生态调查方法的有效补充。在珊瑚礁生态变化过程的监测方面，遥感技术能够结合 GIS 的空间分析和统计功能，通过时序图像的对比以及光谱特征的分析，达到对珊瑚礁分布和健康状态的周期性连续监测的目的，因而是珊瑚礁生态研究的有力工具。在珊瑚礁环境因子的检测方面，目前成功应用的主要是基于 NOAA 温度产品的白化预警，但叶绿素和各种辐射强度等环境因素对珊瑚礁白化的影响也不容忽视，因此，多指标白化预警自动化能更全面地反馈珊瑚所遭受的压力，因而是珊瑚礁环境因子检测及其在珊瑚礁白化预警中的应用当前和未来研究的重要方向。

然而，受到水体、大气、光谱混合以及数据源等多方面因素的影响，遥感目前仍然在诸多方面还不能很好地满足珊瑚礁研究与管理的应用需求[42]，具体如下。

（1）多光谱遥感成本低、容易获取，但波段数量有限且波段宽度通常较大，导致多光谱遥感影像无法用于珊瑚礁生境的精细分类；而高光谱遥感影像虽然可以用于较为精细的珊瑚礁生境分类，却存在价格高昂、数据量大以及不易获取等缺点，因而基于高光谱的珊瑚礁遥感监测方法目前应用较少。另外，海水对光的吸收和散射作用的影响，使得珊瑚礁生境各种组分之间的光谱相似性加剧，以至于基于遥感影像分类的结果只能对物种多样性的下限进行粗略的估计。虽然随着遥感影像时间分辨率、空间分辨率和光谱分辨率的不断提高，遥感制图的这些局限性会得到一定程度的缓解，但是短期内仍然无法消除。这是珊瑚礁遥感应用中需要特别注意的问题。

（2）在珊瑚礁白化鉴别方面，由于健康和白化珊瑚有着不同的光谱反射特征，所以原位光谱测量所获得的底质光谱信息能够用来帮助区分珊瑚的健康与白化状态。然而，原位光谱测量研究的成功只能作为基于遥感影像进行珊瑚礁健康状态监测的基础，我们目前尚未发现基于实际机载或星载高光谱遥感影像对珊瑚礁健康与白化状况进行精确分析的实用案例。

（3）遥感在珊瑚礁研究与管理应用中，往往需要针对不同的传感器和研究区域进行具有针对性的方法研究，且这些方法的通用性较低，这也是当前限制珊瑚礁遥感应用的重要因素。而该问题的解决也是珊瑚礁遥感能否发挥远距离大面积观测优势的关键所在。

（4）遥感在珊瑚礁环境因子的检测中往往主要指 NOAA 海水表层温度产品的应用，但是单一地根据温度异常并不能很好地预测珊瑚是否会发生白化，往往导致低估了白化现状。这是因为除了海水表层温度之外，太阳辐射、低温、污染物、营养盐过高或过低、病害等都会成为导致珊瑚礁白化的因素。换句话说，目前的问题是遥感在珊瑚礁环境因子检测的研究主要集中于海水表层温度的研究，而较少涉及其他环境因子的检测研究且大多没有得到实验的验证。

参 考 文 献

[1] 王丽荣, 赵焕庭. 珊瑚礁生态系的一般特点. 生态学杂志, 2001, 20(6): 41-45.

[2] 廖宝林, 刘丽, 刘楚吾. 徐闻珊瑚礁的研究现状与前景展望. 广东海洋大学学报, 2011, 31(4): 91-96.

[3] 王国忠. 全球气候变化与珊瑚礁问题. 海洋地质动态, 2004, 20(1): 8-13.

[4] Carpenter K E, Abrar M, Aeby G, et al. One-third of reef-building corals face elevated extinction risk from climate change and local impacts. Science, 2008, 321(5888): 560-563.

[5] 潘艳丽, 唐丹玲. 卫星遥感珊瑚礁白化概述. 生态学报, 2009, 29(9): 5076-5080.

[6] 赵英时. 遥感应用分析原理与方法. 北京: 科学出版社, 2013.

[7] 胡蕾秋, 刘亚岚, 任玉环, 等. SPOT5 多光谱图像对南沙珊瑚礁信息提取方法的探讨. 遥感技术与应用, 2010, 25(4): 493-501.

[8] Kondraju T T, Mandla V R B, Mahendra R S, et al. Evaluation of various image classification techniques on Landsat to identify coral reefs. Geomatics Natural Hazards & Risk, 2014, 5(2): 173-184.

[9] 龚剑明, 朱国强, 杨娟, 等. 面向对象的南海珊瑚礁地貌单元提取. 地球信息科学学报, 2014, 16(6): 997-1004.

[10] Eugenio F, Marcello J, Martin J. High-Resolution maps of bathymetry and benthic habitats in shallow-water environments using multispectral remote sensing imagery. IEEE Transactions on Geoscience & Remote Sensing, 2015, 53(7): 3539-3549.

[11] Mumby P J, Green E P, Edwards A J, et al. Coral reef habitat mapping: how much detail can remote sensing provide? Marine Biology, 1997, 130(2): 193-202.

[12] El-Askary H, El-Mawla S H A, Li J, et al. Change detection of coral reef habitat using landsat-5 TM, landsat 7 ETM+ and landsat 8 OLI data in the Red Sea (Hurghada, Egypt). International Journal of Remote Sensing, 2014, 35(6): 2327-2346.

[13] Holden H, Ledrew E. Spectral discrimination of healthy and non-healthy corals based on cluster analysis, principal components analysis, and derivative spectroscopy. Remote Sensing of Environment, 1998, 65(2): 217-224.

[14] Liu G, Eakin C M, Rauenzahn J L, et al. NOAA coral reef watch's decision support system for coral reef management. Proceedings of the 12th International Coral Reef Symposium, 2012: 9-13.

[15] 万荣胜, 朱本铎, 黄文星. 遥感在徐闻珊瑚礁保护区调查中的应用. 矿床地质, 2014, (S1): 747-748.

[16] 赵焕庭, 王丽荣, 宋朝景. 徐闻县西部珊瑚礁的分布与保护. 热带地理, 2006, 26(3): 202-206.

[17] Selgrath J C, Roelfsema C, Gergel S E, et al. Mapping for coral reef conservation: comparing the value of participatory and remote sensing approaches. Ecosphere, 2016, 7(5): 1-17.

[18] Baumstark R, Dixon B, Carlson P, et al. Alternative spatially enhanced integrative techniques for mapping seagrass in Florida's marine ecosystem. International Journal of Remote Sensing, 2013, 34(4): 1248-1264.

[19] 邹亚荣, 梁超, 朱海天. 基于 QuickBird 影像上珊瑚礁发育状况监测实验研究. 海洋学报, 2012, 34(2): 57-62.

[20] Ward T J, Vanderklift M A, Nicholls A O, et al. Selecting marine reserves using habitats and species assemblages as surrogates for biological diversity. Ecological Applications, 2008, 9(2): 691-698.

[21] Hochberg E J, Atkinson M J. Capabilities of remote sensors to classify coral, algae, and sand as pure and mixed spectra. Remote Sensing of Environment, 2003, 85(2): 174-189.

[22] Leiper I, Phinn S, Roelfsema C, et al. Mapping coral reef benthos, substrates, and bathymetry, using compact airborne spectrographic imager (CASI) data. Remote Sensing, 2014, 6(7): 6423-6445.

[23] 王利花, 周云轩, 田波. 基于 TM 和 ETM+影像数据的东沙环礁珊瑚礁监测. 吉林大学学报(地球科学版), 2011, 41(5):

[24] Mohanty P C, Panditrao S, Mahendra R S, et al. Identification of coral reef feature using hyperspectral remote sensing. SPIE Asia-Pacific Remote Sensing, 2016, 9880: 9880 1B.
[25] Lucas M Q, Goodman J. Linking coral reef remote sensing and field ecology: it's a matter of scale. Journal of Marine Science & Engineering, 2014, 3(1): 1-20.
[26] 党福星, 丁谦. 利用多波段卫星数据进行浅海水深反演方法研究. 海洋通报, 2003, 22(3): 55-60.
[27] Warnasuriya T W S, Kumara P B T P, Alahacoon N. Mapping of selected coral reefs in Southern, Sri Lanka using remote sensing methods, 2015, 19: 41-55.
[28] 周昊曦, 刘永学, 李满春, 等. 多目标珊瑚岛礁地貌遥感信息提取方法——以西沙永乐环礁为例. 地理研究, 2015, 34(4): 677-690.
[29] Palandro D, Andréfouët S, Dustan P, et al. Change detection in coral reef communities using Ikonos satellite sensor imagery and historic aerial photographs. International Journal of Remote Sensing, 2003, 24(4): 873-878.
[30] Palandro D, Andréfouët S, Mullerkarger F E, et al. Detection of changes in coral reef communities using landsat-5 TM and landsat-7 ETM+ data. Canadian Journal of Remote Sensing, 2003, 29(2): 201-209.
[31] Iovan C, Ampou E, Andrefouet S, et al. Change detection of coral reef habitats from multi-temporal and multi-source satellite imagery in Bunaken, Indonesia. International Workshop on the Analysis of Multi-temporal Remote Sensing Images, 2015: 1-4.
[32] 李淑, 余克服. 珊瑚礁白化研究进展. 生态学报, 2007, 27(5): 2059-2069.
[33] Clark C D, Mumby P J, Chisholm J R M, et al. Spectral discrimination of coral mortality states following a severe bleaching event. International Journal of Remote Sensing, 2000, 21(11): 2321-2327.
[34] Karpouzli E, Malthus T. Hyperspectral discrimination of coral reef benthic communities. IEEE International Geoscience and Remote Sensing Symposium, 2003, (4): 2377-2379.
[35] 陈标, 黄晖, 陈永强, 等. 三亚两种常见珊瑚健康与白化状态反射率特征分析. 生态科学, 2014, 33(6): 1080.
[36] Hoegh-Guldberg O. Climate change, coral bleaching and the future of the world's coral reefs. Marine & Freshwater Research, 1999, 50(8): 839-866.
[37] 陈标, 黄晖, 陈永强, 等. 三沙珊瑚礁健康状况实时监测与预警. 海洋开发与管理, 2013, 30(b12): 89-92.
[38] 陈标, 陈永强, 黄晖. 西沙群岛 2010 年珊瑚热白化卫星遥感监测. 中国环境科学学会学术年会, 香港, 2012.
[39] Liu G, Heron S, Eakin C, et al. Reef-scale thermal stress monitoring of coral ecosystems: new 5-km global products from NOAA Coral Reef Watch. Remote Sensing, 2014, 6(11): 11579-11606.
[40] 赵文静, 姜国强, 杨静, 等. 西沙群岛及周边海域水体关键生态环境参量时空分布特征的遥感研究. 中国环境科学学会学术年会, 北京: 2015.
[41] Barnes B B, Hallock P, Hu C, et al. Prediction of coral bleaching in the Florida keys using remotely sensed data. Coral Reefs, 2015, 34(2): 1-13.
[42] 王圆圆, 刘志刚, 李京, 等. 珊瑚礁遥感研究进展. 地球科学进展, 2007, 22(4): 396-402.

第六节 ^{15}N 稳定同位素在珊瑚礁研究中的应用①

随着全球范围珊瑚的退化，珊瑚礁生态系统越来越多受到人们的关注。珊瑚礁生态系统具有极高的生物生产力和生物多样性，但造礁珊瑚如何在贫营养海区维持着极高的生产力，其原因之一是珊瑚和虫黄藻的共生机制[1]。虫黄藻将大部分光合作用的产物提供给宿主珊瑚，而珊瑚提供虫黄藻光合作用所需的无机碳、氮和磷酸盐等原料。珊瑚生长在清澈的浅水区，才能与虫黄藻维持良好的共生关系；在中光度层（50～130m），冷水珊瑚主要以捕食水中颗粒有机质的异养方式为主[2]。

珊瑚白化是指珊瑚失去大部分与其共生的虫黄藻，其主要诱因有高温、强辐射、低温、有毒污染物、病毒等[3, 4]。由于全球气候变暖与厄尔尼诺现象，大堡礁珊瑚礁在过去 18 年来发生了 3 次大规模白化现象。在珊瑚白化过程中共生体细胞间的活动非常复杂，目前的研究非常有限。有报道称白化首先是由过

---
① 作者：宁志铭，余克服

多的活性氧产生而导致的，但也可能是其他原因引起的[4]。珊瑚发生白化后若环境有所改善，珊瑚礁还可以恢复，但要恢复大范围白化的珊瑚礁可能需要几年到几十年[5]。珊瑚共生藻也具有环境适应性，不同系群的虫黄藻在珊瑚中所占的比例会因白化程度不同而异[3]。此外，受人类活动影响如过渡捕捞、污染物排放等都会对珊瑚生长产生影响。

中度水平的富营养化并不会对珊瑚礁生态系统产生影响[6]，但突发暴雨增加的营养盐会促使大型藻的增长而改变珊瑚和大型藻的覆盖度[7]，河流氮输入导致海星的过度繁殖和珊瑚覆盖度的降低[8]，近海长期富营养化则降低珊瑚的多样性[9]。究竟对珊瑚礁生态系统产生负面影响的环境阈值是多少？Graham 等[5]通过生态模型计算提供了珊瑚可恢复生态弹性的环境阈值（水深、碳氮比、草食性鱼类丰度等）。此外，珊瑚传染性病毒很可能与排污废水中营养盐的输入有关，如珊瑚的黑带病程度与溶解无机氮的含量呈现正相关关系[10]。溶解无机氮含量的增加还会降低珊瑚白化的温度阈值[11]。

氮元素拥有多种价态和存在形式，而这些不同形态之间的相互转化构成了氮循环体系（图 21.2[12]）。首先，固氮细菌可以将氮气（N_2）转化为颗粒有机氮（PON），可以缓解贫营养盐的珊瑚礁海域氮限制的问题，甚至可以直接为虫黄藻供给氮，固氮作用主要依赖于磷酸盐、有机质、光照等；然后，PON 再通过铵化作用产生铵盐（NH_4^+）；NH_4^+ 在有氧环境（包括沉积物上层有氧区）中会随着硝化作用被硝化细菌和古菌氧化成亚硝酸盐（NO_2^-）或硝酸盐（NO_3^-），硝化作用也是温室气体氧化亚氮（N_2O）的一个重要来源；与珊瑚共生的虫黄藻以及底栖藻类（包括大型藻、草皮海藻、珊瑚藻）同化吸收 NH_4^+ 和 NO_3^-，并转化成 PON；但在缺氧环境中，NO_3^- 取代溶解氧成为主要的电子受体，在反硝化细菌作用下发生反硝化作用被逐步还原为 N_2O 和 N_2，因为其要求严格的低溶解氧环境，所以往往在珊瑚礁区被忽视，但反硝化过程在珊瑚礁区已被检出而且空间差异很大[13]。海绵作为珊瑚礁区重要的共生宿主，附着共生有丰富的微生物群[14]，才使其食物网对溶解有机质的循环起到重要作用[15]，海绵共生的反硝化细菌、固氮细菌均会对珊瑚礁区氮循环产生影响[16, 17]。

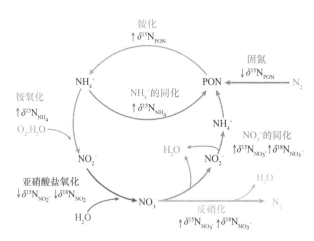

图 21.2　海洋氮循环关键过程及其氮氧同位素的分馏[12]

与石英砂相比，珊瑚礁区碳酸盐沉积物有更大的孔隙度、渗透性和溶解氧渗透深度[18]，因此，碳酸盐砂质区的生物地球化学过程很可能大不相同[19]。碳酸盐沉积物在海洋酸化中，先于钙质生物骨骼被溶解，在生态效应中起到重要的作用[20]。然而对碳酸盐砂质沉积环境中微生物参与的生物地球化学过程研究较少[21]。除了反硝化过程外，厌氧铵氧化细菌将 NH_4^+ 和 NO_2^- 转化成 N_2 的厌氧铵氧化过程，作为一个新的氮移除过程在海洋沉积物和缺氧水体中被发现，珊瑚礁区沉积物中也发现了厌氧铵氧化细菌，其中 *Scalindua* 占 90%以上，但尚未有厌氧铵氧化速率的报道[21]。

不同氮形态之间的转化过程会造成同位素分馏（图 21.2[12]），因此，海水中氮同位素丰度（$\delta^{15}N$）蕴涵盖了研究区域中氮转化过程、氮来源贡献和氮收支等方面的信息[12, 22]。在生物固氮过程中，固氮菌利用大气中的 N_2（$\delta^{15}N$ 值约为 0.6‰），仅发生微小的同位素分馏（分馏系数为-2.6‰±1.3‰），因此，固氮过程可认为是颗粒氮中轻 $\delta^{15}N$ 的主要来源[23]。浮游植物的同化作用会优先吸收海水中较轻的 ^{14}N-NH_4^+ 和 ^{14}N-NO_3^-（分馏系数约为 5‰），导致海水中的 $\delta^{15}N$ 值偏重，温跃层下的营养盐向表层输送引起的浮游植物增殖，就可以利用氮同位素值反映出来[24]。同样地，反硝化过程也会引起明显的同位素分馏（分馏系数为 20‰～30‰），反硝化过程主要发生在缺氧水体和沉积物中，但也在砂质沉积物中发现了自然条件下的有氧反硝化过程[25]。相对于反硝化，硝化过程则发生在有氧环境中，造成 $\delta^{15}NH_4^+$ 的升高和 $\delta^{15}NO_2^-$ 的降低[12]。结合氮转化过程引起的氮分馏以及不同氮来源所具有的不同 $\delta^{15}N$ 值，可以利用同位素分析技术对不同来源氮的贡献进行鉴别，但有些来源的氮 $\delta^{15}N$ 具有重叠的范围，需要同时结合 $\delta^{15}N$ 和 $\delta^{18}O$ 值进行更确切的区分[26]。

本节以 ^{15}N 稳定同位素在珊瑚礁区的应用为切入点，通过水体溶解态、颗粒态、食物链中各营养级、虫黄藻、珊瑚组织、骨骼和沉积物间隙水中 $\delta^{15}N$ 的信息以及 ^{15}N 标记培养技术，探讨珊瑚生态现状与环境的关系、了解珊瑚礁区食物网中营养的传递、评估碳酸盐沉积物中氮循环过程的作用、研究珊瑚对古气候环境的历史记录。

一、珊瑚生态现状与环境（水体溶解态、颗粒态和珊瑚共生体的 $\delta^{15}N$）

珊瑚和虫黄藻的共生机制，可以通过 ^{15}N 同位素技术发现一些端倪。Susanto 等[27]通过对比不同季节珊瑚组织和虫黄藻中的 $\delta^{15}N$ 发现，在旱季，虫黄藻作为珊瑚营养的主要来源，而在雨季，虫黄藻所需的营养主要由珊瑚宿主供给，但并没有对珊瑚宿主与虫黄藻之间的营养传输进行定量。Tanaka 等[1]利用 ^{15}N 同位素标记对两种珊瑚进行两个月的培养，并结合生态模型计算量化了这两种珊瑚的共生藻分别有 80% 和 50% 的氮源由珊瑚宿主提供。由此可见，共生藻能够有效利用珊瑚排泄出来的低 $\delta^{15}N$-NH_4^+，这也是共生珊瑚骨骼 $\delta^{15}N$（约 4‰）远低于非共生珊瑚骨骼 $\delta^{15}N$（约 12‰）的原因[28]。

受极端温度、强光照射、长时间黑暗、重金属等影响，珊瑚宿主会因为虫黄藻的离开而发生白化，另外，富营养化也会增加珊瑚白化的风险[11]。Bessell-Browne 等[3]通过测定发生未发生热白化、发生轻度热白化以及严重热白化 3 种状态的珊瑚组织中的 $\delta^{15}N$ 值递增，表明珊瑚白化后越来越多地依赖于异养方式获取营养。排除热压和光照对珊瑚的影响，单独添加溶解有机碳（糖类）对珊瑚进行培养，结合 $\delta^{15}N$ 的测定结果发现，糖类的添加导致虫黄藻中 $\delta^{15}N$ 明显降低，而珊瑚组织的 $\delta^{15}N$ 略有增加，表明糖类刺激了珊瑚上共附生的固氮微生物，其所固定的氮被虫黄藻利用而氮磷比（N：P）增加了 40%，虫黄藻内的磷限制引起了其光合作用器官的故障和活性氧的产生，珊瑚宿主需要对此做出反应，如储存更多的氮以防止虫黄藻内的磷限制，或者增加磷的摄入以平衡 N：P，否则将会发生白化[4]。过剩的营养盐会促进大型藻的生长，释放的富含溶解有机碳的渗出液再提供给固氮微生物，加剧白化[29]。但在中等浓度营养盐添加实验中，尽管共生藻密度增加，但并不影响蔷薇珊瑚和滨珊瑚的钙化率[6]。Lorrain 等[30]测得太平洋小岛上珊瑚和虫黄藻的 $\delta^{15}N$ 受海鸟类的影响偏高，因此认为这是排除人类活动影响而单独考虑自然条件下营养盐对珊瑚生长影响的良好场所。

贫营养条件下，珊瑚共附生的固氮微生物能帮助珊瑚维持生产力[31]。固氮微生物在珊瑚幼虫时期就参与其营养循环。Ceh 等[32]利用 ^{15}N 对两种固氮细菌进行标记并培养鹿角珊瑚幼虫，结合纳米级二次离子质谱法（nanoscale secondary ion mass spectrometry，NanoSIMS）发现，珊瑚幼虫可以从固氮细菌中获取营养，并提出氮如何从固氮细菌传输到珊瑚组织的两种机制：①珊瑚杀死一部分附生的固氮细菌，然后从其细胞质中获取营养；②固氮细菌就附生在珊瑚组织中直接为其提供营养。然而，Ceh 等[32]未能确定固氮细菌在珊瑚中的位置，通过荧光原位杂交技术（fluorescence *in situ* hybridization，FISH）证实了固氮细菌就附生在珊瑚幼虫对口的表皮上，但仍未能确定附生的固氮微生物所产生的氮能否直接被珊瑚利用[33]。Bednarz等[34]利用^{15}N标记的N_2来示踪固氮细菌所固定的氮能够被珊瑚及其共生虫黄藻直接利用，并定量了固氮作用在浅水（5m）和深水（50m）珊瑚及其共生虫黄藻氮来源中的贡献，对深水珊瑚虫黄藻的贡献最高达25.8%。

珊瑚组织提供的碳、氮等原料对虫黄藻的光合作用及其共生功能都十分重要[1]。此外，珊瑚还会分泌黏液，将其中的有机物质分享给珊瑚礁生态系统中的其他成员，如许多微生物、无脊椎动物等[34]。在富营养状态下，珊瑚分泌的NH_4^+增多，刺激硝化反应进而促进了反硝化作用[29]。但是，目前较少有应用^{15}N同位素技术对珊瑚共生微生物氮循环过程进行研究，可以结合基因测序手段和^{15}N同位素技术开展这方面的研究。

在珊瑚退化过程中大型藻的覆盖度在不断增加，而大量繁殖的大型藻会妨碍珊瑚的生长、繁殖和恢复等过程[5, 29]。对于像暴雨等突发的营养盐升高，也首先使底栖海藻获益，珊瑚获得最少的营养[7]。固氮菌会促进整个藻类群落的繁殖，进而加剧珊瑚的退化[35]，Rädecker等[29]也提出珊瑚组织中固氮细菌产生的过剩氮可能是热压下珊瑚白化的诱因。在珊瑚退化过程中，珊瑚具有一定的生态弹性而慢慢得到恢复，水深、碳氮比、幼年珊瑚和草食性鱼类的丰度都会影响珊瑚的生态弹性，如水深超过6.6m的珊瑚相比于较浅处珊瑚更容易恢复[5]。不同水深对于珊瑚共生体的影响主要是因为光照条件的不同，其次才是营养的多寡，但在弱光照条件下，食物来源的影响才突显出来[36]。通过碳、氮同位素标记培养发现，光照越强则虫黄藻吸收的碳越多，而且向珊瑚宿主的转移越多；相反地，深海礁区光照影响较弱，珊瑚的食物越丰富则虫黄藻吸收的氮越少[2]。对温带地区石珊瑚组织和虫黄藻的碳、氮同位素测定发现，相比于夏季强光照和高温，冬季珊瑚更多地依赖于异养方式获取食物[37]。

珊瑚组织的$\delta^{15}N$可以反映水体中$\delta^{15}N$的信息[38]。香港近岸珊瑚共生虫黄藻的$\delta^{15}N$要比东沙环礁的高出2.7‰，表明香港近岸受到陆源无机氮输入的影响较强，但$\delta^{15}N$存在季节变化，可能与珠江输入对近海无机氮库的调节作用有关[39]。Erler等[38]通过测定珊瑚礁坪区不同位置的水体中$\delta^{15}N$发现，高浓度低$\delta^{15}N\text{-}NO_3^-$的地下水对珊瑚礁的影响导致$\delta^{15}N$值随着与地下水口的距离增加而增加，但是厌氧条件下反硝化过程也可能会导致地下水的$\delta^{15}N$值偏高。Thibodeau等[40]的研究表明，在低潮时潟湖内沉积物界面氮的释放对水体$\delta^{15}N$的影响会造成$\delta^{15}N$的空间差异性，而高潮时$\delta^{15}N$并不存在明显的空间差异。同样地，大气沉降作为珊瑚礁区的一个重要氮源，对水体$\delta^{15}N$值的影响会使珊瑚礁区氮循环更加复杂，因此需要应用同位素技术对这方面开展进一步的研究[41]。

二、珊瑚礁区的食物网（食物链中各营养级的$\delta^{15}N$）

食物网中物种、种群的丰度和行为或营养级划分对营养盐循环和收支至关重要[42]。基于食物链中消费者的$\delta^{15}N$比被捕食者（消费者的食物）的$\delta^{15}N$高出3‰~4‰的原理，通过生物体内^{15}N同位素的分析可以确定不同物种在珊瑚礁区食物网中的营养级[43, 44]。在此基础上，可以通过生物肠道内食物残渣分析其食物来源[45]，或结合^{13}C同位素的测定来示踪不同食物链的营养来源[46]，并通过贝叶斯同位素混合模型（Bayesian isotope mixing model）计算不同食物来源的贡献[47]。但值得注意的是，动物的寄生虫也存在同位素分馏现象，鱼类寄生的成年虱$\delta^{15}N$较重、$\delta^{13}C$较轻，所以在利用$\delta^{15}N$和$\delta^{13}C$值对食物网的营养级和食物来源进行分析时可能还要考虑寄生虫对同位素分馏的影响[48]。Welicky等[49]的研究结果表明，寄生虫的分馏会导致鲈鱼体内的$\delta^{15}N$和$\delta^{13}C$值均偏高。

食物网的构成和变化跟环境因素有很大关系，包括自然因素和人类活动的影响[42, 47, 50]。法国近海珊瑚礁区鱼类肌肉中较重的$\delta^{15}N$和较轻的$\delta^{13}C$值表明，陆源输入会影响珊瑚礁食物网中有机质的迁移[50]；在西印度洋小岛珊瑚礁区内无脊椎动物的多样性和食物链长度由于受到河流颗粒有机质输入的影响而减小[42]；但是在自然环境因素变化梯度较大的红海珊瑚礁区，相比于河流输入的影响，纬度变化梯度对食物网中消费者 $\delta^{15}N$ 和 $\delta^{13}C$ 的影响更显著[47]。浅水珊瑚和中光度层珊瑚的营养食性由于自然光照和食物丰度等因素的不同而异[36]，红海的鲷鱼在浅水珊瑚礁区依赖于底栖大型藻食物网，而在深海珊瑚礁区则依赖于以浮游生物为基础的食物网[51]。

通过对珊瑚礁区鲷鱼肌肉和耳石中的 $\delta^{13}C$ 和 $\delta^{15}N$ 分析发现，鲷鱼在成长初期（前两年）就出现在海草圈，表明珊瑚礁区中的生物存在栖息地的改变[52]。而生物栖息地的改变对营养盐的迁移传输起到重要作用，如鲨鱼以捕食浅水珊瑚礁区的猎物为主，同时其在水中的垂直活动也会从深海珊瑚礁区获取约35%的食物来源[53]。由于元素在动物不同器官组织中的循环代谢时间不同[54]，可以根据不同器官的 $\delta^{13}C$ 值判断生物的迁徙[55]。例如，鱼类肌肉和血红细胞可检验其长期食性，而肝脏、血浆和鱼鳍可检验其近期食性，若两者的同位素值差异明显则表明其很可能存在生物迁徙，但值得注意的是，鱼类未改变栖息环境而改变其自身食性也会造成同位素差异[55]。此外，同位素丰度与动物大小有关，但不同种类间有很大差异，如坦桑尼亚珊瑚礁区中鹦鹉鱼的体积越大则 $\delta^{13}C$ 值越重，而 $\delta^{15}N$ 值与其大小无相关性[56]；而Papastamatiou 等[53]对夏威夷岛珊瑚礁区的鲨鱼和鲹鱼 $\delta^{15}N$ 的分析表明，只有鲹鱼的个体大小与 $\delta^{15}N$ 存在正相关关系。

尽管共生藻的光合作用可为宿主珊瑚提供部分或绝大部分能量需求，但异养营养的供应尤其是在深海珊瑚礁区对珊瑚生长繁育十分重要。海洋中微微型浮游生物（<2μm）数量巨大，但很少能直接被高等生物利用，微食物环构建起它们之间的桥梁。例如，微型鞭毛虫（2～20μm）是微微型浮游生物的主要捕食者，又会被纤毛虫（>10μm）捕食，鞭毛虫和纤毛虫都是双壳类动物的食物；又如，轮虫（4～2000μm）可以是珊瑚的饵料，而轮虫捕食大小为 5～10μm 的细菌、单胞藻和腐屑等。目前，珊瑚礁区食物网中 $\delta^{15}N$ 和 $\delta^{13}C$ 的研究主要集中在悬浮颗粒物、浮游动物、大型藻、珊瑚组织和经济鱼类等[57]，而微食物网在珊瑚礁区营养物质的迁移转化中所起的作用鲜有报道，除了完善整个珊瑚礁区食物网的营养盐循环外，开展微食物网的氮同位素研究可以获得对珊瑚幼虫的生长与营养关系的新认识[32]。此外，结合碳、氮同位素技术可以分析有机污染物在珊瑚礁区食物网中的传递和累积。

三、沉积物氮循环（沉积物间隙水中的 $\delta^{15}N$）

传统上认为，反硝化菌在无氧条件下将硝酸盐作为电子受体完成呼吸作用以获得能量。直到在德国瓦登海岸带砂质沉积物中首次发现了自然条件下的有氧反硝化作用[25]，打破了认为反硝化仅能在无氧条件下发生的传统观点。因此，占陆架面积约 50%的砂质沉积区的反硝化过程不应被忽视。对流将富氧海水和沉积颗粒物带进深层沉积物中，使得砂质沉积区成为生物地球化学过程的活跃场所[19]。对砂质沉积区反硝化过程的研究有助于更好地理解海洋氮收支的不平衡。相比石英砂，碳酸盐砂质沉积区有更大的孔隙度、渗透性和溶解氧渗透深度[18]，因此，碳酸盐砂质区的反硝化过程很可能大有不同。目前，对石英砂质沉积区的反硝化过程已有不少研究[25]，但关于碳酸盐砂质沉积的相关研究较少[21]，珊瑚礁碳酸盐砂质沉积则为此提供了良好的研究场所。

影响沉积物反硝化速率的因素有很多，主要包括温度、沉积物中有机质含量、溶解氧浓度、上覆水溶解氧无机氮含量等[58]。在黏土质沉积物中，反硝化过程实质是耦合的硝化-反硝化过程占主导，这是由于上覆水硝酸盐向黏土质沉积物渗透的能力较弱，反硝化细菌所需的硝酸盐主要由硝化反应提供。砂质沉积物较强的渗透性与水动力引起的间隙水对流会增加沉积物中硝酸盐和有机质的供给，从而促进反硝化过程；珊瑚礁区的碳酸盐沉积物有更大的孔隙度、渗透性和溶解氧渗透深度，从而具有活跃的反硝化能力，并且会受到对流速度的影响[59]。风和潮汐引起的强对流会影响有机质、溶解氧和营养盐向沉积物中的输入量和输入深度，进而对反硝化过程的发生机制产生影响。

近海珊瑚礁生态系统受人类活动影响，富营养化加剧。高浓度营养盐输入会增加共生虫黄藻的密度和叶绿素含量，但长期处于富营养化水平，珊瑚的新陈代谢和钙化过程都受到很大影响。研究表明，富营养化会导致珊瑚覆盖度和种类多样性的下降，而溶解无机氮含量的增加会降低珊瑚白化的温度阈值[11]。我国近海珊瑚礁生态系统往往是富氮海水，如广东徐闻[60]、海南三亚湾[61]、广西涠洲岛[62]珊瑚礁区氮磷比值均远远超过Redfield比值。目前，对于碳酸盐沉积物中反硝化过程的研究主要集中在室内模拟和理论模型的研究[19,59]，鲜有珊瑚礁区原位研究的报道。利用^{15}N标记技术开展对近海珊瑚礁区沉积物中反硝化过程的研究，可以了解其对于整个生态系统中氮移除以及降低富营养化对珊瑚白化的影响。

四、珊瑚对古环境的历史记录（珊瑚骨骼中的$\delta^{15}N$）

$\delta^{15}N$的时空分布特征不仅可以反映现代的氮循环，还可以记录过去海洋中氮的迁移转化[38]。珊瑚骨骼中有机质含量仅为0.01%～0.1%[63]，但其随着保存时间的变化而十分稳定，可以用来示踪长时间尺度人类活动对珊瑚生长的影响[9]。近几十年来，大堡礁近岸珊瑚骨骼$\delta^{15}N$值（5.4‰～12.8‰）与Pioneer河流量呈正相关[64]。同样地，在受到人类活动影响强烈的关岛珊瑚礁区，珊瑚骨骼$\delta^{15}N$值在1958年以来随着人口密度的增长而以每十年0.7‰的增速增加，这与排放较重$\delta^{15}N$的污水有关[9]。在古巴Guantánamo海湾，珊瑚骨骼记录的多年来$\delta^{15}N$值均表现出珊瑚健康状况与接近河口的距离有很大关系，距离河口越近，珊瑚生长状况越差[65]。但是，在1820～1987年较长时间尺度中，尽管受欧洲移民影响，大堡礁Magnetic岛近岸珊瑚骨骼的$\delta^{15}N$值随时间的变化却小于1.5‰，这是由于珊瑚应对河流氮输入的生态弹性使得$\delta^{15}N$维持相对稳定[66]。

受人类活动影响较小的珊瑚礁区珊瑚骨骼$\delta^{15}N$与次表层水中硝酸盐的$\delta^{15}N$呈正相关[63]，因此可以用于反馈表层洋流、上升流以及气候事件等信息[41,67]。在日本的Tatsukushi海湾硝酸盐主要来自于湾外黑潮水（$\delta^{15}N$为2‰～3‰）的涌升，而且1972年以来珊瑚骨骼记录的$\delta^{15}N$值与多年连续监测的黑潮流量呈现负相关关系[67]。在加利福尼亚边缘海的深海珊瑚（792～2136m）中的$\delta^{15}N$可以反映水体氮转化过程，竹珊瑚节点中的$\delta^{15}N$值与水深紧密相关，在1954m水深以下珊瑚的$\delta^{15}N$高达16.5‰～18.8‰，这是因为在珊瑚被捕食之前悬浮颗粒有机质存在微生物参与的降解；而在近百年来，珊瑚记录的$\delta^{15}N$值比较稳定，反映了该区域主要的洋流——加利福尼亚流中的$\delta^{15}N$比较稳定[68]。南海东沙群岛过去45年珊瑚骨骼记录的$\delta^{15}N$显示，2003～2012年$\delta^{15}N$下降了1.3‰，这可能是因为全球变暖加剧海水温度层化进而减弱了深层水上升，增加了大气沉降和固氮作用对该区域珊瑚生长的贡献[41]。

珊瑚礁中藻类、贝类、珊瑚所记录的环境信息的时间尺度不同，藻类往往反映当下的环境状况，贝类提供的信息也只能代表数十年，而珊瑚骨骼内的有机质所能记录的时间尺度达百年甚至万年[69]。利用150年来珊瑚骨骼记录的$\delta^{15}N$反演黑潮流量信息，并结合文献提供的厄尔尼诺指数和PDO（太平洋十年涛动）指数，可以探讨洋流受到气候事件的影响[67]。东沙群岛珊瑚骨骼记录的$\delta^{15}N$在近45年来的变化趋势与ENSO（厄尔尼诺-南方涛动）指数大致相同，高的$\delta^{15}N$对应厄尔尼诺事件而低的$\delta^{15}N$对应拉尼娜事件，但是珊瑚骨骼记录的$\delta^{15}N$与钙化率不存在相关关系[41]。目前利用珊瑚骨骼$\delta^{15}N$重建古海洋表层营养状况的最长时间序列是4万年前至今，南大洋深海珊瑚骨骼的$\delta^{15}N$数据显示，在末次盛冰期（2.5万～1.8万年前），由于海水富铁导致浮游生物消耗大量的硝酸盐而使$\delta^{15}N$偏重（14‰～16‰），而且珊瑚骨骼$\delta^{15}N$和硅藻、有孔虫的$\delta^{15}N$变化趋势一致[69]。

相比于沉积物微化石的$\delta^{15}N$，深海珊瑚骨骼$\delta^{15}N$作为古气候环境指标具有其优势：①珊瑚以上层水体的有机质为食，其$\delta^{15}N$变化受控于表层水体硝酸盐被消耗的程度（即与水体硝酸盐$\delta^{15}N$正相关）；②每株珊瑚都是独立反映古气候的个体，并能利用放射性核素准确定年[69]。珊瑚骨骼中的有机质既可以反映虫黄藻碳、氮的来源，又可以提供古海洋环境和珊瑚生理生态的历史信息，但是碍于没有合适的测定方法（精密度差或样品需求量大）而受到限制[70]。在30种珊瑚骨骼有机质的提取方法对比中，不同方法导致的δ^{15}N系统误差在0.2‰~2‰[64]。Wang等[70]在有孔虫δ^{15}N的分析方法基础上提出精密度更高的珊瑚骨骼δ^{15}N分析方法，该方法的原理是利用过硫酸钾将有机氮氧化成硝酸盐，再利用反硝化细菌法测定硝酸盐的δ^{15}N，精密度小于0.2‰，样品需求量仅约需5mg，并得到了广泛应用[9, 41, 69]。目前，珊瑚骨骼δ^{15}N的应用主要分为近岸受人类活动影响的氮源示踪和远海珊瑚对气候事件和上层水体过程的响应，其不确定性可以通过结合其他同位素指标（δ^{11}B、δ^{13}C等）进行互补佐证。

五、展望

珊瑚礁生态系统中的δ^{15}N和利用^{15}N稳定同位素标记的示踪技术已经被广泛应用于珊瑚的生态学、生理学、生物地球化学、古气候学等方面的研究，并取得了一定的成果，但仍然十分有限，建议在以下几个方面加强研究：①结合多种生物技术，如FISH和NanoSIMS，从分子学角度研究珊瑚、虫黄藻和固氮微生物之间的营养传输及其对珊瑚白化的响应机制，并通过^{15}N同位素技术对其进行定量化；②广泛开展对食物网、微食物网各营养级中δ^{15}N的调查，示踪并定量污染物的来源及其在食物链中的传递和累积；③通过^{15}N标记培养，探索碳酸盐沉积物中的反硝化过程和厌氧铵氧化过程的时空分布、机制及其意义；④探测不同珊瑚礁区珊瑚骨骼δ^{15}N记录的不同时间尺度下气候变化和人类活动对珊瑚生长的影响。

参 考 文 献

[1] Tanaka Y, Grottoli A G, Matsui Y, et al. Partitioning of nitrogen sources to algal endosymbionts of corals with long-term ^{15}N-labelling and a mixing model. Ecological Modelling, 2015, 309: 163-169.

[2] Ezzat L, Fine M, Maguer J F, et al. Carbon and nitrogen acquisition in shallow and deep holobionts of the scleractinian coral *S. pistillata*. Frontiers in Marine Science, 2017, 4: 102.

[3] Bessell-Browne P, Stat M, Thomson D, et al. *Coscinaraea marshae* corals that have survived prolonged bleaching exhibit signs of increased heterotrophic feeding. Coral Reefs, 2014, 33(3): 795-804.

[4] Pogoreutz C, Rädecker N, Cárdenas A, et al. Sugar enrichment provides evidence for a role of nitrogen fixation in coral bleaching. Global Change Biology, 2017, 23: 3838-3848.

[5] Graham N A J, Jennings S, MacNeil M A, et al. Predicting climate-driven regime shifts versus rebound potential in coral reefs. Nature, 2015, 518(7537): 94-97.

[6] Tanaka Y, Grottoli A G, Matsui Y, et al. Effects of nitrate and phosphate availability on the tissues and carbonate skeleton of scleractinian corals. Marine Ecology Progress Series, 2017, 570: 101-112.

[7] den Haan J, Huisman J, Brocke H J, et al. Nitrogen and phosphorus uptake rates of different species from a coral reef community after a nutrient pulse. Scientific Reports, 2016, 6: 28821.

[8] Brodie J, Burford M, Davis A, et al. The relative risks to water quality from particulate nitrogen discharged from rivers to the Great Barrier Reef in comparison to other forms of nitrogen. TropWATER Report 14/31, Centre for Tropical Water & Aquatic Ecosystem Research, James Cook University, Townsville, 2015: 98.

[9] Duprey N N, Wang X T, Thompson P D, et al. Life and death of a sewage treatment plant recorded in a coral skeleton δ^{15}N record. Marine Pollution Bulletin, 2017, 120: 109-116.

[10] Voss J D. Coral disease dynamics and environmental drivers in the northern Florida Keys and Lee Stocking Island, Bahamas. Doctoral thesis at Florida International University, 2006.

[11] Wiedenmann J, D'Angelo C, Smith E G, et al. Nutrient enrichment can increase the susceptibility of reef corals to bleaching. Nature Climate Change, 2013, 3(2): 160-164.

[12] Casciotti K L. Nitrogen and oxygen isotopic studies of the marine nitrogen cycle. Annual Review of Marine Science, 2016, 8: 379-407.

[13] O'Neil J M, Capone D G. Nitrogen cycling in coral reef environments//Capone D G, Bronk D A, Mulholland M R, et al. Nitrogen in the Marine Environment. San Diego: Academic Press, 2008: 949-989.

[14] Archer S K, Stevens J L, Rossi R E, et al. Abiotic conditions drive significant variability in nutrient processing by a common Caribbean sponge, Ircinia felix. Limnology and Oceanography, 2017, 62(4): 1783-1793.

[15] de Goeij J M, van Oevelen D, Vermeij M J A, et al. Surviving in a marine desert: the sponge loop retains resources within coral reefs. Science, 2013, 342(6154): 108-110.

[16] Silbiger N J. Impacts of sponge produced dissolved inorganic nitrogen on Caribbean coral reef seaweed communities. Master's thesis at the University of North Carolina at Chapel Hill, 2009.

[17] Zhang F. Roles of the symbiotic microbial communities associated with sponge hosts in the nitrogen and phosphorus cycles. Doctoral thesis at University of Maryland, 2015.

[18] Rasheed M, Badran M I, Huettel M. Particulate matter filtration and seasonal nutrient dynamics in permeable carbonate and silicate sands of the Gulf of Aqaba, Red Sea. Coral Reefs, 2003, 22(2): 167-177.

[19] Kessler A J, Cardenas M B, Santos I R, et al. Enhancement of denitrification in permeable carbonate sediment due to intra-granular porosity: a multi-scale modelling analysis. Geochimica et Cosmochimica Acta, 2014, 141: 440-453.

[20] Cyronak T, Santos I R, Eyre B D. Permeable coral reef sediment dissolution driven by elevated pCO$_2$ and pore water advection. Geophysical Research Letters, 2013, 40(18): 4876-4881.

[21] Rusch A, Gaidos E. Nitrogen-cycling bacteria and archaea in the carbonate sediment of a coral reef. Geobiology, 2013, 11(5): 472-484.

[22] 陈法锦, 陈建芳, 张海生. 硝酸盐氮氧同位素在海洋氮循环中的应用进展. 矿物岩石地球化学通报, 2013, (1): 127-133.

[23] 张润. 中国边缘海生物固氮作用的研究. 厦门: 厦门大学博士学位论文, 2011.

[24] 王文涛. 基于氮稳定同位素方法的中国近海硝酸盐关键生物地球化学过程研究. 青岛: 中国科学院研究生院(海洋研究所)博士学位论文, 2016.

[25] Gao H, Schreiber F, Collins G, et al. Aerobic denitrification in permeable Wadden Sea sediments. The ISME Journal, 2010, 4(3): 417-426.

[26] 毛巍, 梁志伟, 李伟, 等. 利用氮、氧稳定同位素识别水体硝酸盐污染源研究进展. 应用生态学报, 2013, 24(4): 1146-1152.

[27] Susanto H A, Komoda M, Yoneda M, et al. A stable isotope study of the relationship between coral tissues and zooxanthellae in a seasonal tropical environment of East Kalimantan, Indonesia. International Journal of Marine Science, 2013, 3(36): 285-294.

[28] Muscatine L, Goiran C, Land L, et al. Stable isotopes (δ^{13}C and δ^{15}N) of organic matrix from coral skeleton. Proceedings of the National Academy of Sciences of the United States of America, 2005, 102(5): 1525-1530.

[29] Rädecker N, Pogoreutz C, Voolstra C R, et al. Nitrogen cycling in corals: the key to understanding holobiont functioning? Trends in Microbiology, 2015, 23(8): 490-497.

[30] Lorrain A, Houlbrèque F, Benzoni F, et al. Seabirds supply nitrogen to reef-building corals on remote Pacific islets. Scientific Reports, 2017, 7: 3721.

[31] Cardini U, Bednarz V N, Naumann M S, et al. Functional significance of dinitrogen fixation in sustaining coral productivity under oligotrophic conditions. Proceedings of the Royal Society B: Biological Sciences, 2015, 282(1818): 20152257.

[32] Ceh J, Kilburn M R, Cliff J B, et al. Nutrient cycling in early coral life stages: *Pocillopora damicornis* larvae provide their algal symbiont (*Symbiodinium*) with nitrogen acquired from bacterial associates. Ecology and Evolution, 2013, 3(8): 2393-2400.

[33] Lema K A, Clode P L, Kilburn M R, et al. Imaging the uptake of nitrogen-fixing bacteria into larvae of the coral *Acropora millepora*. The ISME Journal, 2016, 10(7): 1804-1808.

[34] Bednarz V N, Grover R, Maguer J F, et al. The assimilation of diazotroph-derived nitrogen by scleractinian corals depends on their metabolic status. Mbio, 2017, 8(1): e02058-16.

[35] den Haan J, Visser P M, Ganase A E, et al. Nitrogen fixation rates in algal turf communities of a degraded versus less degraded coral reef. Coral Reefs, 2014, 33(4): 1003-1015.

[36] Treignier C, Tolosa I, Grover R, et al. Carbon isotope composition of fatty acids and sterols in the scleractinian coral *Turbinaria reniformis*: effect of light and feeding. Limnology and Oceanography, 2009, 54(6): 1933-1940.

[37] Ferrier-Pagès C, Peirano A, Abbate M, et al. Summer autotrophy and winter heterotrophy in the temperate symbiotic coral *Cladocora caespitosa*. Limnology and Oceanography, 2011, 56(4): 1429-1438.

[38] Erler D V, Wang X T, Sigman D M, et al. Controls on the nitrogen isotopic composition of shallow water corals across a tropical reef flat transect. Coral Reefs, 2015, 34(1): 329-338.

[39] Wong C W M, Duprey N N, Baker D M. New insights on the nitrogen footprint of a coastal megalopolis from coral-hosted *Symbiodinium* δ^{15}N. Environmental Science & Technology, 2017, 51(4): 1981-1987.

[40] Thibodeau B, Miyajima T, Tayasu I, et al. Heterogeneous dissolved organic nitrogen supply over a coral reef: first evidence from nitrogen stable isotope ratios. Coral Reefs, 2013, 32(4): 1103-1110.

[41] Ren H, Chen Y C, Wang X T, et al. 21st-century rise in anthropogenic nitrogen deposition on a remote coral reef. Science, 2017, 356(6339): 749-752.

[42] Kolasinski J, Nahon S, Rogers K, et al. Stable isotopes reveal spatial variability in the trophic structure of a macro-benthic invertebrate community in a tropical coral reef. Rapid Communications in Mass Spectrometry, 2016, 30(3): 433-446.

[43] Post D M. Using stable isotopes to estimate trophic position: models, methods, and assumptions. Ecology, 2002, 83(3): 703-718.

[44] Le Bourg B, Letourneur Y, Bănaru D, et al. The same but different: stable isotopes reveal two distinguishable, yet similar, neighbouring food chains in a coral reef. Journal of the Marine Biological Association of the United Kingdom, 2017: 1-9.

[45] Dromard C R, Bouchon-Navaro Y, Harmelin-Vivien M, et al. Diversity of trophic niches among herbivorous fishes on a Caribbean reef (Guadeloupe, Lesser Antilles), evidenced by stable isotope and gut content analyses. Journal of Sea Research, 2015, 95: 124-131.

[46] Briand M J, Bonnet X, Guillou G, et al. Complex food webs in highly diversified coral reefs: insights from $\delta^{13}C$ and $\delta^{15}N$ stable isotopes. Food Webs, 2016, 8: 12-22.

[47] Kürten B, Al-Aidaroos A M, Struck U, et al. Influence of environmental gradients on C and N stable isotope ratios in coral reef biota of the Red Sea, Saudi Arabia. Journal of Sea Research, 2014, 85: 379-394.

[48] Demopoulos A W J, Sikkel P C. Enhanced understanding of ectoparasite-host trophic linkages on coral reefs through stable isotope analysis. International Journal for Parasitology: Parasites and Wildlife, 2015, 4(1): 125-134.

[49] Welicky R L, Demopoulos A W J, Sikkel P C. Host-dependent differences in resource use associated with *Anilocra* spp. parasitism in two coral reef fishes, as revealed by stable carbon and nitrogen isotope analyses. Marine Ecology, 2017, 38(2): e12413.

[50] Letourneur Y, de Loma T L, Richard P, et al. Identifying carbon sources and trophic position of coral reef fishes using diet and stable isotope ($\delta^{15}N$ and $\delta^{13}C$) analyses in two contrasted bays in Moorea, French Polynesia. Coral Reefs, 2013, 32(4): 1091-1102.

[51] McMahon K W, Thorrold S R, Houghton L A, et al. Tracing carbon flow through coral reef food webs using a compound-specific stable isotope approach. Oecologia, 2016, 180(3): 809-821.

[52] Verweij M C, Nagelkerken I, Hans I, et al. Seagrass nurseries contribute to coral reef fish populations. Limnology and Oceanography, 2008, 53(4): 1540-1547.

[53] Papastamatiou Y, Meyer C G, Kosaki R K, et al. Movements and foraging of predators associated with mesophotic coral reefs and their potential for linking ecological habitats. Marine Ecology Progress Series, 2015, 521: 155-170.

[54] Matley J K, Fisk A T, Tobin A J, et al. Diet-tissue discrimination factors and turnover of carbon and nitrogen stable isotopes in tissues of an adult predatory coral reef fish, *Plectropomus leopardus*. Rapid Communications in Mass Spectrometry, 2016, 30(1): 29-44.

[55] Davis J P, Pitt K A, Fry B, et al. Stable isotopes as tracers of residency for fish on inshore coral reefs. Estuarine, Coastal and Shelf Science, 2015, 167: 368-376.

[56] Plass-Johnson J G, McQuaid C D, Hill J M. Stable isotope analysis indicates a lack of inter-and intra-specific dietary redundancy among ecologically important coral reef fishes. Coral Reefs, 2013, 32(2): 429-440.

[57] Wyatt A S J, Waite A M, Humphries S. Stable isotope analysis reveals community-level variation in fish trophodynamics across a fringing coral reef. Coral Reefs, 2012, 31(4): 1029-1044.

[58] Deek A, Emeis K, van Beusekom J. Nitrogen removal in coastal sediments of the German Wadden Sea. Biogeochemistry, 2012, 108(1-3): 467-483.

[59] Santos I R, Eyre B D, Glud R N. Influence of porewater advection on denitrification in carbonate sands: evidence from repacked sediment column experiments. Geochimica et Cosmochimica Acta, 2012, 96: 247-258.

[60] 张才学, 孙省利, 谢伟良, 等. 徐闻珊瑚礁区浮游植物的季节变化. 海洋与湖沼, 2009, 40(2): 159-165.

[61] 姚旭莹, 林钟扬, 章伟艳, 等. 海南省三亚市三亚湾珊瑚礁区环境特征. 海洋开发与管理, 2015, 32(11): 98-103.

[62] 何本茂, 黎广钊, 韦蔓新, 等. 涠洲岛珊瑚礁海域氮磷比值季节变化与浮游生物结构的关系. 热带海洋学报, 2013, 32(4): 64-72.

[63] Wang X T, Sigman D M, Cohen A L, et al. Influence of open ocean nitrogen supply on the skeletal $\delta^{15}N$ of modern shallow-water scleractinian corals. Earth and Planetary Science Letters, 2016, 441: 125-132.

[64] Marion G S, Hoegh-Guldberg O, McCulloch M T. Nitrogen isotopes ($\delta^{15}N$) in coral skeleton: assessing provenance in the Great Barrier Reef Lagoon. Geochimica et Cosmochimica Acta, 2006, 70(18): A392.

[65] Risk M J, Burchell M, Brunton D A, et al. Health of the coral reefs at the US Navy Base, Guantánamo Bay, Cuba: a preliminary report based on isotopic records from gorgonians. Marine Pollution Bulletin, 2014, 83(1): 282-289.

[66] Erler D V, Wang X T, Sigman D M, et al. Nitrogen isotopic composition of organic matter from a 168 year-old coral skeleton: implications for coastal nutrient cycling in the Great Barrier Reef Lagoon. Earth and Planetary Science Letters, 2016, 434: 161-170.

[67] Yamazaki A, Watanabe T, Tsunogai U, et al. A 150-year variation of the Kuroshio transport inferred from coral nitrogen isotope signature. Paleoceanography, 2016, 31(6): 838-846.

[68] Hill T M, Myrvold C R, Spero H J, et al. Evidence for benthic–pelagic food web coupling and carbon export from California margin bamboo coral archives. Biogeosciences, 2014, 11(14): 3845-3854.

[69] Wang X T, Sigman D M, Prokopenko M G, et al. Deep-sea coral evidence for lower Southern Ocean surface nitrate concentrations during the last ice age. Proceedings of the National Academy of Sciences, 2017: 201615718.

[70] Wang X T, Sigman D M, Cohen A L, et al. Isotopic composition of skeleton-bound organic nitrogen in reef-building symbiotic corals: a new method and proxy evaluation at Bermuda. Geochimica et Cosmochimica Acta, 2015, 148: 179-190.

第二十二章

中国珊瑚礁研究

第一节 中国珊瑚礁分布和资源特点[①]

一、引言

珊瑚礁是热带、亚热带浅海区由造礁珊瑚骨架和生物碎屑组成的具抗浪性能的海底隆起[1]，或简称为以石珊瑚为主的三维浅水结构[2]，是对维持生物多样性和资源生产力有重要价值的生物活动高度集中的海岸生态关键区[3]，也是环境健康的指示物[4]。珊瑚礁因其极高的生物多样性和资源生产力被誉为营养贫乏的大洋"蓝色沙漠"中的"绿洲"和海洋中的"热带雨林"[5]。在强化保护和科学管理的前提下，珊瑚礁的巨大资源潜力具有良好的海洋高科技产业化前景[6]。

二、中国珊瑚礁类型和分布

我国珊瑚礁有大陆架岸礁、礁丘和深海环礁、台礁等类型（图 22.1），主要分布在台湾岛、海南岛和南海诸岛[7]。

岸礁主要分布于海南岛（以南岸、东岸、西北岸为主，共有岸礁岸线 200 多千米，宽几百米到 2km）和台湾岛（南岸发育好，北岸发育差），形成典型的珊瑚礁海岸。主要受较高纬度和冬季低温影响，华南大陆沿岸从闽南东山湾（23°45′N）以南，沿海岛屿从钓鱼岛（25°45′N）以南[8]，到广西涠洲岛，断续分布潮下浅水区造礁石珊瑚群落，通常尚未发育形成真正的珊瑚礁，仅在澎湖列岛、雷州半岛西南角等地局部发育有珊瑚岸礁礁坪[6]。环礁广泛分布于南海诸岛，形成数百座通常命名为岛、沙洲、（干出）礁、暗沙、（暗）滩的珊瑚礁岛礁滩地貌体[9]。1983 年中国地名委员会公布的南海诸岛标准地名 287 个，包括群岛（礁）名 16 个、岛屿名 35 个（包括高尖石、黄岩岛）、沙洲名 13 个、（干出）礁名 113 个、暗沙名

[①] 作者：张乔民，余克服，施祺，赵美霞

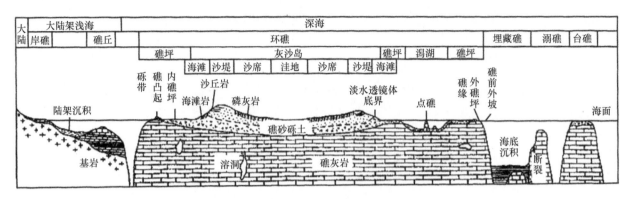

图 22.1　南海常见珊瑚礁地质地貌模式[7]

60 个、(暗)滩名 31 个、石(岩)名 6 个、水道(门)名 13 个[9]。按地貌类型划分，西沙群岛、东沙群岛、中沙群岛共有环礁 12 座，其中沉没环礁 3 座[8]；南沙群岛总计 113 座礁体，其中干出环礁或台礁 59 座，沉没的环礁、台礁或其他水下礁体 62 座[10]。南海诸岛干出礁(包括潟潮区)总面积为 5286.5km^2。其中礁坪面积为 907.1km^2，53 个天然岛屿总面积约为 11.41km^2 (表 22.1)[11]。

表 22.1　南海诸岛的干出礁和天然岛屿统计[7]

群岛	干出礁						天然岛屿	
	个数	环礁/个	台礁/个	礁体面积/km^2	礁坪面积/km^2	潟湖面积/km^2	个数	面积/km^2
东沙群岛	1	1	0	417.0	125.0	292.0	1	1.74
中沙群岛	1	1	0	130.0	53.0	77.0	0	0
西沙群岛	12	10	2	1836.4	221.6	1614.8	29	7.86
南沙群岛	59	51	8	2903.1	507.5	2396.8	23	1.81
合计	73	63	10	5286.5	907.1	4380.6	53	11.41

注：由宋朝景统计。礁体面积是礁体面积和礁坪面积之和。天然岛屿除中沙群岛黄岩岛未计入外，包括 1983 年公布的 35 个岛屿和 13 个沙洲，以及另外的 6 个南沙群岛新沙洲，其中除了西沙群岛高尖石为火山岩岛外，均为珊瑚灰沙岛。礁坪面积包括了灰沙岛面积

按照完整的礁体地貌范围量算[6, 12]的南海诸岛 128 个以环礁为主要类型的礁体及附近浅水区的总面积约为 3 万 km^2，约占全球珊瑚礁总面积 61.7 万 km^2 [12]的 5%。其中环礁个数约占一半但面积约占 5/6 的为沉溺型珊瑚礁(其中最大的礼乐滩大环礁和中沙大环礁，面积分别约为 7000km^2 和 6900km^2)。另一半环礁面积仅占 1/6 为大潮低潮时可部分出露的干出礁型[13]。其中最大的如南沙群岛的九章群礁和郑和群礁，面积分别为 619km^2 和 615km^2，最小的如南通礁仅 1.2km^2 [10]，大潮低潮基本出露的礁坪部分仅约占总面积的 1/35。这种沉没型珊瑚礁分布广泛，岛屿和沙洲规模小且分布非常零星，是我国南海诸岛(尤其是南沙群岛海区)珊瑚礁的一大特色[6]。

采用环礁、岸礁和堡礁范围的不同定义，可以得出不同的珊瑚礁面积[14]。按照"最高珊瑚覆盖度的礁坪、礁顶、浅水礁区等近表层礁范围"的更加严格的定义，世界资源研究所的 Buke 等[15]利用 1km^2 网格量算的东南亚珊瑚礁面积，中国大陆为 900km^2，台湾为 700km^2，南沙群岛和西沙群岛为 5700km^2。中国合计为 7300km^2，中国应占同样定义的世界珊瑚礁总面积 28.43 万 km^2 [15]的 2.57%，在珊瑚礁面积大于全球 1% 的 21 个国家[16, 17]当中，中国位列印度尼西亚、澳大利亚、菲律宾、法国、巴布亚新几内亚、斐济、马尔代夫之后的第 8 名。由此可见，中国也是世界珊瑚礁大国之一。

三、中国珊瑚礁资源特点

（一）在传统利用上直接经济价值较低、易被破坏

中国珊瑚礁在传统利用上的直接经济价值相对较低，因而其价值通常被低估而易被破坏[6]。珊瑚礁海岸地区居民长期进行小规模自给性开发，包括捕捞礁区特别丰富的动植物海产食品，采挖礁块做垒墙铺路建筑材料和烧制石灰，采挖珊瑚、贝类做观赏工艺品，利用珊瑚礁进行海岸防护等。另外，珊瑚礁生态系统的巨大资源潜力体现在国土、旅游和休闲、生理活性物质等方面的价值和效益上，可能对国家和整个区域的社会、经济和文化发展也有重大意义。

（二）南海诸岛珊瑚礁有重要的国土资源价值[6, 7]

自古以来，南海诸岛的各种珊瑚礁地貌，尤其是岛屿和沙洲，成为我国远海渔业活动和其他海事活动的重要基地，也成为海洋国土十分重要的标志。在1996年我国批准《联合国国际海洋法公约》后，南海诸岛又成为国家管辖海域划分的重要依据。

（三）休闲潜水观赏珊瑚礁与热带鱼为特色的珊瑚礁旅游活动正在兴起

根据2005年2月26日《经济参考报》报道，海南目前已成为我国最大的休闲潜水观赏珊瑚礁与热带鱼的基地。海南海域出产的一些神仙鱼为世界上观赏鱼的极品，在国际市场上可以卖到很高的价格。国际性热带滨海旅游城市三亚从1997年开展珊瑚礁潜水旅游观光以来，旅游产业迅速发展，从2001年起，全市旅游产业产值已达国内生产总值（GDP）的约3/4[13]。

（四）许多珊瑚礁生物是海洋新药生理活性物质提取的重要来源[18]

珊瑚礁生态系统中的物种具有极高的多样性和稀有性，其中许多低等无脊椎动物虽然不能食用，但由于生物多样性特别高，生存竞争压力特别大，化学防卫能力特别强，是海洋新药生理活性物质提取的重要来源，有很高的资源潜力价值。我国以软珊瑚、海绵等珊瑚礁生物为对象的海洋药物研究正引起人们越来越大的兴趣，有可能形成高技术产业。

（五）珊瑚礁生态系统总价值币值化

按照美国马里兰大学环境与河口研究中心生态经济研究所Costanza等[19]在自然杂志上发表的多年研究成果，把全球16种生态系统的17种商品和服务（包括直接经济价值和间接经济价值）全部折成1994年美元加以比较。结果珊瑚礁生态系统总价值为6075美元/（$hm^2·a$），排名第6名，仅次于河口湾的22 832美元/（$hm^2·a$），沼泽与泛滥平原的19 580美元/（$hm^2·a$），海草床和海藻床的19 004美元/（$hm^2·a$），红树林（潮汐沼泽）的9930美元/（$hm^2·a$），河流与湖泊的8498美元/（$hm^2·a$），远高于热带森林的2007美元/（$hm^2·a$）及其他9种生态系统。珊瑚礁生态系统总价值中，娱乐价值占49.5%，干扰调节价值占45.3%，食物生产价值占3.6%，废水处理价值占1.0%，原材料价值占0.4%，生境和避难所价值占0.1%，生物控制价值占0.1%。按全球珊瑚礁总面积61.7万km^2计算，世界珊瑚礁每年提供3750亿美元的商品和服务，但是每年用于研究、监测和管理的经费不到1亿美元（小于0.05%）。而且这种估计不包括

部分或全部依赖珊瑚礁生活的约 5 亿人在珊瑚礁被破坏以后对替代性食物供给和收入的需要,也不包括如果珊瑚礁停止钙化而海平面上升破坏了珊瑚礁岛屿导致迁移文化和国家的代价。仅仅根据财政的考虑就应该增加珊瑚礁研究、监测和保护的费用,以保护我们对这些海洋资源的投资[20]。

四、中国珊瑚礁保护管理

随着近数十年华南海岸地区社会经济的快速发展,主要由于不合理人类活动和污染的影响,许多珊瑚礁被严重破坏或退化。直到现在,尽管政府采取了一些保护和管理措施,包括颁布相关法律、建立自然保护区和进行海洋功能区划,但是总体恶化趋势尚未扭转。应该加强中国珊瑚礁的调查、监测、评估和研究,以满足珊瑚礁生态系统保护、管理、恢复、重建和可持续发展不断变化的需求。只有在强化保护和科学管理的前提下,珊瑚礁的巨大资源潜力才能具有良好的海洋高技术产业化前景[6, 21]。

参 考 文 献

[1] 黄金森, 吕柄全. 珊瑚礁. 中国大百科全书: 大气科学海洋科学水文科学. 北京, 上海: 中国大百科全书出版社, 1987: 654-657.

[2] Bellwood D R, Hughes T P, Folke C, et al. Confronting the coral reef crisis. Nature, 2004, 429(6994): 827-833.

[3] Clark J R. Coastal Zone Managernent Handbook. Boca Raton: CRC Press, 1996: 102-105.

[4] International Coral Reef Initiative. Renewed call to action: lnternational Coral Reef lnitiative 1998. Townsville, Great Barrier Reef Marine Park Authority, 1999: 1-40.

[5] Hatcher B G, Johannes R E, Alistar R I. Review of research relevant to the conservation of shallow tropical marine ecosystems. Oceanography and Marine Biology, 1989, 27(27): 337-414.

[6] 张乔民. 我国红树林、珊瑚礁海岸资源与开发//1999 海岸海洋资源与环境学术研讨会论文集, 香港科技大学海岸与大气研究中心, 2000: 228-234.

[7] 赵焕庭. 南沙群岛的主权、资源与开发//海洋科学集刊(第 12 集). 北京: 科学出版社, 1997: 169-185.

[8] 曾昭璇, 梁景芬, 邱世均. 中国珊瑚礁地貌研究. 广州: 广东人民出版社, 1997: 337.

[9] 辛业江. 中国南海诸岛. 海口: 南海国际新闻出版社中心, 1996: 530-550.

[10] 钟晋梁, 陈欣树, 张乔民, 等. 南沙群岛珊瑚礁地貌研究. 北京: 科学出版社, 1996: 42-43.

[11] 赵焕庭, 张乔民, 宋朝景, 等. 华南海岸和南海诸岛的地貌与环境. 北京: 科学出版社, 1999: 347-369.

[12] Smith S V. Coral-reef area and contributions of reefs to processes and resources of the world's ocean. Nature, 1978, 273(5659): 225-226.

[13] Zhang Q. Coral reefs conservation and management in China//Ahmed M, Chong C K, Cesar H. Economic Valuation and Policy Priorities for Sustainable Management of Coral Reefs. World Fish Center Conference Proceedings 70. Penang, Malaysia: World Fish Center, 2004: 198-202.

[14] Spalding M D, Grenfell A M. New estimates of global and regional coral reef area. Coral Reefs, 1997, 16(4): 225-230.

[15] Burke L M, Selig E, Spalding M D, et al. Reefs at Risk in Southeast Asia. Washington D. C.: World Resources lnstitute, 2002, 83(12): 1-72.

[16] Spalding M D, Ravilious C, Green E P. World Atlas of Coral Reefs. Berkeley: University of California Press, 2001: 1-424.

[17] Wilkinson C. Status of Coral Reefs of the Word: 2004. Volume 1. Townsville: Australian Institute of Marine Science, 2004, 72(11): 1-320.

[18] Higa T. Coral reefs: mines of precious substances. Tropical Coasts, 1977, (4): 53-55.

[19] Costanza R, d'Arge R, Groot R D, et al. The value of the world's ecosystem services and nature capital. Nature, 1997, 387: 253-260.

[20] Wilkinson C. Status of Coral Reefs of the World. Australian Institute of Marine Science, 2002, 72(11): 1-378.

[21] 张乔民, 余克服, 施祺, 等. 中国珊瑚礁分布和资源特点//邓楠、提高全民科学素质、建设创新型国家——2006 中国科协年会论文集(下册), 2006: 419-423.

第二节　我国生物礁研究的发展[①]

一、我国古代生物礁研究的发展

我国海相碳酸盐岩地层十分发育，南方广布古生代碳酸盐岩。20 世纪三四十年代，黄汲清[1, 2]开拓了二叠纪海相碳酸盐岩的古生物和地层研究，鉴定了岩层中的古生物组分，发现了古珊瑚的新属种，探索了古珊瑚物种的演化，提出了二叠纪地层划分方案，发表了一系列科学论文，具有经典意义。50 年代，国外已不断找到生物礁油田。曾鼎乾等[3]回忆 1955 年初黄汲清和谢家荣指出了勘探生物礁的重要意义，地质部组织了石油普查。60 年代初，石油工业部组织了南方古生界找油勘探队伍。何可梗发现贵州西南部晚二叠世地层经常出现巨厚层的生物灰岩或生物碎屑灰岩在短距离内突然相变为燧石灰岩或灰岩与泥页岩互层的现象；生物灰岩与上覆早三叠世地层间具显著的侵蚀面或被中三叠统超覆不整合……认为这里的晚二叠世地层中可能存在生物岩礁，所写报告[②]被誉为我国古代生物礁研究的第一篇论文。1970 年，一贵州石油勘探指挥部特意组织了二叠纪生物礁调查。1973 年，一篇调查报告肯定了二叠系露头所见到的化石富集、块状、无层理、厚度大于相邻同一地层的特殊沉积就是古代生物礁[③]。

近 20 多年来，已查明我国古代生物礁产出于古生代、三叠纪、古近纪和新近纪的海相地层中，分布遍及滇、黔、川、鄂、湘、桂、苏、鲁等省（区）的陆域，以及南海北部大陆架。在西沙群岛永兴岛[④]和南沙群岛永暑礁[⑤]的现代珊瑚礁上勘探，也钻遇第三系礁岩。南沙群岛海域地球物理勘测显示，在许多构造高区渐新世晚期至中新世浅海台地相层状碳酸盐岩上叠置着埋藏的生物礁[4]。我国以二叠系和泥盆系的产礁层段多，礁群多和类型也多，证实了二叠纪存在油气藏；珠江口盆地神狐暗沙隆起—东沙隆起一线上的一个中新世碳酸盐岩隆，钻获工业油流；古代生物礁还赋存一些有色金属（金、铅、锌、锑、锡）和非金属（汞、萤石）矿产[⑥]。范嘉松和张维[5]综述了生物礁的概念、分类及特征，曾鼎乾等[3]对中国地质历史时期的生物礁进行了系统的总结。

二、我国现代珊瑚礁研究的兴起

1928 年 5～6 月以中山大学沈鹏飞教授为首的西沙群岛调查团，成员有两广地质调查所朱庭祜及有关单位科技人员共 15 人，赴西沙群岛，考察了珊瑚岛陆地的地质、矿产、土壤和植物，对灰沙岛的自然特征有了最基本的认识[6, 7]，揭开了我国现代珊瑚礁科学研究的序幕。

留日的马廷英博士在 1933～1934 年连续发表了 3 篇论文，报道了古生代珊瑚化石内部构造上有类似植物年轮的季候生长现象，又发现了现代造礁珊瑚内部组织上亦存在此种构造，并证实它是季候成长或年成长的记录。1935 年春，地质学家丁文江（1887～1936 年）着手计划研究中国海洋，他看了马廷英的论文[⑦]，遂邀马廷英回国工作。1936 年 4～9 月，马廷英在东沙岛调查，采集了大量珊瑚标本，还获得了当地观象台的海水温度逐日记录，完成了现代造礁珊瑚成长率与海水温度关系的研究报告[8, 9]，证明了现

[①] 作者：赵焕庭
[②] 何可梗. 贵州西南部紫云、望谟、册亨一带上二叠系生物岩礁的初步探讨，1963
[③] 王治华，钟筱清. 黔西南紫云、望谟一带上二叠纪生物礁相石油调查研究总结报告，1973
[④] 曾鼎乾，等. 西沙群岛调查及西永 1 井上第三系礁岩及储油物性的初步研究，1990
[⑤] 朱袁智，沙庆安，等. 南沙群岛新生代生物礁地质特征与演化专题研究报告，1996
[⑥] 银玉光，陈劲人. 建 7 井长兴组研究报告；胡平忠. 珠江口盆地第一个含油生物礁简介；刘向. 对川黔滇及邻区生物礁与油气藏暨其他矿藏的认识；叶绪孙，严云秀. 广西大厂泥盆系生物礁及其块状锡石-硫化物矿床的成因探讨（摘要）王集磊，李健中. 某铅锌矿沉积再造礁控矿床的类型、地质特征及形成机理初探. 上述 5 篇见南海西部石油公司编印《世界礁油气藏文献汇编》（三），1986
[⑦] Ma T Y H. On the growth rate of reef corals and the sea water temperature in the Japanese Islands during the latest geological times，1934

代各种造礁珊瑚的成长率受海水温度的制约，造礁珊瑚的成长率与海水温度的增高率成正比，指出"比较与研究现代与过去造礁珊瑚的成长率确不失为研究古气候的一个极可靠的工具"，从而开创了造礁珊瑚生长与环境温度关系的研究。

抗日战争胜利后，我国收复了南海诸岛。1946~1947年，我国有关单位的科技人员多人分批前往西沙群岛或南沙群岛考察，随后陆续发表了一批关于现代珊瑚礁地质矿产[10-12]、地理[13]①、地貌[14]、土壤[15, 16]、植物[17]、珊瑚[18]和软体动物[19]的论著，测绘了地形图。李毓英[12]关于海滨砂岩的描述，似是现时流行的海滩岩概念的最早的说法。Kwo的论文[14]则是我国研究环礁地貌的第一篇科学论文。

三、我国现代珊瑚礁研究现状

近几十年来，我国对现代珊瑚礁的调查研究已从大陆和大陆岛的沿岸遍及南海诸岛，越来越多的不同专业的科技人员投入现代珊瑚礁研究，研究领域不断开拓，成果累累。

（一）珊瑚礁生物

珊瑚礁生物多样性很突出，造礁生物和附（喜）礁生物繁生。前者主要为浅水造礁石珊瑚类和珊瑚藻科的属种。南海礁区浅水造礁石珊瑚分布广泛。对于海南岛的珊瑚属种，马廷英[9]、颜京松[20]、ⅡB.纳乌莫夫等[21]先后报道过一些，邹仁林等在1962~1965年从海南岛采集的珊瑚有13科34属和2亚属、110种和5亚种，其中有1新种[22]，西沙群岛有石珊瑚12科3属113种和亚种，水螅珊瑚2属7种，笙珊瑚和苍珊瑚各1属1种[23]。此外，华南大陆沿岸有21属45种，台湾岛有40属129种和亚种，东沙群岛有27属70种，黄岩岛有19属46种，作为比较而列出菲律宾有67属约200种[24]。中国科学院南海海洋研究所、中国科学院南沙综合科学考察队[25-28]在南沙群岛已先后采集了共124种，其实际属种数目可能同菲律宾不相上下。礁区的藻类、软体动物、柳珊瑚、软珊瑚、苔藓虫、有孔虫、介形类、棘皮动物、龙介科、海绵动物、鱼、虾、蟹、龟和其他海洋生物种数以千计，在1973~1975年开展的西沙群岛和中沙群岛的海洋综合调查[29]、1980~1986年广东省海岸带调查[30]、1984年至今的南沙综合考察[31]以及海南省海岛调查的成果报告中有较多的反映。南沙群岛礁区生物调查研究还很不充分，如礁区软体动物，现已采集鉴定20种，推测它的实际种数应与西沙群岛相当。最近有人开展了旨在加速恢复珊瑚礁生态系的珊瑚移植试验[32]。

珊瑚礁上的灰沙岛是全新世中期高海平面以来形成的，面积小，低矮，雨水虽多，但没有溪流。植物是通过海流、气流、鸟类和人类行为媒介在岛上繁殖起来的。最新调查、采集和统计显示，西沙群岛维管植物有82科211属316种，其中野生的有52科147属212种[33]，南沙群岛维管植物有57科121属151种[34]，其中太平岛就有109种[35]，主要植被类型有常绿乔木林、常绿灌木林、草被、海水生草本群落和人工栽培植被等5类。出版了南海诸岛及其邻近岛屿植物志[36]。鸟类很多，西沙群岛就有近70种，分为留鸟群（如红脚鲣鸟[37]等）、冬候鸟群和夏候鸟群等3群②。

（二）珊瑚礁地貌与沉积

苏联专家将海南岛沿岸的珊瑚礁划分为岸礁，以及封闭潟湖和封闭湾的礁两类[21]；运用波浪理论分析了海南岛珊瑚礁的结构[38]。1960~1961年，曾昭璇等也初步调查了海南岛的珊瑚礁地貌③。中国科学院海洋研究所和中国科学院南海海洋研究所于1962~1965年分段完成环海南岛珊瑚礁调查，确定了上升

---

① 卓振雄. 祖国的南疆——南沙群岛, 1955
② 侯剑秋. 谈谈西沙自然环境的保护. 1983年2月10日南方日报
③ 中国科学院华南热带生物资源综合考察队、广州地理研究所（曾昭璇主编）. 广东地貌区划, 1962：393-394

礁的存在[39]，又区分出岸礁的另一类型——潟湖岸礁，并对礁的微喀斯特做了水平分带[40]①。20 世纪七八十年代，中国科学院地质研究所、中国科学院南海海洋研究所、同济大学和华南师范学院分别深入研究了海南岛岸礁的地貌和沉积特征[41]、海滩岩[42]和成岩问题[43,44]。这几个单位，还有中国科学院地球化学研究所等的专业人员多次考察西沙群岛，著文讨论了区域地质、地貌和岛屿时代[45-48]、礁坪和岛屿海滩的物质组成[49,50]、海滩岩[51]，沙庆安等[52-54]在理论上阐述了成岩作用，朱袁智等[55,56]指出了石岛的风成沉积和我国的沙丘岩。有人从考古学资料论证了现代珊瑚礁的成长率[57]。华南师范学院地貌教研室于 1981 年对西沙群岛岛礁做了全面的调查②，揭示了灰沙岛地貌的发育规律[58,59]。同济大学海洋地质系调查研究礁顶和灰沙岛的沉积规律[60,61]。国家地震局测定了石岛地层的年龄[62]。1983~1984 年地质矿产部海洋地质研究所在西沙群岛进行了普查和勘探，业治铮等[63-65]研究了岛屿类型和现代滨岸风暴沉积，确定了石岛风成石灰岩并发现了古土壤，讨论了石岛地质的测年问题[66]。曾昭璇[67,68]总结了我国环礁的类型和地貌特征。中国科学院南海海洋研究所[69-71]也考察了中沙群岛珊瑚礁的地貌和沉积。在南沙群岛综合考察中，划分的礁体类型有环礁、台礁、礁丘等，还提出了环礁发育指数的概念[72]，可用它区分环礁演化从开放型经半开放型、准封闭型、封闭型到台礁化等不同阶段[26]。在近年来的地貌考察中，研究人员使用回声测深、全球定位系统（GPS）和旁侧声呐扫视等技术，对礁体地貌[27]有了比较全面的认识，最近开始注意波浪与珊瑚礁地貌发育关系的研究[73]。对礁区表层沉积物的粒度、生物组分、矿物成分和化学成分分析，结合地貌学、岩石学的分析，就礁体表层沉积相划分了向海坡、礁坪、潟湖等相带和亚带[26]，还整理了礁区现代沉积元素分布图。

过去把石岛风成沉积当成水成沉积而导出晚更新世末、全新世初以来的高海平面或地壳运动的看法已得到澄清。中国科学院南沙综合科学考察队引述了南海周边海岸和岛屿普遍存在全新世中期的高海平面[27]。海南岛南岸珊瑚礁记录了全新世中期的高海平面[74]。曾昭璇等[75]在石岛沙丘岩体外的高 1m 的堆积阶地采样测年为（4810±110）aBP，认为这是全新世中期高海平面阶地的证据。聂宝符认为，低潮干出礁坪上原生的、顶面已死亡而周边仍在侧向生长的滨珊瑚，是全新世高海平面的证据，干出礁坪是古海平面高度的标志[76]。

（三）珊瑚礁地质与古环境演化

原石油工业部南海石油勘探筹备处在 1973~1974 年于永兴岛实施西永 1 井的钻探，井深 1384.68m，揭露礁体厚 1251m，基底为古生代变质岩。中国科学院南海海洋研究所鉴定了该钻井底部礁灰岩的孢子花粉，确定为中新世早期[77]。地质矿产部海洋地质研究所于 1983~1984 年在西沙群岛的琛航岛、永兴岛和石岛上施钻 3 口井，都未穿透礁体。对上述 4 口钻孔岩心进行岩矿、地球化学、微体古生物分析后，发表了一批论著，初步建立了中新世晚期以来的礁相地层层序，讨论了古气候与古海面的变化，研究成果主要集中反映在专著[78]中。中国科学院南沙综合科学考察队于 1990 年在南沙群岛的永暑礁礁坪上实施了南永 1 井钻探，井深 152.07m，未穿透礁体。对岩心进行多学科的观察、鉴定、分析和测试，获得了大量造礁和附礁生物化石种属和组合，矿物，岩土物理力学，常量和微量化学元素，氧、碳、铅、锶同位素和多种年龄数据等实际资料，又广泛参考了有关文献，系统论述了永暑礁的地质年龄和地层学、礁的沉积岩石学、岩土物理力学、工程地质、生物组分、元素地球化学、碳酸盐全岩同位素地球化学、沉积相与礁体演化、古气候与古海平面变化，以及新构造运动问题，发表了一系列论著，主要集中在《南沙群岛永暑礁第四纪珊瑚礁地质》专著[27]中。同行专家评审认为，该专著对珊瑚礁岩心进行了综合性、多学科的分析研究，这是空前的；研究方法上采用了常规方法与先进的测试方法相结合，如对地质年龄的

---

① 黄金森，汪国栋，黄树仁，等. 海南岛珊瑚礁海岸调查报告，1966
② 曾昭璇，黄少敏，谭德隆，等. 我国西沙群岛永乐环礁宣德环礁地貌考察初步报告，1981

研究，在使用传统的古生物地层方法（鉴定了岩心的造礁石珊瑚化石种属及时代）的同时，还考虑到用不同方法研究不同时期的岩心年龄，使用了 ^{14}C、氨基酸、铀系、ESR、古地磁等多种测试手段，取得了可靠的数据，建立了第四纪年代表；在岩石学、岩土物理力学、矿物学和地球化学等方面，除进行了薄片观察、常量元素分析、粒度分析、孔隙度测定，还使用了电子显微镜扫描、X 射线衍射、微量元素分析、电子探针、同位素测试等手段，取得了大量精确的数据，这在第四纪珊瑚礁研究中也是不多见的；在此基础上建立了南沙群岛第一个第四纪珊瑚礁剖面，开创了我国热带海洋地质学的系统研究；揭示了我国第一个珊瑚礁造礁生物和附礁生物、元素地球化学分层、同位素地球化学的垂向分布，逐层根据生物组合及其指相意义而识别井下不同的相带及其纵向变化，结合生物礁沉积-成岩作用变化，划分出沉积旋回，结合其他实测资料和对比文献中深海、海岸和内陆的资料，同全球变化研究紧密联系，得出古气候与古海平面变化的许多规律性的结论，对地质学、古海洋学的研究均有新的进度；改进了测试手段，成功地对弱磁性的碳酸盐岩做了古地磁测年，采用结构-组分分类命名法对珊瑚礁岩的分类命名更加有效和实用等。它也表明，珊瑚礁岩心确实是环境变化研究的重要材料。

中国科学院南沙综合科学考察队于 1994 年在永暑礁人工岛上实施了南永 2 井钻探，井深 413.69m，已钻进中新世晚期地层，但也未穿透礁体。也采用了多学科、多方法的综合分析研究，确定了中新世晚期以来造礁生物仍然以浅水造礁石珊瑚为主，确定了第三系与第四系的界线在井深 268m 处，约 2.48 Ma BP，暂定中新统与上新统的界线在井深 369.83m，确认了更新统与全新统的界线在井深 17.3m 处。据沉积相的纵向变化，反映出永暑礁礁体发育演化过程，并分为中新世、上新世、早更新世、中晚更新世和全新世等几个时段。在南永 2 井全套的浅色礁岩中，井深 96.59~99.69m 呈黑色（南永 1 井也有，但极少），195.53~196.23m 呈红色，标志着珊瑚礁发育过程中的两次事件，初步研究认为，这与附近古火山和古地震活动引起的突发性、短暂性的事件有关。详细描述了造礁珊瑚 16 科 41 属 112 种 2 亚种的骨骼微细结构[79]，应用于南永 1 井和 2 井岩心的珊瑚属种鉴定，起到了重要作用。

据外国石油公司在我国礼乐滩实施的 Sampaguita-1 井钻探揭露，礁体厚 2160m，年龄约 27 Ma BP，为晚渐新世以来发育的，但只研究了岩性、部分微体古生物和年龄。对南海诸岛礁体地质与环境演化问题尚须继续研究。

（四）珊瑚记录的环境变化

珊瑚生长率的测定，过去靠量算珊瑚外表环纹变化，近 10 年来用 X 射线拍摄珊瑚内部生长带并准确量算求得。在刘东生、施雅风等学者的大力支持下，聂宝符等[80]研究指出，因生长带宽与海水表层温度呈正相关，可得到相关系数，由此可获得试验标本所在地的海水表层温度后报方程。经过试验，后报近百年来研究海区的年平均海水表层温度变化过程是可信的，从而建立了珊瑚生长率温度计，为世界上首次提出的热带海区后报数百年来平均海水表层温度提供了一种新方法。如果进一步根据海水表层温度与气温的相关分析，可后报器测时期以前的气温变化；根据过去长时段的气温变化，预测未来一定时段的气温变化将有可能实现，意义重大。

（五）珊瑚礁工程地质

珊瑚礁砂屑土是一种特殊的工程地质土类，国内外的工程地质学教科书和规范性手册至今都未涉及。1978 年，中国科学院南海海洋研究所配合有关部门开展了琛航岛、广金岛的建港勘测工作，做了钻探采芯，沉积采样，礁岩土的生物、矿物、化学组分及结构构造分析鉴定、物理力学性质试验以及建材力学试验等，为建港工程提供了一批实用资料，初步开始了珊瑚礁工程地质调查研究。有关部门为岛礁机场、港口和灯塔工程不断做礁岩土的物理学性质和建材力学试验，积累了不少经验。1983年，巴布亚新几内亚国家工程供应局对珊瑚礁岩土做了一些岩土分析、压实测试，认为它可用作优质路基材料，计划仍以此材料将Momote简易机场改建为国际机场。20世纪80年代，澳大利亚开展石油开发工程促进了钙质砂工程性质的研究。我国已建的珊瑚礁港口航道、灯塔、飞机场、公路、楼堡等工程已发挥了很重要的作用。现有工程尚存在一些有关工程地质学的不尽如人意的问题，如裂缝、渗漏、腐蚀等，也许运行多年后还会暴露更多的问题。因此，中国科学院南沙综合科学考察队主持南永1井岩心研究工作时，有意组织了礁灰岩、礁砂土的力学和声学特性以及工程地质研究[27]，结果引起有关方面的兴趣，将南沙群岛珊瑚礁工程地质特性和评价专题列入南沙综合考察"八五"计划，在永暑礁坪上打了4个工程地质研究浅钻，又在10座礁上做轻型动力触探、灰沙岛荷载试验，对礁岩土样品做了物理力学测试和以珊瑚碎屑为骨料的混凝土试验，发表了一批论著[81]，开拓了工程地质研究新领域。

（六）珊瑚礁现代环境

南海诸岛生物学论文中有些涉及了自然生态学问题。中国科学院南京土壤研究所多次深入研究了南海诸岛的土壤特点、形成的特殊规律[34, 82, 83]。

历来我国自然地理学家都把南海诸岛纳入中国或华南自然地理研究范围。赵焕庭根据南沙综合考察所获得的许多实际资料，对珊瑚礁自然环境的各个因素、自然综合体、自然资源、自然区划和区域开发问题做了全面、系统的综合研究[34]，将南沙群岛自然综合体的形成和发展概括为：南沙群岛邻近海域是新生代热带海洋，热带海洋造礁生物和附礁生物繁生，渐新世以来生物礁发育，全新世中期以来形成灰沙岛，热带常绿珊瑚岛乔灌林植物生长，热带珊瑚岛磷积石灰土土壤发育，构成了热带珊瑚礁群岛景观。将南沙群岛景观分为2类5种，并以南沙群岛为例，概括了珊瑚礁自然景观的演化模式，一路主要由于地壳长期下沉引起由海岸低地热带雨林景观向大陆架浅海热带海洋生物繁生景观、深海上层热带大洋性生物景观和深海盆深海性海洋生物景观方向演化，另一路主要由于热带浅水造礁石珊瑚生长引起由大陆架浅海热带海洋生物繁生景观向礁丘热带海洋生物繁生景观、环礁热带海洋生物繁生景观和灰沙岛热带常绿乔灌林磷积石灰土景观方向演化。同时，还调查研究了西沙群岛的自然地理环境和开发问题[84]。

有一些文章谈论了珊瑚礁自然保护问题。此外，中国科学院南沙综合科学考察队还开展了岛礁定位和地形测绘技术研究，在岛礁全球定位系统定位联测的基础上，初步建立了有一定密度的、实用的南沙岛礁大地控制网。首次采用双波段二次多项式方法研究礁区水深测量方法，通过与差分全球定位系统水深测量的对照，证明这一方法的精度能满足大比例尺礁区地形测量要求。分析了MSS和TM卫星图像，发现了一些现有海图中尚未标示的礁体，纠正了岛礁的廓线，制作了南海诸岛卫星影像图集和南沙群岛彩色卫星影像地图。又以考察资料为基础，吸收文献经验，研究揭示了南沙岛礁区水道、锚地及港口的分类和分布规律，提出了港口选址方案[85]，对南沙区域的开发和保卫事业有重要意义[86]。

参 考 文 献

[1] Huang T K. Permian corals of southern China. Palaeonotologica Sinica, 1932, 8(2): 1-63.
[2] 黄汲清, 曾鼎乾. 西南二叠纪的新看法. 地质论评, 1950, 15(1-3): 95.
[3] 曾鼎乾, 刘炳温, 黄蕴明. 中国各地质历史时期生物礁. 北京: 石油工业出版社, 1988: 91.
[4] 姜绍仁, 周效中. 南沙群岛海域构造地层及构造运动. 热带海洋, 1993, 12(4): 55-62.
[5] 范嘉松, 张维. 生物礁的基本概念、分类及识别特征. 岩石学报, 1985, 1(3): 45-56.
[6] 朱庭祜. 西沙群岛鸟粪//两广地质调查所. 两广地质调查所年报(一). 广州: 两广地质调查所印行, 1928: 99-102.
[7] 沈鹏飞. 调查西沙群岛报告书. 广州: 中山大学农学院出版部, 1930: 1-113.
[8] 马廷英. 造礁珊瑚与中国沿海珊瑚礁的成长率. 地质论评, 1936, 1(3): 293-300.

[9] Ma T Y H. On the growth rate of reef corals and its relation to sea water temperature. Palaeonotologica Sinica Geological survey of China, 1937, 16(1): 1-226.

[10] 王本贫, 高存礼. 西沙群岛磷矿. 地质论评, 1947, 12(5): 441-448.

[11] 穆恩之. 西沙群岛永兴岛与石岛地质述略. 地质论评, 1948, 13(1-2): 159.

[12] 李毓英. 南沙群岛太平岛地质概况. 地质论评, 1948, 13(5-6): 333-340.

[13] 郑资约. 南海诸岛地理志略. 上海: 商务印书馆, 1947: 1-96.

[14] Kwo L C. Geomorphology of the Tizard bank and reefs, Nansha Islands, China. Acta Geologica Taiwanica, 1948: 2(1): 45-54.

[15] 陆发熹. 广东西沙群岛之土坡及鸟粪磷矿. 土壤(季刊), 1947, 6(3): 67-76.

[16] 席连之. 广东南沙群岛土壤纪要. 土壤(季刊), 1947, 6(3): 77-81.

[17] Chang H T. The vegetation of the Paracel Islands. Sun Yatsenia, 1948, 7(1-2): 75-88.

[18] Ma T Y H. Effect of water temperature on growth rate of reef corals. Oceanographia Sinica Spec, 1959, (1): 1-116.

[19] 熊大仁. 西、南沙群岛贝类之初步调查. 学艺, 1949, 18(2): 19-24.

[20] 颜京松. 石珊瑚. 生物学通报, 1956, (2): 23-27.

[21] ⅡB. 纳乌莫夫, 颜京松, 黄明显. 海南岛珊瑚礁的主要类型. 海洋与湖沼, 1960, 3(3): 157-176.

[22] 邹仁林, 宋善文, 马江虎. 海南岛浅水造礁石珊瑚. 北京: 科学出版社, 1975: 1-66.

[23] 邹仁林. 西沙群岛珊瑚类的研究Ⅲ//中国科学院南海海洋研究所. 我国西沙、中沙群岛海域海洋生物调查研究报告集. 北京: 科学出版社, 1978: 91-132.

[24] 邹仁林, 陈友璋. 我国浅水造礁石珊瑚地理分布的初步研究//中国科学院南海海洋研究所. 南海海洋科学集刊(第4集). 北京: 科学出版社, 1983: 89-96.

[25] 中国科学院南海海洋研究所. 曾母暗沙——中国南沙综合调查研究报告. 北京: 科学出版社, 1987: 1-245.

[26] 中国科学院南沙综合科学考察队. 南沙群岛及其邻近海区综合调查研究报告(一). 北京: 科学出版社, 1989: 1-820.

[27] 中国科学院南沙综合科学考察队. 南沙群岛永署礁第四纪珊瑚礁地质. 北京: 海洋出版社, 1992: 1-264.

[28] 中国科学院南沙综合科学考察队. 南沙群岛及其邻近海区第四纪沉积地质学. 武汉: 湖北科学技术出版社, 1993: 1-383.

[29] 中国科学院南海海洋研究所. 我国西沙、中沙群岛海域海洋生物调查研究报告集. 北京: 科学出版社, 1978: 75-327.

[30] 广东省海岸带和海涂资源综合调查大队. 广东省海岸带和海涂资源综合调查报告. 北京: 海洋出版社, 1987: 191-203, 226-229.

[31] 陈清潮, 蔡永贞. 珊瑚礁鱼类——南沙群岛及热带观赏鱼. 北京: 科学出版社, 1994: 1-41.

[32] 陈刚, 熊仕林, 谢菊娘, 等. 三亚水域造礁石珊瑚移植试验研究. 热带海洋, 1995, 14(3): 51-57.

[33] 邢福武, 李泽贤, 叶华谷, 等. 我国西沙群岛植物区系地理的研究. 热带地理, 1993, 13(3): 250-257.

[34] 赵焕庭. 南沙群岛自然地理. 北京: 科学出版社, 1996: 1-401.

[35] Huang T C, Huang S F, Yang K C. The flora of Taiping-tao (Aba Itu Island). Taiwania, 1994, 39(1-2): 1-26.

[36] 中国科学院南沙综合科学考察队. 南沙群岛及其邻近岛屿植物志. 北京: 海洋出版社, 1996: 1-348.

[37] 刘景先, 王子玉. 我国西沙群岛的红脚鲣鸟. 生物学杂志, 1975, (3): 40.

[38] Зенкович В П. Применение волновой теории к анализу строения коралловых берегов (на материале острова Хайнань) Избестця АН СССР, Серия Географи, 1960, (2): 28-41.

[39] 蔡爱智, 李星元. 海南岛南岸珊瑚礁的若干特点. 海洋与湖沼, 1964, 6(2): 205-218.

[40] 黄金森. 海南岛南岸与西岸的珊瑚礁海岸. 科学通报, 1965, (1): 85-87.

[41] 吕炳全, 王国忠, 全松青. 海南岛珊瑚礁的特征. 地理研究, 1984, 3(3): 1-16.

[42] 赵希涛, 沙庆安, 冯文科. 海南岛全新世海滩岩. 地质科学, 1978, (2): 163-173.

[43] 沙庆安. 海南岛南部一地全新世生物屑灰岩的成岩作用. 地质科学, 1977, (2): 172-178.

[44] 沙庆安, 潘正莆. 海南岛小东海全新世——现代礁岩的成岩作用. 石油与天然气地质, 1981, 2(4): 321-327.

[45] 黄金森, 沙庆安, 谢以萱, 等. 西沙群岛及其附近海区的地貌特征//中国地理学会地貌专业委员会. 中国地理学会1977年地貌学术讨论会文集. 北京: 科学出版社, 1981: 108-114.

[46] 卢演俦, 杨学昌, 贾蓉芬. 我国西沙群岛第四纪生物沉积物及成岛时期的探讨. 地球化学, 1979, (2): 93-102.

[47] 沙庆安. 西沙永乐群岛珊瑚礁一瞥. 石油与天然气地质, 1986, 7(4): 412-417.

[48] 黄金森, 朱袁智, 钟晋梁, 等. 西沙群岛宣德马蹄形礁与北礁的对比研究//中国科学院南海海洋研究所. 南海海洋科学集刊(第7集). 北京: 科学出版社, 1986: 13-48.

[49] 邹仁林, 朱袁智, 王永川, 等. 西沙群岛珊瑚礁组成成分的分析和海藻脊的讨论. 海洋学报, 1979, 1(2): 292-298.
[50] 钟晋梁, 黄金森. 我国西沙群岛松散堆积物的粒度和组成的初步分析. 海洋与湖沼, 1979, 10(2): 125-135.
[51] 黄金森, 朱袁智, 沙庆安. 西沙群岛现代海滩岩岩石学初见. 地质科学, 1978, (4): 358-363.
[52] 沙庆安, 赵希涛, 黄金森, 等. 西沙群岛和海南岛现代和全新世海相碳酸盐岩的成岩作用——兼谈海相表成(海相淡成)灰岩及其意义//中国科学院地质研究所. 沉积岩石学研究. 北京: 科学出版社, 1981: 226-242.
[53] 沙庆安. 论成岩作用阶段划分和术语的选用. 岩石学报, 1986, 2(2): 42-49.
[54] 沙庆安. 广西涠洲岛全新世上升海滩沉积及其成岩作用. 沉积学报, 1986, 4(2): 39-46.
[55] 朱袁智. 西沙群岛岛屿生物礁//中国科学院南海海洋研究所. 南海海洋科学集刊(第 2 集). 北京: 科学出版社, 1981: 33-48.
[56] 朱袁智, 钟晋梁. 西沙石岛和海南岛沙丘岩初探. 热带海洋, 1984, 3(3): 64-72.
[57] 何纪生, 钟晋梁. 从考古发现看西沙群岛珊瑚礁的成长率//中国科学院南海海洋研究所. 南海海洋科学集刊(第 3 集). 北京: 科学出版社, 1982: 37-44.
[58] 曾昭璇, 丘世钧. 西沙群岛环礁沙岛发育规律初探. 海洋学报, 1985, 7(4): 472-483.
[59] 丘世钧, 曾昭璇. 论珊瑚砂岛上巨砾堤地貌的形成. 华南师范大学学报(自然科学版), 1984, (1): 90-95.
[60] 王国忠, 吕炳全, 全青松. 永兴岛珊瑚礁的沉积环境和沉积特征. 海洋与湖沼, 1986, 17(1): 36-44.
[61] 吕炳全, 王国忠, 全青松. 西沙群岛灰沙岛的沉积特征和发育规律. 海洋地质与第四纪地质, 1987, 7(2): 59-70.
[62] 陈以健, 卢景芬. 西沙珊瑚砂屑灰岩的ESR年龄测定. 地质论评, 1988, 34(3): 254-262.
[63] 业治铮, 何起祥, 张明书, 等. 西沙群岛岛屿类型划分及其特征的研究. 海洋地质与第四纪地质, 1985, 5(1): 1-13.
[64] 业治铮, 张明书. 西沙群岛风成石灰岩和化石土壤的发现及其意义. 海洋地质与第四纪地质, 1984, 4(1): 1-10.
[65] 张明书, 何起祥, 业治铮, 等. 风驱生物礁相模式. 海洋地质与第四纪地质, 1987, 7(2): 1-9.
[66] 业渝光, 和杰, 刁少波, 等. 西沙石岛风成岩的ESR和^{14}C年龄. 海洋地质与第四纪地质, 1990, 10(2): 103-110.
[67] 曾昭璇. 中国环礁的类型划分. 海洋通报, 1982, 1(4): 43-50.
[68] 曾昭璇. 南海环礁的若干地质特征. 海洋通报, 1984, 3(3): 40-45.
[69] 许宗藩, 钟晋梁. 黄岩岛的地貌特征//中国科学院南海海洋研究所. 南海海洋科学集刊(第 1 集). 北京: 科学出版社, 1980: 11-16.
[70] 聂宝符, 郭丽芬, 朱袁智, 等. 中沙环礁的现代沉积//中国科学院南海海洋研究所. 南海海洋科学集刊(第10集). 北京: 科学出版社, 1992: 1-18.
[71] 刘韶. 中沙群岛礁相沉积特征的探讨. 海洋学报, 1987, 9(6): 794-797.
[72] 钟晋梁, 陈欣树, 张乔民, 等. 南沙群岛珊瑚礁地貌研究. 北京: 科学出版社, 1996: 1-82.
[73] 孙宗勋, 赵焕庭. 南沙群岛珊瑚礁的动力地貌特征. 热带海洋, 1996, 15(2): 53-60.
[74] 赵希涛, 张景文, 李桂英. 海南岛南岸全新世珊瑚礁的发育. 地质科学, 1983, (2): 150-159.
[75] 曾昭璇, 黄少敏, 曾迪鸣. 西沙群岛石岛地质学上诸问题. 石油与天然气地质, 1984, 5(4): 335-341.
[76] 聂宝符. 五千年来南沙群岛高海面的珊瑚礁记录//中国科学院南沙综合科学考察队. 南沙群岛及其邻近海区地质地球物理及岛礁研究论文集(二). 北京: 科学出版社, 1994: 115-125.
[77] 吴作基, 余金凤. 西沙群岛某钻孔底部的孢子花粉组合及其地质时代//中国孢粉学会. 中国孢粉学会第一届学术会议论文集. 北京: 科学出版社, 1982: 81-84.
[78] 张明书, 何起祥, 业治铮, 等. 西沙生物礁碳酸盐沉积地质学研究. 北京: 科学出版社, 1989: 1-117.
[79] 聂宝符, 梁美桃, 朱袁智, 等. 南海礁区现代造礁珊瑚类骨骼微细结构的研究. 北京: 中国科学技术出版社, 1991: 1-147.
[80] 聂宝符, 陈特固, 梁美桃, 等. 近百年来南海北部珊瑚生长率与海面温度变化的关系. 中国科学(D 辑), 1996, (l): 59-66.
[81] 赵焕庭, 宋朝景, 卢博, 等. 珊瑚礁工程地质初论. 工程地质学报, 1996, 4(l): 86-90.
[82] 中国科学院南京土壤研究所西沙群岛考察组. 我国西沙群岛的土壤和鸟粪磷矿. 北京: 科学出版社, 1977: 1-52.
[83] Gong Z, Liu L, Zhou R, et al. Soil in Islands of the South China Sea and their ages. Scientia Geologica Sinica, 1995, (1): 247-250.
[84] 赵焕庭, 宋朝景, 余克服, 等. 西沙群岛永兴岛和石岛的自然与开发. 海洋通报, 1994, 13(5): 44-56.
[85] 宋朝景, 赵焕庭, 陈欣树, 等. 南沙群岛水道、锚地与港口选址研究. 北京: 科学出版社, 1996: 1-128.
[86] 赵焕庭. 我国生物礁研究的发展. 第四纪研究, 1996, (3): 253-262.

第三节　中国现代珊瑚礁研究[①]

一、引言

世界上的科学家和政治家已愈来愈深刻地认识到珊瑚礁在全球海洋的过程与资源方面具有重要地位。珊瑚礁研究已被列入了全球变化研究的多个核心项目中，如国际地圈与生物圈计划（IGBP）、过去全球变化（PAGES）的海岸带海陆交互作用（LOICZ）等，并已实施多年。又鉴于珊瑚礁遭人类活动破坏、生态退化和水产资源衰退日益严重，1992 年世界环境与发展大会（里约热内卢）把珊瑚礁列为高度优先保护对象。最近美国等国家已经正式启动"国家珊瑚礁对策研究计划"（CRI），提倡实行"国际珊瑚礁研究十年"项目。1996 年 6 月国际第八届珊瑚礁年会（巴拿马）以珊瑚礁的保护和恢复为主题，国际上也已将 1997 年定为"珊瑚礁年"，1998 年为"海洋年"，要开展科普宣传和组织科研活动。我国也已经把珊瑚礁研究继续列入"九五"科技计划，并纳入 2010 年科技发展规划纲要和"中国海洋 21 世纪行动计划"的优选项目中。下文就分几方面综述我国现代珊瑚礁研究的成就与发展问题。

二、珊瑚礁的概念

造礁石珊瑚群体死后其遗骸构成的岩体即为珊瑚礁。腔肠动物门珊瑚纲硬珊瑚目［石珊瑚目（Scleractinia）］的许多科、属、种，为热带浅水底栖生物，一般附着在基岩或其他硬底，生活在水温 20℃以上的温暖海洋中（水温 13℃以下即死亡）且水深至 50m 左右的透光层范围内的海底。其个体大小不一，半径可超过 2m，寿命长达 300 年以上。形态各异，但均以钙质骨骼包裹在珊瑚虫软体外为特征，是中生代至现代热带海洋中的造礁动物。礁体也包括活珊瑚丛。现代造礁石珊瑚有数百种。我国造礁石珊瑚属印度-太平洋区系，已鉴定有 50 余属 200 多种，实际属种数可能与菲律宾（67 属 200 余种）相当。

丛生的珊瑚群体死后仍留在海底原地，其遗骸构成的岩体，保留死前的态势者称为原生礁。珊瑚被波浪、天敌或人为破坏，其残枝败躯和各种附礁生物骨壳、各种粒级碎屑混杂堆积在一处，被皮壳状的珊瑚藻覆盖，由这些沉积物不断堆积且不断地被珊瑚藻覆盖与黏结构成的岩体也是珊瑚礁，称为次生礁。

珊瑚礁有多种类型，背叠在大陆或大陆岛基岩海岸者，称岸礁或裾礁；离岸坐落在大陆架（或岛架）、大陆坡或深海海山上者，称岛礁。礁坪围圈的潟湖中有岩岛者称堡礁，南海尚未见。礁顶为礁坪围圈潟湖者，称环礁，缺潟湖或潟湖已湮灭，只见礁坪和中间残存浅水塘者，称台礁；仍在潮下带匍匐在海底，背隆者称礁丘，平坦者称礁滩。隐现在水面、涨潮淹没、低潮出露者称干出礁。已拔离水面者，称上升礁或隆起礁。现代礁是指全新世处于沿岸和大海中的礁体，隐现于水面，或处于浅水区，尚处于发育中。

珊瑚礁在岩石学上统称为礁灰岩，主要化学成分为 $CaCO_3$。部分生物碎屑又被波浪和潮流堆成礁顶浅滩、潮间带海滩，继而被暴风浪和风堆积成外圈为沙堤包绕、内为碟形洼地的灰沙岛。在大气-溪水环境下，可胶结成海滩岩和沙丘岩。灰沙岛上鸟粪层下的钙质堆积物在大气-淡水环境下也可结成磷灰岩（鸟粪石）。礁外坡有多级由地质历史上海平面或新构造运动间歇性升降而造成的水下阶地，还有岩洞等。

珊瑚礁灰岩地质体面积和厚度差异也悬殊。一般岸礁多是冰后期海侵以来形成的，年龄约距今 10 000 年，厚仅几米至几十米。一般岛礁和部分堡礁形成于更新世甚至古近纪和新近纪，厚逾百米、上千米。我国珊瑚礁体最大厚度见于南沙群岛礼乐滩，为 2160m，是距今 27 亿年晚渐新世以来发育的[1]。从礁顶几口钻井资料可见，一般表层厚 0～18m，为全新世松散生物砂砾层，其下为更新世及其以前的礁灰岩。

[①] 作者：赵焕庭

礁顶在地貌上可分为呈同心圆分布的礁前斜坡、礁坪和潟湖 3 个单元。岸礁和台礁则没有潟湖。礁坪上或有灰沙岛。典型的灰沙岛地貌是呈同心圆状分布的海滩、沙堤、沙席和洼地等地貌带。现代珊瑚礁的礁坪和灰沙岛都是冰后期海面上升至最高以来形成的。

三、中国现代珊瑚礁的分布

中国现代珊瑚礁主要分布在热带海洋南海。台湾海峡、台湾岛东面的西北太平洋和台湾岛北面的东海南部，虽然位于北回归线以北，但受黑潮主流及黑潮进入南海后的北支的影响，海水暖热，适合造礁石珊瑚栖息、生长，丛生成礁。华南大陆沿岸主要受来自温带、亚热带的中国沿岸流贴岸南下的影响，冬季水温凉冷，加上众多河川大量径流入海；盐度偏低，含沙量较多，透明度差，只有少数造礁石珊瑚种类尚能在某些港湾和岛屿的水域生长，但很稀疏，覆盖率极少超过 20%。其他喜礁生物也较少，不能构成珊瑚礁。热带大陆岛海南岛和台湾岛及它们附近的小岛，岸礁发育较正常，南海诸岛本身就是发育良好的珊瑚礁群体。

（一）华南大陆沿岸和离岛的岸礁

仅见于雷州半岛灯楼角呷角东西两侧，长约 10km，宽 100～300m，厚度估计几米。灯楼角海拔 0.7m 的原生礁的 ^{14}C 年龄为（7120±165）a BP[2]。北部湾的涠洲岛周围海岸大部分有珊瑚礁，周长 21km，礁坪宽 500～1100m，礁缘至水深 11m，为宽 100～300m 的向海坡，是珊瑚生长带[3]。斜阳岛也有岸礁。

（二）海南岛及其离岛的岸礁与岛礁

海南岛周围岸礁断续分布，还包括潟湖岸礁（如东南岸陵水县新村潟湖）和离岸岛礁（如儋州市洋浦港外的磷枪石岛以及后水湾中的邻昌岛、三亚港中的白排）。离岛岸礁见于万宁市大洲岛、三亚市陵水湾蜈支洲、亚龙湾野猪岛、三亚港东岛和西岛等地。据粗算，珊瑚礁岸线总长约 200km[4]，即占海南岛及其离岛岸线的 11.5%。东岸和南岸的礁体规模大，万泉河口以北的琼海、文昌两市毗邻区的岸礁，连续分布，长达 30km，平均宽达 4km。钻探和岩心测年揭示，本区礁体厚度一般不超过 10m，都是全新世冰后期海进后形成于现代岸线的[5,6]。

（三）台湾岛及其离岛的岸礁

台湾岛岸礁断续分布于南、东、北岸线和离岛岸线。南岸恒春半岛岸礁规模最大，长约 100km，礁坪宽度由几米至 250m[7]。台湾岛北端的富贵角和麟山鼻也分布有岸礁。大部分离岛都有岸礁，见于台湾海峡中的澎湖列岛，台湾岛北岸外的彭佳屿、棉花屿和花瓶屿，东北岸外的钓鱼列岛、东岸外的龟山岛、绿岛（火烧岛）、兰屿、小半屿，两岸外的七星岩、琉球屿等地。此外，恒春半岛有高达 300m 的中更新世上升礁和几个第四纪上升礁。

（四）南海诸岛的岛礁

南海诸岛除了西沙群岛的高尖石小岛是火山碎屑岩岛，也有岸礁外，其余全部是珊瑚岛礁。东沙群岛的岛礁集中在东沙环礁，另外还有一些暗沙。该环礁面积粗算约为 387km^2。周围有不连续的环状礁坪，坪宽 1.6～5.0km，低潮干出，环礁中的潟湖，水深 7.3～18m。西北礁坪有一灰沙岛，叫东沙岛，面积为

1.74km²[8]。

中沙群岛主体是中沙环礁，它是沉溺的大环礁。面积为8540km²，环礁上断续分布着20座暗沙或暗滩，所包围的潟湖水深70~85m，局部深达100多米，湖上还有6座点礁[9,10]。这26座礁滩均在水下9~20m，从船舷俯视可见。中沙群岛唯一的干出礁为黄岩岛（民主礁），礁顶包括潟湖面积约为130km²。礁坪宽数十至数百米，潟湖平均水深9~11m。南礁坪上被称为南岩的巨礁砾，直径为3~4m，高出坪面3m，^{14}C年龄为（470±95）a BP[11]。此外还有一些暗沙和海山。

西沙群岛分两群，西为永乐群岛，东为宣德群岛。永乐群岛包括永乐环礁、盘石屿、华光礁、玉琢礁和北礁等5座环礁和中建岛一座台礁，礁上散布15座灰沙岛。宣德群岛包括宣德环礁、东岛环礁、浪花礁环礁等3座灰沙岛和1座火山碎屑岩岛屿（高尖石）。西沙群岛有29座岛屿，是南海诸岛中岛屿最多的一群。28座灰沙岛总面积为7.8623km²。高尖石面积仅为0.0003km²。宣德群岛的永兴岛面积最大，为1.8km²，是南海诸岛中最大的1个岛屿。其最高点为8.2m。石岛与永兴岛同嵌在1个礁坪上，海拔15.9m，是南海诸岛中最高的岛屿，又是唯一已固结成岩、成岛时间最老的（全新世高海面出现前）老灰沙岛[12,13]，礁灰岩^{14}C年龄（23 870±1100）~（5670±250）a BP。

南沙群岛的岛礁尚未完全查清，据初步统计（不包括卫星照片解释尚待现场核实的，但包括几处可能有名无实者），低潮干出环礁43座，沉溺环礁21座，低潮干出台礁8座，大陆架礁丘4座，共117座。其中51座干出礁的礁顶面积为2904.3km²，另外32处水深200m以浅的礁顶面积为23 155m²，合计26 059.3km²。礁体面积大小悬殊，大者如礼乐滩，它是一座沉溺大环礁，面积约为9400km²，周围水浅处有100多座礁滩，中央低洼处多点礁。干出大环礁，如郑和群礁615km²，九章群礁618km²。大小灰沙岛（包括沙洲）23个，散布在干出礁礁坪上，其中8个沙洲面积都很小，地形变化大，15个岛屿和沙洲面积也只有1.726km²，其中最大的太平岛为0.432km²，最高的鸿庥岛海拔6.1m。岛上植被生长良好[14,15]。

四、中国现代珊瑚礁研究的成就与发展问题

（一）珊瑚礁生物与生态

珊瑚礁区的营养物质和初级生产力比热带敞海高几十倍至几百倍，物种繁多，生物多样性很突出，被喻为"蓝色沙漠中的绿洲"。中国科学院南海海洋研究所、中国科学院海洋研究所、中国水产科学研究院南海水产研究所等单位，以及台湾学者，对礁区浅水造礁石珊瑚、软体动物、柳珊瑚、软珊瑚、有孔虫、介形虫、苔藓虫、棘皮动物、鱼类、蟹类、藻类及其他海洋生物分类与区系的研究，论著很多，除了许多单篇论文外，还有一些专著[16,17]和10余种论文①；已采集、鉴定的种类数以千计，其中台湾的造礁石珊瑚就有58属230种，海南岛有13科34属和2亚属、110种和5亚种，其中有1新种[16]，西沙群岛有12科3属13种和亚种。水螅珊瑚2属7种，笙珊瑚和苍珊瑚各1属1种[18]，东沙群岛有27属70种，黄岩岛有19属46种[19]，华南大陆沿岸有21属45种。华南大陆沿岸珊瑚礁湿地礁栖生物种类多、生物量大和栖息密度高[20,21]。南沙群岛礁区生物调查研究虽已进行了10多年，但还很不充分，如礁区软体动物，现已采集鉴定200种，推测它的实际种数应与西沙群岛的500种相当。

珊瑚礁上的灰沙岛成岛时间短，面积小，低矮，雨水虽多，但没有溪流，地下却有淡水透镜体。植物是通过海流、气流、鸟类和人类行为媒介在岛上繁殖起来的。最新调查、采集和统计显示，西沙群岛维管植物有82科21属316种，其中野生物种有52科147属212种[22]，南沙群岛维管植物有57科121属151种[23]，其中太平岛就有109种[23]，主要植被类型有常绿乔木林、常绿藻木林、草被、海水生草本群落和人工栽培植被等5类。出版了南海诸岛及其邻近岛屿植物志山[24]。鸟类很多，曾做过一些调查[25]，

---

① 高雄市渔业管理处. 东沙海域生态资源探勘调查报告. 1990：1-60

西沙群岛就有近 70 种，分为留鸟群（如红脚鲣鸟[26]等）、冬候鸟和夏候鸟等 3 群①。

已进行的珊瑚礁调查研究，多少都涉及珊瑚礁生态；也有一些专门的珊瑚礁生态调查亦已取得有意义的成果。在西沙群岛做过 2 处礁坪、4 个断面的生态带调查，描述了各带的地形与水深、藻类、无脊椎动物和鱼类的组成及生态类型，并与世界珊瑚礁对比，认为西沙群岛珊瑚礁是介于热带印度洋与西太平洋珊瑚礁之间的一个过渡类型，处在印度-太平洋造礁石珊瑚分布中心的近北缘[27]。Liang 研究了一批造礁珊瑚的生态和中国造礁珊瑚生态区[28]。调查了北部湾涠洲岛 1964 年和 1984 年造礁石珊瑚种的变化、种的分布，揭示了海流与气流等因素导致群落的演替，讨论了群落的种类组成、优势种、覆盖率及其区系特点和环境条件的相互关系[29]。中国科学院南海海洋研究所等承担了"八五"国家攀登计划子专题"珊瑚礁生态系统的结构、功能及恢复机制"研究，发表了若干论文。造礁石珊瑚作为珊瑚礁生态系统中的关键生物类群，其群落结构在珊瑚礁系统研究中占据重要地位。于登攀和邹仁林的论文提出了造礁石珊瑚群落结构研究的一些重点[30]，找出了恢复珊瑚礁生态系统的关键种，用计算机模拟，提出移植造礁石珊瑚，以增加珊瑚的空间来弥补恢复珊瑚礁生态系统所需的时间[31]；陈刚等报道了海南省海洋局移植珊瑚的试验结果[32]。中国科学院南沙综合科学考察队进行了岛礁潟湖营养动力学研究[33]，提出了珊瑚礁高生产力成因的"营养高循环-水位变动"的新观点。今后需要多学科配合，调查研究珊瑚礁物质与能量输移、积累与转化，以及生产力与生物量等。

（二）珊瑚礁地貌及表层沉积与现代环境

20 世纪 60 年代初，我国专家与苏联专家合作研究海南岛的岸礁，将其划分为封闭潟湖和封闭湾两类[34]。1960~1961 年曾昭璇等也初步调查了海南岛的珊瑚礁地貌②。中国科学院海洋研究所和南海海洋研究所于 1962~1965 年分段完成了环海南岛珊瑚礁调查③，确定了上升礁的存在[35]，对礁的微喀斯特做了水平分带[36]。20 世纪七八十年代，中国科学院地质研究所、中国科学院南海海洋研究所、同济大学和华南师范学院分别深入研究了海南岛岸礁的地貌和表层沉积特征[6]、海滩岩[37]和成岩问题[38, 39]。中国科学院地球化学研究所等的专业人员还多次考察西沙群岛，讨论了区域地质、地貌和岛屿时代[40-43]、礁坪和岛屿海滩的物质组成[44, 45]，海滩岩[46]；沙庆安等[47-49]在理论上阐述了成岩作用；朱袁智等[50, 51]指出了石岛的风成沉积和我国的沙丘岩。有人从考古学资料论证了现代珊瑚礁的成长率[52]。华南师范学院地貌教研室于 1981 年对西沙群岛岛礁做了全面的调查④，揭示了灰沙岛地貌的发育规律[53, 54]。同济大学海洋地质系调查研究了礁顶和灰沙岛的沉积规律[55, 56]。国家地震局测定了石岛地层的年龄[57]。1983~1984 年原地质矿产部海洋地质研究所在西沙群岛进行了普查与勘探，业治铮等[58-60]研究了岛屿类型和现代滨岸风暴沉积，确定了石岛风成石灰岩并发现了古土壤。风成沉积物间被含旱生蜗牛化石[61]的古土壤层分隔为不同阶段，讨论了石岛地质的测年问题[62]。曾昭璇[63, 64]总结了我国环礁的类型和地貌特征。在南沙群岛综合考察中，使用回声探测、全球定位系统（GPS）和旁侧声呐扫视等技术，对礁体地貌有了比较全面的认识，划分了礁体类型，还提出了环礁发育指数的概念[64]，划分了环礁向台礁演化的几个阶段[65]。孙

---

① 中国科学院南海海洋研究所. 我国西沙、中沙群岛海域海洋生物调查研究报告集. 北京：科学出版社，1978；中国科学院海洋研究所. 西沙群岛海洋生物调查报告专辑之一、二、三、四、五、六. 海洋科学集刊，第 10、12、15、17、20、24 集. 北京：科学出版社，1975，1978，1979，1980，1983，1985；中国科学院南沙综合科学考察队. 南沙群岛及其邻近海区海洋生物研究论文集. 第 1、2、3 集. 南沙群岛及其邻近区海洋生物分类区系与生物地理研究 I. 北京：海洋出版社，1994；黄良民. 南沙群岛海区生态过程研究（一）. 北京：科学出版社，1997：1-157

② 中国科学院华南热带生物资源综合考察队，广州地理研究所（曾昭璇主编）. 广东地貌区划，1962：393-394

③ 黄金森，汪国栋，黄树仁，等. 海南岛珊瑚礁海岸调查报告（1966）//中国科学院南海海军研究所. 南海海岸地貌学论文集，第 2 集，1975：47-168

④ 曾昭璇，黄少敏，谭德隆，等. 我国西沙群岛永乐环礁. 宣德环礁地貌考察初步报告，1981

宗勋和赵焕庭[66]最近开始注意珊瑚礁动力地貌研究。研究人员对礁区表层沉积物的粒度、生物组分、矿物成分和化学成分进行分析，结合地貌学、岩石学的分析，就礁体表层沉积相划分了向海坡、礁坪、潟湖等相带和亚带[67-69]。郭丽芬等[70]还整理了礁区现代沉积元素分布图。

海南岛南岸珊瑚礁记录了全新世中期的高海平面[5,6]。曾昭璇等[71]在海南岛沙丘岩体外高1m的堆积阶地采样测年为（4810±10）a BP，认为这是全新世中期高海面阶地的证据。过去把石岛风成沉积当成水成沉积而导出晚更新世末、全新世初以来的高海面或地壳运动的看法已得到澄清[72]。至于干出礁的礁坪是否为古海平面全新世高海面的标志，值得进一步研究。

南沙群岛自然地理研究[15]是珊瑚礁现代环境研究的一个典型例子。它对珊瑚礁自然环境因素——地貌、地质、古地理与古海洋、气候、海洋水文、海洋生物、灰沙岛植物和土壤加以系统分析，概括了自然综合体的形成与发展，将南沙群岛自然景观分为2类5种，反映了该区域自然综合体的面貌；提出了南沙群岛珊瑚礁自然景观演化的主要模式：一路主要由地壳长期下沉引起海岸低地热带雨林景观向大陆架浅海热带海洋生物繁生景观、深海上层热带大洋性生物景观和深海盆深海性海洋生物景观方向演化；另一路主要由浅水造礁石珊瑚生长引起由大陆架浅海热带海洋生物繁生景观向礁丘热带海洋生物繁生景观、环礁热带海洋生物繁生景观和灰沙岛热带常绿乔灌林磷积石灰土景观方向演化。由于各地具体的自然历史条件不同而使演化模式复杂化。例如，部分大陆架浅海热带海洋生物繁生景观可演变为环礁热带海洋生物繁生景观，地壳长期缓慢下沉而环礁继续上长，并兀立于深海环境中，冰期低海面时期礁体出露成岛，间冰期海面上涨时岛屿复沦为环礁等。

（三）珊瑚礁新生代地质及其发育演化

原石油工业部南海石油勘探筹备处于1973~1974年在西沙群岛永兴岛实施了不连续采芯的西永1井钻探，井深1384.68m，揭露礁体厚1251m，基底为古生代变质岩。通过井底部礁灰岩的孢子花粉分析，确定为中新世早期[73]。原地质矿产部海洋地质研究所于1983~1984年在西沙群岛的琛航岛、永兴岛和石岛上施钻3口全采芯井，都未穿透礁体。对上述4口钻井进行岩心分析，初步建立了中新世晚期以来的礁相地层层序，讨论了古气候与古海面变化[74]。

中国科学院南沙综合科学考察队分别于1990年和1994年在永暑礁实施了2口全采芯地质钻探井计划，南永1井深152.07m[75]，南永2井深423.69m[76]，后者已钻进中新世晚期地层，但都未钻透礁体。又对岩心做了多学科的观察、鉴定、分析和测试，获得了大量造礁与附礁生物化石，常量与微量化学元素，氧、碳、铅、锶同位素，矿物，岩土物理力学和多种地质年龄数据资料（尤其是改进了测试手段，成功地对弱磁性的碳酸盐岩做了古地磁测年），并对其加以综合研究。详细描述了造礁珊瑚16科41属112种和2亚种的骨骼微细结构[77]，应用于珊瑚化石鉴定。确定了南沙群岛区域中新世晚期以来造礁生物仍然以浅水造礁石珊瑚为主，展示了我国第一个现代珊瑚礁造礁生物和附礁生物的垂向分布、元素地球化学分层、同位素地球化学的垂向分布；确定了第三系与第四系的界线在南永2井井深268m处，约2.48 Ma BP，暂定中新统与上新统的界线在井深369.83m，更新统与全新统的界线在井深17.3m处，根据生物组合及其指相意义、粒度、沉积结构等逐层识别井下不同的相带及其纵向变化，结合珊瑚礁沉积-成岩作用变化，划分出沉积旋回，反映出永暑礁发育演化过程可分为中新世、上新世、早更新世、中晚更新世和全新世等几个阶段。结合其他实测资料和对比文献中深海、海岸和内陆的资料，同全球变化研究紧密联系，得出古气候与古海平面变化的许多规律性结论。在全套浅色礁岩中，井深96.59~99.69m，呈墨斑色，195.53~196.23m呈红色，标志着珊瑚礁发育过程中的两次事件，这可能与附近古火山和古地震活动引起的突发性、短暂性事件有关，这也表明珊瑚礁岩心确实是环境变化研究的重要材料。这些研究成果丰富了热带海洋地质学和古海洋学的内容。

由于南海处于亚洲、大洋洲、太平洋与印度洋两大洋交接部位，研究本区古环境变迁与国际研究计划接轨，对认识本海区的现代海洋环境和预测未来的环境变化有重要的科学意义。将南海珊瑚礁体蕴含的环境变化信息，尤其是距今13万年、2万年和1万年以来这几个时段的环境变化，同国际深海钻探（ODP）中国组计划在南海实施深钻的岩心分析对照，可以互相印证和补充。研究古海洋与古气候的最好材料首推深海海洋沉积岩心，其次是珊瑚礁，但后者在直接记录由古气候引起的海平面变化和海陆变迁等方面的优势则是前者所缺乏的。今后，对珊瑚礁岩心仍有必要再作进一步的精细分析研究，详细记录重建冰后期以来的古环境变化过程，对过去全球变化研究做出新贡献。

（四）珊瑚记录的环境变化

珊瑚生长率的测定，过去靠量算珊瑚外表环纹变化，近10年来用X射线拍摄珊瑚内部生长带并准确量算求得。研究了西沙群岛和琼南的滨珊瑚属（*Porites*）芯后得出，因珊瑚生长带宽度与海水表层温度（SST）呈正相关，可得出相关系数，由此可获得试验标本所在地的海水表层温度后报方程。经过检验，用该方程后报近百年来研究海区的年平均SST变化过程是可信的，从而建立了珊瑚生长率温度计，为世界热带海区后报数百年来平均SST提供了一种新方法[79,80]。

今后根据SST与气温的相关分析，可后报器测时期以前的气温变化；根据过去较长时段的气温变化，预测未来一定时段的气温变化极有可能实现。只要在南海获得长度超过3m的活的滨珊瑚芯，就可能建立距今数百年来的SST与气温变化曲线，据此可能预测未来数十年SST与气温的变化，意义重大。这方面的工作要求更精细些——通过精确的测年方法（如高精度的230Th）建立珊瑚记录的高精度的SST Sr/Ca温度序列；开展研究珊瑚生长带中高密度和低密度与降雨量之间的关系，重建过去降雨量的变化。造礁珊瑚 ^{18}O 分析是揭示其所记录的环境信息的重要手段，国际上近年来该方面工作发展很快[80]，通过 ^{18}O 分析，揭示了SST、降雨、厄尔尼诺等多种环境信息。中国科学院南海洋研究所与高等学校正在进行试验，可望获得新成果。在上述各项工作的基础上，研究历史时期标本所在地的海况变化与东太平洋、印度洋厄尔尼诺的关系，仍须深入研究珊瑚生长与海平面的关系，建立过去一个时段的海平面波动过程，探索海水污染状况在珊瑚中的记录。此外，从华南沿岸到南海诸岛都已见到珊瑚"白化"现象，需探讨近期海水温度变化或人类活动造成的变化。

（五）珊瑚礁工程地质

珊瑚礁钙质砂屑土是一种特殊的工程地质土类，不同于一般的陆源砂屑，国内外的工程地质学教科书和规范性手册至今都未涉及，这是工程地质学的一个新的研究领域[81-83]。实际工作国际上早在第二次世界大战后期在太平洋的珊瑚礁岛屿上修建军用机场、公路时就已开始；我国在20世纪70年代后期由于南海诸岛港口、灯塔、飞机场、公路和楼堡建设需要而开始进行研究。20世纪80年代澳大利亚为了在钙质土上营造海洋钻井平台，做了较多的实验和理论研究[85]，但尚未能得出令人完全满意的设计依据。我国现有珊瑚礁工程尚存在一些有关工程地质学方面的问题，如裂缝、渗漏、塌陷和腐蚀等，也许运行多年后还会暴露更多的问题。这些问题都具有挑战性。我们曾对南永1井岩心做了礁灰岩和礁砂土的物理力学、声学特性以及工程地质学研究[75,85]，之后又进行了南沙群岛珊瑚礁工程地质特性与评价的专题研究[86-89]，对珊瑚礁工程地质的研究内容和方法、对礁岩土的物理力学和声学性质实测资料、建材试验结果以及工程地质评价等作了初步阐述。今后最好结合珊瑚礁工程建设或在有工程远景的地点，开展现场勘测，要着重开展珊瑚砂的物理性质测量技术和专用试验设备研究、珊瑚砂力学性质界限值的试验研究、适度规模的模型试验、建材性能试验以及珊瑚砂物理性状对工程建设影响等研究。

（六）珊瑚礁资源

珊瑚礁是一种重要的国土资源。灰沙岛和干出珊瑚礁像其他岛屿和潮间带滩涂一样是陆地。按《联合国海洋法公约》规定可成为一国领土的一部分，宜作为该国领海基线上的点。据测算，1个岛或干出礁可以拥有450km^{2}和125 664km^{2}的专属经济区。南海诸岛干出礁按地貌学统计有63座（其中环礁53座、台礁10座），粗算礁体总面积为5287.7km^2，干出礁顶上的52座灰沙岛的总面积11.41km^{2}也包括在内[90]。陆地面积虽小且分散，但其包含的内水、领海、毗连区和专属经济区的面积却很可观。灰沙岛上的植物，多是有用资源，土壤也可垦殖，鸟粪可用作肥料[91]。岛礁可用作工程基础。研究指出珊瑚礁潜在的或已开发的港口类型[92]，并将过去被航海界圈为"危险地带"的南沙群岛区域中的通航水道划分了等级，划分了锚地类型，提出了港口选址方案[93]。

南海珊瑚礁有用的海洋生物种类很多，除了已被列入保护级别的海龟、玳瑁外，经济鱼类有50多种[94]，往往是质优价高的品种；经济贝类40多种；经济海参类约20种；经济藻类主要有麒麟菜、海人草；经济甲壳动物主要有龙虾、墨吉对虾和长毛对虾；观赏用的有造型奇特的各种浅水造礁石珊瑚和贝类及各种色彩艳丽的小型鱼类。海南省琼海市潭门港开发珊瑚礁观赏鱼基地已初具规模。一些海藻、海绵动物、软珊瑚、柳珊瑚种类中的化合物，具有新型的化学结构和独特的生物活性物质，有潜在开发利用价值。目前对珊瑚礁的生物资源调查还不够，尚未能确定礁区渔业品种的可捕量；对有用的天然有机物的分析研究工作还不多；礁坪养殖麒麟菜早已成功，并已在琼海市发展为一种产业，但对其他可养殖的动植物品种尚未试验。此外，还须加强礁区生物资源开发和开展水产农牧化研究。

现代珊瑚礁地处热带，每年受太阳直射两次，总辐射量高。南海诸岛全年日照时数可达240~300h，日均温大于或等于10℃的年积温达9230~10 180℃，全年各月平均太阳辐射总量为190~260W/m^2，南沙群岛年平均值为220W/m^2 [95]，利用潜力大。按我国风能划定的标准，南海诸岛有效风速（3~20m/s）出现的时数为5500~7000h，有效风速出现时间百分率为65%~85%，有效风能密度为200~600W/m^2 [96]，属我国风能资源丰富地区之一。已进行了风能、太阳能、柴油发电机联合发电的初步试验，达到了立足气象能源解决礁上基本用电需要的目标①。南海平均波高风浪为1.3m，涌浪为1.8m。一年中平均波高最小的4~5月波高为0.7~0.9m，开发潜力大。南海诸岛大部分耸立于深海中，礁缘外很近处的水深就达500m，年平均表层水温在25~28℃，而水深50m处的水温常年为8~9℃，1000m处水温常年为5℃，蕴藏巨大的温差能源。有人估算南海的温差能高达18.89×10^{20}J。据悉，海南省计划在西沙群岛试验开发温差能。

南海诸岛拥有热带珊瑚礁特有的赏心悦目的丛林和海洋自然景观，常年有海风吹拂，无酷暑，有可供畅游的平静水域或险象环生的水中世界，有各种博物和文物可供鉴赏，还有鲜美的海产食品，是度假胜地。

此外，南海诸岛附近海底蕴藏石油、天然气资源。

五、结语

珊瑚礁生态系统很脆弱，已受到人类过度开发破坏。珊瑚礁保护与管理已经成为保护人类生存环境、实施可持续发展战略的组成部分。1990年我国建立了三亚珊瑚礁自然保护区，此前有关地方建立了西沙群岛东岛鸟类自然保护区，此后福建省建立了东山岛珊瑚自然保护区。我国继续把珊瑚礁研究纳入"九五"科技计划和2010年科技发展纲要。针对现代珊瑚礁的自然特点及其对环境和人类的生存发展的关系

---

① 李润珊，张振岐. 南沙海区的风能和太阳能资源及其利用. 海军工程技术，1992，（28）：16-22

重大，为保护和合理利用珊瑚礁提供科学理论、政策依据和办法，建议国家组织珊瑚礁生态系统课题的研究，同时根据有关方面的需要开展一些专题研究。相信 20 世纪末至 21 世纪，我国现代珊瑚礁研究将有长足的发展[97]。

参 考 文 献

[1] Bois E P D. Review of principal hydrocarbon-bearing basins around the South China Sea. Energy, 1985, 18: 167-209.
[2] 中国科学院贵阳地球化学研究所 ^{14}C 实验室. ^{14}C 年龄测定方法及其应用. 北京：科学出版社, 1997.
[3] 莫永杰. 涠洲岛珊瑚岸礁的沉积特征. 广西科学院学报, 1984, (2): 54-59.
[4] 吕炳全, 王国忠, 全松青. 海南岛珊瑚岸礁的特征. 地理研究, 1994, 3(3): 1-16.
[5] 赵希涛, 张景文, 李桂英. 海南岛南岸全新世珊瑚礁的发育. 地质科学, 1983, (2): 150-159.
[6] 陈俊仁, 陈欣树, 赵希涛, 等. 全新世海南省鹿回头海平面变化之研究//地质矿产部广州海洋地质调查局情报研究室. 南海地质研究(二). 广州：广东科技出版社, 1991: 7-86.
[7] 曾昭璇. 台湾自然地理. 广州：广东省地图出版社, 1993: 59-72.
[8] 陈史坚, 钟晋梁. 南海诸岛志略. 海口：海南人民出版社, 1989: 1-274.
[9] 刘韶. 中沙群岛礁相沉积特征的探讨. 海洋学报, 1987, 9(6): 794-797.
[10] 聂宝符, 郭丽芬, 朱袁智, 等. 中沙环礁的现代沉积//中国科学院南海海洋研究所. 南海海洋科学集刊(第 10 集). 北京：科学出版社, 1992: 1-18.
[11] 许宗藩, 钟晋梁. 黄岩岛的地貌特征//中国科学院南海海洋研究所. 南海海洋科学集刊(第 1 集). 北京：科学出版社, 1980: 11-16.
[12] 赵焕庭, 宋朝景, 余克服, 等. 西沙群岛永兴岛和石岛的自然与开发. 海洋通报, 1994, 13(5): 44-56.
[13] 赵焕庭, 宋朝景, 孙宗勋, 等. 南海诸岛全新世珊瑚礁演化的特征. 第四纪研究, 1997, (4): 301-309.
[14] 钟晋梁, 陈欣树, 张乔民, 等. 南海群岛珊瑚礁地貌研究. 北京：科学出版社, 1996: 1-82.
[15] 赵焕庭. 南沙群岛自然地理. 北京：科学出版社, 1996: 1-401.
[16] 邹仁林, 宋善文, 马江虎. 海南岛浅水造礁石珊瑚. 北京：科学出版社, 1975: 1-66.
[17] 陈清潮, 蔡永贞. 珊瑚礁鱼类——南沙群岛及热带观赏鱼. 北京：科学出版社, 1994: 1-41.
[18] 邹仁林. 西沙群岛珊瑚类的研究III//中国科学院南海海洋研究所. 我国西沙、中沙群岛海域海洋生物调查研究报告集. 北京：科学出版社, 1978: 91-132.
[19] 邹仁林, 陈友璋. 我国浅水造礁石珊瑚地理分布的初步研究//中国科学院南海海洋研究所. 南海海洋科学集刊(第 4 集). 北京：科学出版社, 1983: 89-96.
[20] 广东省海岸带和海涂资源综合调查大队. 广东省(注含海南岛)海岸带和海涂资源综合调查报告. 北京：海洋出版社, 1987: 1-622.
[21] 余勉余, 李茂照, 梁超愉, 等. 广东省(注含海南岛)潮间带生物调查报告. 北京：科学出版社, 1990: 1-232.
[22] 邢福武, 李泽贤, 叶华谷, 等. 我国西沙群岛植物区系地理的研究. 热带地理, 1993, 13(3): 250-257.
[23] Huang T C, Huang S F, Yang K C. The flora of Taiping-tao (Aba Itu Island). Taiwania, 1994, 39(1-2): 1-26.
[24] 中国科学院南沙综合科学考察队. 南沙群岛及其邻近岛屿植物志. 北京：海洋出版社, 1996: 1-348.
[25] 中国科学院北京动物研究所, 中国科学院南海海洋研究所, 北京自然博物馆. 我国南海诸岛的动物调查报告. 动物学报, 1974, 20(2): 113-130.
[26] 刘景先, 王子玉. 我国西沙群岛的红脚鲣鸟. 生物学杂志, 1975, (3): 40.
[27] 庄启谦, 唐质灿, 李春生, 等. 西沙群岛金银岛和东岛礁平台生态调查//中国科学院海洋研究所. 海洋科学集刊(第 29 集). 北京：科学出版社, 1983: 1-45.
[28] Liang J F. Ecological regions of the reef corals of China. Journal of Coastal Research, 1985, 1(1): 57-70.
[29] Zou R, Zhang Y, Xie Y. An ecological study of reef around Weizhou Island//Proceedings on Marine Biology of South China Sea. Beijing: Ocean Press, 1988: 201-211.
[30] 于登攀, 邹仁林. 造礁石珊瑚群落结构研究的概况、问题和前景. 生物多样性, 1995, 3(1): 26-30.
[31] 邹仁林. 中国珊瑚礁的现状与保护对策//中国科学院生物多样性委员会和林业部野生动物和森林植物保护司. 生物多样性研究进展——首届全国生物多样性保护与持续利用研讨会论文集. 北京：中国科学技术出版社, 1995: 281-290.
[32] 陈刚, 熊仕林, 谢菊娘, 等. 三亚水域造礁石珊瑚移植试验研究. 热带海洋, 1995, 14(3): 51-57.

[33] 中国科学院南沙综合科学考察队. 南沙群岛珊瑚礁潟湖化学与生物学研究. 北京: 海洋出版社, 1997: 1-159.
[34] Ⅱ.B. 纳乌莫夫, 颜京松, 黄明显. 海南岛珊瑚礁的主要类型. 海洋与湖沼, 1960, 3(3): 157-176.
[35] 蔡爱智, 李星元. 海南岛南岸珊瑚礁的若干特点. 海洋与湖沼, 1964, 6(2): 205-218.
[36] 黄金森. 海南岛南岸与西岸的珊瑚礁海岸. 科学通报, 1965, (1): 85-87.
[37] 赵希涛, 沙庆安, 冯文科. 海南岛全新世海滩岩. 地质科学, 1978, 13(2): 163-173.
[38] 沙庆安. 海南岛南部一地全新世生物屑灰岩的成岩作用. 地质科学, 1977, (2): 172-178.
[39] 沙庆安, 潘正莆. 海南岛小东海全新世——现代礁岩的成岩作用. 石油与天然气地质, 1981, 2(4): 321-327.
[40] 黄金森, 沙庆安, 谢以萱, 等. 西沙群岛以及附近海区的地貌特征//中国地理学会地貌专业委员会. 中国地理学会1997年地貌学术讨论会文集. 北京: 科学出版社, 1981: 108-114.
[41] 卢演俦, 杨学昌, 贾蓉芬. 我国西沙群岛第四纪生物沉积物及成岛时期的探讨. 地球化学, 1979, (2): 93-102.
[42] 沙庆安. 西沙永乐群岛珊瑚礁一瞥. 石油与天然气地质, 1986, 7(4): 412-417.
[43] 黄金森, 朱袁智, 钟晋梁, 等. 西沙群岛宣德马蹄形礁与北礁的对比研究//中国科学院南海海洋研究所. 南海海洋科学集刊(第7集). 北京: 科学出版社, 1986: 13-48.
[44] 邹仁林, 朱袁智, 王永川, 等. 西沙群岛珊瑚礁组成成分的分析和海藻脊的讨论. 海洋学报, 1979, 1(2): 292-295.
[45] 钟晋梁, 黄金森. 我国西沙群岛松散堆积物的粒度和组成的初步分析. 海洋与湖沼, 1979, 10(2): 125-135.
[46] 黄金森, 朱袁智, 沙庆安. 西沙群岛现代海滩岩岩石学初见. 地质科学, 1978, (4): 358-363.
[47] 沙庆安, 赵希涛, 黄金森, 等. 西沙群岛和海南岛现代和全新世海相碳酸盐岩的成岩作用——兼谈海相表成(海相淡成)灰岩及其意义//中国科学院地质研究所. 沉积岩石学研究. 北京: 科学出版社, 1981: 226-242.
[48] 沙庆安. 论成岩作用阶段划分和术语的选用. 岩石学报, 1986, 2(2): 42-49.
[49] 沙庆安. 广西涠洲岛全新世上升海滩沉积及其成岩作用. 沉积学报, 1986, 4(2): 39-46.
[50] 朱袁智. 西沙群岛岛屿生物礁//中国科学院南海海洋研究所. 南海海洋科学集刊(第2集). 北京: 科学出版社, 1981: 33-48.
[51] 朱袁智, 钟晋梁. 西沙石岛和海南岛沙丘岩初探. 热带海洋, 1984, 3(3): 64-72.
[52] 何纪生, 钟晋梁. 从考古发现看西沙群岛珊瑚礁的成长率//中国科学院南海海洋研究所. 南海海洋科学集刊(第3集). 北京: 科学出版社, 1952: 37-44.
[53] 曾昭璇, 丘世钧. 西沙群岛环礁沙岛发育规律初探. 海洋学报, 1985, 7(4): 472-483.
[54] 丘世钧, 曾昭璇. 论珊瑚砂岛上巨砾堤地貌的形成. 华南师范大学学报(自然科学版), 1984, (1): 90-95.
[55] 王国忠, 吕炳全, 全青松. 永兴岛珊瑚礁的沉积环境和沉积特征. 海洋与湖沼, 1986, 17(1): 36-44.
[56] 吕炳全, 王国忠, 全青松. 西沙群岛灰沙岛的沉积特征和发育规律. 海洋地质与第四纪地质, 1987, 7(2): 59-70.
[57] 陈以健, 卢景芬. 西沙珊瑚砂屑灰岩的ESR年龄测定. 地质论评, 1988, 34(3): 254-262.
[58] 业治铮, 何起祥, 张明书, 等. 西沙群岛岛屿类型划分及其特征的研究. 海洋地质与第四纪地质, 1985, 5(1): 1-13.
[59] 业治铮, 张明书. 西沙群岛风成石灰岩和化石土壤的发现及其意义. 海洋地质与第四纪地质, 1984, 4(1): 1-10.
[60] 张明书, 何起祥, 业治铮, 等. 风驱生物礁相模式. 海洋地质与第四纪地质, 1987, 7(2): 1-9.
[61] 冯伟民, 余汶. 西沙群岛石岛晚更新世碳酸盐土壤层陆栖蜗牛化石. 海洋地质与第四纪地质, 1991, 11(3): 69-74.
[62] 业渝光, 和杰, 刁少波, 等. 西沙石岛风成岩的ESR和^{14}C年龄. 海洋地质与第四纪地质, 1990, 10(2): 103-110.
[63] 曾昭璇. 中国环礁的类型划分. 海洋通报, 1952, 1(4): 43-50.
[64] 曾昭璇. 南海环礁的若干地貌特征. 海洋通报, 1984, 3(3): 40-45.
[65] 赵焕庭, 宋朝景, 朱袁智. 南沙群岛"危险地带"腹地珊瑚礁地貌与现代沉积特征. 第四纪研究, 1992, (4): 203-212.
[66] 孙宗勋, 赵焕庭. 南沙群岛珊瑚礁的动力地貌特征. 热带海洋, 1996, 15(2): 53-60.
[67] 中国科学院南沙综合科学考察队. 南沙群岛及其邻近海区综合调查研究报告(一). 北京: 科学出版社, 1989: 1-820.
[68] 朱袁智, 聂宝符, 王有强. 南沙群岛南、北部珊瑚礁沉积//中国科学院南沙综合科学考察队. 南沙群岛及其邻近海区地质地球物理及岛礁研究论文集(一). 北京: 海洋出版社, 1991: 224-232.
[69] 余克服, 朱袁智, 赵焕庭. 南沙群岛信义礁等4座环礁的现代碎屑沉积//中国科学院南海海洋研究所. 南海海洋科学集刊(第12集). 北京: 科学出版社, 1997: 19-147.
[70] 郭丽芬, 朱袁智, 宋朝景, 等. 南沙群岛珊瑚礁区现代沉积元素分布图集. 北京: 科学出版社, 1997: 1-202.
[71] 曾昭璇, 黄少敏, 曾迪鸣. 西沙群岛石岛地质学上诸问题. 石油与天然气地质, 1984, 5(4): 335-341.
[72] 赵焕庭. 南海诸岛珊瑚礁新构造运动的特征. 海洋地质与第四纪地质, 1998, 18(1): 37-45.
[73] 吴作基, 余金凤. 西沙群岛某钻孔底部的孢子花粉组合及其地质时代//中国孢粉学会. 中国孢粉学会第一届学术会议

论文集. 北京: 科学出版社, 1982: 81-84.
[74] 张明书, 何起祥, 业治铮, 等. 西沙生物礁碳酸盐沉积地质学研究. 北京: 科学出版社, 1989: 1-117.
[75] 中国科学院南沙综合科学考察队. 南沙群岛永暑礁第四纪珊瑚礁地质. 北京: 海洋出版社, 1992: 1-264.
[76] 中国科学院南沙综合科学考察队. 南沙群岛水暑礁新生代珊瑚礁地质. 北京: 科学出版社, 1997: 1-134.
[77] 聂宝符, 梁美桃, 朱袁智, 等. 南海礁区现代造礁珊瑚类骨骼细结构的研究. 北京: 中国科学技术出版社, 1991: 1-147.
[78] 聂宝符, 陈特固, 梁美桃, 等. 近百年来南海北部珊瑚生长率与海面温度变化的关系. 中国科学(D 辑). 1996, (1): 59-66.
[79] 聂宝符, 陈特固, 梁美桃, 等. 南沙群岛及其邻近礁区造礁珊瑚与环境变化的关系. 北京: 科学出版社, 1997: 1-101.
[80] 余克服. 造礁珊瑚$\delta^{18}O$记录的过去气候研究进展. 海洋通报, 1998, 17(3): 72-78.
[81] 赵焕庭, 宋朝景, 卢博, 等. 珊瑚礁工程地质初论. 工程地质学报, 1996, 4(1): 86-90.
[82] 赵焕庭, 宋朝景, 卢博, 等. 珊瑚礁工程地质研究的内容与方法. 工程地质学报, 1997, 5(1): 21-27.
[83] 孙宗勋, 赵焕庭. 珊瑚礁工程地质学——新学科的提出. 水文地质工程地质, 1995, 25(1): 1-4.
[84] Jewell R J, Andrews D C. Proceedings, international conference on calcareous sediments. Rotterdam: Balkema: 1988: 1-882.
[85] 宋朝景, 卢博, 汪稔, 等. 珊瑚礁的工程地质特性//中国科学院南沙综合科学考察队. 南沙群岛及其邻近海区地质地球物理及岛礁研究论文集(二). 北京: 科学出版社, 1994: 153-159.
[86] 杨南强, 赵威, 宋朝景. 珊瑚礁场址的工程地质勘探方法和碎屑土类型//中国科学院南沙综合科学考察队. 南沙群岛及其邻近海区地质地球物理及岛礁研究论文集(二). 北京: 科学出版社, 1994: 181-188.
[87] 汪稔, 张利军, 余毓良, 等. 永暑礁工程地质初评//中国科学院南沙综合科学考察队. 南沙群岛及其邻近海区地质地球物理及岛礁研究论文集(二). 北京: 科学出版社, 1994: 189-202.
[88] 宋朝景. 信义礁地貌特征及其裸砾洲工程地质初探//中国科学院南沙综合科学考察队. 南沙群岛及其邻近海区地质地球物理及岛礁研究论文集(二). 北京: 科学出版社, 1994: 203-209.
[89] 汪稔, 宋朝景, 赵焕庭, 等. 南沙群岛珊瑚礁工程地质. 北京: 科学出版社, 1997: 1-169.
[90] 赵焕庭. 南海诸岛的主权、资源与开发//中国科学院南海海洋研究所. 南海海洋科学集刊(第 12 集). 北京: 科学出版社, 1997: 169-185.
[91] 中国科学院南京土壤研究所西沙群岛考察组. 我国西沙群岛的土壤和鸟粪磷矿. 北京: 科学出版社, 1977: 1-52.
[92] 宋朝景, 赵焕庭. 珊瑚礁海岸和岛礁的建港问题//中国海洋工程学会, 等. 第七届全国海洋工程学术讨论会论文集(下). 北京: 海洋出版社, 1993: 1032-1039.
[93] 宋朝景, 赵焕庭, 陈欣树, 等. 南沙群岛水道锚地与港口选址研究. 北京: 科学出版社, 1996: 1-128.
[94] 陈铮, 章淑珍, 陈冠贤, 等. 南沙群岛海区渔业资源初探//中国科学院南沙综合科学考察队. 南沙群岛及其邻近海区海洋生物研究论文集(二). 北京: 海洋出版社, 1991: 243-254.
[95] 符淙斌, 章名立, 丁. 费莱彻等. 热带太平洋物理气候图集. 北京: 科学出版社, 1990: 1-190.
[96] 阎俊岳, 陈乾金, 张秀芝, 等. 中国近海气候. 北京: 科学出版社, 1993: 1-600.
[97] 赵焕庭. 中国现代珊瑚礁研究. 世界科技研究与发展, 1998, 20(4): 98-104.

第四节　北部湾涠洲岛珊瑚礁的研究历史、现状与特色[①]

珊瑚礁是全球重要的生态系统之一, 对于维持海洋生态平衡和促进营养循环具有重要意义[1]。涠洲岛珊瑚礁位于珊瑚礁分布的北缘, 所依附的涠洲岛是我国最大、最年轻的由火山喷发堆积而形成的岛屿。该岛屿呈椭圆形, 长 7.5km, 宽 5.5km, 全岛陆域面积 24.98km²[2]; 正南方向距北海市区 36n mile, 地处 21°00′N～21°10′N, 109°00′E～109°15′E, 南望海南岛, 北靠北海市, 东邻雷州半岛, 西近越南, 属南亚热带季风气候[3]。年平均海面温度为 24.55℃, 年平均海水盐度为 31.9‰, 海水的透明度为 3.0～10.0m[4]。涠洲岛海域终年存在气旋式环流, 夏季入海径流量增大, 海面由近岸向外海逐渐下降, 形成斜压效应, 西南风向北岸吹刮形成正压效应, 加强气旋环流[5], 无论冬季还是夏季涠洲岛附近余流都是自东南指向西

[①] 作者: 王文欢, 余克服, 王英辉

北[6]，这些都为珊瑚繁殖、生长等创造了良好的条件。关于涠洲岛的珊瑚礁已有不少研究，本节综述这些研究资料，总结其特征，以期为涠洲岛珊瑚礁的深入研究提供新的线索。

一、涠洲岛珊瑚礁的研究历史

涠洲岛珊瑚礁位于热带北缘，具有7000多年的发育历史，基底为火山岩。关于涠洲岛珊瑚礁的研究主要集中在生物群落、地质地貌及其环境发育等3个方面。历年来所记录的涠洲岛珊瑚属种、活造礁石珊瑚覆盖度、涠洲岛珊瑚礁发育起始时间及其发育环境的变化等情况如表22.2所示。

表22.2 涠洲岛珊瑚属种、活造礁石珊瑚覆盖度和珊瑚礁发育及其环境变化情况

年代	20世纪60~80年代	20世纪90年代	21世纪初
属种	1964年，8科22属32种[7]；1984年，8科23属35种[7]；1986年，21属45种[8]	1998年，19属17种，8个未定种[9]	2001年，14科16种4未定种[10]；2005年，5科10属14种[11]；2006年，12科16属33种[12]；2009年，7科15属24种[13]；2010年，10科22属46种，9个未定种[14]
活珊瑚覆盖度	1989年，珊瑚生长带：活珊瑚覆盖度占20%~80%；礁坪沉积带：活珊瑚局部零星分布[15]	1991年，东南部向海方向覆盖度自20%增至50%~70%；南湾内稀疏生长，未能发育成礁；西南部礁坪覆盖度高达90%，珊瑚生长带覆盖度达70%[16]	2005年，北部北港覆盖度达33.2%，西南部为35.3%，南湾只有5.7%，东部造礁石珊瑚很少[11]；2009年，北部为20%~40%（局部达70%）；东部10%~20%（局部达50%~60%）；西南部为30%~80%[17]；2010年，西北部25.3%，东北部24.58%，东南部17.58%，北部12.1%，西南部8.45%[14]
珊瑚礁发育起始时间	1988年，叶维强等[18]研究认为，涠洲岛珊瑚礁大约形成于3100年前	1991年，涠洲岛珊瑚礁大约形成于3100年前[2,16]	2002年，通过^{14}C年龄测定得出距今7000年以来，其北部后背塘、西牛角坑岸外首先生长发育形成珊瑚礁，其后距今约4000年以来，其东部横岭、下牛栏和西南部竹蔗寮、滴水村岩外相继生长发育形成珊瑚礁[19,20]
珊瑚礁发育环境变化	1963年7月8日出现多年极端最高水温为35.0℃[21]；1968年2月25日出现多年极端最低水温12.3℃[21]；1983年1月涠洲海洋站的SST_{MCW}为15.5℃，SST_{MIN}为14.1℃，且华南雨季提前，雨量大[22]；1984年2月，涠洲海洋站的SST_{MCW}为13.1℃，SST_{MIN}为12.9℃[22]；1989年2月，涠洲海洋站的SST_{MCW}为13.6℃，SST_{MIN}为13.4℃[22]	1998年，厄尔尼诺现象造成海水升温，海面温度月平均值大于31.1℃，造成涠洲南部分岸段珊瑚礁白化死亡[23]；1999年报道涠洲岛海水符合国家一类海水标准，无超标现象，底质环境也无污染[24]；1999年，涠洲岛油气终端处理厂排放的污水对珊瑚礁造成极大危害，且珊瑚被大量采捕作为工艺品出售，珊瑚砂被大量采挖[25]	2002年7月，涠洲海洋站的SST_{MWM}为31.3℃，SST_{MAX}为32.3℃[22]；2003年7月，涠洲海洋站的SST_{MWM}为31.5℃，SST_{MAX}为32.5℃[22]；2005年7月，涠洲海洋站的SST_{MWM}为32.0℃，SST_{MAX}为32.6℃[22]；2006年7月，涠洲海洋站的SST_{MWM}为31.2℃，SST_{MAX}为32.2℃[22]；2008年1月14日至2月12日，全区平均气温连续30天低于8℃，全区平均气温6.2℃[26]；2008年8月16日、8月23日、8月27日、11月3日出现过4次油污影响事件，污染物主要为黑色油块，黏性较强，经鉴定为原油[26]；2011年，在石螺口、北港水产站沙滩上，采挖珊瑚碎屑已呈公开化，石珊瑚碎屑被作为水箱养殖观赏的过滤物而被大量偷挖装船外运，涠洲岛珊瑚资源遭受严重破坏[27]；2014年，石油类在冬季超标，涠洲岛珊瑚礁海区水体多呈微营养水平，对极易受到溢油致命伤害的珊瑚造成不利影响[28]

（一）生物群落

邹仁林等[7]于1964年和1984年对涠洲岛海域造礁石珊瑚群落进行了两次调查研究，鉴定了造礁石珊瑚分别为8科22属32种和8科23属35种，发现海水低温致使石珊瑚死亡的状况。黄金森和张元林[8,29]于1986年对涠洲岛珊瑚礁属种及其沉积进行了调查，报道21属45种，将涠洲岛珊瑚礁海岸沉积分为潮上、潮间和潮下3个环境，划定潮下带是造礁石珊瑚丛生带，判断当时珊瑚礁海岸未形成礁坪。

韦蔓新等[30]于1990年调查记录该岛区浮游植物有87种，其中硅藻31属81种，甲藻4属6种；浮

游动物有90种,以桡足类和水母类居多。广西海洋开发保护管理委员会[31]于1996年报道该区域底栖生物有279种,鱼类80种。王敏干等[9]于1998年对涠洲岛珊瑚的初步调查报道石珊瑚有19属17种,8个未定种,西南沿岸较茂盛,北港受破坏较大。1998年成为涠洲岛珊瑚礁发育演化的转折点,出现大片石珊瑚死亡现象,石珊瑚覆盖度稍有降低,鹿角珊瑚分布减少,渐渐退出优势属种组合。

王国忠[32]于2001年报道记录涠洲岛海域广泛产出软珊瑚、软体动物、海绵和海参等喜礁生物。广西红树林研究中心[10]于2002年鉴定出石珊瑚14属16种,4个未定种,编制了涠洲岛沿岸珊瑚礁平面分布图,并分析论述了具有代表性的北部、东部、西南部的珊瑚种群结构及其分布特征。黄晖等[11]于2005年7月对涠洲岛珊瑚礁进行生态调查,共鉴定造礁石珊瑚5科10属14种,发现涠洲岛造礁石珊瑚的分布面积和活珊瑚覆盖度都大为减少,生物多样性很低,每个地方的优势种都是单一绝对优势种,且优势度都在60%以上,珊瑚礁严重退化。梁文等[14, 33]于2007年10~11月、2008年4~5月采用样条调查法对广西涠洲岛造礁石珊瑚进行生态调查,报道涠洲岛共有石珊瑚10科22属46种以及9个未定种,在属级层面上以角蜂巢珊瑚属(*Favites*)、滨珊瑚属(*Porites*)和蔷薇珊瑚属(*Montipora*)为优势类群;在科级层面上,以蜂巢珊瑚科(Faviidae)、滨珊瑚科(Poritidae)和鹿角珊瑚科(Acroporidae)为优势类群。并发现该海域海参较少,鱼类仅在部分断面发现,喜礁的伴生生物数量相对减少。陈刚[34]于2001~2009年对涠洲岛珊瑚礁进行生态调查,发现目标鱼类、无脊椎动物的生态指标呈整体和长期的低水平状况。史海燕[4]于2011年9月对涠洲岛竹蔗寮海域和北港—牛角坑近岸海域的生物状况进行调查,共记录目标鱼类9条,目标无脊椎动物3个,但有较多的非目标鱼类,这可能与这个区域珊瑚礁生物栖息环境较好有关。周浩郎和黎广钊[28]于2012年4月初在涠洲岛北面牛角坑附近浅海区域进行生态调查发现藻类分布以马尾藻和囊藻为主,藻类出现率为85.7%,平均覆盖度为29.3%,鱼类出现频度很低,且主要为蝴蝶鱼。无脊椎动物被观测到的频度也很低,基本只有长刺海胆。

涠洲岛珊瑚礁生物群落中石珊瑚优势属种由块状滨珊瑚、蜂巢珊瑚、扁脑珊瑚、片状蔷薇珊瑚、牡丹珊瑚和枝状鹿角珊瑚形态的组合逐渐向相对简单的块状滨珊瑚、角蜂巢珊瑚和片状蔷薇珊瑚形态组合演化[28],如竹蔗寮、牛角坑区域由原鹿角珊瑚优势种群向十字牡丹珊瑚演替的次级珊瑚优势种群变化[26],对生存环境要求较为严格的枝状珊瑚大量减少,说明涠洲岛珊瑚礁生态系统呈现衰退的趋势。涠洲岛珊瑚属种数量的报道相差较大(图22.2),应该是调查工作目的、范围、广度和深度等不同所致,并不代表珊瑚属种数量的真实变化。

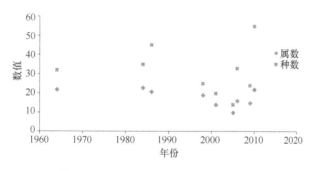

图22.2 涠洲岛珊瑚属种数量变化情况

(二)地质地貌

叶维强等[18]于1984年对涠洲岛的地貌、地质以及珊瑚岸礁的地貌形态、沉积环境和沉积相带等进行了调查,得出涠洲岛珊瑚岸礁发育于3000余年前,在岛的北部和东部岸礁发育最好,南部和西部岸礁发育最差,西南部介于二者之间。岛上构造主要受NE、NW—SE向断裂的控制,地形南高北低,新构造运动以断裂、火山活动为特征，涠洲岛在全新世期间处于不断抬升状态。1991 年王国忠等[16]指出涠洲岛珊瑚礁区岸礁发育分为海蚀型海岸-雏型期岸礁（西部大岭脚、南湾港内外和东南岸石盘河一带）、过渡型海岸-幼年期岸礁（西南部滴水村外海岸）、堆积型海岸-成年早期岸礁（东北海岸）3 个阶段。1989 年莫永杰[15]将珊瑚海岸的分布特征和地貌形态划分为珊瑚生长带和礁坪沉积带，认为涠洲岛自晚更新世以来处于连续上升状态。

梁文和黎广钊[19]于 2002 年根据珊瑚碎屑海滩岩的 ^{14}C 测年结果，指出自 7000 a BP 以来，涠洲岛造礁珊瑚生物首先在其北部后背塘、西牛角坑岸外生长发育形成珊瑚礁，其后约 4000 a BP 以来，相继在其东部横岭、下牛栏和西南部竹蔗寮、滴水村岩外生长发育形成珊瑚礁。亓发庆等[20]于 2003 年介绍了涠洲岛的八大地貌类型，根据该岛沿岸海积沙堤中珊瑚生物碎屑海滩岩的 ^{14}C 年龄［距今（6900±100）年］，认为涠洲岛珊瑚岸礁是全新世的大西洋期发育起来的岸礁。余克服等[35]于 2004 年通过调查，将涠洲岛珊瑚礁朝着外海方向划分为沙堤、海滩、礁坪和外礁坪珊瑚生长带等生物地貌带类型，将珊瑚礁坪进一步分为内礁坪珊瑚稀疏带、中礁坪枝状珊瑚林带、外礁坪块状珊瑚带和礁前柳珊瑚带。姚子恒等[36]通过对 2006～2013 年布设在涠洲岛的 15 条岸滩剖面进行 3 次重复测量和数据对比分析，发现涠洲岛岸线整体遭受侵蚀，东部与西南部海岸侵蚀较为严重，西南部岸段年均下蚀可达 0.18m，正北部岸线海岸侵蚀程度相对较轻，南湾段岸线整体变化较小。

（三）发育环境

邱绍芳[24]于 1990 年春季和秋季 2 个航次对涠洲岛附近海域的水质和底质进行了监测，得出涠洲岛附近海域的海水符合国家一类海水标准，石油类和重金属的含量均无超标现象，底质环境也无污染。陈琥[23]报道了 1997～1998 年厄尔尼诺造成的海水升温导致了涠洲岛珊瑚礁大量白化和死亡。

余克服等[35]于 2004 年从海水表层温度（SST）变化的角度并结合人类活动的影响探讨了涠洲岛珊瑚礁发育的环境状况，报道了 42 年来涠洲岛 SST 与全球气候变暖呈准同步变化趋势，指出涠洲岛珊瑚礁面临较大的人类活动压力，这可能是本区出现珊瑚礁白化的主要原因。2002 年梁思奇[25]报道偷采珊瑚、排放原油分离的污水、采挖珊瑚砂等行为对涠洲岛珊瑚礁的危害。黎广钊等[37]依据多次对该海区环境要素的调查，分析了涠洲岛珊瑚礁发育的生态环境条件。韦蔓新等[30]根据 1990 年 4 月、10 月的理化分析数据，结合 2002 年 9 月涠洲岛珊瑚礁生态环境的调查状况，探讨该岛海区浮游动植物与环境因子的关系，结果表明水温、盐度、N、P、Si 营养盐对浮游植物的种类组成及数量变动均有明显影响，但对浮游动物的影响不大；N 是该生态系中浮游植物的限制因子，P 的限制状况只有在珊瑚礁生长带较深的海域出现，Si 呈相对富足状态。周雄等[22]在 2010 年根据涠洲岛海洋站实测海水表层温度和涠洲岛珊瑚礁普查历史资料，分析了 1960～2009 年 5 次冬季珊瑚冷白化的 4 种 SST 指标的变化特征，认为未来 50 年热白化事件不会对涠洲岛的珊瑚礁造成致命影响。

郑兆勇等[38]于 2010 年 8 月结合涠洲岛珊瑚礁生态调查与海洋站实测海水表层温度历史资料，预估 2050 年以前全球气候变暖对涠洲岛的珊瑚生长不会有毁灭性影响。史海燕和刘国强[39]在 2012 年基于国家海洋局北海海洋环境监测中心 2005～2010 年监测调查资料，通过溶解氧、化学需氧量、石油类、活性磷酸盐和无机氮等参数对广西北海涠洲岛珊瑚礁海域水体进行了综合评价，认为涠洲岛海域整体的水质状况良好。陈天然等[40,41]于 2013 年通过观察 X 射线照相的滨珊瑚样品切面，测定了滨珊瑚样品的骨骼生长，并结合水温参数的变化，分析得出气候变暖、SST 快速上升以及极端气候事件增加导致了涠洲岛甚至全球范围内珊瑚生长率的下降。周浩郎等[42]通过生态调查，认为涠洲岛海域水环境大体上呈微营养水平，珊瑚死亡率高、恢复慢，处于退化中的亚健康状态。汤超莲等[43]于 2013 年根据涠洲岛近 50 年雨量、盐度、pH、高潮位和最大波高等资料，认为涠洲岛盐度与 pH 变化均在适应珊瑚生长范围内，不会对珊瑚生长构成威胁，海水的水质仍属国家一类，对珊瑚钙化无不良影响，并预估未来 30 年海平面上升 9~13cm，对涠洲岛的珊瑚礁不会有毁灭性破坏。

涠洲岛海域的气候条件与平均海面温度、海水盐度、海水透明度等发育环境均适合珊瑚礁的生长，为涠洲岛珊瑚礁提供了较好的基础条件。但珊瑚礁生态系统的衰退形势呈表现明显，主要受到极端气温和人类活动的影响，如上述资料显示，1960~2009 年涠洲岛有 6 个夏季（1963 年、1998 年、2002 年、2003 年、2005 年、2006 年）出现珊瑚热白化，5 个冬季（1968 年、1983 年、1984 年、1989 年、2008 年）出现珊瑚冷白化。20 世纪 90 年代以来，珊瑚与珊瑚砂滥采乱挖现象严重，石油污水排放和漏油现象均对涠洲岛珊瑚礁生态系统造成直接伤害。

二、涠洲岛珊瑚礁的生态现状

涠洲岛沿岸水下基底主要有 3 种类型，即基岩基底、珊瑚礁块基底、珊瑚砂砾屑基底。其中，较硬的基底如基岩、礁块及砾石等具备珊瑚生长的良好条件；浅海区的沙质、泥质基底松散，不利于珊瑚的附着。局部区域的砾石、礁块上也会生长有零星或稀疏的珊瑚。涠洲岛沿岸北部为砂质基底、东部为礁石基底、西南部为礁石基底。

表 22.3 显示了涠洲岛珊瑚礁区活珊瑚覆盖度的变化情况。最新的资料，即 2010 年的文献显示，涠洲岛珊瑚礁在过去几十年以来处于急剧退化之中。珊瑚礁区的活珊瑚覆盖度是最能反映珊瑚礁健康状况的指标。虽然不同研究者的调查时间跨度不一，调查区域也不尽相同，但活珊瑚覆盖度快速下降的趋势则是明显的，如北部活珊瑚覆盖度由 2005 年的 63.70%下降到 2010 年的 12.10%，东南部活珊瑚覆盖度由 1991 年的 60.00%下降到 2010 年的 17.58%，西南部活珊瑚覆盖度由 1991 年的 80.00%下降到 2010 年的 8.45%。涠洲岛活珊瑚平均覆盖度随着时间变化呈快速下降的趋势，沿岸浅海珊瑚种群主要分布区域由原来的西南部、东南部、北部变为西北部、东北部和东南部，尤其是西南部区域变化最为明显，应该与全球气候变化和人类活动的干扰有关。

表 22.3 涠洲岛各地区活造礁石珊瑚覆盖度变化情况

时间	北部	东北部	东部	东南部	西南部	西北部	平均值
1991 年[14]				60.00	80.00		69.28
2005 年[11]	63.70				35.30		47.42
2009 年[17]	30.00		15.00		55.00		29.14
2010 年[14]	12.10	24.58		17.58	8.45	25.30	16.21

2012 年在北港—牛角坑近岸海域，发现有一些新生长的珊瑚[4]，以鹿角珊瑚为主，鹿角珊瑚这种对环境要求较高的造礁石珊瑚的出现和持续生长，表示涠洲岛珊瑚礁的生态环境良好，新生长珊瑚代表了珊瑚礁生态框架的恢复潜力。2014 年涠洲岛珊瑚礁健康评估[28]显示涠洲岛的自然环境仍适合石珊瑚的生存，石珊瑚的种类丰度仍正常。但珊瑚礁的覆盖度降低、分布范围缩小、生物多样性下降，尤其在浅海和局部人为影响大的区域，珊瑚死亡率大于补充率。总体而言，涠洲岛的珊瑚礁处于衰退之中，过度捕捞、污染、物理损伤（踩踏、抛锚、水下工程等）和大尺度环境变化（如气候异常）等是造成涠洲岛珊瑚礁衰退的主要原因，与南海大多数区域的珊瑚礁所受压力状况[44]一致。

（一）处于相对高纬度，是全球变暖背景下南海珊瑚潜在的避难所

相对高纬度的珊瑚礁生态系统或珊瑚群落，因为其生存的水体环境动荡，且受多种自然、人为因素的叠加干扰，常被称为"边缘"（marginal）珊瑚礁或珊瑚群落[45]。边缘珊瑚礁或珊瑚群落对水温等环境

的变化十分敏感，因为窄适性的珊瑚生长要求有相对温暖的水域环境（既不能太高也不能太低），而相对高纬度的海域常常在冬季发生大幅度降温或低温事件，这给珊瑚的生存带来直接的威胁。而近几十年来的全球气候变暖、ENSO 加剧等常常导致热带海域的海水温度超过了珊瑚生长的上限，引起珊瑚白化并造成全球性的珊瑚礁生态系统退化[44]，除了珊瑚覆盖度快速下降以外，多年来大堡礁[46]（1988~2003 年）、安达曼海[47]（1984~2005 年）等处于热带海域的滨珊瑚的生长率也呈明显下降趋势，显然全球气候变暖对热带海域特别是低纬度海域的珊瑚礁生长是不利的。从理论上讲，全球气候变暖在一定程度上提高了相对高纬度海域的温度（包括冬季的低温和夏季的高温），但相对高纬度海域的夏季温度即使升高一些也依然远低于珊瑚生存的温度上限，而冬季的温度升高则在很大程度上有助于珊瑚摆脱低温的威胁，因此全球变暖对相对高纬度海域的珊瑚生长是有利的[48,49]，这也是国际上关于珊瑚避难所假说[50]的关键思想。

从纬度、气候和地理条件来看，处于热带北缘的涠洲岛是南海珊瑚礁最理想的避难所。但从涠洲岛海域的实际情况来看，近 20 多年来气候变暖的大背景似乎并没有给涠洲岛的珊瑚礁带来明显的益处。例如，Chen 等[40]研究了涠洲岛的珊瑚生长率，发现滨珊瑚的平均生长率由 7.3mm/a（1986~1996 年）下降到 5.4mm/a（1997~2010 年），1997 年以后珊瑚年生长速率更呈持续下降趋势。导致涠洲岛珊瑚礁退化以及珊瑚生长率下降的原因值得高度关注，这很可能反映了人与自然共同作用的结果，并很可能是因为近几十年来持续增加的人类活动抑制了涠洲岛珊瑚礁避难所功能的体现。加强涠洲岛珊瑚物种迁移的研究、连续监测涠洲岛珊瑚幼体的固着和生长，将为涠洲岛珊瑚礁的避难所功能提供新的信息。

（二）人类活动干扰大，是研究人类活动对珊瑚生长影响的天然实验室

全球 41%的海区遭受强烈的人类活动影响[51]。涠洲岛作为相对独立的地理单元，其环境承载力有限，生态环境脆弱。随着经济的发展，有限的涠洲岛旅游资源面临着市场迅速扩张的压力，涠洲岛的珊瑚礁因此面临着更大的危机。目前关于人类活动对涠洲岛珊瑚礁影响的报道多以定性描述为主，如记录人类活动如何利用物理方式破坏珊瑚礁等，但缺乏系统的调查和定量的评价。结合南海其他海域的研究，人类活动对涠洲岛珊瑚礁的影响主要包括以下 3 个方面。

（1）海水富营养化，即水体中的营养盐和有机物等的含量、浮游动植物的生物量、海水初级生产力等都远高于天然海区。海水污染及富营养化将直接或间接地为侵蚀生物（如双壳类等）提供食物来源，刺激侵蚀生物的过度繁殖，加剧对活珊瑚、礁体的侵蚀和破坏，进而影响礁体碳酸钙沉积与溶蚀之间的动态平衡，不利于珊瑚礁的发育[52]。自 1578 年开始有移民自雷州到涠洲岛开垦定居以来，涠洲岛的人口由 1860 年的 400 人增长到现如今的 1.7 万多人[53]；2004~2014 年，上岛游客由 9 万人/a 增至 59.3 万人/a[54]，增长率为 5.03 万人/a。目前岛上有近 500 个家庭旅馆，加上一些酒店，全岛总客房数量已超过 15 000 间[55]。涠洲岛南部是人类居住密集、商业活动和海上养殖等排污较严重的海域，水体富营养化程度要明显高于北部，生物侵蚀强度也呈现"南高北低"的分布规律[41]。

（2）海岸带土地利用与海岸侵蚀，导致海湾淤积，沉积物、悬浮物增加。在风力或沿岸流等的作用下，悬浮物降低了珊瑚礁区的海水能见度，影响珊瑚共生藻类的光合作用，甚至直接覆盖在珊瑚之上，抑制珊瑚的呼吸作用或导致珊瑚死亡[56]。

（3）珊瑚礁区游船观光、潜水活动干扰珊瑚的生存环境。20 世纪 80 年代以前，涠洲岛珊瑚的生长并未受到较多的人为干扰，20 世纪 90 年代以来珊瑚礁被较多地用于建筑取材、工艺品等，包括采卖珊瑚、过度捕捞、破坏性捕捞等，严重破坏了珊瑚的生态环境[28]，直接降低了活珊瑚的覆盖度。

随着人类活动对珊瑚礁生态系统的影响越来越大，关于人类活动对珊瑚礁的影响模式的研究也得到越来越广泛的关注。涠洲岛珊瑚礁的退化明显受到了人类活动的影响，是研究人类活动对珊瑚礁影响的天然实验室。未来的研究中应该关注涠洲岛礁区人类活动对珊瑚礁的影响类型和程度，建立人类活动对

珊瑚礁的影响指数，为珊瑚礁保护和管理提供决策依据。

（三）直接发育于火山基岩之上，是检验达尔文环礁成因假说的理想场所

达尔文的环礁形成理论[57, 58]认为，珊瑚首先附着于火山岛周围生长发育形成环绕火山岛的岸礁；然后随着火山岛屿的逐步沉降以及珊瑚礁向外和向上发育，环带状的珊瑚礁与火山岛海岸分开，岸礁便演变为堡礁；最后，当岛屿完全沉没到海平面以下，而珊瑚仍向上生长，便形成中间为潟湖的环礁。从这个角度看，涠洲岛处于珊瑚礁发育的早期即岸礁阶段。自达尔文提出关于环礁形成的假说以来，国际上开展了一系列的珊瑚礁钻探研究，旨在证明这一假说的正确性以及揭示珊瑚礁发育过程所记录的环境变化历史。我国南海的珊瑚礁以环礁为主，是证明这一假说的理想区域，在过去 30 多年来也开展了一系列的钻探工作[59]，包括在南沙群岛和西沙群岛的珊瑚礁区，揭示了不同时间尺度的珊瑚礁发育演化过程，但因为钻探深度不够或取芯率低等，不足以评估这一假说的科学性。

涠洲岛是由火山喷发形成的岛屿，自第四纪以来该岛区火山活动经历过 3 个喷发旋回[60]，涠洲岛的珊瑚礁即发育于火山基岩之上，这为验证达尔文关于环礁成因的假说提供了理想的场所。与南海成熟的环礁相比，涠洲岛的珊瑚礁因为发育时间短、礁体厚度小，研究起来相对简单，既可直接研究珊瑚礁与火山基岩之间的接触关系，也可揭示珊瑚礁附着火山基岩以来的发育演化过程、火山岛的新构造运动过程等。

三、结语

位于热带北缘、深受人类活动影响的涠洲岛珊瑚礁，虽然 20 多年来处于快速退化之中，但在全球气候变暖的大背景下仍然具有特殊的研究价值。一方面相对高纬度的涠洲岛珊瑚礁，很有可能是南海珊瑚为适应高温而北向迁移的避难所；另一方面涠洲岛珊瑚礁也是深入研究人与自然相互作用的天然实验室，密集的人类活动以及极端气候事件等，都对珊瑚适应相对高纬度的涠洲岛有深刻的影响。过去 20 多年的研究，更多的是揭示涠洲岛珊瑚礁的生态现状，未来的研究则需要对机制进行深入的探索。因此，要高度重视涠洲岛珊瑚礁独特的科学研究价值[61]。

参 考 文 献

[1] Moberg F, Folke C. Ecological goods and services of coral reef ecosystems. Ecological Economics, 1999, 29(2): 215-233.
[2] 刘敬合, 黎广钊, 农华琼. 涠洲岛地貌与第四纪地质特征. 广西科学院学报, 1991, 7(1): 27-36.
[3] 况雪源, 苏志, 涂方旭. 广西气候区划. 广西科学, 2007, 14(3): 278-283.
[4] 史海燕. 广西北海涠洲岛珊瑚礁海域生态环境监测与评价. 青岛: 中国海洋大学硕士学位论文, 2012.
[5] 侍茂崇. 北部湾环流研究述评. 广西科学, 2014, 21(4): 313-324.
[6] Gao J, Xue H, Chai F, et al. Modeling the circulation in the Gulf of Tonkin, South China Sea. Ocean Dynamics, 2013, 63(8): 979-993.
[7] Zou R L, Zhang Y L, Xie Y K. An ecological study of reef corals around Weizhou Island//Proceedings on Marine Biology of the South China Sea. Beijing: Ocean Press, 1988: 201-211.
[8] 黄金森, 张元林. 北部湾涠洲岛珊瑚海岸沉积//珊瑚礁论文集——参加碳酸盐比较沉积学术讨论会. 青岛: 中国地质学会海洋地质专业委员会, 1986: 21-25.
[9] 王敏干, 王丕烈, 麦海莉. 广西北部湾涠洲岛珊瑚初步调查. 南宁: 广西海洋局, 1998.
[10] 广西红树林研究中心. 广西 908 专项珊瑚礁生态系统调查报告. 北海: 广西红树林研究中心, 2009.
[11] 黄晖, 马斌儒, 练健生, 等. 广西涠洲岛海域珊瑚礁现状及其保护策略研究. 热带地理, 2009, 29(4): 307-312.
[12] 广西红树林研究中心. 涠洲岛海区珊瑚礁资源调查报告. 北海: 广西红树林研究中心, 2006.

[13] 王欣. 北部湾涠洲岛珊瑚礁区悬浮物沉降与珊瑚生长关系的研究. 南宁: 广西大学硕士学位论文, 2009.
[14] 梁文, 黎广钊, 范航清, 等. 广西涠洲岛造礁石珊瑚属种组成及其分布特征. 广西科学, 2010, 17(1): 93-96.
[15] 莫永杰. 涠洲岛海岸地貌的发育. 热带地理, 1989, 9(3): 243-248.
[16] 王国忠, 全松青, 吕炳全. 南海涠洲岛区现代沉积环境和沉积作用演化. 海洋地质与第四纪地质, 1991, 11(1): 69-82.
[17] 王欣, 黎广钊. 北部湾涠洲珊瑚礁的研究现状及展望. 广西科学院学报, 2009, 25(1): 72-75.
[18] 叶维强, 黎广钊, 庞衍军, 等. 北部湾涠洲岛珊瑚礁海岸及第四纪沉积特征. 海洋科学, 1988, (6): 13-17.
[19] 梁文, 黎广钊. 涠洲岛珊瑚礁分布特征与环境保护的初步研究. 环境科学研究, 2002, 5(6): 5-7.
[20] 亓发庆, 黎广钊, 孙永福, 等. 北部湾涠洲岛地貌的基本特征. 海洋科学进展, 2003, 21(1): 41-50.
[21] 夏华永, 古万才. 广西沿海海洋站观测海水温度的统计分析. 海洋通报, 2000, 19(4): 15-21.
[22] 周雄, 李鸣, 郑兆勇, 等. 近 50 年涠洲岛 5 次珊瑚冷白化的海洋站 SST 指标变化趋势分析. 热带地理, 2010, 30(6): 582-586.
[23] 陈琥. 涠洲岛珊瑚恢复令人欢喜令人忧. 沿海环境, 1999, (6): 29.
[24] 邱绍芳. 涠洲岛附近海域水质和底质环境的分析与评价. 广西科学院学报, 1999, 15(4): 170-173.
[25] 梁思奇. 涠洲岛——破碎的珊瑚梦. 沿海环境, 2002, (6): 14-15.
[26] 梁文, 黎广钊, 张春华, 等. 20 年来涠洲岛珊瑚礁物种多样性演变特征研究. 海洋科学, 2010, 34(12): 78-87.
[27] 严丹. "海洋绿洲"严重退化——关注涠洲岛珊瑚礁现状(上). 北海日报, 2011 年 9 月 3 日, 5 版.
[28] 周浩郎, 黎广钊. 涠洲岛珊瑚礁健康评估. 广西科学院学报, 2014, 30(4): 238-247.
[29] 黄金森, 张元林. 北部湾涠洲岛珊瑚海岸沉积热带地貌, 1987, 2(8): 1-3.
[30] 韦蔓新, 黎广钊, 何本茂, 等. 涠洲岛珊瑚礁生态系中浮游动植物与环境因子关系的初步探讨. 海洋湖沼通报, 2005, (2): 34-39.
[31] 广西海洋开发保护管理委员会. 广西海岛资源综合调查报告. 南宁: 广西科学技术出版社, 1996.
[32] 王国忠. 南海珊瑚礁区沉积学. 北京: 海洋出版社, 2001: 73-88.
[33] 梁文, 张春华, 叶祖超, 等. 广西涠洲岛造礁珊瑚种群结构的空间分布. 生态学报, 2011, 31(1): 39-46.
[34] 陈刚. 广西北海涠洲岛珊瑚礁健康调查(Reef Check)报告. 北海: 国家海洋局北海海洋环境监测中心, 2001-2009.
[35] 余克服, 蒋明星, 程志强, 等. 涠洲岛 42 年来海面温度变化及其对珊瑚礁的影响. 应用生态学报, 2004, 15(3): 506-510.
[36] 姚子恒, 高伟, 高珊, 等. 广西北海涠洲岛海岸侵蚀特征. 海岸工程, 2013, 32(4): 31-40.
[37] 黎广钊, 梁文, 农华琼, 等. 涠洲岛珊瑚礁生态环境条件初步研究. 广西科学, 2004, 11(4): 379-384.
[38] 郑兆勇, 李广雪, 谢健, 等. 全球气候变暖对涠洲岛珊瑚生长的影响. 海洋环境科学, 2012, 31(6): 888-892.
[39] 史海燕, 刘国强. 广西北海涠洲岛珊瑚礁海域生态环境现状与评价. 科技创新与应用, 2012, (11): 11-12.
[40] Chen T, Li S, Yu K, et al. Increasing temperature anomalies reduce coral growth in the Weizhou Island, northern South China Sea. Estuarine, Coastal and Shelf Science, 2013, 130(3): 121-126.
[41] 陈天然, 郑兆勇, 莫少华, 等. 涠洲岛滨珊瑚中的生物侵蚀及其环境指示意义. 科学通报, 2013, (17): 1574-1582.
[42] 周浩郎, 黎广钊, 梁文, 等. 涠洲岛珊瑚健康及其影响因子分析. 广西科学, 2013, (3): 199-204.
[43] 汤超莲, 周雄, 郑兆勇, 等. 未来海平面上升对涠洲岛珊瑚礁的可能影响. 热带地理, 2013, 33(2): 119-123.
[44] 余克服. 南海珊瑚礁及其对全新世环境变化的记录与响应. 中国科学(D 辑): 地球科学, 2012, 42(8): 1160-1172.
[45] Kleypas J A, Mcmanus J W, Meñez L A B. Environmental limits to coral reef development: where do we draw the line? American Zoologist, 1999, 39(1): 146-159.
[46] Cooper T F, De'Ath G, Fabricius K E, et al. Declining coral calcification in massive *Porites* in two nearshore regions of the northern Great Barrier Reef. Global Change Biology, 2008, 14(3): 529-538.
[47] Tanzil J T I, Brown B E, Tudhope A W, et al. Decline in skeletal growth of the coral *Porites lutea* from the Andaman Sea, South Thailand between 1984 and 2005. Coral Reefs, 2009, 28(2): 519-528.
[48] Denis V, Mezaki T, Tanaka K, et al. Coverage, diversity, and functionality of a high-latitude coral community(Tatsukushi, Shikoku Island, Japan). PLoS One, 2013, 8(1): 1-9.
[49] Schleyer M H, Kruger A, Celliers L. Long-term community changes on a high-latitude coral reef in the Greater St Lucia Wetland Park, South Africa. Marine Pollution Bulletin, 2008, 56(3): 493-502.
[50] Riegl B, Piller W E. Possible refugia for reefs in times of environmental stress. International Journal of Earth Sciences, 2003, 92(4): 520-531.
[51] Halpern B S, Walbridge S, Selkoe K A. A Global Map of Human Impact on Marine Ecosystems. Science, 2008, 319(5865): 948-952.
[52] Perry C T, Hepburn L J. Syn-depositional alteration of coral reef framework through bioerosion, encrustation and

[53] 农卫红, 李传科, 刘昌军. 北部湾涠洲岛水问题与水战略研究. 中国水利, 2015, (19): 32-34.
[54] 陆威. 去年接待游客近60万. 北海日报, 2015年2月3日, 5版.
[55] 郭芳. 广西涠洲岛是如何成为"违建岛"的. 中国经济周刊, 2015, (43): 34-37.
[56] 欧维新, 杨桂山. 土地利用/覆被变化对海岸环境演变影响的研究进展. 地理科学进展, 2003, 22(4): 360-368.
[57] Rainbow P S. Charles Darwin and marine biology. Marine Ecology, 2011, 32(s1): 130-134.
[58] 李冠国, 范振刚. 海洋生态学. 北京: 高等教育出版社, 2011: 105-106.
[59] Yu K, Zhao J. Coral reefs of the South China Sea//Wang P X, Li Q Y. The South China Sea—Paleoceanography and Sedimentology. Dordrecht: Springer, 2009: 186-209.
[60] 詹文欢, 朱照宇, 姚衍桃, 等. 南海西北部珊瑚礁记录所反映的新构造运动. 第四纪研究, 2006, 26(1): 77-84.
[61] 王文欢, 余克服, 王英辉. 北部湾涠洲岛珊瑚礁的研究历史、现状与特色. 热带地理, 2016, 36(1): 72-79.

第五节　三亚鹿回头珊瑚礁生物多样性面临的威胁[①]

三亚鹿回头珊瑚礁岸段位于海南岛南端三亚湾东岸，鹿回头半岛西岸，紧邻三亚市区、三亚潟湖口门和三亚港区，是海南岛珊瑚岸礁发育非常典型和研究程度最高的珊瑚礁岸段。20世纪50年代末以来几乎所有国内珊瑚和珊瑚礁研究专家和苏联、澳大利亚、德国等外国专家都曾经在本岸段进行过珊瑚礁调查研究[1-6]。中国科学院海南热带海洋生物实验站（现中国科学院生态系统研究网络站和热带海洋生物国家重点实验站）于1979年定址于鹿回头岸段南部。大洲岛以南的鹿回头岸段被列入1990年成立的三亚珊瑚礁国家级自然保护区范围。最近的调查研究显示，三亚鹿回头珊瑚礁不仅是海洋生物的百花园，而且是破坏行为的陈列馆，三亚鹿回头珊瑚礁生物多样性面临威胁，亟待加强保护。

一、破坏和衰退历史

珊瑚礁在三亚湾热带海湾生态系统中扮演对维持海湾生物多样性和资源生产力有特别价值的生物活动高度集中的海岸生态关键区的角色。长期以来，当地居民从珊瑚礁取得海产品、建筑材料和观赏工艺品。20世纪60年代中期以来，随着人口增长和开发强度增大，适度开发变为过度开发，炸鱼、毒鱼、珊瑚礁区的采挖活动等破坏性活动增多，三亚鹿回头珊瑚礁开始受到影响和遭受破坏。邹仁林等[4]记录了在20世纪60年代鹿回头及其附近岸礁的礁坪和礁坡均茂盛生长造礁石珊瑚。20世纪80年代初谢玉坎等[7]进行鹿回头贝类调查时已经发现潮间带已看不到成片的活珊瑚。1984年冯增昭等[8]进行现代碳酸盐考察时指出，鹿回头珊瑚礁活珊瑚覆盖度在礁坡地区为60%，在礁坪地区为2%～5%。并指出珊瑚礁的人为破坏已相当严重，建议成立珊瑚礁保护区。1990～1992年刘瑞玉和德国学者联合考察后指出，1958～1960年鹿回头大潮低潮时可露出壮观的珊瑚群落，给人们留下迄今难忘的印象[6]。现在礁坪一片荒凉。1993～1994年于登攀等[9]调查证实20世纪60年代以来造礁石珊瑚种数的37%已经区域性绝灭，现存群落处于受严重破坏后的早期恢复阶段。1998～1999年张乔民等[10]沿鹿回头岸段5条横断面的调查指出，礁坡活珊瑚平均覆盖度约为40%，礁坪为1%～3%，珊瑚礁严重破坏范围有由大洲岛向南不断蔓延的趋势。靠近三亚潟湖口门和三亚港区的白排礁和大洲岛的活珊瑚已完全或基本消失而失去保护价值，白排礁正被填筑为人工岛，建大型国际旅游客运深水泊位。三亚鹿回头珊瑚礁受到越来越大的人类活动压力。

---

① 作者：张乔民

二、最新监测调查研究

中国科学院南海海洋研究所和中国科学院海南热带海洋生物实验站承担联合国环境规划署东亚海协作体珊瑚礁监测小额资金资助项目三亚鹿回头珊瑚岸礁现状监测和管理战略研究。2002年10月与三亚珊瑚礁国家级自然保护区管理处共同主办了国际上通常使用的拖板法、截线样条法和鱼类目测计数法的珊瑚礁监测方法培训班,并在国内第一次采用上述方法对鹿回头珊瑚礁实施了监测调查。监测调查包括由实验站至大洲岛约2.5km长的全岸段的呼吸管潜水的拖板法底栖群落调查,5条20m样条的气瓶潜水截线样条法底栖群落调查,5条50m样条的呼吸管潜水鱼类目测计数法调查和沿岸陆地人类活动情况调查。另外沿5条50m样条带和样条附近海底地区进行了气瓶潜水的海底录像记录和水下数码照相记录,提供了非常宝贵的珊瑚礁现状的大量信息。5条样条线布设在1998~1999年调查的5条横断面前缘约0.5m等深线上。通过初步分析整理监测调查资料并与过去已有资料对比,指出三亚鹿回头珊瑚礁岸段仍然维持了特有的高生物多样性,但面临严重威胁,提出急需相关单位共同努力实现有效保护和科学管理的建议[11]。

三、高生物多样性

本次监测调查证实了三亚鹿回头珊瑚礁岸段特有的高生物多样性,三亚鹿回头珊瑚礁仍然是海洋生物的百花园。本次监测调查记录了造礁石珊瑚20属:真叶珊瑚属、石叶珊瑚属、杯形珊瑚属、刺柄珊瑚属、刺星珊瑚属、鹿角珊瑚属、滨珊瑚属、双星珊瑚属、石芝珊瑚属、扁脑珊瑚属、盔形珊瑚属、牡丹珊瑚属、合叶珊瑚属、蔷薇珊瑚属、陀螺珊瑚属、角蜂巢珊瑚属、蜂巢珊瑚属、角孔珊瑚属、沙珊瑚属、厚丝珊瑚属。其中前2个为本岸段新记录的属。另外还记录了非造礁珊瑚筒星珊瑚属、软珊瑚、柳珊瑚、水螅珊瑚、海绵、龙虾、海参、海龙、海百合、蛇尾、海星、海胆、玉螺、结螺;大于30cm的石斑鱼、狮子鱼、玻甲鱼、鹦嘴鱼、蝴蝶鱼、刺盖鱼、海草、海藻等多种生活在珊瑚礁区的生物,显示了该岸段很高的生物多样性。全球珊瑚礁考查5年(1987~2001年)总结中指出[12],过度捕捞导致高价值名贵海产品资源的强烈衰退,83%的浅水礁区没有任何龙虾记录,48%的调查礁区没有大于30cm的石斑鱼记录。比较而言,鹿回头岸段的生物多样性是相当突出的。事实上,这种高生物多样性的特点由来已久。邹仁林等[13]共记录了海南岛浅水造礁石珊瑚13科34属2亚属110种和5亚种,其中鹿回头岸礁段为12科24属81种,种数占全岛总数的70.4%。齐钟彦等[14]记录了海南岛软体动物700多种,其中鹿回头及附近岸段为300多种。郑文莲[15]记录了海南岛鱼类569种,其中三亚海区为296种。蒋福康等[16]于1982~1983年调查了鹿回头的海藻共63种,海南全岛约167种。鹿回头岸礁段现有的高生物多样性为加强鹿回头岸礁段的保护管理和研究提供了重要的依据。至于鹿回头岸礁段为何够维持特有的高生物多样性,有待进一步调查研究。

四、面临的威胁

监测调查同样证实了三亚鹿回头珊瑚礁受到广泛破坏,生物多样性面临威胁。截线样条法判读50m样条录像确定造礁石珊瑚活珊瑚覆盖度,情况尚好的仅有中北段的样条2和3,分别为25.88%和38.37%,接近全球珊瑚礁考查(Reef Check)1997~2001年5年1000多个礁监测的平均覆盖率32%[12]。南北段的样条1、4和5破坏严重,分别为10.60%、15.51%和17.17%。全区平均活珊瑚覆盖度总体偏低(21.51%),与1998~1999年调查资料对比,存在下降趋势。水下多处可见炸鱼、抛锚等人类捕捞养殖活动导致的斑块状或大片珊瑚死亡、断枝、翻转、白化、养殖残留的缆绳、浮球、桩柱、渔网等垃圾缠绕和覆盖等破坏珊瑚现象。南段断面近两年活珊瑚覆盖度下降趋势以及各种破坏和衰退现象尤其明显。珊瑚礁成为人类破坏行为的陈列馆。本次调查还在南段断面发现了仅次于长棘海星（珊瑚敌害动物）的一种骨螺科的结螺（*Drupella rugosa*）的积聚和侵害导致珊瑚局部白化，这通常是珊瑚礁大规模破坏和生态衰退的标志，三亚鹿回头珊瑚礁面临的现实威胁来自珊瑚礁区仍未停止的捕捞和养殖活动，沿岸区越来越多的虾苗和鲍鱼养殖，来自三亚河和附近港口工程及航运活动的泥沙污染和水质污染，还有来自保护管理上的忽视。尽管鹿回头岸段被列入三亚珊瑚礁国家级自然保护区范围，但远没有大东海、亚龙湾和西岛等旅游热点区那样受到管理方面的关注。由于缺乏系统和全面的珊瑚礁监测和调查，人们对鹿回头珊瑚礁现状缺乏准确的评价。面对越来越大的人类开发利用压力，鹿回头珊瑚礁有步白排和大洲岛后尘而被抛弃的危险。

五、关于保护管理的建议

综合以上资料我们可以得出初步结论：三亚鹿回头珊瑚礁岸段具有特别高的生物多样性，也许是三亚海区生物多样性中心区，具有特殊的保护价值，它目前受到的人类活动压力最大而管理上关注较少，急需特别的关注和保护。

（1）充分认识三亚鹿回头珊瑚礁历史的和现有的高生物多样性特点所具有的特殊的保护价值，应该比大东海、亚龙湾和西岛等旅游热点区受到管理部门更多的关注。

（2）三亚鹿回头珊瑚礁是三亚珊瑚礁国家级自然保护区中破坏最严重和衰退最显著的岸段，要充分认识三亚鹿回头珊瑚礁破坏现状和趋势的严重性和保护的紧迫性。

（3）参考国际上社区参与管理的成功模式，建立三亚珊瑚礁国家级自然保护区、中国科学院热带海洋生物实验站、相关研究所、相关潜水公司、鹿回头村委会等利益相关单位之间的良好的伙伴协作关系，共同做好珊瑚礁管理保护工作。

（4）充分认识三亚鹿回头珊瑚礁压力的来源和采取有针对性的保护措施。加强本岸段保护执法力度，切实制止破坏珊瑚礁的各种人类活动。加强宣传教育，提高沿岸单位和居民的珊瑚礁保护意识，树立保护珊瑚礁就是保护人类自己的珊瑚礁保护观念，重点教育海上活动人员，如渔民、小艇驾驶员、潜水员、海上养殖管理人员、海上监测调查研究人员等。加强海上和沿岸养殖管理。加强珊瑚礁水域水质监测。建立珊瑚礁监测和研究项目。

（5）中国科学院海南热带海洋生物实验站应该在三亚鹿回头岸礁段的珊瑚礁监测、研究、管理和保护中发挥更大的作用，为热带海洋生物研究和珊瑚礁的保护恢复和科学管理做出贡献[17]。

参 考 文 献

[1] 纳乌莫夫, 颜京松, 黄明显. 海南岛珊瑚礁的主要类型. 海洋与湖沼, 1960, 2(3): 157-178.
[2] 蔡爱智, 李星元. 海南岛南岸珊瑚礁的若干特点. 海洋与湖沼, 1964, 6(2): 205-218.
[3] 黄金森. 海南岛南岸及西岸的珊瑚礁海岸. 科学通报, 1965, 11(1)85-87.
[4] 邹仁林, 马江虎, 宋善文. 海南岛珊瑚礁垂直分布带的初步研究. 海洋与湖沼, 1966, 8(2): 153-161.
[5] Wu B L, Hutchings P A. Coral reefs of Hainan Island, South China Sea. Collected Oceanic Works, 1986, (9): 76-80.
[6] 刘瑞玉. 人类活动对底栖生物多样性的影响//中山大学近岸海洋科学与技术研究中心. 1997 海岸海洋资源与环境研讨会论文集. 香港: 香港科技大学理学院及海岸与大气研究中心, 1998. 39-46.
[7] 谢玉坎, 林碧萍, 李庆欣. 海南岛鹿回头及其附近的贝类. 动物学报, 1981, 27(4): 384-387.
[8] 冯增昭, 王琦, 周莉, 等. 海南岛三亚湾现代碳酸盐沉积. 沉积学报, 1984, 2(2): 1-15.
[9] 于登攀, 邹仁林. 鹿回头岸礁造礁石珊瑚物种多样性的研究. 生态学报, 1996, 16(5): 469-475.
[10] Zhang Q M. On biogeomorphology of luhuitou fringing reef of Sanya City, Hainan Island, China. Chin Sci Bull, 2001, 46(Supp): 97-102.
[11] 张乔民, 施祺, 陈刚, 等. 海南三亚鹿回头珊瑚岸礁监测与健康评估. 科学通报, 2006, 51(增刊 II): 71-77.

[12] Hodgson G, Liebeler J. The Global Coral Reef Crisis: Trends and Solutions, 5 Years of Reef Check(1997-2001). Los Angeles, California: 2002 Reef Check Foundation, 2002: 1-77.

[13] 邹仁林, 宋善文, 马江虎. 海南岛浅水造礁石珊瑚. 北京: 科学出版社, 1975: 1-66.

[14] 齐钟彦, 马绣同, 林光宇, 等. 海南岛三亚湾底栖贝类的初步调查//中国科学院南海海洋研究所. 南海海洋科学集刊(第5集). 北京: 科学出版社, 1984: 77-98.

[15] 郑文莲. 海南岛沿岸鱼类名录//中国科学院南海海洋研究所海南实验站. 热带海洋研究(二). 北京: 海洋出版社, 1986: 51-86.

[16] 蒋福康, 李庆欣, 梁志. 海南岛鹿回头的海藻及其季节性分布. 南海研究与开发, 1990, (4): 9-13.

[17] 张乔民. 三亚鹿回头珊瑚礁生物多样性面临威胁. 科学新闻, 2003, 9: 24-25.

— 第二十三章 —

珊瑚礁保护与管理

第一节 珊瑚礁生态保护与管理研究[①]

一、引言

近 20 年来，珊瑚礁生态系[1, 2]优美的水下景观及其在旅游和渔业方面带来的巨大经济效益不断地吸引人类开发，但同时人类不加节制的活动严重影响了它所维持的平衡，使其出现退化现象，这引起了人们的关注，即如何管理和保护珊瑚礁的问题。生态系统管理是一门宏观综合性很强的学问[3, 4]，而自然生态保护和管理是一项科学性、政策性和群众性很强的事业[5-8]。我国海洋自然保护事业起步较晚，有了一些研究[9-13]，也提出了珊瑚礁的保护问题[14]，但都没有成熟的经验。本节回顾了国内外对珊瑚礁生态保护与管理的研究情况，以雷州半岛徐闻县角尾乡灯楼角珊瑚礁实地调查研究为例，对珊瑚礁的自然生态保护和管理提出了一些建议，以使我国珊瑚礁生态系统得以健康发育，并促进居民生活质量的提高。

二、全球珊瑚礁生态健康状况

目前世界上有 60%以上的人口居住在沿海，而其中以珊瑚礁生态系统为邻的热带海岸更是人口密集的地区。珊瑚礁的生物生产力和多样性在所有自然生态系统中是最高的，被誉为"海洋中的热带雨林"。在全球范围的海洋生物多样性和资源快速丧失的今天，珊瑚礁在生态、经济、文化和社会等各方面对一个区域乃至一个国家甚至全球都具有特殊意义。若能得以持续利用，它不但可继续为人们提供食品和岸线保护，而且可充分体现其美学和娱乐价值，否则将带来灾难。

由于遭受人为和自然的双重压力，全球变暖、水温上升导致珊瑚白化死亡、泥沙淤积、城乡污染、挖礁、炸鱼和滥采珊瑚活体等，使珊瑚礁生态系面临着严重的退化，尤其是那些靠近大陆和高密度人群

[①] 作者：王丽荣，赵焕庭

的珊瑚礁情况更为严峻。据报道，拥有全球珊瑚礁30%的东南亚，已约有60%遭到破坏，其中菲律宾达70%，印度尼西亚达80%，按照如此趋势，今后40年内整个东南亚的珊瑚礁将会全部退化[15]。另据设在澳大利亚的全球珊瑚礁监测网估计，在过去的几十年间，全球珊瑚礁已有超过1/4退化了，未来20年至少还有1/4面临退化[16]。目前珊瑚礁几乎都受到威胁，如果这种情况继续恶化，则全球大部分的珊瑚礁资源会在21世纪内丧失!这绝不是耸人听闻，如何开展珊瑚礁生态系保护与管理成为许多国家迫在眉睫的任务。许多科学家、有识之士乃至国际组织发出保护珊瑚礁的呼声愈来愈高。有关国家已重视并不断采取保护措施。建立珊瑚礁自然保护区是最好的方法。1975年澳大利亚宣布大堡礁为海洋公园。大堡礁成为世界首个珊瑚礁保护区，并不断加强了管理。其他热带沿海国家也陆续行动。美国科学促进会提出，日本和中国南部这一区域应被列为全球十大珊瑚礁重点保护区之一[17]。

三、珊瑚礁生态管理的现状

（一）国外珊瑚礁生态管理现状

珊瑚礁分布在全球100多个国家，其中60多个国家依靠珊瑚礁为其提供大部分所需的渔业。由于拥有珊瑚礁的国家大多属于发展中国家，人们多是从礁区索取食物以维持生计，这种简单的关系加剧了珊瑚礁生态的进一步恶化，对地区的经济发展也造成恶性循环。近年来，许多国家制定了保护和管理珊瑚礁生态系的一系列政策和规划措施，但效果却有很大差异。尽管有多个国际组织的参与，但真正处于实施阶段的项目很少。当然原因是多方面：一是因为珊瑚礁管理上的决定大多缺乏良好的区域背景和定量数据的支持或当地利用者的参与，甚至没有明确所定目标间的相互关系情况[18]。二是珊瑚礁生态系具有复杂的海洋环境，相关的时空尺度变化都很大[19]，因而从未获取过全面的详细的定量数据，有的只是短期、局部的资料，从而使珊瑚礁资源的管理更具挑战性。尽管如此，在过去几十年中，在一些政府部门的支持下，不少科学家和各类组织机构（包括官方和非官方的）开始研究如何防止珊瑚礁遭受进一步的破坏，并使之处于可持续利用之中，他们在有代表性、基础数据比较全面的珊瑚礁地区采取了一些措施，结果证明这些工作是有意义的，确实为很好的尝试。

（二）国内珊瑚礁生态管理现状

我国大陆先后成立涉及珊瑚礁的自然保护区有海南文昌琼海麒麟菜资源保护区（1983年，省级）和大洲岛海洋生态保护区（1986年，国家级），专门的珊瑚礁自然保护区有三亚珊瑚礁保护区（1990年，国家级）、福建东山石珊瑚保护区（1997年，省级）、广西北海市涠洲岛珊瑚保护区（2000年，地市级）和广东徐闻灯楼角石马角珊瑚自然保护区（2000年，县级；2003年开省级）。此外，南海诸岛和香港坪洲岛等地也拟建珊瑚礁保护区。

近20年来国家极其重视海洋环境与资源的管理立法工作，陆续公布了若干法律与行政法规[20]，地方也结合具体情况和实际需要，发布了地方政府规章，如《海南省珊瑚礁保护规定》、广西北海市《关于保护珊瑚资源管理条例》等，有关部门依法制止了一些破坏珊瑚礁的行为，应予以肯定和继续发扬，但还须纠正有法（禁止销售珊瑚及其制品）不依（结果市场造成挖礁与采集珊瑚不止）、执法不严的倾向。总体来说，由于缺乏系统的管理方法，珊瑚礁生态保护与管理工作仍很不够。海南岛三亚的珊瑚礁是目前国内科学研究比较集中的地方之一，并且自成立自然保护区办公室以来，在其管理方面也做了许多工作，在协调生态旅游方面收到了明显的经济和社会效益，当地过去靠炸礁生小财的居民尝到了现在靠护礁多生财的甜头。涠洲岛于2001年底组建了监测与研究珊瑚礁生态系的海洋生态站。但多数地区迄今几乎没有有效的管理，珊瑚礁生态持续退化。

目前我国珊瑚礁管理上存在的问题较多，主要有以下几个方面：①没有正式的管理机构，没有形成一支常备的精干的管理队伍；②经费投入少，基本建设差，缺管理设备，甚至无船艇，无法坚持日常的最低限度的管理工作；③管理人员专业素质差，缺乏珊瑚礁生态科学人员，几乎没有开展生态监测、研究及正确的管理；④保护区缺乏总体规划；⑤地方生态旅游与水产养殖发展管理滞后。因此，希望借鉴国外的一些成功管理经验应用到国内的珊瑚礁生态系中，解决存在的问题，为我国长久地留下宝贵的自然遗产。

四、珊瑚礁生态保护和管理的目标和原则

（一）珊瑚礁生态保护和管理的目标

通过科学的珊瑚礁生态保护和管理，构成一个协调、稳定和效益好的珊瑚礁生态系统，使其明确地协调其内部及外部相邻海岸乃至陆地生态系统的结构和生态过程[21]，并应根据区域珊瑚礁生态资源及其开发利用情况，理顺当地居民、各级政府与珊瑚礁景观的关系，正确处理生活、生产与生态、自然资源开发与保护、经济发展与环境质量的关系，进而改善本区生态系统的功能，提高其生产力、稳定性和抗干扰能力。在整个珊瑚礁范围，管理的长期目标就是维持珊瑚礁的结构和生物群落的多样性，以及与之有关的多样的种群，保证生态系统健康发展、人们能永久地利用和享受珊瑚礁资源，达到生态效益、社会效益和经济效益统一。

（二）珊瑚礁生态保护和管理的原则

根据珊瑚礁生态保护和管理的目标，提出以下原则：①自然优先原则。保护自然资源、维护自然过程是合理开发利用自然和保育自然的前提。②综合性原则。珊瑚礁生态保护和管理是对整体珊瑚礁生态系统进行全面管理，它是一种多目标管理。因而也就决定它的管理是一项综合性的工作，需要政府、自然科学和社会科学的研究人员、公众社团以及当地居民的协调统一，才能达到目标。

五、珊瑚礁生态管理的方法

（一）综合经济、生态和社会目标的多标准分析

多标准分析（multiple criteria analysis，MCA）是用来实施综合的、系统的项目或政策评价，也可为决策者提供系统信息[22]。在操作中，MCA可把社会和环境问题融入管理决策中，更主要的是它帮助决策者在各种管理目标能够达到的可能性程度的基础上评价管理策略的优先性。这主要是因为MCA有能力直接并准确地代表人类价值和喜好。

MCA已应用在发达国家的商业和陆地环境管理中[23]。但它在珊瑚礁生态管理中的应用更完整地体现了它的内容。荷兰在萨巴（Saba）岛的管理实践证明了这一点。萨巴是位于加勒比海荷属安的列斯群岛的一个小岛，1987年政府在这个珊瑚礁岛上建立了多功能的海洋公园。一直以来，海洋公园管理者和Saba保护基金会提出管理议题，进行管理工作，但不幸的是他们缺乏与Saba海洋公园有关的价值意识。因而科学家在Saba公园管理中使用了多标准分析方法，在保护社会和生态利益的同时维持潜水旅游和捕捞的经济利益，完成经济、生态和社会三方面的目标[22]。澳大利亚大堡礁也提供了具体的多样化利用的管理经验[24]。

（二）基于社区的海岸资源管理

20世纪70年代中期，菲律宾生物学家和自然保护工作者发现了珊瑚礁环境的恶化和渔业产量的减少之间似乎存在着关系，于是在80年代初，社会学家开始加入要求注意生态灾难后果的活动，并呼吁采取一种基于社区的海岸资源管理（community based coastal resources management，CBCRM）[25]的方法。当然这是在觉察到"从上至下"这种决策方式的弊端后做出的新的尝试。CBCRM是一个包括明确概念、项目实施、过程记录和内容评价的重复的、互相作用的研究过程。它需要公众和研究者以动态的管理来了解、认识海岸资源管理的任务，通过这个过程，他们可以互相学习。在之后的20多年中，关注海岸带的研究所、组织和机构的数目不断增加，它们或是独立的，或是合作，来发展独特的策略去解决影响所处区域环境的各种问题。这些策略和努力不断地完善CBCRM。这种公众参与的、整体的方法很快被接纳并成为海岸带管理的有效方法。CBCRM是以人为中心，以社区为导向，以资源为基础的一种管理模式。它强调了人们和社区的责任，而且注重不同尺度地域的文化差异。

（三）基于全流域的珊瑚礁管理

这是在牙买加的珊瑚礁不断受威胁的情况下提出的一种管理方法。该岛环境由于受陆地上人口密度增大的压力而恶化，水质呈现富营养化。研究者提出全流域珊瑚礁管理就是要求在当地环境学学者和居民的广泛联合下保护岛附近受损的地区，包括珊瑚礁和海岸带，把其与周围的流域作为一个单元施加管理[26]。它包括以下一些项目：水质监督，污水集中处理，湿地和流域区的保护，受损陆地的植树，建立渔业培训，发展海洋养殖，学校课程和公共教育，可持续的资源利用，社区社会发展，以及同当地资源保护部门共同的区域管理等。

大体来讲，国外珊瑚礁的管理具有以下3个方面的相似性，①管理目标。保护珊瑚礁并达到可持续利用的程度。这主要是针对目前珊瑚礁的现状而提出来的，过度的捕捞、水环境恶化以及旅游压力的不断增大使得大部分珊瑚礁破坏惨重，可再利用空间不断缩小。因此这个目标是进行一切管理活动的基础，也是管理工作的一个基本指导原则。②管理工具。重视科学和科学家在管理中的作用，并强调公众的参与是管理成功的保障。即通过各国将科学与管理统一起来，将政府和社区统一起来，实现部分与公共利益的统一。在这里，科学家的作用不只是进行科学检测、研究，还负责把珊瑚礁生态的知识深入浅出地传达给公众，为公众的积极参与提供良好的知识基础，而共同的参与是管理工作成功的保证，长期以来仅是政府部门的单方面行动带来的弊端证明了这一点。③管理过程。步骤的重复性，即不断地评价、修改措施以符合不断出现的新的实际情况。这是一个动态的过程，一般具有"鉴定－准备－评价－接受－完成"或"鉴定－准备－评价－接受－完成"螺旋式前进的形式。

六、灯楼角区域珊瑚礁生态保护和管理措施

（一）灯楼角区域珊瑚礁概况

灯楼角位于广东省雷州半岛的西南岬，是祖国大陆的最南端。其地处热带北缘，三面临海，海岸发育有我国大陆唯一的珊瑚岸礁。虽然已宣布为珊瑚保护区，但管理工作未到位，当地偏重礁区珍珠养殖兼旅游业，载客牛车横行于礁坪上，载客船艇频繁活动于珊瑚丛生带水域中，养珠人在水中行走、篙、桨和锚等致使脆弱的珊瑚死亡。2002年8月再次实地调查时发现，放坡村西北礁前长约1km的水深1~

5m 的鹿角珊瑚（*Acropora* sp.）等有 30%～70%白化死亡!这固然与全球变暖、海水表层温度上升有关，但同当地管理不周、开发不当更有直接的关系。因此，珊瑚礁已到了认真保护与管理的时候。从 2001 年 11 月在灯楼角区域做的社会经济调查问卷中得知，当地居民的生活仍在很大程度上依赖于珊瑚礁，因而对其保护也应寓于他们的生产和经营活动中，在可持续发展的原则指导下将保护和发展结合起来，即管理灯楼角珊瑚礁自然保护区以获取可持续的渔业产量，维持一定的自然面积用于教育和研究，通过休闲和旅游提供社会、经济和生态效益。

（二）灯楼角区域珊瑚礁保护区的区划

在生态调查研究的基础上，可进行自然保护区核心区、缓冲区和过渡区的设计[5-7]。徐闻县政府于 2000 年 11 月 13 日发出了关于灯楼角珊瑚自然保护区管理的通告，圈划的保护区集中在西岸，未包括珊瑚丛生的苞西港、珊瑚岛和东岸的岸礁。由于灯楼角区没有剧烈的自然变化，几乎没有工业，因此区内珊瑚礁并未受到更多陆源污染和沉积物的影响，管理也就集中在珊瑚礁生态系统这个层次上。由于珊瑚礁的健康与否决定了生物多样性、生物生产力、美学和文化价值，以及经济价值，因此需要对该区的珊瑚礁进行分区管理，根据研究成果[27-31]和区域景观生态资料提出划分出 4 个区，供当地进一步落实保护与管理工作时参考。

Ⅰ野生区（核心区）。即完全不受人为干扰的区域，使珊瑚礁生态系统能够达到最自然的繁育，以留下最为天然的大陆岸礁生态系。它是取得自然本底资料的所在地。由于本区珊瑚岛中珊瑚的覆盖度极高，种类繁多，底栖生物的栖息密度和物种多样性也高于其他礁区，因此以它为中心，将它及其周围海域划为野生区。

Ⅱ保护区（缓冲区）。为了保护野生区的生态过程和自然演替，减少外界人为干扰带来的冲击，在野生区周围划一辅助性的保护和管理范围，可以进行试验性和生产性的科研活动，也是对该珊瑚礁区进行科学研究的重点区域，它包括放坡村以西大部分岸礁的礁前缘。该区内不允许进行索取性的娱乐活动，但诸如有组织的潜水活动是允许的，另外维持生计的、可持续性的捕鱼也是允许的。应仿照国外的做法，禁止在保护区内养殖珍珠。

Ⅲ季节性封闭区（过渡区）。它包括角尾乡东部的岸礁，目的是保护海洋生物在其最脆弱的时候不被捕捞和作为幼虫的提供地。渔民只有在海洋与水产局宣布开放时才可进入这个区域，而且需要持特殊的执照才能捕鱼。

Ⅳ一般使用区（过渡区）。其他礁区就属于一般多用途的使用区，当地居民可以不受限制地在本区进行有节制的养殖珍珠和捕鱼。但为了减轻压力，来自外地的渔船将受到限制。此外，也可开展旅游和水上体育活动。

（三）灯楼角区域珊瑚礁生态保护和管理

除了按照成熟的珊瑚礁管理套路实施全面管理、周期性勘测和经常性海洋环境监测[24]、建立数据库[32]外，还要处理好与社区的协调问题[33]。

有公众参与的研究是一个过程，在这个过程中，它赋予公众权利来研究社区的自然环境和社会文化环境，以产生新的认识和理解。而这种认识是策略形成、资源管理的基础。以往在灯楼角区域的研究只是科学研究人员单方面的工作，现在应倡导当地居民和研究人员在系统收集和分析以前的环境资源数据中密切联系，共同甄别主要问题，并制定解决方案。

需要在角尾乡建立由居民参与的社区组织。这可保证参与是建立在集体的基础上，这样即使不是社区中的全部成员，也是大多数成员可平等地得到决策内容和享受项目带来的利益。社区组织是赋予当地居民权利的一个基本方法，使他们可集体表达需要，包括管理生物-文化资源。它是一个解决问题的过程，即使公众有知识和技能来辨别和优先考虑社区的需要和问题，人们也需要协调和动员社区的人力和物力资源来集体处理这些问题和采取行动。另外，它强调领导组成，即选择有能力的人作为组织者[25]。通过社区组织，使参与制度化，管理自然资源，发展良好的环境系统，以及处理好与其他社会团体、邻区的联系、协调工作等。

教育和培训是对问题的实质和解决它的方法达成一致意见的一种工具。通过教育和培训活动，将科学家研究得出的信息和知识讲授给当地居民和政府管理者。它是能力营建的主要工具，可以以领导班子学习讨论会、研讨会和文化演讲等形式出现。教育和培训的目的就是加强自觉性、建立信心，这样当地居民就会积极参与到资源管理的行动中来。实施的主要原则是从人们已知道的地方讲起，在这些知识的基础上使他们得到新的知识和更多信心。灯楼角乡的教育和培训工作是远远不够的，需要在政府和科研工作者的协助下进一步加强。

资源管理主要是评价资源使用情况和提出不同的管理选项，后者可通过当地居民参与的研究进行确定[34]。它把可获得的关于资源和区域的信息统一起来，从一种生物和生态的观点决定哪种资源管理选项是最佳的。在评价选项时，资源管理部分的工作与生计发展的部分关系密切。可建立角尾乡资源管理委员会，下设村级管理机构，负责确定管理范围和特定地区的管理规划。

七、结语

从珊瑚礁面临的压力和人们的需求来看，珊瑚礁生态保护与管理问题比较复杂，同时又涉及国家和个人的具体利益，因而在实施中也会碰到困难。在学习和参考国外珊瑚礁保护与管理的经验中，应根据国内的实际情况，提出有中国特色的珊瑚礁保护和管理的方法与举措，并在实际执行中依靠决策者、科学家、管理者和居民共同对不断出现的具体问题逐步协调解决，实现珊瑚礁资源的可持续利用[35]。

参 考 文 献

[1] 王丽荣, 赵焕庭. 珊瑚礁生态系的一般特点. 生态学杂志, 2001, 20(6): 41-45.
[2] 王丽荣, 赵焕庭. 珊瑚礁生态学的研究现状和展望. 海洋科学, 2002, 26(3): 20-23.
[3] 于贵瑞, 谢高地, 于振良, 等. 我国区域尺度生态系统管理中的几个重要生态学命题. 应用生态学报, 2002, 13(7): 885-891.
[4] 任海, 邬建国, 彭少麟, 等. 生态系统管理的概念及其要素. 应用生态学报, 2000, 11(3): 455-458.
[5] 孔繁德. 生态保护概论. 北京: 中国环境科学出版社, 2001: 159-186.
[6] 俞孔坚, 李迪华, 段铁武. 生物多样性保护的景观规划途径. 生物多样性, 1998, 6(3): 205-212.
[7] 韩念勇. 生物圈保护区概念的形成与发展及其功能和结构的特点. 中国人口•资源与环境, 1991, 1(2): 75-80.
[8] 韩念勇. 中国自然保护区可持续管理政策研究. 自然资源学报, 2000, 15(3): 201-207.
[9] 王艳香. 海洋自然保护区建设与管理问题探讨. 海洋开发与管理, 1998, (4): 29-32.
[10] 何明海. 我国海洋自然保护区管理刍议. 台湾海峡, 1992, (3): 281-284.
[11] 李国庆. 中国海洋自然保护区的管理. 海洋开发与管理, 1994, (1): 42-44.
[12] 钱宏林, 黎作骏. 海洋自然保护区的建设和管理对策. 生态科学, 1992, (1): 142-147.
[13] 曾昭爽. 海洋类型自然保护区有效管理初论. 海洋开发与管理, 2001, 18(2): 48-50.
[14] 郭晋杰. 徐闻珊瑚礁资源的保护、恢复和开发. 海洋开发与管理, 2001, 18(3): 65-67.
[15] Holdgate M W. 热带海岸带资源的可持续利用: 一个重大的保护问题. Ambio, 1993, 22(7): 481-482.
[16] 罗夏. 珊瑚前途堪忧. 科学时报, 2003-9-21.
[17] 华文. 中国南部被确定为全球十大珊瑚礁保护区之一. 中国海洋报, 2003-2-22, 3 版.

[18] van Pelt M J F. Ecological sustainable development and project appraisal in developing countries. Ecol Econ, 1993, (7): 19-42.
[19] Richmond R H. Coral reefs: present problems and future concerns resulting from anthropogenic disturbance. Amer Zool, 1993, 33: 524-536.
[20] 马英杰, 徐祥民. 试论我国海洋生物多样性保护的法律制度. 海洋开发与管理, 2002, 19(2): 23-28.
[21] 王军, 傅伯杰, 陈利顶. 景观生态规划的原理和方法. 资源科学, 1999, 21(2): 71-76.
[22] Fernandes L, Ridgley M A, Hof T V. Multiple criteria analysis integrates economic, ecological and social objectives for coral reef managers. Coral Reefs, 1999, 18(4): 393-402.
[23] Salmineu P, Teich J E, Wallenius J. A decision model forthe multiple criteria group secretary problem: theoretical considerations. Journal of the Operational Research Society, 1996, 47(8): 1046-1053.
[24] 约翰 R. 克拉克. 海岸带管理手册. 吴克勤, 等译. 北京: 海洋出版社, 2000.
[25] Ferrer E M, Nozawa C M C. Community-based coastal resources management in the Philippines: key concepts, methods and lessons learned. University of the Philippines at Diliman, 1997.
[26] Guthery F S, Bailey J A. Principles of wildlife management. Quarterly Review of Biology, 1985, 66(1): 203.
[27] 王丽荣, 赵焕庭, 宋朝景, 等. 雷州半岛灯楼角海岸地貌演变. 海洋学报, 2002, 24(6): 135-144.
[28] 王丽荣, 陈锐球, 赵焕庭. 琼州海峡岸礁潮间带生物. 台湾海峡, 2003, 22(3): 286-294.
[29] 王丽荣, 赵焕庭, 宋朝景. 雷州半岛灯楼角珊瑚礁生态带. 中国学术期刊文摘: 科技快报, 2001, 7(1): 81-83.
[30] 赵焕庭, 宋朝景, 王丽荣. 雷州半岛灯楼角珊瑚礁初步观察. 海洋通报, 2001, 20(2): 87-91.
[31] 赵焕庭, 王丽荣, 宋朝景, 等. 雷州半岛灯楼角珊瑚岸礁的特征. 海洋地质与第四纪地质, 2002, 22(2): 35-40.
[32] 张华国, 周长宝, 黄韦艮. 海洋自然保护区地理信息系统建设初探. 地球信息科学, 2001, 3(1): 21-26.
[33] 吴小敏, 徐海根, 蒋明康, 等. 试论自然保护区与社区的协调发展. 生态与农村环境学报, 2002, 18(2): 10-13.
[34] Wendy C. Coral reef management//Dubinsky Z. Ecosystems of the World 25: Coral Reefs. Amsterdam: Elsevier Science Publishers, 1990: 453-469.
[35] 王丽荣, 赵焕庭. 珊瑚礁生态保护与管理研究. 生态学杂志, 2004, 24(3): 103-108.

第二节 全球珊瑚礁监测与管理保护评述①

珊瑚礁是以石珊瑚为主的三维浅水结构[1]，是对维持生物多样性和资源生产力有特别价值的生物活动高度集中的海岸生态关键区[2]，也是环境健康的指示物[3]。珊瑚礁生态系统为人们提供食物、旅游、休闲、美学和海岸防护等方面的实际效益，对国家和整个区域的社会经济和文化也有重大意义[3]。随着热带海岸地区人口不断增加和社会经济快速发展，大致从20世纪70年代后期开始，珊瑚礁等热带浅海生态系统及相关海洋环境明显退化的个例越来越多，导致许多科学家发出警报，担心珊瑚礁等热带浅海生态系统将面临与热带雨林等热带陆地生态系统同样的快速衰退的命运[4]。本节综述了从20世纪80年代末开始世界珊瑚礁受到的关注、全球珊瑚礁监测体系的形成与实施、对珊瑚礁衰退原因和演变模式的研究以及珊瑚礁管理保护的新策略，以便为我国珊瑚礁保护管理提供借鉴。

一、对全球尺度珊瑚礁现状的关注

大致从20世纪80年代末开始，珊瑚礁的重要性及其面临的危机得到联合国、各国政府和科技界的普遍关注。为应对珊瑚礁全球性资料的需求，联合国环境规划署（UNEP）和世界自然保护联盟（IUCN）于1988年出版了由Wells等编辑的第1部详细汇总世界108个国家珊瑚礁状况的3卷本的《世界珊瑚礁》[5-7]。1992年6月联合国环境与发展会议制定了可持续发展行动规划的21世纪议程，在第17章中把珊瑚礁生态系统作为高生物多样性和高生产力的关键生境，并将其定为高度优先保护对象[8]。1994年国

---
① 作者：张乔民，余克服，施祺，赵美霞

际珊瑚礁倡议（ICRI）在美国促进下在巴巴多斯联合国小岛发展中国家会议上建立，目标在于邀集发达国家和发展中国家的政府、联合国机构、国际非政府组织、基金会和珊瑚礁科学家共同努力，实施21世纪议程第17章的要求行动，扭转珊瑚礁退化趋势[3]。1995年ICRI制定了行动号召和行动框架文件，并先后启动了4个活动单元：全球珊瑚礁监测网络（GCRMN），国际珊瑚礁信息网络（ICRIN），印度洋珊瑚礁退化网络（CORDIO），国际珊瑚礁行动网络（ICRAN）。ICRI还通过政府和国际机构把对珊瑚礁的关注带到国际论坛上，如联合国大会和2002年可持续发展世界峰会（WSSD）。1997年举办的国际珊瑚礁年活动和1998年举办的国际海洋年活动，都有效地提高了民众的珊瑚礁保护意识。1998年6月11日美国总统克林顿发布"珊瑚礁保护"13089号总统令，要求各联邦机构"保护美国珊瑚礁生态系统的生物多样性、健康、自然遗产、社会和经济价值"，并在其后成立了由十几个部委组成的协调组和国家珊瑚礁研究所（NCRI），提出2000年度珊瑚礁保护经费为1700万美元[9]。一系列国际科学家会议对全球珊瑚礁现状进行了广泛的评估和讨论，如1992年关岛第七届和1996年巴拿马第八届[10, 11]珊瑚礁国际研讨会、1993年迈阿密珊瑚礁国际研讨会[12]、1995～1996年ICRI全球研讨会和6个区域研讨会[11, 13]、1999年美国国家珊瑚礁研究所珊瑚礁国际研讨会[14]等。这些研讨会的共同认识是，珊瑚礁的重要性堪与陆地热带雨林相比，但研究程度低，目前很难进行全球性准确评估。珊瑚礁分布广且多在热带大洋的水下，难以接近，遥感方法尚难以应用，研究较多的礁总数只有几百个，而且大多在大堡礁；另外，已有的研究重基础研究，不重健康监测，缺少长周期的研究，不同的研究方法缺乏可对比性。由此催生了各种全球和区域珊瑚礁监测体系。20世纪90年代初、中期这一系列的努力标志着对世界珊瑚礁现状监测和管理进入了全球协调的联合科学探索的新纪元[15]。

二、全球珊瑚礁监测体系的形成

20世纪90年代初由联合国教科文组织/政府间海洋学委员会（IOC/UNESCO）、联合国环境规划署和世界自然保护联盟共同发起而成立的全球珊瑚礁监测网络（GCRMN）[16]，后来成为国际珊瑚礁倡议（ICRI）活动单元之一。GCRMN由全球协调员Wilkinson所在的澳大利亚海洋研究所（AIMS）和全球珊瑚礁数据库（Reef Base）所在的国际水生生物资源管理中心（ICLARM）（现为世界渔业中心）共同管理。GCRMN在全球网络范围内，通过提供调查手册、设备、数据库、培训、解决问题和帮助寻找监测资金，努力改善珊瑚礁管理和保护状况。在联合国环境规划署区域海洋项目基础上划分若干个区域节点和若干区域内国家节点，任命区域协调员和国家协调员，负责组织培训、监测、资料收集和编写年度报告。生态监测按照澳大利亚海洋研究所1997年出版的《热带海洋资源调查手册》[17]制定的方法进行，主要有拖板法、截线样条法、鱼类目测计数法等，从而取得活珊瑚覆盖率等有关资料。社会经济监测使用GCRMN 2000年出版的珊瑚礁管理社会经济手册[18]上的方法。GCRMN从1997年起开始实施。

全球珊瑚礁考查（Reef Check）由1993年迈阿密珊瑚礁国际研讨会发起，Hodgson策划，于1996年建立。它采用简单易学的统一规范培训休闲潜水志愿者进行全球珊瑚礁健康状况监测。基于经济和生态价值及对人类活动的敏感性，选定若干种生物作为测量人类活动对珊瑚礁影响的指标。1997～2001年有5000多人参加，实施监测的礁有1500多个，其中1107个通过资料审查。得出的全球硬珊瑚平均覆盖率为32%[19]。

Reef Base[11]为1993年由ICLARM和设于英国剑桥的世界保护监测中心（WCMC）共同建立，现已成为全球珊瑚礁监测管理和研究的因特网数据中心，资料以文字、表格、图片和地图的形式显示，可以按照国家或主题进行搜索，其网址为http://www.reefbase.org。2005年全球珊瑚礁数据库提供了131个国家和地区的珊瑚礁位置、状况、威胁、监测、法律、管理的资料，1963～2004年全球3994个珊瑚礁白化的资料，通过网上制图系统可编制自己的珊瑚礁图件和数据库，有关珊瑚礁的参考文献22 467篇，其中3564篇可以下载，并有可以免费下载的200Mb的珊瑚礁数据库（包括地理信息系统）资料。

GCRMN、Reef Check以及Reef Base共同组成全球珊瑚礁监测体系，它们在2004年12月印度洋大海啸后也及时传递了珊瑚礁信息。

三、全球珊瑚礁健康状况评估和趋势预测

1992年在关岛第七届珊瑚礁国际研讨会上，Wilkinson首次对全球珊瑚礁状况进行评估，指出全球珊瑚礁已经损失10%，如果不采取紧急管理行动，在未来10~20年将继续损失30%，而在未来20~40年将再损失30%[20]。该数据被广泛引用，但也有科学家认为这仅仅是依据一些科学家的推测和传闻[21,22]。从1998年开始，GCRMN每两年出版一次全球和各区域监测调查资料，向公众传递科学家做出的最新和最权威的全球珊瑚礁健康状况评估和发展趋势预测[23-27]。1998年报告是在GCRMN和Reef Check 1997年和1998年两年的监测及1996年巴拿马第八届珊瑚礁国际研讨会论文[10]的基础上编写的，其主要结论是人类活动正在加速全球珊瑚礁退化，但人们的认识已经提高，正在采取保护行动，同时强调珊瑚礁生态系统的弹性，并认为全球珊瑚礁大部分仍然是健康的，尤其那些远离居民区或得到良好保护的礁区，如大堡礁。但Reef Check调查显示，大部分海洋保护区管理不善，未能阻止高价食用物种（如龙虾、石斑鱼等）的丧失，并造成食物链系统的破坏和海藻过度生长等不利于造礁石珊瑚生长的后果[28]。世界资源研究所利用珊瑚礁数据库800个退化礁地点和指示开发压力的14个全球数据库，提供了第一份基于地图的珊瑚礁条件的全球分析，结论是世界珊瑚礁58%受到高度和中度威胁[21]。1997年年中至1998年年末发生了40年来最大规模的全球性石珊瑚白化和死亡事件，浅水区分枝状珊瑚受害最严重，受害者也包括水深40m的珊瑚和生长了1000年的珊瑚。虽然白化事件被监测到，但是1998年的报告尚未能给出定量评估结果。白化事件与同时发生的大规模厄尔尼诺-拉尼娜现象及海表温度异常升高现象之间的关系在当时还不能肯定。

2000年的第二份报告对全球6个大区珊瑚礁现状和趋势进行了评估（表23.1）。全球珊瑚礁1998年以前主要因人类活动影响（沉积物和营养污染、过度捕捞、采挖沙石、在珊瑚礁上开发和围垦等）损失11%；1998年白化事件损失16%，某些礁区损失90%以上，但其中部分可能会缓慢恢复。如果不采取有效的保护措施，处于危急状态（未来2~10年可能失去）的礁和受到威胁（未来10~30年可能失去）的礁将分别占14%和18%。全球珊瑚礁中以澳大利亚-巴布亚新几内亚区及大太平洋区珊瑚礁的现状和前景最好，人类活动破坏程度分别为1%和4%；1998年白化事件损失分别为3%和5%，二者造成的损失都很小，未来2~10年的损失分别为3%和9%，未来10~30年的损失分别为6%和14%，损失也不大；东南亚及东亚区形势最严重，人类活动破坏16%，1998年白化事件损失18%，未来2~10年和10~30年的损失也最高，分别为24%和30%。第二份报告肯定了全球变暖与珊瑚礁白化之间的关系，认识到全球气候变化的威胁要大于人类活动的直接威胁，全球珊瑚礁保护战略必须进行相应改变。

表23.1 1992年、1998年和2000年全球各地区珊瑚礁已有损失和未来损失预报汇总表 （%）

评估年份及地区		1998年前人类干扰损失	1998年白化事件损失	危急状态，未来2~10年损失	受到威胁，未来10~30年损失
1992年关岛会议[20]		10	—	30	30
1998年世界资源研究所[21]		—	—	27	31
2000年	阿拉伯地区	2	33	6	7
	大印度洋区	13	46	12	11
	澳大利亚-巴布亚新几内亚区	1	3	3	6
	东南亚及东亚区	16	18	24	30
	大太平洋区	4	5	9	14
	加勒比海-大西洋区	21	1	11	22
	2000年全球总计	11	16	14	18

注："2000年全球总计"为根据世界资源研究所[21]的区域珊瑚礁面积进行加权平均求得；"1998年白化事件损失"是暂时性的，有可能恢复

2002 年第 3 份报告认为，当时处于珊瑚礁资源破坏速率不断增加和珊瑚礁保护的努力也在不断增加的十字路口。如果各国保护继续取得成功和不断增加投资，未来 10 年世界珊瑚礁有可能从人类活动的直接和间接破坏中大面积恢复；但如果全球气候变化造成重大白化事件和降低珊瑚礁钙化能力，则人们的努力将被否定。报告列出了珊瑚礁面积占全球珊瑚礁总面积比例大于 1%的 21 个国家（未包括中国）的珊瑚礁健康状况和主要威胁的定性判断。2004 年第 4 份报告给出了 GCRMN 17 个节点区珊瑚礁现状和趋势最新评估数据（表 23.2）。与 2000 年的评估数据比较，全球损失程度大于 90%的所谓"已破坏礁"下降到 20%（1998 损失的珊瑚礁中已有 6.4%得到恢复，仅不足 10%属"已破坏礁"）。这样，人类活动和白化事件破坏各占一半。危急状态礁（损失程度 50%～90%）和受到威胁礁（损失程度 20%～50%）分别上升到 24%和 26%，低或无威胁的健康状态礁由 41%下降到 30%，未改变全球珊瑚礁继续退化的总趋势。形势最好的仍然是澳大利亚-巴布亚新几内亚区及大太平洋区（西南太平洋群岛除外），健康状态的礁占 80%～93%；形势最差的仍然是东南亚，另外还有海湾地区和东安的列斯，健康状态的礁占 4%～5%。

表 23.2 2004 年全球各地区珊瑚礁已有损失和未来损失预报汇总表

作为 GCRMN 节点的 17 个地区	珊瑚礁面积/km²	已破坏礁/%	已恢复礁/%/1998 年破坏礁/%	危急状态礁/%	受到威胁礁/%	低或无威胁礁/%
红海	17 840	4	2/4	2	10	84
海湾地区	3 800	65	2/15	15	15	5
东非	6 800	12	22/31	23	25	40
西南印度洋	5 270	22	20/41	36	31	11
南亚	19 210	45	13/65	10	25	20
东南亚	91 700	38	8/18	28	29	5
东亚和北亚	5 400	14	3/10	23	12	51
澳大利亚-巴布亚新几内亚	62 800	2	1/3	3	15	80
西南太平洋群岛	27 060	3	8/10	18	40	40
波利尼西亚群岛	6 733	2	1/1	2	3	93
密克罗尼西亚群岛	12 700	8	1/2	3	5	85
夏威夷群岛	1 180	1	NA	2	5	93
美国加勒比海	3 040	16	NA	56	13	15
北加勒比海	9 800	5	3/4	9	30	56
中美洲	4 630	10	NA	24	19	47
东安的列斯	1 920	12	NA	67	17	4
南美洲热带	5 120	15	NA	36	13	36
总计	285 003	20	6.4/16	21	18	45

注："珊瑚礁面积"来自《世界珊瑚礁图集》[29]。"已破坏礁"指失去 90%珊瑚和难以很快恢复的礁；"已恢复礁"指 1998 年全球珊瑚礁白化损失后得到恢复的部分；"危急状态礁"指 50%～90%珊瑚已经失去，10～20 年可能成为"已破坏礁"，相当于世界资源研究所的"高"和"很高"威胁[30, 31]；"受威胁礁"指 20%～50%已经失去，20～40 年可能成为"已破坏礁"，相当于世界资源研究所的"中等"威胁；NA 指 1998 年没有损失而无法应用

2004 年第 4 份报告还给出了大堡礁和加勒比海 2 个典型珊瑚礁区区域性退化的实例。大堡礁一直被认为是全球保持原始状态最好的礁，但也显示了系统的退化[32]。20 世纪 60 年代以来大堡礁儒艮种群下降 97%，红海龟种群下降 50%～80%，自欧洲殖民以来沉积物和营养物输入增加了 3 倍，90 年代以来商业渔业和休闲渔业增加了 1 倍，主要目标种群变小[33]。根据大量数据分析，过去 40 年中大堡礁活珊瑚平均覆盖度由

40%下降到20%,长棘海星暴发和白化事件不断上升[1]。加勒比海地区发生灾难性退化,主要分枝状造礁珊瑚优势种的3种鹿角珊瑚已被列入美国2004年濒危物种名单,严重影响三维生境结构。根据263个不同监测项目的大量数据分析,活珊瑚平均覆盖度由50%(1977年)下降到10%(2001年)[34]。

上述监测资料所呈现的总趋势是,虽然人们已提高认识并正在采取行动,全球珊瑚礁在人类活动和全球变化影响下仍然在继续退化。需要注意的是,尽管全球监测已经实施多年,有关的评估数据主要来自每个地区的专家和有经验人士,但仍然只是指示性的,许多地区的评估仍然缺乏足够的监测资料,难以得出确切的损失数据和对未来的权威预报[26]。

四、全球珊瑚礁图集和面积量算

除了健康状况评估,准确的位置和面积也是认识世界珊瑚礁的重要前提条件。2001年联合国环境规划署世界保护监测中心在1988年的3卷本《世界珊瑚礁》和1994年后开发的基于地理信息系统的全球珊瑚礁图的基础上,出版了更加详细的世界珊瑚礁图集[29]。图集提供了世界珊瑚礁地理分布和现状的最新概括,并包括了珊瑚物种多样性、2000多个休闲潜水中心和660个海洋保护区的相关资料。在1:100万珊瑚礁图的基础上,补充更大比例尺(很多是1:25万)的资料,利用1km网格统计世界和各国珊瑚礁面积,得到的最新的世界珊瑚礁面积为28.43万 km^2。其中面积最大的地区为东南亚(9.1万 km^2)及澳大利亚-巴布亚新几内亚(6.2万 km^2)。该面积明显小于Smith[32]估算的并曾被广泛引用的世界珊瑚礁面积61.7万 km^2,主要是因为采用环礁、岸礁和堡礁范围的定义不同。前者根据旅游、航行、最大生产率研究和海岸防护的需要使用最高珊瑚覆盖率的礁坪、礁顶、浅水礁区等近表层礁范围,后者根据地质和海岸规划的需要使用完整的礁体地貌范围。根据渔业使用需要把妨碍拖网和围网等活动渔具作业、散布珊瑚群落的浅滩和斜坡均划入礁区范围,这样得出的珊瑚礁面积会更大[33]。

五、全球变化对珊瑚礁的影响

虽然世界珊瑚礁正在经历大尺度变化,但是原因仍然是许多争论和怀疑的对象[14, 35],尤其是全球变化对珊瑚礁的影响。1994年联合国环境规划署(LWEP)-联合国教科文组织(IOC)-南太平洋环境机构协会(ASPEI)-世界自然保护联盟(IUCN)气候变化对珊瑚礁影响的全球15人专家组报告认为,影响珊瑚礁的主要压力来自人类活动,气候变化威胁仅仅是发生在遥远的将来[36]。1997年仍然有人怀疑珊瑚礁退化的全球性,认为在人们必须真正面对全球变暖威胁之前,珊瑚礁可能早已死于更直接的人类干扰[22]。1998年珊瑚礁空前严重的白化死亡事件后,GCRMN 1998年的第一份评估报告怀疑这是否仅仅是一次偶然的严重事件。2000年认识到全球气候变化的威胁要大于人类活动的直接威胁,从而彻底改变了珊瑚礁保护的议程;但是除了减少温室气体排放,似乎还没有其他好的管理对策[37]。GCRMN 2002年评估报告认为全球气候变化是珊瑚礁未来最大的不确定因素。GCRMN 2004年评估报告指出,有更多的证据证明海表升温与珊瑚白化的关系。美国国家海洋与大气管理局(NOAA)的珊瑚礁监视项目利用卫星图像分析热压力与珊瑚白化的关系,2000年以来发布警告100多次,有46次野外观测响应均证实白化的存在。英格兰东安格利亚大学统计1983~2000年加勒比海区白化范围与夏季海表温度异常升高的关系,表明二者紧密相关,平均每0.05℃异常升温增加16%的白化面积,0.9℃异常升温将导致白化面积达100%。2004年评估报告还指出,1998年的白化事件是千年一遇的珊瑚礁损害事件(依据是没有历史记录,没有古代传说,有1000年年龄的珊瑚白化死亡等),但是未来50年内类似的气候条件可能成为较常见的气候事件。预计未来50年随着 CO_2 的增加和温度的升高其环境水平都会超过过去50万年珊瑚礁繁茂生长时的 CO_2 和温度水平[38]。IPCC预报2100年热带海洋升温1~3℃,珊瑚礁仍然可能是因全球变化而失去的第一个生态系统。2030~2050年,珊瑚礁可能损失半数以上。新发现受气候变化严重影响而白化和死亡的礁区的珊瑚包含较多的耐热共生藻,因而可通过改变共生藻组成以应对未来的热压力胁迫,作为对气候变化的一种适应性响应机制,即通过交换虫黄藻类型(C 型变成 D 型)以适应升温的机制[39]。即使如此,世界珊瑚礁结构也仍然会发生重大变化,如种属减少和覆盖度降低等。尽管 1998 年白化死亡的珊瑚礁已经恢复约 40%,全球变化仍然是未来珊瑚礁全球性危机的主要威胁,但是全球变化预测的不确定性给珊瑚礁保护带来新的挑战。

六、与管理保护有关的珊瑚礁生态学研究

面对珊瑚礁大尺度危机,需要更好地理解与管理保护有关的珊瑚礁生态过程,如弹性(resilience)、相转移(phase shift)和关键功能组(critical functional group)[1]。珊瑚礁生态系统的弹性指受到自然和人类干扰后缓冲打击、抗拒退化演变(相转移)和再生恢复的能力。一个礁受到干扰和压力会丧失弹性和增加脆弱性,进而发生相转移。相转移指珊瑚礁受到自然和人类干扰后的生态演化过程。例如,一个以石珊瑚群落为主的健康礁,因为植食动物被过度捕捞和过量的营养输入,会演变到以肉质藻群落为主的"大藻"阶段;如果继续过度捕捞捕食海胆的生物,会演变到"海胆瘠地"阶段。珊瑚礁生物多样性极其复杂,可以按照各种生物(尤其是珊瑚和礁鱼)在相转移过程中的关键生态功能的相似性划分关键功能组。石珊瑚按照群体形态划分关键功能组,如块状、灌木状、板状、圆柱状、自由活动、鹿角状、结壳状、瓶刷状等。很明显,不同群体形态的石珊瑚对碳酸钙堆积和构建三维生境等关键生态功能方面具有不同的贡献。同样,珊瑚礁鱼类关键功能组划分则按照食物链中反映生态系统能量流动的营养级别,如大型肉食者(macro-carnivore)、食底栖无脊椎者(benthicin vertebrate)、日间食浮游生物者(diurnal planktivore)、夜出食浮游生物者(nocturnal planktivore)、食沙底无脊椎者(sand-invertebrate)、食小型无脊椎者(micro-invertebrate)、小型肉食者(micro-carnivore)、游动食草者(roving grazer)、食藻或碎屑者(territorial algal/detritu)、刮食植者(scraping grazer)、食珊瑚者(corallivore)、啃食大型藻者(macro-algal browsing)、侵蚀食植者(eroding grazer)、游动食碎屑者(roving detritivore)等,以及在生态系统过程中的具体作用。不同功能组在促进珊瑚礁恢复方面扮演不同的角色。传统的食植鱼类(herbivore)又可划分为 3 个功能组:①生物侵蚀类(bioeroder),能吞食死珊瑚,露出适宜珊瑚藻和珊瑚附着的硬底,如驼峰大鹦嘴鱼(*Bolbom etoponmuricatum*),有着巨大颚部,每年可吞食 5t 珊瑚。缺少鱼群生物侵蚀,海底白化致死的大片死珊瑚群体会保留原状,不利于珊瑚恢复。②刮食类(scraper),如黄鳍鹦嘴鱼(*Scarus flavipectoralis*),能刮擦移去石底表面的藻和沉积物,避免珊瑚幼体被藻和捕获的沉积物所压服,促进珊瑚的附着、生长和存活。③食植类(grazer),直接吞食藻类,如红鳍鹦鲷(*Sparisoma rubripinne*),减少了大藻对珊瑚的竞争,避免成年珊瑚被肉质大藻掩盖和压制。珊瑚礁拥有这些功能组的程度是遭遇干扰时抗拒相转移、再生和维持关键功能的重要因素[1]。

七、珊瑚礁管理保护新策略

珊瑚礁保护与管理的根本目标是维持向人类提供生态系统产品和服务(如渔业、旅游美学和文化价值等)的能力。目前珊瑚礁持续全球性衰退,包括上述大堡礁和加勒比海地区的区域性衰退,说明现有的珊瑚礁管理在区域和全球尺度上没有达到上述目标,加上全球变化影响因素的地位提升及其很大的不确定性,必须对区域和全球尺度的管理进行重新评估[1, 26]。总体要求是管理要更加广泛(inclusive)、前瞻(proactive)、敏感(responsive)[26],要更加有活力(vigorous)、有创新(innovative)、有适应性(adaptive)[1]。提出的珊瑚礁管理保护新策略包括:①必须改进老的过于简单的监测和管理目标,由偏重于活珊瑚覆盖度、特定生物数目、可持续渔业产量等,转移到维持礁系统的弹性,其中特别关注关键功能组和再生恢复能力。②作为生态系统弹性管理的工具,建立更多、更大的禁止捕鱼和其他采捕活珊瑚的完全保护区(no-take area，NTA），维持保证珊瑚幼虫供应的有效恢复空间[1, 38]。③2002 年可持续发展峰会（WSSD）继续强调珊瑚礁保护，并肯定了 ICRI 的努力，提出建立更大的海洋保护区网络和加强 ICRI 等国际共同协作，尤其保证对资源缺乏的发展中国家的帮助[25, 26]。④切实改变普遍存在的有名无实的"纸上公园"现象。对管理保护新策略首先采取行动的是澳大利亚议会，其在 2004 年初通过关于珊瑚礁保护全球策略的法律，把大堡礁完全保护区面积从 1981 年确定的 5%扩大到 33%。

Hatcher 等[4]指出，珊瑚礁等热带浅海生态系统的未来取决于 2 种速度之间竞赛的结果：一是热带浅海生态系统不断加速衰退和消失的速度，另一个是人们发展生态学和社会学上完美的海岸带管理模式和关于生物保护价值的有效的公众教育的速度。15 年过去了，竞赛仍在继续，世界还要继续努力，包括政府部门、科学家和公众。按照世界资源研究所 2002 年[30]利用 1km^2 网格量算的珊瑚礁面积，中国大陆 900km^2，台湾 700km^2，南沙群岛和西沙群岛 5700km^2，中国合计 7300km^2，应占世界珊瑚礁总面积的 2.57%，与占全球珊瑚礁面积比例大于 1%的 21 个国家[25]相比，位列印度尼西亚、澳大利亚、菲律宾、法国、巴布亚新几内亚、斐济、马尔代夫之后的第 8 名。珊瑚礁对中国南海诸岛海洋国土资源的形成和资源环境的维护具有特殊的重要意义。中国政府、有关部委和科研机构应该大力加强对珊瑚礁的调查研究、监测评估和管理保护，为世界珊瑚礁保护贡献力量[40]。

参 考 文 献

[1] Bellwood D R, Hughes T P, Folke C, et al. Confronting the coral reef crisis. Nature, 2004, 429(6994): 827-833.
[2] Clark J R. Coastal Zone Management Handbook. Boca Raton: CRC Press, 1996: 102-105.
[3] ICRI. Renewed call to action: international coral reef initiative 1998. Townsville: Great Barrier Reef Marine Park Authority, 1999: 1-40.
[4] Hatcher B G, Johannes R E, Robertson A I. Review of research relevant to the conservation of shallow tropical marine ecosystems. Oceanogr Mar Biol Annu Rev, 1989, 27: 337-414.
[5] UNEP/IUCN. Coral reefs of the world. volume 1: Atlantic and eastern Pacific. Nairobi: UNEP and Gland, Switzerland and Cambridge, UK: IUCN, 1988: 1-373.
[6] UNEP/IUCN. Coral reefs of the world. volume 2: Indian Ocean, Red Sea, and Gulf. Nairobi: UNEP and Gland, Switzerland and Cambridge, UK: IUCN, 1988: 1-389.
[7] UNEP/IUCN. Coral reefs of the world. volume 3: central and western Pacific. Nairobi: UNEP and Gland, Switzerland and Cambridge, UK: IUCN, 1988: 1-329.
[8] UNCED. Agenda 21: programme for action for sustainable development. New York: United Nations Department of Public Information, 1992.
[9] Yozell S J. Keynote presentation, proceedings of the international conference on scientific aspects of coral reef assessment, monitoring, and restoration. Bulletin of Marine Science, 2001, 69(2): 295-303.
[10] Lessios H A, Macintyre I E. Proceedings of the 8th international coral reef symposium. Panama: Smithsonian Tropical Research Institute, 1997: 1-2119.
[11] Eakin C M, McManus J W, Splalding M D, et al. Coral reef status around the world: where we are and where do we go from here//Lession H A, Macintyre I G N. Proceedings of the 8th international coral reef symposium. Panama: Smithsonian Tropical Research Institute, 1997: 277-282.
[12] Ginsburg R N. Global aspects of coral reefs: health hazard and history. Miami: University of Miami, 1993: 1-420.
[13] Jameson S C, McManus J W, Spalding M D. State of the reefs: regional and global perspectives. Washington: US Dept of State, International Coral Reef Initiative Executive Secretariat, 1995: 1-32.
[14] Thomas J D. Preface, proceedings of the international conference on scientific aspects of coral reef assessment, monitoring, and restoration. Bulletin of Marine Science, 2001, 69(2): 293-294.
[15] Maragos J E, Crosby M P, McManus J W. Coral reefs and biodiversity: a critical and threatened relationship. Oceanography, 1996, 9: 83-99.
[16] IOC /UNEP / IUCN. Global coral reef monitoring network strategic plan. Paris: UNESCO, 1997: 1-10.
[17] English S, Wilkinson C, Baker V. Survey manual for tropical marine resources. Townsville: Australian Institute of Marine Science, 1997: 1-390.
[18] Bunce L, Townsley P, Pomeroy R, et al. Socioeconomic manual for coral reef management. Townsville: Global Coral Reef

Monitoring Network, Australian Institute of Marine Science, 2000: 1-251.
[19] Hodgson G, Liebeler J. The global coral reef crisis: trends and solutions, 5 Years of Reef Check (1997-2001). Los Angeles: 2002 Reef Check Foundation, 2002: 1-77.
[20] Wilkinson C R. Coral reefs of the world are facing widespread devastation: can we prevent this through sustainable management practices//Richmond R H. Proceedings of the Seventh International Coral Reef Symposium. Mangilao: University of Guam Press, 1993: 11-21.
[21] Bryant D, Burke L, McManus J, et al. Reefs at risk: a map based indicator of threats to the world's coral reefs. Washington: World Resources Institute, 1998: 1-56.
[22] Pennisi E. Brighter prospects for the world's coral reefs? Science, 1997, 277(5325): 491-493.
[23] Wilkinson C. Status of coral reefs of the world: 1998. Townsville: Australian Institute of Marine Science, 1998: 1-184.
[24] Wilkinson C. Status of coral reefs of the world: 2000. Townsville: Australian Institute of Marine Science, 2000: 1-363.
[25] Wilkinson C. Status of coral reefs of the world: 2002. Townsville: Australian Institute of Marine Science, 2002: 1-378.
[26] Wilkinson C. Status of coral reefs of the world: 2004. Townsville: Australian Institute of Marine Science, 2004: 1-302.
[27] Wilkinson C. Status of coral reefs of the world: 2004. Townsville: Australian Institute of Marine Science, 2004: 303-557.
[28] Hodgson G. A global assessment of human effects on coral reefs. Marine Pollution Bulletin, 1999, 38(5): 345-355.
[29] Spalding M D, Ravilious C, Green E P. World atlas of coral reefs. Prepared at the UNEP World Conservation Monitoring Centre. Berkeley: University of California Press, 2001: 1-424.
[30] Burke L, Selig E, Spalding M. Reefs at risk in southeast Asia. Washington: World Resources Institute, 2002: 1-72.
[31] Burke L, Maidens J. Reefs at risk in the Caribbean. Washington: World Resources Institute, 2004: 1-80.
[32] Smith S V. Coral reef area and contributions of reefs to processes and resources of the world's ocean. Nature, 1978, 273(5659): 225-226.
[33] Spalding M D, Grenfell A M. New estimates of global and regional coral reef Area. Coral Reefs, 1997, 16(4): 225-230.
[34] Gardner T A, CÉté I M, Gill J A, et al. 2003. Long-term region-wide declines in Caribbean corals. Science, 301(5635): 958-960.
[35] Aronson R B, Bruno J F, Precht W F, et al. Causes of coral reef degradation. Science, 2003, 302: 1502-1504.
[36] Wilkinson C R, Buddemeier R W. Global climate change and coral reefs: implications for people and reefs. Report of the UNEP-IOC-ASPEI-IUCN Global Task Team on the Implications of Climate Change on Coral Reefs. Gland: IUCN, 1994: 1-124.
[37] Pockley P. Global warming identified as main threat to coral reefs. Nature, 2000, 407(6807): 932.
[38] Hughes T P, Baird A H, Bellwood D R, et al. Climate change, human impacts, and the resilience of coral reefs. Science, 2003, 301(5635): 929-933.
[39] Baker A C, Starger C J, McClanahan T R, et al. Corals' adaptive response to climate change. Nature, 2004, 430(7001): 741.
[40] 张乔民, 余克服, 施祺, 等. 全球珊瑚礁监测与管理保护评述. 热带海洋学报, 2006, 25(2): 71-78.

第三节　南海诸岛珊瑚礁可持续发展[①]

当今世界，海洋已成为国际竞争的主要领域之一。海洋资源是人类社会经济发展的重要基础和保障。一个国家占有和支配的海洋资源规模在很大程度上决定了其海洋经济发展水平，乃至整个国家的经济和福利水平[1]。因此，重视海洋，可持续地开发利用海洋资源，保证我国海洋的可持续发展成为目前需解决的重要问题。

作为海洋环境与资源一部分的珊瑚礁，同样面临着可持续发展的需求。珊瑚礁在所有海洋生态系统中生物多样性和生产力最高，约有90万种生物，虽然面积仅占世界海洋生态系统的0.2%，但其价值和提供的服务占海洋生态系统的2.85%[2]，显示了珊瑚礁对于全球的贡献。目前有2.75亿人生活在珊瑚礁附近[3]。珊瑚礁为当地居民提供了食物来源，也为潜水者提供了休闲娱乐的场所，许多沙滩是由珊瑚礁产生的沙而形成的，至少96个国家和地区从珊瑚礁旅游中受益[4]。另外，已对礁区一些珊瑚、海绵和藻类等物种进行了药物学研究，提取抗癌和抗炎成分。除此之外，珊瑚礁还有海岸保护作用，即为100多个国

---
① 作者：赵焕庭，王丽荣，袁家义

家和地区的低洼地区提供 15 万 km 的海岸线保护以防风浪破坏和侵蚀[4]。但近几十年来，在人为活动、自然现象和缺乏有效管理的情况下，珊瑚礁生物多样性降低，并且珊瑚礁生态系统发生了退化[5]。过度捕捞、沉积、污染物排放、气候变暖、海洋酸化等导致全球 75%的珊瑚礁受到威胁，而其中东南亚的珊瑚礁受到的威胁最为严重，其 95%的珊瑚礁遭受来自地方和世界的压力[6]。如果珊瑚礁的损害有增无减地持续下去，至 2040 年，全球一半的珊瑚礁将消失[7]。

我国南海的珊瑚礁面积约有 37 200km^2，占世界珊瑚礁面积的 5%，居东南亚地区第二位[8-12]，但在过去的几十年间，南海珊瑚礁生物资源衰退状况严重，珊瑚礁损害率高达 90%以上[13]。南海诸岛珊瑚礁除了具有上述渔业、旅游业和海岸保护等价值和服务外，还因其坐拥关键的地理位置而对领土、领海和海洋专属经济区的划分具有独特作用，而这直接关系到我国的海洋权益和海洋地位。因此，如何使南海诸岛珊瑚礁的发展具有可持续性显得非常重要。本节介绍了珊瑚礁可持续发展的理念和模式，分析了南海诸岛珊瑚礁具有可持续发展的潜力及所面临的可持续发展压力，并提出了实现南海诸岛珊瑚礁可持续发展的途径。

一、珊瑚礁可持续发展的概念

（一）可持续发展概念和海洋可持续发展概念

1987 年以布伦兰特夫人为首的世界环境与发展委员会（WCED）发表了报告《我们共同的未来》。这份报告正式使用了可持续发展概念，即既要满足当代人的需求，又不对后代人满足其需求的能力构成危害的发展。这是一个密不可分的系统，既要达到发展经济的目的，又要保护好人类赖以生存的大气、淡水、海洋、土地和森林等自然资源和环境，使子孙后代能够永续发展和安居乐业。1996 年，国家海洋局发布了《中国海洋 21 世纪议程》，提出了中国海洋事业可持续发展战略，即有效维护国家海洋权益，建设具有良性循环体系的海洋生态系统，形成科学合理的海洋开发机制，促进海洋生态、经济与社会的可持续发展。

（二）珊瑚礁可持续发展的基本概念

珊瑚礁的可持续发展研究随着海洋可持续发展的推进而开展。虽然珊瑚礁科学家对其描述有不同侧重，但都表达了共同的目标。珊瑚礁的可持续发展可定义为：涉礁活动将是在综合考虑人类和珊瑚礁生态系统的关系上来进行，以维持珊瑚礁的健康并继续为下一代提供珊瑚礁产品和服务的能力[14]。即在现有的珊瑚礁生态环境基础上，以不破坏珊瑚礁生态系统、提高珊瑚礁经济效益及人类社会与自然和谐发展为目标，逐步实现生态保护与经济发展相协调，使珊瑚礁资源得以持续发展、经济持续增长、人与珊瑚礁和谐共处、环境资源与经济相互促进。这里需要注意的是，由于世界万物是不断变化的，所以保证可持续的行为也必须随之变化并适应。

人与珊瑚礁的关系是复杂的，即人是开发利用珊瑚礁资源的主体，同时又给珊瑚礁生态系统带来威胁和破坏，但最终也是珊瑚礁环境的保护者与管理的推动者，因此，在珊瑚礁可持续发展中，珊瑚礁和人类的关系不可以隔绝开来，令珊瑚礁处于真空的所谓"自然发展"中。因此，研究珊瑚礁的可持续发展就是研究如何协调人与珊瑚礁这个复杂社会经济生态系统各子系统和各因素的相互关系，实现整个系统的持续发展[15]。

根据珊瑚礁可持续发展的概念，其包括 3 个方面的内容：珊瑚礁生态的持续性、珊瑚礁经济的持续性和珊瑚礁社会发展的持续性。其中，生态可持续是基础，经济可持续是中心，而社会发展可持续则是目的，3个方面统一构成珊瑚礁可持续发展的内容。另外，珊瑚礁可持续发展系统中还应包括科技因素。虽然科学家研究时侧重点不同，但不可否认的是，无论是哪个侧重面，都离不开人，这里特别强调人类在珊瑚礁可持续发展中的作用，即只有在以人为核心的前提下，注重珊瑚礁生态、经济和社会的可持续发展才有意义。

二、珊瑚礁可持续发展的方法

在珊瑚礁的保护和管理实践中，可持续利用珊瑚礁资源的理念不断完善，成功和失败的经验教训演化出若干珊瑚礁可持续发展的方法和模式。

（一）海洋保护区

海洋保护区（MPA）被认为是保护珊瑚礁生境和生物多样性、提供渔业产量、提供工作机会、增加旅游收入的最好工具。全球大约有1000个珊瑚礁MPA，其中很多都很小，且并不是所有的MPA都达到了所设的目标。目前海洋保护区的数量及其分散的特点对于保护珊瑚礁的生物多样性和渔业资源是不够的，应该在世界范围内建立珊瑚礁保护区网络，以覆盖20%的现有珊瑚礁面积。它不仅包括广泛分布的小面积的MPA，还应该包括一些有策略分布的大面积的MPA[2]。

海洋保护区不但可以保护区内生物多样性，还可以通过幼虫的输出、成年的迁出以及保护繁殖群体而对邻近地区的生物多样性的提高产生很大作用[16]。虽然有些研究认为MPA内的珊瑚覆盖率并没有明显的增加，但可以肯定，与未被保护的珊瑚礁相比，MPA至少在减少珊瑚损失方面是有效的。

目前发展中国家一些海洋保护区没有达到预期效果的原因，包括：缺乏公众的支持；利用者不愿意按照规定去做，由于缺乏义务以及经济和技术资源的支持而难以实施；另外，在传统的发展中国家，海洋保护区的严格限制进入未能生效，又因当地社区对珊瑚礁资源的依赖很重，他们没有其他可替代的生活经济来源，他们不可能不顾生活来保护珊瑚礁，因此必须帮助当地居民找到可供选择的经济来源，同时不能严格地设定非获取区，而应采用更广泛的概念，包括更多的，如临时封闭区等。因此，在发展中国家MPA的设计和实施应适应当地的社会、生态、经济和政治情况。MPA网络应该更全面、充分和有代表性。

在以往实践中，发达国家在MPA的设计中多考虑自上而下的系统规划方法，而发展中国家的珊瑚礁区域多考虑基于社区的从下至上的实施方法。南海诸岛珊瑚礁可持续发展模式，需要将社区的MPA主动权和系统的保护目标综合起来，综合考虑社会和经济系统[17]。即将MPA的设计和实施与区域尺度（或国家级）的自上而下的系统规划和以基于社区的自下而上的实施联系起来[18]，平衡利益，在重复循环的过程中不断调整完善规划和实施，以达到珊瑚礁资源的可持续利用。区域方法强调的是生态互补定律、代表性和连通性，通常是在较大尺度的MPA（直径大于10km）的范围内，而地方方法强调的是具体的实施，通常是在小的MPA，对人们生计的负面作用影响有限。系统方法会出现实施的挑战，而只以社区为基础的MPA方法不足以达到生态和社会目标（如在加强渔业资源及生物多样性的保护上）。所以，这两个尺度的实施需要妥协，即区域设计要缩减，而社区行动要放大。其中，缩减不可避免地包括了调整区域设计来包含当地目标和喜好；另外，由于在社区和当地政府层面实施最为适合，因此，没有考虑区域而自下而上建立的MPA网络也是达不到目标要求的[19]。

将给予社区的MPA和区域目标综合起来时，有成功的实践例子，如斐济通过鼓励社区与其他相邻社区共同工作，将地方管理的海洋保护区网络升级。而在菲律宾的维萨亚斯，6个地方县级政府组成一个共同管理机构，引导40个有行政辖区的MPA的生态和机构网络的发展[20]。

(二)基于社区的综合海岸带管理

基于社区的综合海岸带管理方法(ICZM)综合了基于社区的管理(CBM)和综合海岸管理(ICM),是实现珊瑚礁可持续发展的一个工具,它是一个动态的、连续的、重复的过程,联合了政府和社会、科学和决策者、公共的和私人利益来保护和发展珊瑚礁生态系统和资源,以提高珊瑚礁的可持续利用。这个过程的目的是长期地选择最优化策略以保护资源及其合理利用[5]。

ICZM 强调利益相关者参与到珊瑚礁的管理中,是因为认识到珊瑚礁保护和管理结果中的利益相关者的个人利益和参与的实际好处。利益相关者的参与可以促使其服从管理规定,因此更容易获得成功的管理。利益相关者的参与愿望也反映了个体欲对珊瑚礁环境的可持续做出个人贡献的广泛需求。利益相关者参与的其他好处包括发展可接受的管理实践。

利益相关者的参与对于成功的管理实践很重要,珊瑚礁的 CBM 使得社区有权利参与珊瑚礁管理的设计、实施、监管、保证法律支持,以及介绍珊瑚礁保护区、控制捕鱼路径和其他减少威胁珊瑚礁的活动以达到可持续。CBM 在菲律宾和印度尼西亚是成功的,它将社区置于珊瑚礁管理的中心,认为有 CBM 的管理比没有 CBM 的管理更为有效。社区有强大的动力来启动和参与管理,即社区有强大的输入和所有权。社区决定做什么和怎么做,信息流动是自下而上的。而大堡礁则一直被认为是 ICM 的成功例子。ICM 强调不同级别政府部门的责任,不同级别指垂直的综合,而同一级别不同部门间的责任是水平的综合。在 ICM 中,信息自上而下流动,决策在政府。

(三)基于生态系统的海洋管理

生态系统服务的过度利用和不合理管理,如通过过度开发、生境损失和污染,给海洋生态系统带来巨大压力,因此威胁着海洋系统的未来及其所提供的服务。MPA 以往只是规划保护生物多样性,现在则是包含更多的生态系统产品和服务,因此将 MPA 运用到更大范围的基于生态系统的管理方法中[21],管理海洋环境和资源的多物种方法或生态系统方法比传统的单一物种方法更为有效[22]。

基于生态系统的海洋管理(EBM)运用交叉学科的方法,在一个特定的地理区域及适当的时空范围内平衡生态、社会和管理原则,达到可持续的资源利用,科学知识和有效的监测用来明确生态系统内的联系、整体、生物多样性、动态性质和相应的不确定性[23]。即 EBM 是用一种综合方法来管理珊瑚礁,考虑的是整个生态系统,包括人类,甚至可以将 EBM 看作一个管理人类活动的策略,其目标是维持一个生态系统的健康、多产和可恢复状态,能提供人们所需的生态系统服务[24]。

EBM 近年来获得更多关注,因为其试图从生态系统的角度来保护海洋生物资源,从较大范围来考虑珊瑚礁资源的保护和管理,使珊瑚礁资源管理从狭义的行政区划管理转向以生态学和地理学边界为依据的生态系统管理,有助于实现珊瑚礁的可持续利用,EBM 具有综合性、系统性和动态性原则,认识海洋综合管理中生态、经济、社会、环境及文化等多种因素及其相互作用,突破原有行政管辖范围,以及在确保宏观政策稳定性与连续性的同时,适时调整具体政策[25]。

国际上用传统的分区方法来管理珊瑚礁,不足之处在于政治上的边界与生态上的边界并不完全一致,这导致了许多冲突,因此一系列的国际条约和章程均明确或间接支持采用基于生态系统的海洋管理方法来管理珊瑚礁,当然它同时取决于相关国家的政治意愿与相互合作的程度。

(四)基于系统动力学的决策支持系统

由于珊瑚礁是一个受多个相互关联因素影响的复杂区域,由于缺乏机构间合作,如果不考虑系统共存体，就不会有有效的管理策略。因此需要不同以往的决策系统。

基于系统动力学（SD）的决策支持系统（DSS）建立在 ICZM 的概念上，综合多学科研究海岸带动力学以做出有效的决策，使管理更有效，力图达到可持续的珊瑚礁管理[26]。

SD 是一个有效而简单的方法，综合多学科来研究处理管理问题的动态性质以达到有效决策的制定，它使用因果关系环和线流图来描述相关联的系统，适合揭示综合的、可持续管理系统的复杂的、动态的行为。SD 包括 4 个子系统：社会-经济、环境、生态和管理子系统。其中，社会-经济子系统代表社会经济因素之间的相互作用，如旅游者活动和土地开发；环境子系统有沉积物和废水，用于评价海水环境现状；生态子系统主要关注包括珊瑚礁、鱼类和藻类等因素的合理的海洋生态系统机构；管理子系统则进行场景分析，其中系统变量和管理规划的关系需要根据选定的策略而调整（图 23.1）。

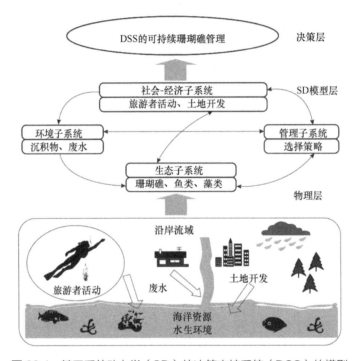

图 23.1　基于系统动力学（SD）的决策支持系统（DSS）的模型

（五）驱动力—压力—状态—影响—响应模型

明确决策的潜在结果相当困难，尤其是在科学知识和数据缺乏的情况下[27]。驱动力—压力—状态—影响—响应模型（DPSIR）框架（图 23.2）是结构决策（SDM）过程中支持决策的一个有效工具，因为它把科学研究和利益相关者的关注点联系起来。其中，D 是指社会-经济驱动导致的人类活动，P 是指社会-人类对珊瑚礁生态系统的压力，S 是状态，I 指通过生态系统服务得到或失去的人类的经济、物理福利、文化和社会福利，R 是决策者通过法律法规、政策和其他决策来减少对珊瑚礁环境资源的影响，它可改变驱动力、压力或直接影响生态系统的状态[28]。

DPSIR 包括：发展概念模型来描述珊瑚礁资源管理的背景；明确生态系统性质、生态系统产品和服务、珊瑚礁与利益相关者的目标关联的方法；详细阐述管理珊瑚礁资源的潜在决策选项；明确生态系统产出功能和评价功能，由于模拟决策选择的结果对来自珊瑚礁生态系统利益的影响。

DPSIR 被广泛运用到环境管理中，因为它简单、透明，关注因果关系，又能综合社会-经济因素、生物和物理科学以及决策过程。基于 DPSIR 的 SDM 可以提高将科学结果联系到现实实践中的机会[26]。

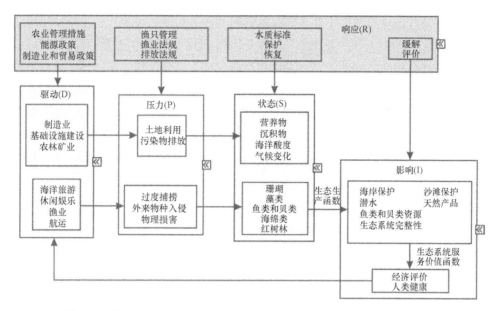

图 23.2　基于驱动力—压力—状态—影响—响应模型（DPSIR）的结构决策（SDM）模式

三、南海诸岛珊瑚礁资源的可持续利用潜力

珊瑚礁作为一种重要的海洋生态资源，具有可持续利用前景[29]。南海诸岛珊瑚礁资源的可持续利用潜力主要体现在以下几个方面。

（一）珊瑚礁国土资源

我国南海的珊瑚礁主要分布在南海诸岛、海南岛、广东、广西、台湾岛等地。其中分布在广东、广西、海南岛和台湾岛的珊瑚礁为岸礁，面积分别为 30.13km²[30]、27.7km²[31]、195.1km²[9]和 700km²[32]，南海诸岛的珊瑚礁为众多孤悬海中的岛礁（表 23.3）。

表 23.3　南海诸岛干出礁和岛屿

南海诸岛干出礁和岛屿		数量	
南沙群岛干出礁（51）	群礁	5 座	双子、道明、郑和、九章、尹庆
	连体礁	4 座	铁峙-梅九、中业-铁线、长滩-蒙自、费信-马欢
	独立环礁	32 座	渚碧、大现、小现、火艾、永暑、五方、三角、禄沙、美济、仙娥、信义、海口、半月、舰长、仁爱、仙宾、蓬勃暗沙、司令、无乜、南华、六门、毕生、榆亚暗沙、光星、南海、柏礁、日积、弹丸、皇路、南通、光星仔、簸箕
	独立台礁	10 座	西月、南威、安波、半路、鲎藤、牛车轮、北安、南屏、南安、琼台
南沙群岛岛屿	礁上灰沙岛	17 个	岛 11 个，为北子、南子、中业、西月、南钥、太平、鸿庥、景宏、费信、马欢、南威；沙洲 6 个，为安波、敦谦、双黄、杨信、染青、北外。被涨潮淹没、位置漂移不定的沙洲未统计在内，如信义礁东南沙洲、南薰礁东北沙洲等
西沙群岛干出礁（9）	群礁	3 座	永乐、宣德、东岛
	独立环礁	5 座	北礁、玉琢、华光、盘石屿、浪花
	独立台礁	1 座	中建
西沙群岛岛屿	礁上灰沙岛	31 个	含沙洲。永乐群礁上有 16 个，为金银、筐仔沙洲、甘泉、珊瑚、全富、鸭公、银屿、晋卿、琛航、广金、2023、2024、2025（未命名）[33]、银屿仔、咸舍屿、石屿；宣德群礁上有 12 个，为西沙洲、赵述、北岛、中岛、三峙仔、南岛、北沙洲、中沙洲、南沙洲、西新沙洲、石岛、永兴；东岛群礁上有 1 个，为东岛；独立礁上有 2 个，为中建、盘石屿
	独立岩岛	1 个	高尖石
中沙群岛干出礁	独立环礁	1 座	民主礁
中沙群岛岛屿	礁上岩岛	1 个	黄岩岛
东沙群岛干出礁	独立环礁	1 座	东沙环礁
东沙群岛岛屿	礁上灰沙岛	1 个	东沙岛

由于关于珊瑚礁个数的统计单位不同,南海诸岛礁数也就不同。一般以地形独立为单位,统计南海诸岛有 270 多个珊瑚礁体(岛、洲、礁、水下的沙和滩)。我们以地貌学类型为单位做过统计[8],今仍遵此原则修订如下:南海诸岛有干出珊瑚礁(退潮出露,涨潮一般被淹没,其上或有个别高大礁块仍可出露,甚至称为岛,如黄岩岛)62 座,其上灰沙岛 49 个(表 23.3),还有若干个人工岛(永暑礁等)。需要说明的是,断续国界线内的水下珊瑚礁(如中沙大环礁、礼乐滩、曾母暗沙、万安滩等)作为我国海床的一部分,也属于我国疆域,但在此不另作统计。

南海诸岛干出礁的面积[34]修订如下:南沙群岛 2906km^2,西沙群岛 1844.3km^2,中沙群岛 130km^2,东沙群岛面积近 375km^2 [35-37],共约 5255.3km^2。南海诸岛灰沙岛的面积[8]修订如下:南沙群岛 1.726km^2,西沙群岛 8.25km^2,东沙群岛 2.38km^2 [35],共 12.356km^2。按《国际海洋法》,1 个岛(或干出礁)可以拥有 450km^2(或 1545km^2)的领海和 125 664km^2(或 431 481km^2)的专属经济区,本区岛礁虽小,但散布面积广。按此计算和绘图,除去重叠部分,估计三沙市海洋面积约有 150×10^{4}km^2 [38]。

(二)渔业资源

南海诸岛海域记录的鱼类有 558 种[39],其中珊瑚礁鱼类有 200 多种[33,40]。南海还有对虾类 86 种[41],海洋蟹类 348 种[42],贝类 681 种[43];而在南海北部海域记录有头足类 58 种,海参、海胆等棘皮动物 511 种,海藻 162 种[44]。

根据 2004~2005 年 2 个航次对本区 23 处珊瑚礁鱼类的调查结果,硬骨鱼类以鲈形目的种类占优势,软骨鱼类以真鲨目和鳐目的种类占优势[45]。珊瑚礁的经济鱼类有 50 多种,主要有裸颊鲷、笛鲷、梅鲷、紫鱼、九棘鲈和石斑等。此外,还有龙虾、海参、海藻、砗磲等贝螺。大陆架的经济鱼类有 200 多种,主要有短尾大眼鲷、多齿蛇鲻、深水金钱鱼等 40 余种。大洋性上层主要经济鱼类有金枪鱼、鲣、鲔、各种飞鱼燕鳐和鲨等[46]。

我国南海断续线内,根据初级生产力数据和渔业统计资料,西沙-中沙群岛海域的潜在渔获量为 23×10^4~24×10^{4}t/a[45]。另据西沙群岛捕鱼调查,水深 300m 以浅的礁区面积约为 15 795 km^2,鱼类资源蕴藏量约为 2×10^{4}t,可捕量约为 1×10^{4}t[46];中沙群岛水深 300m 以浅的礁区面积约为 7554km^2,可捕量类推为 0.5×10^{4}t。2009~2012 年开展的西南中沙群岛渔业资源的品种组成、分布区域、数量分布水平和季节变化的调查,指出渔场面积有 140×10^{4}km^2,拥有深海、大陆架浅海和珊瑚礁浅海 3 类生态环境,鱼类繁多量大,其中经济价值较高的鱼类有 30 多种[46]。海南省开展了中沙群岛渔业资源调查,环绕该群岛的暗礁设置 10 个撒网作业点,共捕获 15t 鱼,平均每点网捕 1.5t 鱼,潜在可捕量很可观[47]。南沙海域渔业资源十分丰富,种类繁多,有 2000 种以上,经济鱼类约 300 种;而整个南海年可捕量为 300×10^{4}t[48]。中国水产科学研究院南海水产研究所调查得出南沙群岛西南部大陆架水深 40~145m 拖网渔业资源鱼类可捕量为 8.9×10^{4}t[49]。已开展的南沙群岛海域围网渔业资源调查[50],对南沙群岛北部海域开展灯光罩网与金枪鱼探捕调查[51]。三沙市渔业资源的潜在捕获量约为 500 万 t,每年可持续捕获量 200 万 t,而目前每年的捕获量仅约为 8 万 t,开发前景巨大[52]。

中国水产科学研究院南海水产研究所执行的国家"南海渔业资源调查与评估"专项(2013~2017)计划,经过两年 8 个航次的调查,调查范围覆盖了我国断续国界线内南沙、中沙、西沙群岛的全部海域,已基本摸清南海中南部海域渔业资源现状。初步调查结果[53]显示,南沙海域渔业资源蕴藏量约为 180 万 t,年可捕量是 50 万~60 万 t,名贵的和经济价值较高的鱼类 20 多种;中沙、西沙海域中层鱼资源量为 0.73 亿~1.72 亿 t,乌贼现资源量为 400 多万吨,年可捕量约为 300 万 t,是我国当前乃至未来可以利用的大宗海洋生物资源。

(三)旅游资源

珊瑚礁是一种独特的海洋旅游资源,它集海洋风光、海底风光、珊瑚礁岛形态、海陆生物系统于一体,为发展潜水、滨海生态旅游提供了优越的条件,吸引了很多旅游者和专业的潜水爱好者[54]。南海诸岛虽然远离大陆,但旅游资源却很丰富[55, 56],其热带海洋景观主要呈现为独特的珊瑚礁地貌、优美的潟湖、洁净的白色海滩、瑰丽的珊瑚、纯净的海水(海水透明度普遍约达20m)、多姿多彩的水生生物、茂密婆娑的海岛植物和群飞群栖的鸟类等。因而南海诸岛独特的珊瑚礁旅游成为更多旅游者的首选[57, 58]。

自然景观:南海具有独特的海洋景观,尤其是分布于其中的珊瑚礁岛,以种类繁多、姿态万千的珊瑚为主体,其间栖息品种繁多的鱼、虾、蟹、贝、藻等丰富的海洋生物,辅以海浪、潟湖、沙滩、小岛,营造了美轮美奂的自然景观。西沙群岛的自然景观有:永兴岛生态风光、石岛"石景如画"、东岛"海鸟天堂"、西沙洲"海底花园"、高尖石火山岛、中建岛"海龟摇篮"、银屿"海鸥王国"、华光礁"'花'的世界"等。而位于永兴岛东北面,由7个大小不一、形状各异的岛屿连在一起的七连屿,几个岛屿间低潮时可徒步穿行[59]。目前潜水和钓鱼是最重要的两大娱乐项目。

人文景观:南海一些灰沙岛上遗存着不少我国古代渔民留下的古建筑,如古庙、古房、古井、古碑,还有不同历史年代的旧碉堡[60-63]、工业开发阶段的旧码头和旧采鸟粪磷矿场等。岛礁上主要景点有新型海岛城镇——西南中沙群岛首府永兴岛、"地名化石"东岛、渔民"避风港"赵述岛,有甘泉岛新石器晚期和唐宋时期的生活遗址、金银岛文物古迹、珊瑚岛"珊瑚石庙"、晋卿岛土地庙及古钱、北礁沉船遗址(该遗址已被定为全国重点文物保护单位)、中国古代南海海上丝绸之路古沉船遗址,以及各种出土和出水的战国至明清时代的文物陶瓷器、钱币和铁器,而近代的有西沙海洋博物馆、西沙军史馆、琛航岛"西沙海战"纪念碑、中建岛"人工绿洲"、永兴岛将军林、永暑礁军史室等。非物质文化不乏特色,如浅海捕捞技术中的捡螺、深海捕捞技术中抓鱼采用的特殊鱼箭等[64]。

(四)油气资源

由造礁生物营造的碳酸盐岩生物礁,在其他地质条件配合下形成的油气藏,是重要的油气藏类型。南海是新生代形成发展的热带海洋,有利于生物礁的大量发育。生物礁成为南海油气勘探的主要对象之一。通过地球物理勘测资料分析,仅在南沙群岛海域就发现了生物礁近200个[65]。调查勘探资料研究表明,南海石油地质储量在$230×10^8$~$300×10^8$t[66],是全球"第二个波斯湾"。南沙群岛海域有13个可能或已证实含油的新生代沉积盆地,总面积达$61×10^8$km^2,其中万安、曾母等6个盆地总资源量为$105.30×10^8$~$126.45×10^8$t油当量。至今查明油气资源量为$268×10^8$t,发现含油气构造200余个和油气田180个。南海周边国家在我国南沙群岛海域年采石油量超过$5000×10^4$t。南海北部陆坡区属于中沙群岛海域的神狐暗沙隆起和南部坳陷,推测有可能含油气。东沙隆起南缘已开发流花11-1油田[67]。2006年在水深1480m的荔湾3-1-1构造实施了中国第一口水深超过1000m的深水钻探,发现纯天然气层,可采资源量可能有$1132×10^8$~$1700×10^8$m^3[68, 69]。调查认为,西沙群岛新生代沉积凹陷也有较好的含油气远景[70-72]。分析认为,西沙群岛海域西侧和南侧凹陷具有生烃能力,东侧为隆起区,是油气运聚的主要指向区;北部的琼东南盆地古近系存在超压层,向西沙隆起区释压,为油气运移的驱动力;西沙群岛海域生物礁孔隙度高,具有良好的储藏条件,又具有区域性发育较厚的海相泥岩,为良好的盖层等,推测该区生物礁具有较好的油气资源前景[73]。李颂等研究礼乐盆地不同构造区划烃源岩生烃潜力,尤其是深水区烃源岩生烃潜力[74],认同西沙-中沙远景区和礼乐-太平远景区[75],刘军等研究东沙隆起台地生物礁油藏成藏条件后提出了勘探思路[76],南海油气勘探潜力依然可观[77]。另外,估算南海的天然气水合物矿藏的总甲烷量为

$3.5\times10^8 \sim 652.2\times10^8$ t 油当量[78, 79]，资源潜力很大。

此外，还有大气-海洋可再生能源（太阳能、风能、波能、潮流能、温差能）、岛屿生物土壤和地下淡水资源、港口航道锚地资源、海洋生物资源、海底浅层矿产资源等。

四、南海诸岛珊瑚礁可持续发展面临的压力

（一）自然压力

南海珊瑚礁遭受的自然压力来自全球变暖、海洋酸化和台风等现象。这些因素多为大尺度的，即区域的甚至是全球范围的。例如，暴风雨和厄尔尼诺现象会造成珊瑚礁生境的损失和退化。珊瑚礁对生境的要求比较苛刻，如高温、高辐射、低温、高（低）盐度、有毒污染物、病毒以及这些因素的共同作用都能导致珊瑚白化[80]。海水温度持续数周在正常生活范围上下摆动几摄氏度，会引起珊瑚白化。珊瑚白化现象是由于珊瑚失去体内共生单细胞藻类虫黄藻或共生虫黄藻失去体内色素而导致五彩缤纷的珊瑚变白。1998 年的厄尔尼诺事件期间南海大部分海区的温度比正常年份最高温度上升 2~3℃，使该海区出现了大范围的珊瑚白化现象，死亡率高达 90%的珊瑚礁遍及数千平方千米[81]。另外每年台风巨浪造成珊瑚损伤后出现白化现象。大范围珊瑚礁白化后的恢复需要几十年、上百年甚至更长时间。

（二）人为压力

南海珊瑚礁受到人类活动的影响，主要是过度捕捞、破坏性捕捞、污染物排放、沉积物威胁和生物侵蚀等，这些因素多为地方的、小尺度的。

过度捕鱼及不当的捕鱼方式造成了南海珊瑚礁的严重退化[82]。南海 50%~60%的珊瑚礁受到过炸鱼、毒鱼等破坏性捕鱼方式的威胁。炸鱼对珊瑚的破坏是毁灭性的。一般情况下，被炸毁的珊瑚的死亡率为 50%~80%。物种的消亡会对生态系统的结构和功能产生整体影响，导致生态失去平衡。礁栖动物种类、数量和分布等各方面的变化会带来珊瑚种类的盛衰。例如，大法螺是棘皮动物长棘海星（*Acanthaster planci*）的天敌，而长棘海星又是珊瑚的天敌。长棘海星以珊瑚虫为食，1 只长棘海星每年可以吃掉 6m² 的珊瑚。人们对大法螺过度捕捞，导致长棘海星大量繁殖，泛滥对珊瑚的影响是致命的。如果遭遇长棘海星群发，会引起珊瑚群体成片死亡烂掉。珊瑚礁生态调查研究报告[83]指出，西沙群岛 2006 年活的造礁石珊瑚覆盖度大多在 40%~80%。2007~2009 年整个西沙群岛的珊瑚变化巨大，长棘海星的大规模暴发是直接原因，绝大部分岛礁的造礁石珊瑚基本上死亡，活的造礁石珊瑚覆盖度小于 1%，仅礁盘上残存一些。2010~2012 年开始自然恢复，但是很缓慢，恢复状况非常不理想，相对恢复得较好的有些岛礁浅水礁盘的活的造礁石珊瑚覆盖度在 20%~50%，深水礁盘的造礁石珊瑚覆盖度则小于 10%。

有人生活的岛礁因放任排污，污水中的营养物质使藻类大量滋生，挡住部分阳光，降低水中的含氧量，甚至完全将珊瑚礁覆盖，从而抑制珊瑚的生长繁殖。2005~2009 年对西沙生态监控区 5 个站位（永兴岛、石岛、西沙洲、赵述岛和北岛）造礁石珊瑚种类、覆盖度、补充量及其主要环境因子进行了调查研究，结果表明，造礁石珊瑚呈现逐年退化趋势，活造礁石珊瑚覆盖度从 2005 年的 65%下降到 2009 年的 7.93%，而死珊瑚覆盖度变化则相反，从 2005 年的 4.70%增加到 2009 年的 72.90%。新生珊瑚的补充量也越来越小，2005 年为 11.21ind/m²，而 2009 年仅为 0.07ind/m² [84]。

另外，当地建设项目和渔船排放的油污水以及永兴岛上排放的生活污水对珊瑚礁环境的影响也不容小觑。

（三）缺乏有效管理

目前南海诸岛珊瑚礁管理机构不健全，缺乏相关珊瑚礁法律法规，经费投入不足，管理设备不够，管理人员专业素质缺乏，是造成管理效果不明显的原因，甚至出现了边保护边退化的令人担忧的状况。

五、南海诸岛珊瑚礁可持续发展途径

南海诸岛目前处于岛礁的开发建设时期，同时渔业资源、油气资源、旅游资源等珊瑚礁提供的产品和服务也都在开发和准备开发中，我们不能仅仅因为保护珊瑚礁而放弃对南海诸岛珊瑚礁的利用，因为这不符合国家的政治与经济状况，所以应该采取可持续发展的措施来保证在我们有规划的合理资源利用下保持珊瑚礁生态系统的恢复能力以便珊瑚礁能在人类活动和自然因素干扰下长期提供稳定的产品和服务。

（1）南海诸岛目前还没有落实珊瑚礁自然保护区或海洋保护区（MPA），我们需要学习成功的经验来使将来的 MPA 达到目标。需要做到以下几点：根据科学来设计和管理，如设立珊瑚多样性高的区域、非获取区；要有足够的预算和人员，足以实施保护区网络内的具体区域和范围更广些的海岸带管理，以及限制破坏性活动。

扩大每一个建立的 MPA，从而形成 MPA 网络，这样可以更好地达到保护的目的，并促进海岸资源和生态系统的维持。南海诸岛需要将建立的 MPA 连成网络，尽管这些 MPA 的面积、隔离程度、地理位置和社会经济状况会不同。因此，设计网络业非常关键，它将确保珊瑚礁保护区间，以及保护区和非保护区间的生态和社会连通性。南海诸岛 MPA 网络的实现将是一个长期努力的结果。

（2）基于社区的综合海岸带管理方法对于珊瑚礁的可持续利用非常有效，南海诸岛珊瑚礁 MPA 的建立仅靠政府的管理是不够的，MPA 有效运作需要三沙市各级保护区、渔业和旅游业等相关机构和当地居民共同来实施，提供更具体的实施措施和监管措施，并充分考虑到各利益相关者的替代选择。即不同政府部门的责任要清晰。国家级和海南省政府主要负责与 MPA 网络相关的政策、规则、计划的制定和技术指导，并为新建立的大范围高级别的 MPA 提供有限的用于基础设施建设的资金。三沙市政府主要负责选取地点，为 MPA 的管理和实施提供资金和人员，并协调与 MPA 有关的各种国家及地方法律法规的关系，负责 MPA 的实施和巡视，以及协调利益相关者的关系。

（3）南海诸岛的海洋同南海沿岸国家海洋乃至全世界海洋联通，有共同存在的问题，必须对全球海洋进行治理，因此基于生态系统的海洋管理方法在南海诸岛珊瑚礁可持续发展中是必不可少的。从更大尺度、更大规模的生态系统来进行珊瑚礁资源的利用，需要通过国际合作，促进海洋可持续发展理念的传播，推动区域经济繁荣[85]。2011 年 11 月 1 日成立的亚洲太平洋经济合作组织（APEC）海洋可持续发展中心对于加强区域内的海洋可持续利用和管理水平有重要意义，其中，也包含了南海诸岛珊瑚礁的可持续发展思路，即和周边国家进行珊瑚礁渔业资源合作、珊瑚礁生态环境监测、珊瑚礁生态恢复的交流，促进南海诸岛珊瑚礁的可持续利用。

六、讨论

（1）近年来，由于自然和人为因素的各种干扰，珊瑚礁生态系统的产品和服务都出现了很多问题，明显影响了珊瑚礁资源利用的可持续发展。尽管目前关于珊瑚礁可持续发展的模式有不少，但如何选择适合南海诸岛珊瑚礁可持续发展的途径也是研究的重点，这是不断优化和逐步完善的过程，需要随着南海诸岛珊瑚礁利用情况的变化而做出调整。

（2）由于我们缺乏对珊瑚礁生态系统结构和功能的深入认识，因此难以按照可持续发展的规律来开发和利用珊瑚礁资源，也难以建立合理、有效的管理和制约体制[84]。所以，继续开展珊瑚礁生态系统动力学研究是目前和将来的重点。

（3）当然，媒体的角色在成功的管理中也很重要，南海诸岛珊瑚礁可持续发展知识的宣传以及珊瑚礁现状的介绍能使更多的人主动参与到珊瑚礁的可持续利用中，事实上，不仅需要珊瑚礁的利益相关者参与，而且需要所有人参与到南海诸岛珊瑚礁的可持续发展的研究和实施中[86]。

参 考 文 献

[1] 陈尚, 任大川, 李京梅, 等. 海洋生态资本概念与属性界. 生态学报, 2010, 30(23): 6323-6330.
[2] Souter D W, Lindén O. The health and future of coral reef systems. Ocean & Coastal Management, 2000, 43: 657-688.
[3] WRI. Fact Sheet. Reefs at Risk Revisited. http//pdf.wri.org/factsheets/factsheet_reefs_main.pdf [2004-12-4].
[4] Jaleel A. The status of the coral reefs and the management approaches: the case of the Maldives. Ocean & Coastal Management, 2013, 82: 104-118.
[5] Chavanich S, Soong K, Zvuloni A, et al. Conservation, management, and restoration of coral reefs. Zoology, 2015, 118(2): 132-134.
[6] Burke L, Reytar K, Spalding M, et al. Reefs at risk revisited. Washington: World Resources Institute, 2011.
[7] Wilkinson C. Status of coral reefs of the world: 2008. Townsville: Global Coral Reef Monitoring Network and Reef and Rainforest Research Center, 2008: 1-296.
[8] 赵焕庭, 张乔民, 宋朝景, 等. 华南海岸和南海诸岛地貌与环境. 北京: 科学出版社, 1999: 373-378.
[9] 邹发生. 海南岛湿地. 广州: 广东科技出版社, 2005: 15-17.
[10] Yu K F, Zhao J X. Coral reef//Wang P X. The South China Sea Paleoceanography and Sedimentology. New York: Springer, 1999: 229-255.
[11] 赵焕庭, 王丽荣, 宋朝景, 等. 广东徐闻西岸珊瑚礁. 广州: 广东科技出版社, 2009: 3, 69.
[12] 张乔民. 热带生物海岸对全球变化的响应. 第四纪研究, 2007, 27(5): 834-844.
[13] 傅秀梅, 邵长伦, 王长云, 等. 中国珊瑚礁资源状况及其药用研究调查: II. 资源衰退状况、保护与管理. 中国海洋大学学报(自然科学版), 2009, 39(4): 685-690.
[14] Rhyne A L, Tlusty M F, Kaufman L. Is sustainable exploitation of coral reefs possible? A view from the standpoint of the marine aquarium trade. Current Opinion in Environmental Sustainability, 2014, 7: 101-107.
[15] 陈卫东, 顾培亮, 刘波. 中国海洋可持续发展的SD模型与动态模拟. 数学的实践与认识, 2009, 39(21): 21-30.
[16] Ban N C, Adams V M, Almany G R, et al. Designing, implementing and managing marine protected areas: emerging trends and opportunities for coral reef nations. Journal of Experimental Marine Biology & Ecology, 2011, (1-2)408: 21-31.
[17] Robrets C M, Andelman S, Branch G, et al. Ecological criteria for evaluation candidate sites for marine reserves. Ecological Applications, 2003, 13(1): S199-S214.
[18] Weeks R, Russ G R, Alcala A C, et al. Effectiveness of marine protected areas in the Philippines for biodiversity conversation. Conservation Biology, 2010, 24(2): 531-540.
[19] Eisma-Osorio R, Amolo R, Maypa A, et al. Scaling up local government initiatives toward ecosystem-based fisheries management in Southeast Cebu Island, the Philippines. Coastal Management, 2009, 37(3): 291-307.
[20] Halpern B S, Warner R R. Marine reserves have rapid and lasting effects. Ecology Letter, 2002, (3): 361-366.
[21] Christopher C, Gaines S D, John L. Can catch shares prevent fisheries collapse? Science, 2008, 321(5896): 1678-1681.
[22] Long R D, Charles A, Stephenson R L. Key principles of marine ecosystem-based management. Marine Policy, 2015, 57: 53-60.
[23] Ruckelshaus M, Klinger T, Knowlton N, et al. Marine ecosystem-based management in practice: scientific and governance challenges. BioScience, 2008, 58: 53-63.
[24] 初建松. 基于生态系统方法的大海洋生态系管理. 应用生态学报, 2011, 22(9): 2464-2470.
[25] Chang Y C, Hong F W, Lee M T. A system dynamic based DSS for sustainable coral reef management in Kenting coastal zone, Taiwan. Ecological Modelling, 2008, 211: 153-168.
[26] David G, Leopold M, Dumas P S, et al. Integrated coastal zone management perspectives to ensure the sustainability of coral reefs in New Caledonia. Marine Pollution Bulletin, 2010, 61: 323-334.
[27] Yee S H, Carriger J F, Bradley P, et al. Developing scientific information to support decisions for sustainable coral reef

ecosystem services. Ecological Economics, 2015, 115: 39-50.
[28] Maxim L, Spangernberg J H, O'Connor M. An analysis of risks for biodiversity under the DPSIR framework. Ecological and Economic, 2009, 69(1): 12-23.
[29] 余克服. 雷州半岛灯楼角珊瑚礁的生态特征与资源可持续利用. 生态学报, 2005, 25(4): 669-675.
[30] 宋朝景, 赵焕庭, 王丽荣. 华南大陆沿岸珊瑚礁的特点与分析. 热带地理, 2007, 27(4): 294-299.
[31] 王国忠, 全松青, 吕炳全. 南海涠洲岛区现代沉积环境和沉积作用演化. 海洋地质与第四纪地质, 1991, 11(1): 69-81.
[32] Burke L, Selig E, Spalding M. Reefs at risk in southeast Asia. Washington: World Resources Institute(WRI), 2002: 1-72.
[33] 赵焕庭. 南沙群岛自然地理. 北京: 科学出版社, 1996: 50-63, 202-203, 215-231, 275-278, 326.
[34] 海南省海洋厅, 海南省海岛资源综合调查领导小组办公室. 海南省海岛资源综合调查研究报告. 北京: 海洋出版社, 1996: 330-579.
[35] 龙村倪. 东沙群岛——东沙岛纪事集锦. 台北: 台湾综合研究院, 1998: 1-31.
[36] 方力行. 1998年东沙环礁调查及规划报告. 高雄: 海洋生物博物馆筹备处, 1998: 1-48.
[37] 高雄市高雄画刊. 东沙专辑. 1999: 1-64.
[38] 赵焕庭, 吴天霁. 西沙、南沙和中沙群岛进一步开发的设想. 热带地理, 2008, 28(4): 369-375.
[39] 国家水产总局南海水产研究所. 南海诸岛海域鱼类志. 北京: 科学出版社, 1979.
[40] 刘静, 田明诚. 海南岛珊瑚礁鱼类的初步研究及前景探讨. 海洋科学, 1995, (5): 28-32.
[41] 刘瑞玉, 钟振如. 南海对虾类. 北京: 农业出版社, 1981.
[42] 戴爱云, 杨思琼, 宋玉枝, 等. 中国海洋蟹类. 北京: 海洋出版社, 1986.
[43] 齐钟彦, 马绣同, 谢玉坎, 等. 海南岛沿海软体动物名录//中国科学院南海海洋研究所海南实验站. 热带海洋研究——热带海洋环境与海洋实验生物学. 北京: 海洋出版社, 1984: 1-22.
[44] 张本. 将海南建成我国南海渔业开发基地的构想: I. 基础条件分析. 海南大学学报(自然科学版), 1998, 16(2): 178-184.
[45] 陈国宝, 李永振, 陈新军. 南海主要珊瑚礁水域的鱼类物种多样性研究. 生物多样性, 2007, 15(4): 373-381.
[46] 王俊力. 西南中沙群岛渔业资源调查//海南省人民政府. 海南年鉴2013. 海口: 海南年鉴社, 2013: 252.
[47] 海日. 西中沙群岛渔业开发大有潜力. 中国海洋报, 2014-5-7, 2版.
[48] 中国南海诸岛编辑委员会. 中国南海诸岛. 海口: 海南国际新闻出版中心, 1996: 242-245.
[49] 中国科学院南沙综合科学考察队. 南沙群岛西南部陆架海区底拖网渔业资源调查研究报告. 北京: 海洋出版社, 1991: 163-172.
[50] 刘维, 张羽翔, 陈积明, 等. 南沙群岛春季灯光围网渔业资源调查初步分析. 上海海洋大学学报, 2012, 21(1): 105-109.
[51] 冯波, 许永雄, 卢伙胜. 南沙北部海域灯光罩网与金枪鱼延绳钓探捕. 广东海洋大学学报, 2012, 32(4): 54-58.
[52] 秋雨. 探索深海捕捞新路子. 今日海南, 2012, (8): 31.
[53] 梁钢华. 我国摸清南海中南部海域渔业资源"家底". 中国海洋报, 2015-2-26, 1版.
[54] 慎丽华, 杨晓飞, 石建中. 冲绳珊瑚礁旅游资源保护经验借鉴. 环境保护, 2012, (4): 25.
[55] 赵焕庭, 宋朝景, 余克服, 等. 西沙群岛永兴岛和石岛的自然与开发. 海洋通报, 1994, 13(5): 44-56.
[56] 夏林根. 西沙群岛可开发的旅游资源. 地图与旅游, 2000, 11(1): 63-69.
[57] 张立生. 南海三沙岛的旅游开发内陆市场偏好研究——基于郑州市场的调查. 地域研究与开发, 2013, 32(4): 106-111.
[58] 安应民, 邓灿芳, 游长江. 三沙市建市背景下的西沙群岛旅游开发市场调查分析. 新东方, 2012, (4): 7-12.
[59] 陈水雄, 孙春燕, 范武波. 西沙旅游安全特征及其防范探析. 生态经济, 2014, 30(1): 137-140.
[60] 中国国家博物馆水下考古研究中心, 海南省文物保护管理办公室. 2006. 西沙水下考古(1998—1999). 北京: 科学出版社.
[61] 三沙文丛编委会. 三沙文物. 海口: 南方出版社, 2012: 1-181.
[62] 王恒杰. 西沙群岛的考古调查. 考古, 1992, (9): 769-777.
[63] 广东省博物馆. 东沙群岛发现的古代铜钱. 文物, 1976, (9): 32.
[64] 杜颖, 刘实葵. 南海13项非遗线索"浮出水面". 中国海洋报, 2014-12-22, 2版.
[65] 甘玉青, 肖传桃, 张斌. 国内外生物礁油气勘探现状与我国南海生物礁油气勘探前景. 海相油气地质, 2009, 14(2): 16-20.
[66] 陈洁, 温宁, 李学杰. 南海油气资源潜力及勘探现状. 地球物理学进展, 2007, 22(4): 1285-1294.
[67] 金庆焕. 南海地质与油气资源. 北京: 地质出版社, 1989: 382-384.
[68] 庞雄, 申俊, 袁立忠, 等. 南海珠江深水扇系统及其油气勘探前景. 石油学报, 2006, 27(3): 11-15.
[69] 梁修权, 张莉. 南海北部陆坡西沙海域沉积发育史及油气远景初步探讨. 海洋地质与第四纪地质, 1995, 15(1): 91-106.
[70] 何家雄, 施小斌, 夏斌, 等. 南海北部边缘盆地油气勘探现状与深水油气资源前景. 地球科学进展, 2007, 22(3):

261-270.

[71] 邱燕, 姚伯初, 李唐根, 等. 南海中建南盆地地质构造特征与油气资源远景//地质矿产部广州海洋地质调查局情报研究室. 南海地质研究(9). 武汉: 中国地质大学出版社, 1997: 37-53.
[72] 高红芳, 王衍棠, 郭丽华. 南海西部中建南盆地油气地质条件和勘探前景分析. 中国地质, 2007, 34(4): 592-598.
[73] 杨涛涛, 吕福亮, 王彬, 等. 西沙海域生物礁地球物理特征及油气勘探前景. 地球物理学进展, 2011, 26(5): 1771-1778.
[74] 李颂, 杨树春, 贺清, 等. 南海南部礼乐盆地深水区烃源岩生烃潜力研究. 天然气地球科学, 2012, 23(6): 1070-1076.
[75] 公衍芬, 杨文斌, 谭树东. 南海油气资源综述及开发战略设想. 海洋地质与第四纪地质, 2012, 32138(5): 117-138.
[76] 刘军, 施和生, 杜家元, 等, 东沙隆起台地生物礁、滩油藏成藏条件勘探思路探讨. 热带海洋学报, 2007, 26(1): 22-27.
[77] 张功成, 谢晓军, 王万银, 等. 中国南海含油气盆地构造类型及勘探潜力. 石油学报, 2013, 34(4): 612-627.
[78] 张洪涛, 张海启, 祝有海. 中国天然气水合物调查研究现状及其进展. 中国地质, 2007, 34(6): 961-972.
[79] 吴能友, 苏新, 宋海斌, 等. 南海北部陆坡天然气水合物成藏机理研究、意义、现状与问题. 海洋地质, 2007, (3): 1-11.
[80] 李淑, 余克服. 珊瑚礁白化研究进展. 生态学报, 2007, 27(5): 2059-2069.
[81] 吴立金. 海南珊瑚礁贸易调查. 环境, 2008, (12): 22-27.
[82] 吴钟解, 王道儒, 涂志刚, 等. 西沙生态监控区造礁石珊瑚退化原因分析. 海洋学报, 2011, 33(4): 140-146.
[83] 黄晖. 西沙群岛珊瑚礁现状和管理对策思考. 台湾: 第五届海峡两岸珊瑚礁研讨会论文, 2013.
[84] 唐启升, 苏纪兰. 海洋生态系统动力学研究与海洋生物资源可持续利用. 地球科学进展, 2001, 16(1): 5-11.
[85] 余兴光. 履行职能促进发展——APEC海洋可持续发展中心工作成果与展望. 海洋开发与管理, 2012, 29(2): 58-61.
[86] 赵焕庭, 王丽荣, 袁家义. 南海诸岛珊瑚礁可持续发展. 热带地理, 2016, 36(1): 55-65.

第二十四章

珊瑚礁生态修复的理论与实践[①]

珊瑚礁是全球物种多样性最高、资源最丰富的生态系统,被誉为"海洋中的热带雨林"[1]。它是全球生态系统的重要组成部分,可向人类提供食物、海岸防护和药物等资源[2]。然而,近50年来,在人类活动和全球变暖的影响下,全球珊瑚礁受到不同程度的威胁,且处于快速退化中。例如,南海三亚鹿回头岸礁从1960年的80%~90%下降为2009年的12%[3];大堡礁珊瑚礁覆盖度从1985年的28.0%下降为2012年的13.8%[4]。

1998年El Niño活动导致全球异常变暖使印度-太平洋地区的珊瑚大面积死亡,死亡率高达90%,最终全球16%的珊瑚礁被摧毁[5];2005年波多黎各发生大面积珊瑚疾病,导致该地区东海岸珊瑚礁覆盖度半年内降低了20%~60%[1];加勒比海由于长期渔业养殖,水体富营养化导致棘冠海星大量繁殖而大面积破坏珊瑚礁[6]。南海的珊瑚岛礁,虽然有作者曾经提出了尽可能减少对珊瑚礁破坏的"绿色工程"理念[7],但大规模的岛礁吹填等工程建设不可避免地对珊瑚礁的生态环境产生影响。在这一背景下,了解珊瑚礁的修复理论与实践活动,对于南海珊瑚礁的生态保护与可持续利用具有特别重要的意义。

一、珊瑚礁生态修复的理论

(一)理解主要生态因子与珊瑚礁生态修复的关系

在气候变暖的背景下,高温热胁迫是全球珊瑚礁受到威胁的主要因素。一定范围内,热胁迫使许多珊瑚进化出适应环境变化的能力[8]。热休克蛋白(HSP70)是其中显著表达的基因集,其他基因集包括坏死因子受体、免疫球蛋白等[9]。在环境胁迫下,这些基因激活细胞免疫系统活性,改变珊瑚细胞死亡控制、免疫反应、细胞修补的基因序列[10],进而提高珊瑚对温度的耐受性。相对高纬度珊瑚礁区的珊瑚采取基因"救援"(genetic rescue)的方式,通过跨纬度交换可遗传的耐热基因,向更高纬度礁区迁移,避免种群衰退[11]。例如,大堡礁南北跨越14°,南北年平均温度差达3℃,因此协助珊瑚跨纬度迁移(assisted migration)理论上可作为保存珊瑚多样性的策略[12]。

---

① 作者:覃祯俊,余克服,王英辉

光照也是影响珊瑚生长的重要环境因素。珊瑚共生虫黄藻通过光合作用合成 ATP 及其他生物质[13]，保持共生体能量供给的平衡。若长期弱光环境容易造成共生体光合产物供应量不足，一方面将影响珊瑚共生体的能量供给；另一方面也会导致共生体内 pH 降低，影响珊瑚钙化过程[14]。形成弱光环境的因素是水中悬浮物的增加、水深等。能量供应充足的珊瑚共生体能更有效地利用水中无机 N（DIN）和 P（DIP），相应地可促进虫黄藻的繁殖，增加能量[15]。但过高的营养盐会造成浮游藻类和病菌大量繁殖，威胁珊瑚生存[16]，因此有研究提出将高营养盐含量区域的珊瑚移植至正常营养盐、适合珊瑚生长的区域[16]。

（二）移植珊瑚的自我修复能力

1. 珊瑚组织物理损伤后的修复

珊瑚移植是目前提出的最重要的珊瑚礁生态修复手段。研究发现珊瑚移植过程中部分组织会受到物理损伤，但珊瑚具有自我修复的能力，包括伤口愈合、组织再生和免疫系统重建等 4 个阶段：①凝结物质封闭伤口，粒状细胞释放转谷氨酰胺酶颗粒；②免疫细胞吞噬细菌，伤口形成新细胞；③伤口处免疫细胞和成纤维细胞增加，形成表皮；④伤口开始化脓，表皮细胞形成新的上皮组织[17]。珊瑚的黑化作用（melanization）可诱导珊瑚产生免疫反应，组织中不活跃的脯氨酸（proline）可转为活跃的酚氧化酶（phenoloxidase）[18]。酚氧化酶可导致黑色素沉积固定微生物，且产生凝集素和甘露糖-丝氨酸蛋白酶结合体（MBL-MASP）[19]。例如，鹿角珊瑚（*Acropora aspera*）移植后，珊瑚增加免疫系统基因的表达以修复损伤。酚氧化酶活性明显提高，珊瑚的免疫能力增强，受损后的珊瑚得以快速恢复，这一过程还可避免对其他珊瑚的感染[18, 20]。

2. 移植珊瑚生存的能量供给

珊瑚与虫黄藻共生是珊瑚礁生态系统最基本的生态特征，珊瑚虫宿主为共生虫黄藻提供庇护环境和无机养料，虫黄藻为宿主提供光合作用产生的 ATP[21]。共生虫黄藻把 95%以上的光合作用能量提供给宿主珊瑚虫[2]。移植损伤修复后的珊瑚，与正常珊瑚一样，一方面共生的虫黄藻继续通过光合作用产生能量；另一方面由母体异养储存的能量也在一定程度上维持珊瑚的生存。这一过程中珊瑚不可避免地会损失部分虫黄藻，但可通过分裂增殖进行补充[22]。内胚层的动物营养细胞可为虫黄藻分裂和珊瑚出芽繁殖提供基本的养分[23]。

3. 珊瑚共生虫黄藻对新环境的适应能力

与珊瑚共生的虫黄藻可以分为 9 个亚属（命名分别为 A～I），造礁石珊瑚常见的共生虫黄藻为 A～D 型[24]。环境适宜时，D 型虫黄藻占虫黄藻群落比例小于 1%，A 型和 D 型虫黄藻在生态修复过程或珊瑚移植过程中表现出相对活跃的状态[25, 26]。定量聚合酶链反应（quantitative PCR）技术的应用揭示低密度系群的虫黄藻在珊瑚修复过程中发挥其冗余功能（redundancy function）[27]。移植的珊瑚可通过改变体内共生虫黄藻系群的组成来增加对新环境的适应性[27]。因为不同虫黄藻的生理耐受力有明显区别[21]，环境扰动可影响虫黄藻的遗传同一性（genetic identity）。虫黄藻细胞核糖体中脱氧核糖核酸（rDNA）的研究揭露 A 型虫黄藻比 B 型和 C 型虫黄藻对环境胁迫的耐受力更强。在极端环境中 A 或 D 型虫黄藻主导的珊瑚比 B 或 C 型主导的珊瑚具有更高的光量子效率[27]。因此以 A 或 D 型虫黄藻为主导的珊瑚对环境具有更强的适应能力，是珊瑚移植的优先选择对象。

（三）移植后珊瑚的自我繁殖、扩展能力

1. 移植珊瑚的有性繁殖产生适应环境能力强的珊瑚后代

有性繁殖和无性出芽繁殖是珊瑚主要的繁殖方式，有性繁殖是成熟珊瑚排卵至体外受精成为浮浪幼虫[28]。浮浪幼虫经水流漂流和纤毛运动，选择合适的地区附着生长，发育成珊瑚。珊瑚通过有性繁殖保持物种基因的连通性，基因流动也是珊瑚保持基因连通的有效方式[29]。虽然不同纬度珊瑚礁区存在着明显的温度梯度，但是其珊瑚仍可以保持高度的基因连通性[30]。低纬度与相对高纬度珊瑚杂交产生的后代拥有更强的热胁迫耐受力[31]，可遗传的耐受基因包括氧化应激、细胞基质等的功能基因。幼虫在水流作用下进行不同空间尺度的漂流和附着是珊瑚迁移、扩展的途径之一，在退化礁区因为环境的不适宜性，特别需要移植成熟的珊瑚进行幼虫补充，移植的珊瑚适应环境并达到性成熟后，与原位珊瑚进行杂交繁育，产生变异后代，提高对环境的适应性，发挥出杂交优势[32]。杂交或变异后代的氧化还原酶活性和细胞基质相关的基因本体（gene ontology）有丰富的正调节基因集，拥有更多的热耐受应激反应基因[10]。因此，跨纬度移植产生的珊瑚杂交后代具有更高的热耐受力，理论上讲可实现通过珊瑚移植、生态修复达到繁殖、扩张珊瑚的目的[12]。

2. 化学诱导增加珊瑚幼虫附着和变态的概率

漂流的浮游幼虫期和海底固着期是珊瑚生活史中的2个典型阶段。实现珊瑚礁生态修复的关键是浮游幼虫要补充到珊瑚礁区[33]。完成幼虫的补充包括3个连续的阶段：幼虫漂流、幼虫附着和变态、幼虫生长。可通过海洋化学信息的吸引，使浮浪幼虫漂流至合适的地方进行附着[34]。移植的珊瑚和原位珊瑚杂交产生的幼虫，在细菌和珊瑚藻分泌的化学物质的吸引下，进行附着和变态[35]。许多生物表面的细菌都影响着这些幼虫的附着，如壳状珊瑚藻（*Neogoniolithon fosliei*）表面的假交替单胞菌（*Pseudoalteromonas* sp.）分泌的四溴吡咯（TBP）可以诱导幼虫的附着和变态[36]。此外，壳状珊瑚藻分泌的溴酪氨酸衍生物（11-deoxyfistularin-3）也可诱导幼虫变态[37]。

3. 创造海底微地貌促使幼虫附着

在适合珊瑚生长的环境投放人工礁，在礁体表面增加微型孔洞等能够促进幼虫的附着，表面结构复杂的礁石是吸引珊瑚幼虫附着的重要因素[38]。退化珊瑚礁区的礁体表面结构固然复杂多样，但水环境条件不利于幼虫附着和生存。因此，选择合适的水域创造微型地形地貌，理论上可增加幼虫附着的成功率[39]。

（四）对人工礁体中底栖海藻群落的抑制

人工礁是通过建立一个稳定、抵抗风浪、提供庇护所的岩体结构，促使珊瑚的附着、生长和繁殖[40]。但人工礁体中底栖海藻易于快速繁殖，抢占珊瑚的生存空间，影响珊瑚的生长，抑制幼虫补充[41]。底栖海藻的快速繁殖，使人工礁中的珊瑚群落向海藻群落更替[42]，影响珊瑚礁生态修复的效果。有研究发现，隆头鱼的捕食可降低海藻的覆盖度，从而帮助珊瑚附着与生长[43]。珊瑚礁中有2种鱼类（*Scarus rivulatus* 和 *Siganus doliatus*）以底栖海藻为食。但是过度捕捞导致珊瑚礁区鱼类快速减少，投放的人工礁易被底栖海藻覆盖，因此借助人工鱼礁修复珊瑚礁也需要保持生态平衡[44]。

二、珊瑚礁生态修复的实践

上述介绍表明，理论上讲珊瑚礁的生态修复是可行的，如选择合适的移植区进行珊瑚移植、园艺式

养殖珊瑚（提供移植对象）[45]以及人工礁等[4, 46]都是目前探索的相关修复技术。但实际上的珊瑚礁生态修复工程成本相当高，周期也很长，因此不同国家的珊瑚礁修复策略不同。发达国家的原则是"修复成本和生态补偿平衡"，需要从珊瑚修复所产生的价值考虑；发展中国家考虑比较多的是降低成本，并以珊瑚移植为主要手段[4]。但不论哪种技术，目前成功推广的珊瑚礁生态修复案例很少。

（一）珊瑚移植的实践

珊瑚移植因为成本较低且可以快速增加珊瑚的数量，因此是最广泛提及的技术[47]。不少珊瑚礁区进行过珊瑚移植实验[4]，如 Muko 和 Iwasa 将 4 类珊瑚（*Acropora*、*Pocillopora*、*Porites*、*Favites*）移植至退化区，对珊瑚覆盖度、物种多样性进行长期观察，发现不同的珊瑚适应能力有明显的差异[26]。移植的珊瑚适应新环境后，珊瑚无性分裂过程能量供给和珊瑚共生虫黄藻系群结构快速恢复正常[48]。Shaish 等[49]将培养了 1 年的蔷薇珊瑚（*Montipora digitata*）移植至珊瑚退化区，珊瑚在一周后恢复正常状态，初期存活率达到 99%，15 个月后，珊瑚体积增加了 3.84 倍。我国的陈刚等[50]、于登攀等[51]、高永利等[52]在南海也开展了珊瑚移植实验，一年后珊瑚成活率为 70%～90%，为珊瑚生态修复提供实践经验。跨纬度移植是全球气候变暖背景下珊瑚生态修复的有效措施，协助珊瑚迁移，将温暖海域的珊瑚移植至相对冷水区域，从而使这些珊瑚能更好地适应上升的 SST[53]。

（二）园艺式养殖移植的实践与推广

园艺式养殖是指在特定的海区对珊瑚段片或幼虫进行培养，待珊瑚生长到一定的大小，再将其移植到退化的珊瑚礁区[54]。珊瑚礁区之间的移植，即采集健康珊瑚礁区的珊瑚移植到退化了的珊瑚礁区的方案，往往得不偿失，因为相对于存活的珊瑚而言，移植过程中损失的珊瑚可能更多。加勒比海、红海、新加坡、菲律宾、日本等都开展过珊瑚园艺式养殖。Shafir 等[55]设计了悬浮培养场对珊瑚进行培养，再对珊瑚进行移植，存活率超过 80%，移植珊瑚与原位珊瑚产生的杂交后代拥有更强的环境耐受力。Linden 和 Rinkevich[56]使用袜状的装置诱导珊瑚幼虫附着，并置于培养场中，其幼虫存活率达到 89%，比将幼虫直接播种于珊瑚礁区的低存活率（小于 10%）大大提高。园艺式养殖可培养出大量移植个体，并可在移植过程中能最大限度地减少珊瑚的组织损伤，有助于被移植的珊瑚适应新的环境和繁殖[17]。

（三）养殖箱培养技术

养殖箱培养是指将珊瑚放于人工建造的养殖箱中，在可控的条件下研究珊瑚礁生态系统修复的方法，或将珊瑚作为移植供体[57]。中国、美国、澳大利亚、日本、以色列等不少国家开展了这项研究。Anthony[58]使用 ^{14}C 标记的有机颗粒物研究珊瑚对摄食与光合作用能量的研究，发现在弱光环境下珊瑚受损组织需要靠珊瑚的摄食为损伤部位的修复提供能量，珊瑚摄食有机颗粒为其提供 1/2 的碳源和 1/3 的氮源，珊瑚共生虫黄藻的光合作用为珊瑚提供其他能量。但目前利用养殖箱培养的珊瑚主要应用于修复机制和其他理论的研究，极少用于移植，主要是因为珊瑚的繁殖速度慢，培养成本高。

（四）珊瑚礁局部修补技术

珊瑚礁修补是当船只搁浅、炸鱼和自然灾害等物理作用破坏珊瑚礁时，通过工程手段恢复珊瑚礁结构的完整性[55]，是一种应急措施。如佛罗里达凯斯地区船只搁浅使珊瑚礁开裂，于是研究人员用水泥和石膏黏结开裂的珊瑚礁体，借助移植技术修复珊瑚礁体，恢复珊瑚数量[55]。关于珊瑚礁修补的案例很少，主要是针对特定情形下被破坏了的珊瑚体。

（五）借助人工礁的生态修复实践

人工礁应用于珊瑚礁的生态修复，既可以将人工礁投放于珊瑚礁区，也可以在珊瑚礁附近区域建造人工礁，形成新的珊瑚礁[59]。许多国家（中国、美国、澳大利亚、日本等）利用人工礁进行过珊瑚修复实验，如Blakeway等[60]在澳大利亚帕克角海区用天然礁岩、混凝土块和陶瓷块作为人工礁进行实验，并进行珊瑚移植，62个月的记录中表明珊瑚的覆盖密度在后阶段快速增加，从8个月时的6个/m^2到62个月时的24个/m^2，表明建造的人工礁体是珊瑚生长的理想基质。中国大亚湾、三亚地区也有人工礁修复珊瑚的报道，在保护鱼类、控制底栖海藻数量的前提下，人工礁有利于珊瑚附着生长。

（六）增强珊瑚适应环境的能力

改善生存环境和减少人类活动干扰是保证珊瑚生存的根本措施，但是提高珊瑚对环境的耐受能力和恢复潜力也非常重要。例如，提升珊瑚的基因储备、加快珊瑚的突变等，也是珊瑚礁生态修复的重要内容[61]。传统的修复技术实际上很难保证珊瑚修复的效果，也很难进行大面积的推广，因此从本质上提升珊瑚的修复能力是珊瑚礁生态修复的重要发展方向。但是从基因角度提升珊瑚适应环境的能力，需要完善理论和分析超级珊瑚物种造成的生态影响[62]，因此修复技术目前还处于实验室试验阶段。

1. 珊瑚驯化与选择性繁育

珊瑚驯化与选择性繁育是将珊瑚幼虫暴露于环境压力中驯化珊瑚、选择性繁殖珊瑚，由同代和隔代珊瑚逐渐形成特殊基因型的珊瑚[63]。实验室中开展珊瑚种间杂交实验是目前的主要形式，目的是避免产生的珊瑚新类型对珊瑚礁产生未知影响。Palumbi等[64]通过控制环境的方法培育突变和杂交产生的珊瑚幼虫，选择更适应极端环境的珊瑚基因，进行可遗传性繁育，相应地提高了珊瑚耐白化的能力。Oppen等[61]将更热海区的珊瑚幼虫补充到相对低温海区，使高温区的珊瑚和相对低温区的珊瑚杂交，有效提升了新生珊瑚的温度耐受力。利用这一技术可建立混合基因库，培育出具有新基因和新表现型的珊瑚。

2. 协助珊瑚共生虫黄藻进化

珊瑚-虫黄藻共生体在环境胁迫下，通过基因选择而产生适应性的虫黄藻后代[65]。Mieog等[66]将取自不同温度环境下的共生虫黄藻接种于基因相似的宿主，得到具有不同温度耐受范围的珊瑚共生体。Suzuki等[67]以早期幼虫为对象，选择性接种虫黄藻产生新的珊瑚共生体系，帮助共生体提高温度耐受力，由于成年珊瑚已经建立了比较稳定的珊瑚-虫黄藻共生体系，难以重新构建共生虫黄藻系群，而大部分浮浪幼虫没有共生虫黄藻，若接种耐高温的虫黄藻类型则可培育出新系群共生体。

3. 改变珊瑚-共生微生物系群结构

珊瑚包含着众多的共生微生物，这些原核生物具有固氮、硫代谢、产生抗菌剂、破坏病原菌的能力。珊瑚与微生物形成共生体有两种方式：一种是水平传播，珊瑚幼虫从周围环境中获得微生物；另一种是垂直传播，通过产卵的方式将微生物传递给后代。珊瑚选择微生物是特异性的选择过程，目的是消除潜在的病原菌入侵[68]。珊瑚幼虫在生长过程中可改变共生微生物的系群结构，Brown等[69]在珊瑚幼虫生活期间接种微生物从而改变珊瑚-共生微生物体系群结构，能够提升珊瑚对环境的耐受力。

三、结论与展望

虽然珊瑚礁的生态修复是目前国内外所关注的热点内容,但相关的理论与技术仍在探索之中,真正推广并取得成效的案例很少。保护珊瑚礁的生态环境、避免对珊瑚礁的破坏无疑是最关键的策略。对于退化了的珊瑚礁的修复,初步有以下认识。

(1)珊瑚移植是重要的技术手段,可通过对移植后的珊瑚进行损伤组织修复、重建免疫系统、改变共生体虫黄藻系群结构等增强移植珊瑚适应新环境的能力。

(2)园艺式养殖、养殖箱培养等是提供珊瑚移植对象的相对有效途径;人工鱼礁则是协助珊瑚建立发育基底的重要手段;营造和维持适宜珊瑚生长的环境有助于提高珊瑚礁生态修复成效。简单地把健康珊瑚礁区的珊瑚移植到退化珊瑚礁区的方案,往往得不偿失。

(3)可借助水流扩散、幼虫附着和变态行为的化学诱导、微地形对幼虫附着的帮助等促进珊瑚浮浪幼虫的传播和存活。

(4)通过杂交等手段改变珊瑚及其共生虫黄藻的基因类型、提升珊瑚对环境的耐受能力和恢复潜力等技术仍处于实验室试验阶段。

(5)在技术手段上,从培育走向移植;在场地选择上,从岸礁到远离大陆的环礁、岛礁,这应是我国现阶段南海珊瑚礁生态修复的策略与方向,在这一过程中需要再加强生态修复机制的研究[70]。

参 考 文 献

[1] 黄玲英, 余克服. 珊瑚疾病的主要类型、生态危害及其与环境的关系. 生态学报, 2010, 30(5): 1328-1340.
[2] 李淑, 余克服. 珊瑚礁白化研究进展. 生态学报, 2007, 27(5): 2059-2069.
[3] 余克服. 南海珊瑚礁及其对全新世环境变化的记录与响应. 中国科学: 地球科学, 2012, 42(8): 1160-1172.
[4] Precht W F. Coral reef restoration handbook. Marine Ecology, 2006, 29(2): 317-318.
[5] 张乔民, 余克服, 施祺, 等. 全球珊瑚礁监测与管理保护评述. 热带海洋学报, 2006, 25(2): 71-78.
[6] Bayraktarov E, Pizarro V, Wild C. Spatial and temporal variability of water quality in the coral reefs of Tayrona National Natural Park, Colombian Caribbean. Environmental Monitoring and Assessment, 2014, 186(6): 3641-3659.
[7] 余克服, 张光学, 汪稔. 南海珊瑚礁: 从全球变化到油气勘探——第三届地球系统科学大会专题评述. 地球科学进展, 2014, 29(11): 1287-1293.
[8] Meyer E, Aglyamova G V, Matz M V. Profiling gene expression responses of coral larvae (*Acropora millepora*) to elevated temperature and settlement inducers using a novel RNA-Seq procedure. Molecular Ecology, 2011, 20(17): 3599-3616.
[9] Desalvo M K, Voolstra C R, Sunagawa S, et al. Differential gene expression during thermal stress and bleaching in the Caribbean coral *Montastrea faveolata*. Molecular Ecology, 2008, 17(17): 3952-3971.
[10] Barshis D J, Ladner J T, Oliver T A, et al. Genomic basis for coral resilience to climate change. Proceedings of the National Academy of Sciences of the United States of America, 2013, 110(4): 1387-1392.
[11] Hannah L. Climate change, connectivity, and conservation success. Conservation Biology, 2011, 25(6): 1139-1142.
[12] Thomas C D. Translocation of species, climate change, and the end of trying to recreate past ecological communities. Trends in Ecology and Evolution, 2011, 26(5): 216-221.
[13] Enríquez S, Méndez E R, Prieto R I. Multiple scattering on coral skeletons enhances light absorption by symbiotic algae. Limnology and Oceanography, 2005, 50(4): 1025-1032.
[14] Kenneth S, Jonathan E. The effect of carbonate chemistry on calcification and photosynthesis in the hermatypic coral *Acropora eurystoma*. Limnology and Oceanography, 2006, 51(3): 1284-1293.
[15] Tanaka Y, Miyajima T, Koike I, et al. Imbalanced coral growth between organic tissue and carbonate skeleton caused by nutrient enrichment. Limnology and Oceanography, 2007, 52(3): 1139-1146.
[16] Renaud G, Jean-François M, Stephanie R V, et al. Uptake of ammonium by the scleractinian coral *Stylophora pistillata*: Effect of feeding, light, and ammonium concentrations. Limnology and Oceanography, 2002, 47(3): 782-790.
[17] Palmer C V, Bythell J C, Willis B L. Enzyme activity demonstrates multiple pathways of innate immunity in Indo-Pacific anthozoans. Proceedings of the Royal Society Biological Sciences, 2012, 279(1743): 3879-3887.

[18] Mydlarz L D, Jones L E, Harvell C D. Innate immunity, environmental drivers, and disease ecology of marine and freshwater invertebrates. Annual Review of Ecology Evolution and Systematics, 2006, 37(37): 251-288.
[19] Cerenius L, Kawabata S, Lee B L, et al. Proteolytic cascades and their involvement in invertebrate immunity. Trends in Biochemical Sciences, 2010, 35(10): 575-583.
[20] van de Water J A J M, Ainsworth T D, Leggat W, et al. The coral immune response facilitates protection against microbes during tissue regeneration. Molecular Ecology, 2015, 24(13): 3390.
[21] Arif C, Daniels C, Bayer T, et al. Assessing *Symbiodinium* diversity in scleractinian corals via next-generation sequencing-based genotyping of the ITS2 rDNA region. Molecular Ecology, 2014, 23(17): 4418-4433.
[22] Berkelmans R, Oppen M J H V. The role of zooxanthellae in the thermal tolerance of corals: a 'nugget of hope' for coral reefs in an era of climate change. Proceedings Biological Sciences, 2006, 273(1599): 2305-2312.
[23] Panithanarak T. Effects of the 2010 coral bleaching on phylogenetic clades and diversity of zooxanthellae (*Symbiodinium* spp.) in soft corals of the genus *Sinularia*. Plankton and Benthos Research, 2015, 10(1): 11-17.
[24] Xavier P, Putnam H M, Fabien B, et al. Identifying and characterizing alternative molecular markers for the symbiotic and free-living dinoflagellate genus *Symbiodinium*. PLoS One, 2012, 7(1): e29816.
[25] Jones A M, Berkelmans R, van Oppen M J H, et al. A community change in the algal endosymbionts of a scleractinian coral following a natural bleaching event: field evidence of acclimatization. Proceedings of the Royal Society of London B Biological Sciences, 2008, 275(1641): 1359-1365.
[26] Muko S, Iwasa Y. Long-term effect of coral transplantation: restoration goals and the choice of species. Journal of Theoretical Biology, 2011, 280(1): 127-138.
[27] Silverstein R N, Correa A M S, Baker A C. Specificity is rarely absolute in coral-algal symbiosis: implications for coral response to climate change. Proceedings of the Royal Society of London B: Biological Sciences, 2012, 279(1738): 2609-2618.
[28] van Oppen M J H, Gates R D. Conservation genetics and the resilience of reef-building corals. Molecular Ecology, 2006, 15(13): 3863-3883.
[29] Oppen M J H V, Peplow L M, Kininmonth S, et al. Historical and contemporary factors shape the population genetic structure of the broadcast spawning coral, *Acropora millepora*, on the Great Barrier Reef. Molecular Ecology, 2011, 20(23): 4899-4914.
[30] Oppen M J H V, Souter P, Howells E J, et al. Novel genetic diversity through somatic mutations: fuel for adaptation of reef corals? Diversity, 2011, 3(3): 405-423.
[31] Oppen M J H V, Lutz A, De'Ath G, et al. Genetic traces of recent long-distance dispersal in a predominantly self-recruiting coral. PLoS One, 2008, 3(10): 1429-1443.
[32] Allendorf F, Gordon L, Aitken S. Conservation and the genetics of population. Dekalb: The American Society of Ichthyologists and Herpetologists, 2007: 774-775.
[33] Chong-Seng K M, Graham N A J, Pratchett M S. Bottlenecks to coral recovery in the Seychelles. Coral Reefs, 2014, 33(2): 449-461.
[34] Leis J M, Mccormick M I. Chapter 8—The biology, behavior, and ecology of the pelagic, larval stage of coral reef fishes. Coral Reef Fishes, 2002, 171-199.
[35] Gleason D F, Hofmann D K. Coral larvae: from gametes to recruits. Journal of Experimental Marine Biology and Ecology, 2011, 408(1-2): 42-57.
[36] Sneed J M, Sharp K H, Ritchie K B, et al. The chemical cue tetrabromopyrrole from a biofilm bacterium induces settlement of multiple Caribbean corals. Proceedings of the Royal Society B: Biological Sciences, 2014, 281(1786): 130-143.
[37] Kitamura M, Nakano T K, Uemura D. Characterization of a natural inducer of coral larval metamorphosis. Journal of Experimental Marine Biology and Ecology, 2007, 340(1): 96-102.
[38] Whalan S, Wahab M A, Sprungala S, et al. Larval settlement: the role of surface topography for sessile coral reef invertebrates. PLoS One, 2015, 10(2): e0117675.
[39] Hollander F A, van D H, San M G, et al. Maladaptive habitat selection of a migratory passerine bird in a human-modified landscape. PLoS One, 2011, 6(9): e25703.
[40] Forsman Z H, Rinkevich B, Hunter C L. Investigating fragment size for culturing reef-building corals (*Porites lobata*, and *P. compressa*) in *ex situ*, nurseries. Aquaculture, 2006, 261(1): 89-97.
[41] Hughes T P, Graham N A, Jackson J B, et al. Rising to the challenge of sustaining coral reef resilience. Trends in Ecology and Evolution, 2010, 25(11): 633-642.
[42] Rogers C S, Miller J. Permanent phase shifts or reversible declines in coral cover? Lack of recovery of two coral reefs in St. John, US Virgin Islands. Marine Ecology Progress, 2006, 306: 103-114.
[43] Bruno J F. How do coral reefs recover? Science, 2014, 345(6199): 879-880.

[44] Bellwood D R, Hughes T P, Hoey A S. Sleeping functional group drives coral-reef recovery. Current Biology, 2006, 16(24): 2434-2439.

[45] Miller M W, Hay M E. Effects of fish predation and seaweed competition on the survival and growth of corals. Oecologia, 1998, 113(2): 231-238.

[46] Macreadie P I, Fowler A M, Booth D J. Rigs-to-reefs: will the deep sea benefit from artificial habitat? Frontiers in Ecology and the Environment, 2011, 9(8): 455-461.

[47] Edwards A J, Clark S. Coral transplantation: a useful management tool or misguided meddling? Marine Pollution Bulletin, 1999, 37(8-12): 474-487.

[48] Guest J R, Baria M V, Gomez E D, et al. Closing the circle: is it feasible to rehabilitate reefs with sexually propagated corals? Coral Reefs, 2014, 33(1): 45-55.

[49] Shaish L, Levy G, Katzir G, et al. Employing a highly fragmented, weedy coral species in reef restoration. Ecological Engineering, 2010, 36(10): 1424-1432.

[50] 陈刚, 熊仕林, 谢菊娘, 等. 三亚水域造礁石珊瑚移植试验研究. 热带海洋学报, 1995(3): 51-57.

[51] 于登攀, 邹仁林, 黄晖. 三亚鹿回头岸礁造礁石珊瑚移植的初步研究//中国科学院生物多样性委员会. 生物多样性与人类未来: 第二届全国生物多样性保护与持续利用研讨会论文集. 北京: 中国林业出版社, 1998.

[52] 高永利, 黄晖, 练健生, 等. 大亚湾造礁石珊瑚移植迁入地的选择及移植存活率监测. 应用海洋学学报, 2013, 32(2): 243-249.

[53] Pedlar J H, Mckenney D W, Aubin I, et al. Placing forestry in the assisted migration debate. Bioscience, 2012, 62(9): 835-842.

[54] Polidoro B, Carpenter K. Ecology dynamics of coral reef recovery. Science, 2013, 340(6128): 34-35.

[55] Shafir S, Rijn J V, Rinkevich B. Steps in the construction of underwater coral nursery, an essential component in reef restoration acts. Marine Biology, 2006, 149(3): 679-687.

[56] Linden B, Rinkevich B. Creating stocks of young colonies from brooding coral larvae, amenable to active reef restoration. Journal of Experimental Marine Biology and Ecology, 2011, 398(1-2): 40-46.

[57] Connell J H. Diversity in tropical rain forests and coral reefs. Science, 1978, 199(4335): 1302-1310.

[58] Anthony K R N. Coral suspension feeding on fine particulate matter. Journal of Experimental Marine Biology and Ecology, 1999, 232(1): 85-106.

[59] Bowden-Kerby A. Coral transplantation in sheltered habitats using unattached fragments and cultured colonies. Proceedings of the 8th International Coral Reef Symposium, Panama, 1997: 2063-2068.

[60] Blakeway D, Byers M, Stoddart J, et al. Coral colonisation of an artificial reef in a turbid nearshore environment, Dampier Harbour, Western Australia. PLoS One, 2013, 8(9): e75281.

[61] Oppen M J H V, Oliver J K, Putnam H M, et al. Building coral reef resilience through assisted evolution. Proceedings of the National Academy of Sciences of the Unite States, 2015, 112(8): 2307-2313.

[62] Ellender B R, Weyl O L F. A review of current knowledge, risk and ecological impacts associated with non-native freshwater fish introductions in South Africa. Aquatic Invasions, 2014, 9(2): 117-132.

[63] Jones A M, Berkelmans R. Tradeoffs to thermal acclimation: energetics and reproduction of a reef coral with heat tolerant *Symbiodinium* type-D. Journal of Marine Biology, 2011: 1687-9481.

[64] Palumbi S R, Barshis D J, Traylor-knowles N, et al. Mechanisms of reef coral resistance to future climate change. Science, 2014, 344(6186): 895-898.

[65] Kai T L, Riebesell U, Reusch T B H. Adaptive evolution of a key phytoplankton species to ocean acidification. Nature Geoscience, 2012, 5(12): 346-351.

[66] Mieog J C, Olsen J L, Berkelmans R, et al. The roles and interactions of symbiont, host and environment in defining coral fitness. PLoS One, 2009, 4(7): e6364.

[67] Suzuki G, Yamashita H, Kai S, et al. Early uptake of specific symbionts enhances the post-settlement survival of *Acropora* corals. Marine Ecology-Progress Series, 2013, 494: 149-158.

[68] Ceh J, Van K M, Bourne D G. Intergenerational transfer of specific bacteria in corals and possible implications for offspring fitness. Microbial Ecology, 2013, 65(1): 227-231.

[69] Brown T, Bourne D, Rodriguez-Lanetty M. Transcriptional activation of c3 and hsp70 as part of the immune response of *Acropora millepora* to bacterial challenges. PLoS One, 2013, 8(7): e67246.

[70] 覃祯俊, 余克服, 王英辉. 珊瑚礁生态修复的理论与实践. 热带地理, 2016, 36(1): 80-86.